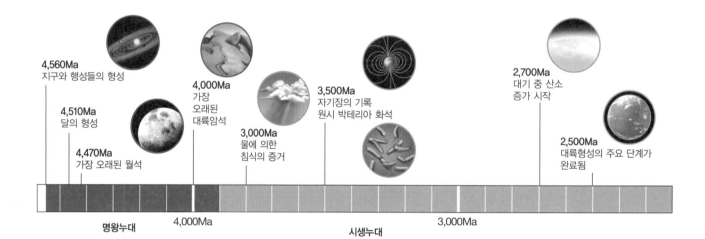

4,560Ma
지구와 행성들의 형성

4,510Ma
달의 형성

4,470Ma
가장 오래된 월석

4,000Ma
가장
오래된
대륙암석

3,000Ma
물에 의한
침식의 증거

3,500Ma
자기장의 기록
원시 박테리아 화석

2,700Ma
대기 중 산소
증가 시작

2,500Ma
대륙형성의 주요 단계가
완료됨

명왕누대   4,000Ma   시생누대   3,000Ma

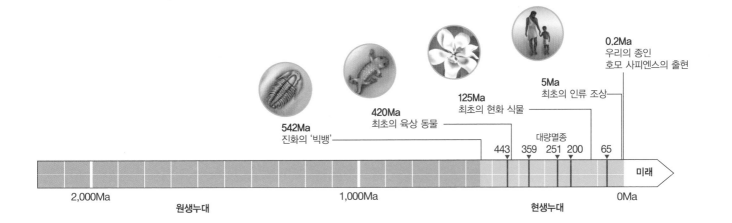

542Ma
진화의 '빅뱅'

420Ma
최초의 육상 동물

125Ma
최초의 현화 식물

5Ma
최초의 인류 조상

0.2Ma
우리의 종인
호모 사피엔스의 출현

대량멸종

443   359 251 200   65

2,000Ma

원생누대

1,000Ma

현생누대

0Ma

미래

제7판

지구의 이해

UNDERSTANDING EARTH

이의형, 권성택, 김형수
도성재, 박혁진, 윤성택
이기현, 이미혜, 이순재
이영재, 이진한, 조석주
조호영, 최선규   옮김

John P. Grotzinger

Thomas H. Jordan

Σ시그마프레스

지구의 이해, 제7판

발행일 | 2018년 3월 15일 1쇄 발행
2022년 1월 20일 2쇄 발행

지은이 | John P. Grotzinger, Thomas H. Jordan
옮긴이 | 이의형, 권성택, 김형수, 도성재, 박혁진, 윤성택, 이기현
이미혜, 이순재, 이영재, 이진한, 조석주, 조호영, 최선규
발행인 | 강학경
발행처 | ∑ 시그마프레스
디자인 | 차인선
편　집 | 정영주

등록번호 | 제10-2642호
주소 | 서울특별시 영등포구 양평로 22길 21 선유도코오롱디지털타워 A401~402호
전자우편 | sigma@spress.co.kr
홈페이지 | http://www.sigmapress.co.kr
전화 | (02)323-4845, (02)2062-5184~8
팩스 | (02)323-4197

ISBN | 979-11-6226-036-4

Understanding Earth, Seventh Edition

* 책값은 책 뒤표지에 있습니다.

* 이 도서의 국립중앙도서관 출판예정도서목록(CIP)은 서지정보유통지원시스템 홈페이지
(http://seoji.nl.go.kr)와 국가자료공동목록시스템(http://www.nl.go.kr/kolisnet)에서 이용
하실 수 있습니다.(CIP제어번호: CIP2018006251)

우리 인간은 지구에서 태어났고, 앞으로 자손 만대에 걸쳐 지구에서 살아가야만 한다. 왜냐하면 현재 우리가 알고 있는 한 이 거대한 우주의 수많은 행성 중에서 생명체, 즉 인간이 살 수 있는 행성은 지구밖에 없기 때문이다. 따라서 지구의 환경을 가능한 한 인간이 살기에 쾌적한 환경으로 유지시키는 것은 매우 중요한 일이다.

하지만 오늘날 지구환경은 급속히 변화하고 있다. 화석연료 사용으로 인한 온실기체의 과도한 방출로 지구 온난화가 진행되고 있으며, 남극 상공에는 오존구멍이 뚫리고, 육상과 해양의 개발과 오염물질의 방출로 지구 생태계가 파괴되어 수많은 생물들이 사라져가고 있다. 인류의 미래에도 중대한 영향을 줄 수 있는 최근의 지구환경 변화가 자연적인 변화가 아니라 인류 스스로가 자초한 변화라는 데에 문제의 심각성이 있다. 따라서 지구환경 변화에 대하여 올바르게 대처하기 위해서는 무엇보다도 지구에 대한 올바른 이해가 중요하다.

지구과학은 지구에서 일어나는 자연현상을 연구하는 학문이다. 즉, 지구상에서 일어나는 수많은 자연현상들이 왜 일어나는지를 밝히는 과학이다. 지구과학자들은 지구를 더 잘 이해하기 위해 현재 및 과거에 일어난 자연현상에 대한 연구에 많은 노력을 기울인다. 그 이유는 과거는 현재를 있게 했고, 현재 일어나는 일이 바로 미래로 이어지기 때문이다. 따라서 과거부터 현재까지 어떠한 일이 일어났는지에 대한 면밀한 연구는 미래에 일어날 일을 예측하는 데 있어 귀중한 자료를 제공해준다. 지피지기면 백전백승이란 말이 있듯이, 지구에 대하여 잘 알게 되면 지진, 화산, 태풍, 해일 등의 자연재해로부터 우리를 지킬 수 있고, 미래에 닥칠 변화를 미리 예측하여 사전에 예방할 수도 있다. 또한 지구의 자연현상이 만들어낸 석유와 석탄 같은 에너지 자원과 철, 구리 등의 유용광물들이 어디에 있는지 찾아내어 인류 문명에 크게 기여할 수 있다.

이 책은 지구환경과학을 전공하는 학생들이나 지구환경에 관심이 있는 학생들을 대상으로 지구에서 일어나는 제반 자연현상을 체계적으로 이해시키고자 출간되었으며, 미국을 비롯한 여러 나라에서 대학 교육에 폭넓게 활용되어 왔다. 이번 제7차 개정판에서는 중요한 지질학적 사건, 기후변화와 관련된 새로운 자료, 새로운 자원의 발견, 새로운 지질학적 사건과 관련된 정책 등을 비롯한 다양한 주제들이 보강되었다. 또한 최첨단 연구 현장에서 진행중인 중요한 연구들을 소개하는 지질학 실습과 위성지도를 이용하여 세계 곳곳을 찾아가 지질학적 문제를 풀어가는 구글어스 과제가 새롭게 추가되었으며, 학생들의 이해를 돕기 위하여 다양한 지질학적 주제에 대한 애니메이션과 비디오 등을 온라인으로 제공하고 있다. 이 책이 지구과학에 입문하는 학생들에게 지구를 총체적으로 이해하는데 도움을 주는 지침서 및 교재로 폭넓게 활용되기를 기대한다.

각 장의 번역을 담당한 역자들은 다음과 같다.

제1장 : 이영재(고려대학교 지구환경과학과)
제2, 7장 : 이진한(고려대학교 지구환경과학과)
제3, 4장 : 최선규(고려대학교 지구환경과학과)
제5장 : 조석주(고려대학교 지구환경과학과)
제6, 22장 : 김형수(고려대학교 지구환경과학과)
제8, 11장 : 이의형(고려대학교 기초과학연구원)
제9장 : 이기현(연세대학교 지구시스템과학과)

제10, 12장 : 권성택(연세대학교 지구시스템과학과)

제13, 14장 : 도성재(고려대학교 지구환경과학과)

제15, 19장 : 이미혜(고려대학교 지구환경과학과)

제16, 21장 : 조호영(고려대학교 지구환경과학과)

제17, 18장 : 이순재(고려대학교 지구환경과학과)

제20장 : 박혁진(세종대학교 공간정보공학과)

제23장 : 윤성택(고려대학교 지구환경과학과)

특히 제7차 개정판은 2009년에 출판되었던 제5차 개정판에서 사용하였던 전문용어를 재검토하고, 본문 전반에 걸쳐 전문용어의 통일을 기하고자 노력하였으며, 이를 위하여 각 장의 초벌 원고를 대표 역자가 문장을 다듬고, 보완하고, 재편집하는 작업을 수행하였다. 번역작업에 사용된 영문과 국문 용어의 비교표는 부록에 수록하였다.

전공에 대한 애정으로 이차 교정본 원고를 처음부터 끝까지 읽고 다듬어준 고려대학교 지구환경과학과 학부생 김주희 이하 총 23인(가나다순으로 권구완, 김수혁, 김제령, 김주현, 김주희, 김준태, 마승환, 박상현, 배민서, 서보성, 이명현, 이석빈, 이수형, 이승환, 이원규, 이준헌, 이진우, 정종민, 최석현, 최우진, 최준열, 하민욱, 함다윤)과 교정내용의 편집을 도와준 고려대학교 퇴적암석학 연구실의 조세현, 이효진에게 깊이 감사한다.

또한 이 책의 번역을 기꺼이 허락해 준 W. H. Freeman and Company 출판사에 감사를 표한다. 긴 시간을 제7차 개정판의 성공적인 출판을 위해 수고해 주신 ㈜시그마프레스의 강학경 사장님과 김은실 차장께도 깊은 감사를 드린다.

2018년 2월
역자 대표 이의형

John Grotzinger는 지표 환경과 생물권의 진화에 관심을 가지는 야외 지질학자다. 또한 그는 화성의 초기 환경진화와 생명의 거주 가능성 평가에 대한 연구도 하고 있다. 그의 연구는 초기 해양 및 대기의 화학적 발달, 초기 동물 진화의 환경적 배경, 그리고 퇴적분지를 규제하는 지질학적 요인 등을 다룬다.

그는 야외 조사를 하면서 캐나다 북서부, 시베리아 북부, 아프리카 남부, 미국 서부 등을 누볐으며, 로봇을 이용하여 화성에서도 야외 조사하였다. 그는 1979년 호바트대학에서 지질과학 학사학위를, 1981년 몬태나대학교에서 지질학 석사학위를 받았으며, 1985년 버지니아폴리테크닉주립대학교에서 지질학 박사학위를 받았다. 그는 1988년 매사추세츠공과대학(MIT)에 교수로 부임하기 전에 3년간 라몬트–도허티 지질연구소에서 연구원으로 근무하였다. 1979년부터 1990년까지 캐나다지질조사소의 광역 지질도 작성에 참여하였다. 그는 현재 화성 큐리오시티 로버팀의 수석 과학자로 일하면서 처음으로 다른 행성의 고대 환경에서 생명체의 존재 가능성을 평가하는 임무를 수행하고 있다.

1998년에 Grotzinger 박사는 MIT로부터 발데마르 린드그랜 우수과학자(Waldemar Lindgren Distinguished Scholar) 칭호를 받았으며, 2000년에 로버트 슈락 지구행성과학 석좌교수(Robert R. Shrock Professor of Earth and Planetary Sciences)가 되었다. 2005년에 그는 MIT에서 캘리포니아공과대학으로 자리를 옮겨 현재는 플래쳐 존스 지질학 석좌교수(Fletcher Jones Professor of Geology)로 있다. 그는 1990년에 미국국립과학재단의 젊은 과학자 대통령상, 1992년에 미국지질학회의 도나스 메달(Donath Medal), 2007년에 미국국립과학원의 찰스 두리틀 월컷 메달(Charles Doolittle Walcott Medal), 그리고 2013년에 미국항공우주국(NASA)의 최우수 공공 리더십 메달(Outstanding Public Leadership Medal)을 수상하였다. 그는 미국예술과학아카데미와 미국국립과학원의 회원이다.

Tom Jordan은 고체 지구의 조성, 동역학, 진화에 관심 있는 지구물리학자이다. 그는 심부 섭입의 성질, 오래된 대륙 지괴 하부의 두꺼운 용골의 형성, 맨틀의 층상구조에 대한 의문 등에 대한 연구를 수행했다. 그는 지구역학적 문제와 관련이 있는 지구 내부를 조사하기 위하여 여러 지진학적 기법을 개발했다. 또한 그는 판의 움직임을 모델링하는 연구를 수행하여, 지각 변형을 측정하고, 해저 지형을 정량화하고, 대규모 지진의 특징을 분석하였다. 그는 1972년에 캘리포니아공과대학에서 지구물리학 및 응용수학으로 박사학위를 받았으며, 프린스턴대학교와 스크립스해양대학에서 강의하다가, 1984년에 매사추세츠공과대학(MIT)에 로버트 슈락(Robert R. Shrock) 지구행성과학 석좌교수로 부임하였다. 그는 1988년부터 1998년까지 10년 동안 MIT의 지구, 대기 및 행성 과학과의 학과장으로 일했다. 그는 2000년에 MIT에서 남가주대학(USC)으로 옮겨 대학교수이자 켁 지구과학 석좌교수(W. M. Keck Professor of Earth Sciences)로 재직하고 있다. 현재 그는 서던캘리포니아 지진센터의 소장으로 일하면서 60개 이상의 대학 및 연구기관에서 600명 이상의 과학자들이 참여하는 지진시스템과학의 국제연구프로그램을 관장하고 있다.

Jordan 박사는 1983년에 미국지구물리학회의 젊은 과학자상인 매클웨인 메달(Macelwane Medal), 1998년에 미국지질학회의 울라드상(Woollard Award), 그리고 2005년에 미국지구물리학회의 레만 메달(Lehmann Medal)을 수상한 바 있다. 그는 미국예술과학아카데미, 미국국립과학원, 그리고 미국철학학회의 회원이다.

우리의 비전

지질학은 우리 일상 생활의 모든 곳에 있다. 우리는 보석에서부터 자동차에 넣는 휘발유, 우리가 마시는 물까지 지구로부터 얻은 물질과 자원에 둘러싸여 있다. 지질과학은 정부, 산업계, 지역 사회 조직 등에서 공공 정책 지도자들의 결정에 영향을 준다. 지구를 이해하는 것이 지금보다 중요한 적은 없었다.

지구과학이 우리의 일상생활과 너무 깊게 관련되기 때문에, 지금까지 지구과학은 사회가 필요로 하는 부분에 대한 이해를 증진시키며 진화해 왔다. 수십 년 전 대부분의 지질학자들은 석유와 광산 회사에서 일했지만, 오늘날에는 환경과학 전문가의 필요성이 폭발적으로 증가하고 있다. 전 세계 인구가 증가함에 따라 허리케인, 토네이도, 그리고 산사태 같은 환경적 영향도 증가하고 있다. 다른 행성에서 생명체를 찾는 연구에서도 지질학적 전문 지식이 화성과 같은 행성들의 환경을 복원하는 데 일조하면서 그 필요성이 나날이 증가하고 있다. 지질학자들은 수억 킬로미터 떨어진 화성에 보낸 로봇을 이용하여 수십억 년 된 암석에서 과거 생명의 흔적을 찾고 있다.

이러한 다양한 요구는 지구과학 기본 개념과 원리에 대한 확실한 이해를 필요로 한다. 비록 시대가 변하면서 적용 방법도 달라지지만, 지질학적 물질들의 기본 성분, 그들의 기원, 그리고 지구시스템이 어떻게 작용하는지를 이해하는 것은 지구를 이해하는 데 절대적으로 필요하다. 기후 변화에서부터 지하수의 풍부함, 거대한 폭풍과 화산 폭발의 빈도, 희귀 원소를 추출할 수 있는 장소와 비용에 이르기까지 모든 것들이 연관되어 있다. 따라서 이러한 도전들의 복잡성이 증가할수록 현명한 판단을 내릴 수 있는 잘 교육된 지질학자에 대한 필요성이 증가한다는 것은 당연한 사실이다. 우리는 이러한 확신을 이 책에 담았다.

내용 갱신 및 수정

지구의 이해 제6판이 출판된 이후, 우리는 중요한 지질학적 사건들을 목격했고, 기후 동향과 전 지구적 기후 변화에 대한 새로운 자료를 얻었으며, 새로운 자연 자원과 이들을 개발하는 최신 공법을 발견하였고, 우리가 지질학적 사건들에 어떻게 영향을 주고 또 영향을 받는지를 다루는 새로운 정책들을 수립하였다. 제7판에 새로 추가된 주제들뿐만 아니라 갱신된 주제들 중 일부가 아래에 나열되어 있다.

지오시스템 간의 상호작용이 생명체를 살 수 있게 한다(1장)
과거의 기후변화(2장)
석유 근원암의 연대(8장)
화성 탐사 임무의 현재 상황과 새로운 발견(9장과 11장)
아이슬란드 화산, 화산재 구름 및 항공 교통(12장)
뉴질랜드의 크라이스트처치에서 발생한 2010년 9월의 지진
　(13장)
일본의 도후쿠에서 발생한 2011년 3월의 지진과 쓰나미(13장)
이탈리아의 라퀼라에서 발생한 지진과 이후 재판에 대한 지구
　이슈 에세이(13장)
2010년 1월 아이티 지진(13장)

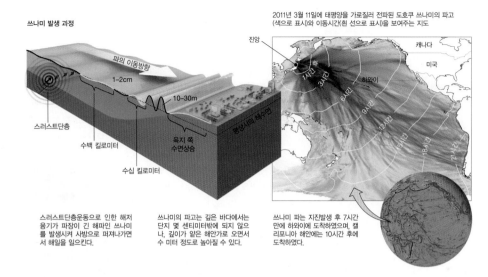

쓰나미 발생 과정

2011년 3월 11일에 태평양을 가로질러 전파된 도호쿠 쓰나미의 파고 (색으로 표시)와 이동시간(흰 선으로 표시)을 보여주는 지도

스러스트단층운동으로 인한 해저 융기가 파장이 긴 해파인 쓰나미를 발생시켜 사방으로 퍼져나가면서 해일을 일으킨다.

쓰나미의 파고는 깊은 바다에서는 단지 몇 센티미터밖에 되지 않으나, 깊이가 얕은 해안가로 오면서 수 미터 정도로 높아질 수 있다.

쓰나미 파는 지진발생 후 7시간 만에 하와이에 도착하였으며, 캘리포니아 해안에는 10시간 후에 도착하였다.

그림 13.22 해저의 메가스러스트에서 발생한 지진은 해양을 가로질러 전파될 수 있는 쓰나미를 발생시킬 수 있다.

[Map by NOAA, Pacific Marine Environmental Laboratory.]

■ 지질학자가 무엇을 하는지에 대한 역설

만약 여러분이 "지질학자들은 무엇을 하나요?"라고 질문을 하면, 암석, 화산 또는 지진에 대해 연구한다는 답변을 들을 가능성이 높다. 여러 다른 과학 분야와 마찬가지로 지질학에 대한 완전한 이해는 공부를 통해서만 얻어진다. 우리는 학생들에게 휘발유 가격의 일부는 석유 저류층을 연구하는 지질학자에 의해 좌우되고, 지질학자들이 안전한 빌딩 건축 부지를 결정하는 데 도움을 주며, 수도꼭지에서 흘러나오는 물도 지질학자들의 도움으로 얻어진다는 것을 학생들에게 가르치는 것은 교육자인 우리에게 달려있다. 기초 지질학 과목은 우리에게 학생들과 함께 지질학의 아름다움과 힘을 나누는 기회가 될 뿐 아니라, 모든 과학자들의 연구와 주변 세계에 대한 이해를 증진시키는 특별한 기회가 된다. 다음의 사항들은 지질학자들이 하는 일에 학생들의 참여를 끌어내고자 하는 우리들의 노력에 도움을 준다.

지질학 실습은 모든 단계에서 학생들이 최첨단 연구와 문제해결에 접근할 수 있게 함으로써 학생들을 각 분야에서 현재 진행중인 중요한 연구와 친해지게 하는 데 도움을 준다. 이 연습문제들은 주제에 기반한 토론이나 활동을 위한 충분한 배경지식을

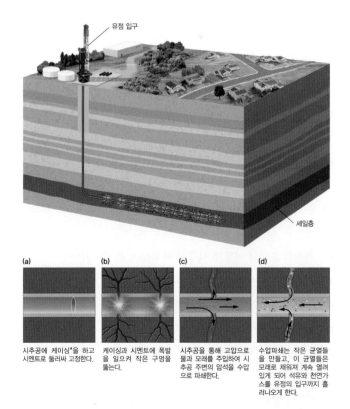

유정 입구

셰일층

(a) 시추공에 케이싱*을 하고 시멘트로 둘러싸 고정한다.

(b) 케이싱과 시멘트에 폭발을 일으켜 작은 구멍을 뚫는다.

(c) 시추공을 통해 고압으로 물과 모래를 주입하여 시추공 주변의 암석을 수압으로 파쇄한다.

(d) 수압파쇄는 작은 균열들을 만들고, 이 균열들은 모래로 채워져 계속 열려있게 되어 석유와 천연가스를 유정의 입구까지 흘러나오게 한다.

그림 23.15 수압파쇄법(프래킹)은 셰일 및 기타 조밀한 지층에서 석유와 가스를 생산하는 기술이다. 먼저 시추공 속에 고압으로 물과 모래를 주입하여 암층 내에 균열을 만든 후, 균열을 통해 석유와 천연가스가 더 쉽게 흘러나오게 하여 지상으로 뽑아낸다. 시추공은 흔히 수평으로 놓여 있는 셰일층을 관통하기 위하여 수평방향으로 뚫는다.

지질학 실습

히말라야는 얼마나 빨리 솟아오르는가? 그리고 얼마나 빨리 침식되는가?

세계에서 가장 높고 가장 험한 산맥인 히말라야는 인도와 아시아의 충돌에 의해 야기된 스러스트단층으로 솟아오르고 있다(그림 10.15 참조). 얼마나 빨리 솟아오르는가? 그리고 얼마나 빨리 침식되고 있는가? 이런 질문에 대한 답은 정확한 지형도 작성에 달려 있다.

1800년 2월 6일 영국군 보병 제33연대의 윌리엄 램턴(William Lambton) 대령은 19세기의 가장 야심찬 과학 프로젝트인 '인도의 대 삼각측정'을 시작하라는 명령을 받았다. 다음 수십 년에 걸쳐 램턴과 그 후계자 조지 에베레스트(George Everest)가 이끄는 겁 없는 영국 탐험가들은 인도 아대륙의 정글 속으로 큰 망원경과 무거운 탐사장비를 힘겹게 끌고 가서, 고지대에 설치된 측량 기준탑의 위치를 삼각측량하고, 이로부터 그로부터 지구의 크기와 모양을 정확하게 확립할 수 있었다. 그러던 중 1852년 측량사들은 지도에 '피크 15'로만 알려져 있는 모호한 히말라야 봉우리가 지구상에서 가장 높은 산임을 발견하였다. 그들은 바로 그들의 전 탐사대장을 기념해 에베레스트산으로 명명하였다. 이 산의 공식적인 티베트 이름은 초모룽마인데 '우주의 어머니'란 의미이다.

램턴이 탐험을 시작한 지 거의 정확하게 200년 후인 2000년 2월 11일에 미국의 나사(NASA)는 '셔틀 레이더 지형 임무(SRTM)'라는 또 다른 위대한 탐사를 시작했다. 우주왕복선 인데버(Endeavour)호는 2개의 큰 레이더 안테나를 낮은 지구궤도로 가져갔다. 하나는 화물칸에, 다른 하나는 60m까지 뻗을 수 있는

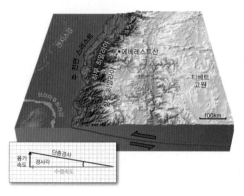

히말라야 단면도. 산맥을 융기시키는 스러스트단층의 대략적인 위치를 보여준다. 경사각은 약 10도이다.

제공한다. 각 에세이는 문제의 상세한 시각화뿐만 아니라 학생들에게 독자적으로 자신의 지식을 적용할 것을 요구하는 질문이 포함되어 있다. 지질학 실습은 다음과 같은 질문을 제시한다.

■ 지구는 얼마나 큰가?
■ 바하에서 무슨 일이 일어났는가? 어떻게 지질학자들이 판의 운동을 재구성하는가?
■ 광산 채굴을 할 가치가 있는가?
■ 어떻게 가치가 큰 금속광상이 형성되는가?
■ 유기물이 풍부한 셰일 : 석유와 천연가스는 어디에서 찾는가?
■ 결정광물에서 어떻게 지구의 역사를 읽을 수 있는가?
■ 지질도를 이용하여 어떻게 석유를 찾는가?
■ 어떻게 동위원소가 지구 물질의 연령을 말해주는가?
■ 어떻게 화성에 우주선을 착륙 시키는가? 7분간의 공포
■ 히말라야산맥은 얼마나 빨리 융기하고 얼마나 빨리 침식되는가?
■ 지구생물학자들은 암석 속에서 어떻게 초기 생명체의 증거를 찾는가?
■ 시베리아 트랩은 대량멸종의 결정적인 증거인가?
■ 지진을 통제할 수 있을까?

■ 지각평형의 원리 : 왜 대양은 깊고 산맥은 높을까?
■ 탄소 순환에서 누락된 탄소는 어디로 갔을까?
■ 사면을 불안정하게 만드는 요인은 무엇인가?
■ 우물에서 얼마나 많은 물을 생산할 수 있을까?
■ 오늘 뱃놀이가 가능할까? 강의 수위 자료로 안전하고 즐거운 수상 여행 계획 세우기
■ 사막화의 범위를 예측할 수 있을까?
■ 해빙 복원 작업이 효과가 있는가?
■ 왜 해수면이 상승하는가?
■ 하천은 기반암을 얼마나 빠르게 침식시키는가?

구글어스 과제. 인공위성에서 찍은 지구의 이미지는 뉴스 프로그램, 지도와 관련된 웹 사이트, 그리고 여러 대중 매체에서 보편적으로 다뤄지고 있다. 구글어스는 가장 널리 사용되는 가상 지구 브라우저다. 구글어스 과제는 학생들이 이러한 이미지와 소프트웨어에 친숙함을 이용하여 지질학적으로 중요한 장소를 집중적으로 탐구하도록 안내한다. 균형 잡힌 관찰, 핵심 지질학 개념, 지리적 인식, 안내된 탐구, 그리고 능동적 학습을 통해 학생들은 일련의 질문에 답하며 독특하고 통찰력 있는 경험을 하게 된다. 적절한 위치로 이동하고 제공되는 이미지로 위치를 확인한 후 학생들은 질문들에 대하여 자유롭게 답하거나 또는 응답을 자동으

저자 서문 ■ ix

 구글어스 과제

지구상에서 가장 풍부한 풍화와 운반의 매체들 중 하나인 물은 한 곳에서 다른 곳으로 끊임없이 물질을 이동시키고 있다. 구글어스는 이처럼 독특한 지표작용을 해석하고 평가하는 데 이상적인 도구이다. 미시시피강과 같은 큰 강은 하천 시스템이 얼마나 효율적으로 대륙의 산악지대(근원지)에서 퇴적물을 모아서 삼각주가 형성되는 바다(퇴적지)까지 운반할 수 있는지를 보여준다. 미시시피강의 배수유역에서 여러분은 어떤 종류의 하계망 패턴(배수 패턴과 하도 패턴)을 찾는가? 강이 하류로 가면서 하도의 경사는 어떻게 변하는가? 우리는 구글어스를 통해 이러한 질문들과 많은 다른 질문들에 대해서 탐구할 수 있다.

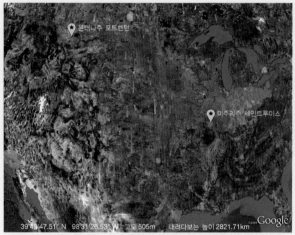

Image © USDA Farm Service Agency Image © 2009 TerraMetrics Data SIO, NOAA, U.S. Navy, GEBCO

이 사진은 미시시피강의 발원지(포트벤턴)에서 뉴올리언스 근처의 멕시코만으로 들어가는 지점까지에 이르는 대륙 규모의 미시시피강을 보여준다.

위치 미국의 미주리-미시시피 배수유역

목표 하천 시스템에 의해 퇴적물의 근원지로부터 퇴적지까지의 운반과정을 이해하고, 포인트바, 침식된 바깥쪽 제방 및 우각호를 가지고 있는 곡류하천을 관찰하기

참고 그림 18.20

로 저장하고 등급을 매기는 지질학포탈(GeologyPotal)에서 질문에 답할 수 있다.

야외 스케치 지질학 개론은 특별히 매우 시각적인 과목으로 널리 알려져 있다. 우리는 강좌와 교과서에 환상적인 자연 경관과 현상을 보여줄 수 있다. 많은 사진들은 현장감 있는 야외 스케치를 동반하고 있어 지층을 관찰할 때 학생들이 보는 것과 지질학자들이 보는 것 사이의 간격을 메우려고 노력하였다. 야외 스케치 방식을 이용하여 학생들이 지질학자가 실제로 작업하는 방식을 이해할 수 있게 하고, 학생들이 매일 보는 지질구조를 더 잘 이해할 수 있도록 돕고자 하였다.

그림 10.7 와이오밍주에 있는 티턴산맥의 위성자료로 합성한 이미지. 2,000m 이상의 기복을 갖는 산맥의 가파른 동쪽 면은 베이슨앤레인지 지역의 북동부 가장자리를 따라 일어난 정단층운동의 결과이다. 이는 북동에서 남서로 본 것이다. 이미지 중앙 근처의 그랜드티턴산은 4,200m 고도로 솟아 있다. 이사진은 북동쪽에서 남서쪽으로 바라본 것이다. 사진 중앙 근처의 그랜드티턴산은 4,200m 고도로 솟아 있다.

[NASA/Goddard Space Flight Center, Landsat 7 Team.]

x

제1장 지구시스템

제2장 판구조론 : 통합 이론

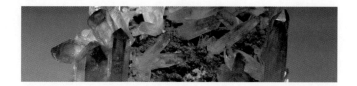

제3장 지구의 물질 : 광물과 암석

제4장 화성암 : 용융체로부터 형성된 고체

제5장 퇴적작용 : 지표에서의 작용으로 형성된 암석들

제9장 지구형 행성의 초기 역사

제10장 대륙의 역사

제11장 지구생물학 : 지구와 상호작용하는 생명체

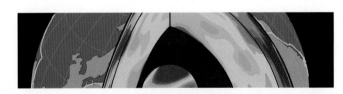

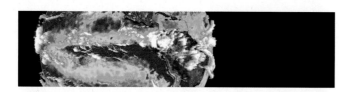

제17장 수문순환과 지하수

제18장 하천 운반 : 산맥에서 해양까지

제19장 바람과 사막

제20장 해안선과 해분

제21장 빙하 : 얼음의 작품

제22장 경관지형의 발달

제23장 지구환경과 인간의 영향

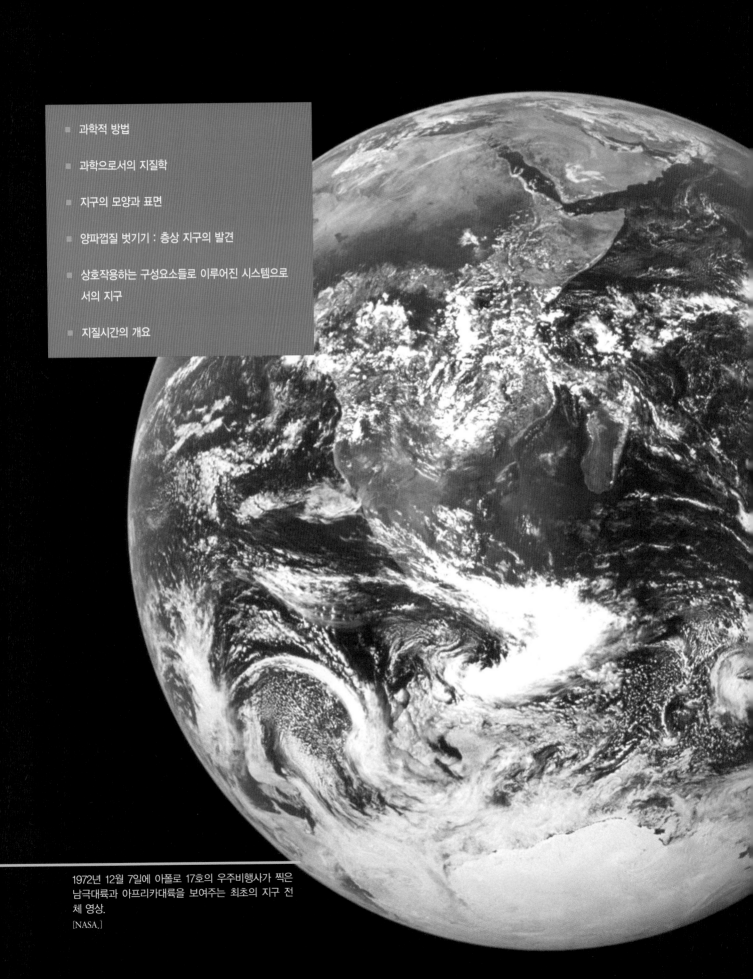

1972년 12월 7일에 아폴로 17호의 우주비행사가 찍은 남극대륙과 아프리카대륙을 보여주는 최초의 지구 전체 영상.
[NASA.]

지구시스템

지구는 우리 인간을 포함하여 수백만 종의 생물들이 살고 있는 유일한 공간이다. 우리는 아직까지 지구처럼 생명을 유지하는 데 필수적인 미세한 균형을 가진 행성을 발견하지 못하였다. 지질학 (geology)은 지구를 연구하는 과학으로서 지구가 어떻게 태어났고, 어떻게 진화하였으며, 어떻게 작용하고, 어떻게 하면 우리가 이 생명의 서식처를 유지할 수 있을지에 대하여 연구한다. 지질학자들은 많은 기본적인 질문들에 대한 해답을 찾기 위해 노력한다. 이 행성은 어떤 물질들로 이루어져 있을까? 대륙과 해양은 왜 존재하는 것일까? 히말라야, 알프스, 그리고 로키산맥은 어떻게 그렇게 높이 융기하게 되었을까? 왜 어떤 지역에는 지진이나 화산폭발이 일어나고 다른 지역들은 그렇지 않을까? 지표의 환경과 그 위에서 살아가는 생명체들은 수십억 년 동안 어떻게 진화해왔을까? 우리는 여러분이 이러한 흥미로운 질문들에 대한 답을 찾게 될 것이라고 생각한다. 지질학에 입문한 것을 환영한다!

이 책의 지질학적 논의들은 거의 모든 장에서 나오는 다음 세 가지 기본개념을 중심으로 구성되었다. (1) 상호작용하는 요소들로 이루어진 시스템으로서 지구, (2) 지질학의 통합이론으로서 판구조론, (3) 지질학적 시간 동안 지구시스템 내의 변화.

이 장에서는 지질학자들이 생각하는 방법에 대해 대략적으로 서술하고 있다. 이는 과학적인 방법, 즉 모든 과학적 의문에 있어 기본이 되는 우주의 모습에 대한 관찰적 접근으로부터 시작할 것이다. 이 책을 통하여 실제로 지구과학자들이 우리의 행성에 대한 정보를 어떻게 수집하고 해석하는지를 알게 됨으로써 과학적인 방법에 대해 이해하게 될 것이다. 첫 번째 장에서는 지구의 형태와 내부의 층상 구조와 같은 기본적 특징들을 발견하는 데 과학적 방법을 어떻게 적용시키는지에 대해 설명할 것이다.

수백만 년 또는 수십억 년 된 특징들을 설명하기 위해서 지구과학자들은 현재 지구상에서 어떤 일이 일어나고 있는지를 살펴보아야 한다. 우리는 복잡한 자연세계에 대한 연구를 서로 관련되어 있는 많은 구성요소들로 이루어진 지구시스템(Earth system)으로 소개할 것이다. 대기 및 해양과 같은 이러한 구성요소들 중

일부는 지구의 고체 표면 위에서 명확하게 볼 수 있지만, 다른 요소들은 지구내부 깊은 곳에 숨겨져 있다. 이러한 구성요소들이 상호작용하는 방법을 관찰하면서, 과학자들은 지구시스템이 지질학적 시간 동안 어떻게 변해왔는지에 대한 이해를 축적해왔다.

또한 시간에 대한 지질학자의 관점을 소개할 것이다. 지질학적 역사의 방대한 기간을 이해하기 시작하면서 여러분은 시간에 대해 달리 생각하게 될 것이다. 우리 태양계 내에서 지구를 비롯한 여러 행성들은 약 45억 년 전에 형성되었다. 30억 년 이상 전에 살아 있는 세포들이 지구표면에 출현하였으며, 생명체는 그 이후에 진화하였다. 우리 인간의 기원은 단지 몇백만 년 전으로 거슬러 올라가는데, 이는 지구나이의 0.1% 이하에 불과하다. 따라서 수십 년에 불과한 개인의 수명(삶) 또는 수천 년에 걸친 인류의 역사 기록조차도 지구의 기나긴 역사를 연구하기에는 적당하지 않다.

■ 과학적 방법

지질학(geology)이라는 용어('지구'와 '지식'을 뜻하는 그리스어 단어에서 유래)는 암층과 화석에 대한 연구를 서술하기 위해 200년 이상 전의 과학 철학자들에 의해 만들어졌다. 이들의 후계자들은 관찰과 추론을 통해 이 책의 주요 주제인 생물학적 진화, 대륙이동, 그리고 판구조론에 대한 이론들을 발달시켰다. 오늘날 **지질학**(geology)은 이 행성의 모든 측면에 대해 연구하는 지구과학의 한 분과로 자리잡았다. 즉, 지구의 역사, 지구의 조성과 내부구조, 그리고 지구의 표면 특징들을 연구한다.

지질학의 목표—일반적으로 모든 과학의 목표—는 물리적인 우주를 설명하는 것이다. 비록 어떠한 물리적 사건들이 현재 우리의 이해 능력을 넘어선다 할지라도, 과학자들은 모든 물리적인 사건들은 물리적으로 설명될 수 있다고 믿는다. 모든 과학자들이 의존하는 **과학적 방법**(scientific method)은 체계적인 관찰과 실험을 통해 우주가 어떻게 작용하는지를 알아내기 위한 일반적인 절차를 말한다. 과학적 방법을 사용하여 새로운 발견을 하고 이전의 발견을 확인하는 것은 과학적 연구의 과정이다(그림 1.1).

과학자들이 가설(hypothesis)—관찰과 실험을 통해 수집된 자료에 기초한 잠정적인 설명—을 제안할 때, 그들은 그 가설을 학계에 발표하여 비평과 반복적인 검증이 이루어지도록 한다. 만약 이러한 가설이 새로운 자료들을 설명하거나 새로운 실험의 결과를 예측한다면, 그 가설은 지지를 받게 된다. 다른 과학자들에 의해 검증된 가설은 신뢰를 얻게 된다.

여기에 우리가 이 책에서 만나게 될 4개의 흥미로운 과학적 가설들이 있다.

그림 1.1 과학적 연구는 실제 세계에 대한 관찰을 통해 발견하고 확인하는 과정이다. 이 지질학자들은 미네소타의 한 호수 근처에서 채취한 토양표본을 연구하고 있다. [USGS.]

- 지구의 나이는 수십억 년이다.
- 석탄은 죽은 식물로부터 형성된 암석이다.
- 지진은 단층을 따라 암석이 파괴되면서 발생한다.
- 화석연료의 연소는 지구온난화를 일으킨다.

첫 번째 가설은 정교한 실험장비들로 측정된 수천 개 고대의 암석들의 나이와 일치하며, 다음 2개의 가설들은 많은 독립적인 관찰들을 통해 역시 입증되었다. 네 번째 가설은 많은 새로운 데이터들이 이 가설을 지지하고 있어 오늘날 대부분의 과학자들은 이것을 사실로 받아들이고는 있지만 많은 논란의 여지가 있어왔다(제15장과 제23장을 보라).

자연의 어떤 측면을 설명하는 일련의 일관성 있는 가설들은 이론(theory)을 구성하게 된다. 좋은 이론들은 상당량의 데이터에 의해 뒷받침되며 반복되는 도전에서 살아남았다. 그들은 보통 뉴턴의 중력법칙과 같이 거의 모든 상황에서 적용될 수 있는 우주의 작동 방법에 대한 일반 원리인 **물리적 법칙(physical laws)**을 따른다.

일부 가설과 이론들은 너무 광범위하게 검증되어서 거의 모든 과학자들이 그것을 사실 또는 사실에 거의 근접한 것으로 받아들인다. 예를 들어 뉴턴의 중력법칙에서 나온 지구가 거의 구형이라는 이론은 많은 경험과 직접적인 증거(우주비행사에 물어보라)에 의해 지지되고 있어서 우리는 그것을 사실로 받아들인다. 어떤 이론이 모든 과학적 도전을 이겨내고 오래 견디면 견딜수록 그 이론에 대한 확신은 더욱 높아지게 된다.

그러나 이론들은 결코 완전하게 입증되었다고 간주될 수 없다. 설명이 아무리 믿을 수 있고 호소력이 있다고 할지라도 미심쩍어하는 질문에는 반드시 답을 해야 한다는 데 과학의 본질이 있다. 새로운 증거가 나와 어떤 이론이 잘못된 것임이 밝혀진다면, 과학자들은 그 이론을 폐기하거나 그 자료를 설명할 수 있도록 수정해야 할 것이다. 이론은 가설처럼 항상 검증 가능해야 한다―따라서 자연계를 관찰해서 평가할 수 없는 우주에 관한 모든 제안은 과학적인 이론이라고 불릴 수 없다.

연구에 종사하는 과학자들에게 가장 흥미로운 가설은 가장 널리 받아들여지는 가설들이 아니라 논쟁의 여지가 많은 가설들이다. 화석연료를 태우는 것이 지구온난화의 원인이라는 가설은 널리 논의되어왔다. 이 가설에 대한 장기적인 예측이 매우 중요하기 때문에 많은 지구과학자들은 지금 이를 적극적으로 테스트하고 있다.

많은 가설과 이론에 근거한 지식은 **과학적 모델(scientific model)**―자연과정들이 어떻게 작동하고, 자연시스템이 어떻게 행동하는지에 대해 정확하게 나타내는 것―을 만드는 데 이용될 수 있다. 모델은 관련 아이디어들과 결합되어 예측에 활용되며, 과학자들은 이 모델을 활용하여 어떤 지식의 일관성을 시험하기도 한다. 좋은 가설이나 이론처럼 좋은 모델은 관측에 잘 부합하는 예측을 한다.

과학적 모델은 흔히 수치 계산을 이용하여 자연시스템의 동작을 모사하는 데 쓰이는 컴퓨터 프로그램으로 만들어진다. 오늘 밤 TV에서 볼 수 있는 비 또는 일조에 관한 예보는 날씨의 컴퓨터모델에서 나온다. 컴퓨터는 실험실에서 모사하기에 너무 크거나 사람이 관찰하기에 너무 긴 시간 동안 진행되는 지질학적 현상들을 재현할 수 있게 프로그래밍 될 수 있다. 예를 들어 날씨를 예측하는 데 쓰이는 모델들은 수십 년 후의 기후변화를 예측하도록 확장되어왔다.

과학자들은 아이디어에 대한 토론을 장려하기 위하여 그들의 의견과 이에 기반이 되는 데이터를 서로 공유한다. 또한 그들이 발견한 것들을 전문적인 회의에서 발표하거나, 전문 저널에 투고하거나, 동료에게 비공식적인 대화로 설명하기도 한다. 과학자들은 과거의 발견으로부터 배울 뿐만 아니라 서로의 연구로부터도 배운다. 위대한 과학적 개념들의 대부분은 갑작스러운 통찰력에 의한 것이든 오랜 기간에 걸친 힘든 연구의 산물이든지 간에 셀 수 없는 이러한 상호작용의 결과인 것이다. 알버트 아인슈타인(Albert Einstein)은 다음과 같이 표현하였다. "과학에서… 개인의 연구는 그의 과학적 선배 및 동시대인들의 연구와 밀접하게 연관되어 있으므로 그 연구는 거의 그 시대의 특정 개인의 산물이라고 볼 수 없다."

한편 이러한 자유로운 지적 교환은 남용의 대상이 될 수도 있기 때문에, 과학자들 사이에서는 윤리 강령이 진화해왔다. 과학자들은 다른 과학자들이 자신의 연구에 공헌하였음을 인정해야 한다. 데이터를 위조해서는 안 되며, 다른 사람의 연구를 허락 없이 사용해서도 안 되고, 그들의 연구를 속여서도 안 된다. 과학자들은 또한 차세대 연구자와 교사를 양성하는 것에 대한 책임도 받아들여야 한다. 이러한 원칙들은 과학적 협력의 기본가치에 의해 보장되는데, 미국국립과학아카데미(National Academy of Sciences)의 원장 Bruce Alberts는 이를 적절하게 "정직, 관대함, 증거 존중, 모든 생각과 의견에 대한 개방성."으로 표현하였다.

■ 과학으로서의 지질학

과학자들은 인기 있는 대중매체에서 보통 흰옷을 입고 실험을 하는 사람들로 묘사된다. 많은 과학적인 문제들이 실험실에서 가장 잘 규명되기 때문에 그런 고정관념이 부적절하지는 않다. 어떠한 힘이 원자들을 하나로 묶어주는가? 어떻게 화학물질들이 서로 반응하는가? 바이러스가 암을 발생시킬 수 있는가? 이러한 질문들에 답하기 위해 과학자들이 관찰하는 현상들은 실험실 환경에서 연구되기에 충분히 작으며, 빠르게 발생한다.

그러나 지질학의 주요 질문들은 훨씬 더 크고 긴 스케일에서

그림 1.2 지질학은 주로 야외에서 연구하는 과학이다. 여기에서 Peter Gray는 세인트헬렌스산의 측면에 설치한 5개의 위성위치확인시스템(GPS) 기지들 중의 하나를 용접하고 있다. 이 기지들은 녹은 암석이 화산 내부에서 위로 이동할 때 지표면의 형태가 변화하는 것을 감시할 것이다.

[USGS/Lyn Topinka.]

그림 1.3 쇄빙연구선 루이 생로랑 호(Louis S. St-Laurent)의 연구원이 대양저로부터 진흙과 퇴적물을 채집할 시료채취기인 코아러(corer)를 내린다.

[AP Photo/The Canadian Press, Jonathan Hayward.]

일어나는 과정들을 포함한다. 세심하게 관리된 실험실에서 측정된 결과들은 지질학적인 가설과 이론들을 시험하는 데 대단히 중요한 자료들—예를 들면, 암석의 연대와 성질—을 주지만 중대한 지질학적 문제를 해결하기에는 대부분 충분하지 않다. 이 책에서 묘사된 위대한 발견들은 거의 모두 통제되지 않은, 자연환경에서의 지구과정(Earth processes)들을 관찰함으로써 만들어졌다.

이러한 이유 때문에, 지질학은 그 자신만의 독특한 스타일과 관점을 갖고 있는 야외과학이다. 지질학자들은 자연을 직접 관찰하기 위해 '야외로 나간다(그림 1.2).' 그들은 가파른 경사를 오르고 드러난 암석들을 확인하면서 산이 어떻게 형성되었는지를 배우고, 지진, 화산이나 고체 지구에서 일어나는 다른 활동들에 대한 자료를 모으기 위해 정밀한 기기를 설치한다. 또한 그들은 거친 바다를 항해하며 해저지도를 만들어 해저분지가 어떻게 발달했는지 알아낸다(그림 1.3).

지질학은 바다를 연구하는 **해양학**(oceanography), 대기를 연구하는 **기상학**(meteorology), 그리고 생물들의 번성과 분포에 대해 연구하는 **생태학**(ecology)과 같은 지구과학의 다른 분야들과 밀접하게 연관되어 있다. **지구물리학**(geophysics), **지구화학**(geochemistry), 그리고 **지구생물학**(geobiology)은 지질학적인 문제들을 해결하기 위하여 물리학, 화학, 그리고 생물학의 연구방법을 적용한 지질학의 하위 분야들이다(그림 1.4).

지질학은 지구궤도 우주선에 설치된 장비와 같은 원격 감지 장치를 사용하여 지구 전체를 조사하는 **행성과학**(planetary science)이다(그림 1.5). 지질학자들은 위성으로 수집한 방대한 자료들을 분석하여 대륙의 지도를 만들고, 대기와 해양의 움직임을 기록하고, 우리의 환경이 어떻게 바뀌고 있는지를 감시할 수 있는 컴퓨터모델을 개발한다.

지질학의 특별한 면은 '암석 속에 쓰여진' 기록을 읽어서 지구의 긴 역사를 알아내는 능력에 있다. **지질기록**(geologic record)은 지구역사의 다양한 시기에 만들어진 암석들 내에 보관되어 있는 정보이다(그림 1.6). 지질학자들은 다양한 연구에서 나온 정보들을 종합하여 지질기록을 해석한다—야외에서의 암석 조사, 오래된 암층 및 젊은 암층과 관련된 층서적인 상대 위치에 대한 조사, 대표적인 표본 수집, 정밀한 실험장비를 이용한 암석의 절대연대 측정(그림 1.4b).

지질학자들의 다채로운 이야기를 기록한 개요서인 **과거 세계의 연대기**(Annals of the Former World)에서, 인기 작가인 존 맥피(John McPhee)는 지질학자들이 현장과 실험실에서의 관찰을 어떻게 통합하여 큰 그림으로 시각화하는지에 대한 자신의 견해를 제시했다.

그들은 진흙을 보며 산을 보고, 산에서 바다를, 바다에서 산을 본다. 그들은 어떤 바위에 올라가서 하나의 이야기를 찾아내고, 다른 바위에서는 다른 이야기를 찾아내고는, 이야기들을 시간 순서로 엮는다—그리고 해석된 증거들의 패턴을 통해 긴 역사를 구성하고 기록한다. 이것은 유명한 셜록 홈즈를 제외하고는 대부분의 탐정들은 상상할 수도 없는 수준의 추리이다.

지질기록은 우리가 관찰하는 현재 지구에서 일어나고 있는 과정들이 지질학적인 과거에도 거의 비슷한 방법으로 이루어졌을 것이라는 것을 보여준다. 이 개념은 **동일과정의 원리**(principle

(a)

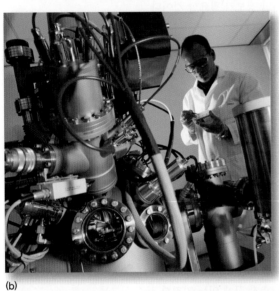

(b)

(c)

그림 1.4 많은 하위 연구분야들이 지질학 연구에 기여한다. (a) 지구물리학자들이 화산의 지하 활동을 측정하기 위하여 기기들을 배치하고 있다. (b) 지구화학자가 질량분석기로 분석할 암석 시료를 준비하고 있다. (c) 지구생물학자들이 뉴멕시코주의 칼즈배드동굴국립공원(Carlsbad Caverns)의 스파이더 동굴(Spider Cave) 안에서 사는 지하 생물들을 조사하고 있다.

[(a) Hawaiian Volcano Observatory/USGS; (b) John McLean/Science Source; (c) AP Photo/Val Hildreth-Werker.]

of uniformitarianism)로 알려지게 되었다. 이것은 18세기 스코틀랜드의 물리학자이자 지질학자인 제임스 허턴(James Hutton)에 의해 과학적 가설로 제시되었다. 1830년에 영국의 지질학자 찰스 라이엘(Charles Lyell)은 기억할 만한 명언으로 그 개념을 요약하였다. "현재는 과거의 열쇠이다(The present is the key to the past)."

동일과정의 원리는 모든 지질학적 현상들이 느리게 일어난다는 것을 의미하는 것은 아니다. 일부 매우 중요한 과정들은 갑작스런 사건으로 발생한다. 거대한 운석은 수 초 내로 지구표면에 구멍을 만들 수도 있다. 화산폭발과 지진으로 유발된 단층이 지표를 교란시키는 과정도 대부분 빠르게 발생한다. 그 밖의 과정들은 훨씬 천천히 일어난다. 대륙이 서로 점점 멀어지고, 산맥이 융기, 침식되고, 하천 시스템에 의해 두꺼운 퇴적층이 쌓이는 등의 과정들이 일어나려면 수백만 년의 시간이 필요하다. 지질학적

그림 1.5 우주비행사가 지구표면을 관찰하는 기기 장치를 점검하고 있다.

[StockTrek/SuperStock.]

그림 1.6 지질기록은 지구의 긴 역사에 대한 증거를 보존한다. 콜로라도 국립 천연기념물공원(Colorado National Monument)에 있는 여러 가지 색깔의 모래층은 미국 서부의 이 지역이 사하라사막과 같은 방대한 사막지역이었던 2억 년 이상 전에 퇴적되었다. 이 지층들은 나중에 다른 암석들에 의해 덮였고, 압력에 의해 사암으로 굳어졌고, 조산운동에 의해 융기되었으며, 바람과 물에 의해 풍화되어 현재의 눈부신 지형을 이루었다.

[Mark Newman/Lonely Planet Images/Getty Images, Inc.]

과정들은 시간과 공간에서 거대한 규모로 발생한다(그림 1.7).

동일과정의 원리는 그것이 오늘날 지구시스템에 있어 중요하다는 것을 알기 위하여 우리가 지질학적 사건들을 관찰해야 한다는 것을 의미하지 않는다. 인간은 거대한 운석의 영향을 직접 관찰한 적은 없지만, 기록된 역사를 통해 이러한 운석의 영향이 과거에도 수차례 존재하였으며 앞으로도 또다시 발생할 것이라는 사실을 알고 있다. 같은 예로, 텍사스보다 넓은 지역이 용암에 의해 뒤덮였고 화산가스로 말미암아 대기가 유독해졌던 거대한 화산분출을 들 수 있다. 지구의 오랜 역사는 드물지만 급격한 변화를 초래했던 극단적인 사건들에 의해 때때로 중단되었다. 지질학은 점진적인 변화뿐만 아니라 극단적인 사건들을 연구하는 학문이다.

허턴의 시대 이후로 지질학자들은 자연을 관찰해왔고, 오래된 암석층에서 발견되는 특징들을 해석하는 데 있어 동일과정의 원리를 적용해왔다. 이러한 접근은 매우 성공적이었다. 그러나 허턴의 원리는 지질과학을 현재 행해지고 있는 것으로 너무 제한하고 있다. 현대 지질학에서는 지구역사의 전 범위를 다루어야 하며, 이는 45억 년 전으로부터 시작된다. 제9장에서 보게 될 것처럼, 지구의 초기 역사는 격렬한 과정에 의해 형성되었으며, 이는 오늘날 진행 중인 과정들과는 분명히 다르다. 이러한 역사를 이해하기 위해서는 지구의 내부 깊은 곳뿐만 아니라 지구의 모양과 표면에 대한 정보가 필요할 것이다.

■ 지구의 모양과 표면

과학적 방법은 지구의 모양과 표면을 연구하는 매우 오래된 지구과학의 한 갈래인 **측지학**(geodesy)에 그 뿌리를 두고 있다. 지구가 평평하지 않고 둥글다는 개념은 기원전 6세기경 그리스와 인도의 철학자들에 의해 발전되었고, 그것은 기원전 330년경에 쓰인 아리스토텔레스의 유명한 논문인 **기상론**(Meteorologica, 최초의 지구과학 교재)에 쓰인 지구에 관한 이론의 기초가 되었다. 기원전 3세기에 에라토스테네스(Eratosthenes)는 지구의 반지름을 구하기 위해 영리한 실험을 하였고, 지구의 반지름은 6,370km로 측정되었다(이 장 끝에 있는 지질학 실습 참조).

훨씬 더 정확한 측정들은 지구가 완벽한 구가 아님을 보여주었다. 지구는 자전 때문에 적도에서 약간 불룩해지고 극에서는 납작해진다. 또한 산과 계곡 및 기타 지표면의 고도 변화에 의해 지표면의 부드러운 곡률은 깨진다. 이 **지형**(topography)은 해수면을 기준으로 측정되며, 해수면은 회전하는 지구에서 예상되는 납작해진 구 형태와 가장 일치하는 해수면의 평균높이로 설정된 매끄러운 면이다. 지질학적으로 중요한 많은 특징들은 지구의 지형에서 두드러지게 나타난다(그림 1.8). 지구 지형의 가장 큰 두 특징은 해발 고도 0~1km인 대륙과 해수면 아래 수심 4~5km의 해양분지이다. 지구표면의 고도는 가장 높은 지점(해수면 위 8,850m인 히말라야의 에베레스트산)으로부터 가장 낮은 지점(해수면 아래 수심 1만 1,030m인 태평양의 마리아나 해구에 있는 챌린저 해연)까지 거의 20km 범위에서 변한다. 히말라야산맥

수억 년에 걸쳐 퇴적층들이 가장 오래된 암층 위에 쌓였다. 가장 최근의 지층—꼭대기 층—은 2억 5,000만 년 전에 퇴적되었다.

약 5만 년 전에 운석(아마 30만t의 무게)의 폭발적인 충격이 단 몇 초 만에 이처럼 직경 1.2km인 크레이터를 만들었다.

(a)

그랜드캐니언 밑바닥의 암석은 17~20억 년의 나이를 가진다.

(b)

그림 1.7 어떤 지질학적 과정들은 수십만 년에 걸쳐 일어나는 데 반하여, 다른 과정들은 눈부시게 빠른 속도로 일어난다. (a) 애리조나주의 그랜드캐니언. (b) 애리조나주의 미티오 크레이터(Meteor Crater, 운석 충돌구).
[(a) John Wang/PhotoDisc/Getty Images; (b) John Sanford/Science Source.]

이 우리에게는 커 보이지만, 그 고도는 지구직경의 약 1/1,000에 불과할 정도로 매우 작은 부분일 뿐이다. 이로 인해 지구는 우주 공간에서 보았을 때 매끄러운 구처럼 보인다.

■ 양파껍질 벗기기 : 층상 지구의 발견

고대의 철학자들은 우주를 위는 천국, 아래는 지옥이라는 두 부분으로 나누었다. 하늘은 투명하고 빛으로 가득하였으며, 하늘의 별과 그 주위의 행성이 움직이는 경로를 직접 관찰할 수 있었다. 그러나 지구내부는 어둡고 인간이 볼 수 없는 세계였다. 또한 어떤 지역들에서는 땅이 흔들리고 뜨거운 용암이 분출하였다. 확실히 지구아래에서는 어떤 무서운 일들이 벌어지고 있었다!

약 한 세기 전까지도 이러한 의문은 그대로 남아 있었는데, 이 무렵 지질학자들은 광파가 아닌 (광파는 암석을 뚫고 지나갈 수 없다.) 지진에 의해 발생된 파를 이용하여 지구내부를 들여다보게 되었다. 지질학적 힘으로 말미암아 강성체인 암석에 균열이 생길 때, 강의 얼음에 균열이 생길 때 방출되는 경우와 같이 진동이 방출되면서 지진이 발생한다. 지진계(seismometer)라고 불리는 민감한 장치에 기록되는 이러한 지진파(seismic wave, 그리스어로 '지진'이란 뜻의 *seismos*로부터 기원)는 지질학자들에게 지진의 발생 위치를 알려주며, 지구내부 모습에 대한 정보를 제공해주는데, 이는 의사가 초음파와 CAT 영상을 이용하여 우리 몸 내부의 이미지를 얻는 것과 같다. 19세기 말에 최초의 지진계 네트워크가 전 세계에 설치되었을 무렵, 지질학자들은 지구내부가 구성성분이 다른 여러 개의 동심원상 층들과 명확한 구형의 경계로 나누어져 있음을 알게 되었다(그림 1.9).

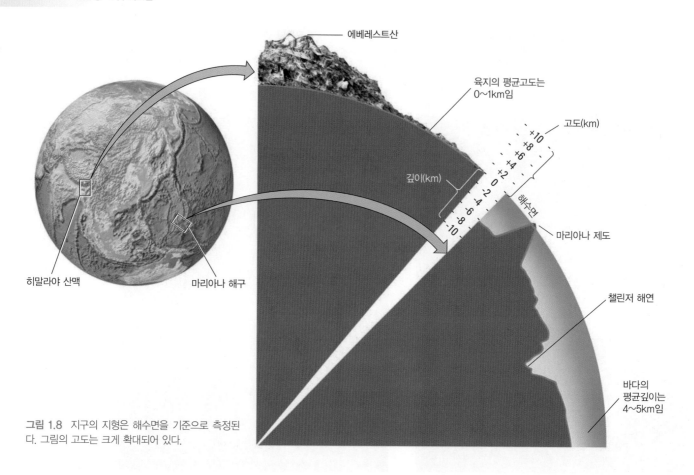

그림 1.8 지구의 지형은 해수면을 기준으로 측정된다. 그림의 고도는 크게 확대되어 있다.

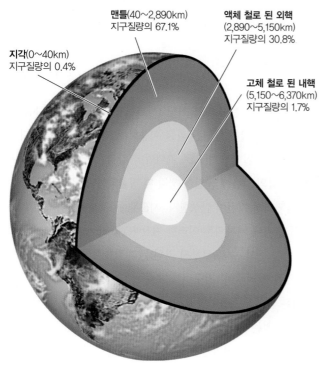

그림 1.9 지구의 전체 질량에 대한 퍼센트와 깊이로 나타낸 지구의 주요 층상 구조.

지구의 밀도

지구의 내부가 층상으로 이루어졌다는 것은 많은 지진데이터를 이용할 수 있기 전인 19세기 말에 독일의 물리학자인 에밀 비혜르트(Emil Wiechert)에 의해 처음으로 제안되었다. 그는 우리의 행성이 왜 이렇게 무거운지, 더 정확하게 말하면 왜 이토록 밀도가 높은지 그 이유를 알고 싶어 했다. 물질의 밀도는 계산하기 쉬우며, 일정한 규모의 질량을 측정하여 그것의 부피로 나누어주면 된다. 묘비를 만드는 데 사용되는 화강암 같은 일반적인 암석은 약 2.7g/cm³의 밀도를 가진다. 행성 전체의 밀도를 측정하는 것은 약간 더 어렵지만 그렇게 어렵지는 않다. 에라토스테네스는 기원전 250년에 지구의 부피를 어떻게 측정할 수 있는지 보여주었으며, 1680년경 영국의 위대한 과학자 아이작 뉴턴(Isaac Newton)은 지표로 물체를 끌어당기는 중력을 이용하여 지구의 질량을 계산하는 방법을 설명하였다. 뉴턴의 중력법칙을 보정하기 위한 구체적인 실험이 또 다른 영국인 헨리 캐번디시(Henry Cavendish)에 의해 수행되었다. 1798년 그는 지구의 평균밀도를 묘비의 화강암 밀도의 2배인 약 5.5g/cm³ 정도로 계산하였다.

비혜르트는 의아해했다. 그는 일반적인 암석으로만 구성되어 있는 행성은 그렇게 높은 밀도를 가질 수 없다는 것을 알았다. 화강암 같은 가장 일반적인 암석들은 높은 함량의 실리카(규소 + 산소, SiO_2)를 포함하고 있으며, $3g/cm^3$ 이하의 비교적 낮은 밀도를 갖는다. 화산작용에 의해 지표로 나온 일부 철이 풍부한 암석들은 $3.5g/cm^3$ 정도의 밀도를 가지고는 있지만, 일반적인 암석들 중 캐번디시의 추정값에 도달하는 암석은 아무것도 없었다. 그는 지구내부로 들어갈수록 암석에 미치는 압력은 그 위에 있는 물질들의 무게에 비례하여 증가한다는 사실도 알고 있었다. 압력은 암석을 압착하여 부피를 감소시키며, 따라서 암석의 밀도를 증가시키게 된다. 그러나 비헤르트는 압력의 효과가 너무 작아 캐번디시가 계산한 밀도를 설명할 수 없다는 것을 발견하였다.

맨틀과 핵

지표면 아래에 무엇이 있는지에 대한 생각을 하면서 비헤르트는 태양계, 특히 태양계의 일부분이면서 지구에 떨어진 운석으로 관심을 돌리게 되었다. 그는 일부 운석들은 2개의 무거운 금속인 철과 니켈의 합금(혼합물)으로 구성되어 있어 $8g/cm^3$에 이르는 높은 밀도를 갖고 있다는 것도 알고 있었다(그림 1.10). 또한 그는 이러한 원소들이 태양계에 비교적 풍부하게 존재한다는 사실도 알고 있었다. 그래서 1896년에 그는 위대한 가설을 발표하였다—지구의 과거 언젠가에 지구의 철과 니켈은 중력에 의해 대부분 지구중심부로 가라앉았다. 이러한 이동이 고밀도의 **핵**(core)을 형성하였으며, 핵은 규산염이 풍부한 암석층, 즉 비헤르트가 **맨틀**(mantle, 독일어로 '외투'를 의미)이라 부른 층으로 둘러싸였다.

이러한 가설로부터 그는 캐번디시의 지구 평균밀도값에 부합하는 2층 지구모델을 제안할 수 있었다. 그는 철–니켈 운석의 존재도 설명할 수 있었다—이들 운석은 지구와 유사한 행성(또는 행성들)이 다른 행성들과 충돌하여 부서질 때 그 행성의 핵에서 떨어져나온 덩어리들이다.

비헤르트는 전 세계에 설치된 지진계에 기록된 지진파를 이용하여 그의 가설을 검증하는 일에 착수하였다. 첫 번째 결과에서 핵이라고 생각한 희미한 지구내부 물질을 보여주었으나, 지진파의 일부를 확인하는 데에는 어려움이 있었다. 이러한 지진파는 기본적인 두 유형으로 전달된다—압축파(compressional waves)는 통과하는 물질을 압축 및 팽창하면서 이동하는 파로서 고체, 액체, 기체를 통과할 수 있다. 전단파(shear waves)는 물질을 상하로 움직이며 이동하는 파이다. 전단파는 오직 전단력에 대해 저항하는 고체만을 통과할 수 있으며, 공기와 물처럼 이러한 유형의 운동에 저항성이 없는 유체(액체 또는 기체)는 통과할 수 없다.

1906년, 영국의 지진학자 로버트 올드햄(Robert Oldham)은 여러 형태의 지진파가 지나가는 경로를 구별해냈고, 전단파가 핵을 통과하지 못한다는 사실을 밝혀냈다. 따라서 핵, 적어도 핵의 외곽부는 액체였다! 이는 그리 놀라운 사실이 아니다. 철은 규산염에 비해 낮은 온도에서 용융되는데, 이것이 바로 야금학자들이 용융된 철을 담을 때 세라믹(규산염 형태)으로 만들어진 용기를 사용하는 이유이다. 지구내부의 깊은 곳은 철과 니켈 합금을 용융시킬 정도로 매우 뜨겁지만 규산염 암석을 용융시킬 수는 없다. 비헤르트의 학생이었던 베노 구텐베르크(Beno Gutenberg)는

(a)

(b)

그림 1.10 두 가지 일반적인 종류의 운석. (a) 이 석질 운석은 지구의 규산염 맨틀과 조성이 비슷하며, $3g/cm^3$ 정도의 밀도를 가진다. (b) 이 철–니켈 운석은 지구의 핵과 조성이 비슷하며, $8g/cm^3$ 정도의 밀도를 가진다.

[John Grotzinger/Ramón Rivera–Moret/Harvard Mineralogical Museum.]

1914년에 핵의 외곽부분이 액체라는 올드햄의 관찰결과를 확인하였고, 핵과 맨틀의 경계(core-mantle boundary)가 약 2,890km의 깊이에 존재한다는 것을 밝혀내었다(그림 1.9 참조).

지각

이보다 5년 전, 한 크로아티아의 과학자는 유럽대륙 아래 40km의 상대적으로 얕은 깊이에 또 다른 경계가 존재함을 발견하였다. 발견자의 이름을 따서 **모호로비치치 불연속면**[Mohorovičić discontinuity, 짧게 '모호(moho)'라고도 함]이라 불리는 이 경계는 알루미늄과 칼륨이 풍부한 저밀도 규산염으로 구성된 **지각**(crust)과 마그네슘과 철의 함량이 높은 고밀도 규산염으로 구성된 맨틀을 구분하는 경계이다.

핵-맨틀의 경계와 같이 모호면도 전 세계적으로 분포한다. 하지만 실제로는 대륙하부에 비해 해양하부에서 그 깊이가 더 얕다. 지구규모에서 보면 해양지각의 평균두께는 대륙의 평균두께 40km와 비교했을 때 약 7km에 지나지 않는다. 게다가 해양지각의 암석은 철을 더 많이 포함하므로 대륙의 암석에 비해 밀도가 높다. 대륙지각은 해양지각에 비해 더 두껍긴 하지만 밀도가 낮기 때문에, 대륙은 빙산이 해양에 떠 있는 것처럼 밀도가 높은 맨틀 위에 부력으로 떠 있는 뗏목처럼 높이 부유하게 된다(그림 1.11). 대륙의 부력으로부터 지표면의 두드러진 특징들이 설명될 수 있다. 〈그림 1.8〉에 나타나듯이 지표면의 고도가 두 그룹, 즉, 해수면으로부터 0~1km 위에 위치하는 대부분의 육지표면과 해수면으로부터 4~5km 아래에 위치하는 대부분의 심해로 나뉘는 이유를 설명할 수 있다.

전단파는 맨틀과 지각을 따라 잘 통과하기 때문에, 이 두 부분 모두 단단한 암석으로 되어 있음을 알 수 있다. 어떻게 대륙이 고체의 암석 위에 떠 있을 수 있을까? 암석은 짧은 기간(수 초에서 수년)에는 단단하고 강할 수 있지만 오랜 기간(수천 년에서 수백만 년)에는 약해질 수 있다. 매우 긴 시간 규모에서 보면 약 100km 깊이 아래의 맨틀은 약한 강도를 지니며, 대륙과 산맥의 무게를 지탱해야 할 경우 유동성을 지니게 된다.

내핵

맨틀은 고체이고 외핵은 액체이기 때문에 핵-맨틀의 경계에서는 마치 거울이 광파를 반사하는 것처럼 지진파를 반사한다. 1936년 덴마크의 지진학자 잉게 레만(Inge Lehmann)은 5,150km 깊이에서는 액체 상태의 외핵과 고밀도의 고체상 물질의 경계가 존재함을 발견하였다. 그녀의 선구적인 연구 이후의 연구결과들은 이 단단한 내핵이 전단파와 압축파 모두를 전달시킬 수 있음을 보여주었다. 따라서 **내핵**(inner core)은 고체의 금속 구이며, 액체 **외핵**(outer core) 내에 매달려 있는 '행성 내의 행성'이다. 이러한 내핵의 직경은 달 크기의 약 2/3인 1,220km이다.

지질학자들은 이 '얼어붙은' 내핵의 존재로 말미암아 혼란스러워졌다. 그들은 지구내부의 온도가 깊이가 증가함에 따라 증가한다는 사실을 알고 있었다. 가장 최근의 추정치에 따르면, 핵-맨틀의 경계에서는 약 3,500℃이며, 지구중심에서는 거의 5,000℃까지 상승한다. 만약 내핵이 더 뜨겁다면, 외핵이 용융 상태임에도 불구하고 어떻게 내핵이 고체 상태로 있을 수 있을까? 이러한 수수께끼는 결국 철-니켈 합금에 대한 실내실험을 통하여 해결되었다. '얼어 있는 것'은 지구중심에서 낮은 온도보다는 높은 압력 때문이었다.

지구 주요 층의 화학조성

20세기 중반까지 지질학자들은 지구의 모든 주요 층들—지각, 맨틀, 외핵, 그리고 내핵—과 더불어 지구내부의 많은 미세한 특징들을 발견했다. 예를 들어, 맨틀은 암석 밀도가 일련의 단계

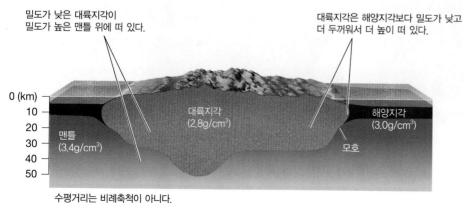

그림 1.11 지각을 이루는 암석들이 맨틀의 암석들보다 밀도가 낮기 때문에 지구의 지각은 맨틀 위에 떠 있다. 대륙지각은 해양지각보다 더 두껍고, 밀도가 낮기 때문에, 더 높이 떠 있다. 그래서 대륙과 깊은 해저 사이의 고도 차이가 나타난다.

를 따라 증가하는 전이대(transition zone)에 의해 상부 맨틀(upper mantle)과 하부 맨틀(lower mantle)로 구분됨을 발견하였다. 이러한 밀도의 변화 단계는 구성암석의 화학조성 변화에 기인한다기보다는 깊이에 따른 압력 증가로 구성물질들이 압축되는 것에 의해 야기되는 것이다. 전이대에서 가장 큰 폭의 밀도 변화는 약 410km와 660km의 두 깊이에 위치한다. 그러나 이곳에서의 밀도 증가는 화학조성의 변화로 인해 생기는 모호면과 핵-맨틀의 경계를 지날 때의 경우에 비해 크지 않다(그림 1.12).

이와 함께 지질학자들은 외핵이 순수한 철-니켈 합금만으로는 이루어질 수 없음을 제시하게 되었는데, 이는 철-니켈 금속의 밀도가 외핵의 밀도에 비해 높았기 때문이었다. 즉, 외핵 질량의 약 10%는 산소나 황과 같은 보다 가벼운 원소로 구성되어 있어야만 설명이 가능했다. 이와 반대로, 내핵의 밀도는 외핵의 밀도에 비해 조금 높고 거의 순수한 철-니켈 합금과 거의 일치했다.

지질학자들은 많은 증거들을 종합하여 지구의 조성과 다양한 층에 대한 모델을 구성하였다. 이러한 모델에는 지구가 처음 만들어졌을 때의 우주물질 샘플로 여겨지는 운석에 대한 조성뿐만 아니라 지각과 맨틀암석의 조성에 대한 데이터가 포함된다.

100개 이상의 원소 중 단지 8개 원소만이 지구질량의 99%를 구성한다(그림 1.12 참조). 실제로 지구의 약 90%는 4개의 원소로 이루어져 있다—철, 산소, 규소, 마그네슘. 앞의 두 원소는 가장 풍부한 원소로, 각각 행성 전체 질량의 거의 1/3을 구성하지만, 그 분포는 서로 매우 다르다. 이 일반적인 원소들 중 밀도가 가장 높은 철은 핵에 집중되어 있는 반면, 가장 가벼운 원소인 산소는 지각과 맨틀에 집중적으로 분포한다. 지각은 맨틀보다 더 많은 실리카(SiO_2)를 포함하며, 핵은 실리카를 거의 포함하지 않

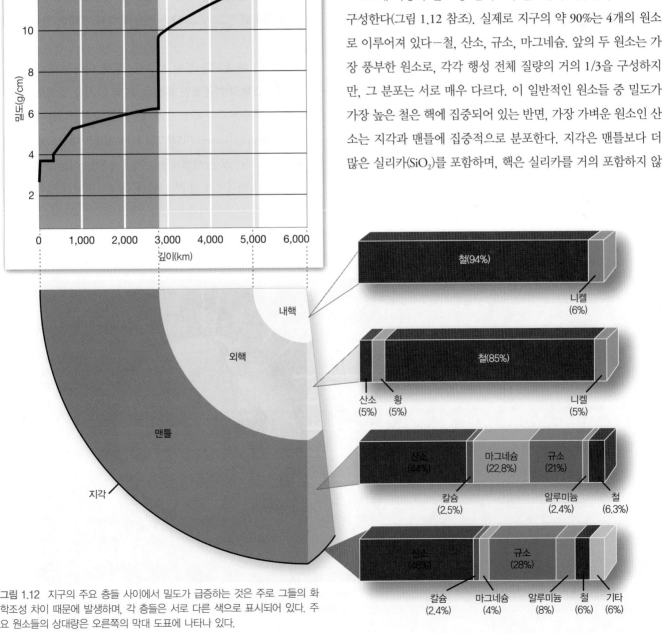

그림 1.12 지구의 주요 층들 사이에서 밀도가 급증하는 것은 주로 그들의 화학조성 차이 때문에 발생하며, 각 층들은 서로 다른 색으로 표시되어 있다. 주요 원소들의 상대량은 오른쪽의 막대 도표에 나타나 있다.

는다. 이러한 관계는 층 간의 다른 화학조성이 주로 중력작용에 의한 결과라는 비헤르트의 가설을 뒷받침해준다. 〈그림 1.12〉에서 볼 수 있듯이, 우리가 서 있는 지각의 암석은 거의 50%가 산소이다!

■ 상호작용하는 구성요소들로 이루어진 시스템으로서의 지구

지구는 지진, 화산, 빙하 작용과 같은 여러 지질활동에 의해 끊임없이 변화하는 불안정한 행성이다. 이러한 활동은 2개의 열엔진에 의해 작동된다—하나는 내부 엔진, 다른 하나는 외부 엔진이다(그림 1.13). **열엔진**(heat engine)—예를 들면, 자동차의 휘발유 엔진—은 열을 기계적인 운동 또는 일로 변환시킨다. 지구의 내부 **열엔진**은 격렬한 지구생성 초기 단계에 내부 깊숙한 곳에 갇힌 열에너지와 방사능에 의해 행성 내부에서 발생하는 열에너지에 의해 움직인다. 이러한 내부 열은 맨틀과 핵에서의 운동을 일으키고, 암석의 용융, 대륙의 이동, 산맥의 융기 등에 필요한 에너지를 공급해준다. 지구의 외부 **열엔진**은 태양에너지에 의해 움직인다—태양에 의해 지구표면에 공급된 열. 태양으로부터 온 열은 대기와 해양에 에너지를 공급하여 기후와 날씨를 조절한다. 비,

바람, 그리고 얼음은 산을 침식시켜 자연경관을 만들며, 차례로 자연경관의 모습은 기후를 변화시킨다.

우리 행성의 모든 부분들과 그들 간의 상호작용은 모두 합쳐서 **지구시스템**(Earth system)을 구성하고 있다. 지구과학자들이 자연계에 관하여 오랫동안 생각해왔지만, 20세기 말에 와서야 비로소 지구시스템이 실제로 어떻게 작용하는지를 연구할 도구를 갖게 되었다. 이제는 장비와 지구궤도 위성의 망은 전 지구적인 규모로 지구시스템에 대한 정보를 수집하고 있고, 컴퓨터의 발달로 지구시스템 내에서의 질량과 에너지의 이동에 관한 복잡한 계산을 하기에 충분한 능력을 갖게 되었다. 지구시스템의 주요 요소들은 한 세트를 이루는 영역 또는 '권역(spheres)'들로 나타낼 수 있다(그림 1.14). 우리는 이들 중 일부에 대해서는 이미 논의하였으며, 지금부터는 그 외의 다른 것들에 대해 간략히 정의하고자 한다.

우리는 이 책 전체를 통해 지구시스템에 대해 이야기할 것이다. 지구시스템의 기본적인 특징들 중 몇 가지를 살펴보면서 시작해보자. 지구는 우주와 물질과 에너지를 교환한다는 관점에서 보면 **개방계**(open system)이다(그림 1.14 참조). 태양으로부터 오는 복사에너지는 모든 생명체들의 먹이가 되는 식물을 성장시키는 데 필요한 에너지가 될 뿐 아니라, 지구표면에서 일어나는 풍

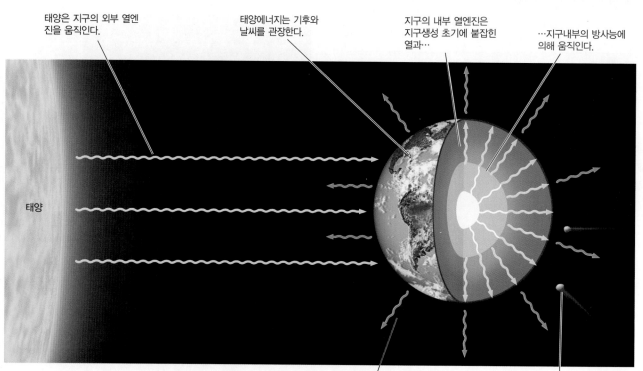

태양은 지구의 외부 열엔진을 움직인다.

태양에너지는 기후와 날씨를 관장한다.

지구의 내부 열엔진은 지구생성 초기에 붙잡힌 열과…

…지구내부의 방사능에 의해 움직인다.

태양

그림 1.13 지구시스템은 주변과 에너지와 질량을 교환하는 개방계이다.

지구로부터 방출되는 열은 태양에너지와 지구내부 열 사이의 균형을 맞추어준다.

운석은 우주에서 지구로 물질을 이동시킨다.

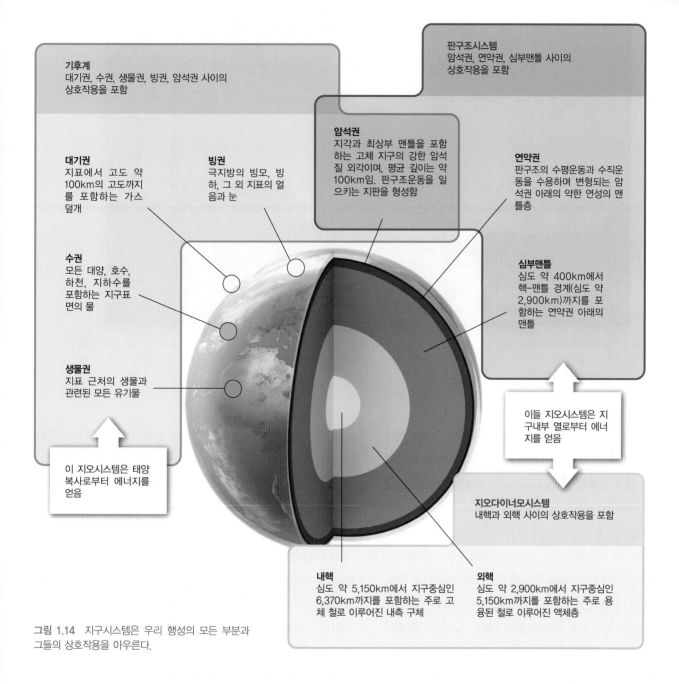

기후계
대기권, 수권, 생물권, 빙권, 암석권 사이의 상호작용을 포함

판구조시스템
암석권, 연약권, 심부맨틀 사이의 상호작용을 포함

대기권
지표에서 고도 약 100km의 고도까지를 포함하는 가스 덮개

빙권
극지방의 빙모, 빙하, 그 외 지표의 얼음과 눈

암석권
지각과 최상부 맨틀을 포함하는 고체 지구의 강한 암석질 외각이며, 평균 깊이는 약 100km임. 판구조운동을 일으키는 지판을 형성함

연약권
판구조의 수평운동과 수직운동을 수용하며 변형되는 암석권 아래의 약한 연성의 맨틀층

수권
모든 대양, 호수, 하천, 지하수를 포함하는 지구표면의 물

심부맨틀
심도 약 400km에서 핵-맨틀 경계(심도 약 2,900km)까지를 포함하는 연약권 아래의 맨틀

생물권
지표 근처의 생물과 관련된 모든 유기물

이 지오시스템은 태양 복사로부터 에너지를 얻음

이들 지오시스템은 지구내부 열로부터 에너지를 얻음

지오다이너모시스템
내핵과 외핵 사이의 상호작용을 포함

내핵
심도 약 5,150km에서 지구중심인 6,370km까지를 포함하는 주로 고체 철로 이루어진 내측 구체

외핵
심도 약 2,900km에서 지구중심인 5,150km까지를 포함하는 주로 용융된 철로 이루어진 액체층

그림 1.14 지구시스템은 우리 행성의 모든 부분과 그들의 상호작용을 아우른다.

화와 침식에 필요한 에너지를 제공해준다. 기후는 지구시스템에 유입되는 태양에너지와 우주로 방출되는 지구 복사에너지 간의 균형에 의해 조절된다.

태양계 생성 초기에, 지구와 다른 고체들과의 충돌은 행성의 질량을 증가시키고 위성을 만드는 매우 중요한 과정이었다. 오늘날 지구와 우주 사이의 물질 교환은 상대적으로 적다. 한 변의 크기가 약 24m 정도 육면체의 크기에 해당하는 4만t이 운석 또는 유성으로 매년 지구에 떨어질 뿐이다. 우리가 하늘에서 관찰하는 유성은 질량이 몇 그램 정도로 매우 작지만 가끔씩 지구는 위험한 결과를 야기하는 커다란 덩어리의 유성을 마주하게 된다(그림 1.15).

우리가 지구를 단일계로 생각할지라도, 한꺼번에 모든 부분을 공부하는 것은 매우 힘들다. 대신 우리의 관심을 우리가 이해하고자 하는 시스템의 특정 요소들(즉, 하위 시스템들)에 맞출 것이다. 예를 들어, 전 지구적인 기후변화에 대한 논의에서 우리는 태양에너지에 의해 움직이는 대기와 여러 다른 요소들 사이의 상호작용을 주로 고려할 것이다―수권(hydrosphere, 지표의 물과 지하수), 빙권(cryosphere, 지구의 빙모, 빙하, 설원), 생물권(biosphere, 지구의 생명체). 대륙이 변형되어 어떻게 산맥을 형성하게 되는지에 대한 우리들의 범위는 지구내부 에너지에 기인하는 지각과

그림 1.15 2013년 2월 15일에 중앙 러시아 상공에서 첼랴빈스크(Chelyabinsk) 운석의 폭발은 히로시마 원자 폭탄의 20~30배 이상의 에너지를 방출하였고, 그 충격파로 1,500명 이상의 사람들이 다쳤다. 이 작은 소행성은 직경이 약 20m이고 무게는 약 1만 1,000t이었다. 이 사건은 지구가 태양계와 질량과 에너지를 끊임없이 교환하는 개방계라는 사실을 일깨워준다.

[Camera Press/Ria Novosti//Redux.]

심부맨틀 간의 상호작용에 초점을 맞추게 될 것이다. 기후변화나 조산운동과 같은 특정 형태의 지각운동을 묘사하는 보다 전문화된 하위 시스템을 **지오시스템**(geosystems)이라 한다. 지구시스템은 많은 개방된, 상호작용하는(그리고 종종 서로 겹치는) 지오시스템들의 집합체로 생각할 수 있다.

이 절에서는 전 지구적 규모로 작동하는 3개의 중요한 지오시스템에 대하여 소개할 것이다—즉, 기후시스템, 판구조시스템, 지오다이너모. 이 책의 뒷부분에서 우리는 뜨거운 용암을 분출하는 화산(제12장), 우리에게 먹는 물을 제공하는 수리시스템(제17장), 기름과 가스를 생산하는 석유 저류층(제23장)과 같은 수많은 소규모 지오시스템에 대해 논의할 것이다.

기후시스템

날씨(weather)는 특정 지점에서 특정 시간에 관찰되는 온도, 강수량, 구름 양, 바람을 나타내는 데 쓰이는 용어이다. 폭풍시스템의 이동, 한랭전선과 온난전선, 그 밖의 다른 대기 교란 등에 따라 날씨가 얼마나 다양할 수 있는지를 우리는 잘 알고 있다. 대기는 정말 복잡해서 최고의 일기예보자조차도 4~5일 전에 날씨를 미리 예측하기가 어렵다. 그렇지만 더 먼 미래에는 날씨가 어떻게 될지 어림잡아 예측할 수는 있는데, 이는 날씨가 주로 계절별, 일별 순환에 따른 태양에너지 유입량의 변화에 따라 조절되기 때문

이다. 즉, 여름은 덥고 겨울은 추우며, 낮에는 상대적으로 따뜻하고 밤에는 춥다. **기후**(climate)는 수년 동안 관찰한 온도와 기타 변수들을 평균하여 얻어진 날씨 순환을 말한다. 기후에 대한 완전한 설명에는 특정한 날에 기록된 최고 기온과 최저 기온 등과 같이 날씨가 얼마나 다양했는지를 측정하는 것도 포함된다.

기후시스템(climate system)에는 전 지구규모에서 기후를 조절하는 지구시스템의 구성요소는 물론 시간에 따라 기후가 어떻게 변화하는지도 포함된다. 달리 말하면, 기후시스템은 대기권의 움직임뿐만 아니라 대기권과 수권, 빙권, 생물권, 그리고 암석권과의 상호작용도 포함한다(그림 1.14 참조).

태양이 지표를 데우면 열의 일부는 대기 중의 수증기, 이산화탄소, 기타 기체들에 포획되며 이는 마치 온실에서 서리에 덮인 유리에 의해 갇히게 되는 것과 마찬가지이다. 이러한 **온실효과**(greenhouse effect)는 지구가 생명체가 살아갈 수 있는 적절한 기후를 가지는 이유를 설명해준다. 만약 지구대기에 온실가스가 전혀 포함되어 있지 않다면, 지구표면은 얼어붙은 고체로 변할 것이다! 따라서 온실가스, 특히 이산화탄소는 기후를 조절하는 데 매우 중요한 역할을 한다. 이후의 장에서 논의되겠지만, 대기 중 이산화탄소 농도는 화산폭발로 인해 지구내부로부터 분출된 양과 규산염광물의 풍화과정 중에 소모되는 양 사이의 균형에 의해 조절된다. 이러한 방식으로 대기권의 움직임은 암석권과의 상호

작용에 의해 조절된다.

이러한 상호작용을 이해하기 위하여, 과학자들은 대용량 컴퓨터에 수학적 모델—가상 기후시스템—을 만들었고, 이를 이용한 컴퓨터 시뮬레이션 결과와 실제 관찰된 데이터를 비교한다. 그들은 또한 추가적인 관찰결과에 대해 모델결과를 테스트함으로써 모델을 더욱 발전시키고자 하며, 이로써 미래에 기후가 어떻게 변화할 것인가를 정확하게 예측할 수 있다. 이 모델이 적용되고 있는 아주 시급한 문제는 인류가 **발생시킨(anthropogenic)** 이산화탄소 및 기타 온실가스들의 배출에 의해 일어나고 있는 지구온난화이다. 지구온난화에 대한 대중적인 논쟁 중의 일부는 컴퓨터 모델에 의한 예측의 정확성에 집중되어 있다. 회의론자들은 매우 정교한 컴퓨터모델이라도 실제 지구시스템의 여러 특징을 나타내기에는 부족하기 때문에 믿을 수 없다고 주장한다. 제15장에서는 기후시스템이 어떻게 작용하는지에 대하여 살펴볼 것이며, 제23장에서는 인간활동에 의해 야기되는 기후변화의 실제적인 문제에 대해 논의할 것이다.

판구조시스템

지구에서 일어나는 매우 극적인 지질학적 사건들 중 일부—예를 들면, 화산폭발과 지진—는 지구내부에서의 상호작용의 결과이다. 이들 현상은 지구맨틀 내에서의 물질 순환을 통해 상부로 방출되는 지구내부의 열에 기인한다.

우리는 이미 지구가 화학적으로 층상 분포하는 것을 알고 있다—지구의 지각, 맨틀, 핵은 화학적으로 구별되는 층들이다. 지구는 또한 구성물질이 변형에 대해 얼마나 저항할 수 있는지를 측정하는 성질인 **강도(strength)**에 의해서도 나눌 수 있다. 물질의

강도는 화학성분(예 : 벽돌은 강하고, 비누는 약함)과 온도(예 : 차가운 왁스는 강하고, 뜨거운 왁스는 약함)에 따라 변한다.

어떤 면에서, 고체 지구의 바깥 부분은 마치 뜨거운 왁스로 된 공처럼 움직인다. 지구표면이 식으면서 강한 바깥 껍질 또는 **암석권**(lithosphere, 그리스어로 '돌'을 뜻하는 *lithos*로부터 기원)이 약한 **연약권**(asthenosphere, 그리스어로 '약함'을 의미하는 *asthenes*로부터 기원)을 감싸면서 형성되었다. 암석권은 지각 및 맨틀상부의 평균 약 100km 깊이까지를 포함한다. 연약권은 암석권 아래 약 300km 되는 영역으로 맨틀의 일부에 속한다. 힘이 가해지면 암석권은 딱딱하고 깨지기 쉬운 껍질처럼 반응하지만, 그 아래의 연약권은 연성(ductile)을 띠는 고체처럼 흐른다.

놀랄 만한 **판구조론**에 따르면, 암석권은 연속적으로 이어진 껍질이 아니다. 암석권은 1년에 수 센티미터의 속도로 지구표면 위에서 움직이는 약 12개의 큰 판으로 나뉜다. 개개의 판은 역시 움직이고 있는 연약권 상부에 떠 있는 단단한 단위체들이다. 판을 형성하는 암석권은 화산활동 지역에서는 단지 수 킬로미터의 두께를 갖는 반면, 아주 오래되고 찬 대륙부의 하부에서는 200km 또는 그 이상의 두께를 가진다. 1960년대 판구조론의 발견으로 전 세계에 분포하는 지진, 화산, 대륙이동, 산맥 형성 등과 같은 여러 지질현상을 통합적으로 설명할 수 있는 기틀이 마련되었다. 제2장에서 우리는 판구조론에 대해 더 자세히 논의할 것이다.

판은 왜 매우 단단한 하나의 껍질로 존재하지 않고 지표면을 가로질러 이동할까? 판을 밀고 당기는 힘은 맨틀로부터 기인한다. 지구의 내부 열엔진에 의해 움직이는 뜨거운 맨틀물질은 판이 분리되는 곳에서 상승하며 새로운 암석권을 형성한다. 이 경계로부터 멀리 이동하면서 암석권은 식으면서 더 단단해지며, 결

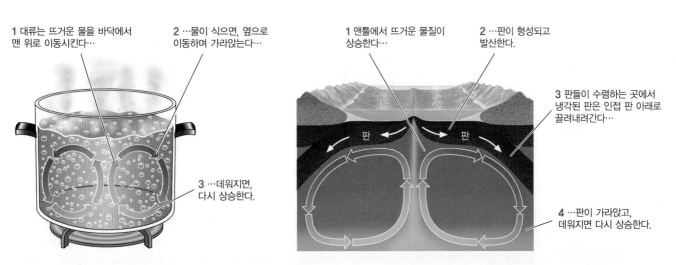

1 대류는 뜨거운 물을 바닥에서 맨 위로 이동시킨다…

2 …물이 식으면, 옆으로 이동하며 가라앉는다…

3 …데워지면, 다시 상승한다.

1 맨틀에서 뜨거운 물질이 상승한다…

2 …판이 형성되고 발산한다.

3 판들이 수렴하는 곳에서 냉각된 판은 인접 판 아래로 끌려내려간다…

4 …판이 가라앉고, 데워지면 다시 상승한다.

판

판

그림 1.16 지구맨틀에서의 대류는 냄비에서 끓고 있는 물의 운동 패턴과 비교될 수 있다. 두 과정은 모두 물질의 이동을 통해 열을 위쪽으로 운반한다.

국은 판들이 수렴하는 경계부에서 중력작용에 의해 맨틀 속으로 가라앉는다. 이와 같이 뜨거운 물질이 상승하고 차가워진 물질이 가라앉는 일반적인 과정을 **대류**(convection)라고 부른다(그림 1.16). 맨틀에서의 대류는 냄비에서 끓고 있는 물의 이동패턴과 비교할 수 있다. 두 과정은 모두 질량의 움직임을 통해 열을 전달하지만 맨틀대류는 고체 맨틀암석들이 물과 같은 일반적인 유체에 비해 변형에 대한 저항성이 크기 때문에 훨씬 느리다.

판구조시스템(plate tectonic system)은 대류하는 맨틀과 그 위에 놓인 암석권 판들의 조각들로 구성된다. 기후시스템(대기와 해양 내에서의 광범위한 대류과정을 포함)에서처럼, 과학자들은 판구조론을 연구하기 위해 컴퓨터 시뮬레이션을 이용하며, 관찰한 사실과 그들이 만든 모델이 얼마나 일치하는지를 테스트한다.

지오다이너모

세 번째 전 지구적 지오시스템은 바로 지구내부의 깊은 곳인 액체상의 외핵에서 **자기장**(magnetic field)을 생성하는 상호작용을 포함한다. 이 자기장은 지구외부 공간 멀리까지 도달하는데, 나침반이 북쪽을 향하게 하는 원인이 되며, 태양의 유해한 복사선으로부터 생물권을 보호해준다. 암석이 형성될 때 암석들은 이 자기장에 의해 미약하게 자화되며, 이를 이용하여 지질학자들은 과거에 자기장이 어떻게 작용했는지를 연구할 수 있으며, 또한 지질기록을 규명하는 데 이용할 수 있다.

지구는 북극과 남극을 관통하는 축을 중심으로 회전한다. 지구의 자기장은 마치 강력한 막대자석이 지구중심에 놓여 있고 자

전축으로부터 약 11° 기울어진 것처럼 작동한다. 자기력은 북자극에서는 지구내부 쪽으로 향하고, 남자극에서는 지구외부 쪽으로 향한다(그림 1.17). 지구의 어떤 곳에 있든지(자극 주변을 제외하면) 자기장의 영향 아래에서 자유롭게 움직이는 나침반 바늘은 그 지역의 자기력선의 방향, 즉 대략 남-북 방향으로 회전할 것이다.

지구중심에 있는 영구 자석을 가지고 관찰된 자기장의 쌍극성(2개의 극)을 설명할 수는 있지만, 이 가설은 쉽게 거부될 수 있다. 실험에 의하면 영구 자석의 자기장은 자석에 약 500℃ 이상의 고열이 가해질 경우 파괴된다는 것을 보여준다. 우리는 지구내부 깊은 곳의 온도가 이보다 높다—지구중심에서는 수천 도—는 사실을 알고 있다. 따라서 자성은 지속적으로 재생되지 않는 한 유지될 수가 없을 것이다.

과학자들은 핵으로부터 흘러나오는 열이 자기장을 생성하고 유지하는 대류의 원인이 된다고 이론화하였다. 왜 자기장은 맨틀 내에서의 대류가 아니라 외핵에서의 대류에 의해 만들어졌을까? 우선, 맨틀은 전기 전도도가 매우 낮은 규산염암석으로 구성되어 있는 반면, 외핵은 주로 전기에 대해 매우 좋은 전기 전도체인 철로 구성되어 있기 때문이다. 둘째, 대류운동이 고체 맨틀에서보다는 액체의 외핵에서 100만 배나 빠르게 일어나기 때문이다. 이렇게 빠른 대류는 철-니켈 합금에 전기적 흐름을 유도한다. 따라서 **지오다이너모**(geodynamo)는 막대 자석보다 전자석에 가깝다(그림 1.17 참조).

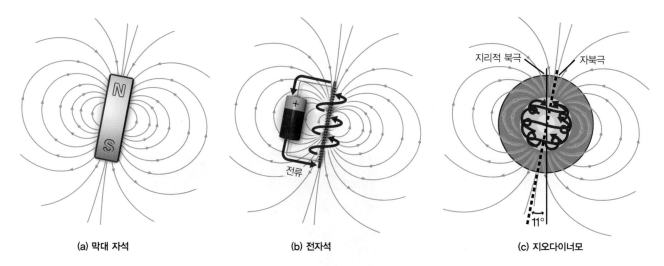

(a) 막대 자석　　　　**(b) 전자석**　　　　**(c) 지오다이너모**

그림 1.17 (a) 막대 자석은 북극과 남극을 갖는 쌍극 자기장을 만든다. (b) 쌍극 자기장은 금속 전선 코일을 통해 흐르는 전류로도 만들 수 있는데, 그림에서는 배터리로 작동되는 전자석을 보여주고 있다. (c) 지구의 자기장은 지구표면 위에서는 대개 쌍극을 가지는데, 그것은 대류로 인해 액체 금속으로 된 외핵에서 흐르는 전류 때문에 만들어진 것이다.

그림 1.18 지구의 자기장은 해로운 태양복사로부터 지구표면을 막아주어 생명체들을 보호한다. 이 태양풍은 태양에서 방출된 고에너지 하전 입자들을 포함하며, 여기에서 연한 푸른색으로 보이는 지구의 자기력선을 왜곡시킨다. 이 그림에서 거리는 비례축척이 아니다.
[SOHO (ESA and NASA).]

약 400년 동안 과학자들은 지구자기장 때문에 나침반 바늘이 북쪽을 가리킨다는 것을 알고 있었다. 자기장이 스스로 완벽하게 역전될 수 있다는 증거, 즉 자기장의 북극과 남극이 뒤집힐 수 있음을 발견한 수십 년 전에 과학자들이 얼마나 놀랐을지 상상해 보라. 지질학적 시간의 약 절반에 걸쳐 나침반의 바늘은 남쪽을 가리킬 것이다! 이러한 자기역전(magnetic reversals)은 수천만 년에서 수십억 년에 이르는 불규칙한 시간 간격으로 나타난다. 그 원인이 되는 과정에 대해서는 아직 잘 모르지만 지오다이너모에 대한 컴퓨터모델링 결과는 외부 요인 없이, 즉 순수하게 지구 핵 내부에서의 상호작용을 통해 산발적인 역전이 일어남을 보여준다. 다음 장에서 살펴보겠지만, 지질기록에 남아 있는 자기역전의 흔적을 이용하여 판의 움직임을 알 수 있기 때문에 지질학자에게 있어 자기역전은 매우 중요하다는 것을 깨닫게 되었다.

지오시스템 간의 상호작용이 생명체를 살 수 있게 한다

삶의 터전이 되는 자연환경은 기후시스템에 의해 크게 좌우된다. 생물권은 이 지오시스템(기후시스템)의 활동적인 요소로서 참여하고 있으며, 예를 들면 이산화탄소, 메탄, 그리고 다른 대기 중의 온실가스의 양을 조절하여 행성의 표면 온도를 결정할 수 있다. 제11장에서 보게 될 것처럼, 생물권과 대기권의 진화는 지난

36억 년 동안의 기후시스템 역사를 통해 서로 밀접하게 연관되어 왔다.

아마도 자연환경과 다른 두 범지구적 지오시스템과의 결합은 덜 분명하다. 판구조론은 화산활동을 통해 지구내부 깊은 곳의 물과 가스들을 대기와 바다에 재공급시켜주며, 또한 산을 만드는 지각변동 과정들을 담당한다. 대기권, 수권 그리고 빙권과 지표 지형과의 상호작용은 생물권을 풍부하게 하는 다양한 서식지를 만들고, 암석의 풍화와 광물들의 용해를 통해 생명체들에게 중요한 영양소를 공급해준다.

판구조론의 대류운동과 달리, 지구외핵의 소용돌이는 지각을 변형시키거나 화학적인 조성을 변화시키기에는 너무 깊은 곳에서 일어난다. 하지만 외핵의 지오다이너모로 인해 발생하는 자기장은 지구대기를 넘어 우주 멀리까지 영향을 준다(그림 1.17 참조). 거기에서 자기장은 400km/s 이상의 속도로 태양으로부터 날아오는 고에너지 입자들인 **태양풍**(solar wind, 그림 1.18)을 막아주는 방어벽을 형성한다. 이 방어벽이 없다면, 지구표면은 해로운 태양복사의 공격을 받을 것이고, 이는 현재 지구의 생물권에서 번성하고 있는 많은 생물체들을 죽일 것이다.

■ 지질시간의 개관

지금까지 지구의 크기와 모양, 지구내부의 층과 구성성분, 그리고 세 가지 중요한 지오시스템의 작동에 대해 살펴보았다. 어떻게 지구가 층상 구조를 가지게 되었을까? 전 지구적 지오시스템은 지질학적 시간 동안 어떻게 진화해왔을까? 이러한 질문들에 답하기 위해서, 지구생성으로부터 현재까지의 지질시간에 대하여 간단히 소개하고자 한다. 뒷장에서 이에 대하여 더 자세하게 살펴볼 것이다.

거대한 지질시간을 이해한다는 것은 하나의 도전이다. 유명작가 존 맥피는 천문학자들이 외부 우주의 '깊은 공간(수십억 광년으로 측정)'을 연구하는 것처럼 지질학자들은 지구 초기 역사의 '깊은 시간(수십억 년으로 측정)'을 탐구한다고 말하였다. 그림 1.19는 몇몇 주요 사건들과 변천과정을 나타내는 '지질시간의 화살'을 보여준다.

지구와 지오시스템의 기원

지질학자들은 운석 연구로부터 지구 및 기타 행성들은 약 45억 6,000만 년 전에 원시 태양 주위를 돌던 먼지 구름이 빠르게 응

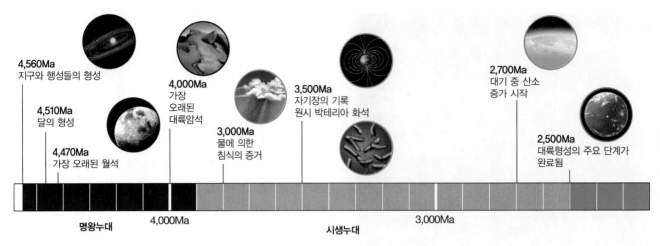

그림 1.19 이 지질연대선은 지구가 형성된 이후 지질기록에서 관찰된 주요 사건들의 일부를 보여준다(Ma : 100만 년 전).

결되면서 형성되었음을 알게 되었다. 점차 더 큰 물질 덩어리로의 응집과 충돌을 수반하는 격렬한 과정에 대해서는 제9장에서 더 자세히 다룰 것이다. 단 1억 년(지질학적으로는 비교적 짧은 시간) 만에 달이 형성되었고, 지구의 핵은 맨틀로부터 분리되었다. 그다음 수억 년 동안 무슨 일이 일어났는지는 정확히 알 수 없다. 끊임없이 지구로 돌진하는 커다란 운석들의 폭격으로 인해 암석 기록의 대부분은 살아남지 못했다. 이러한 지구역사의 초기는 대개 지질학적 '암흑 시대'라 불린다.

오늘날 지구표면에서 발견된 가장 오래된 암석의 연령은 약 40억 년이다. 약 38억 년 전의 암석은 물에 의한 침식의 증거를 보여주는데, 이는 그 당시에 수권이 존재했으며 현재와 다르지 않은 기후시스템이 작용했음을 지시한다. 약간 더 젊은 약 35억 년 전의 암석에는 오늘날 우리가 관찰하는 것만큼 강한 자기장이 기록되어 있는데, 이 시기에 지오다이너모가 작동하고 있었음을 보여준다. 25억 년 전 무렵에는 밀도가 충분히 낮은 지각들이 서로 모여 큰 대륙덩어리를 형성하였다. 그때 이들 대륙을 변형시키던 지질학적 과정들은 우리가 보고 있는 오늘날 작동하는 것과 매우 유사했다.

생물의 진화

생명체 역시 지구역사의 아주 초기부터 시작되었는데, 이는 지질기록에 보존된 생물의 흔적인 **화석**(fossils) 연구를 통해 알 수 있다. 원시 박테리아 화석은 35억 년 전 암석에서 발견되었다. 중요한 사건은 대기와 해양으로 산소를 방출한 생물의 진화였다. 대기 중 산소의 축적은 27억 년 전에 이미 진행 중이었다. 대기 중의 산소 농도는 아마 20억 년 동안 일련의 단계를 거치면서 현대

수준으로까지 증가한 것으로 생각된다.

초기 지구의 생명체는 단순했으며, 대부분이 해수면 근처에서 부유하거나 해저 위에서 서식하는 작은 단세포 생물들로 이루어져 있었다. 10억 년 전에서 20억 년 전 사이에 조류와 해초 같은 좀더 복잡한 생명체가 진화하였다. 최초의 동물은 약 6억 년 전에 출현하였으며, 일련의 파도처럼 진화하였다. 5억 4,200만 년 전에 시작되어 1,000만 년도 안 되게 지속된 기간에 동물계의 8개 새로운 분파가 모두 출현하였으며, 여기에는 오늘날 지구상에서 살고 있는 거의 모든 동물들의 선조들이 포함된다. 껍데기를 가진 동물이 지질기록에 그들의 껍데기 화석을 처음으로 남긴 것은 때때로 생물학의 '빅뱅'이라 불리는 진화폭발 동안이었다.

비록 생물 진화가 대개 매우 느린 과정으로 보일지라도, 짧은 기간의 급격한 변화로 끝이 난다. 극적인 예는 **대량멸종**(대량전멸)인데, 이 기간 동안 많은 종류의 생물들이 갑자기 지질기록에서 사라졌다. 다섯 번의 이러한 큰 전환이 〈그림 1.19〉의 지질연대선 위에 표시되어 있다. 가장 최근의 대량멸종은 6,500만 년 전에 거대한 운석 충돌로 야기되었다. 직경이 10km 정도인 운석이 모든 공룡을 비롯한 지구상에 살던 종들의 절반을 멸종으로 이끌었다.

그 밖의 다른 대량멸종의 원인은 여전히 논쟁거리이다. 운석 충돌 말고도 과학자들은 빙하 작용과 화산물질의 대량분출에 의해 야기된 급격한 기후변화와 같은 다른 형태의 극적 사건들을 제안해왔다. 그러나 증거는 흔히 불분명하거나 일관성이 없다. 예를 들면, 전 지질시대에서 가장 큰 대량멸종은 약 2억 5,100만 년 전에 발생하였으며, 이때 모든 종의 거의 95%가 사라졌다. 일

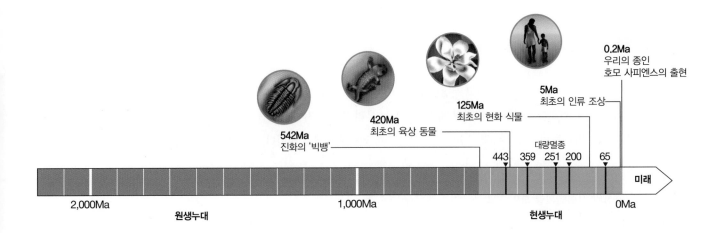

0.2Ma
우리의 종인
호모 사피엔스의 출현

5Ma
최초의 인류 조상

125Ma
최초의 현화 식물

420Ma
최초의 육상 동물

542Ma
진화의 '빅뱅'

443   359   251   200   65

대량멸종

미래

2,000Ma   1,000Ma   0Ma

원생누대   현생누대

부 연구자들은 그 원인으로 운석 충돌을 제안하였지만, 지질기록은 이 시기에 대륙빙하가 팽창하였고 해수의 화학적 성질이 변화하였다는 것을 보여주는데, 이는 주요 기후변화와 일치하는 발견이다. 동시에 거대한 화산분출이 시베리아의 광대한 지역(미국의 거의 절반 크기)을 200만～300만km³의 용암으로 뒤덮었다. 이 대량멸종은 용의자들이 너무 많아 '오리엔트 특급살인'이라 불린다.

대량멸종은 생물권 내에서 공간을 차지하기 위해 경쟁하는 종의 수를 감소시킨다. 이러한 극단적 사건들은 '생물 집단을 솎아냄'으로써 새로운 종의 진화를 촉진시킬 수 있다. 6,500만 년 전 공룡의 종말 이후에 포유류는 지배적인 동물 그룹이 되었다. 포유동물이 더 큰 두뇌와 손재주가 있는 종으로 급속히 진화함에 따라 약 500만 년 전에 인간과 유사한 종[호미니드(hominids), 사람과의 동물(현대 인간과 모든 원시 인류)]이 출현했으며, 약 20만 년 전에 우리 자신의 종인 **호모 사피엔스**(*Homo sapiens*, 라틴어로 '지혜가 있는 사람')가 출현하게 되었다. 생물권에 새로 출현한 신참자로서 우리는 지질기록에 우리의 흔적을 이제 막 남기기 시작하고 있다. 사실 한 종으로서 우리의 짧은 역사는 지질연대표에서 선 하나의 두께도 되지 않는 기간에 불과하다는 것을 주목하면 이해할 수 있다(그림 1.19 참조).

■ 구글어스에 오신 것을 환영합니다

구글어스(GE)는 무료로 다운로드 받을 수 있는 인터넷 검색 엔진 구글(Google)을 통해 제공되는 공간 데이터집합 인터페이스이다. 이 인터페이스는 사진들에 3차원적인 품질을 제공하기 위해 디지털 고도모델 데이터집합 위에 겹쳐놓은 다양한 공간적 해상도를 갖는 항공 및 위성 사진들을 사용한다. 데이터들은 모두 3차원 좌표계로 위치가 표시되어 있기 때문에 구글어스의 '도구(tools)'–'눈금자(ruler)'의 '경로(path)'와 '선(line)' 측정 도구를 사용해서 거리를 측정하는 데 사용할 수 있다. 고도, 위도, 그리고 경도는 커서를 움직일 때마다 연속적으로 추적되어 스크린 하단에 표시된다. 구글어스는 또한 스크린 오른쪽 위에 항법(navigation) 도구를 제공하여 확대, 축소하거나 또는 방위각과 보는 방향을 바꿀 수도 있다.

구글어스의 최신 기능 중 하나는 이미 완성된 공간 데이터세트에 접속하여 특정 장소에서 시간을 거슬러 이동하는 능력이다. 모든 인터넷 검색 엔진처럼, 구글 역시 특정 가상 위치로 여러분을 데려다주는 데 사용할 수 있는 '검색(search)'창을 제공한다. 가장 좋아하는 장소를 즐겨찾기(bookmark) 해둘 수도 있고, 그 장소에서 찍은 지리좌표가 표시되어 있는 디지털 이미지들과 연결해놓을 수도 있다. 이 인터페이스에 익숙해지도록 이 기능들을 전부 혹은 일부라도 사용해보면서 즐기길 바란다!

구글어스 과제

지구는 상호연관된 구성요소들의 역동적이고 복잡한 시스템이다. 지구의 표면을 형성하기 위해 많은 요인들이 작용하며, 대단히 중요한 판구조론의 이론에 의해 함께 결합된다. 첫 번째 실습에서는 우리 행성의 지형 극단을 탐구하기 위해 구글어스를 사용할 것이다. 또한 이러한 특징들의 기원을 탐색하기 위해 이후의 단원에서 후속 연습을 사용할 것이다. 세계의 지붕 히말라야에서 시작해보자.

위치 중앙아시아의 히말라야에서 태평양의 괌 남부해안 챌린저 해연(Challenger Deep)에 이르는 지형탐사
목표 우리 행성의 지형변화를 보여주고 구글어스의 도구를 소개
참고 그림 1.8

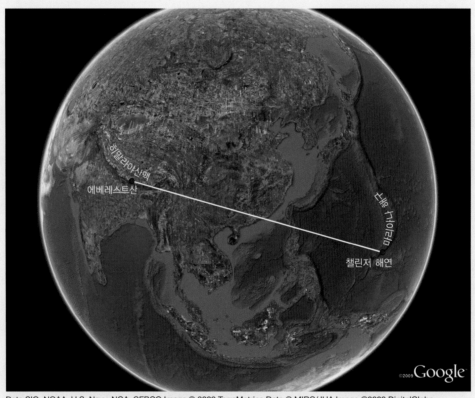

Data SIO, NOAA, U.S. Navy, NGA, GEBCO Image © 2009 TerraMetrics Data @ MIRC/JHA Image ©2009 DigitalGlobe

요약

지질학이란 무엇인가? 지질학은 지구를 연구하는 학문이다—지구의 역사, 구성성분, 내부 구조, 지표특징.

지질학자들은 어떻게 지구를 연구하는가? 다른 분야의 과학자들처럼 지질학자들은 과학적 방법을 사용한다. 그들은 관측과 실험에 기초한 자연현상에 대한 잠정적인 설명인 가설을 세우고 검증한다. 그들은 데이터를 공유하고 서로의 가설을 검증한다. 반복되는 도전에서 살아남은 일련의 일관된 가설들은 이론으로 승격된다. 가설과 이론은 하나의 자연계나 과정을 나타내는 과학적 모델로 결합될 수 있다. 반복적인 검증 과정을 견뎌내고, 새로운 관측 또는 실험의 결과를 예측할 수 있는 가설, 이론, 그리고 모델들은 더 많은 신뢰를 받게 된다.

지구의 크기와 모양은 어떠한가? 지구는 전반적으로 평균직경이

1. 'Mt. Everest'를 구글어스 검색창에 입력하고 커서를 사용하여 가장 높은 지점을 찾아보라. 에베레스트산의 대략적인 해발 고도(평균 해수면 위, 또는 amsl)는 얼마인가? 가장 높은 지점을 찾기 위해 시야를 북쪽으로 기울이면 도움이 된다.

   a. 1만 400m amsl

   b. 7,380m amsl

   c. 8,850m amsl

   d. 9,230m amsl

2. 에베레스트산을 축소한 다음, 히말라야 전체를 살펴보라. '내려다보는 높이(eye altitude)'를 4,400km로 유지하라. 다음 기술 중 여러분이 보는 것을 가장 잘 담아내는 설명은 어느 것인가?

   a. 하나의 높은 봉우리로 구성된 삼각형 산맥

   b. 높은 고원의 남쪽 가장자리를 따라 수십 개의 높은 봉우리들로 구성된 동–서 방향의 산맥

   c. 중앙부의 높은 봉우리들과 가장자리 주변의 낮은 봉우리들로 구성된 남–북 방향의 산맥

   d. 중앙의 넓은 돔을 중심으로 폐쇄된 원형 산맥

3. 검색창에 'Challenger Deep'을 입력하고, 히말라야에서 벗어나 지구표면에서 가장 깊은 곳 중의 하나로 이동하라. 구글어스는 즉시 여러분을 필리핀 연안의 바다로 데려다줄 것이다. 구글어스의 '도구(tools)'–'눈금자(ruler)'–'선(line)' 측정 도구를 사용하여 두 위치 사이의 대략적인 수평 표면 거리를 측정하라. 그 거리는 얼마인가?

   a. 6,300km

   b. 2,200km

   c. 18만 5,000km

   d. 7만 5,500km

4. 챌린저 해연에서 '내려다보는 높이'를 4,200km까지 높여 축소하라. 챌린저 해연과 대양의 깊은 지역을 연결하는 독특한 표면 특징에 주목하라. 이 대규모의 특징을 어떻게 설명할 수 있는가?

   a. 챌린저 해연은 대략적으로 남–북 방향으로 발달한 해저산맥의 일부이다.

   b. 챌린저 해연은 태평양에 있는 아치형 심해해구의 일부로서, 이 지역에서 거의 동–서 방향으로 뻗어 있다.

   c. 챌린저 해연은 태평양 한가운데 있는 넓고 거의 평평한 해저평원의 가장 깊은 부분이다.

   d. 챌린저 해연은 태평양 해저 위에 돌출해 있는 해저화산의 정상부에 있다.

선택 도전문제

5. 질문 1의 답과 커서를 사용하여 챌린저 해연의 평균 해수면 아래 최저 깊이를 기록한 뒤, 두 위치의 대략적인 총 고도 차이를 계산하라. 다음의 숫자 중 어느 것이 그 차이값에 가장 가까운가?

   a. 1만 4,000m

   b. 2만m

   c. 1만 8,000m

   d. 2만 6,000m

6,370km인 구 형태이며, 자전의 영향으로 적도에서는 약간 부풀고 극에서는 약간 압축된 모양을 가진다. 지형은 지표 가장 높은 지점에서 가장 낮은 지점까지 약 20km의 범위에서 변화한다. 고도는 두 그룹으로 분류할 수 있다—대륙의 대부분은 해수면 위 0~1km에 있고, 대양분지의 대부분은 해수면 아래 4~5km에 있다.

지구의 주요 층은 무엇인가? 지구내부는 성분이 다른 동심원상의 층들로 분류된다. 외부 층은 다양한 두께를 가지는 지각으로서, 대륙하부에서는 40km의 두께를, 해양하부에서는 7km의 두께를 가진다. 지각아래로부터 핵–맨틀의 경계인 2,890km에 이르는 구간에는 맨틀이 있는데, 고밀도의 암석으로 이루어진 두꺼운 껍질을 이룬다. 중심의 핵은 주로 철과 니켈로 구성되어 있으며, 2개의 층(액체 상태의 외핵과 고체 상태의 내핵)으로 구분되는데, 그 경계는 5,150km 깊이에서 나타난다. 각 층들 사이의 밀도 변화는 기본적으로 각각의 화학조성이 다르기 때문이다.

상호작용하는 구성요소들로 이루어진 시스템으로서의 지구를 어떻게 연구할 수 있는가? 지구와 같은 복잡한 시스템을 이해하려 할 때, 우리는 흔히 지오시스템이라고 부르는 그 하위 시스템들에 집중하는 것이 더 쉽다는 것을 발견한다. 이 책에서는 세 가지 주요 지오시스템에 초점을 맞출 것이다—기권·수권·빙권·생물권·암석권 간의 상호작용을 포함하는 기후시스템, 지구의 고체 구성요소들 간의 상호작용을 포함하는 판구조시스템, 지구의 핵 내에서의 상호작용을 포함하는 지오다이너모. 기후시스템은 태양으로부터의 열에 의해 작동되는 반면, 판구조시스템과 지오다이너모시스템은 지구내부의 열에 의해 움직인다.

판구조론을 구성하는 기본요소는 무엇인가? 암석권은 12개의 큰 판으로 나뉘어 있다. 판들은 맨틀대류에 의해 지구표면을 따라 1년에 수 센티미터씩 이동한다. 개개의 판은 움직이고 있는 연성의 연약권 위에 올라타고 하나의 딱딱한 단위체처럼 행동한다. 뜨거운 맨틀물질은 판이 형성되고 분리되는 경계부에서는 상승하며, 판들이 서로 멀어지면 냉각되어 더 단단해진다. 결국 대부분의 맨틀물질은 판이 수렴하는 경계에서 섭입하며 가라앉아 맨틀 속으로 되돌아간다.

지구역사상 중요한 사건들은 무엇인가? 지구는 45억 6,000만 년 전에 형성되었다. 약 43억 년의 연령을 가지는 암석이 지각에 남아 있다. 액체 상태의 물은 38억 년 전부터 지표면에 존재해왔고, 지오다이너모는 약 35억 년 전에 자기장을 형성하였다. 생명체의 존재에 대한 최초의 증거는 35억 년 전의 암석에서 발견된다. 약 27억 년 전, 초기 식물이 산소를 생산하면서 대기의 산소 함량이 증가하였으며, 약 25억 년 전, 큰 대륙덩어리들이 형성되었다. 동물은 약 6억 년 전 갑자기 출현하였으며, 대규모 폭발적인 진화를 겪으면서 빠르게 다양화되었다. 이후의 생명체 진화는 일련의 대량멸종으로 특징지어지는데, 최후의 대량멸종은 공룡이 사라진 6,500만 년 전 거대한 운석 충돌에 의한 것이었다. 우리 인간의 종인 호모 사피엔스(*Homo sapiens*)는 20만 년 전에 처음으로 출현하였다.

주요 용어

과학적 방법	맨틀	지구시스템	지형
기후	암석권	지오다이너모	측지학
기후시스템	연약권	지오시스템	판구조시스템
내핵	외핵	지진파	핵
대류	자기장	지질기록	화석
동일과정의 원리	지각	지질학	

지질학 실습

지구는 얼마나 큰가?

지구가 약 4만km의 둘레를 가진 둥근 형태라는 것은 언제 발견되었을까? 1960년대 초 이전까지는 우주에서 지구를 내려다본 사람이 아무도 없었지만, 그 형태와 크기를 오래전부터 알고 있었다. 콜럼버스는 그리스 철학자들이 지지하던 측지학 이론(우리는 구 위에서 살고 있다)을 믿었기에 1492년에 인도를 향한 서쪽으로의 항해를 시작하였다. 그러나 그는 부족한 수학 능력 탓에 지구의 원주를 정확하게 이해하지 못했다. 그 결과, 그는 짧은 경로 대신에 빙 돌아 긴 경로로 항해하여, 결국은 향신료 섬(Spice Island) 대신에 신세계를 발견하게 되었다. 콜럼버스가 고대 그리스인들을 정확히 이해하고 있었다면, 아마 이와 같은 행운의 실수를 저지르지 않았을 것이다. 왜냐하면 그리스인들은 1,700년 전에 이미 지구의 크기를 정확하게 측정했기 때문이다.

지구의 크기 측정에 대한 영예는 이집트 알렉산드리아의 대도서관(Great Library) 관장이었던 그리스인 에라토스테네스에게 돌아간다. 기원전 250년경 한 여행자가 그에게 한 가지 흥미로운 관찰에 대해 이야기하였다. 하지(6월 21일) 정오에 알렉산드리아에서 남쪽으로 약 800km 떨어진 시에네의 깊은 우물 속은 햇빛으로 완전히 훤하게 밝혀졌는데, 태양이 바로 머리 위 일직선상에 위치해 있었기 때문이다. 직감적으로 에라토스테네스는 실험을 수행하였다. 그는 알렉산드리아에 수직 기둥을 세웠고, 하지

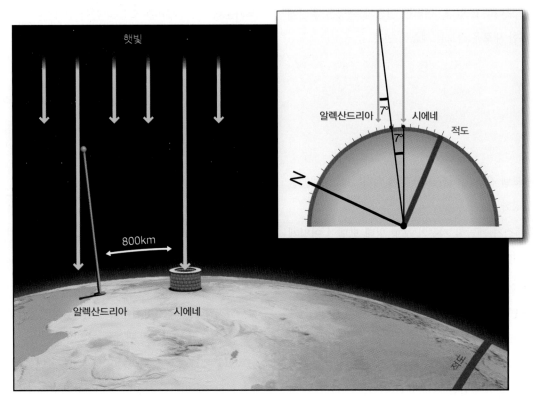

햇빛

알렉산드리아 7° 시에네 적도

7°

N

800km

알렉산드리아   시에네

적도

에라토스테네스는 지구둘레를 어떻게 측정했는가.

정오에 기둥은 그림자를 만들어냈다.

에라토스테네스는 태양은 아주 멀리 있기 때문에 두 도시에 도달하는 빛은 평행하게 도달된다고 가정했다. 태양이 알렉산드리아에서는 그림자를 드리우지만 같은 시간에 시에네에서는 바로 머리 위에 있다는 것을 알게 되면서, 에라토스테네스는 지표가 곡면이어야만 한다는 것을 간단한 기하학적 원리를 이용하여 입증할 수 있었다. 가장 완벽한 곡선으로 이루어진 표면은 구이므로, 그는 지구가 구형이라고 가정하였다(그리스인들은 기하학적 완벽함을 동경하였다). 알렉산드리아에 있는 기둥의 그림자 길이를 측정하고, 에라토스테네스는 두 도시를 통과하는 수직선을 지구의 중심까지 연장한다면, 이 선들은 원(360°)의 약 1/50인 약 7°의 각도로 교차할 것이라고 계산하였다. 두 도시 사이의 거리는 오늘날의 측정단위로 약 800km라고 알려져 있었다. 이 수치들로부터 에라토스테네스는 현대의 측정값에 매우 근접한 지구의 둘레값을 계산해냈다.

지구의 둘레 = 50 × 시에네에서
알렉산드리아까지의 거리 = 50 × 800km = 4만km

지구의 둘레값으로 지구의 반지름을 계산하는 것은 쉬운 문제였다. 에라토스테네스는 원의 둘레는 반지름에 2π(파이)를 곱한 것과 같고, π는 약 3.14의 값을 가진다는 사실을 알고 있었다. 따라서 그는 그가 추정한 지구의 둘레값을 2π로 나누어서 반지름을 구했다.

$$반지름 = \frac{둘레값}{2\pi}$$

$$\frac{4만km}{6.28} = 6,370km$$

이러한 계산으로부터 에라토스테네스는 간단하고 우아한 과학적인 모델에 도달하였다─지구는 약 6,370km의 반지름을 가지는 구이다.

과학적 방법에 대한 이러한 강력한 예시에서, 에라토스테네스는 관찰(그림자의 길이)하고, 가설(구형의 지구)을 세우고, 그리고 수학적 이론(구면 기하학)을 적용하여 지구의 물리적 형태에 대한 놀랄 만큼 정확한 모델을 제안하였다. 그의 모델은 배의 긴 돛대가 지평선상에서 사라지는 거리와 같은 여러 다른 유형의 측정을 정확하게 예측하였다. 게다가 지구의 모양과 크기를 아는 것은 그리스 천문학자들로 하여금 달과 태양의 크기와 이 천체들이 지구로부터 떨어진 거리도 계산할 수 있게 해주었다. 이 사례는 잘 설계된 실험과 정확한 측정이 과학적 방법의 핵심이 되는 이유를 명확하게 보여주고 있다―이러한 실험과 측정은 우리에게 자연세계에 대한 새로운 정보를 제공해준다.

추가문제 : 구의 부피는 다음과 같이 주어진다.

$$부피 = \frac{4\pi}{3}(반지름)^3$$

위 식을 이용해서 지구의 부피를 단위로 계산하라.

연습문제

1. 가설, 이론, 모델 간의 차이점을 이 장에 제시된 어떤 예들을 사용하여 설명하라.

2. 에라토스테네스가 개발한 지구의 구형 형태 모델이 어떻게 실험적으로 검증될 수 있는지에 대해 예를 들어 설명하라.

3. 지구의 형태가 완벽한 구가 아닌 이유를 두 가지 제시하라.

4. 만약 반경이 10cm인 지구모형을 만든다면, 에베레스트산은 해수면 위로 얼마나 높이 솟아 있는가?

5. 6,500만 년 전의 거대한 운석 충돌은 모든 공룡을 포함하여 지구상의 생물 종의 절반을 멸종시키는 원인이 되었다고 생각된다. 이 사건은 동일과정의 원리가 틀렸음을 증명하는 가? 여러분의 답을 제시하고 설명하라.

6. 지각의 화학적 조성은 맨틀의 화학적 조성과 어떻게 다른가? 또한 지구 핵의 화학적 조성과는 어떻게 다른가?

7. 지구의 맨틀이 고체임에도 불구하고 외핵은 액체인 이유를 설명하라.

8. 날씨와 기후의 차이점은 무엇인가? 여러분의 경험을 예로 들어 기후와 날씨와의 관계를 설명하라.

9. 지구의 맨틀은 고체이지만 판구조시스템의 일부로서 대류를 한다. 왜 이러한 사실이 모순되지 않는지 설명하라.

생각해볼 문제

1. 세계를 이해하는 방법에 있어 과학과 종교는 어떻게 다른가?

2. 여러분이 지구표면에서부터 중심까지의 여행을 돕는 가이드라고 가정하자. 관광객들이 지구내부로 내려가면서 만나는 물질을 여러분은 어떻게 설명하겠는가? 깊이 내려갈수록 물질의 밀도는 왜 항상 증가하는가?

3. 지구를 상호작용하는 구성요소들로 이루어진 시스템으로 보는 견해는 우리가 지구를 이해하는 데 어떠한 도움을 주는가? 지질기록에 영향을 줄 수 있는 둘 이상의 지오시스템들 간의 상호작용의 예를 제시하라.

4. 기후시스템, 판구조시스템, 지오다이너모시스템은 어떤 면에서 비슷한가? 그리고 어떤 면에서 서로 다른가?

5. 모든 행성이 지오다이너모를 갖고 있는 것은 아니다. 왜 그런가? 만약 지구가 자기장을 가지고 있지 않다면 지구는 어떻게 달라졌겠는가?

6. 이 장에서 제시된 자료들에 근거하면, 세 가지 주요 지오시스템은 얼마나 오래전부터 작동하기 시작하였는지에 대해 우리는 무엇이라고 말할 수 있는가?

7. 이론이 완전하게 입증되지 못했음에도 불구하고, 왜 거의 모든 지질학자들은 다윈의 진화론을 강하게 믿고 있는가?

매체지원

1-1 애니메이션 : 지구의 주요 층

세계에서 가장 높은 산인 네팔의 에베레스트산을 칼라파 타르에서 본 모습.
[Michael C. Klesius/National Geographic/Getty Images.]

판구조론 : 통합 이론

2

암석권-암석으로 이루어진 지구의 강성체 외각인 암석권은 약 12개의 판으로 쪼개져 있으며, 이 판들은 상대적으로 약하고 연성인 연약권 위에서 서로 비껴가거나 수렴하거나 혹은 멀어진다. 판들은 서로 멀어지는(발산하는) 곳에서 생성되어 수렴하는 곳에서 소멸하면서 재순환되는 연속적인 과정을 겪는다. 암석권에 놓인 대륙은 움직이는 판과 함께 표류한다.

판구조론(plate tectonics)은 판의 운동과 판 사이에서 작용하는 힘을 기술한 것이다. 이 이론은 또한 판 경계부에서 운동의 결과로 야기되는 화산, 지진, 조산대의 분포, 암석 군집, 그리고 해양저의 구조를 쉽게 설명한다. 판구조론은 이 책 대부분의 내용에 대한 개념적 토대인 동시에 지질학의 많은 부분에 대한 개념적 토대이다.

이 장에서는 판구조론의 배경을 설명하고 판 운동을 일으키는 힘이 맨틀대류계로부터 어떻게 야기되는지를 탐구한다.

■ 판구조론의 발견

1960년대에 과학적 사고의 위대한 혁명이 지질학계를 뒤흔들어 놓았다. 그전 거의 200년 동안 지질학자들은 **조구조운동**(tectonics, '건축'이라는 의미의 그리스어인 *tekton*에서 유래함)에 대한 여러 가지 이론을 만들어냈다. 조구조운동은 지구표면의 지질학적 형태들을 만드는 조산운동과 화산작용, 그리고 그 외의 과정들을 의미하는 일반적인 용어이다. 그러나 판구조론이 발견되기 전까지는 그 어느 이론도 지질학의 모든 과정들을 만족스럽게 설명할 수가 없었다. 물리학에서는 20세기 초에 공간, 시간, 질량, 운동에 관한 물리학적 법칙을 하나로 통합하여 설명하는 상대성 이론이 등장하여 혁명을 불러왔고, 생물학에서도 20세기 중반 생명체가 성장과 발달 그리고 유전을 통제하는 정보를 어떻게 전달하는가를 설명해주는 DNA가 발견되면서 유사한 혁명을 경험한 바 있다.

판구조론의 근본이 되는 개념들은 약 50년 전에 통합 이론으로 합쳐졌지만 판구조론을 야기한 과학적 통합은 사실상 이에 앞서 대륙이동의 증거를 인지하게 된 20세기 초에 시작되었다.

대륙이동

> 만약 지구가 중심부까지 고체라면 지표면에서의 각종 변화들은 일어날 수 없다고 생각했다. 그래서 나는 지구 내부가 우리가 알고 있는 그 어느 고체보다도 밀도와 비중이 높은 액체일 것이라고 상상했고, 따라서 고체들은 그 액체 내에서 혹은 그 위에서 떠다닐 것이라고 추정했다. 즉 지구의 표면은 그 하부에 있는 액체의 격렬한 운동에 의해 깨지고 무질서해질 수 있는 딱딱한 껍데기일 것이다.
>
> [벤자민 프랭클린(Benjamin Franklin)이 1782년 프랑스 지질학자인 Abbé J. L. Giraud-Soulavie에게 보낸 서한에서]

지구표면 위에서 대륙이 광범위하게 움직인다는 **대륙이동**(continental drift)의 개념은 상당히 오랫동안 지속되었다. 16세기 말과 17세기에 유럽의 과학자들은 대서양 양쪽의 해안선이 조각그림 맞추기처럼 잘 맞아 마치 아메리카, 유럽 그리고 아프리카가 하나의 대륙이었다가 쪼개져서 표이한 것처럼 보임을 알게 되었다. 19세기가 끝날 무렵 오스트리아의 지질학자인 에두아르트 쥐스(Eduard Suess)는 그 조각그림의 일부를 짜맞추었다. 즉 그는 현재의 남반구 대륙들이 한때 **곤드와나대륙**(혹은 곤드와나, Gondwana, Gondwanaland)으로 불리는 하나의 거대한 대륙으로 뭉쳐져 있었다고 생각하였다. 1915년 제1차 세계대전에서의 부상에서 회복 중이던 독일의 기상학자인 알프레트 베게너(Alfred

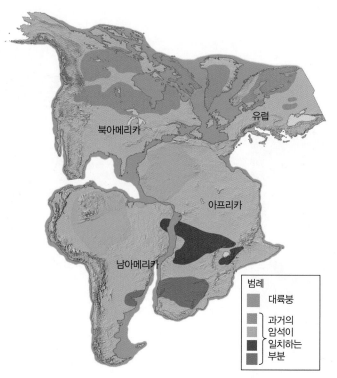

그림 2.1 대서양을 사이에 둔 대륙들의 조각그림 맞추기는 알프레트 베게너의 대륙이동설의 근거가 되었다. *대륙과 해양의 기원*이라는 저서에서 베게너는 대서양 양쪽 대륙에서의 지질학적 특성의 유사성을 추가 증거로 제시하였다. 오래된 결정질 암석이 일치함을 남아메리카, 아프리카, 북아메리카 그리고 유럽의 인접지역에서 볼 수 있다.

[Geographic fit from data of E. C. Bullard; geologic data from P. M. Hurley.]

Wegener)는 대륙의 분열과 이동에 관한 책을 저술하였다. 그는 이 책에서 대서양 건너편 양쪽의 암석, 지질구조 그리고 화석이 매우 유사하다고 기술하였다(그림 2.1). 곧이어 베게너는 현재의 대륙들로 쪼개진 하나의 초대륙(supercontinent)을 제안하였고 이 초대륙을 **판게아**(Pangaea, 그리스어로 '모든 대륙'을 의미함)로 명명하였다.

비록 베게너가 대륙이 갈라져서 이동했다고 주장한 것은 옳았지만 지구표면 위에서 대륙이 움직이는 속도와 대륙을 움직이는 힘에 대한 그의 가설은 틀린 것으로 판명이 되었고, 따라서 과학자들 사이에서 그의 신뢰도는 실추되었다. 약 10년간의 활발한 논쟁 끝에 물리학자들은 지구의 외각층들은 너무 딱딱하여(강성) 대륙이동이 일어나는 게 불가능하다는 점을 지질학자들에게 납득시켜주었고, 베게너의 아이디어는 일부 지질학자들만 인정하였을 뿐 나락으로 떨어졌다.

대륙이동설의 지지자들은 대륙들이 지리학적으로 잘 들어맞는 것뿐만 아니라 대서양 양쪽 연안의 지질구조 경향이 유사한 점도 지적하였다. 이들은 또한 화석과 기후자료를 근거로 그렇게 주장하였는데, 이러한 자료들은 오늘날 대륙이동의 훌륭한 증거

그림 2.2 3억 년 전의 파충류인 *메소사우르스*의 화석은 전 세계에서 유일하게 남아메리카와 아프리카에서만 발견된다. 만일 메소사우르스가 남대서양을 수영으로 횡단할 수 있었다면 이 파충류는 널리 퍼졌어야만 했다. 퍼지지 못했다는 관찰사항으로 보아 남아메리카와 아프리카는 3억 년 전에 연결되어 있었음이 틀림없다.

[A. Hallam, "Continental Drift and the Fossil Record," *Scientific American* (November 1972): 57–66.]

로 받아들여지고 있다. 예를 들면, 3억 년 전의 파충류인 메소사우루스(*Mesosaurus*) 화석이 아프리카와 남아메리카에서만 발견되는데, 이는 그 당시 두 대륙이 붙어 있었음을 시사한다(그림 2.2). 각 대륙의 동물과 식물은 추정된 분열시점까지는 유사한 진화를 보이고, 분열 이후에는 각각 다른 진화경로를 따르게 되는데, 이는 분리된 대륙의 서로 다른 환경과 고립 때문일 것이다. 또한 약 3억 년 전에 존재하였던 빙하에 의해 퇴적된 암석들이 현재 남아

메리카, 아프리카, 인도 그리고 오스트레일리아에 분포하는데, 이는 그 당시에 이 대륙들이 곤드와나대륙의 일부로 남극 근처에 위치하였던 것으로 설명될 수 있다.

해양저 확장

대륙이동을 지지하는 지질학적 증거들은 대륙이동이 물리적인 관점에서 불가능하다고 주장하는 회의론자들을 설득시키지 못했다. 아무도 판게아를 분열시켜 대륙을 움직이게 한 원동력을 그럴듯하게 설명하지 못했다. 예를 들어 베게너는 태양과 달의 조수력에 의해 대륙이 마치 배처럼 해양지각 위로 떠다닌다고 생각하였다. 그러나 조수력이 대륙을 움직이기에는 너무나 미약하므로 베게너의 이 가설은 사장되었다.

이후, 학자들은 지구맨틀에서의 대류(제1장에서 설명함)가 대륙을 밀기도 하고 당기기도 하면서 **해양저 확장**(seafloor spreading)이라는 과정을 통해 새로운 해양지각이 만들어질 수 있다는 점을 인식하게 되었고 이는 비약적인 진전을 불러왔다. 1928년에 영국의 지질학자인 아서 홈스(Arthur Holmes)는 "대류로 인하여 원래 하나였던 대륙이 둘로 쪼개지게 되고, 그 결과 대류가 하강하는 전면부에서는 조산운동이 일어나고 대류가 상승하는 곳에서는 해양저가 만들어진다."는 가설을 제안하였다. 지각과 맨틀이 너무 딱딱하여 움직일 수 없다는 물리학자들의 주장에 대해 홈스는 "내 가설은 요구에 맞춘 순전한 추리라서 독립적인 증거로 증명이 되기 전에는 아무런 과학적 가치가 없다."라고 물러섰다.

제2차 세계대전 이후 해양저에 대한 광범위한 탐사가 이루어지면서 해양저 확장에 대한 확실한 증거가 나오게 되었다. 해양지질학자인 모리스 유잉(Maurice Ewing) '선생'은 이미 일부 지질학자들이 생각했던 바와 같이 대서양의 해양저가 오래된 화강암이 아닌 젊은 현무암으로 구성되어 있다는 것을 증명하였다(그림 2.3). 더욱이 대서양중앙해령이라고 불리는 해저산맥에 대한 지질조사를 한 결과 해령의 능선을 따라 균열 모양의 계곡(혹은 **열곡**)이 존재하는 것으로 밝혀졌다(그림 2.4). 이러한 해저지형을 알아낸 지질학자 중 2명은 유잉의 컬럼비아대학 동료인 브루스 히젠(Bruce Heezen)과 마리 타프(Marie Tharp)였다(그림 2.5). 몇 년

그림 2.3 1947년 여름에 찍은 사진으로 모리스 유잉 '선생'(가운데)이 탐사선인 *아틀란티스* 1호가 대서양에서 끌어올린 젊은 현무암 조각을 보고 환하게 웃고 있다. 맨 좌측의 인물은 이 책을 비롯한 여러 지질학 교과서를 저술한 프랭크 프레스(Frank Press)이다.

[Lamont-Doherty Earth Observatory, Columbia University.]

그림 2.4 대서양중앙해령의 중심부를 따라 발달한, 균열과 유사한 열곡을 보여주는 북대서양의 해양저와 진앙의 위치(검은 점).

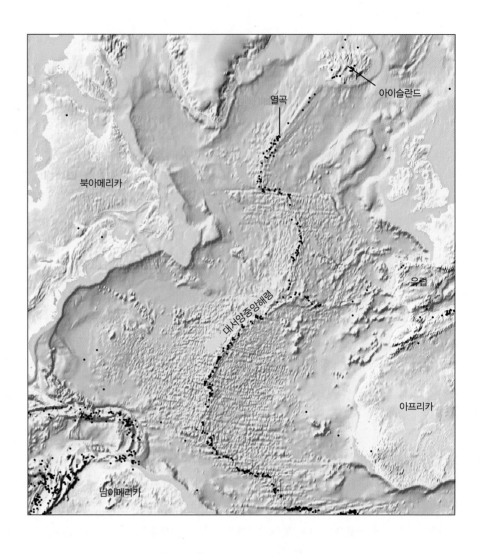

이 지난 후 타프는 "나는 그것이 아마도 열곡일 것이라고 생각했다."고 말했다. 히젠은 처음에 그러한 아이디어를 '여자의 수다' 정도로 생각하여 고려할 가치가 없다고 생각했으나, 그들은 곧 대서양에서 거의 모든 지진이 열곡 근처에서 발생한다는 것을 발견하면서 타프의 예상이 사실임을 확인하였다. 대부분의 지진은 단층작용에 의해 발생하기 때문에, 그들의 결과는 열곡이 조구조적으로 살아 있는 지형이라는 것을 의미했다. 유사한 모양의 열곡과 지진활동을 보이는 중앙해령이 태평양과 인도양에서도 발견되었다.

1960년대 초에 프린스턴대학교의 해리 헤스(Harry Hess)와 스크립스 해양연구소의 로버트 디츠(Robert Dietz)는 지각이 중앙해령의 열곡을 따라 분리되며, 이 열곡으로 뜨겁고 새로운 지각이 용승하여 새로운 해양저가 만들어진다고 제안하였다. 새로운 해양저—사실상 새로 생성된 암석권의 표면—는 열곡으로부터 옆으로 퍼져나가면서 계속되는 판의 생성 과정을 통하여 더 새로운 지각으로 대체된다.

위대한 통합 : 1963~1968년

헤스와 디츠가 제안한 해양저 확장설은 중앙해령에서 새로운 암석권의 생성을 통하여 대륙들이 어떻게 분리되어 이동하는가를 설명해주었다. 그러나 또 다른 의문이 제기되었다. 해양저와 그 하부의 암석권은 지구 내부로 재순환되어 소멸될 수 있는가? 만일 그렇지 않다면 지구의 표면적은 시간이 갈수록 증가해야만 한다. 1960년대 초에 잠시 동안 히젠을 포함한 일부 물리학자와 지질학자는 지구가 팽창한다는 이 개념을 믿었다. 다른 지질학자들은 해양저가 팽창하기보다는 재순환된다는 것을 인지하였다. 그들은 '불의 고리'라고 불리는 태평양의 연변부를 따라 존재하는 격렬한 화산활동과 지진활동이 일어나는 지역에서 해양저의 순환이 일어난다고 확신하였다(그림 2.6). 그러나 이 재순환의 자세한 과정은 그때까지도 불분명한 채로 남아 있었다.

1965년, 캐나다의 지질학자인 투조 윌슨(J. Tuzo Wilson)은 지구표면 위를 딱딱한 판이 움직이는 조구조운동에 대해 최초로 기술하였다. 그는 판 경계부의 특성을 판들이 서로 멀어지거나, 가

그림 2.5 마리 타프와 브루스 히젠이 해저지도를 점검하고 있다. 중앙해령에 있는 조구조적으로 살아 있는 열곡대의 발견은 해양저 확장에 대한 중요한 증거가 되었다.

[Marie Tharp, www.marietharp.com.]

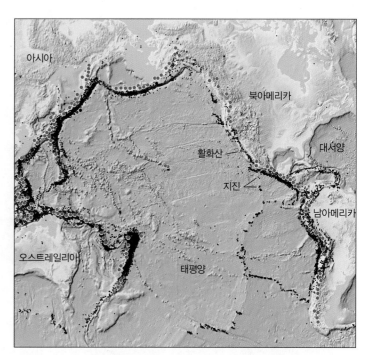

그림 2.6 활화산(큰 붉은색 원)이 존재하고 빈번한 지진(작은 검은색 점)이 발생하고 있는 태평양 불의 고리는 해양판의 순환이 발생하고 있는 수렴형 판 경계부이다.

까워지거나, 혹은 서로 빗겨가는 세 가지 형태로 설명하였다. 곧이어 다른 과학자들이 현재 일어나고 있는 조구조 변형작용—지구의 응력(stress)에 의해 암석이 습곡되거나, 단층작용을 받거나, 전단작용을 받거나 혹은 압축되는 과정들—의 거의 대부분이 판 경계부에서 집중적으로 발생함을 보여주었다. 이들은 조구조운동에 의한 판의 이동방향과 이동률(혹은 속도)을 측정하여, 조구조운동과 지구표면 위에서 딱딱한 판이 움직이는 시스템이 수학적으로 일치함을 입증하였다.

1968년 말에 이르러 **판구조론**(plate tectonics)의 기본적인 골격이 체계화되었다. 1970년에 와서는 판구조이론의 증거가 매우 설득력 있어짐에 따라 거의 모든 지구과학자들이 이 이론을 받아들였다. 그 결과 교과서들이 개정되고 전문가들은 각자의 분야에서 이 새로운 개념이 암시하는 바를 고민하기 시작하였다.

■ 판과 그들의 경계

판구조론에 따르면 딱딱한 강성의 암석권은 하나로 연장된 외각이 아니라, 약 12개의 강성이 큰 판들이 모자이크처럼 쪼개져 있

으며 이 판들은 지구표면 위에서 움직인다(그림 2.7). 각 판들은 역시 움직이는 연약권을 타고 별개의 개체로 움직인다. 가장 큰 판은 태평양 분지의 대부분을 점하고 있는 태평양판이다. 어떤 판의 이름은 그 판이 포함하는 대륙의 이름을 따서 명명되었지만, 대륙과 정확하게 일치하는 판은 하나도 없다. 예를 들어 북아메리카판은 북아메리카의 태평양 연안에서 대서양의 중앙부까지 연장되어 있으며, 이곳에서 북아메리카판은 유라시아판 그리고 아프리카판과 접한다.

13개의 주요 판 이외에 많은 소규모의 판이 존재한다. 한 예로 아주 작은 후안데푸카판은 미국 북서부 앞바다에서 거대한 태평양판과 북아메리카판 사이에 놓여 있는 해양암석권의 조그만 조각이다. 그 외의 소규모 판들은 대륙 조각들인데, 터키의 대부분을 포함하는 조그만 아나톨리아판이 한 예이다.

활발한 지질작용을 보려면 판 경계부로 가야 한다. 판 경계부의 종류에 따라서 지진, 화산, 산맥, 길고 좁은 열곡, 습곡작용 그리고 단층작용을 볼 수 있다. 많은 지질학적 특성들이 판 경계부에서 판의 상호작용을 통해 만들어진다.

판 경계에는 세 가지 기본적인 형태가 있으며(그림 2.8), 이 형태는 두 판의 상대적인 이동방향에 의해서 정의된다.

■ **발산형 경계**(divergent boundaries)에서 판들은 서로 멀어지면

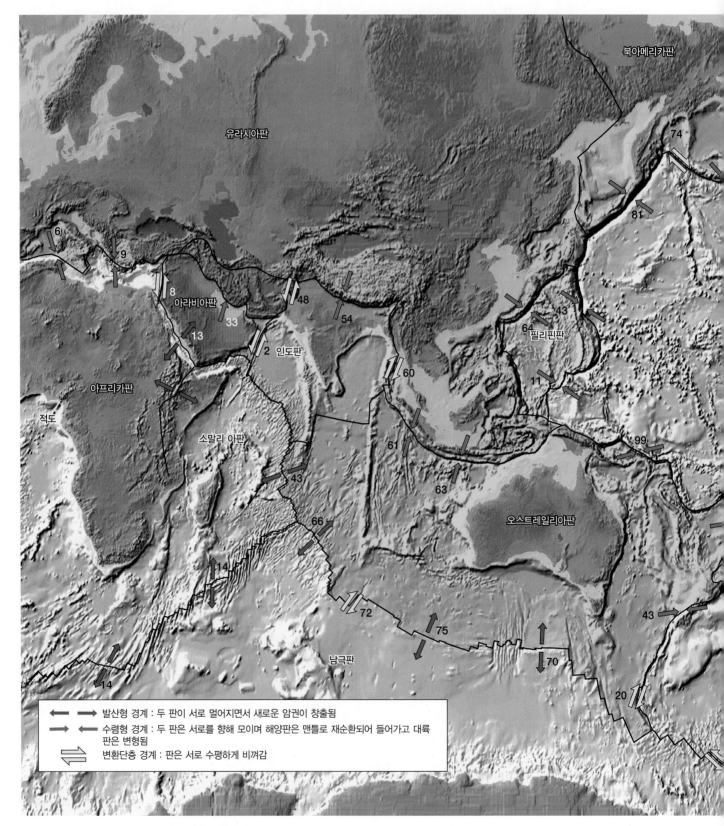

그림 2.7 지구의 표면은 연성의 연약권 위에서 천천히 움직이고 있는 강성의 암석권의 조각인 13개의 주된 판과 여러 개 작은 판들의 모자이크 형태이다. 작은 판 중에서는 북아메리카의 서해안에 위치한 후안데푸카판만 지도상에 표시되어 있다. 화살표들은 두 판 사이의 경계에서 상대적인 판 이동을 나타낸다. 화살표 옆에 써 있는 숫자들은 상대적인 판의 속도를 나타내며 단위는 mm/year이다.

[Plate boundaries by Peter Bird, UCLA.]

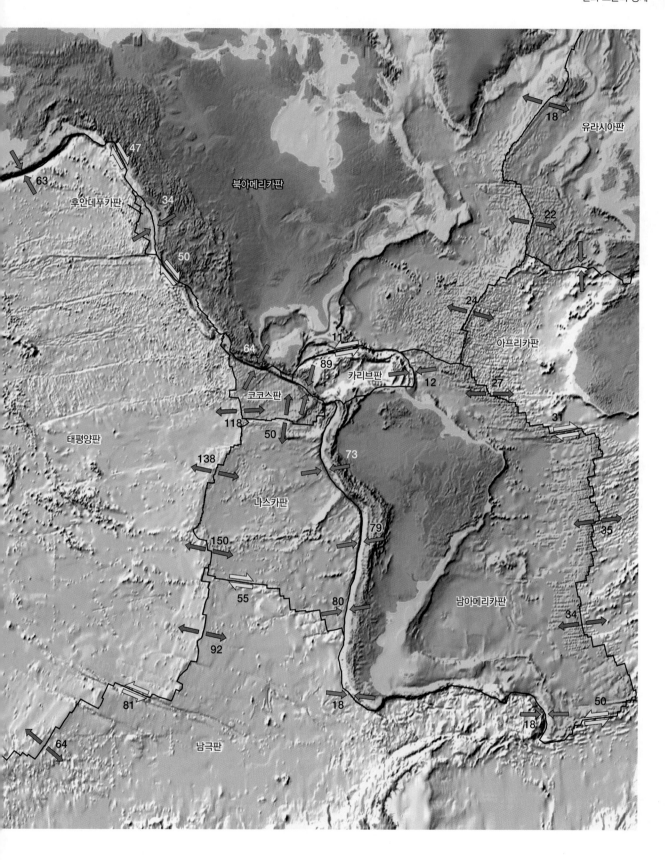

발산형 경계

(a) 해양 확장중심

대서양중앙해령을 따라 갈라지고 확장되면서
새로운 해양지각이 형성

대서양중앙해령

북아메리카판

유라시아판

(b) 대륙 열곡대

대륙의 열곡작용과 확장은 일련의 평행한
계곡대와 화산작용 그리고 지진이 특징임

대지구대

아프리카판

소말리 아판

수렴형 경계

(c) 해양–해양 수렴

해양판과 해양판이 만나는 곳에서는 한 해양판이 다른 판
아래로 섭입되며 심해해구와 화산열도가 만들어짐

마리아나 군도

마리아나 해구

필리핀판

태평양판

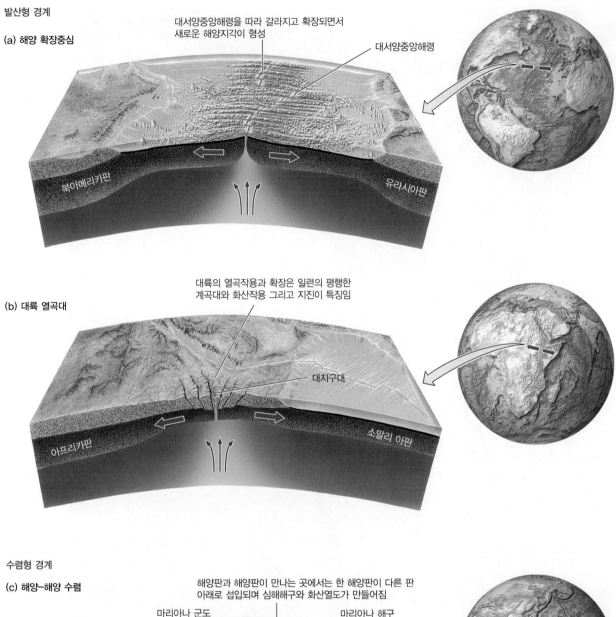

그림 2.8 판 경계부에서의 상호작용은 판의 상대운동 방향과 지각의 종류에 따라 결정된다.

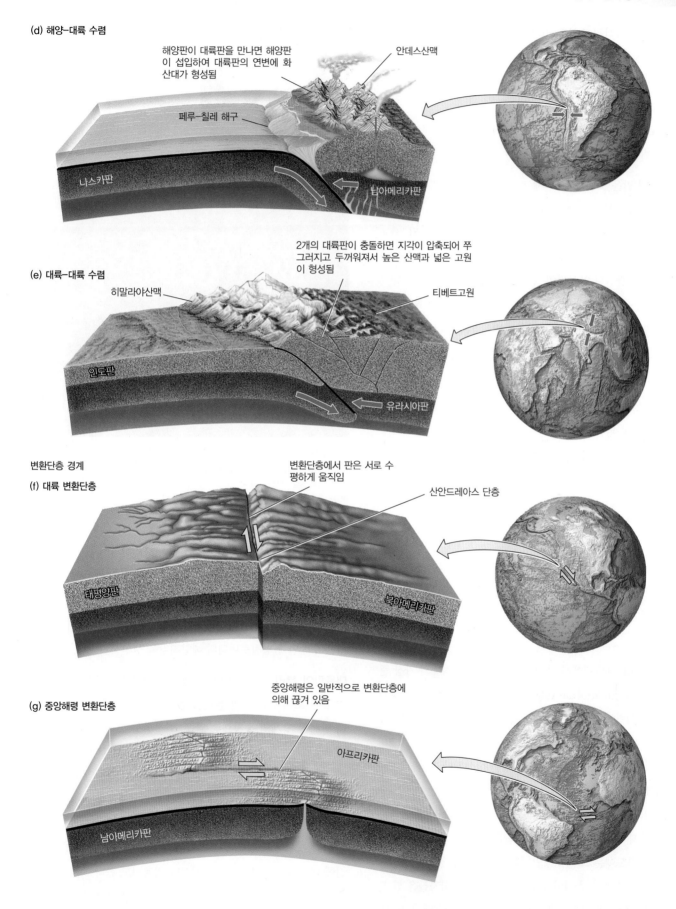

(d) 해양-대륙 수렴

해양판이 대륙판을 만나면 해양판이 섭입하여 대륙판의 연변에 화산대가 형성됨

안데스산맥

페루-칠레 해구

나스카판

남아메리카판

(e) 대륙-대륙 수렴

2개의 대륙판이 충돌하면 지각이 압축되어 쭈그러지고 두꺼워져서 높은 산맥과 넓은 고원이 형성됨

히말라야산맥

티베트고원

인도판

유라시아판

변환단층 경계

(f) 대륙 변환단층

변환단층에서 판은 서로 수평하게 움직임

산안드레아스 단층

태평양판

북아메리카판

(g) 중앙해령 변환단층

중앙해령은 일반적으로 변환단층에 의해 끊겨 있음

아프리카판

남아메리카판

서 새로운 암석권이 창출된다(판의 면적이 넓어짐).

■ **수렴형 경계**(convergent boundaries)에서 두 판은 서로를 향해 모이며 그중 하나는 맨틀로 재순환되어 들어간다(판의 면적이 감소함).

■ **변환단층 경계**(transform-fault boundaries)에서 판은 서로 수평하게 비껴간다(판의 면적이 보존됨).

자연계의 많은 모델과 같이 세 가지 형태의 판 경계는 이상적인 것이다. 이 기본적인 세 가지 형태의 판 경계 이외에 발산형과 변환단층형이 혼합된 혹은 수렴형과 변환단층형이 혼합된 '사교형' 경계가 있다. 또한 판 경계에서 실제로 무슨 일이 일어나는가는 그 경계와 관련된 암석권의 종류에 좌우되며, 그 이유는 대륙 암석권과 해양암석권이 다르게 움직이기 때문이다. 대륙지각은 해양지각이나 지각하부의 맨틀보다 가볍고 약한 암석으로 구성되어 있다. 이에 대한 자세한 내용은 다른 장에서 다루어질 것이고 여기서는 다음의 두 가지 결과만 기억하면 된다.

1. 대륙지각은 가볍기 때문에 해양지각과는 달리 맨틀로 쉽게 재순환되지 못한다.

2. 대륙지각은 약하기 때문에 대륙지각이 관련된 판 경계부는 해양판 경계부보다 더 넓고 더 복잡하다.

발산형 경계

발산형 경계란 두 판이 서로 멀어져가는 경계이다. 해양분지 내의 발산형 경계는 좁은 열곡으로 판구조론을 이상화하기에 적합하다. 반면에 대륙 내에서의 발산은 통상 더 복잡하고 넓은 지역에 걸쳐 일어난다. 이 차이점은 〈그림 2.8a〉와 〈그림 2.8b〉에 도시되어 있다.

해양판의 분리 해양저에서 분리되는 두 판 사이 경계의 가장 큰 특징은 **중앙해령**(mid-ocean ridge)으로, 두 판을 서로 멀리 당기는 인장(신장)력에 의해 활발한 화산활동, 지진 그리고 열곡작용이 일어난다. 해양저가 확장되면서 암석이 용융된 뜨거운 마그마가 열곡으로 분출하여 새로운 해양지각이 생성된다. 〈그림 2.8a〉는 북아메리카판과 유라시아판이 서로 분리되고 있는 대서양중앙해령 위의 한 **확장중심**(spreading center)에서 일어나는 현상을 보여준다. (대서양중앙해령의 보다 자세한 모습은 그림 2.4에 있다). 아이슬란드에는 그렇지 않았더라면 해저에 있었을 대서양중앙해령의 일부분이 노출되어 있고, 여기에서 지질학자들은 판 분리 과정과 해양저 확장을 직접 볼 수 있다(그림 2.9). 대서양중앙

그림 2.9 발산형 판 경계인 대서양중앙해령이 아이슬란드에서는 지표에 노출되어 있다. 새로운 화산암으로 채워진 균열 같은 열곡은 판이 양옆으로 잡아당겨지고 있음을 지시한다.
[Ragnar Th Sigurdsson © ARCTIC IMAGES/Alamy.]

해령은 아이슬란드 북쪽의 북극해로 연장되어 지구를 거의 한 바퀴 도는 중앙해령계로 연결되는데, 이 중앙해령계는 인도양과 태평양을 가로질러 북아메리카 서부연안에서 끝이 난다. 이러한 중앙해령에서 일어나는 해저확장이 현재 전 세계 해양의 바닥을 이루는 수백만 평방킬로미터의 해양지각을 생성시켜왔다.

대륙판의 분리 동아프리카 대열곡(대지구대, 그림 2.8b 참조)과 같은 초기 단계의 판 분리를 일부 대륙에서 볼 수 있다. 대륙 내 발산형 경계의 특징으로 열곡, 화산활동 그리고 지진이 있는데, 이 특징들은 해양의 확장중심보다 더 넓은 지역에 걸쳐 분포한다. 홍해와 캘리포니아만은 확장이 좀더 진전된 열곡이다(그림 2.10). 이 경우는 대륙이 충분히 갈라져 확장축을 따라 새로운 해양저가 형성되면서 바닷물이 열곡으로 들어온 것이다.

어떤 경우에는 대륙이 분리되어 새로운 해양분지가 형성되기 전에 대륙의 열곡작용이 느려지거나 멈추기도 한다. 독일과 프랑스의 국경을 따라 존재하는 라인 계곡(혹은 라인 지구대)은 미약하게 활동 중인 대륙열곡으로서 아마도 이러한 종류의 '쇠퇴한'

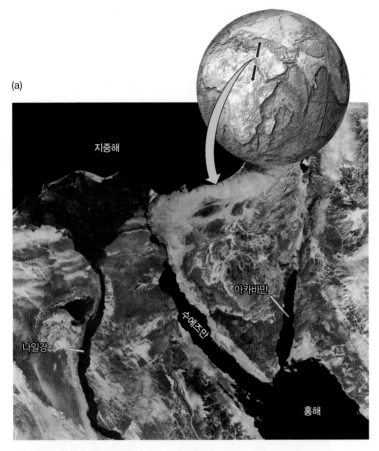
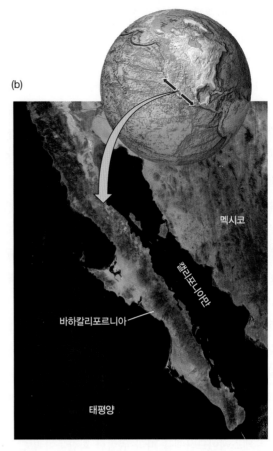

그림 2.10 대륙지각의 열곡작용. (a) 홍해(오른쪽 아래)가 갈라지면서 왼쪽에 수에즈만이, 오른쪽에는 아카바만이 형성된다. 수에즈만은 정지된 열곡대로 약 500만 년 전에 활동을 멈췄다. 홍해의 북쪽에서 대부분의 판의 움직임은 아카바만을 따라서 존재하는 변환단층과 열곡대를 통해 이루어진다. (b) 태평양판에 있는 바하칼리포르니아는 북아메리카판에 대해서 상대적으로 북서쪽으로 움직이고 있는데 이로 인해 바하와 멕시코 본토 사이에 위치한 캘리포니아만이 넓어지고 있다.

[(a) MDA Information Systems LLC; (b) Jeff Schmaltz, MODIS Rapid Response Team, NASA/GSFC.]

확장중심일 것이다. 마다가스카르와 아프리카의 사이가 벌어져 바다가 형성된 것처럼, 동아프리카 열곡이 계속 벌어져 소말리아판이 아프리카로부터 완전히 분리되면서 그 사이에 새로운 해양분지가 만들어질 것인가? 혹은 유럽 서부에서처럼, 확장이 느려지다가 결국에는 멈추게 될 것인가? 지질학자들은 아직 정확한 답을 모른다.

수렴형 경계

판들은 지구를 덮고 있기 때문에 만일 한 곳에서 판이 분리되면 다른 곳에서는 판들이 수렴해야만 한다. (우리가 아는 한 지구는 팽창하지 않고 있기 때문에!) 수렴형 경계는 판들이 충돌하는 곳이다. 판의 충돌로 많은 지질학적 사건이 일어나기 때문에 수렴형 경계는 가장 복잡한 형태의 경계부이다.

해양–해양 수렴 수렴하는 두 판이 모두 해양판일 경우 한 판이 다른 판 밑으로 들어가며 이를 **섭입**(subduction)이라고 한다(그림 2.8c 참조). 섭입하는 판의 해양암석권은 연약권으로 들어가며

결국에는 맨틀대류 시스템에 의해 재순환된다. 섭입작용에 의해 길고 좁은 심해해구가 만들어진다. 서태평양 마리아나 해구의 수심은 약 11km로 가장 깊으며 이 수치는 에베레스트산의 높이보다 크다.

차가운 암권판이 하강하면 압력이 증가하여 암석에 갇혀 있던 물이 방출되어, 하강하는 암권판 상부의 연약권으로 상승한다. 이 유체로 인해 맨틀이 용융되어 해구 뒤편의 해양저에 **호상열도**(island arc)라고 하는 일련의 화산들이 만들어진다. 예를 들어 태평양판이 섭입하면서 알래스카 서부의 활화산으로 구성된 알류샨 열도와 태평양 서부에 수많은 호상열도가 만들어졌다. 차가운 암권판은 맨틀로 하강하면서 호상열도 뒤쪽에 진원의 깊이가 690km에 이르는 심발지진을 유발한다.

해양–대륙 수렴 한 판의 경계부에 대륙이 존재하면 대륙지각은 해양지각에 비해 가벼워서 섭입되기가 어렵기 때문에 대륙판은 해양판 위에 놓이게 된다(그림 2.8d 참조). 대륙연변부는 구겨져

서 심해해구와 대체로 평행한 산맥으로 융기된다. 충돌과 섭입에 의한 엄청난 힘이 섭입면을 따라 대규모 지진을 유발한다. 오랜 기간에 걸쳐 하강하는 판의 표면에 있는 물질이 긁혀 떨어져 나와 인접한 조산대로 붙게 되며, 이 작용으로 인해 섭입과정의 기록이 복잡하게(때로는 이해하기 어렵게) 남게 된다. 해양-해양 수렴의 경우와 마찬가지로 섭입하는 해양판에서 방출된 물로 인해 맨틀쐐기 부분이 용융되어 해구 육지 쪽의 조산대에 일련의 화산들이 형성된다.

남아메리카판이 나스카판과 충돌하는 남아메리카의 서부연안이 위에서 기술한 해양-대륙 수렴의 좋은 예이다. 고도가 높은 안데스 산맥이 충돌경계의 대륙 쪽에 솟아 있으며 심해해구는 충돌경계의 바다 쪽에 놓여 있다. 이곳의 화산들은 활화산으로 치명적이다. 이 중의 하나인 콜롬비아의 네바도 델 루이즈 화산은 1985년에 분출했을 때 약 2만 5,000명의 사망자를 낸 바 있다. 세계적으로 규모가 가장 큰 지진들의 일부가 이 경계부에서 발생한 적이 있다.

소규모 판인 후안데푸카판이 북아메리카판 밑으로 섭입하는 북아메리카 서부연안도 해양-대륙 수렴 경계이다. 이 수렴형 경계에는 캐스케이드산맥을 따라 위험한 화산들이 발달해 있으며, 이 중 세인트헬렌스 화산은 1980년에 대규모 폭발을 하였고 2004년에는 소규모의 화산분출을 한 바 있다. 캐스케이드섭입대에 대한 연구로 보다 많은 사실들이 밝혀짐에 따라 그곳에서 대규모 지진이 발생하여 오리건주, 워싱턴주 그리고 브리티시컬럼비아의 연안에 치명적인 피해를 줄 수 있다는 우려의 목소리가 높아지고 있다. 만일 이곳에서 대규모 지진이 일어나면 일본 혼슈의 북동쪽 해안을 따라 존재하는 섭입대에서 발생한 2011년 3월 11일의 도호쿠 지진(동일본 대지진)이 야기한 것과 유사한 대형 쓰나미에 의한 엄청난 피해가 일어날 가능성이 높다.

대륙-대륙 수렴 두 대륙이 수렴하면(그림 2.8e 참조) 해양판 형태의 섭입작용은 일어날 수 없다. 이러한 대륙-대륙 충돌의 지질학적 결과는 상당히 인상적이다. 가장 좋은 예는 앞 가장자리에 대륙이 존재하는 인도판과 유라시아판의 충돌이다. 유라시아판이 인도판 위를 타고 있지만 인도와 아시아 대륙은 맨틀 위에 떠 있는 채로 남아 있다. 충돌로 인해 지각의 두께가 두 배로 늘어나 세계에서 가장 높은 산맥인 히말라야산맥이 형성되었고 또한 가장 높은 고원인 티베트고원이 만들어졌다. 격렬한 지진이 대륙-대륙 충돌대의 구겨진 지각에서 발생한다.

지구역사상 수많은 조산운동이 대륙-대륙 충돌에 의해 야기되었다. 북아메리카판의 동쪽연안을 따라 뻗어 있는 애팔래치아산맥은 약 3억 년 전에 북아메리카, 유라시아, 그리고 아프리카가 충돌하여 초대륙 판게아를 형성할 때 융기되었다.

변환단층 경계

판들이 서로 수평하게 비껴가는 경계부에서는 암석권이 새로 만들어지거나 소멸되지 않는다. 이러한 경계부를 변환단층(transform faults)이라고 하며, 변환단층은 인접한 블록(혹은 판) 사이에 수평적인 변위가 일어나는 일종의 단열(fracture)이다(그림 2.8f, g).

태평양판과 북아메리카판이 수평하게 미끄러지는 캘리포니아의 산안드레아스 단층은 〈그림 2.9〉에서 보듯이 육상에 존재하는

그림 2.11 중부 캘리포니아의 카리조평원에서 남동쪽으로 바라본 산안드레아스 단층 전경. 산안드레아스 단층은 변환단층으로 오른쪽의 북아메리카판과 왼쪽의 태평양판 사이의 미끄러지는 경계의 일부이다.

[Kevin Schafer/Peter Arnold, inc./Alamy.]

변환단층의 가장 좋은 예이다. 이 두 판은 수백만 년 이상 서로 반대방향으로 미끄러졌기 때문에, 단층의 양쪽에서 서로 접하고 있는 암석은 종류도 다르고 형성 시기도 다르다(그림 2.11). 1906년 샌프란시스코를 초토화시켰던 지진과 같은 대규모의 지진이 변환단층 경계에서 발생할 수 있다. 앞으로 수십 년 이내에 로스앤젤레스와 샌프란시스코 인근의 산안드레아스 단층과 혹은 이와 관련된 단층에서 갑작스런 미끄러짐(slip)이 발생하여 엄청나게 파괴적인 지진이 발생할 수 있다는 우려가 높아지고 있다.

변환단층 경계는 일반적으로 확장대의 연속성이 끊어지는 중앙해령을 따라서 발견되며, 그 경계는 계단형태로 엇갈려(offset) 있다. 대표적인 예는 아프리카판과 남아메리카판 사이의 경계인 대서양중앙해령을 따라서 볼 수 있다(그림 2.8g). 변환단층은 발산형 판 경계와 수렴형 판 경계를 연결하거나 수렴형 판 경계와 다른 수렴형 판 경계를 연결시킬 수 있다. 〈그림 2.7〉에서 이와 같은 형태의 변환단층 경계를 찾아볼 수 있는가?

판 경계의 조합

각 판의 경계는 발산형, 수렴형 그리고 변환단층 경계의 조합으로 구성된다. 예를 들면 태평양의 나스카판은 삼면이 변환단층에 의해 계단형태로 끊어져 있는 확장중심과 경계를 이루고 있고, 나머지 한쪽 면은 페루-칠레 섭입대와 경계를 이루고 있다(그림 2.7). 북아메리카판의 경우, 동쪽에서는 확장중심인 대서양중앙해령과 서쪽에서는 섭입대 및 변환단층과 경계를 이루고 있다.

■ 판 운동의 속도와 역사

판은 얼마만큼 빨리 움직일까? 어떤 판들은 다른 판보다 빠르게 움직일까? 만일 그렇다면 그 이유는 무엇일까? 현재의 판 속도는 과거의 속도와 같은 것인가? 지질학자들은 이러한 문제들에 대한 답을 줄 수 있는 기발한 방법들을 개발해왔고 따라서 판구조론을 보다 잘 이해하게 되었다. 이 절에서는 이 중 세 가지 방법을 배운다.

자기 테이프기록기로서의 해양저

제2차 세계대전 중에 잠수함의 철제 선체에서 방출되는 자장을 이용하여 잠수함을 탐지할 수 있는 극도로 민감한 장비들이 개발되었다. 지질학자들은 이 장비들을 약간 개조하여 연구탐사선에 끌고 다니면서 바다 밑의 자화된 암석에 의해 형성되는 국지적인 자장을 측정하였다. 해양을 왔다 갔다 하면서 해양학자들은 국지적인 자장의 강도가 일정한 형태를 띤다는 놀라운 발견을 하였다. 즉 많은 지역에서 자장의 강도는 **자기이상**(magnetic anomalies)이라고 불리는 평행한 좁고 긴 띠상으로 높고 낮음을 반복하며, 자기이상은 중앙해령의 정점을 중심으로 거의 완전한 대칭형태를 이룬다는 것이다(그림 2.12). 이러한 형태의 발견은 해양저 확장설을 지지하여 결국에는 판조구조론을 태동시킨 가장 위대한 발견 중의 하나이다. 또한 이로 인해 지질학자들은 훨씬 이전 지질시대의 판 운동을 측정할 수 있게 되었다. 이러한 발전들을 이해하기 위하여 암석이 어떻게 자화되는가를 좀더 자세히 탐구할 필요가 있다.

육지에서 암석에 기록된 지자기역전 자기이상은 지구의 자기장이 항상 일정하지 않다는 증거이다. 현재 자북은 진북에 가까이 위치하고 있지만(그림 1.17 참조), 지오다이너모에서 소규모 변화만 일어나도 자북과 자남의 방향이 180°로 뒤집혀져 자기역전(magnetic reversal)을 일으킬 수 있다.

1960년대 초, 지질학자들은 이러한 특이한 성질의 정밀한 기록을 층상의 용암류(lava flow)로부터 얻을 수 있다는 것을 알아내었다. 철이 풍부한 용암이 식을 때 이들은 지구자기장의 방향으로 약하게 자화된다. 암석 형성 당시의 자기장이 변한 오랜 이후에도 그 암석은 당시의 자화를 '기억'하기 때문에, 이러한 현상을 **열잔류자화**(thermoremanent magnetization)라고 한다.

층상으로 된 용암류에서 각 용암층은 위에서 아래로 갈수록 점차로 오래된 지질시대를 나타낸다. 즉 더 아래에 있는 층이 더 오래된 층이다. 각 층의 연령은 여러 가지 연대측정법(제8장에 설명됨)에 의해 측정될 수 있다. 각 층 암석시료의 열잔류자화를 측정하면 그 층이 식을 당시의 지구자기장의 방향을 알아낼 수 있다(그림 2.12b). 전 세계의 수많은 곳에서 이러한 측정을 반복하여 지질학자들은 과거 2억 년의 **자기연대표**(magnetic time scale)를 만들어냈다. 〈그림 2.12c〉는 과거 500만 년 동안의 자기연대표이다. 이제까지 측정된 암석의 약 절반가량이 현재의 지구자기장과 반대방향으로 자화되어 있는 것으로 밝혀졌다. 아마도 오랜 지질시대를 거쳐 지구자기장은 빈번하게 뒤집혀진 것으로 추측되며, 따라서 정상 자기장(현재와 같은)과 역전 자기장(현재와 반대)을 가진 암석을 발견할 확률은 거의 같을 것이다. 자기장이 정상이거나 역전이었던 주된 기간을 **자기크론**(magnetic chron, 크론은 그리스어로 '시간'이라는 뜻)이라고 하며 과거로 거슬러 올라갈수록 자기역전의 형태가 아주 불규칙해지지만, 한 자기크

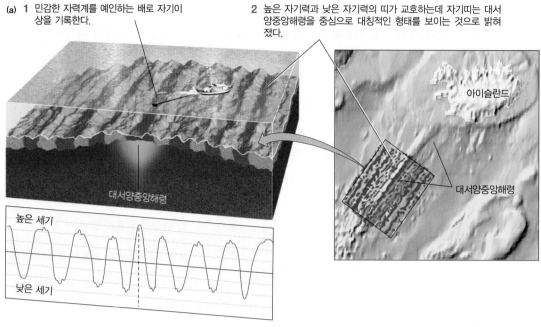

(a) **1** 민감한 자력계를 예인하는 배로 자기이상을 기록한다.

2 높은 자기력과 낮은 자기력의 띠가 교호하는데 자기띠는 대서양중앙해령을 중심으로 대칭적인 형태를 보이는 것으로 밝혀졌다.

아이슬란드

대서양중앙해령

대서양중앙해령

높은 세기

낮은 세기

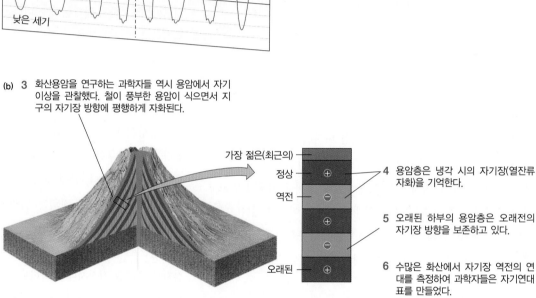

(b) **3** 화산용암을 연구하는 과학자들 역시 용암에서 자기이상을 관찰했다. 철이 풍부한 용암이 식으면서 지구의 자기장 방향에 평행하게 자화된다.

가장 젊은(최근의)

정상

역전

오래된

4 용암층은 냉각 시의 자기장(열잔류자화)을 기억한다.

5 오래된 하부의 용암층은 오래전의 자기장 방향을 보존하고 있다.

6 수많은 화산에서 자기장 역전의 연대를 측정하여 과학자들은 자기연대표를 만들었다.

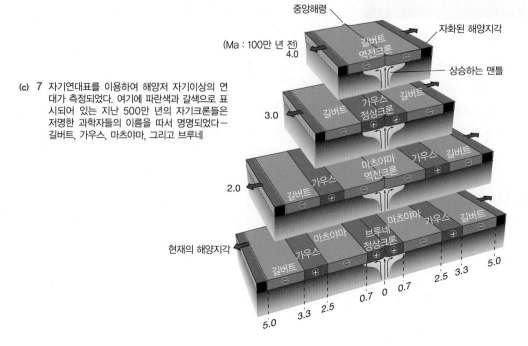

중앙해령

자화된 해양지각

(Ma : 100만 년 전)

4.0

길버트 역전크론

상승하는 맨틀

(c) **7** 자기연대표를 이용하여 해양저 자기이상의 연대가 측정되었다. 여기에 파란색과 갈색으로 표시되어 있는 지난 500만 년의 자기크론들은 저명한 과학자들의 이름을 따서 명명되었다—길버트, 가우스, 마츠야마, 그리고 브루네

3.0

길버트   가우스   길버트
정상크론

2.0

길버트   가우스   마츠야마   가우스   길버트
역전크론

현재의 해양지각

길버트   가우스   마츠야마   브루네   마츠야마   가우스   길버트
정상크론

5.0   3.3   2.5   0.7   0   0.7   2.5   3.3   5.0

그림 2.12 자기이상을 이용하여 지질학자들은 해양저 확장속도를 측정할 수 있다. (a) 아이슬란드 남서쪽의 대서양중앙해령에 대한 해양조사를 통해 띠상으로 된 자장 세기가 발견되었다. (b) 지질학자들은 유사한 자기이상을 육지에 있는 화산의 용암에서 발견하였고 연대를 측정하여 자기연대표를 만들었다. (c) 자기연대표를 이용하여 전 세계의 해양저에 있는 자기이상의 연대를 알아냈다.

론은 약 50만 년의 기간을 갖는다. 하나의 자기크론 내에도 짧은 반대 자기의 시기가 여러 개 있는데, 이를 자기아크론(magnetic subchron)이라고 하며 수천 년에서 20만 년의 기간을 갖는다.

해양저의 자기이상 형태 해양저에서 발견되는 특이한 띠상의 자기형태는 오랫동안 과학자들을 당혹스럽게 했는데, 1963년이 돼서야 영국의 프레더릭 바인(F. J. Vine)과 매튜스(D. H. Mathews)—그리고 이와 독자적으로 캐나다의 몰리(L. Morley)와 라로셸(A. Larochelle)—는 매우 놀라운 제안을 하게 된다. 이들은 육상의 지질학자들이 용암류로부터 밝힌 자기역전이라는 새로운 증거에 근거하여, 해양저에 반복적으로 존재하는 높은 자기의 띠와 낮은 자기의 띠는 각각 과거에 지자기가 정상이었던 시기와 역전이었던 시기에 자화된 암석의 띠에 해당하는 것이라고 추론하였다. 즉 해양탐사선이 정상방향으로 자화된 암석 위에 있을 때는 강한 높은 자기장을 측정하게 되며 이 강한 자기장을 정 자기이상(positive magnetic anomaly)이라고 한다. 반대로 탐사선이 역전방향으로 자화된 암석 위에 있게 되면 약한 자기장이 측정되고 이를 부 자기이상(negative magnetic anomaly)이라고 한다.

해양저 확장설은 이와 같은 관찰결과를 설명한다. 즉, 두 판이 서로 멀어지면서 그 사이에 있는 중앙해령의 지구 내부로부터 상승해서 열곡을 따라 분출된 마그마가 고화될 때 그 당시 지구의 자기장에 평행한 방향으로 자화된다. 해양저가 분리되어 해령으로부터 멀어지면 새로 자화된 암석의 약 반은 한쪽으로 움직이고 나머지 반은 반대쪽으로 움직이게 되어 2개의 대칭적인 자화 띠를 만들게 된다. 새로운 물질이 균열을 채우면서 위의 과정은 계속된다. 이 같은 식으로 해양저는 테이프기록기의 역할을 하며 이 기록기는 역전된 지구자기장들의 흔적을 갖게 되어 이로부터 해양이 열린 역사가 해독된다.

해양저의 연대와 판의 상대속도 추정 지질학자들은 육상의 자화된 용암으로부터 얻어진 자기역전의 연대를 이용하여 해양저의 자화된 암석의 띠에 연대를 부여할 수 있게 되었다. 그다음에 그들은 다음 공식을 이용하여 해저가 얼마나 빠르게 확장하는지를 계산할 수 있었다.

속도 = 거리 ÷ 시간

여기에서 거리는 해령축으로부터 측정된 거리이며, 시간은 해양저의 연대와 동일하다. 예를 들면 〈그림 2.12c〉의 자기이상 패턴은 가우스 정상크론과 길버트 역전크론 사이의 경계가 아이슬란드 남서쪽에 있는 대서양중앙해령의 정상부로부터 약 30km 떨어진 지점에 있으며, 용암류로부터 측정된 이 경계의 연대는 330만 년이라는 것을 보여준다. 그래서 해양저 확장은 북아메리카판과 유라시아판을 330만 년 동안 서로 반대방향으로 약 60km 이동시켰으며, 확장속도는 18km/100만 년(Ma) 또는 18mm/year이다. 발산형 경계에서 확장속도와 확장방향을 이용하면, 한 판이 다른 판에 대해 상대적으로 움직이는 속도인 **판의 상대속도**(relative plate velocity)를 구할 수 있다.

적도의 바로 남단에 있는 동태평양 해팽이 가장 빠른 확장속도를 보이는데, 이곳에서 태평양판과 나스카판은 약 150mm/year의 속도로 벌어지고 있으며, 이 속도는 북대서양에서의 확장속도보다 훨씬 빠르다. 전 세계 중앙해령의 대략적인 평균 확장속도는 50mm/year이다. 이는 인간의 손톱이 자라는 속도와 비슷하기 때문에, 지질학적 시간 개념에서 보면 판은 정말로 빨리 이동하고 있다.

해양분지의 역사를 규명하는 데 있어서 해양저의 자화를 이용하는 것은 매우 효과적이며 편리한 방법이다. 탐사선을 타고 바다 위를 왔다 갔다 하면서 해양저 암석들의 자기장을 측정하고, 얻어진 자기이상의 패턴을 자기연대표와 비교함으로써, 지질학자들은 수면 아래에 있는 해양지각의 암석 시료를 보지도 않고 원격탐사로 여러 해양저 지각의 연령을 구할 수 있게 되었다. 사실상 지질학자들은 '테이프를 재생하는' 방법을 배우게 된 것이다.

심해시추

1968년 미국 국립과학재단과 주요 해양연구소의 공동연구로 해양저 시추 프로그램이 착수되었다. 곧이어 많은 국가들이 이 공동연구 프로젝트에 참여하였다(그림 2.13). 공동시추기를 이용하여 과학자들은 해양저 단면의 암석을 포함하는 시추코어를 끌어올리게 되었다.

새로운 해양지각이 형성되면 곧이어 대기의 먼지, 해양식물과 동물로부터 나온 유기물 등의 미세 입자들이 떨어지면서 해양저에 퇴적물로 쌓이기 시작한다. 따라서 해양저 시추코어에서 해양지각 바로 위에 놓이는 가장 오래된 퇴적물의 연령은 시추지점 해양저의 연령을 나타내는 것이다. 퇴적물의 연령은 주로 해양에서 살다가 죽으면 가라앉는 미세한 단세포 동물의 화석조각으로부터 구해진다. 지질학자들은 시추코어의 퇴적물은 중앙해령으로부터 거리가 멀수록 연령이 오래되었다는 것을 알아내었고, 모든 곳에서 구해진 해양저 퇴적물의 연령은 자기역전 자료로부터

그림 2.13 심해시추선인 *조이데스레절루션호*는 길이가 143m로, 심해저를 시추할 수 있는 61m 높이의 시추데릭을 가지고 있다. 해저에서 채취한 암석 시료를 통해 자기연대표로 유추한 해양저 암석의 연령이 맞는 것으로 확인되었다. 이러한 시료들은 또한 해저분지의 역사와 고기후를 규명하는 데 도움이 된다.

[Integrated Ocean Drilling Program/United States Implementing Organization (IODP/ USIO).]

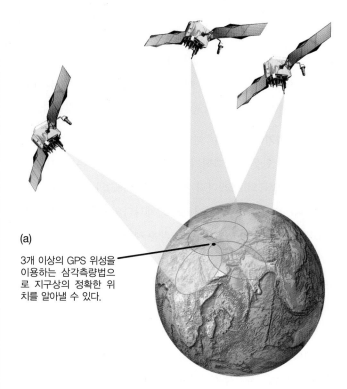

(a)

3개 이상의 GPS 위성을 이용하는 삼각측량법으로 지구상의 정확한 위치를 알아낼 수 있다.

(b)

GPS 관측소

그림 2.14 GPS를 이용하여 지질학자들이 판의 움직임을 모니터링 할 수 있다. (a) GPS 위성은 지구 밖의 고정 좌표 역할을 한다. (b) 작은 GPS 수신기들을 지구의 어디에든 쉽게 설치할 수 있다. 수년 동안의 수신기 위치의 변화를 이용하여 판의 움직임을 측정할 수 있다.

[Southern California Earthquake Center.]

얻어진 연대와 거의 정확하게 일치한다는 것을 인지하게 되었다. 이러한 사실로부터 해양저의 자기연대측정법의 타당성이 입증되었고 해양저 확장설이 결말을 보게 되었다.

측지학에 의한 판 운동의 측정

천문위치측정법 밤하늘에 보이는 고정된 항성을 기준으로 지표상 지점의 위치를 측정하는 천문위치측정법은 **측지학**(geodesy)의 한 기술인데, 측지학은 지구의 모양을 측정하고 지표상의 위치를 정하는 고대과학이다. 탐사자들은 오래전부터 육지에서 지리경계를 결정하는 데 천문위치측정법을 이용하였고, 항해사들은 바다에서 자기 배의 위치를 알아내기 위하여 천문위치측정법을 이용하였다. 약 4,000년 전에도 이집트의 건축가들은 피라미드를 정북방향을 향하게 하면서 천문위치측정법을 이용하였다.

판의 운동을 직접적으로 측정하기 위해서는 고도의 정밀도가 요구되기 때문에 판구조운동의 발견에 측지기술이 큰 역할을 하지 못했다. 지질학자들은 지질기록(앞에서 기술된 자기 띠 그리고 화석의 연대)으로부터 얻은 해양저 확장의 증거에 의존해야

했다. 그러나 1970년대 말부터 거대한 접시안테나에 기록되는 먼 준성전파원(퀘이사)으로부터의 신호를 이용하는 천문위치측정법이 개발되었다. 이 방법은 대륙 사이의 거리를 1mm의 놀랄만한 정밀도로 측정할 수 있다. 1986년에 일단의 과학자들이 이 방법을 이용하여 유럽(스웨덴)의 안테나와 북아메리카(매사추세츠)의 안테나 사이의 거리가 5년 동안 19mm/year의 속도로 늘어났다는 것을 보여주었고, 이 속도는 판구조운동의 지질학적 모델

에 의해 추정된 값에 매우 근접했다.

오늘날 이집트 피라미드는 현재 정북을 향하지 않고 동쪽으로 약간 틀어져 있다. 이집트의 천문학자들이 40세기 전에 피라미드 방향을 정하면서 실수를 한 것일까? 고고학자들은 그렇지 않다고 생각한다. 4,000년 동안 아프리카는 정북을 향했던 피라미드를 회전시키기에 충분할 만큼 이동한 것이다.

위성위치확인시스템(GPS) 큰 전파망원경을 이용한 측지학은 많은 비용이 들며, 전 세계 외지의 판구조운동을 연구하기에는 실용적인 도구가 아니다. 1980년대 중반부터 지질학자들은 크기도 이 책보다 많이 크지 않고 비용도 저렴한 휴대용 라디오수신기를 가지고 전파망원경과 같은 놀랄 만한 정밀도로 위치를 측정하는 데에 위성위치확인시스템(Global Positioning System, GPS)이라 불리는 지구의 궤도를 도는 24개의 인공위성군을 이용해왔다. 인공위성군은 천문위치측정법에서의 고정된 항성 및 퀘이사와 동일한 외부 좌표계 역할을 한다. GPS 수신기는 위성에 탑재된 정밀한 원자시계에 맞추어진 고주파 전파를 방출한다. 이러한 신호는 이 책의 크기보다 그렇게 크지 않은 휴대용 라디오수신기를 통해 수신된다. 이러한 장치는 도보여행자들이 사용하는 휴대용 GPS 장치와 유사하나 훨씬 더 정밀하다.

지질학자들은 전 세계 다양한 장소에 위치해 있는 GPS를 이용하여 판의 움직임을 정기적으로 측정한다. 수년간에 걸쳐 측정된 각기 다른 판에 위치한 육상에 있는 GPS 수신기 사이의 거리 변화는 그 크기와 방향이 해양저의 자기이상으로부터 구해진 것과 일치한다. 이 같은 사실은 이 장의 끝에 있는 '지질학 실습'에서 보이는 바와 같이 수년에서 수백만 년에 이르는 기간에 판 운동이 매우 일정함을 나타낸다.

■ 대복원

2억 5,000만 년 전에는 초대륙 판게아가 유일한 대륙이었다. 현대 지질학의 가장 위대한 업적 중의 하나는 판게아의 결집에 이르게 된 지질학적 사건들과 이후 현재의 대륙들로 분열되게 된 사건들을 복원한 것이다. 이 업적이 어떻게 이루어졌는지 이제까지 배운 판구조론의 지식을 활용해보자.

해양저 등시선

그림 2.15의 지도는 자기역전 자료와 심해시추코어의 화석으로부터 구한 전 세계 해양저의 연령을 보여준다. 색깔로 표시된 각의 띠는 지각의 연령에 해당하는 띠 내의 시간 간격을 나타낸다. 해양저는 중앙해령 열곡의 중심에서 멀어질수록 점차적으로 연령이 오래됨을 주목하자. 띠 사이의 경계를 **등시선**(isochrons)이라 하며 동일한 해저연령을 연결한 등고선으로 나타낸다.

등시선으로부터 지각암석이 마그마 상태로 중앙해령 열곡으로 주입된 이후 경과한 시간을 알 수 있으며, 따라서 그 암석이 형성된 이후 발생한 해양저 확장량을 알 수 있다. 예를 들어 해령축에서 1억 년의 등시선(초록 띠와 파란 띠 사이의 경계)까지의 거리는 그 시간 간격에 걸쳐 새로이 만들어진 해양저의 양을 나타낸다. 동태평양에서 등시선 사이의 간격이 더 넓은 것은 대서양보다 확장속도가 더 빠르다는 것을 의미한다.

20년간의 조사 끝에 지질학자들은 1990년에 서태평양의 해양저를 시추하여 가장 오래된 해양암석을 발견하였다. 이 암석의 연령은 약 2억 년으로 밝혀졌는데 이는 지구연령의 약 4%에 불과한 것이다. 반면에 가장 오래된 대륙암석은 그 연령이 약 40억 년 이상으로 알려져 있다. 현존하는 모든 해양저는 대륙에 비해 지질학적 연령이 젊다. 어떤 지역에서는 1억 년에서 2억 년의 기간에 걸쳐, 또 다른 지역에서는 불과 수천만 년에 걸쳐 해양암석권이 생성, 확장, 냉각된 후 섭입되어 맨틀로 다시 들어간다.

판 운동의 역사 복원

지구상의 판은 강성체이다. 즉 판이 아무리 많이 움직여도 한 강성의 판 위에서 세 지점 간의 거리(예를 들어 북아메리카판에서 뉴욕, 마이애미 그리고 버뮤다 사이의 거리)는 거의 변화가 없다. 그러나 뉴욕과 리스본 사이의 거리는 증가하는데 그 이유는 이 두 도시가 대서양중앙해령의 좁은 확장대를 따라 벌어지고 있는 각기 다른 판에 놓여 있기 때문이다. 다른 판에 대한 한 판의 상대적인 운동방향은 구상에서 강성판의 움직임을 지배하는 다음의 두 가지 기하학적 법칙을 따른다.

■ **변환단층 경계는 판의 상대적 운동방향을 나타낸다.** 해양의 전형적인 변환단층 경계를 따라서는 거의 예외 없이 중첩, 뒤틀림 혹은 분리가 발생하지 않는다. 변환단층 경계를 따라서 두 판은 판 물질의 생성이나 소멸 없이 단지 수평하게 비껴간다. 따라서 변환단층의 방향은 두 판이 상대적으로 미끄러지는 방향을 나타낸다(그림 2.8f, g).

■ **해양저 등시선은 발산형 경계의 과거 위치를 나타낸다.** 해양저 위의 등시선들은 그들을 생성한 해령축에 대체로 평행하고, 해령축을 중심으로 좌우 대칭이다(그림 2.15). 각 등시선은 과

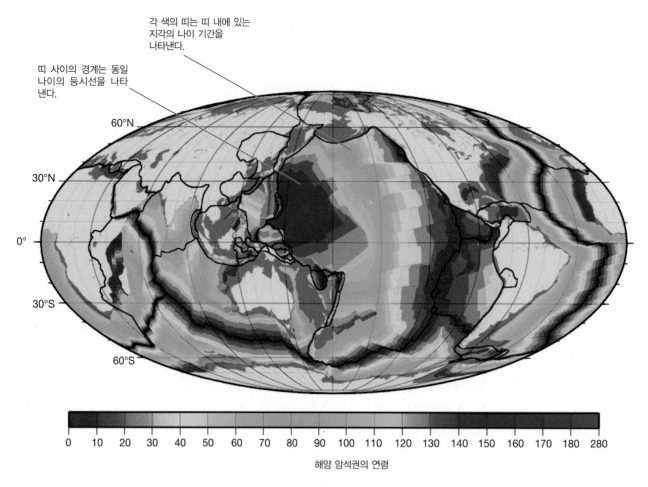

각 색의 띠는 띠 내에 있는 지각의 나이 기간을 나타낸다.

띠 사이의 경계는 동일 나이의 등시선을 나타 낸다.

해양 암석권의 연령

그림 2.15 이 등시선 지도는 해양저 지각의 연령을 보여준다. 아래에 있는 시간 스케일은 중앙해령에서 생성된 후의 시간으로 단위는 100만 년이다. 연회색은 육지를, 짙은 회색은 대륙붕 위의 천해를 나타낸다. 새로운 해양저가 분출되는 중앙해령은 가장 젊은 해양저(빨간색)에 일치한다. [R. Dietmar Müller.]

거에 판의 발산경계에 위치해 있었기 때문에, 중앙해령 양쪽의 같은 연대의 등시선을 해령으로 끌어오면 그 시기의 판의 위치와 판에 속한 대륙의 모습을 알 수 있다.

이러한 원리를 이용하여 지질학자들은 대륙이동의 역사를 복원해왔다. 예를 들면 지질학자들은 지난 500만 년 동안 가늘고 긴 바하칼리포르니아 반도가 어떻게 멕시코 본토로부터 이동해 왔는지를 보여주었다(이 장 마지막 부분에 위치한 '지질학 실습'을 참조).

판게아의 분열

훨씬 더 큰 규모에서, 지질학자들은 위에 기술한 법칙을 이용하여 대서양의 열림과 판게아의 분열을 복원하였다(그림 2.16). 〈그림 2.16e〉는 2억 4,000만 년 전의 초대륙인 판게아을 보여준다. 이 초대륙은 약 2억 년 전에 북아메리카가 유럽으로부터 분리되면서 분열되기 시작했다(그림 2.16f). 대서양의 열림에는 북반구

대륙(Laurasia, 로라시아)이 남반구 대륙(곤드와나)으로부터의 분리와 현재의 아프리카 동해안을 따라 곤드와나의 분열이 수반되었다(그림 2.16g). 곤드와나의 분열로 남아메리카, 아프리카, 인도, 남극 등이 분리되어 남대서양과 남극해가 만들어지면서 테티스해(Tethys Ocean)는 좁아지기 시작했다(그림 2.16h). 오스트레일리아가 남극으로부터 분리되고 인도가 유라시아에 부딪치면서 테티스해가 닫히게 되어 세계는 현재의 모습을 갖추게 되었다(그림 2.16i).

판 운동은 당연히 멈추지 않기 때문에 대륙의 형태는 계속해서 진화할 것이다. 5,000만 년 이후의 판 경계와 대륙의 분포에 대한 예측 시나리오가 〈그림 2.16j〉에 있다.

대륙이동에 의한 판게아의 결합

〈그림 2.15〉의 등시선 지도를 보면 현재 지구상의 모든 해양저는 판게아가 분열되면서 만들어진 것임을 알 수 있다. 그러나 오

래된 대륙조산대의 지질학적 증거로부터 판게아가 분열되기 수십억 년 전에도 판구조운동이 있었다는 것이 알려졌다. 분명히 이때에도 해양저 확장이 오늘날처럼 있었고 대륙이동과 충돌의 에피소드도 여러 번 있었다. 맨틀로 되돌아가는 섭입으로 인해 그 당시에 만들어졌던 해양저는 소멸되었기 때문에 과거 대륙(paleocontinents, 고대륙)의 운동을 인지하고 그려내기 위해서는 대륙에 보존된 오래된 증거에 의존해야 한다.

유럽과 아시아를 나누는 우랄산맥과 북아메리카의 애팔래치아산맥 같은 오래된 조산대는 고대륙 충돌대의 위치를 알아내는 데 도움이 된다. 많은 곳에서 암석을 통해 과거의 분열과 섭입의 에피소드를 알 수 있다. 또한 암석의 종류와 화석으로부터 과거 해양, 빙하, 저지, 산맥의 분포 그리고 기후를 해석할 수 있다. 과거 기후의 규명을 통해 지질학자들은 대륙의 암석이 형성된 위도를 알아낼 수 있었으며, 또한 이는 조각그림 맞추기와 같은 고대륙의 결합을 복원하는 데 도움이 되었다. 화산작용이나 조산운동으로 새로운 대륙암석이 만들어질 때 이 암석들에는, 해양저 확장에 의해 해양암석이 형성될 때 자기장이 기록되는 것과 동일하게 지구의 자기장 방향이 기록된다. 과거에 동결된 나침반처럼 대륙 조각의 고지자기는 과거 자기장의 방향과 위치를 기록한다.

〈그림 2.16〉의 왼쪽은 가장 최근에 시도된 판게아 이전 대륙의 복원도 중의 한 예이다. 현대과학이 수억 년 전의 이 신비로운 세계의 지리를 복원할 수 있다는 것은 정말 놀랍다. 암석의 종류, 화석, 기후 그리고 고지자기로부터의 증거를 이용하여 과학자들은 약 11억 년 전에 형성되어 약 7억 5,000만 년 전에 분열된 **로디니아(Rodinia)**로 불리는 더 이전의 초대륙을 복원하였다(그림 2.16a). 과학자들은 로디니아의 분열 이후 5억 년간 대륙조각들이 이동하여 판게아 초대륙으로 재결합한 경로를 그려낼 수 있다. 지질학자들은 계속해서 지질시대를 거치는 동안 개개 조각의 형태가 변한 이 복잡한 조각그림 맞추기의 상세 부분들을 밝혀내고 있다.

대복원의 의미

대륙의 대복원이 이용되지 않는 지질학 분야는 거의 없다. 광상지질학자들은 대륙들이 과거에 뭉쳐 있던 위치를 복원하여, 한 대륙에 있는 유용한 자원들이 존재하는 암층들을 다른 대륙에 있는 표이 이전 그들의 연장부와 대비함으로써 광상광물과 석유 퇴적층을 찾았다. 고생물학자들은 일부 진화양상을 대륙이동의 관점에서 다시 생각하고 있다. 지질학자들은 특정 지역의 지질로

부터 전 세계를 망라하는 그림으로 그들의 관심과 시야를 넓히게 되었다. 판구조론의 개념은 암석 형성, 조산운동 그리고 기후변화와 같은 지질학적 과정들을 범지구적 관점에서 해석하는 방법을 제공해주었다.

고기후변화 수백만 년이 넘는 시간 동안 판의 움직임은 대륙과 해양의 위치를 재배열하였으며, 이는 기후시스템에 상당한 영향을 주었다. 현재의 대륙분포 상태에서 남극해의 해수는 시종 남극대륙 주위를 순환하면서 남극대륙을 적도지방의 따뜻한 물과 공기로부터 차단시키는 '남극순환해로(circumpolar seaway)'를 형성하고 있다. 이러한 고립은 남극지역을 더 차갑게 하여 전체 남극대륙에 거대한 빙상이 유지될 수 있게 해준다.

〈그림 2.16〉의 h에서 보여주는 것처럼 이러한 양상은 6,600만 년 전에는 전혀 달랐다. 그 당시 오스트레일리아는 남극과 연결되어 있어서 따뜻한 물이 남쪽으로 흐를 수 있었고, 남극대륙을 따뜻하게 하였다. 또한 이 시기에 북아메리카판과 남아메리카판이 서로 분리되어 있어서 대서양과 태평양 사이로 물이 흐를 수 있었다. 약 4,000만 년 전 오스트레일리아가 남극에서부터 분리되기 전까지 남극순환해로는 형성되지 않았다. 그로부터 어느 정도 시간이 흐른 후에 약 500만 년 전에 태평양의 동쪽에서의 섭입작용에 의해 파나마 지협이 형성되어 북아메리카와 남아메리카 대륙이 연결되었고 태평양과 대서양은 서로 분리되었다.

티베트고원을 형성시킨 인도와 아시아의 충돌(그림 2.16g 참조)과 결합된 이러한 변화는 지구 전체를 냉각시켜 남반구의 남극과 북반구의 그린란드에 빙상을 형성시켰다. 그 결과 일어난 기후시스템의 변화가 매우 추운 기간(빙하기, 제21장에서 설명함)과 다소 따뜻한 기간(간빙기, 현재 우리가 사는 시기) 사이의 기후변동을 촉발하였다고 생각된다.

■ 맨틀대류 : 판구조운동의 엔진

지금까지 논의된 모든 것들은 판이 어떻게 움직이는지를 보여주었다. 판이 왜 움직이는지는 맨틀대류 이론을 통해 설명할 수 있다.

아서 홈스와 대륙이동의 다른 초기 지지자들이 이미 알고 있던 바와 같이, 맨틀대류는 지구표면에서 작동하는 대규모 조구조과정들을 움직이는 '엔진'이다. 제1장에서 우리는 뜨거운 맨틀을 끈적끈적한 유체처럼 유동할 수 있는 연성의 고체로 설명하였다. 지구의 깊은 내부에서 빠져나오는 열이 맨틀물질을 1년에 수십

판게아의 형성

로디니아　(a) 750Ma : 원생누대 후기

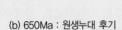

(b) 650Ma : 원생누대 후기

1 로디니아 초대륙이 약 11억 년 전에 형성되어 약 7억 5,000만 년 전에 분열되기 시작했다.

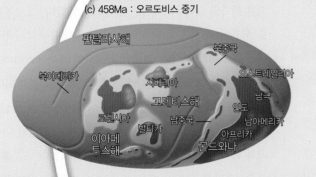

(c) 458Ma : 오르도비스 중기

2 2억 3,700만 년 전에 판게아 초대륙이 거의 뭉쳐졌고 태평양의 조상인 판탈라사(모든 해양을 의미하는 그리스어)라는 거대 해양에 의해 둘러싸여 있었다. 아프리카와 유라시아 사이에 있는 테티스해는 지중해의 선조이다.

(d) 390Ma : 데본기 초기

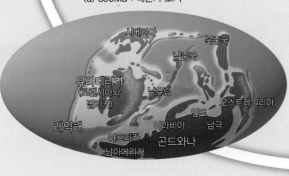

판게아　(e) 237Ma : 트라이아스기 초기

그림 2.16 대륙 분리, 이동 그리고 충돌로 인해 판게아가 결합된 후 분열되었다.

[Paleogeographic maps by Christopher R. Scotese, 2003 PALEOMAP Project (www. scotese.com).]

판게아의 분열

(f) 195Ma : 쥐라기 초기

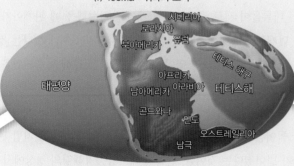

3 판게아의 분열은 열곡들이 열리면서 시작되었고 열곡들을 따라 용암이 분출되었다. 이러한 대사건의 잔유물인 암석 군집을 현재 노바스코샤부터 노스캐롤라이나까지 분포하는 2억 년 전의 화산암에서 찾을 수 있다.

(g) 152Ma : 쥐라기 말기

4 약 1억 5,000만 년 전까지 판게아는 분열의 초기단계에 있었다. 대서양이 일부 열리고 테티스해는 면적이 줄어들었고 북반구의 대륙(로라시아)이 남반구의 대륙(곤드와나)으로부터 거의 분리되었다. 인도, 남극 그리고 오스트레일리아는 아프리카로부터 분리되기 시작했다.

(h) 66Ma : 백악기 말기, 제3기 초기

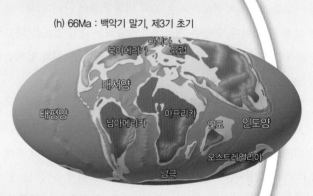

5 6,600만 년 전까지 남대서양이 열려 확장되었다. 인도는 아시아를 향하여 북쪽으로 이동하였고 테티스해가 닫히면서 지중해가 형성되었다.

현재와 미래의 세계

6 과거 6,500만 년에 걸쳐 현재의 세계가 모습을 갖추게 되었다. 인도는 아시아와 충돌하면서 대양을 횡단한 북쪽으로의 여정을 마감하였고 현재에도 여전히 북쪽으로 아시아를 밀치고 있다. 오스트레일리아는 남극으로부터 분리되었다.

(i) 현재의 세계

(j) 5,000만 년 후

밀리미터의 속도로 대류(상하로 순환)하도록 한다.

이제 거의 모든 과학자들은 암권판이 어떤 식으로든 이러한 맨틀대류 시스템의 유동에 참여한다는 것을 인정한다. 그러나 종종 그러하듯이 "악마는 세부 사항에 있다." 이런저런 증거에 근거하여 많은 다른 가설들이 제안되었지만, 어떠한 가설도 아직 모두를 망라하는 하나의 만족스러운 종합적인 이론을 내놓지 못했다. 따라서 우리는 문제의 핵심에 이르는 세 가지 질문을 제시하고, 그 답에 대해 현재 우리가 이해하고 있는 것들을 설명할 것이다. 그러나 맨틀대류 시스템에 대한 연구는 아직도 진행 중이며, 새로운 증거가 나온다면 우리들의 생각을 바꾸어야 할지도 모른다.

판을 움직이는 힘은 어디에서 나오나?

부엌에서 할 수 있는 실험이 있다. 물이 찬 냄비를 데워 물이 끓으면 냄비 한가운데에 마른 찻잎을 뿌려보자. 잎들이 물 표면 위를 가로질러 움직이면서 뜨거운 물의 대류 흐름에 끌려다니는 것을 보게 될 것이다. 판들은 맨틀에서 상승하는 대류 흐름을 타고 수동적으로 여기저기로 끌려다니는 식으로 끓는 물 위의 잎처럼 움직이는 것일까?

정답은 '아닌 것 같다'이다. 이 답의 주요 증거는 이 장에서 이미 토의된 판 운동의 속도이다. 〈그림 2.7〉에서 빠르게 움직이는 판(태평양판, 나스카판, 코코스판, 인도판)들은 대부분의 판 경계부를 따라 섭입되는 것을 알 수 있다. 반면에 느리게 움직이는 판(북아메리카판, 남아메리카판, 아프리카판, 유라시아판, 남극판)들은 상당한 부분이 맨틀로 섭입되지 않는다. 이 관찰은 오래된 차가운(따라서 무거운) 암권판에 의한 중력이 빠른 판 운동을 야기한다는 것을 시사한다. 다시 말해 판들은 맨틀심부로부터의 대류 흐름에 의해 끌려다니는 것이 아니라 오히려 자기 자신의 하중에 의해 맨틀로 '가라앉는다'는 것이다. 이 가설에 의하면 해양저 확장은 섭입력에 의해 판들이 서로 잡아당겨지는 곳에서 맨틀 물질이 수동적으로 상승하는 것이다.

그러나 만일 섭입되는 판의 중력이 판구조운동에서 유일하게 중요한 힘이라면 판게아는 왜 분열되어 대서양이 열리게 되었을까? 현재 북아메리카판과 남아메리카판에 속하면서 섭입을 하는 부분은 카리브해와 스코샤해에 있는 소규모의 호상열도 부근이 유일한데, 이 섭입 부분은 너무 작아 전체 대서양을 분리할 수 없다고 생각된다. 한 가지 가능성은 섭입대에서 섭입하는 판뿐만이 아니라 그 상부의 판도 수렴형 경계로 끌려 당겨진다는 것이다.

예를 들면 나스카판이 남아메리카판 밑으로 섭입하면서 페루-칠레 해구에 있는 판 경계를 태평양 쪽으로 후퇴시켜 남아메리카판을 서쪽으로 '흡입한다'는 것이다.

판 운동의 역사로부터 봤을 때 다른 힘들도 있는 것이 분명하다. 대륙들이 서로 충돌하여 판게아를 형성했을 때 판게아가 단열 덮개로 작용하여 열이 맨틀로부터 나오지 못하게 했다는 것이다(단열 덮개가 없다면 열이 해양저 확장을 통해 방출되었을 것이다). 그 열은 시간이 지남에 따라 누적되어 초대륙 하부의 맨틀이 뜨겁게 부풀어올랐을 것이다. 이 부풂으로 인해 판게아가 약간 들어올려져 부풂의 꼭대기에서 '산사태'가 나는 것처럼 판게아가 벌어졌다는 것이다. 판들이 대서양중앙해령의 정상에서 '비탈 아래로 미끄러지면' 중력이 지속적으로 이후의 해저확장을 일으키는 힘으로 작용한다. 판 내부에서 이따금 발생하는 지진은 이들 해령과 연관된 중력이 판의 압축작용을 일으킨다는 것에 대한 직접적인 증거이다.

판구조운동의 원동력은 한 지점에서는 뜨거운 물질이 상승하고 다른 지역에서는 찬 물질이 가라앉는 맨틀대류이다. 비록 많은 의문점이 남아 있지만, 우리는 두 가지 점에 대해서는 꽤 확신할 수 있다. (1) 이 시스템에서 판 자체는 능동적인 역할을 한다. (2) 가라앉는 판 및 상승된 해령과 관련된 힘들이 아마도 판 운동의 속도를 좌우하는 가장 중요한 요인일 것이다(그림 2.17). 과학자들은 관찰사항과 맨틀대류 시스템의 컴퓨터모델을 비교하여 지금까지의 토의에서 제기된 다른 문제들을 풀려고 노력하고 있다. 그들의 결과 중 일부는 제14장에서 다루게 될 것이다.

판의 재순환은 얼마나 깊은 곳에서 일어날까?

판구조운동이 일어나기 위해서는 섭입대에서 맨틀 속으로 하강한 암석권 물질이 맨틀을 통과하며 재순환된 후 결국에는 중앙해령의 확장중심에서 생성된 새로운 암석권이 되어 지각으로 되돌아와야 한다. 그렇다면 이 재순환과정이 맨틀의 어느 깊이까지 연장될까? 즉 맨틀대류 시스템의 하부경계는 어디일까?

이 경계의 가장 깊은 곳은 맨틀과 핵 사이에 선명한 경계가 있는 약 2,890km 깊이일 수 있다(그림 2.18). 제1장에서 본 것처럼 이 핵-맨틀 경계 하부의 철이 풍부한 액체는 맨틀의 고체 암석보다 훨씬 밀도가 높아 맨틀과 핵 사이의 물질교환이 힘들다. 따라서 판의 물질이 핵-맨틀 경계까지 맨틀 전체를 순환하는 전 맨틀대류 시스템을 상상할 수 있다(그림 2.18a).

그러나 일부 과학자들은 맨틀이 2개의 층으로 나뉘어질 수 있

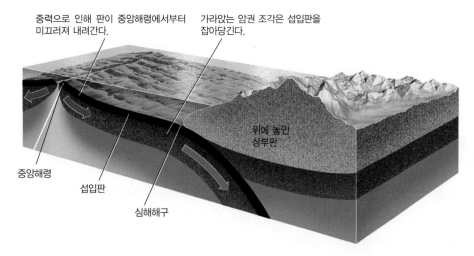

중력으로 인해 판이 중앙해령에서부터 미끄러져 내려간다.

가라앉는 암권 조각은 섭입판을 잡아당긴다.

위에 놓인 상부판

중앙해령

섭입판

심해해구

그림 2.17 지구 외곽 부분을 개략적으로 나타낸 단면도로 판구조운동의 원동력으로 중요하다고 생각되는 두 힘을 보여준다—암권이 침강하며 잡아당기는 힘과 중앙해령에서 밀어내는 힘.

[D. Forsyth and S. Uyeda, *Geophysical Journal of the Royal Astronomical Society* 43 (1975): 163 – 200.]

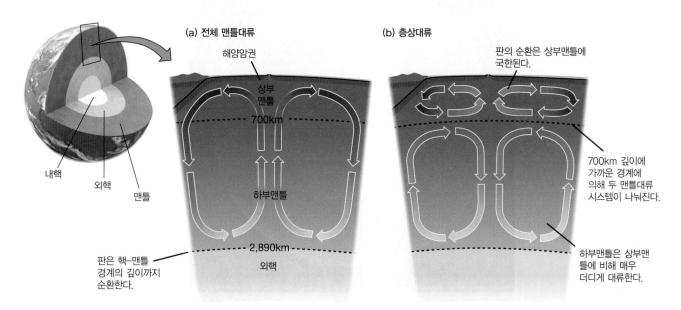

(a) 전체 맨틀대류

해양암권

상부맨틀

700km

하부맨틀

2,890km

외핵

내핵

외핵

맨틀

판은 핵-맨틀 경계의 깊이까지 순환한다.

(b) 층상대류

판의 순환은 상부맨틀에 국한된다.

700km 깊이에 가까운 경계에 의해 두 맨틀대류 시스템이 나눠진다.

하부맨틀은 상부맨틀에 비해 매우 더디게 대류한다.

그림 2.18 맨틀대류 시스템에 관하여 2개의 대립되는 가설들

다고 생각한다. 700km 위의 상부맨틀 시스템에서는 암석권의 순환이 일어나고, 700km 깊이에서 핵-맨틀 경계까지의 하부맨틀 시스템에서는 대류가 매우 더디게 일어난다는 것이다. 층상대류(stratified convection)라 불리는 이 가설에 의하면, 상부맨틀 시스템은 하부맨틀 시스템보다 가벼운 물질로 구성되어 있어 맨틀이 핵 위에 떠 있는 것과 같이 하부맨틀 위에 떠 있기 때문에 두 시스템은 분리된 상태를 유지한다고 한다(그림 2.18b).

이 2개의 대립되는 가설을 테스트하기 위해 과학자들은 판이 섭입되는 수렴형 경계 아래에서 '암권판들의 묘지'를 찾으려고 노력해왔다. 오래된 섭입판은 주위의 맨틀보다 차갑기 때문에 지진파를 이용하여 차가운 섭입판을 '볼' 수가 있다. 더욱이 수렴형 경계 아래에는 차가운 물질이 많아야만 한다. 우리가 알고 있는 과거의 판 운동에 대한 지식으로부터 우리는 판게아가 분열된 이후에 지구의 표면적에 해당하는 양의 암석권이 맨틀 속으로 들어가 재순환되었음을 추정할 수 있다. 실제로 과학자들은 북아메리카, 남아메리카, 동아시아 등지의 판의 수렴 경계와 인접한 지역의 아래에 있는 맨틀의 깊숙한 곳에서 차가운 물질로 이루어진 지대를 발견하였다. 이 차가운 지대는 하강하는 암권판의 연장부

로 나타나며, 일부는 핵-맨틀 경계까지 내려가 있는 것으로 보인다. 이러한 증거로부터 대부분의 과학자들은 판의 재순환이 층상 대류보다는 전체 맨틀대류를 통해 일어난다고 결론지었다.

상승하는 대류 흐름의 본질은 무엇인가?

섭입을 상쇄하는 데 필요한 뜨거운 맨틀물질의 상승 흐름은 어떠한 것인가? 중앙해령의 바로 아래에는 집중된 판상의 상승류가

구글어스 과제

이번 장에서는 판구조론의 기본 이론에 초점을 맞추고 어떻게 개별의 지질학적 관찰사항들이 하나의 이론으로 통합되었는지를 살펴본다. 범지구적 스케일에서 판구조론을 이해하기 위해서 우리는 우선 지구를 '내려다보는 높이(eye altitude)' 1만 1,000km에서 바라볼 것이다. 화면의 오른쪽 위 구석에 있는 가상의 조이스틱을 이용하여 지구를 회전시켜보라. 이처럼 지구를 바라보면 고위도 지방에서 나타나는 메르카토르식 지도의 왜곡현상이 사라지고, 그런 종류의 지도에서는 볼 수 없는 극지역을 볼 수 있다.

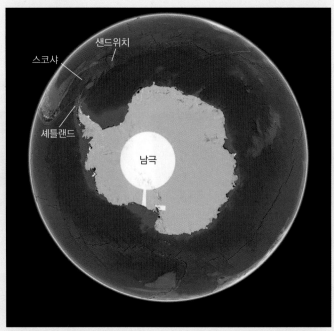

©2009 Google. Image U.S. Geological Survey Image ©2009 TerraMetrics Data SIO, NOAA, U.S. Navy, GEBCO Image NASA

위치   남극, 대서양중앙해령, 남태평양

목표   발산형 판의 경계를 조사

참고   그림 2.1, 2.7, 2.15

1. 남극점으로 이동해서 남극대륙을 보자. '내려다보는 높이' 약 7,000km에서 남극대륙과 그 주변에 있는 판의 경계를 살펴보라. 〈그림 2.7〉을 이용하면 대륙주변의 판 경계의 종류를 인지하는 데 도움이 될 것이다. 판 경계의 종류에 근거하였을 때, 남극판의 표면적은 시간이 지남에 따라 어떻게 변하고 있는가?

   a. 판의 표면적은 감소하고 있다.

   b. 판의 표면적은 증가하고 있다.

   c. 판의 표면적은 변함이 없다.

   d. 판의 표면적이 시간이 지남에 따라 어떻게 변하는지 알아보기에는 정보가 모자라다.

2. 북쪽으로 항해하여 대서양 분지로 가보자. 해양분지의 중

있는 것일까? 이 문제를 연구하는 대부분의 과학자들은 그렇지 않다고 생각한다. 대신에 그들은 상승류는 보다 느리고 넓은 지역에 걸쳐 퍼져 있다고 믿는다. 이러한 견해는 해양저 확장이 오

히려 수동적인 과정이라는 생각과 일치한다. 즉, 판을 잡아당기면 아무 데서나 확장중심을 만들 수 있다는 개념이다.

그러나 한 가지 큰 예외가 있다. 이것은 **맨틀플룸**(mantle

앙에서 남북방향으로 두드러지게 발달하는 해저산맥인 대서양중앙해령을 찾고 양쪽의 대륙판과 중앙해령 사이의 관계를 생각해보자. 대륙이동의 증거인 남아메리카대륙 동쪽 연변부와 아프리카대륙의 서쪽 연변부의 해저경계가 서로 잘 맞는 것에 주목하자. 북쪽으로 이동하여 '내려다보는 높이' 2,200km에서 북위 15°와 30° 사이의 해령 부분에 맞추어라. 이 장소를 좀더 쉽게 찾기 위해 여러분은 구글어스 브라우저의 맨 위에 있는 '보기(View)' 탭에서 '그리드 (Grid)' 옵션을 활성화시킬 수 있다. 여러분의 관찰에 근거하면 대서양중앙해령의 이 부분에 있는 판 경계에 대해 가장 잘 설명한 것은 무엇인가?

a. 연속적인 발산형 경계

b. 연속적인 수렴형 경계

c. 확장중심에 직각인 변환단층으로 분리되어 있는 계단형의 확장중심

d. 섭입대에 직각인 변환단층으로 분리되어 있는 계단형의 섭입대

3. 이제 여러분들은 대서양중앙해령 시스템에 익숙해졌을 터이니 지질학 실습의 추가문제를 풀기 위해 구글어스를 사용해보자. 그 문제에서 우리는 북아메리카와 아프리카 사이의 평균 대륙이동 속도와 GPS로 측정된 연간 23mm인 현재의 속도를 비교할 것을 요청받았다. 〈그림 2.1〉에 있는 초대륙 판게아의 복원도에서 여러분은 사우스캐롤라이나주의 찰스턴 바로 동쪽의 북아메리카 대륙주변부가 세네갈의 다카르 바로 서쪽에 있는 아프리카 대륙주변부와 한때 붙어 있었다는 것을 알 수 있을 것이다. 〈그림 2.15〉에 있는 등시선 지도로부터 여러분은 두 대륙이 약 2억 년 전~1억 8,000만 년 전에 분리되기 시작했다고 추정할 수 있다 (그림 2.16 참조). 구글어스 눈금자 도구를 이용하여 이 두 지역 사이에 있는 대양의 폭을 측정하고, 대서양이 열린 평균속도를 추산하라. 그 속도는 얼마이며, 현재의 대륙이동 속도와 비교하면 어떠한가?

a. 5~10mm/year, 현재의 속도보다 많이 느리다.

b. 15~20mm/year, 현재의 속도보다 느리다.

c. 20~25mm/year, 현재의 속도와 유사하다.

d. 30~35mm/year, 현재의 속도보다 빠르다.

4. 구글어스 검색창을 이용해서 남아메리카 서쪽연안에서 멀리 떨어져 있는 Easter Island(이스터섬, 칠레 영토)의 정확한 위치를 찾아라. '내려다보는 높이'를 5,250km로 높여 축소하면, 여러분은 이 외딴 섬이 얼마나 작고, 얼마나 멀리 떨어져 있는지 알 수 있을 것이다. 구글어스에서 보이는 해양저의 지형학적 형태를 〈그림 2.7〉에 있는 해저지형(섬 이름이 표시되어 있지 않다)과 비교해보면 이스터섬의 위치를 찾을 수 있을 것이다. 이스터섬은 어떤 판의 경계에 가장 가까운가? 그리고 그 경계에서 현재의 해저확장 속도는 얼마인가?

a. 북아메리카판–태평양판 경계, 63mm/year

b. 태평양판–나스카판 경계, 150mm/year

c. 북아메리카판–아프리카판 경계, 24mm/year

d. 나스카판–남아메리카판 경계, 79mm/year

선택 도전문제

5. 칠레의 서쪽연안 앞에 있는 또 다른 작은 섬인 San Ambrosio Island(산암브로시오섬, 26°20′34″ S, 79°53′19″ W)을 찾고 눈금자 도구를 이용하여 이스터섬과 떨어진 거리를 측정하라. 〈그림 2.15〉에 있는 등시선 지도를 보면 산암브로시오섬 근처의 해양저 연령이 거의 3,500만 년 전인 것을 알 수 있을 것이다. 지난 3,500만 년 동안 해양저 확장의 평균속도는 얼마인가? 그리고 현재의 이스터섬 근처 확장속도와 비교하면 어떻게 다른가? (힌트 : 지난 3,500만 년 동안 태평양판–나스카판 경계의 해양저 확장은 대칭적이라고 가정하자.)

a. 70~90mm/year, 현재의 속도보다 더 느리다.

b. 140~160mm/year, 현재의 속도와 비슷하다.

c. 160~180mm/year, 현재의 속도보다 조금 더 빠르다.

d. 200~220mm/year, 현재의 속도보다 많이 빠르다.

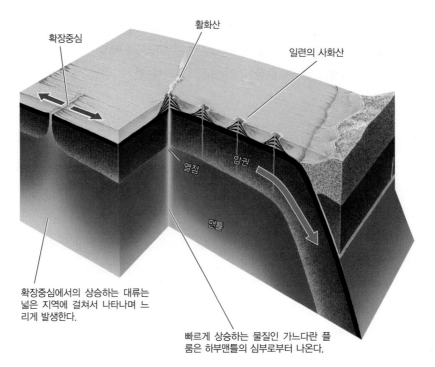

확장중심 활화산 일련의 사화산

열점 암권 맨틀

확장중심에서의 상승하는 대류는 넓은 지역에 걸쳐서 나타나며 느리게 발생한다.

빠르게 상승하는 물질인 가느다란 플룸은 하부맨틀의 심부로부터 나온다.

그림 2.19 맨틀플룸설의 개념도.

plume)이라고 부르는 일종의 좁은 분출 통로 모양의 상승류이다 (그림 2.19). 맨틀플룸의 가장 좋은 증거는 하와이처럼 격렬한 국지성 화산활동이 일어나는 지역[열점(hotspot)이라 부름]에서 나오는데, 이곳에서는 확장중심에서 멀리 떨어진 판의 내부에서 거대한 화산이 만들어진다. 맨틀플룸은 빠르게 상승하는 물질로 채워진 직경이 100km 미만인 가느다란 원기둥 형태라고 생각되며, 상승하는 물질은 맨틀심부(연약권 아래)에서 유래한다고 생각된다. 맨틀플룸은 말 그대로 격렬하게 타올라 판에 구멍을 내고 엄청난 양의 용암을 분출한다. 맨틀플룸에 의해 뿜어진 용암은 너무나 방대했기 때문에 지구기후를 변화시켜 대량멸종 사건을 일으켰을지도 모른다(제1장 참조). 맨틀플룸은 제12장에서 더 자세히 다루어질 것이다.

맨틀플룸 가설은 판구조론이 정립된 직후인 1970년에 판구조이론의 창설자 중의 한 사람인 프린스턴대학교의 제이슨 모건 (W. Jason Morgan) 교수에 의하여 처음으로 제안되었다. 그러나 맨틀대류 시스템의 여러 다른 양상들처럼, 상승하는 대류 흐름과 관련된 관찰들은 모두 간접적인 것들이다. 그래서 맨틀플룸 가설은 아직까지 많은 논란의 여지를 남겨놓고 있다.

■ 판구조론과 과학적 방법

제1장에서 우리는 과학적 방법을 배웠고 이 방법이 어떻게 지질학자들의 연구를 이끌어왔나를 고찰하였다. 과학적 방법의 맥락에서 볼 때 판구조론은 교리가 아니라 단순함과 보편성, 그리고 많은 종류의 관찰사항과의 일치성에 강점이 있는 증명된 이론이다. 이론은 항상 뒤집어지거나 수정될 수 있다. 앞에서 본 바와 같이 맨틀대류가 판구조운동을 일으키는 방식에 대해 서로 대립되는 가설들이 제안될 수 있다. 그러나 판구조론은 지구연령의 이론, 생명체 진화의 이론 그리고 유전학 이론과 마찬가지로 많은 것을 매우 잘 설명하고, 그것이 잘못되었다고 증명하려는 수많은 노력을 이겨냈기 때문에 지질학자들은 판구조론을 사실로 간주한다.

그렇다면 왜 판구조론이 더 일찍 발견되지 못했을까? 대륙이동설에 대한 회의에서 판구조론을 인정하기까지의 과학적 정립이 왜 그리 오래 걸렸을까? 과학자들은 자기의 연구주제에 대해 각기 다른 방식으로 접근한다. 특히 캐묻기 좋아하고 제약 받지 않고 종합하기를 좋아하는 마음가짐을 가진 과학자들이 위대한 진리를 먼저 알아차리게 된다. 그들의 지각은 종종 잘못된 것으로 판명되기도 하지만(베게너가 대륙이동설을 제안할 때의 실수들을 생각해보라), 이 통찰력이 있는 사람들은 흔히 과학의 위대한 보편화를 먼저 보게 된다. 당연히 이 사람들은 역사가 기억하는 자가 되는 것이다.

그러나 대부분의 과학자들은 좀더 조심스럽게 진행하고 지지하는 증거를 모으는 더딘 과정을 기다린다. 대륙이동과 해양저 확장을 대부분이 받아들이는 데 많은 시간이 걸렸는데, 그 이유는 이 대담한 개념들이 견고한 증거보다 훨씬 앞서 나왔기 때문이다. 과학자들은 다수가 납득하기에 앞서 해양을 탐사하고, 새 장비를 개발하고 해양저를 시추해야만 했다. 현재도 맨틀대류 시스템이 실제로 어떻게 작동하는가에 대한 개념들을 납득하기 위해 많은 과학자들이 기다리고 있다.

요약

판구조론이란 무엇인가? 판구조론에 의하면 암석권은 약 12개의 강성체이고 움직이는 판으로 쪼개져 있다. 세 종류의 판 경계(발산형, 수렴형, 변환단층형)는 판 사이의 상대적 운동에 의해 정의된다. 지구의 표면 면적은 지질시대를 거치는 동안 변하지 않았기 때문에 발산형 경계(중앙해령의 확장중심)에서 창출되는 새로운 판의 면적은 섭입 과정에 의해 수렴형 경계에서 소비되는 판의 면적과 같다.

판 경계의 지질학적 특징은 무엇인가? 지질학적 특징은 판 경계에서 많이 만들어진다. 발산형 경계는 중앙해령의 정상부에 화산활동과 지진이 발생하는 것이 전형적인 특징이다. 수렴형 경계는 심해해구, 지진대, 산맥 그리고 화산 등의 특징이 있다. 판들이 서로 수평하게 비껴가는 변환단층 경계는 지진활동 그리고 지질학적 특징인 끊어짐 등에 의해 인지될 수 있다.

해양저의 연령을 어떻게 결정할 수 있는가? 열잔류자화를 이용하여 해양저의 연령을 측정할 수 있다. 즉, 해양저에서 조사된 자기이상 형태를 육지 용암의 연령과 자기이상을 이용하여 만들어낸 자기연대표와 비교하여 해양저의 연령을 알아낼 수 있다. 이 방법은 심해저 시추로 꺼낸 해양저 암석의 연대측정을 통해 입증되었다. 지질학자들은 이제 전 세계 대부분의 해양에서 등시선을 그려 과거 2억 년에 걸친 해양저 확장역사를 복원할 수 있게 되었다. 이 방법과 다른 지질자료를 이용하여 지질학자들은 판게아가 어떻게 분열되어 대륙들이 현재의 상태로 이동했는가에 대한 자세한 모델을 만들었다.

판구조운동을 일으키는 엔진은 무엇인가? 판구조운동 시스템은 맨틀대류에 의해 작동되고 그 에너지는 지구 내부의 열로부터 나온다. 이 시스템에서 판 자체는 능동적인 역할을 한다. 중력은 냉각되는 판에 작용하여 판이 확장중심(해령의 정점)에서는 아래로 미끄러지고 섭입대에서는 아래로 가라앉는다. 섭입되는 암권판은 핵-맨틀 경계의 깊은 곳까지 내려가며 따라서 판을 재순환시키는 대류 시스템에는 전체 맨틀이 관여하는 것으로 보인다. 상승하는 대류 흐름에는 맨틀플룸이 포함될 수 있는데, 맨틀플룸은 맨틀 깊은 곳으로부터 올라오는 물질의 격렬한 분출류로 판 내부의 열점에서 국지적인 화산작용을 야기한다.

주요 용어

대륙이동	변환단층 경계	중앙해령	해양저 확장
등시선	섭입	측지학	호상열도
로디니아	수렴형 경계	판게아	확장중심
맨틀플룸	자기연대표	판구조론	
발산형 경계	자기이상	판의 상대속도	

지질학 실습

바하에서 무슨 일이 벌어졌는가? 지질학자들은 어떻게 판의 이동을 복원하는가.

지리학자와 지질학자들은 바하칼리포르니아(Baja California)의 특이한 지형에 대해서 오랫동안 의문을 가지고 있었다. 캘리포니아만은 왜 그렇게 길고 가느다란가? 바하칼리포르니아반도(Baja California peninsula)는 왜 멕시코 해안선과 평행한가?

스페인의 정복자인 에르난 코르테스가 1535년에 캘리포니아 해안에 상륙하였을 때, 그는 섬을 발견했다고 생각했다. 스페인 사람들이 **캘리포니아섬**(Isla California)의 북쪽 반은 실제로 북아메리카의 서쪽연안이고, 아래쪽 반인 바하칼리포르니아는 좁은 캘리포니아만에 의해 북아메리카대륙으로부터 분리된 길고 가는 반도라는 것을 알아차리기까지 수십 년이 걸렸다.

4세기 후 판구조론은 '바하 수수께끼'에 대한 깔끔한 지질학적 답을 내놓았다. 북쪽의 알타 캘리포니아(골든스테이트라고 알려져 있음)에서 태평양판은 산안드레아스 단층을 따라서 북아메리카판을 스치면서 이동하고 있다. 남쪽에서 태평양판과 작은 리베라판 사이의 발산형 경계는 두 판이 벌어지면서 새로운 해양지각을 생성하는 동태평양 해팽의 일부를 형성한다.

지진의 위치와 해저화산의 지도를 제작하면서 해양지질학자들은 산안드레아스 단층이 변환단층에 의해 잘려 있는 10여 개의 확장중심에 의해 동태평양 해팽과 연결되어 있다는 것을 보여줄 수 있게 되었다. 이 판 경계는 캘리포니아만 전체 길이에 걸쳐 계단형태로 나타난다. 따라서 태평양판과 북아메리카판의 상대적인 이동에 의해 바하칼리포르니아는 변환단층에 평행하게 북서방향으로 대륙에서 멀어지고 있고 캘리포니아만은 해양저 확장으로 인해 점차적으로 넓어지고 있다.

이러한 확장은 얼마나 빨리 일어나고 있을까? 이는 아래의 식으로부터 추정할 수 있다.

$$속도 = 거리 ÷ 시간$$

산안드레아스 단층

미국

멕시코

바하캘리포니아

250km

길버트 역전크론

오늘날 극성(브루네 크론)

왼쪽에 있는 태평양판은 오른쪽에 있는 북아메리카판에 대해 상대적으로 북서방향으로 약 50mm/year의 속도로 움직인다. 이로 인해 바하칼리포르니아반도가 멕시코 본토로부터 멀어지며 캘리포니아만이 열리고 있다.

이 식을 적용하기 위해 두 종류의 자료가 필요하다.

■ 바하칼리포르니아가 멕시코로부터 떨어져 있는 거리는 해양저 지도를 통해서 직접 측정할 수 있다 — 약 250km.

■ 분리가 시작된 이후의 시간은 동태평양 해팽의 자기이상 띠 형태로부터 추정할 수 있다. 확장중심의 양쪽으로 대륙주변부에 가장 가까운(따라서 가장 오래된) 자기이상은 길버트 역전크론이다. 〈그림 2.12c〉의 자기연대표를 이용하면 분리된 시간이 약 500만 년이라는 정보를 얻을 수 있다.

이러한 정보로부터 우리는 캘리포니아만의 대략적인 해양저 확장속도를 계산할 수 있다.

$$속도 = 거리/시간$$
$$= 250km/5My$$
$$= 50km/My \text{ 혹은 } 50mm/year(My : 100만 년)$$

당연히 이것은 평균속도이다. 속도는 얼마나 일정했을까? 판의 분리는 처음엔 느리다가 점차 속도가 붙었을 수 있다. 아니면 처음에는 빨랐다가 점차 느려졌을 수도 있다. 만약 전자가 맞는다면 현재의 분리속도는 평균보다 빠른 것이고 만약 후자라면 평균보다 느려야만 한다.

GPS를 이용해서 지질학자들은 완전히 다른 측정법으로 이러한 가설이 맞는지 테스트할 수 있다. 그들은 1990년부터 2000년까지 10년 동안 판의 이동방향과 평행한 캘리포니아만의 양쪽에 위치한 지점들의 위치를 반복적으로 측정했다. 지질학자들은 이 지점들의 거리가 0.5m 증가한 것을 알아냈다. 즉, 10년에

500mm이고 이는 50mm/year이다. 따라서 현재의 이동속도는 평균속도와 거의 유사하다. 판의 속도가 증가하거나 감소되지 않았다.

이러한 두 방법에 의한 측정이 일치한다는 사실뿐만이 아니라 이 밖의 자료에 근거하여 지질학자들은 간단한 설명을 만들어냈다. 바하칼리포르니아가 대륙본토의 일부일 때인 500만 년 전의 이전에는 태평양판과 북아메리카판 사이의 경계는 북아메리카대륙의 서쪽 어디엔가에 놓여 있었다. 약 500만 년 전에 이 경계는 갑자기 대륙내부로 들어와서 캘리포니아만에서 해양저 확장이 시작되었다. 판의 이동속도는 그때부터 50mm/year로 거의 일정하게 유지되었다.

이 이론은 여러 검증을 통해서도 살아남았다. 예를 들면, 현재 산안드레아스 단층을 따라 일어나는 미끄러짐(slip)이 약 500만 년 전에 시작되었음을 예측하며 이러한 예측은 현재 산안드레아스 단층에 의해 변위된 암석의 나이와도 일치한다.

바하 수수께끼는 단순한 호기심이 아니다. 뒤의 장에서 보겠지만 이러한 계산을 통해서 배운 판구조론 이야기는 지질학자들이 지진위험을 예측하고 광물자원을 찾는 데 도움을 준다.

추가문제 : 〈그림 2.15〉의 등시선 지도와 지구본을 이용하여 북아메리카와 아프리카 사이의 대륙이동 평균속도를 측정해보자. 이 측정값이 GPS를 이용하여 결정한 현재의 이동속도인 23mm/year와 얼마나 유사한지 비교해보자. (이 장의 구글어스 과제, 문제 3 참조).

연습문제

1. 〈그림 2.7〉에서 남아메리카판의 경계를 투사지에 그리고 수렴형, 발산형 그리고 변환단층 경계를 구분하라. 남아메리카판 전체 면적의 약 몇 %를 남아메리카대륙이 차지하는가? 남아메리카판에서 해양지각이 차지하는 면적의 비율은 앞으로 시간이 갈수록 증가할 것인가 감소할 것인가? 판구조론의 법칙을 이용하여 해답을 제시하라.

2. 〈그림 2.7〉에서 (a) 수렴형 판 경계와 발산형 판 경계를 연결하는 변환단층의 한 예와 (b) 수렴형 판 경계와 다른 수렴형 판 경계를 연결하는 변환단층의 한 예를 들라.

3. 〈그림 2.15〉의 등시선 지도에서 오스트레일리아대륙과 남극대륙이 언제부터 해양저 확장에 의해 분리되기 시작했는지 추정하라. 이 분리는 남아메리카가 아프리카로부터 분리되기 시작하기 전에 일어났는가 아니면 그 이후에 일어났는가?

4. 현재 발생하고 있거나 혹은 과거에 일어난 대륙충돌에 의해 형성된 조산대 3개를 답하라.

5. 대부분의 활화산은 판 경계에 혹은 그 근처에 존재한다. 판 경계에 위치하지 않은 화산의 한 예를 들고, 이 판 내부의 화산을 설명할 수 있는 판구조론과 모순이 없는 가설을 기술하라.

생각해볼 문제

1. 워싱턴주와 오리건주의 대서양 연안에는 활화산이 있지만 미국 동해안에는 활화산이 없는 이유는 무엇인가?

2. 대륙이동설을 정립하는 데 있어서 베게너가 저지른 실수는 무엇인가? 그와 동시대의 지질학자들이 그의 이론을 거부한 것이 정당하다고 생각하는가?

3. 판구조론을 가설 또는 이론 아니면 사실로 보는가? 그 이유는 무엇인가?

4. 대륙지각과 해양지각의 차이점들은 판이 상호작용을 하는 데 어떤 영향을 주는가?

5. 〈그림 2.15〉에서 등시선이 대서양에서는 대칭적으로 분포하지만 태평양에서는 비대칭적이다. 예를 들어 가장 오래된 해양저(짙은 푸른색, 1억 8,000만 년 전)가 서태평양에서는 발견되지만 동태평양에는 없다. 그 이유는 무엇인가?

6. 판구조론은 해양저의 자기 띠가 발견돼서야 널리 받아들여졌다. 대륙의 조각그림 맞추기, 대서양을 가로질러 발견된 같은 생명체 화석의 존재, 그리고 고기후조건 등의 자기 띠 발견 이전의 관찰사항의 관점에서 볼 때 자기 띠가 왜 그렇게 결정적인 증거인가?

매체지원

 2-1 애니메이션 : 발산형 경계

 2-2 애니메이션 : 수렴형 경계

 2-3 애니메이션 : 변환단층 경계

 2-1 비디오 : 알파인 단층 – 만져볼 수 있는 판의 경계

녹렴석의 결정(녹색) 위에서 자라고 있는 자수정과 수정의 결정들. 평평한 면은 결정면이며, 그 기하학적 구조는 결정을 이루는 원자들의 기본적인 배열에 의해 결정된다. [John Grotzinger/Ramón Rivera-Moret/Harvard Mineralogical Museum.]

지구의 물질 : 광물과 암석

제2장에서 이미 판구조론을 통하여 지구의 대규모 구조와 동역학이 어떠한 방식으로 작용하는지를 학습하였으며, 판구조 영역에서 나타나는 다양한 물질들에 대하여 기본적인 내용만을 언급하였다. 이 장에서는 지질작용의 기록인 암석과 암석의 기본요소인 광물을 중심으로 학습할 것이다. 콘크리트, 철, 플라스틱이 대형 건축물의 구조, 디자인, 건축양식을 결정하듯이 암석과 광물은 지구시스템의 기본구조를 결정하는 중요한 요소이다.

지구의 생성과정에 대한 역사를 이해하기 위하여 먼저 '셜록 홈즈'의 접근 방법을 적용하여 보자. 즉 특정한 장소에서 과거에 발생하였던 사건과 과정들을 추리하기 위하여 현재 나타난 증거를 사용하는 것이다. 예를 들어 화산암에서 발견된 광물의 종류는 녹은 암석 물질이 지구표면으로 분출한 증거를 나타내고 있다. 한편, 히말라야와 같이 두 대륙이 충돌한 환경에서는 지각심부의 고온과 고압조건에서 광물이 정출됨으로써 화강암을 구성하는 광물의 생성과정을 알려주고 있다. 또한 특정 지역의 지질을 해독하게 되면 경제적으로 중요한 광물자원의 숨겨진 매장지가 어디인지 추정할 수도 있다.

이 장에서는 광물에 대한 특성, 즉 광물은 무엇이며, 어떻게 생성되었고, 어떻게 식별하는지에 대해 학습하여 보자. 그리고 이러한 광물로부터 형성된 암석의 주요 유형과 지질학적 생성환경을 살펴보자.

■ 광물이란 무엇인가?

암석에서 광물은 빌딩의 블록과 같은 기본 구성요소이다. **광물학** (mineralogy)은 광물의 화학조성, 내부구조, 형태, 온도–압력에 대한 안정성, 산출상태, 광물 간의 연관성을 연구하는 지질학의 한 분야이다. 대부분의 암석은 적절한 도구를 사용하면 구성광물 단위로 분리할 수 있다. 석회암과 같은 일부 암석은 주로 단일 광물(즉, 방해석)로 구성되어 있지만, 화강암과 같은 대부분 암석은 여러 가지 종류의 광물로 구성되어 있다. 지구를 구성하는 다양한 종류의 암석을 분류하고 그 암석이 어떻게 형성되는지를 이해하기 위하여 먼저 광물이 어떻게 형성되는지를 알아보자.

광물(mineral)은 자연적으로 생성된 고체 상태의 결정질 물질로서 기본적으로 무기 물질인 동시에 일정한 화학성분을 갖는 물질로 정의된다. 광물은 균질한 조성을 갖고 있으며, 기계적으로 더 작은 구성요소로 분리될 수 없는 기본단위이다.

광물의 정의에 대하여 각각 세부 내용을 자세히 살펴보자.

자연발생 물질 : 광물로서의 기본 요건은 자연계에서 생성되어야 한다는 것이다. 예를 들어, 남아프리카에서 채굴된 다이아몬드는 광물이다. 한편, 산업체 연구실에서 생산된 합성물질은 광물이 아니며, 화학자가 일반적으로 합성하여 만든 수천 개의 실험실 생성 물질도 광물이 아니다.

고체 결정질 물질 : 광물은 고체 상태의 물질로 액체나 가스는 광물이 아니다. 광물이 결정질(crystalline)로 불리는 이유는 구성물질 또는 원자단위의 입자가 3차원상에서 규칙적, 반복적으로 배열로 되어 있음을 의미한다. 이러한 규칙적인 배열이 없는 고체 물질은 유리질(glassy), 비결정질(amorphous) 물질(내부 규칙성이 없음)로 불리며, 통상적으로 광물에서 제외된다. 창문 유리는 비정질이며, 화산분출 중에 형성된 천연 유리(흑요석 등)도 마찬가지이다. 이 장에서는 결정질 물질이 형성되는 과정을 자세히 살펴보자.

무기물 : 광물은 무기물로 정의되어 식물과 동물을 구성하는 유기질 물질을 배제한다. 유기물은 유기탄소(organic carbon)로 구성되며, 살아 있거나 죽은 모든 생물체에서 발견된다. 습지에서 부패된 식물은 지질과정을 통하여 석탄으로 변형되며, 이는 유기탄소로 구성되어 있기 때문에 자연적으로 발생된 퇴적물에서 발견되더라도 석탄은 광물로 간주되지 않는다. 많은 광물질은 유기체로부터 분비된다. 굴 및 다른 해양생물의 껍질을 구성하는 광물질인 방해석(그림 3.1)은 무기질 탄소를 함유하고 있다. 이 껍질은 해저에 축적되어 석회암으로 변화된다. 이러한 껍질인 방해석은 무기물과 결정질이므로 광물의 정의에 부합된다.

일정한 화학조성 : 지구의 구성물질을 이해하는 열쇠는 원소가 어떻게 광물로 구성되는지를 아는 것이다. 각 광물의 독특한 특징은 화학결합 유형과 내부 구조에 있는 원자의 배열이다. 광물의 화학성분은 고정되어 있거나 한정된 영역에서 변화한다. 예를 들어, 광물 석영은 실리콘 1 원자와 산소 2 원자의 비율로 고정되어 있다. 석영은 여러 종류의 암석에서 발견되지만 이 비율은 항상 일정하다. 감람석 광물에서도 철–마그네슘, 산소 및 규소를

(a)

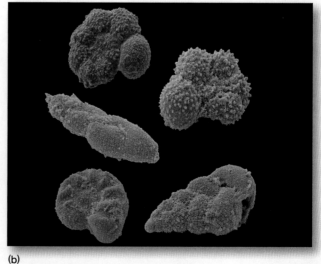

(b)

그림 3.1 많은 광물들은 생물에 의해 분비된다. (a) 방해석 광물은 무기탄소를 포함한다. (b) 방해석은 사진에서 보이는 유공충과 같은 많은 해양생물들의 껍데기에서 발견된다.

[(a) John Grotzinger/Ramón Rivera–Moret/Harvard Mineralogical Museum; (b) Andrew Syred/Science Source.]

구성하는 화학원소는 항상 고정된 비율을 갖고 있다. 철 및 마그네슘 원자수의 합은 실리콘 원자의 1 수에 대하여 항상 2 고정비를 이루고 있다.

■ 물질의 구조

1805년 영국의 화학자 존 돌턴(John Dalton)은 다양한 화학원소가 각각 다른 종류의 원자로 구성되어 있으며, 특정 원소의 모든 원자는 동일하기 때문에 화학원소는 서로 다른 원자의 다양한 조합비에 의하여 형성된다고 가정하였다. 20세기 초반, 돌턴의 아이디어를 바탕으로 물리학자, 화학자 및 광물학자들은 오늘날 물질 구조를 근본적으로 이해하게 되었다. 지금은 원자(atom)가 원소의 물리적 및 화학적 성질을 유지하는 원소의 가장 작은 단위라는 것을 알고 있다. 또한 원자는 화학반응에서 결합하는 물질의 최소 단위이지만, 원자 자체는 더 작은 단위로 나누어질 수 있다는 것도 이해하고 있다.

원자구조

원자구조를 이해하는 것은 화학원소들이 서로 어떻게 반응하여 새로운 결정구조를 만드는지 예측할 수 있다. 원자구조는 양성자와 중성자를 포함하고 전자로 둘러싸인 핵으로 정의된다. (원자구조에 대한 더 자세한 검토는 부록 3 참조.)

핵 : 양성자와 중성자 모든 원자의 중심에는 양성자와 중성자 두 종류가 있으며, 거의 모든 질량을 포함하는 조밀한 핵(nucleus)으로 구성된다(그림 3.2). **양성자**(proton)는 양의 전하를 띠지만 **중성자**(neutron)는 전기적으로 중성이다. 동일한 원소의 원자는 다른 수의 중성자를 가질 수 있지만 양성자의 수는 변하지 않는다. 예를 들어, 모든 탄소 원자는 6개의 양성자를 갖는다.

전자 핵 주위에는 전자(electron)라 불리는 움직이는 입자가 구름 상태로 나타나며, 각각은 질량이 매우 작아서 통상적으로 0으로 취급된다. 각 전자는 −1의 음전하를 띤다. 핵에 있는 양성자의 수는 어떤 원자의 핵을 둘러싼 동일한 수의 전자에 의하여 균형을 이룬 상태로써 원소는 전기적으로 중립이다. 따라서 탄소 원자의 핵은 6개의 전자로 둘러싸여 있다(그림 3.2 참조).

원자 수 및 원자질량

원자 핵의 양성자 수는 **원자번호**(atomic number)로 명명된다. 동일한 원소의 모든 원자는 동일한 양의 양성자를 가지므로 동일한

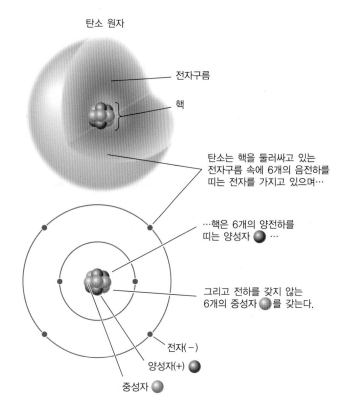

탄소 원자

전자구름

핵

탄소는 핵을 둘러싸고 있는 전자구름 속에 6개의 음전하를 띠는 전자를 가지고 있으며…

…핵은 6개의 양전하를 띠는 양성자를 …

그리고 전하를 갖지 않는 6개의 중성자를 갖는다.

전자 (−)
양성자 (+)
중성자

그림 3.2 각각 −1의 전하를 갖는 6개의 전자는 핵을 둘러싸고 있는 음전하의 구름으로 표시되며, 핵은 각각 +1의 전하를 갖는 6개의 양성자와 전하를 갖지 않는 6개의 중성자를 포함한다. 이 그림에서 핵의 크기는 크게 과장되어 있는데, 실제 축척으로 그리면 핵은 너무 작아 보여줄 수가 없다.

원자번호를 갖게 된다. 예를 들어 6개 양성자를 가진 모든 원자는 탄소 원자(원자번호 6)이다. 원자번호와 원소는 원소의 거동에 대한 공통적인 특징을 보인다. 이는 주기율표에서도 원자번호에 따라 원소순서로 배열된 것이다(부록 3 참조). 탄소와 실리콘과 같이 주기율표의 동일한 수직열에 있는 원소는 화학적으로 유사하게 반응하는 성질을 갖고 있다.

원소의 **원자질량**(atomic mass)은 양성자와 중성자의 질량의 합이다(전자는 질량이 너무 적기 때문에 이 합계에 영향을 주지 않는다). 동일한 원소의 원자들은 항상 동일한 수의 양자를 가지고 있지만, 원자에 따라 중성자 수는 다를 수가 있으며, 중성자 수가 달라지면 원자질량도 달라진다. 중성자 수가 다른 동일한 원소의 원자를 **동위원소**(isotopes)라고 한다. 예를 들어, 탄소 원소의 동위원소들은 모두 6개의 양성자를 가지고 있지만, 6, 7, 8개의 중성자를 가질 수 있으며, 원자질량은 각각 12, 13, 14이다.

자연계에서 원소는 동위원소의 혼합물로 존재하므로 평균 원자질량은 정수가 아니다. 예를 들어, 탄소의 원자질량은 12.011이다. 이는 동위원소 탄소−12가 양적으로 압도적으로 많기 때문

에 12에 가까운 수를 보인다. 한 원소 내에 있는 여러 동위원소들의 상대적 존재량은 다른 동위원소들보다 어떤 동위원소의 존재량을 향상시키는 과정들에 의해 결정된다. 예를 들어, 무기탄소화합물로부터 유기탄소 화합물을 생성하는 광합성작용과 같은 화학반응은 탄소−12를 선호한다.

화학반응

원자구조는 다른 원자와의 화학반응을 결정한다. 화학반응(chemical reaction)을 통해 둘 이상 원소의 원자들이 일정한 비율로 상호작용하는 것을 말하며, 그 결과 화합물이 만들어진다. 예를 들어, 2개의 수소 원자가 하나의 산소 원자와 결합하게 되면, 새로운 화합물인 물(H_2O)이 생성된다. 이러한 화합물의 특성은 구성원소의 특성과 완전히 다를 수 있다. 예를 들어, 금속인 나트륨 원자가 유해한 가스인 염소 원자와 결합하게 되면 염화나트륨 화합물이 만들어지며, 이는 식염으로 알려져 있다. 이 화합물은 NaCl 화학식으로 표기되며, 기호 Na는 나트륨 원소를 나타내고 기호 Cl은 염소 원소를 나타낸다. (모든 화학원소에는 기호가 지정되어 있으며, 화학기호와 방정식을 작성하는 약어로 사용된다. 기호는 부록 3의 주기율표 참조.)

광물과 같은 화합물은 반응하는 원자들 사이의 **전자공유**(electron sharing)나 반응하는 원자들 사이의 **전자이동**(electron transfer)에 의한 결합으로 형성된다. 지각에서 가장 풍부한 원소인 탄소와 실리콘은 전자공유에 의한 화합물을 구성하는 경향이 있다. 다이아몬드는 단지 전자를 공유하는 탄소 원자로 구성된 화합물이다(그림 3.3).

염화나트륨은 나트륨과 염소 원자 사이의 반응에서 전자가 서로 이동하게 된다. 나트륨 원자는 하나의 전자를 잃는 반면 염소 원자는 그 잃어버린 전자를 얻게 된다(그림 3.4a). 하나 이상 전자의 손실 또는 증가로 인하여 양전하 또는 음전하를 띤 원자 또는 원자군을 **이온**(ion)이라고 한다. 염소 원자가 음전하를 띠는 전자 하나를 얻으면 음이온 Cl⁻이 된다. 한편 나트륨 원자가 전자 하나를 잃으면 양이온으로 되어 나트륨 이온인 Na⁺가 생성된다. Na의 양전하가 Cl의 음전하와 정확히 균형을 이루기 때문에 화합물 NaCl 자체는 전기적으로 중성을 유지하게 된다. 양으로 하전된 이온은 **양이온**(cation)이라 하며, 음으로 하전된 이온은 **음이온**(anion)이라 한다.

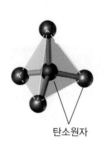
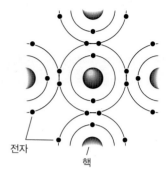

다이아몬드의 탄소 원자는 규칙적인 사면체로 배열되고…

…사면체에 있는 각 원자는 인접한 4개 원자들과 각각 1개의 전자를 공유한다.

탄소원자   전자   핵

그림 3.3 일부 원자는 전자를 공유하여 공유결합을 형성한다.

화학결합

화합물이 전자공유나 전자이동에 의하여 형성될 때, 화합물을 구성하는 이온 또는 원자는 음으로 하전된 전자와 양으로 하전된 양성자 사이의 정전기적 인력에 의해 결합된다. 공유된 전자들 사이 또는 획득된 전자와 손실된 전자 사이의 인력 또는 화학**결합**(chemical bond)은 강할 수도 있고 약할 수도 있다. 강한 결합은 물질이 원소로 분해되거나 다른 물질로 분해되는 것을 막아준다. 강한 결합은 역시 광물을 단단하게 만들고, 깨지거나 분리되지 않도록 한다. 대부분의 조암광물은 이온결합과 공유결합이라는 두 가지 유형의 결합 형태를 보인다.

이온결합 화학결합의 가장 단순한 형태가 **이온결합**(ionic bond)이다. 이러한 결합은 전자가 이동될 때 염화나트륨의 Na⁺와 Cl⁻ 같은 반대 전하를 갖는 이온들 사이의 정전기적 인력에 의하여 형성된다(그림 3.4a 참조). 이러한 인력은 나일론이나 실크천이 신체에 붙게 되는 정전기와 같은 성질을 띠고 있다. 이온결합의 강도는 이온 간의 거리가 증가함에 따라 크게 감소하며, 이온의 전하가 증가함에 따라 증가한다. 이온결합은 광물구조에서 우세한 화학결합 형태이다. 모든 광물 중 약 90%가 기본적으로 이온결합의 화합물이다.

공유결합 전자를 쉽게 얻지도 잃지도 않아서 이온을 형성하기보다는 전자를 공유하여 화합물을 형성하는 원소는 **공유결합**(covalent bonds)에 의하여 결속된다. 이 결합은 일반적으로 이온결합보다 강하다. 공유결합의 결정구조를 갖는 광물로는 단일 원소인 탄소로 이루어진 다이아몬드가 있다. 각 탄소 원자는 자신이 갖고 있는 4개의 전자를 다른 탄소 원자와 공유할 수 있으며,

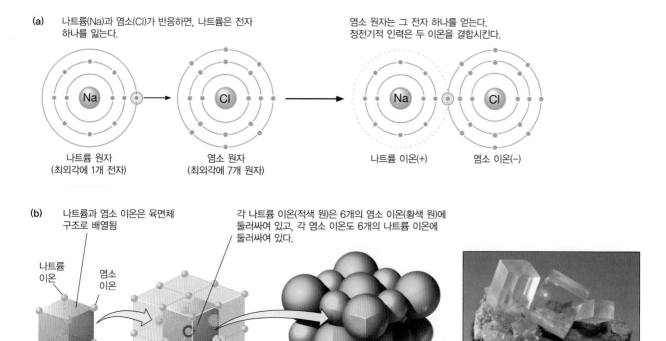

(a) 나트륨(Na)과 염소(Cl)가 반응하면, 나트륨은 전자 하나를 잃는다.

염소 원자는 그 전자 하나를 얻는다. 정전기적 인력은 두 이온을 결합시킨다.

나트륨 원자 (최외각에 1개 전자)

염소 원자 (최외각에 7개 원자)

나트륨 이온(+)

염소 이온(−)

(b) 나트륨과 염소 이온은 육면체 구조로 배열됨

각 나트륨 이온(적색 원)은 6개의 염소 이온(황색 원)에 둘러싸여 있고, 각 염소 이온도 6개의 나트륨 이온에 둘러싸여 있다.

나트륨 이온

염소 이온

NaCl 결정

암염(식염)

그림 3.4 일부 원자들은 전자를 이동시켜 이온결합을 형성한다.
[Photo by John Grotzinger/Ramón Rivera-Moret/Harvard Mineralogical Museum.]

아울러 다른 탄소 원자가 갖고 있는 전자들을 공유함으로써 또 다른 4개의 전자를 얻을 수 있다. 다이아몬드에서 모든 탄소 원자는 4개의 면으로 된 피라미드 형태(4면체, tetrahedron)로 배열된 4개의 다른 탄소 원자들로 둘러싸여 있으며, 각 면은 삼각형이다(그림 3.3 참조). 이러한 배열 형태에서 각 탄소 원자는 인접한 4개의 탄소 원자들과 각각 하나의 전자를 공유함으로써 매우 안정된 배열을 이루게 된다(그림 3.10은 서로 연결된 탄소 사면체 구조를 보여준다).

금속결합 전자를 손실하는 경향이 강한 금속 원소의 원자는 양이온으로 함께 묶이고, 자유롭게 이동하는 전자(자유전자)는 양이온 사이에서 공유되고 분산된다. 이러한 자유 전자의 공유는 **금속결합**(metallic bond)이라고 부르는 일종의 공유결합을 형성한다. 금속결합은 소수의 광물들에서 발견되며, 그중에는 금속 구리와 일부 황화광물들이 있다.

일부 광물의 화학결합은 순수한 이온결합과 순수한 공유결합 사이의 중간에 해당하는데, 그 이유는 일부 전자는 교환되고 다른 전자는 공유되기 때문이다.

■ 광물의 형성

광물의 규칙적인 형태는 방금 논의한 화학결합에 기인한다. 광물은 상호보완적인 두 가지 방식으로 바라볼 수 있다—하나는 삼차원 입체 배열로 구성된 초현미경적 크기인 원자들의 조합으로 바라보는 것이고, 다른 하나는 육안으로 볼 수 있는 결정으로 바라보는 것이다. 이 절에서 광물의 결정구조와 광물이 형성되는 조건에 대하여 학습하고, 이 장의 후반부에서 광물의 결정구조가 어떻게 물리적인 특성에 영향을 주는지에 대하여 살펴볼 것이다.

광물의 원자구조

광물은 **결정화작용**(crystallization)에 의해 형성되는데, 결정화작용에서 가스나 액체 상태의 원자들은 일정한 화학비율과 고유의 배열로 결합하여 고체 물질인 광물을 형성한다. (광물 내의 원자들이 규칙적인 3차원 배열로 구성되어 있음을 기억하라.) 공유결합 광물인 다이아몬드는 탄소 원자들의 결합을 통하여 결정화된 사례이다. 지구맨틀의 매우 높은 압력과 온도조건에서 탄소 원자들은 사면체를 이루며 결합하고, 각 사면체는 다른 사면체에 부착

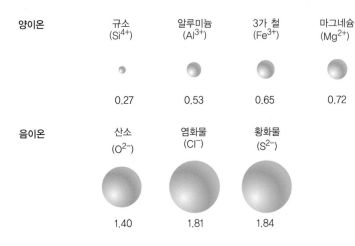

양이온	규소 (Si^{4+})	알루미늄 (Al^{3+})	3가 철 (Fe^{3+})	마그네슘 (Mg^{2+})	2가 철 (Fe^{2+})	나트륨 (Na^+)	칼슘 (Ca^{2+})	칼륨 (K^+)
	0.27	0.53	0.65	0.72	0.73	0.99	1.00	1.38

음이온	산소 (O^{2-})	염화물 (Cl^-)	황화물 (S^{2-})
	1.40	1.81	1.84

그림 3.5 조암광물에서 흔히 나타나는 주요 이온의 크기이며, 이온반경은 10^{-8}cm로 표현된다.

[After L. G. Berry, B. Mason, and R. V. Dietrich, *Mineralogy*. San Francisco: W. H. Freeman, 1983.]

하여, 아주 많은 원자들로 이루어진 규칙적인 3차원 구조를 형성한다(그림 3.8 참조). 다이아몬드 결정이 성장함에 따라 사면체 구조가 모든 방향으로 확장되면서 항상 규칙적인 기하학적 배열로 새로운 원자들이 추가된다. 다이아몬드는 지구맨틀의 조건을 유사하게 모의한 기계장치의 매우 높은 압력과 온도하에서도 탄소로부터 인공적으로 합성될 수 있다.

이온결합 광물인 염화나트륨을 구성하고 있는 나트륨 이온과 염화 이온은 규칙적인 3차원 배열을 이루며 결정화된다. 〈그림 3.4b〉에서 그들의 기하학적 배열 상태를 볼 수 있는데, 한 종류의 각 이온(예 : 나트륨 이온)은 다른 종류의 6개 이온(예 : 염화 이온)들에 둘러싸여 마치 세 방향으로 확장하며 일련의 정육면체들이 쌓여 있는 듯한 배열을 보여주고 있다. 〈그림 3.4b〉는 NaCl을 이루는 이온들의 상대적인 크기를 보여준다. 나트륨 이온과 염화 이온의 상대적인 크기 차이는 그들이 더욱 밀착된 배열을 이루며 결합할 수 있게 해준다.

풍부하게 산출되는 광물들의 많은 양이온들은 비교적 작은 반면에, 지구상에서 가장 흔한 음이온인 산소(O^{2-})를 포함하는 대부분의 음이온들은 크다(그림 3.5). 음이온이 양이온보다 더 큰 경향이 있기 때문에, 결정의 대부분의 공간은 음이온이 차지하고 있으며, 양이온은 그들 사이의 공간을 채우고 있다. 그 결과로 결정구조는 주로 음이온이 어떻게 배열되어 있고, 그들 사이에 양이온이 어떻게 배열되어 있느냐에 의해 결정된다.

비슷한 크기와 전하를 갖는 양이온은 서로 치환되어 동일한 결정구조를 갖지만 화학조성이 다른 화합물을 형성하는 경향이 있다. 양이온 치환(cation substitution)은 많은 화산암에서 풍부하게 나타나는 감람석과 같이 규산 이온(SiO_4^{4-})을 포함하는 광물들에서 흔히 나타난다. 철 이온(Fe^{2+})과 마그네슘 이온(Mg^{2+})은 서

로 크기가 비슷하고, 두 이온은 모두 2가의 양전하를 가지고 있다. 그래서 그들은 감람석의 구조 내에서 서로 쉽게 치환된다. 순수한 마그네슘감람석의 조성은 Mg_2SiO_4이고, 순수한 철감람석의 조성은 Fe_2SiO_4이다. 철과 마그네슘을 모두 포함하는 감람석의 조성은 화학식 $(Mg,Fe)_2SiO_4$로 표시되는데, 이는 철 양이온과

그림 3.6 녹렴석 결정(녹색) 위에서 성장한 자수정과 석영 결정. 평평한 표면은 결정면이며 광물의 내부 원자구조를 반영하고 있다.

[John Grotzinger/Ramón Rivera-Moret/Harvard Mineralogical Museum.]

결정면

완전한 석영 결정

자연산 석영 결정

그림 3.7 자연계에서 완전한 결정은 거의 없지만, 결정면의 모양과 관계없이 면각은 항상 동일하다.
[Photo by Breck P. Kent.]

광물의 결정화작용

결정화작용은 현미경적 크기의 하나의 결정이 형성되면서 시작된다. **결정**(crystal)이란 원자의 규칙적인 3차원 배열로, 기본적인 배열이 모든 방향으로 반복된다. 결정의 경계는 **결정면**(crystal face)이라 부르는 자연적으로 만들어진 **평탄한** 면이다(그림 3.6). 광물의 결정면은 광물의 내부 원자구조가 외적으로 표현된 것이다. 그림 3.7은 완벽한 석영 결정의 도면과 실제 광물의 사진을 나란히 보여주고 있다. 석영 결정의 육면체는 석영 결정의 6각형 내부 원자구조와 일치한다.

결정화작용 동안에 초기의 미세한 결정은 더 크게 성장하는데, 자유롭게 자랄 수만 있다면 그들의 결정면을 유지하면서 자란다. 느리게 꾸준히 성장하면서 인접한 다른 결정들의 간섭을 받지 않고 자랄 수 있는 충분한 공간이 주어질 경우, 결정면이 뚜렷한 큰 결정이 만들어진다(그림 3.8). 이러한 이유 때문에 대부분의 큰 광물결정들은 균열이나 공동 같은 암석 내의 빈 공간에서 만들어진다.

그러나 대개의 경우 성장하는 결정들 사이의 공간은 완전히 채워지고, 결정화작용은 빠르게 진행된다. 그러면 결정들은 서로를 가로질러 자라고 합쳐져서 결정질 **입자**(grain)들로 이루어진 고체 덩어리가 된다. 이러한 경우 입자들은 결정면을 거의 보여주지 않거나 없다. 육안으로 볼 수 있는 큰 결정들은 비교적 드

마그네슘 양이온의 수는 변할 수 있지만 하나의 SiO_4^{4-} 이온에 대한 그들을 합한 총 수(아래 첨자 2로 표시됨)는 변하지 않는다는 것을 의미한다. 마그네슘에 대한 철의 비율은 감람석이 결정화되는 용융물질에서 두 원소의 상대적인 존재 비율에 의해 결정된다. 마찬가지로 많은 규산염광물에서 알루미늄(Al^{3+})은 규소(Si^{4+})로 치환된다. 알루미늄 이온과 규소 이온은 크기가 비슷하여 많은 결정구조에서 알루미늄은 규소의 자리를 차지할 수 있다. 이러한 경우에 알루미늄 이온(+3)과 실리콘 이온(+4) 사이의 전하차이는 나트륨(+1)과 같은 다른 양이온들의 수를 증가시킴으로써 균형을 맞춘다.

그림 3.8 거대한 결정체는 자유롭게 성장할 수 있는 동굴과 같은 공동에서 발견된다. 이 셀레나이트 결정은 석고(황산칼슘)의 보석 기준에 해당한다.
[Javier Trueba/ MSF/Science Source.]

물지만, 암석 내의 많은 광물들은 현미경 하에서 결정면을 보여준다.

광물과는 달리, 유리질 물질들—용융체로부터 너무 빨리 고화되어 어떠한 내부 원자질서도 갖지 못한 물질—은 평탄한 면을 갖는 결정을 형성하지 않는다. 대신에 그들은 만곡된 불규칙한 표면을 가지는 덩어리들로 발견된다. 가장 흔히 발견되는 자연 유리는 화산유리(흑요석)이다.

광물은 어떻게 형성되는가?

액체의 온도를 어는점 아래로 떨어뜨리는 것은 결정화작용이 일어나게 하는 한 가지 방법이다. 예를 들어, 물에서 0℃는 얼음 결정—광물—이 형성되기 시작하는 온도이다. 유사하게 **마그마**(magma)—뜨거운 용융된 액체 암석 덩어리—는 식으면 고체 광물들로 결정화된다. 마그마의 용융점은 포함된 원소들이 무엇이냐에 따라 1,000℃ 이상이 될 수도 있다. 이 마그마의 온도가 용융점 아래로 떨어지면, 감람석이나 장석 같은 규산염광물의 결정들이 형성되기 시작한다. (지질학자들은 일반적으로 언다는 것은 차갑다는 것을 의미하기 때문에 어는점보다는 마그마의 용융점을 기준으로 삼는다.)

결정화작용은 액체가 용액으로부터 증발할 때 일어날 수 있다. **용액**(solution)은 소금과 물처럼 하나의 화학물질이 다른 화학물질과 균질하게 혼합된 것이다. 물이 소금 용액으로부터 증발하면, 결국 소금의 농도가 너무 높아져 용액은 더 이상의 소금을 수용할 수 없게 되는데, 이러한 상태를 **포화**(saturated)되었다고 말한다. 만약 증발이 계속된다면, 소금은 **침전**(precipitate)되거나, 또는 결정이 되어 용액 아래에 가라앉는다. 식용 소금 퇴적층 또는 암염은 뜨겁고 건조한 만이나 좁고 긴 바다에서 해수가 포화점까지 증발하는 이러한 조건하에서 형성된다(그림 3.9).

다이아몬드와 흑연(연필심으로 사용되는 물질)은 온도와 압력이 광물의 형성에 미칠 수 있는 극적인 효과를 예시한다. 이 두 물질들은 **동질이상**(polymorph)의 광물, 즉 동일한 화학원소 또는 화합물로 이루어졌지만 결정구조가 다른 광물이다(그림 3.10). 그들은 모두 탄소로 이루어졌지만, 다른 결정구조를 갖고 있으며, 모습도 매우 다르다. 실험과 지질학적 관찰에 근거하여 볼 때, 다이아몬드는 지구의 맨틀에서 나타나는 아주 고압과 고온의 환경에서 만들어지고 안정한 상태를 유지한다. 높은 압력은 다이아몬드의 원자들을 밀착된 구조로 압축한다. 그래서 다이아몬드는 덜 밀착된 흑연보다 더 높은 **밀도**(density, 단위 부피당 질량을 말하며 g/cm³으로 나타냄)를 갖는다. 다이아몬드는 밀도가 3.5g/cm³이지만, 흑연은 2.1g/cm³에 불과하다. 흑연은 지각의 중압과 중온인 환경에서 형성되고 안정한 상태를 유지한다.

낮은 온도도 원자들을 밀착시켜 치밀한 구조를 만들 수 있다. 예를 들면, 석영과 크리스토발라이트(cristobalite)는 실리카(SiO_2)의 동질이상 광물이다. 석영은 저온에서 형성되며, 비교적 밀도가 높다(2.7g/cm³). 더 높은 온도에서 형성되는 크리스토발라이트는 더 성긴 구조로 되어 있어 밀도도 더 낮다(2.3g/cm³).

그림 3.9 바하마의 산살바도르섬에 있는 현대 염호에서 침전된 암염 결정. 결정의 정육면체 모양을 관찰해보라.

[John Grotzinger.]

자연산 **다이아몬드**(diamond)는 지구의 맨틀에 있는 매우 높은 압력과 온도조건하에서 형성된다.

사면체 구조를 이루며 단단히 압축된 탄소 원자들은 강한 결합으로 연결되어 있다.

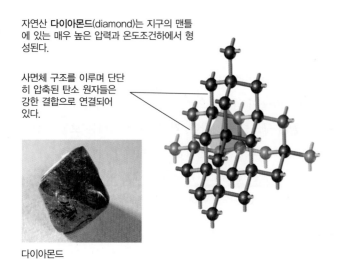

다이아몬드

흑연(graphite)은 다이아몬드보다 낮은 압력과 온도에서 형성된다. 판 내에 배열된 탄소 원자들은 강한 결합력으로 연결되어 있다.

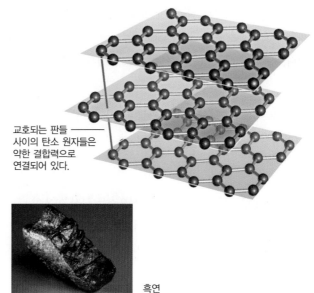

교호되는 판들 사이의 탄소 원자들은 약한 결합력으로 연결되어 있다.

흑연

그림 3.10 흑연과 다이아몬드는 동일 성분인 탄소로 구성된 동질이상 화합물이다.
[Photos by John Grotzinger/Ramón Rivera-Moret/Harvard Mineralogical Museum.]

■ 조암광물의 유형

지구상의 모든 광물은 화학성분에 따라 대부분 일곱 가지 유형으로 분류된다(표 3.1). 구리와 같은 일부 광물은 이온화되지 않은 순수한 원소로 자연계에서 존재하며, 이러한 광물을 원소광물(native element)로 분류한다. 반면, 대부분의 다른 광물들은 음이온을 기준으로 분류된다. 예를 들어, 감람석(olivine)은 규산염 음이온인 SiO_4^{4-}에 의하여 규산염광물로 분류된다. 암염(halite, 염화나트륨, NaCl)은 염화 음이온인 Cl^-에 의하여 분류되며, 실바이트(sylvite, 염화칼륨, KCl)도 이 유형에 속한다.

수천 개의 광물들이 알려져 있지만, 지질학자들은 주로 약 30가지 광물들과 접하게 된다. 이러한 광물들은 대부분의 지각을 구성하는 암석의 기본 구성요소, 조암광물(rock-forming mineral)이라고 부른다. 조암광물의 수가 적다는 것은 지각 내에 풍부하게 존재하는 광물의 수가 적다는 것과 일치한다.

이제부터 자연계에서 가장 흔하게 산출되는 다섯 가지 유형의 조암광물에 대하여 살펴보자.

■ **규산염광물**(silicates)은 지각에서 가장 풍부한 광물 종류로, 일반적으로 다른 원소들의 양이온과 결합한 상태로 존재하는 산소(O)와 규소(Si)—지각에서 가장 풍부한 원소들—로 구성되어 있다.

■ **탄산염광물**(carbonates)은 칼슘 및 마그네슘과 결합한 탄소와 산소—탄산 이온(CO_3^{2-})의 형태로—로 이루어진 광물이다. 방해석(calcite, 탄산칼슘, $CaCO_3$)이 대표적인 광물이다.

■ **산화광물**(oxides)은 산소 음이온(O^{2-})과 금속 양이온의 화합물

표 3.1 광물의 화학적 분류

분류	음이온	예시
원소광물	없음 : 전하 띤 이온 없음	구리금속(Cu)
산화광물	산화 이온(O^{2-})	적철석(Fe_2O_3)
할로겐광물	염화 이온(Cl^-), 불화 이온(F^-), 브롬화 이온(Br^-), 요오드화 이온(I^-)	암염(NaCl)
탄산염광물	탄산 이온(CO_3^{2-})	방해석($CaCO_3$)
황산염광물	황산 이온(SO_4^{2-})	경석고($CaSO_4$)
규산염광물	규산 이온(SiO_4^{4-})	감람석$(Mg,Fe)_2SiO_4$
황화광물	황화 이온(S^{2-})	황철석(FeS^2)

이다. 적철석(hematite, 산화철, Fe_2O_3)이 대표적 광물이다.

■ **황화광물(sulfides)**은 황화 음이온(S^{2-})과 금속 양이온의 화합물이다. 황철석(pyrite, 황화철, FeS_2)이 대표적 광물이다.

■ **황산염광물(sulfates)**은 황산 음이온(SO_4^{2-})과 금속 양이온의 화합물이다. 경석고(anhydrite, 황산칼슘, $CaSO_4$)가 대표적 광물이다.

다른 세 가지 유형의 광물들—원소광물, 수산화광물(hydroxides), 할로겐광물(halides)—은 조암광물로는 흔치 않다.

규산염광물

모든 규산염광물의 구조를 이루는 기본 구성요소는 규산 이온이다. 규산 이온은 중앙의 규소 이온(Si^{4+})을 4개의 산소 이온(O^{2-})이 둘러싸고 있는 사면체를 이루고 있으며, 화학식 SiO_4^{4-}로 나타낸다(그림 3.11). 규산 이온은 음전하를 띠고 있기 때문에 흔히 양이온과 결합하여 광물을 형성한다. 일반적으로 규산염과 결합하는 양이온으로는 나트륨(Na^+), 칼륨(K^+), 칼슘(Ca^{2+}), 마그네슘(Mg^{2+}), 철(Fe^{2+}) 등이 있다. 이들과 결합하지 않을 경우, 규산 이온은 다른 규산염 사면체와 산소 이온을 공유할 수 있다. 규산염 사면체는 다양한 결정구조를 형성할 수 있다—이들은 독립되어 (양이온으로만 연결되어) 있을 수도 있고, 또는 고리상, 단쇄상, 복쇄상, 층상 또는 망상과 같은 형태로 다른 규산염 사면체와 연결되어 있을 수도 있다. 이러한 구조 중 일부를 〈그림 3.11〉에서 볼 수 있다.

독립사면체 독립사면체들은 사면체의 각 산소 이온이 양이온과 결합함으로써 연결되어 있다(그림 3.11a). 결국 양이온들은 다른 사면체의 산소 이온들과 다시 결합한다. 따라서 사면체는 모든 방향에서 양이온에 의해 분리되어 있어 서로로부터 고립되어 있다. 즉, 사면체 간의 직접 연결이 없는 고립된 구조를 갖게 된다. 감람석(olivine)은 이러한 구조를 가진 대표적인 조암광물이다.

단쇄상 구조 단일 사슬은 산소 이온을 공유함으로써 만들어진다. 각 규산염 사면체의 두 산소 이온은 인접한 사면체와 결합하여 확장 가능한 무제한의 사슬형태를 이룬다(그림 3.11b). 이한 줄의 사슬은 양이온에 의하여 다른 사슬과 연결된다. 휘석군(pyroxene group)의 광물들은 단쇄상 규산염광물이다. 사방정계에 속하는 휘석인 엔스타타이트(enstatite, 완화휘석)는 철 이온 또는 마그네슘 이온, 또는 두 이온 모두를 포함한다—2개의 양이온은 감람석에서처럼 서로를 치환할 수 있다. 화학식 $(Mg,Fe)SiO_3$

는 이러한 구조를 나타낸다.

복쇄상 구조 2개의 단일 사슬이 결합하여 공유된 산소 이온으로 서로 연결된 이중 사슬 구조를 형성한다(그림 3.11c). 인접한 이중 사슬들이 양이온으로 연결됨으로써 각섬석군에 포함된 광물들의 구조를 형성한다. 각섬석군에 속하는 보통 각섬석(hornblende)은 화성암과 변성암에서 아주 흔하게 산출되는 광물이다. 이 광물은 칼슘(Ca^{2+}), 나트륨(Na^+), 마그네슘(Mg^{2+}), 철(Fe^{2+}), 알루미늄(Al^{3+})을 포함하는 복잡한 화학조성을 나타낸다.

층상 구조 층상 구조에서 각 사면체는 인접한 사면체와 산소 이온 3개를 공유하여 사면체들이 층상으로 쌓여 있는 구조를 형성한다(그림 3.11d). 층상으로 쌓여 있는 사면체층 사이에 양이온들이 끼어들어 중간층을 이룬다. 운모류와 점토광물은 가장 풍부한 층상 규산염광물이다. 백운모[muscovite, $KAl_2(AlSi_3O_{10})(OH)_2$]는 가장 흔한 층상 규산염광물 중의 하나이며, 많은 종류의 암석에서 발견된다. 백운모는 매우 얇고 투명한 박층으로 분리될 수 있다. 층상 구조를 갖는 고령석[kaolinite, $Al_2Si_2O_5(OH)_4$]은 퇴적물에서 발견되는 흔한 점토광물로 도자기의 기본원료이다.

망상 구조 각 사면체가 다른 사면체들과 모든 산소 이온을 공유하면 3차원 구조가 형성된다. 지각에서 가장 흔한 광물인 장석과 석영(SiO_2)은 망상 규산염광물이다(그림 3.11e).

규산염광물의 조성 화학적으로 가장 단순한 규산염광물은 실리카(SiO_2)로 불리는 이산화규소(silicon dioxide)이며, 석영 광물로 가장 흔하게 발견된다. 석영의 규산염 사면체들은 각각의 규소 이온이 2개의 산소 이온을 공유하면서 서로 연결되어 있다. 그래서 전체 화학식은 결국 SiO_2가 된다. 다른 규산염광물에서 기본 구조단위—고리상, 사슬상, 층상, 망상—는 나트륨(Na^+), 칼륨(K^+), 칼슘(Ca^{2+}), 마그네슘(Mg^{2+}), 철(Fe^{2+})과 같은 양이온에 결합되어 있다. 양이온 치환에 대한 논의에서 언급되었듯이, 많은 규산염광물에서 알루미늄(Al^{3+})은 규소를 치환한다.

탄산염광물

탄산염광물의 기본 구성요소는 탄산 이온(CO_3^{2-})이다. 탄산 이온은 삼각형(그림 3.12a)에서 3개의 산소 이온으로 둘러싸여 있으며 그들과 공유결합하고 있는 1개의 탄소 이온으로 이루어져 있다. 탄산 이온들은 양이온층으로 연결되어 있는 층상 규산염광물들과 유사한 층상으로 배열되어 있다. 방해석(calcite, 탄산칼슘, $CaCO_3$)에서 탄산 이온의 층은 칼슘 이온의 층에 의해 분리되어

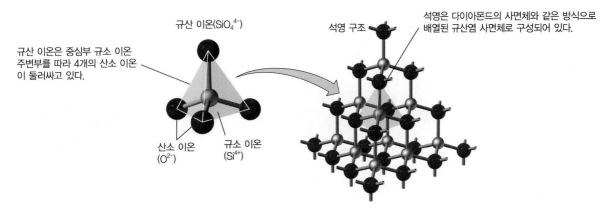

규산 이온(SiO₄⁴⁻)

규산 이온은 중심부 규소 이온 주변부를 따라 4개의 산소 이온이 둘러싸고 있다.

석영 구조

석영은 다이아몬드의 사면체와 같은 방식으로 배열된 규산염 사면체로 구성되어 있다.

산소 이온 (O²⁻)

규소 이온 (Si⁴⁺)

규산염 사면체는 많은 다른 구조로 배열될 수 있다.

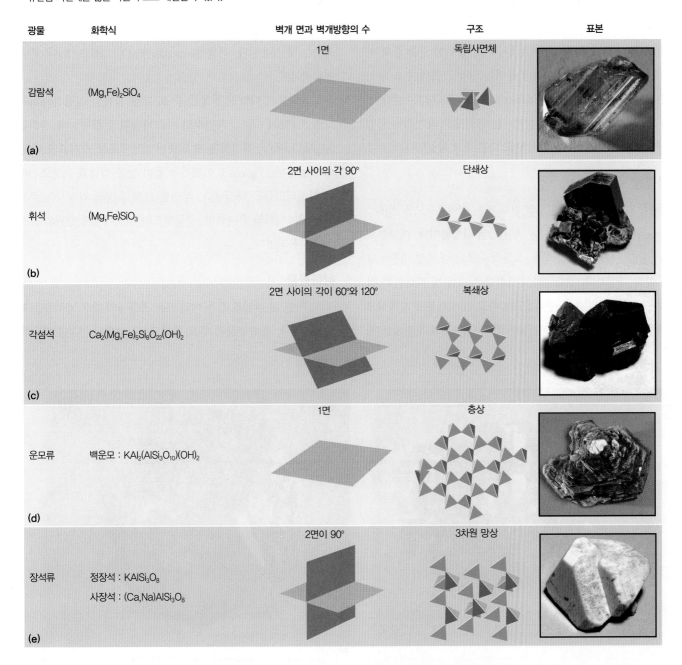

광물	화학식	벽개 면과 벽개방향의 수	구조	표본
(a) 감람석	$(Mg,Fe)_2SiO_4$	1면	독립사면체	
(b) 휘석	$(Mg,Fe)SiO_3$	2면 사이의 각 90°	단쇄상	
(c) 각섬석	$Ca_2(Mg,Fe)_5Si_8O_{22}(OH)_2$	2면 사이의 각이 60°와 120°	복쇄상	
(d) 운모류	백운모 : $KAl_2(AlSi_3O_{10})(OH)_2$	1면	층상	
(e) 장석류	정장석 : $KAlSi_3O_8$ 사장석 : $(Ca,Na)AlSi_3O_8$	2면이 90°	3차원 망상	

그림 3.11 규산 이온은 규산염광물의 기본구성요소이다.

[Photos by John Grotzinger/Ramón Rivera-Moret/Harvard Mineralogical Museum.]

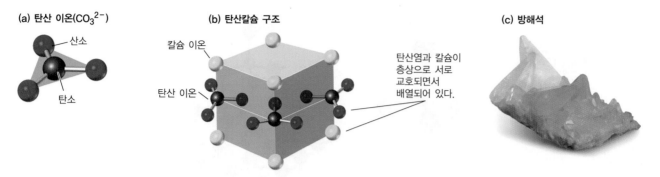

(a) 탄산 이온(CO_3^{2-})

산소
탄소

(b) 탄산칼슘 구조

칼슘 이온
탄산 이온

탄산염과 칼슘이
층상으로 서로
교호되면서
배열되어 있다.

(c) 방해석

그림 3.12 방해석(탄산칼슘, $CaCO_3$)과 같은 탄산염광물은 층상 구조를 갖는다. (a) 1개의 탄소 이온과 삼각형을 이루며 이를 둘러싸고 있는 3개의 산소 이온으로 구성되어 있는 탄산 이온을 위에서 내려다본 그림. (b) 칼슘 이온의 층과 탄산 이온의 층이 교호되면서 배열된 방해석 결정구조.
[Photo by John Grotzinger/Ramón Rivera-Moret/Harvard Mineralogical Museum.]

있다(그림 3.12b). 방해석은 지각에서 가장 풍부한 광물 중의 하나이며, 석회암(limestone)이라고 불리는 암석 그룹의 주요 구성성분이다(그림 3.12c). 백운암[dolomite, $CaMg(CO_3)_2$]은 칼슘 이온과 마그네슘 이온이 교대로 나타나는 층들에 의해 분리된 동일한 탄산염층으로 이루어진 암석의 또 다른 주요 광물이다.

산화광물

산화광물은 산소가 다른 원소의 원자 또는 양이온—보통 철(Fe^{2+} 또는 Fe^{3+})과 같은 금속 양이온—과 결합한 화합물이다. 대부분의 산화광물들은 이온결합을 하며, 그들의 구조는 금속 양이온의 크기에 따라 다양하다. 산화광물의 광물들은 크롬 및 티타늄과 같은 많은 금속을 함유하는 광석을 포함하고 있기 때문에 경제적으로 매우 중요하다. 크롬 및 티타늄은 특수 금속 재료와 장치를 제

조하는 데 사용된다. 적철석(hematite, Fe_2O_3, 그림 3.13a)은 주요 철광석이다.

산화광물의 다양한 광물들 중 또 다른 그룹인 첨정석(spinel, 그림 3.13b)은 두 금속원소인 마그네슘과 알루미늄의 산화물($MgAl_2O_4$)이다. 첨정석은 꽉 압축된 입방구조를 가지고 있어 밀도가 높은데($3.6 g/cm^3$), 이것은 이들이 높은 압력과 온도조건에서 형성되었음을 나타낸다. 투명한 보석 품질의 첨정석은 루비 또는 사파이어와 유사하며, 잉글랜드와 러시아에서 왕관의 보석으로 사용되었다.

황화광물

구리, 아연 및 니켈과 같은 여러 유용 광물들의 주요 광석들은 황화광물이다. 황화광물의 주요 구성요소는 2개의 전자를 획득한

(a)

(b)

그림 3.13 경제적으로 가치 있는 광물로 구성된 산화광물. (a) 적철광 (b) 첨정석.
[John Grotzinger/Ramón Rivera-Moret/Harvard Mineralogical Museum.]

그림 3.14 황화광물인 황철석은 '바보의 금'이다.
[John Grotzinger/Ramón Rivera-Moret/Harvard Mineralogical Museum.]

황 원자인 황화 이온(S^{2-})이다. 황화광물에서 황화 이온은 금속 양이온과 결합한다. 대부분의 황화광물은 금속처럼 보이며, 거의 모두가 불투명하다. 가장 흔한 황화광물인 황철석(pyrite, FeS_2)은 종종 노란색 금속성 외관(그림 3.14) 때문에 '바보의 금'이라고 불린다.

황산염광물

황산염광물의 기본 구성요소는 황산 이온(SO_4^{2-})이다. 중심부의 황 원자를 4개의 산소 이온(O^{2-})이 둘러싸고 있는 사면체 구조를 이루고 있다. 이 유형에서 가장 풍부하게 산출되는 광물 중의 하나로는 회반죽의 주요 구성성분인 석고(gypsum, 그림 3.15)가 있다. 석고 즉 황산칼슘은 해수가 증발할 때 생성된다. 증발하는 동안, 해수에 풍부한 2개의 이온인 Ca^{2+}와 SO_4^{2-}가 결합하여 퇴적층을 이루며 침전하면 황산칼슘($CaSO_4 \cdot 2H_2O$)이 생성된다. (이 화학식에서 점(•)은 2개의 물 분자가 칼슘 이온 및 황산 이온과 결합되어 있음을 나타낸다.)

또 다른 황산칼슘인 경석고(anhydrate, $CaSO_4$)는 물을 함유하지 않는다는 점에서 석고와 다르다. (이 이름은 '물이 없음'을 의미하는 *anhydrous*라는 단어에서 유래했다.) 석고는 지표에서와 같이 저온-저압인 환경에서 안정되어 있는 반면에, 경석고는 퇴적암이 묻혀 더 높은 온도와 압력조건에 놓여 있을 때 안정적이다.

2004년에 과학자들이 발견한 것처럼, 화성의 초기 역사에서 황산염광물들은 물로부터 침전되어 퇴적층을 형성하였다. 이 광물들은 호수와 얕은 바다가 말라버렸을 때 지구에서 관찰된 것과 유사한 과정을 통해 침전되었다. 그러나 이 황산염광물들 중 상당수는 지구상에서 흔히 볼 수 있는 황산염광물과는 매우 다르며, 아주 산도가 높은 물로부터 침전된 이상한 함철(철분을 함유한) 황산염을 포함하고 있다(지구문제 11.1 참조).

■ 광물의 물리적 특징

지질학자들은 암석의 기원을 이해하기 위하여 광물조성과 구조에 대한 지식을 활용하고 있으며 먼저 암석을 구성하는 광물을 확인한다. 이를 위하여 상대적으로 손쉽게 관찰할 수 있는 화학적 및 물리적 특성에 주로 의존하였다. 19세기와 20세기 초, 지질학자들은 야외에서 광물을 식별하기 위하여 광물에 대한 화학분

그림 3.15 석고는 해수가 증발할 때 침전되어 형성된 황산염광물이다.
[John Grotzinger/Ramón Rivera-Moret/Harvard Mineralogical Museum.]

그림 3.16 산 적정실험. 묽은 염산(HCl)을 떨어뜨려 어떤 광물인지 확인하는 간단하지만 효과적인 화학반응 방법. 거품이 발생한다면 이산화탄소가 방출되는 반응을 의미하는 것으로 이는 방해석의 존재를 확인할 수 있다.

[Chip Clark/Fundamental Photographs.]

석을 위한 간단한 현장 화학분석장비를 사용하여 광물식별에 적용하였다. 이러한 실험 중 하나는 '산 적정실험'이다. 이 실험은 광물에 묽은 염산(HCl)을 떨어뜨려 거품이 일어나는지 확인하는 것이다(그림 3.16). 이러한 거품이 발생(Fizzing)하는 현상은 이산화탄소(CO_2)가 빠져나가는 것을 지시하며, 이 광물이 방해석, 즉 탄산염광물임을 지시한다.

이 단원에서는 실용적인 문제를 다루는 데 필요한 광물의 물리적 특성을 살펴보도록 하자.

경도

경도(hardness)는 광물표면이 얼마나 쉽게 긁히는가에 대한 측정치이다. 가장 단단한 광물로 알려진 다이아몬드가 유리에 흠집을 내듯이 장석보다 더 단단한 석영 결정이 장석 결정에 흠집을 낸다. 1822년 오스트리아의 광물학자인 프레드리히 모스는 광물 간에 흠집을 내는 능력에 기초한 상대적 등급[현재 **모스경도계**(Mohs scale of hardness)]을 고안하였다. 가장 부드러운 광물은 활석인 반면 가장 단단한 광물은 다이아몬드이다(표 3.2). 모스경도계는 알려지지 않은 광물을 식별하는 데 있어 아직까지 가장 실용적인 방법이다. 야외 지질학자들은 칼날과 경도계 등급을 알고 있는 광물을 통하여 미확인된 광물의 등급을 정할 수 있다. 예를 들어 미지의 광물이 칼에는 흠집이 났으나 석영 조각에 의해 흠집이 나지 않는 경우 5와 7 사이 등급에 위치한다.

공유결합이 일반적으로 이온결합보다 강한 결합 구조를 이룬다는 사실을 기억해보자. 어떤 광물의 경도는 화학결합의 강도에 의존하며, 결합이 강할수록 광물이 더 강해진다. 결정구조와 경

표 3.2 모스경도계

광물	등급(경도)	일반 사물
활석	1	
석고	2	손톱
방해석	3	구리동전
형석	4	
인회석	5	칼날
정장석	6	유리창
석영	7	강철
황옥	8	
강옥	9	
다이아몬드	10	

도는 규산염광물에 따라 상이한 특징을 보인다. 예를 들어 판상 규산염광물인 활석의 경도는 1부터 독립 사면체를 갖는 규산염광물인 황옥의 8까지 다양한 변화 양상을 보인다. 대부분 규산염광물의 모스경도는 5~7의 범위에 해당되지만, 단지 판상 규산염광물은 상대적으로 약한 결합을 유지하며 경도가 1~3 정도이다.

유사한 결정구조를 갖고 있는 광물은 결합 강도를 증가시키는 다음과 같은 다른 요인과 밀접한 관계가 있다.

- **크기**(size) : 원자나 이온의 크기가 작아지게 되면 원자나 이온 간 거리는 가까워지고, 전기적 인력이 증가하게 되면 결합력은 강하게 유지된다.
- **전하**(charge) : 이온의 전하가 증가할수록 원자나 이온 간 인력이 증가하게 되면, 결합력이 더욱 강해진다.
- **공간배열**(packing, 패킹) : 원자나 이온의 공간배열이 치밀해질수록 원자나 이온 간 거리는 가까워지고 강하게 결합하는

경향을 보인다.

이온 크기는 주로 금속 산화광물과 금, 은, 구리, 납과 같이 원자번호가 높은 금속 황화광물에 있어 중요한 요소로 작용하고 있다. 이러한 광물은 금속 양성자의 크기가 크기 때문에 약 3 미만의 경도를 갖는 약한 광물에 해당된다. 원자나 이온의 크기가 증가할수록 인접 원자나 이온 간 거리는 멀어지게 되어 결합력은 약해진다. 원자나 이온의 구조적 공간배열이 덜 밀집된 탄산염광물과 황산염광물도 약 5 미만의 경도를 갖는 약한 광물이다.

벽개

벽개(cleavage, 쪼개짐)는 결정이 평평한 면으로 분할되는 현상으로 이 용어는 파손에 의하여 생성된 기하학적 패턴을 기술하는 데 사용된다. 벽개는 결합 강도에 반비례한다. 즉 강한 결합을 하는 광물은 불규칙적인 절단면을 보이지만 결합 강도가 약하면 규칙적인 절단면을 만든다. 공유결합을 보이는 광물은 강도가 강하기 때문에 일반적으로 벽개면이 미약하거나 거의 없는 반면, 이온결합을 보이는 광물은 방향에 따라 상대적으로 약한 결합에 기인하여 평평한 벽개면을 보인다. 그러나 완전히 공유결합이나 이온결합을 하는 광물에서도 결합 강도가 각각 면에 따라 서로 상이한 양상을 보인다. 예를 들어, 다이아몬드의 화학결합은 모두 공유결합을 하며, 매우 강하지만, 일부 면에서는 상대적으로 약하게 결합되어 있다. 따라서 가장 단단한 광물인 다이아몬드에서도 완벽한 평면을 만들기 위하여 약한 면을 따라 쪼개진다. 판상 규산염광물인 백운모는 매끄럽고 광택이 나는 평평하고 평행한 표면을 따라 나뉘지며, 두께 1mm 이하의 투명한 판으로 쪼갤 수

있다. 운모의 벽개는 양이온층과 사면체 규소층 사이의 약한 결합에 기인한 결과이다(그림 3.17).

벽개는 면의 수와 벽개의 양식, 표면 상태와 벽개의 용이성 같은 두 가지 주요 특성에 따라 구분된다.

면의 수와 벽개의 양식 면의 수와 벽개양식은 다수 조암광물들의 특징을 식별하는 데 중요한 기준이 된다. 예를 들어 백운모는 단지 한 방향의 벽개면을 보이는 반면에 방해석과 백운암은 능면체를 이루는 세 방향의 벽개방향을 갖는다(그림 3.18).

결정구조는 벽개면과 결정면으로 나타난다. 광물결정은 가능한 결정면보다 벽개면이 적게 나타난다. 결정면은 원자와 이온이 이루는 배열에 의해 여러 면을 따라 형성되는 반면, 벽개면은 결합이 약한 부분을 가로지르는 면으로 나타난다. 광물의 모든 결정은 특징적인 벽개면을 보이지만 일부 결정은 특정 면만을 보이는 경우도 있다.

중요한 규산염광물인 휘석과 각섬석은 육안 관찰 시 일차적으로 서로 유사하게 보이지만, 독특한 벽개각도를 보이고 있어 광물식별의 기준이 된다(그림 3.19). 즉 휘석은 단쇄형 구조이고 벽개면이 서로 수직(약 90°)으로 나타나며, 단면상에서 휘석의 벽개형태는 정사각형이다. 이에 대조적으로 복쇄형 구조인 각섬석은 두 벽개면이 서로 약 60°와 120°를 이루며, 다이아몬드 모양의 단면을 갖는다.

표면 상태와 벽개의 용이성 광물의 벽개는 표면 상태와 벽개의 용이성에 따라 완벽함, 좋음, 보통으로 언급된다. 백운모는 쉽게 쪼개지며 양질의 부드러운 표면 상태를 갖는다. 다음에 몇 가지

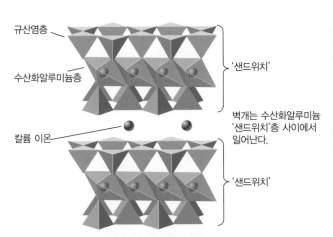

규산염층

수산화알루미늄층

칼륨 이온

'샌드위치'

벽개는 수산화알루미늄 '샌드위치'층 사이에서 일어난다.

'샌드위치'

그림 3.17 운모의 벽개. 왼쪽 그림은 책의 페이지 면에 수직인 방향으로 향하는 결정구조의 벽개면을 보여준다. 수평으로 그은 선은 규산염 사면체층과 2개의 사면체층을 샌드위치로 결합하는 수산화알루미늄층 사이의 경계면을 표시한다. 벽개는 사면체–수산화알루미늄 샌드위치층들 사이에서 일어난다. 사진은 벽개면을 따라 분리되는 얇은 운모층을 보여준다.

[Chip Clark/Fundamental Photographs.]

그림 3.18 방해석에서 나타나는 장사방형 벽개의 예.
[Charles D. Winters/Science Source.]

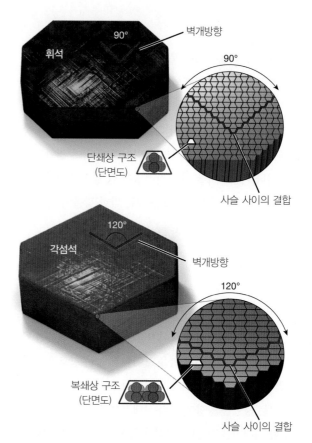

그림 3.19 휘석과 각섬석은 서로 비슷하게 보이지만 벽개각도가 서로 다르며, 이는 두 광물을 식별하고 분류하는 데 사용된다.

예를 나열하였다.

백운모는 쉽게 쪼개지고 매끄러운 표면을 보이며, 벽개는 완벽(perfect)하다. 단쇄형(휘석)과 복쇄형(각섬석) 규산염은 좋은(good) 벽개를 보여주며, 벽개면을 따라 쉽게 깨지지만 벽개면을 가로질러 서로 깨지기도 한다. 또한 운모류처럼 부드러운 벽개면을 보이지 못한다. 환형 규산염인 녹주석은 보통(fair) 벽개를 갖는다. 녹주석의 벽개는 덜 규칙적이며, 벽개면보다 다른 방향을 따라 상대적으로 쉽게 깨진다.

대부분의 광물은 매우 강하게 결합되어 미약한 벽개면도 거의 발달되지 않는 정도이다. 망상형 규산염인 석영은 모든 방향에서 너무 강하게 결합되어 있어 단지 불규칙적인 표면을 따라 깨진다. 독립 사면체 규산염인 석류석 또한 모든 방향으로 강하게 결합하고 있어 어떠한 벽개면도 갖고 있지 않다. 이러한 벽개의 부재 현상은 주로 망상형 규산염과 독립 사면체 규산염에서 발견된다.

깨짐

결정에서 **깨짐**(fracture, 단열)은 벽개면보다 다른 유형으로 매우 불규칙적인 면을 따라 쪼개지는 경향으로 모든 광물에서 깨짐을 보여준다. 모든 광물들은 벽개면을 교차하거나 석영처럼 벽개가 전혀 없이 깨짐을 보인다. 깨짐은 결정면을 가로지르는 방향으로 결합 강도가 분포하는 양상과 비례하며, 이러한 결합들이 깨어질 때 불규칙적인 깨짐을 보인다. 깨짐은 두껍게 깨진 유리 조각처럼 부드럽고 곡선모양의 표면을 보여주는 패각상(conchoidal)면으로 서술된다. 쪼개진 나무와 같은 외관을 보이는 일반적인 깨짐면은 섬유상(fibrous or splintery)으로 묘사된다. 많은 종류의 불규칙적인 깨짐의 모양이나 외형은 광물의 특정한 구조와 조성에 좌우된다.

광택

빛이 광물표면에서 반사되는 상태에 따라 광물들은 특징적인 **광택**(luster)을 갖는다. 광물의 광택은 표 3.3에 제시된 용어로 설명된다. 광택은 존재하고 있는 원소종류와 결합유형에 의해 좌우되며, 광물에 의해 빛이 통과되거나 반사되는 경로에 영향을 미친다. 이온결합의 결정은 유리질 경향을 갖는 반면, 공유결합을 하는 광물은 다양한 특징을 보인다. 다수의 규산염광물은 금강석과

표 3.3 광물의 광택

광택	특성
금속 광택	불투명 물질에서 강한 반사
유리 광택	유리처럼 밝음
수지 광택	호박과 같은 수지의 특성
지방 광택	기름기 있는 물질의 특성
진주 광택	진주와 같은 물질의 약한 흰색을 띠는 훈색
견사 광택	실크 같은 섬유상 광물의 광택
다이아몬드 광택	다이아몬드와 유사한 광물의 빛나는 광택

같은 광택을 보인다. 금속 광택은 금 같은 순수한 금속이나 방연석과 같은 황화물에서 나타난다. 진주 광택은 반투명한 광물표면의 내부 면에서 나타나는 난반사의 결과로, 반투명 광물에는 아라고나이트가 있으며 진주의 모체인 대합조개 껍데기가 있다. 야외조사 시 일차적으로 중요한 기준임에도 불구하고 광택은 반사되는 빛의 시각적 감각 인식에 의존하고 있다. 이러한 특징은 손에 광물을 놓고 관찰하는 실전 경험이 매우 중요하다.

색

광물의 **색**(color)은 결정 또는 광물을 통하여 투과·반사되는 빛에 따라 좌우된다. 광물의 색은 독특하지만 가장 신뢰할 만한 증거는 아니다. 특정 광물은 일반적으로 같은 색을 띠지만, 다양한 색상을 나타낼 수 있다. 어떤 광물은 깨진 표면이나 풍화된 표면에서만 특징적인 색을 나타내고 있다. 예를 들어 오팔 보석은 반사면에 멋진 색상을 나타낸다. 다른 광물은 표면에 비치는 빛의 각도에 따라 색상이 약간 변한다. 이온결합을 하는 광물은 대부분 무색이다.

조흔색(streak)이란 광택이 없는 초벌구이 자기 타일(조흔판)과 같은 표면에 광물을 문질렀을 때 판에 남아 있는 미세한 광물가루의 색을 뜻한다. **조흔판**(streak plate, 그림 3.20)이라고 불리는 타일은 균일하게 작은 분말 입자의 광물이 판에 나타나기 때문에 좋은 식별 도구이다. 예를 들어 적철석은 검은색, 빨간색 또는 갈색으로 다양하게 보이지만 조흔판에서는 공통적으로 붉은 갈색

분말로 보인다.

광물의 색은 복잡하고 아직까지 완전히 이해되지 않은 특성이며, 순수 광물과 미량원소를 함유한 동일한 광물은 이온의 종류에 따라 다양한 색상이 결정된다.

이온과 광물의 색 순수한 물질의 색상은 철이나 크롬같이 빛 스펙트럼의 일부를 강하게 흡수하는 이온의 존재 유무에 좌우된다. 예를 들어 철 성분을 함유한 감람석은 녹색을 제외한 모든 색을 흡수하므로 일반적으로 감람석은 녹색으로 보이게 된다. 순수한 마그네슘 감람석은 투명한 흰색으로 보이게 된다.

미량원소와 광물의 색 모든 광물은 불순물을 포함하고 있다. 최근 분석기기는 10^{-9} 정도의 극미량도 측정할 수 있다. 광물에서 0.1wt%보다도 훨씬 적은 양을 차지하는 원소들을 미량으로 취급하고, 이를 **미량원소**(trace element)라 한다.

특정 미량원소는 광물의 기원을 해석하는 데 사용될 수 있다. 화강암 내 극미량 함유된 우라늄(U)은 국지적으로 자연방사능에 영향을 끼친다. 또한 적철석이 미립으로 함유된 장석은 갈색이나 연분홍색으로 보이지만, 이러한 미립질 광물이 포함되지 않았으면 무색광물로 인지된다. 에메랄드(녹색 녹주석)와 사파이어(파란색 강옥) 같은 많은 보석 광물들은 결정 내부에 미량 불순물로 치환되어 다양한 색을 나타낸다(그림 3.21). 에메랄드는 크롬 성분 때문에 녹색을 보이는 반면 사파이어의 파란색은 철과 티타늄 성분에 기인한다.

그림 3.20 적철석은 흑색, 적색 또는 갈색으로 보이지만, 도자기 조흔판에 그어보면 항상 적갈색 자국을 남긴다.

[Breck P. Kent.]

그림 3.21 광물에서 미량 성분은 보석에 독특한 색상을 부여한다. 사파이어(왼쪽)와 루비(중앙)는 같은 광물인 강옥(corundum, 산화알루미늄)으로 이루어져 있다. 소량 함유된 불순물은 강렬한 색상을 만들어낸다. 예를 들어, 루비의 빨간색과 에메랄드(오른쪽)의 녹색은 동일한 원소인 크롬이 소량 함유되어 있기 때문이다.

[John Grotzinger/Ramón Rivera-Moret/Harvard Mineralogical Museum.]

비중과 밀도

동일한 크기의 적철석으로 구성된 철광석과 황산염 조각에서 중량 차이를 쉽게 느낄 수 있다. 그러나 조암광물은 전반적으로 밀도(질량/부피, g/cm³)가 매우 유사하다. 이러한 광물의 비중을 측정하기 위하여 간단한 방법이 요구된다. 밀도의 표준측정법은 광물의 무게를 4℃에서 동일 부피를 갖는 순수한 물의 무게로 나눠 준 값인 **비중**(specific gravity)으로 표기된다.

밀도는 광물 이온들의 원자질량 및 결정구조의 공간배열에 좌우된다. 산화철인 자철석은 5.2g/cm³의 밀도를 나타내고 있다. 이러한 자철석의 고밀도는 부분적으로 철의 높은 원자질량뿐만 아니라 자철석이 다른 첨정석 산화광물군들과 공유하고 있는 고압 밀집 구조에 기인한다. 철 규산염광물인 철감람석의 밀도는 4.4g/cm³으로 두 가지 이유에서 자철석의 밀도보다 낮다. 첫째, 감람석을 구성하는 원소 중 규소의 원자질량이 철의 원자질량보다 낮기 때문이다. 둘째, 철감람석이 첨정석 그룹의 광물보다 저압 밀집 구조를 가지기 때문이다. 마그네슘감람석은 마그네슘 원자질량이 철보다 낮기 때문에 3.32g/cm³로 철감람석보다 낮은 밀도를 갖고 있다.

압력의 증가에 따른 광물밀도의 증가는 빛, 열, 지진파를 전달하는 속도에 영향을 미친다. 고압 실내실험에서 410km 깊이에 상응하는 압력에서 감람석이 첨정석으로 고압 밀집 구조로 변환될 수 있음이 입증되었으며, 660km 깊이에서 맨틀물질은 더욱 치밀한 고압 밀집 구조인 페로브스카이트 구조로 변환된다. 하부 맨틀이 점유하고 있는 부피를 고려한다면 페로브스카이트는 지구 전체에서 양적으로 산출빈도가 가장 높은 광물일 것으로 추정된다. 온도 역시 밀도에 영향을 미치며, 광물의 구조는 높은 온도에서 팽창된 상태로써, 밀도는 낮아지는 경향을 보인다.

그림 3.22 석면의 일종인 크리소타일. 섬유상으로 산출되는 광물은 쉽게 제거된다.
[Eurico Zimbres 제공.]

결정정벽

광물의 **정벽**(crystal habit)은 개별 결정 또는 결정집합체가 성장한 모양을 나타내며, 일부 광물은 쉽게 구별할 수 있는 독특한 결정 형태를 보인다. 예를 들어 석영은 육각형 기둥이 피라미드 모양으로 덮여 있다(그림 3.7 참조). 결정정벽은 흔히 날개깃 모양, 판상 또는 침상처럼 일반적인 기하학적 모양을 따라 서로 다른 용어로 불린다. 이는 광물의 결정구조뿐만 아니라 결정의 성장 속도와 방향에 따라 좌우된다. 예를 들어 침상 결정은 한 방향으로 매우 빠르게 성장하고 다른 모든 방향은 매우 느리게 성장하는 결정이다. 한편 판상(platy) 결정은 느리게 성장하는 방향에 수직인 모든 방향은 빠르게 성장한다. 섬유질(fibrous) 결정은 길이가 길고 좁은 섬유모양, 긴 바늘 집합체로 나타난다. 석면(asbestos)은 섬유질 특성을 지닌 규산염광물에 대한 속명으로 호흡과정에서 흡입된 결정이 폐 속에 계속 남아 있게 된다(그림 3.22).

표 3.4 광물의 물리적인 특성

특성	관계된 성분과 결정구조
경도	강한 화학결합은 강한 경도를 나타낸다. 공유결합된 광물은 이온결합된 광물보다 더 단단하다.
벽개	벽개는 결정구조에서 결합이 강하면 약하게, 결합이 약하면 확실하게 나타난다. 공유결합은 벽개가 약하거나 없고, 이온결합은 결합이 약해서 확실한 벽개를 가진다.
깨짐	형태는 벽개면과는 다른 불규칙한 면을 가로질러 생기며 결합 세기의 분포와 관련이 있다.
광택	이온결합 결정은 유리 광택의 경향을 보이고, 공유결합 결정은 다양한 광택을 보인다.
색	원자의 종류나 이온, 미량 불순물로 결정된다. 많은 이온결합 결정은 색이 없다. 함철광물은 강한 색을 띤다.
조흔색	세립 가루의 색에서는 입자가 균일하게 작은 크기를 나타내므로 거대한 광물에서보다 더 특징적인 성격을 보인다.
밀도	원자의 원자량이나 이온과 결정구조 내의 밀집 정도에 의존한다. 함철광물과 금속은 더 큰 밀도를 가진다. 공유결합 광물은 더 느슨한 밀집과 작은 밀도를 가진다.
정벽	원자의 면이나 광물의 결정구조 내의 이온과 전형적인 결정성장의 속도와 방향에 의존한다.

암석이란 무엇인가? ■ **77**

표 3.4는 이 절에서 학습한 광물의 물리적 특성을 요약한 것이다.

■ 암석이란 무엇인가?

지질학자들의 주요 목표는 암석의 성질을 이해하고 이러한 특성으로부터 지질학적 기원을 추론하는 것이다. 이러한 추론은 인류가 생존하는 행성에 대한 이해를 증진시키고 경제적으로 중요한 자원에 대한 주요 정보를 제공하고 있다. 예를 들면 석유가 유기물질이 풍부한 어떠한 유형의 퇴적암에서 부존되는 현상을 이해하는 것은 새로운 석유 매장공간을 더 효율적으로 탐사하는 데 도움이 된다. 암석이 어떻게 형성되는지 이해하면 환경문제를 해결할 수도 있다. 예를 들어, 방사성 폐기물 또는 산업 폐기물의 지하저장소는 기반 암석의 분석 자료에 따라 적합성 유무가 좌우된다―지진발생 시 어떠한 암석에서 사태가 나타나기 쉬운가? 지하에 오염된 물을 어떻게 처리할 수 있는가?

암석의 특성

암석(rock)은 자연적으로 발생된 광물들의 집합체 혹은 일부 비결정질 고체 물질이다. 이러한 **집합체**(aggregate)에서 광물은 고유한 생성과정과 연계되어 있다(그림 3.23). 일부 암석은 비결정질 물질로 구성되며, 압축된 식물체의 유해인 석탄 그리고 부석, 흑요석 같은 비결정질, 유리질 화산암을 포함하고 있다.

어떠한 성질이 암석의 물리적 외관을 결정하는가? 암석은 구성광물의 종류, 색, 결정의 입자크기에 있어 다양한 특징을 나낸다. 예를 들면 도로 절개면을 따라가면서 육안으로 충분히 관찰될 수 있을 정도의 큰 광물입자로 구성된 하얗고 분홍색 반점이 있는 암석을 발견할 수 있으며, 또한 인근에서 큰 입자의 반짝이는 운모 결정과 석영, 장석으로 구성된 회색 암석을 볼 수 있다.

암석의 구분은 광물조성과 함께 조직에 의하여 결정된다. 여기에서 **광물조성**(mineralogy)은 암석을 구성하는 광물의 상대적 비율을 의미한다. **조직**(texture)은 암석의 광물결정 또는 입자크기와 모양, 그리고 배열방식으로 기술된다. 암석의 구성광물이 맨

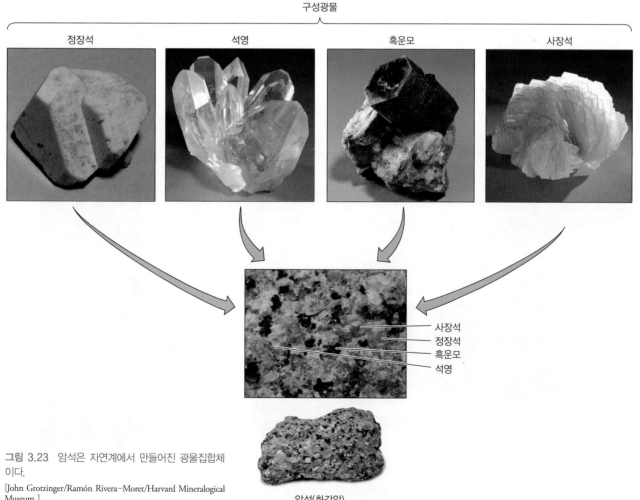

구성광물

정장석   석영   흑운모   사장석

사장석
정장석
흑운모
석영

그림 3.23 암석은 자연계에서 만들어진 광물집합체이다.

[John Grotzinger/Ramón Rivera-Moret/Harvard Mineralogical Museum.]

암석(화강암)

눈으로 볼 수 있을 정도의 입자크기로 나타난다면 조립질(coarse-grained) 입자로 구분된다. 반면 맨눈으로 볼 수 있을 정도로 충분한 크기를 보이지 않는다면 세립질(fine-grained) 입자로 구분된다. 암석의 외형을 결정하는 광물조직은 암석의 지질학적 기원—암석이 어디서 어떻게 형성되었는지—에 따라 결정된다(그림 3.24).

길가에 노출된 현무암으로 불리는 검은색 암석은 화산분출에 의하여 형성되며, 구성광물과 조직은 지하심부로부터 용융된 마그마의 화학조성에 따라 결정되는데, 현무암과 화강암과 같이 용융된 암석 물질이 고화되어 형성된 암석이 **화성암**(igneous rocks)이다.

줄무늬와 함께 하얗고 연한 자줏빛을 띠며 층상으로 나타나는 암석인 사암은 해변에서 모래입자들이 지속적으로 쌓이고 매몰, 고결될 때 형성된다. 모래, 진흙, 탄산칼슘 껍질과 같은 퇴적물들이 육상 혹은 해저에 쌓여서 생성된 암석은 **퇴적암**(sedimentary rocks)이라 한다.

잿빛 암석, 즉 편마암은 운모, 석영, 장석의 광물을 포함하고 있다. 매몰되어 있는 퇴적암의 광물과 조직은 변형될 정도의 높은 온도와 압력이 유도되는 지각심부에서 변형되어 형성된다. 이전에 존재하였던 고체 암석이 높은 압력과 온도조건에서 변형됨으로써 형성된 모든 암석을 **변성암**(metamorphic rocks)이라고 한다.

이렇게 암석은 세 가지 유형—화성암, 퇴적암, 변성암—으로 구분된다. 각각의 암석 종류에 대하여 좀더 자세히 살펴보고 서로 다른 종류의 암석으로 변환되는 지질학적 변화과정을 알아보자.

화성암

마그마로부터 결정화작용으로 화성암(라틴어 *ignis*에서 유래, '불'을 의미)이 형성된다. 지구의 내부에서 마그마가 천천히 식을 때 광물은 미세한 결정이 형성되기 시작한다. 마그마가 녹는점 아래로 냉각됨에 따라 다수 결정은 수 밀리미터 직경까지 정출된 입자가 조립질 화성암으로 나타나며, 결정화되어 성장하기에 충분한 시간을 갖는다. 그러나 마그마가 화산으로부터 지구표면으로 분출되는 환경에서는 마그마가 매우 급속하게 냉각됨으로써 고체화되는 과정에서 각 결정입자가 충분히 성장할 시간을 갖지 못한다. 이 경우 다수의 작은 결정입자가 동시에 형성됨으로써 세립질 화성암이 생성된다. 이러한 두 종류의 화성암은 결정크기에 기초하여 관입암과 분출암으로 구분된다.

관입암과 분출암 관입화성암(intrusive igneous rocks, 심성암)은 마그마가 지각 깊은 곳에서 암석 매질 속으로 관입할 때 마그마가 냉각되어 큰 결정으로 구성된 조립질 암석으로 형성된다. 관입화성암은 마그마가 서서히 냉각됨에 따라 천천히 성장하였던 광물입자들이 결합된 조립질 결정으로 구별되며(그림 3.25), 화강암은 관입화성암이다.

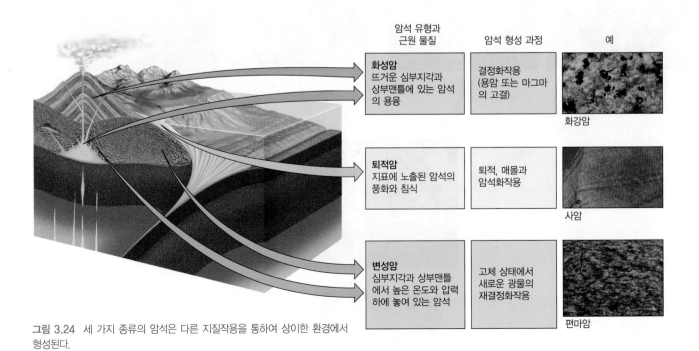

암석 유형과 근원 물질	암석 형성 과정	예
화성암 뜨거운 심부지각과 상부맨틀에 있는 암석의 용융	결정화작용 (용암 또는 마그마의 고결)	화강암
퇴적암 지표에 노출된 암석의 풍화와 침식	퇴적, 매몰과 암석화작용	사암
변성암 심부지각과 상부맨틀에서 높은 온도와 압력 하에 놓여 있는 암석	고체 상태에서 새로운 광물의 재결정화작용	편마암

그림 3.24 세 가지 종류의 암석은 다른 지질작용을 통하여 상이한 환경에서 형성된다.

[화강암, 편마암 : John Grotzinger/Ramón Rivera-Moret/Harvard Mineralogical Museum; 사암 : John Grotzinger/Ramón Rivera-Moret/MIT.]

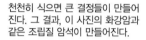 분출화성암은 용암이 지표로 분출하여 빠르게 식을 때 형성된다.

그 결과 만들어지는 암석은 이 사진의 현무암처럼 세립질이거나 유리질 조직을 보인다.

관입화성암은 마그마가 용융되지 않은 암석 속으로 침입하여 천천히 식을 때 형성된다.

천천히 식으면 큰 결정들이 만들어진다. 그 결과, 이 사진의 화강암과 같은 조립질 암석이 만들어진다.

그림 3.25 화성암은 마그마의 결정화작용에 의해 형성된다.

[Photos by John Grotzinger/Ramón Rivera-Moret/Harvard Mineralogical Museum.]

분출화성암(extrusive igneous rocks, 화산암)은 화산에서 표면으로 분출되는 마그마가 빠르게 냉각될 때 형성된다. 현무암과 같은 분출화성암은 유리질 혹은 세립질 조직에 의하여 쉽게 구별된다.

화성암의 주요 산출 광물 화성암을 구성하는 광물은 주로 규산염광물이다. 규소와 산소는 맨틀과 지각을 구성하는 원소 중 가장 풍부하게 함유된 원소로서 규산염광물은 심부지각과 맨틀에서 높은 압력과 온도조건하에 녹기 때문이다. 화성암에서 발견되는 규산염광물은 석영, 장석, 운모, 휘석, 각섬석 그리고 감람석이다(표 3.5).

퇴적암

퇴적암을 구성하는 물질인 **퇴적물**(sediment)은 지구표면에서 모래, 실트, 유기물의 껍질과 같은 유리된 입자들의 층으로 발견되며, 이 입자는 암석이 풍화작용과 침식작용을 겪으며 형성된다. **풍화작용**(weathering)은 암석이 침식작용을 받아 다양한 크기의 파편으로 나타나는 모든 화학적 · 물리적 과정이다. 암편 입자는 흙과 암석으로 유리되고 침전된 퇴적층으로 이동되는 일련의 과정인 **침식작용**(erosion)에 의하여 운반된다(그림 3.26).

퇴적물은 다음 두 가지 방법으로 퇴적된다.

■ **규질쇄설성 퇴적물**(siliciclastic sediments)은 풍화된 화강암으로부터 만들어진 석영과 장석 입자가 물리적으로 퇴적된 입자들이다. [쇄설성(clastic)은 '깨진'을 의미하는 그리스어 *klastos*에서 유래]. 이 퇴적물은 물, 바람, 얼음에 의하여 운반되어 쌓인다.

■ **화학적 퇴적물**(chemical sediment)과 **생물학적 퇴적물**(biological sediment)은 암석의 구성물이 풍화작용 동안에 용해되고 강물에 의해 바다로 운반되어 침전된 새로운 화합물이다. 암염은 증발하는 해수로부터 직접적으로 침전되는 화학적 퇴적물이다. 방해석은 생물이 죽을 때 생물학적 퇴적물을 형성하는 조개 또는 골격과 같이 해양생물에 의하여 침전된다.

퇴적물에서 고체 암석으로 암석화작용(lithification)은 퇴적물 상태에서 단단한 암석으로 변화되는 과정으로 다음 두 가지 방식으로 발생된다.

■ **다짐작용**(compaction) : 퇴적물 입자가 위에 쌓인 퇴적물의 무게에 의하여 압착되어 다져짐으로써 원래의 부피가 축소되어

표 3.5 화성암, 퇴적암, 변성암에서 흔히 나타나는 광물		
화성암	퇴적암	변성암
석영	석영	석영
장석	점토광물	장석
운모류	장석	운모류
휘석	*방해석	석류석
각섬석	*백운석	휘석류
감람석	*석고	십자석
	*암염	남정석

* 비규산염광물

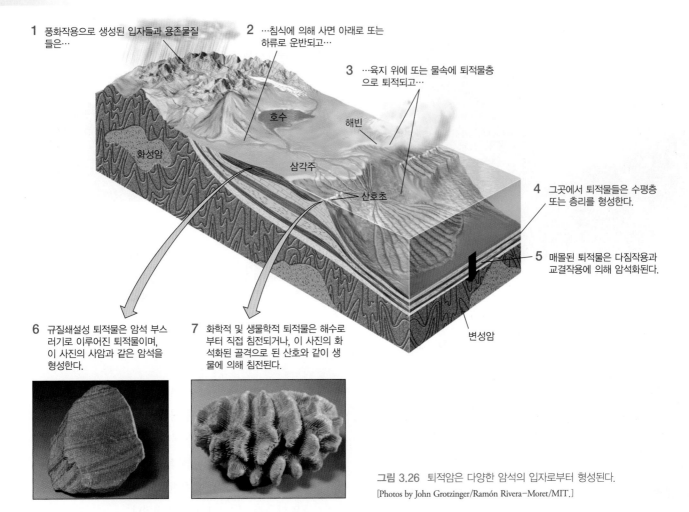

1 풍화작용으로 생성된 입자들과 용존물질들은…

2 …침식에 의해 사면 아래로 또는 하류로 운반되고…

3 …육지 위에 또는 물속에 퇴적물층으로 퇴적되고…

호수

해빈

화성암

삼각주

4 그곳에서 퇴적물들은 수평층 또는 층리를 형성한다.

산호초

5 매몰된 퇴적물은 다짐작용과 교결작용에 의해 암석화된다.

6 규질쇄설성 퇴적물은 암석 부스러기로 이루어진 퇴적물이며, 이 사진의 사암과 같은 암석을 형성한다.

7 화학적 및 생물학적 퇴적물은 해수로부터 직접 침전되거나, 이 사진의 화석화된 골격으로 된 산호와 같이 생물에 의해 침전된다.

변성암

그림 3.26 퇴적암은 다양한 암석의 입자로부터 형성된다.
[Photos by John Grotzinger/Ramón Rivera-Moret/MIT.]

밀도가 높은 매질로 변화된다.

■ **교결작용**(cementation) : 광물이 퇴적된 이후 광물입자를 따라 침전되어 퇴적물이 고결되어 굳는다.

퇴적물은 계속 누적된 퇴적물의 하중에 따라 다짐작용과 교결작용으로 모래입자는 사암으로, 조개껍데기와 방해석 입자는 석회암으로 각각 암석화과정을 거친다.

퇴적암의 층 구조 퇴적물과 퇴적암은 입자가 쌓여 침전물이 평행하게 쌓여 **층리**(bedding)로 보인다. 퇴적암은 지표면에서 발생하는 다양한 자연현상으로 형성되며, 육상과 해상의 대부분을 덮는다. 지표면에서 나타나는 암석은 주로 퇴적암인데, 이것은 잘 보존되지 않는다. 그러므로 지각을 구성하는 암석 부피 중 대부분은 화성암과 변성암으로 구성되어 있다.

퇴적암의 주요 구성광물 규질쇄설성 퇴적물에서 가장 흔한 광물은 규산염광물이며, 그 이유는 풍화과정에서 퇴적물로 규산염광물이 우세하기 때문이다(표 3.5 참조). 규질쇄설성 퇴적암에서 가

장 산출빈도가 높은 규산염광물은 석영, 장석 및 점토광물이다. 점토광물은 장석과 같은 기존 규산염광물의 풍화산물이다.

화학적 및 생물학적 퇴적물 중 가장 산출빈도가 높은 광물은 석회석의 주요 구성성분인 방해석과 같은 탄산염광물이다. 백운석은 암석화과정에서 침전된 칼슘-마그네슘 탄산염광물이다. 석고와 암염은 바닷물이 증발하는 동안 침전된 두 가지 화학적 퇴적물이다.

변성암

변성암은 '변화(*meta*)'와 '형태(*morphe*)'에 대한 그리스어에서 에서 유래되었다. 기존의 암석인 화성암, 퇴적암 또는 다른 변성암이 온도와 압력이 높은 지하 심부에서 고체 상태를 유지하며 광물, 조직, 성분이 변화하여 새롭게 형성된 암석을 변성암이라 한다. 변성작용의 온도는 암석의 용융온도(약 700℃)에는 미치지 못하지만 재결정작용 및 화학반응에 의해서 암석에서 변화가 나타날 수 있는 온도(약 250℃ 이상) 범위이다.

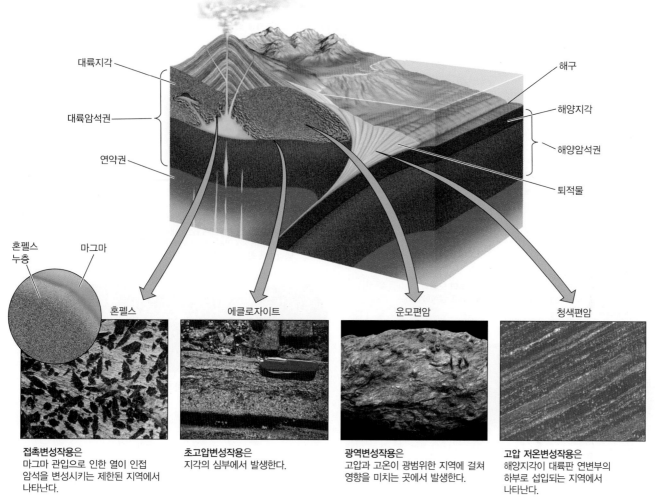

그림 3.27 변성암은 고온 및 고압조건에서 형성된다.

[hornfels: Biophoto Associates/Science Source; eclogite: Julie Baldwin; micaschist: John Grotzinger; blueschist: Mark Cloos.]

광역 및 접촉변성작용 변성작용은 넓은 지역 또는 제한된 지역에서 다양한 유형으로 발생된다(그림 3.27). 판의 충돌이 나타나는 곳에서는 광범위한 지역에 걸쳐서 고압-고온환경이 유지되어 **광역변성작용**(regional metamorphism)이 나타나며, 퇴적암의 습곡-단층작용을 수반하는 산맥의 형성과정에 유도된다. 반면에 관입암과 고온환경의 접촉부에서는 기존 암석의 변화가 제한된 지역에서만 나타나며, 주로 **접촉변성작용**(contact metamorphism)으로 변화된다. 제6장에서 고압변성작용과 초고압변성작용을 학습한다.

편암과 같이 광역변성암은 습곡으로 변형되는 과정에서 생성되는 물결 모양의 평평한 평면의 특징적인 조직인 엽리(foliation) 조직을 보인다. 한편 입상 조직은 접촉변성암 또는 초고압 광역변성암에서 나타나는 전형적인 조직이다.

변성암의 주요 광물 변성암도 기존 암석의 구성광물을 반영하여 주로 규산염광물로 되어 있으며(표 3.5 참조), 변성암의 구성광물은 주로 석영, 장석, 운모, 각섬석, 휘석으로 화성암의 구성광물과 동일한 종류의 규산염광물이다. 변성암에서는 남정석, 십자석, 석류석 등도 특징적으로 나타난다. 이러한 광물은 지각의 고압-고온조건에서 형성되지만, 화성암의 구성광물과 다른 특징을 보인다. 이는 변성작용의 생성조건에 대한 지시광물로 인식된다. 대리암은 주로 방해석으로 구성되며, 변성작용을 받은 석회암으로부터 형성된다.

암석 순환 : 판구조와 기후시스템 간의 상호작용

200년 이상 동안 지구과학자들은 지질작용에 따라 화성암, 변성암 및 퇴적암 사이에 서로 작용하여 변화되는 현상을 인식하였

1 암석 순환은 대륙 내에서 열개작용이 발생하면서 시작된다. 퇴적물들이 대륙 내부로부터 침식되어 열개분지에 퇴적되고, 여기에서 매몰되어 퇴적암을 형성한다.

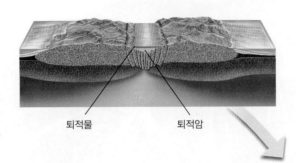

퇴적물　　　　　퇴적암

2 열개작용과 확장이 계속되고, 새로운 대양이 만들어진다. 마그마가 중앙해령에서 연약권으로부터 생성되고 냉각되어 화성암인 현무암이 형성된다.

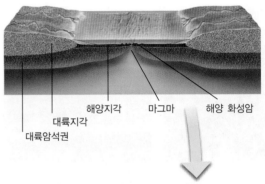

대륙암석권　　　대륙지각　　　해양지각　　마그마　　해양 화성암

6 하천은 퇴적물을 충돌대에서 해양으로 운반하여 모래와 실트층으로 퇴적시킨다. 퇴적물층들은 매몰되고 암석화되어 퇴적암을 형성한다.

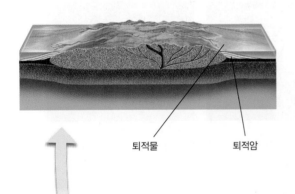

퇴적물　　　　　퇴적암

3 대륙주변부의 침강—지구 암석권의 침하—은 퇴적물의 퇴적과 매몰 동안 퇴적암을 형성한다.

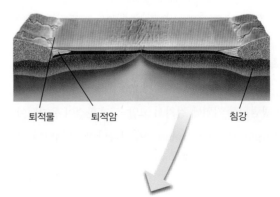

퇴적물　　　퇴적암　　　　　　　　침강

5 해양이 더욱 닫히면서 대륙충돌이 일어나고 높은 산맥이 형성된다. 대륙이 충돌하는 곳에서 암석은 더 깊이 파묻히거나 열과 압력으로 변형되면서 변성암을 형성한다. 융기된 산맥은 습기를 머금은 공기를 상승시키고 냉각시켜 습기를 방출하면서 비를 내리게 한다. 풍화작용은 토양과 퇴적물을 생성하고, 침식작용은 이들을 벗겨내어 운반한다.

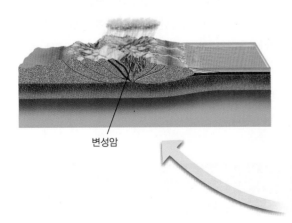

변성암

4 해양지각이 대륙 아래로 섭입되면서 화산산맥을 만든다. 섭입하는 판은 하강하면서 용융된다. 마그마가 용융되는 판과 맨틀로부터 상승하여 식으면서 화강암질 화성암을 만든다.

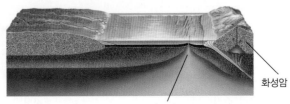

마그마　　　　　　　　화성암

그림 3.28 암석 순환은 판구조와 기후시스템의 상호작용으로 인해 발생한다.

으며, 이를 **암석 순환**(rock cycle)이라는 개념으로 정의하였다. 암석 순환은 지구시스템을 구성하는 기본요소인 판구조와 기후인자 간의 상호작용 결과로 알려져 있다. 이는 각 시스템에서 물질과 에너지가 지구내부, 육지 표면, 해양 및 대기 중 두 시스템 사이의 상호작용으로 전환·전달된다. 예를 들어, 섭입되는 암석판의 용융에 따른 마그마의 형성은 판구조시스템에서 작용하는 중요한 과정이다. 용융된 암석이 분출하였을 경우 물질과 에너지가 육지 표면으로 전달되며, 지표면에서 새롭게 만들어진 암석은 기후시스템에 의한 풍화작용을 받게 된다. 이는 동일한 화산활동 과정에서 화산재와 이산화탄소가 대기 중으로 발산되며, 전 세계 기후에 영향을 미칠 수 있다. 이러한 전 세계 기후는 지표면의 풍화비율에 영향을 미치며, 풍화작용으로 생성된 퇴적물은 지구내부로 소멸되는 비율을 좌우하게 된다.

암석 순환은 두 대륙이 떨어지는 과정인 중앙해령에서 새로운 해양암석권의 생성 단계로부터 시작되며(그림 3.28) 점차 새로운 해양이 확장된 이후 반대로 해양이 소멸되는 시점에 도달된다. 해양분지의 소멸과정은 중앙해령에 형성된 화성암이 대륙판 하부의 섭입대로 하강하는 과정을 의미하며, 대륙 가장자리에 퇴적된 퇴적물은 섭입대로 끌려갈 수 있고 궁극적으로 떨어져 있던 두 대륙이 충돌하게 된다. 섭입대에서 점차 깊이 하강하였던 화성암과 퇴적물은 용융되어 새로운 마그마를 형성하게 된다. 지구내부로 밀려들어감으로써 압력과 열이 공급되어 심부에 존재하는 암석은 변성암으로 변화된다. 대륙충돌에 따라 지각내부에서 변형된 화성암과 변성암은 융기되어 거대한 습곡산맥을 형성하게 된다.

융기된 산맥의 암석은 기후시스템의 영향권에 노출되어 있지만, 기후시스템에 영향을 미치게 되어 이동하는 공기는 상승하고 차가워지고 강수로 방출된다. 암석은 천천히 풍화되어 침식작용으로 부서져 방출된다. 물과 바람은 대륙을 가로질러, 결국 이들 물질 중 일부를 대륙의 가장자리까지 운반하여 퇴적물로 축적된다. 바다와 접하는 환경에 쌓인 퇴적물은 퇴적암으로 천천히 고화된다. 순환 초기에 언급된 것과 같이 해양은 중앙해령을 중심으로 해저 확장에서 형성되는 암석 순환의 주기를 완성하고 있다.

새로운 대양 분지가 형성되고 다시 닫히는 분리된 대륙의 특정 경로는 암석 순환에서 일어날 수 있는 많은 변화 중 하나일 뿐이다. 모든 종류의 암석 즉 화성암, 퇴적암 또는 변성암은 조산운동과정에서 융기되고, 풍화되어 침식됨으로써 새로운 퇴적물을

형성하게 된다. 일부 지질작용의 단계는 생략될 수 있다. 예를 들어, 퇴적암은 융기되고 침식되지만, 변성작용과 용융과정의 단계는 생략될 수 있다. 어떤 경우에는 암석 주기가 매우 천천히 진행된다. 예를 들어 지각 깊숙이 수 킬로미터에 위치한 화성암과 변성암은 수십억 년이 지난 후에야 비로소 풍화작용과 침식과정에 노출될 수 있다.

암석 순환은 결코 끝나지 않는다. 항상 세계의 여러 지역에서 서로 다른 단계에서 작용하고 있다. 한 곳에서 산맥을 형성하고 다른 곳에서는 침식과 퇴적이 유도되고 있다. 지구를 구성하는 암석은 지속적으로 재순환되지만, 암석의 순환과정은 지표면에서 부분적으로 볼 수 있으며, 맨틀과 지각심부의 재순환은 간접적 증거로 인지된다.

■ 가치 있는 광물자원의 농집

암석 순환은 지각에서 경제적으로 유용광물이 농집되는 형성과정에서 결정적으로 영향을 준다. 광물은 금속의 기본원료일 뿐 아니라 건물 및 도로용 석재, 비료용 인산염광물, 시멘트용 탄산염광물, 도자기용 점토, 실리콘칩 및 광섬유 케이블용 석영과 같이 일상생활에서 사용되는 다양한 물품 등에 활용되고 있다. 이러한 광물을 찾아 개발하는 것은 지구과학자들에게 중요한 일이므로 이러한 가치 있는 지질산물이 어디에서 어떻게 형성되는지에 대하여 관심을 갖고 있다.

지각을 구성하는 원소는 여러 종류의 광물로 광범위하게 분산되어 있으며, 다양한 암석에서 발견된다. 대부분 지역에서 특정 원소는 균질화되어 양적 관계가 지각의 평균농도에 근접한 함량으로 발견된다. 예를 들어, 정상적인 화강암은 지각에서 철의 평균농도에 가까운 비율로 철을 함유하고 있다.

어떤 암석이 평균보다 고농도로 원소가 존재할 경우, 이는 정상보다 특정 원소를 농집시킨 지질학적 변화과정이 존재하였음을 시사한다. 광상에서 특정 원소의 **농집계수**(concentration factor)는 광상에서 특정 원소의 부화도와 지각의 평균함량 비율의 양적 관계로 표현된다. 특정 원소가 고농도로 발견되는 지역은 특정 지질환경에서만 제한적으로 산출된다. 한편 유용자원이 고농도로 농집된 광상은 복구비용이 상대적으로 저렴하기 때문에 이러한 지역에서 높은 경제적 이익을 추구할 수 있다.

광석(ores)은 개발 가능한 수익성 있는 광물이 다량 포함된 광물집합체로서('지질학 실습' 참조), 금속을 함유하고 있는 광물

을 광석광물(ore mineral)이라 한다. 광석광물의 주요 광물은 황화광물 및 산화광물과 함께 규산염광물이 있다. 각 광석광물은 일반적으로 황, 산소, 규산염과 금속원소 간의 화합물이다. 즉 구리 광석광물은 코벨라이트(CuS)이고, 철 광석광물은 적철석(Fe_2O_3), 자철석(Fe_3O_4), 산화철($FeO(OH)$) 그리고 니켈 광석광물은 가니에라이트($Ni_3Si_2O_5(OH)_4$)이며, 금과 같은 금속원소는 다른 원소와 결합하지 않은 순수한 원소광물로 발견된다(그림 3.29).

열수광상

경제적으로 가치 있는 광석의 대부분은 수권 내에서 발생되는 화성활동의 상호작용으로부터 화산지대에서 형성된다. 암석 순환의 관점에서 보면 섭입대는 해양암석권의 용융과 관련될 수 있다는 점을 상기하여보자. 암석 순환에 대한 관점에서 **열수용액**(hydrothermal solutions)이라고 알려진 뜨거운 유체는 마그마의 냉각과정에서 화성암체 주변에 생성될 수 있으며, 대규모 광상은 이러한 지질작용이 나타날 수 있는 판구조에서 유도된다. 이는 지하수 또는 해수가 순환하는 과정에서 뜨거운 관입체와 접촉·반응하여 특정 이온이 용출된다. 이러한 열수는 다량 금속원소를 함유하게 되며, 점차 유체가 냉각됨에 따라 서로 상호작용하여 광석광물로 침전된다.

맥상광상 열수가 갈라진 암석의 틈을 따라 이동하는 과정에서 광석광물이 침전된다(그림 3.30). 이러한 유체의 이동은 암석의 균열을 따라 쉽게 이동하며, 이 과정에서 빠르게 냉각된다. 이러한 빠른 냉각과정은 광석광물의 급속한 침전을 유도한다. 깨진 틈에서 침전된 광물들의 얇은 판상(tabular) 형태로 나타나는 광상유형을 **맥상광상**(vein deposits)이라고 한다. 광석은 맥에서 발견되고, 또는 열수가 모암을 가열하고 침투하여 변질시키기 때문에 맥과 접촉하고 있는 모암에서도 발견된다. 유체가 주변 암석과 반응할 경우 맥은 석영, 방해석, 황화광물이 침전되며, 금의 중요한 공급원이 되고 있다.

열수에 의한 맥상광상은 가장 중요한 금속광상 중 하나이다. 금속광석은 전형적으로 황화물이나 철 황화물(황철석), 납 황화물(방연석), 아연 황화물(섬아연석), 수은 황화물(진사)로 존재한다(그림 3.31). 열수가 온천이나 간헐천과 같이 지표에 도달되면 냉각과정에서 납, 아연, 수은광물을 포함하는 금속광물이 침전된다.

그림 3.29 일부 금속은 원소 상태의 광물로 발견된다. (a) 한 지질학자가 남부 아프리카 짐바브웨의 지하 금광에서 암석을 조사하고 있다. (b) 석영 결정과 함께 산출되는 자연금.
[(a) Peter Bowater/Science Source; (b) 97-35023 by Chip Clark, Smithsonian.]

(a)

(b)

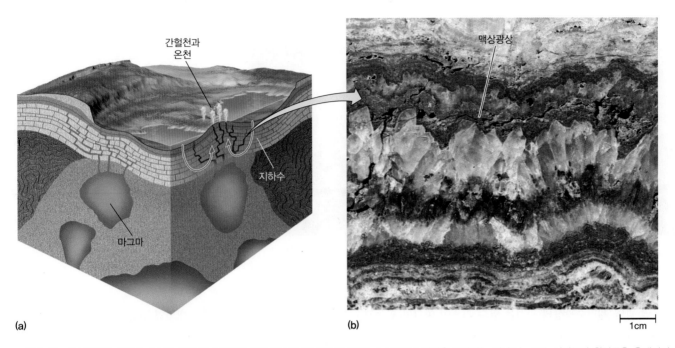

(a)

(b)

1cm

그림 3.30 광석광물을 함유한 광상은 주로 열수용액에 의해 형성된 맥에서 발견된다. (a) 파쇄된 암석을 통과하는 지하수는 금속 산화물과 황화물을 용해시킨다. 마그마 유입에 의해 가열되게 되면, 상승하면서 암석 파쇄대를 따라 금속광석을 침전시킨다. (b) 애리조나주의 오트맨에 있는 석영 맥 광상(두께 약 1cm)은 금과 은을 포함하고 있으며, 이러한 열수과정을 통하여 형성되었다.
[Peter Kresan 사진 제공.]

광염상 광상 맥상광상에 비하여 암석 전반에 금속광물이 광범위하게 분산된 상태로 존재하는 광상을 **광염상 광상**(disseminated deposit)이라 한다. 즉 화성암과 퇴적암 내 미세한 깨진 틈을 따라 유용광물들이 산포된다. 칠레와 미국 남서부의 구리 광상은 경제적으로 매우 중요한 광염상 광상 유형이 있으며, 이러한 광상은 대규모 관입암이 정치된 화성암이 노출된 지역을 중심으로 발달된다. 칠레에서 대규모 관입암체는 안데스산맥 하부로 해양암석권의 섭입과 연관되어 화성암체가 생성되었으며(암석 순환의 예에서 제시된 사례), 구리 황화광물인 황동석이 다량 확인된다(그림 3.32). 광석은 화강암체와 관입암체의 상부 모암에 미세하게

발달된 무수히 많은 깨진 틈을 따라 열수가 침투하여 구리광물이 집중적으로 침전된다. 관입과 관련된 결과로 수백만 개의 암석 조각으로 부서지는 각력화작용과 열수작용이 동반됨으로써 미세한 틈을 따라 암석 내에 확산되며, 전체적으로 광석광물이 침전됨으로써 암석이 재차 고결된다. 이러한 생성과정은 광범위하게 확산되기 때문에 비교적 저품위 광상이 형성되지만, 대규모로 채광이 가능하여 수백만 톤의 금속이 생산될 수 있기 때문에 경제적인 측면에서 중요한 광물자원으로 간주된다(그림 3.33).

위스콘신 남서부에서 캔자스와 오클라호마까지인 상부 미시시피 계곡지역에 분포하는 납-아연광은 퇴적암 내에 존재한다.

| 방연석 | 진사 | 황철석 | 섬아연석 |
| (황화납) | (황화수은) | (황화철) | (황화아연) |

그림 3.31 금속 황화광물을 함유한 광석. 황화광물은 금속광석에서 가장 흔하게 산출되는 광석이다.
[Chip Clark/Fundamental Photographs.]

황동석
(황화구리)

공작석
(탄산구리)

휘동석
(황화구리)

그림 3.32 구리광석. 황동석과 휘동석은 황화구리 광석이다. 공작석은 황화구리와 함께 발견되는 탄산 구리이다.

[Chip Clark/Fundamental Photographs.]

이 지역 광염상 열수광상의 광석은 열수 기원이 마그마 활동과 무관하여 다른 기원의 열수를 생각할 필요가 있다. 이는 고대 애팔래치아산맥과 관련된 조산운동에 의해 광범위하게 이동한 지하수로부터 광석이 퇴적된 것으로 추측된다. 북아메리카와 아프리카 사이의 대륙충돌로 인하여 충돌대 내에 있는 유체가 미국대륙으로 광역적인 이동이 유도되었으며, 상당한 깊이에서 지하수가 뜨거운 지각의 암석을 통과하여 가용성 광석광물을 녹이고, 위로 상승하여 퇴적암을 통과하는 과정에서 빈 공간을 채우며 광물이 침전된다. 또한 유용원소가 용해되어 있는 열수가 석회암층을 통과하여 탄산염광물을 용해시키고, 새로운 황화물 결정이 탄산염광물의 용해된 공간에 교대되었으며, 주요 광물은 납 황화물(방연석)과 아연 황화물(섬아연석)이다.

화성광상

화성암에서 광석광물을 함유한 가장 중요한 화성광상(igneous ore deposits)은 관입암체의 하부에서 광석광물이 분리, 농축된 층상 형태로 발견된다(제5장, '지질학 실습' 참조). 광상은 마그마로부터 고온성 용융온도를 가진 광물이 마그마의 냉각과정에서 결정화되어 마그마 저장소의 기저부에 가라앉아 유용광물이 점차 쌓임으로써 형성된다. 가장 중요한 크롬과 백금족 광석은 주로 남

그림 3.33 노천 광산으로 개발되는 유타주 케니코트 구리광산. 노천 채굴 방법은 광염상 광석 광상을 개발하는 데 사용되는 전형적인 대규모 채굴 방법이다.

[David R. Frazier/The Image Works.]

그림 3.34 남아프리카 공화국의 부쉬벨드(Bushveld)에 있는 층상 화성 관입암에 발달한 크롬철석(크롬광석은 어두운 색상의 층).

[Spencer Titley.]

아프리카와 미국 몬태나에 있는 광상에서 이와 같은 생성과정으로부터 형성된 층상 광체가 발견된다(그림 3.34). 온타리오주 서드베리에서 발견된 고품위 광상은 관입암체의 기저부에서 층상으로 니켈, 구리, 철 황화물을 함유하는 관입암체로 산출된다. 이러한 황화광물 광상은 마그마가 완전히 고결되기 이전, 냉각되는 잔류 마그마로부터 황화물의 높은 밀도 용융체가 분리되어 마그마 저장소의 기저부로 가라앉아 결정화되는 것으로 해석된다.

마그마가 냉각됨에 따라 대규모 화강암질 관입체의 최후 용융체는 페그마타이트(pegmatite)로 고화되고, 초기 모암에서는 미량이었던 유용성분이 페그마타이트 단계에서 농집되어 유용광물로 고화된다. 이러한 페그마타이트는 베릴륨, 붕소, 불소, 리튬, 니오브 및 우라늄 그리고 전기석과 같은 보석광물이 수반되는 광상 유형이다.

퇴적광상

퇴적광상(sedimentary deposits)도 경제적으로 중요한 광물이 산출된다. 구리, 철 및 기타 금속과 같은 경제적으로 중요한 광물이 통상적인 퇴적과정을 통하여 분리된다. 이러한 광상은 다량의 금속을 함유한 용액이 운반되는 퇴적환경에서 화학적으로 침전된다. 독일에서 페름기 구리점판암층(Kupferschiefer)과 같은 중요한 퇴적 구리광석은 금속 황화물이 함유된 뜨거운 염수(열수의 기원)가 해저퇴적물과 반응하여 침전되었다. 이러한 광상의 조구조

적인 환경은 암석 순환에서 중앙해령과 같은 지질환경을 시사한다. 즉 대륙의 열곡이 해양의 심해저환경으로 진화되는 과정에서 폐쇄된 해양영역의 퇴적물과 광석광물이 함께 퇴적된다.

금, 다이아몬드 및 자철석, 크롬철석과 같이 무거운 광물은 강물의 흐름으로 인하여 기계적으로 분리 퇴적되어 **표사광상**(placer)으로 발견된다. 이러한 광상의 기원은 암석 순환에서 지표상의 풍화와 운반–퇴적작용과 연관되어 있다. 암석이 풍화되어 퇴적물이 형성되고 물에 쓸려 흘러갈 때 무게에 따라 분류된다. 그러므로 무거운 광물은 석영이나 장석과 같은 가벼운 광물에 비하여 빠르게 가라앉게 된다. 물의 이동속도의 변화에 따라 가벼운 광물은 멀리 운반될 수 있으나 무거운 광물은 멀리 운반되지 못하여 강바닥이나 모래톱에 퇴적되는 경향성을 보인다. 또한, 파도작용에서도 선택적으로 해안가나 연안의 모래톱에 무거운 광물을 퇴적시킨다. 금을 선광하는 방법도 이와 유사한 방법으로 금을 분리한다. 즉 물이 가득한 선광용 접시를 흔들면 가벼운 광물은 씻겨나가게 되어 선광용 접시의 바닥에는 무거운 금만 남게 된다(그림 3.35).

화성암 기원으로부터 광물이 침식되어 형성된 다수의 표사광상은 상류로 거슬러 올라가면 근원광상의 위치를 추적할 수 있다. 시에라네바다 저반의 서부 측면을 따라 맥상 금광상인 광맥(Mother Lode)이 침식되어 표사광상이 발달하게 되었으며, 1848

(a)

(b)

그림 3.35 (a) 선광접시로 사금을 선별하는 방법인 패닝(panning)은 캘리포니아 골드러시 동안 '포티 나이너스(forty-niners; 1849년에 금을 캐러 캘리포니아에 온 사람들)'에 의해 대중화되었으며, 오늘날에도 여전히 샌가브리엘강에서 대중에게 인기가 있다. (b) 금은 강바닥에서 퍼 올린 다른 물질들보다 밀도가 높기 때문에 선광접시의 바닥에 가라앉는다.
[(a) Bo Zaunders/CORBIS; (b) David Butow/CORBIS SABA.]

년 사금광상이 발견되어 캘리포니아의 골드러시가 일어났다. 이 사금광상은 근원광상의 위치가 발견되기 이전에 발견될 수 있다.

요약

광물이란 무엇인가? 암석에서 광물은 빌딩의 블록과 같으며, 일반적으로 자연계에서 만들어진 특정 결정구조와 일정한 화학조성을 갖는 고체 물질이다. 광물은 원자로 되어 있으며, 화학반응에 따라 작은 화합물 단위로 결합되어 있다. 원자는 양성자와 중성자로 구성되고 전자가 외곽부를 둘러싸고 있다. 원소의 원자번호는 핵의 양성자 수이며, 원자의 무게는 중성자와 양성자의 합이다.

원자가 어떻게 결합하여 광물의 결정구조를 형성하는가? 화학물질이 전자를 공유하거나 이온화되면서 전자를 잃거나 획득하게 되며, 이에 따라 다른 물질과 반응하여 화합물을 형성한다. 양이온과 음이온 사이의 정전기적 끌림에 의한 이온결합에 의하여 화합물 내에서 원자가 결합되거나, 전자공유에 의한 공유결합에 의하여 원자가 결합한다. 광물이 결정화될 때 원자나 이온이 적당

또한 20년 후 남아프리카 킴벌리 다이아몬드 광상의 발견 사례 역시 표사광상으로 시작되었다.

한 비율로 결정구조를 형성하며, 정렬된 3차원 기본배열은 모든 방향으로 동일하게 중첩되어 나타난다.

조암광물의 대표적인 유형은 무엇인가? 지각에서 가장 풍부한 광물인 규산염광물은 여러 가지 방법으로 연결된 규산 이온들로 만들어진다. 규산염 사면체는 독립되어(양이온들로만 연결되어) 있거나, 단쇄상, 복쇄상, 층상, 망상과 같은 구조로 결합되기도 한다. 탄산염광물은 칼슘과 마그네슘 또는 둘 다와 결합된 탄산 이온들로 이루어져 있다. 산화광물은 산소와 금속원소의 화합물이다. 황화광물과 황산염광물은 각각 황화 이온과 황산 이온이 금속원소와 결합하여 이루어진다.

광물의 물리적 특징은 무엇인가? 광물의 물성은 화학조성과 내부구조에 따라 좌우되며, 경도(물질의 표면이 얼마나 쉽게 긁히는가), 벽개(평평한 면을 따라 쪼개지거나 갈라지는 것), 깨짐(물

질이 불규칙한 면을 따라 갈라지는 것), 광택(빛의 반사로 인한 특성), 색(결정 또는 집합체), 조흔(분말입자의 색깔에서 빛이 반사 또는 투과된 것), 밀도(단위 부피당 질량), 정벽(각각 결정이나 집합체의 모양)이 있다.

암석의 특징을 결정하는 요인은 무엇인가? 광물(암석을 구성하는 광물의 종류와 함유비율)과 조직(광물의 결정/입자의 크기, 공간적인 배열)으로부터 암석의 종류가 결정된다. 암석을 구성하는 광물과 조직은 암석의 지질학적 형성조건에 우선적으로 작용한다.

세 가지 종류의 암석은 무엇이며 어떻게 형성되는가? 마그마가 냉각됨에 따라 결정화되어 화성암이 생성된다. 관입암은 지구내부의 느린 냉각과정을 통하여 형성되고 조립질 결정으로 나타난다. 분출암은 화산으로부터 분출된 용암과 화산재가 지표에 쌓여 빠른 냉각과정을 통하여 형성됨으로써 유리질 또는 세립질 조직을 보이고 있다. 퇴적암은 지표에 쌓인 후 퇴적물이 암석화작용을 받아 형성되며, 퇴적물은 지표에 노출된 암석이 풍화작용에 의하여 생성된다. 변성암은 고체 상태로 존재하는 화성암, 퇴적암, 변성암이 지구내부에서 고온-고압의 환경조건의 변화에 기인하며, 고체 상태의 변성-변질작용으로 생성된다.

암석 순환은 특정 암석 유형에서 다른 암석 유형으로 변화되는 과정을 어떻게 유도하는가? 암석 순환은 판구조시스템과 기후시스템에서 유도된 지질작용에 따라 세 종류 암석 계열의 생성과정이 서로 밀접하게 연관되어 있다. 2개의 대륙이 서로 흩어져 멀어지는 것처럼 확산중심에서 새로운 해양암석권이 생성되는 것과 같이 전체 사이클의 어느 시점에서부터 이러한 과정을 인지할 수 있다. 해양분지는 어떤 과정이 반대로 일어나거나 종료되기 전까지 지속적으로 확장된다. 해양분지가 점차 닫히고 화성암과 퇴적물이 대륙하부로 섭입됨에 따라 용융작용이 시작되어 차세대의 화성암 근원물질이 발생된다. 섭입과 관련된 열과 압력은 주변 암석을 변성암으로 변형시킨다. 궁극적으로 두 대륙이 충돌하고, 화성암과 변성암이 높은 산맥으로 융기되며, 상승된 암석은 천천히 풍화되고 암석 조각들은 퇴적물로 집적된다.

경제적으로 가치 있는 광상은 어떻게 형성되는가? 광석은 귀중한 금속을 경제적으로 회수할 수 있는 광물집합체이다. 열수광상의 광석은 지하수와 해수가 화성 관입체와 반응하여 더워진 뜨거운 유체로부터 생성된다. 더워진 물은 용해성 광물로부터 금속원소를 용출시키고 운반하여, 차가운 암석의 깨진 틈이나 공간 안에 광물을 침전시키며, 맥상광상이나 광염상 광상으로 나타난다. 화성광상은 일반적으로 냉각된 마그마로부터 광물이 결정화되고, 침전되고, 마그마 저장소의 바닥에 축적될 때 형성되며, 이러한 광물은 층상으로 집적된다. 다른 유형의 광석광물은 금속이 용액으로 운반되는 퇴적환경에서 화학적으로 침전된다.

주요 용어

결정
결정화작용
경도
공유결합
광물
광물학
광석
광역변성작용
광염상 광상
광택
규산염/규산염광물
규질쇄설성 퇴적물
금속결합
깨짐(단구)
동위원소

동질이상
마그마
맥상광상
모스경도계
미량원소
밀도
벽개
변성암
비중
산화물/산화광물
색
생물학적 퇴적물
암석
암석 순환
암석화작용

양이온
열수용액
원자번호
원자질량
음이온
이온
이온결합
입자
전자공유
전자이동
접촉변성작용
정벽
조직
조흔색
층리

침식작용
침전
탄산염/탄산염광물
퇴적물
퇴적암
풍화작용
화성암
화학적 퇴적물
황산염/황산염광물
황화물/황화광물

지질학 실습

채광할 가치가 있는가?

록스러스 회사(Rocks-r-Us Corporation)에 고용된 지질학자들은 현무암에서 금을 함유한 광체를 발견하였다. 이 기업의 임원들은 광상도면과 측정치를 고려하고 광체의 삼차원 모델을 연구하였으나 궁극적으로 한 가지 최종 문제에 직면하게 되었다. "광산을 개발하여야 하는가?"

광물자원에 대한 탐사는 많은 지질학자들이 수행하는 중요한 도전적인 활동이다. 유망한 광상을 찾는 것은 단지 유용한 원료 물질을 추출하는 첫 단계일 뿐이다. 광상이 개발되기 전에 광상의 형태와 광석의 분포 및 농도를 추정해야 한다. 이 작업은 일정한 간격의 시추를 통하여 광체 및 주변 암석의 연속 코어를 얻는 방법으로 수행된다. 코어의 정보는 광상의 입체 모델을 만드는 데 사용된다. 이러한 모델은 광상의 삼차원적인 형태와 광상의 품위가 충분히 높고 매장량이 충분한지 여부를 평가하는 데 사용된다. 지질학자들은 이 실용적인 의사결정 과정에 경제적으로 직접적인 중요 정보를 제공한다.

채광 작업 계획은 일반적으로 추출된 코어의 화학적 및 광물학적 분석을 기반으로 한다. 추출된 코어에서 두 가지 양이 계산된다.

- **품위(grade)**는 경제적으로 가치가 없는 모암에서 광석광물의 농도로 언급된다.
- **매장량(mass)**이란 광상에서 추출할 수 있는 광석의 양을 의미한다.

등급(품위)이나 질량(매장량)은 경제적으로 가치 있는 광상을 규정하기에는 충분하지 않기 때문에 두 가지 모두가 중요하다. 예를 들어, 품위는 국부적으로 맥에서 매우 높을 수 있지만 맥의 크기가 소량이기 때문에 전체 광석량은 적을 수 있다. 또 다른 사례에서 매장량은 많을 수 있지만 광석광물은 폐기될 암석 내에 너무 분산되어 광석을 추출하기 위한 처리 비용이 너무 높아질 수 있다. 따라서 이상적인 광상은 높은 품위와 많은 매장량을 모두 만족하여야 한다.

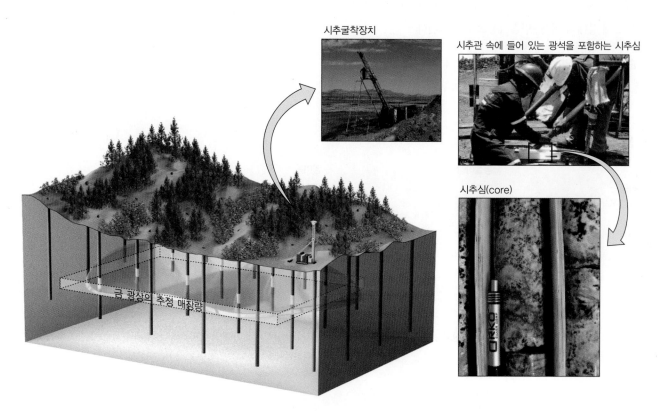

지구화학적 및 광물학적 분석에 필요한 시추심 시료를 얻기 위하여 광상이 분포하는 지역을 굴착한다. 끝에 다이아몬드 비트가 장착된 회전하는 금속 시추관(tube)이 지층 속으로 뚫고 들어간다. 시추관 속의 빈 공간은 단단한 암석으로 채워진다. 시추관을 지상으로 끌어올리면 관 속에서 시추심(core)을 꺼낼 수 있다. 시추심은 원기둥 모양이다.

[Ben Whiting, P. Geo 사진 제공.]

품위는 암석 내의 광석광물 비율을 결정하여 계산된다. 시추시료의 실험실 분석을 통하여 분석치를 제공한다. 매장량은 개별 코어에 대해 결정된 품위값을 시추공 사이의 추정된 암석 부피에 할당하여 계산된다. 매장량은 암석에서 추출할 수 있는 광석의 양으로 표현된다. 광산업계에 따르면 매장량은 흔히 톤 단위로 계산된다.

시추시료의 분석결과, 광상의 금은 모든 코어에서 평균 품위가 0.02%이다. 광상 크기는 폭 50m, 길이 1,500m이며, 두께는 2m이다.

광상의 규모는 얼마인가?

$$V_{광상} = 길이 \times 폭 \times 두께$$
$$= 50m \times 1,500m \times 2m$$
$$= 15만 m^3$$

광상에서 금의 부피는 얼마인가?

$$V_{금} = V_{광상} \times 품위$$
$$= 15만 m^3 \times 0.02\%$$
$$= 30m^3$$

금의 비중을 $19g/cm^3 (6,800oz/m^3)$라고 하면 금의 양(온스 단위)은 얼마인가?

$$매장량 = V_{금} \times 밀도$$
$$= 30m^3 \times 6,800oz/m^3$$
$$= 20만 4,000oz$$

금 가격이 $800/oz라고 하면, 이 광상의 경제적 가치는 얼마인가?

$$가치 = 매장량 \times 가격$$
$$= 20만 4,000oz \times \$800/oz$$
$$= \$1억 6,320만$$

추가문제 : 이 정보는 록스러스 회사 임원 회의의 안건으로 다루어진다. 이들은 광업이 종료된 후 토지 복원을 포함한 운영비에 약 1억 2,000만 달러의 비용이 소요될 것으로 추정한다. 광산 개발을 할 가치가 있는가? 어떠한 계산 방법으로 그 해답을 찾을 수 있는가?

연습문제

1. 광물을 정의하라.
2. 원자와 이온의 차이점은 무엇인가?
3. 염화나트륨의 원자구조를 도시해보라.
4. 화학결합의 두 유형을 제시하라.
5. 규산염광물의 기본 결정구조를 도시해보라.
6. 규산염광물 이외의 다른 세 종류의 광물군을 제시하라.
7. 야외현장에서는 어떻게 경도를 측정하는가?
8. 탄산염광물 중 방해석과 백운암의 차이는 무엇인가?
9. 분출 화성암과 관입 화성암의 차이는 무엇인가?
10. 광역변성작용과 접촉변성작용의 차이는 무엇인가?
11. 규질쇄설성 퇴적물은 화학적 또는 생물학적 퇴적물과 어떠한 차이점이 있는가?
12. 화성암, 퇴적암, 변성암의 각 암석 계열에서 산출되는 대표적인 규산염광물을 제시하라.
13. 3개의 암석 그룹 중, 어떠한 암석 그룹이 지표에서 형성되고, 어떠한 암석 그룹이 지구 내부에서 형성되는가?
14. 경제적으로 유용한 광상의 특징은 무엇인가?

생각해볼 문제

1. 열수작용으로부터 금속광상의 생성과정을 설명해보라.
2. 규산염광물의 규소와 산소가 전자를 공유하는 방법을 간단한 도표로 도시해보라.
3. 단사휘석 중 투휘석(diopside)의 화학식은 $(Ca,Mg)_2Si_2O_6$이

다. 이 화학식은 결정구조와 양이온 치환에 대하여 무엇을 지시하고 있는가?

4. 화강암의 일부 암체에서 매우 큰 결정을 발견할 수 있는데, 일부는 1m에 이르는 결정으로 산출되지만 결정면은 거의 발

달하지 않는 경향이 있다. 이 거대한 결정들이 성장한 조건에 대하여 무엇을 추측할 수 있는가?

5. 층상 규산염광물의 어떠한 물리적 특성이 결정구조와 결합 강도에서 관련이 있는가?

6. 칼을 연마하기에 좋은 연마재 또는 연삭숫돌을 만들 수 있다고 생각하는 두 가지 광물을 부록 4에서 선택하고 그 목적에 적합한 것으로 생각되는 물리적 특성을 설명하라.

7. 아라고나이트의 밀도는 $2.9g/cm^3$이고, 방해석의 밀도는 $2.7g/cm^3$이며, 동일한 화학성분을 가지고 있다. 모두 동일한 조건에서 이 두 가지 광물 중 고압조건하에서 형성될 가능성이 있는 광물은 어느 광물인가?

8. 미확인 광물을 식별하는 데 사용할 수 있는 물리적 특성은 일곱 가지가 있다. 이 중 비슷하게 보이는 광물을 구분하는 데 가장 유용한 것은 무엇인가? 방해석 결정이 석영 결정과 동일한 광물이 아님을 증명할 수 있는 방법을 설명하라.

9. 부패된 식물에서 생성된 천연유기물인 석탄은 광물로 간주되지 않는다. 그러나 석탄이 고온으로 가열되고 고압으로 매장되게 되면 석탄은 광물인 흑연으로 변화된다. 그렇다면 왜 석탄은 광물로 간주되지 않지만, 흑연은 광물이라고 하는가? 그 이유를 설명하라.

10. 퇴적암이 화성암으로 변화되는 지질학적 과정은 무엇인가?

11. 매우 높은 온도의 마그마와 상대적으로 낮은 온도의 마그마 중에서 어느 마그마가 관입하여야 더 넓은 접촉변성대를 기대할 수 있는가?

12. 화성암이 변성암으로 변화된 이후 침식에 노출되는 지질학적 과정을 설명하라.

13. 암석 순환을 이용하여, 마그마로부터 화강암 관입, 편마암 그리고 사암까지 경로를 추적해보라. 암석을 만드는 특정 과정을 포함하여 판구조시스템 및 기후시스템의 역할을 연계시켜 생각해보라.

14. 화성암은 대부분 어디에서 발견되는가? 그 암석이 화성암이고, 퇴적 또는 변성된 것이 아니라는 것을 어떻게 확신할 수 있는가?

15. 1,800년대 후반, 금을 채취하는 광부들은 하천에서 퇴적물을 넣고 패닝과정을 통하여 물을 여과하여 금을 채취하였다. 광부들은 황철석(바보의 금)이 아닌 진짜 금을 발견하고 싶었다. 왜 패닝과정이 효과가 있는가? 금을 채취하기 위한 패닝과정은 광물의 어떠한 속성을 이용한 것인가? 금과 황철석을 구별하기 위한 다른 가능한 방법은 무엇이 있는가?

매체지원

 3-1 애니메이션 : 이온결합

 3-2 애니메이션 : 화성암

 3-3 애니메이션 : 퇴적암

 3-4 애니메이션 : 변성암

미국 본토에서 가장 높은 산인 휘트니산(Mt. Whitney)
의 화강암. 이 사진에서 보이는 것과 같은 화강암이 시
에라네바다 산맥의 거의 전부를 형성하고 있다.
[Jennifer Griffes 제공.]

화성암 : 용융체로부터
형성된 고체

약 2,000년 전, 그리스의 과학자이자 지리학자인 스트라보(Strabo)는 시실리를 여행하던 중 에트나 화산의 폭발을 보았다. 그는 화산으로부터 지표 위로 흘러나오는 뜨거운 액체 용암이 식어서 몇 시간 내에 단단한 암석으로 굳어지는 것을 관찰했다. 18세기에 지질학자들은 다른 암석을 단절하며 지나가는 어떤 판상의 암석이 용용된 암석의 냉각과 고화에 의해 만들어졌다는 것을 이해하기 시작했다. 이러한 경우, 마그마는 지각 속에 파묻혀 있었기 때문에 훨씬 더 천천히 식었다.

오늘날 우리는 지각과 맨틀의 깊은 곳에서 암석이 용용되어 지표로 상승한다는 것을 알고 있다. 어떤 마그마는 지표에 도달하기 전에 고화되고, 어떤 마그마는 지각을 뚫고 올라와 지표에서 고화된다. 두 과정은 화성암을 생성한다.

암석을 녹이고, 다시 고화시키는 과정을 이해하는 것은 지각이 어떻게 형성되었는지를 이해하는 열쇠이다. 비록 용융과 고화의 정확한 메커니즘에 대하여 아직 더 많이 배워야 하지만, 우리는 일부 근본적인 질문들에 대한 좋은 대답을 가지고 있다—여러 종류의 화성암들은 서로 어떻게 다른가? 마그마는 어디에서 어떻게 형성되는가? 암석은 마그마로부터 어떻게 고화되는가?

이러한 질문들에 답할 때, 우리는 지구시스템에서 화성과정의 중심 역할에 초점을 맞출 것이다. 스트라보의 시대부터 오늘날까지 지질학자들이 수행한 화성암에 대한 관찰은 판구조론을 고려할 때만이 이해가된다. 특히 화성암은 판이 서로 멀어지는 확장중심에서, 한 판이 다른 판 아래로 하강하는 수렴 경계를 따라서, 그리고 뜨거운 맨틀물질이 지각으로 상승하는 '열점'에서 형성된다.

이 장에서는 다양한 종류의 화성암, 관입화성암과 분출화성암, 그리고 화성암을 형성하는 과정들을 살펴볼 것이다. 또한 암석을 용융시키고 마그마를 형성시키는 힘과 마그마가 지표 및 지표 아래의 고화되는 위치에 도달하는 방법을 탐구할 것이다. 그런 다음 특정 판구조 환경과 관련된 화성과정들을 자세히 살펴볼 것이다.

■ 화성암은 서로 어떻게 다른가?

오늘날 지질학자들은 19세기 말의 일부 지질학자들이 사용했던 것과 같은 방법으로 화성암 시료를 분류한다―즉, 조직에 의해, 그리고 광물조성 및 화학조성에 의해 분류한다.

조직

200년 전, 최초의 화성암 분류는 주로 광물의 입자크기 차이를 반영하는 조직에 근거하여 수행되었다―지질학자들은 암석을 조립질 또는 세립질로 분류하였다(제3장 참조). 입자크기는 지질학자들이 야외에서 쉽게 관찰할 수 있는 단순한 특징이다. 화강암과 같은 조립질 암석은 육안으로 쉽게 볼 수 있는 뚜렷한 결정을 가지고 있다. 이에 반해, 현무암과 같은 세립질 암석의 결정은 너무 작아 돋보기로도 볼 수 없다. 그림 4.1은 화강암과 현무암의 시료, 그리고 각 암석의 박편에 대한 현미경 사진을 보여준다. 현미경 사진(photomicrograph)은 단순히 현미경으로 찍은 사진으로서, 광물과 조직을 확대하여 보여준다. 조직의 차이는 초기의 지질학자들에게도 분명히 보였지만, 조직의 차이가 갖는 의미를 밝히기 위해서는 더 많은 증거가 필요했다.

첫 번째 증거 : 화산암 초기 지질학자들은 화산이 분출하는 동안 흘러나온 용암으로부터 형성되는 화산암을 관찰했다. [**용암**(lava)은 지표로 흘러나오는 마그마에 적용한 용어이다.] 그들은 용암이 빠르게 식은 곳에서는 결정을 구별할 수 없는 세립질 또는 유리질 암석이 형성되는 것에 주목했다. 수 미터 두께의 용암 가운데 부분에서처럼 용암이 더 천천히 식은 곳에서는 더 큰 결정들이 형성되었다.

두 번째 증거 : 결정작용에 대한 실험연구 100여 년 전, 실험과학자들은 결정작용의 성질을 이해하기 시작하였다. 사람들은 냉장고에 넣은 얼음 접시의 물이 빙점 이하로 떨어지면 수 시간 이내에 얼음으로 동결된다는 것을 알고 있다. 만약 얼음이 완전히 굳기 전에 얼음 접시를 냉장고에서 꺼내게 되면, 접시 표면과 측면 가장자리를 따라 얼어 있는 얇은 얼음 결정을 볼 수 있다. 결정작용 동안, 물 분자는 고화되는 결정구조 내에서 고정된 위치를 점유하고 있으며, 액체 상태의 물처럼 자유롭게 움직일 수 없다. 마그마를 포함한 모든 액체들은 이와 동일한 방식으로 결정화된다.

최초의 미세한 결정들은 하나의 핵을 형성한다. 그러면 결정화되는 액체 내의 다른 원자나 이온들은 그들 스스로 이 핵에 달라붙어 작은 결정은 더 크게 성장한다. 원자나 이온들이 성장하는 결정 위에서 그들의 정확한 위치를 '찾기' 위해서는 약간의 시간이 필요하다. 그래서 결정은 천천히 성장할 시간이 주어질 때에만 크게 성장한다. 마그마가 차가운 지표 위에 분출하여 고화될 때처럼, 액체가 매우 빠르게 고화된다면, 결정이 성장할 시간이 없다. 대신 액체가 급속도로 식으면서 고화되면 수많은 미세한 결정들이 동시에 형성된다.

세 번째 증거 : 느린 냉각의 증거로서 화강암 화산을 연구함으로

그림 4.1 화성암은 일차적으로 조직에 의하여 구분된다. 초기 지질학자들은 휴대용 확대경으로 암석 조직을 관찰하였다. 현대 지질학자들은 얇고 투명한 암석 조각을 고성능 편광 현미경을 이용하여 관찰하고 있으며, 현미경 사진을 촬영하고 있다.

[Photos by John Grotzinger/Ramón Rivera-Moret/Harvard Mineralogical Museum; photomicrographs by Steven Chemtob.]

화강암

현무암

확대경으로 본 사진
|1cm|

편광 현미경으로 본 사진
|1mm|

화강암 관입   변성된 퇴적암

그림 4.2 뉴욕의 할렘강을 따라 산출되는 편암(어두운색의 암석) 노두에서는 화강암 페그마타이트(밝은색의 암석)가 관입하고 있으며, 이는 페그마타이트가 액체 상태로 균열을 따라 유입되었다는 사실을 지시한다.
[Catherine Ursillo/Science Source.]

써, 초기 지질학자들은 세립질 조직은 지표에서의 빠른 냉각을 지시하며, 세립질 화성암은 과거 화산활동의 증거라는 것을 알아냈다. 그러나 직접 관찰해 보지도 않고 지질학자들은 어떻게 조립질 암석은 지구내부의 깊은 곳에서 천천히 식어 형성되었다고 추론할 수 있었는가? 대륙의 가장 흔한 암석 중의 하나인 화강암이 결정적인 증거인 것으로 밝혀졌다(그림 4.2). 지질학 선구자 중의 하나인 제임스 허턴(James Hutton)은 스코틀랜드에서 야외 조사를 하면서 화강암이 퇴적암층을 교차 단절하며 분열시키고 있는 것을 보았다. 그는 마치 화강암이 액체 상태로 균열 속으로 뚫고 들어온 것처럼 화강암이 퇴적암을 파열시키며 침입해 들어왔음을 알아차렸다.

허턴은 더 많은 화강암을 관찰하면서, 화강암과 접하고 있는 퇴적암에 관심을 집중하기 시작했다. 그는 화강암과 접하고 있는 퇴적암의 광물들이 화강암과는 어느 정도 떨어져 있는 퇴적암에서 발견되는 광물들과 다르다는 것을 관찰했다. 그는 퇴적암에서 나타난 변화는 엄청난 열에 의해 일어났으며, 그 열은 화강암에서 나온 것이라고 결론지었다. 또한 허턴은 화강암이 서로 맞물린 큰 결정들로 이루어졌음을 인식했다(그림 4.1 참조). 이때 화학자들은 느린 결정작용이 이러한 패턴을 생성한다는 것을 입증하였다.

이 세 가지 증거로부터 허턴은 뜨거운 용융물질이 지구내부 깊은 곳에서 고화되어 화강암이 형성되었다고 제안하였다. 그 증거는 결정적이었다. 왜냐하면 어떠한 다른 설명도 이 모든 사실을 수용할 수 없었기 때문이다. 전 세계의 멀리 떨어진 지역에서 화강암의 이러한 특성을 똑같이 관찰한 다른 지질학자들은 화강암을 비롯한 많은 유사한 조립질 암석들은 지구내부에서 천천히 결정화된 마그마의 생성물이라는 것을 알게 되었다.

관입 및 분출 조직 화성암의 조직은 냉각속도 및 냉각장소(심도)와 연관되어 있으므로 중요한 의미가 있다. **관입화성암**(intrusive igneous rock)은 **모암**(country rock)이라 부르는 주위의 암석을 뚫고 들어와 지하에서 굳어진 암석이다. 지구내부에서 마그마의 느린 냉각과정은 관입화성암의 특징인 큰 결정을 성장시키기에 충분한 시간적 여유를 준다(그림 4.3).

지표면에서 빠르게 냉각되면, **분출화성암**(extrusive igneous rock)의 세립질 조직 또는 유리질 모습이 만들어진다(그림 4.3 참조). 부분적으로 또는 주로 화산유리로 이루어진 이 암석은 화산에서 분출된 물질로부터 만들어진다. 이러한 이유 때문에 이들은 **화산암**(volcanic rock)이라고도 한다. 이들은 그들을 형성한 분출 물질의 종류에 근거하여 크게 두 가지 유형으로 구분된다.

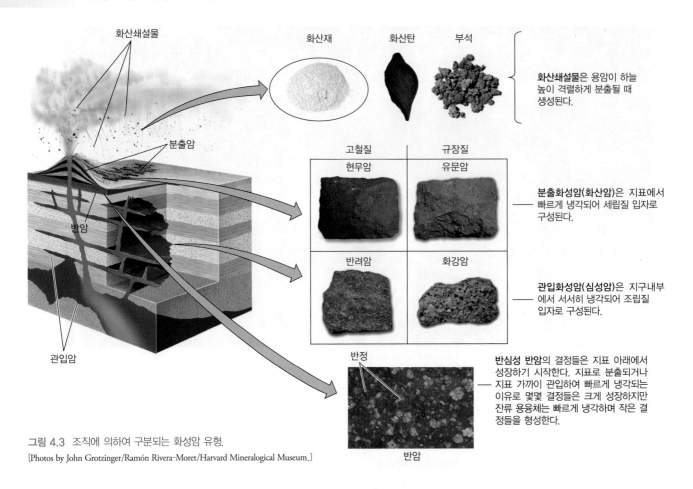

화산쇄설물

화산재 화산탄 부석

화산쇄설물은 용암이 하늘 높이 격렬하게 분출될 때 생성된다.

분출암

고철질 규장질

현무암 유문암

분출화성암(화산암)은 지표에서 빠르게 냉각되어 세립질 입자로 구성된다.

반려암 화강암

관입화성암(심성암)은 지구내부 에서 서서히 냉각되어 조립질 입자로 구성된다.

반암

반정

반심성 반암의 결정들은 지표 아래에서 성장하기 시작한다. 지표로 분출되거나 지표 가까이 관입하여 빠르게 냉각되는 이유로 몇몇 결정들은 크게 성장하지만 잔류 용융체는 빠르게 냉각하며 작은 결정들을 형성한다.

반암

관입암

그림 4.3 조직에 의하여 구분되는 화성암 유형.
[Photos by John Grotzinger/Ramón Rivera-Moret/Harvard Mineralogical Museum.]

■ **용암(lava)** : 흐르는 용암으로부터 형성된 화산암은 그들의 형성조건에 따라 부드러운 밧줄 모양에서부터 날카롭고, 뾰족하며, 삐죽삐죽한 모습까지 다양한 모습으로 나타난다.

■ **화산쇄설물(pyroclast)** : 더 격렬하게 분출하는 화산에서, 용암의 부서진 조각들이 공기 중으로 높이 날아오를 때 **화산쇄설물(pyroclast)**이 형성된다. **화산재(volcanic ash)**는 화산에서 분출하는 마그마가 격렬하게 빠져나가는 가스들에 의해 산산이 부서져 세립질 분말로 방출되면서 형성된 보통 유리질인 아주 작은 파편들로 이루어져 있다. **화산탄(bomb)**은 화산분출로 대기 중에 던져진 커다란 입자들이며, 공기 중에서 액체 상태로 날아가면서 회전하여 유선형으로 만들어진다. 이들이 지상에 떨어져 식으면, 이 화산 암설의 조각들은 함께 뭉쳐져 암석이 된다.

화산암의 한 종류인 **부석(pumice)**은 굳어가는 용암으로부터 기체가 빠져나가면서 만들어진 거품처럼 매우 많은 기공(vesicles)을 가지는 화산유리로 이루어진 암석 덩어리이다. 완전히 유리질로 이루어진 또 다른 화산암으로는 **흑요석(obsidian)**이 있다―부석과

는 달리 일부 작은 기공만 존재하여 단단하고 밀도가 높다. 흑요석의 조각들은 매우 날카로운 모서리를 만들기 때문에 과거 인디언들은 이를 화살촉과 다양한 절단도구로 사용하였다.

반암(porphyry)은 큰 결정들이 세립질 석기 속에 '떠 있는' 듯한 혼합된 조직을 가지고 있는 화성암이다(그림 4.3 참조). 반정(phenocrysts)이라 부르는 큰 결정들은 지표 아래에 있는 동안 마그마에서 정출된다. 이후 다른 결정들이 성장하기 전에 화산폭발은 마그마를 지표면으로 분출시키고, 지표에서 마그마는 빠르게 식으며 세립질 결정인 석기로 정출된다. 어떤 경우에 반암은 관입화성암으로 만들어진다―예를 들면, 반암은 마그마가 지각의 매우 얕은 깊이에서 빠르게 냉각되는 곳에서 형성될 수 있다. 반암 조직은 지질학자들에게 중요한데, 그 이유는 반암 조직은 서로 다른 광물들이 서로 다른 속도로 정출되는 것을 보여주기 때문이다. 이러한 점은 이 장의 후반부에서 강조될 것이다.

제12장에서 화산활동이 어떻게 분출화성암을 형성하는지에 대하여 더 자세히 살펴볼 것이다. 그럼 이제는 화성암을 세분하는 두 번째 방법을 살펴보자.

표 4.1 화성암을 구성하는 공통적인 광물들

구성성분 그룹	광물	화학성분	규산염 구조
규장질	석영	SiO_2	망상
	K장석	$KAlSi_3O_8$	
	사장석	$NaAlSi_3O_8$, $CaAl_2Si_2O_8$	
	백운모(운모류)	$KAl_3Si_3O_{10}(OH)_2$	층상
고철질	흑운모(운모류)	K Mg Fe Al $\Big\} Si_3O_{10}(OH)_2$	
	각섬석군	Mg Fe Ca Na $\Big\} Si_8O_{22}(OH)_2$	복쇄상
	휘석군	Mg Fe Ca Al $\Big\} SiO_3$	단쇄상
	감람석	$(Mg,Fe)_2SiO_4$	독립사면체

화학조성과 광물조성

앞에서 우리는 화성암이 어떻게 조직에 따라 세분될 수 있는지를 배웠다. 또한 화성암은 화학조성과 광물조성에 근거하여 분류될 수 있다. 현미경에서조차 형태가 없는 화산유리는 보통 화학분석에 의해서만 분류된다. 화성암의 최초 분류 중의 하나는 실리카 함량에 대한 단순한 화학분석에 근거했다. 실리카(SiO_2)는 대부분의 화성암에서 풍부하며, 총 무게의 40~70%를 차지한다.

현대의 분류에서는 화성암을 규산염광물의 상대적인 비율에 따라 나눈다(표 4.1, 부록 4 참조).

규산염광물들—석영, 장석류, 백운모와 흑운모, 각섬석류, 휘석류, 그리고 감람석—은 질서 있는 일련의 계열을 형성한다. **규장질**(felsic) 광물들은 실리카의 함량이 가장 높으며, 고철질(mafic) 광물들은 실리카의 함량이 가장 낮다. **규장질**(*felsic* = *feldspar* + *silica*)과 **고철질**(*mafic* = *magnesium* + *ferric*)이란 용어는 이러한 광물들을 높은 함량으로 포함하고 있는 광물과 암석에 적용하는 형용사이다. 고철질 광물은 규장질 광물보다 더 높은 온도에서—즉, 마그마가 식을 때 온도가 높은 초기에—정출된다.

화성암의 광물학적 및 화학적 조성이 알려지면서, 지질학자들은 어떤 분출암과 관입암은 성분이 동일하지만 조직만 다르다는 사실을 곧 알게 되었다. 예를 들면, 현무암은 용암에서 형성된 분출암이다. 반려암은 현무암과 아주 동일한 광물조성과 화학조성을 가지고 있지만, 지각 깊은 곳에서 형성된다(그림 4.3 참조). 유사하게, 유문암과 화강암은 성분이 동일하지만 조직이 다르다. 그래서 분출암과 관입암은 2개의 화학적 및 광물학적으로 유사한 화성암의 세트를 형성한다. 역으로, 방금 설명한 규장질에서 고철질까지의 계열에 있는 화학적 및 광물학적 조성의 대부분은 분출암과 관입암 모두에서 나타날 수 있다. 유일한 예외가 초고철질암인데, 이 암석은 분출화성암에서는 드물게 나타난다.

그림 4.4는 이러한 관계를 보여주는 한 모델이다. 수평축은 주어진 암석의 무게에 대한 퍼센트(%)로 나타낸 실리카 함량을 표시한다. 주어진 퍼센트—70%의 높은 실리카 함량에서 40%의 낮은 실리카 함량까지—는 화성암에서 발견된 범위이다. 수직축은 주어진 암석의 부피에 대한 퍼센트(%)로 나타낸 광물의 함량을 표시한다. 이 모델은 실리카 함량을 알고 있는 미지의 암석 시료를 분류하는 데 사용될 수 있다—수평축에서 그 암석의 실리카 함량에 해당하는 곳을 찾으면, 그 암석의 광물조성을 알아낼 수 있고 암석 종류도 알아낼 수 있다.

〈그림 4.4〉는 관입 및 분출화성암에 대한 우리의 논의를 안내하는 데 사용될 수 있다. 이 모델의 왼쪽 끝에 있는 규장질 암석으로 논의를 시작해보자.

규장질암 규장질암(felsic rock)은 철과 마그네슘이 적고, 실리카의 함량이 높은 규장질 광물이 풍부하다. 이러한 광물로는 석영,

그림 4.4 화성암의 분류 모델. 수직축은 암석에 포함된 광물의 부피를 백분율로 표시한 것이며, 가로축은 암석의 규소 함량을 무게의 백분율로 나타낸 것이다. 화학분석을 통하여 조립질 암석 샘플의 규소 성분이 약 70% 정도라고 하면, 각섬석 약 6%, 흑운모 3%, 백운모 5%, 사장석 14%, 석영 22% 및 정장석 50%인 암석으로 화강암에 해당된다. 유문암은 동일한 광물성분으로 구성되지만, 세립질 조직으로 산출되는 차이를 보인다.

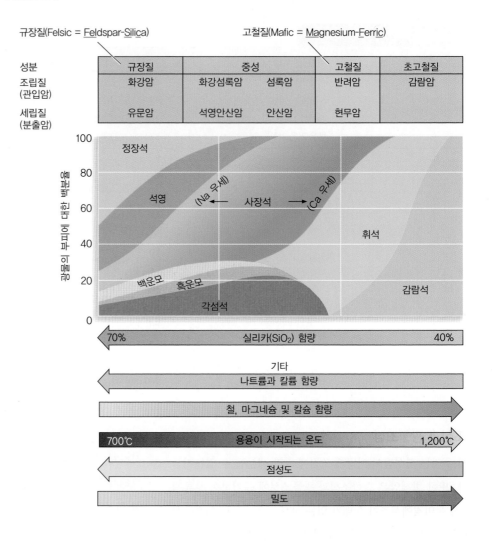

정장석, 사장석 등이 있다. 칼륨을 포함하고 있는 정장석이 사장석보다 더 풍부하게 나타난다. 사장석은 칼슘과 나트륨을 포함하고 있는데, 그 양은 다양하게 변한다－〈그림 4.4〉에서 볼 수 있듯이, 사장석은 도표의 규장질 끝 근처에서는 나트륨이 더 풍부하고, 고철질 끝 근처에서는 칼슘이 더 풍부하다. 그래서 고철질 광물이 규장질 광물보다 더 높은 온도에서 정출되는 것처럼, 칼슘이 풍부한 사장석은 나트륨이 풍부한 사장석보다 더 높은 온도에서 정출된다.

규장질 암석은 밝은색을 띠는 경향이 있다. **화강암**(granite)은 가장 풍부하게 나타나는 관입화성암 중의 하나로, 약 70%의 실리카를 포함하고 있다. 화강암의 광물조성은 풍부한 석영과 정장석, 그리고 소량의 사장석을 포함하고 있다(그림 4.4의 왼쪽 끝 참조). 이러한 밝은색 규장질 광물들로 인해 화강암은 분홍색이나 회색을 띠게 된다. 또한 화강암은 소량의 백운모와 흑운모, 그리고 각섬석을 포함한다. **유문암**(rhyolite)은 화강암에 상응하는 분출암이다. 이 밝은 갈색에서 회색을 띠는 암석은 화강암과 같은 규장질 조성과 밝은 색깔을 가지고 있지만, 훨씬 더 세립질이다. 많은 유문암들은 대부분 또는 전체가 화산유리로 구성되어 있다.

중성 화성암 도표의 규장질 끝과 고철질 끝 사이의 중간에 **중성 화성암**(intermediate igneous rocks)이 있다. 이름이 가리키듯이, 이 암석들은 규장질 암석만큼 실리카가 많지도 않고 고철질 암석만큼 적지도 않다. 〈그림 4.4〉에서 중성 관입화성암은 화강암의 오른쪽에 있다. 첫 번째에 있는 **화강섬록암**(granodiorite)은 화강암과 약간 유사해 보이는 밝은 색깔의 암석이다. 이 암석은 풍부한 석영을 가지는 점에서 화강암과 유사하지만, 우세한 장석은 정장석이 아니라 사장석이다. 그 오른쪽에 섬록암이 있다. **섬록암**(diorite)은 실리카를 적게 포함하고 있으며, 사장석이 우세하며 석영은 거의 없거나 전혀 없다. 섬록암은 고철질 광물인 흑운모, 각섬석, 휘석의 양이 중간 정도이다. 이들은 화강암이나 화강섬록암보다 더 어두운색을 띠는 경향이 있다.

화강섬록암에 상응하는 분출암은 **석영안산암**(dacite)이다. 분출암 계열에서 석영안산암의 오른쪽에 섬록암에 상응하는 화산암인 **안산암**(andesite)이 있다. 안산암은 남아메리카의 화산산맥대인 안데스(Andes)산맥에서 그 이름이 유래되었다.

고철질암 고철질암(mafic rock)은 높은 함량의 휘석과 감람석을 포함한다. 이 광물들은 실리카의 함량이 비교적 적지만, 마그네슘과 철의 함량은 높으며, 이로 인해 이들은 특징적인 어두운 색깔을 띠게 된다. **반려암**(gabbro)은 조립질의 암회색 관입화성암이다. 반려암은 고철질 광물, 특히 휘석류가 풍부하다. 이 암석은 석영을 포함하지 않으며, 칼슘이 풍부한 사장석을 중간 정도의 양만 포함하고 있다.

현무암(basalt)은 지각에서 가장 풍부한 화성암이며, 사실상 전체 대양저 아래에 깔려 있다. 이 암회색에서 검은색을 띠는 암석은 반려암에 상응하는 세립질 분출암이다. 어떤 장소에서 **범람현무암**(flood basalt)이라 불리는 광범위하게 펼쳐진 두꺼운 현무암층은 커다란 고원을 형성한다. 워싱턴주의 컬럼비아강 현무암과 북아일랜드에 있는 자이언츠코즈웨이로 알려진 놀랄 만한 지층은 범람현무암의 두 가지 예이다. 인도의 데칸 범람현무암과 북부 러시아의 시베리아 범람현무암은 막대한 현무암 분출에 의해 형성되었으며, 이들의 분출 시기는 화석기록에서 가장 큰 대량멸종 시기 중 2개와 거의 일치하고 있다.

초고철질암 초고철질암(ultramafic rock)은 주로 고철질 광물들로 이루어져 있으며 10% 이하의 장석을 포함하고 있다. 〈그림 4.4〉의 맨 오른쪽에 있는 실리카의 함량이 약 45%에 불과한 **감람암**(peridotite)은 조립질의 어두운 녹회색 암석으로서, 주로 감람석과 보다 적은 양의 휘석으로 이루어져 있다. 감람암은 지구맨틀에서 우세한 암석이며, 중앙해령에서 암석을 형성하는 현무암질 마그마의 근원이다. 초고철질암은 분출암으로는 드물게 발견된다. 이들은 그토록 높은 온도에서 고화되기 때문에, 액체 상태로는 존재하기 어려워 용암을 형성하지 않는다.

규장질-고철질 계열의 경향 규장질-고철질 계열에 있는 다양한 암석의 이름과 정확한 조성을 기억하는 것보다 〈그림 4.4〉에서 보이는 경향(추세)을 기억하는 것이 더 중요하다. 암석의 광물조성과 결정온도 또는 용융온도 사이에는 밀접한 상관관계가 있다. 표 4.2가 보여주는 것처럼, 고철질 광물은 규장질 광물보다 더 높은 온도에서 용융된다. 용융점 아래의 온도에서 광물들은 정출된다. 그러므로 고철질 광물도 규장질 광물보다 더 높은 온도에서 정출된다. 실리카의 함량은 계열의 고철질 끝에서부터 규장질 끝

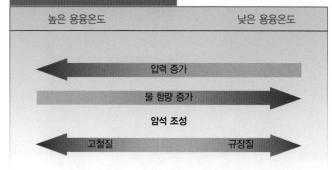

표 4.2 용융온도에 영향을 주는 요소	
높은 용융온도	낮은 용융온도
← 압력 증가	
물 함량 증가 →	
암석 조성	
고철질	규장질

으로 가면서 증가한다. 실리카 함량의 증가는 복잡한 규산염 구조(표 4.1 참조)의 증가를 가져오고, 이는 용융된 암석의 유동성을 저해한다. 그래서 **점성도**(viscosity)—유체의 흐름에 대한 **저항 정도**—는 실리카의 함량이 증가함에 따라 증가한다. 제12장에서 살펴보겠지만, 점성도는 용암의 흐름에서 중요한 요소이다. 제1장에서 보았듯이, 실리카의 함량이 증가하면 밀도는 감소한다.

화성암의 광물조성이 암석의 모체 마그마가 형성되고, 결정화되는 조건에 대한 많은 정보를 제공해준다는 것은 분명하다. 그러나 이러한 정보를 정확하게 해석하기 위하여 화성과정에 대해 더 많이 이해해야만 한다. 그럼 이 주제에 대해서 다루어 보도록 하자.

■ 마그마는 어떻게 생성되는가?

지구내부를 통과하는 지진파의 증거를 통하여 지표면으로부터 핵의 경계부인 맨틀까지 수천 킬로미터에 해당하는 영역이 고체 상태로 존재한다는 사실을 인식할 수 있는 반면, 화산폭발의 증거를 통하여 마그마가 발생된 지구내부의 일부 영역에서 액체 상태로 존재하리라는 것을 추측할 수 있다. 이러한 모순된 사실을 어떻게 해결할 수 있을까? 용융상태의 암석 물질과 관련된 마그마의 발생과정에서 그 해답을 찾을 수 있다.

암석은 어떠한 과정을 통하여 용융되는가?

암석 물질에 대한 용융-고결현상에 작용하는 정확한 기작을 아직 충분히 이해하지 못하였으나, 실험을 통하여 기본적 개념을 이해하게 되었고(그림 4.5), 특히 암석의 용융현상에서 온도-압력이 중요한 요소로서 작용한다는 사실을 인식하게 되었다(표 4.2).

온도와 용융 100여 년 전에 지질학자들은 암석이 일정 온도까지

그림 4.5 암석의 용융실험 장치.
[Sally Newman.]

것으로 추정되고 있다. 지하 심부에서 나타나는 용융비율의 최저한계는 고체 상태의 원암 중 1% 미만의 부분용융비율로 추정되며, 나머지 암석 부분은 여전히 단단한 고체 상태를 유지하고 있다. 즉 용융된 액체는 주로 고체로 존재하고 있는 결정 사이의 미세한 공간을 따라 작은 물방울 정도 크기로 존재할 것이다. 예를 들어 상부맨틀에서 발생한 현무암질 물질은 맨틀의 원암에 해당하는 감람암 중 단지 1~2%만이 부분용융되어 있다. 이에 대하여, 중앙해령의 하부에서 발생되는 용융현상은 맨틀 감람암의 15~20%까지 부분용융된 현무암질 물질로 형성되어 있다. 암석 용융온도 범위의 최대값 근처에서 암석의 대부분은 액체이고, 적은 양의 녹지 않은 결정들을 포함하고 있을 것이다. 하와이와 같은 화산섬 하부에 위치한 현무암질 마그마 저장소를 그 예로 생각해 볼 수 있다. 지구내부의 다른 위치에서 서로 상이한 온도와 다양한 화학조성을 갖는 마그마가 어떻게 형성되는지 이해하기 위하여 부분용융이라는 새로운 개념이 적용되었다. 즉 가장 낮은 용융점의 광물이 부분용융된 화학조성은 완전하게 녹은 암석의 구성성분과는 완전하게 상이한 조성을 보인다. 이는 맨틀깊이에 따라 발생하는 현무암질 마그마에서 미약하게 서로 다른 화학조성이 나타나고 있으며, 이러한 마그마의 조성 차이는 다양한 부분용융의 비율로부터 유도된 것으로 해석된다.

압력과 용융 지구내부에서 나타나는 용융현상에 대한 전반적인 이해를 위하여 지표면으로부터 깊이에 따라 증가된 암석의 하중으로 야기된 압력변화를 고려할 필요가 있다. 지질학자들은 암석이 압력조건에 따라 용융온도가 변한다는 사실을 인식하였고, 높은 압력조건에서 용융온도가 높아지는 관계를 발견하였다. 이러한 사실은 지표면에서 녹는 암석이 동일한 온도조건하에서 지구내부에서는 고체 상태로 존재할 가능성을 암시하고 있다. 즉 지표면에서는 1,000℃에 녹는 암석이 지하 심부인 수천 배에 해당하는 높은 압력조건에서는 용융온도가 상대적으로 높은 1,300℃에서 가능하다. 지각과 맨틀에 존재하는 대부분의 암석이 왜 녹지 않고 고체 상태로 존재할 수 있는지에 대해서는 암석 하중에 의한 압력의 영향으로 설명된다.

압력의 증가가 암석을 단단하게 유지시켜줄 수 있는 것처럼, 압력의 감소는 충분히 높은 온도가 주어진다면 암석을 용융시킬 수 있다. 맨틀에서는 대류 때문에 맨틀물질이 다소 일정한 온도를 유지하며 중앙해령에서 지표로 상승하고 있다. 물질이 상승하면서 압력이 임계점 아래로 감소하면, 고체 암석은 추가적인 열의 공급이 없어도 자발적으로 용융된다. **감압용융**(decompression

완전히 용용되지 않는 현상을 확인함으로써 암석에 따라 서로 다른 온도에서 용융되기 때문에 단지 암석의 일부분만이 용융된다는 사실을 인지하게 되었다. 즉 광물의 종류에 따라 서로 다른 온도에서 용융현상이 나타나고 있으며, 고체 암석은 특정 온도에서 일부분만 녹는 상태를 나타내는 **부분용융**(partial melting)을 보인다. 즉 온도상승에 일부 광물만이 녹는 반면 다른 광물은 고체 상태로 존재하고 있으며, 이는 특정 온도가 지속적으로 유지된 경우 고체 암석과 용융된 물질이 서로 혼합된 상태(마그마)로 존재한다는 것을 의미한다. 부분용융은 초콜릿 쿠키에 초콜릿 칩이 녹을 정도로 열이 가해진 경우, 쿠키의 주요 부분은 고체 상태를 유지하는 유사한 상황을 생각해볼 수 있다. 초콜릿 칩은 부분용융 또는 마그마를 나타낸다.

지구내부에서 고체와 부분 잔류 액체 비율은 원암을 구성하고 있는 화학 및 광물조성과 함께 용융온도에 좌우되며, 이는 용융이 발생되는 지각이나 맨틀의 깊이에 따른 온도차이에 의존하는

melting)으로 알려진 이 과정은 지구상에서 가장 큰 부피의 마그마를 생성한다. 이것이 대부분의 현무암이 대양저에서 형성되는 과정이다.

물과 용융 용융온도 및 부분용융에 대한 실험결과를 통하여 암석의 용융작용 시 물의 중요성을 인식하게 되었으며, 용암에 대한 야외조사 과정에서 일부 마그마에 물이 존재한다는 사실을 확인하였다. 이러한 증거자료를 통하여 암석의 용융실험 시 물을 첨가하는 실험을 실시하게 되었으며, 첨가된 물의 양적 차이에 따라 용융정도(부분용융 또는 완전용융)에 따른 조성 변화는 온도와 압력과 같은 물리적 요인뿐만 아니라, 반응계에 존재하는 물의 함유량에 따라 변화된다는 사실을 발견하였다.

예를 들어, 지표면의 낮은 압력조건에서 순수한 조장석(나트륨 사장석)의 용융현상과 물의 영향을 고려해보자. 단지 극소량의 물만이 존재할 경우 순수한 조장석은 1,000℃ 이상의 온도까지 고체 상태로 남아 있고 물은 기체(가스)로 존재하는 반면, 다량의 물이 존재할 경우 조장석의 용융온도는 800℃ 정도로 낮아지는 경향을 보인다. 이러한 용융기작은 특정 성분으로 구성된 조장석에 수증기가 첨가될 경우 조장석의 녹는점이 낮아지는 결과로 나타난다. 이러한 원리는 얼음의 녹는점을 낮추기 위하여 일상생활에서 동결된 얼음길에 소금을 뿌리는 사실을 통하여 인식되고 있다. 모든 장석뿐만 아니라 기타 규산염광물에서도 다량의 수분이 함유된 경우 조장석과 같이 용융온도가 현저하게 낮아지며, 규산염의 용융온도는 규산염광물에 포함된 수분 함유량에 비례하여 낮아지는 경향을 보인다.

물의 존재에 따라 용융점이 낮아지는 암석의 용융은 **유체유발용융**(fluid-induced melting)이라 한다. 수분 함량은 퇴적암의 용융에서 중요한 요소이며, 특히 퇴적암은 일반적으로 다공질 화성암이나 변성암에 비하여 다량의 수분을 함유하고 있다. 섭입대에서 퇴적암의 물이 화산활동과 연계된 용융작용을 유도하는 주요 역할에 대하여 이 단원 후반부에서 학습한다.

마그마 저장소의 형성

대부분의 물질은 액체 상태가 고체 상태보다 밀도가 낮다. 이는 용융된 암석 밀도가 동일한 조성의 고체 상태인 암석 밀도보다 가벼운 상태임을 의미한다. 마그마는 용융상태에서 저밀도 상태로 유동이 가능할 경우 상부로 이동할 것이다. 즉 기름과 물의 혼합체에서 물보다 밀도가 작은 기름처럼 표면으로 상승하게 된다. 지구내부의 암석권에서 부분용융된 액체는 암석 내 결정 사이의 경계를 따라 서서히 위쪽으로 이동할 수 있다. 암석의 뜨거운 방울모양의 용융체는 점차 상부로 상승되는 과정에서 다른 방울들과 섞이면서 점차 지구 고체 내부에 더 큰 용융된 마그마의 집합체를 형성한다.

맨틀과 지각을 통과하는 마그마는 0.3m/year에서 50m/year 비율로 수천에서 수백 년 기간을 통하여 상승한다. 이러한 상승과정에서 마그마가 다른 용융체와 섞일 수 있고 암석권의 지각물질의 일부를 녹일 수 있다. 지질학자는 상승하는 마그마가 단단한 암석을 밀쳐내어 **마그마 저장소**(magma chambers)라고 불리는 용융물로 채워진 커다란 저장소가 암석권에 형성된다는 것을 인지하고 있다. 지진파는 활화산의 하부에 있는 마그마 저장소의 깊이, 크기 및 윤곽을 보여주기 때문에 마그마 저장소가 존재한다는 것을 알 수 있다. 마그마 저장소는 수 km³의 큰 부피를 나타내고 있다. 아직은 마그마 저장소가 어떻게 형성되는지 3차원으로 정확하게 묘사할 수 없다. 마그마 저장소가 다량의 용융체로 채워진 경우, 주변 암석에 대하여 용융현상을 유도하여 확장되면서 액체가 결정 사이의 균열과 미세한 틈을 따라 이동하는 것으로 추정되고 있다. 마그마 저장소는 화산분출 시 마그마를 표면으로 밀어내면서 수축한다.

마그마는 어디에서 형성되는가?

화성 과정에 대한 이해는 지질학적 추론과 실험자료를 기반으로 한다. 한 가지 중요한 정보의 원천은 화산이며, 이는 지하의 마그마가 위치하고 있는 곳에 대한 정보를 제공해준다. 또 다른 정보의 원천은 지하 심부 시추공과 광산의 지하 갱구에서 측정된 온도자료이다. 이는 지하 심부로 깊어질수록 지구내부의 온도가 높아진다는 사실을 보여준다. 이러한 측정자료를 통하여 깊이에 따른 온도의 상승비율을 예측할 수 있다.

어떤 지역에서 일정 깊이에서 측정된 온도는 다른 위치의 동일 깊이에서 기록된 온도보다 훨씬 높다. 이 결과는 지리적 위치에 따라 맨틀과 지각의 상대적 온도차이를 의미한다. 예를 들어, 미국 서부지역의 그레이트베이슨(Great Basin)은 북아메리카대륙이 신장되어 얇아지는 지역이며, 그 결과 깊이에 따른 온도증가율이 매우 높아 지각의 깊은 심부도 아닌 40km 깊이에서 1000℃에 달한다. 이 지역의 온도는 현무암을 용융시키기에 충분한 온도이다. 한편, 대륙의 중앙부와 같이 조구조적으로 안정된 지역에서는 온도가 훨씬 더 천천히 증가하여 같은 깊이에서도 겨우 500℃ 정도를 나타낸다.

■ 마그마 분화작용

우리가 지금까지 논의한 과정들은 마그마를 형성하기 위한 암석의 용융을 설명한다. 그러나 화성암의 다양성은 무엇으로 설명하는가? 서로 다른 화학조성을 갖는 마그마는 서로 다른 종류의 암석들이 용융되어 만들어지는가? 아니면 원래 균일한 모체 물질로부터 화성과정을 통해 다양한 암석들이 생성되는가?

또다시, 이러한 질문들에 대한 대답은 실험실 연구로부터 나왔다. 지질학자들은 자연계 화성암의 조성과 유사한 비율로 화학원소를 혼합한 다음 용융시켰다. 용융체가 식어 고화되면, 지질학자들은 결정들의 화학조성뿐만 아니라 형성된 온도를 관찰하고 기록했다. 이러한 실험결과로부터 균일한 모체 마그마로부터 다양한 조성을 갖는 암석들이 만들어지는 과정인 **마그마 분화작용**(magmatic differentiation)의 이론이 정립되었다. 마그마 분화작용은 서로 다른 광물들이 서로 다른 온도에서 정출되기 때문에 일어난다.

부분용융의 거울 이미지로서, 마지막으로 용융된 광물은 식어가는 마그마에서 최초로 정출된 광물이다. 이러한 초기의 결정작용은 용융체로부터 화학원소를 제거하여 마그마의 조성을 변화시킨다. 계속된 냉각은 다음으로 낮은 온도에서 용융된 광물들을 정출시킨다. 여러 원소들이 빠져나가면서 마그마의 화학적 조성은 또다시 변화한다. 마지막으로 마그마가 완전히 고화되면, 마지막으로 정출된 광물들은 최초로 용융된 광물들이다. 그래서 결정화과정 동안 마그마의 변화하는 화학조성 때문에, 동일한 모체 마그마가 다른 종류의 화성암을 생성시킬 수 있다.

분별결정작용 : 실험실과 야외관찰

분별결정작용(fractional crystallization)은 냉각하는 마그마에서 형성된 결정들이 잔류 용융체로부터 분리되는 과정이다. 이러한 분리는 여러 가지 방법으로 일어나는데, 흔히 보웬의 반응계열(Bowen's reaction series)로 기술된 순서를 따른다(그림 4.6). 가장 간단한 시나리오에 따르면, 마그마 저장소에서 형성된 결정들은 마그마의 바닥으로 가라앉아 더 이상 반응이 일어나지 않도록 잔류용액으로부터 제거된다. 그래서 초기에 정출된 결정들은 잔류 마그마로부터 분리되고, 잔류 마그마는 식어가면서 결정화작용을 계속한다.

분별결정작용의 결과는 허드슨강의 서쪽 제방에서 뉴욕시와 마주 보고 있는 인상적인 절벽인 팰리세이드(Palisades)에서 볼 수 있다(그림 4.7). 이 화성암체는 길이가 약 80km에 달하며, 장소에 따라서는 높이가 300m 이상이다. 팰리세이드는 현무암질 성분의 마그마가 퇴적암의 수평층 속으로 관입하면서 형성되었다. 이 화성암체는 바닥 근처에서 감람석을 풍부하게 포함하고, 중간 부분에서 휘석과 Ca-사장석을, 최상부 근처에서 주로 Na-사장석을 포함하고 있다. 바닥에서 최상부까지 이러한 광물조성의 변화를 보임으로써 팰리세이드는 분별결정작용의 이론을 검증하는 완벽한 장소가 되었다.

지질학자들은 팰리세이드 관입암체에서 발견되는 것들과 동일한 광물조성을 갖는 암석을 용융시키고, 그것이 형성된 마그마의 초기 온도가 약 1,200℃였음을 밝혔다. 비교적 차가운 모암의 위, 아래 수 미터 이내에 있는 마그마의 부분들은 빠르게 냉각되

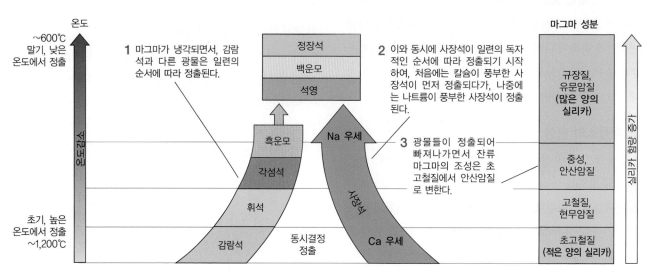

그림 4.6 보웬의 반응계열은 분별결정작용의 한 가지 모델을 제공한다.

마그마가 식어감에 따라, 광물들이 특정 순서에 따라
서로 다른 온도에서 정출되어 마그마로부터 빠져나와
가라앉는다. 그래서 잔류 마그마의 조성이 변한다.

사암
현무암

대부분
Na 사장석,
감람석 없음

Ca 사장석과
휘석,
감람석 없음

감람석
현무암

사암

현무암질 관입암체
245~275m

그림 4.7 펠리세이드를 형성한 현무암질 관입암체의 조성은 분별결정작용으로 잘 설명된다. 펠리세이드 관입암체의 광물들은 기저부의 감람석, 가운데의 휘석과 칼슘 사장석의 점이대, 그리고 상부의 나트륨 사장석 순으로 배열되어 있다. 관입암체의 가장자리에서 빠르게 냉각된 세립질 현무암층은 더 천천히 식은 관입암체 내부를 둘러싸고 있다.

[© Breck Kent.]

었다. 이러한 빠른 냉각은 세립질 현무암을 형성시켰고, 이를 통해 마그마의 원래 화학성분이 보존되었다. 뜨거운 내부는 더 천천히 식었는데, 이러한 사실은 관입암체의 내부에서 발견된 약간 더 큰 결정들을 통해 입증되었다.

분별결정작용의 이론에 근거하여, 펠리세이드 관입암체의 천천히 식어가는 내부에서 최초로 결정된 광물은 감람석이고, 이 무거운 광물인 감람석은 용융체를 지나 관입암체의 바닥으로 가라앉았을 것이라고 예측했다. 이것은 오늘날 하위에 놓여 있는 퇴적암과 접하는 바닥의 접촉대를 따라서 냉각된 세립질 현무암층의 바로 위에 있는 조립질의 감람석이 풍부한 층으로 발견된다. 사장석은 거의 같은 시기에 정출되기 시작했을 것이다. 그러나 사장석은 감람석보다 밀도가 낮아서 더 천천히 바닥으로 가라앉았을 것이다(지질학 실습 참조). 계속되는 냉각은 휘석 결정을 생성했을 것이고, 이 휘석 결정은 다음으로 바닥에 도달하였을 것이고, 바로 뒤이어 Ca-사장석이 바닥에 가라앉았을 것이다. 관입암체의 상부에서 사장석이 풍부하게 나타나는 것은 침전하는 결정들의 연속적인 층들이 주로 Na-사장석으로 된 층으로 마무리될 때까지 마그마의 조성이 계속 변했다는 증거이다. 더 낮은 온도에서 가장 늦게 정출된 것에 부가하여, Na-사장석은 감람석이나 휘석보다 밀도가 낮아서 마지막으로 가라앉았을 것이다.

펠리세이드 관입암체의 층상 구조를 분별결정작용의 결과로 설명할 수 있었던 것은 마그마 분화작용을 이해하는 데 있어 초

기의 성공이었다. 이 성공은 야외관찰을 실험실 결과와 단단히 결합시킨 결과였으며, 확고한 화학적인 지식에 기초하고 있다. 우리는 이제 이러한 관입이 실제로는 여러 번의 마그마 관입과 감람석 침전과정을 포함하는 더 복잡한 역사를 가지고 있음을 알고 있다. 그럼에도 불구하고 펠리세이드 관입암체는 분별결정작용의 유효한 사례로 남아 있다.

현무암에서 화강암으로 : 마그마 분화의 복잡성

화산의 용암 연구에서 현무암질 마그마는 화강암과 조성이 일치하는 유문암질 마그마보다 다양하게 연구되었다. 그렇다면 화강암은 어떻게 지각에서 높은 산출빈도를 보이고 있을까? 이에 대한 답은 마그마 분화과정이 처음 생각한 것보다 훨씬 복잡하다는 것이다.

마그마 분화에 대한 최초 이론은 현무암 마그마가 점차 냉각되어 분별결정작용에 따라 규장질 마그마로 분화되었다고 제안되었다. 초기 단계 분화작용을 통하여 안산암질 마그마가 형성되며, 안산암질 용암이 분출하거나 지하에서 느리게 고결된 섬록암체로 산출된다. 중간 단계에서 화강섬록암질 마그마가 생성되며, 분별결정작용이 계속 일어나면 후기에는 유문암질 용암과 화강암의 관입이 일어날 것이다. 그러나 어떤 연구에서는 감람석의 작은 결정이 고밀도의 점성 마그마를 통하여 가라앉는 데 많은 시간이 소요될 것으로 언급되었으며, 결코 마그마 저장소의 바닥에 도달하지 못하게 된다고 시사하였다. 다른 연구자들은 펠리세

이드 관입과 같이 유사한 층상 관입암체가 초기 이론에서 예측된 층상 구조의 진화과정을 보여주지 못한다는 것을 입증하였다.

그러나 초기 이론에서 가장 중요한 초점은 화강암의 근원이었다. 현무암질 마그마가 분화를 할 때 결정화작용으로 다량의 마그마가 소실되며 지구에서 발견된 산출빈도가 높은 엄청난 양의 화강암은 모두 현무암질 마그마의 분화작용으로부터 형성될 수는 없다는 것이다. 화강암의 존재량에 대한 이론적 계산을 통하여 현무암질 마그마의 초기량은 화강암 관입 크기에 비교하여 10배 이상의 양이 필요할 것으로 추정된다. 즉 넓은 분포면적을 보이는 화강암 관입암체는 기본적으로 현무암질 마그마의 결정작용에 대한 생산물로 적용할 경우, 양적 관계에서 현무암이 넓게 분포하는 지역이 확인되어야 한다. 한편 다량의 현무암이 발견되는 중앙해령에서도 마그마 분화과정을 통하여 화강암으로 전환된 사실이 입증되지 않고 있다.

그러나 첫 번째 문제점은 기존 개념의 문제로, 모든 화강암들이 현무암질 마그마의 분화로부터 형성되었다는 가정이다. 최근에는 상부맨틀과 지각과 같은 다양한 기원물질로부터 부분용융됨으로써 마그마 조성 변화가 확인되었다.

1. 상부맨틀 암석들은 부분용융과정을 거쳐서 현무암질 마그마(basaltic magmas)를 생성한다.
2. 섭입대에서 발견되는 퇴적암과 현무암질 해양지각의 혼합물이 녹아서 안산암질 마그마를 형성한다.
3. 퇴적암, 화성암, 변성암으로 구성된 대륙지각으로부터 화강암질 마그마가 생성된다.

따라서 마그마 분화작용은 첫 번째 언급된 개념보다 다양한 생성기작을 통하여 복합적으로 작용하는 양상을 보인다.

■ 마그마 분화작용은 온도와 수분 함량에 따라 맨틀과 지각물질의 부분용융으로부터 출발하였으며, 다양한 조성 변화가 유도된다.
■ 마그마는 균일하게 식지 않는다. 마그마 저장소 내에서도 일시적으로 온도변화가 존재할 수 있다. 마그마 저장소의 내부와 외각부 사이에서도 온도차이로 인하여 마그마의 화학조성이 위치에 따라 다양하게 변화된다.
■ 특정한 조건에서 마그마는 기름과 물이 서로 섞이지 않는 것처럼 불혼화(immiscible)된 상태로 존재한다. 이러한 마그마가 동일한 마그마 저장소 내에서 공존할 경우, 각각의 마그마는 독립된 결정작용을 통하여 서로 다른 생성물인 광물로 정출된다. 또한 혼화(miscible)된 마그마는 새로운 결정작용의 진화과정을 나타낼 수 있다.

현재 마그마 저장소에서 결정화작용의 물리적 상호과정에 대하여 구체적으로 이해되고 있다(그림 4.8). 마그마 저장소의 서로 다른 부분에서 상이한 온도의 마그마가 존재함으로써 결정화작용과 순환과정에서 난류 상태로 이동하면서 결정화된다. 정출된 광물은 마그마의 흐름에 따라 궁극적으로 마그마 저장소의 측면부에 농집된다. 마그마 저장소의 측면 가장자리에는 결정과 마그마가 혼합된 지역이 존재하게 된다. 동태평양 해령과 같은 중앙해령에서 버섯 형태의 마그마 저장소는 부분용융(1~3%)된 마그마를 함유한 고온성 현무암질 암석으로 구성되어 있다.

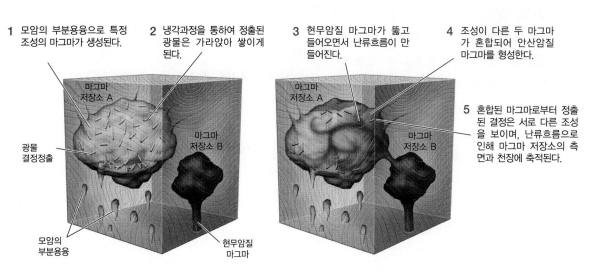

1 모암의 부분용융으로 특정 조성의 마그마가 생성된다.
2 냉각과정을 통하여 정출된 광물은 가라앉아 쌓이게 된다.
3 현무암질 마그마가 뚫고 들어오면서 난류흐름이 만들어진다.
4 조성이 다른 두 마그마가 혼합되어 안산암질 마그마를 형성한다.
5 혼합된 마그마로부터 정출된 결정은 서로 다른 조성을 보이며, 난류흐름으로 인해 마그마 저장소의 측면과 천장에 축적된다.

마그마 저장소 A
마그마 저장소 B
광물 결정정출
모암의 부분용융
현무암질 마그마

그림 4.8 마그마 분화작용은 처음에 알려진 것보다 더 복잡한 과정이다. 다양한 조성을 갖는 암석들로부터 유래된 일부 마그마는 혼합될 수 있는 반면에, 다른 마그마는 혼합되지 않는다. 결정들은 액체 마그마 내의 난류흐름에 의해 마그마 저장소의 여러 부분으로 운반될 수 있다.

■ 화성 관입의 유형

앞서 언급한 바와 같이 화성암체의 생성과정을 직접 관찰할 수는 없다. 이러한 관입암체의 산출상태는 단지 지각이 융기된 상태에서 관찰되며, 마그마의 관입 이후 수백만 년에 걸친 침식과정을 통하여 분포 양상을 추측할 수 있다.

현재 마그마 활동에 대한 간접적인 증거가 있다. 예를 들어, 지진파를 통하여 활화산 하부의 마그마 저장소의 개략적인 윤곽이 확인된다. 또한 비화산성 지역인 남부 캘리포니아주의 솔턴호 지역과 같이 지체구조적으로 활동성 지역의 심부 시추공에서 측정된 온도가 지각의 정상치보다 매우 높은 온도를 나타내고 있어 지하 심부에 존재할 수 있는 마그마의 관입 증거로 제시될 수 있다. 그러나 이러한 방법으로 추정된 관입암체의 상세한 형태나 크기는 불확실하다.

화성암체에 대하여 알고 있는 내용 대부분은 다양한 지형을 조사, 비교하고 지질역사를 재구성한 현장 지질학자들의 연구를 기반으로 하고 있다. 그림 4.9는 분출암과 관입암의 전반적 산출상태의 차이를 도시하고 있다.

심성암체

심성암체(pluton)는 지각의 깊은 곳에서 고결된 대규모 화성암체로서 크기는 1km³에서 수백만km³에 달한다. 이러한 심성암체는 일반적으로 융기작용과 함께 침식작용에 따라 형태가 노출되거나 광산 갱도나 시추공에서 관찰할 수 있다. 심성암체는 크기뿐만 아니라 형태와 주변 암석과의 관계에 따라 다양한 변화양상을 보인다.

심성암체가 다양한 이유는 마그마가 지각을 통하여 상승하는 과정에서 자체적으로 형성되는 공간이 다양한 형태로 존재할 수 있기 때문이다. 대부분의 심성암은 8~10km보다 깊은 심부로부터 관입하며, 이 깊이에서는 상부에 놓여 있는 암석의 높은 압력이 암석을 치밀하게 유지하고 있기 때문에 미세한 구멍과 틈조차 존재할 가능성이 거의 없다. 이러한 조건에서 상승하는 마그마는 상부 암석의 압력보다 높은 압력을 유지해야 한다.

지각을 통과하여 마그마가 상승하는 과정은 **마그마 스토핑**(magmatic stoping)에 기인하며, 다음 세 가지 방법으로 공간이 확보된다(그림 4.10).

1. **상부 암석의 쐐기 형태의 갈라짐** : 마그마가 매우 높은 압력에 의해 상승할 경우 암석이 부서지고, 갈라진 암석 틈을 따라 쐐기 상태로 관입하여 공간이 확보됨으로써 상부로 이동한다. 상부 암석은 관입 동안 휘어지는 변형이 유도될 수 있다.
2. **주변 암석의 용융** : 주변에 분포하는 암석이 용융되어 상승하는 공간을 확보한다.
3. **큰 암석 조각의 부서짐** : 상부 암석 조각이 부서져서 마그마 저장소 내부로 유입됨으로써 마그마가 상부로 이동할 수 있는 공간이 확보된다. 이 상부 암석은 **포획암**(xenoliths)이라 명명되며, 포획암이 용융되어 기존 마그마와 혼합되면서 국부적으로 상이한 마그마 조성으로 변화된다.

그림 4.9 분출 및 관입 화성 구조의 기본 형태

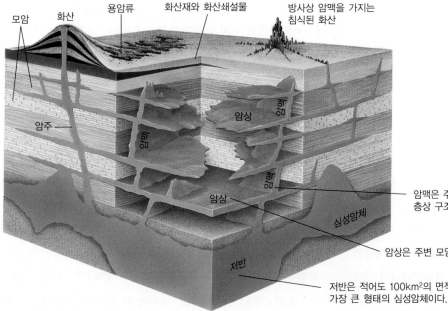

모암　화산　용암류　화산재와 화산쇄설물　방사상 암맥을 가지는 침식된 화산

암주

암맥

암상

암상

심성암체

저반

암맥은 주변 모암의 층상 구조를 절단함

암상은 주변 모암의 층상 구조와 평행함

저반은 적어도 100km²의 면적을 차지하는 가장 큰 형태의 심성암체이다.

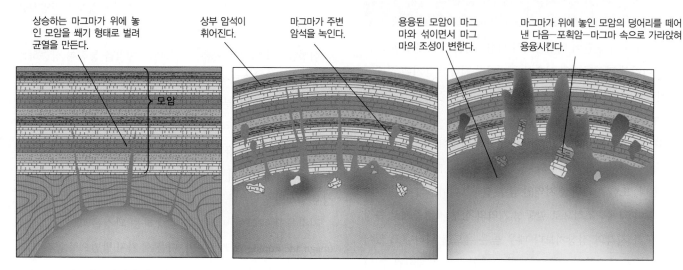

상승하는 마그마가 위에 놓인 모암을 쐐기 형태로 벌려 균열을 만든다.

상부 암석이 휘어진다.

마그마가 주변 암석을 녹인다.

용융된 모암이 마그마와 섞이면서 마그마의 조성이 변한다.

마그마가 위에 놓인 모암의 덩어리를 떼어낸 다음—포획암—마그마 속으로 가라앉혀 용융시킨다.

모암

그림 4.10 마그마는 세 가지 기본방법으로 길을 만들며 모암 속으로 침투해 들어간다. 즉, 위에 있는 암석에 균열을 만든 다음 쐐기 모양으로 넓게 벌리고, 모암을 용융시키고, 암석 조각을 떼어내는 방법이다. 포획암이라 부르는 모암에서 떨어져나온 암석 조각들은 마그마 속에서 완전히 용융될 수 있다. 만약 모암이 마그마의 조성과 다르다면, 마그마의 조성은 변하게 된다.

심성암체는 인접한 모암과 날카로운 접촉면을 보이며, 이는 액체 상태의 마그마가 고체 암석으로 유입된 증거로 해석된다. 일부 심성암체는 주변 암석과 점이적인 변화양상을 보이고 퇴적암과 유사한 구조를 보인다. 이러한 심성암체의 형태는 주변에 존재하는 퇴적암이 부분 또는 완전히 용융된 것으로 해석된다.

대규모 심성암체인 **저반**(batholiths)은 대략 $100km^2$ 크기의 조립질 화성암체로서(그림 4.10), 저반은 조구조적 관점에서 산맥의 중심부에서 발견된다. 저반은 수평적 상태의 두꺼운 판상 또는 굴뚝 모양의 대규모 암체로 산출된다. 저반의 밑바닥은 10∼15km 깊이까지 연장되며, 일부는 더 깊은 심부까지 연장될 것으로 예상된다. 이러한 저반의 조립질 입자조직은 지하 깊은 곳에서 천천히 냉각된 결과로 추정된다. 소규모 심성암체는 **암주**(stocks)로 불린다. 저반과 암주는 공통적으로 주변 암석과 **비조화 관입**(discordant intrusion) 관계로 모암의 층을 절단하는 양상을 보인다.

암상과 암맥

암상과 암맥은 여러 면에서 심성암과 유사하지만, 소규모 크기로 산출되는 심성암체의 일종으로 모암과의 관계에서 서로 상이한 특징을 보인다(그림 4.11). **암상**(sill)은 층상 구조를 갖는 모암의 수평층 사이로 마그마가 관입하여 형성된 판상의 암체이다. 암상은 **조화 관입**(concordant intrusion) 암체인데, 그들의 경계가 모암의 층에 평행하게 놓여 있다. 암상은 수 센티미터에서 수백 미터의 두께로 넓은 영역에 걸쳐서 산출될 수 있다. 〈그림 4.11a〉

는 남극의 핑거 마운틴(Finger Mountain, Antarctica)에서 나타나는 대규모 관입한 암상이다. 두께 약 300m 팰리세이드 암체(그림 4.7)도 관입암상의 사례이다.

관입암체인 암상과 분출암인 용암류는 층상이라는 관점에서 서로 유사하지만, 다음 네 가지 차이점이 확인된다.

1. 암상은 화산암에서 나타나는 다공질, 행인상 또는 유동 구조가 관찰되지 않는다(제12장 참조).
2. 암상은 화산암과 비교하여 천천히 냉각됨으로써 상대적으로 조립질 크기로 산출된다.
3. 암상의 상부와 하부 암석은 열적 요인에 기인하여 색상 변화와 함께 접촉변성작용에 의한 광물이 생성될 수 있다.
4. 용암류에서는 지표 풍화과정을 통하여 토양 흔적이 관찰될 수 있으나, 암상에서는 이러한 특징이 없다.

암맥(dike)은 지각 내 마그마의 주요 이동통로이다. 암상처럼 암맥은 판상 화성암체이지만, 층상 구조를 갖는 모암의 층들을 가로질러 절단함으로써 주변 암석과 부조화적 관계를 보인다(그림 4.11b). 암맥은 때때로 모암에 있는 기존의 균열들을 확장하면서 만들기도 하지만, 더 흔하게는 상승하는 마그마의 압력에 의해 열린 새로운 균열을 지나는 통로를 만든다. 규모는 야외에서 수십 킬로미터 범위까지 확장될 수 있으나, 일반적으로 폭은 수 센티미터에서 수 미터 범위이다. 주변 암석의 파편인 포획암은 암맥이 관입하였다는 사실을 입증하는 증거이다. 암맥은 일반적으로 단독으로 산출되지만, 지역에 따라 수백 개에 달하는 암

(a)

1 암상이 모암의
지층과 평행하게
달린다.

암상 {

(b)

2 암맥이 지층의
충리를 자르며
가로지른다.

암맥

그림 4.11 암상과 암맥. (a) 암상은 주변 암과 조화적인 관입암체이다. 몬태나주의 빙하 지형 글레이셔국립공원에는 섬록암이 퇴적암층을 따라 관입하였다. (b) 암맥은 부조화적인 관입암체이다. 애리조나 그랜드캐니언국립공원에서 퇴적암을 관입한 검은색 화성암 암맥.
[(a) Marli Bryant Miller; (b) Asa Thorsen/Photo Researchers/Getty Images, Inc.]

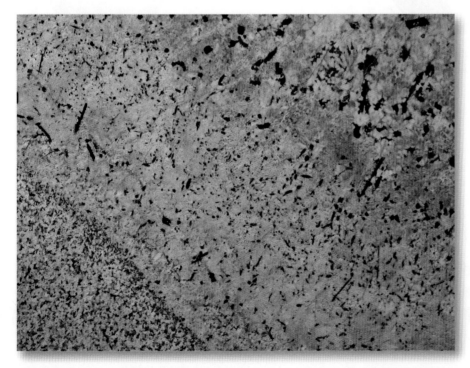

그림 4.12 화강암질 페그마타이트 맥. 관입암체의 중앙부(오른쪽 위)는 천천히 냉각되어 조립질 결정으로 정출하였다. 관입암체의 가장자리(왼쪽 하단)는 상대적으로 빠르게 냉각되어 세립질 결정으로 구성되어 있다.
[John Grotzinger/Ramón Rivera-Moret/Harvard Mineralogical Museum.]

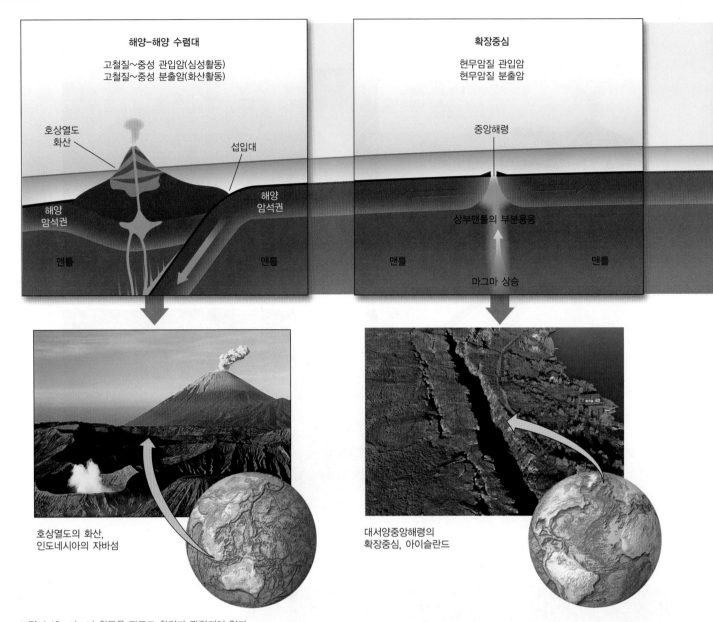

그림 4.13 마그마 활동은 판구조 환경과 관련되어 있다.
[사진(왼쪽에서부터 오른쪽으로) : Mark Lewis/Stone/Getty Images; Ragnar Th Sigurdsson/© ARCTIC Images/Alamy; G. Brad Lewis/Stone/Getty Images; © Michael Sedam/Age Fotostock.]

맥군이 발견되기도 한다.

암맥과 암상은 일반적으로 다양한 조직을 나타낸다. 관입암은 전반적으로 조립질 결정입자로 구성되지만, 암맥과 암상은 세립질 광물입자로 구성되어 화산암으로 오인될 수 있다. 그 이유는 화성암 결정입자의 크기는 마그마의 냉각속도에 따라 좌우되며, 세립질 입자로 구성된 암맥과 암상은 대규모 관입암체에 비하여 지표면의 비교적 차가운 모암에 관입되었음을 암시한다. 따라서 세립질 조직은 빠르게 냉각된 결과를 지시하는 반면, 조립질 입자는 지하 심부 수 킬로미터 깊이에서 냉각됨으로써 모암과 마그마의 온도차이가 상대적으로 덜하였음을 시사한다.

맥

맥(vein)은 암석의 균열 내에서 발견되는 모암과 관련이 없는 광물이 침전된 암체이다. 불규칙한 연필모양 또는 판상의 맥들이 많은 화성 관입암체의 정상부와 측면부로부터 갈라져 나간다. 일반적으로 수 밀리미터에서 수 미터 두께로 수십 미터에서 수 킬로미터 범위에 걸쳐서 분포하고 있다. 맥의 형성과정은 제3장에서 자세히 설명하였다.

거정질 광물입자로 구성된 화강암질 암석은 간혹 주변 암석을 맥상으로 절단하는데, 이를 **페그마타이트**(pegmatite)라 한다(그림 4.12). 페그마타이트는 마그마가 고화되는 마지막 단계에서 물이

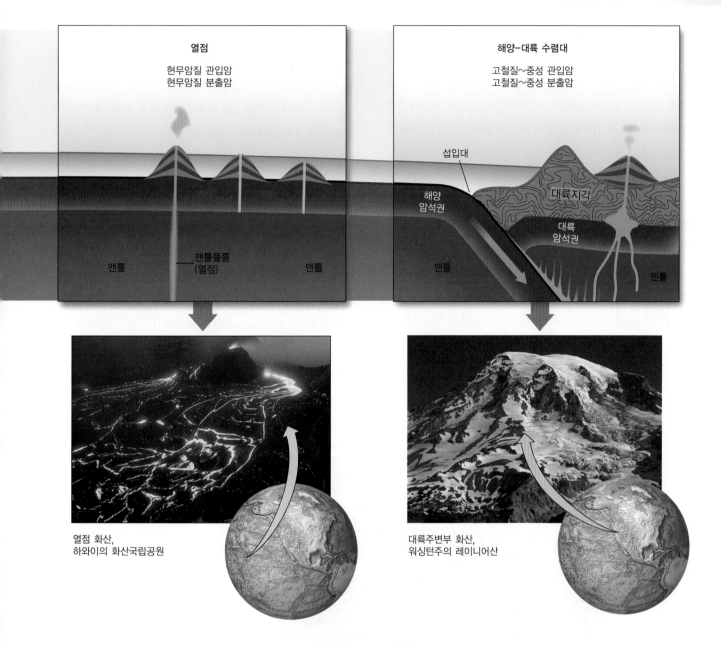

열점

현무암질 관입암
현무암질 분출암

해양-대륙 수렴대

고철질~중성 관입암
고철질~중성 분출암

섭입대

대륙지각

해양
암석권

대륙
암석권

맨틀 맨틀플룸
(열점) 맨틀

맨틀 맨틀

열점 화산,
하와이의 화산국립공원

대륙주변부 화산,
워싱턴주의 레이니어산

포화된 용융체로부터 결정화된다.

다른 맥들은 열수용액으로부터 결정화된 것으로 알려진 수화 광물들로 채워져 있다. 실험실 연구를 통해 우리는 이 광물들이 일반적으로 250~350℃의 온도에서 결정화되었지만, 마그마의 온도만큼 높지는 않다는 것을 알고 있다. 이 열수 맥에 있는 광물들의 용해도와 성분은 맥이 형성될 때 풍부한 물이 존재했음을 지시한다. 열수에 함유된 물의 일부는 마그마 자체로부터 유래한 것도 있으나, 일부는 암석의 틈과 공극을 따라 유입된 지하수 기원도 있다. 지하수는 빗물이 토양과 지표면 암석의 틈으로 침투하여 이루어진다. 열수광맥은 중앙해령에도 다수 분포하고 있다. 해수가 현무암에 있는 균열에 침투하여 판 사이 열곡에 있는 해

저암석을 따라 순환하며, 최종적으로 가장 뜨거운 현무암 해령의 열곡을 통하여 열수로 분출한다. 중앙해령에서의 열수작용은 제12장에서 자세히 살펴보자.

■ 화성암 형성과 판구조

화성암의 형성과 이론이 판구조론에 기초한 틀에 부합하고 있음을 확인하였다. 판 운동의 공간 개념은 지체구조와 암석 조성 간의 화성활동을 연계시키는 연결고리로 인식되고 있다. 판 이동의 틀은 조구조적 활동과 암석 조성에 대한 중요한 연결 고리이다(그림 4.13). 예를 들어 저반으로 나타나는 암체는 주로 산맥의

중심에서 발견된다는 사실을 인지하게 되었으며, 이는 2개의 판이 수렴됨으로써 형성된다. 이러한 사실은 화성암체와 조산운동 간의 생성과정에 대한 에너지 연결고리가 판 운동의 원동력이라는 것을 의미한다. 암석 종류에 따라 용융되는 온도와 압력조건의 차이가 실험으로 입증되었으며, 다양한 암석이 혼합된 퇴적암은 광물조성 및 물 함량에 따라 현무암의 용융온도보다 수백 도 낮은 온도에서 녹는다. 현무암은 최상부맨틀(지각의 기저부)의 조구조적 활동 심도에서 용융되고, 물을 함유하고 다양한 암석이 혼합된 퇴적암은 보다 얕은 깊이에서 녹는다.

마그마는 두 가지 판구조 환경에서 가장 풍부하게 만들어진다. 하나는 두 판이 발산하며 해양저가 확장하는 중앙해령이고, 다른 하나는 하나의 판이 다른 판 밑으로 들어가는 섭입대이다. 판의 경계와 연관되지 않은 맨틀플룸은 지구내부의 핵-맨틀 경계에서 부분용융의 결과로 발생된 심부 기원의 물질로부터 형성된다(제12장 참조).

마그마 공장으로서 확장중심

대부분의 화성암은 해저확장과정에서 중앙해령을 중심으로 생성된다. 현무암질 마그마는 중앙해령을 중심으로 매년 약 19km³에 해당하는 양이 해저확장과정에서 생성되고 있다. 한편, 수렴형 판 경계의 모든 활화산(약 400개)에서는 1km³/year 미만의 화산암이 생성되고 있다. 지구표면의 약 2/3를 점유하고 있는 해양은 해저에 분출된 다량의 마그마가 약 2억 년 주기로 새로운 해양지각이 형성되고 있다. 중앙해령 전체에서 상승하는 대류흐름을 따라 유도된 맨틀물질의 감압용융현상은 해령축 하부에 마그마 저장소를 만들고 있다. 이 마그마가 용암으로 분출하여 새로운 해양지각을 생성하며, 동시에 심부에서는 반려암질 관입암으로 굳게 된다.

과학자들은 판구조론 이전에 해저에서 생성된 암석 특징을 보이는 독특한 암석군이 육지에서 발견됨에 따라 의구심을 갖게 되었다. **오피올라이트 암석군**(ophiolite suites)으로 불리는 이 암석군은 심해 해양퇴적물, 해저 현무암질 용암, 그리고 고철질 관입체

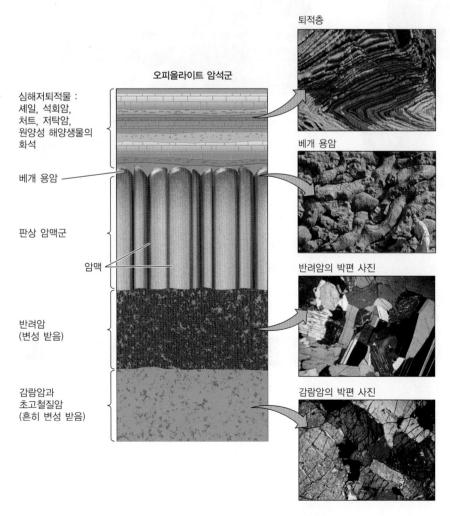

퇴적층

오피올라이트 암석군

심해저퇴적물 :
셰일, 석회암,
처트, 저탁암,
원양성 해양생물의
화석

베개 용암

베개 용암

판상 암맥군

암맥

반려암의 박편 사진

반려암
(변성 받음)

감람암의 박편 사진

감람암과
초고철질암
(흔히 변성 받음)

그림 4.14 오피올라이트 암석군의 이상적인 단면도. 심해저 퇴적물, 베개 용암, 반려암 판상 암맥 및 고철질 화성 관입암의 조합은 심해 기원을 지시한다.

[John Grotzinger 사진 제공. Thin sections courtesy of T. L. Grove.]

로 구성된다(그림 4.14). 심해잠수정, 해저 준설, 심해시추, 지진파 탐사 등으로부터 수집된 자료를 이용하여 지질학자들은 이제 이 암석들을 해저확장에 의해 운반된 다음, 해수면 위로 융기되고, 판의 충돌사건 후기에 대륙 위로 스러스트된 해양암석권의 조각이라고 설명한다. 육상에 보존된 완전한 오피올라이트 암석층군을 통하여 해양지각으로부터 맨틀의 경계부까지 완전히 노출된 흔적을 볼 수 있다.

해저확장은 어떻게 작용하는가? 해저확장 중심부는 맨틀물질로부터 해양지각을 생산하는 거대한 공장으로 생각할 수 있다. 그림 4.15는 육상에서 발견된 오피올라이트 암석군에 대한 연구와 심해시추 및 지진파 단면에서 수집된 정보를 통하여 해령을 중심으로 개략적으로 단순화한 체계도이다. 심해시추에서 해저의 반려암층에 통과하였으나 하부지각과 맨틀경계까지 확인하지 못하였다. 한편 지질단면도에서는 〈그림 4.15〉와 유사한 소규모 마그마 저장소를 확인하였다.

유입된 재료 : 맨틀의 감람암 해저확장에 공급된 원료 물질인 마그마는 대류하는 맨틀의 연약권으로부터 조달된다. 연약권에서 주된 암석 유형은 감람암이며, 평균 감람암의 광물조성은 주로 감람석과 소량의 휘석과 석류석이다. 연약권의 온도는 감람암이 부분용융(1% 미만)되기에 적합한 온도이지만, 다량의 마그마를 생성하기에는 불충분한 온도이다.

과정 : 감압용융 해저확장의 중심부에서 발생한 마그마는 맨틀물질인 감람암으로부터 감압용융작용으로 유도된다. 앞에서 광물의 용융온도는 화학성분과 함께 압력에 의존한다는 내용을 학습하였다. 판이 분리되는 상태에서 부분용융된 감람암은 확장부의 중심과 상부로 상승한다. 감람암이 매우 빠르게 상승함으로써 압력의 감소에 따라 용융현상(최대 15%)이 발생된다. 저밀도 용융체는 밀도가 큰 주변 암석과 비교하여 밀도 차이에 의한 부력으로 빠르게 상승하며, 이 과정에서 액상 성분과 잔류 결정질 암석이 분리되어 대량의 마그마가 생산된다.

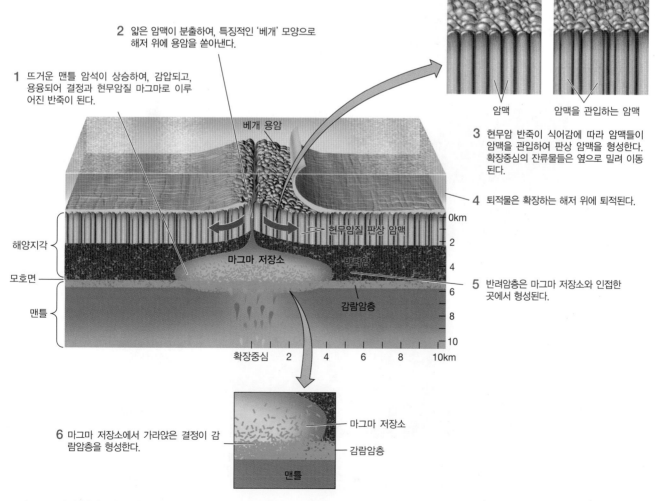

그림 4.15 감압용융은 해저 확장중심에서 마그마를 생성한다.

최종 산물 : 해양지각과 맨틀암석권 이러한 과정을 겪은 감람암은 균일하게 용융되지 않는다—감람암이 포함하고 있는 석류석과 휘석은 감람석보다 더 낮은 온도에서 용융된다. 이러한 이유 때문에 감압용융에 의해 생성된 마그마는 감람암질 조성이 아니다—오히려 이 마그마는 실리카와 철이 풍부하다. 이 현무암질 용융체는 중앙해령의 정상부 아래에 마그마 저장소를 형성하고, 거기에서 용융체는 3개의 층으로 분리된다(그림 4.15 참조).

1. 마그마는 부분적으로 판이 분리됨에 따라 해양의 열린 좁은 틈을 통하여 상승 분출됨으로써 해저면을 덮는 현무암질 베개 용암(pillow lava)으로 산출된다.

2. 일부 마그마는 반려암의 수직으로 갈라진 틈을 따라 판상 암맥의 형태로 고결된다.

3. 잔여 마그마는 해저확장으로 하부의 마그마 저장소가 벌어질 때 괴상 반려암으로 고결된다.

이러한 화성암군—베개 용암, 평행한 수직 암맥, 괴상 반려암—은 세계 해양에서 발견되는 해양지각의 기반을 구성하는 기본 암석군이다.

해저확장 과정 동안 해양지각 하부에 존재하는 암석층인 잔류된 감람암으로부터 분리된 현무암질 마그마가 발생된다. 이 층을 맨틀의 일부로 간주하고 있으나, 화학조성은 대류하는 연약권과는 차이를 보이고 있다. 특히 현무암질 마그마가 생성되어 방출됨으로써 일반 맨틀물질보다 잔여 감람암은 감람석이 증가되고 물성이 견고한 상태로 변화된다. 즉 맨틀 최상부층의 강한 강성률은 감람석이 축적된 결과로 해석하고 있다.

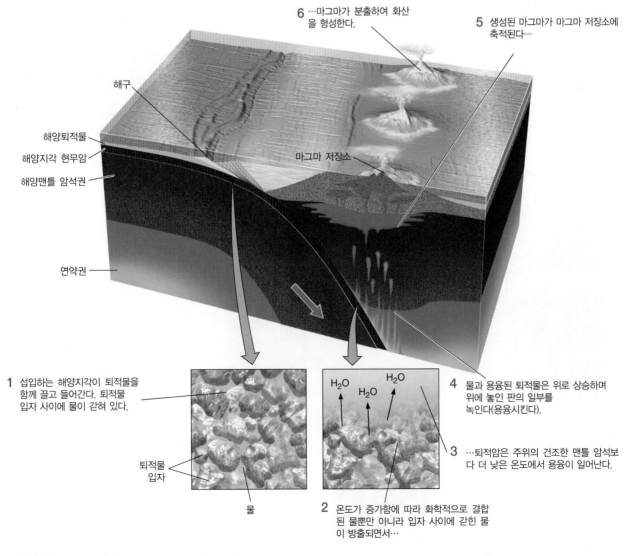

그림 4.16 유체유발용융은 섭입대에서 마그마를 생성한다.

심해저 해양퇴적물의 얇은 층이 새로 생성된 해양지각을 덮게 된다. 해저확장으로 퇴적물층, 용암, 암맥, 감람암으로 구성된 특정 암석군이 해양지각으로 조립 완성되고 해령으로부터 운반된다─이는 공장의 조립 생산 라인과 유사하다.

마그마 생산 공장으로서의 섭입대

마그마의 다른 유형은 남아메리카의 안데스산맥과 알래스카의 알류샨열도와 같이 화산이 밀집된 지역의 지하에 존재하고 있다. 이 두 지역은 주요 마그마 공장인 섭입대에 놓여 있다(그림 4.16). 해양저로부터 어떠한 종류 그리고 얼마나 많은 물질이 섭입되었는지에 따라 다양한 조성의 마그마가 생성된다.

해양암석권이 대륙 아래에서 침강하는 경우, 화산은 대륙 내부에 화산암의 고산지대를 형성한다. 남미 나스카판의 섭입과 관련된 안데스산맥은 이러한 산악지대 중 하나이다. 마찬가지로, 북아메리카 서부 아래에 있는 작은 후안데푸카판의 섭입대는 캘리포니아 북부, 오리건 및 워싱턴을 중심으로 발달한 화산대인 캐스케이드산맥을 생성하였다. 해양암석권이 해양암석권 아래로 침강되는 경우 심해에서는 해구와 화산섬이 발달하게 된다.

입력 자료 : 혼합된 물질 섭입대에서 마그마의 화학적 구성과 광물조성의 변화는 수렴대의 마그마 공장이 확장중심의 마그마 공장과 상이하게 작용한다는 증거이다. 이 마그마 공장의 원료는 해저퇴적물, 현무암 해양지각과 규장질 대륙지각, 맨틀 감람암 및 물의 혼합물로 구성된다.

공정 : 유체유발용융 섭입대에서 마그마 발생의 기본 체계는 유체유발용융 기작에 의하여 유도된다. 앞에서 이미 물과 관련된 유체가 암석의 용융온도를 낮출 수 있다는 사실을 학습하였다. 해양의 암석권이 수렴형 경계에서 소멸될 환경에서는 다량의 물이 외각부층에 포함되어 있다. 우리는 원인이 되는 과정 중 하나를 이미 언급했다─해양암석권이 형성되는 동안에 일어나는 열수활동. 해양확장부의 중앙부에서 해양지각 내부를 이동하는 해수순환과정을 통하여 물이 현무암과 함께 반응하여 새로운 함수광물이 형성된다. 그리고 오랜 기간이 경과됨에 따라 해양분지의 확장은 해저지표면을 따라 퇴적물이 지속적으로 퇴적된다. 이 퇴적물은 물과 화학결합을 하고 있는 점토광물로서 궁극적으로 셰일로 변한다. 또한 퇴적물에 포함된 물은 해구에서 판이 섭입됨으로써 일부는 이탈되지만, 많은 함수광물은 섭입대의 하부로 계속 운반된다.

수렴형 경계에서 섭입된 해양암석권의 외각층에 존재하는 광물은 암석의 하중 압력이 증가됨으로써 새로운 광물로 변화되며, 이 과정에서 분리된 물은 부력에 의하여 섭입된 해양지각의 상부에 위치하는 맨틀로 유입된다. 이러한 섭입대 환경에서 지하증온율은 약 5km의 깊이에서 약 150℃로 상승하고 있다. 현무암은 각섬석과 사장석으로 구성된 각섬암(amphibolite)으로서 변성작용에 따라 약간의 물이 방출된다. 또한 심부에서 지속적으로 광물 간의 화학반응이 나타나는 경우, 10∼20km 범위의 깊이에서 부가적인 물이 방출된다(광물의 탈수화작용). 최종적으로 100km보다 깊은 심부 환경에서는 1,200℃에서 1,500℃로 온도가 상승하고, 섭입된 해양암석권은 증가한 압력으로 야기된 부가적인 변성작용이 발생한다. 각섬암은 휘석과 석류석으로 구성된 **에클로자이트**(eclogite)로 변환되며(제6장), 섭입대 환경에서 압력과 온도의 증가는 암석 내 존재하는 물을 부수적으로 방출하게 한다.

섭입대에서 방출된 물은 섭입되는 해양지각과 상부에 위치한 맨틀(쐐기)의 감람암에 공급됨으로써 부분용융현상이 유도되며, 지각의 하부를 중심으로 농집된 고철질 마그마 복합체는 대륙지각 또는 해양지각을 따라 발달된 마그마 저장소가 형성됨으로써 화산호가 만들어진다.

출력 : 다양한 구성의 마그마 섭입대에서 유체유발용융 기작으로 발생된 마그마는 본질적으로 현무암질 마그마가 생성되지만, 중앙해령의 현무암질 마그마와 비교하여 다양한 변화요인으로 인하여 다양한 화학조성의 변화 가능성을 나타내고 있다. 마그마의 조성은 지각을 통과하는 동안에 다양한 변화가 유도된다. 마그마 저장소 내부에서 분별결정작용을 거친 마그마는 규소 함량이 증가하여 안산암질 용암으로 분출할 수 있다. 그리고 상부에 위치한 판이 대륙판에 해당될 경우, 마그마로부터 방출된 열에너지는 대륙지각을 구성하는 규장질 기반암이 재용융되어 석영 안산암질과 유문암질 마그마와 같이 규소 함량이 높은 마그마가 형성될 수 있다. 또한 마그마에서 해양지각과 심해퇴적물에 존재하는 미량원소가 확인됨으로써 섭입현상과 관련된 유체의 기여도가 추정되고 있다.

마그마 공장으로서의 맨틀플룸

맨틀플룸은 감압용융에 의한 마그마의 생성기작을 보이지만, 판 경계부를 따라 암석권에서 발생되는 마그마와 상이한 특징을 보인다. 뜨거운 맨틀플룸은 핵-맨틀 경계만큼 깊은 곳으로부터 상승하고 있다. 지표면에 도달하는 맨틀플룸은 대부분 판 경계로부터 멀리 떨어져 있으며 지구의 '열점'을 형성하였다. 이러한 열점 위치에서 맨틀의 감압용융과정 동안에 생성된 현무암 마그마는 대규모 분출을 통하여 하와이제도의 화산섬 또는 북미의 태평양 북서부에 있는 컬럼비아고원과 같은 현무암 대지를 형성하였다. 이러한 맨틀플룸과 열점에 대해서는 제12장에서 자세히 다루고 있다.

요약

화성암은 어떻게 구분할 수 있는가? 화성암은 기본적으로 조직 기준에 따라 두 유형으로 분류된다—마그마가 지하에서 관입하여 느리게 냉각된 조립질 결정입자로 구성된 암석, 지표로 분출하여 빠르게 냉각된 세립질 결정입자로 구성된 암석. 화성암은 화학적으로 규소 성분에 근거하여 규장질(규소 성분의 부화)에서 초고철질(규소 성분의 빈화) 암석으로 분류된다.

마그마가 어떻게, 어디서 만들어지는가? 마그마는 하부지각과 맨틀에서 암석 물질이 부분용융현상이 가능할 정도로 높은 온도 조건이 유도될 수 있는 지역에서 형성된다. 암석 내의 광물은 서로 다른 온도에서 용융되기 때문에 온도에 따라 마그마는 상이한 조성을 보인다. 압력은 암석의 용융온도를 상승시키는 반면, 물의 존재는 용융온도를 낮춘다. 용융된 암석은 고체 상태의 암석보다 밀도가 낮기 때문에 마그마는 주변 암석을 통과하여 상승하게 되고 방울 모양의 용융체는 점차 합쳐져 마그마 저장소를 형성하게 된다.

마그마의 분화작용이 어떻게 다양한 화성암을 설명할 수 있는가? 마그마로부터 다양한 광물이 서로 다른 온도에서 결정화됨으로써 마그마의 성분은 냉각되는 과정에서 정출된 다양한 광물구성에 따라 좌우된다.

화성 관입의 유형은 무엇이 있는가? 대규모로 나타나는 화성암은 주로 심성암체이다. 가장 큰 규모의 심성암체는 저반(중앙부에 깔때기 형태의 마그마 공급통로를 갖는 평평한 암체)이며, 암주는 소규모 심성암체이다. 심성암체보다 소규모 암체로 층에 평행하게 관입하여 주변 암석과 조화적 관계를 보이는 암상과 주변 암석의 층을 절단하는 부조화적 관계로 관입한 암맥이 있다. 열수광맥은 마그마의 내부뿐만 아니라 주변 모암에 다량의 물이 있는 곳에서 생성된다.

판구조운동은 마그마 생성과정에 어떠한 영향을 미치는가? 마그마의 생성과 관련된 지질체계는 다음과 같은 두 유형으로 구분된다. 확장형 중심부인 중앙해령을 따라 감람암 맨틀이 상승하며, 압력감소현상에 따라 현무암질 마그마가 발생된다. 섭입대에서 섭입되는 해양암석권에서는 유체유발용융으로 다양한 조성의 마그마가 발생된다. 대륙암석권에서 맨틀플룸은 현무암질 마그마를 발생시키는 감압용융이 유도되는 지역이다.

주요 용어

감람암	반암	암맥	중성 화성암
감압용융	부분용융	암상	초고철질암
고철질암	부석	암주	페그마타이트
관입화성암	분별결정작용	오피올라이트 암석군	현무암
규장질암	분출화성암	용암	화강섬록암
마그마 분화작용	비조화 관입	유문암	화강암
마그마 저장소	석영안산암	유체유발용융	화산쇄설물
맥	섬록암	저반	화산재
모암	심성암체	점성도	화산탄
반려암	안산암	조화 관입	흑요석

지질학 실습

경제성 있는 금속광석은 어떻게 형성되는가? 마그마 분화작용에서 정출된 결정의 중력분화작용에 기인한다.

세계에서 경제적으로 중요한 광물 중 일부는 마그마 저장소에서 결정이 선택적으로 분리되어 농축된다. 남아프리카의 부시벨드(Bushveld) 광상과 옐로스톤국립공원 북쪽의 몬태나 스틸워터(Stillwater) 광상은 가장 대표적인 사례이다. 이 광상은 백금과 팔라듐과 같은 백금족 원소의 세계 최대 금속 매장량을 갖고 있으며 철, 주석, 크롬 및 티타늄도 다량 산출되고 있다. 이러한 광상은 분별결정작용이 오랜 시간 지속되는 과정에서 서로 다른 광물이 정출된 고기 마그마 저장소를 대표하며, 경제적으로 중요한 광물이 마그마 저장소의 바닥에 농집되어 있다. 지질학자들은 광상이 어떻게 형성되었는지를 이해하는 열쇠로 분별결정작용을 인식하게 되었다.

다양한 지질작용은 유체 내에서 입자들의 유동성을 나타내고 있다. 강가에 있는 모래알의 움직임, 화산폭발 시 대기 중에서 화산파편의 비산작용, 마그마에서 결정의 가라앉는 움직임에서 동일한 기본원리를 인지하고 있다. 각각의 사례에서 입자의 움직임은 여러 가지 요인에 의해 규제된다.

팰리세이드 암상의 사례에서 현무암질 마그마가 냉각되면서 감람석이 먼저 결정화되고, 그다음으로 휘석 및 사장석이 순차적으로 정출되고 있다. 일단 결정화되면, 정출된 광물은 잔류되어 있는 액체 마그마를 통하여 점차 마그마 저장소의 바닥에 가라앉게 된다. 따라서 팰리세이드 암상은 하부에 감람석층을 이루고 그 위에

는 휘석과 사장석이 순차적으로 놓이게 된다(그림 4.7 참조).

감람석은 장석보다 먼저 결정화될 뿐만 아니라 고밀도의 특성 때문에 장석보다 빨리 가라앉게 된다. 분별결정작용 및 결정 침전속도는 마그마 저장소 내에서 광물 사이의 분리작용을 유도하게 된다.

결정의 침강속도는 밀도, 크기 및 잔류 마그마의 점성도에 좌우된다. 이 비율은 스토크스의 법칙(Stokes's law)이라고 불리는 수학적 관계를 사용하여 계산할 수 있다.

$$V = \frac{gr^2(d_c - d_m)}{u}$$

V는 결정이 잔류 마그마 내에서 침강하는 속도, g는 지구 중력가속도($980\,cm/s^2$), r은 결정크기의 반지름, d_c는 결정의 밀도, d_m은 마그마의 밀도, u는 마그마의 점성도(viscosity)이다.

스토크스의 법칙에 따르면 결정이 마그마를 통하여 가라앉는 속도에 영향을 미치는 세 가지 요소가 중요하다.

1. 결정크기가 커지게 되면 반경(r)이 커진다. r이 방정식의 분자 안에 있기 때문에 스토크스의 법칙에 의하면 큰 결정이 작은 결정보다 빨리 가라앉게 된다. 또한 r이 제곱으로 되어 있어, 결정크기가 조금만 증가하여도 침강속도가 더 빨라진다.

2. 마그마 점성도(u)는 마그마가 유동성에 대한 저항의 측정값

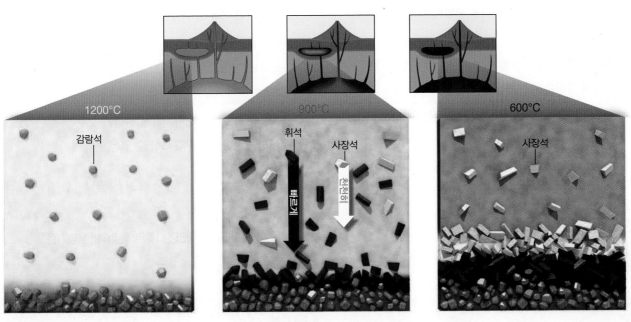

팰리세이드 암상의 분별결정작용

이며, 가라앉는 결정체에서 반대방향으로 작용한다. u는 방정식의 분모에 있어 마그마 점도가 증가하면 침강속도가 감소한다.

3. 침강속도(V)는 정출된 결정밀도(d_c)와 마그마 밀도(d_m)의 차이에 따라 좌우된다. V는 결정의 밀도가 증가하고 마그마의 밀도가 감소함에 따라 증가한다. 따라서 일정 밀도의 마그마에서는 밀도가 높은 결정이 밀도가 낮은 결정보다 빨리 가라앉게 된다.

팰리세이드 암상에서 분별결정작용을 적용하면, 스토크스의 법칙으로 특정 광물의 실제 침강속도를 결정할 수 있다. 반경이 0.1cm, 밀도가 3.7g/cm³인 감람석 결정을 적용해보자. 결정이 침전되는 마그마는 2.6g/cm³의 밀도와 3,000poise(1poise = 1g/cm × s)의 점성도를 갖는다. 감람석 결정이 마그마에서 가라앉는 속도는 얼마인가?

$$V = \frac{(980\text{cm/s}^2) \times (0.1)^2 \times (3.7 - 2.6\text{g/cm}^3)}{3,000\text{g/cm}^3}$$

$$V = 0.0036\text{cm/s}$$

$$V = 12.9\text{cm/hr}$$

추가문제 : 동일한 크기의 사장석 결정(2.7g/cm³ 밀도)에 대하여 동일한 계산을 적용해보라. 어떤 광물이 더 빠른 속도로 마그마에서 가라앉는가? 얼마나 빠른 속도로 가라앉는가?

연습문제

1. 관입화성암은 조립질이며, 분출화성암은 세립질로 구분되는 이유는 무엇인가?

2. 고철질 화성암에서 산출되는 광물은 어떠한 종류인가?

3. 어떤 종류의 화성암에서 석영이 발견되는가?

4. 반려암보다 높은 실리카 함량을 갖는 두 종류 관입화성암을 제시하라.

5. 분별결정작용으로 형성된 마그마와 일반 냉각과정으로부터 형성된 마그마의 차이는 무엇인가?

6. 분별결정작용은 어떻게 마그마 분화작용을 유도하는가?

7. 지각, 맨틀 또는 핵의 어느 곳에서 현무암질 조성의 부분용융물을 발견할 수 있는가?

8. 마그마가 발생될 것으로 기대되는 판구조는 어떠한 유형인가?

9. 용융체는 왜 위쪽 방향으로 이동하는가?

10. 해저에서 현무암 마그마가 분출되는 곳은 어떠한 장소인가?

생각해볼 문제

1. 약 50%의 휘석과 50%의 감람석을 포함하는 조립질 화성암은 어떻게 분류되는가?

2. 약 5mm 크기의 사장석 반정과 1mm 미만의 미립 결정이 석기로 구성된 암석은 어떤 종류의 암석인가?

3. 분별결정작용에서 고화된 심성암은 어떤 특징을 보이고 있는가?

4. 분별결정작용의 효과를 인지하는 데 암맥과 비교하여 심성암이 적합한 이유는 무엇인가?

5. 대부분 감람석으로 구성된 암석의 기원은 무엇인가?

6. 반암에서 결정의 크기가 서로 다른 입도를 보이는 이유는 무엇인가?

7. 섭입대의 퇴적암과 해양지각에는 물이 풍부하다. 이러한 물이 어떻게 용융작용을 유도할 수 있는가?

매체지원

 4-1 애니메이션 : 관입화성구조

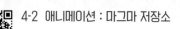 4-2 애니메이션 : 마그마 저장소

 4-1 비디오 : 애리조나주의 용암류와 용암지형

 4-2 비디오 : 감람석-화성암, 맨틀 포획암 및 녹색 모래해빈

사암의 대규모 사층리는 과거 지질시대의 사막에서 형성
되었음을 알려준다.
[John Grotzinger.]

퇴적작용 :
지표에서의 작용으로 형성된 암석들

5

대양저를 포함한 지구표면의 대부분은 퇴적물로 덮여 있다. 이 퇴적물층은 다양한 원인에 의해 형성되었다. 많은 퇴적물은 대륙지각의 풍화에 의해 생성되었다. 일부는 생물이 형성한 광물질 껍데기의 조각이고, 또 일부는 해양이나 호수에 녹아 있는 화학물질이 무기적으로 결합하면서 침전하여 형성된 광물로 이루어진 것이다.

퇴적암은 원래 퇴적물이었기 때문에 퇴적 당시의 지표면 상태를 기록하고 있다. 지질학자들은 퇴적암을 형성하는 퇴적물의 공급지와 퇴적이 일어난 장소를 추론할 수 있다. 예를 들어 에베레스트산의 정상은 화석을 포함하는 석회암으로 구성되어 있는데, 해수로부터 탄산염광물이 침전하여 석회암이 형성되기 때문에 에베레스트산이 과거에 해양저에 있었다고 생각할 수 있다. 이러한 분석은 과거의 해안선, 산맥, 평야, 사막, 습지에도 적용이 가능하다. 이렇게 환경을 재구성하여 우리는 오래전 대륙과 대양의 분포를 알아낼 수 있다.

퇴적암이 호상열도, 대륙 지구대(열곡), 충돌대, 화산대 등에 위치한 경우 과거 판구조 사건과 그 과정에 대한 단서를 제공할 수 있다. 퇴적물과 퇴적암이 기존 암석의 풍화로부터 기원하는 경우, 과거의 기후와 환경에 대하여 생각할 수 있다. 또한 해수로부터 침전한 퇴적암을 통해 지구의 기후와 해수의 화학적 변화 역사를 밝힐 수 있다.

퇴적물과 퇴적암의 연구는 중요한 실용적인 가치가 있다. 석유, 천연가스, 석탄과 같은 귀중한 화석연료 자원이 퇴적암에서 발견된다. 그 외에도 비료로 사용되는 인산염과 전 세계 철광석의 대부분 등 다수의 중요 광물자원이 퇴적암에 들어 있다. 따라서 이러한 퇴적물이 어떻게 형성되는지를 이해하는 것은 이를 찾고 개발하는 것을 돕는다.

마지막으로, 거의 모든 퇴적과정이 우리 인류가 살고 있는 지표면이나 그 근처에서 일어나므로, 환경문제에 대한 이해의 배경을 제공한다. 과거에 우리는 자원을 개발하기 위하여 퇴적암을 연구했으나, 오늘날에는 지구환경에 대한 이해를 더욱 증진하기 위하여 퇴적암을 연구하고 있다.

이 장에서는 암석 순환 중 지표에서의 과정이 어떻게 퇴적물과 퇴적암을 형성하는지를 살펴볼 것이다. 퇴적물과 퇴적암의 성분, 조직, 구조를 알아보고 퇴적물이 쌓인 환경과 어떠한 상관관계가 있는지를 검토할 것이다. 또한 장 전체에 걸쳐 퇴적물의 기원에 대한 이해를 인류의 환경문제와 에너지 및 광물자원의 탐사에 연결시킬 것이다.

■ 암석 순환 중 지표에서의 과정

퇴적물과 이로부터 형성된 퇴적암은 암석 순환 중 지표에서의 작용으로 형성된다. 이러한 지표에서의 작용은 지구내부에서 형성된 암석이 조산운동으로 융기한 후부터 다시 섭입대를 통하여 지구내부로 돌아가기 전까지 계속된다. 이 작용으로 공급지에서 퇴적물 입자가 생성된 후 분지로 이동되어 층층이 쌓이게 된다. 퇴적물 입자가 공급지로부터 분지까지 이동하는 경로는 판구조시스템과 기후시스템의 상호작용으로부터 비롯된 여러 중요한 과정들을 포함하는 매우 긴 여정이 될 수 있다.

전형적인 퇴적과정의 예로 미시시피강을 살펴보자. 판의 운동으로 로키산맥이 융기하였으며, 퇴적물의 공급지인 로키산맥에 내리는 강우에 의하여 암석의 풍화가 일어난다. 이 지역의 강우가 증가하는 경우 풍화율도 증가한다. 빠른 풍화작용으로 더 많은 퇴적물이 생산되어 하천에 의해 하류로 운반된다. 강우의 증가로 하천의 수량이 증가하면 하천에 의한 퇴적물의 운반량도 증가하며, 미시시피 삼각주와 멕시코만과 같은 퇴적물이 침전되는 퇴적분지로 운반되는 퇴적물의 양도 증가한다. 이 퇴적분지(sedimentary basin)에서 퇴적물은 겹겹이 쌓여 결국 지각 깊은 곳까지 묻히며, 석유와 천연가스를 머금게 되기도 한다.

퇴적암의 형성에 중요한 암석 순환의 지표에서 일어나는 과정들은 그림 5.1에 정리되어 있으며 다음과 같이 요약된다.

■ **풍화작용**(weathering)은 지표에서 암석이 퇴적물로 분해되는 과정으로 다음 두 가지 유형이 있다. **물리적 풍화**(physical weathering)는 단단한 암석이 나무 뿌리나(그림 5.2) 동결 쐐기 등의 기계적 작용으로 화학적 조성의 변화 없이 잘게 깨지는 과정이다. 산꼭대기나 언덕에서 흔히 볼 수 있는 암석 무더기는 대부분 물리적 풍화로 형성된 것이다. **화학적 풍화**(chemical weathering)는 암석을 이루는 광물의 화학적 성분이 변하거나

광물이 용해되는 과정을 가리킨다. 오래된 비석이나 기념비에 새겨진 글씨가 흐려지거나 지워지는 것은 주로 화학적 풍화의 결과이다.

■ **침식작용**(erosion)은 풍화과정으로 형성된 암석의 조각들을 공급지로부터 멀리 이동하는 과정이다. 가장 흔한 예로 빗물이 사면을 따라 흘러가면서 침식작용이 일어난다.

■ **운반작용**(transportation)은 퇴적물을 침전될 장소로 이동하는 과정이다. 운반작용은 물, 바람, 빙하가 퇴적물 입자를 사면 아래나 하류의 새로운 장소로 이동시킬 때 일어난다.

■ **퇴적작용**(deposition, sedimentation)은 퇴적물 입자가 물이나 바람의 유속이 감소하면서 또는 빙하가 녹으면서 퇴적분지에 놓이는 작용이다. 물속에서 입자들이 가라앉거나, 화학적 결합물이 침전되고, 생물의 유해와 껍데기가 깨지고 퇴적된다.

■ **매몰작용**(burial)은 퇴적물의 층이 퇴적분지에 차곡차곡 쌓이면서 점진적으로 압축되며 깊이 묻히는 과정이다. 이러한 퇴적물은 지각의 일부분을 구성하며, 다시 융기되거나 또는 섭입될 때까지 지각의 깊은 곳에 남아 있다.

■ **속성작용**(diagenesis)은 압력, 열, 화학반응에 의해 일어나는 물리적 및 화학적 변화를 지칭하며, 이를 통하여 퇴적분지에 매몰된 퇴적물이 암석화되어 퇴적암으로 변환된다.

풍화와 침식 : 퇴적물의 공급원

화학적 풍화와 물리적 풍화는 서로를 도와준다. 화학적 풍화는 암석을 약하게 만들어 더 쉽게 조각이 나도록 한다. 물리적 풍화에 의하여 암석의 작은 조각이 만들어지면, 더 넓은 입자의 표면이 화학적 풍화에 노출되게 된다. 물리적 풍화와 화학적 풍화는 암석의 작은 조각과 용해된 물질을 형성하며, 침식작용이 이를 멀리 운반한다. 이러한 풍화의 결과물은 쇄설성, 화학적, 생물학적 퇴적물로 분류된다.

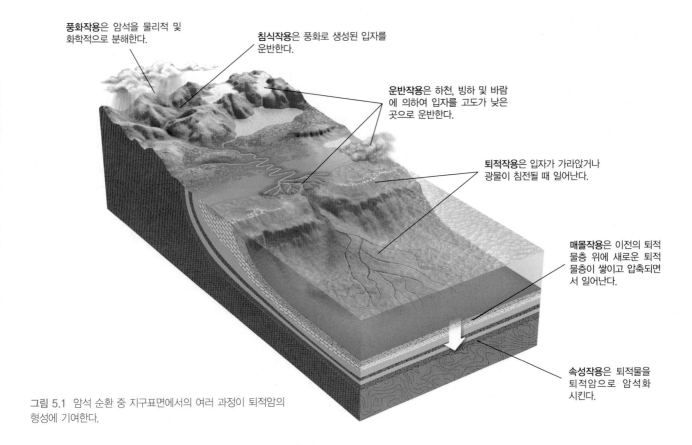

풍화작용은 암석을 물리적 및 화학적으로 분해한다.

침식작용은 풍화로 생성된 입자를 운반한다.

운반작용은 하천, 빙하 및 바람에 의하여 입자를 고도가 낮은 곳으로 운반한다.

퇴적작용은 입자가 가라앉거나 광물이 침전될 때 일어난다.

매몰작용은 이전의 퇴적물층 위에 새로운 퇴적물층이 쌓이고 압축되면서 일어난다.

속성작용은 퇴적물을 퇴적암으로 암석화시킨다.

그림 5.1 암석 순환 중 지구표면에서의 여러 과정이 퇴적암의 형성에 기여한다.

그림 5.2 식물 뿌리는 균열대를 파고들며 쐐기작용을 하여 물리적 풍화에 기여한다.

[David R. Frazier/Science Source.]

규질쇄설성 퇴적물 기존 암석의 물리화학적 풍화작용은 운반되어 퇴적되는 쇄설 입자(clastic particles)를 형성한다. 이러한 쇄설 입자의 크기는 자갈부터 모래, 실트, 점토 등 다양한 크기가 있으며, 그 모양 또한 다양하다. 모암에 있는 층리면, 절리, 파쇄대 등이 바위와 자갈의 모양을 좌우한다. 모래 입자는 모암에서 맞물려 있던 광물결정에서 기원했으며, 대체로 결정의 모양을 반영한다.

대부분의 쇄설 입자는 규산염광물로 구성된 암석의 풍화로 생성되므로, 이러한 입자를 **규질쇄설성 퇴적물**(siliciclastic sediment)이라고 한다. 쇄설성 퇴적물에 들어 있는 광물의 구성비는 다양하다. 석영과 같은 광물은 풍화에 매우 강하기 때문에 화학적 변화 없이 쇄설성 퇴적물에서 발견된다. 쇄설성 퇴적물에는 풍화에 덜 강한 장석과 같은 일부 변질된 광물의 조각도 포함된다. 또한 화학적 풍화작용으로 새로 형성된 점토광물과 같은 광물도 포함된다. 풍화강도가 다양한 경우 동일한 모암으로부터 생성된 퇴적물이라도 각각 다른 광물을 포함할 수 있다. 풍화가 강할 경우 쇄설성 퇴적물은 화학적으로 안정된 광물과 점토광물만 포함한다. 반대로 풍화가 약할 경우에는 지표에서 불안정한 광물들도 다수 쇄설성 퇴적물에 존재한다. 표 5.1은 화강암 노두로부터 기원한 세 세트의 광물조합을 보여준다.

표 5.1 다양한 풍화강도에 따라 화강암 노두에서 존재하는 퇴적물의 광물

풍화의 강도		
낮음	보통	높음
석영	석영	석영
장석	장석	점토광물
운모	운모	
휘석	점토광물	
각섬석		

화학적 및 생물학적 퇴적물 화학적 풍화는 토양, 강, 호수 및 해양의 물에 용해된 이온과 분자들이 농축되게 한다. 화학 및 생물학적 반응은 이러한 물질들을 화학적 및 생물학적 퇴적물로 침전시킨다. 우리는 편의상 화학적 퇴적물과 생물학적 퇴적물을 구분하지만 실제로 많은 부분이 중첩된다. **화학적 퇴적물**(chemical sediment)은 퇴적장소 근처에서 형성되며, 예로 해수의 증발에 의하여 석고나 암염이 침전된다(그림 5.3).

생물학적 퇴적물(biological sediment) 또한 퇴적장소 근처에서 형성되지만, 이는 생물에 의한 광물침전의 결과이다. 연체동물이나 산호와 같은 생물은 성장하면서 광물을 침전한다. 생물이 사망한 후 껍질(shell)이나 골격은 해저에 퇴적물로 쌓이게 된다. 이 경우에는 생물이 **직접** 광물침전에 관여한다. 그러나 동일하게 중요한 과정으로 생물이 광물침전에 간접적으로 관여하는 경우도 있다. 물로부터 광물성분을 얻어 껍질을 형성하는 대신에 생물체

가 주변 환경을 변화시켜 생물의 외부에 광물이 침전하도록 만들기도 한다. 특정 미생물이 황철석을 이러한 방법으로 침전시키는 것으로 알려져 있다(제11장 참조).

얕은 해양환경에서 직접 침전된 생물학적 퇴적물은 해양생물 껍질 전체 또는 조각난 입자들의 층으로 이루어진다(그림 5.4). 산호, 조개로부터 조류까지 다양한 생물들이 그 껍질을 제공한다. 때로는 껍질이 더 깨지고 운반되어 **생쇄설성 퇴적물**(bioclastic sediment)로 퇴적된다. 이러한 천해 퇴적물은 주로 두 종류의 탄산칼슘 광물인 방해석과 아라고나이트로 구성된다. 인산염과 황산염 같은 광물들은 국지적으로만 생쇄설성 퇴적물에 다량 포함된다.

깊은 바다에서 생물학적 퇴적물은 소수의 부유성 생물 껍질로 구성된다. 이러한 생물의 대부분은 방해석과 아라고나이트로 이루어진 껍질을 분비하지만, 몇몇 종은 규질 껍질을 형성하며, 깊은 해저에 걸쳐 널리 퇴적된다. 이러한 생물학적 입자들은 퇴적물을 운반하는 해류의 움직임이 거의 없는 깊은 물에서 쌓이기 때문에 생쇄설성 퇴적물을 거의 형성하지 않는다.

운반과 퇴적 : 퇴적분지를 향한 여행

쇄설성 입자와 용존이온은 풍화로 형성되고 침식으로 모암에서 이탈한 후 퇴적분지를 향하여 여행을 시작한다. 앞서 보았듯이 이러한 여행은 로키산맥에 위치한 미시시피강의 지류부터 미시시피 삼각주의 습지까지 수천 킬로미터에 걸쳐 일어나는 것처럼

그림 5.3 캘리포니아주 데스밸리에서 용해된 광물을 함유한 물이 증발하면서 염류(소금 등)가 침전되었다.
[John G. Wilbanks/Age fotostock.]

그림 5.4 생물 기원 퇴적암의 한 예로 완전히
조개껍질 조각으로 이루어졌다.
[John Grotzinger.]

매우 길 수 있다.

　대부분의 퇴적물 운송 매체는 사면 아래쪽으로만 퇴적물을 운반한다. 절벽에서 떨어지는 바위, 많은 양의 모래를 바다로까지 운반하는 강, 바위를 천천히 끌고 가는 빙하는 모두 중력에 의한 흐름이다. 바람이 고도가 낮은 곳으로부터 높은 곳으로 퇴적물을 날려보낼 수는 있지만 장기적으로는 중력의 영향이 가장 크다. 바람에 의해 날아간 입자가 바다에 떨어진 후 해저에 가라앉으면 바다에 감금된 상태가 된다. 해류가 입자를 다시 운반하여 해저의 다른 곳으로 운반할 수는 있다. 해류는 퇴적물을 육상의 큰 강보다 훨씬 짧은 거리만 운반하며, 따라서 화학적 및 생물학적 퇴적물의 짧은 운송 거리는 쇄설성 퇴적물의 긴 운반 거리와 대조된다. 그러나 모든 퇴적물의 운반 경로는 그 경로가 간단하거나 또는 복잡하더라도 결국 퇴적분지로 도달하게 된다.

운반 매체인 흐름　거의 대부분의 퇴적물은 공기나 물의 흐름에 의하여 운반된다. 바다에서 발견되는 막대한 양의 퇴적물은 매년 약 25억 톤의 고체와 용존이온 형태의 퇴적물을 운반하는 강에 의한 것이다(그림 5.5). 바람도 퇴적물을 운반하지만 강이나 해류보다는 훨씬 적은 양을 이동시킨다. 입자가 공기나 물에서 부유된 후 흐름에 의하여 하류로 이동하게 된다. 흐름이 빠르고 강할수록 더 큰 입자를 운반할 수 있게 된다.

흐름의 세기, 입자크기 및 분급　운반이 끝나면서 퇴적이 시작된다. 쇄설성 입자의 경우 중력이 퇴적의 원동력이다. 중력이 입자

를 가라앉히는 경향은 흐름이 입자를 운반하는 능력에 반대된다. 입자의 침강속도는 입자의 밀도와 크기에 비례한다(제4장 지질학 실습 참조). 거의 모든 쇄설성 입자의 밀도는 비슷하기 때문에, 입자의 크기가 바로 얼마나 입자가 빨리 가라앉을지에 대한 지표가 된다. (이 장의 뒷부분에서 입자크기에 대하여 더 구체적으로 살펴볼 것이다.) 물속에서, 큰 입자가 작은 입자보다 더 빠르게 가라앉는데, 이러한 관계는 공기에서도 동일하지만 그 차이는 훨씬 작다.

　흐름의 힘은 유속과 직접 관련되며 특정 장소에 퇴적되는 입자의 크기를 결정한다. 바람이나 물의 흐름이 느려지면서 부유하고 있는 가장 큰 입자를 더 이상 데려갈 수 없게 되기 때문에 이러한 입자들은 가라앉게 된다. 흐름이 더 느려지면서 작은 입자들이 퇴적된다. 흐름이 완전히 멈추면 가장 작은 크기의 입자도 가라앉는다. 흐름에 의하여 입자들은 다음과 같이 분리된다.

- 강한 흐름(초속 50cm 이상)은 자갈과 더 작은 크기의 입자들을 무수히 이동시킨다. 이런 흐름은 침식이 빠르게 일어나는 산악지역 급류의 하천에서 흔하다. 암석으로 이루어진 해안의 파도에 의한 침식이 일어나는 곳에 해변 자갈이 퇴적된다.

- 적당히 강한 흐름(초속 20~50cm)은 모래층을 형성한다. 이러한 흐름은 대부분의 강에서 일반적으로 일어나며 모래를 운반하고 하도에 퇴적시킨다. 빠르게 흐르는 홍수는 하천 계곡에 넓게 모래를 퇴적시킬 수 있다. 파도와 해류는 해변과 해

그림 5.5 퇴적물은 흐르는 물에 의해 쉽게 운반된다. 이 사진에서 보이는 모래에 생긴 작은 연흔이 하천에 의한 퇴적물 운반의 증거다.

[John Grotzinger.]

양에 모래를 퇴적시킨다. 바람도 모래를 퇴적시키는데, 특히 사막에서 활발하다. 그러나 공기가 물보다 훨씬 밀도가 적기 때문에 같은 크기와 밀도의 입자를 이동시키기 위해서는 훨씬 더 빠른 유속이 필요하다.

■ **약한 흐름**(초속 20cm 이하)은 가장 세립질인 쇄설성 입자(실트와 점토)를 운반한다. 홍수가 서서히 물러나거나 움직임이 멈출 때 하천 계곡의 바닥에서 관찰된다. 바다에서 점토는 세립질 입자를 부유시킬 수 없을 정도로 흐름이 너무 느린 해안에서 어느 정도 떨어진 곳에서 퇴적된다. 해양저의 대부분은 파도, 해류, 또는 바람에 의하여 운반된 점토입자로 덮여 있다. 이 입자들은 해류와 파도가 잠잠한 깊은 곳으로 서서히 가라앉아 결국 대양저까지 내려간다.

흐름이 운반하는 매우 다양한 크기의 입자들은 흐름의 세기가 변함에 따라 나누어지기 시작한다. 강하고 빠른 흐름은 모래와 점토는 부유 상태로 유지하면서 자갈은 바닥에 퇴적시킨다. 흐름이 약해지고 느려지면 자갈층 위에 모래층이 쌓이게 된다. 흐름

이 정지하게 되면 점토층이 모래층 위에 놓이게 된다. 이렇게 유속이 변하면서 퇴적물을 크기에 따라 분리시키는 작용을 **분급작용**(sorting)이라고 한다. 분급이 양호한 퇴적물은 대부분 균일한 크기의 입자로 구성되어 있다. 분급이 불량한 퇴적물은 다양한 크기의 입자를 포함한다(그림 5.6).

자갈과 조립질 모래 입자들이 물이나 공기의 흐름에 의하여 운반되면서 입자들끼리 서로 충돌하거나 또는 기반암과 마찰하게 된다. 이러한 **연마작용**(abrasion)의 결과로 입자들의 크기가 작아지게 되며 입자의 거친 가장자리 부분이 마모되며 부드럽게 된다(그림 5.7). 이러한 효과는 주로 큰 입자에 적용되며 세립질 모래나 실트 입자는 적은 영향만 받는다.

입자들은 일반적으로 지속적으로 운반되지 않고 일시적으로 운반된다. 강은 홍수기에 많은 양의 모래와 자갈을 운반하다가 홍수가 물러가면서 이들을 내려놓았다가, 다음 홍수 때에 이 퇴적물들을 다시 하류로 운반한다. 마찬가지로 강풍은 많은 양의 퇴적물을 며칠간 이동시키나, 바람이 약해지면 이동하던 퇴적물은 쌓이게 된다. 해안선을 따라 강하게 흐르는 조류는 연안에서

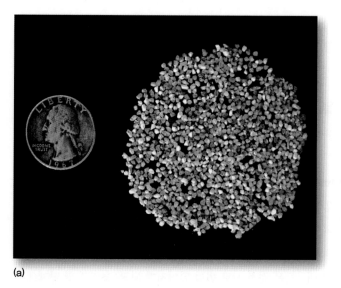
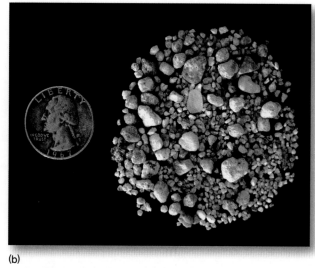

(a)　**(b)**

그림 5.6　흐름의 강도가 변함에 따라 퇴적물은 입자크기에 따라 분급된다. 왼쪽의 상대적으로 일정한 크기의 모래알들은 분급이 양호하지만 오른쪽은 분급이 불량하다.

[John Grotzinger.]

떨어진 곳까지 조개껍데기 조각들을 운반하고 퇴적시킬 수 있다.

쇄설성 입자가 운반되는 데 걸리는 총 시간은 퇴적분지까지의 거리와 운반 도중에 몇 번이나 쉬었다 가는지에 따라 수백 년에서 수천 년 이상 걸릴 것이다. 한 예로 미국 몬태나주 서부의 산지에서 미주리강 상류의 침식으로 출발한 쇄설성 입자들은 수백 년 동안 미주리강과 미시시피강을 따라 3,200km를 이동하여 멕시코만에 이르게 된다.

화학혼합통 같은 해양

화학적 및 생물학적 퇴적작용은 중력보다는 침전이 구동력이다. 화학적 풍화로 물에 용해된 물질은 물과 함께 운반된다. 이러한 물질은 수용액의 일부이므로 중력에 의하여 퇴적될 수 없다. 강을 따라 운반되는 용해된 물질은 궁극적으로 해양으로 들어간다.

해양은 거대한 화학혼합통에 비유할 수 있다. 강, 비, 바람, 빙하는 지속적으로 용해 물질을 해양으로 운반한다. 작은 양의 용해 물질이 중앙해령에서 해수와 뜨거운 현무암 사이의 열수 화학반응을 통해 해양으로 유입된다. 해양은 표면에서의 증발작용으로 인하여 끊임없이 물을 잃는다. 물의 유입과 유출은 거의 정확히 균형을 이루기 때문에 바닷물의 양은 수십 년, 심지어는 수 세기 등의 지질학적으로 짧은 시간 동안 일정하게 유지된다. 그러나 수천 년부터 수백만 년에 걸쳐서는 이러한 균형이 깨질 수 있다. 그 예로 가장 최근의 빙하기 동안 해수의 상당량이 빙하 얼음으로 바뀌면서 해수면은 100m 이상 떨어졌다.

운송거리

짧은　　보통　　긴

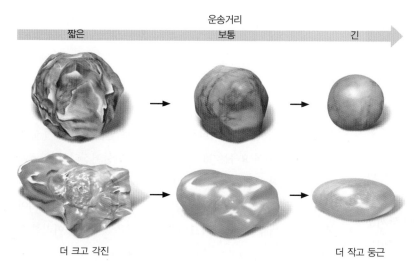

더 크고 각진　　　　더 작고 둥근

그림 5.7　쇄설성 입자의 운반 중 마모는 입자의 크기를 감소시키고 원마도를 증가시킨다. 일반적으로 운반 중 입자의 전반적인 모습이 크게 변하지는 않더라도 원마도가 증가하고 크기는 약간 작아진다.

용존물질의 출입도 균형이 맞춰져 있다. 해수에 들어 있는 많은 용해 성분들은 각각 어떠한 화학적 또는 생물학적 반응을 통하여 물에서 빠져나와 해저에 침전하게 된다. 그 결과 일정 부피의 바닷물에 녹아 있는 총 용존물질의 총량으로 표현되는 바닷물의 **염도**(salinity)는 일정하게 유지된다. 전 세계의 해양을 전체적으로 볼 때 침전되는 광물은 용존물질이 유입되는 양과 균형을 이루어 지구시스템이 균형을 유지하는 또 하나의 예가 된다.

이러한 화학적 균형을 더 잘 이해하기 위해 칼슘을 생각해보자. 칼슘은 바다에서 형성되는 가장 풍부한 생물 기원 침전물인 탄산칼슘($CaCO_3$)의 성분이다. 육상에서는 석회암과 장석이나 휘석과 같이 칼슘을 함유한 규산염광물들이 풍화될 때 칼슘이 용해되어 칼슘이온(Ca^{2+})의 형태로 해양으로 이동한다. 다양한 종류의 해양생물들이 바닷물에 녹아 있는 칼슘이온과 탄산이온(CO_3^{2-})을 흡수하여 탄산칼슘 껍질(shell)을 형성한다. 따라서 용해된 이온의 형태로 해양으로 운반된 칼슘은 생물체가 죽어서 그 껍질이 해저에 놓이면 탄산염 퇴적물로 쌓이게 된다. 궁극적으로 탄산염 퇴적물은 매몰되어 석회암으로 변환될 것이다. 따라서 바닷물에 녹아 있는 칼슘의 양을 일정하게 유지하는 과정은 일부 생물의 활동에 의해 제어되고 있다.

비생물학적 메커니즘에 의해서도 바닷물의 화학적 균형이 유지되고 있다. 예를 들어 해양으로 운반되어온 나트륨이온(Na^+)은 염소이온(Cl^-)과 화학적으로 반응해서 염화나트륨($NaCl$)을 형성한다. 이는 증발에 의하여 나트륨과 염소이온이 과포화될 때 일어난다. 제3장에서 살펴보았듯이 용액이 용존물질로 과포화되어 더 이상 용존물질을 함유할 수 없을 때 광물의 침전이 일어난다. 염화나트륨이 침전될 정도의 강렬한 증발작용은 따뜻한 천해의 만이나 염호에서 일어난다.

■ 퇴적분지 : 퇴적물을 담는 그릇

앞에서 살펴본 바와 같이 퇴적물을 이동시키는 흐름은 일반적으로 지표의 높은 곳에서 낮은 곳으로 흐른다. 따라서 퇴적물은 지각이 움푹 꺼진 곳에 쌓이는 경향이 있다. 이러한 움푹 꺼진 곳은 넓은 면적의 지각이 주변보다 **침강**(subsidence)하여 형성된다. 침강은 지각 위에 놓인 퇴적물의 무게에 의해 일부 일어나기도 하지만, 판구조운동에 의해 주로 일어난다.

퇴적분지(sedimentary basin)는 침강과 퇴적작용에 의해 두꺼운 퇴적물과 퇴적암이 쌓인 곳으로 그 크기는 다양하다. 퇴적분지는

석유와 천연가스의 주요 공급원이며, 이러한 자원에 대한 상업적 탐사는 퇴적분지와 대륙지각 깊은 곳의 구조를 이해하는 데 도움이 되었다.

열개분지와 열침강분지

육상에서 판의 분리가 일어나면 아래에 놓인 암권이 늘어나고 얇아지며 열을 받으면서 침강이 일어난다(그림 5.8). **열개분지**(rift basin)는 길고, 깊고, 폭이 좁으며 두꺼운 퇴적암과 분출암 및 관입암으로 채워져 있다. 동아프리카 열곡, 리오그란데 계곡, 중동의 요르단 계곡 등이 열개분지의 예다.

판 분열의 후기 단계에서 발산이 계속되어 해저확장이 일어나면 대륙들은 점점 서로 멀리 떨어지게 되고, 초기 분열 단계에서 가열되고 얇아졌던 지각이 식으면서 침강을 계속하게 된다(그림 5.8 참조). 냉각에 의하여 지각의 밀도가 증가하면서 해수면 아래로 침강이 일어나면 이곳에 퇴적물이 쌓일 수 있다. 이 단계에서는 지각의 냉각으로 퇴적분지가 형성되므로 이를 **열침강분지**(thermal subsidence basins)라고 한다. 인접한 육지의 풍화로 인한 퇴적물이 대륙의 가장자리를 따라 해수면까지 채우면서 **대륙붕**(continental shelf)을 형성한다.

대륙붕은 오랫동안 퇴적물을 공급받는데 그 이유는 이동하는 대륙의 연변부는 천천히 침강하며 또한 퇴적물이 대륙의 광대한 육지로부터 기원할 수 있기 때문이다. 점점 더 커지는 퇴적물의 무게는 지각이 침강하도록 하여 분지가 추가로 퇴적물을 더 공급받을 수 있도록 한다. 이러한 끊임없는 침강과 퇴적물의 운반에 의하여 두께 10km 이상의 대륙붕 퇴적물이 차곡차곡 쌓일 수 있다. 북아메리카와 남아메리카, 유럽 및 아프리카의 대서양 해안 대륙붕들은 열침강분지의 좋은 예다. 이 분지들은 약 2억 년 전 초대륙 판게아가 쪼개지면서 북아메리카판과 남아메리카판이 유라시아판과 아프리카판으로부터 분리되면서 형성되기 시작했다.

요곡분지

퇴적분지의 세 번째 유형은 수렴 경계에서 한 판이 다른 판을 밀어올려서 형성된다. 올라타는 판의 무게로 인하여 아래에 놓인 판이 휘어지면서 **요곡분지**(flexural basin)가 만들어진다. 이라크의 메소포타미아 분지는 아라비아판이 유라시아판과 충돌하여 유라시아판 밑으로 섭입되면서 형성된 요곡분지다. 사우디아라비아에 이어 전 세계 2위인 이라크의 막대한 석유 매장량은 이러한 요곡분지의 형성에 적합한 조건을 갖추고 있었기에 가능하다. 실제

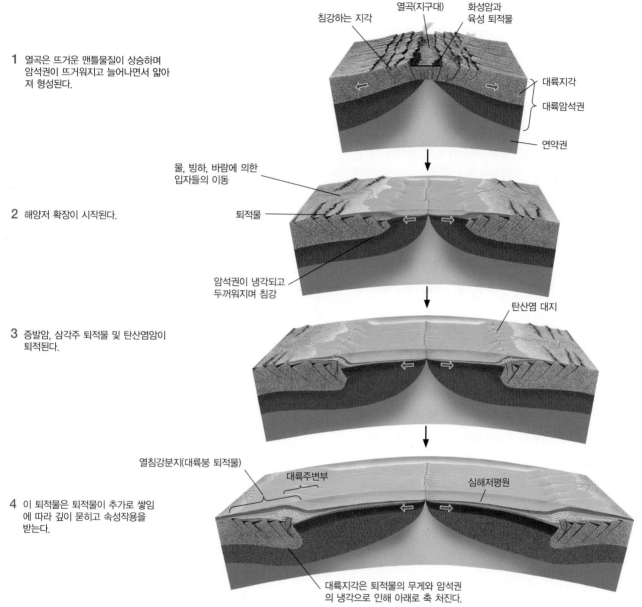

1 열곡은 뜨거운 맨틀물질이 상승하며 암석권이 뜨거워지고 늘어나면서 얇아져 형성된다.

침강하는 지각
열곡(지구대)
화성암과 육성 퇴적물
대륙지각
대륙암석권
연약권

2 해양저 확장이 시작된다.

물, 빙하, 바람에 의한 입자들의 이동
퇴적물
암석권이 냉각되고 두꺼워지며 침강

3 증발암, 삼각주 퇴적물 및 탄산염암이 퇴적된다.

탄산염 대지

4 이 퇴적물은 퇴적물이 추가로 쌓임에 따라 깊이 묻히고 속성작용을 받는다.

열침강분지(대륙붕 퇴적물)
대륙주변부
심해저평원
대륙지각은 퇴적물의 무게와 암석권의 냉각으로 인해 아래로 축 처진다.

그림 5.8 퇴적분지는 판의 분리에 의해 형성된다.

로 오늘날 이란의 자그로스산맥 아래에 있는 암석에서 생성된 석유가 이동하여 100억 배럴 이상의 석유를 함유하는 다수의 유전을 형성하였다.

■ 퇴적환경

퇴적물이 형성되는 공급지와 퇴적물이 묻히고 퇴적암으로 변환되는 퇴적분지 중간에 퇴적물은 여러 퇴적환경을 지나간다. **퇴적환경**(sedimentary environment)은 퇴적작용이 일어나는 장소 중 특정 기후조건과 물리적, 화학적, 생물학적 작용의 조합으로 이루어지는 곳이다(그림 5.9). 퇴적환경의 주요 특징들은 다음을 포함한다.

- 물의 종류와 양(바다, 호수, 강, 건조한 육지)
- 운반 매체의 종류와 세기(물, 바람, 얼음)
- 지형(저지대, 산지, 해안평야, 얕은 바다, 깊은 바다)
- 생물의 활동(껍데기의 침전, 산호초의 성장, 퇴적물을 뚫고 들어가는 생물들)
- 퇴적물 공급지의 판구조 환경(화산대, 대륙-대륙 충돌대)과 퇴적분지(열개분지, 열침강분지, 요곡분지)
- 기후(한랭 기후에서 빙하 형성, 건조 기후의 사막에서 증발에 의한 광물의 침전)

독특한 녹색 모래로 유명한 하와이의 해변은 독특한 퇴적환경의 결과물이다. 하와이 화산섬은 감람석을 포함하는 현무암으로 구성되어 있으며, 풍화에 의하여 감람석이 방출된다. 하천이 감람석을 해변으로 운반하면 파도와 파도에 의한 해류가 감람석을 집중적으로 모으고 현무암의 조각들은 제거하여 결국 감람석이 풍부한 모래를 형성하는 것이다.

퇴적환경은 흔히 육상, 해안선 근처, 해양과 같이 위치에 따라 묶을 수 있다. 이러한 구분은 각 퇴적환경에서 일어나는 퇴적작용을 강조한 것이다.

육상 퇴적환경

육상의 퇴적환경은 지표의 온도와 강수량의 편차가 크기 때문에 다양하게 나타난다. 이러한 환경은 호수, 강, 사막, 빙하 주위에 발달한다(그림 5.9 참조).

- 호수 환경(lake environment)은 상대적으로 작은 파도와 적당한 흐름을 퇴적물 운반의 매체로 하는 담수 또는 염수가 내륙에 모여 있는 곳이다. 유기물과 탄산염광물의 화학적 퇴적작용이 담수호에서 일어날 수 있다. 사막에서 볼 수 있는 염호에서는 암염과 같은 다양한 **증발광물**이 침전된다. 미국 유타주의 그레이트솔트호가 그 예이다.

- 충적 환경(alluvial environment)은 강의 하도, 강 주위의 습지, 홍수기에 물에 잠기는 **범람원**(floodplain)과 같이 하천 계곡의 편평한 곳을 포함한다. 강은 남극대륙을 제외한 모든 대륙에 존재하기 때문에 충적 환경은 널리 분포한다. 범람원의 이토층에 생물이 많이 살아 유기적 퇴적물이 하도 근처의 습지에 쌓이게 된다. 기후는 건조부터 다습한 기후까지 다양하게 존재한다. 미시시피강과 그 범람원이 예이다.

- 사막 환경(desert environment)은 건조하다. 간헐적으로 부는 바람과 흐르는 강이 모래와 먼지를 운반한다. 건조한 기후 때문에 생물의 성장이 제한되기 때문에 생물은 퇴적작용에 거의 영향을 미치지 못한다. 사막의 사구는 이러한 환경의 예다.

- 빙하 환경(glacial environment)은 추운 기후에서 이동하는 얼음 덩어리가 특징이다. 식물이 존재하지만 퇴적작용에 거의 영향을 미치지 않는다. 빙하가 녹는 곳부터는 빙하가 녹은 물이 개천을 이루어 충적 환경으로 된다.

해안선 퇴적환경

파도, 조석, 강의 흐름이 사질 연안 퇴적물에 어우러져 해안선 퇴적환경을 형성한다(그림 5.9 참조).

- 삼각주(delta) : 강이 호수나 바다로 들어가는 곳
- 갯벌(tidal flat) : 썰물 때 노출되는 넓은 지역으로 조류의 영향을 받는다.
- 해빈(beach) : 강한 파도가 해안선에 접근하면서 부서져 해변에 퇴적물이 분포하여 해안선을 따라 모래나 자갈을 길쭉하게 퇴적시키는 곳

해안선 환경에 쌓이는 퇴적물은 주로 규질쇄설성 퇴적물이다. 생물은 이러한 퇴적물에 굴을 파고 들어가며 퇴적물을 혼합하는 역할을 한다. 그러나 일부 열대 및 아열대 지역에서는 생물 기원의 탄산염 퇴적물도 형성될 수 있다. 이러한 생물학적 퇴적물도 파도와 조류에 의하여 운반된다.

해양 퇴적환경

해양 퇴적환경은 어떠한 종류의 해류가 존재하는지에 따라 수심으로 분류된다(그림 5.9 참조). 또는 육지로부터의 거리로 분류되기도 한다.

- 대륙붕 환경(continental shelf environment)은 대륙해안으로부터 가까운 얕은 바다에 위치하며 퇴적작용은 상대적으로 완만한 흐름에 의하여 일어난다. 퇴적물은 강이 규질쇄설성 퇴적물을 얼마나 공급하는지 그리고 탄산칼슘을 생산하는 생물의 양에 따라 규질쇄설성 또는 탄산염 입자로 구성된다. 기후가 건조한 경우 만 지역이 외해와 단절되면서 증발작용에 의하여 화학적 퇴적작용이 일어날 수도 있다.

- 생물초(organic reef)는 탄산염을 분비하는 생물들에 의해 대륙붕이나 해양 화산섬에 형성된 탄산염 구조다.

- 대륙주변부와 대륙사면 환경(continental margin and slope environment)은 대륙 가장자리의 깊은 바다에 위치하며, 퇴적물은 저탁류에 의하여 운반된다. **저탁류**(turbidity current)는 퇴적물과 물이 난류의 형태로 사면 아래로 이동하는 사태이다. 저탁류로 퇴적되는 퇴적물은 대부분 규질쇄설성 퇴적물이지만, 탄산염 퇴적물로 대륙사면 퇴적물이 이루어질 수도 있다.

- 심해 환경(deep-sea environment)은 대륙으로부터 멀리 떨어져 있고 파도나 조류가 영향을 미치는 범위보다 훨씬 깊다. 이러한 환경은 대륙주변부에서 멀리 운반된 저탁류가 쌓이는 대

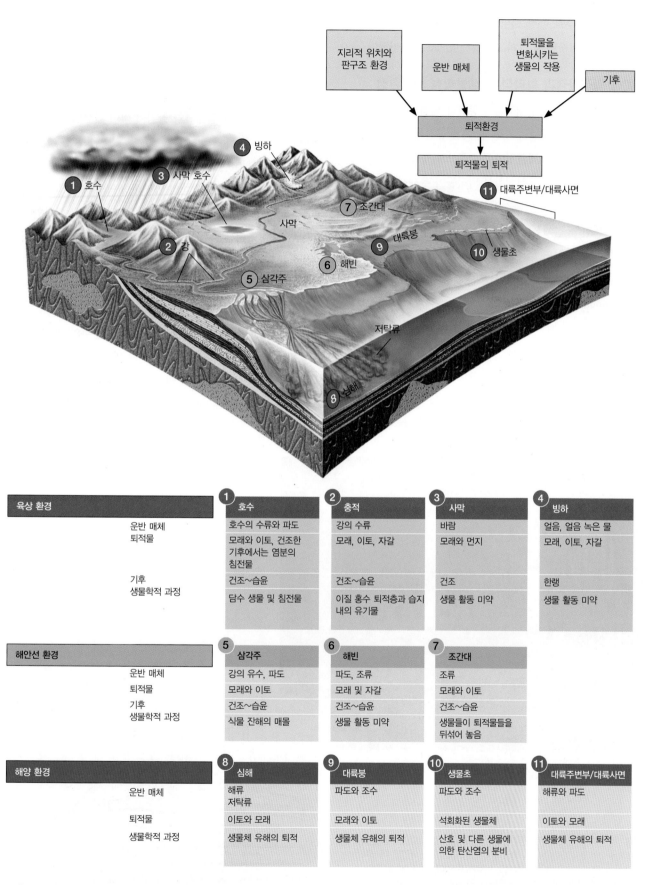

육상 환경		**1** 호수	**2** 충적	**3** 사막	**4** 빙하
	운반 매체	호수의 수류와 파도	강의 수류	바람	얼음, 얼음 녹은 물
	퇴적물	모래와 이토, 건조한 기후에서는 염분의 침전물	모래, 이토, 자갈	모래와 먼지	모래, 이토, 자갈
	기후	건조~습윤	건조~습윤	건조	한랭
	생물학적 과정	담수 생물 및 침전물	이질 홍수 퇴적층과 습지 내의 유기물	생물 활동 미약	생물 활동 미약

해안선 환경		**5** 삼각주	**6** 해빈	**7** 조간대	
	운반 매체	강의 유수, 파도	파도, 조류	조류	
	퇴적물	모래와 이토	모래 및 자갈	모래와 이토	
	기후	건조~습윤	건조~습윤	건조~습윤	
	생물학적 과정	식물 잔해의 매몰	생물 활동 미약	생물들이 퇴적물들을 뒤섞어 놓음	

해양 환경		**8** 심해	**9** 대륙붕	**10** 생물초	**11** 대륙주변부/대륙사면
	운반 매체	해류 저탁류	파도와 조수	파도와 조수	해류와 파도
	퇴적물	이토와 모래	모래와 이토	석회화된 생물체	이토와 모래
	생물학적 과정	생물체 유해의 퇴적	생물체 유해의 퇴적	산호 및 다른 생물에 의한 탄산염의 분비	생물체 유해의 퇴적

그림 5.9 여러 요인들이 상호작용하여 퇴적환경을 형성한다.

류사면의 하부, 주로 플랑크톤의 껍질로 구성된 탄산염 퇴적물이 쌓이는 심해저평원, 그리고 중앙해령으로 이루어진다.

규질쇄설성 퇴적환경과 화학적 및 생물학적 퇴적환경

퇴적환경은 위치뿐만 아니라 퇴적물의 종류나 퇴적물이 주로 형성되는 과정에 따라서도 나눌 수 있는데, 크게 규질쇄설성 퇴적환경과 화학적 및 생물학적 퇴적환경의 두 그룹으로 묶을 수 있다.

규질쇄설성 퇴적환경은 규질쇄설성 퇴적물이 우세하다. 모든 육상 퇴적환경과 육상과 해양환경의 전이대인 해안선 퇴적환경도 포함한다. 또한 규질쇄설성 모래와 이토가 쌓인 해양의 대륙붕, 대륙주변부, 대륙사면, 심해저도 포함한다(그림 5.10). 이러한 환경에 쌓이는 퇴적물은 육지에서 기원했기 때문에 흔히 **육성 퇴적물**(terrigenous sediment)이라고 한다.

화학적 및 생물학적 퇴적환경은 화학적 및 생물학적 침전작용을 특징으로 한다(표 5.2).

탄산염 환경(carbonate environment)은 주로 생물에 의해 분비된 탄산칼슘으로 퇴적물이 구성되는 해양환경이다. 탄산염 환경은 화학적 및 생물학적 퇴적환경 중에서 가장 많이 나타나는 환경이

다. 수백 종의 연체동물, 무척추동물들과 석회질 조류와 미생물들이 탄산염 껍질(shell)이나 골격을 분비한다. 다양한 생물 집단들이 다양한 수심에서 서식하며, 바닷물의 움직임이 거의 없는 조용한 지역뿐만 아니라 파도와 해류가 강한 곳에서도 모두 살고 있다. 이들이 죽으면 껍데기와 골격이 쌓여 탄산염 퇴적물을 형성한다.

심해를 제외하고는 탄산염 환경은 주로 탄산염을 분비하는 생물들이 번성하는 따뜻한 열대와 아열대 지역의 해양에 분포한다. 이러한 환경은 생물초, 탄산염 모래해빈, 갯벌, 얕은 탄산염 대지 등을 포함한다. 일부 탄산염 퇴적물은 오스트레일리아 남쪽의 남대양 같은 곳에서 탄산이온이 과포화된 수온 20℃ 미만의 차가운 물에서 형성되기도 한다. 이러한 탄산염 퇴적물은 방해석 껍질을 형성하는 제한된 종류의 생물에 의하여 형성된다.

규질 환경(siliceous environment)은 실리카 성분의 껍질들이 쌓이는 독특한 심해 퇴적환경이다. 실리카 껍질을 분비하는 플랑크톤 생물들은 영양분이 풍부한 바다의 표층에서 성장한다. 이들이 죽으면 껍질은 심해 해저에 규질 퇴적물로 쌓이게 된다.

그림 5.10 서부 텍사스 과달루페산맥의 높은 봉우리인 엘 캐피탄에 노출되어 있는 퇴적암은 2억 6,000만 년 전 해양에서 형성되었다. 산사면의 아래쪽은 심해환경에서 퇴적된 규질쇄설성 암석으로 이루어져 있다. 그 위에 놓인 엘 캐피탄의 절벽은 석회석과 백운암으로 이루어져 있으며, 얕은 바다에서 탄산염을 분비하는 생물이 죽어 그 껍질을 암초 형태로 남긴 것이다.
[John Grotzinger.]

표 5.2 주요 화학적 및 생물학적 퇴적환경

환경	침전 기작	퇴적물
해안선과 해양		
탄산염(암초, 대지, 심해)	생물의 껍질과 일부 조류, 해수로부터 무기적 침전	탄산염 모래와 이토, 암초
증발암	해수의 증발	석고, 암염, 기타 염류
규질(심해)	생물의 껍질	실리카
육성		
증발암	호수 물의 증발	암염, 붕산염, 질산염, 탄산염, 기타 염류
습지	식물	토탄

증발 환경(evaporite environment)은 건조한 만 지역에서 따뜻한 해수가 외해로부터 바닷물이 공급되는 것보다 더 빠르게 증발될 때 형성된다. 증발 정도와 증발이 진행된 시간의 길이가 증발이 일어나는 바닷물의 염도를 조절하여 화학적 퇴적물의 종류도 결정하게 된다. 증발 환경은 흘러나가는 강이 없는 호수에도 형성된다. 이러한 호수에서 암염, 붕산염, 질산염 및 기타 염류들이 침전될 수 있다.

■ 퇴적구조

퇴적구조(sedimentary structure)는 퇴적 당시에 형성된 모든 특징을 포함한다. 퇴적물과 퇴적암은 입자크기나 입자의 성분이 다른 층들이 각각 차곡차곡 쌓여서 만들어지는 **층리**로 특징된다. 이러한 층들의 두께는 몇 밀리미터나 수 센티미터부터 수 미터까지 다양하다. 대부분의 층리는 퇴적 당시에 수평 또는 거의 수평에 가깝다. 그러나 일부 층리는 수평면에 대해 고각으로 형성되기도 한다.

사층리

사층리(cross-bedding)는 바람이나 물에 의하여 퇴적되며 수평면으로부터 최대 35° 기울어진 층리다(그림 5.11). 사층리는 퇴적물 입자들이 육상, 하천, 해저사구의 가파른 쪽에 놓이면서 형성된다. 바람에 의하여 퇴적된 사구의 사층리 패턴은 빠르게 변하는 풍향으로 인해 복잡할 수 있다(본 장 시작부의 사진을 참조). 사층리는 사암에 흔히 발달하며 자갈과 일부 탄산염 퇴적물에서도 발달한다. 사암에서는 쉽게 관찰할 수 있으나, 모래는 단면을 파서 관찰해야 한다.

점이층리

점이층리(graded bedding)는 사면을 따라 내려가는, 밀도가 높은

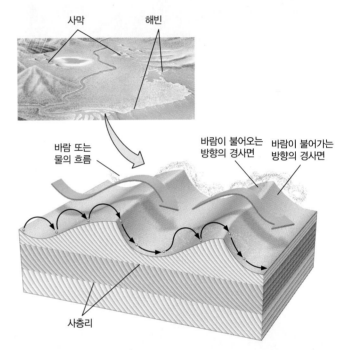

그림 5.11 사구나 연흔의 가파른 경사면을 따라 아래로 이동한 퇴적물 입자들이 사층리를 형성한다.

저탁류로부터 퇴적된 대륙사면과 심해저 퇴적물에 가장 흔하다. 각 층은 제일 하부의 조립질 입자로부터 상부의 세립질 입자로 구성된다. 저탁류가 점차적으로 느려지며 점점 더 세립질 입자를 내려놓는다. 이러한 입자크기의 변화는 흐름의 세기가 약해지는 것을 지시한다. 점이층은 몇 센티미터부터 수 미터 두께의 수평 혹은 거의 수평에 가까운 층을 형성한다. 이러한 점이층들이 모이면 총 두께가 수백 미터에 달하기도 한다. 저탁류에 의하여 퇴적된 점이층을 **저탁암**(turbidite)이라 한다.

연흔

연흔(ripple)은 흐름에 직각 방향으로 길게 놓인 모래나 실트로 구성된 매우 작은 능선이다. 연흔은 1~2cm 높이의 낮고 폭이 좁은 능선과 더 넓은 골로 나누어져 있다. 이 퇴적구조는 현생 모래와

(a)

(b)

그림 5.12 연흔. (a) 해빈의 현생 모래에 발달한 연흔. (b) 연흔이 있는 사암.
[(a) John Grotzinger 제공; (b) John Grotzinger/Ramón Rivera-Moret/MIT.]

오래된 사암에서 모두 흔하다(그림 5.12). 연흔은 바람에 의해 형성된 사구의 표면, 얕은 하천 물속 사구의 표면, 또는 해빈의 파도 아래에서 볼 수 있다. 지질학자들은 파도가 왔다 가는 움직임에 의하여 형성된 대칭 연흔과 강의 모래톱이나 사구 위를 한 방향으로 움직이는 흐름에 의하여 형성된 비대칭 연흔을 구분할 수 있다(그림 5.13).

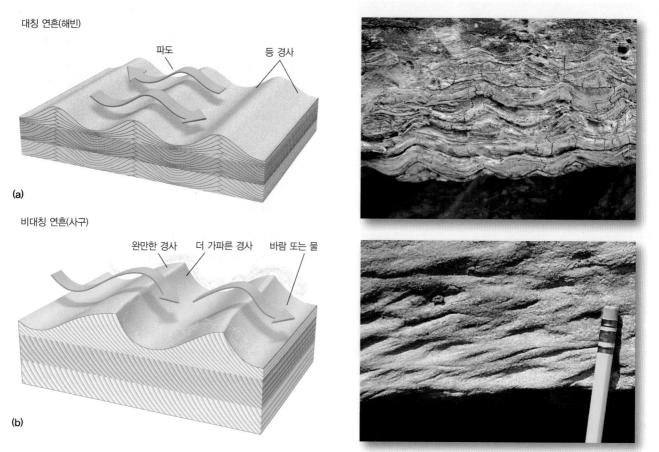

그림 5.13 지질학자들은 파도에 의해 형성된 연흔과 흐르는 물에 의해 형성된 연흔을 구별할 수 있다. (a) 파도의 앞뒤 움직임에 의해 생성된 해빈 모래의 연흔은 대칭적이다. (b) 한 방향으로 흐르는 유수에 의해 생성된 사구 위의 연흔은 비대칭적이다.
[(a) John Grotzinger; (b) John Grotzinger]

생물교란구조

여러 퇴적암의 지층이 수직으로 여러 층을 통과하는 직경 수 센티미터의 원통형 튜브들에 의해 파괴되거나 교란된다. 이러한 퇴적구조는 해양의 바닥에 사는 조개, 지렁이나 다른 해양생물들이 만든 구멍과 굴의 잔재이다. 이러한 생물들이 이토와 모래를 휘젓고 파는 과정을 **생물교란작용**(bioturbation)이라고 한다. 이들은 퇴적물을 섭취해서 그 속에 들어 있는 유기물질을 소화하고 퇴적물을 배설하여 구멍을 채운다(그림 5.14). 생물교란구조를 보면 지질학자는 퇴적물을 파는 생물의 생태를 알아낼 수 있다. 굴을 파는 생물의 행동은 흐름의 세기나 영양분의 유무와 같은 환경요소에 의하여 일부 조절되므로 생물교란구조는 과거의 퇴적환경을 재구성하는 데 도움을 줄 수 있다.

지층 배열 순서

지층 배열 순서(bedding sequence)는 수직으로 층층이 쌓인 여러 종류의 퇴적암층에서 볼 수 있다. 지층의 배열은 사층리가 발달한 사암 위에 생물교란구조가 있는 실트암이 놓이고, 그 위에 연흔이 발달한 사암이 놓이는 것과 같이 어떠한 두께나 순서로도 만들어질 수 있다.

지층의 순서는 지질학자들이 퇴적물이 퇴적된 방법을 복원하여 과거에 지표에서 일어난 지질학적 과정과 사건들의 역사를 꿰뚫어 보는 데 도움을 준다. 그림 5.15는 충적 퇴적환경에 형성된 전형적인 지층의 순서를 보여준다. 곡류천이 계속 이동하면서 퇴적물을 내려놓을 때 지층의 하부에는 하천의 가장 깊은 곳에서 퇴적된 지층이 놓이게 된다. 지층의 중간에는 하천의 얕은 부분에서 유속이 약한 상태에서 퇴적된 부분이, 그리고 상부에는 범람원에서 퇴적된 지층이 놓인다. 이렇게 형성된 지층은 하부에서 상부로 가면서 퇴적물의 입자가 큰 입자부터 작은 입자로 상향 세립화된다. 곡류천이 좌우로 계속 이동하면서 이러한 지층의 순서는 여러 번 반복될 수 있다.

대부분의 지층 순서는 여러 개 작은 규모의 분대로 구성된다. 〈그림 5.15〉의 예에서 최하부층은 사층리를 포함한다. 이는 더 많은 사층리가 있는 층에 의하여 덮이는데 이곳 사층리의 크기는 더 작다. 수평 층리는 지층 순서의 상부에 발달한다. 오늘날에는 컴퓨터모델을 사용하여 충적 퇴적환경에서 모래의 지층 순서가 발달하는지를 분석하기도 한다.

■ 매몰작용과 속성작용 : 퇴적물에서 암석으로

육지에서 풍화작용에 의해 생성된 쇄설성 입자들의 대부분은 결국 해양에 있는 여러 퇴적분지에 퇴적된다. 소량의 규질쇄설성 퇴적물만 육상 퇴적환경에 퇴적된다. 화학적 및 생물학적 퇴적물도 일부 호수와 습지에 퇴적되는 것을 제외하고는 대부분 해양분지에 퇴적된다.

매몰작용

퇴적물이 해저에 도달하면 그곳에 갇히게 된다. 깊은 해저는 최종적 퇴적분지로 대부분의 퇴적물은 이곳에서 안식하게 된다. 퇴적물이 새로운 퇴적층 아래에 묻히면 화학적 변화뿐만 아니라 점점 더 높은 온도와 압력의 영향을 받는다.

속성작용

퇴적물이 퇴적되고 묻힌 후 점점 더 지각 깊숙이 묻히면서, 증가하는 온도와 압력으로 인해 발생하는 여러 물리적 및 화학적 변

그림 5.14 생물교란구조. 이 암석은 이토에 구멍을 뚫고 다니는 생물이 만든 화석화된 터널들이 교차하고 있다.
[John Grotzinger/Ramón Rivera-Moret/Harvard Mineralogical Museum.]

위의 지층배열

범람원 :
이토와 실트

하천의 얕은 곳 :
세립질 모래,
소규모 사층리

하나의
지층배열

하천의 깊은 곳 :
조립질 퇴적물,
대규모 사층리

입자크기 증가

아래의 지층배열

1m

사진   해석 도면

그림 5.15 곡류천에 의해 형성된 전형적인 지층
배열 순서.
[USDA-NRCS photo by Jim R. Fortner.]

화인 **속성작용**(diagenesis)의 영향을 받는다. 이러한 변화는 퇴적물 또는 퇴적암이 풍화작용에 노출되거나 또는 보다 심한 열과 압력에 의해 변성될 때까지 계속된다(그림 5.16).

지각의 깊이에 따라 온도는 평균 킬로미터당 30℃ 증가하지만, 이 증가율은 퇴적분지마다 다소 차이가 있다. 따라서 4km 깊이에서 매몰된 퇴적물은 120℃ 또는 그 이상의 온도에 도달할 수 있는데, 이는 특정 형태의 유기물이 석유나 천연가스로 전환될 수 있는 온도다('지질학 실습' 참조). 압력도 평균적으로 매 4.4m 당 약 1기압씩 증가한다. 이렇게 증가하는 압력이 매몰된 퇴적물을 압축시킨다.

또한 매몰된 퇴적물은 용해된 광물로 가득 찬 지하수와 끊임없이 접촉하고 있다. 이러한 광물들은 퇴적물 입자 사이의 공극에 침전하여 입자들을 묶어줄 수 있으며, 이러한 화학적 변화를 교결작용이라고 한다. **교결작용**(cementation)은 입자 사이의 빈 공간이 암석의 전체 부피에서 차지하는 비율인 **공극률**(porosity)을 감소시킨다. 예를 들어, 일부 모래에서는 탄산칼슘이 방해석으로 침전되어 모래 입자들을 묶고 퇴적물을 사암으로 단단하게 만드는 시멘트 역할을 한다(그림 5.17). 석영과 같은 광물도 모래, 이토 및 자갈을 교결하여 사암, 이암 또는 역암으로 만들 수 있다.

물리적으로 일어나는 주요한 변화는 퇴적물의 부피와 공극률을 줄이는 **다짐작용**(compaction)이다. 다짐작용은 그 위에 놓인 퇴적물의 무게에 의하여 퇴적물 입자가 서로 더 가깝게 놓이게 될 때 일어난다. 모래는 퇴적작용 중 상당히 조밀하게 놓이기 때문에 많이 다져지지는 않는다. 그러나 갓 퇴적된 이토와 탄산염 이토는 매우 공극률이 높다. 이러한 퇴적물들은 흔히 부피의 60% 이상이 공극에 들어 있는 물로 이루어져 있다. 결과적으로 이토는 매몰 이후 다짐작용을 심하게 받아 함유된 물의 절반 이상을 잃는다.

교결작용과 다짐작용은 모두 **암석화작용**(lithification)을 일으켜 부드러운 퇴적물이 암석으로 변화되게 한다.

■ 규질쇄설성 퇴적물과 퇴적암의 분류

퇴적과정에 대한 지식을 사용하여 퇴적물과 퇴적암을 분류하는 데 사용할 수 있다. 가장 큰 구분은 규질쇄설성 퇴적물과 퇴적암, 그리고 화학적 및 생물학적 퇴적물과 퇴적암이다. 규질쇄설성 퇴적물과 퇴적암은 지각의 모든 퇴적물과 퇴적암 전체의 4분의 3 이상을 차지한다(그림 5.18). 따라서 규질쇄설성 퇴적물과 퇴적암부터 살펴보자.

규질쇄설성 퇴적물과 암석은 주로 입자크기에 따라 분류된다(표 5.3).

■ **조립질 입자 : 자갈과 역암**

1 퇴적물은 지각의 얕은 곳에 묻히고, 압축되며, 암석화작용을 받는다.

2 속성작용은 퇴적물을 퇴적암으로 변화시키는 물리적 및 화학적 과정을 포함한다.

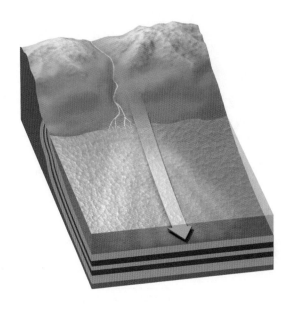

다짐작용
매몰에 의한 압축으로 물이 빠져나간다.

교결작용
새로운 광물의 침전 또는 첨가로 퇴적물 입자들이 교결된다.

물 50~60%

물 10~20%

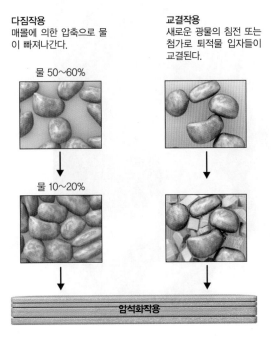

암석화작용

3 퇴적물에 따라 다른 종류의 퇴적암이 형성된다.

세립질 → 조립질	유기물질

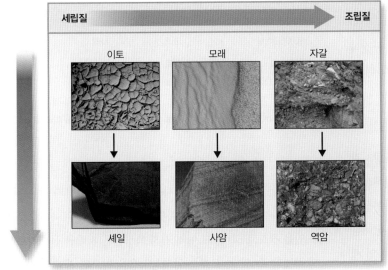

이토   모래   자갈

셰일   사암   역암

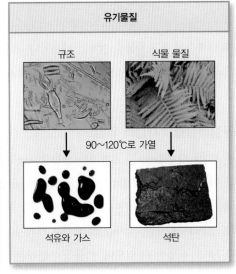

규조   식물 물질

90~120℃로 가열

석유와 가스   석탄

그림 5.16 속성작용은 퇴적물을 퇴적암으로 변환시키는 물리적 및 화학적 변화다.
[이토, 모래, 자갈 : John Grotzinger; 셰일 : John Grotzinger/Ramón Rivera-Moret/Harvard Mineralogical Museum; 사암, 역암, 석탄 : John Grotzinger/Ramón Rivera-Moret/MIT; 규조 : Mark B. Edlund, Ph.D./Science Museum of Minnesota; 식물 물질 : Roman Gorielov/Shutterstock; 석유와 가스 : Wasabi/Alamy.]

- **중립질 입자** : 모래와 사암
- **세립질 입자** : 실트와 실트암, 이토와 이암 및 셰일, 점토와 점토암

규질쇄설성 퇴적물과 암석은 퇴적작용의 가장 중요한 조건 중 하나인 흐름의 세기와 연관되기 때문에 입자크기에 따라 분류한다. 입자가 더 클수록 이를 운반하고 퇴적시키기 위하여 더 강한 흐름이 필요하다. 유속과 입자크기의 관계는 크기가 비슷한 입자들이 분급된 층에 쌓이는 경향을 보이는 이유다. 즉, 대부분의 모래층에는 자갈이나 이토가 들어 있지 않으며, 대부분의 이토는 모래보다 작은 입자로만 이루어져 있다.

다양한 종류의 규질쇄설성 퇴적물과 퇴적암 중에서 세립질 규질쇄설물이 조립질 규질쇄설물보다 세 배나 더 많다(그림 5.18 참조). 다량의 점토광물을 함유하는 세립질 규질쇄설물이 풍부한 이유는 지각에서 많은 양의 장석과 기타 규산염광물들이 화학적

석영 입자   방해석 교결물

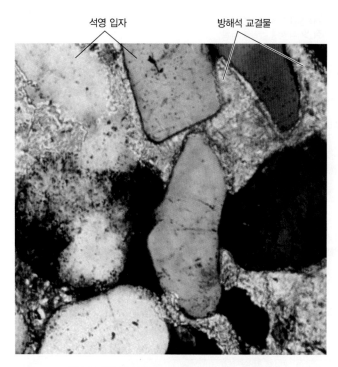

그림 5.17 석영 입자(흰색과 회색)가 퇴적된 후 방해석(얼룩덜룩한 밝은색)의 침전에 의해 교결된 사암의 현미경 사진.
[Peter Kresan.]

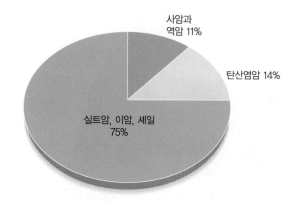

사암과
역암 11%

탄산염암 14%

실트암, 이암, 셰일
75%

그림 5.18 주요 퇴적암의 상대적 양. 이 세 가지 유형과 비교하면 증발암, 처트 및 기타 화학적 퇴적암을 포함한 다른 모든 퇴적암은 단지 소량만 존재한다.

표 5.3 주요 규질쇄설성 퇴적물과 퇴적암의 종류		
입자크기	퇴적물	암석
조립질	**자갈(역)**	
256mm보다 큼	거력	
256~64mm	왕자갈	역암
64~2mm	잔자갈	
중립질		
2~0.062mm	모래	사암
세립질	**이토**	
0.062~0.0039mm	실트	실트암
		이암(괴상의 깨짐)
0.0039mm보다 작음	점토	셰일(층리를 따라 갈라짐)
		점토암

풍화작용의 영향으로 점토광물로 변하기 때문이다. 이제 규질쇄설성 퇴적물과 퇴적암의 세 가지 주요 분류에 대하여 각각 더 자세히 살펴보자.

조립질 규질쇄설물 : 자갈과 역암

자갈(gravel, 역)은 직경 2mm를 초과하는 잔자갈(pebble), 왕자갈(cobble) 및 거력(boulder)을 포함하는 제일 조립질인 규질쇄설성 퇴적물이다. **역암**(conglomerate)은 자갈(역)이 암석화되어 형성된 것이다(그림 5.19a). 잔자갈, 왕자갈 및 거력은 크기가 크기 때문에 쉽게 연구하고 식별할 수 있으며, 이들을 운반하는 흐름의 세기를 알려준다. 또한 이들의 성분은 이들이 기원한 멀리 떨어져 있는 지역의 특성도 알려줄 수 있다.

자갈을 운반할 수 있을 정도로 흐름이 센 환경은 산지의 계곡, 파도가 심한 암석 해변, 빙하가 녹은 물 등 상대적으로 많지 않다. 강한 해류는 모래도 운반하며 거의 항상 자갈 입자 사이에서 모래를 발견할 수 있다. 모래의 일부는 자갈과 함께 퇴적되었으나, 일부는 자갈이 쌓인 후 자갈 입자들 사이의 공간으로 모래가 침투한 것이다.

중립질 규질쇄설물 : 모래와 사암

모래(sand)는 직경 0.062~2mm의 중립질 입자로 구성된다. 이 입자들은 강, 해안선의 파도 및 사구를 형성하는 바람과 같은 적당한 세기의 흐름으로 이동할 수 있다. 모래 입자들은 육안으로 볼 수 있을 정도로 크며, 그 여러 가지 특징들은 저배율 돋보기로 쉽게 식별할 수 있다. 모래는 암석화작용을 받으면 **사암**(sandstone)이 된다(그림 5.19b).

지하수 지질학자와 석유 지질학자 모두 사암에 특별한 관심을 가지고 있다. 지하수 지질학자들은 북아메리카의 서부평원에서 발견되는 것과 같은 다공성 사암 지역에서 물 공급 가능성을 예측하기 위해 사암의 기원을 연구한다. 석유 지질학자들은 과거 150년 동안 발견된 많은 석유와 천연가스가 사암에서 발견되었기 때문에 사암의 공극률과 교결작용을 이해해야 한다. 또한 원자력 발전소와 핵무기에 사용되는 우라늄의 대부분이 사암에 침전된 우라늄으로부터 기원했다.

모래 입자의 크기와 형태 중립질의 규질쇄설성 입자인 모래는

(a) 역암 (b) 사암 (c) 셰일

그림 5.19 규질쇄설성 퇴적암의 세 가지 유형.
[역암과 사암 : John Grotzinger/Ramón Rivera-Moret/MIT; 셰일 : John Grotzinger/Ramón Rivera-Moret/Harvard Mineralogical Museum.]

세립질, 중립질, 조립질 입자로 세분된다. 어떤 사암 입자의 평균 크기는 이들을 운반한 흐름의 세기와 모암에서 침식된 결정의 크기에 모두 중요한 단서가 될 수 있다. 입자크기의 분포와 상대적 양도 중요하다. 모든 입자들이 평균크기에 가깝다면 이 모래는 분급이 양호한 것이다. 만약 많은 입자들이 평균보다 훨씬 크거나 작으면 이 모래는 분급이 불량한 것이다(그림 5.6 참조). 분급도는 해빈에서 퇴적된 모래(분급이 우수한 경향을 보이는)와 빙하에 의해 퇴적된 모래(이토가 많고 분급이 불량한 경향이 있는)를 구별하는 데 도움이 될 수 있다. 모래알갱이의 모양 또한 그 기원에 대한 중요한 단서가 될 수 있다. 모래알도 잔자갈이나 왕자갈처럼 운송 중에 마모되어 원마도가 좋아진다. 각진 입자들은 운반거리가 짧음을 의미하며, 원마도가 높은 입자는 큰 하천 시스템을 따라 긴 여정을 겪은 것을 시사한다(그림 5.7 참조).

모래와 사암의 광물학 규질쇄설물은 광물의 종류에 의해 더 세분될 수 있으며 이를 통해 모암을 확인하는 데 도움을 줄 수 있다. 따라서 사암은 석영이 풍부한 사암과 장석이 풍부한 사암으로 나누어진다. 일부 모래는 규질쇄설물이 아닌 생쇄설물로, 껍질로 침전된 탄산염광물 같은 물질로 만들어진 후 흐름에 의하여 쪼개지고 운반된 것이다. 따라서 모래와 사암의 광물학은 모래알을 생성하기 위해 침식된 공급지와 물질을 알려준다. 예로 풍부한 석영과 나트륨 및 칼륨 장석은 이 퇴적물이 화강암 지역에서 침식되었음을 시사한다. 제6장에서 볼 수 있듯이 다른 종류의 광물들은 변성암 모암에서 기원했음을 지시할 수 있다.

모래와 사암의 광물함량은 모암의 판구조와 연관이 있다. 예로 고철질 화산암 조각을 다량 포함하는 사암은 섭입대의 화산에서 유래한 것임을 나타낸다.

사암의 주요 분류 사암은 광물성분과 조직에 기반하여 크게 네 그룹으로 나눌 수 있다(그림 5.20).

- **석영 사암**(quartz arenite)은 거의 모두 분급과 원마도가 매우 좋은 석영 입자들로 구성되어 있다. 순수한 석영 모래는 운반작용 이전과 운반작용 동안의 풍화작용에 의해 가장 안정된 규산염광물인 석영을 제외한 나머지가 모두 제거되어 형성된다.
- **장석질 사암**(arkoses)은 25% 이상이 장석으로 구성된다. 석영 사암과 비교하면 장석질 사암의 입자들은 보다 더 각지고 분급이 불량한 편이다. 장석이 풍부한 사암은 화학적 풍화작용이 물리적 풍화작용보다 약한 곳에서 화강암과 변성암의 급속한 침식으로 기원한다.
- **암편질 사암**(lithic sandstone)은 셰일, 화산암, 세립질 변성암과 같은 세립질 암석으로부터 기원한 입자들을 포함한다.
- **잡사암**(graywacke)은 암편, 각진 석영 및 장석의 입자, 그리고 이 모래 입자들을 둘러싸고 있는 세립의 점토로 된 기질(matrix) 등 여러 다른 물질들로 이루어진 이질적 혼합체이다. 기질의 대부분은 셰일이나 화산암과 같은 비교적 약한 암석의 조각들이 깊이 매몰되어 화학적으로 변질되고 물리적으로 압축되어 만들어진다.

세립질 규질쇄설물

가장 세립질인 규질쇄설성 퇴적물과 퇴적암은 실트와 실트암, 이토와 이암 및 셰일, 점토와 점토암이다. 이들은 모두 직경 0.062mm 미만인 입자로 구성되어 있지만, 입자크기와 광물성분의 범위는 매우 다양하다. 세립질 퇴적물은 가장 느린 흐름에서 퇴적되는데, 이처럼 느린 흐름 속에서는 가장 세립인 퇴적물 입

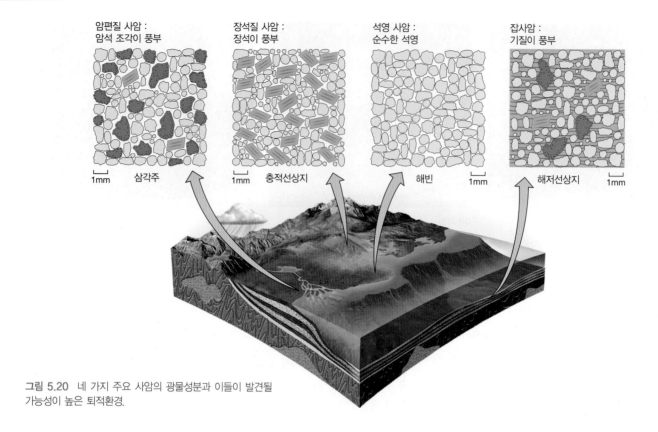

그림 5.20 네 가지 주요 사암의 광물성분과 이들이 발견될 가능성이 높은 퇴적환경.

자들도 조용히 흔들리며, 천천히 바닥으로 가라앉는다.

실트와 실트암 실트암(siltstone)은 규질쇄설성 퇴적물 중 직경이 0.0039~0.062mm인 **실트**(silt)가 암석화작용을 받아 형성된 것이다. 실트암은 이암이나 세립질 사암과 비슷하게 보인다.

이토, 이암, 셰일 이토(mud, 진흙)는 입자의 직경이 0.062mm 미만이며 물을 함유한 규질쇄설성 퇴적물이다. 따라서 이토는 실트 또는 점토 크기의 퇴적물 입자로 구성된다. 현미경 없이 실트와 점토 크기의 입자를 구별하기는 어렵기 때문에 세립질 퇴적물을 총칭하는 '이토'라는 용어는 야외현장 조사에서 매우 유용하다.

이토는 강과 조석에 의해 퇴적된다. 홍수 후 수위가 떨어지면서 유속이 감소하면 풍부한 유기물을 포함하는 이토가 범람원에 가라앉는다. 이러한 이토는 범람원의 토양을 비옥하게 만드는 데 기여한다. 이토는 파도의 작용이 미미한 갯벌에 썰물이 빠지면서 남겨진다. 해류가 약하거나 없는 심해의 대부분은 이토로 덮여 있다.

이토가 암석화작용을 받으면 이암 또는 셰일이 된다. **이암** (mudstone)은 괴상(덩어리 모양)으로 나타나며, 층리가 잘 발달하지 않거나 없다. 퇴적 당시에는 층리가 있었으나 후에 생물교란작용으로 인하여 층리가 없어졌을 수도 있다. **셰일**(shale, 그림 5.19c)은 실트와 상당량의 점토로 구성되며, 층리면을 따라 쉽게 깨진다. 어떤 이토는 10% 이상의 탄산칼슘을 포함하여 석회질 이암과 셰일을 형성한다. 흑색 또는 유기질 셰일은 풍부한 유기물을 함유한다. 오일 셰일이라 불리는 일부 셰일은 기름진 유기물을 다량 함유하고 있어 잠재적으로 중요한 석유의 공급원이다.

'프래킹(fracking)'으로 알려진 수압 파쇄는 고압의 유체를 셰일에 주입하여 발생시킨다. 이로 인해 암석에 새로 형성된 파쇄대가 석유와 천연가스로 채워진 공극들을 연결하여 밖으로 흘러나오게 함으로써 경제성 있는 대량생산이 가능해진다. 미국 북동부의 마르체로층이라는 이름은(그림 5.21 참조) 뉴욕주의 지명인 마르체로(Marcellus)에서 유래한다. 이 셰일층에 과거에는 생산하지 못했던 천연가스가 매장되어 있다. 2007년 마르체로 셰일에 프래킹 방법을 사용하여 최초로 시추가 시작된 이후 경제적으로 천연가스의 추출이 가능해졌다. 그러나 프래킹이 환경에 미치는 영향, 즉 사용되는 화학물질의 영향과 물의 과다 사용, 그리고 시추작업의 안정성에 대한 논의가 계속되고 있다.

점토와 점토암 점토(clay)는 세립질 퇴적물과 퇴적암에 가장 풍부한 성분으로 주로 점토광물로 구성되어 있다. 점토 크기의 입자는 직경 0.0039mm 미만이다. 점토 크기의 입자로만 구성된 암석을 **점토암**(claystone)이라 한다.

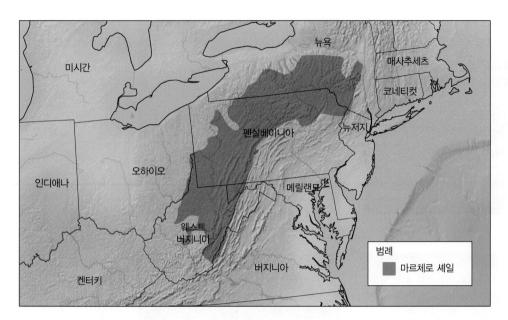

그림 5.21 미국 북동부의 마르체로층은 이전에 활용하지 못했던 천연가스가 매장되어 있다. 지도의 음영 부분은 마르체로 셰일 중 경제적으로 가장 유망한 곳을 나타낸 것이다.

■ 화학적 및 생물학적 퇴적물 및 퇴적암의 분류

화학적 및 생물학적 퇴적물과 퇴적암은 그 화학적 조성에 따라 분류된다(표 5.4). 지질학자들은 화학적 퇴적물과 생물학적 퇴적물을 편의상뿐 아니라 생물이 생물학적 퇴적작용의 주요 인자로서 갖는 중요성을 강조하기 위해 구분한다. 두 퇴적물 모두 바다의 화학적 상태와 주된 퇴적환경을 알려준다.

탄산염 퇴적물과 탄산염암

대부분의 **탄산염 퇴적물**(carbonate sediment)과 **탄산염암**(carbonate rocks)은 생물에 의해 직접 또는 간접적으로 침전되는 탄산염광물이 쌓이고 암석화작용을 받아 형성된다. 탄산염광물 중 가장 풍부한 것은 방해석(탄산칼슘, $CaCO_3$)이다. 또한 대부분의 탄산염 퇴적물은 덜 안정한 탄산칼슘인 아라고나이트가 함유되어 있다. 일부 생물들은 방해석을, 다른 생물들은 아라고나이트를 침전시키며, 일부 생물들은 두 광물을 모두 침전시키기도 한다. 매몰과 속성작용 과정 중 탄산염 퇴적물은 물과 반응하여 새로운 탄산염광물을 형성한다.

탄산염 퇴적물이 암석화된 생물학적 퇴적암은 주로 방해석으로 구성된 **석회암**(limestone)이다(그림 5.22a). 석회암은 탄산염 모래와 이토 그리고 드물게는 고대의 암초(생물초)로부터 만들어진다(그림 5.10 참조).

또 다른 흔한 탄산염암은 칼슘-마그네슘 탄산염으로 구성된 돌로마이트로 이루어진 **백운암**(dolostone)이다. 백운암은 속성작용으로 변질된 탄산염 퇴적물과 석회암이다. 돌로마이트는 일반

표 5.4 생물학적 및 화학적 퇴적물과 퇴적암의 분류

퇴적물	암석	화학성분	광물
생물학적 퇴적물			
모래와 이토 (주로 생쇄설물)	석회암	탄산칼슘($CaCO_3$)	방해석, 아라고나이트
규질 퇴적물	처트	실리카(SiO_2)	오팔(단백석), 칼세도니(옥수), 석영
토탄, 유기물질	유기물	탄소 화합물(산소 및 수소와 합성된 탄소)	(석탄, 석유, 천연가스)
일차 퇴적물이 아님 (속성작용으로 형성됨)	인회토	인산칼슘($Ca_3(PO_4)_2$)	인회석
화학적 퇴적물			
일차 퇴적물이 아님 (속성작용으로 형성됨)	백운암	탄산마그네슘칼슘($CaMg(CO_3)_2$)	백운석(돌로마이트)
산화철 퇴적물	철광층	규산철, 산화철(Fe_2O_3), 탄산철	적철석, 갈철석, 능철석
증발 퇴적물	증발암	황산칼슘($CaSO_4$), 염화나트륨($NaCl$)	석고, 경석고, 암염, 기타 염류

(a) 석회석

(b) 석고

(c) 암염

(d) 처트

그림 5.22 화학적 및 생물학적 퇴적암. (a) 석회암은 탄산염 퇴적물이 암석화되어 형성, (b) 석고와 (c) 암염은 천해 분지에서 형성된 해양 증발암, (d) 처트는 규질 퇴적물로 형성됨.
[John Grotzinger/Ramón Rivera-Moret/Harvard Mineralogical Museum.]

적인 해수에서 일차 침전물로 형성되지 않으며, 어떠한 생물도 돌로마이트로 이루어진 껍질을 분비하지 않는다. 대신 탄산염 퇴적물의 방해석이나 아라고나이트의 일부 칼슘이온이 퇴적물의 공극을 천천히 통과하는 바닷물(또는 마그네슘이 풍부한 지하수)로부터 마그네슘이온으로 치환된다. 이러한 이온의 교환으로 탄산칼슘($CaCO_3$)을 돌로마이트($CaMg(CO_3)_2$)로 변환한다.

탄산염 퇴적물의 직접적 생물학적 침전 탄산염암은 해수에 막대한 양의 칼슘과 탄산염광물이 용해되어 있고 생물들이 이를 직접적으로 껍데기로 변환시킬 수 있기 때문에 풍부하게 존재한다. 칼슘은 화성암과 변성암의 장석 및 다른 광물들의 풍화작용을 통해 공급된다. 탄산염광물은 대기의 이산화탄소로부터 기원한다. 칼슘과 탄산염광물은 쉽게 풍화되는 대륙의 석회암으로부터 유래하기도 한다.

천해 환경의 탄산염 퇴적물은 대부분 해저표면 근처 또는 해저면에 사는 생물이 껍질(shell)로 분비한 생쇄설성 퇴적물이다.

생물이 죽은 후, 껍질이 분해되어 탄산염 퇴적물의 입자 또는 쇄설물(clast)을 형성한다. 이러한 생쇄설성 퇴적물은 태평양의 섬들부터 카리브해와 바하마에 이르는 열대 및 아열대 환경에서 발견된다. 이러한 아름다운 휴양지의 탄산염 퇴적물은 쉽게 접근이 가능하지만, 오늘날 탄산염 퇴적물이 가장 많이 퇴적되는 곳은 심해다.

심해평원에 퇴적되는 탄산염 퇴적물은 대부분 해양의 표층에 서식하는 탄산칼슘을 분비하는 **유공충**(foraminifera, 그림 3.1b 참조) 및 기타 부유성 생물로부터 기원한다. 생물체가 죽으면 이들의 껍질이 해저에 퇴적물로 쌓이게 된다.

암초(reef)는 수백만 생물체의 탄산염 골격과 껍질로 구성된 마운드 또는 능선 모양의 유기적 구조다. 오늘날의 따뜻한 바다에서 암초는 주로 산호가 형성하지만 여기에 해조류, 조개, 달팽이 등의 수백 개의 다른 생물들도 암초 형성에 기여한다. 다른 탄산염 환경에서 생성된 부드러운 미고결 퇴적물과는 달리, 암초는

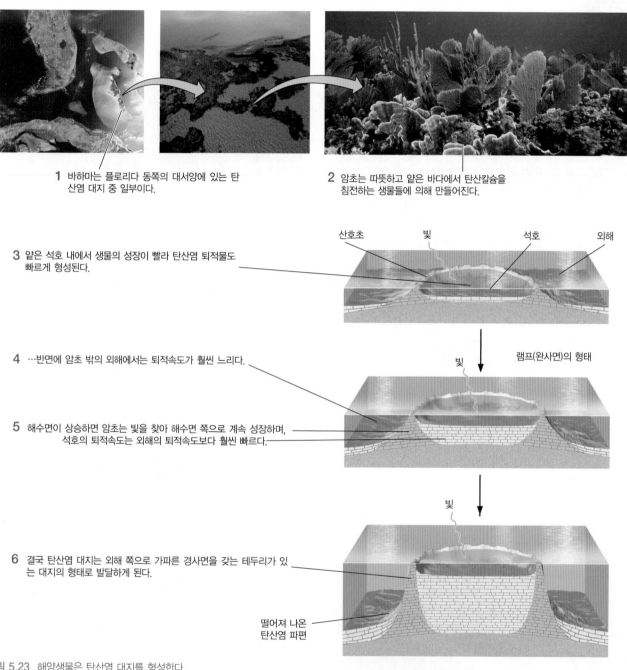

그림 5.23 해양생물은 탄산염 대지를 형성한다.

[NASA; © Manfred Capale/Age Fotostock; © Stephen Frink/Corbis.]

방해석과 아라고나이트로 이루어진 파도에 견딜 수 있는 단단한 구조를 형성한다. 암초의 단단한 방해석과 아라고나이트는 미고결 퇴적물의 단계가 없이 생물들의 탄산염 교결작용으로 직접 생성된다.

산호초는 생물 기원 및 무기적 탄산염 퇴적물이 모두 퇴적되는 바하마와 같이 넓은 지역이 평평하고 얕은 탄산염 대지(carbonate platform)를 형성하도록 할 수 있다(그림 5.23). 탄산염 대지는 과거 지질시대와 현재 모두 가장 중요한 탄산염 퇴적환경

이다. 탄산염 대지는 생물권, 수권 및 암석권의 상호작용으로 형성된다(지구문제 5.1 참조). 이 과정은 석호(lagoon)로 불리는 얕은 바다를 둘러싸는 산호초로 시작된다. 탄산염을 분비하는 생물들이 석호와 그 주변에서 번성하며 탄산염 퇴적물이 빠르게 쌓이는 반면, 암초 밖의 외해에서는 퇴적이 훨씬 더 느리게 일어난다. 이 시점의 탄산염 대지는 완만한 경사를 이루며, 깊은 물로 이어지는 완사면(ramp) 형태를 갖는다. 석호 내의 퇴적률이 암초 밖보다 지속적으로 높기 때문에 점점 높이 자라 올라가서 테가 둘러

지구문제

5.1 다윈의 산호초와 환초

200년 이상 동안 산호초는 탐험가와 여행 작가를 매료시켰다. 찰스 다윈이 1831년부터 1836년까지 *비글호*를 타고 해양을 항해한 이후 산호초는 과학적 토론의 대상이었다. 다윈은 산호초를 지질학적으로 분석한 최초의 과학자 중 1명으로, 산호초의 기원에 대한 그의 의견은 오늘날에도 여전히 인정되고 있다.

다윈이 연구한 산호초는 원형의 환초로, 대양의 산호섬들이 원형의 석호를 둘러싸고 있는 형태이다. 해수면 아래에 놓인 환초의 가장 바깥쪽은 바다를 마주보면 경사가 급하고 파도에 저항하는 암초의 전면(reef front)이다. 이곳은 산호와 석회질 조류가 함께 성장한 골격으로 구성되어 매우 단단한 석회암을 형성한다. 암초 전면의 뒤로는 석호로 이어지는 얕은 대지가 있다. 석호의 중심에는 섬이 있을 수 있다. 암초 일부와 중앙부의 섬은 해수면 위에 놓이며 숲이 자라기도 한다. 암초와 석호에는 수많은 식물과 동물 종들이 서식한다.

산호초는 일반적으로 수심 20m 미만의 수역에 제한되는데, 이는 그 이하의 수심에서는 암초를 형성하는 생물들이 성장하기에 충분한 빛이 전달되지 않기 때문이다. 그렇다면 환초는 어떻게 깊고 어두운 바다 밑바닥부터 자라 올라오는 것일까? 다윈은 해저에서 해수면까지 화산이 성장하여 화산섬이 형성되면서 이 과정이 시작했다고 제안했다. 화산이 일시적으로 또는 영구적으로 휴면 상태가 되면서 산호와 해조류가 화산섬의 해안에 정착하여 화산섬을 빙 두르는 산호초를 형성한다. 이어서 침식이 화산섬을 거의 해수면까지 낮춘다.

다윈은 이런 화산섬이 천천히 침강하면 활발하게 성장하는 산호와 조류가 침강속도와 보조를 맞추어 오랜 기간 동안 지속적으로 암초를 형성하게 될 것이라고 제시했다. 이렇게 화산섬은 사라지고 환초가 그 자리에 남게 된다. 다윈이 그의 이론을 제시한 지 100여 년이 지난 후 여러 환초에서 수행된 시추작업으로 산호 석회암 하부에서 화산암이 발견되었다. 그리고 수십 년 후, 판구조이론이 화산의 발생과 판의 냉각과 수축으로 인한 침강을 설명하기에 이르렀다.

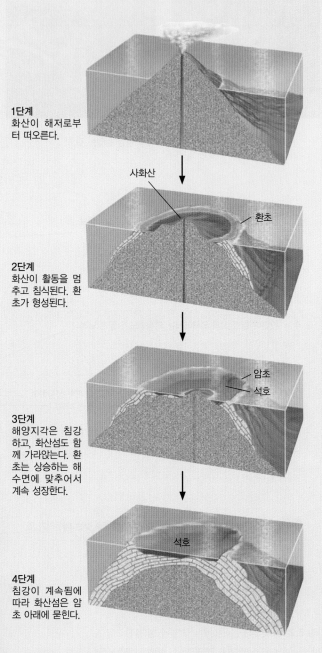

1단계
화산이 해저로부터 떠오른다.

사화산

2단계
화산이 활동을 멈추고 침식된다. 환초가 형성된다.

환초

3단계
해양지각은 침강하고, 화산섬도 함께 가라앉는다. 환초는 상승하는 해수면에 맞추어서 계속 성장한다.

암초
석호

4단계
침강이 계속됨에 따라 화산섬은 암초 아래에 묻힌다.

석호

남태평양 보라보라 환초. 산호초를 형성하는 생물들이 화산섬 주위에 울타리 모양의 산호초를 만들어 보호된 석호를 형성한다.
[Jean-Marc Truchet/Stone/Getty Images.]

진 형태의 대지를 형성한다. 이 테두리의 바깥쪽 아래에는 탄산염 대지의 가장자리에서 떨어진 탄산염 퇴적물로 덮인 가파른 경사면이 있다.

암초와 진화과정 오늘날의 암초는 주로 산호가 형성하지만, 지구역사의 초기에는 지금은 멸종된 연체동물과 같은 다른 생물들이 암초를 형성하였다(그림 5.24). 암초에서 형성된 탄산염 퇴적물과 탄산염암은 지질시대 동안 암초를 형성하는 생물의 다양성과 멸종을 기록한다. 이 기록은 생태계와 환경변화가 진화과정을 조절하는 데 어떻게 도움을 주었는지를 보여준다.

오늘날 자연적 및 인위적 변화들이 환경변화에 매우 민감한

그림 5.24 오늘날은 멸종된 연체동물인 루디스트 (rudists)에 의해 형성된 탄산염 암초. 오만의 백악 기 슈이바층.
[John Grotzinger 제공.]

산호초의 성장을 위협하고 있다. 1998년에 엘니뇨(제15장 참조)가 해수면의 온도를 너무 높여 인도양 서부의 많은 산호초가 죽었다. 한편 플로리다키스제도의 산호초는 전혀 다른 이유로 죽어가고 있다. 플로리다반도의 농지에서 나온 지하수가 산호초에 치명적인 농도의 영양분을 공급하여 죽어가고 있다.

탄산염 퇴적물의 간접적 생물학적 침전 석호와 얕은 탄산염 대지에 침전되는 탄산염 이토의 상당량은 바닷물로부터 간접적으로 침전된다. 미생물이 이 과정에 관여되어 있을지도 모르지만 그 역할은 아직 불확실하다. 미생물은 그들을 둘러싸고 있는 해수의 칼슘 이온(Ca^{2+})과 탄산 이온(CO_3^{2-})의 균형을 변화시켜 탄산칼슘($CaCO_3$)이 형성되도록 돕는다. 미생물은 외부 환경에 이미 풍부한 칼슘과 탄산이온이 포함되어 있을 경우에만 탄산염광물을 침전시킬 수 있다. 이 경우, 미생물이 해수로 방출하는 화학물질이 광물의 침전을 일으킨다. 그에 반해서 껍질(shell)을 갖는 생물들은 그들 생활주기의 정상적인 일부로써 계속해서 탄산염광물을 분비한다.

증발 퇴적물과 증발암 : 증발의 산물

증발 퇴적물(evaporite sediment)과 **증발암**(evaporite rock)은 해수의 증발에 의하여 화학적으로 침전되며, 경우에 따라서는 호수의 증발에 의해서도 형성된다.

해양 증발암 해양 증발암은 해수의 증발에 의해 형성된 화학적 퇴적물과 퇴적암이다. 이 퇴적물과 암석은 염화나트륨(암염), 황산칼슘(석고와 경석고) 및 해수에 흔한 다른 이온들의 조합으로 형성된 광물들로 구성된다. 증발이 진행되면서 바닷물의 이온 농도가 올라가면 일정한 순서로 광물들이 결정화된다. 용존이온이 침전되어 각 광물을 형성하면서 증발하는 해수의 성분은 계속 변한다.

모든 해양의 바닷물은 동일한 성분으로 구성되어 있는데, 이것은 전 세계의 해양 증발암이 왜 모두 비슷한지를 설명해 준다. 해수가 어디에서 증발하더라도 동일한 순서로 광물들이 형성된다. 또한 증발 퇴적물의 연구는 해양의 조성이 지난 18억 년 동안 거의 일정하게 유지되었음을 보여준다. 그러나 18억 년 이전에는 광물의 침전 순서가 달랐던 것으로 보이며, 이는 아마도 해수의 조성이 오늘날과 달랐을 것임을 지시한다.

몇백 미터 두께의 많은 해양 증발암은 작고 얕은 만이나 연못의 소량의 물로부터 형성되지 않았음을 보여준다. 이를 형성하기 위하여 막대한 양의 바닷물이 증발해야만 한다. 이렇게 많은 양의 해수가 증발하는 방법은 다음 조건을 만족하는 바다의 만에서 확실히 일어날 수 있다(그림 5.25).

- 강으로부터 담수의 공급량이 적다.
- 대양과의 연결은 제한되어 있다.
- 기후는 건조하다.

이런 곳에서 해수는 계속 증발하지만 외해로부터 만으로 해수가 유입되어 증발하는 해수를 보충한다. 결국 해수의 부피는 일정하게 유지되지만 외해보다 염도가 높은 상태가 된다. 증발하는

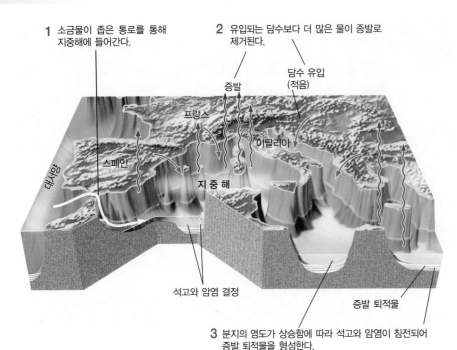

1 소금물이 좁은 통로를 통해 지중해에 들어간다.

2 유입되는 담수보다 더 많은 물이 증발로 제거된다.

담수 유입 (적음)

증발

프랑스

이탈리아

스페인

지중해

대서양

석고와 암염 결정

증발 퇴적물

3 분지의 염도가 상승함에 따라 석고와 암염이 침전되어 증발 퇴적물을 형성한다.

그림 5.25 과거의 해양 증발환경. 마이오세의 건조한 기후는 지중해를 오늘날보다 더 얕게 만들었고, 대서양과의 제한된 연결은 증발암 형성에 적합한 조건을 만들었다. 해수가 증발함에 따라 석고가 침전되어 증발 퇴적물을 형성했다. 염분이 추가로 증가하면서 암염이 침전되었다. (이 그림에서 분지의 깊이는 매우 과장되어 있다.)

만의 바닷물은 다소 과포화 상태로 유지되면서 계속 해저에 증발 광물을 침전시킨다.

해수가 증발하면, 가장 먼저 탄산염이 침전된다. 지속적인 증발은 석고 또는 황산칼슘($CaSO_4 \cdot 2H_2O$)의 침전을 일으킨다(그림 5.22b). 석고가 침전될 무렵에는 탄산이온은 거의 해수에 남아 있지 않다. 석고는 주택의 벽에 사용되는 석고보드 제조에 사용된다.

해수가 더 증발하면 해수의 증발로 침전된 가장 일반적인 화학적 퇴적물인 암염 또는 염화나트륨(NaCl)이 형성되기 시작한다(그림 5.22c). 제3장에서 살펴본 바와 같이 암염은 식용 소금이다. 미국 미시간주 디트로이트시의 지하에는 고대 바다의 증발에 의해 쌓인 소금층이 상업적으로 채굴되고 있다.

염화나트륨이 모두 사라진 증발의 최종 단계에서는 마그네슘과 칼륨을 포함하는 염류들(염화마그네슘, 염화칼륨, 황산마그네슘, 황산칼륨)이 침전된다. 뉴멕시코주의 칼즈배드 근처의 소금 광산은 상업용으로 생산할 만한 염화칼륨을 함유하고 있다. 염화칼륨은 식용 소금의 섭취가 제한된 사람들이 소금 대신 사용하기도 한다.

이렇게 해수에서 광물이 순차적으로 침전되는 것은 실험실에서 연구되었으며 지질기록에서 발견되는 증발암층 광물의 순서와 일치한다. 전 세계 대부분의 증발암층은 두꺼운 돌로마이트(백운석), 석고 및 암염층으로 이루어지나 최종 단계의 침전물은 포함하지 않는다. 많은 경우 암염도 포함하지 않는다. 증발의 최종 단계에서 형성되는 광물이 없는 것은 물이 완전히 증발하지 않은 상태에서 해수가 계속 보충되었음을 알려준다.

육성 증발암 증발 퇴적물은 물이 흘러나가는 하천이 없는 건조지역의 호수에서 형성되기도 한다. 이러한 호수에서 증발은 수위를 조절하고 화학적 풍화작용으로 기원한 광물들을 퇴적물로 침전시킨다. 그레이트솔트호(Great Salt Lake)는 이러한 호수 중 가장 잘 알려진 예다(그림 5.26). 유타주의 건조한 기후에서는 강과 비로부터 유입되는 담수의 양보다 증발이 더 많이 일어난다. 그 결과 이 호수의 이온 농도는 해수보다 8배나 높은 전 세계에서 가장 염도가 높은 물이 만들어진다. 이 이온들이 침전될 때 증발 퇴적물이 형성된다.

건조지역의 작은 호수는 붕산염(붕소의 화합물)과 같은 특이한 염류를 침전시킬 수 있으며, 일부 호수는 알칼리성이 되기도 한다. 이러한 호수의 물은 독성이 있다. 경제적으로 가치 있는 붕산과 질산염(질소원소를 포함하는 광물)은 이런 호수의 퇴적물에서 발견된다.

기타 생물학적 및 화학적 퇴적물

생물이 분비하는 탄산염광물이 생물학적 퇴적물의 주 공급원이고, 증발하는 해수로부터 침전되는 광물이 화학적 퇴적물의 주 근원이다. 그러나 국지적으로 풍부하게 발달하는 생물학적 및 화학적 퇴적물도 있다. 여기에는 처트, 석탄, 인산염, 철광석 및 석유와 천연가스의 근원이 되는 유기탄소가 풍부한 퇴적물이 포함

된다. 이러한 퇴적물을 형성하는 생물학적 및 화학적 과정들의 역할은 다양하다.

규질 퇴적물 : 처트의 공급원 선사시대의 조상들이 실용적으로 사용한 최초의 퇴적암 중 하나는 규질(SiO_2)로 이루어진 **처트**(chert)였다(그림 5.22d). 초기의 사냥꾼들은 처트를 이용하여 화살촉과 다른 연장들을 만들었는데 이는 처트를 깨뜨려 단단하고 날카로운 도구를 만들 수 있었기 때문이다. 처트는 **플린트**(flint)라고도 불리며, 이 두 용어는 서로 바꿔 쓸 수 있다. 처트의 실리카 성분은 매우 세립질의 석영으로 구성되어 있다. 일부 지질학적으로 오래되지 않은 처트는 덜 미세한 입자형태의 실리카인 오팔(단백석)로 이루어져 있다.

탄산칼슘 퇴적물과 마찬가지로, 규질 퇴적물은 부유성 생물이 분비하여 침전시킨 실리카 성분의 껍질이 깊은 해저에 퇴적층으로 쌓인 것이다. 이 퇴적물이 추가 퇴적물에 의해 덮이고 묻힌 후 교결되면 처트가 된다. 처트는 또한 석회암과 백운암을 치환하는 불규칙한 모양의 결핵체를 형성하기도 한다.

인회토 퇴적물 해양에서 퇴적되는 다른 여러 종류의 화학적 및 생물학적 퇴적물에는 **인회토**(phosphorite)가 있다. 때로는 인산염암(phosphate rock)이라고도 불리는 인회토는 인산염과 다른 영양염류들을 함유한 차가운 심층수가 대륙주변부를 따라 용승하는 곳에서 인산염이 풍부한 해수로부터 침전된 인산칼슘으로 이루어져 있다. 생물은 인산염이 풍부한 해수를 만드는 데 중요한 역

할을 하며, 황을 섭취하는 박테리아가 인산염광물을 침전시키는 데 결정적 역할을 한다. 인회토는 인산칼슘이 이질 또는 탄산염 퇴적물과 상호작용하는 속성작용으로 형성된다.

산화철 퇴적물 : 철광층의 근원 철광층(iron formation)은 일반적으로 산화철과 약간의 규산철 및 탄산철의 형태로 철을 15% 이상 함유하는 퇴적암이다. 산화철은 과거 화학적 기원으로 생성된다고 생각되었으나, 오늘날에는 미생물에 의해 간접적으로 침전되었을 수 있다는 증거가 있다. 이 암석은 대부분 대기 중에 산소가 적어서 철이 더 쉽게 물에 용해되었던 지구역사의 초기에 형성되었다. 용해되어 바다로 운반된 철이 미생물이 산소를 생성하는 곳에서 산소와 반응하여 산화철로 침전하게 되었다(제11장 참조).

유기적 퇴적물 : 석탄, 석유 및 천연가스의 근원 석탄(coal)은 거의 모두 유기탄소로 구성되며 습지 초목의 속성작용으로 형성된 생물학적 퇴적암이다. 습지 환경에서 식물은 부패로부터 보호될 수 있어서 유기물질이 풍부하고 탄소를 50% 이상 함유한 **토탄**(peat)으로 쌓일 수 있다. 토탄이 깊이 매몰되면 석탄으로 변환된다. 석탄은 **유기적 퇴적암**(organic sedimentary rock)으로 분류되는데, 이는 암석의 전체 또는 일부가 생물체가 묻히고 속성작용을 받아 형성된, 유기탄소가 풍부한 퇴적물로 구성된 것이다.

호수와 바닷물에서 조류, 박테리아 및 다른 미생물의 유해들은 세립질 퇴적물에 유기물로 축적될 수 있으며, 이 유기물은 속

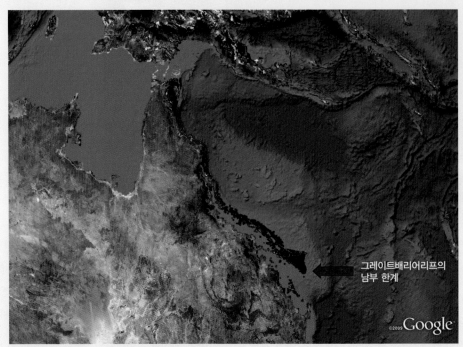

그레이트배리어리프의
남부 한계

Data SIO, NOAA, U.S. Navy, NGA, GEBCO ©2009 Cnes/Spot Image Image ©2009 TerraMetrics Image ©2009 DigitalGlobe

퇴적물은 퇴적암이 형성되는 특정 지질환경에 퇴적된다. 특히 퇴적물을 퇴적암으로 변환시키는 과정은 지표면 근처에서 일어나며 항상 액체 상태의 물이 관련된다. 따라서 구글어스는 퇴적암이 형성되는 환경의 다양함을 해석하는 데 이상적인 도구이다.

이 독특한 퇴적환경 중에는 탄산염 대지가 있다. 이러한 탄산염 대지는 해수에 용해된 이온들이 침전되어 탄산염 퇴적물을 형성할 때 생성된다. 이 과정은 종종 생물에 의해 제어된다. 오스트레일리아 북동부 연안의 그레이트배리어리프(Great Barrier Reef)를 생각해보자. 여기에는 작은 해양생물들의 생애주기와 이들이 살고 있는 방해석이 풍부한 물에 의해 움직이는 퇴적환경이 있다. 무엇이 이곳 해수의 독특한 청록색을 유발하고 $CaCO_3$ 같은 용해성 광물이 해저에 침전하게 하는가? 암초의 모양과 암초의 남쪽과 북쪽 한계를 관찰하라. 그레이트배리어리프의 형태와 약간 다른 모습의 탄산염 환경을 비교해보라. 남태평양 적도의 바다로 내려가서 보라보라 환초(Bora Bora atoll)를 관찰하고 그곳의 탄산염 퇴적물이 어떻게 다른지 살펴보라. 왜 암초는 원형으로 생겼으며, 어떻게 이곳에 암초가 자라게 되었는가? 구글어스를 사용하여 이러한 질문에 대하여 탐구할 수 있다.

성작용을 통해 석유와 천연가스로 변환될 수 있다. **원유**(crude oil, 석유)와 **천연가스**(natural gas)는 일반적으로 퇴적암으로는 분류되지 않는 유체이지만, 퇴적암의 공극에서 유기물이 속성작용을 받아 형성되었기 때문에 유기적 퇴적물로 간주될 수 있다. 깊은 매몰은 무기질 퇴적물과 함께 퇴적된 유기물을 유체로 변환시키고, 이 유체가 다공성 퇴적암으로 이동한 후 그곳에 갇히게 된다. 석유와 천연가스는 주로 사암과 석회암에서 발견된다.

석유와 천연가스의 공급이 줄어들기 시작하면서 지질학자들에게 도전이 증가하고 있다. 여기에는 새로운 유전을 발견하는 것과 기존 유전을 더 효과적으로 생산하는 것이 포함된다. 궁극

위치 그레이트배리어리프, 오스트레일리아 북동부 해안 및 남태평양 보라보라섬

목표 현대 퇴적환경에서 중요한 퇴적물의 퇴적영역 탐험

참고 그림 5.18과 지구문제 5.1

1. 오스트레일리아 북동부 해안의 그레이트배리어리프로 이동하고 오스트레일리아 퀸즐랜드(Queensland)의 피폰(Pipon)섬 일대를 '내려다보는 높이' 20km로 확대하라. 섬 주변과 오스트레일리아 본토 남부 반도의 해안을 따라 흰색 물질이 있음을 보라. 이렇게 위성 사진에서 보이는 흰색 물질을 무엇이라고 할 수 있는가? 답하기 전에 연안물질이 어떻게 분포하는지를 고려하라.

   a. 미고결된 탄산염 퇴적물

   b. 큰 돌덩어리들

   c. 교결된 감람석으로 구성된 모래

   d. 삼각주에서 퇴적된 쇄설성 이암

2. 피폰섬에서 2,300km 고도까지 줌아웃해서 해안선과 평행하게 발달하는 산호초를 관찰하라. 구글어스를 사용하여 이 산호초 시스템의 대략적인 길이를 측정하라.

   a. 2,000km

   b. 1,400km

   c. 2,800km

   d. 750km

3. 그레이트배리어리프는 암초가 존재하는 지역의 연안환경을 일부 보호하기도 한다. 산호초를 따라 남쪽으로 가면 산호초의 발달이 미약해지면서 해안선을 덜 보호한다. 산호초의 남단에서는 남태평양으로부터 오는 파도가 오스트레일리아의 연안까지 밀려와 부서지며 전 세계에서 손꼽히는 파도타기를 할 수 있는 장소가 된다. 산호초 시스템이 남쪽으로 끝나는 지점의 위도는?

   a. 10°30′23″ S; 143°30′06″ E

   b. 17°56′25″ S; 146°42′57″ E

   c. 24°39′49″ S; 153°15′18″ E

   d. 21°06′31″ S; 151°38′53″ E

4. 2번과 3번 질문에 이어, 그레이트배리어리프는 오스트레일리아의 해안선을 보호하고 해안선에서 퇴적작용이 일어나도록 한다. 적도에서 남위 25°로 이동하면 산호초의 성장이 멈추는 것이 분명하다. 산호초를 만드는 생물들이 탄산칼슘을 침전시키는 조건을 고려하라. 그레이트배리어리프의 남방 한계를 조절하는 주요 기후 관련 요인은 무엇인가?

   a. 18℃ 미만의 바다 표면 온도

   b. 오스트레일리아 해안부터 남쪽으로 가면서 변하는 해양의 깊이

   c. 브리즈번(Brisbane) 인근 해변에 있는 퇴적물의 양

   d. 남위 25° 남쪽 해안의 바닷물 색

선택 도전문제

5. 더 따뜻한 지방으로 가기 위해 구글어스 검색창에 'Bora Bora atoll'을 입력한 후, 그곳에 도착하면 '내려다보는 높이'를 20km로 확대하라. 그레이트배리어리프와 달리 남태평양의 이 섬에는 매우 독특한 형태의 암초가 발달한다. 이와 같은 환초의 형성에는 생물학적 요인과 지질학적 요인의 독특한 관계가 필요하다. 환초를 관찰하여 다음 중 어떠한 한 쌍이 환초와 관련 있는 관계를 적절히 반영하는지 선택하라.

   a. 새와 해변의 석영 모래

   b. 산호초와 화산섬

   c. 유공충과 해양성 셰일의 노두

   d. 고래와 탄산염 대지

적으로 얼마나 많은 석유와 가스를 찾을 수 있는지는 유기적 퇴적물이 얼마나 있는지에 달려 있다. 유기적 퇴적물은 지구 역사상 어떤 시기에는 더 풍부했으며, 어떤 지역에서는 더 쉽게 형성되었다. 따라서 지질학적 제한요소가 있다는 것을 받아들여야 한다. 남아 있는 석유를 어떻게 스마트하게 탐사할 것인가를 앞으로 연구해야 한다. 잘 훈련된 지질학자가 지금보다 더 절실하게 필요한 적은 없었다.

요약

퇴적암을 형성하는 주요 과정은 무엇인가? 풍화작용은 암석을 규질쇄설성 퇴적물을 이루는 입자들로 부수고 화학적 및 생물학적 퇴적물을 형성하는 용해된 이온 및 분자로 분해한다. 침식작용은 풍화로 생성된 입자를 이동시킨다. 물, 공기의 흐름과 빙하는 퇴적물을 궁극적인 안식 장소인 퇴적분지로 옮긴다. 퇴적작용에 의해 입자들이나 광물 침전물들이 퇴적물의 층을 형성한다. 매몰작용과 속성작용으로 퇴적물이 압축되고 암석화되어 퇴적암이 된다.

퇴적물과 퇴적암의 두 가지 주요 유형은? 퇴적물로부터 형성된 퇴적암은 규질쇄설성 퇴적물과 화학적 및 생물학적 퇴적물 중 하나로 분류될 수 있다. 규질쇄설성 퇴적물은 모암의 물리적 및 화학적 풍화로 형성되며 물, 바람 또는 얼음에 의해 퇴적분지로 운반된다. 화학적 및 생물학적 퇴적물은 물에 용해되어 운반되는 광물에서 기원한다. 이러한 광물들은 화학 및 생물학적 반응을 통해 침전되어 퇴적물을 형성한다.

규질쇄설성 퇴적물과 화학적 및 생물학적 퇴적물은 어떻게 분류되는가? 규질쇄설성 퇴적물과 퇴적암은 입자크기에 따라 분류된다. 세 가지 주요 입자크기는 조립질(자갈과 역암), 중립질(모래와 사암), 세립질(실트와 실트암, 이토와 이암 및 셰일, 점토와 점토암)이다. 이 분류는 퇴적물을 운반한 흐름의 세기를 강조한다. 화학적 및 생물학적 퇴적물과 퇴적암은 화학성분에 기초하여 분류된다. 그중 석회암과 백운암으로 이루어진 탄산염암이 가장 풍부하다. 석회암은 주로 생물학적으로 침전된 방해석으로 구성된다. 백운암은 석회암의 속성 변질로 형성된다. 기타 화학적 및 생물학적 퇴적물로는 증발암; 처트와 같은 규질 퇴적물; 인회토; 철광층; 석탄, 석유 및 천연가스로 변환되는 토탄과 기타 유기물이 있다.

주요 용어

공극률	석탄	원유	지층 배열 순서
교결작용	석회암	유공충	처트
규질쇄설성 퇴적물	셰일	유기적 퇴적암	천연가스
다짐작용	속성작용	육성 퇴적물	철광층
대륙붕	실트	이암	침강
모래	실트암	이토	탄산염암
물리적 풍화	암석화작용	인회토	탄산염 퇴적물
백운암	암초	자갈(역)	토탄
분급작용	암편질 사암	잡사암	퇴적구조
사암	역암	장석질 사암	퇴적분지
사층리	연흔	점이층리	퇴적환경
생물교란작용	열개분지	점토	화학적 퇴적물
생물학적 퇴적물	열침강분지	점토암	화학적 풍화
생쇄설성 퇴적물	염도	증발암	
석영 사암	요곡분지	증발 퇴적물	

지질학 실습

석유와 가스를 어디에서 찾을까?

석유와 천연가스 자원의 탐사는 연료 공급이 줄어들고 지정학적 이슈로 각국이 에너지원의 자체 공급을 추구하면서 어느 때보다 더 급박하게 요구되고 있다. 이러한 탐사는 석유와 가스가 어디에서 어떻게 생성되는지에 대한 이해를 바탕으로 이루어져야 한다.

석유와 가스 탐사의 첫 단계는 유기물이 풍부한 퇴적물로부터 형성된 퇴적암을 찾는 것이다. 이런 암석이 발견되면, 다음 단계는 이 암석이 얼마나 깊이 묻혀서 어느 정도의 최대 온도에 도달

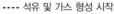

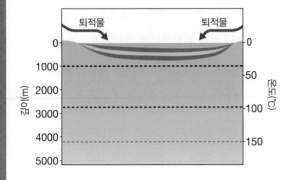

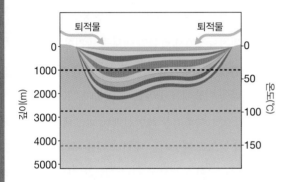

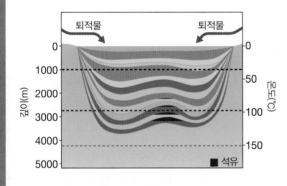

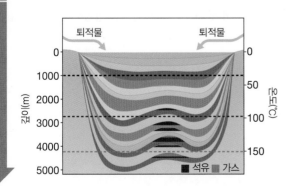

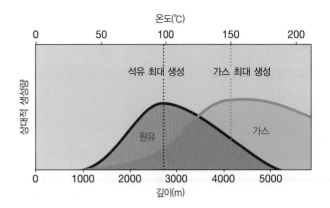

했는지를 판단해야 한다. 이러한 요인들은 그 암석이 석유 또는 가스를 포함할 수 있는 가능성인 경제성을 결정한다.

셰일과 같은 세립질 퇴적물과 퇴적암은 유기물질을 포함한다. 퇴적분지가 침강하고 상부에 퇴적층이 계속 쌓이면서 유기물질이 풍부한 퇴적물이 매우 깊게 매몰될 수 있다. 퇴적물은 깊게 묻힐수록 점점 더 뜨거워진다. 깊이에 따라 온도가 증가하는 비율을 지하증온율이라 한다(제6장 참조).

퇴적분지의 지하증온율에 따라 유기물이 풍부한 퇴적암이 충분히 뜨거워지면 유기물이 석유나 가스로 변하게 된다. 이러한 변환 과정(제23장에서 더 자세히 설명됨)을 성숙이라고 한다. 성숙은 퇴적물이 퇴적된 직후에 시작되지만 50℃ 이상에서 급격히 증가한다. 퇴적물이 60~150℃ 사이의 온도로 가열될 때 석유가 생성된다. 이보다 더 높은 온도에서는 석유가 불안정해지고 분해되어 천연가스를 형성한다.

지질학자들이 지하증온율 35℃/km인 록네스트 분지에서 유기물이 풍부한 셰일을 발견했다. 첨부된 그래프는 매몰 심도, 온도 및 이 퇴적분지의 셰일에서 형성된 석유와 가스의 상대적 양의 관계를 보여준다. 석유의 생성이 약 100℃에서 최대치에 이른다고 가정할 때, 록네스트 분지에서 석유의 생성이 가장 활발할 깊이를 계산하라.

석유 최대 생성의 깊이 = 석유 최대 생성의 온도 ÷ 지하증온율

= 100℃ ÷ 35℃/km

= 2.85km(2,850m)

록네스트 분지의 유기물이 풍부한 셰일이 2,850m보다 깊게 매몰되면 이 분지에서 석유를 발견할 가능성이 있다고 예상된다. 그러나 매몰 깊이가 2,850m보다 얕은 경우 이 분지의 탐사 전망은 낮아질 것이다.

추가문제 : 록네스트 분지의 가스 최대 생성의 깊이는 3,575m이다. 위의 수식을 이용하여 가스 생성이 절정이 되는 온도를 계산하라.

연습문제

1. 퇴적물을 퇴적암으로 바꾸는 과정에는 어떤 것이 있는가?

2. 규질쇄설성 퇴적암은 화학적 및 생물학적 퇴적암과 어떻게 다른가?

3. 규질쇄설성 퇴적암은 무엇을 바탕으로 분류되는가?

4. 바닷물의 증발에 의해 어떤 종류의 퇴적암이 형성되는가?

5. 퇴적환경을 정의하고 규질쇄설성 퇴적환경의 세 가지 예를 적으라.

6. 판구조운동이 어떻게 퇴적분지의 발달을 조절하는지 설명하라.

7. 두 종류 탄산염암의 이름을 제시하고 그 차이점을 설명하라.

8. 생물체가 어떻게 퇴적물을 생산하거나 변화시키는가?

9. 탄산칼슘의 침전에 관여하는 두 이온의 이름을 적으라.

10. 어떤 종류의 퇴적암에서 석유와 천연가스가 발견되는가?

생각해볼 문제

1. 지난 1,000만 년 동안 대륙의 풍화는 그 이전보다 훨씬 더 광범위하고 강렬했다. 이러한 현상이 오늘날 지구표면을 덮고 있는 퇴적물에서는 어떻게 나타나는가?

2. 퇴적분지의 바닥이 각각 심도 1km와 5km에 위치한 곳에서 퇴적분지의 바닥까지 시추를 하였을 때, 어느 쪽이 압력과 온도가 더 높은가? 석유는 분지의 온도가 높은 경우 가스로 변한다. 어느 시추공에서 천연가스가 더 많이 나올 것으로 기대하는가?

3. 지질학자가 특정 사암이 화강암으로부터 기원했다고 말했다. 지질학자가 이러한 결론을 내리도록 한 사암에서 얻은 정보는 무엇인가?

4. 연흔이 발달한 사암의 단면에서, 어떠한 퇴적구조를 보면 모래를 퇴적시킨 흐름의 방향을 알 수 있는가?

5. 기저에 역암이 있고, 위쪽으로 가면서 사암과 셰일로 바뀌다가 제일 꼭대기에 교결된 탄산염 모래로 구성된 석회암을 발견하였다. 퇴적물의 공급지와 퇴적환경의 어떠한 변화가 이런 지층의 순서를 만들 수 있는가?

6. 기저에 생쇄설성 석회암이 놓이고, 그 위에 탄산염으로 교결된 생물들, 그리고 제일 위에 백운암이 놓여 있다. 이러한 지층의 순서를 형성할 수 있는 퇴적환경을 추론하라.

7. 어떤 퇴적환경에서 탄산염 이토를 발견할 수 있는가?

8. 빙하 환경과 사막에서 퇴적된 퇴적물을 어떻게 입자의 크기와 분급을 이용해서 구별할 수 있는가?

9. 현무암으로 이루어진 해안산맥이 파도에 의하여 부서질 때 생성될 것으로 예상되는 해변 모래를 묘사하라.

10. 석회암의 기원에 생물이 어떤 역할을 하는가? 얕은 천해 환경에서 형성된 퇴적물과 심해 환경에서 형성된 퇴적물을 비교하여 설명하라.

11. 암초(leef)는 주로 어디에서 발견되는가?

12. 만(bay)은 얕고 좁은 입구에 의해 외해와 분리되어 있다. 기후가 따뜻하고 건조한 만의 바닥에 어떤 종류의 퇴적물이 발견될 것으로 예상하는가? 만약 기후가 시원하고 다습한 경우 어떤 퇴적물이 발견되는가?

13. 처트와 석회암의 기원은 어떤 점에서 유사한가? 생물학적 과정과 화학적 과정이 이 암석을 형성하는 역할에 대해 토의하라.

매체지원

 5-1 애니메이션 : 암석화작용

 5-2 비디오 : 석회암

 5-2 애니메이션 : 사층리

 5-3 비디오 : 퇴적층리

 5-3 애니메이션 : 퇴적분지의 형성

 5-4 비디오 : 리오그란데 열곡

 5-1 비디오 : 퇴적면 수평성의 원리, 지층 누중의 원리 및 퇴적구조

 5-5 비디오 : 자연 아치와 다리

아일랜드 서부에서 발견된 코네마라 대리암은 변성작용 동안 수반된 습곡운동에 의해 심하게 변형되어 나타난다.
[Jennifer Griffes.]

변성작용 :
온도와 압력에 의한 암석의 변화

6

암석의 순환 동안, 암석들은 엄청난 온도와 압력의 영향을 받아 광물, 조직, 화학조성에 변화를 일으키게 된다. 우리는 이러한 온도와 압력의 변화로 인해 물질이 다른 형태로 변한다는 것을 알고 있다. 와플 굽는 틀에 반죽을 넣고 열을 가하면서 눌러 압력을 가하면 와플 반죽은 단단하고 바삭바삭한 고체의 과자로 변한다. 비슷한 방식으로, 암석들은 지구의 지각 깊은 곳에서 높은 온도와 압력의 영향을 받으면 변형된다.

지표 아래 수십 킬로미터 지하에서는 온도와 압력이 충분히 높아 용융 없이 암석을 변형시키는 화학반응과 재결정화작용이 일어날 수 있다. 온도와 압력의 증가와 화학적 환경의 변화는 암석이 항상 고체 상태를 유지하더라도 화성암과 퇴적암의 광물조성과 결정조직을 변화시킬 수 있다. 그 결과로 만들어진 암석이 세 번째 주요 암석 종류인 변성암이다. 변성암(metamorphic rocks)은 광물조성, 조직, 화학조성 또는 이 세 가지 모두에서 변화를 겪은 암석이다.

대부분의 변성작용은 정적인 사건이 아니라 역동적인 과정임을 이해하는 것이 중요하다. 지구내부의 열엔진은 판구조운동을 발생시키고, 이 운동은 지표에서 형성된 암석들을 지구내부 깊은 곳까지 하강시켜 고온과 고압환경에 놓이게 한다. 그러나 이 변형된 암석들은 다시 지표로 돌아오게 되는데, 그러한 과정은 주로 풍화작용과 침식작용에 의해—달리 말하면 기후시스템에 의해—이루어진다.

이 장에서 변성작용의 원인, 어떤 지질학적 환경에서 발생하는 변성작용의 유형, 변성암을 특징짓는 다양한 조직들의 기원을 살펴본다. 변성암이 어떻게, 어디에서 변형되었는지를 이해하기 위하여 지질학자들이 변성암의 특징을 사용하는 법을 알아보고, 암석 윤회를 거치는 변성암의 여정이 지각을 형성하는 과정들에 대하여 우리에게 무엇을 말하여 주는지를 살펴본다.

■ 변성작용의 원인

퇴적물과 퇴적암은 지구지표 환경의 산물이고, 반면에 화성암은 하부지각과 맨틀에서 생성된 마그마의 산물이다. 변성암은 상부지각과 하부지각 사이의 깊이에서 작용하는 과정들의 산물이다.

암석이 온도와 압력이 크게 변하는 환경에 놓이게 될 때, 충분한 시간—지질학적 기준으로는 짧지만, 보통 100만 년 또는 그 이상의 시간—이 주어지면, 그 암석은 새로운 온도와 압력조건과 평형상태를 이룰 때까지 화학조성, 광물조성 및 조직에서, 또는 세 가지 모두에서 변화를 겪게 된다. 예를 들면, 화석을 함유하는 석회암은 변성되면 화석의 흔적이 사라진 흰색의 대리암으로 변화될 수 있다. 암석의 광물조성과 화학조성은 변하지 않을지라도, 그 조직은 작은 방해석 결정에서 서로 맞물린 큰 방해석 결정으로 완전히 바뀔 수 있다. 이처럼 작은 결정이 큰 결정으로 변하면서 기존 화석들의 모습은 소멸된다. 층리가 잘 발달된 셰일은 편암으로 변할 수 있다. 셰일은 너무 세립질이어서 육안으로는 개개의 결정들을 볼 수 없지만, 편암으로 변하면 셰일의 원래 층리를 알아보기 어려워지고 큰 운모 결정들이 우세한 조직으로 바뀐다. 이러한 경우, 광물조성과 조직은 모두 변했지만, 암석의 전체적인 화학조성은 변하지 않은 채 그대로이다.

대부분의 변성암은 지각의 중부에서 하부 사이에 해당하는 10~30km 깊이에서 형성된다. 이런 암석들이 나중에 발굴되거나(exhumed), 지표로 다시 운반되어, 노두 형태로 지표에 노출된다. 그러나 변성작용은 지표에서도 일어날 수 있다. 우리는 이러한 변성학적 변화를 용암류 아래에서 열기로 구워진 토양과 퇴적물의 표면에서 볼 수 있다.

지구내부의 열과 압력 그리고 유체의 화학조성은 변성작용을 일으키는 세 가지 주요 요인들이다. 비록 온도증가율이 지역에 따라 상당한 차이를 보이기는 하지만, 지각의 대부분에서 온도는 깊이 1km당 30℃의 비율로 증가한다. 이에 대해서는 잠시 뒤에 알아볼 것이다. 그래서 15km 깊이에서 온도는 약 450℃가 될 것이다. 이것은 대부분의 지역에서 평균 10~20℃의 온도범위를 보이는 지표의 평균온도보다 매우 높다. 어느 지역에 가해진 압력은 위에 놓인 암석의 하중에 의해 가해지는 수직방향의 힘과 판구조운동으로 암석이 변형될 때 가해지는 수평방향의 힘의 결과이다. 15km 깊이에서 평균압력은 지표압력의 약 4,000배에 달한다.

이러한 온도와 압력이 높아 보이지만, 이들은 그림 6.1에서 볼

수 있는 변성작용의 조건 중에서 중간 정도에 불과하다. 암석의 변성도(metamorphic grade)는 변성작용 동안 암석이 받는 온도와 압력을 반영한다. 우리는 얕은 지각 지역에서 낮은 온도와 압력 조건하에서 형성된 변성암을 저변성도(low-grade) 변성암이라 부르고, 보다 깊은 곳에서 높은 온도와 압력조건하에서 형성된 변성암을 고변성도(high-grade) 변성암이라고 한다.

변성도가 변화함에 따라 변성암 내의 광물조합 또한 변화한다. 남정석(kyanite), 홍주석(andalusite), 규선석(sillimanite), 십자석(staurolite), 석류석(garnet), 녹염석(epidote) 같은 일부 규산염 광물들은 주로 변성암에서 발견된다. 지질학자들은 변성암을 연구하기 위해서 광물조성뿐만 아니라 특징적인 조직들(textures)을 이용한다.

온도의 역할

열은 화학결합을 깨뜨리고 암석의 기존 결정구조를 변화시켜서 암석의 화학조성, 광물조성, 조직을 변형시킬 수 있다. 암석이 지표환경에서 온도가 높은 지구내부로 이동하게 되면, 암석은 새로운 온도환경에 적응한다. 암석 내의 원자와 이온들은 새로운 배열을 이루면서 연결되고, 새로운 광물조합을 만들면서 재결정된다. 많은 새로운 결정들은 원래 암석 속에 있던 결정들보다 더 크게 성장한다.

지구내부에서 깊이증가에 따른 온도증가를 지하증온율(geothermal gradient, 지열구배)이라고 부른다. 지하증온율은 판구조 환경에 따라 다양하게 나타나지만 평균적으로 깊이 1km당 30℃이다. 미국 네바다주의 그레이트베이슨(Great Basin) 같이 대륙암

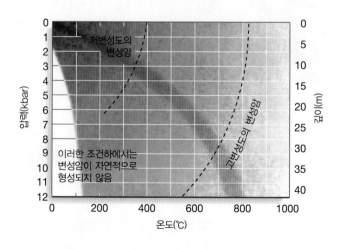

그림 6.1 저변성도와 고변성도의 암석이 형성되는 온도, 압력 및 깊이. 어두운 띠는 대부분의 대륙암석권에서 깊이에 따른 온도와 압력의 증가율을 나타낸다.

석권이 신장되어 얇아지는 지역에서 지하증온율은 급한 증가를 보인다(예 : 깊이 1km당 50℃). 북아메리카대륙의 중앙부처럼 대륙암석권이 오래되고 두꺼운 지역에서는 지하증온율이 완만한 증가를 보인다(예 : 깊이 1km당 20℃, 그림 6.2).

서로 다른 광물들은 서로 다른 온도에서 결정화되고 안정한 상태를 유지하기 때문에, 우리는 암석의 광물조성을 암석이 형성될 당시의 온도를 측정하는 일종의 **지질온도계**(geothermometer)로 사용할 수 있다. 예를 들면, 점토광물을 함유한 퇴적암이 점점 깊게 매몰되면, 점토광물들은 재결정되기 시작하여 운모와 같은 새로운 광물을 형성한다. 더 깊고 온도가 높은 곳으로 매몰되면,

운모는 불안정해져서 석류석과 같은 새로운 광물로 재결정되기 시작한다.

암석과 퇴적물들을 지각의 뜨거운 심부로 운반하는 섭입과 대륙-대륙의 충돌과 같은 판구조과정들은 대부분의 변성암을 형성시키는 메커니즘이다. 또한 화성관입암체 근처에서 높은 온도의 영향을 받는 암석에서는 제한된 범위의 변성작용이 발생할 수 있다. 온도는 국부적으로는 강하게 작용하지만 깊이 침투하지는 못한다. 그래서 심성암의 관입은 모암 주위를 변성시킬 수 있지만, 그 효과는 국부적 지역에 한정된다.

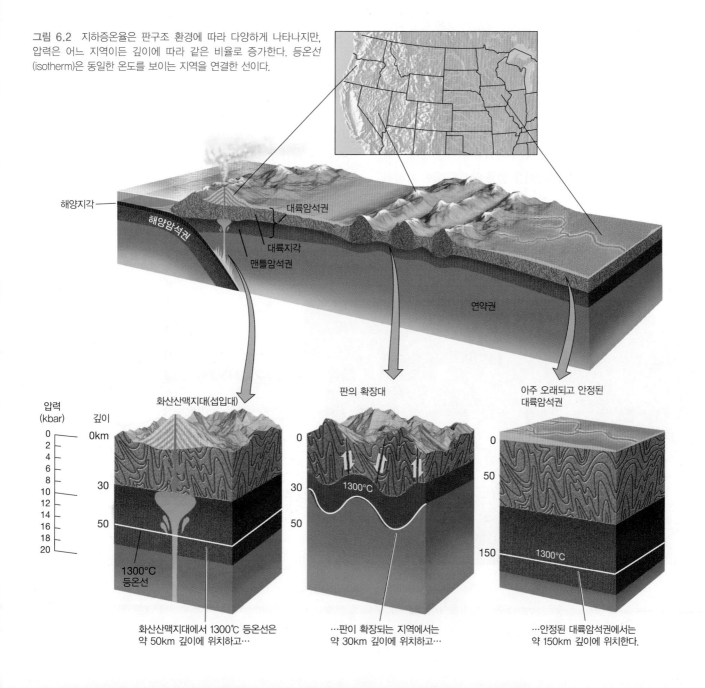

그림 6.2 지하증온율은 판구조 환경에 따라 다양하게 나타나지만, 압력은 어느 지역이든 깊이에 따라 같은 비율로 증가한다. 등온선(isotherm)은 동일한 온도를 보이는 지역을 연결한 선이다.

압력의 역할

온도처럼 압력도 암석의 화학조성, 광물조성, 조직을 변화시킨다. 고체의 암석은 **응력**(stress)이라고 하는 두 가지 종류의 압력의 영향을 받는다.

1. **봉압**(confining pressure)은 잠수부들이 물속에서 느끼는 압력처럼 모든 방향에서 동등하게 가해지는 보편적인 힘이다. 잠수부들이 더 깊이 내려가면 더 큰 봉압을 느끼는 것처럼, 지구내부 깊숙한 곳으로 하강한 암석은 위에 놓인 물체의 무게에 비례하여 점차 증가하는 봉압을 받게 된다.

2. **편압**(directed pressure) 또는 **차별응력**(differential stress)은 점토로 만든 공을 엄지와 검지 사이에 놓고 누를 때처럼 어떤 특정한 방향에서 가해지는 힘을 말한다. 편압은 보통 특정 지역 또는 개별 면을 따라 집중된다.

암권판들이 수렴하는 경계에서 작용하는 압축력은 편압의 형태이고, 이 힘은 판의 경계 부근에 있는 암석들의 변형을 가져온다. 열은 암석의 강도를 감소시킨다. 그래서 편압은 온도가 높은 지역에서 변성작용뿐만 아니라 심한 습곡작용과 다른 형태의 연성 변형작용을 일으킨다. 차별응력을 받은 암석은 힘이 가해진 방향으로 편평해지고, 힘에 수직인 방향으로 신장되면서 심하게 찌그러지기도 한다(그림 6.3).

압력을 받고 있는 암석 내의 광물들은 압축되고, 신장되고, 또

는 회전되어 암석에 가한 응력의 종류에 따라 특정 방향으로 배열된다. 그래서 편압은 광물들이 온도와 압력 둘 다의 영향하에서 재결정될 때, 형성된 새로운 광물들의 형태와 방향을 유도한다. 예를 들면, 재결정작용 동안 운모의 결정들은 편압에 수직인 방향으로 배열된 판상의 규산염 구조면들을 가지며 성장한다. 조성이 다른 광물들이 각기 다른 별개의 면으로 분리되면서 암석은 띠무늬(호상구조)를 갖게 된다.

대리암이 놀랄 만큼 큰 강도를 갖게 된 것은 이러한 재결정 과정 덕분이다. 퇴적암인 석회암이 재결정이 일어날 정도의 매우 높은 온도로 가열되면, 원래 광물과 결정들은 재배열되고, 또한 서로 단단하게 맞물려 약한 면이 없는 매우 강한 구조를 형성한다.

암석이 지각 깊은 곳에서 받는 압력은 상부에 놓인 암석의 두께와 밀도 모두와 관련이 있다. 보통 킬로바(kilobars, kbar, 약 1,000bar)로 표시하는 압력은 깊이 1km당 0.3~0.4kbar의 비율로 증가한다(그림 6.1 참조). 1bar는 대략 지표에서의 대기압과 같다. 10m 수심의 산호초를 유영하는 잠수부는 추가로 1bar의 압력을 느끼게 된다.

지표 부근의 저압 환경에서 안정한 광물들은 지각심부의 증가된 압력하에서는 불안정하여 새로운 광물로 재결정된다. 제7장에서 살펴보겠지만, 지질학자들은 실험실에서 암석에 매우 높은 압력을 가하고 이러한 변화를 일으키는 데 필요한 압력을 기록한

그림 6.3 미국 캘리포니아주의 세쿼이아국유림에 있는 이 암석들은 퇴적암이 대리암, 편암 및 편마암으로 변성되면서 나타나는 특징인 띠구조와 습곡구조를 모두 보여준다.

[Gregory G. Dimijian/Science Source.]

다. 이런 실험실 자료들을 바탕으로 변성암 시료들의 광물조성과 조직을 분석할 수 있으며, 이들 시료들이 생성된 지역의 압력이 얼마인지를 추론할 수 있다. 그래서 변성광물조합들은 압력지시계 또는 **지질압력계**(geobarometers)로 사용될 수 있다. 변성암에서 어떤 특정한 광물조합이 주어지면, 지질학자는 압력범위를 결정할 수 있으며, 아울러 그 암석이 형성된 깊이를 알 수 있다.

유체의 역할

변성작용은 뜨겁게 가열된 물에 용해되는 화학성분들을 첨가하거나 제거함으로써 암석의 광물조성을 변화시킬 수 있다. 열수용액(hydrothermal fluids)은 변성화학반응을 촉진시키는데, 그 이유는 열수용액이 용존된 이산화탄소를 비롯하여 압력하에 놓인 뜨거운 물에서 용해되는 여러 화학물질들—나트륨(Na), 칼륨(K), 이산화규소(실리카, SiO_2), 구리(Cu), 그리고 아연(Zn)과 같은 물질들—을 실어나를 수 있기 때문이다. 열수용액들이 지각의 얕은 부분까지 침투하게 되면, 이 용액들은 그들이 침투한 암석과 반응을 하여 암석의 화학성분과 광물조성을 변화시키고, 때로는 그 암석의 조직을 변화시키지 않고도 어떤 광물을 다른 광물로 완전히 치환시킨다. 이와 같이 용액이 암석 내부 또는 외부로 화학물질들을 운반하여 암석의 화학성분을 변화시키는 작용을 **변성교대작용**(metasomatism)이라고 한다. 동, 아연, 납, 그리고 다른 금속 광석들을 비롯한 많은 금속 광상들은 제3장에서 본 것처럼 이러한 화학적 치환작용에 의해 형성된다.

이러한 화학적으로 반응하는 유체는 어디서 나온 것일까? 대부분의 암석들은 완전히 건조되어 극히 낮은 공극률을 갖는 것처럼 보이지만, 그들은 아주 미세한 공극(입자들 사이의 공간) 내에 물을 포함하고 있다. 이 물은 퇴적암의 공극—대부분의 물은 속성작용 동안 공극에서 방출됨—에서 나온 것이 아니라 점토 내에 화학적으로 결합되어 있던 물에서 나온 것이다. 물은 운모류와 각섬석 같은 변성광물들에서 결정구조의 일부를 형성한다. 열수용액에 용존되어 있는 이산화탄소는 대부분이 석회암과 백운암 같은 탄산염 퇴적암에서 유래된 것이다.

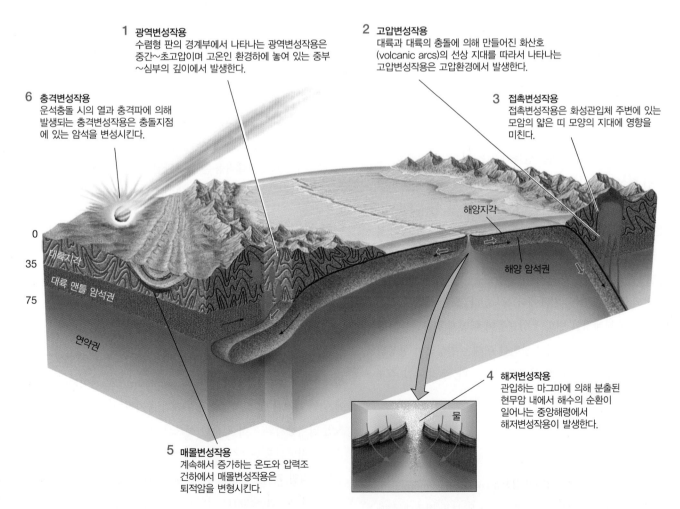

1 광역변성작용
수렴형 판의 경계부에서 나타나는 광역변성작용은 중간~초고압이며 고온인 환경하에 놓여 있는 중부~심부의 깊이에서 발생한다.

2 고압변성작용
대륙과 대륙의 충돌에 의해 만들어진 화산호 (volcanic arcs)의 선상 지대를 따라서 나타나는 고압변성작용은 고압환경에서 발생한다.

6 충격변성작용
운석충돌 시의 열과 충격파에 의해 발생되는 충격변성작용은 충돌지점에 있는 암석을 변성시킨다.

3 접촉변성작용
접촉변성작용은 화성관입체 주변에 있는 모암의 얇은 띠 모양의 지대에 영향을 미친다.

해양지각

0
35
75

대륙지각
대륙 맨틀 암석권
연약권

해양 암석권

5 매몰변성작용
계속해서 증가하는 온도와 압력조건하에서 매몰변성작용은 퇴적암을 변형시킨다.

4 해저변성작용
관입하는 마그마에 의해 분출된 현무암 내에서 해수의 순환이 일어나는 중앙해령에서 해저변성작용이 발생한다.

물

그림 6.4 다른 유형의 변성작용은 다른 지질학적 환경에서 발생한다.

■ 변성작용의 유형

지질학자는 실험실에서 변성작용의 환경을 재현할 수 있고, 특정 변형이 일어나는 온도, 압력, 그리고 모암 성분의 정확한 조합을 결정할 수 있다. 그러나 지구내부에서 그러한 조건들이 언제, 어디서, 어떻게 발생하는지를 이해하기 위해서 우리는 그들의 지질학적 환경에 근거하여 변성암을 분류해야 한다(그림 6.4).

광역변성작용

광역변성작용(regional metamorphism)은 여러 변성작용의 유형 중 가장 광범위한 유형이고, 고온-고압조건이 지각의 넓은 범위에 걸쳐 가해진 지역에서 발생한다. 우리는 이러한 유형의 변성작용을 화성관입체 또는 단층대 근처에서 국부적으로 발생하는 변성작용과 구분하기 위해서 광역이라는 용어를 사용한다. 광역변성작용은 판구조적 환경 중 주로 수렴대에서 나타나는 특징적인 모습이다. 이 변성작용은 남미의 안데스산맥과 같은 화산대(volcanic mountain belts)에서, 그리고 중앙아시아의 히말라야산맥과 같은 대륙-대륙 충돌에 의해 만들어진 산맥의 중심부에서 발생한다. 이 산맥들은 흔히 일렬로 배열되며, 그래서 광역변성대는 보통 선상 배열의 분포를 보인다. 실제로 지질학자들은 대개 광역적으로 넓게 분포하는 변성암 지대를 과거에 산맥이 있었던 자리, 즉 산맥이 수백만 년 동안 침식되어 그들 중심에 있던 암석들이 노출된 자리를 나타내는 것으로 해석하였다.

어떤 광역변성대는 섭입되는 판들이 맨틀 깊숙이 가라앉는 곳에 형성된 화산대 근처의 고온이면서 중압~고압인 환경에서 형성된다. 다른 광역변성대는 충돌하는 대륙들이 암석을 변형시키고 높은 산맥을 융기시키는 경계부를 따라 지각 깊숙한 곳에서 발견되는 매우 고압-고온인 환경하에서 형성된다. 두 경우 모두에서, 변성된 암석들은 보통 지각 내의 깊은 곳으로 운반된 후, 결국 융기되고, 노출되어, 지표에서 침식된다. 오랜 시간에 걸친 온도와 압력의 체계적인 변화에 암석들이 어떻게 반응하는가를 포함하는, 광역변성작용에 대한 완전한 이해는 변성암이 형성되는 특정 판구조적 환경에 대한 이해에 달려 있다. 우리는 그 주제에 대하여 이 장의 뒷부분에서 논의할 것이다.

접촉변성작용

화성관입체에서 방출된 열은 그 주위의 암석을 변성시킨다. 이처럼 열에 의한 암석의 변화를 **접촉변성작용**(contact metamorphism)이라 한다. 이와 같은 유형의 국지적인 변형은 보통 접촉대를 따라서 모암의 얇은 지대에만 영향을 미친다. 많은 접촉변성암들—특히 얇은 관입암체 주변의 접촉변성암들—에서 광물 및 화학적 변형은 주로 관입 마그마의 높은 온도와 관련이 있다. 압력효과는 마그마가 지하 심부에 관입되어 있는 곳에서만 중요하다. 여기서 압력은 모암을 뚫고 들어오는 마그마의 관입력에 의한 것이 아니라, 지역적으로 나타나는 봉압에 의한 것이다. 용암류 등 화산 퇴적층에 의한 접촉변성작용은 매우 좁은 지역에 한정된다. 왜냐하면 용암은 지표에서 빠르게 냉각되므로 용암의 열이 주변 암석 속으로 깊게 침투하여 변성학적 변화를 일으킬 시간이 없기 때문이다. 접촉변성작용은 또한 완전히 용용되지 않은 포획암(xenoliths)에도 영향을 미친다. 수 미터 폭의 암석 덩어리들이 마그마 저장소의 측면부로부터 떨어져나와 뜨거운 마그마에 완전히 파묻히기도 한다. 열은 모든 방향에서 이 포획암 내부로 방사되어, 결국 이 암석은 완전히 변성될 수 있다.

해저변성작용

또 다른 유형의 변성작용은 **해저변성작용**(seafloor metamorphism)이라 불리는 일종의 변성교대작용(metasomatism)이며, 흔히 중앙해령과 관련되어 있다(제4장 참조). 해저 확장중심에서 뜨거운 현무암질 용암은 침투하는 해수를 가열하고, 해수는 대류에 의해 새로 형성된 해양지각을 관통하며 순환하기 시작한다. 온도의 증가는 해수와 암석 간의 화학반응을 촉진시키고, 원래 현무암과는 화학성분이 다른 변질된 현무암을 형성시킨다. 고온의 유체 침투로 일어나는 변성교대작용은 화성관입암체 근처를 순환하는 열수용액이 주변 암석을 변성시킬 때 대륙에서도 일어날 수 있다.

다른 유형의 변성작용

기타 다른 유형의 변성작용에 의해 생성되는 변성암은 소량에 불과하다. 이런 유형의 변성작용 중, 어떤 것들은 지질학자들이 지각 내 심부의 조건을 이해하는 데 매우 중요한 역할을 한다.

매몰변성작용　제5장에서 언급한 바와 같이, 퇴적암들은 서서히 매몰되면서 속성작용에 의해 변형된다. 속성작용은 저변성도 변성작용인 **매몰변성작용**(burial metamorphism)으로 전이되는데, 위에 놓인 퇴적물 및 퇴적암층의 두께가 증가하면서 가해지는 점진적인 압력증가와 지하 깊숙한 곳으로 매몰되면서 나타나는 열의 증가로 저변성도 변성작용이 발생한다.

지역적인 지하증온율에 따라 좌우되지만, 매몰변성작용은 일반적으로 약 $100 \sim 200\,°C$ 사이의 온도범위와 3kbar 이하의 압력을 갖는 깊이 6~10km에서 시작된다. 이러한 사실은 석유와 천연가스 산업에서 매우 중요하다. 이들 업계에서는 '경제성 있는 하한점'을 저변성도 변성작용이 시작되는 깊이로 정의하고 있다. 석유와 가스 시추공들은 이 깊이 아래로는 거의 시추하지 않는다. 그이유는 150℃ 이상의 온도에서는 퇴적암 내에 포획된 유기물들이 원유나 천연가스보다는 이산화탄소로 변하기 때문이다.

고압 및 초고압 변성작용 고압변성작용(high-pressure metamorphism, 8~12kbar의 압력) 및 **초고압변성작용**(ultra-high-pressure metamorphism, 28kbar 이상의 압력)으로 형성된 변성암은 지표에 거의 노출되어 있지 않아서 지질학자들이 이를 연구하기란 매우 힘든 일이다. 이 암석들은 매우 깊은 곳에서 형성되고 또한 형성된 곳에서 지표로 이동하는 데 매우 오랜 시간이 소요되기 때문에 희귀하다. 대부분의 고압변성암들은 섭입하는 해양지각에서 긁혀 벗겨진 퇴적물들이 12kbar의 압력이 작용하는 30km 깊이까지 급격히 하강하는 섭입대에서 형성된다.

과거에 지각의 기저부에 있었던 특이한 변성암이 때때로 지표에서 발견되기도 한다. **에클로자이트**(eclogite, 그림 3.27 참조)라 불리는 이 암석은 코에사이트(coesite, 밀도가 매우 높은 고압형 석영)와 같은 광물들을 함유하기도 한다. 코에사이트는 80km 이상의 깊이를 암시하는 28kbar 이상의 압력을 지시한다. 그러한 암석들은 800~1,000℃의 온도범위를 갖는 중온 내지 고온환경하에서 형성된다. 어떤 경우 이 암석들은 현미경적 크기의 미세한 다이아몬드(microscopic diamonds)를 함유하고 있는데, 이는 40kbar 이상의 압력과 120km 이상의 깊이를 지시한다. 놀랍게도 이런 초고압변성암이 노출된 지역이 400km×200km보다 더 넓은 면적을 차지한다. 이처럼 깊은 지하 심부에서 온 것으로 알려진 또 다른 두 가지의 암석은 다이아트림(diatremes)과 킴벌라이트(kimberlites)이다(제12장 참조). 이들 두 암석은 폭이 수백 미터에 불과한 좁은 관(pipes) 모양을 형성하며 산출되는 화성암이다. 지질학자들은 이 두 암석이 비록 비정상적인 깊이에서 나온 것이긴 하지만 화산분출에 의해 만들어진 것이라고 생각한다. 그에 반해서, 에클로자이트가 지표로 올라오는 데 필요한 메커니즘(과정)에 대해서는 의견이 분분하다. 이 암석들은 대륙-대륙의 충돌동안 섭입되었다가, 그 후에 저압환경에서 재결정되기 전에 (어떤 알려지지 않은 과정을 통해) 지표로 다시 상승한 대륙선단부의 조각을 나타내는 것으로 생각된다.

충격변성작용 충격변성작용(shock metamorphism)은 운석이 지구와 충돌할 때 발생한다. 충돌 시, 운석의 질량과 속도로 나타내는 에너지는 열과 충돌된 모암을 관통하는 충격파로 변환된다. 이 모암들은 산산이 부서지거나 또는 부분적으로 용융되어 텍타이트(tekties)를 생성한다. 가장 작은 텍타이트는 작은 유리방울들처럼 보인다. 어떤 경우에, 석영은 코에사이트와 스티쇼바이트(stishovite)로 변하기도 하는데, 이들 두 광물은 고압형 석영이다.

대부분의 큰 충돌들은 지구상에 운석의 흔적을 남기지 않는다. 왜냐하면 운석이 지구와 충돌할 때 대부분 파괴되기 때문이다. 그러나 코에사이트와 특징적인 파쇄 조직을 보이는 크레이터의 산출은 운석충돌의 증거이다. 밀도가 높은 지구의 대기는 대부분의 운석을 지구표면에 도달하기 전에 연소시킨다. 그래서 지구에서는 충격변성작용이 매우 드물다. 그러나 달의 표면에서는 이러한 충격변성작용이 보존된다. 충격변성작용은 수십 내지 수백 kbar인 극고압의 특징을 보인다.

■ 변성조직

변성작용은 변성된 암석에 새로운 조직(texture)들을 남긴다. 변성암의 조직은 구성결정들의 크기, 모양, 배열상태 등에 의해 결정된다. 어떤 변성암의 조직은 변성조건하에서 형성된 특별한 종류의 광물들에 의해 달라진다. 입자크기의 변화 또한 중요한 요소 중 하나이다. 일반적으로 입자의 크기는 변성도가 증가함에 따라 증가한다. 각 종류의 변성조직은 그 조직을 만든 변성작용에 대한 정보들을 우리에게 말해주고 있다. 이 절에서 우리는 변성조직이 만들어지는 과정을 알아보고, 조직상의 차이를 보이는 두 가지 부류의 변성암—엽리상 암석(foliated rocks)과 입상변정질 암석(granoblastic rocks)—에 대해서 기술할 것이다.

엽리와 벽개

광역적으로 변성작용을 받은 암석에서 가장 뚜렷한 조직적 특성은 **엽리**(foliation)이다. 엽리는 평평하거나 물결무늬를 보이는 일련의 평행 벽개면들로서, 편압하에서 화성암과 퇴적암이 변형되면서 만들어진다(그림 6.5). 이 엽리면은 기존 퇴적암의 층리를 비스듬한 각도로 자르며 지나가거나, 층리와 평행하게 나타날 수 있다(그림 6.5). 보통 광역변성작용의 변성도가 증가하면, 엽리는 보다 더 뚜렷해진다.

엽리의 주요 생성원인은 판상으로 결정되는 광물들, 주로 운모류와 녹니석의 생성이다. 모든 판상 결정들의 면들은 엽리와

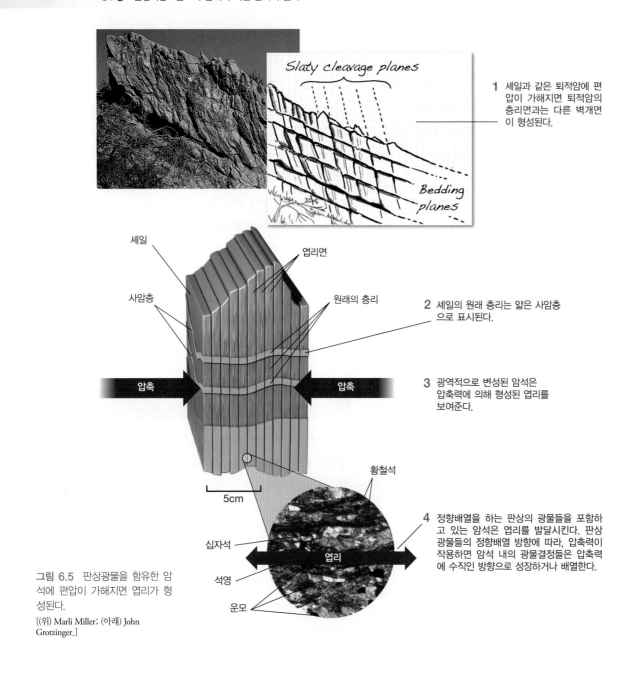

그림 6.5 판상광물을 함유한 암석에 편압이 가해지면 엽리가 형성된다.
[(위) Marli Miller; (아래) John Grotzinger.]

이미지 내 설명:
Slaty cleavage planes
Bedding planes

1 셰일과 같은 퇴적암에 편압이 가해지면 퇴적암의 층리면과는 다른 벽개면이 형성된다.

셰일
사암층
엽리면
원래의 층리

2 셰일의 원래 층리는 얇은 사암층으로 표시된다.

압축 — 압축

3 광역적으로 변성된 암석은 압축력에 의해 형성된 엽리를 보여준다.

5cm

황철석
십자석
석영
운모
엽리

4 정향배열을 하는 판상의 광물들을 포함하고 있는 암석은 엽리를 발달시킨다. 판상광물들의 정향배열 방향에 따라, 압축력이 작용하면 암석 내의 광물결정들은 압축력에 수직인 방향으로 성장하거나 배열한다.

평행하게 배열되는데, 이런 배열을 **정향배열**(preferred orientation)이라고 부른다(그림 6.5). 판상의 광물이 결정화될 때, 그들의 정향배열은 변성작용 동안 암석을 누르는 압축력의 주 방향에 보통 수직인 방향으로 나타난다. 기존 광물의 결정들 또한 새로 만들어지는 엽리면에 평행하게 놓일 때까지 회전함으로써 엽리 형성에 기여한다.

가장 친숙한 엽리의 형태는 흔한 변성암 중 하나인 점판암에서 보인다. 점판암은 부드럽고 평행한 면을 따라 얇은 판으로 쉽게 쪼개진다. 이러한 **점판벽개**(slaty cleavage)—운모와 같은 층상규산염광물(sheet silicates)에서 보여주는 완벽한 벽개(쪼개짐)와

혼동하지 말 것—는 암석에서 얇고 규칙적인 간격으로 발달한다.

길게 신장된 침상의 결정습성을 갖는 광물들 또한 변성작용 동안 정향배열을 보이는 경향이 있다. 이 결정들은 보통 엽리면과 평행하게 배열된다. 풍부한 각섬석(대표적인 변성 고철질 화산암)을 함유하는 암석들은 이러한 종류의 조직을 갖는다.

엽리상 암석

엽리상 암석(foliated rocks)은 다음 네 가지 주요 기준에 따라 분류된다.

1. 변성도

2. 입자(결정)의 크기

3. 엽리의 유형

4. 호상구조 또는 띠구조(banding)

그림 6.6은 주요 엽리상 암석들의 예를 보여준다. 일반적으로 엽리는 변성도가 증가함에 따라 어떤 조직에서 다른 조직으로 점진적으로 변화한다. 이러한 점진적인 변화과정에서, 온도와 압력이 증가함에 따라, 셰일은 맨 처음에 점판암으로 변성되고, 그다음에 천매암, 편암, 편마암의 순으로 변성되다가, 마지막에는 혼성암으로 변성된다.

점판암 **점판암**(slates)은 가장 낮은 변성도에서 형성된 엽리상 변성암이다. 이 암석들은 너무 세립질이어서 각각의 결정들을 현미경 없이는 관찰할 수 없다. 이들은 흔히 셰일이 변성작용을 받아 만들어지며, 가끔 화산재 퇴적층이 변성되어 만들어지기도 한다. 점판암은 일반적으로 모암인 셰일 내에 존재하는 소량의 유기물로 인해서 어두운 회색에서 검은색을 띤다. 점판암 석공들은 오래전부터 점판암에 발달하는 엽리면에 대해 알고 있었으며, 지붕의 기와나 칠판을 만들기 위하여 큰 덩어리의 암석을 적당한 두께의 판으로 쪼개는 데 이 엽리면들을 이용하였다. 점판암이 풍

부한 지역에서는 아직도 보도 포장용으로 납작한 점판암 판석을 사용한다.

천매암 **천매암**(phyllites)은 점판암보다 약간 더 높은 변성도에서 형성되지만, 특징과 기원은 유사하다. 천매암은 점판암에서보다 결정 크기가 자라서 더 커진 운모와 녹니석 결정들로 인해 다소 광택을 띤다. 점판암과 마찬가지로 천매암도 점판암보다는 덜 완벽하지만 얇은 판으로 쪼개지는 경향을 갖는다.

편암 저변성도의 변성작용에서는, 판상 광물들의 결정들은 너무 작아 육안으로 관찰하기가 어렵고, 엽리면도 좁은 간격으로 밀착되어 있다. 그러나 암석이 더 높은 온도와 압력을 받으며 변성작용을 받게 되면, 판상의 결정들은 육안으로 구분할 수 있을 만큼 크게 성장하고, 광물들은 우백대와 우흑대로 분리되는 경향을 보인다. 이 판상 광물들의 평행한 배열이 편리(schistosity)라 불리는 조립질이며, 파동의 형태를 갖는 엽리를 생성하는데, 이것이 **편암**(schists)의 가장 큰 특징이다. 중간 정도의 변성도를 보이는 편암은 가장 풍부한 변성암 중 하나이다. 편암은 약 50% 이상이 판상 광물(주로 백운모와 흑운모)로 구성되어 있다. 편암은 석영이나 장석 또는 둘 다로 구성된 얇은 층을 포함하기도 하는데, 이는

변성작용의 강도가 증가함에 따라
결정입자의 크기와 엽리의 두께
(간격)가 증가한다.

그림 6.6 엽리상 암석은 변성도, 입자크기, 엽리의 유형과 호상(띠)구조에 의해 분류된다.
[점판암, 천매암, 편암, 편마암 : John Grotzinger/Ramón Rivera-Moret/Harvard Mineralogical Museum; 혼성암 : Kip Hodges.]

모암인 셰일의 석영 함량에 따라 달라진다.

편마암　좀더 조립질의 엽리는 고변성도의 **편마암**(gneisses)에서 나타나는데, 편마암은 전체적으로 밝은색 광물과 어두운색 광물의 조립질 띠를 갖는 밝은색 암석이다. 이러한 **편마구조**(gneissic foliation or gneissosity)는 밝은색의 석영 및 장석이 어두운색의 각섬석 및 다른 고철질 광물들과 분리되어 만들어진다. 편마암은 입상 광물(granular minerals)과 판상 광물(platy minerals)의 비가 점판암이나 편암보다 높은 고변성도의 조립질 변성암이다. 그 결과, 엽리의 발달이 미약하고 따라서 쪼개지는 경향도 거의 없다. 고온-고압환경하에 놓이면, 운모류와 녹니석을 포함하는 저변성도 암석의 광물조합은 소량의 운모류와 각섬석을 포함하는 석영과 장석이 풍부한 새로운 광물조합으로 변한다.

혼성암　편마암을 형성시키는 온도보다 높은 온도에서는 모암이 용융되기 시작한다. 이런 경우에 화성암에서와 같이(제4장 참조), 가장 먼저 용융되는 광물들은 용융점이 가장 낮은 광물들이다. 그러므로 모암의 어떤 부분은 용융되고, 용융된 물질은 다시 냉각되기 전에 비교적 짧은 거리를 이동할 수 있게 된다. 이런 방식으로 형성된 암석들은 매우 심하게 변형되어 뒤틀리며, 많은 맥(vein)들과 작은 타원체들, 그리고 용융된 암석의 렌즈들이 암석 속으로 침투해 들어온다. 이러한 결과로 **혼성암**(migmatite)이라 불리는 화성암과 변성암의 혼합체가 형성된다. 일부 혼성암들은 대부분이 변성 기원의 물질로 이루어져 있고, 작은 일부만이 화성 기원의 물질로 이루어져 있다. 다른 혼성암들은 용융의 영향을 너무 많이 받아 거의 전부가 화성 기원으로 생각된다.

입상변정질 암석

입상변정질 암석(granoblastic rocks)들은 엽리가 없는 변성암으로서, 판상이나 길쭉한 형태의 결정들보다는 주로 정육면체나 구처럼 모든 방향에서 길이가 같은 형태로 성장한 결정들로 이루어져 있다. 이 암석들은 접촉변성작용과 같이 편압이 없는 변성과정으로 형성되었으며, 그래서 엽리가 나타나지 않는다. 입상변정질 암석에는 혼펠스, 규암, 대리암, 녹색암, 각섬암, 백립암이 포함된다(그림 6.7). 혼펠스를 제외한 모든 입상변정질 암석들은 그들의 조직보다는 구성하는 광물조성으로 정의된다. 왜냐하면 이들 모두는 균질한 입상조직을 갖고 있기 때문이다.

　혼펠스(hornfels)는 거의 변형을 받지 않은, 균일한 입자크기를 갖는, 고온접촉변성암이다(그림 3.27 참조). 혼펠스는 세립질 퇴

적암과 규산염광물이 풍부한 다른 유형의 암석으로부터 만들어진다. 비록 길쭉한 결정을 만드는 휘석과 운모들을 흔하게 포함하고 있을지라도, 혼펠스는 전부 입상조직을 갖는다. 엽리가 없으며, 판상 또는 신장된 결정들도 방향성 없이 무작위로 배열되어 있다.

　규암(quartzites)은 매우 단단한 흰색을 띠는 암석이며, 석영이

규암

대리암

그림 6.7　입상변정질(엽리가 없는) 변성암.
[규암-Breck P. Kent; 대리암-Diego Lezama Orezzoli/Corbis].

풍부한 사암이 변성되어 만들어진다. 어떤 규암들은 균질한 괴상이며, 보존된 층리나 엽리 방향으로도 깨지지 않는다(그림 6.7a). 다른 규암들은 기존에 협재된 점토층이나 셰일층의 잔류물인 점판암이나 편암의 얇은 띠를 포함하고 있다.

대리암(marbles)은 석회암과 백운암에 열과 압력이 가해져 형성된 변성암이다. 조각가들에게 명품 대우를 받는 이탈리아의 유명한 카라라(Carrara) 대리암과 같은 백색의 순수한 대리암들은 서로 맞물린 균일한 크기의 방해석 결정들이 만든 매끄럽고 고른 조직을 볼 수 있다. 다른 대리암들은 원래의 석회암에 포함된 규산염광물이나 다른 불순물 광물로부터 유래된 불규칙한 띠나 반점들을 보여준다(그림 6.7b).

녹색암(green stones)은 변성작용을 받은 고철질 화산암이다. 이런 저변성도의 암석들 대부분은 해저변성작용에 의해 생성된다. 해저의 넓은 지역이 중앙해령 부근에서 해저변성작용으로 약하게 또는 광범위하게 변질된 현무암으로 덮여 있다. 다량의 녹니석을 포함하고 있어 이들 암석은 녹색을 띤다.

각섬암(amphibolite)은 각섬석과 사장석으로 이루어져 있다. 이 암석은 전형적으로 고철질 화산암이 중~고변성도의 변성작용을 받아 형성된 암석이다. 엽리조직을 보이는 각섬암은 편압에 의해 생성될 수 있다.

백립암(granulite)은 종종 **그라노펠스**(granofels)라고도 불리는 고변성도의 변성암이며, 균질한 입상조직을 보인다. 백립암은 결정의 크기가 일정하고 미약한 엽리를 보이는 중립에서 조립질의 암석이다. 이 암석은 셰일, 사암 그리고 여러 가지 화성암의 변성작용에 의해 형성된다.

반상변정질 암석

새로 형성된 변성광물들은 훨씬 세립질인 다른 광물들로 이루어진 기질(matrix)에 둘러싸인 큰 결정으로 성장한다(그림 6.8). 이들 큰 결정들을 **반상변정**(porphyroblast)이라고 하며, 접촉변성작용과 광역변성작용 모두에서 형성된 암석에서 발견된다. 반상변정은 비교적 넓은 온도-압력영역에서 안정한 광물들로부터 형성된다. 이런 광물의 결정들은 점점 커지지만, 이에 반해 기질의 광물들은 온도와 압력이 변화함에 따라 끊임없이 재결정한다. 그래서 반상변정 광물들은 기질의 일부분을 치환한다. 반상변정은 직경이 수 밀리미터에서 수 센티미터까지 크기가 다양하다. 석류석과 십자석은 반상변정으로 나타나는 가장 대표적인 두 광물이며, 이 외에도 많은 다른 광물들이 반상변정으로 발견된다. 이들 두

그림 6.8 편암의 기질 속에 박혀 있는 석류석 반상변정. 기질을 구성하는 광물들은 온도와 압력이 변함에 따라 끊임없이 재결정되기 때문에 작은 크기의 결정으로밖에 성장하지 못한다. 그에 반해서 반상변정은 넓은 온도와 압력범위에서 안정하기 때문에 큰 결정으로 성장한다.
[MSA 260 by Chip Clark, Smithsonian.]

반상변정 광물의 정확한 화학성분과 분포는 변성작용 동안 일어난 온도와 압력을 해석하는 데 사용될 수 있다. 이 내용은 이 장의 뒷부분에서 논의할 것이다.

표 6.1은 변성암의 조직적인 분류와 그들의 특성을 요약하여 보여주고 있다.

■ 광역변성작용과 변성도

이미 살펴보았듯이, 변성암은 넓은 범위의 환경조건하에서 형성되며, 그들의 광물조성과 조직은 그들이 형성된 시기와 장소에서의 지각의 온도와 압력에 대한 정보를 제공한다. 변성암의 형성에 대해 연구하는 지질학자들은 '저변성도' 또는 '고변성도'라고 나타내는 것보다 더 정밀하게 변성작용의 강도와 특성을 결정하고자 끊임없이 노력한다. 이처럼 더 세밀하게 구별하기 위하여, 지질학자들은 그들이 마치 압력계와 온도계인 것처럼 광물들을 '읽는다(연구한다).' 이러한 기법들은 광물들을 광역변성작용에 적용했을 때 가장 잘 설명된다.

광물의 등변성도선 : 변성분대 지질도 작성

넓은 광역변성작용 지대를 연구할 때, 우리는 많은 노두에서 여러 가지 종류의 광물조합들을 관찰할 수 있다. 같은 변성대에서

표 6.1 조직에 의한 변성암의 분류

분류	특성	암석명	전형적인 모암
엽리상 암석	점판벽개, 편리 또는 편마구조에 의해 구분; 광물입자들은 정향배열을 보임	점판암 천매암 편암 편마암	셰일, 사암
입상변정질 암석	세립질 또는 조립질 입자들이 서로 맞물려 짜여진 특징을 보이는 입상 조직; 정향배열은 거의 보이지 않음	혼펠스 규암 대리암 이질암 녹색암 각섬암 백립암	셰일, 화산암 석영이 풍부한 사암 석회암, 백운암 셰일 현무암 셰일, 현무암 셰일, 현무암
반상변정질 암석	큰 결정들이 세립질 기질 속에 박혀 있음	점판암~편마암	셰일

각각의 변성분대는 특유의 **지시광물**(index minerals)들로 구분될 수 있다. 지시광물들은 제한된 범위의 온도와 압력조건하에서 생성된 풍부하게 발견되는 광물들이다(그림 6.9). 예를 들면, 변성 받지 않은 셰일 지대가 약하게 변성 받은 점판암 지대의 바로 옆에 놓일 수 있다(그림 6.9a). 우리가 셰일 지대에서 점판암 지대로 이동하면, 새로운 광물—녹니석(chlorite)—이 나타난다. 녹니석은 변성도가 더 높은 새로운 지대로 진입하는 지점을 나타내는 지시광물이다. 만약 실험실 연구가 이 지시광물이 형성된 온도와 압력조건을 알아내게 되면, 우리는 그 지대의 암석들이 형성되었던 당시의 환경조건을 밝힐 수 있다.

우리는 지시광물의 산출을 이용하여 변성분대 사이의 경계를 나타내는 지도를 만들 수 있다. 지질학자들은 어떤 분대에서 다음 분대로의 변천을 표시하는 **등변성도선**(isograds)이라고 부르는 선을 그림으로써 이들 사이의 경계를 정의한다. 〈그림 6.9a〉에서는 뉴잉글랜드 지역에서 셰일의 광역변성작용에 의해 생성된 일련의 광물조합들을 보여주기 위하여 등변성도선이 사용된다. 등변성도선의 패턴은 어떤 지역의 변형 특징들(습곡과 단층)을 따르는 경향이 있다. 〈그림 6.9a〉의 녹니석 등변성도선과 같이 하나의 지시광물에 근거한 등변성도선은 변성압력과 온도에 대한 훌륭한 근사치를 제공한다.

변성압력과 온도를 더 정확하게 결정하기 위하여, 지질학자들은 함께 결정된 2 또는 3개의 광물들을 그룹으로 조사할 수 있다. 예를 들면, 실험실 자료에 근거하여, 지질학자는 K-장석과 규선석을 포함하는 규선석대는 약 600℃의 온도와 약 5kbar의 압력에서 백운모와 석영이 반응—이 과정에서 물(수증기 상태의 물)은 방출됨—하여 형성되었다는 것을 알고 있다. 규선석 등변성도선은 다음 반응으로 기록된다.

$$\text{백운모} \quad + \quad \text{석영} \quad \rightarrow$$
$$\text{KAl}_3\text{Si}_3\text{O}_{10}(\text{OH}) \quad \text{SiO}_2$$

$$\text{K-장석} \quad + \quad \text{규선석} \quad + \quad \text{물}$$
$$\text{KAlSi}_3\text{O}_8 \quad \text{Al}_2\text{SiO}_5 \quad \text{H}_2\text{O}$$

등변성도선은 광역변성대의 광물들이 형성된 압력과 온도를 나타내기 때문에, 어떤 변성대에서 나타나는 등변성도선의 순서는 다른 변성대의 것과는 다르다. 이미 살펴보았듯이, 이러한 차이가 나타나는 이유는 압력과 온도가 모든 판구조 환경에서 같은 비율로 증가하지 않기 때문이다.

변성도와 모암의 화학조성

특정한 등급의 변성작용으로 형성된 변성암의 종류는 부분적으로 모암의 광물조성에 따라 달라진다(그림 6.10). 〈그림 6.10〉에서 볼 수 있듯이, 셰일의 변성작용은 점토광물, 석영, 그리고 아마 어떤 탄산염 광물들이 풍부한 모암에 대한 압력과 온도의 효과를 나타낸다. 주로 장석과 휘석으로 이루어진 고철질 화산암의 변성작용은 다른 경로를 따른다(그림 6.10b).

예를 들면, 광역변성작용을 받은 현무암의 경우, 가장 낮은 변성도의 암석은 특징적으로 다양한 **제올라이트**(zeolite) 광물들을 포함하고 있다. 제올라이트류에 속하는 규산염광물들은 결정구조 내부에 물을 포함하고 있다. 제올라이트 광물들은 매우 낮은

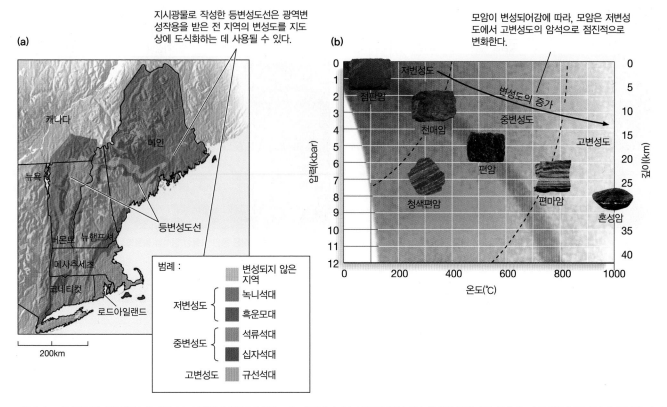

그림 6.9 지시광물은 광역변성대 내의 여러 변성분대를 구분하는 데 이용된다. (a) 셰일이 변성되어 형성된 암석에서 산출된 지시광물에 근거하여 구분된 여러 변성분대를 보여주는 미국 동부 뉴잉글랜드 지역의 지도. (b) 다양한 온도−압력조건하에서 셰일의 변성작용으로 형성된 변성암석들.
[점판암, 천매암, 편암, 편마암 : John Grotzinger/Ramón Rivera-Moret/Harvard Mineralogical Museum; 청색편암 : Mark Cloos 제공; 혼성암 : Kip Hodges 제공.]

온도와 압력하에서 형성된다. 따라서 이러한 광물군을 함유하는 암석들은 제올라이트 변성도로 평가한다.

　다량의 녹니석을 함유하는 **녹색편암**(greenschists)은 변성된 고철질 화산암으로서, 제올라이트 변성도와 중첩되기는 하지만 한 단계 높은 변성도의 암석이다. 그다음은 각섬석(amphiboles)이 풍부한 각섬암이다. 휘석과 Ca-사장석을 함유하는 조립질 암석인 백립암은 변성된 고철질 화산암 중에서 최고의 변성도를 나타내는 암석이다.

　녹색편암, 각섬암, 백립암의 변성도를 보이는 암석들은 〈그림 6.10a〉에서 볼 수 있듯이 셰일과 같은 퇴적암의 변성작용 동안에도 생성된다. 휘석을 함유한 백립암은 온도가 높고 압력은 중간 정도인 고변성도 변성작용의 산물이다. 이와 반대로 압력이 높고 온도가 중간 정도인 조건에서는 고철질 화산암에서부터 셰일과 같은 퇴적암에 이르기까지 다양한 조성을 갖는 모암으로부터 **청색편암**(blueschist) 정도의 변성도를 갖는 암석들이 만들어진다 (그림 6.9b 참조). 청색편암이라는 이름은 이 암석들에 청색을 띠는 각섬석인 남섬석(glaucophane)이 풍부해서 명명되었다. 또한

초고압과 중온~고온의 환경에서 형성된 또 다른 변성암은 석류석과 휘석이 풍부한 에클로자이트이다.

변성상

우리는 광역변성대에서 나타나는 변성암들−많은 다른 화학조성을 갖는 모암으로부터 유래된 암석들−의 변성도에 대한 정보를 온도−압력도표에 표시할 수 있다(그림 6.11). **변성상**(metamorphic facies)은 서로 다른 모암들로부터 특정한 온도와 압력조건하에서 형성된 다양한 광물조성을 갖는 암석들을 구분하여 분류한 것이다. 변성상을 설명함으로써, 우리는 암석에서 관찰된 변성작용의 변성도에 대해 더 명확하게 말할 수 있다. 변성상의 개념을 특징짓는 두 가지 주요 사항은 다음과 같다.

1. 같은 변성도를 보이는 다른 종류의 변성암이 화학조성이 다른 모암으로부터 형성된다.
2. 다른 변성도를 보이는 다른 종류의 변성암이 화학조성이 같은 모암으로부터 형성된다.

　〈그림 6.10c〉는 셰일과 현무암으로부터 형성된 변성상의 주요

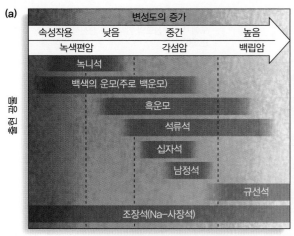

(a)

변성도의 증가

속성작용	낮음	중간	높음
녹색편암		각섬암	백립암

출현 광물

녹니석
백색의 운모(주로 백운모)
흑운모
석류석
십자석
남정석
규선석
조장석(Na–사장석)

변성작용 동안 셰일의 광물조성 변화

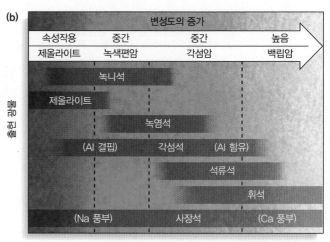

(b)

변성도의 증가

속성작용	중간	중간	높음
제올라이트	녹색편암	각섬암	백립암

출현 광물

녹니석
제올라이트
녹염석
(Al 결핍)　각섬석　(Al 함유)
석류석
휘석
(Na 풍부)　사장석　(Ca 풍부)

변성작용 동안 고철질 암석의 광물조성 변화

(c)

변성상	셰일 모암에서 생성된 광물들	현무암 모암에서 생성된 광물들
녹색편암	백운모, 녹니석, 석영, 조장석	조장석, 녹염석, 녹니석
각섬암	백운모, 흑운모, 석류석, 석영, 조장석, 십자석, 남정석, 규선석	각섬석, 사장석
백립암	석류석, 규선석, 조장석, 정장석, 석영, 흑운모	Ca-풍부한 휘석, Ca이 풍부한 사장석
에클로자이트	석류석, Na-풍부한 휘석, 석영/코에사이트, 남정석	Na-풍부한 휘석, 석류석

그림 6.10 주어진 변성도에서 만들어지는 변성암의 종류는 부분적으로 모암의 광물조성에 따라 달라진다. (a) 변성도가 증가함에 따른 퇴적암인 셰일의 광물조성 변화. (b) 변성도가 증가함에 따른 고철질 화산암인 현무암의 광물조성 변화. (c) 셰일과 현무암으로부터 생성된 각 변성상의 주요 광물들.

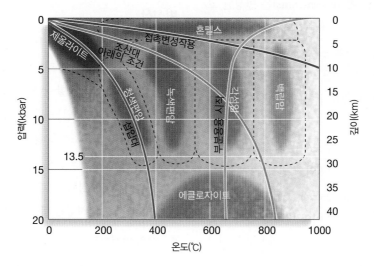

그림 6.11 변성상은 특정 온도와 압력의 조합과 일치하며, 이는 또한 특정 판구조 환경과도 일치한다. 점선은 변성상 사이의 경계가 중복되는 특성이 있음을 보여준다.

광물들을 보여준다. 모암의 화학조성은 매우 다양하기 때문에 변성상 사이에 뚜렷한 경계가 나타나지 않는다(그림 6.11). 아마도 변성상을 분석하는 가장 중요한 이유는 그들이 우리에게 변성작용의 원인이 되는 판구조과정에 대한 중요한 정보를 제공해주기 때문일 것이다.

■ 판구조운동과 변성작용

판구조이론이 발표된 직후, 지질학자들은 변성작용의 양식이 판구조운동의 큰 틀과 어떻게 일치하는지에 대해서 연구하기 시작했다. 다른 유형의 변성작용이 다른 지구조 환경에서 나타나는 것 같다. 다시 말하면, 지구조 환경이 달라지면 변성작용의 유형이 달라진다(그림 6.4 참조).

■ **대륙내부**(continental interiors)　접촉변성작용, 매몰변성작용 그리고 아마도 광역변성작용은 지각의 다양한 깊이에서 발생한다. 충격변성작용은 대륙내부에서 보존될 가능성이 가장 높은데, 그 이유는 넓게 노출되어 있는 대륙내부가, 드문 운석충돌사건을 기록하기 적합한 커다란 표적지 역할을 하기 때문이다.

■ **발산 경계**(divergent plate boundaries)　해저변성작용과 해양지각을 관입한 심성암 주변부에서 나타나는 접촉변성작용은 발산 경계에서 관찰된다.

■ **수렴 경계**(convergent plate boundaries)　광역변성작용, 고압 및 초고압 변성작용, 그리고 접촉변성작용.

■ **변환단층**(transform faults)　해양환경에서는 해저변성작용이 일어날 수 있다. 해양과 대륙환경 모두에서 우리는 변환단층을 따라 전단응력에 의해 발생한 변성작용을 발견할 수 있다.

변성온도–압력경로

이미 보았듯이, 변성도의 개념은 우리에게 암석에 가해진 최고 온도 또는 최대 압력에 대한 정보를 제공해주지만, 그 암석이 어디에서 그런 온도–압력조건을 겪었는지 또는 어떻게 지표 근처로 다시 **발굴**(exhumed) 또는 운반되었는지에 대한 정보는 알 수 없다.

각 변성암은 그 조직과 광물조성에 나타나는 변화하는 온도와 압력에 대한 독특한 역사를 갖고 있다. 이러한 역사를 변성온도–압력경로(metamorphic pressure-temperature paths) 또는

P–T 경로(P–T path)라고 부른다. 이 P–T 경로는 변성작용에 영향을 주는 많은 중요한 요인들—온도를 변화시키는 열의 근원과 압력을 변화시키는 조구조적 운반율(매몰과 발굴) 같은 것—에 대한 민감한 기록자가 될 수 있다. 따라서 P–T 경로는 특정한 판구조 환경의 특징을 나타낸다.

P–T 경로를 밝히기 위해서 지질학자들은 실험실에서 변성암 시료에서 추출한 특정한 변성광물을 분석해야 한다. 이러한 목적을 위하여 가장 널리 자주 사용되는 광물 중의 하나가 석류석이다. 석류석은 일종의 P–T 경로 기록장치 역할을 하는 흔한 반상변정이다(그림 6.12). 석류석 결정은 변성작용 동안 지속적으로 성장하고, 그 환경의 온도와 압력조건이 변하면 석류석의 화학성분도 변한다. 석류석 결정의 가장 오래된 부분은 중심부이며, 가장 젊은 부분은 외곽 부분이다. 그래서 석류석 결정의 중심부에서 외각부로 가면서 나타나는 화학조성의 변화는 결정이 형성된 변성조건의 역사를 보여준다. 지질학자들은 실험실에서 석류석 반상변정의 화학성분을 측정하고, 상응하는 압력과 온도값을 P–T 경로처럼 도표에 표시할 수 있다(지질학 실습 참조).

P–T 경로는 두 가지 부분으로 나누어진다. **점진변성** 부분은 온도–압력의 증가를 지시하고, **후퇴변성** 부분은 온도–압력의 감소를 지시한다. 수렴형 경계에서 만들어지는 어떤 암석조합들의 P–T 경로는 그림 6.13에서 보여준다.

해양–대륙 수렴

해양판이 대륙판 아래로 섭입될 때 특유의 변성조합이 만들어진다(그림 6.13a). 대륙으로부터 침식된 두꺼운 퇴적물들이 섭입대에 휨 분지(flexural basin)를 형성하는 심해해구를 빠른 속도로 채운다. 해양판은 하강하면서 해구 안쪽 벽(대륙에 가까운 벽) 아래 지역을 이러한 퇴적물과 하강하는 판에서 긁어낸(벗겨낸) 오피올라이트군(ophiolite suites)의 조각들로 채운다. 그 결과 무질서한 혼합체인 **멜란지**(mélange, 불어로 '혼합'이란 의미)가 생성된다. 섭입대의 **전호지역**(forearc region)—심해해구와 대륙 화산대 사이의 지역—에 위치한 이러한 유형의 조합은 매우 복잡하고 다양하다. 거기에서 형성된 암석들은 모두 심하게 습곡되고, 복잡하게 단층으로 잘려 있고, 변성되어 있다(그림 6.14). 그들을 자세히 조사하기는 어렵지만, 광물 및 구조적 특징의 독특한 조합으로 인지할 수 있다.

섭입과 관련된 변성작용　청색편암—고압이지만 비교적 저온 환

1 변성작용 동안, 석류석 결정은 성장한다. 성장하는 석류석 결정의 화학조성은 그 주변의 온도와 압력조건이 변함에 따라 변화한다.

2 석류석 결정의 중심부인 ❶에서 와곽부인 ❷까지 성장하는 동안 나타나는 화학조성 변화를 P–T 경로 위에 표시할 수 있다.

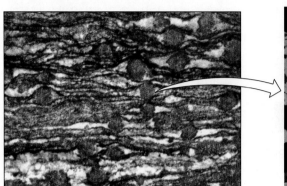

석류석 편마암의 박편 사진

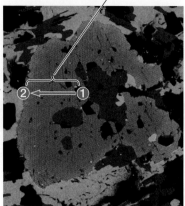

석류석의 성장 띠구조

3 암석이 지각심부로 운반되어 더 높은 온도와 압력조건에 놓이는 동안(**점진** 경로), 석류석 결정은 처음에는 편암에서 성장하기 시작하지만 변성작용이 진행됨에 따라 편마암에서 성장을 멈춘다.

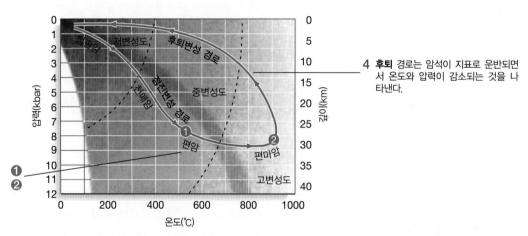

4 후퇴 경로는 암석이 지표로 운반되면서 온도와 압력이 감소되는 것을 나타낸다.

그림 6.12 석류석과 같은 반상변정은 변성암의 P–T 경로를 도표에 표시하는 데 사용될 수 있다. 일반적으로 변성암이 따라가는 P–T 경로는 온도와 압력의 증가(점진 경로)로 시작하고, 연이어 온도와 압력의 감소(후퇴 경로)가 뒤따른다. [Kip Hodges 사진 제공.]

경에서 생성되었음을 지시하는 광물들로 구성된 변성암(그림 6.9b 참조)—은 섭입대 전호지역의 멜란지에서 생성된다. 여기에서 물질들은 섭입대 밑으로 빠르게 운반되어 지하 30km까지 섭입된다. 섭입하는 차가운 지판은 너무 빠른 속도로 하강하여 가열될 시간이 충분하지 않지만 압력은 빠르게 증가한다.

결국 섭입과정의 일부로서 물질들은 다시 표면으로 상승한다. 이러한 발굴작용(exhumation)은 두 가지 힘에 기인한다. 즉, 부력과 순환이다.* 수영장에서 농구공을 수면 밑으로 누르고 있다고 상상해보자. 공기로 채워진 농구공은 주위 물보다 밀도가 낮기

때문에 계속 수면 위로 떠오르려 한다. 이와 유사한 방식으로, 섭입된 변성암들은 그들을 둘러싼 지각에 비해 밀도가 낮기 때문에 부력에 의해 위로 올라가게 된다. 그러면 무엇이 처음에 물질을 밀어내려 아래로 하강시키는가? 자연적인 순환양식이 섭입대에서 나타난다. 여러분은 섭입대를 달걀거품기로 생각할 수 있다.

---

* 발굴작용은 암석 덩어리가 지표에 도달하는 과정을 말한다. 발굴작용은 삭박작용과 유의어이지만, 발굴작용은 융기된 암석이 기준이 되고, 삭박작용은 지표가 기준이 된다는 점에서 다르다. ―역자 주

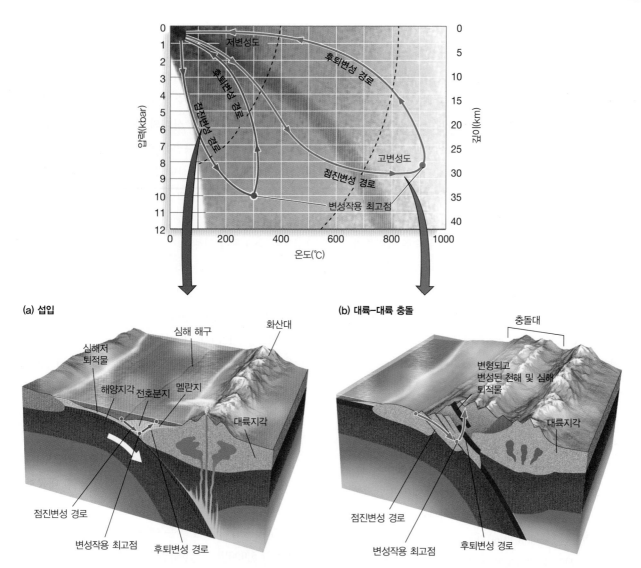

(a) 섭입

(b) 대륙-대륙 충돌

그림 6.13 P–T 경로는 변성과정 동안 일어난 암석의 궤적을 나타낸다. (a) 해양–대륙 수렴대에서의 멜란지 변성작용. (b) 대륙–대륙 수렴대에서의 변성작용. 서로 다른 판구조 환경에서 형성된 암석의 서로 다른 P–T 경로는 지하증온율에서의 차이를 나타낸다. 산맥지대 하부의 비슷한 깊이(압력)로 운반된 암석들은 섭입에 의해 동일한 깊이로 운반된 암석들보다 훨씬 더 뜨거워진다.

그림 6.14 멜란지는 섭입대에서의 뒤틀림에 의해 형성된 암석 조각들로 이루어진 일종의 각력암이다.

[John Platt.]

달걀거품기가 회전하면 원형 방향으로 거품이 이동한다. 한 방향으로 이동하는 것은 결국 원 운동 때문에 반대 방향으로 움직인다. 이와 유사한 방법으로, 섭입대에서 하강하는 지판은 지판 위에 있는 물질들의 순환작용을 일으키는데, 처음에는 깊은 곳으로 끌어내리다가 다음에는 표면으로 되돌려 보낸다.

〈그림 6.13a〉는 섭입과 발굴작용 동안에 청색편암상의 변성작용을 받은 암석의 전형적인 P-T 경로를 보여준다. 이 도표에서 P-T 경로가 고리 모양을 이루고 있음을 주목하라. 만약 우리가 〈그림 6.13a〉에 있는 도표를 〈그림 6.11〉에 있는 변성상 도표와 비교한다면, 우리는 그 경로의 점진변성 부분이 급속한 압력증가와 비교적 적은 온도증가를 보이는 섭입작용을 나타낸다는 것을 알 수 있다. 발굴작용 동안, P-T 경로는 고리 모양으로 되돌아온다. 왜냐하면 온도는 아직 느리게 증가하고 있지만, 이제 압력이 급격히 감소하고 있기 때문이다. P-T 경로의 후퇴변성 부분은 위에 기술된 발굴과정을 나타낸다.

과거 해양과 대륙충돌 경계의 증거 이들 섭입과 관련된 암석 조합들의 필수적인 요소들은 지질기록상 많은 지역, 특히 태평양 분지 주위에서 발견되었다. 우리는 미국 캘리포니아 해안산맥(California Coast Ranges)의 프란시스칸층(Franciscan formation)과 그 동쪽에 있는 시에라네바다의 평행한 화산대에서 멜란지를 볼 수 있다. 이 암석들은 중생대에 북아메리카판과 지금은 섭입되어 사라진 패럴론판(Farallon Plate)의 충돌에 의해 생성되었다(그림 10.6 참조). 서쪽에 멜란지가 있고 동쪽에 화산대가 있다는 것은 서쪽에 있는 패럴론판이 섭입된 판이라는 것을 보여준다. 청색 편암상인 프란시스칸 멜란지의 변성광물들에 대한 변성 P-T 경로 분석은 〈그림 6.13a〉에서 보여주는 것과 유사한 고리 모양의 경로를 보여주는데, 이것은 섭입대의 특징인 빠른 하강으로 인한 급격한 압력증가를 지시한다.

대륙-대륙 충돌

대륙지각은 부력이 있기 때문에, 한 대륙이 다른 대륙과 충돌할 때, 두 대륙은 섭입에 저항하면서 맨틀 위에 뜬 상태로 남아 있게 된다. 그 결과, 심한 변형작용을 받은 넓은 지역이 대륙들이 서로 비벼가는 수렴(충돌) 경계에 발달한다. 지질기록에 남겨진 그러한 경계의 잔류물은 **봉합대**(suture)라 부른다. 심한 변형작용은 충돌대에 매우 두꺼운 대륙지각을 초래하고, 종종 높은 산맥을 형성한다. 오피올라이트군은 흔히 봉합대 근처에서 발견된다.

암석권이 두꺼워지면, 대륙지각의 심부는 온도가 상승하여 다양한 변성도의 변성작용을 받는다. 훨씬 더 깊은 지대에서는 동시에 용융이 일어나기 시작하고, 산맥의 중심부 깊은 곳에서는 마그마 저장소가 만들어질 수 있다. 이런 방식으로 변성암과 화성암의 복잡한 혼합체가 조산대의 중심에 형성된다. 수백만 년 후, 침식작용이 산맥의 지표층을 제거하면 편암, 편마암, 그리고 다른 변성암들을 포함하는 산맥의 중심부가 노출된다. 이렇게 노출된 변성암들은 우리에게 그들을 형성한 변성과정에 대한 암석 기록을 제공해준다.

대륙-대륙 충돌에 의해 형성된 변성암의 P-T 경로는 섭입에 의해 형성된 P-T 경로와는 다른 형태를 보인다. 대륙-대륙 충돌은 섭입보다 더 높은 온도를 발생시킨다. 그러므로 암석이 더 깊은 곳으로 밀려내려가면, 주어진 압력에 상응하는 온도는 더 높을 것이다(그림 6.13b). P-T 경로는 섭입에서의 경로와 같은 위치에서 시작하지만, 압력과 깊이가 증가할수록 온도가 보다 빠르게 증가됨을 보여준다. 지질학자들은 대체로 이러한 모양을 갖는 P-T 경로의 점진변성 경로 부분은 높은 산맥 하부에 매몰된 암석을 지시하는 것으로 해석한다. 그리고 후퇴변성 경로 부분은 산맥이 붕괴되는 동안 매몰된 암석들이 융기되고 발굴되는 과정을 나타낸다. 산맥의 붕괴는 침식작용 또는 충돌 후 대륙지각이 늘어나고 얇아지는 작용에 의해 발생한다.

대륙-대륙 충돌의 가장 좋은 예는 히말라야산맥이다. 히말라야산맥은 약 5,000만 년 전에 인도대륙이 아시아대륙과 충돌하여 형성되기 시작했다. 이 충돌은 현재에도 계속 진행되고 있다. 인도는 1년에 수 센티미터의 속도로 아시아 쪽으로 이동하고 있으며, 단층운동 및 하천과 빙하에 의한 매우 빠른 침식작용과 함께 조산운동이 아직도 진행되고 있다.

발굴작용 : 판구조론과 기후계 간의 상호작용

40년 전 판구조이론은 어떻게 변성암들이 해저확장, 판의 섭입, 대륙충돌에 의해 형성되는가에 대한 설명을 제공해주었다. 1980년 중반쯤 P-T 경로에 대한 연구는 암석의 깊숙한 매몰 및 변성 작용과 관련된 명확한 조구조적 메커니즘에 대해 보다 확실한 설명을 제공하였다. 그와 동시에 이 연구는 이처럼 깊이 파묻힌 암석들이 그 이후에 종종 매우 빠른 속도로 융기되고 발굴작용을 받는다는 사실에 대한 명확한 설명을 제시하면서 지질학자들을 놀라게 했다. 이 발견 이후로 많은 지질학자들은 어떤 지구조과정이 깊게 매몰된 암석을 매우 빠르게 다시 지표로 상승시킬 수 있게 했는지에 대한 연구를 진행해왔다.

이에 대해 널리 알려진 생각은 지각을 두껍게 만드는 대륙충돌에 의해 높은 고도로 솟아오른 산맥이 갑자기 중력붕괴에 의해 없어진다는 것이다. "올라가는 것은 반드시 떨어진다."는 옛말이 여기에 적용되지만, 그래도 너무 놀랄 만큼 빠르게 일어난다. 실제로 그 속도가 너무 빨라서 일부 지질학자들은 중력이 유일한 중요한 메커니즘이라는 것을 믿지 않는다. 다른 어떤 힘이 함께 작용하고 있음이 분명하다.

제22장에서 배우겠지만, 지형을 연구하는 지질학자들은 극히 높은 침식률은 지구조 운동이 활발하게 일어나는 산맥지역의 빙하나 하천에 의해 발생할 수 있다는 것을 발견하였다. 과거 10년 동안 이 지질학자들은 빠른 융기율과 발굴률을 빠른 침식률과 관련시키는 새로운 가설을 제시하였다. 이 개념은 판구조운동뿐만 아니라 기후계 역시 빠른 침식과정을 통해 심부 지각에서 천부 지각으로 암석을 이동시킨다는 것이다. 따라서 판구조과정—산맥을 형성하는 조산운동을 통해 작용하는 과정—과 기후과정—풍화와 침식작용을 통해 작용하는 과정—이 **상호작용**하여 변성암이 지표로 이동하는 흐름을 조절한다는 것이다. 지난 수십 년 동안 지역적 및 전 지구적인 지질학적 과정들에 대해 판구조론적 설명만을 강조해왔지만, 이제는 서로 연관성이 없을 것 같은 두 과정—변성작용과 침식작용—이 명쾌한 방식으로 서로 관련되어 있는 것 같다. 어떤 지질학자가 주장한 것처럼 "산맥을 하늘까지 밀어올리는 변성작용의 힘도 후두둑 떨어지는 아주 작은 빗방울에서 시작되어야 한다는 역설을 음미하라."

요약

변성작용의 원인은 무엇인가? 변성작용은 고체 암석의 광물조성, 조직, 또는 화학성분이 변하는 것이다. 변성작용은 압력과 온도의 증가 및 열수용액으로 유입된 화학성분들과의 반응으로 발생한다. 판구조과정을 통해 암석이 지각심부로 밀려내려가서 증가하는 온도와 압력조건에 노출되면, 모암의 화학성분은 새로운 조건에서 안정한 새로운 광물조합으로 바뀐다. 비교적 저온과 저압하에서 형성되는 변성암들은 저변성도 변성암이라 부른다. 고온과 고압하에서 형성되는 변성암들은 고변성도 변성암이라 한다. 화학성분들은 변성작용 동안 보통 열수용액에 의해 암석에 첨가 또는 제거되기도 한다.

변성작용의 유형(종류)으로는 무엇이 있는가? 가장 흔한 변성작용의 유형들로는 조산운동 동안 발생된 높은 온도와 압력으로 광범위한 지역의 암석들이 변성되는 광역변성작용이 있고, 화성관입암체 가까이에 있는 모암이 관입하는 마그마의 열에 의해 변성되는 접촉변성작용이 있으며, 뜨거운 용액이 해양지각에 스며들어 변성시키는 해저변성작용이 있다. 덜 흔한 유형들로는 깊이 매몰된 퇴적암들이 속성작용을 일으키는 것보다 더 높은 온도와 압력을 받아 변하는 매몰변성작용이 있고, 퇴적물이 섭입될 때처럼 지각심부에서 나타나는 고압변성작용과 초고압변성작용이 있으며, 운석충돌로 발생한 충격변성작용이 있다.

주요 변성암의 종류에는 무엇이 있는가? 변성암은 조직의 차이에 의해 크게 두 가지로 구분된다. 엽리상 암석들(결정들의 정향 배열로 생성된 평행 벽개면의 양식인 엽리구조를 보여주는 암석들)과 입상변정질 암석이다. 생성된 암석의 종류는 모암의 성분과 변성도에 따라 달라진다. 셰일의 광역변성작용은 점판암에서 천매암, 편암, 편마암을 지나 마지막에는 혼성암까지 점차 더 높은 변성도의 엽리상 암석 지대들을 형성한다. 입상변정질 암석들 중에서 대리암은 석회암의 변성작용으로, 규암은 석영이 풍부한 사암의 변성작용으로, 녹색암은 현무암의 변성작용으로 생성된다. 혼펠스는 세립질 퇴적암과 규산염광물을 다량 함유하는 다른 종류의 암석들이 접촉변성작용을 받아 만들어진 암석이다. 고철질 화산암의 광역변성작용은 점진적으로 처음에는 제올라이트상에서 녹색편암상을 지나 각섬암과 백립암상으로 진행한다.

변성암들은 그들이 형성된 조건에 대해 무엇을 알려주는가? 변성분대는 지시광물의 최초 산출로 정한 등변성도선으로 지도에 표시할 수 있다. 지시광물의 존재는 변성대의 암석이 형성된 온도와 압력조건을 지시한다. 변성상의 정의에 의하면, 동일한 변성도의 암석들이 모암의 화학조성 차이 때문에 달라질 수 있고, 반면에 동일한 모암으로부터 변성된 암석들이 다른 변성도의 영향을 받으면 달라질 수 있다.

변성암들은 어떻게 판구조과정과 관련이 있는가? 수렴 경계에서 섭입과 대륙-대륙 충돌 동안, 암석과 퇴적물들은 지구의 심부로 밀려들어가게 되고, 거기에서 암석들은 증가하는 온도와 압력의 영향으로 변성작용을 일으킨다. 변성 P-T 경로의 형태는 이 암석들이 변성되는 판구조 환경에 대한 정보를 제공한다. 해양-대륙 수렴의 경우, P-T 경로는 높은 압력과 비교적 낮은 온도를 갖는 환경으로 암석과 퇴적물이 빠르게 섭입됨을 지시한다. 대륙-대륙 충돌대에서, 암석들은 온도와 압력이 모두 높은 심부까지 밀려내려간다. 두 지역 모두에서, P-T 경로는 암석들이 최대의 압력과 온도를 경험한 후, 다시 천부지각으로 되돌아온다는 것을 보여준다. 이러한 발굴작용 과정은 판구조과정뿐만 아니라 풍화작용과 침식작용에 의해 진행될 수 있다.

주요 용어

각섬암	반상변정	응력	편마암
고압변성작용	발굴작용	입상변정질 암석	편암
광역변성작용	백립암	점판암	해저변성작용
규암	변성교대작용	접촉변성작용	혼성암
녹색암	변성상	제올라이트	혼펠스
녹색편암	봉합대	천매암	P-T 경로
대리암	에클로자이트	청색편암	
매몰변성작용	엽리	초고압변성작용	
멜란지	엽리상 암석	충격변성작용	

지질학 실습

광물결정을 이용하여 지질학적 역사를 알아낼 수 있을까?

작은 석류석 광물이 산출되는 지역의 지질역사에 대해 우리는 무엇을 알 수 있을까? 암석 시료가 생성된 판구조 환경을 알면 어떤 종류의 광물이 발견될 수 있는지 알 수 있다. 지질학자들은 석류석 반상변정의 화학적인 조성 변화를 이용하여 석류석을 함유한 암석들이 매몰된 이후 발굴되는 상대적인 비율(속도)을 추정한다. 〈그림 6.13〉에서 볼 수 있듯이, 결국 이러한 비율은 특정한 판구조 환경을 반영한다.

석류석 반상변정의 화학조성은 일반적으로 석류석 결정의 중심에서부터 가장자리까지 점진적으로 변한다(그림 6.12 참조). 이 점진적 변화는 우리에게 시간에 따른 온도 또는 압력의 변화를 제공해준다. 결정의 중심은 초기의 환경조건을 기록하고, 결정의 가장자리는 후기의 환경조건을 기록한다. 석류석에서 칼슘 함유량의 변화는 압력변화를 추적하고, 반면에 철 함유량은 온도변화에 더 민감하다. 우리는 특정한 범위의 온도값에 대한 압력증가가 대륙-대륙 수렴대에서의 조산운동 동안보다 해양-대륙 수렴대에서의 섭입 동안에 훨씬 더 높다는 것에 주목했다. 반대로, 화성암 관입암체에 의해 가열된 암석은 온도가 상승하지만 압력은 거의 변하지 않는다.

석류석 결정의 화학조성을 분석함으로써, 우리는 이들 서로 다른 변성과정들 간의 차이를 구별할 수 있다. 그렇게 하기 위해, 우리는 대상 원소들(칼슘 또는 철)의 함량 변화를 석류석 내에서 변화할 수 있는 모든 원소—칼슘(Ca), 철(Fe), 마그네슘(Mg), 망간(Mn)—의 총 함량 변화와 비교할 수 있다. 변성작용 동안 암석이 겪었던 압력과 온도의 실제 변화를 계산하기 위해서는 완전한 광물조합의 화학조성을 포함한 추가 자료가 필요하다. 그러나 세부 자료가 없을지라도, 대략적인 추정값을 구할 수 있다.

다음 자료는 석류석 반상변정의 중심과 가장자리에서 4개 원소의 원자 수를 측정하여 얻은 것이다.

원소	중심에서의 양	가장자리에서의 양
칼슘	0.30	0.30
철	2.25	1.98
마그네슘	0.20	0.52
망간	0.25	0.20

먼저 다음과 같은 비율을 이용하여 결정의 중심에서 나타나는 칼슘과 철의 상대적 양을 계산한다.

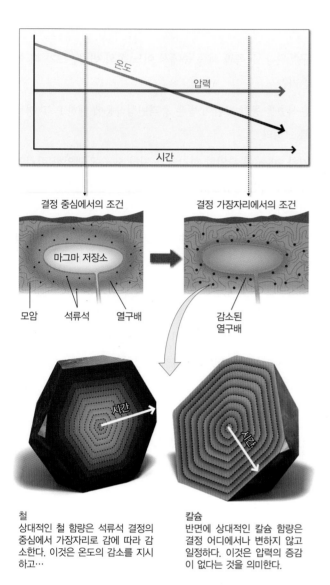

철
상대적인 철 함량은 석류석 결정의 중심에서 가장자리로 감에 따라 감소한다. 이것은 온도의 감소를 지시하고…

칼슘
반면에 상대적인 칼슘 함량은 결정 어디에서나 변하지 않고 일정하다. 이것은 압력의 증감이 없다는 것을 의미한다.

$$\left(\frac{Ca}{Ca + Fe + Mg + Mn}\right)_{중심} = \frac{0.30}{0.30 + 1.98 + 0.52 + 0.20} = 0.10$$

$$\left(\frac{Fe}{Ca + Fe + Mg + Mn}\right)_{중심} = \frac{2.25}{0.30 + 1.98 + 0.52 + 0.20} = 0.75$$

그다음에 결정의 가장자리에서 나타나는 칼슘과 철의 상대적 양을 동일한 방법으로 계산한다.

$$\left(\frac{Ca}{Ca + Fe + Mg + Mn}\right)_{가장자리} = \frac{0.30}{0.30 + 1.98 + 0.52 + 0.20} = 0.10$$

$$\left(\frac{Fe}{Ca + Fe + Mg + Mn}\right)_{가장자리} = \frac{1.98}{0.30 + 1.98 + 0.52 + 0.20} = 0.66$$

이들 자료를 바탕으로, 여러분은 이 석류석 결정을 성장하게 한 변성작용에 대해 무엇을 말할 수 있는가? 암석은 섭입대 속으로 운반되어 있었는가, 아니면 화성관입암체 주변에 놓여 있었는가?

중심부에서부터 가장자리까지 철의 함량이 0.75에서 0.66으로 감소하는 것은 칼슘 함량의 변화와 관련되어 있지 않다. 이 관찰은 변성작용이 압력의 변화 없이 주로 온도의 변화에 의해 발생했다는 것을 지시한다. 이 조건들은 섭입대보다는 화성관입암체 주변부에서 일어난 변성작용과 더 일치한다.

추가문제 : 동일한 계산법으로 철 함량은 일정하지만, 칼슘 함량은 중심에서 가장자리로 가면서 크게 변했다고 가정해보자. 이러한 패턴은 암석들을 섭입대 안으로 운반하는 것과 일치하는가?

연습문제

1. 어떤 종류의 변성작용이 화성암의 관입과 관련이 있는가?

2. 변성암에서 정향배열은 무엇을 지시하는가?

3. 반상변정이란 무엇인가?

4. 편암과 편마암의 차이점은 무엇인가?

5. 등변성도선이 어떻게 변성상과 관련이 있는가?

6. 화강암과 점판암의 차이는 무엇인가?

7. 변성상이 어떻게 온도와 압력과 관련이 있는가?

8. 어떠한 판구조 환경에서 광역변성작용을 찾을 수 있는가?

9. 무엇이 변성암의 발굴작용을 조절하는가?

10. 지표에서 에클로자이트의 산출이 의미하는 것은 무엇인가?

생각해볼 문제

1. 지구의 어느 정도의 깊이에서 변성암이 형성되는가? 그리고 만약 온도가 너무 높다면 어떤 일이 일어나는가?

2. 〈그림 6.1〉에서 보듯이, 아주 낮은 온도와 압력의 자연 조건에서는 왜 변성암이 만들어지지 않는가?

3. 점판벽개는 판구조운동에 의해 만들어진 힘과 어떠한 관련이 있는가? 어떤 힘이 광물들을 일정한 방향으로 배열하게 만드는가?

4. 변성도를 결정하기 위해서 화학성분 또는 엽리의 유형 중 무엇을 선택하겠는가? 그 이유는 무엇인가?

5. 여러분은 〈그림 6.9a〉에 있는 지역과 같은 광역변성작용을 받은 어떤 지역을 조사하고, 일련의 변성분대를 관찰하였다. 여기에서 변성분대들은 동쪽에서 서쪽으로 감에 따라 규선석대에서 녹니석대로 변하며, 남-북 방향의 등변성도선으로 구분된다. 동쪽과 서쪽 중에서 어느 쪽의 변성온도가 더 높은가?

6. 운석충돌 동안 모암이 받은 충격변성작용에 대한 P-T 경로를 그려라.

7. 지하 20km에 관입한 화강암과 지하 5km에 관입한 반려암 중에서 어떤 관입암체가 보다 고변성도의 변성작용을 일으키는가?

8. 해저변성작용이 어떻게 발생하는지를 보여주는 스케치를 그려라.

9. 섭입대는 일반적으로 고압-저온의 변성작용으로 특징지어진다. 반대로 대륙-대륙 충돌대에서는 중압-고온의 변성작용으로 표시된다. 두 경계지역 중 어떤 지역이 더 높은 지하 증온율을 보이는가? 그 이유를 설명하라.

매체지원

 6-1 비디오 : 편마암-스코틀랜드의 루이시안 복합체

 6-1 비디오 : 경옥(jade)

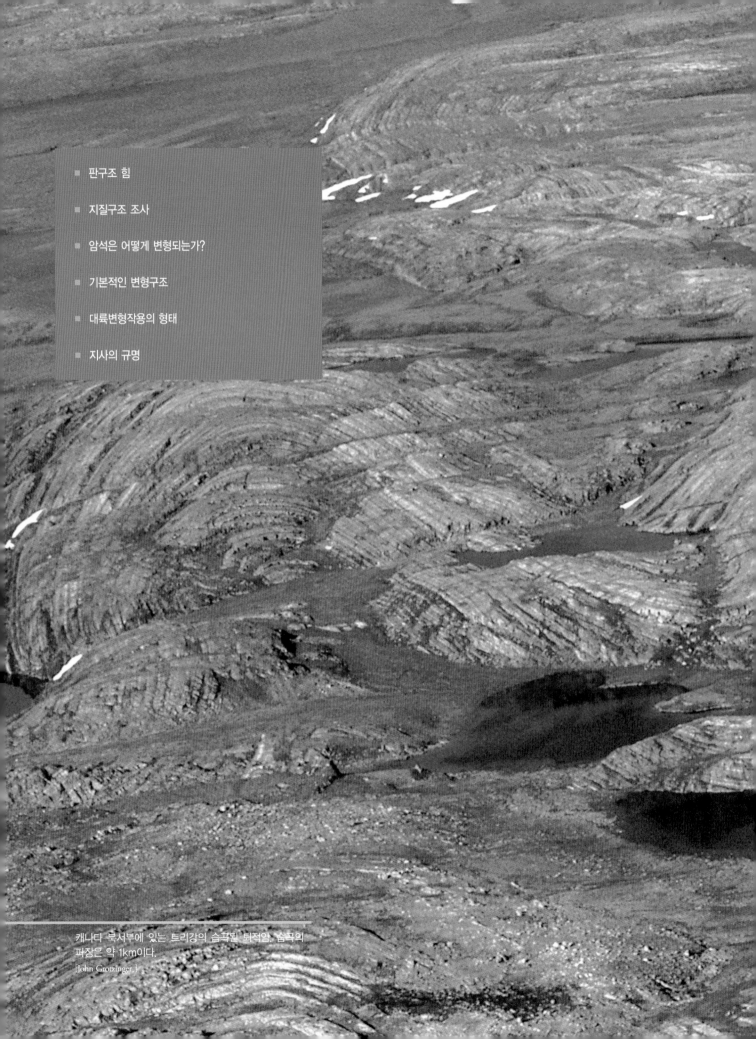

캐나다 북서부에 있는 토리강의 습곡된 퇴적암. 습곡의
파장은 약 1km이다.
[John Grotzinger.]

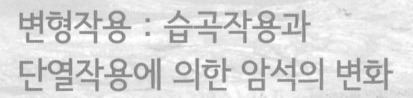

변형작용 : 습곡작용과
단열작용에 의한 암석의 변화

7

제6장에서 살펴봤듯이 암석이 판 경계부에 놓이게 되면 변성작용에 의해 그 암석의 조직과 광물조합이 바뀔 수 있다. 대륙 내 광역변성작용을 야기시키는 과정들 중에서 가장 중요한 과정은 변형작용이다. 이는 암석이 압축되고, 신장되고, 접히고 끊어짐에 의해 암석의 구조가 변하는 것이다. 암석의 종류 측면에서 보자면 변형작용은 화강암을 편마암으로 퇴적암을 편암으로 변하게 할 수 있다. 보다 큰 규모에서 보면 변형작용은 거의 수평하게 쌓인 퇴적층을 기이한 모습으로 뒤틀리게 할 수 있다.

옛날에 지질학자들은 대부분의 퇴적암이 원래는 바다의 밑바닥에 미고결 수평층으로 퇴적된 후 시간이 지남에 따라 굳어졌다는 것을 알고 있었다. 그런데 매우 강하고 단단한 암석에 도대체 무슨 힘이 작용하여 그러한 기이한 형태를 만들어냈을까? 왜 특정 형태의 변형작용은 지질시대를 거치는 동안 계속해서 반복되었을까? 1960년대에 발견된 판구조운동이 이러한 의문점들에 대한 답을 제시해주었다.

이 장에서는 어떻게 암석이 기울어지고, 구부러지고 깨져서 우리가 지표에서 보는 형태로 바뀔 수 있는지를 설명한다. 특히 판 경계부에서 대륙지각의 암석을 변형시키는 습곡작용과 단층작용의 과정에 초점을 맞추었다. 또한 지질학자들이 지질도를 만들기 위해서 어떻게 야외관찰자료를 수집하고 해석하는가를 보여줄 것이며, 이렇게 만들어진 지질도가 변형작용을 야기시킨 조구조 힘뿐만이 아니라 변형작용의 역사에 대해서 우리에게 무엇을 알려줄 수 있는지 탐구할 것이다.

■ 판구조 힘

변형작용(deformation)이란 암석이 판구조 힘을 받아 일어나는 습곡작용, 단층작용, 전단작용, 압축작용 그리고 신장작용 등을 모두 어우르는 용어이다. 지표에 노출되어 우리가 볼 수 있는 변형작용들은 대부분 암권판들이 서로 상대적으로 수평하게 움직이면서 야기된다. 이러한 이유 때문에 판의 경계부에서 암석을 변형시키는 조구조 힘은 수평방향이 우세하며 판의 상대적 이동방향에 의해 결정된다.

■ **인장력**(tensional forces)은 암석층을 서로 잡아당겨 신장시키는 힘으로, 판이 서로 멀어지는 발산형 경계에서 주로 작용한다.

■ **압축력**(compressive forces)은 암석층을 양쪽에서 눌러 길이를 짧아지게 하는 힘으로, 판이 서로를 향해 움직이는 수렴형 경계에서 주로 작용한다.

■ **전단력**(shearing forces)은 한 암석층의 양쪽을 서로 반대방향으로 미는 힘인데, 판이 서로 수평하게 비껴가는 변환단층 경계에서 주로 작용한다.

만일 판이 완전한 강성체이면 판 경계부는 예리한 선구조선이고 이 경계의 양쪽에 있는 점들은 판의 상대속도로 움직일 것이다. 이러한 이상적인 개념은 중앙해령의 열곡과 심해해구, 그리고 거의 수직한 변환단층 등의 수 킬로미터 너비밖에 되지 않는 좁은 판 경계부를 갖는 해양에서는 거의 사실에 가깝다.

그러나 대륙에서는 판의 상대운동에 의한 변형작용이 수백 킬로미터, 심지어는 수천 킬로미터 너비에 이르는 판 경계부에 걸쳐 작용할 수 있다. 이 넓은 경계부 내에서는 대륙지각이 강성체로 거동하는 것이 아니라 표면의 암석들이 습곡작용과 단층작용에 의해 변형된다. 암석의 습곡은 옷의 주름과 같다. 즉 헝겊을 양쪽 끝에서 밀면 여러 개의 주름이 잡히듯이, 지각의 힘에 의해 암석층이 천천히 압축되면 밀려서 습곡이 만들어질 수 있다(그림 7.1a). 판 사이의 조구조 힘은 또한 암석을 깨뜨리고 그 결과 형성된 단열의 양쪽을 미끄러지게 하여 단층을 형성할 수 있다(그림 7.1b). 단층이 갑자기 깨지면 지진이 유발된다. 대륙의 활성 변형대는 지진이 자주 발생하는 특징이 있다.

지질학의 습곡과 단층은 크기가 수 센티미터에서 수십 킬로미터 혹은 그 이상일 수 있다(그림 7.1 참조). 대부분의 산맥은 사실상 풍화·침식된 일련의 대규모 습곡과 단층으로 이루어져 있다. 변형작용의 지질학적 기록을 이용하여 지질학자들은 과거 판 경계부에서 일어난 운동을 추론하여 대륙지각의 조구조 역사를 복원할 수 있다.

■ 지질구조 조사

단층이나 습곡은 지각변형을 재구성하기 위하여 지질학자가 관찰하고 조사하는 기본적인 구조 중 하나이다. 이러한 과정을 좀

(a)

(b)

그림 7.1 암석이 조구조 힘을 받으면 습곡작용과 단층작용으로 변형된다. (a) 원래 수평했던 암석층이 조구조 압축력에 의해 휘어져 습곡이 된 노두. (b) 원래 연속적이던 암석층이 조구조 인장력에 의해 소규모 단층을 따라 변위된 노두.
[(a) Tony Waltham; (b) Marli Bryant Miller.]

더 잘 이해하기 위해 우리는 단층과 습곡의 기하학적 구조에 대한 정보가 필요하다. 이 정보를 찾을 수 있는 가장 좋은 장소는 지표 밑에 있는 기반암(bedrock)이 노출된(토양이나 자갈층에 의해 덮여 있지 않은) 노두(outcrop)이다. 노두에서 지질학자들은 특정 **층**(formation)을 인지할 수 있다. 층이란 한 지역에서 물리적 특성에 의해 인지될 수 있는 일련의 암석층을 의미한다. 어떤 층은 석회암 같은 한 종류의 암석으로 이루어져 있고 또 어떤 층은 사암과 셰일 같은 서로 다른 종류의 얇은 암석들로 구성될 수 있다. 층이 아무리 다양해도 각 층은 하나의 단위로 인지되고 조사될 수 있는 일련의 특정 암석으로 이루어져 있다.

〈그림 7.1a〉는 퇴적층이 휘어져 습곡이 된 것을 보여주는 노두 사진이다. 그러나 습곡된 암석은 흔히 일부만이 노두로 노출되어 단순하게 경사된 층으로 보일 수 있다(그림 7.2). 이러한 층의 방향은 지질학자들이 전체적인 지질구조의 형태를 알아내는 데 이용하는 중요한 실마리이다. 노두에 나타난 암석층의 방향은 층리면의 주향과 경사를 측정하여 나타낸다.

주향과 경사의 측정

주향(strike)은 암석층이 수평면과 만나서 이루는 교차선의 나침반 방향이다. **경사**(dip)는 층의 주향에 직각인 연직면에서 측정되는 층의 기울어진 각도, 즉 층이 수평면으로부터 기울어진 각도이다. 그림 7.3은 야외에서 주향과 경사를 어떻게 측정하는가를 보여준다. 지질학자는 이 그림의 노두를 다음과 같이 기재할 수 있다. "동–서 주향에 남쪽으로 45°로 경사하는 조립질의 사암층."

지질도

지질도(geologic maps)는 지표면에 노출된 암석층을 나타내는 이차원의 도면이다(그림 7.4). 지질도를 만들 때 우리는 적당한 축척(scale)을 선택해야 한다. 축척은 지표에서의 실제 거리에 대한 지도상 거리의 비율이다. 야외지질도 작성 시 흔히 사용되는 축척은 1:25,000(미국에서는 1:24,000)인데 이 축척에서는 지도상의 1cm는 실제 길이 250m에 해당한다. 한 나라 전체의 지질을 나타내기 위해서는 더 작은 축척을 선택해야 하는데, 예를 들면 1:1,000,000으로 지도의 1cm가 실제 길이로는 10km가 된다. 이렇게 축척이 작은 지질도에는 자세한 사항이 기재될 수 없다.

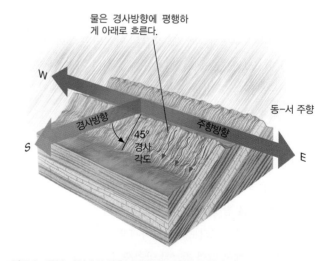

그림 7.3 특정 지역에서 암층의 방향은 암층의 주향과 경사로 나타낸다. 주향은 암층과 수평면 교선방향의 나침반 방향이다. 경사는 수평선으로부터 그 층의 최대 경사각과 방향이며 주향과 수직한 연직면에서 측정한다. 이 그림에서 주향은 동–서이고 경사는 남쪽으로 45°이다.

[After A. Maltman, *Geological Maps: An Introduction*, 2nd ed. New York: Van Nostrand Reinhold, 1998.]

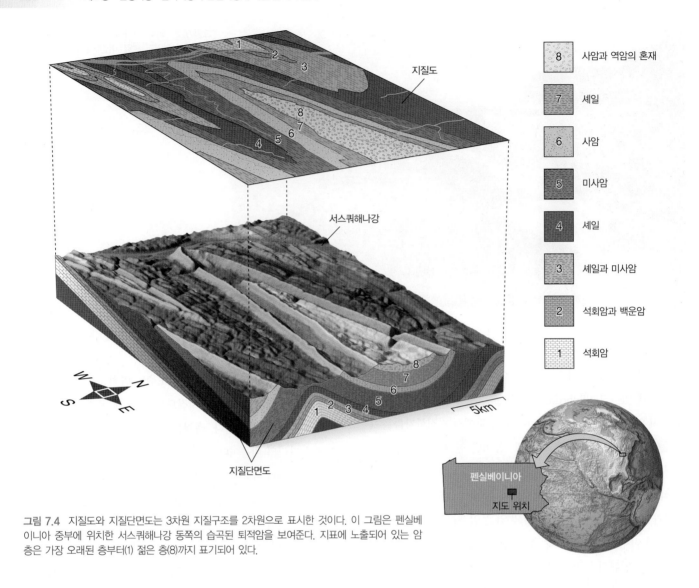

8	사암과 역암의 혼재
7	셰일
6	사암
5	미사암
4	셰일
3	셰일과 미사암
2	석회암과 백운암
1	석회암

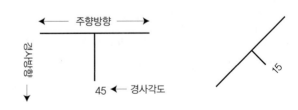

그림 7.4 지질도와 지질단면도는 3차원 지질구조를 2차원으로 표시한 것이다. 이 그림은 펜실베이니아 중부에 위치한 서스쿼해나강 동쪽의 습곡된 퇴적암을 보여준다. 지표에 노출되어 있는 암층은 가장 오래된 층부터(1) 젊은 층(8)까지 표기되어 있다.

지질학자들은 지질도에서 각 암석층에 특정 색깔을 칠해 서로 다른 암석층을 구별하는데, 그 색깔은 암석의 종류와 연령에 따라 달라진다(그림 7.4 참조). 변형이 매우 심한 지역에는 많은 암석층이 노출될 수도 있는데 이렇게 되면 지질도는 매우 다양한 색채를 띠게 된다.

이암이나 고결이 불량한 퇴적물 같은 무른 암석은 석회암이나 변성암 같은 단단한 암석층보다 더 쉽게 침식된다. 따라서 암석의 종류는 육지 표면의 지형과 암석층의 노출에 지대한 영향을 미친다(그림 7.4 참조). 지질과 지형 사이의 중요한 관계는 지질도에 지형등고선을 그려보면 명백하게 알 수 있다.

지질도는 막대한 양의 정보를 알려줄 수 있기 때문에 '종이 한 장으로 된 교과서'라고도 불린다. 이러한 정보를 보다 간결하게 전달해주기 위해 지질도에는 암석층의 주향과 경사를 나타내는 특별한 부호가 사용되고 단층 등의 중요 구조를 표시하는 특별한

종류의 선이 이용된다. 예를 들면 암층의 주향과 경사는 지질도에 T 형태의 부호로 나타낸다.

T 형태의 윗부분은 주향의 방향을 나타내며 아랫부분은 경사 방향을 나타내는데 이때 옆에 써 있는 숫자는 경사각도를 의미한다. 북쪽이 상부인 지도상에서 왼쪽과 같은 부호는 〈그림 7.3〉에 있는 동–서 주향에 남쪽으로 45도 각도로 경사하는 사암층을 표시한 것이다. 오른쪽에 있는 부호는 〈그림 7.2〉의 층리면과 같이 북동–남서 주향을 가지고 남동쪽으로 15도 각도로 경사하는 층을 나타낸 것이다.

그림 7.5　지질단면도는 야외에서 직접 관찰될 수도 있다. 콜로라도주 래리어트 루프 경관 샛길에 있는 도로절단면은 로키산맥의 융기로 인해 기울어진 퇴적층의 단면을 보여준다.

[James Steinberg/Science Source.]

　　물론 지표지질의 모든 정보를 자세하게 지질도에 담을 수 없기 때문에 지질학자들은 자기들이 본 것을 간단하게 해야 한다. 예를 들면 매우 복잡한 단층대를 하나의 단층선으로 표시하거나 지질도의 축척에 비해 매우 작은 습곡들은 무시한다. 또한 지질구조를 덮고 있는 얇은 토양층이나 미고결층을 무시하여 마치 노두가 모든 곳에 존재하는 것처럼 지질구조를 그려 지질도의 '먼지'를 벗겨낼 수도 있다. 따라서 지질도는 지표지질을 단순화한 과학적 모델로 보아야만 한다.

지질단면도

한 지역의 지질도가 작성되면 2차원의 지질도를 지하에 있는 3차원의 지질구조로 해석해야 한다. 침식에 의해 그 일부가 없어졌음에도 불구하고 어떻게 암석층의 변형된 모양이 복원될 수 있을까? 이 과정은 일부 조각이 없어진 3차원의 조각그림 맞추기와 유사하며 지질학의 기본법칙이 그런 것처럼 상식과 직관이 중요한 역할을 한다.

　　3차원 조각그림 맞추기를 위하여 지질학자들은 우선 지각 일부에 마치 수직 절단면을 만들었을 때 보일 수 있는 지질구조를 보여주는 그림인 **지질단면도**(geologic cross sections)를 그려야 한다. 간혹 소규모의 지질단면도를 절벽, 채석장 그리고 도로절개

의 수직면에서 실제로 볼 수 있다(그림 7.5). 더 넓은 지역에 대한 지질단면도는 노두에서 측정한 주향과 경사 같은 지질도상의 정보를 이용하여 그려질 수 있다. 지표지질조사를 통해 만들어진 지질단면도의 정확도를 향상시키기 위하여 시추공을 뚫어 암석시료를 수집하거나 지진파 탐사를 할 수 있다. 그러나 시추조사와 지진파 탐사는 비용이 많이 들기 때문에 이러한 방법에 의한 자료는 통상 석유, 지하수 혹은 유용광물자원 등을 탐사하는 지역에서만 얻을 수 있다.

　　〈그림 7.4〉는 원래 수평했던 퇴적암이 일련의 습곡으로 휘어진 후 침식되어 구불구불한 선형의 능선과 계곡으로 된 지역의 지질도이다. 이 장의 후반부에서 이 지질도에서 볼 수 있는 지질관계를 약간 탐구할 것이다. 그러기 위해서 우선 암석이 변형되는 기본과정을 배워야 한다.

■ 암석은 어떻게 변형되는가?

암석은 작용하는 조구조 힘에 반응하여 변형된다. 조구조 힘이 작용하여 암석이 습곡작용 아니면 단층작용, 혹은 이 둘의 조합으로 반응할지는 힘의 방향, 암석의 종류, 그리고 변형작용 시의 물리적 조건(예 : 온도와 압력)에 의해 결정된다.

이 시료는 천부지각의 조건에서 압축되었다. 단열은 이 대리암이 얕은 깊이에 해당하는 실험실에서의 조건에서 취성임을 알려준다.

이 시료는 심부지각의 조건에서 압축되었다. 시료가 깨지지 않고 유연하게 변형되었기 때문에 대리암이 심부에서 연성임을 알 수 있다.

그림 7.6 암석(이 그림에서는 대리암)이 압축력에 의해 어떻게 변형되는가를 탐구하기 위하여 수행된 실내실험의 결과. 대리암 시료는 반투명한 플라스틱 자켓으로 싸여 있어 빛나게 보인다.

[Fred and Judith Chester/John Handin Rock Deformation Laboratory of the Center for Tectonophysics.]

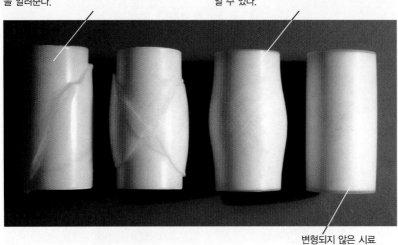

변형되지 않은 시료

실험실에서 암석의 취성거동과 연성거동

1,900년대 중반에 지질학자들은 강력한 수압 피스톤 실린더를 사용하여 작은 암석 시료를 휘고 깨트리는 실험을 하며 변형을 일으키는 힘을 탐구하기 시작하였다. 공학자들이 콘크리트 등 건축자재의 강도를 측정하기 위하여 이러한 기계를 고안해냈지만, 지질학자들은 이 기계를 개조하여 지각심부의 물리적 조건을 모사하기에 충분한 온도와 압력하에서 암석이 변형되는 자세한 과정을 규명하였다.

그러한 한 실험에서는 조그만 원통형의 대리암 시료에 봉압(confining pressure, 시료를 둘러싸는 압력)을 유지한 채 시료의 한쪽 끝을 수압 피스톤으로 밀어 압축력을 가하였다(그림 7.6). 지각천부에서와 같은 낮은 봉압하에서는 대리암 시료가 약간 변형되다가 증가하는 압축력이 일정 값에 도달하면 전체 시료가 갑자기 깨졌다(그림 7.6의 왼쪽). 이 실험은 지각천부에서의 낮은 봉압하에서는 대리암이 **취성**(brittle)물질로 거동함을 보여주었다. 변성작용에 동반되는 정도의 높은 봉압하에서 실험을 반복하면 다른 결과가 나왔다. 즉, 대리암 시료는 천천히 그리고 지속적으로 변형되면서 단열작용(fracturing) 없이 길이가 짧아지면서 옆으로 부푼 모습으로 변했다(그림 7.6의 오른쪽). 따라서 대리암이 지각심부에서와 같은 높은 봉압하에서는 휘기 쉬운 **연성**(ductile)물질로 거동한다.

또 다른 실험에서 지질학자들은 대리암 시료를 변성작용이 일어나는 정도의 온도로 가열하면 낮은 봉압에서도 연성물질로 작용함을 보여주었는데, 이는 마치 깨질 수 있는 단단한 밀랍을 가열하면 유동하는 무른 물질로 변하는 것과 같다. 지질학자들은 자기들이 실험한 이 특정 대리암이 수 킬로미터보다 얕은 깊이에서는 단층작용에 의해 변형되지만, 변성작용이 흔히 일어나는 그 이상의 지각깊이에서는 습곡작용에 의해 변형된다고 결론지었다.

지각의 취성거동과 연성거동

실험실에서 자연상태의 지각조건을 정확히 동일하게 재현할 수는 없다. 조구조 힘은 수백만 년에 걸쳐 가해지는 반면에 실험실에서의 변형실험이 수 시간 혹은 수 주 이상 행해지는 경우는 드물다. 그럼에도 불구하고 실내실험은 야외에서의 관찰사항을 해석하는 데 중요한 실마리를 제공해줄 수 있다. 지질학자들은 지각의 습곡과 단층을 조사할 때 다음의 사항을 명심한다.

■ 동일 암석이라도 지각천부(온도와 압력이 상대적으로 낮은 곳)에서는 취성이지만 심부(온도와 압력이 높은 곳)에서는 연성일 수 있다. 변성작용은 종종 연성변형작용을 수반한다.

■ 암석의 종류는 암석이 변형되는 양식에 영향을 준다. 특히 결정질 기반암을 구성하는 딱딱한 화성암과 변성암(퇴적층 하부의 지각)은 종종 취성물질로 거동하여 변형작용 시 단층면을 따라 깨지지만, 그 위에 놓인 무른 퇴적물은 종종 연성물질로 작용하여 점진적으로 습곡된다.

■ 암석층은 천천히 변형되면 연성물질로 거동하지만 빠르게 변

형되면 취성물질로 거동한다(예 : 실리퍼티—실리콘 찰흙— 를 천천히 쥐어짜면 연성의 찰흙으로 유동하지만 아주 빠르 게 잡아당기면 조각으로 끊어진다).

■ 암석은 압축력을 받을 때보다 인장력(당겨서 늘리는 힘)을 받 을 때 더 쉽게 깨진다. 압축력을 받으면 습곡작용으로 변형되 는 퇴적층이 인장력을 받을 때 깨질 수도 있다.

■ 기본적인 변형구조

지질학자들은 이 장의 앞에서 설명한 간단한 기하학적인 개념과 측정법을 이용하여 단층과 습곡 같은 형태를 서로 다른 종류의 변형구조로 분류한다.

단층

단층(fault)은 그 양쪽의 암석을 변위시킨 단열면이다. 층리면의 방향을 측정하는 방법으로 주향과 경사로 단층면(fault surface)의 방향을 잴 수 있다(그림 7.3 참조). 단층면의 한쪽에 대한 다른 쪽 의 상대적 운동은 슬립방향(slip direction)과 전체 변위량(혹은 오 프셋)으로 기재할 수 있다. 〈그림 7.1b〉에 보여준 것과 같은 소규 모 단층의 경우에는 오프셋이 수 미터에 불과하지만 산안드레아 스 단층같이 대규모 변환단층의 오프셋은 수백 킬로미터에 달할 수 있다(그림 7.7).

단층의 양쪽에 존재하는 암석들은 서로를 관통할 수 없다. 그 리고 지하의 높은 압력에서는 단층면이 벌어질 수 없기 때문에 단층운동이 발생하는 동안 슬립방향은 단층면에 평행할 수밖에 없다. 따라서 단층은 단층면상의 슬립방향에 따라서 분류될 수 있다(그림 7.8). **경사이동단층**(dip-slip fault)은 단층의 암석 블록 이 단층면의 경사방향에 평행하게 올라갔거나 내려간 상대운동 이 있는 단층이다. **주향이동단층**(strike-slip fault)은 단층면의 주향 에 평행하게 수평한 블록운동이 있는 단층이다. 단층면의 주향에 평행한 운동과 경사방향에 평행한 운동이 동시에 있는 단층을 사 교이동단층(oblique-slip fault)이라고 한다. 경사이동단층은 압축력 이나 인장력에 의해 만들어지지만 주향이동단층은 전단력에 의 해 형성된다. 사교이동단층은 전단력과 인장력 또는 전단력과 압 축력이 동시에 작용하여 만들어진다.

단층블록의 이동이 상하 아니면 좌우이기 때문에 단층의 더 세밀한 분류가 필요하다. 이러한 움직임을 묘사하기 위해서 지 질학자들은 광부들이 사용하는 용어를 따와서 경사진 단층면의

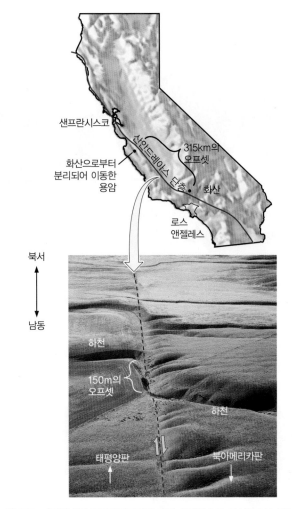

그림 7.7 태평양판이 북아메리카판에 대해 상대적으로 북서쪽으로 이동하는 것을 보여주는 산안드레아스 단층의 전경. 캘리포니아의 다른 곳에서는 2,300 만 년 된 화산암이 단층에 의해 315km 변위되었다. 단층은 사진 중앙부의 위 에서 아래로 연결된다(점선 표시). 하천(월러스 크리크)이 단층에 의해 130m 오프셋되어 있는 것을 주목하자.

[University of Washington Libraries, Special Collections, John Shelton Collection, KCN7-23.]

윗부분에 위치한 암체를 **상반**(hanging wall), 아랫부분의 암체를 **하반**(foot wall)이라고 명명하였다. 상반이 하반에 비해 상대적으 로 내려가서 구조를 수평하게 신장시킨 경사이동단층을 **정단층** (normal fault)이라고 부른다(그림 7.8a). 상반이 하반에 비해 상 대적으로 올라가서 구조의 길이가 짧아진 경사이동단층은 **역단** **층**(reverse fault)이라고 한다(그림 7.8b). 역단층의 '역'은 지질학 자들이 (임의적으로) 명명한 정단층의 '정'의 반대라는 의미이다. **스러스트단층**(thrust fault)은 단층면의 경사각이 45° 미만인 저각 의 역단층으로 상반의 암체가 수직보다는 좀더 수평하게 움직인 다(그림 7.8c). 수평방향의 압축력을 받으면 대륙지각의 취성암 석은 통상 급하게 경사하는 역단층보다는 30° 이하의 경사각을

경사이동단층작용

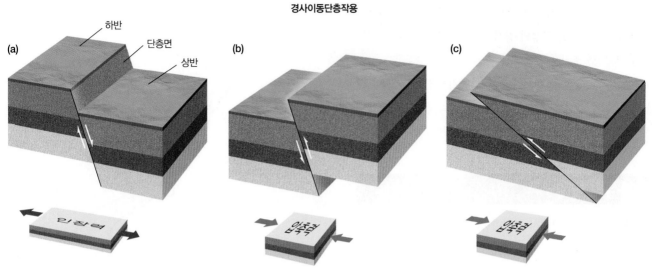

정단층작용은 물체를 잡아당겨 찢어놓는 인장력에 의해 일어난다.

역단층작용은 물체를 압축하여 길이를 줄이는 압축력에 의해 야기된다.

스러스트단층은 단층면이 낮은 각도로 경사하는 역단층이다.

주향이동단층작용   **사교이동단층작용**

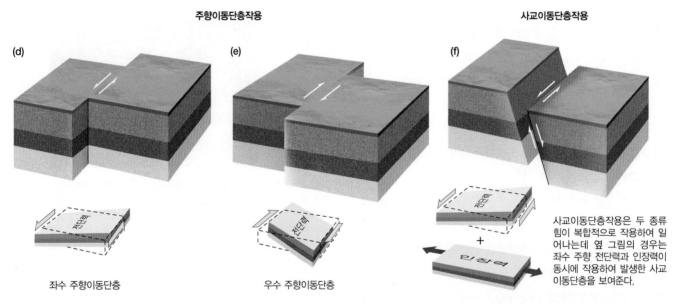

좌수 주향이동단층   우수 주향이동단층

사교이동단층작용은 두 종류 힘이 복합적으로 작용하여 일어나는데 옆 그림의 경우는 좌수 주향 전단력과 인장력이 동시에 작용하여 발생한 사교이동단층을 보여준다.

그림 7.8 단층작용의 형태는 조구조 힘의 방향에 의해 결정된다. 경사이동단층(a∼c)은 횡압력 혹은 인장력에 의해 야기된다. 주향이동단층(d, e)은 전단력에 의해 야기된다. 사교단층(f)은 전단력과 횡압력 혹은 인장력의 조합으로 야기된다.

갖는 스러스트단층을 따라 깨진다.

주향이동단층에서 단층의 한쪽에 있는 관찰자가 단층의 반대쪽을 볼 때 그쪽의 블록이 왼쪽으로 이동하면 **좌수향단층**(left-lateral fault)이라고 한다(그림 7.8d). 반대쪽의 블록이 오른쪽으로 이동하면 **우수향단층**(right-lateral fault)이라고 한다(그림 7.8e). 〈그림 7.7〉에서 하천의 오프셋으로부터 알 수 있듯이 산안드레아스 단층은 우수향 변환단층이다. 어떤 단층들은 경사이동과 주향이동을 둘 다 보이는데 이러한 단층들은 **사교이동단층**(oblique-slip fault)으로 알려져 있다(그림 7.8f).

지질학자들은 야외에서 여러 가지 방법으로 단층을 인지한다. 단층은 지표면에 단층자국이 나 있는 단층애(fault scarp, 단층절벽)를 형성하기도 한다(그림 7.9). 산안드레아스 단층과 같은 변환단층의 경우처럼 오프셋이 크면 단층면을 경계로 마주하는 암층은 암상과 연령이 다를 수도 있다. 단층의 변위가 소규모이면 오프셋의 특징을 관찰하고 측정할 수 있다(연습 삼아 그림 7.1b에 있는 소규모 단층에 의해 오프셋된 층들을 맞추어보자). 지질학자들은 단층의 시기를 알아내는 데 단순한 법칙을 적용한다. 단층은 그 단층에 의해 끊기는 가장 젊은 층보다 젊어야만 하고

그림 7.9 이 단층애는 네바다주에서 발생한 1954년 페어뷰피크 지진 시 정단층에 의해 형성된 신선한 면이다. [Garry Hayes/Geotripper Images.]

(즉 암석은 깨지기 전 그곳에 존재해야 한다!), 단층을 덮는 가장 오래된 변위가 없는 층보다 더 오래되어야 한다.

지질도에서 단층은 단층이 지표면과 만나는 점들을 이은 단층선(fault trace)으로 나타낸다. 정단층과 스러스트단층은 단층선을 따라서 서로 다른 형태의 '이빨' 모양 표시를 해서 구분한다.

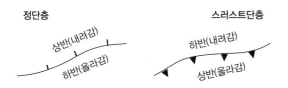

두 종류의 경사이동단층에서 상반 쪽으로 이빨을 표시한다. 이러한 방법으로 나타낸 정단층의 예는 〈그림 7.20〉에 있고 스러스트단층의 예는 〈그림 7.22〉에 있다. 주향이동단층의 경우 움직임의 방향은 우수향과 좌수향이 있는데 이는 단층선을 따라서 양쪽에 한 쌍의 화살표로 나타낸다(그림 7.7 참조).

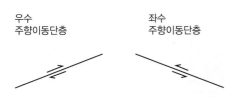

습곡

〈그림 7.1a〉에서 보듯이 습곡작용은 층리를 이루는 암석에서 관찰되는 보편적인 변형형태이다. 실제로 **습곡**(fold)이라는 용어는 퇴적층과 같은 원래 판상의 구조가 휘어진 구조로 굽어진 것을 의미한다. 습곡작용은 지각에서 수평방향의 힘이나 수직방향의 힘에 의해 야기되는데, 이는 종이의 양쪽 끝을 서로를 향해 밀거나 한쪽 끝을 위 또는 아래로 밀면 습곡이 만들어지는 것과 같다.

단층과 마찬가지로 습곡도 규모가 다양하다. 많은 조산대에서 웅장하고 광범위한 습곡은 수 킬로미터 이상 추적될 수 있다(그림 7.10). 매우 작은 규모에서는 아주 얇은 퇴적층들이 수 센티미터밖에 되지 않는 습곡으로 휘어질 수 있다(그림 7.11). 가해진 힘의 크기와 힘이 가해진 기간 그리고 층이 변형작용에 견딜 수 있는 능력에 좌우되어 습곡이 완만하거나 심하게 접혀져 있을 수 있다.

성층암이 위로 볼록한 습곡을 **배사**(anticlines)라고 하고 아래로 볼록해져 계곡형태로 된 습곡을 **향사**(synclines)라고 한다(그림 7.12). 습곡의 양쪽을 **익부**(limbs)라고 한다. 습곡 **축면**(axial plane)은 한쪽의 익부를 축면의 한쪽에 위치시키고 습곡을 가능한 한 대칭적으로 나눈 가상의 면을 말한다. 축면과 층리면의 긴 교차선을 **습곡축**(fold axis)이라 한다. 대칭 수평습곡은 양쪽 익부가 습곡축을 중심으로 대칭적으로 경사하는 수직의 축면과 수평한 습곡축을 갖는다.

습곡축이 수평한 경우는 드물다. 야외에서 어떤 습곡이라도 그 습곡축을 따라가면 습곡축이 곧 소멸하거나 지하로 침강하는 것을 볼 수 있다. 만약 습곡축이 수평하지 않으면 **침강습곡**(plunging fold)이라고 부른다. 그림 7.13은 침강배사와 침강향사의 형태를 보여주며, 침식된 조산대에서 침식으로 인해 표층 암

그림 7.10 캐나다 앨버타주의 캐내내스키스 산맥을 형성하고 있는 퇴적암의 대규모 습곡.
[Photoshot.]

석의 대부분이 제거된 이후 야외에서 지그재그 형태의 노두가 나타날 수 있다. 〈그림 7.4〉의 지질도도 바로 이 특징을 보여준다.

습곡이 대칭적으로 남아 있는 경우는 드물다. 변형량이 증가하면서 습곡은 밀려서 한쪽 익부의 경사각이 다른 쪽 익부의 경사각보다 큰 비대칭 형태가 될 수 있다(그림 7.14). 이러한 비대칭습곡(asymmetrical fold)은 흔히 나타난다. 변형작용이 극심하여 한쪽 익부가 수직면을 지나쳐 기울어지면 역전습곡(overturned fold)이라고 부른다. 역전습곡의 양쪽 익부는 같은 방향으로 경사하지만 아래쪽 익부의 층 순서는 원래 층 순서와 반대로 더 오래된 암석이 더 젊은 암석 위에 놓인다.

야외에서의 관찰로 지질학자들이 습곡에 대한 완전한 정보를 얻는 경우는 매우 드물다. 기반암은 위에 덮인 토양층으로 인해 불분명해지거나 침식으로 인해 이전의 구조에 대한 증거의 많은 부분이 사라졌을 수 있다. 따라서 지질학자들은 한 층과 다른 층 사이의 관계를 밝혀내는 데 이용되는 실마리들을 찾는다. 예를 들면 야외에서나 지질도에서 더 오래된 암석층이 습곡 중심부를 이루면서 중심부의 양쪽에 더 젊은 층들이 중심부 반대쪽으로 경사하는 것으로부터 침식된 배사를 인지할 수 있다. 침식된 향사에서는 습곡 중심부에 더 젊은 암석이 있고, 그 양쪽에 더 오래된 암석이 중심부 쪽으로 경사한다. 이러한 관계는 〈그림 7.4〉와 〈그림 7.13〉에 설명되어 있다. 이 장의 끝에 있는 '지질학 실습'에서 다루겠지만 지표지질도를 작성함으로써 지하의 습곡구조를

그림 7.11 서부 텍사스의 경석고(밝은색)와 셰일(어두운색)의 퇴적층에 발달한 소규모 습곡.
[John Grotzinger/Ramón Rivera-Moret/Harvard Mineralogical Museum.]

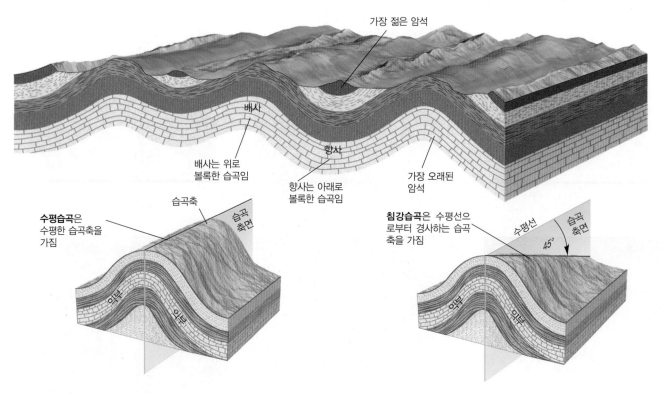

그림 7.12 암석의 습곡작용은 습곡작용의 방향(상승 혹은 하강)과 습곡축 그리고 습곡축면의 방향으로 기재된다.

해석하는 것은 석유를 찾는 데 있어 중요한 방법 중의 하나이다.

원형구조

판 경계부에서의 변형작용은 수평방향으로 작용하는 힘에 의해 판 경계에 거의 평행하게 놓인 선상의 단층과 습곡으로 나타나는 것이 보통이다. 그러나 어떤 종류의 변형작용은 보다 대칭적이어서 돔과 분지라고 불리는 거의 원형구조를 형성한다.

분지(basins)는 암석층이 중심부를 향해 방사상으로 경사하면서 사발 형태로 침강된 향사구조이다(그림 7.15). 퇴적물들은 흔히 분지에 퇴적된다(제5장 참조). 〈그림 7.15〉의 미시간분지와

같은 경우에 수 킬로미터 두께의 퇴적층을 형성할 수 있다. **돔**(domes)은 암석층이 넓은 원형이나 타원형으로 위로 부풀어오른 배사구조이다. 돔의 측면 층은 중심부를 둘러싸면서 중심부 반대쪽으로 방사상으로 경사한다(그림 7.16). 돔은 석유지질학에서 매우 중요한데 그 이유는 석유가 부력으로 인해 투수성이 있는 암석을 통해 위로 이동하기 때문이다(지질학 실습 참조). 돔의 상부에 있는 암석이 투수성이 낮아 석유가 통과하기 어려우면 그 아래에 석유가 모이게 된다.

돔과 분지의 직경은 일반적으로 수 킬로미터 이상이고 어떤

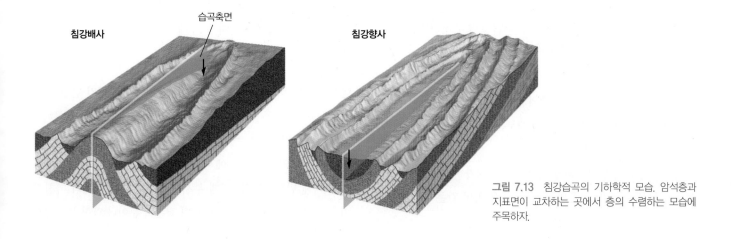

그림 7.13 침강습곡의 기하학적 모습. 암석층과 지표면이 교차하는 곳에서 층의 수렴하는 모습에 주목하자.

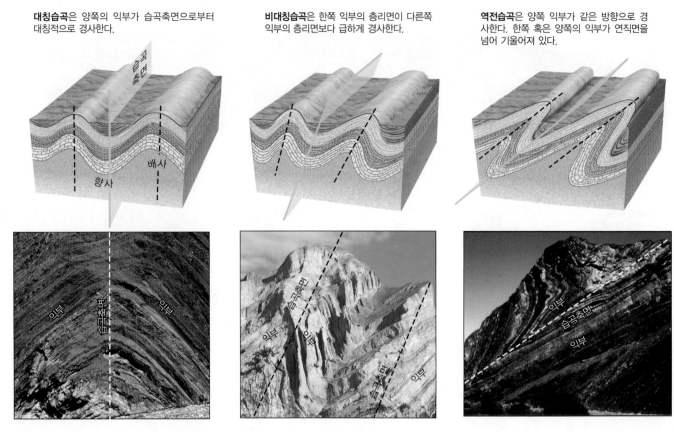

그림 7.14 변형이 증가되면 습곡은 비대칭형태로 눌린다.
[(왼쪽) Tony Waltham; (중앙) © Photoshot; (오른쪽) John Grotzinger 제공.]

것은 수백 킬로미터에 달하기도 한다. 야외에서는 원형 혹은 타원의 특징을 보이는 노두에 의해 돔과 분지가 인지된다. 이러한 노두에서는 층이 분지의 중심을 향하여 경사하거나 돔 중심부의 반대쪽으로 경사한다(그림 7.15, 7.16 참조).

일부 원형구조는 중복변형작용에 의해 만들어진다. 예를 들어 암석이 한 방향으로 압축된 이후 그 방향에 수직한 방향으로 다시 압축되면 원형구조가 형성된다. 그러나 많은 다른 경우에는 원형구조들은 수평적으로 작용하는 판구조 힘에 의한 것보다는 하부에서 상승하는 물질들에 의한 용승력이나 하부로 침강하는 물질의 하강력에 의해서 만들어진다. 놀랍지 않게 이러한 원형구조는 활성의 판 경계에서 멀리 떨어진 판의 내부에서 더 흔하게 나타나는 경향이 있다. 예를 들어 미국의 중앙부에는 수많은 돔과 분지가 있다. 사우스다코타주의 블랙힐즈는 침식된 돔이고(그림 7.16 참조) 미시간반도 남부의 대부분은 하나의 대규모 퇴적분지에 속한다(그림 7.15 참조).

다양한 종류의 변형작용에 의해 돔과 분지가 형성될 수 있다. 어떤 돔들은 마그마, 고온의 화성암, 혹은 암염 같은 부력을 가

진 물체들이 상승하면서 만들어지는데 이 상승하는 물체들은 상부의 퇴적물을 위로 들어올린다. 제5장에서 배운 바와 같이 어떤 퇴적분지들은 지각의 가열된 부분이 식어서 수축되면 위에 놓인 퇴적물이 침강하여 형성된다[열침강분지(thermal subsidence basins)]. 또 다른 분지들은 조구조 힘에 의해 지각이 신장되어 얇아져서 형성되거나[열개분지(rift basins)] 지각이 압축되어 아래로 휘어져 형성된다[요곡분지(flexural basins)]. 하천의 삼각주에 의해 퇴적된 퇴적물의 하중에 의해 지각이 아래로 휘어져 퇴적분지가 만들어질 수 있는데, 현재 멕시코만의 미시시피강 하구에 형성되고 있는 대규모의 분지가 그 예이다.

절리

앞서 설명한 바와 같이 단열 양쪽의 암체를 변위시킨 단열을 단층이라고 한다. 두 번째 형태의 단열이 **절리**(joint)인데 절리는 육안으로 식별될 만큼의 변위가 없는 균열이다(그림 7.17a).

절리는 거의 모든 노두에서 볼 수 있다. 어떤 절리들은 조구조 힘에 의해 만들어진다. 쉽게 부서지는 다른 취성물체와 마찬가지로 취성의 암석이 압력을 받으면 결손 부분이나 약한 부분에서

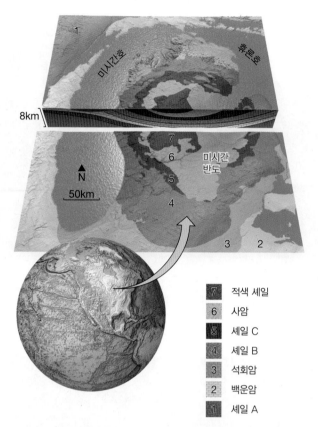

그림 7.15 미시간분지의 지질도와 단면도. 분지가 침강하면서 퇴적된 가장 오래된 층(층 1)에서부터 젊은 층(층 7)까지의 퇴적순서를 보여준다. 단면도는 수직방향으로 5배 확대되었다.

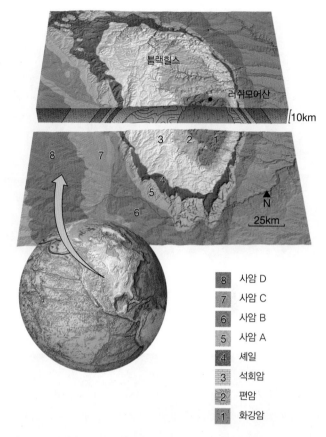

그림 7.16 블랙힐스 돔의 지질도와 단면도. 화강암 저반(층 1)의 관입으로 퇴적암(층 3~8)과 변성암(층 2)이 융기되어 침식되었다. 러시모어국립기념지에 4명의 대통령 얼굴—조지 워싱턴, 토머스 제퍼슨, 시어도어 루스벨트, 에이브러햄 링컨—이 이 화강암에 새겨졌다.

보다 쉽게 깨진다. 결손 부분은 미세한 균열이거나 이물질 조각 혹은 심지어 화석이 될 수도 있다. 광역적인 조구조 힘(압축력, 인장력, 또는 전단력)이 작용하면 힘이 사라지고 난 뒤에도 오랫동안 일련의 절리가 그 힘의 자국으로 남을 수 있다.

또한 비조구조적인 확장과 수축에 의해 절리가 형성될 수도 있다. 식으면서 수축되어 갈라진 용암과 심성암에서 규칙적인 형태의 절리가 흔히 관찰된다. 침식작용에 의해 표층이 삭박되면 하부의 지층에 가해지던 봉압이 완화되어 하부 암층이 팽창으로 갈라져 절리가 만들어지기도 한다.

절리는 통상 암석층이 나이를 먹으면서 겪게 되는 일련의 큰 변화의 시작단계에 불과하다. 예를 들어, 절리는 물과 공기가 심부의 암석층까지 도달하게 하는 통로 역할을 하여 풍화작용과 내부의 약화현상을 가속시킬 수 있다. 만일 2개 이상의 절리 세트가 교차하면 풍화작용으로 인해 암석층이 큰 기둥이나 블록으로 쪼개지기도 한다(그림 7.17b). 제3장에서 봤듯이 열수용액이 절리 내를 순환하면 석영과 돌로마이트(백운석) 같은 광물이 침전되어 맥(vein)이 만들어질 수 있다.

변형조직

절리는 노두를 자세히 보면 가장 잘 관찰되는 암석층의 소규모 구조의 예이다. 또 다른 형태의 소규모 변형구조는 단층대과 같이 국지적인 전단작용이 일어난 지역에서의 암석 조직이다.

앞에서 보았듯이 조구조 힘에 의해 지각의 취성부분이 깨져서 미끄러질 수 있다. 단층면을 따라 암석이 서로 마찰하면서 미끄러지면 단단한 암석이 으깨져서 기계적으로 조각이 된다. 암석이 (통상 상부지각에서) 취성물질로 거동하면 전단작용으로 단층각력암(fault breccias)과 같은 파쇄조직(cataclastic textures)을 가진 암석이 만들어진다(그림 7.18a).

지각심부에서는 충분히 높은 온도와 압력으로 인해 연성변형작용이 가능하기 때문에 전단작용이 일어나면 압쇄암(mylonites)이라고 불리는 변성암이 만들어질 수 있다(그림 7.18b). 2개의 암석 표면이 서로 미끄러지면서 이동하면 광물들이 재결정되고 재결정된 광물이 띠상으로 길게 늘어난다. 압쇄암은 일반적으로 녹

(a)

(b)

그림 7.17 절리 형태. (a) 괴상의 화강암 노두에 있는 교차 절리, 캘리포니아주의 조슈아트리국립공원. (b) 현무암의 주상절리, 북아일랜드의 자이언츠코즈웨이.

[(a) Sean Russell/Photolibrary; (b) Michael Brooke/Photolibrary/Getty Images, Inc.]

(a)

(b)

그림 7.18 (a) 네바다주 동부의 한 단층에 발달한 단층각력암. (b) 캐나다 노스웨스트 준주의 그레이트슬레이브 호수 전단대에 발달한 압쇄암. 이 암석의 모암은 화강암임. 극심한 전단작용으로 인하여 원래 자형의 칼리장석 거정이 회전하면서 구상으로 변하였다.

[(a) Marli Bryant Miller; (b) John Grotzinger 제공.]

색편암상에서 각섬암상의 변성작용에서 발달한다(제6장 참조). 변형작용의 조직에 대한 효과는 압쇄암에서 가장 명백하게 나타나지만 파쇄암에서도 역시 두드러지게 나타난다.

남캘리포니아의 산안드레아스 단층은 지하심부로 가면서 온도, 압력의 변화와 변형조직의 변화가 어떻게 연관되어 있는지를 보여주는 좋은 연구사례이다. 이 단층은 태평양판과 북아메리카

판 사이의 경계이고(그림 7.7 참조) 지각을 관통하여 아마도 맨틀까지 연장된다. 약 20km 깊이까지는 이 단층이 매우 좁고 파쇄조직의 특징을 가져 취성변형을 나타낸다. 지진은 바로 이 지역에서 태동한다. 그러나 20km보다 더 깊은 곳에서는 지진이 일어나지 않고 단층대에는 압쇄암을 만드는 연성변형작용이 넓은 지역에 일어나는 것으로 생각된다.

■ 대륙변형작용의 형태

매우 자세하게 관찰하면 대륙이 변형된 어느 곳에서라도 모든 기본적인 변형구조(단층, 습곡, 돔, 분지, 절리)를 찾아낼 수 있다. 그러나 대륙의 변형작용을 광역적인 규모에서 보면 변형작용을 일으키는 조구조 힘에 직접적인 관련이 있는 단층작용과 습곡작용의 두드러진 형태를 알게 된다. 그림 7.19는 세 종류의 주요 조구조 힘에 의해 만들어지는 특징적인 변형형태를 설명한다.

인장 조구조 운동

취성지각에서 정단층작용을 야기하는 인장력은 판을 벌어지게 하여 열곡(rift valley)을 만들 수 있는데, 열곡이란 서로 거의 평행한, 고각으로 경사하는 2개의 정단층을 따라 양옆의 블록에 비해

가운데 블록이 아래로 떨어진 길고 좁은 협곡이다(그림 7.19a). 동아프리카 열곡, 중앙해령의 열곡, 라인강 계곡 그리고 홍해 열곡 등이 잘 알려진 예이다(그림 7.20). 제5장에서 봤듯이, 이들 구조들은 분지를 형성하여 열곡 양쪽 벽이 침식된 퇴적물과 지각의 인장균열을 따라 분출한 화산암으로 채워진다.

상부 대륙지각이 인장력을 받으면 일반적으로 60° 이상의 고경사각을 갖는 정단층들이 만들어진다. 그러나 약 20km보다 깊은 곳에서는 지각암석이 연성물질로 거동할 만큼 충분히 뜨거워 단열작용보다는 늘어나는 변형작용이 발생한다. 이러한 암석 거동의 변화로 단층의 경사각 깊이가 증가함에 따라 완만해져서 〈그림 7.19a〉에서 보는 바와 같이 단층면이 휘어진 정단층(곡면 정단층이라고 부름)이 나타난다. 이러한 휘어진 단층을 따라 움

(a) 인장 조구조 운동 : 상부지각에서는 고각의 경사를 갖지만 하부로 갈수록 경사가 완만해져 단층면이 휘어진 정단층에 의해 대륙지각의 신장변형이 발생한다.

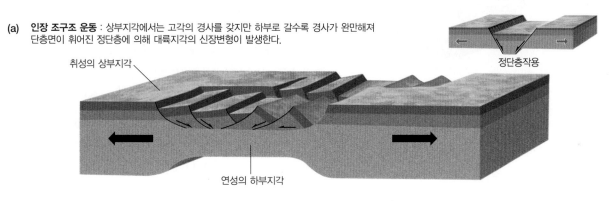

(b) 압축 조구조 운동 : 낮은 경사각을 갖는 스러스트단층에 의해 대륙지각의 압축변형이 일어난다.

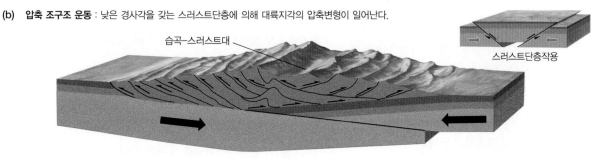

(c) 전단 조구조 운동 : 거의 수직인 주향이동단층에 의해 대륙지각의 전단변형이 일어난다. 이 그림에서 보여주는 예는 우수 주향이동단층이다.

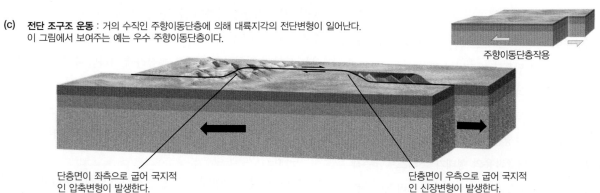

그림 7.19 조구조 힘의 방향—(a) 인장력, (b) 압축력, (c) 전단력—에 의해 대륙변형의 형태가 결정된다. 삽화되어 있는 그림에서는 단순한 단층작용의 형태가 광역적인 규모에서는 독특하고 복잡한 형태의 변형을 야기할 수 있다.

[After John Suppe, *Principles of Structural Geology*. Upper Saddle River, NJ: Prentice Hall, 1985.]

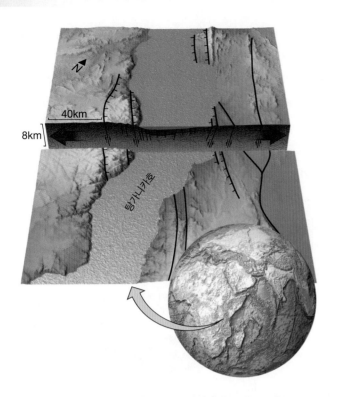

그림 7.20 동아프리카에서 인장력에 의해 소말리 아판이 아프리카판으로부터 잡아당겨져 정단층으로 이루어진 지구대(열곡대)가 만들어진다(그림 2.8b 참조). 여기에서 보여주고 있는 열곡대는 콩고공화국과 탄자니아 사이의 경계에 위치한 탕가니카호와 퇴적물로 채워져 있다. 단면도는 수직방향으로 약 2.5배 확대한 것이라 단층의 경사가 과장되어 보인다(실제 정단층의 경사는 약 60°이다).

직이는 지각의 블록은 신장이 계속되면서 반대쪽으로 기울어지게 된다.

미국 네바다주와 유타주의 대분지가 중심인 베이슨앤레인지 지구(Basin and Range province)는 수많은 열곡이 인접해서 발달한 좋은 예이다. 800km보다 넓은 이 지역은 과거 1,500만 년 동안 북서–남동 방향으로 두 배 정도 신장된 지역이다. 이 지역에서는 정단층작용으로 인하여 험난한 단층블록 침식산맥과 퇴적물로 충진된 완만한 계곡(계곡의 일부는 최근의 화산암으로 덮임)으로 이루어진 장엄한 지형이 만들어졌다(그림 10.5 참조). 베이슨앤레인지 지구 하부에는 상승하는 대류에 의해 야기된 것으로 보이는 신장변형작용이 아직도 계속되고 있다.

압축 조구조 운동

섭입대에서는 해양판이 거대한 스러스트단층 혹은 메가스러스트(megathrust)를 따라 상부 판 밑으로 미끄러져 들어간다. 2011년 3월 11일에 발생하여 대재앙의 쓰나미를 일으켜 1만 9,000명 이상의 사상자를 낸 도호쿠 지진과 같은 대규모 지진들은 메가스러스트의 급격한 슬립에 의해 발생한다. 조구조 압축작용을 받는 대륙의 지역에서 가장 흔한 단층작용의 형태가 스러스트단층작용이다. 조산운동 시 지각의 조각들이 거의 수평한 스러스트단층을 따라 다른 조각들 위로 수십 킬로미터 정도 미끄러져 올라가 오버스러스트(overthrust) 구조를 형성한다(그림 7.21).

2개의 대륙지각이 충돌하면 지각이 넓은 범위에 걸쳐 압축되어 장엄한 조산운동이 발생한다. 이러한 충돌 시 취성의 기반암은 스러스트단층작용에 의해 다른 기반암 위로 올라타지만 상부에 놓인 연성의 퇴적물은 일련의 대규모 습곡으로 압축되어 습곡–스러스트대(fold and thrust belt)가 형성된다(그림 7.19b 참조). 이러한 습곡–스러스트대에서 대규모 지진들이 흔하게 발생하는데 최근의 예가 2008년 5월 12일에 중국 사천성에서 발생하여 8만 명의 사상자를 낸 쓰촨성 지진(혹은 사천성 지진)이다.

현재 진행되고 있는 아프리카, 아라비아, 인도와 유라시아 남쪽 연변부와의 충돌로 인해 알프스에서 히말라야에 이르는 대규모의 습곡–스러스트대가 형성되었는데 이들 중 대다수가 아직도 활동 중이다. 중동의 대규모 유전은 이러한 압축변형작용에 의해 형성된 배사구조와 이 외의 다른 구조 집유장(trap)에 위치한다. 대서양이 열릴 때 북아메리카판이 서쪽으로 움직여서 야기된 북아메리카 서부의 압축변형작용으로 인해 캐나다 로키산맥의 습곡–스러스트대가 형성되었다. 애팔래치아산맥의 밸리앤리지 지구(Valley and Ridge province)는 오래전 판게아 초대륙을 만든 충돌작용으로 형성된 과거의 습곡–스러스트대이다.

전단 조구조 운동

변환단층은 판 경계를 이루는 주향이동단층이다. 산안드레아스단층 같은 변환단층은 지층들을 상당한 거리로 변위시킬 수 있지만(그림 7.7 참조), 변환단층이 판의 상대적 운동방향에 평행하게 놓여 있는 한 단층 양쪽의 블록은 많은 내부 변형작용 없이 서로 수평하게 미끄러질 수 있다. 그러나 긴 변환단층들이 직선인 경우는 드물어 변형작용이 매우 복잡하게 나타날 수 있다. 단층은 굴곡과 울퉁불퉁한 부분을 가질 수 있어 판 경계의 그 부분에 작용하는 조구조 힘이 전단력에서 압축력이나 인장력으로 바뀔 수 있다. 이 바뀐 힘은 다시 이차적인 단층작용과 습곡작용을 일으킨다(그림 7.19c 참조).

상기한 복잡한 현상에 대한 좋은 사례를 남캘리포니아에서 찾을 수 있는데, 이곳에서는 우수향의 산안드레아스 단층이 좌측으로 굽은 후 다시 우측으로 굽어 있다(그림 7.22). 이 '빅벤드(대만

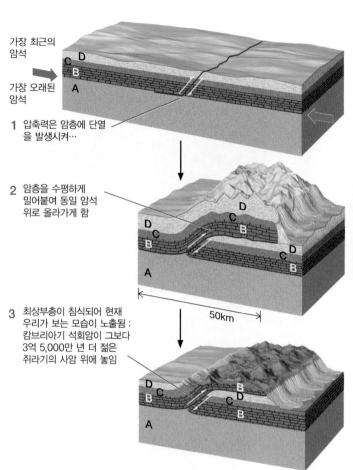

가장 최근의 암석
가장 오래된 암석

1 압축력은 암층에 단열을 발생시켜…

2 암층을 수평하게 밀어붙여 동일 암석 위로 올라가게 함

3 최상부층이 침식되어 현재 우리가 보는 모습이 노출됨 : 캄브리아기 석회암이 그보다 3억 5,000만 년 더 젊은 쥐라기의 사암 위에 놓임

50km

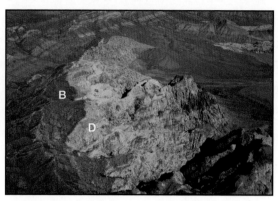

네바다주 남부의 키스톤 스러스트단층

그림 7.21 네바다주 남부의 키스톤 스러스트단층은 대륙의 압축작용 시 형성된 대규모 오버스러스트 구조이다. 압축력으로 인해 암층이 판상으로(D, C, B) 분리되어 스러스트를 따라 먼 거리를 수평이동하여 암층 D, C, B, A 위에 놓이게 되었다.

[Marli Bryant Miller.]

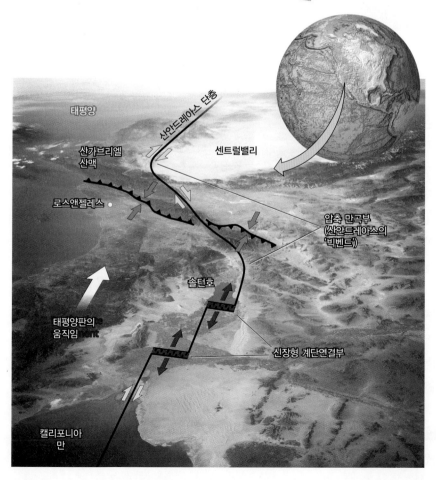

태평양
산안드레아스 단층
센트럴밸리
산가브리엘 산맥
로스앤젤레스
압축 만곡부 (산안드레아스의 '빅벤드')
솔턴호
태평양판의 움직임
신장형 계단연결부
캘리포니아 만

그림 7.22 우주왕복선에서 찍은 이 사진은 산안드레아스 단층대의 모습을 잘 보여준다. 주향이동단층의 주향 변화가 부분적으로 어떻게 인장과 압축을 야기시킬 수 있는지를 사진의 주석이 보여준다. 캘리포니아만과 솔턴호(그림 하부) 사이에서 단층대는 두 차례 오른쪽으로 꺾인다. 북아메리카판과 태평양판의 움직임에 평행한 우수향 단층의 분지들(검은색 선)은 화산활동이 활발하고 침강이 일어나 퇴적물로 채워진 열곡대(붉은색)에 의해 분리되어 있다. 북쪽방향으로 바라보면 단층선은 판 이동방향에 어긋나게 왼쪽으로 휘어졌다가 캘리포니아 중부에서는 판 이동방향에 평행하게 다시 오른쪽으로 휘어진다(그림의 거의 상부). 이러한 산안드레아스 단층의 '빅벤드'(대만곡부)는 압축작용을 야기시켜서 로스앤젤레스 지역에 역단층이 만들어진다(그림 중앙부).

[Image Science & Analysis Laboratory, NASA Johnson Space Center.]

곡부, Big Bend)'를 벗어난 산안드레아스 단층의 분절들은 판운동 방향과 평행하여 블록들은 단순한 주향이동단층운동으로 서로 수평하게 미끄러진다. 그러나 빅벤드 내에서는 단층의 기하학적 형태의 변화로 인해 블록이 서로 압축되어 산안드레아스 단층 남부에는 스러스트단층작용이 야기된다. 산안드레아스 단층 남부의 스러스트작용으로 인해 산가브리엘과 산버너디노산맥의 고도가 3,000m 이상으로 융기되었고 과거 50년 동안 일련의 치명적인 지진이 발생하였는데, 그 한 예가 로스앤젤레스에 400억 달러 이상의 피해를 준 1994년의 노스리지 지진이다(제13장 참조).

솔턴호와 캘리포니아만 사이의 산안드레아스 단층 남쪽 끝 지점에서 태평양판과 북아메리카판의 경계가 일련의 계단상으로 우측으로 굽어 있다. 이러한 계단상으로 굽어져 있는 곳에서는 판 경계가 인장력을 받아 정단층작용으로 인해 소규모 열곡들이 형성되며, 화산작용이 활발하고 빠르게 침강하여 퇴적물로 채워지고 있다. 이 신장운동이 일어나는 지점은 빅벤드의 압축운동이 발생하는 지점에서 불과 200km 이내에 있어 대륙변환단층을 따라 발생하는 조구조 운동이 상당히 다양하다는 것을 보여주고 있다.

■ 지사의 규명

한 지역의 지사는 변형작용을 포함한 지질과정으로 이루어진 일련의 사건들이다. 이 장에서 소개한 개념과 방법들을 이용하여 지사를 복원하는 방법을 배워보자.

그림 7.23의 단면도는 일련의 조구조 사건을 겪은 한 지질구역의 수십 킬로미터 길이의 단면을 나타낸다. 처음에 퇴적층이 해저에 수평하게 퇴적되었다. 이 퇴적층들은 수평한 압축력에 의해 기울어지고 습곡된 후 결국에는 해수면 위로 융기되었다. 그리고는 침식으로 인해 새로운 수평면(침식면)이 형성되었고, 계속해서 지구심부의 힘에 의해 화산이 분출하여 침식면이 용암으로 덮였다. 마지막 단계에서 인장력으로 인해 정단층작용이 발생하여 지각이 여러 블록으로 깨졌다.

지질학자들은 최종 단계만 보지만 이로부터 전체의 연속적인 과정을 그리게 된다. 그들은 암석층들을 인지해서 연대를 결정하고 지질도상에 층, 습곡 그리고 단층의 방향을 기록하는 것부터 시작한다. 그리고 그들은 이 지질도를 이용하여 지하의 지질단면도를 작성한다. 퇴적층이 인지되면 지질학자들은 그 퇴적층이 원래는 과거의 해양바닥에서 수평하고 변형되지 않았다는 지식을 가지고 출발한다. 그러면 일련의 다음 사건들이 복원될 수 있다.

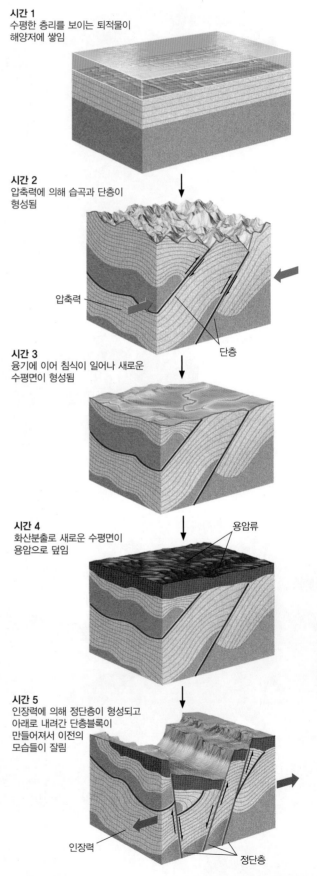

시간 1
수평한 층리를 보이는 퇴적물이 해양저에 쌓임

시간 2
압축력에 의해 습곡과 단층이 형성됨

압축력

단층

시간 3
융기에 이어 침식이 일어나 새로운 수평면이 형성됨

시간 4
화산분출로 새로운 수평면이 용암으로 덮임

용암류

시간 5
인장력에 의해 정단층이 형성되고 아래로 내려간 단층블록이 만들어져서 이전의 모습들이 잘림

인장력

정단층

그림 7.23 한 지질지역의 발달 단계. 지질학자들은 마지막 단계만을 보게 되고 마지막 단계의 구조적 특징을 관찰하여 모든 이전 단계들을 복원하려는 시도를 한다.

구글어스 과제

Image © 2009 DigitalGlobe Image USDA Farm Service Agency
Image © 2009 TerraMetrics Image © 2009 Province of British Columbia

미국 북서부와 와이오밍주에 있는 리본 협곡의 위치(빨간색 점으로 표시)를 보여주는 구글어스 위성사진

Image © 2009 DigitalGlobe Image USDA Farm Service Agency

와이오밍주에 있는 리본 협곡의 구글어스 3차원 위성사진. 층들이 서로 반대방향으로 급하게 경사하고 있는 모습을 보여주고 있다.

암석이 변형될 때 습곡이 만들어질 수 있다. 배사는 아치형태의 습곡인 반면, 향사는 계곡형태이다. 야외에서 암석을 조사할 때, 우리는 암석층들이 습곡의 중심으로부터 멀어지는 방향으로 기울어지는 형태를 보고 배사를 인지할 수 있다. 향사의 경우 층들이 습곡축 방향으로 경사한다. 와이오밍에 있는 예를 살펴보자.

위치 와이오밍주의 빅혼 근처에 있는 시프산(Sheep Mountain)과 리본 협곡

목표 간단한 습곡구조를 인지하는 방법을 배움

참고 그림 7.3, 7.4, 7.10

1. 구글어스 검색창에서 'Ribbon Canyon, Big Horn, Wyoming' 을 검색해보라. 왼쪽 아래에 있는 '단계별 항목(Layers)' 탭에서 '지형(Terrain)'을 클릭하여 3D로 보이게끔 하라. '내려다보는 높이'를 8.75km로 확대하라. 와이오밍주에 있는 리본 협곡의 위도와 경도는 어떻게 되는가?

   a. 44°39′12.26″ N, 108°11′59.32″ W

   b. 44°31′30.16″ N, 107°57′24.39″ W

   c. 45°15′17.18″ N, 108°59′03.12″ W

   d. 45°29′07.45″ N, 107°24′18.94″ W

2. 이번 장에서 우리는 지질학자들이 야외에서 조사하여 지질도에 나타낼 만한 다양한 특징들을 배웠다. 첨부된 사진에 보이는 지도는 44°38′21.52″ N, 109°10′50.64″ W를 중심으로 2.75km 고도에서 보이는 것을 보여준다. 우리는 '경로 추가(Add path)' 도구를 사용하여 (구글어스 창의 위에 있는 아이콘) 언덕 양쪽에 있는 층들의 일부를 그렸다. 이러한 층들의 모양을 스스로 본떠서 그려 완성해보라. 여러분들은 '경로 추가' 창에 있는 '스타일/색상(Style/ Color)'을 눌러서 경로의 색을 바꿀 수 있다. 언덕 양쪽에 위치한 층은 어느 방향으로 경사하고 있는가?

   a. 파란색 층은 남서쪽으로 경사하고 있는 반면, 빨간색 층은 북동쪽으로 경사하고 있다.

   b. 파란색 층과 빨간색 층 둘 다 남서쪽으로 경사하고 있다.

   c. 파란색 층은 북동쪽으로 경사하고 있는 반면, 빨간색 층은 남서쪽으로 경사하고 있다.

   d. 파란색 층과 빨간색 층 둘 다 북동쪽으로 경사하고 있다.

3. 습곡과 관련하여 언덕 양쪽에 있는 층들은 어느 방향으로 경사하고 있는가? (여러분은 층들을 다른 방향에서 보기 위해서 화면 사진을 회전시킬 수 있다. 이것을 하기 위해서 구글어스 화면의 오른쪽 위에 있는 원의 주위에 있는 'N'을 마우스로 끌어 방향을 회전시킬 수 있다. 여러분은 이 지역의 특징을 좀더 넓게 보기 위해서 남동쪽으로 움직일 수 있다.) 이러한 정보를 바탕으로 여러분은 이 지역

이 배사구조 혹은 향사구조를 나타낸다고 생각하는가?

   a. 층들은 습곡의 바깥방향으로 경사하고 있으며, 향사구조를 형성하고 있다.

   b. 층들은 습곡의 중심방향으로 경사하고 있으며, 향사구조를 형성하고 있다.

   c. 층들은 습곡의 바깥방향으로 경사하고 있으며, 배사구조를 형성하고 있다.

   d. 층들은 습곡의 중심방향으로 경사하고 있으며, 배사구조를 형성하고 있다.

4. 같은 지역에서, 언덕의 가장 높은 고도는 대략 몇 미터인가?

   a. 1,275m   b. 1,320m

   c. 1,530m   d. 1,610m

선택 도전문제

5. 어떻게 배사구조와 향사구조가 생성되는지 생각해보자. 여러분은 가장 오래된 층이 습곡의 안쪽에 있다고 생각하는가 바깥쪽에 있다고 생각하는가? [힌트 : 종이 한 묶음을 상상해보라. 종이 묶음의 가장 아랫부분은 제일 오래된 암석으로, 가장 윗부분은 제일 젊은 암석으로 가정해보라. 만약 여러분이 U 형태(향사구조)로 종이 묶음을 접는다면 가장 오래된 종이는 습곡의 안쪽에 존재하는가 바깥쪽에 존재하는가? 만약 여러분이 종이 묶음을 거꾸로 된 U 형태(배사구조)로 뒤집는다면 가장 오래된 층은 어디에 위치하는가?]

   a. 리본 협곡에서 가장 오래된 층들은 습곡의 바깥쪽에 위치한다.

   b. 리본 협곡에서 가장 오래된 층들은 습곡의 안쪽에 위치한다.

   c. 리본 협곡에서 가장 오래된 층들은 모두 다 같은 연령이다.

   d. 리본 협곡에서 층들은 단층을 형성하고 있고 습곡구조가 나타나지 않는다.

알프스산맥, 로키산맥, 태평양연안산맥 그리고 히말라야산맥 같은 유년기 산맥의 현재 지형기복은 많은 부분이 과거 수천만 년에 걸쳐 발생한 변형작용의 결과로 형성된 것이다. 이 유년기 시스템들은 아직도 지질학자들이 변형역사를 복원하는 데 필요한 많은 정보를 가지고 있다. 그러나 수억 년 전에 발생한 변형작용은 한때 존재했던 험난한 산맥의 모습을 보여주지 않는다. 침식작용으로 인해 낮은 능선과 얕은 계곡으로 나타나는 습곡과 단층의 일부 잔존물만이 남게 된다. 제10장에서 보게 되겠지만 심지어는 대륙내부의 기반암을 형성하는 복잡하게 뒤틀린 고변성 암체에서도 더 오래된 조산운동의 사건들이 명백하게 나타나기도 한다.

요약

지질학자들이 지질구조들을 어떻게 지질도와 단면도로 표현하는가? 지질도와 단면도를 그릴 때 중요하게 측정되어 있는 것은 주향과 경사이다. 주향이란 암석이 수평면과 이루는 교선의 나침반 방향이다. 경사란 주향에 수직한 연직면에서 암석이 수평면으로부터 기울어진 각도이다. 지질도란 지표면에 노출되어 있는 지질학적인 특징에 대한 이차원 모델로 여러 암석이나 단층 등의 지질구조를 나타낸 것이다. 지질단면도는 지각의 일부분을 수직으로 잘랐을 때 보이는 지질구조를 나타내는 그림이다. 지질단면도는 지질도에 있는 정보로부터 그려질 수 있지만, 시추공과 지진파 탐사로부터 얻어진 지하 자료를 가지고 지표조사를 보완하여 지질도를 향상시킬 수 있다.

실내실험은 암석이 암석이 변형되는 방법을 이해하는 데 어떤 도움이 되는가? 실내연구는 암석이 조구조 힘을 받아 취성물질이나 연성물질로 거동될 수 있음을 보여준다. 이러한 암석의 거동은 암석의 종류, 온도, 압력, 변형의 속력 그리고 조구조 힘의 방향에 의해 결정된다. 같은 암석이라도 지각천부에서는 취성인 암석이 지각심부에서는 연성일 수 있다.

지질학자들이 야외에서 관찰하는 기초적인 변형구조에는 어떠한 것이 있는가? 변형작용으로 형성되는 지질구조는 습곡, 단층, 원형구조, 그리고 암석층의 전단작용으로 만들어진 변형조직 등이 있다. 단열면에 평행하게 암석이 변위된 단열을 단층이라 하고 변위가 없는 단열은 절리이다.

어떠한 종류의 힘이 이러한 기초적인 변형구조를 만드는가? 판 경계에서 수평하게 작용하는 힘이 주로 단층과 습곡을 형성한다. 발산형 경계에서 수평 인장력이 정단층을, 수렴형 경계에서 수평 압축력이 스러스트단층을, 그리고 변환단층 경계에서 수평 전단력이 주향이동단층을 형성한다. 습곡은 압축력에 의해 층상의 퇴적층에 형성되는 것이 보통인데, 특히 대륙판이 충돌하는 지역에서 만들어진다. 돔과 분지 같은 원형구조는 판 경계에서 멀리 떨어진 곳에서 지표에 수직한 방향으로 작용하는 힘에 의해 형성될 수 있다. 어떤 돔들은 부력을 가진 물질의 상승에 의해 만들어진다. 분지는 인장력이 지각을 신장시킬 때나 지각의 가열된 부분이 식어 수축되고 침강할 때 만들어질 수 있다. 절리는 조구조 응력이나 암석층의 냉각/수축에 의해 형성될 수 있다.

무엇이 대륙변형의 주된 형태인가? 대륙변형에는 세 가지 주된 형태가 있다. 인장형 조구조 운동은 정단층을 동반한 열곡을 만든다—신장되는 대륙지역에서 정단층의 경사각도는 깊이가 깊어질수록 완만해지는데 따라서 단층운동이 계속됨에 따라 단층블록이 열곡 반대쪽으로 더 기울어지게 된다. 압축형 조구조 운동은 스러스트단층작용을 일으킨다—대륙-대륙 충돌의 경우에 압축작용으로 인해 습곡-스러스트대가 만들어진다. 전단 조구조 운동은 주향이동단층작용을 일으킨다—그러나 주향이동단층이 구부러진 곳에서는 부분적으로 스러스트단층작용과 정단층작용이 야기될 수 있다.

한 지역의 지사를 어떻게 복원하는가? 지질학자들은 퇴적작용, 변형작용, 침식작용 그리고 화산활동 등 일련의 사건들의 최종 결과만을 본다. 이들은 암석층을 인지하고, 연대를 결정하고, 지층의 기하학적 방향을 지질도에 기록하고, 습곡과 단층을 조사하고, 그리고 지표 관찰사항과 일치하는 지하 지질단면도를 작성함으로써 한 지역의 변형역사를 추론한다.

주요 용어

경사	사교이동단층	전단력	취성
경사이동단층	상반	절리	층
단층	스러스트단층	정단층	하반
돔	습곡	주향	향사
배사	압축력	주향이동단층	
변형작용	연성	지질단면도	
분지	인장력	지질도	

지질학 실습

우리는 석유를 찾기 위해서 어떻게 지질도를 사용하는가?

원유 혹은 석유(라틴어로 '암석 기름'이라는 의미)는 고대부터 지표에 자연적으로 스며 나온 곳에서 채취되어왔다. 고약한 냄새가 나는 타르물질은 1850년경에 기름의 정제과정이 개발되기 전까지는 선박의 구멍을 막을 때나, 바퀴를 기름칠할 때 그리고 약으로도 쓰였다. 남획으로 인한 고래의 개체 수 감소로 램프에 사용하던 연료인 고래기름이 매우 비쌌기 때문에(오늘날 가치로 1갤런에 60달러) 그 당시에 석유수요가 급증했다.

석유로부터 깨끗한 램프 기름을 정제해내는 기술로 인해 북아메리카에서 석유 붐이 일어났다. '검은 금'의 채굴작업은 석유가 대규모로 스며 나온 곳이 발견된 이리호 주변 지역, 즉 펜실베이니아 북서부, 오하이오 북동부, 온타리오 남부에 집중되었다. 펜실베이니아 출신의 자칭 '대령'인 에드윈 드레이크와 같은 초기 석유 탐험가들은 석유가 스며 나온 곳을 굴착하였다. 그러나 이러한 직접적인 방법은 곧 새로운 석유 수요를 충족시키는 데 있어서 적절한 전략이 아닌 것으로 밝혀졌다.

석유가 지표로 스며 나오지 않은 지역의 지하에 숨겨져 있는 석유 저류암을 찾는 데 지질학적인 지식이 이용될 수 있을까? 1861년, 코네티컷 출신의 지구화학자인 스테리 헌트는 이 질문에 대한 확실한 대답을 하였다. 캐나다의 지질조사국의 일원으로서 헌트는 천연자원을 조사하는 새로운 학문에 활발하게 참여하고 있었다. 그는 1850년, 온타리오 남부에서 석유가 스며 나오는 장소를 기록하였다. 그 지역의 석유 생산량이 증가하자 그는 석유가 스며 나오는 곳과 생산량이 많은 유정들이 배사습곡의 축 부분을 따라서 배열하는 경향이 있다는 것을 알아내었다.

헌트는 또한 연구실에서 석유의 물리화학적인 특성에 대해서도 연구하여 유기물이 많은 퇴적암이 열과 압력을 받을 때 석유가 생성된다는 것도 알았다(제5장 참조). 석유는 물보다 가볍다.

이러한 부력 때문에 석유는 지표로 상승하려는 경향이 있다. 헌트는 셰일과 같이 공극이 없는 '덮개암' 하부에 사암과 같이 공극이 많은 '저류암'이 위치할 때 상승하는 석유가 더 이상 상승하지 못하고 저류암에 모이게 될 수 있다는 가설을 세웠다. 또한 그는 대규모의 저류지를 발견할 수 있는 가장 가능성이 높은 지역은 배사구조의 습곡축부이며 이곳은 많은 양의 석유가 지표로 탈출하지 못한 채 모일 수 있는 곳이라고 하였다.

뒷장의 그림은 전형적인 배사집유장을 보여주는데 다음에 설명되는 지질학적인 발견에 대한 이야기를 상상할 수 있다. 습곡이 침식되어 사암, 석회암 그리고 셰일 등 일련의 암석층이 노출되었다. 진취적인 지질학자에 의해 그려진 지질도는 배사의 축은 북동방향임을 보여준다. 배사축 위의 A 지점에서 시추를 하면 먼저 표면에 노출되어 있는 두꺼운 사암층, 그 후에 얇은 셰일층을 관통한다. 셰일층 바로 아래에서 시추기술자는 가스를 포함하고 있는 또 다른 사암을 만나게 되며, 가스 하부에 충분한 양의 석유를 발견한다. 지질학자는 이러한 셰일이 하부 사암층에 있는 대규모 석유 저류지를 위에서 덮어주고 있다고 추론한다. 그래서 그는 시추기술자들에게 배사축의 주향을 따라서 있는 B 지점에서 시추를 하라고 지시한다. 빙고! 생산량이 많은 또 다른 유정을 찾아낸 것이다.

헌트의 '배사구조 이론' 때문에 지질학자들이 지표면에서 습곡구조를 조사하고, 그리고 나중에는 탄성파기술을 이용하여 습곡구조를 3차원 형상화하여 석유를 찾아내는 것이 가능하게 되었다(그리고 어떤 지질학자들은 부자가 되었다). 그 결과는 엄청난 것이었다. 즉, 1861년 이후 생산된 1조 배럴의 원유의 대부분이 헌트가 최초로 설명한 배사구조 석유 집유장에서 나왔다.

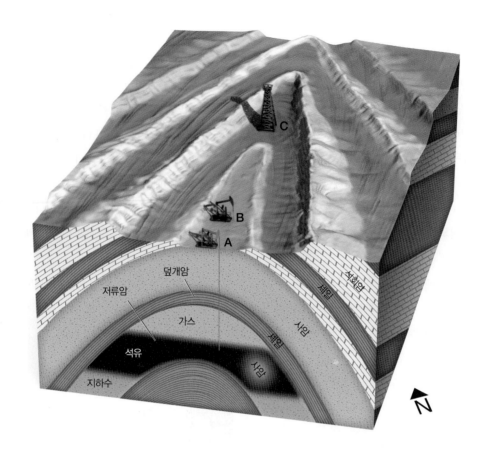

추가문제 : 그림에서 석유를 관리하고 있는 회사가 석유생산 시설을 확장하려고 한다. 그들은 배사의 습곡축을 따라 C 지점에서 새로운 시추를 하려고 한다. 여러분이 자문 지질학자라면 회사측이 또 다른 성공적인 유정을 발견할 수 있는 가능성을 어떻게 평가할 것인가? 개략적인 지질단면도를 그려서 여러분의 대답을 설명하라.

연습문제

1. 〈그림 7.1a〉에 있는 습곡의 종류는 무엇인가? 〈그림 7.1b〉의 왼쪽에 있는 소규모 단층은 정단층인가 스러스트단층인가? 이 단층의 오프셋을 측정하여 미터 단위로 답하라.

2. 1:250,000 축척의 지질도에서 실제 거리 2.5km는 몇 센티미터인가? 이 지질도에서의 1in는 몇 마일인가?

3. 산안드레아스 단층을 따라서 북아메리카판과 태평양판이 이동하여 〈그림 7.7〉의 하천이 130m의 오프셋을 보인다. 지질학자들은 이 하천의 연령을 3,800년으로 측정하였다. 이 지점에서 산안드레아스 단층의 슬립속도는 mm/year의 단위로 얼마인가?

4. 〈그림 2.7〉에서 홍해를 확장시킨 판구조 힘의 방향을 유추하라.

5. 우수주향이동단층 좌측 휨 지역에서 압축이 일어나는 반면에 우수주향이동단층 우측 휨 지역에서는 신장이 일어남을 모식도를 그려 설명하라. 좌수주향이동단층에서도 같은 원리를 적용하여 압축과 신장이 일어나는 것을 설명하라.

6. 다음의 지사를 나타내는 지질단면도를 그려라. 일련의 해양 퇴적층이 퇴적된 후 압축력에 의해 변형되어 습곡-스러스트대가 되었다. 그 후 습곡-스러스트대의 조산대는 해수면까지 침식되었고 그 위에 새로운 퇴적층이 퇴적되었다. 그 후 이 지역은 신장되면서 용암이 새로운 퇴적층을 암상형태로 관입하였다. 마지막 단계에서 인장력으로 인해 지각이 갈라져 양쪽 경계에 고각으로 경사하는 정단층이 존재하는 열곡이 만들어졌다.

생각해볼 문제

1. 어떤 점에 있어서 지질단면도를 지표지질의 과학적 모델이라고 할 수 있는가? 지질도와 함께 지질단면도는 지질구조를 3차원으로 나타낸 과학적 모델이라고 말하는 것은 타당한가? (해답을 작성하는 데 있어 제1장에서 토의된 과학적 모델을 참조해도 좋다.)

2. "대규모 지질구조를 소규모 지질도로 표시해야 한다."라고 말하는 것이 왜 옳은지 설명하라. 미국의 로키산맥 전체를 1:24,000 축척의 지질도로 만들려면 종이가 얼마나 커야 하는지 답하라.

3. 한 대륙의 침강된 주변부에 변성 기반암을 덮는 두꺼운 퇴적층이 있다. 이 대륙주변부는 다른 대륙과 충돌하여 압축력에 의해 습곡—스러스트대가 형성되었다. 이 변형작용 시 다음 지층 중 어느 것이 취성물질과 연성물질로 거동하는가? (a) 상부 수 킬로미터 내의 퇴적층, (b) 지하 5~15km 깊이의 변성 기반암, (c) 20km 하부의 지각 암체. 또한 이들 암체 중 지진이 예상되는 곳은 어디인가?

4. 북아메리카를 횡단하는 지질조사를 묘사한 서사시인 과거 세계의 연대기에서 지질도를 "한 장의 종이로 나타낸 교과서."라고 말한 작가는 존 맥피이다. 이 책에서 지질구조를 기술한 문장을 찾아 존 맥피의 묘사와 일치하는 지질도를 그려라.

5. 앞의 연습문제 6번에 기술된 지사를 판구조운동 사건의 관점에서 설명하라. 미국의 어느 곳에서 이와 같은 일련의 지질학적 사건이 발생하였는가?

매체지원

 7-1 애니메이션 : 주향과 경사

 7-2 애니메이션 : 정단층

 7-3 애니메이션 : 역단층과 스러스트단층

 7-4 애니메이션 : 주향이동단층

 7-5 애니메이션 : 습곡

 7-1 비디오 : 사막의 돔 구조 – 격변 돔

- 층서기록으로부터 지질역사 복원

- 지질연대표 : 상대연대

- 동위원소 시계로 절대연대측정

- 지질연대표 : 절대연대

- 지구시스템의 연대측정에서 최근의 진보

이 삼엽충들은 캐나다 온타리오주의 약 3억 6,500만 년
된 암석에 화석으로 보존되어 있다.

암석 속의 시계 :
지질기록의 시간 측정

철학자들은 인간의 역사가 시작된 이래 지속적으로 시간의 개념과 씨름해왔지만, 아주 최근까지도 그들은 그들의 추측을 입증할 만한 자료를 거의 가지고 있지 않았다. 광대한 시간—수십억 년으로 측정된 '깊은 시간'—은 지구가 하나의 시스템으로서 어떻게 작동하는지에 대한 우리들의 생각을 변화시킨 위대한 지질학적 발견이었다.

제임스 허턴(James Hutton)과 찰스 라이엘(Charles Lyell) 같은 선구적인 지질학자들은 많은 사람들이 믿어왔던 것처럼 지구가 겨우 수천 년 동안에 걸쳐 일어난 일련의 격변적인 사건들에 의해 만들어진 것이 아니라는 것을 이해할 수 있게 해주었다. 오히려 우리가 지금 보고 있는 것은 훨씬 더 긴 시간에 걸쳐 작용하고 있는 일상적인 지질학적 과정의 산물이다. 허턴은 이러한 인식을 제1장에 기술되어 있는 동일과정의 원리로 설명하고 있다. 지질학적 시간에 대한 지식은 찰스 다윈(Charles Darwin)이 진화론을 정립하는 데 도움을 주었고, 지구시스템과 태양계 그리고 우주 전체의 작동방식에 대해 많은 것을 이해할 수 있게 해주었다.

지질학적 과정들은 수 초(운석충돌, 화산폭발, 지진)에서 수천만 년(해양암석권의 재순환)까지, 심지어 수십억 년(대륙의 조구조 진화)까지의 시간 규모로 일어난다. 만약 충분히 주의를 기울인다면, 우리는 몇 년 동안의 해빈침식 또는 하천 퇴적물 운반의 계절적 변이와 같은 단기적인 과정들의 속도를 측정할 수 있다. 우리는 정밀한 측량으로 빙하의 느린 움직임(연간 수 미터)을 관찰할 수 있으며, 위성위치확인시스템(GPS)으로 더 느린 암권판의 움직임(연간 수 센티미터)까지도 추적할 수 있다. 역사 문헌들로부터 우리는 수백 년 또는 수천 년 전에 일어난 주요 지진이나 화산폭발의 연대와 같은 특정 유형의 지질학적 자료들을 얻을 수 있다.

그러나 인간의 관찰기록은 수많은 느린 지질학적 과정들을 연구하기에는 너무 부족하다(그림 8.1). 사실상 그 기록은 순식간에 일어나지만 드물게 발생하는 어떤 사건들을 포함할 정도로 충분히 길지도 않다. 예를 들면 우리는 결코 〈그림 1.7〉에 있는 크레이터를 남긴 운석충돌만큼 큰 사건을 본 적이 없다. 대신 우리는 침식과 섭입에서 살아남아 암석 내에 보존된 정보인 지질기록에 의존해야만 한다. 2억 년 이상 된 거의 모든 해양지각은 맨틀 속으로 섭입되었다. 그래서 지구역사의 대부분은 대륙에 남아 있는 오래된 암석에만 기록되어 있다. 지질학자들은 퇴적기록으로부터 침강과정을, 암층의 침식으로부터 융기과정을, 단층·습곡·변성암으로부터 변형과정을 복원할 수 있다. 그러나 이러한 과정들의 속도를 측정하고, 원인을 이해하기 위하여 우리는 지질기록에서 관찰된 사건들에 시대를 부여할 수 있어야 한다.

이 장에서 우리는 지질학자들이 어떻게 지질기록에서 순서를 찾아 처음으로 시간의 심연을 파헤쳤는지를 배울 것이다. 그다음에 우리는 그들이 어떻게 암석 속에서 발견한 방사성 시계를 이용하여 정밀하고 자세한 지질시간표를 만들었고, 45억 6,000만 년의 지구역사 동안 일어난 사건들을 연대측정하였는지를 알아볼 것이다.

■ 층서기록으로부터 지질역사 복원

지질학자들은 시간에 대해 신중하게 말한다. 지질학자들에게 데이팅(dating)은 통속적인 사회활동인 '데이트하기'를 말하는 것이 아니라 지질기록에 있는 사건들의 **절대연대**(absolute age)를 측정하는 것을 나타낸다. 즉, 절대연대는 그 사건이 일어난 이후 현재까지 경과한 햇수를 말한다. 20세기 이전에는 아무도 절대연대에 대해 알지 못했다. 지질학자들은 한 사건이 다른 사건보다 더 이른지 아니면 더 늦은지—그 사건의 **상대연대**(relative age)—만을 결

정할 수 있었다. 예를 들면, 지질학자들은 육상 퇴적물에서 포유류의 뼈가 처음으로 출현하기 이전에 해양퇴적물에서 어류 뼈가 먼저 퇴적되었다고 말할 수는 있었지만, 최초의 어류 또는 포유동물들이 몇백만 년 전에 출현했는지는 말할 수 없었다.

깊고 깊은 시간에 대한 질문과 관련된 최초의 지질학적 관찰은 17세기 중반에 화석에 대한 연구로부터 나왔다. **화석**(fossil)은 지질기록에 보존된 생명체가 만든 인공물(유해)이다(그림 8.2). 그러나 17세기의 유럽 사람들 중에서 이러한 정의를 이해하는 사람은 거의 없었을 것이다. 대부분의 사람들은 그들이 암석 속에서

그림 8.1 유타주에 있는 그린강의 보노트벤드를 거의 100년의 시간 차이를 두고 찍은 2장의 사진은 암석과 지질구조의 모습이 그러한 시간 차이에도 불구하고 거의 변하지 않았음을 보여준다.
[왼쪽 : E.O. Beaman/USGS; 오른쪽 : H.G. Stevens/USGS.]

(a)

(b)

그림 8.2 화석들은 지질기록에 보존된 살아 있는 생물들의 흔적이다. (a) 암모나이트 화석들은 이제는 거의 멸종한 고대 무척추동물 그룹에 대한 예이다. 그들을 대표하는 유일한 현생 후손은 격실 구조를 갖고 있는 앵무조개(nautilus)이다. (b) 애리조나주의 석화림인 페트리파이드 포레스트(Petrified Forest). 이 고대의 통나무들은 그 연령이 수백만 년이다. 그들의 구성물질은 실리카(silica)로 완전히 치환되었다. 실리카는 통나무의 세밀한 형태적인 특징을 보존하고 있다.

[(a) 34282_IrridAmmonites4x5 by Chip Clark, Smithsonian; (b) Thinkstock.]

발견한 조개껍데기 및 생명체 비슷한 형태들이 약 6,000년 전인 태초부터 존재해왔거나, 자연발생적으로 거기에서 성장했다고 생각했다.

1667년에 이탈리아 피렌체의 궁정에서 근무하던 덴마크 과학자 니콜라우스 스테노(Nicolaus Steno)는 지중해의 어떤 퇴적암에서 발견된 특이한 '설암(tongue stones)'이 현대 상어의 이빨과 근본적으로 동일하다는 것을 입증했다(그림 8.3). 그는 설암이 실제로 암석 속에 보존된 고대 상어의 이빨이라고 생각하였으며, 전체적으로 보았을 때 화석은 퇴적물과 함께 퇴적된 고대 생물들의 유해라고 결론지었다. 사람들에게 그의 생각을 납득시키기 위하여 스테노는 투스카니의 지질에 대한 짧지만 아주 훌륭한 책을 썼다. 그 책은 현대 **층서학**(stratigraphy)—지층(strata)을 연구하는 학문—의 토대가 되었다.

층서학의 원리

지질학자들은 아직도 퇴적지층을 해석하는 데 스테노가 제시한 원리를 사용하고 있다. 그의 기본법칙 두 가지는 너무도 단순하여 오늘날 우리가 보기에도 당연해 보인다.

1. **퇴적면 수평성의 원리**(principle of original horizontality)는 퇴적물들이 중력의 영향으로 거의 수평층으로 퇴적된다는 것을 말한다. 매우 다양한 퇴적환경에서 수행된 관찰은 이러한 원리를 지지한다. 만약 야외에서 습곡된 또는 단층으로 절단된 지층을 발견한다면, 우리는 그 지층들이 퇴적된 이후에 조구조적인 힘에 의해 변형되었다는 것을 안다.

2. **지층 누중의 원리**(principle of superposition)는 변형되지 않은 퇴적층에서 각 층은 그 아래에 있는 층보다는 젊고, 그 위에 있는 층보다는 오래되었음을 말한다. 새로운 층은 기존 층의 아래에 퇴적될 수 없다. 그래서 지층들은 최하부(가장 오래된) 층부터 최상부(가장 젊은) 층까지 시간순으로 수직 정렬될 수 있다(그림 8.4). 연대순으로 정렬된 지층의 집합을 **층서 연속층**(stratigraphic succession)이라고 한다.

그림 8.3 니콜라우스 스테노는 화석이 고대 생물의 유해라는 것을 입증한 최초의 학자였다. (a) 니콜라우스 스테노의 초상화. [SPL/Science Source.] (b) 스테노가 근무했던 지중해 지역의 퇴적암에서 발견된 유형의 '설암.' [Corbis RF/Alamy.] (c) 이 그림은 스테노가 1667년에 출간한 책에 실린 그림이다. 그 책에서 스테노는 설암이 고대 상어의 화석화된 이빨임을 입증했다. [Paul D. Stewart/SPL/Science Source.]

우리는 야외에서 스테노의 원리를 적용하여 한 퇴적층이 다른 퇴적층보다 오래되었는지 여부를 결정할 수 있다. 그다음에 여러 다른 노두에 있는 층들을 종합함으로써 우리는 그들을 연대순으로 정렬할 수 있으며, 이렇게 하여—적어도 이론상으로—한 지역의 층서연속층을 만들어 구성할 수 있다.

실제로 이러한 방법에는 두 가지 문제가 있었다. 첫째로, 지질학자들은 한 지역의 층서연속층에서 대개 아무것도 기록되지 않은 시간 간격을 나타내는 여러 공백(gap)들을 발견했다. 이러한 공백들 중 어떤 것은 홍수 사이의 가뭄 기간들처럼 짧았지만, 다른 공백들은 두꺼운 퇴적암층들을 침식하여 제거한 지역적인 조구조적 융기의 기간들처럼 수백만 년 동안 지속되었다. 둘째로, 공간적으로 멀리 떨어진 두 층의 상대적인 연대를 결정하기 어려웠다. 층서학만으로는 투스카니에 있는 이암층이 잉글랜드에

있는 비슷한 지층보다 오래되었는지, 젊었는지, 또는 같은 시대였는지를 결정할 수 없었다. 이러한 문제를 해결하기 위하여 화석의 생물학적 기원에 대한 스테노의 생각을 확장할 필요가 있었다.

지질시간의 기록자로서의 화석

1793년에 영국 남부의 운하 건설 현장에서 측량기사로 일하던 윌리엄 스미스는 퇴적암층의 상대연대를 결정하는 데 화석이 쓸모가 있다는 것을 알았다. 스미스는 운하 개착지를 따라 노출된 지층에서 수집한 다양한 화석들에 매료되었다. 그는 지층이 달라지면 다른 조합의 화석들이 나타난다는 것을 관찰하고, 각 층에서 나타나는 특징적인 화석들을 이용하여 임의의 두 층을 구별해 낼 수 있었다. 그는 최하부(가장 오래된 층)에서 최상부(가장

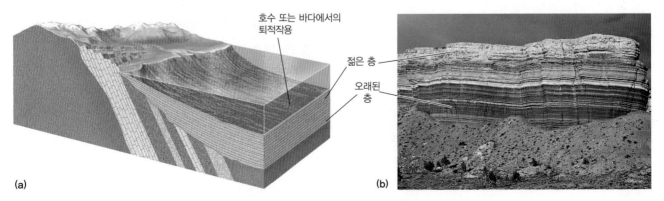

(a)   (b)

그림 8.4 스테노의 원리는 퇴적지층을 연구하는 데 있어 지침 역할을 한다. (a) 퇴적물은 수평층으로 퇴적되며, 이후 천천히 퇴적암으로 변한다. (b) 그랜드캐니언의 일부인 마블캐니언은 지금의 북부 애리조나 지역을 관통하여 흐르는 콜로라도강에 의해 절개되었다. 이곳에서 우리는 수백만 년의 지질역사를 기록하고 있는 교란되지 않은 지층을 볼 수 있다.
[Fletcher & Baylis/Science Source.]

젊은 층)까지 차례로 나타나는 화석군집들과 지층들의 순서를 정리하여 이에 대한 일반적인 규칙을 확립했다. 스미스는 영국 남부의 어떤 노두에 있는 특정 지층이라 할지라도 장소에 관계없이 화석군집에 근거하여 그들의 층서적인 위치를 예측할 수 있었다. 이러한 동물 화석 종(동물군)들의 층서학적 배열은 **동물군 천이**(faunal succession)로 알려진 하나의 순서를 만들어냈다.

스미스의 **동물군 천이의 원리**(principle of faunal succession)는 노두의 퇴적층들이 일정한 순서에 따라 화석을 포함하고 있다는 것을 말한다. 다른 지역의 노두에서도 동일한 순서가 발견될 수 있다. 그래서 한 지역의 지층은 다른 지역의 지층과 대비될 수 있다.

동물군 천이를 이용하여 스미스는 여러 다른 지역의 노두에 있는 지층들이 같은 시기의 지층임을 확인할 수 있었다. 각각의 장소에서 발견되는 지층들의 수직적인 순서를 면밀히 조사한 다음, 스미스는 모든 지역의 지층들을 종합하여 혼성층서연속층(composite stratigraphic succession)을 만들었다. 만약 모든 다양한 노두에서 서로 다른 층위를 차지하는 층들을 한 지점에 모아놓을 수 있다면 완전한 층서연속층은 어떠한 모습이었을까? 스미스의 지층 모음은 바로 그러한 전체 모습을 보여주었다. 그림 8.5는 두 노두의 혼성층서연속층을 보여준다.

스미스는 특정 층에 고유한 색을 부여하는 방식을 사용하여

노두를 지도에 표시하면서 그의 연구를 계속하여 지질도를 창안하였다(그림 7.4 참조). 1815년에 그는 평생 동안의 연구를 요약하여 잉글랜드와 웨일즈의 지층에 대한 일반 지도(General Map of Strata in England & Wales)를 발간하였다. 이 지도는 손으로 직접 색칠하여 완성한 걸작으로서 높이가 8ft이고 너비가 6ft인 영국 최초의 전국 지질도다. 그 원본은 아직도 런던 지질학회의 사무실에 걸려 있다.

스미스와 스테노의 발자국을 따라간 지질학자들은 수백의 화석들을 기재하고 목록을 작성하였으며, 그 화석들과 현대 생물들과의 관계에 대해서도 연구하였다. 이로부터 고대 생명체의 역사 연구를 다루는 **고생물학**(paleontology)이라는 새로운 과학분야가 확립되었다. 그들이 발견한 가장 흔한 화석은 무척추동물들의 껍데기(shells)였다. 어떤 것들은 대합조개, 굴, 그리고 다른 현생 조개류와 비슷했다. 다른 것들은 본 장의 첫 페이지 사진에서 보이는 삼엽충처럼 현생 후손이 없는 이상한 종들이었다. 포유류, 조류, 그리고 공룡이라고 부르는 멸종한 거대 파충류와 같은 척추동물들의 뼈는 덜 흔했다. 식물 화석들은 어떤 암석들, 특히 석탄층에서 풍부하게 발견되었다. 석탄층에서는 잎, 잔가지, 나뭇가지는 물론이고 심지어 나무의 몸통까지도 알아볼 수 있다. 화석은 관입 화성암과 고도 변성암에서는 발견되지 않는다. 암석이 용융될 때 모든 생물학적 물질들은 파괴될 것이므로 관입 화성암

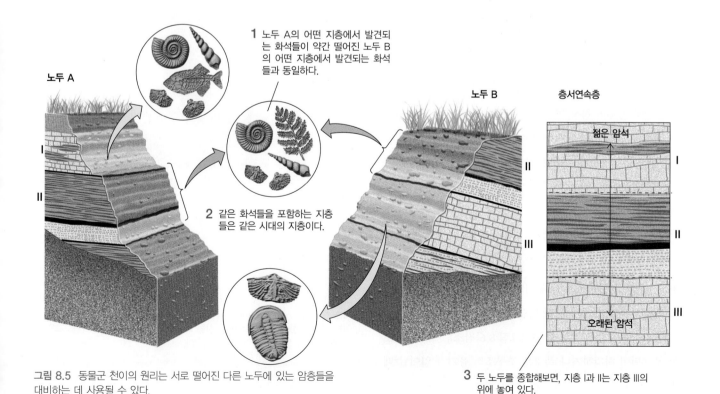

그림 8.5 동물군 천이의 원리는 서로 떨어진 다른 노두에 있는 암층들을 대비하는 데 사용될 수 있다.

1 노두 A의 어떤 지층에서 발견되는 화석들이 약간 떨어진 노두 B의 어떤 지층에서 발견되는 화석들과 동일하다.

2 같은 화석들을 포함하는 지층들은 같은 시대의 지층이다.

3 두 노두를 종합해보면, 지층 I과 II는 지층 III의 위에 놓여 있다.

노두 A 노두 B 층서연속층

젊은 암석

오래된 암석

에서 화석이 발견되지 않는 것은 당연하다. 고도 변성암에서는 생물의 유해가 찌그러져 알아볼 수 없을 것이다.

19세기가 시작될 즈음, 고생물학은 지구역사에 대한 유일하면서 가장 중요한 정보의 원천이었다. 그러나 화석에 대한 계통연구는 지질학을 넘어서 과학계 전반에 영향을 주었다. 찰스 다윈은 젊은 과학자로서 고생물학을 공부했으며, 그의 유명한 비글호(the Beagle, 1831~1836) 항해 동안 많은 특이한 화석들을 수집했다. 이 세계일주 여행 동안 그는 원래의 서식지에서 살고 있는 많은 낯선 동물과 식물의 종들도 연구했다. 다윈은 그가 보았던 것들에 대해 오랫동안 깊이 생각하고 나서, 1859년에 비로소 자연선택에 의해 진화한다는 그의 유명한 진화론을 발표하였다. 그의 이론은 생물학계에 대변혁을 일으켰으며, 고생물학에 견고한 이론적인 토대를 제공했다. 즉, 만약 생물이 시간에 따라 점진적으로 진화한다면, 각 퇴적층 내의 화석들은 그 층이 퇴적될 때 살아 있던 생물들의 유해여야만 한다.

부정합 : 지질기록의 공백

한 지역의 층서연속층을 편집, 정리하면서 지질학자들은 종종 지질기록에서 어떤 지층이 누락된 곳들을 발견했다. 어떠한 암석도 퇴적되지 않았거나, 아니면 다음 지층이 퇴적되기 전에 침식되어 사라졌다. 두 층 사이의 시간적인 공백을 나타내는 면—누락된 시간을 나타내는 경계면—을 **부정합**(unconformity)이라고 부른다 (그림 8.6). 상부와 하부가 부정합 경계를 이루고 있는 일련의 지층들을 **퇴적 순차층**(sedimentary sequence)이라고 부른다. 퇴적 순차층처럼 부정합은 흘러간 시간을 나타낸다.

부정합은 조구조적인 힘에 의해 암석이 해수면 위로 융기되고, 그중 일부 암층이 침식, 제거되어 만들어진다. 또는 해수면의 하강으로 새로이 노출된 암석이 침식되어 부정합이 만들어질 수 있다. 제21장에서 보듯이, 대양에서 빠져나온 물이 대륙빙상을 형성하는 빙하기 동안에는 전 세계의 해수면이 수백 미터까지 낮아질 수 있다.

부정합은 그 상부와 하부에 있는 층들 사이의 관계에 따라 다음과 같이 분류된다.

■ **비정합**(disconformity)은 변형되지 않은 아직 수평인 하부의 퇴적 순차층 위에 침식면이 발달하고, 그 위에 상부의 퇴적 순차층이 놓여 있는 부정합이다(그림 8.6 참조). 비정합은 보통 해수면이 하강하거나 폭넓은 조구조적 융기가 일어날 때 만들어진다.

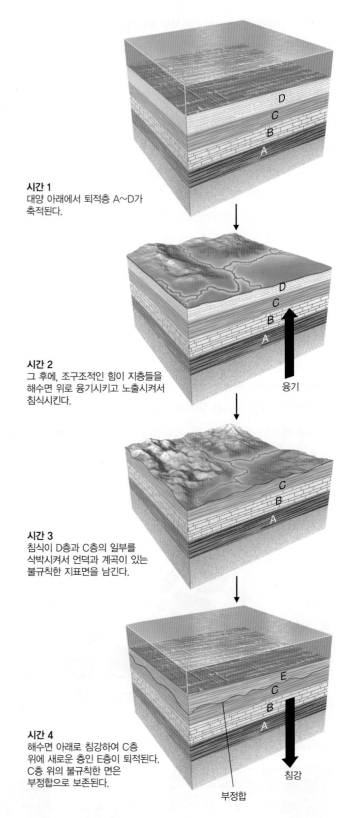

시간 1
대양 아래에서 퇴적층 A~D가 축적된다.

시간 2
그 후에, 조구조적인 힘이 지층들을 해수면 위로 융기시키고 노출시켜서 침식시킨다.

융기

시간 3
침식이 D층과 C층의 일부를 삭박시켜서 언덕과 계곡이 있는 불규칙한 지표면을 남긴다.

시간 4
해수면 아래로 침강하여 C층 위에 새로운 층인 E층이 퇴적된다. C층 위의 불규칙한 면은 부정합으로 보존된다.

침강

부정합

그림 8.6 부정합은 전혀 퇴적되지 않았거나 침식되어 사라져버린 층을 나타내는 두 암층 사이의 면이다. 여기에서 보이는 부정합의 유형은 비정합인데, 이는 융기와 침식이 있은 후에 침강을 하고, 그다음에 변형 받지 않은 표면 위에 또 한 차례 퇴적이 일어나 만들어진다.

- 난정합(nonconformity)은 상부의 퇴적층이 변성암 또는 화성암 위에 놓여 있는 부정합이다(예 : 지구문제 8.1 참조).

- 경사부정합(angular unconformity)은 조구조 작용에 의해 습곡이 만들어진 후, 다소 평평하게 침식된 하부의 지층 위에 상부의 지층이 놓여 있는 부정합이다. 경사부정합에서는 두 순차층들이 서로 평행하지 않은 지층면을 갖고 있다. 그림 8.7은 그랜드캐니언의 기저 부근에서 발견되는 인상적인 경사부정합을 보여준다. 조구조 작용에 의해 경사부정합이 형성되는 과정은 그림 8.8에 도시되어 있다.

교차단절의 관계

퇴적지층의 층상구조가 교란되어 나타나는 것은 암석의 상대연대를 결정하는 데 중요한 단서를 제공해준다. 암맥(dikes)은 퇴적

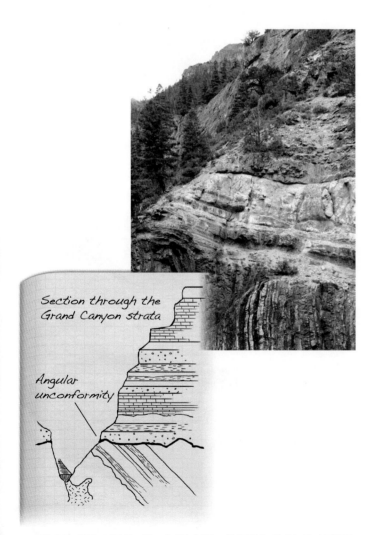

그림 8.7 애리조나주의 그랜드캐니언에 있는 대부정합은 위에 놓인 수평층인 태피트 사암과 아래의 가파르게 경사진 와파타이 셰일 사이의 경사부정합이다. [Ron Wolf.]

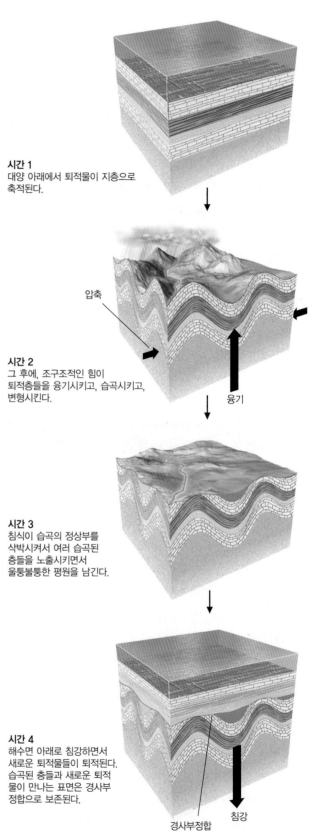

시간 1
대양 아래에서 퇴적물이 지층으로 축적된다.

압축

시간 2
그 후에, 조구조적인 힘이 퇴적층들을 융기시키고, 습곡시키고, 변형시킨다.

융기

시간 3
침식이 습곡의 정상부를 삭박시켜서 여러 습곡된 층들을 노출시키면서 울퉁불퉁한 평원을 남긴다.

시간 4
해수면 아래로 침강하면서 새로운 퇴적물들이 퇴적된다. 습곡된 층들과 새로운 퇴적물이 만나는 표면은 경사부정합으로 보존된다.

경사부정합

침강

그림 8.8 경사부정합은 지층면이 평행하지 않은 두 퇴적 순차층을 나누는 면이다. 이 일련의 그림들은 어떻게 경사부정합이 형성되는지를 보여준다.

층을 자를 수 있고, 암상(sills)은 층리면에 평행하게 관입할 수 있으며(제4장 참조), 단층은 암체를 이동시켜 층리면, 암맥, 그리고 암상을 어긋나게 할 수 있다는 사실(제7장 참조)을 기억하라. 교차단절의 관계(cross-cuttingrelationships)는 퇴적연속층 내의 화성 관입암체 또는 단층의 상대연대를 밝히는 데 이용될 수 있다. 변형 또는 관입사건들은 이들에 의해 영향을 받은 퇴적암층들이 퇴적된 뒤에 발생했기 때문에, 그러한 변형 또는 관입구조들은 그들에 의해 잘린 암석들보다 젊은 연대여야 한다(그림 8.9). 만약 관입 또는 단층 변위가 침식되어 부정합으로 평평해진 후, 그 위에 젊은 시기의 퇴적암층이 놓여 있다면, 우리는 그 구조들이 젊은 지층들보다 더 오래되었음을 알 수 있다.

지질학자들은 교차단절의 관계, 부정합, 층서연속층에 대한 야외관찰을 종합하여 지질학적으로 복잡한 지역의 역사를 알아낼 수 있다(그림 8.10). 지구문제 8.1은 지질학자들이 어떤 지역에 있는 암석의 상대연대를 결정하기 위하여 시간을 뒤로 되돌려 작업하는 방법에 대한 자세한 예시를 제공해준다.

■ 지질연대표 : 상대연대

19세기 초, 지질학자들은 스테노와 스미스의 층서학적 원리를 전 세계의 노두(지층)에 적용하기 시작했다. 같은 특징을 갖는 화석들이 여러 대륙의 비슷한 지층에서 발견되었다. 더구나 여러 다른 대륙들에서 나타나는 동물군 천이는 흔히 화석군집에서도 동일한 변화를 보여주었다. 동물군 천이를 대비하고, 교차단절의 관계를 이용함으로써, 지질학자들은 전 세계 암층들의 상대연대를 밝힐 수 있었다. 19세기가 끝나갈 무렵에 지질학자들은 전 세계 지질학적 사건들의 역사를 종합하여 **지질연대표**(geologic time scale)를 완성했다.

지질연대의 구분

지질연대표는 지구역사를 뚜렷이 다른 화석의 조합으로 표시되는 여러 개의 시대들로 나누고, 화석조합이 급격히 변하는 시기에 시대들 사이의 경계를 설정한다(그림 8.11). 지질연대표를 구분하는 기본 단위는 **대**(eras)이다—고생대(Paleozoic, 그리스어로 *paleo*는 '오래된'을 의미하고, *zoi*는 '생물'을 뜻한다), 중생대(Mesozoic, '중간 생물'), 신생대(Cenozoic, '새로운 생물').

대는 **기**(periods)로 세분되며, 기의 명칭은 보통 그 지층이 최초로 또는 가장 잘 기재된 지역의 이름을 따르거나, 그 지층의 어

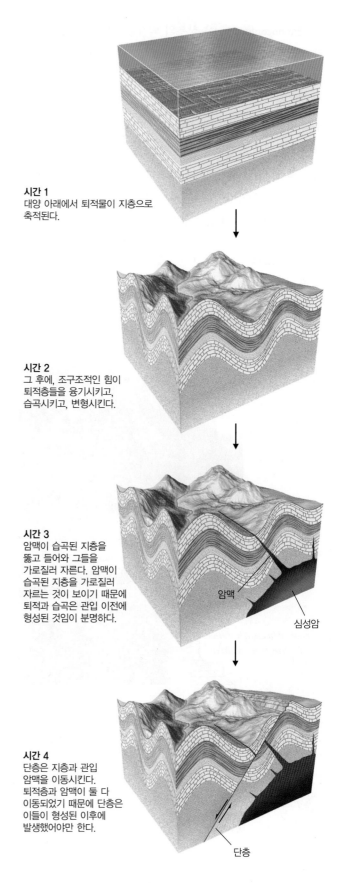

시간 1
대양 아래에서 퇴적물이 지층으로 축적된다.

시간 2
그 후에, 조구조적인 힘이 퇴적층들을 융기시키고, 습곡시키고, 변형시킨다.

시간 3
암맥이 습곡된 지층을 뚫고 들어와 그들을 가로질러 자른다. 암맥이 습곡된 지층을 가로질러 자르는 것이 보이기 때문에 퇴적과 습곡은 관입 이전에 형성된 것임이 분명하다.

암맥

심성암

시간 4
단층은 지층과 관입 암맥을 이동시킨다. 퇴적층과 암맥이 둘 다 이동되었기 때문에 단층은 이들이 형성된 이후에 발생했어야만 한다.

단층

그림 8.9 교차단절의 관계를 이용하여 지질학자들은 층서연속층 내에서 발견되는 화성 관입암체 또는 단층의 상대연대를 밝힐 수 있다.

지질학자들은 지층의 특성과 그들 사이의 관계를 이해하기 위하여 지질도에 근거한 단면도를 사용한다.

육지 화석을 함유하는 사암

경사부정합 E

해양 화석을 함유하는 사암, 석회암, 그리고 셰일

부정합 C

변형되고 변성된 퇴적암

화강암질 관입

1 퇴적층은 평탄한 수평층으로 퇴적된다.

퇴적층

2 퇴적층은 조구조적 융기와 압축작용이 일어나는 동안 변형되고 변성된다.

3 화강암질 마그마의 관입이 이전에 변형된 퇴적층을 가로질러 자른다.

4 침식면이 변형된 층 위에 발달한다.

5 해수면 아래로 침강하면서 새로운 해양퇴적물의 층이 침식면 위에 퇴적되어 부정합을 이룬다.

부정합

6 조구조적 압축작용이 일어나는 동안 새로운 해성층은 기울어지고 융기되어 침식되기 시작한다.

기울어짐

해양 화석을 함유하는 퇴적층

7 침식은 경사진 지층들을 삭박시켜 평탄한 표면으로 만든다.

8 마지막으로 하천은 침식면 위에 사암을 퇴적시켜서 경사부정합을 형성한다.

경사부정합

육지 화석을 함유하는 퇴적층

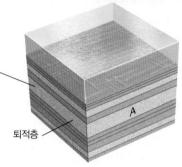
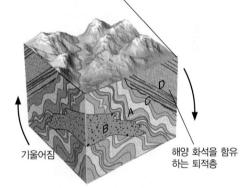
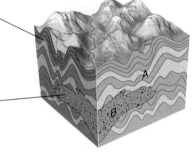

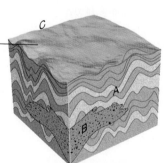
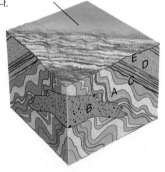
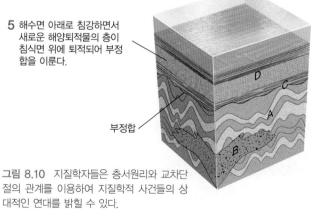
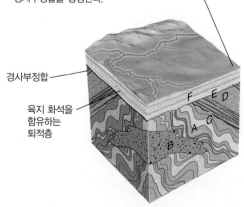

그림 8.10 지질학자들은 층서원리와 교차단절의 관계를 이용하여 지질학적 사건들의 상대적인 연대를 밝힐 수 있다.

8.1 콜로라도고원의 층서 : 상대연대측정 연습

우리는 콜로라도고원의 그랜드캐니언과 그 외의 지역에 노출된 지층들을 이용하여 상대적인 연대측정이 어떻게 수행되는지를 실제로 볼 수 있다. 이 지층들은 다양한 환경조건, 즉 때로는 육지에서 그리고 때로는 물 아래에서 형성된 긴 퇴적작용의 역사를 기록하고 있다. 서로 다른 지역에 노출된 암층들을 맞추어 대비시킴으로써 지질학자들은 고생대와 중생대에 걸쳐 10억 년 이상의 긴 시간 동안에 형성된 층서연속층을 짜맞추어 재구성해왔다.

그랜드캐니언의 최하부에 노출된, 즉 가장 오래된 암석들은 어두운색의 화성암과 변성암들로서, 이들은 18억 년 된 지층군인 비슈누 편암(Vishnu schist)을 이루고 있다.

비슈누 편암 위에는 더 젊은 시기의 암층인 그랜드캐니언층이 놓여 있다. 비록 이 퇴적암들이 초기 생명체의 증거를 보여주는 단세포 미생물 화석을 포함하고 있기는 하지만, 이들은 캄브리아기 이후의 지층에서 특징적으로 나타나는 껍데기를 갖는 화석들(shelly fossils)을 포함하고 있지 않아서 선캄브리아시대의 암석으로 분류된다.

비슈누 편암과 그랜드캐니언층은 난정합에 의해 나뉜다. 이 난정합은 비슈누 편암의 변성작용과 이와 동반된 변형작용의 시기가 있은 다음에 침식의 시기를 겪었고, 이후 그랜드캐니언층이 퇴적되었음을 지시한다. 그랜드캐니언층이 원래의 수평 위치로부터 기울어져 있다는 사실은 이 지층이 퇴적되고 매몰된 후에 습곡되었음을 보여준다.

그랜드캐니언층과 그 위에 놓인 수평 퇴적층인 태피트 사암(Tapeats sandstone)은 경사부정합에 의해 나뉜다(그림 8.7 참조). 이 부정합은 아래의 암석들이 기울어진 후에 오랜 기간 동안 침식이 있었음을 지시한다. 태피트 사암과 브라이트 에인절 셰일(Bright Angel shale)의 지질시대는 산출되는 화석(주로 삼엽충 화석)으로 측정해본 결과 캄브리아기에 해당한다.

브라이트 에인절 셰일 위에는 석회암과 셰일로 이루어진 수평 퇴적층들[무아브 석회암(Muav limestone), 템플 뷰트 석회암(Temple Butte limeastone), 레드월 석회암(Redwall limestone)]이 놓여 있는데, 이 퇴적층들은 캄브리아기 후기~석탄기에 걸쳐 약 2억 년 동안 지속된 해양퇴적의 역사를 나타낸다. 이 암층들 내에는 아주 많은 비정합들이 있어 고생대에서 실제로 암층으로 나타나는 부분은 전체 고생대의 40%에도 미치지 못한다(연습문제 4번 참조).

협곡 벽을 올라가면서 만나는 다음번 지층은 수파이층(Supai formation, 석탄기~페름기)이며, 이 지층은 북아메리카를 비롯한 여러 대륙의 석탄층에서 발견되는 것들과 유사한 육상식물 화석들을 포함하고 있다. 수파이층 위에는 사질 적색 셰일로 이루어진 허미트 셰일(Hermit shale)이 놓여 있다.

협곡 벽을 계속 올라가면서 우리는 또 다른 육성층인 코코니노 사암(Coconino sandstone)을 만난다. 이 층은 척추동물 발자국 화석을 포함하고 있는데, 이는 코코니노층이 페름기 동안에 육성환경에서 형성되었음을 암시한다. 협곡의 가장자리인 절벽의 꼭대기에는 페름기 지층들이 2개 더 있다. 주로 석회암으로 이루어진 토로위프층(Toroweap)은 괴상의 사질 석회암과 처트질 석회암이 층을 이루고 있는 카이바브층(Kaibab)에 의해 덮여 있다. 이들 두 층은 해수면 아래로 침강하여 해양퇴적물을 퇴적시켰던 당시의 역사를 기록하고 있다.

그랜드캐니언국립공원 내에 노출된 협곡의 맨 꼭대기 가장자리에는 카이바브 석회암 위에 놓여 있는 모엔코피층(Moenkopi formation)이 있다. 트라이아스기 적색 사암으로 이루어져 있는 모엔코피층은 이 층서연속층에서 나타나는 최초의 중생대 암층이다.

그랜드캐니언의 층서연속층은 그림 같이 아름다우며 유익한 정보를 제공해주긴 하지만 지구역사의 불완전한 기록을 보여준다. 지질학적으로 젊은 시기의 기록이 여기에는 보존되어 있지 않다. 이러한 더 최근의 역사를 보완하려면 우리는 자이언캐니언(Zion Canyon) 및 브라이스캐니언(Bryce Canyon)과 같은 유타주의 인근지역으로 여행해야만 한다. 자이언캐니언에서 우리는 카이바브 석회암과 모엔코피층에 해당하는 층들을 발견할 수 있는데, 이 지층들은 자이언캐니언의 층서연속층과 그랜드캐니언의 층서연속층을 지층 대비할 수 있게 해주고 아울러 둘 사이의 연관성을 밝힐 수 있게 해준다. 그러나 그랜드캐니언의 지층들과는 다르게 자이언캐니언의 지층들은 쥐라기 이후의 시기까지 연장되어 있으며, 여기에는 나바호 사암(Navajo sandstone)으로 나타나는 고대의 사구들이 포함되어 있다. 자이언캐니언의 동쪽에 있는 브라이스캐니언에서 우리는 다시 나바호 사암을 만나게 되는데, 이곳의 지층들은 위로 훨씬 더 연장되어 고제3기의 워새치층(Wasatch formation)까지 계속된다.

콜로라도고원의 이들 세 지역 간의 지층대비는 멀리 떨어져 있는 지역들(불완전한 서로 다른 지질시대의 기록을 가지고 있는 지역들)을 조각 맞추기 하듯 하나로 합쳐서 통합된 지구역사의 기록으로 만드는 방법을 보여준다.

그랜드캐니언, 자이언캐니언, 브라이스캐니언국립공원들에 노출된 지층들로부터 재구성된 콜로라도고원의 층서연속층.

[그랜드캐니언 : John Wang/Photo Disc/Getty Images; 자이언캐니언 : © Universal Images Group Limited/Alamy; 브라이스캐니언 : Tim Davis/Science Source.]

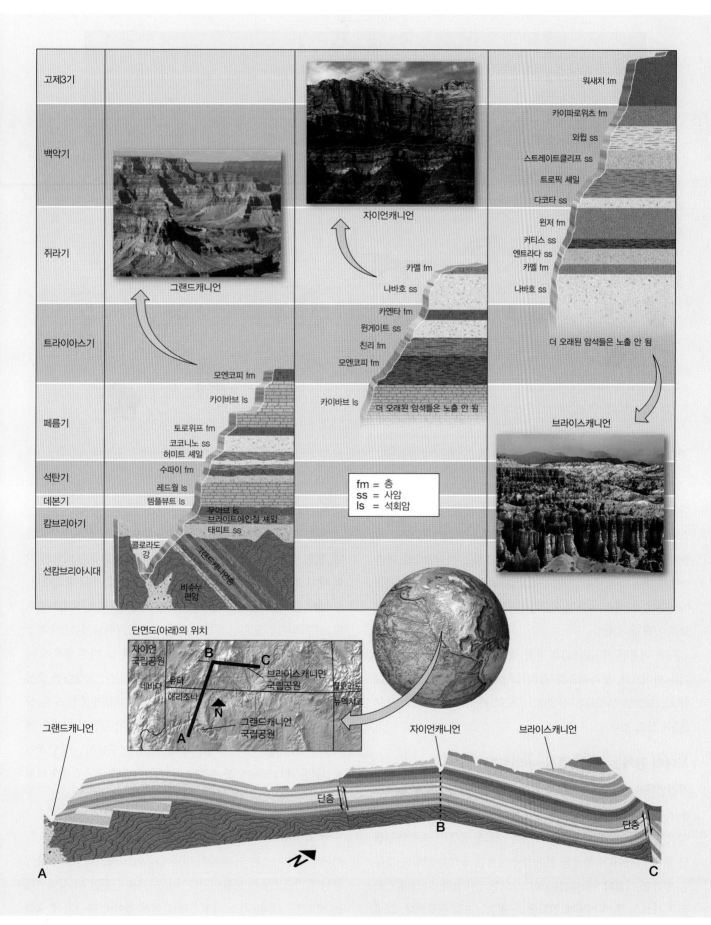

고제3기

백악기

쥐라기

트라이아스기

페름기

석탄기

데본기

캄브리아기

선캄브리아시대

그랜드캐니언

자이언캐니언

카멜 fm
나바호 ss
카옌타 fm
윈게이트 ss
친리 fm
모엔코피 fm
카이바브 ls

모엔코피 fm
카이바브 ls
토로위프 fm
코코니노 ss
허미트 셰일
수파이 fm
레드월 ls
템플뷰트 ls
무아브 ls
브라이트에인절 셰일
태피트 ss
콜로라도 강
그랜드캐니언암층
비슈누 편암

워새치 fm
카이파로위츠 fm
와윕 ss
스트레이트클리프 ss
트로픽 셰일
다코타 ss
윈저 fm
커티스 ss
엔트라다 ss
카멜 fm
나바호 ss

더 오래된 암석들은 노출 안 됨

브라이스캐니언

더 오래된 암석들은 노출 안 됨

fm = 층
ss = 사암
ls = 석회암

단면도(아래)의 위치

자이언 국립공원
네바다
유타
애리조나
브라이스캐니언 국립공원
콜로라도
뉴멕시코
그랜드캐니언 국립공원

그랜드캐니언

자이언캐니언

브라이스캐니언

단층

단층

A

B

C

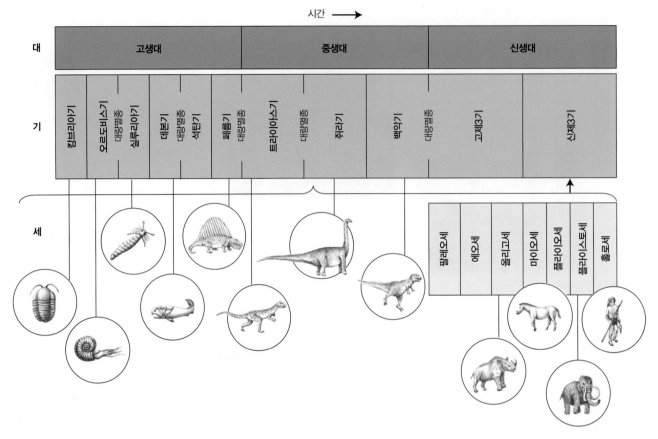

그림 8.11 지질연대표는 화석군집으로 구별되는 대, 기, 세로 세분된다. 이들 시대의 경계는 어떤 생물의 갑작스런 소멸과 새로운 생물의 출현으로 표시된다. 다섯 번의 가장 극적인 대량멸종이 표시되어 있다. 이 도표는 시대들 간의 상대적인 연대를 보여줄 뿐이라는 점에 유의하라.

떤 두드러지는 특징을 따라 명명한다. 예를 들면, 쥐라기는 프랑스와 스위스에 걸쳐 있는 쥐라산맥의 이름을 따서 지었으며, 석탄기는 유럽과 북아메리카의 석탄을 포함하는 퇴적암층을 따라 명명하였다. 신생대의 고제3기(Paleogene)와 신제3기(Neogene)는 예외인데, 그리스 이름인 이들은 각각 '오래된 기원' 그리고 '새로운 기원'을 뜻한다.

어떤 기들은 세(epochs)로 더욱 세분되는데, 예를 들면 신제3기는 마이오세, 플라이오세, 플라이스토세로 세분된다(그림 8.11 참조). 오늘날 우리들은 신생대, 신제3기의 홀로세('완전히 새로운')에 살고 있다.

시대의 경계는 대량멸종을 나타낸다

지질연대표의 주요 경계들 중 많은 것들은 **대량멸종**(mass extinctions)을 나타내는데, 이는 그 당시 살고 있던 종들의 대부분이 화석기록에서 사라진 다음 뒤이어 많은 새로운 종들이 크게 번성했던 짧은 기간이다. 동물군 천이에서 이러한 급격한 변화는 그들을 발견한 지질학자들에게는 불가사의한 일이었다. 다윈의 진화론은 새로운 종이 어떻게 진화할 수 있었는지를 설명했다. 그렇

다면 무엇이 대량멸종을 일으켰는가?

어떤 경우에 우리는 대량멸종의 원인을 알고 있다고 생각한다. 모든 공룡을 포함한 살아 있는 종들의 75%를 죽인 백악기 말의 대량멸종은 거대한 운석충돌의 결과였음이 거의 확실하다. 그 당시 운석충돌은 대기를 어둡게 하고 독성물질로 오염시켰으며, 지구의 기후를 수년 동안 혹독한 추위로 몰아넣었다. 이 재앙은 중생대의 끝과 신생대의 시작을 나타낸다. 또 다른 경우에 대해서는 우리는 아직도 그 원인을 잘 모르고 있다. 고생대와 중생대의 경계를 나타내는 페름기 말의 가장 큰 대량멸종은 모든 살아 있는 종들의 거의 95%를 사멸시켰지만, 이 사건의 원인은 아직도 논쟁의 대상이다. 지질연대의 시대들을 구분하는 극단적인 사건들은 제11장에서 볼 수 있듯이 매우 활발한 연구주제가 되고 있다.

석유 근원암의 연대

석유와 천연가스는 먼 지질학적 과거의 어느 시기에 퇴적암층에 묻힌 유기물로부터 만들어진다. 이들 '석유 근원암'의 상대연대는 새로운 석유와 가스 자원을 어디에서 찾아야 하는지에 대한

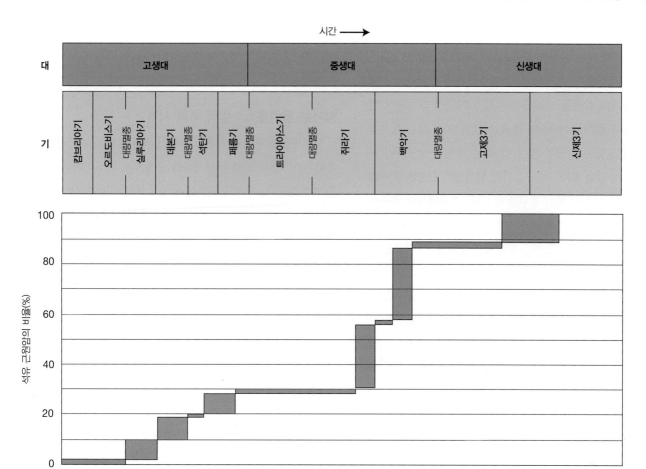

그림 8.12 현재 석유와 천연가스로 발견되는 유기물을 포함하고 있는 퇴적암의 상대연대와 양. 아래 도표에 있는 막대는 특정한 시간 범위(막대의 너비) 내에서 전 세계에서 발견되는 석유 근원암의 비율(%, 막대의 높이)을 보여준다. 총보유량의 거의 60%는 중생대의 쥐라기와 백악기 동안 퇴적되었다.

중요한 단서를 제공해준다. 전 세계에 걸친 탐사 결과에 따르면 아주 적은 양의 석유가 선캄브리아시대의 암석에서 나온다. 이러한 사실은 캄브리아기 이전에 존재했던 원시 생물들이 적은 양의 유기물을 만들어냈기 때문으로 이해가 된다.

석유 근원암은 캄브리아기 이후의 3개 지질학적 대(era) 동안에 퇴적되었다(그림 8.12). 하지만 이 기간 동안에도 어떤 기(period)들은 다른 기들보다 석유자원을 훨씬 더 많이 생산하였다. 확실한 승자는 중생대의 쥐라기와 백악기이며, 이들 2개 기는 세계 석유 생산량의 거의 60%를 차지해왔다. 쥐라기와 백악기 시대의 퇴적층들은 중동, 멕시코만, 베네수엘라, 그리고 알래스카주의 노스슬로프에 있는 대규모 유전의 근원암이었다.

〈그림 2.16〉을 보면, 지질시대의 이들 2개 기 동안에 초대륙 판게아는 현대의 대륙으로 쪼개지고 있었다는 것을 알 수 있다. 이러한 조구조 활동은 많은 해양퇴적분지를 만들었고, 이 퇴적분지들 속으로 쏟아져 들어가는 퇴적물의 퇴적속도를 증가시켰다. 공룡의 시대인 쥐라기와 백악기 동안 해양생물은 풍부했으며, 이들은 퇴적물 내에 파묻힌 유기물의 대부분을 차지했다. 이러한 탄소가 풍부한 물질은 이후 '숙성'이 되어 저류암으로 이동했으며, 오늘날 거기에서 우리는 석유를 발견한다.

■ 동위원소 시계로 절대연대측정

층서학과 동물군 천이에 근거한 지질연대표는 상대연대표이다. 그것은 우리에게 한 지층 또는 화석군집이 다른 것보다 더 오래되었는지 여부를 알려주지만 대, 기, 세가 실제 햇수로 얼마나 오래되었는지를 알려주지는 않는다. 산맥이 침식되고 퇴적물이 축적되는 데 얼마나 오랜 시간이 걸리는지에 대해 추정해본 결과는 대부분의 지질학적 기가 수백만 년 동안 지속되었음을 암시한다. 그러나 19세기 지질학자들은 어떤 특정 기의 지속기간이 1,000만 년이었는지, 1억 년이었는지, 아니면 더 길었는지 여부를 알 수 없었다.

지질학자들은 지질연대표가 불완전하다는 것을 알았다. 동물군 천이로 기록된 지구역사의 첫 번째 기는 캄브리아기였다. 동물들은 껍데기를 갖는 화석의 모습으로 지질기록에서 캄브리아기에 갑자기 출현했다. 그러나 많은 암층들은 층서적인 순서에서 캄브리아기의 암석들 아래에 위치하기 때문에 그들보다 분명히 더 오래되었다. 그러나 이 층들은 알아볼 수 있는 화석들을 아무것도 포함하고 있지 않다. 그래서 그들의 상대적인 연대를 알아낼 방법이 없다. 모든 그러한 암석들은 **선캄브리아시대**(Precambrian)라는 일반적인 범주로 묶였다. 지구역사의 얼마나 많은 부분이 이 수수께끼 같은 암석들 속에 갇혀 있는가? 가장 오래된 선캄브리아시대의 암석은 얼마나 오래되었나? 지구는 얼마나 오래되었나?

이러한 의문들은 19세기 후반부에 커다란 논쟁을 촉발시켰다. 물리학자들과 천문학자들은 기껏해야 1억 년 이하의 연령을 갖는다고 주장했지만, 대부분의 지질학자들은 그들의 생각을 뒷받침할 정확한 자료가 없었음에도 불구하고 이 연령이 너무 젊다고 생각했다.

방사능의 발견

1896년에 물리학계에 중요한 발전이 있었고, 이는 믿을 만하면서도 정확하게 절대연대를 측정할 수 있는 길을 열었다. 프랑스의 물리학자 앙리 베크렐(Henri Becquerel)은 우라늄에서 방사능을 발견했다. 3년도 지나지 않아 프랑스의 화학자 마리 퀴리(Marie Curie)는 새로운 고방사성 원소인 라듐을 발견하고 추출해냈다.

1905년에 영국의 물리학자 어니스트 러더퍼드(Ernest Rutherford)는 암석 속에서 발견되는 방사성 원소의 붕괴를 측정하면 암석의 절대연대를 알아낼 수 있음을 제시하였다. 그는 암석 내 우라늄의 양을 측정하여 암석의 연대를 계산해냈다. 이것이 자연산 방사성 원소를 이용하여 암석의 연대를 알아내는 **동위원소 연대측정**(isotopic dating)의 시작이었다. 더 많은 방사성 원소들이 발견되고, 방사성 붕괴의 과정을 더 잘 이해하게 되면서 동위원소 연대측정법은 이후 몇 년이 지나는 동안 크게 개선되었다. 러더퍼드가 최초로 시도한 지 10년도 채 되지 않아서 지질학자들은 선캄브리아시대의 어떤 암석들이 수십억 년의 연령을 갖고 있음을 알게 되었다.

1956년에 미국의 지화학자 클레어 패터슨(Clair Patterson)은 운석과 지구의 암석 속에 있는 우라늄의 붕괴를 측정하여 태양계—그리고 함축적으로 지구—가 45억 6,000만 년 전에 형성되었음을 알아냈다. 패터슨이 처음으로 측정한 지구의 나이는 이후 1,000만 년 이내의 범위에서 수정되어왔다. 그래서 우리는 패터슨이 지질학적 시간의 발견을 완료했다고 말할 수 있다.

방사성 동위원소 : 암석 속의 시계

지질학자들은 암석의 연령을 밝히기 위하여 방사능을 어떻게 이용하는가? 원자의 핵은 양성자와 중성자로 이루어져 있다는 것을 기억해보라. 특정한 원소에서 양성자의 수는 일정하지만, 중성자의 수는 동일한 원소의 여러 다른 **동위원소**(isotope)들 중에서 변할 수 있다(제3장 참조). 대부분의 동위원소들은 안정되어 있다. 그러나 **방사성**(radioactive) 동위원소의 핵은 입자를 방출하면서, 그리고 그 원자를 다른 원소의 원자로 변환시키면서 자발적으로 **붕괴**(decay)할 수 있다. 우리는 원래의 원자를 모 원자(parent atom)라고 부르며, 붕괴의 산물을 자 원자(daughter atom)라고 부른다.

동위원소 연대측정에 유용하게 사용되는 원소로는 루비듐이 있다. 루비듐은 37개의 양성자를 갖고 있으며, 자연상태에서 산출되는 2개의 동위원소를 갖고 있다. 루비듐-85는 48개의 중성자를 갖고 있는 안정된 원소이며, 루비듐-87은 50개의 중성자를 갖고 있는 방사성 원소이다. 루비듐-87의 핵 속에 있는 중성자 하나는 자발적으로 전자 하나를 방출하고 양성자로 변해 핵 속에 남아 있게 된다. 그래서 루비듐 모 원자는 38개의 양성자와 49개의 중성자를 갖는 스트론튬-87 자 원자 하나를 만든다(그림 8.13).

모 동위원소는 일정한 비율(속도)로 붕괴하여 자 동위원소로 변한다. 방사성 붕괴율은 동위원소의 **반감기**(half-life)로 측정된다. 반감기는 원래 있던 모 원자 수의 반이 자 원자로 바뀌는 데

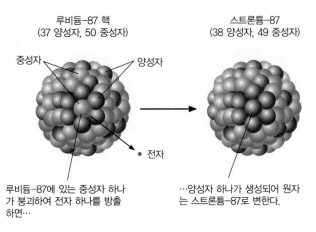

그림 8.13 루비듐에서 스트론튬으로 방사성 붕괴.

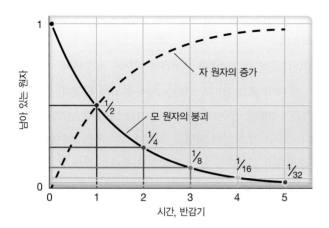

그림 8.14 모 동위원소의 원자 잔량은 시간이 흘러감에 따라 일정한 비율로 감소한다. 이러한 붕괴율은 동위원소의 반감기로 측정된다. 모 동위원소가 붕괴하면 자 동위원소의 양이 증가하여 전체 원자 수는 변하지 않는다.

걸리는 시간이다. 첫 번째 반감기가 끝나면 모 원자의 수는 1/2로 감소하고, 두 번째 반감기가 끝나면 1/4로, 세 번째 반감기가 끝나면 1/8 등으로 계속 감소한다. 모 동위원소가 붕괴하면서 자 동위원소의 양이 증가하지만, 전체 원자의 수는 변하지 않는다(그림 8.14). 동위원소 연대측정에 흔히 사용되는 방사성 원소들의 반감기는 표 8.1에 제시되어 있다.

방사성 동위원소는 훌륭한 시계 역할을 하는데, 그 이유는 지구 또는 다른 행성에서의 지질학적 과정들에 의해 온도, 압력, 화학환경, 또는 기타 요인들이 변한다 할지라도 그 동위원소의 반감기는 변하지 않기 때문이다. 그래서 우주의 어딘가에서 방사성 동위원소의 원자들이 만들어지는 순간, 방사성 동위원소는 일정한 비율로 한 종류의 원자가 다른 종류의 원자로 끊임없이 변환되면서 시계처럼 작동하기 시작한다.

우리는 질량분석기로 암석 시료 속에 있는 모 원자와 자 원자의 비를 측정할 수 있으며, 모 원자로부터 얼마나 많은 자 원자가 만들어졌는지를 알아낼 수 있다. 질량분석기는 극미량의 동위

원소도 감지할 수 있는 정밀하고 예민한 기계다. 반감기를 알면, 우리는 동위원소 시계가 작동한 이후 경과한 시간을 계산할 수 있다.

동위원소가 암석 내의 광물로 고정될 때, 그 시점으로 동위원소의 시계는 '재설정(reset)'된다. 따라서 암석의 동위원소 연대는 동위원소의 시계가 '재설정'된 이후의 시간에 해당한다. 이러한 '고정(locking)'은 보통 광물이 마그마로부터 결정화되거나 변성작용 동안 재결정될 때 발생한다. 그러나 결정화 동안 광물 속에 있는 자 원자들의 수가 반드시 0으로 재설정되지는 않는다. 그래서 동위원소 연대를 계산할 때 자 원자들의 초기 수를 고려해야만 한다(이 장의 끝에 있는 지질학 실습을 참조).

다른 많은 복잡한 문제들이 동위원소 연대측정을 까다로운 일로 만든다. 광물은 풍화에 의해 자 동위원소들을 잃을 수 있거나, 또는 암석 내를 순환하는 유체에 의해 오염될 수 있다. 화성암이 변성작용을 받으면 암석 내 광물들의 동위원소 연대는 초기값으로 재설정되어 원래 광물이 결정화된 연대보다 훨씬 젊은 연대를 보여줄 수 있다.

동위원소 연대측정 방법

동위원소 연대측정은 측정하려는 시료에 있는 모 원자와 자 원자의 수가 측정 가능한 만큼 남아 있을 경우에만 가능하다. 예를 들면, 암석이 매우 오래되고 동위원소의 붕괴율이 빠를 경우, 거의 모든 모 원자는 이미 변환되었을 것이다. 그러한 경우에, 우리는 동위원소 시계가 멈추었음을 밝힐 수는 있지만, 언제 멈추었는지는 말할 수 없을 것이다. 그래서 루비듐-87과 같이 수십억 년에 걸쳐 천천히 붕괴하는 동위원소들은 오래된 암석들의 연령을 측정하는 데 가장 유용하다. 반면에 탄소-14와 같이 빨리 붕괴하는 동위원소들은 젊은 시기의 암석들을 연대측정하는 데만 사용될 수 있다(표 8.1 참조).

표 8.1 방사성 연대측정에 시용되는 주요 방사성 원소들

동위원소		모원소의	유효 연대측정	연대측정할 수 있는
모 원소	자 원소	반감기(연)	범위(연)	광물과 물질
루비듐-87	스트론튬-87	490억	1,000만~46억	백운모, 흑운모, 정장석
우라늄-238	납-206	45억	1,000만~46억	지르콘, 인회석
포타슘-40	아르곤-40	13억	5만~46억	백운모, 흑운모, 각섬석
우라늄-235	납-207	7억	1,000만~46억	지르콘, 인회석
탄소-14	질소-14	5,730	100~7만	나무/목탄/토탄, 뼈와 조직, 패각과 그 밖의 다른 탄산칼슘

반감기가 약 5,700년인 탄소-14는 수만 년 이내의 퇴적물 속에서 발견되는 뼈, 패각, 나무, 그리고 다른 유기물들을 연대측정하는 데 특히 유용하다. 탄소는 모든 생물의 살아 있는 세포에서 필수 원소이다. 녹색 식물들은 성장하면서 대기 중의 이산화탄소로부터 식물 조직 속으로 끊임없이 탄소를 포함시킨다. 그러나 식물이 죽으면, 식물은 이산화탄소를 흡수하는 작용을 멈춘다. 죽는 순간에 식물 속의 안정동위원소 탄소-12에 대한 탄소-14의 비는 대기 중에 있는 비와 동일하다. 그 후에 죽은 조직 속의 탄소-14가 붕괴하면서 그 비율은 감소한다. 탄소-14의 자동위원소인 질소-14는 기체이므로 물질에서 빠져나간다. 그래서 질소-14는 식물이 죽은 후 경과한 시간을 밝히기 위하여 측정될 수 없다. 그러나 우리는 식물체에 남아 있는 탄소-14의 비를 식물이 죽은 당시 대기 중에 존재한 탄소-14의 비와 비교함으로써 식물체의 절대연대를 추정할 수 있다. 후자의 비는 연륜연대학(dendrochronology, 나이테 수 세기)과 같은 다른 절대연대측정법을 이용하여 보정된 탄소-14 연령으로부터 추정될 수 있다.

오래된 암석에 대한 가장 정확한 연대측정 방법들 중의 하나는 두 동족 동위원소들의 붕괴에 근거하고 있다. 우라늄-238에서 납-206으로의 붕괴와 우라늄-235에서 납-207으로의 붕괴와 같이 말이다. 같은 원소의 동위원소들은 암석을 변화시키는 화학반응에 유사하게 반응한다. 원소의 화학적 성질은 대개 원자 질량이 아닌 원자 번호에 좌우되기 때문이다. 그러나 두 우라늄 동위원소들은 서로 다른 반감기를 갖고 있다. 그래서 두 동위원소로부터 얻은 각각의 결과를 비교하여 일관성 검사를 함으로써 지질학자들이 풍화, 오염, 변성에 의해 야기될 수 있는 문제들을 보정하는 데 도움을 준다. 지르콘은 규산 지르코늄(zirconium silicate) 광물로서 비교적 고농도의 우라늄을 포함하는 지각의 광물이다. 지르콘 단결정에서 추출한 납 동위원소들은 지구상에서 가장 오래된 암석들을 연대측정하는 데 사용될 수 있으며, 측정오차는 1% 이하에 불과하다. 이 오래된 지층들은 40억 년 이상의 연령을 보이는 것으로 밝혀졌다.

■ 지질연대표 : 절대연대

동위원소 연대측정 기술을 보유한 20세기의 지질학자들은 그들의 선배들이 지질연대표를 만드는 데 기초로 삼았던 주요 사건들의 절대연대를 확정할 수 있었다. 더 중요한 것은 지질학자들이 선캄브리아시대의 암석에 기록된 지구의 초기 역사를 탐구할 수

있었다는 점이다. 그림 8.15는 이러한 100년에 걸친 노력의 결과를 보여준다.

지질연대표에 절대연대를 부여하게 되면서 지질학적 기의 길이가 기에 따라 크게 차이가 난다는 사실을 알게 되었다. 백악기(지속기간 8,000만 년)는 신제3기(지속기간 2,300만 년)보다 3배 이상 더 길다는 것을 알게 되었고, 고생대(지속기간 2억 9,100만 년)는 중생대와 신생대를 합한 것보다 더 길다는 것을 발견했다. 가장 놀라게 한 것은 40억 년 이상—지구역사의 거의 10분의 9를 차지하는—동안 지속된 선캄브리아시대였다.

누대 : 지질연대 중 가장 긴 시대

선캄브리아시대의 다채로운 역사를 나타내기 위하여 대(era)보다 더 긴, **누대**(eon)라고 부르는 지질연대표의 한 분대가 도입되었다. 육지암석과 운석의 동위원소 연대에 근거하여 4개의 누대가 새로 인정되었다.

명왕누대 그리스어인 *Hades*('지옥' 또는 '지옥의 신, 명왕')로부터 유래된 이름을 갖고 있는 명왕누대(冥王累代, Hadean Eon)는 가장 초기의 누대로서 45억 6,000만 년 전에 지구의 형성과 함께 시작되어 39억 년 전에 끝났다. 처음 6억 5,000만 년 동안 지구는 초기 태양계에 산재되어 있던 물질 덩어리들에 의해 폭격 당했다. 이 격렬했던 시기를 거치면서 암층들은 거의 살아남을 수 없었음에도 불구하고, 44억 년의 오래된 연령을 보이는 지르콘(zircon) 입자들이 발견되었는데, 이는 지구가 형성된 지 2억 년도 지나지 않아 지구에 규장질 지각(felsic crust)이 있었음을 암시한다. 또한 약간의 액체 상태인 물이 이 시기의 지표면에 존재했었다는 증거가 있는데, 이는 지구가 급격하게 식었음을 암시한다. 제9장에서 우리는 이러한 지구역사 초기의 상황을 좀더 자세히 탐구할 것이다.

시생누대 다음 누대의 이름은 시생누대(始生累代, Archean Eon)로서, 그리스어인 *archaios*(고대 또는 아주 오래된)에서 유래했다. 시생대의 암석들은 39억 년에서 25억 년까지의 연령을 갖는 암석들이다. 지오다이너모와 기후계는 시생대 동안에 확립되었고, 제10장에서 볼 수 있듯이 규장질 지각이 축적되어 최초의 안정된 대륙 덩어리를 형성했다. 판구조과정들은 아마 시생대의 말기에 작동하고 있었을 것이지만, 이는 아마 지구역사 후기에 작동한 방식과는 상당히 달랐을 것이다. 생명체는 원시 단세포 미생물의 형태로 확고하게 자리 잡았다. 이는 이 시기의 퇴적암에서 발견

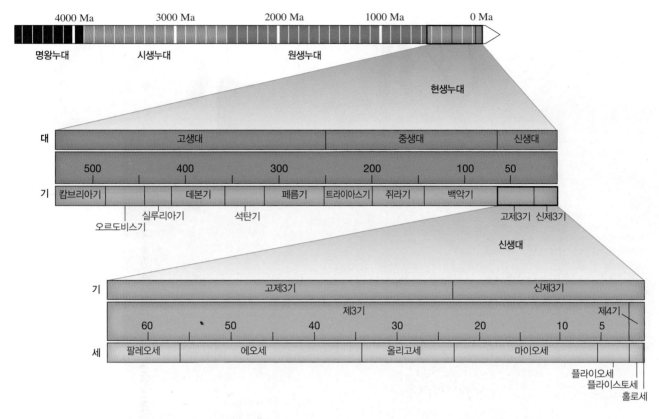

그림 8.15 전체 지질연대표. (Ma : 100만 년 전). '제3기'와 '제4기'라고 표시된 시대는 옛날의 구분법에 따른 것으로써, 이제는 주로 고제3기와 신제3기로 대체되었다. 그러나 지질학자들은 아직도 이 명칭을 때때로 사용하고 있다.

되는 화석을 통해 알 수 있다.

원생누대 선캄브리아시대의 마지막 부분은 원생누대(原生累代, Proterozoic Eon, 그리스어 *proteros*와 *zoi*, '초기 생물')이며, 25억 년 전에서 5억 4,200만 년 전까지의 기간 동안 지속되었다. 이 누대가 시작되면서 판구조운동과 기후계가 오늘날처럼 작동하고 있었다. 전 원생누대에 걸쳐 (오늘날 식물이 하는 것처럼) 폐기물로서 산소를 생성했던 생물들은 지구의 대기에 산소의 양을 증가시켰다. 우리는 제11장에서 생물의 초기 진화와 생물이 지구시스템에 미친 영향들을 탐구할 것이다.

현생누대 현생누대(顯生累代, Phanerozoic Eon)의 시작은 지금으로부터 5억 4,200만 년 전인 캄브리아기 초에 껍데기 화석들이 처음으로 출현하기 시작하는 시점이다. 이 누대의 이름—그리스어 *phaneros*와 *zoi*(보이는 생물)에서 유래—은 아주 적합하게 잘 붙인 이름이다. 그 이유는 이 누대가 원래 화석기록으로 인식된 3개의 대, 즉 고생대(5억 4,200만 년 전~2억 5,100만 년 전), 중생대(2억 5,100만 년 전~6,500만 년 전), 신생대(6,500만 년 전~현재)를 모두 포함하고 있기 때문이다.

지질연대에 대한 전망

오스트레일리아 극서지방의 먼지 날리는 양의 고장에는 잭 힐스(Jack Hills)라고 불리는 고대의 붉은 암석으로 이루어진 하나의 작은 곳이 서 있다. 지질학자들은 트럭 한 대 분량만큼의 이곳 암석을 분쇄하여 모래 크기의 지르콘 결정 몇 개를 분리해냈다. 위에 기술한 것처럼 우라늄-238과 우라늄-235의 방사성 붕괴에 의해 생성된 납-206과 납-207 동위원소를 측정함으로써, 그들은 44억 년의 연령—지금까지 지각에서 발견된 최고의 광물입자—을 갖는 하나의 작은 결정조각을 찾아냈다. 어떻게 하면 우리가 그처럼 믿기 어려울 만큼 놀라운 시간의 크기를 이해할 수 있을까?

45억 6,000만 년의 지구역사를 1년으로 압축하여 1월 1일에 지구가 탄생되어 12월 31일 자정에 끝난다고 생각해보자. 첫 번째 주가 지나기 전에 지구는 핵, 맨틀, 그리고 지각으로 분화된다. 잭 힐스에서 채취된 가장 오래된 지르콘 입자는 1월 13일에 결정화되었다. 최초의 원시생물들은 3월 중순에 출현했다. 6월 중순에 안정된 대륙들이 형성되었고, 여름을 지나 초가을에 접

그림 8.16 서부 오스트레일리아의 잭 힐스에 있는 노두. 이 노두에서 지질학자들은 44억 년의 연령을 나타내는 지르콘 입자들을 발견했다. [Bruce Watson, Rensselaer Polytechnic Institute.] 삽입된 사진 : 잭 힐스에서 추출된 명왕누대의 지르콘 결정($ZrSiO_4$). [Dr. Martina Menneken.]

어들 때까지 진화하는 생물들의 생물학적 활동은 대기 중의 산소 농도를 증가시켰다. 캄브리아기가 시작되는 11월 18일에 껍데기를 갖는 생물들을 포함한 복잡한 생물들이 출현했다. 12월 11일에 파충류가 진화했고, 성탄절 저녁에 공룡이 멸종했다. 현대 인류인 호모 사피엔스(Homo sapiens)는 새해 전날 오후 11시 42분에야 비로소 지구역사에 등장했고, 마지막 빙하기는 오후 11시 58분에 끝났다. 자정이 되기 3.5초 전에 콜럼버스가 서인도제도에 상륙했고, 1/20초 전에 여러분이 태어났다.

■ 지구시스템의 연대측정에서 최근의 진보

우리는 지질학적 과정들의 시간 규모가 균일하지 않고 수 초에서 수십억 년까지 매우 다름을 보아왔다. 그러므로 우리는 지구시스템을 시간의 관점으로 나누기 위하여 다양한 방법들을 사용해야만 한다. 어떤 방법들은 매우 오래된 암석들의 연대를 결정하기 위하여, 다른 방법들은 빠른 변화를 측정하기 위하여 사용되어야

한다. 지구물질들의 상대연대와 절대연대를 결정하는 새로운 방법들은 지구시스템이 어떻게 작동하는지에 대한 우리들의 이해를 꾸준히 향상시켜왔다. 이러한 최근의 진보들 중 몇 가지를 알아보면서 지질연대표에 대한 우리의 이야기를 끝마치도록 하자.

순차층서학

수십 년 전까지도 지질학자들은 노두, 광산, 그리고 시추에 의존하여 층서연속층의 지도를 만들어야 했다. 제1장에서 언급했듯이(그리고 제14장에서 좀더 다루겠지만), 탄성파(지진파) 이미지 분야에서의 기술적인 혁신은 이제 시추를 해보지 않고도 지표 아래 땅속을 들여다볼 수 있게 해주었다. 우리는 정밀하게 제어된 폭발 또는 자연적인 지진에 의해 발생된 지진파의 기록으로부터 지하 깊숙이 묻혀 있는 구조들의 3차원 이미지를 그릴 수 있게 되었다(그림 8.17). 퇴적암층의 탄성파 이미지를 분석하여 지질학자들은 퇴적 순차층(sedimentary sequences)을 확인하고, 그들의 3차원적인 분포를 보여주는 지도를 작성할 수 있게 되었는데, 이것

(a) 탄성파 단면도

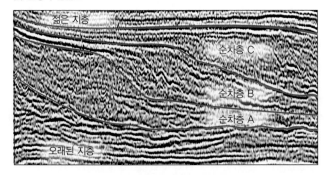

젊은 지층

순차층 C

순차층 B

순차층 A

오래된 지층

(b) 시간

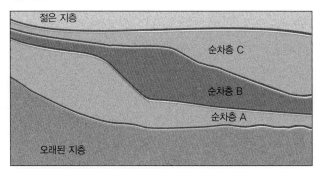

젊은 지층

순차층 C

순차층 B

순차층 A

오래된 지층

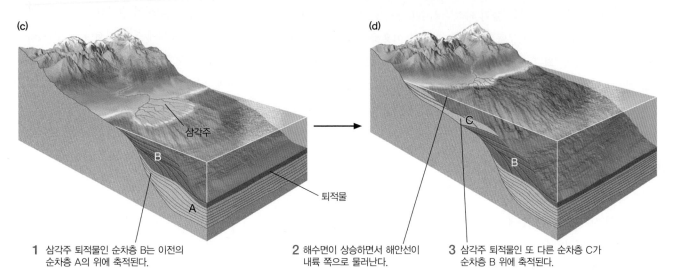

(c)

삼각주

B

퇴적물

A

1 삼각주 퇴적물인 순차층 B는 이전의 순차층 A의 위에 축적된다.

2 해수면이 상승하면서 해안선이 내륙 쪽으로 물러난다.

(d)

C

B

3 삼각주 퇴적물인 또 다른 순차층 C가 순차층 B 위에 축적된다.

그림 8.17 순차층서학은 퇴적지층의 양식이 어떻게 만들어지는지를 이해하는 데 사용될 수 있다. (a) 탄성파 단면도는 개별 퇴적층들을 보여준다. (b) 지질학자들은 이 지층들을 여러 퇴적 순차층으로 묶을 수 있다. (c), (d) 이러한 경우 탄성파 영상은 일련의 삼각주 순차층의 특징을 나타내는 층서연속층을 보여준다.

이 바로 **순차층서학**(sequence stratigraphy)이라고 부르는 지질도 작성 방법 중의 하나이다.

퇴적 순차층은 보통 대륙의 가장자리에서 만들어진다. 여기에서 하천에 의한 퇴적물의 퇴적은 해수면 변동에 의해 조정된다. 〈그림 8.17〉에 보여진 예에서 퇴적물은 하천이 바다로 유입되는 곳인 삼각주에 쌓인다. 퇴적물이 축적되면서 삼각주는 바다 쪽으로 전진한다. 대륙 빙하 작용으로 해수면이 하강하면 삼각주 퇴적물은 노출이 되고 침식된다. 이후 빙하가 녹고 해수면이 다시 상승하면 해안선은 육지 쪽으로 이동하고, 새로운 삼각주 순차층이 부정합을 이루면서 오래된 순차층을 덮기 시작한다.

수백만 년에 걸쳐 이와 같은 순환이 여러 번 반복될 수 있으며, 이로 인해 복잡한 퇴적 순차층들의 조합이 만들어진다. 해수면 변동은 전 지구적이기 때문에, 지질학자들은 넓은 지역에 걸쳐 분포하는 같은 시기의 퇴적 순차층들을 대비할 수 있다. 이러한 순차층들의 상대연대는 해수면 변동에 기여하는 지역적인 조구

조적 융기나 침강을 포함하는 한 지역의 지사를 복원하는 데 사용될 수 있다. 순차층서학은 멕시코만과 북아메리카대륙의 대서양 연변부와 같은 대륙주변부에 깊숙이 매장된 석유와 가스를 찾는 데 특히 효과적으로 활용되어왔다.

화학층서학

많은 퇴적층들은 그들을 뚜렷이 구별되는 단위로 알아보게 하는 광물들과 화학물질을 포함하고 있다. 예를 들면 탄산염광물들이 침전되는 동안 해수의 조성이 변한다면 탄산염 퇴적물 내에서 철 또는 망간의 양은 층에 따라 변할 수 있다. 퇴적물이 묻혀 퇴적암으로 변하면 이러한 화학적인 변화는 지층을 확인해주는 일종의 '지문'이 되어 보존된다. 이러한 화학적인 지문은 화석과 같은 층서학적 특징들을 이용할 수 없는 곳에서 **화학층서학**(chemical stratigraphy)만으로 퇴적암들을 대비할 수 있게 해주며, 그 이용 범위를 지역적 또는 전 지구적으로 확장할 수 있다.

고지자기층서학

암층을 지문 감식하듯이 연구하는 또 다른 기법은 고지자기층서학(paleomagnetic stratigraphy)이다. 제1장에서 보았듯이 지구의 자기장은 불규칙한 간격으로 스스로 역전된다. 이러한 지자기역전은 동위원소법으로 연대측정이 가능한 화산암에 열잔류자화로 기록된다. 이렇게 하여 만들어진 지자기역전의 연대표—자기연대표—는 해저확장의 '자기테이프를 재생'시켜볼 수 있게 해주며, 제2장에서 보았듯이 판의 이동속도를 측정할 수 있게 해준다. 지자기역전의 더욱 자세한 무늬들이 퇴적물 시추심에서 관찰될 수 있으며, 이러한 지자기지문들은 동물군 천이를 이용하여 연대를 측정할 수 있다. 최근에 고지자기층서학은 대륙주변부와 심해의 퇴적률을 측정하는 주요 연구방법 중의 하나가 되었다. 우리는 제14장에서 고지자기층서학에 대하여 더 상세하게 논의해볼 것이다.

기후계의 연대측정

플라이오세와 플라이스토세는 지구의 기후가 급격하면서도 극적으로 변했던 시기이다. 우리는 심해퇴적물에 묻힌 껍데기 화석(shelly fossil)들의 동위원소를 분석하여 이러한 기후변화를 도표에 기록할 수 있다. 조이데스 레절루션(JOIDES Resolution)호와 같은 심해시추선(그림 2.13 참조)은 전 세계의 대양에 있는 퇴적층

으로부터 시추심들을 채취해왔다. 지질학자들은 탄소-14 연대측정법을 이용하여 이들 퇴적 시추심에서 나온 껍데기(shell)들이 형성된 연대를 측정할 수 있으며, 산소 안정동위원소를 분석하여 껍데기를 만든 생물들이 살았던 해수의 온도를 추정할 수 있다.

많은 퇴적층들로부터 측정한 온도와 연대 추정치에 근거하여 신중을 기해 작성한 도표는 지난 500만 년 동안 있었던 전 세계 기후의 정밀한 기록을 우리에게 제공해준다(그림 8.18). 그 기록은 전반적인 냉각 경향이 약 350만 년 전에 시작되었으며, 이후 급속한 기후 주기(rapid climate cycles)가 발달하였음을 보여준다. 급속한 기후 주기는 플라이스토세에 특히 커졌다. 이 사이클 동안 온도가 낮았던 시기는 현재 지구지표면의 평균온도보다 8℃ 낮았으며, 이는 북아메리카, 유럽 그리고 아시아의 광대한 지역이 빙하로 덮여 있던 플라이스토세의 '빙하기'에 해당한다.

반복되는 빙하 작용은 대체로 4만 년에서 10만 년 사이의 주기로 발생했다. 수천 년 이하 동안 지속된 단기 사이클도 분명히 있었다. 해수면의 상승 및 하강과 같은 이러한 기후 주기의 효과는 지구표면에 엄청난 영향을 줄 수 있다. 우리는 제15장과 제21장에서 빙하 주기와 그들의 원인에 대해 더 자세하게 탐구할 것이다.

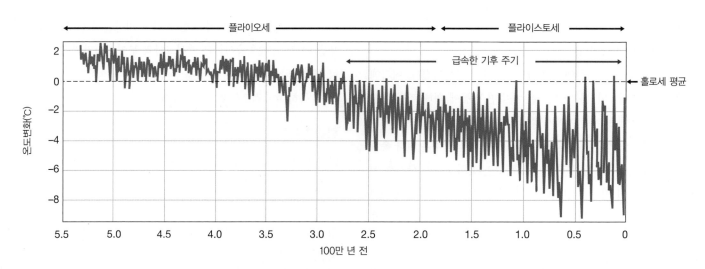

그림 8.18 플라이오세와 플라이스토세 동안 지구의 평균표면온도의 변화(톱니 모양의 청색 선)는 연대가 잘 알려진 해양퇴적물 내의 온도지시자들을 통해 측정된다. 변화 0(검은 점선)은 지난 홀로세 1만 1,000년 동안의 평균온도에 해당한다. 약 270만 년 전 이후의 급속한 기후 주기에 주목하라. 이 주기 동안에 나타난 낮은 온도는 '빙하기'에 해당한다.

[L. E. Lisiecki and M. E. Raymo 제공.]

요약

한 암석이 다른 암석보다 더 오래되었는지 여부를 알 수 있는 방법은 무엇인가? 우리는 층서학, 화석, 그리고 노두에서 관찰되는 암층의 교차단절 관계를 연구함으로써 암석의 상대연대를 알 수 있다. 스테노의 원리에 따르면, 변형되지 않은 퇴적층은 수평일 것이며, 각 층은 아래에 있는 층보다 젊고 위에 있는 층보다 오래되었다. 게다가 각 층에서 발견되는 화석들은 그 층이 퇴적될 때 살고 있었던 생물을 나타낸다. 동물군 천이를 알고 있으면 부정합을 찾는 것이 더 쉬워진다. 부정합은 아무런 암석도 퇴적되지 않았거나 기존 암석이 삭박된 후 다음 지층이 퇴적된 곳에서 나타나는 층서기록상의 시간적인 공백을 지시한다.

전 지구적인 지질연대표는 어떻게 만들어졌는가? 동물군 천이를 이용하여 전 세계 노두의 암석들을 대비해봄으로써 지질학자들은 종합적인 층서연속층을 엮어 편집하였고, 그로부터 상대연대표를 만들었다. 동위원소 연대측정을 이용하여 지질연대표를 이루고 있는 누대, 대, 기, 그리고 세에 절대연대를 부여하였다. 동위원소 연대측정은 불안정한 모 원자들이 일정한 비율로 안정된 자 원자들로 변하는 방사성 동위원소의 붕괴에 근거하고 있다. 시료에 있는 모 원자와 자 원자의 양을 측정함으로써 지질학자들은 암석의 절대연대를 계산할 수 있다. 동위원소 시계는 방사성 동위원소가 화성암이 결정화되거나 변성암이 재결정되어 광물 속에 고정될 때 작동하기 시작한다.

지질연대표의 주요 분대로는 무엇이 있는가? 지질연대표는 4개의 누대로 나뉜다—명왕누대(45억 6,000만 년~39억 년 전), 시생누대(39억 년~25억 년 전), 원생누대(25억 년~ 5억 4,200만 년 전), 현생누대(5억 4,200만 년 전~현재). 현생누대는 3개의 대, 즉 고생대, 중생대, 신생대로 나뉘며, 각각의 대는 더 짧은 기로 나뉜다. 대와 기의 경계는 화석기록의 급격한 변화로 나타나는데, 많은 경계는 대량멸종과 관련이 있다.

지질기록을 연대측정하기 위하여 어떠한 다른 방법들이 현재 사용되고 있는가? 해수면의 주기적인 상승과 하강은 전 세계의 대륙주변부에 복잡한 퇴적 순차층들을 퇴적시킨다. 이들 퇴적지층들은 탄성파 이미지 기법(seismic imaging techniques)을 이용하여 지도를 작성할 수 있으며, 화석을 이용하여 연대측정할 수 있다. 화학적인 지문과 지자기역전은 퇴적 순차층의 연대에 대한 추가적인 정보를 제공해준다. 퇴적물 내에 기록된 빙하 주기(glacial cycles)는 남극과 그린란드의 빙모(ice caps)에서 채취된 얼음 시추심을 이용하여 연대측정될 수 있다.

주요 용어

기	동물군 천이의 원리	상대연대	지층 누중의 원리
누대	동위원소 연대측정	세	층서연속층
대	반감기	절대연대	층서학
대량멸종	부정합	지질연대표	퇴적면 수평성의 원리

지질학 실습

동위원소는 어떻게 우리에게 지구물질의 연대를 알려주는가?

동위원소 연대측정 방법들은 우리가 여러 실용적인 목적을 위하여 많은 종류의 지구물질들을 연대측정할 수 있게 해준다—광물과 석유를 탐사하는 암석, 해양순환을 이해하기 위한 물 시료, 기후변화를 추적하여 기록하기 위한 얼음 시추심, 대기 조성에서의 변화를 측정하기 위한 암석과 얼음 속에 갇힌 공기 방울. 그래서 지질학자들이 실제로 동위원소를 이용하여 물질의 연대를 어떻게 결정하는지에 대하여 더 자세하게 이해할 가치가 있다.

시간 $T = 0$에서 형성되었으며 일정한 양—가령 1,000 원자—의 모 동위원소를 포함하고 있는 광물입자를 생각해보자. 만약 우리가 모 동위원소의 반감기로 광물입자의 연대를 측정한다면, 어떤 연령에서 남아 있는 양은 $1,000 \times 1/2^T$일 것이다. 달리 말하면, 첫 번째 반감기—즉, $T = 1$일 때—에서 모 동위원소의 초

구글어스 과제

애리조나주의 북부에 있는 그랜드캐니언에서 콜로라도강은 수억 년의 지구역사 동안 축적된 퇴적물을 침식 절개하며 흘러간다(지구문제 8.1 참조). 이처럼 상상할 수 없이 긴 시간 간격은 퇴적암 속에 보존된 생명체의 변화로 나타난다. 식물과 동물의 유해들은 퇴적물 속에 묻혀 보존되기 때문에 화석의 연대는 기본적으로 그것을 포함하고 있는 퇴적층의 연대와 동일하다. 기본적인 층서학적 원리들과 함께 이러한 관계를 활용하면 우리는 퇴적층의 상대연대를 결정할 수 있다. 이처럼 장관을 이루는 장소를 지질연대를 이해하기 위한 자연실험실로 이용해보자.

Image USDA Farm Service Agency Image © 2009 DigitalGlobe

위치 브라이트 에인절 트레일, 그랜드캐니언 방문자 센터, 애리조나주, 미국
목표 그랜드캐니언 퇴적 순차층을 머릿속으로 상상해보기
참고 지구문제 8.1

1. 구글어스 검색창에 'Bright Angel Trail, Grand Canyon, Arizona'를 입력하라. 일단 그곳에 도착하면 10km의 '내려다보는 높이(eye altitude)'로 축소하라. 커서를 이용하여 그랜드캐니언 방문자 센터 근처의 브라이트 에인절 트레일의 기점과 바로 북쪽의 콜로라도강 사이의 고도 차이를 측정하라. 어느 값이 이 고도차에 가장 가까운가?

   a. 30m

   b. 100m

   c. 1300m

   d. 2500m

2. 약 2km의 '내려다보는 높이'에서 브라이트 에인절 트레일을 따라 협곡 아래로 이동하라. 콜로라도강을 따라 협곡의 북쪽 벽을 비스듬하게 볼 수 있도록 시야 틀을 북쪽으로 기울여라. 경치를 가로지르며 독특한 색을 갖는 암층들의 고도를 추적하라. 표면 근처에서 퇴적암층들의 일반적인 방향은 무엇인가?

   a. 아주 거의 수평

   b. 아주 거의 수직

   c. 수평에서 동쪽으로 약 45도 기울어짐

   d. 수평에서 남쪽으로 약 45도 기울어짐

3. 약 2km의 '내려다보는 높이'로 북쪽 협곡 벽을 보면서 협곡의 가장자리 아래에 있는 얇은 흰색의 암층과 협곡에서 보이는 적색암 중 가장 낮은 곳에 노출되어 있는 것의 바로 위에 위치한 두꺼운 황갈색의 암층을 찾아라. 이 지층들은 각각 페름기의 코코니노 사암과 캄브리아기의 태피트 사암이다. 이들 두 지층 사이의 수직거리를 측정하고, 지구문제 8.1을 참고하라. 여러분이 추정한 두 지층 사이의 퇴적층 두께는 어떠한가? 그리고 지질시대 중 어떤 기가 누락되어 있는가?

   a. 오르도비스기와 실루리아기가 누락된 800m 두께의 퇴적층

   b. 아무것도 누락되지 않은 400m 두께의 퇴적층

   c. 페름기, 캄브리아기, 데본기가 누락된 800m 두께의 퇴적층

   d. 석탄기가 누락된 200m 두께의 퇴적층

4. 협곡 벽과 협곡 자체 내에 노출된 층상 암석들의 상호관계에 근거했을 때, 다음 중 어느 것이 가장 먼저 형성되었는가?

   a. 협곡의 바닥에 가장 가까운 암층

   b. 협곡의 가장자리에 있는 암층

   c. 그랜드캐니언 자체

   d. 브라이트 에인절 트레일을 따라가는 더 작은 측면 협곡

선택 도전문제

5. 협곡을 따라서 다음의 위도와 경도로 이동하라—36°10′56″ N; 113°06′52″ W. 30km의 '내려다보는 높이'에서 그곳을 바라보고, 필요한 만큼 확대하라. 아래에는 협곡의 바닥에서 콜로라도강과 접하고 있는 현무암질 용암류를 만든 화산지형이 있다. 지층 누중의 원리와 교차단절 관계에 근거하여 판단하였을 때, 다음의 사건 순서들 중 어느 것이 가장 그럴듯해 보이는가? (사건의 순서를 더 잘 조망할 수 있도록 강을 따라 북쪽으로 시야의 틀을 기울이는 것이 도움이 될 것이다.)

   a. 화산분출이 용암류를 만들었고, 다음에 콜로라도강이 용암류를 침식 절개하였으며, 마지막으로 퇴적암층이 하천 수로의 양 측면에 퇴적되었다.

   b. 퇴적암이 퇴적되고, 다음에 화산분출이 퇴적층을 덮은 용암류를 만들었고, 마지막으로 콜로라도강이 전체 지층을 침식 절개하면서 거대한 협곡을 만들었다.

   c. 퇴적암이 퇴적되고, 다음에 콜로라도강이 그들을 침식 절개하면서 거대한 협곡을 만들었고, 마지막으로 화산분출이 강 속으로 흘러들어가는 용암류를 만들었다.

   d. 화산분출이 용암류를 만들었고, 그 위에 퇴적암이 퇴적되었다. 다음에 콜로라도강이 전체 지층을 침식 절개하면서 거대한 협곡을 만들었다.

기량은 $1/2^1 = 1/2(500$ 원자)로 감소되고, 두 번째 반감기에서 $1/2^2 = 1/4(250$ 원자)로 감소되고, 세 번째 반감기에서 $1/2^3 = 1/8(125$ 원자)로 감소될 것이다(그림 8.13 참조).

모 동위원소의 각 원자의 방사성 붕괴는 자 동위원소의 새로운 원자 하나를 만든다. 만약 광물입자가 폐쇄계에 있다면(즉, 아무런 동위원소도 입자 속으로 또는 밖으로 이동되지 않았다면), 연령 T까지 모 원자들로부터 만들어진 새로운 자 원자들의 수는 $1,000 \times (1 - 1/2^T)$와 같아야만 한다. 왜냐하면 새로 생긴 자 원자들과 남아 있는 모 원자들의 합은 모 동위원소의 초기량(1,000 원자)과 같아야 하기 때문이다. 그래서 새로 생긴 자 원자들과 남아 있는 모 원자들의 비는 광물입자의 연령에 의해 결정된다.

$$\left(\frac{\text{새로운 자 원자들의 수}}{\text{남아 있는 모 원자들의 수}}\right) = \frac{1 - 1/2^T}{1/2^T} = 2^T - 1$$

예를 들면, 광물입자의 연령이 반감기 0에서 반감기 3으로 증가함에 따라, 이 비율은 모 원자들의 초기량과 관계없이 0에서 7까지 증가한다.

질량 분석기로 우리는 모 동위원소와 자 동위원소를 정확하게 측정할 수 있다―오늘날 그러한 분석기는 소량의 시료에서 말 그대로 원자들을 셀 수 있다. 그러나 광물입자의 연대를 결정하기 위하여 우리는 광물입자가 결정화될 당시에 광물입자 속에 첨가된 어떤 자 동위원소를 설명해야만 한다. 우리의 시료에서 만약 $T = 0$인 시점에 입자 속에 100개의 자 원자들이 있었다면, 자 원자들의 수는 첫 번째 반감기가 지난 후 $500 + 100 = 600$으로 증가할 것이고, 두 번째 반감기 후 $750 + 100 = 850$으로, 세 번째 반감기 후 $875 + 100 = 975$로 증가할 것이다. 그러므로 자 원자들의 총 수에 대한 일반식은 다음과 같다.

자 원자들의 수 $= (2^T - 1) \times$ 남아 있는 모 원자들의 수
$+$ 초기 자 원자들의 수

첨부된 도표 (a)에서 볼 수 있듯이, 여러분은 이것이 $(2^T - 1)$의 경사와 초기 자 원자들의 수와 같은 절편을 갖는 직선에 대한 등식임을 알 수 있다.

비록 우리가 자 동위원소의 총량만을 측정할 수 있을지라도, 우리는 흔히 같은 원소의 또 다른 동위원소로부터 초기량을 추론할 수 있다. 예를 들면 스트론튬-87은 루비듐-87의 붕괴에 의해 생성되지만(그림 8.13 참조), 또 다른 동위원소인 스트론튬-86은 방사성 붕괴에 의해 생성되지 않으며 그 자체가 방사성 원소

가 아니다. 그래서 만약 광물입자가 결정화 이후 폐쇄계에 남아 있었다면 스트론튬-86 원자들의 수는 시간이 흘러도 변하지 않을 것이다. 묘책은 자 원자–모 원자 관계를 스트론튬-86의 양으로 나누는 것이다.

$$\left(\frac{\text{스트론튬-87의 수}}{\text{스트론튬-86의 수}}\right) =$$
$$2^T - 1 \times \left(\frac{\text{루비듐-87의 수}}{\text{스트론튬-86의 수}}\right)$$
$$+ \left(\frac{\text{초기 스트론튬-87의 수}}{\text{스트론튬-86의 수}}\right)$$

한 암석에 있는 서로 다른 광물입자들은 스트론튬과 루비듐의 초기량에서 차이를 보이며 결정될 것이다. 그러나 두 스트론튬 동위원소들은 결정화 전에 일어나는 화학반응에서 유사하게 반응하기 때문에 결정화 당시의 스트론튬-87/스트론튬-86의 비는 같은 암석에 있는 모든 입자들에서는 동일할 것이다. 그러므로 직선을 여러 광물들로부터 나온 자료들에 맞춤으로써 우리는 연령 T뿐만 아니라 초기 스트론튬-87/스트론튬-86의 비를 결정할 수 있다.

첨부된 그림 (b)에서 우리는 이 방법을 1821년에 남부 프랑스에 떨어진 주비나스(Juvinas)라 불리는 유명한 석질 운석에서 스트론튬과 루비듐을 측정하는 데 적용했다. 〈그림 1.10a〉에 보이는 운석과 유사한 주비나스 운석은 지구와 같은 시기에 형성되었지만 그 후 행성끼리의 충돌에 의해 파괴된 행성체로부터 나왔다고 생각된다(제9장 참조). 이 운석으로부터 채취한 4개의 시료에 대한 질량 분석기 측정을 이용하여 우리는 스트론튬-87/스트론튬-86과 루비듐-87/스트론튬-86의 비를 초기 스트론튬-87/스트론튬-86의 비인 0.699를 절편으로 하는 직선을 따라 표시할 수 있다. 그 선은 0.067의 경사를 갖는 등시선(같은 시간의 궤적)이다.

T를 풀기 위하여, 우리는 다음 식으로 시작한다.

$$(2^T - 1) = 0.067$$

이 등식의 양쪽에 1을 더하고, 양쪽에서 10을 밑으로 하는 상용로그를 취하면 다음의 식들이 나온다.

$$T \log(2) = \log(1.067)$$

또는

(a)

모 동위원소와 자 동위원소가 시간에 따라 진화하는 방식

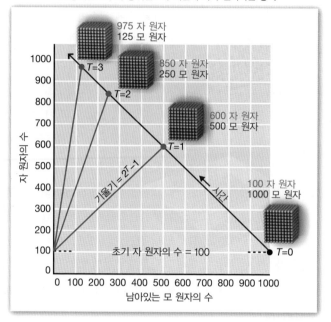

(b)

주비나스 운석의 연대측정

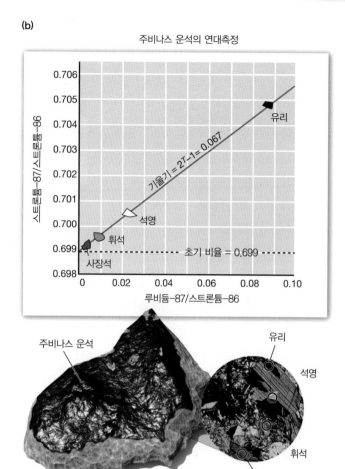

(a) 방사성 붕괴가 일어나는 동안, 광물입자 내에 있는 모 원자의 수는 감소하고, 자 원자의 수는 증가한다. 광물입자의 연령이 증가함에 따라 이러한 양상은 도표에서 적색 선을 따라 왼쪽 위로 계속 이동하는 것으로 나타난다. 명칭이 붙은 지점들은 반감기 0, 1, 2, 그리고 3을 나타낸다. (b) 주비나스 운석에 대한 스트론튬-87/스트론튬-86 대 루비듐-87/스트론튬-86의 비를 나타내는 도표. 자료는 운석에서 추출된 여러 다른 광물들에 대한 질량분석기 측정으로부터 얻었다.

[Martin Prinz/American Museum of Natural History.]

$$T = \frac{\log(1.067)}{\log(2)}$$

공학용 계산기(아마 스마트폰에 있는 계산기)를 사용하여 $\log(1.067) = 0.0282$이고 $\log(2) = 0.301$이라는 것을 찾으면, 다음의 식이 나온다.

$$T = \frac{0.0282}{0.301} = 0.094 \text{ 반감기}$$

반감기의 수에 루비듐-87의 반감기인 490억 년을 곱하면(표 8.1 참조) 다음과 같이 운석 연대가 산출된다.

$$0.094 \times 490억 년 = 45억 9,000만 년$$

이 추정치의 불확실성은 약 7,000만 년이다. 그래서 1956년에 패터슨이 처음으로 측정한 지구의 나이 45억 6,000만 년과 일치한다.

추가문제 : 첨부된 그림 (b)와 유사한 도표에 표시했을 때, 같은 암석에서 채취된 여러 광물입자들로부터 측정된 루비듐과 스트론튬 동위원소의 비는 0.0143의 경사를 갖는 직선상에 찍힌다. 이들 광물입자들이 결정화된 이후 폐쇄계에 있었다고 가정하고 암석의 연대를 계산하라. 힌트 : $\log(1.0143) = 0.00617$.

연습문제

1. 많은 세립질 이토(muds)가 약 1cm/1,000년의 비율로 퇴적되고 있다. 이와 같은 퇴적률로 500m 두께의 퇴적층이 쌓이려면 얼마나 오랜 시간이 걸리겠는가?

2. 다음과 같은 순서로 지질학적 사건들을 보여주도록 〈그림 8.10〉의 맨 위에 있는 것과 비슷한 단면도를 그려보라—(a) 석회암층의 퇴적, (b) 융기와 석회암층의 습곡, (c) 습곡된 암석들의 침식, (d) 침강과 사암층의 퇴적.

3. 지구문제 8.1에 있는 그랜드캐니언의 지질단면도에서 여러분은 얼마나 많은 층(formation)들을 세어볼 수 있는가? 자이언캐니언에서 관찰되는 층들과 같은 층들이 얼마나 많이 있는가? 그랜드캐니언과 브라이스캐니언의 두 단면도 모두에서 관찰되는 층은 어떠한 층인가?

4. 지구문제 8.1에 도시된 층들의 순서를 〈그림 8.11〉의 상대연대표와 비교해보고, 그랜드캐니언 층서연속층에서 주요 비정합을 찾아보아라. 지질연대의 어느 기(period)들이 누락되어 있는가? 누락된 지질연대의 최소값은 100만 년 단위로 측정했을 경우 얼마인가? (힌트 : 그림 8.15를 참고하라.)

5. 해수면 위로 광범위하게 융기된 후에 해수면 아래로 침강한 대륙주변부에서는 어떠한 유형의 부정합이 만들어질 것 같은가? 오래된 시기의 변성퇴적암과 젊은 시기의 평탄한 퇴적층을 나누는 부정합은 어떠한 유형의 부정합인가?

6. 대량멸종이 4억 4,400만 년 전, 4억 1,600만 년 전, 그리고 3억 5,900만 년 전으로 연대측정되었다. 이 사건들은 〈그림 8.15〉의 지질연대표에서 어떻게 표현되는가?

7. 한 지질학자가 저도 변성암 내에서 데본기의 어류 화석을 발견했다. 루비듐-스트론튬 동위원소를 이용하여 암석의 절대연대를 측정해봤더니 7,000만 년이 나왔다. 이러한 불일치가 나타난 이유에 대해 그럴듯하게 설명해보라.

8. 지질연대의 마지막 누대를 현생누대라고 명명한 이유를 설명하라.

9. 현재의 대양저 확장률이 유지된다면, 전체 대양저는 2억 년마다 재순환된다. 과거의 해저생성률이 이렇게 빨랐거나 또는 더 빨랐다면, 시생누대의 말기 이후 해저는 최소한 몇 번이나 재순환되었는지 계산하라.

생각해볼 문제

1. 도로에 있는 굴착 현장을 지나갈 때, 여러분은 맨 위에 포장재, 그 아래에 토양, 그리고 바닥에 기반암이 노출되어 있는 단면을 볼 수 있다. 여러분은 역시 수직 배수관이 도로에 있는 구멍을 통해 토양 속의 하수관과 연결되어 있음을 보게 된다. 여러분은 여러 층들과 배수관의 상대적인 연대에 대하여 뭐라고 말할 수 있는가?

2. 지질연대표를 작성하던 19세기의 지질학자들이 대양과 천해에 퇴적된 퇴적암층들이 육상에 퇴적된 지층보다 더 유용하다는 사실을 발견하였는데 그 이유는 무엇인가?

3. 진화론은 스미스의 동물군 천이의 원리를 보완하기 위하여 '식물군 천이의 원리'를 제시한다. 스미스가 층서학적 도면을 작성하면서 식물 화석보다 주로 동물 화석에 의존한 이유를 무엇이라 생각하는가?

4. 조구조적 압축력이 작용하는 지역을 연구하면서, 지질학자들은 더 젊고 덜 변형된 지층 위에 더 오래되고 더 변형된 퇴적암층이 놓여 있고, 두 지층은 경사부정합으로 분리되어 있음을 발견했다. 어떠한 판구조과정들이 그러한 경사부정합을 만들었을 것 같은가?

5. 한 지질학자가 퇴적암 속에 보존된 원생누대의 생물들에 의해 만들어진 독특한 화학적 특징을 기록하고 있다. 여러분은 이러한 화학적 특징을 화석이라고 생각하는가?

6. 탄소-14는 플라이오세의 지질학적 사건들을 연대측정하는 데 적합한 동위원소인가?

7. 화성암의 연대측정은 화석을 연대측정하는 데 어떻게 도움을 주는가?

매체지원

 8-1 애니메이션 : 지질연대표

아폴로 17호 달 착륙선의 비행사인 지질학자이자 우주인인 해리슨 '잭' 슈미트가 타우르스-리트로우 계곡(Taurus-Littrow Valley)에 있는 카멜롯 크레이터(Camelot Crater)의 가장자리에서 조절 가능한 삽으로 월석을 채취하고 있다.
[NASA.]

지구형 행성의 초기 역사

1969년에서 1972년까지 6차에 걸친 달 착륙을 통하여 아폴로 임무의 우주인들은 달의 표면을 탐사했다. 지질학을 교육받은 우주비행사들은 사진을 촬영하고, 노두를 조사하고, 실험을 수행하였으며, 지구로 돌아와서 분석할 먼지와 암석 표본을 채취하였다. 이러한 전례 없는 성과는 오로지 과학자와 공학자, 그리고 새로운 기술을 개발하는 데 기초 연구의 중요성을 인지했던 후원 기관과의 긴밀한 협력이 있었기에 가능했다. 아마도 이런 모든 것들 중 가장 중요한 요소는 미지의 세계를 탐구하려는 인간의 선천적 욕구일 것이다. 우주를 탐험하려는 인간의 열망은 인간이 사고하기 시작한 이래로 계속되어왔다. 유명한 천문학자 에드윈 파월 허블(Edwin Powell Hubble)은 "인간은 오감으로 자기 주변의 우주를 탐험하는데, 이러한 모험을 과학이라 칭한다."라며 우주탐험가의 정신을 표현하였다.

우주탐험의 시대는 지구중력의 한계에서 벗어나기를 갈망하는 소수의 과학자들이 1세대 로켓을 개발하기 시작한 1900년대 초에 시작되었다. 1920년대 후반에 이르러서 액체 연료를 사용하는 뒷마당 로켓들을 사용할 수 있게 되었다. 이후 수십 년 동안 개발 속도가 급격히 빨라지다가, 우주에 최초의 로켓을, 지구궤도에 최초의 인공위성을, 달에 최초의 인간을, 그리고 화성에 최초의 로봇을 보내려는 미국과 소련 사이의 열띤 우주경쟁이 냉전기간 중 그 정점에 이르렀다. 최초로 액체 연료 로켓이 개발된 후 50년이 지난 1970년대 중반에 이르러 이러한 목표들이 모두 달성되었다.

우주탐험을 통한 과학적 소득은 엄청났다. 태양계의 연령, 초기 화성에 물이 흘렀던 흔적, 금성의 두꺼운 대기 등은 모두 1970년대 중반에 밝혀졌다. 그 이후 우리는 태양계와 그 너머로 탐사를 계속해나갔다. 지구궤도에 있는 기구들과 멀리 떨어진 태양계의 경계로 보낸 우주선에 탑재된 기구들을 이용하여, 우리는 말 그대로 우주 저편에 대해 더 많은 것을 알게 되었다! 이 모든 기구들 중 에드윈 파월 허블의 이름을 딴 허블 우주 망원경만큼 깊은 우주의 경이로운 이미지를 시각적으로 보여준 것은 없다. 1609년에 갈릴레오가 그의 망원경을 하늘을 향해 돌린 이후 우주에 대한 이해를 이 정도로 변화시킨 기구는 없었다.

크레이터(충돌구 또는 운석구덩이)*로 뒤덮인 달과 우리 이웃 행성들의 표면, 그리고 가끔씩 지구로 떨어지는 운석들은 우리로 하여금 지구환경이 열악했던 태양계 초기의 무질서하고 혼란했던 시기를 상기시켜준다. 어떻게 태양계가 지금과 같이 태양 주변을 규칙적으로 공전하는 행성들을 갖고 있는 질서가 잘 잡힌 곳이 되었을까? 어떻게 지구의 암석 덩어리들이 합쳐져서 핵, 맨틀, 지각으로 분화되었을까? 왜 푸른 바다와 이동하는 대륙들로 덮인 지구의 표면은 이웃 행성들의 표면과 그토록 다를까? 지질학자들은 이러한 질문들에 답할 수 있는 많은 과학적 증거들을 도출해낼 수 있다. 대륙의 암석들은 40억 년 이상 전의 지질학적 과정들에 대한 기록들을 보존하고 있으며, 그보다 오래된 물질들도 운석에서 채취되어왔다. 그리고 이제 우리는 답을 찾기 위해 지구 밖으로 나아갈 수도 있다.

이 장에서 우리는 밖으로는 행성들 사이의 광대한 우주공간을 탐험할 뿐만 아니라 시간을 거슬러 태초의 역사로 돌아가 태양계를 탐험할 것이다. 우리는 어떻게 지구와 다른 행성들이 태양 주위에서 형성되었는지, 그리고 그들이 어떻게 층상체로 분화되었는지를 알아볼 것이다. 우리는 지구를 형성한 지질학적 과정과 수성, 화성, 금성, 그리고 달을 형성한 지질학적 과정을 비교할 것이며, 또한 우주선을 이용한 태양계의 탐사가 우리 지구와 그 안에서 살고 있는 생명체의 진화와 관련된 근본적인 질문에 어떠한 답을 내놓는지에 대하여 탐구할 것이다.

■ 태양계의 기원

우주—그리고 우주의 작은 일부인 우리 자신—의 기원을 알아내기 위한 우리의 탐구는 최초로 기록된 신화로 거슬러 올라간다. 오늘날 일반적으로 받아들여지는 과학적 설명은 우주가 약 137억 년 전에 '폭발'과 함께 시작되었다는 빅뱅 이론이다. 그 이전에 모든 물질과 에너지는 상상할 수 없을 만큼 밀도가 높은 한 점으로 압축되어 있었다. 비록 우주가 시작된 직후 처음 1초 동안 무엇이 일어났는지는 알 수 없다 할지라도, 천문학자들은 그 후 수십억 년 동안 무엇이 일어났는지에 대해서는 전반적으로 잘 이해하고 있다. 우주는 지속적으로 팽창하면서 밀도가 낮아져 은하와 별들을 만들어왔으며, 이러한 과정은 아직도 계속되고 있다. 지질학은 그 시간의 마지막 1/3을 탐구한다. 즉, 우리 태양계(solar system)—태양이라 부르는 별과 그 주위를 도는 행성들—가 형성되고 진화한 과거 45억 년을 탐구한다. 특히, 지질학자들은 지구와 지구형 행성들의 형성을 이해하기 위해 태양계를 연구한다.

성운설

1755년 독일의 철학자 임마누엘 칸트(Immanuel Kant)는 태양계의 기원이 회전하는 가스와 먼지들로 이루어진 구름까지 거슬러 올라갈 수 있다는 가설, 즉 **성운설**(nebular hypothesis)을 제안하였다. 이제 우리는 태양계 너머의 우주가 우리가 전에 생각했던 것처럼 비어 있지 않다는 것을 알고 있다. 천문학자들은 칸트가 추측했던 유형의 구름들을 많이 기록하고, 그것을 성운(nebulae, '안개' 또는 '구름'을 뜻하는 라틴어의 복수형)이라고 이름 붙였다(그림 9.1). 그들은 또한 이러한 구름들을 구성하는 물질도 알아냈다. 이 가스들은 대부분이 수소와 헬륨이며, 이 두 원소는 태양의 거의 대부분을 차지하는 원소들이다. 먼지 크기의 입자들은 지구상에서 발견되는 물질과 화학적으로 유사하다.

어떻게 태양계가 그러한 구름에서 형성될 수 있었을까? 이 널리 퍼져 천천히 회전하는 성운은 중력에 의해 수축하였다(그림 9.2). 수축에 의해 먼지 입자들의 회전이 가속되었고(마치 피겨 스케이트를 타는 사람이 팔을 웅크릴 때 더 빠르게 도는 것처럼), 빨라진 회전은 구름을 디스크 형태로 평평하게 만들었다.

---

* 영어로 크레이터(crater)는 화산이 분출하는 분화구(噴火口)와 물체의 충격에 의해 땅이 패여 생긴 구덩이인 충돌구(衝突口)를 모두 지칭하는 용어이다. —역자 주

(a)

(b)

그림 9.1　우주탐험은 태양계의 기원과 같은 근본적인 질문들에 답을 하기 위한 사소한 시작에서부터 진보해왔다. (a) 로켓 공학의 창시자 중 1명인 로버트 고다드 (Robert H. Goddard)가 1926년 3월 16일에 매사추세츠주의 오번에서 이 액체 산소-휘발유 로켓을 발사하였다. (b) 70년 후인 1995년 11월 2일, 지구궤도를 도는 허블 우주 망원경은 멋진 독수리 성운의 사진을 찍었다. 어두운 색의 기둥처럼 보이는 구조들은 새로운 별들을 생성하는 차가운 수소 가스와 먼지로 이루어진 기둥 이다.
[(a) NASA; (b) NASA/ESA/STSci.]

태양의 형성

중력의 당기는 힘으로 물질들은 성운의 중심으로 이동하기 시작하여 현재 태양의 전신인 원시 태양으로 뭉쳐졌다. 원시 태양의 물질들은 그 자체의 무게로 압축되어 밀도가 높아지고 뜨거워졌다. 그 내부 온도는 수백만 도까지 치솟았고, 그 높은 온도에서 핵융합이 시작되었다. 현재 계속되고 있는 태양의 핵융합은 수소폭탄에서 일어나는 핵반응과 같다. 두 경우에서, 고온-고압 하에 있는 수소원자들은 융합하여 헬륨을 형성한다. 이 과정에서 질량의 일부는 에너지로 전환된다. 태양은 그 에너지의 일부를 햇빛으로 방출하고, 수소폭탄은 거대한 폭발로 에너지를 방출한다.

행성들의 형성

원래의 성운에 있던 물질의 대부분은 원시 태양에 집중되어 있었지만, **태양 성운**(solar nebula)이라 불리는 가스와 먼지로 이루어진 디스크가 여전히 남아서 원시 태양을 둘러쌌다. 태양 성운의 온도는 디스크 형태로 납작해지면서 상승했다. 물질들이 더 많이 축적된 안쪽 지역은 밀도가 낮은 바깥쪽 지역보다 더 뜨거워졌다. 일단 형성되자, 디스크는 식기 시작하였고, 많은 가스들이 응축되었다. 즉, 수증기가 응결하여 차가운 유리잔의 바깥에 작은 물방울이 맺히고, 물이 어는점 아래로 차가워졌을 때 얼음이 되는 것처럼, 가스들은 액체 또는 고체 상태로 변하였다.

중력끌림(gravitational attraction)에 의해 먼지와 응축된 물질들은 서로 뭉쳐져서 수 킬로미터 크기의 작은 덩어리들 또는 **미행성체**(planetesimals)들을 만들었다. 이어서 이러한 미행성체들은 서로 충돌하고 합쳐져서 달 크기의 더 큰 물체로 성장했다(그림 9.2 참조). 격변적인 충돌의 마지막 단계에서 이 중 몇몇 커진 물체들은 그들의 커진 중력으로 다른 물질들을 끌어들여 현재의 궤도를 도는 행성들이 되었다. 행성의 형성은 초기 성운이 응축된 이후 아마도 약 1,000만 년 정도의 짧은 기간 안에 빠르게 진행되었다.

행성이 만들어질 때, 태양과 가까운 궤도에 있는 행성들과 먼

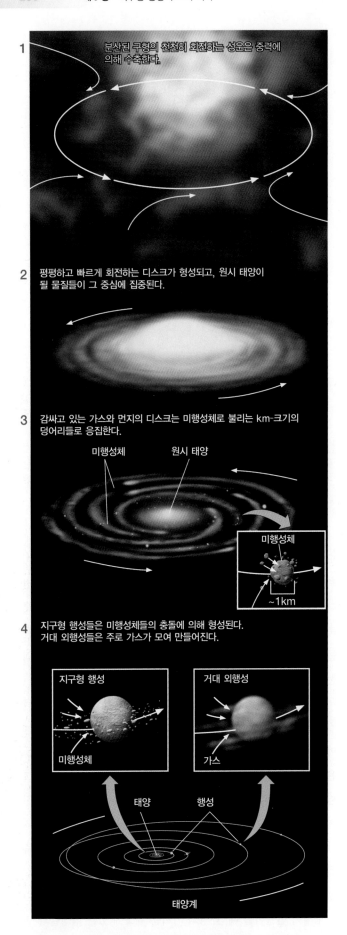

1 분산된 구형의 천천히 회전하는 성운은 중력에 의해 수축한다.

2 평평하고 빠르게 회전하는 디스크가 형성되고, 원시 태양이 될 물질들이 그 중심에 집중된다.

3 감싸고 있는 가스와 먼지의 디스크는 미행성체로 불리는 km-크기의 덩어리들로 응집한다.

미행성체　　원시 태양

미행성체

~1km

4 지구형 행성들은 미행성체들의 충돌에 의해 형성된다. 거대 외행성들은 주로 가스가 모여 만들어진다.

지구형 행성

거대 외행성

미행성체

가스

태양　행성

태양계

그림 9.2 성운설은 태양계의 형성을 설명한다.

궤도에 있는 행성들은 확연히 다른 방식으로 발달하였다. 그래서 내행성들의 조성은 외행성들의 조성과 아주 다르다.

지구형 행성 태양에 가까운 순서로 수성, 금성, 지구, 그리고 화성, 이렇게 4개의 내행성들이 있다(그림 9.3). 이들은 지구와 유사한 행성 또는 **지구형 행성**(terrestrial planets)이라고 알려져 있다. 내행성들은 태양과 가까운 곳에서 성장하였기 때문에 너무 뜨거워서 그들이 갖고 있던 휘발성 물질들(가장 쉽게 가스로 변하는 물질들)의 대부분은 증발하였다. 태양으로부터 방출되는 방사선과 물질, 즉 태양풍은 이 행성들 위에 있는 대부분의 수소, 헬륨, 물 그리고 다른 가벼운 가스들과 액체들을 날려버렸다. 그래서 내행성들은 뒤에 남겨진 밀도가 높은 물질, 즉 철, 니켈 같은 금속과 암석을 이루는 규산염 등을 포함하는 물질로 이루어졌다. 행성이 형성되기 이전 시기의 잔류물로 여겨지는 운석들이 때때로 지구에 떨어지는데, 이 운석들에 대한 동위원소 연대측정을 통해 우리는 내행성들이 약 45억 6,000만 년 전에 부착하여 커지기 시작했음을 알 수 있다(제8장 참조). 컴퓨터 모의실험은 내행성들이 매우 짧은 시간—아마도 1,000만 년 이내—에 행성 크기로 자랐음을 보여준다.

거대한 외행성들 지구형 행성 영역에서 쓸려나간 휘발성 물질들의 대부분은 태양계의 차가운 바깥 영역으로 옮겨져 거대한 외행성들—목성, 토성, 천왕성, 해왕성—과 그들의 위성을 만들었다. 이들 거대한 외행성들은 충분히 크고, 그들의 중력끌림 또한 충분히 강해서 가벼운 성운물질들을 계속 붙잡아놓을 수 있었다. 그래서 외행성들은 암석과 금속이 풍부한 핵을 가지고 있지만, 태양과 같이 대부분이 수소와 헬륨, 그리고 원시 성운의 다른 가벼운 물질들로 이루어졌다.

태양계의 작은 물체들

태양 성운으로부터 유래한 모든 물질이 행성으로 자란 것은 아니다. 미행성들의 일부는 화성과 목성의 궤도 사이에 모여 소행성대(asteroid belt)를 형성하였다(그림 9.3 참조). 이 지역에는 현재 직경 10km 이상인 **소행성**(asteroids)이 약 1만 개 이상 있으며, 또한 직경 100km 이상인 소행성도 약 300개 이상이나 있다. 가장 큰 것은 직경이 930km인 세레스(Ceres)이다. 지구에 충돌하는 대부분의 **운석**(meteorites)들—지구에 충돌하는 외계에서 온 물질 덩어리—은 소행성들이 서로 충돌하는 동안 소행성대에서 튀어나

내행성들은 작고, 암석질로 이루어져 있다.

4개의 거대 외행성들과 그들의 위성들은 가스로 이루어져 있으며, 암석질의 핵을 갖고 있다.

명왕성은 메탄, 물, 그리고 암석으로 이루어진 눈덩어리이다.

그림 9.3 태양계. 이 그림은 행성들의 상대적인 크기, 그리고 내행성과 외행성을 나누는 소행성대를 보여준다. 비록 명왕성은 1930년에 발견된 후로 9개의 행성 중 하나로 여겨졌으나, 2006년 국제천문연합(International Astronomical Union)에 의해 행성의 지위를 박탈당했다. 이로 인해, 9개가 아닌 8개의 행성만이 존재한다.

온 소행성의 작은 파편들이다. 처음에 천문학자들은 소행성들이 태양계 역사 초기에 산산조각이 난 큰 행성의 잔해라고 생각했었지만, 이제는 이들을 목성 중력의 영향 때문에 한데 모여 행성으로 성장하지 못한 조각들로 여기고 있다.

작은 고체 물체들 중 또 다른 중요한 그룹은 태양 성운의 차가운 바깥 영역에서 응축된 먼지와 얼음의 집합체인 혜성(comets)이다. 아마도 직경 10km 이상인 혜성이 수백만 개 이상 존재할 것이다. 대부분의 혜성들은 태양계 주위에 동심원상의 '광륜(halos)'을 형성하며 멀리 외행성 너머에서 태양 주위를 공전한다. 때때로 혜성끼리의 충돌이나 서로 살짝 빗기어나가는 사건으로 혜성은 궤도에서 이탈하여 태양계 안쪽을 지나가는 궤도로 내던져지기도 한다. 그러면 우리는 태양풍에 의해 태양 반대편으로 불어날리는 가스 꼬리를 가진 빛나는 물체로 이것을 관찰할 수 있다. 이 중 가장 유명한 것은 핼리혜성(Halley's Comet)인데, 76년의 공전궤도를 갖고 있으며, 1986년에 마지막으로 관측되었다. 혜성은 지질학자들의 흥미를 불러일으키는데, 그 이유는 그들이 풍부하게 함유하고 있는 물과 함탄소화합물들을 비롯한 태양 성운의 더 많은 휘발 성분들에 대한 단서를 제공해주기 때문이다.

■ 초기 지구 : 층상 행성의 형성

우리는 지구가 유체의 바다와 가스상의 대기로 둘러싸인 핵, 맨틀, 지각으로 층을 이룬 행성이라는 것을 알고 있다(제1장 참조). 어떻게 지구가 뜨거운 암석 덩어리에서 대륙, 바다, 그리고 온화한 기후를 갖춘 살아 있는 행성으로 발전할 수 있었을까? 그 답은 **중력분화**(gravitational differentiation)에 있다. 즉, 마구잡이로 뭉쳐진 원시 물질 덩어리들이 그 내부가 물리적 및 화학적으로 서로 다른 동심원상 층들로 나누어져 있는 물체로 변환되는 것을 말한다. 이러한 중력분화과정은 지구가 녹아내릴 정도로 뜨거웠던 지구역사의 초기에 일어났다.

지구는 점점 뜨거워져 용융된다

지구가 미행성체와 태양 성운 내 다른 잔해들의 부착으로 커졌지만, 지구는 이러한 형태를 오래 유지하지 않았다. 지구의 현재 층상 구조를 이해하기 위해서는 지구가 아직 미행성체와 다른 더 큰 물체들에 의하여 격렬한 충돌을 받던 시기로 돌아가야 한다. 이러한 물체들이 원시 지구에 충돌할 때, 이 운동에너지의 대부분은 열―에너지의 또 다른 형태―로 전환되었다. 그리고 그 열은 용융을 야기시켰다. 15~20km/s 속도로 지구와 충돌하는 미행성체는 그 중량에 해당하는 TNT의 100배에 버금가는 운동에너지를 방출한다. 화성 크기의 물체가 지구와 충돌할 때 발생하는 충돌에너지는 1메가톤급 핵폭탄(단 1개로 대도시 하나를 파괴시킬 수 있음) 수조 개의 폭발과 맞먹으며, 이는 엄청난 양의 파편을 우주로 방출하고 지구에 남아 있는 물질의 대부분을 용융시키기에 충분한 에너지이다.

현재 많은 과학자들은 이러한 대격변이 실제로 지구 부착성장의 중기에서 후기 사이에 일어났다고 생각한다. 화성 크기의 물체에 의한 거대한 충격이 지구와 충격을 가한 물체로부터 파편의

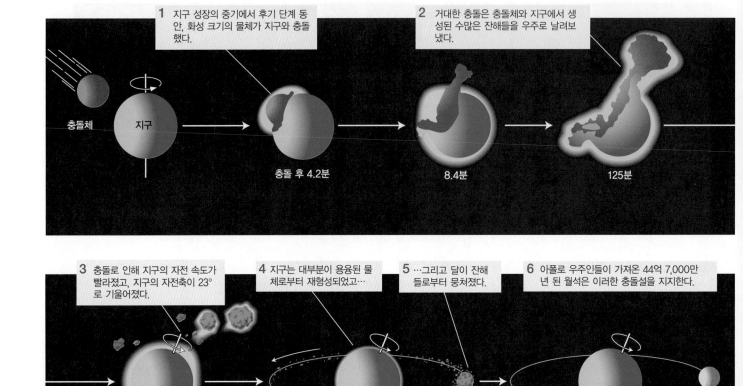

그림 9.4 화성 크기의 물체가 지구에 충돌하는 컴퓨터 모의실험.
[*Solid-Earth Sciences and Society*. Washington, D.C.: National Research Council, 1993.]

소나기를 만들고, 그 파편을 우주로 방출하였다. 이러한 파편들이 뭉쳐서 달이 형성되었다(그림 9.4). 이 이론에 따르면 지구는 용융된 수백 킬로미터 두께의 바깥 층을 가진 행성으로 재구성되었는데, 이 바깥 층을 마그마 바다(magma ocean)라고 한다. 거대한 충격은 지구의 자전속도를 증가시켰고, 회전축을 강타하여 지구자전축의 각도를 지구궤도면에 수직인 방향에서 현재의 23° 기울어진 방향으로 변화시켰다. 이 모든 것이 지구 부착성장의 시작시기(45억 6,000만 년 전)와 아폴로 우주인이 가지고 돌아온 가장 오래된 월석의 형성시기(44억 7,000만 년 전) 사이인 약 45억 년 전에 발생했다.

지구역사 초기에 용융에 기여한 열의 또 다른 원천은 방사능이다. 방사성 원소가 붕괴할 때 열을 방사한다. 비록 적은 양만 존재하지만, 방사성 동위원소인 우라늄, 토륨, 그리고 칼륨은 오늘날까지도 지구내부를 계속 뜨겁게 유지시키고 있다.

지구의 핵, 맨틀, 지각의 분화

지구가 형성되는 동안 흡수된 엄청난 에너지로 인해 지구내부 전체는 뜨거워져 그 구성성분들이 이동할 수 있는 '연한(soft)' 상태가 되었다. 무거운 물질은 내부로 가라앉아 핵이 되었고, 이때 방출된 중력에너지는 더 많은 물질의 용융을 야기하였으며, 가벼운 물질은 표면으로 떠올라 지각을 형성했다. 가벼운 물질은 상승하면서 지구내부의 열을 지표로 가져와 우주로 방출하였다. 이러한 방식으로 지구는 중심부의 핵, 가운데의 맨틀, 그리고 외곽의 지각으로 구성된 층상 행성으로 분화되었다(그림 9.5).

지구의 핵 대부분의 다른 원소보다 밀도가 높은 철은 원시 지구의 물질 중 약 1/3을 차지했다(그림 1.12 참조). 철을 비롯하여 니켈과 같은 무거운 원소들은 가라앉아 약 2,890km의 깊이에서 시작되는 중앙의 핵(core)을 형성하였다. 지진파를 이용하

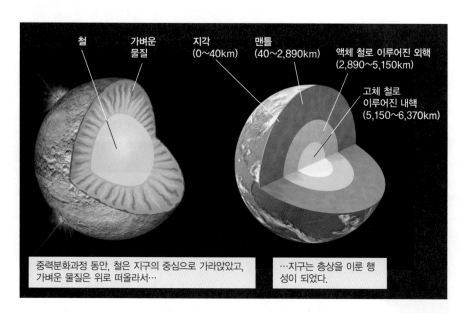

철　가벼운 물질　지각(0~40km)　맨틀(40~2,890km)　액체 철로 이루어진 외핵(2,890~5,150km)

고체 철로 이루어진 내핵(5,150~6,370km)

중력분화과정 동안, 철은 지구의 중심으로 가라앉았고, 가벼운 물질은 위로 떠올라서…

…지구는 층상을 이룬 행성이 되었다.

그림 9.5 초기 지구의 중력분화과정으로 지구는 3개의 층으로 이루어진 행성이 되었다.

여 핵을 탐사한 과학자들은 깊이 약 5,150km에서 지구중심인 약 6,370km까지를 차지하는 내핵(inner core)이라고 불리는 영역은 고체이고, 그 바깥쪽은 용융되어 있다는 것을 발견했다. 현재 내핵은 고체인데, 그 이유는 온도보다 압력의 영향이 더 큰 지구중심부에서는 높은 온도에도 불구하고 압력이 너무 높아 철을 용융시킬 수 없기 때문이다.

지구의 지각 철과 니켈보다 밀도가 낮은 다른 용융된 물질들은 마그마 바다의 표면으로 떠올랐다. 그리고 그곳에서 식어 오늘날 해양에서 약 7km, 대륙에서 약 40km의 두께를 가진 지구의 고체 지각(crust)을 형성했다. 우리는 해양지각이 해저확장에 의해 끊임없이 생성되고, 섭입에 의해 맨틀로 돌아가 재순환되는 것을 알고 있다. 이와는 대조적으로 대륙지각은 지구역사 초기에 규장질 조성과 낮은 용융점을 갖는 비교적 밀도가 낮은 규산염으로부터 축적되기 시작했다. 밀도 높은 해양지각과 밀도가 낮은 대륙지각 사이의 이러한 차이는 해양지각이 섭입대에서 맨틀 속으로 빨려들어가는 데 도움을 주지만, 대륙지각이 섭입에 저항하게 한다.

최근 호주 서부에서 발견된 44억 년 된 지르콘 광물입자(제8장 참조)는 지금까지 지구상에서 발견된 물질 중 가장 오래된 물질임이 밝혀졌다. 화학적 분석에 의하면 이 광물은 비교적 차가우며 물이 존재하는 지표 근처에서 형성되었음을 지시한다. 이 광물의 발견은 달을 형성시킨 거대한 충격으로 지구가 재형성된 지 1억 년밖에 지나지 않았지만 지구가 지각이 존재할 수 있을 정도로 충분히 냉각되었음을 암시한다.

지구의 맨틀 핵과 지각 사이에 고체 지구의 대부분을 차지하는 층인 맨틀(mantle)이 놓여 있다. 맨틀은 무거운 물질들의 대부분이 가라앉고 가벼운 물질들이 표면으로 올라온 후 중간 지역에 남겨진 물질들이다. 두께는 약 2,850km이며 지각을 구성하는 규산염보다 철과 마그네슘을 더 많이 포함하는 초고철질(초염기성) 규산염 암석들로 구성되어 있다. 맨틀의 대류는 지구내부의 열을 제거한다(제2장 참조).

맨틀은 지구역사의 초기에는 더 뜨거웠기 때문에 아마도 오늘날보다 더 활동적으로 대류하였을 것이다. 비록 '판'이 지금보다 훨씬 작고 두께가 얇았다 하더라도 아마 그 당시에도 어떤 형태로든 판구조운동이 작동하고 있었을 것이고, 그 구조적 특징은 오늘날 우리가 지구표면에서 보는 선상으로 늘어선 산맥과 긴 중앙해령과는 많이 달랐을 것이다. 일부 과학자들은 지구에서는 이미 오래전에 사라진 이러한 과정과 유사한 과정을 지금의 금성이 우리에게 보여주고 있다고 생각한다. 잠시 후에 우리는 지구와 금성의 조구조 과정을 비교해볼 것이다.

지구의 해양과 대기가 형성되다

해양과 대기의 기원은 지구의 '젖은(촉촉한) 탄생(wet birth)'까지 거슬러 올라갈 수 있다. 지구로 뭉친 미행성체들은 얼음, 물 그리고 광물 내에 갇힌 질소, 탄소 같은 다른 휘발성 물질들을 포함하고 있었다. 지구가 분화할 때, 수증기와 그 밖의 가스들은 이 광물들로부터 빠져나와서, 마그마에 의해 지표로 운반되어, 화산활동을 통해 방출되었다.

40억 년 전 화산으로부터 방출된 엄청난 양의 가스는 아마 오

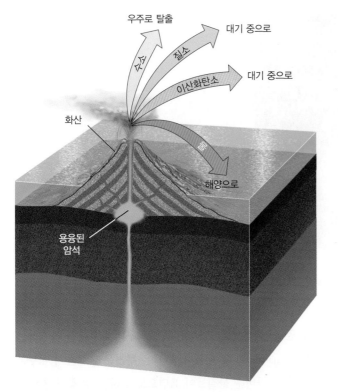

그림 9.6 초기 화산활동은 엄청난 양의 수증기, 이산화탄소, 질소를 대기와 대양에 공급했다. 가벼운 수소는 우주로 빠져나갔다.

늘날의 화산에서 방출되는 것과 같은 물질(상대적인 양은 같지 않을지라도)로 이루어졌을 것이다. 즉, 이들은 주로 수소, 이산화탄소, 질소, 수증기 그리고 몇몇 다른 가스들이다(그림 9.6). 거의 모든 수소는 우주로 빠져나갔지만, 무거운 가스들이 행성을 감싸고 있었다. 공기와 물의 일부는 아마 태양계 외곽에서 온 휘발 성분이 풍부한 물체, 즉 혜성과 같은 것들이 지구와 충돌하면서 유입되었을 것이다. 지구의 형성 초기에 수많은 혜성들이 지구와 충돌하면서 지구의 초기 대양들과 대기에 물, 이산화탄소, 그 외

가스들을 공급하였을 것이다. 이 초기 대기에는 오늘날 대기의 21%를 차지하는 산소가 결핍되어 있었다. 제11장에서 볼 수 있듯이, 산소를 생산하는 생명체가 진화되기 전까지는 대기에 산소가 유입되지 않았다.

■ 행성의 다양성

지구가 탄생된 지 2억 년도 지나지 않은 약 44억 년 전에 이르러서 지구는 완전하게 분화된 행성이 되었다. 핵은 아직 뜨겁고 거의 녹아 있었지만, 맨틀은 아주 잘 굳어 있었고, 원시 지각과 대륙들은 발달되기 시작했다. 해양과 대기가 형성되었고, 오늘날 우리가 관찰하는 지질학적 프로세스들이 작동하기 시작하였다. 하지만 다른 지구형 행성들은 어떠했나? 그들은 유사한 초기 역사를 겪었을까? 우주탐사선으로부터 송신된 정보는 4개의 지구형 행성들이 모두 중력분화과정을 통해 철과 니켈로 구성된 핵, 규산염의 맨틀, 그리고 바깥쪽의 지각으로 구성된 층상 구조를 이루고 있음을 보여준다(표 9.1).

수성(Mercury)은 대부분 헬륨으로 이루어진 희박한 대기를 가진다. 표면에서의 대기압은 지구대기압의 1조분의 1보다 작다. 태양에서 가장 가까운 이 행성에는 원시 지면을 침식하여 부드럽게 만드는 바람이나 물이 없다. 달과 비슷하다—수성의 표면은 수십억 년에 걸친 운석충돌의 산물인 수많은 크레이터들과 암석 파편층으로 덮여 있다. 태양 가까이에 위치하고 있으며, 근본적으로 행성을 보호할 대기가 없기 때문에, 수성은 낮 동안에는 표면 온도가 영상 470℃까지 데워지고, 밤에는 영하 170℃까지 냉각된다. 이는 어느 행성보다도 큰 일교차를 보이는 온도범위이다.

지구보다 훨씬 작은 행성임에도 불구하고, 수성의 평균밀도는

표 9.1 지구형 행성들과 달의 특성

	수성	금성	지구	화성	지구의 달
반경(km)	2,440	6,052	6,370	3,388	1,737
질량(지구=1)	0.06	0.81	1.00	0.11	0.01
	$(3.3 \times 10^{23}kg)$	$(4.9 \times 10^{24}kg)$	$(6.0 \times 10^{24}kg)$	$(6.4 \times 10^{23}kg)$	$(7.2 \times 10^{22}kg)$
평균밀도 (g/cm³)	5.43	5.24	5.52	3.94	3.34
공전주기 (지구의 날)	88	224	365	687	27
태양과의 거리 ($\times 10^6$km)	57	108	148	228	
달(위성)의 수	0	0	1	2	0

지구와 거의 비슷하다. 내부 압력의 차이를 설명하면서(높은 압력은 밀도를 증가시킨다는 것을 기억하라), 과학자들은 철-니켈로 이루어진 수성의 핵이 수성 질량의 약 70%를 차지해야 한다고 추정했는데, 이는 태양계 행성 중 가장 큰 비율이다(지구의 핵은 지구 전체 질량의 겨우 1/3이다). 아마도 수성은 거대한 충돌로 규산염 맨틀의 일부를 잃었을 것이다. 그렇지 않으면 강력한 복사열을 방출하던 초기의 태양이 수성 맨틀의 일부를 기화시켰을 수도 있다. 과학자들은 아직 이러한 가설들에 대해 논쟁하고 있다.

금성(Venus)은 지옥에 대한 대부분의 묘사들을 능가하는 표면 조건을 갖고 있는 행성으로 발달했다. 금성은 주로 이산화탄소와 부식성의 황산방울 구름으로 이루어진 무겁고, 유독하며, 믿을 수 없을 정도로 뜨거운(475℃) 대기로 둘러싸여 있다. 금성 표면에 서 있는 사람은 대기압에 의해 찌그러지고, 열기에 의해 끓어오르고, 황산에 의해 부식될 것이다. 금성 표면의 적어도 85%는 용암류로 덮여 있다. 나머지 지역은 대부분이 산악지대인데, 이는 금성이 지질학적으로 활발하다는 증거이다(그림 9.7). 금성은 질량과 크기 면에서 지구와 유사하며, 금성의 핵은 액체와 고체 부분을 모두 가지고 있으며, 지구의 핵과 비슷한 크기인 것으로 보인다. 어떻게 금성이 지구와 이렇게 다른 행성으로 발달할 수 있었을까 하는 의문은 천체 지질학자들의 호기심을 불러일으킨다.

화성(Mars)은 지구를 형성시킨 지질학적 과정의 대부분을 겪었

다(그림 9.7 참조). 이 붉은 행성은 지구보다 상당히 작으며, 지구 질량의 약 1/10에 불과하다. 그러나 화성의 핵은 지구와 금성의 핵처럼 행성 반경의 약 반 정도의 반경을 갖고 있는 것으로 보이며, 또한 지구의 핵처럼 액체 상태의 바깥쪽 부분과 고체 상태의 안쪽 부분을 갖고 있는 것으로 보인다.

화성은 거의 전부가 이산화탄소로 구성된 희박한 대기를 갖고 있다. 오늘날은 그 표면에 액체 상태의 물이 존재하지 않는다—화성은 너무 차갑고, 대기는 너무 희박해서 그 표면에 있는 물은 모두 얼거나 증발했을 것이다. 그러나 여러 증거들은 액체 상태의 물이 35억 년 전에는 화성의 표면에 풍부했었으며, 현재 많은 양의 물(얼음)이 지표 아래에 그리고 극지방의 빙모에 얼음 상태로 저장되어 있음을 나타낸다. 생명체가 수십억 년 전의 물이 있던 화성에서 발생했을지도 모르고, 그들이 오늘날 지표 아래에 미생물로서 존재할 수도 있다.

화성표면의 대부분은 30억 년보다 오래되었다. 이와는 대조적으로 지구에서는 약 5억 년보다 오래된 표면의 대부분이 판구조 운동과 기후시스템이라는 두 가지 활동에 의해서 사라졌다. 이 장 뒷부분에서 우리는 지구와 화성의 지표에서 일어나는 과정들을 보다 상세히 비교할 것이다.

달(Moon)은 지구 가까이에 있으며, 그동안 많은 유인 및 무인 탐사 덕분에 지구를 제외하고 태양계 내에서 가장 잘 알려진 곳이다. 전체적으로 달의 물질은 지구의 물질보다 가벼운데, 이는 아마도 지구와 충돌한 거대한 충돌체의 무거운 물질들이 충돌 후

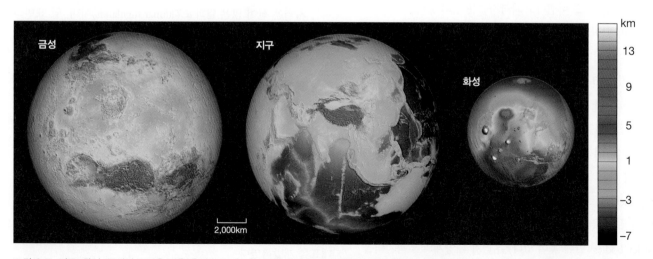

그림 9.7 지구, 화성, 금성의 표면을 같은 축적으로 비교한 그림. 가장 큰 고도차를 보이는 화성의 지형은 화성궤도를 도는 *마스 글로벌 서베이어* 우주선에 탑재된 레이저 고도계로 1998년과 1999년에 측정되었다. 고도차가 가장 적은 금성의 표면은 금성궤도를 도는 *마젤란* 우주선에 탑재된 레이더 고도계로 1990년부터 1993년에 걸쳐 측정되었다. 고도차가 중간 정도이고, 대양과 대륙이 우세한 지구의 지형은 육지표면에 대한 고도계 측정, 선박에 의한 해양수심 측정, 지구궤도 위성의 해저면 중력장 측정을 종합하여 만들었다.

[Greg Neumann/MIT/GSFC/NASA 제공.]

지구에 파묻혀 남아 있기 때문인 것 같다. 따라서 달의 핵은 작고, 달 전체 질량의 약 20%에 불과하다.

달은 대기가 없으며, 거대한 충돌에 의해 발생한 열로 대부분의 물을 잃어 대체로 메말라 있다. 우주선 관찰을 통해 달의 북극과 남극의 햇볕이 들지 않는 크레이터들의 깊은 곳에 소량의 얼음이 존재할지도 모른다는 새로운 증거가 제시되었다. 오늘날 우리가 보고 있는 수많은 크레이터로 뒤덮인 달의 표면은 매우 오래된, 지질학적으로 죽은 물체의 표면이며, 그 형성시기는 크레이터를 만드는 충돌이 매우 빈번했던 태양계 역사의 초기로까지 거슬러 올라간다. 일단 어떤 행성에 지형이 만들어지면, 금성과 화성에서처럼 판구조운동과 기후과정들이 작용해 지형을 '재포장'할 것이다. 그러나 이러한 과정이 없는 행성은 그 행성이 형성된 이후의 모습을 그대로 간직하고 있을 것이다. 따라서 수성과 같이 거의 연구되지 않은 행성들의 표면에 수많은 크레이터로 심하게 패인 지형들이 존재한다면, 그 행성들은 대류하는 맨틀과 대기가 모두 결여되어 있음을 나타낸다.

가스로 이루어진 거대한 외행성들—**목성**(Jupiter), **토성**(Saturn), **천왕성**(Uranus) 및 **해왕성**(Neptune)—은 오랫동안 수수께끼로 남아 있을 것 같다. 이러한 거대한 가스 구들은 화학적으로 매우 독특하고 너무 커서 그들이 걸어온 형성과정이 그보다 훨씬 작은 지구형 행성들의 형성과정과는 완전히 다른 경로를 거쳤음에 틀림없다. 4개의 거대한 행성들 모두는 액체 수소와 헬륨의 두꺼운 껍질로 둘러싸인 이산화규소와 철이 풍부한 암석질의 핵을 가지고 있다고 생각된다. 목성과 토성의 내부에서 압력이 너무 높아지면 수소가 금속으로 바뀐다고 과학자들은 믿고 있다.

가장 멀리 떨어져 있는 거대 행성인 해왕성의 궤도 밖에 놓여 있는 것은 미스터리로 남아 있다. 한때 태양계의 아홉 번째 행성으로 여겨졌던 크기가 작은 **명왕성**(Pluto)은 가스, 얼음, 그리고 암석이 기묘하게 동결된 혼합체로서, 때로는 해왕성보다 태양에 가깝게 접근하는 특이한 궤도를 가지고 있다. 작은 크기, 특이한 궤도, 암석-얼음-가스로 된 조성 등의 특성을 공유하는 '2003 UB313' 및 다른 2개의 물체들과 함께, 명왕성은 현재 **왜소행성**(dwarf planet)으로 알려져 있다. 왜소행성들은 태양계 안쪽을 주기적으로 통과하는 혜성들의 근원지로 알려진 얼음 덩어리 지대(belt of icy bodies) 안에 놓여 있다. 우리가 태양계의 외곽지역을 탐사할 때 또 다른 왜소행성 크기의 물체들이 발견될 가능성이 있다. 뉴허라이즌스(New Horizons)라 불리는 우주탐사선이 2015년 초에 명왕성에 도달했다.

가족 구성원들처럼 4개의 지구형 행성들은 모두 서로 어느 정도 유사점을 보인다. 그들은 모두 분화되어 철-니켈의 핵, 규산염 맨틀, 그리고 바깥쪽에 지각을 가진다. 그러나 우리가 방금 살펴본 바와 같이 이들 내에는 쌍둥이처럼 같은 행성은 없다. 이들의 각기 다른 크기와 질량 그리고 태양까지의 서로 다른 거리는 이들 네 행성들—특히 그들의 표면—을 뚜렷이 구별되게 만들었다.

인간의 얼굴처럼 행성의 얼굴 또한 그들의 연령을 나타낸다. 늙어감에 따라 주름살이 생기는 대신에 지구형 행성들의 표면에는 크레이터들이 나타난다. 수성, 화성 및 달의 표면은 수많은 크레이터들로 뒤덮여 있는 것으로 보아 확실히 오래되었다. 반면에 금성과 지구는 훨씬 젊기 때문에 아주 적은 수의 크레이터를 가지고 있다. 이 절에서 우리는 행성의 표면을 학습하고, 그들을 만든 지구조 및 기후과정들에 대하여 배울 것이다. 여기에서 이 책 전체의 주제인 지구는 제외되며, 화성은 다음 절에서 더 자세히 기술될 것이므로 간단하게만 언급될 것이다.

달나라 사람 : 행성연대표

맑은 밤에 쌍안경으로 달의 표면을 살펴보면 뚜렷이 구별되는 두 종류의 지역, 즉 커다란 크레이터들이 많이 나타나는 밝은색을 띠는 거친 지역과 크레이터가 작거나 거의 보이지 않는 원형의 매끄럽고 어두운 지역(그림 9.8)을 볼 수 있을 것이다. 밝은색을 띠는 지역은 산이 많은 달의 고지(lunar highlands)이며, 달 표면의 약 80%를 차지하고 있다. 어두운 지역은 달의 바다(lunar maria)라고 불리는 낮은 평원인데, 이는 달을 관찰한 초기의 연구자들에게 이곳이 바다처럼 보였기 때문에 '바다'를 뜻하는 라틴어인 마리아(maria)에서 유래된 명칭이다. 지구에서 '달나라 사람(Man in the Moon)'처럼 보이는 문양은 달의 고지와 달의 바다 사이의 밝기 차이에 의해 나타난다.

달로 가기 위한 아폴로 임무(Apollo missions)를 준비하면서 진 슈메이커(Gene Shoemaker, 그림 9.9)와 같은 지질학자들은 다음과 같은 간단한 원리에 기초하여 달 표면의 형성에 대한 상대연대표를 개발하였다.

■ 크레이터는 지질학적으로 새로 생긴 표면에는 없으며, 오래된 표면이 젊은 표면보다 많은 크레이터를 갖고 있다.

그림 9.8 달은 두 가지 유형의 지형을 갖고 있다—크레이터가 많은 고지와 크레이터가 거의 없는 저지 혹은 바다(maria). 달의 바다는 30억 년 이전에 달의 표면을 따라 흘러 광대한 지역을 덮고 있는 현무암 때문에 어둡게 보인다. [NASA/JPL.]

■ 작은 물체에 의한 충돌은 큰 물체에 의한 충돌보다 더 빈번하고, 따라서 오래된 표면은 더 큰 크레이터들을 가진다.

■ 더 최근에 충돌한 크레이터들은 오래된 크레이터들을 자르거나 덮는다.

이러한 원리를 적용하고, 크레이터들의 숫자와 크기를 지도화하여—크레이터 계산법(crater counting)이라 불림—지질학자들은

달의 고지가 달의 바다보다 오래된 것임을 밝힐 수 있었다. 그들은 달의 바다가 소행성이나 혜성의 충돌에 의해 만들어진 분지이며, 이 분지들은 충돌 직후에 흘러나온 다량의 현무암으로 '재포장'되었다고 해석하였다. 지질학자들은 달 표면의 여러 다른 부분들을 19세기 지질학자들이 지구를 대상으로 만든 상대연대표의 시대와 유사한 지질시대에 할당할 수 있었다.

아폴로 시대 이전에는 아무도 달의 바다나 고지의 절대연대를 알 수 없었지만, 전문가들은 양쪽 모두 매우 오래되었음을 알고 있었다. 달의 고지에 있는 많은 크레이터들과 달의 바다를 만든 거대한 충격들은 초기 태양계의 이론적 모델의 결과와 일치했다. 이러한 모델들은 행성들이 형성된 후 아직 태양계에 흩어져 있는 잔여 물질들이 빈번하게 행성들과 충돌하고 있었던 **대폭격기** (Heavy Bombardment)라 불리는 시기를 예측하였다(**그림 9.10**). 이 모델들에 의하면 충돌하는 물체의 수와 크기는 행성이 형성된 직후에 가장 컸을 것이며, 그 물질들이 행성들에 끌려들어가 제거되면서 빠르게 감소했을 것이다.

제8장에서 기술한 동위원소 연대측정법을 아폴로 우주인이 달에서 가져온 암석 시료에 적용하면서, 지질학자들은 크레이터 계산법으로 개발한 달의 상대연대표를 보정할 수 있었다. 실제로 고지는 매우 오래되었고(44억~40억 년), 바다는 젊다(40억~32억 년)는 것이 밝혀졌다. 이들의 연대는 **그림 9.11**의 지질연대 띠에 표시되어 있다.

그림 9.9 우주지질학자인 유진 슈메이커(Eugene Shoemaker)가 1967년 5월에 애리조나주의 미티어 크레이터(Meteor Crater)의 가장자리에서 우주비행사 훈련을 위한 답사 여행을 이끌고 있다. (이 크레이터의 항공 사진은 그림 1.7b에 있다.) 슈메이커와 동료 지질학자들은 크레이터를 면밀히 관찰하여 달 표면의 연대측정을 위한 상대연대표를 개발했다. [USGS.]

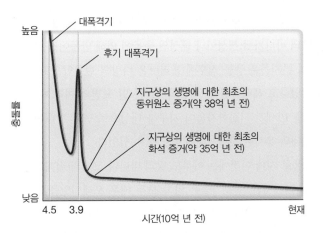

그림 9.10 행성의 충돌 횟수는 태양계의 역사 동안 변했다. 행성들이 형성된 이후에도 그들은 태양계에 널려 있는 잔여 물질들과 지속적으로 충돌하였다. 이러한 충돌은 행성 발달의 초기 5억 년이 지나는 동안 점점 줄어들었다. 그러나 후에 또 다른 빈번한 충돌 시기가 있었는데, 이는 후기 대폭격기로 알려져 있으며, 약 39억 년 전에 절정을 이루었다. (Ga : 10억 년 전)

그러나 바다의 비교적 젊은 연령은 이해할 수 없는 난제가 되었다. 컴퓨터 모의실험 결과는 대폭격기가 아마 수억 년 이내에 빠르게 끝났어야 한다는 것을 보여주었다. 그러면 달에서 관찰되는 몇몇 가장 큰 충돌들―달의 바다를 만든 충돌들―이 달의 역사에서 왜 그토록 늦은 시기에 발생했을까?

이 모의실험들은 중요한 사건 하나를 빠뜨렸다. 모의실험들이 예측했듯이, 거대한 물체가 달에 충돌하는 비율은 빠르게 감소했지만, 그 후 약 40억~38억 년 전 사이에 일어난 후기 대폭격기(Late Heavy Bombardment)로 알려진 시기에 다시 급상승했다(그림 9.10 참조). 이 사건의 설명에 대해서는 아직도 논란이 많지만, 아마도 약 40억 년 전에 목성과 토성의 궤도에서 일어난 작은 변화(즉, 그들이 현재의 궤도로 자리 잡을 때 그들의 중력 상호 작용에 의해 야기된 변화)가 소행성의 궤도를 어지럽혔던 것으로 보인다. 소행성 중 일부는 태양계의 안쪽 부분으로 보내져서, 달과 지구를 포함하는 지구형 행성들과 충돌하였다. 후기 대폭격기는 지구에서 39억 년보다 더 오래된 연령의 암석을 거의 찾을 수 없는 이유를 설명한다. 후기 대폭격기는 명왕누대의 끝과 시생누대의 시작을 나타내는 사건이다(그림 9.11 참조).

크레이터 계산법으로 달에서 처음으로 개발된 연대표는 태양계 내에 있는 각 행성들의 질량과 위치에 따른 충돌률 차이를 고려하여 다른 행성들로까지 확장되었다.

수성 : 고대 행성

수성의 지형은 알려진 바가 거의 없다. 마리너 10호(Mariner 10)는

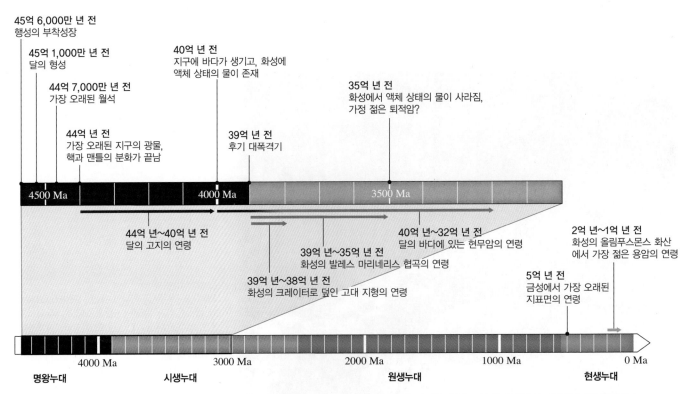

그림 9.11 크레이터 계산법으로 개발한 상대연대표를 월석의 절대연대를 이용하여 보정함으로써, 지질학자들은 지구형 행성들의 지질연대표를 만들었다. (Ma : 100만 년 전)

1974년 3월에 수성 근처로 날아간 첫 번째이자 유일한 우주선이다. 마리너 10호는 수성의 절반에 못 미치는 지역의 지도를 만들었으며, 수성의 나머지 반대편에 무엇이 있는지 우리는 거의 알 수 없다.

마리너 10호는 수성이 지질학적으로 활동을 멈춘, 수많은 크레이터로 뒤덮인 표면을 갖고 있다는 것을 확인해주었다. 수성의 표면은 모든 지구형 행성 중 가장 오래되었다(그림 9.12). 크고 오래된 크레이터들 사이에는 달의 바다처럼 아마 화산암으로 이루어진 젊은 평원이 놓여 있다. 마리너 10호의 사진들은 크레이터들과 평원들 사이의 색깔 차이를 보여주는데, 그것은 이러한 가설을 지지한다. 지구 및 금성과 달리, 수성은 표면을 재형성하는 지구조 힘에 의해 만들어졌다고 명확하게 말할 수 있는 특징들을 거의 보여주지 않는다.

많은 면에서 수성의 표면은 달의 표면과 매우 유사해 보인다. 수성과 달은 크기와 질량이 비슷하며, 그들의 조구조 활동의 대부분은 그들 역사의 초기 10억 년 이내에 일어났다. 하지만 한 가지 흥미로운 차이가 있다. 수성의 표면에는 500km 길이에 거의

2km에 가까운 높이를 갖는 급경사의 절벽들로 나타나는 여러 개의 자국들이 존재한다(그림 9.13). 이러한 모습들이 수성에서는 흔하지만, 화성에서는 드물고, 달에는 전혀 없다. 이러한 급경사의 절벽들은 수성의 단단한 지각이 수평압축을 받아 형성된 것으로 보인다(제7장 참조). 일부 지질학자들은 이것이 수성이 형성된 직후에 수성의 지각이 냉각하는 동안 형성된 것이라 생각한다.

2004년 8월 3일, 30년 만에 수성으로 가는 최초의 새로운 임무가 성공적으로 시작되었다. 메신저(MESSENGER) 우주선은 2011년 3월 수성 궤도에 성공적으로 진입하였다. 메신저호는 수성의 표면 조성, 지질역사, 그리고 핵과 맨틀에 대한 정보를 보내오고 있으며, 수성의 극지방에서 얼음 및 이산화탄소와 같은 다른 결빙 가스들의 존재 증거를 탐사할 예정이다.

금성 : 화산행성

금성은 종종 해 질 녘의 하늘에서 밝게 빛나는, 우리의 가장 가까운 이웃 행성이다. 그러나 우주탐험 초기의 몇십 년간 금성은 과학자들을 좌절하게 했다. 행성 전체가 이산화탄소, 수증기, 그리고 황산으로 이루어진 짙은 안개로 뒤덮여 있어 과학자들이 보통의 망원경과 사진기로는 그 표면을 조사할 수 없었다. 많은 우주선들을 금성에 보냈으나 단지 몇 대의 우주선만이 이 산성 안개를 통과할 수 있었고, 금성의 표면에 착륙을 시도한 첫 번째 우주선은 엄청난 대기압으로 부서지고 말았다.

1990년 8월 10일에서야 비로소 13억km를 비행한 마젤란호(Magellan)가 금성에 도착하여 금성 표면에 대한 첫 번째 고해상도 사진을 찍었다(그림 9.14). 마젤란호는 경찰이 과속 운전을 단속할 때 사용하는 카메라(밤에도 볼 수 있고, 안개를 통과해 속도를 측정하는 카메라)와 유사한 레이더(radio detection and ranging, radar) 장치를 이용하여 사진을 촬영했다. 레이더 사진기는 행성

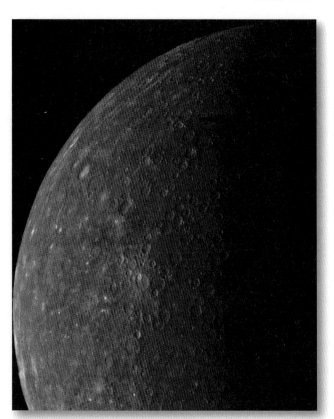

그림 9.12 수성은 지구의 달 표면처럼 수많은 크레이터들로 뒤덮인 표면을 갖고 있다.

[NASA/JPL/Northwestern University.]

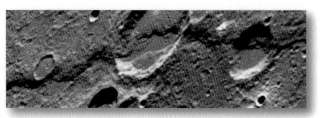

그림 9.13 이 사진을 가로질러 굽이쳐 지나가는 급경사의 절벽은 아마도 수성이 형성된 후 식어가는 동안 수성의 지각이 압축되면서 형성된 것으로 생각된다. 절벽은 그것이 가로지르는 크레이터들보다 젊은 것이 틀림없다.

[NASA/JPL/Northwest University.]

그림 9.14 금성의 이 지형도는 10년 이상의 탐사에 기초하여 작성된 지도이며, 탐사는 1990~1994 마젤란 탐사임무 동안 절정에 다다랐다. 지역적인 고도차는 고지(황갈색), 융기부(녹색), 저지(파란색)로 표현되어 있다. 저지대에는 거대한 용암 평원이 보인다.

[NASA/USGS.]

고도(km)

0 2 4 6 8 10 12 14

의 표면처럼 고정된 표면 또는 자동차의 표면처럼 움직이는 표면에 전파를 반사시켜 영상을 만든다.

마젤란호가 지구로 전송한 사진들은 안개에 뒤덮인 금성이 산맥, 평원, 화산, 그리고 열곡을 가지고 있는 놀랄 만큼 다양하고 조구조적으로 활동적인 행성임을 명확하게 보여주었다. 금성의 저지대 평원들―〈그림 9.14〉의 푸른색 지역들―은 달의 가장 젊은 바다보다 더 적은 크레이터들을 기지고 있는데, 이는 금성의 저지대 평원들이 더 젊다는 것을 지시한다. 이들 저지대 평원들은 16억 년에서 3억 년 사이의 연령을 가진 것으로 판단된다. 금성에는 비가 오지 않기 때문에 침식이 거의 일어나지 않아서 우리가 지금 관찰하는 특징들은 언제나 변함이 없다. 비교적 적은 수의 크레이터들이 관찰된다는 사실은 많은 크레이터들이 용암으로 덮여 있다는 것을 의미하며, 이는 금성이 비교적 최근까지 지구조적으로 매우 활발하였음을 암시한다.

젊은 평원지대에는 직경 2~3km에, 높이 약 100m 이상인 작은 화산돔들 수십만 개가 점점이 분포하고 있는데, 이들은 아마도 금성의 지각이 매우 뜨거웠던 곳에서 형성되었을 것이다. 또

한 하와이제도의 순상화산들과 유사한 높이 3km에, 직경 500km에 달하는 더 큰 독립 화산들도 존재한다(그림 9.15a). 또한 마젤란호는 코로나(coronae)라 불리는 특이한 원형의 지형들을 관찰했는데, 이들은 지표면에 커다란 부풀 또는 돔을 만들면서 상승하는 뜨거운 용암방울이 이후 돔이 붕괴되면서―마치 부풀어올랐다 푹 꺼진 수플레(soufflé)처럼―넓은 고리를 남기고 가라앉아서 만들어진 것으로 보인다(그림 9.15b 참조).

금성은 광범위한 화산활동에 대한 너무 많은 증거를 가지고 있기 때문에 화산행성이라고도 불린다. 금성은 뜨거운 물질이 상승하고 차가운 물질이 하강하는, 지구처럼 대류하는 맨틀을 갖고 있다(그림 9.16a). 하지만 지구와 달리, 딱딱하고 굳은 암석권의 두꺼운 판들을 갖고 있는 것으로 보이지는 않는다. 대신 굳은 용암으로 된 얇은 지각만이 대류하는 맨틀 위에 놓여 있다. 격렬한 대류의 흐름이 표면을 밀어늘리면, 지각은 작은 조각들로 부서지거나 양탄자처럼 구겨지고, 뜨거운 마그마의 방울들이 끓어 올라 커다란 대륙과 화산퇴적물들을 형성한다(그림 9.16b). 과학자들은 금성의 이러한 독특한 과정을 **조각구조론(flake tectonics)**이

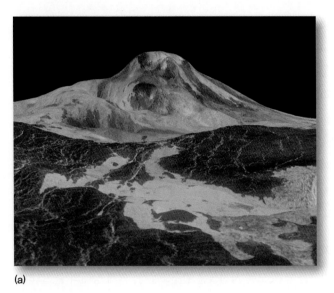

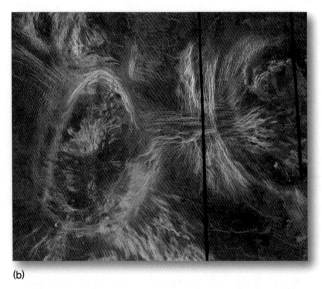

(a)

(b)

그림 9.15 금성은 수많은 표면적 특징을 갖고 있는 조구조적으로 활동적인 행성이다. (a) 마아트몬스(Maat Mons) 화산은 높이가 3km에 달하고 직경이 500km정 도로 추정되는 화산이다. (b) 코로나(coronae)라 불리는 화산지형은 금성을 제외한 다른 행성에서는 볼 수 없다. 코로나를 나타내는 눈에 보이는 선들은 뜨거운 용 암 방울이 푹 꺼진 수플레(soufflé)처럼 함몰될 때 만들어진 균열대, 단층, 습곡들이다. 각 코로나는 직경이 수백 킬로미터에 달한다. [NASA/USGS.]

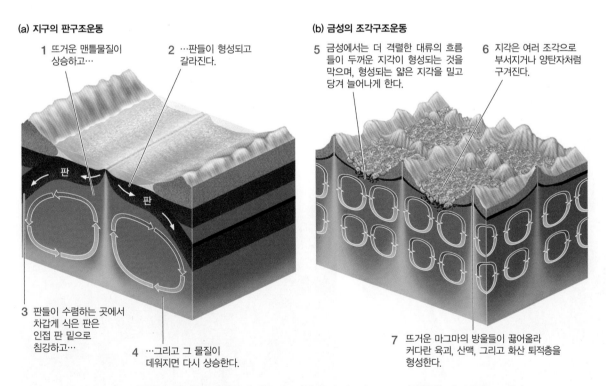

(a) 지구의 판구조운동

1 뜨거운 맨틀물질이 상승하고…

2 …판들이 형성되고 갈라진다.

판

판

3 판들이 수렴하는 곳에서 차갑게 식은 판은 인접 판 밑으로 침강하고…

4 …그리고 그 물질이 데워지면 다시 상승한다.

(b) 금성의 조각구조운동

5 금성에서는 더 격렬한 대류의 흐름 들이 두꺼운 지각이 형성되는 것을 막으며, 형성되는 얇은 지각을 밀고 당겨 늘어나게 한다.

6 지각은 여러 조각으로 부서지거나 양탄자처럼 구겨진다.

7 뜨거운 마그마의 방울들이 끓어올라 커다란 육괴, 산맥, 그리고 화산 퇴적층을 형성한다.

그림 9.16 금성의 조각구조운동은 지구의 판구조운동과 아주 다르지만, 초기 지구의 조구조 과정들과는 유사할지도 모른다.

라고 부른다. 과거에 지구가 더 젊고 뜨거웠을 때, 판(plates)보다 는 조각(flakes)들이 지구 조구조 활동의 주요 형태였을 가능성이 있다.

화성 : 붉은 행성

모든 행성 중에서 화성은 지구와 가장 비슷한 표면을 가지고 있 다. 화성은 한때 표면에서 물이 흘렀으며, 아직도 액체 상태의 물 이 지하 깊숙한 곳에 존재함을 암시하는 특징들을 가지고 있다. 그리고 물이 있는 곳에는 생명체가 살고 있을지도 모른다. 태양계의 행성들 중, 외계생명체가 살고 있을 가능성이 가장 큰 행성은 화성이다.

화성은 그 표면에 산화철 광물이 풍부하여 붉은 행성이라는 이름을 얻게 되었다. 산화철 광물은 지구에서 흔하며, 철을 함유한 규산염의 풍화가 일어나는 곳에서 형성되는 경향이 있다. 우리는 이제 현무암 속에서 만들어지는 휘석 및 감람석과 같은 지구에서 흔한 많은 다른 광물도 화성에서 나타난다는 것을 안다. 하지만 황산염같이 비교적 보기 드문 광물들도 화성에서 산출되는데, 이 광물들은 액체 상태의 물이 안정되어 있었던 초기 화성의 습한 시기에 만들어진 것으로 보인다.

화성의 지형은 지구와 금성의 지형보다 더 큰 고도차이를 보인다(그림 9.7 참조). 높이가 25km인 올림푸스몬스(Olympus Mons) 화산은 최근까지 활동한 거대한 화산으로, 태양계에서 가장 높은 산이다(그림 9.17a). 길이가 4,000km이고 평균깊이가 8km인 발레스마리네리스(Valles Marineris) 협곡은 뉴욕시에서 로스앤젤레스시까지에 해당하는 거리에 걸쳐 뻗어 있으며, 그랜드캐니언보다 다섯 배나 깊다(그림 9.17b). 최근 지질학자들은 마지막 빙하기 동안에 북미를 덮은 것과 유사한 빙상이 화성표면을 가로질러 흘렀다는 과거 빙하 과정의 증거를 발견했다. 마지막으

로 달, 수성, 그리고 금성처럼, 화성은 수많은 크레이터로 뒤덮인 오래된 시기의 고지(highlands)와 젊은 시기의 저지(lowlands)를 둘 다 가지고 있다. 그러나 수성, 금성, 그리고 달의 저지대와 달리, 화성의 저지대는 용암류뿐만 아니라 퇴적물, 퇴적암, 그리고 바람에 날린 먼지 집적물들에 의해서도 만들어졌다.

화성의 얼굴은 복잡할지는 모르지만, 지구를 제외한 그 어떤 행성보다 많이 관찰되고 방문되었음에도 불구하고 항상 판독하기 쉬운 것만은 아니다. 그러나 우리가 곧 알게 되겠지만, 화성의 비밀들은 결국 밝혀지고 있다.

지구 : 집보다 좋은 곳은 없다

지구를 담은 모든 사진들은 판구조운동, 액체 상태의 물, 그리고 생물의 너무도 엄청난 영향에 의해 만들어진 독특한 아름다움을 분명히 보여주고 있다. 지구의 파란 하늘과 바다 그리고 푸른 초목에서부터 눈 덮인 험준한 산맥들과 움직이는 대륙까지, 진실로 지구 같은 곳은 없다. 지구의 놀랄 만한 모습은 생명을 부양하고 지속시키는 데 꼭 필요한 조건들의 정교한 균형에 의해 유지된다.

우리 행성표면의 모양을 결정하는 특징들은 이 책 전체를 통

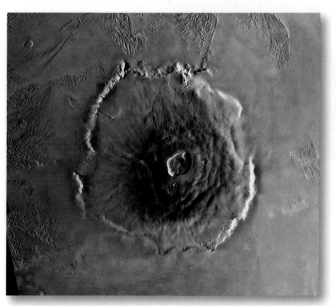

(a)

(b)

그림 9.17 화성의 지형은 커다란 고도차를 보여준다. (a) 올림푸스몬스 화산은 태양계에서 가장 높은 화산이며, 주변 평원으로부터 거의 25km 가까이 솟아 있다. 직경 550km에 수 킬로미터의 높이를 갖는 바깥쪽을 향하는 급경사의 절벽이 화산을 둘러싸고 있다. 절벽 너머에는 올림푸스몬스 화산에서 나온 것으로 보이는 용암으로 채워진 해자(주위에 둘러 판 못)가 있다. (b) 발레스마리네리스 협곡은 태양계에서 가장 길고(4,000km) 가장 깊은(10km) 협곡이다. 이 협곡은 그랜드캐니언보다 5배나 더 깊다. 이 사진에서 협곡은 일련의 단층경계 분지들로 노출되어 있으며, 이 분지들의 측면은 암설 더미를 남기며 부분적으로 무너져 있다(그림 왼쪽 상단). 여기에서 협곡의 벽들은 높이가 6km에 달한다. 협곡의 벽들이 층상 구조를 보이는 것으로 보아 단층이 일어나기 이전에 퇴적암이나 화산암의 퇴적이 있었다는 것을 나타낸다.
[(a) NASA/USGS; (b) ESA/DLR/FU Berlin.]

해 논의되고 있지만, 여기에서 검토할 하나의 과정은 크레이터의 형성이다. 운석과 소행성의 충돌은 모든 지구형 행성들의 지질기록에 보존되어 있지만, 근본적으로 시간이 흘러도 표면이 변하지 않는 다른 지구형 행성들과는 대조적으로, 지구는 태초의 흔적을 거의 보존하고 있지 않다. 그 이유는 금성의 조각구조운동보다 더 효율적인 지구의 판구조운동에 의한 재순환이 지구의 표면을 거의 새롭게 포장했기 때문이다. 지금까지 남아 있는 크레이터들은 후기 대폭격기의 말기보다 훨씬 젊으며, 또한 섭입되지 않은 대륙에만 보존되어 있다(그림 9.18).

그럼에도 불구하고 지구는 여전히 우주로부터 많은 쓰레기 조각들을 축적하고 있다. 현재 매년 약 4만 톤의 외계물질들이 지구에 떨어진다. 그들은 대부분이 먼지와 눈에 띄지 않는 작은 물체들이다. 비록 충돌의 빈도가 대폭격기보다는 규모 면에서 크게 작아졌지만, 아직도 직경 1~2km 크기의 커다란 덩어리들이 수백만 년에 한 번의 빈도로 지구와 충돌한다. 비록 이러한 충돌들이 드물어졌다고는 하지만, 천체망원경들이 우주를 조사하여 지구에 충돌할 만한 큰 덩어리가 나타나면 조기에 경고할 수 있도록 배치되어 있다. 미국항공우주국(NASA)의 천문학자들은 최근 직경 1km의 소행성이 '무시할 수 없을 정도의 가능성(1/300의 확률)'으로 2880년 3월에 지구와 충돌할 것이라고 예측했다. 이러한 충돌은 인류문명을 위태롭게 할 것이다.

우리는 커다란 물체와 지구의 충돌은 지구상의 생명을 유지하는 환경조건들을 크게 교란할 수 있다는 것을 이미 알고 있다. 제 11장에서 살펴보겠지만, 6,500만 년 전에 직경 약 10km의 소행성과 지구의 충돌은 모든 공룡을 포함한 지구생물 종의 75%를 멸종시켰다. 이 사건은 포유동물이 가장 우세한 종이 될 수 있게 해주었고, 인류 출현의 길을 닦아주었다. 표 9.2는 다양한 크기의 물체들에 의한 충돌이 지구와 지구생명체에 미칠 가능성 있는 영향을 기술하고 있다.

■ 화성의 암석!

우리는 화성탐사의 황금기에 살고 있다. 이 책을 쓰고 있는 지금 이 순간에도 2개의 로봇로버(rover, 탐사차량)가 화성표면을 탐사하고 있으며, 3개의 궤도선이 화성 주위를 돌고 있다. 이들 5개의 우주탐사선은 끊임없이 새로운 데이터를 전송하고 있으며, 이는 중요한 새로운 발견들로 이어지고 있다. 화성의 과거 지표환경에 대한 우리의 이해는 극적으로 변하고 있다. 이러한 즐거움은 금방 끝날 것 같지는 않다. 미국항공우주국(NASA)과 유럽우주국(European Space Agency)은 향후 몇 년 내에 또 하나의 탐사로

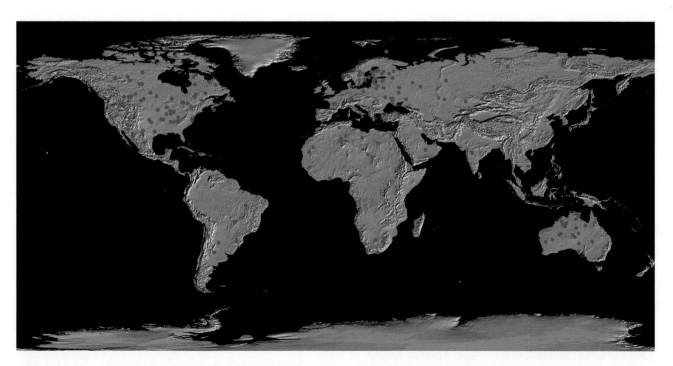

그림 9.18 다른 지구형 행성들에 비하여 운석과 소행성의 충돌에 의해 형성된 크레이터들이 지구에는 드물다. 판구조운동에 의한 지구지각의 재순환이 거의 모든 충돌의 흔적들을 지웠기 때문이다. 지구상에 남아 있는 크레이터들(붉은 점들)은 오직 대륙에서만 볼 수 있다. [NASA/JPL/ASU.]

표 9.2 소행성과 운석에 의한 충돌과 지구의 생명체에 미친 영향

	충돌 사례 또는 상응하는 크기	가장 최근의 일	지구에 미친 영향	생명체에 대한 영향
초거대 : 반경(R) > 2,000km	달 형성 사건	45.1억 년 전	지구의 용융	휘발성 물질의 소실, 지구상의 생명체 절멸
거대 : R > 700km	명왕성	43억 년 이전	지각의 용융	지구상의 생명체 절멸
아거대 : R > 200km	4 베스타(Vesta, 큰 소행성)	약 40억 년 전	바다의 증발	지표 아래의 생물 생존 가능
초대형 : R > 70km	키론(Chiron, 가장 큰 혜성)	38억 년 전	바다의 상층부 100m 증발	광합성 생물들의 절멸
대형 : R > 30km	헤일밥(Hale–Bopp) 혜성	약 20억 년 전	대기와 지표면을 약 1,000K까지 가열	대륙이 불타오름
중형 : R > 10km	백악기–제3기 경계부 충돌체, 433 에로스(Eros, 지구 근접 소행성 중 가장 큰 것)	6,500만 년 전	화재/먼지/암흑을 일으킴, 바다와 대기의 화학적 변화, 큰 온도 변화	백악기–제3기 경계부의 충돌은 전체 생물 종의 75%와 모든 공룡들을 멸종시킴
소형 : R > 1km	지구 근접 소행성들의 크기	약 30만 년 전	여러 달 동안 전 지구의 대기를 먼지로 뒤덮음	광합성 중단, 개체들은 많이 죽지만 멸종하는 종은 거의 없음, 문명에 대한 위협
미소형 : R > 100m	퉁구스카 사건(시베리아)	1908	수 킬로미터 밖의 나무들을 쓰러뜨림, 지구의 반구에 경미한 효과를 일으킴, 먼지 많은 대기	신문 제1면 머리기사, 낭만적인 일몰, 출생률 증가

[J. D. Lissauer, *Nature* 402 (1998): C11~C14.]

버를 보내기로 약속했으며, 화성의 암석 표본들을 지구로 가져올 계획들을 추진하고 있다. 이러한 탐사임무에 참여한 모든 과학자들은 그들이 이와 같은 모험의 시대에 살고 있다는 데 감사하고 있다.

화성의 표면에서 일어나고 있는 과정들에 대한 우리의 이해는 2개의 골프 카트 크기 탐사로봇이 2004년 1월 화성에 착륙하면서 급격히 증진되었다. 스피릿(Sprit)과 오퍼튜니티(Opportunity)라고 불리는 두 화성탐사로버(MER)들은 지질학적 원격 탐사장비가 장착된 마스 익스프레스(Mars Express)라 불리는 궤도선과 함께 2003년 6월에 미국 플로리다주의 케이프커내버럴에서 발사되어 붉은 행성으로의 3억km 여정을 시작하였다. 이들의 임무는 모두의 상상을 초월하는 대성공을 거두었으며, 2004년과 2005년은 우주탐사의 가장 위대한 두 해가 되었다. 2006년부터 임무를 수행하기 시작한 또 다른 새로운 화성정찰위성(Mars Reconnaissance Orbiter)은 화성의 광대한 지역을 탐사하여 물의 작용에 의해 만들어진 증거를 보여주는 수많은 관측자료들을 수집하였다. 이 탐사선에 탑재된 카메라는 전례가 없는 높은 해상도(25cm/pixel)로 멋진 사진들을 촬영하고 있다. 피닉스(Phoenix)

착륙선은 2008년 6월부터 11월까지 화성의 극지방에서 임무를 수행하여, 먼지로 뒤덮인 표면의 불과 수 센티미터 아래에서 얼음의 존재를 확인하였다. 2012년 8월에는 화성과학실험실(Mars Science Laboratory)인 큐리오시티(Curiosity) 로버가 화성의 게일 크레이터(Gale crater)에 멋지게 착륙하였다('7분의 공포'라는 동영상은 http://www.jpl.nasa.gov/video/index/php?id=1090에서 볼 수 있다). 이 책을 집필할 당시, 큐리오시티 로버는 현재 게일 크레이터의 중앙에 있는 약 5km 높이의 샤프산(Mt. Sharp)을 향하여 이동하면서 2년짜리 초기 임무를 수행 중에 있다. 게일 크레이터는 생물이 살 수 있었던 초기 화성의 환경역사에 대한 많은 기록들을 간직하고 있다(이 책의 저자들 중 하나인 John Grotzinger는 큐리오시티 로버 팀의 책임과학자이다).

화성탐사임무 : 접근 비행, 궤도선, 착륙선, 그리고 로버

화성의 초기 탐사들은 현재 탐사의 성공을 위한 토대를 마련하는 데 도움을 주었다. 1960년대 초 이후 화성으로 보내진 모든 우주선들은 다음 네 가지 중 한 방법으로 임무를 수행했다. 첫째로, 마리너 4호와 같은 화성탐험을 개척한 초기 우주선들은 화성 옆

을 근접하여 날아가면서 깊은 우주로 사라져버리기 전까지 빠르게 모든 자료를 수집했다.

둘째로, 가장 일반적인 탐사방식은 지구 주위를 도는 인공위성과 같은 방식으로 화성궤도를 도는 것이다. 1971년 5월에 발사된 마리너 9호는 지구 이외의 다른 행성궤도를 선회하는 최초의 우주선이었다. 그 이후로 8개의 다른 궤도선들이 화성표면의 지도를 제작하는 데 도움을 주었다. 마스 오디세이(Mars Odyssey), 마스 익스프레스, 그리고 화성정찰위성(Mars Reconnaissance Orbiter)은 오늘날까지 여전히 활동하고 있다. 10년 동안의 매우 성공적인 임무 후에 마스 글로벌 서베이어(Mars Global Surveyor)는 2006년에 활동을 마쳤다.

화성을 관찰하는 세 번째 방법은 화성표면에 우주선을 착륙시키는 방법이다. 바이킹 탐사임무(Viking mission)는 궤도선과 착륙선으로 구성된 두 우주선을 이용하였다. 바이킹 1호의 착륙선은 1976년 7월 20일에 화성표면에 착륙하였는데, 다른 행성에 착륙하여 유용한 정보를 지구로 전송한 최초의 우주선이 되었다. 바이킹 탐사임무는 우리가 처음으로 다른 행성의 표면 위에 서서 바라볼 수 있게 해주었다. 바이킹 우주선은 또한 화성의 암석에 대한 최초의 화학분석을 실시하였으며, 최초의 생명체 탐지 실험도 수행하였다.

화성을 탐사하는 네 번째 방법은 로버를 이용하는 방법이다─로버는 행성의 표면 위를 돌아다닐 수 있는 로봇 차량이다. 바이킹 임무가 무척이나 흥미로웠지만, 또 다른 우주선이 화성표면에 안전하게 착륙하기까지는 20여 년의 시간이 더 걸렸다. 20년이 지난 후에는 패스파인더(Pathfinder)가 1997년 7월 4일에 화성에 도착했다. 그러나 패스파인더 착륙선에는 소저너(Sojourner)라 불리는 신발 상자 크기의 로버가 탑재되어 있었다. 이 로버는 표면을 돌아다니면서 패스파인더호의 착륙선 주변 반경 수 미터 이내의 암석과 토양을 분석하였다. 소저너 로버는 다른 행성에서 성공적으로 작동한 최초의 이동차량이었고, 2004년에 착륙한 더 크고 유능한 화성탐사로버(MER)들의 설계 원형이 되었다.

초기 탐사임무 : 마리너(1965~1971)와 바이킹(1976~1980)

마리너(Mariner)와 바이킹(Viking) 탐사임무는 최초의 상세한 화성사진들을 지구에 전송했다. 우리는 화성표면의 일부에서 달처럼 크레이터로 뒤덮인 지역을 보았다. 다른 지역에서는 거대한 화산들과 협곡들, 광대한 사구지역, 양쪽 극지역을 덮은 빙모, 그리고 화성 주위를 도는 2개의 달인 포보스(Phobos)와 데이모스

(Deimos)를 비롯한 장대한 모습들을 보았다. 초기의 사진들은 또한 이전에 지구에서도 관찰할 수 있었던 전구적인 먼지 폭풍도 확인시켜주었다. 궤도를 선회하는 우주선은 이 먼지 폭풍을 지속적으로 관찰하고 있다(그림 9.19).

또한 광범위한 하천 수계망이 발견되었는데, 이는 한때 화성 표면에서 액체—아마 물—가 흘렀을지도 모른다는 최초의 증거를 제공하였다(그림 9.20). 종합적으로 이러한 자료들은 전에는 인식하지 못했던 사실들을 밝혀주었다. 즉, 화성은 북부의 낮은 평원과 남쪽의 크레이터가 많은 고지(highlands) 등 크게 두 지역으로 나누어진다는 것이다.

먼지 많음

맑음

2001년 6월 27일

2001년 7월 3일

2001년 8월 10일

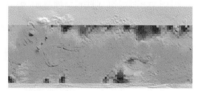
2001년 9월 16일

2001년 12월 8일

그림 9.19 화성의 전구적 먼지 폭풍. 이 그림에서 볼 수 있듯이 폭풍은 국지적으로 시작해서 점차 행성 전체로 확장된다. [NASA/JPL/ASU.]

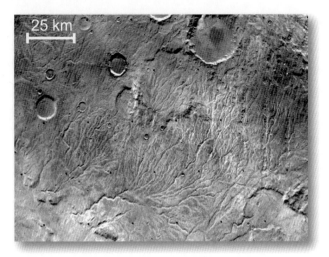

그림 9.20 *바이킹* 궤도선에 의해 밝혀진 화성표면에 새겨진 수계망. 수계망의 복잡성은 아마도 액체 상태의 물이 침식의 주된 힘이었음을 암시한다. [NASA/Washington University.]

두 바이킹 착륙선들은 화성지형에 대한 고해상도 사진을 제공해 주었다. 두 곳의 착륙 지점에는 바람에 날린 모래에 의해 마모되어 다소 둥근 암석들이 산재해 있었다. 화학적 센서들은 암석과 토양의 조성이 주로 현무암질이라는 것을 보여주었다. 하지만 모든 암석들은 단단하지 않고 푸석푸석했으며, 노출된 기반암의 증거는 없었다. 착륙선에 탑재된 생물학적 실험장치는 두 장소에서 생물체의 증거를 발견하지 못하였다. 이들의 탐사를 통해 화성이 붉은색을 띠는 것은 토양 내에 산화철이 존재하기 때문이며, 화성의 하늘 색깔이 푸른색이 아니라 분홍색인 것은 대기 중에 부유하는 고농도의 산화철 먼지 입자들 때문인 것으로 밝혀졌다.

패스파인더(1997) 패스파인더의 카메라는 바이킹 착륙선이 보낸 것과 매우 비슷한 사진들을 보내왔다. 착륙 지점은 암석으로 뒤덮여 있었고, 바람에 날린 모래들이 일부 암석들의 뒤에 꼬리를 만들고 있었으며, 노출된 기반암은 찾을 수 없었다. 하지만 현무암의 증거에 더하여 소저너 로버는 안산암의 증거도 포착하였다. 화성에 안산암이 존재한다는 것은 적어도 화성지각의 일부가 이미 형성된 현무암의 부분용융에 의해 만들어졌음을 나타내는데, 이는 전에 알고 있던 것보다 더 복잡한 지각진화의 역사를 암시한다.

패스파인더의 장비 중에는 대기로부터 먼지를 수집하는 자석이 포함되어 있다. 먼지 속에 오직 산소가 부족한 환경에서만 만들어지는 자성광물들이 들어 있는 것이 발견되었다.

마스 글로벌 서베이어(1996~2006)와 마스 오디세이(2001~)
마스 글로벌 서베이어와 마스 오디세이는 매우 향상된 지도 제작 능

력을 보유하고 있었으며, 그 결과로 괄목할 만한 많은 발견을 하였다. 마스 글로벌 서베이어는 레이저 기반 고도계를 장착하고 있는데, 이를 이용하여 전례 없는 높은 해상도로 화성의 지형을 조사하였다. 새로운 사진들은 액체 상태의 물에 대한 가장 강력한 증거를 제공해주었는데, 즉 이번 사진에서는 고결되지 않은 퇴적물로 이루어진 사행천 퇴적물을 보여주었다(그림 9.21). 바이킹 궤도선에 의해 관찰된 암반을 깎고 내려간 수로들은 흐르는 물이 있었음을 암시하기는 하지만, 사행천 퇴적층의 존재(제18장 참조)는 화성표면에 물이 흘렀다는 보다 강력한 증거이다. 그러나 2004년이 되어서야 비로소 화성탐사로버(Mars Exploration Rovers, MER)들이 액체 상태의 물이 있어야 만들어지는 광물들의 존재를 처음으로 확인해주었다.

마스 글로벌 서베이어와 마스 오디세이는 또한 중위도로부터 극지방까지 전반에 걸쳐 화성의 토양 아래에 동토층(얼음이 풍부한

그림 9.21 *마스 글로벌 서베이어*가 찍은 이 사진은 에베르스발데 크레이터 (Eberswalde Crater)의 내부에 쌓인 퇴적물에서 발견된 사행 하천의 활동에 대한 명확한 증거를 보여준다. 액체 상태의 물이 화성표면을 가로질러 분화구로 흘러들어가, 현재 지구의 미시시피강에서 볼 수 있는 것과 유사한 사행 하천의 수로 내에 퇴적물을 축적시킨 것으로 보인다(제18장 참조). [NASA/JPL/MSSS.]

토양, 제21장 참조)이 놓여 있음을 보여주었다. 또한 광범위한 빙하가 비교적 가까운 과거에 존재했었음을 보여주었는데, 이는 화성이 지구처럼 전 세계적인 기후변화에 의해 야기된 빙하기를 겪었을지도 모른다는 것을 암시해준다. 마지막으로 마스 글로벌 서베이어는 화성표면에 흩어져 드물게 나타나는 적철석(Fe_2O_3)—지구에서는 흔히 물에서 형성되는 광물—으로 이루어진 작은 땅들을 발견하였다. 앞으로 살펴보겠지만, 이 발견은 화성탐사로버 임무(Mars Exploration Rovers mission)의 성공에 기여하였다.

화성탐사로버(MER) : 스피릿과 오퍼튜니티

화성탐사로버들—스피릿과 오퍼튜니티(그림 9.22)—은 거의 인간 지질학자만큼의 기능을 하는 화성으로 보낸 최초의 우주선이었다. 멀리서 바라보는 궤도선이나 착륙지를 벗어날 수 없는 착륙선과는 달리, 탐사로봇차량인 스피릿과 오퍼튜니티 로버들은 더 자세히 연구할 암석들을 채취하고 선별하면서 이 암석에서 저 암석으로 이동할 수 있다. 그리고 적당한 암석을 발견하면, 로버는 마치 지구상의 야외나 강의실에서 지질학자들이 하는 것처럼 암석을 핸드 렌즈*로 관찰할 수 있다. 하지만 지구의 지질학자와는 달리, 이 로버들은 이동식 실험실을 휴대 장착하고 있으므로 막대한 비용을 지불하며 암석을 지구로 가져올 필요 없이 그 장소에서 곧바로 분석할 수 있다. 이 놀랄 만한 능력 때문에 스피릿과 오퍼튜니티는 화성 최초의 로봇 지질학자라는 별명을 얻게 되었다.

그림 9.22　화성탐사로버(MER)들 중 하나인 스피릿(왼쪽)은 골프 카트 정도의 크기이다. 스피릿 로버가 소저너 로버와 쌍둥이인 로버 옆에 서 있다. 소저너 로버는 1997년에 화성으로 보내진 로버이다. 화성과학실험실(MSL, 오른쪽)은 소형차 크기이며, 2011년에 화성으로 보내졌다.
[NASA/JPL–Caltech.]

화성탐사로버(MER)들은 척박한 화성의 표면 환경에서 3개월 동안 생존하여 300m 이내의 거리를 이동하도록 설계되었다. 이후 그들은 화성표면을 가로질러 총 40km 이상을 여행하였으며, 오퍼튜니티 로버는 이 책이 집필되고 있는 2013년 현재에도 여전히 작동하고 있다(스피릿 로버는 2010년에 작동을 멈추었다). 그들은 영하 90도 이하의 야간 온도, 그들을 뒤집을 수 있는 회오리 모래바람(dust devils), 그리고 그들의 태양에너지를 약화시키는 전구적인 먼지 폭풍에서 살아남아야만 했으며, 거의 30도에 달하는 급경사의 암석 비탈을 따라 이동하고, 위험천만한 바람에 날려 쌓인 먼지 더미를 뚫고 나아가야 했다. 이러한 모든 장애에도 불구하고 이 로버들은 지질학적으로 경이로운 땅속의 보물들을 발견하였다.

화성과학실험실(MSL) : 큐리오시티

큐리오시티는 2011년에 발사되어 2012년 8월에 화성의 게일 크레이터에 착륙하였다. 이 탐사임무의 전반적인 과학적 목표는 로버가 착륙한 지점이 과거에 미생물이 살아가기에 적당한 환경조건이었는지를 평가하는 것이다. 큐리오시티 로버는 스피릿과 오퍼튜니티 로버들과 유사하지만, 길이는 두 배(3m), 무게는 다섯 배로 1톤에 달하였다(그림 9.23). 또한 이제껏 다른 행성에 보내진 장비들 중 가장 정교한 장비들을 장착하였다. MER 로버들은 태양에너지로 작동되는 반면에, 큐리오시티 로버는 플루토늄의 자연붕괴로 에너지를 얻는 방사성 동위원소 원자로에 의해 움직인다.

게일 크레이터는 그 중앙에 높이가 약 5km에 달하는 샤프산이 있는데, 이 산은 다양한 수화광물을 포함하고 있는 퇴적층으로 이루어져 있다. 여기에서 수화광물들의 존재는 적어도 이 퇴적층의 일부가 물이 존재하는 가운데 형성되었다는 것을 의미한다. 큐리오시티 로버는 그 임무 첫해의 대부분을 옐로우나이프만(Yellowknife Bay)이라 불리는 지역에서 보냈는데, 이 지역의 30억 년 이상 된 암석에서 생물이 서식 가능한 환경임을 지시하는 증거들을 발견한 바 있다. 과거에 하천들이 이 크레이터의 가장자리에서 샤프산의 기저부로 흘러들어가서, 거기에 물이 고여 생물이 살기에 적합한 저염도와 중성의 pH를 갖는 호수를 형성하였다. 큐리오시티 로버는 현재 샤프산의 기저부에서 물질들을 탐사하고 있으며, 30억 년 전에 이곳에 있었던 생물이 살아갈 수 있는 또 다른 환경들을 계속해서 찾을 것이다.

---

* 지질학자들이 사용하는 일종의 확대경. –역자 주

그림 9.23 화성과학실험실(MSL)의 *큐리오시티* 로버가 화성에서 작업을 시작한 지 177번째가 되는 화성일에 자신의 카메라(화성 로봇 팔 렌즈 영상장치, Mars Hand Lens Imager, MAHLI)로 자화상(수십 장의 사진을 찍어 합성한 사진)을 찍었다. 이 사진의 왼쪽 아래 사분면에 회색 가루와 2개의 구멍이 보이는데, 거기에서 *큐리오시티* 로버는 '존 클라인'으로 명명된 암석 표적 위에 드릴로 구멍을 뚫었다.
[NASA/JPL–Caltech/MSSS.]

그림 9.24 *큐리오시티* 로버가 화성에서 작업한 지 279번째 되는 화성일에 '컴벌랜드'라 불리는 이 암석 표적에 드릴로 구멍을 뚫어 암석 내부 물질의 가루 시료를 채취하였다. *큐리오시티* 로버는 자신의 로봇 팔에 장착된 카메라(MAHLI)를 이용하여 컴벌랜드에 당일 뚫은 구멍의 사진을 찍었다. 구멍의 직경은 약 1.6cm이며, 깊이는 약 6.6cm이다.
[NASA/JPL–Caltech/MSSS.]

로버 안에는 무엇이 있을까? 스피릿과 오퍼튜니티 로버는 모두 6륜 구동 차량, 인간의 시각과 같은 천연색 입체 카메라, 전후방 위험 회피 카메라, 암석과 토양의 근접 관찰을 위한 '확대경(hand lens)', 그리고 암석과 토양의 화학조성과 광물조성을 알아내기 위한 장비를 장착하고 있다. 큐리오시티 로버의 장비들에는 동영상 촬영이 가능한 HD급 해상도의 천연색 카메라, 인간에게 해로운 방사선 측정 장치, 그리고 기상관측 장비들(풍향, 풍속, 대기압, 습도 등을 측정하는 장비)이 포함되어 있다. 그 중심부에 큐리오시티 로버는 2개의 실험장치를 장착하고 있다. 하나는 시추시료의 광물조성 그리고 원소 및 동위원소 조성에 대한 정보를 제공하는 장치이고, 다른 하나는 어떤 유기화합물의 존재에 대한 정보를 제공하는 장치이다. MER 로버들은 태양광으로 움직이는 반면, 화성과학실험실(MSL)은 원자력 발전에 의해 작동되는

데, 이들은 모두 각각의 로버에 라디오 전파를 통해 그날의 임무를 전송하는 지구상의 과학자들에 의해 조종된다. 이 전파 신호가 지구와 화성 사이를 여행하는 데 10분이 걸리기 때문에, 로버들은 약간의 자율 주행 기능과 위험 회피 능력을 갖추고 있다. 그러나 거의 모든 다른 결정은 지구에 있는 인간 팀에 의해 이루어진다. 이러한 방식은 로버가 지질학자처럼 생각하고 움직이게 한다. 로버에 탑재된 컴퓨터는 지구에서 보내는 명령을 순차적으로 수신하여 각 로버의 활동을 조종한다. 지구에서 조종하는 것들에는 주행, 지형/암석/토양의 사진 촬영, 암석과 광물의 분석, 화성의 대기와 달 연구가 포함된다.

로버의 착륙 지점들 화성탐사로버(MER)의 임무는 화성에서 액체 상태 물의 증거를 찾고자 하는 것이 동기가 되었다. 로버들은 이러한 목적에 맞게 만들어졌으며, 마스 글로벌 서베이어와 마스 오디세이가 제공하는 자료를 토대로 물에 대한 지질학적 증거를 찾을 가능성이 높은 두 지점으로 보내졌다. (하지만 가장 좋은 장소 중 일부는 암석이 많은 지형에 착륙해야 하는 극심한 위험 때문에 제외되었다. 이 장의 끝에 있는 '지질학 실습' 참조.) 수백 군데 후보지 중에서 두 군데가 선정되었다. 두 지역은 모두 화성의 적도 근처에 있지만, 서로 행성의 반대편에 위치하고 있다. 적도지역은 로버의 태양 전지판에 연중 내내 최대의 에너지를 제공할 수 있다. 10년 후에 큐리오시티 로버가 화성에 착륙할 때까지, 캘리포니아주의 파사데나에 있는 제트추진연구소(Jet Propulsion

Laboratory, JPL)의 공학자들은 과학적 가치가 매우 높은 아주 특정한 위치에 로버를 착륙시킬 수 있는 방법을 터득해야 했다. 과학 팀에 의해 이 로버가 착륙할 네 곳의 최종 착륙지가 선정되었으며, 네 곳 모두 착륙 시스템으로 접근 가능했다. 이 중 과학적 탐사대상이 가장 다양한 게일 크레이터가 최종 착륙지로 선정되었다. 이 착륙지는 대단히 중요하다는 것이 밝혀졌고, 첫 번째 탐사 목표인 옐로우나이프만은 생존 가능한 고대 환경을 찾는 임무 목표를 달성하는 데 성공했다. 큐리오시티 로버가 매우 유능하기도 했지만, 착륙 시스템 역시 이러한 발견을 가능하게 하는 데 대단히 중요했다.

스피릿 로버는 직경이 약 160km인 구세프 크레이터(Gusev Crater)로 보내졌는데, 이곳은 한때 물로 채워져 커다란 호수를 형성했었던 것으로 생각되는 곳이다(그림 9.25a). 오퍼튜니티 로버는 마스 글로벌 서베이어에 의하여 적철석(Fe_2O_3)이 발견된 메리디아니 플라눔(Meridiani Planum) 평원으로 보내졌다(그림 9.25b). 착륙 후, 스피릿 로버는 화산평원을 가로질러 지나가, 컬럼비아 언덕을 오른 후, 반대편 사면을 타고 기어내려와, 그 독특

한 모양으로 홈 플레이트(Home Plate)라는 이름을 얻은 노두에 도착했다. 이처럼 길고 험난한 여정 후에, 스피릿 로버의 왼쪽 앞바퀴 중 하나가 고장 났다. 그러나 스피릿 로버는 차체를 돌려 부러진 바퀴를 미는 대신 끌면서 거꾸로 주행하여, 결국 목표 노두인 홈 플레이트의 한 부분에 도착하였고, 거기에서 90% 이상이 이산화규소로 이루어진 광상을 발견하는 쾌거를 이루었다. 이 광상은 한때 화성의 표면 근처를 흐르는 가열된 물에 함유된 고농도의 용존 이산화규소가 침전되어 단단한 지각을 형성했음을 나타낸다. 이 단단한 지각들은 현재 지구상 미국 엘로스톤국립공원의 미생물들이 번성하고 있는 온천에서 나타나는 것들과 비슷하다(제11장의 첫 페이지에 있는 사진 참조). 그래서 스피릿 로버에 의한 이산화규소의 함량이 높은 암석의 발견은 한때 생물의 서식이 가능했던 환경이 존재했을 가능성이 있음을 암시하며, 이러한 가능성은 큐리오시티 로버와 유사한 장비를 탑재한 추후 미션에서 확인될 수 있을 것이다.

오퍼튜니티 로버는 이글 크레이터(Eagle Crater, 직경이 약 20m인 작은 크레이터)에 착륙하여 그곳에서 60일을 보내며, 지구 이

(a)

그림 9.25 화성탐사로버(MER)의 착륙 지점들. (a) 스피릿 로버는 직경이 약 160km에 달하는 구세프 크레이터를 탐사하였는데, 이 크레이터는 고대 호수를 이루며 물로 채워져 있었던 것으로 생각된다. 우측 하단에 크레이터에 물을 공급했던 것으로 추정되는 수로가 보인다. (b) 오퍼튜니티 로버는 적철석—지구에서는 흔히 물에서 형성되는 광물—이 풍부한 메리디아니 플라눔 평원 지역으로 보내졌다. 이 영상은 적철석의 농도를 보여준다. (타원은 착륙 가능한 지역을 나타낸다.)

[(a) NASA/JPL/ASU/MSSS; (b) NASA/ASU.]

100 km

0 %   적철석의 농도   20 %

(b)

외의 행성에서 최초로 발견된 퇴적암을 연구하고, 이들이 분명히 물속에서 형성되었다는 증거를 수집하였다. 그다음에 오퍼튜니티 로버는 또 다른 더 큰 인듀어런스 크레이터(Endurance Crater, 직경이 약 180m인 크레이터)로 이동하여, 그곳에서 6개월을 보내면서 그곳에 놓여 있는 퇴적암들을 환경진화의 측면에서 연구하였다. 그 후 오퍼튜니티 로버는 훨씬 규모가 큰 빅토리아 크레이터(Victoria Crater, 직경이 약 1km인 크레이터)까지 5km를 이동하여 훨씬 더 광활한 퇴적암 노두를 탐사하였다. 오퍼튜니티 로버는 고대 모래사막을 발견하였는데, 그곳에는 과거 한때 사구 사이의 함몰지를 채웠던 얕은 물웅덩이들이 존재했었다는 것을 발견하였다. 이 물웅덩이들은 매우 강한 산성을 띠고 있었으며, 염도 또한 극히 높았던 것으로 판단된다. 제11장에서 볼 수 있는 것처럼, 미생물들은 극히 높은 강산성의 물에서도 생존할 수 있다. 그러나 염도가 너무 높아질 경우 미생물들의 물 이용도가 제한되어 결국 생존할 수 없게 된다. (비슷한 방식으로 염분 대신 당분으로 대체한 경우도 마찬가지인데, 냉장 보관하지 않아도 또는 다른 방부제를 첨가하지 않아도 꿀이 썩지 않는 것은 이러한 이유 때문이다.) 그리하여, 오퍼튜니티 로버는 극한 환경에서 살 수 있는 미생물들에 국한되긴 하지만 잠재적으로 생물이 서식할 수 있는 환경에 대한 증거를 발견하였다. 그러고 나서 오퍼튜니티 로버는 10km 이상을 이동하여 인데버 크레이터(Endeavor crater)에 도달하였다. 이곳에서 오퍼튜니티 로버는 매우 오래된 현무암질 암석들을 발견하였는데, 이 현무암질 암석들은 변질되어 좀더 중성의 pH를 지시하는 점토를 함유하는 퇴적층을 형성하였다. 이러한 더 오래된 고대 환경은 화성에서 기원한 미생물들이 있었다면 그들에게는 좀더 호의적인 환경이었을 것이다.

큐리오시티 로버는 게일 운석충돌 크레이터의 중앙에 위치한 샤프산의 밑자락에 착륙하였는데, 이 지역은 크레이터의 테두리로부터 흘러내린 하천에 의해 운반된 퇴적물들이 쌓여 형성된 고대 충적선상지의 끝부분 근처이다. 착륙 후, 동쪽으로 약 600m를 이동하여 낮은 염도와 중성 pH 환경의 특징을 지닌 과거 수상환경의 증거를 보존하고 있는 세립질 퇴적암들을 발견하였다. 이 책이 집필되는 현재 큐리오시티 로버는 샤프산 하부까지 10km를 이동 중이다. 이곳에서는 물이 존재하는 환경에서 형성될 법한 점토, 황산염, 철 함유 광물들을 포함하고 있는 퇴적암들이 발견될 수 있다. 게일 크레이터는 고대의 다양한 수상환경들이 존재하고 있다는 점에서 특별하다. 이러한 다양한 지질학적 탐사를 통해 과학자들은 어떠한 암석들이 고대 생존 가능한 환경들의 증

거를 잘 보존하고 있는지 알아내고, 또한 추후 탐사를 통해 지구로 가지고 돌아와 생명의 흔적을 분석할 수 있는 유기물을 발견하기를 희망하고 있다.

최근의 탐사임무 : 마스 리커니슨스 오비터(2006~)와 피닉스(2008년 5월~11월)

화성정찰위성인 마스 리커니슨스 오비터(Mars Reconnaissance Orbiter)는 전례 없이 세밀하게 화성의 암석과 광물들을 조사하고 있다. 로버들은 화성표면의 수 킬로미터 이내로 활동 반경이 제한되어 있지만, 궤도선은 화성의 어느 곳이나 탐사할 수 있다. 이 궤도선은 화성표면에 있는 1m 크기의 물체까지 확인할 수 있는 고해상도 입체 천연색 카메라를 포함하여 여러 가지 장비들을 장착하고 있다. 또 다른 중요한 장비는 화성표면에서 반사되는 태양 빛을 분석하여 수중에서 형성된 광물들의 존재를 밝혀낼 수 있다. 이 궤도선의 가장 주목할 만한 관측 중의 하나는 수십억 년 전에 일어난 화성기후의 주기적인 변화에 대한 기록을 보존하고 있을지도 모르는 평탄하게 발달된 퇴적층의 발견이다(그림 9.26).

2008년 5월에 새 착륙선이 화성표면에 내려앉았다. 이 착륙선은 1999년 5월에 화성표면에 추락한 또 다른 착륙선(마스 폴라 랜더, Mars Polar Lander)의 쌍둥이였기 때문에 피닉스(Phoenix)로

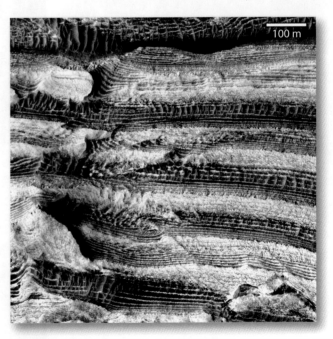

그림 9.26 베크렐 크레이터에 노출된 이 퇴적층들은 규칙적이며 거의 주기적인 모습을 보인다. 개개의 층은 수 미터 두께이며, 층들은 수십 미터 두께의 연속층(sequence)들로 묶인다. 이 층들은 풍성 먼지 퇴적층으로 추정된다. 퇴적물의 공급은 주기적인 기후변화에 의해 조절된 것으로 추정된다.
[NASA/JPL/University of Arizona.]

명명되었다. 나사의 과학자들은 고장의 원인을 조사하여 이 쌍둥이 착륙선이 제대로 작동할 것을 확신하였다. 피닉스란 이름은 이전 실패의 재 속에서 다시 부활된 프로젝트의 이름으로 적절한 것 같다. 이집트와 그리스 신화에서 피닉스(불사조)는 주기적으로 스스로 불에 타 환생하는 새이다.

피닉스는 얼음을 찾기 위해 화성의 극지역으로 보내졌다. 태양전지판으로 구동되는 피닉스는 어두운 화성의 겨울에서 살아남도록 설계되지 않았다—고작 수개월 동안만 살아남도록 계획되었다. 그 임무는 착륙지의 여러 토양시료에 대한 성분을 분석하는 것에 초점이 맞춰졌다. 착륙 후 한 달이 지나지 않아 피닉스는 토양 내에서 얼음의 존재를 확인하는 자신의 주목표를 완수했다. 얼음의 존재는 마스 오디세이 궤도선에 의해 이미 예측되었지만, 지상에서 그 존재를 확인한 것은 중요한 일이었다.

또한 피닉스는 스스로 화성의 지표환경에 대한 놀라운 발견을 하였다. 최근의 로버들과 궤도선들로부터 얻은 자료들에 근거하여, 화성의 지표환경은 전구적으로 매우 강한 산성인 것 같다는 합의가 이루어지고 있었다. 하지만 피닉스가 극지역 토양에서 채취한 그의 첫 번째 시료를 분석하였을 때, 중성 pH인 것을 발견했다. 대부분의 미생물들은 중성 pH를 선호하므로 이 발견은 화성이 생물이 생존할 수 있는 적합한 환경을 지녔다는 데에 대한 또 다른 증거이기도 하다.

최근의 발견 : 화성의 환경진화

최근의 로버와 궤도선에 의한 화성탐사임무는 화성의 초기 진화과정에 대한 우리의 이해를 바꾸어놓았다. 달과 다른 지구형 행성들처럼, 화성은 후기 대폭격기의 운석충돌 기록을 보존하고 있는 고대의 크레이터로 뒤덮인 지형들을 가지고 있다. 그러므로 이러한 고대 지형들은 38억 년에서 39억 년보다 더 오래된 암석들로 이루어져 있음이 분명하다(그림 9.11 참조). 후기 대폭격기 이후에 형성된 젊은 표면들 또한 화성에 넓게 펼쳐져 있다. 최근까지 이러한 젊은 표면들은 금성에서처럼 대부분 화산활동에 의하여 형성되었다고 생각해왔다. 그러나 화성탐사로버들(MER), 화성과학실험실(MSL) 및 마스 익스프레스가 보내온 자료는 이러한 젊은 표면의 적어도 일부—아마 많은 부분—에서 퇴적암이 그 기저를 이루고 있음을 보여준다.

이 퇴적암들 중 일부는 오래된 현무암질 용암의 침식과 고대의 크레이터로 덮인 지형의 분쇄된 현무암질 암석에서 유래된 규산염광물들로 이루어져 있다. 예를 들면, 〈그림 9.21〉에서 보이는 사행천에서 형성된 퇴적층들은 주로 현무암질 퇴적물의 축적에 의해 형성되었을 것이다. 하지만 **오퍼튜니티** 로버가 탐사해 온 메리디아니 플라눔 평원 아래의 퇴적물들의—전부는 아닐지라도—대부분에서 화학적 퇴적물인 황산염광물들이 규산염광물들과 혼합되어 있다. 황산염광물들은 아마도 얕은 호수 또는 바다에서 물이 증발할 때 침전되었음이 틀림없다. 물은 염도가 매우 높아 이러한 광물들을 침전시켰으며, 석고($CaSO_4$) 같은 흔한 황산염광물들을 포함하고 있었음에 틀림없다. 게다가 **자로사이트**(jarosite, 그림 9.27)—철이 많은 황산염광물—같은 흔하지 않은 황산염광물의 존재는 물이 매우 산성이었음을 알려준다(그림 9.27). 화성에서 황산은 아마 풍부한 현무암질 암석들이 물과 반응하여 황을 내놓으면서 풍화될 때 생성되었을 것이다. 그다음에 산이 풍부한 물은 운석충돌에 의해 심하게 파쇄된 암석을 통과해 흐르거나 표면을 따라 흘러 호수나 얕은 바다에 모였으며, 이 호수 또는 바다에서 화학적 퇴적물인 자로사이트가 침전되었을 것이다.

제5장과 제8장에서 보았듯이, 퇴적암은 지구역사를 간직하고 있는 귀중한 기록물이다. 퇴적암의 수직 연속체—**퇴적 층서**(stratigraphy)—는 시간에 따라 환경이 어떻게 변하였는지를 보여준다. 지금까지 화성탐사로버(MER) 임무의 가장 흥미진진한 발

그림 9.27 지구 이외의 행성(화성)에서 연구된 최초의 노두. 이 노두는 일부 자로사이트를 포함하는 황산염광물들로부터 형성된 퇴적암으로 이루어져 있다. 자로사이트는 오직 물에서만—산성의 물에서만—형성될 수 있다. 사진에서 보이는 영역의 폭은 약 50cm이다.

[NASA/JPL/Cornell.]

견 중의 하나는 인듀어런스 크레이터에서 층서기록의 발견이었다. 크레이터가 아주 크기 때문에, 관찰할 노두가 많았고, 노두들은 대체로 크레이터를 형성시키는 충돌에 영향을 받지 않았다. 그림 9.28은 모든 층서학적 단서들을 포함하고 있는 노두를 보여준다. 오퍼튜니티 로버를 이용하여 각각의 층을 기재한 후에, 지질학자들은 다른 행성에서 최초로 고해상도 층서(그림 9.28b)를 만들 수 있었다. 놀랍게도 지구로부터 3억km 떨어진 행성에서 얻은 이 지층 해석 도면은 지구에서 일반적으로 얻어지는 지층 해석 도면(그림 5.15 참조)과 같은 수준의 이해를 제공한다. 큐리오시티 로버는 현재 게일 분화구에서 비슷한 층서학적 작업을 하고 있으며, 이를 통해 화성의 초창기 환경적 진화의 특징을 나타내는 사건들의 시간적인 순서에 대해 알아낼 수 있기를 희망한다.

아마도 언젠가 우리는 화성의 층서에 대하여 충분히 이해하게 되어 화성의 여러 지역에 있는 퇴적암들과 화산암들을 서로 대비할 수 있을 것이다. 이렇게 하기 위해서 우리는 지상의 로버들이 수집한 관찰을 상공의 궤도선들이 제공하는 관찰과 연결할 필요가 있다. 최근의 궤도선들은 점토광물들뿐만 아니라 황산염광물들이 화성의 여러 지역에서 풍부하다는 것을 보여주었는데, 특히 발레스마리네리스 협곡지역에서 이 광물들은 수 킬로미터의 두께를 갖는 퇴적층을 형성할지도 모른다. 이러한 관측은 그들의 형성이 아마도 오랜 시간에 걸쳐 전구적으로 일어난 과정과 관련

이 있다는 것을 믿게 한다. 점토광물들이 황산염광물들보다 먼저 형성되었다는 것을 암시하는 몇몇 증거가 있다. 그러나 아직까지 우리는 이 퇴적층들이 화성의 역사상 유일무이한 전구에 걸친 환경적 사건을 암시하면서 모두 동 시기에 형성되었는지, 아니면 많은 곳에서 여러 시기에 걸쳐 형성되었는지 알지 못한다. 게일 분화구의 옐로우나이프만에서 찾은 큐리오시티 로버의 첫 발견들은 후자의 가능성을 암시한다. 결론은 화성의 전 역사에 걸쳐 지역적인 조건만 허용된다면 어디에서든 그리고 언제든지 일어난 보다 흔한 과정들을 가리키는 것 같다.

화성역사에서 어느 시기에 지표와 지하에 액체상의 물이 존재했다는 매우 설득력 있는 증거가 있다. 아마도 화성은 오늘날보다 더 따뜻했음이 분명하다. 그렇지 않고 오늘날과 같은 상태였다면 물은 오래 존속하지 못했을 것이다. 즉, 잠시 지표로 쏟아져 나온 물은 이후 빠르게 증발되거나 얼어버리기 전에 다시 지하로 스며들어갔을 것이다. 아직 답해야 할 많은 질문들이 있다. 얼마나 많은 물이 있었을까? 물은 얼마나 오랫동안 존속했을까? 비가 내렸을까, 아니면 모든 물은 지하수가 지표로 스며나온 것이었을까? 물은 생명체가 발생할 수 있도록 충분히 오랜 시간 동안 존속하였으며, 또한 적당한 성분을 갖고 있었을까? 현재로서는 오직 한 가지만이 확실하다. 이러한 질문들에 답하기 위하여 더 많은 화성탐사가 필요하다는 것이다.

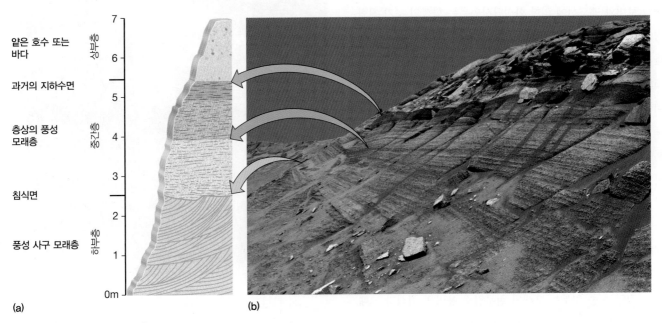

그림 9.28 *오퍼튜니티* 로버가 찍은 인듀어런스 크레이터의 측면을 따라 노출된 퇴적 연속층. (a) 노두 역사의 각 단계를 나타내는 해석 도면. (b) 노두에서 수직으로 연속된 층들은 초기 화성의 환경에 대한 훌륭한 기록을 보존하고 있다.
[NASA/JPL/Cornell.]

■ 태양계 및 그 밖의 탐사

대부분의 사람들이 태양계 탐사를 생각하면서 떠올리는 첫 번째 이미지는 망원경을 들여다보는 천문학자이다. 그러나 현재 대부분의 천체망원경은 접안렌즈가 없는 대신 디지털 카메라로 이미지를 저장한다. 많은 망원경들은 허블 우주 망원경처럼 지구에 있지 않고 우주에 위치하고 있다.

망원경이 어떤 방식으로 사진을 찍는지 또는 망원경이 어디에 놓여 있든지 간에, 그 목적은 동일하다. 우리가 맨눈으로 보는 것보다 더 많은 양의 빛을 모으는 것이다. 그 사진들은 밝기를 높이고 대비를 강하게 조정하여 이미지가 잘 보이도록 처리할 수 있는데, 그러한 기법들은 운석충돌 크레이터들이나 협곡들과 같은 행성의 중요한 표면 특징들을 밝히는 데 사용된다. 이 장에서 지금까지 논의된 행성표면의 모든 지질학적 특징들은 이런 방식으로 연구되어왔다.

그러나 망원경으로 모아진 빛과 스피릿과 오퍼튜니티 로버 등에 탑재된 디지털 카메라로 모아진 빛은 두 번째 기법을 이용하여 연구될 수 있다. 일단 우리의 관심을 끄는 물체—말하자면, 행성, 별 또는 노두—에서 나오는 빛을 기록하게 된다면, 우리는 그 스펙트럼을 연구할 수 있다. 우리는 햇빛이 프리즘을 통과하면 **스펙트럼**(spectrum, 빛띠)이라 불리는 무지개 색깔들로 갈라진다는 것을 잘 알고 있다. 별에서 생성된 빛 또는 행성이나 노두의 표면에서 반사된 빛도 역시 스펙트럼을 만든다. 그러한 스펙트럼의 색들은 빛을 만든 물질 또는 빛을 반사한 물질의 화학조성을 밝혀준다. 그래서 지질학자들은 행성에서 반사된 빛의 스펙트럼을 보고, 그 행성의 대기에는 어떤 기체가 있는지, 그리고 그 행성의 암석과 토양에는 어떤 화학물질과 광물들이 있는지를 알 수 있다.

천문학자들은 이와 똑같은 방법으로 아득히 먼 별들과 은하들로부터 오는 빛을 관찰한다. 그들이 보는 스펙트럼은 그들에게 별과 성운의 나이를 알려주고, 그들이 어떻게 진화했는지 보여주고, 심지어 우주의 기원과 진화에 대한 심오한 통찰력을 제공하기도 한다.

우주탐사임무

우리 태양계와 그 너머에 대한 관찰의 대부분은 아직도 지구에서 이루어진다. 그러나 지난 50년 동안 우리는 미지의 세계를 탐사하는 데 도전하여 모든 종류의 기계, 로봇, 그리고 사람까지도 우주로 보냈다. 우주탐사임무는 수억에서 수십억 달러의 비용을 들여 수백 명, 때로는 수천 명의 사람들이 엄청난 노력을 쏟아부어야 하는 값비싼 사업이다. 화성탐사로버 임무는 두 로버에 대략 8억 달러의 비용이 소요되었으며, 화성과학실험실(MSL)—대략 자동차 한 대 크기—은 20억 달러 이상이 소요되었다. 또한 우주탐사임무는 위험한 사업이다—지금까지 화성으로 보낸 탐사임무 중 절반 이하만이 성공하였다. 우주왕복선 계획이 우리에게 일깨워준 것처럼, 우주탐험은 인간에게도 매우 위험한 일이다.

이러한 노력, 비용, 위험은 그만한 가치가 있는 것인가? 수천 년 동안 인간은 하늘을 올려다보며 우주를 깊이 생각해왔다. 별과 행성은 무엇으로 만들어져 있을까? 우주는 어떻게 생성되었을까? 우주 저 밖에는 어떤 생명체가 있을까? 이러한 질문에 답하기 위해서 우리는 단서를 찾아야 하고, 단서의 대부분은 우주탐사임무를 통해서만 얻을 수 있을 것이다. 문제는 우주탐사를 할 것인지 그만둘 것인지가 아니라, 어떻게 우주탐사를 할 것인가이다. 대부분의 논쟁들은 인간을 우주로 보낼 필요가 있는지 또는 화성탐사로버 임무가 로봇으로도 충분히 할 수 있다는 것을 입증하였는지 여부에 그 초점이 맞춰져 있다.

우리는 다양한 방법으로 우주를 적극적으로 탐사하고 있다. 우리가 보낸 우주선들은 행성들과 그들의 위성, 그리고 소행성들 주위를 선회하고 있으며, 태양계 외곽과 그 너머에 있는 행성과 혜성을 스쳐지나가고 있다. 다른 한편으로 우리는 착륙선과 그 외 탐사선들을 행성표면에 착륙시켜 암석, 광물, 기체, 그리고 액체를 직접 측정하게 한다. 2005년 7월 3일, 우주선 딥 임팩트호(Deep Impact)에서 탐사선 하나를 분리시켜 의도적으로 혜성 템펠 1(comet Tempel 1)과 충돌시켰다. 충돌에 의하여 만들어진 크레이터의 깊이와 충돌 시에 방출된 빛(그림 9.29)을 통해 혜성의 내부가 무엇으로 이루어졌는지 밝혀졌다. 혜성은 먼지와 얼음의 혼합체로 구성되어 있었다—먼지 성분에는 점토, 탄산염 및 규산염광물들이 포함되어 있고, 우주에는 드물게 존재하는 나트륨이 풍부하였다.

토성으로의 카시니-호이겐스 탐사임무

우주 깊숙한 지역의 탐사에 대한 더 놀랄 만한 이야기에는 카시니-호이겐스 탐사임무(Cassini-Huygens mission)가 있다. 2005년에 **호이겐스**(Huygens) 착륙선은 지구에서 가장 멀리 날아가 다른 행성에 무사히 안착하여 지구로 이야기(신호)를 보내온 우주선이 되었다.

구글어스 과제

현재의 과학기술로 우리는 인류가 직접 화성에 가기 전까지는 화성의 표면에 '로봇 지질학자'를 보내 화성의 현재와 과거의 환경을 연구할 수 있다. 이러한 로봇들은 카메라, 현미경, 분광기, 그리고 암석 시료를 채취하는 도구를 포함하는 인간 지질학자들이 사용하는 많은 종류의 도구들을 갖고 있다. 2개의 화성탐사로버—스피릿과 오퍼튜니티—가 2003년에 발사되어, 2004년 초에 화성에 착륙하였다. 이 과제에서 우리는 구글마스(Google Mars)를 이용하여 오퍼튜니티 로버가 착륙한 메리디아니 플라눔 평원을 탐사하면서 오퍼튜니티 로버의 경로를 따라갈 것이다.

구글어스를 열고 상부에 토성처럼 생긴 행성 아이콘을 클릭하라. '화성(Mars)'을 선택하고, 왼편 검색창에 'Opportunity'를 입력

ESA / DLR / FU Berlin (G.Neukum) Image NASA / JPL / University of Arizona © 2009 Google

하라. 구글마스는 오퍼튜니티 로버가 착륙하여 2004년 이후부터 계속 횡단하고 있는 지역으로 안내할 것이다.

여러분의 마우스 커서가 구글마스 화면 위를 맴돌면, 손 모양이 나타날 것이다. 여러분은 손을 이용하여 주변의 관심 있는 지역을 클릭(누르기)하고 드래그(끌기)할 수 있다. 오퍼튜니티 로버의 착륙 지점(미국 국기로 표시된 지점)이 화면의 중앙에 오도록 클릭하고 드래그하라. 로버가 선택한 횡단 경로(붉은 선으로 표시된 경로)를 확대해서 보라.

그림 9.29 무인 우주탐사선 딥 임팩트호가 혜성 템펠 1과 충돌한 직후. 혜성의 내부에서 나온 잔해들이 충돌 지점으로부터 퍼져나가고 있다.
[NASA/JPL-Caltech/UMD.]

카시니-호이겐스는 우주로 발사된 가장 야심적인 탐사임무 중 하나였다. 카시니-호이겐스 우주선은 두 부분으로 이루어져 있다—카시니 궤도선과 호이겐스 착륙선. 이들은 1997년 10월 15일에 지구에서 발사되었다. 거의 7년 동안 깊은 우주를 가로질러 10억km 넘게 여행을 한 끝에, 카시니-호이겐스는 2004년 7월 1일에 토성의 고리를 통과하였다. 토성의 아름다운 고리는 우리 태양계 내의 다른 행성들과 토성을 구별되게 하는 것이다(그림 9.30a). 이는 우리 태양계 내에서 가장 방대하고 복잡한 고리 시스템으로, 토성으로부터 수십만 킬로미터까지 뻗어 있다. 수십억 개의 얼음과 암석 입자들—모래알만 한 것부터 집채만 한 것까지 다양한 크기의 입자들—로 이루어진 고리는 저마다 다른 속도로 토성 주위를 공전하고 있다. 이 고리의 기원과 성격을 이해하는 것이 카시니-호이겐스 과학자들의 주요한 목표이다.

2004년 12월 24일에 호이겐스 착륙선은 모선인 궤도선으로부터 분리되어 토성의 18개 위성 중 하나인 타이탄을 향하여 500만

위치 메리디아니 플라눔 평원, 오퍼튜니티 로버의 화성 착륙 지역
목표 구글마스의 도구들을 이용하여 오퍼튜니티 로버의 횡단 거리를 측정하고, 크레이터의 형태를 판독하기
참고 그림 9.23

1. 오퍼튜니티 로버가 착륙한 곳은 어디인가? (착륙 지점을 확대하면 장소의 이름을 볼 수 있다.)

   a. 이글 크레이터   b. 인듀어런스 크레이터

   c. 빅토리아 크레이터   d. 구세프 크레이터

2. 오퍼튜니티 로버가 착륙한 지점의 위도와 경도는 무엇인가?

   a. 2°03′05″ S, 5°29′44″ W   b. 1°56′51″ S, 5°30′30″ W

   c. 1°56′42″ S, 5°31′16″ W   d. 2°25′01″ S, 5°30′10″ W

3. 오퍼튜니티 로버가 탐사한 가장 큰 크레이터는 무엇인가?

   a. 에레버스 크레이터   b. 빅토리아 크레이터

   c. 인데버 크레이터   d. 인듀어런스 크레이터

4. 로버는 전반적으로 어느 방향으로 이동하였는가?

   a. 동   b. 서

   c. 북   d. 남

5. 빅토리아 크레이터의 바닥과 벽면에서 무엇을 볼 수 있는가?

   a. 바닥에서는 사구, 벽에서는 암석 노두

   b. 바닥에서는 사구, 벽에서는 먼지 더미

   c. 바닥에서는 외계인의 발자국, 벽에서는 과거 하상층

   d. 바닥에서는 우주선의 열 보호막, 벽에서는 식물의 뿌리

선택 도전문제

6. 구글어스의 눈금자 도구[도구(Tools)–눈금자(Ruler)]를 이용하여, '경로(path)'를 선택하고, 측정 단위로 '미터(meters)'를 선택하라. 오퍼튜니티 로버가 이글 크레이터에서 빅토리아 크레이터의 서쪽 가장자리(테두리)까지 횡단한 경로(붉은 선)를 따라 그려라. (분화구 안쪽과 주변에 있는 로버의 경로는 무시하라.) 로버가 횡단한 거리는 대략 얼마인가?

   a. 10,000m   b. 7,300m

   c. 4,500m   d. 2,700m

---

km를 더 날아갔다. 2005년 1월 14일에 호이겐스는 타이탄의 대기권 상부에 도착하여 낙하산을 전개하며 하강하여 성공적으로 표면에 착륙하였다. 장착된 카메라는 지구와 화성에서 본 것과 비슷한 하계망(drainage networks)으로 보이는 지표 모습을 보여주었다. 착륙 지점에는 직경이 10∼15cm인 암석들이 흩어져 있었다(그림 9.30b). 그러나 이 '암석'들은 아마 메탄(CH_4)과 다른 유기화합물로 이루어진 얼음인 것으로 추정된다.

수성보다 더 큰 타이탄에 과학자들이 특별히 관심을 갖는 이유는 우리 태양계 내에서 자체 대기를 갖고 있는 몇 안 되는 위성 중 하나이기 때문이다. 타이탄은 짙은 스모그와 비슷한 안개로 덮여 있는데, 과학자들은 지구에 생명체가 나타난 38억 년 전(제11장 참조)보다 더 원시의 지구대기가 이와 비슷했을 것이라고 생각하고 있다. 메탄으로 이루어진 기체를 포함하고 있는 유기화합물들은 타이탄에 매우 풍부하다. 앞으로 이 위성에 대한 연구는 행성의 형성과 아마도 지구 초기의 모습에 대하여 많은 것을 밝혀줄 수 있을 것으로 기대되고 있다.

다른 태양계들

오랫동안 과학자들과 철학자들은 우리 태양이 아닌 다른 별들 주위를 도는 행성들이 있을 것이라 추측해왔다. 1990년대에 천문학자들은 태양과 비슷한 별들 주위를 도는 행성들을 발견하였다. 1999년에 최초의 **외계행성**(外界行星, exoplanets) 집단—태양계 밖에 있는 행성들—을 발견하였다. 이 행성들은 너무 희미하여 망원경으로 직접 관찰할 수는 없지만, 별 주위를 도는 행성들이 중력으로 약하게 별을 끌어당기고 있는 것으로부터 그들의 존재를 추론할 수 있다. 이 중력으로 끌어당기는 힘은 측정할 수 있을 정도로 별의 왕복 운동을 일으킨다. 우리는 빛의 스펙트럼에 이러한 움직임이 기록된 것을 볼 수 있다. 이렇게 발견된 행성들은 목성 크기이거나 그보다 더 큰 행성들이며, 그들의 모 항성(별)들 가까이에—많은 행성들은 타버릴 정도로 가까이에—위치하고 있다. 최근에는 다른 방법들을 이용하여 지구 크기의 행성들을 발

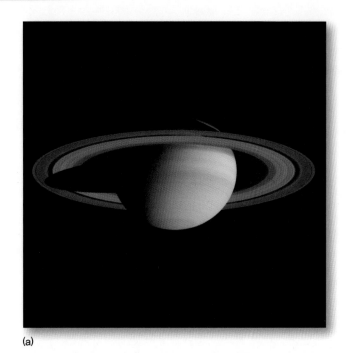

(a)

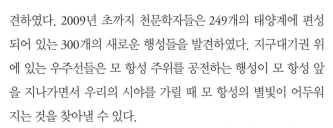

그림 9.30 (a) 2004년 3월 27일에 *카시니-호이겐스* 우주선이 찍은 토성과 그 고리들의 천연색 사진. 고리들의 색깔 차이는 고리들을 이루고 있는 물질—얼음과 암석 같은 물질—의 성분 차이를 나타낸다. 카시니-호이겐스의 과학자들은 탐사가 진행됨에 따라 고리들의 성질과 기원을 연구할 것이다. (b) 타이탄의 표면에는 얼어붙은 메탄과 그 밖의 함탄소 화합물들로 이루어진 얼음 '암석'들이 흩어져 있다.

[(a) NASA/JPL/SSI/ESA/University of Arizona; (b) ESA/NASA/University of Arizona.]

(b)

견하였다. 2009년 초까지 천문학자들은 249개의 태양계에 편성되어 있는 300개의 새로운 행성들을 발견하였다. 지구대기권 위에 있는 우주선들은 모 항성 주위를 공전하는 행성이 모 항성 앞을 지나가면서 우리의 시야를 가릴 때 모 항성의 별빛이 어두워지는 것을 찾아낼 수 있다.

우리는 다른 별들의 주위를 도는 행성시스템에 매료되었는데, 그 이유는 그들이 우리의 기원에 대해 가르쳐줄지도 모르기 때문이다. 그러나 우리의 최우선 관심사는 "저기에 누군가 있지 않을까?"라는 질문으로 제기된 과학적이고 철학적인 심오한 질문에 있다. 약 15년 이내에 **생명 발견자**(Life Finder)라고 명명된 우주선이 생명체의 징후를 찾기 위하여 우리 은하에 있는 외계 행성들의 대기를 분석할 장비를 싣고 떠날 수 있을 것이다. 우리가 알고 있는 생물학적 과정에 근거하면, 외계행성의 생명체는 아마도 탄소를 기반으로 하고 액체 상태의 물이 필요할 것이다. 우리가 지구에서 누리고 있는 온화한 온도—물이 어는점과 끓는점 사이에서 많이 벗어나지 않는 온도범위—가 생명체에 필수적일 것이다 (제11장 참조). 모 항성(별)으로부터 나오는 해로운 방사선을 걸러주기 위하여 대기가 필요하고, 그래서 행성은 대기가 우주로 빠져나가지 못하게 붙잡아둘 수 있을 만큼 큰 중력장을 갖기 위하여 충분히 커야만 한다. 우리가 알고 있는 복잡한 생명체가 살기에 적합한 행성이 존재하기 위해서는 더 많은 제한 조건들이 필요할지도 모른다. 예를 들면, 행성이 너무 클 경우, 인간과 같이 연약한 생명체들은 그 큰 중력을 견뎌낼 수가 없을 것이다. 이러한 필요 조건들이 다른 어딘가에서 생명체가 존재하기에는 너무 엄격한 요구들인가? 우리 은하에 태양과 같은 별들이 수십억 개나 있다는 것을 고려할 때, 많은 과학자들은 그렇지 않다고 생각한다.

요약

태양계는 어떻게 만들어졌는가? 성운설에 따르면 태양과 행성들은 태양 성운으로 알려진 가스와 먼지의 구름이 약 45억 년 전에 응축되어 형성되었다. 지구를 포함한 지구형 내행성들은 거대한 외행성들과 성분이 다르다.

지구는 어떻게 형성되었고 시간에 따라 어떻게 진화되었는가? 지구는 아마도 충돌하는 미행성체들의 부착(accretion)으로 성장했을 것이다. 지구가 형성된 직후, 화성 크기의 커다란 물체가 지구와 충돌했다. 이때 지구와 충돌체로부터 우주로 튀어나간 물질이 다시 뭉쳐서 달이 형성되었다. 그 충격으로 지구에 남아 있는 물질의 대부분을 녹이기에 충분한 열이 발생했다. 방사능과 중력 에너지 역시 이러한 초기 가열과 용용에 기여하였다. 철이 풍부한 무거운 물질들은 지구의 중심부로 가라앉아 핵을 형성하였고, 가벼운 물질들은 위로 떠올라 지각을 형성하였다. 더 가벼운 가스들은 지구의 대기와 해양들을 형성하였다. 이러한 방식으로 지구는 명확한 층들로 나누어진 분화된 행성으로 변화되었다.

태양계 초기 역사에서 주요한 사건들에는 무엇이 있는가? 운석의 동위원소 연대측정으로 확인된 태양계의 나이는 약 45억 6,000만 년이다. 지구와 다른 지구형 행성들은 약 1,000만 년 안에 형성되었다. 달을 형성한 충돌은 약 45억 1,000만 년 전에 일어났다. 44억 년 된 광물들이 지구의 지각에서 살아남았다. 약 39억 년 전에 절정을 맞이했던 후기 대폭격기는 지구에서 명왕누대의 끝을 나타낸다.

행성표면의 연령은 어떻게 측정할 수 있는가? 아폴로 임무를 통하여 달 표면에서 가져온 암석들은 동위원소법을 이용하여 연대측정되었다. 달의 고지는 44억 년에서 40억 년 사이의 연령을 보인다. 달의 바다는 40억 년에서 32억 년 사이의 연령을 보인다. 이러한 동위원소 연대는 지질학자들이 크레이터 계산법으로 개발한 상대연대표를 보정할 수 있게 해준다.

다른 행성들도 판구조운동 시스템을 갖고 있는가? 지구를 제외하면, 금성은 맨틀대류에 의한 지구조 활동의 특징들을 가지고 있는 유일한 행성이다. 그러나 금성은 두꺼운 암권판을 갖고 있지 않은 것 같다. 대신에 금성은 격렬한 대류의 흐름에 의해 밀리고 당겨져 조각들로 깨어지거나 양탄자처럼 구겨진 냉각된 용암으로 이루어진 얇은 지각을 갖고 있다. 지질학자들이 '조각구조론'이라 부르는 이 과정이 지구가 젊고, 뜨거웠던 지구생성 초기에 지구에서도 일어났을지 모른다.

화성과 다른 행성들은 어떻게 탐험되었는가? 네 가지 종류의 우주선들이 화성과 다른 행성들을 탐사하는 데 사용되었다. 근접 통과 우주선(flyby)은 스쳐지나가는 동안 단 한 번만 행성 가까이에 접근한다. 궤도선(orbiter)은 행성의 주위를 돌면서 행성의 표면과 내부를 원격으로 관측한다. 착륙선(lander)은 실제로 행성의 표면에 내려 국지적인 관찰을 수행한다. 로버(rover)는 착륙지를 떠나 수 킬로미터를 여행하면서 새로운 지역들을 조사할 수 있다.

화성에 물은 존재하는가? 오늘날 화성에서 물은 화성의 극지방 빙모와 영구동토층에만 존재한다. 지질학적 증거는 물이 표면을 따라 흐르면서 수로를 깎고 사행천에 퇴적물을 퇴적시켰다는 것을 보여주기 때문에 과거에는 물이 액체 상태로 존재했을지도 모른다. 또한 물은 낮은 곳에 모여 얕은 호수나 바다를 이루었으며, 거기에서 증발되어 황산염광물을 포함한 다양한 화학적 퇴적물들을 침전시켰다.

우리는 별들과 태양계를 탐사하는 데 빛을 어떻게 사용하는가? 어떤 경우에 우리는 망원경으로부터 얻은 해상도 높은 사진들을 이용하여 우주 먼 곳에 있는 물체의 표면 특성을 밝혀낼 수 있다. 다른 경우에는 빛의 스펙트럼에서 나온 정보를 이용하는데, 빛의 스펙트럼은 그 빛을 발생시키거나 반사하는 물체의 조성에 따라 변한다.

우리 태양계가 유일한가? 우리는 다른 별(항성)들의 주위를 도는 300개 이상의 행성들에 대한 증거를 가지고 있다. 여러 경우에서는 이들 태양계에 하나 이상의 행성이 있다. 이러한 새로운 행성들은 우리 태양계의 바깥에 위치하고 있기 때문에 그들을 외계행성이라 부른다.

주요 용어

대폭격기	소행성	운석	지구형 행성
미행성체	왜소행성	조각구조론	태양 성운
성운설	외계행성	중력분화	

지질학 실습

우리는 어떻게 우주선을 화성에 착륙시키는가? 7분의 공포

우리가 화성에 착륙선을 보낼 때, 착륙시킬 장소를 어떻게 결정하는가? 그러한 임무 중 가장 위험한 일은 우주선이 화성대기에 진입하여, 대기를 뚫고 하강하여, 화성표면에 착륙할 때 발생한다. 진입(Entry), 하강(Descend), 착륙(Landing), 혹은 'EDL'이라 부르는 이 단계는 약 7분 걸린다. 그 시간 동안 착륙선은 시속 1만 2,000mil에서 0mil로 속도가 줄어들고, 착륙선의 열차폐판은 대기와의 마찰로 태양 표면의 온도(섭씨 약 1,500도)만큼 뜨거워진다. 이 단계에서 많은 것들이 고장 날 수 있어, EDL은 '7분의 공포'라 불린다.

화성표면의 형태와 고도는 착륙선을 설계하는 데 핵심적인 역할을 한다. 착륙선은 엔진을 가동시키는 데 필요한 연료의 양이 제한되어 있다. 그래서 지표가 심한 고도차이를 보일 경우 착륙선이 움직이는 데 시간(그리고 연료)을 소비해야 한다. EDL 팀의 지질학자로서 여러분의 일은 고도가 심하게 변하지 않는 안전한 착륙지를 선정하는 것이다. 동시에 여러분은 착륙선과 로버가 탐사해야 할 흥미로운 노두가 있는 장소를 선정하기를 원할 것이다. 그래서 여러분의 문제는 얼마만큼의 고도변화가 '너무 심한' 고도변화에 해당하는지를 결정하는 것이다.

이 문제를 풀기 위하여, 우리는 다음과 같은 정보가 필요하다—레이더가 착륙선이 화성표면 위 1,000m 상공에 도달한 것을 측정할 때 착륙선의 엔진이 점화된다. 엔진은 착륙선의 하강속도를 줄여준다. 착륙선이 지표 10m 상공에 이를 때까지는 초속 50m의 속도로 하강하다가, 그 지점에서 착륙할 때까지는 초속 2m로 하강한다. 엔진의 연료 소모량은 초당 5L이며, 연료탱크는 150L를 담을 수 있다.

먼저, 착륙선이 지표까지 하강하는 데 얼마나 오랜 시간이 걸리는가? 여기서 두 가지 속도를 사용해야 하는 것에 주목하자. 즉, 처음 990m의 하강속도와 마지막 10m의 하강속도이다.

$$시간 = 거리 \div 착륙선의\ 하강속도$$
$$= 900m \div 50m/s$$
$$= 20초(s)$$
$$시간 = 거리 \div 착륙선의\ 하강속도$$
$$= 10m \div 2m/s$$
$$= 5초$$
$$총시간 = 20초 + 5초 = 25초$$

다음으로, 착륙하기까지 얼마나 많은 연료가 소모되는가?

$$연료소모 = 시간 \div 연료소모율$$
$$= 25s \div 5L/s$$
$$= 125L$$

총 150L의 연료가 있지만 125L만 사용된다면, 착륙 후 25L의 연료가 남게 될 것이다. 이 계산은 총 착륙 거리가 1,000m인 '완벽한' 착륙 조건의 경우(첨부된 그림 중 '경우 1' 참조)이다.

이제 착륙선이 하강하는 동안 바람에 불려 옆으로 움직여 화성표면의 낮은 지점으로 이동한 경우(첨부된 그림 중 '경우 2' 참조)를 생각해보자. 이 경우 총 하강거리는 1,000m 이상일 것이다. 만약 착륙 지점이 너무 낮을 경우, 착륙선은 착륙 전에 모든 연료를 다 소모하여 표면에 충돌할 위험에 처할 것이다. 그러므로, 우리는 얼마만큼의 고도변화가 이 잔여 연료를 소모하게 될지를 결정해야 한다.

먼저, 우리는 25L의 잔여 연료로 얼마나 오랫동안 더 비행할 수 있는지를 알아야 한다.

$$시간 = 잔여\ 연료량 \div 연료소모율$$
$$= 25L \div 5L/s = 5s$$

이제 우리는 잔여 연료가 다 소모되기 전까지 안전하게 비행할 수 있는 추가하강거리를 계산할 수 있다.

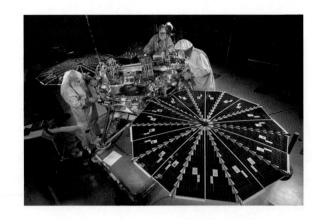

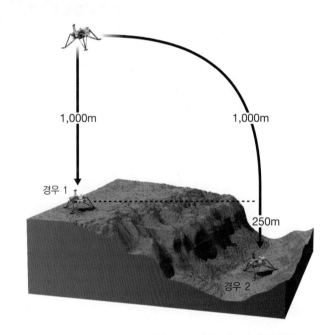

1,000m   1,000m

경우 1

250m

경우 2

(위) 공학자들이 2008년 3월 화성표면에 착륙한 피닉스 착륙선을 만들고 있다. (아래) 화성표면에 성공적으로 착륙하기 위해서는 세심한 계획과 지형변화를 포함하는 표면의 지질학적 환경에 대한 고려가 필요하다.
[John Grotzinger.]

하강거리 = 여분의 시간 ÷ 착륙선 하강속도

= 5s ÷ 50m/s

= 250m

이 문제의 해답은 얼마만큼의 고도변화가 안전한 착륙지로 받아들이는 데 있어 '너무 심한' 고도변화인지를 말하여 준다. 즉, 250m 이상은 '너무 심한' 고도변화이다. 지질학자 팀은 고도변화

가 250m 이내이면서 지질학적으로도 흥미 있는 착륙지를 찾아야만 한다. 실제로 지질학적 관심사와 착륙 안정성 사이에 조율이 필요하다.

추가문제 : 200L의 연료탱크를 가진 착륙선이 안전하게 착륙할 수 있는 최대 고도변화는 얼마인지 결정하라. 마지막 하강속도가 2m/s가 아니고 1m/s인 경우, 가능한 최대 고도변화는 얼마인가?

연습문제

1. 태양계의 내행성들은 외행성들과 어떻게 그리고 왜 다른가?

2. 지구를 층상 행성으로 분화하게 만든 것은 무엇이며, 그 결과는 무엇인가?

3. 수성의 평균밀도는 지구보다 낮으나, 수성의 핵은 상대적인 크기가 더 크다. 당신은 이것을 어떻게 설명할 수 있는가?

4. 지구와 달의 어떠한 지질학적 측면들이 후기 대폭격기 동안의 높은 충돌률과 일치하는가?

5. 만약 여러분이 과거의 화성에 액체 상태의 물이 존재했다는 증거를 찾고 있다면 화성에서 어떠한 표면 특징들을 찾을 것인가?

6. 행성체를 스쳐지나가거나 그 주위를 도는 우주선과 행성체의 표면에 착륙하거나 돌아다니는 우주선을 비교해볼 때, 각각의 장점과 단점은 무엇인가?

생각해볼 문제

1. 달을 형성한 충돌과 같은 거대한 충돌이 지구에 생명체가 생겨난 이후에 일어났다면 그 결과는 어떠했을까?

2. 만약 여러분이 미지의 행성에 착륙한 우주인이라면, 그 행성이 분화되어 있는지 그리고 지구조적으로 활동적인지를 어떻게 알아낼 것인가?

3. 달이 어떻게 형성되었는지에 대해 알고 있듯이, 만약 거대한 운석이 그 크기의 두 배가 되는 행성과 충돌했다면 어떠한 결과가 초래되리라 생각하는가? 이 충돌이 행성의 내부 조성에 어떠한 영향을 줄 수 있는가? 만약 운석이 행성에 비해 현저하게 작다면 그 충돌 결과는 어떻게 달라지겠는가?

4. 화성에서 먼지 폭풍이 부는 동안 퇴적물들은 대기를 먼지로 가득 채운다. 하지만 화성의 대기는 지구의 대기보다 그 밀도가 훨씬 적다. 이러한 차이를 상쇄하고 모래를 움직이기 위하여 화성에서 바람은 더 빠르게 불어야 하는가?

5. 많은 과학자들은 화성에 물이 존재한다고 생각한다. 오늘날 물은 얼어 있지만, 40억 년 전에는 액체였을 것이다. 무슨 일이 일어났는가? 이러한 변화를 일으킬 수 있는 모든 메커니즘을 기술하라. 여러분은 어떤 증거를 찾아서 이러한 가능성들 중에서 하나를 결정하는 데 도움을 주겠는가?

6. 다른 별들 주위의 궤도를 도는 행성들의 발견은 우주의 다른 곳에서 생명체가 존재할 가능성에 대한 논쟁에 어떠한 영향을 주었는가? 다른 별들의 행성들에서 생명체가 존재하는 것은 과학적 그리고 철학적으로 어떠한 의미가 있는가?

7. 분화된 행성에서 사는 것의 장점과 단점은 무엇인가? 지구조적으로 활동적인 행성에서 사는 것의 장점과 단점은 무엇인가?

매체지원

 9-1 애니메이션 : 태양계의 형성과 달의 기원

 9-1 비디오 : 베링거 운석 크레이터(충돌구)

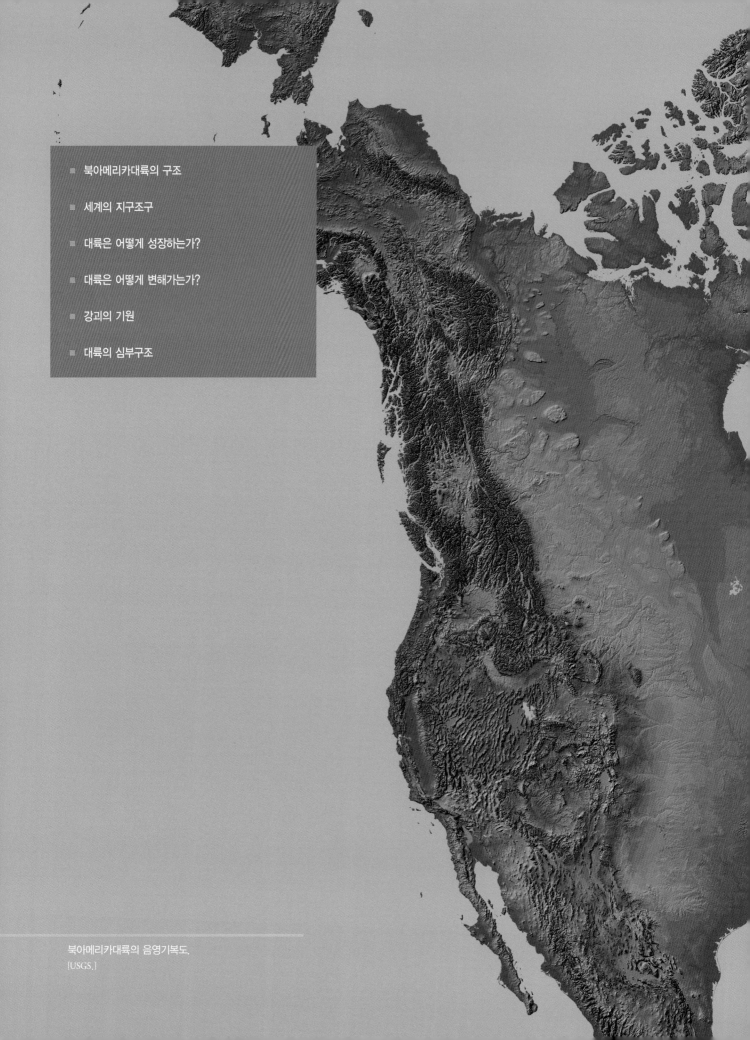

북아메리카대륙의 음영기복도.
[USGS.]

대륙의 역사

지구표면의 거의 3분의 2를 차지하는 해양지각은 모두 지난 2억 년—지구역사의 단지 4%에 지나지 않는 기간—에 걸친 해저 확장으로 만들어졌다. 그 이전의 사건들에 대한 역사는 모두 대륙지각에 간직되어 있다. 따라서 지구가 그 격렬했던 태초 이래 어떻게 진화해왔는가를 이해하기 위해서는 40억 년 이상의 오래된 암석을 가지고 있는 대륙으로 눈을 돌려야 한다.

대륙지각의 지질기록은 매우 복잡하다. 그러나 이 기록을 읽는 우리의 능력은 불과 지난 몇십 년 동안에 크게 발전하였다. 지구과학자들은 판구조론의 개념을 이용하여 침식된 산맥과 옛 암석군을 해양분지의 폐쇄와 대륙충돌이라는 관점에서 해석한다. 동위원소 연대측정과 같은 새로운 지구화학적 도구는 대륙암석의 역사를 해석하는 데 도움을 준다. 이제 우리는 지진계와 기타 탐지기 네트워크를 이용하여 지표 아래 깊은 곳의 대륙구조를 시각화하여 볼 수 있다.

이 장에서 우리는 대륙의 구조를 기술할 것이고, 아울러 대륙의 40억 년 역사를 되돌아보고 그것이 대륙을 형성한 과정들—오늘날 아직도 대륙을 변형시키고 있는 과정들—에 대하여 우리에게 무엇을 말하여 주는지를 알아볼 것이다.

우리는 어떻게 판구조 작용이 대륙지각에 새로운 물질을 더했는지, 어떻게 판의 수렴이 이 지각을 두껍게 하여 산맥을 만들었는지, 어떻게 이들 산맥이 침식되어 대륙의 많은 오래된 지역에서 발견되는 변성 기반암을 노출시켰는지 등을 볼 것이다. 그런 다음에 대륙 진화가 시작된 시기인 시생누대(39억~25억 년 전)로 되돌아가서 지구 역사의 아주 큰 수수께끼 중 두 가지에 대하여 곰곰이 생각해 볼 것이다—대륙은 어떻게 형성되었는가? 그리고 대륙은 어떻게 수십억 년에 걸친 판구조운동과 대륙이동을 견디고 살아남았는가?

사람들처럼, 대륙들은 그들 기원과 시간에 따른 경험을 반영하는 아주 다양한 표면 특징들을 보여준다. 그러나, 역시 사람들처럼, 대륙들은 그들의 기본 구조와 성장 패턴에 있어 많은 유사성을 공유하고 있다. 대륙들을 전체적으로 생각해보기 전에, 하나의 특정한 대륙인 북아메리카 대륙의 주요 특징들에 대한 개요를 설명하면서 시작하도록 하자.

■ 북아메리카대륙의 구조

북아메리카의 장기적인 지구조 역사는 특정 지구조 작용에 의해 생성되는 대규모 지역인 **지구조구**(tectonic provinces)에 반영되어 있다(그림 10.1).

최고기 변형 사건 동안에 만들어진 북아메리카 지각의 가장 오래된 부분은 대륙의 북쪽 내부에서 발견되는 경향이 있다. 캐나다의 대부분과 여기와 밀접하게 연결된 그린란드 땅덩어리를 포함하는 이 지역은 **지구조적으로** 안정하다. 즉 이것은 대륙의 분열, 이동, 충돌 등의 최근 에피소드 동안에 크게 영향을 받지 않았으며 거의 평평하게 침식을 받았다. 이러한 오래된 지구조구의 가장자리에는 보다 젊은 변성대가 있는데 여기에서 현재 산맥의 대부분을 볼 수 있다. 이들 산맥은 대륙의 주변부 가까이에서

길쭉한 지형 양상을 가진다. 2개의 주된 예는 북아메리카의 서쪽 가장자리를 달리고 로키산맥을 포함하는 **북아메리카 코르디예라**(North American Cordillera)와 대륙의 동쪽 주변부에서 북동–남서 방향으로 달리는 애팔래치아 습곡대(Appalachian fold belt)이다. 지구조구를 기술할 때 〈그림 8.15〉에 있는 지질연대표를 자주 참조할 것이므로 이 그림을 북마크하여 사용하길 바란다.

안정된 내부

캐나다 중부와 동부의 대부분은 아주 오래된 결정질 기반암의 지형으로 캐나다 순상지(Canadian Shield)라고 불리는 거대한 지구조구(800만km²)이다(그림 10.2). 캐나다 순상지는 주로 화강암질암과 변성암으로 이루어져 있는데, 편마암과 변형·변성이 아주 심한 퇴적암 및 화산암 같은 것들이다. 이것은 철, 금, 구리, 다이아

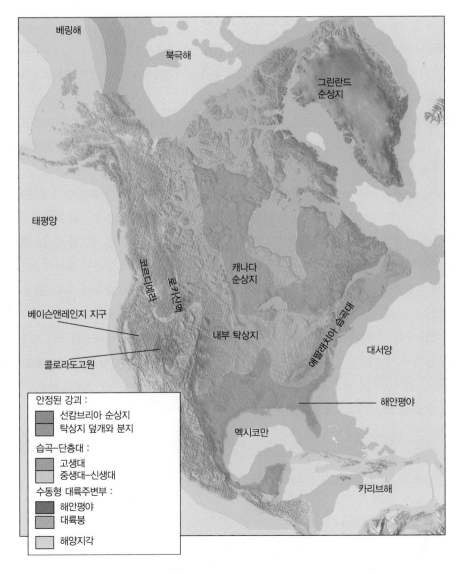

그림 10.1 북아메리카의 주요 지구조구는 대륙을 형성한 과정을 반영한다.

그림 10.2 캐나다의 누나부트 지역에 있는 고대의 침식된 변성 기반암이 캐나다 순상지의 표면에 드러나 있는 것을 보여주는 항공사진.
[Paolo Koch/Science Source.]

몬드, 니켈 등의 주요 광상을 가지고 있다. 이 순상지의 많은 부분은 시생누대에 형성되었으며, 따라서 지구역사의 가장 오래된 기록을 간직하고 있는 지역이다. 19세기 오스트리아의 지질학자 에두아르트 쥐스는 이런 지역을 대륙**순상지**(shields)라 명명하였다. 그 이유는 이들이 전쟁터의 먼지에 부분적으로 묻혀 있는 방패와 같이 이들을 덮고 있는 주위의 퇴적물로부터 드러나 있기 때문이다.

북아메리카에서는 광대한 지역에 걸쳐 평평하게 놓인 **탁상지**(platform) 퇴적물이 캐나다 순상지 주변과 순상지 중심 가까이에 있는 허드슨만 아래의 안정된 대륙지각 위에 퇴적되었다(그림 10.1 참조). 캐나다 순상지의 남부와 서부에 있는 퇴적물로 덮인 낮고 광활한 지역은 내부 탁상지(interior platform)라 불리는데 캐나다와 미국의 대평원이 여기에 포함된다. 비록 약 2km 이하의 두께를 갖는 거의 평평한 고생대 퇴적암층 아래에 놓여 있지만, 내부 탁상지 아래에 놓여 있는 선캄브리아 기반암은 캐나다 순상지의 연장부이다.

북아메리카 탁상지 퇴적물은 다양한 조건에서 변형되고 침식된 선캄브리아 기반암 위에 쌓였다. 어떤 암층들(해성 사암, 석회암, 셰일, 삼각주 퇴적물, 증발암)은 넓고 얕은 내해(inland sea)에서의 퇴적작용을 나타낸다. 다른 암석군(비해성 퇴적물, 석탄층)은 충적평원이나 호수 혹은 늪에서의 퇴적을 지시한다.

내부 탁상지 내에는 많은 원형구조가 있다—넓은 **퇴적분지**(sedimentary basin)는 대략 원형 혹은 달걀형의 꺼진 곳으로 이곳의 퇴적물은 주변보다 두껍고, **돔**(dome)은 탁상지 퇴적물이 융기하여 침식을 받아 기반암이 드러난 지역이다(그림 10.3). 이들 분지의 대부분은 열침강분지로서, 암석권의 가열된 부분이 식어 수축하면서 가라앉은 지역이다(제5장 참조). 미시간반도의 남부의 대부분을 차지하는 약 20만km^2의 원형지역인 미시간분지가 열침강분지의 한 예이다(그림 7.15 참조). 이 분지는 고생대의 많은 기간 동안 침강하여 그 중심의 깊은 부분은 5km 이상의 퇴적물을 받아들였다. 지구조적으로 조용한 조건에서 쌓인 분지의 사암 및 다른 퇴적암은 오늘날까지 변성작용을 거의 받지 않았고 단지 약간 변형되었을 뿐이다. 내부 탁상지의 분지들은 우라늄, 석탄, 석유, 가스 등 중요한 광상을 가지고 있다. 기반암 내 풍부한 광상은 돔에서는 지표 가까이 놓여 있고, 그곳은 또한 석유와 가스의 집유장(traps)이 될 수도 있다.

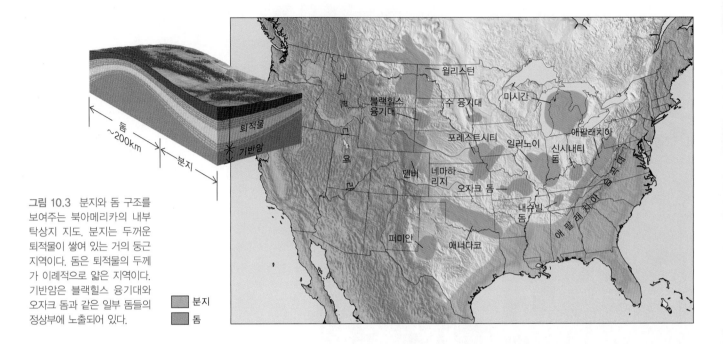

그림 10.3 분지와 돔 구조를 보여주는 북아메리카의 내부 탁상지 지도. 분지는 두꺼운 퇴적물이 쌓여 있는 거의 둥근 지역이다. 돔은 퇴적물의 두께가 이례적으로 얇은 지역이다. 기반암은 블랙힐스 융기대와 오자크 돔과 같은 일부 돔들의 정상부에 노출되어 있다.

■ 분지
■ 돔

애팔래치아 습곡대

북아메리카의 안정된 내부의 동쪽편을 따라 오래되고 침식된 애팔래치아산맥이 있다. 우리가 제7장에서 처음 설명한 이 전형적인 습곡-스러스트대는 북아메리카의 동쪽을 따라 뉴펀들랜드에서 앨라배마까지 뻗어 있다. 애팔래치아산맥의 암석군과 구조는 4억 7,000만 년에서 2억 7,000만 년 전 사이에 초대륙 판게아를 형성한 대륙-대륙 충돌로 만들어진 것이다. 애팔래치아산맥의 서쪽 편은 석탄과 석유가 풍부한 약간 융기되어 약하게 변형된 퇴적물로 이루어진 지역인 앨러게니고원(Allegheny Plateau)과 접하고 있다. 동쪽으로 가면서 변형작용이 심해지는 경향을 보인다 (그림 10.4).

■ **밸리앤리지 지구(Valley and Ridge province)** 고대의 대륙붕에 쌓인 두꺼운 고생대 퇴적암은 남동쪽으로부터의 압축력에 의해 북서방향으로 습곡되고 스러스트되었다. 암석들은 3번의 조산운동 사건으로 변형되었음을 보여주는데, 이 사건들은 오르도비스기 중기(약 4억 7,000만 년 전), 데본기 중기 내지 말기(3억 8,000만 년 전에서 3억 6,000만 년 전), 그리고 석탄기 말기와 페름기 초기(3억 2,000만 년 전에서 2억 7,000만 년 전)에 일어났다.

■ **블루리지 지구(Blue Ridge province)** 이 침식된 산들은 대부분 심하게 변성작용을 받은 선캄브리아 및 캄브리아기 결정질 암석으로 구성되어 있다. 블루리지 암석은 제자리에서 관입당하고 변성된 것이 아니라 약 3억 년 전인 고생대 말기에 밸리앤리지 지구의 퇴적암 위로 시트 모양으로 스러스트되었다.

■ **피드몬트(Piedmont)** 이 언덕이 많은 지역은 화강암에 의해 관입된 선캄브리아 및 고생대의 변성된 퇴적암과 화산암을 포함하는데, 이제는 모두 침식되어 낮은 지형을 이루고 있다. 화산 활동은 선캄브리아 말기에 시작하여 캄브리아기에 이르기까지 계속되었다. 피드몬트는 주 스러스트단층을 따라 블루리지 암석 위로 올라타면서 북서쪽으로 스러스트되었다. 적어도 두 번의 변형작용 사건이 일어났음이 명백한데, 이는 밸리앤리지 지구의 마지막 두 번의 조산운동 사건과 일치한다.

해안평야와 대륙붕

애팔래치아 습곡대의 동쪽에 있는 대서양 해안평야에서 비교적 교란되지 않은 쥐라기 및 그보다 젊은 퇴적물 아래에는 피드몬트의 암석과 비슷한 암석이 놓여 있다. 해안평야와 그 외해 연장부인 대륙붕(그림 10.1 참조)은 판게아가 분리되어 현대 대서양이 열리기 전에 발생한 열곡작용과 함께 약 1억 8,000만 년 전인 트라이아스기에 발달하기 시작했다. 열곡은 두꺼운 비해성 퇴적물을 집적하는 분지들을 형성했으며, 이 퇴적물은 퇴적되는 동안 현무암질 암상 및 암맥에 의해 관입되었다. 코네티컷강 계곡과 펀디만은 이러한 퇴적물로 채워진 열곡들이다.

백악기 초기에 해저 확장으로 대서양이 넓어지면서 대서양 해안평야 및 대륙붕의 깊게 침식되고 경사진 표면은 식으면서 침강하기 시작하여 대륙으로부터 퇴적물을 받아들였다. 5km의 두께에 달하는 백악기 및 제3기 퇴적물은 천천히 발달하는 열침강분

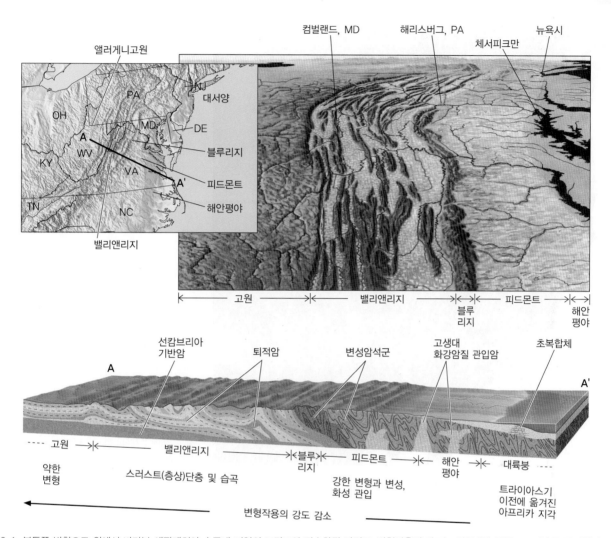

그림 10.4 북동쪽 방향으로 위에서 바라본 애팔래치아 습곡대 지역의 조감도와 단순화된 단면도. 변형작용의 강도는 서쪽에서 동쪽으로 갈수록 증가한다.
[S. M. Stanley, *Earth System History*, New York: W. H. Freeman, 2005. Aerial view from NASA.]

지를 채웠으며, 더 많은 물질이 대륙주변부에서 심해로 쏟아져 들어갔다. 아직도 활동적인 이 분지는 계속해서 퇴적물을 받고 있다. 만약 지금으로부터 수백만 년 후 대서양이 확장하고 있는 현재의 단계가 거꾸로 진행된다면 이 분지 내 퇴적물은 애팔래치아산맥을 만든 것과 똑같은 과정으로 습곡되고 단층으로 어긋나게 될 것이다.

멕시코만의 해안평야와 대륙붕은 큰 탄산염암 탁상지인 플로리다반도에 의해 잠시 방해받는 것을 제외하고는 대서양의 해안평야와 대륙붕의 연장이다. 북아메리카대륙의 내부를 흐르는 미시시피강, 리오그란데강 및 다른 강들은 해안을 따라 평행하게 발달한 약 10~15km 깊이의 분지를 채우기에 충분한 퇴적물을 운반하였다. 멕시코만의 해안평야와 대륙붕은 석유와 천연가스의 풍부한 저장소이다.

북아메리카 코르디예라

북아메리카의 안정된 내부 탁상지는 서쪽에서 산맥들과 변형대들로 이루어진 젊은 복합체와 접하고 있다(그림 10.5). 이 지역은 알래스카에서 과테말라까지 연장되는 산맥인 북아메리카 코르디예라의 일부이며, 이 대륙에서 가장 높은 봉우리들 중 일부가 이 지역에 포함된다.* 코르디예라의 중간부분인 샌프란시스코와 덴버 사이를 가로지르면, 코르디예라계는 폭이 약 1,600km에 달하며, 여러 다른 지구조구들을 포함한다. 이들은 태평양을 따라 발달한 코스트레인지, 높은 시에라네바다, 베이슨앤레인지 지구, 콜로라도고원의 높은 탁상지, 그리고 안정된 내부 탁상지 위에 있는 대평원(Great Plains)의 가장자리에서 갑자기 끝나는 험준한

---

* Cordillera는 스페인어로 대산맥을 뜻하는데, 스페인어 발음은 코르디예라이다. −역자 주

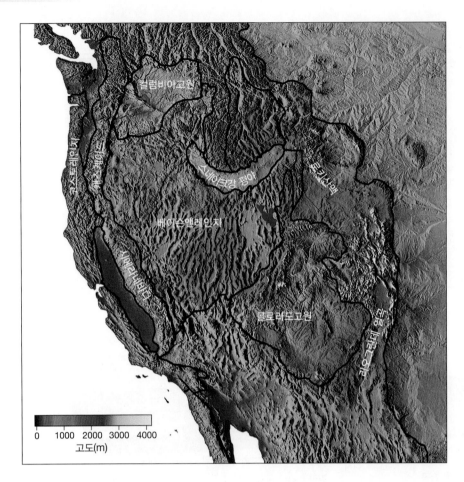

그림 10.5 미국 서부에 있는 북아메리카 코르디예라의 지형도. 수치화된 고도 자료를 컴퓨터로 처리하여 만든 색채음영기복지도. 마치 서쪽에서 빛이 낮게 비추는 것처럼 제작하여, 이 지역의 주요 지구조구가 명확히 보인다.

로키산맥이다.

이 코르디예라의 역사는 복잡하다. 그것은 지난 2억 년에 걸친 태평양판, 패럴론판, 북아메리카판 사이에 일어난 상호작용의 이야기이다. 판게아가 갈라지기 전, 패럴론판은 동태평양의 대부분을 차지하고 있었다. 북아메리카가 서쪽으로 움직이면서 패럴론판을 이루는 해양 암석권의 대부분은 대륙의 동쪽 아래로 섭입되었다. 대륙의 서쪽 주변부는 호상열도와 대륙조각을 쓸어 담았으며, 섭입대는 결국 태평양–패럴론 확장중심의 일부를 삼켰다. 이 과정이 수렴 경계를 현재의 산안드레아스 변형단층계로 바꾸었다(그림 10.6). 현재 패럴론판의 남은 부분은 아직도 북아메리카 아래로 섭입하고 있는 후안데푸카판과 코코스판을 포함하는 작은 잔존물들이다.

코르디예라 조산운동은 주로 중생대의 후반부와 고제3기 초(1억 5,000만 년 전에서 5,000만 년 전)에 일어났다. 코르디예라 계는 지형적으로 애팔래치아산맥보다 높은데 이는 놀랄 일이 아니다. 침식으로 깎아내릴 시간이 적었기 때문이다. 현재 우리가 보고 있는 코르디예라의 형태와 높이는 지난 1,500만 년 혹은 2,000만 년 동안 신제3기에 일어난 보다 최근 사건의 결과이다.

이때 태평양판이 북아메리카와 처음으로 만났다(그림 10.6 참조). 이 기간에 산맥은 **회춘**(rejuvenation)을 겪었다. 즉 이들은 다시 상승하여 더 젊은 단계로 돌아갔다. 그 시기에 로키산맥의 중앙부 및 남부는 넓고 광역적인 융기의 결과로서 현재 높이의 대부분을 가지게 되었다. 선캄브리아 기반암과 후기의 변형된 얇은 퇴적물층은 주변부의 고도보다 높이 밀려 올라가면서 로키산맥은 1,500~2,000m 정도 상승하였다. 하천의 침식은 가속화되었으며, 산의 지형은 예리해졌고, 계곡은 깊어졌다. 제22장에서 배우겠지만 회춘은 판구조과정뿐만 아니라 판구조계와 기후계의 상호작용에 의해서도 일어날 수 있다. 예를 들어, 코르디예라산맥의 기복에서 증가된 부분의 일부는 플라이스토세에 빙하 윤회가 시작된 결과로 인해 일어났을 수도 있다.

베이슨앤레인지 지구(Basin and Range province)는 북서–남동 방향으로 지각의 융기와 신장에 의해 발달하였다. 이 신장은 약 1,500만 년 전에 상승하는 맨틀대류에 의한 암석권의 가열과 함께 시작하였으며 오늘날까지 계속되고 있다(제7장 참조). 이 신장운동은 오리건 남부에서 멕시코까지 그리고 동부 캘리포니아에서 서부 텍사스까지 뻗어 있는 넓은 지역에 정단층운동을 야기

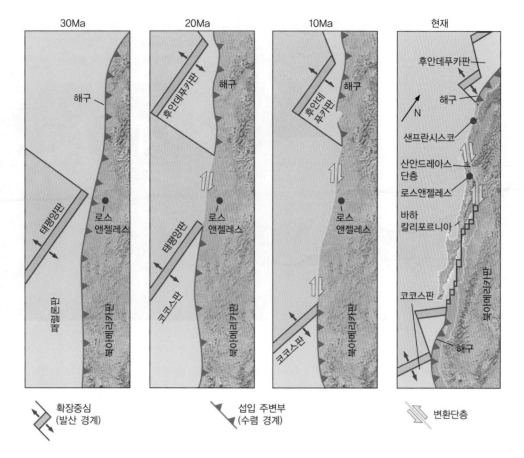

그림 10.6 북아메리카의 서부해안과 줄어드는 패럴론판 간의 상호작용. 패럴론판은 북아메리카판 아래로 계속해서 섭입되어, 작은 잔류물로 현재의 후안데푸카판과 코코스판을 남겼다. 속이 찬 큰 화살표는 현재 태평양판과 북아메리카판 사이의 상대적인 운동방향을 보여준다. (Ma : 100만 년 전)

[W. J. Kious and R. I. Trilling, *This Dynamic Earth: The Story of Plate Tectonics*, Washington, D.C.: U.S. Geological Survey, 1996.]

하였다. 베이슨앤레인지 지구는 화산활동이 활발하며, 금, 은, 동 및 기타 유용한 금속들을 포함하는 대규모 열수광상을 가지고 있다. 급경사를 가지는 수천 개의 정단층들은 지각을 융기된 블록들과 침강된 블록들의 형태로 조각내어, 수많은 험준하고 거의 평행한 산맥들과 그 사이의 퇴적물로 채워진 지구대(열곡)들을 형성한다. 유타의 워새치산맥과 와이오밍의 티턴산맥(**그림 10.7**)은 베이슨앤레인지 지구의 동쪽 가장자리에서 융기되고 있는 데 반하여 캘리포니아의 시에라네바다는 그 지구의 서쪽 가장자리에서 융기하며 기울고 있다.

콜로라도고원(Colorado Plateau)은 선캄브리아 이후 어떤 주요한 신장이나 압축을 겪지 않은 안정된 어떤 섬처럼 보인다. 이 고원의 전체적인 융기는 콜로라도강으로 하여금 평평하게 놓인 퇴적암층을 깎아내게 하여 그랜드캐니언을 이루게 하였다. 지질학자들은 이 융기가 베이슨앤레인지 지구의 지각을 신장시키고 있는 것과 같은 종류의 암석권 가열에 의해 야기된 것으로 믿는다.

■ 세계의 지구조구

이제는 우리의 눈을 북아메리카에서부터 지구의 다른 대륙으로 확장시킬 것이다. 각 대륙은 특징적인 양상을 가지고 있으나, 지구 전체적으로 볼 때 대륙의 지질구조는 어떤 일반적인 패턴이 분명해 보인다(**그림 10.8a**). 대륙의 순상지와 탁상지는 **강괴**(craton)라 불리는 대륙암석권의 가장 안정된 부분을 이루고 있으며, 고대의 변형된 암석들이 침식되고 남은 부분을 포함하고 있다. 북아메리카 강괴는 캐나다 순상지와 내부 탁상지로 이루어져 있다(**그림 10.1** 참조).

이들 강괴의 주변에는 후에 압축변형 사건에 의해 형성된 길쭉한 산맥지대, 즉 **조산대**(orogen, 그리스어로 *oros*는 '산'을 의미하며 *gen*은 '형성된'을 의미한다)가 있다. 북아메리카 코르디예라와 같은 가장 젊은 조산계는 **능동형 대륙주변부**(active margin)를 따라서 발견되는데, 여기서는 판 운동에 의해 야기된 지구조적 작용이 대륙지각을 계속 변형시키고 있다.

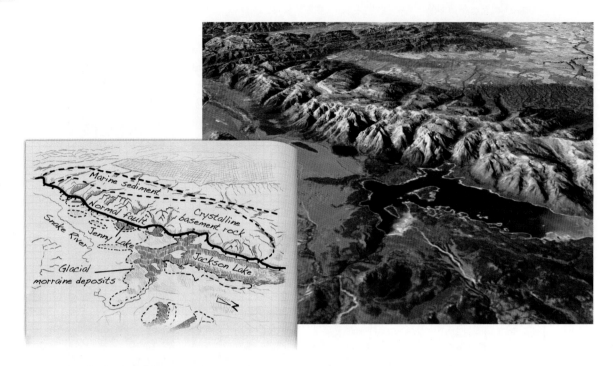

그림 10.7 와이오밍주에 있는 티턴산맥의 위성자료로 합성한 이미지. 2,000m 이상의 기복을 갖는 산맥의 가파른 동쪽 면은 베이슨앤레인지 지역의 북동부 가장자리를 따라 일어난 정단층운동의 결과이다. 이 사진은 북동쪽에서 남서쪽으로 바라본 것이다. 사진 중앙 근처의 그랜드티턴산은 4,200m 고도로 솟아 있다.
[NASA/Goddard Space Flight Center, Landsat 7 Team.]

수동형 대륙주변부(passive margin)—같은 판의 일부로 해양지각에 붙어 있으며 판의 경계부 근처에 있지 않은 부분—는 오래된 대륙을 갈라지게 하는 열개작용 동안 늘어나면서 해저 확장을 시작한 신장된 지각 지대이다. 이 열개작용은 흔히 애팔래치아 습곡대와 같은 오래된 산맥지대에 평행하게 일어났다.

지구조구의 유형

조산대와 접하고 있는 강괴의 일반적인 패턴은 〈그림 10.8a〉에서 볼 수 있는데, 이 그림은 세계 대륙의 주요 지구조구를 요약하고 있다. 이 지도에 표시된 분류는 북아메리카의 지구조구를 기술할 때 사용된 것과 밀접하게 관련되어 있다.

■ **순상지**(shield) 융기되어 노출된 선캄브리아시대의 결정질 기반암 지역으로 현생누대(5억 4,200만 년 전에서 현재까지) 동안 변형되지 않은 채 남아 있다. (예 : 캐나다 순상지)

■ **탁상지**(platform) 선캄브리아 기반암이 수 킬로미터 이하의 비교적 평평하게 놓인 퇴적물에 의해 덮여 있는 지역. (예 : 북아메리카 중앙부의 내부 탁상지, 허드슨만)

■ **대륙분지**(continental basin) 현생누대 동안 두꺼운 퇴적물이 쌓이며 오랫동안 침강한 지역으로, 지층들이 분지의 중심부 쪽으로 기울어 있다. (예 : 미시간분지)

■ **현생누대 조산대**(Phanerozoic orogen) 현생누대 동안 조산운동이 일어난 지역. (예 : 애팔래치아 습곡대, 북아메리카 코르디예라)

■ **신장지각**(extended crust) 가장 최근의 변형작용으로 대규모 지각신장이 있는 지역. (예 : 베이슨앤레인지 지구, 대서양 해안평야)

지구조 시기

암석의 **지구조 시기**(tectonic age)는 그 암석의 마지막 주요 지각변형 사건의 시간을 나타낸다(그림 10.8b). 대부분의 대륙 기반암들은 반복되는 변형, 용융, 변성의 길고 복잡한 역사를 견디며 살아남았다. 우리는 때때로 어떤 특정한 암석에 대하여 동위원소 연대측정 기술들 및 다른 연대지시자들(제8장 참조)을 이용하여 하나 이상의 연대를 얻을 수 있다. 지구조 시기는 암석 내 방사성 동위원소 시계가 상부지각의 지구조 변형 및 수반된 변성작용에 의해 재설정된(reset) 마지막 시간을 나타낸다. 예를 들어 미국 남서부의 많은 화성암은 원래 원생누대 중기(19억 년 전에서 16억 년 전)에 지각과 맨틀이 녹아 만들어진 것이다(그림 10.9). 그러나 이 암석들은 이후에 여러 번의 중생대 압축변형 사건 및 신생대 열개작용 사건을 포함한 지구조 활동에 의해 상당히 변성되었다.

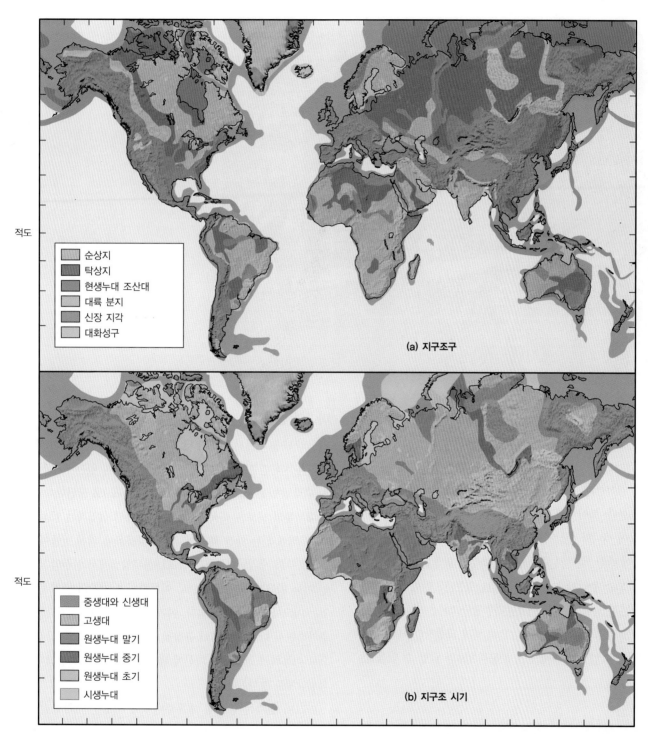

적도

순상지
탁상지
현생누대 조산대
대륙 분지
신장 지각
대화성구

(a) 지구조구

적도

중생대와 신생대
고생대
원생누대 말기
원생누대 중기
원생누대 초기
시생누대

(b) 지구조 시기

그림 10.8 (a) 지구조구와 (b) 지구조 시기를 나타내는 대륙의 세계지도.
[W. Mooney/USGS.]

따라서 지질학자들은 이 지역을 가장 젊은 시대 범주인 중생대–신생대에 집어넣는다.

범지구적 퍼즐

대륙의 지구조구와 지구조 시기의 현재 분포는 원래 조각들이 수십억 년에 걸친 대륙 열개작용, 대륙 이동, 대륙–대륙 충돌에 의

해 재배열되고 개조된 거대한 퍼즐과 같다. 하지만 단지 지난 2억 년 동안의 판 운동만이 현재 남아 있는 해양지각으로부터 확실히 밝힐 수 있을 뿐이다. 보다 오래된 판 운동은 대륙암석에서 발견되는 간접적 증거를 가지고 추정해야 한다. 제2장에서 우리는 지질학자들이 고지자기 및 고기후 자료 그리고 고대 산맥지대에 노

그림 10.9 비슈누 편암. 원생누대 중기(18억 년전) 기반암의 일부로서, 그랜드캐니언 바닥에서 발견된다.
[NPS photo by Erin Whittaker.]

출된 변형의 증거로부터 대륙들의 초기 모습을 복원하는 데 있어 놀랄 만한 발전을 이룩했음을 보았다.

다음 절에서 우리는 대륙의 역사를 보다 이전의 지질시대로 돌아가서 추적한다. 다시 한번 우리는 북아메리카의 역사를 주된 예로 이용한다. 북아메리카의 서쪽해안을 따라 가장 젊은 지역에서 시작하여 캐나다 순상지까지 시간을 거슬러 올라간다. 우리는 대륙진화에 관한 세 가지 주된 질문에 초점을 맞춘다—어떤 지질 작용들이 오늘 우리가 보는 대륙을 만들었는가? 이런 작용들은 판구조이론과 얼마나 잘 들어맞는가? 판구조론은 강괴의 원래 형성과정을 설명할 수 있는가? 앞으로 보게 되겠지만 이런 질문들은 지질학적 연구에 의해 단지 부분적으로만 답할 수 있을 뿐이다.

■ 대륙은 어떻게 성장하는가?

40억 년의 역사 동안 새로운 지각은 약 2km³/year의 평균속도로 증가해왔다. 지구과학자들은 대륙지각의 성장이 지질시대를 통하여 서서히 일어났는지 혹은 지구역사의 초기에 집중되었는지에 대해 논란을 계속하고 있다. 현대의 판구조계에서는 두 가지 기본과정이 함께 작용하여 새로운 대륙지각을 만든다—마그마 첨가와 부가성장.

마그마 첨가

지구의 맨틀 내에서 밀도가 낮고 실리카가 풍부한 암석의 마그마 분화과정과 맨틀에서 지각으로 이러한 부력이 있는 규장질 물질의 수직 운반은 **마그마 첨가**(magmatic addition)로 불린다.

대부분의 새로운 대륙지각은 섭입대에서 섭입하는 암석권 판과 그 위에 있는 맨틀 쐐기의 유체유발용융에 의해 만들어진 마그마로부터 생겨난다(제4장 참조). 현무암질에서 안산암질 성분인 이들 마그마는 지표 쪽으로 이동하다가 지각의 기저 근처에 있는 마그마 저장소에 모인다. 여기에서 이 마그마는 지각물질을 추가하면서 더욱 분화되어 규장질 마그마를 형성하고, 상부지각으로 이동하여 안산암질 화산에 덮인 섬록암질 및 화강섬록암질 심성암체를 형성한다.

마그마 첨가는 능동형 대륙주변부에 새로운 지각물질을 직접 갖다 놓을 수 있다. 예를 들면, 백악기 동안 북아메리카 밑으로 패럴론판의 섭입은 대륙의 서쪽 가장자리를 따라서 저반을 형성하였는데, 그중에는 현재 바하칼리포르니아 및 시에라네바다에 노출된 암석들이 포함된다. 패럴론판이 섭입된 이후 남아 있는 후안데푸카판의 섭입은 북아메리카대륙의 태평양 연안지역(Pacific Northwest)에 있는 화산활동이 활발한 케스케이드산맥에서 지각에 새로운 물질을 계속 첨가하고 있다. 이는 마치 나스카판의 섭입이 남아메리카의 안데스산맥에서 지각을 만들고 있는 것과 같다.

또한 부력이 있는 규장질 지각은 대륙으로부터 멀리 떨어진 해양–해양 수렴대에 있는 화산성 호상열도에서도 생성된다. 시간이 지나면 이 호상열도는 필리핀 및 남서 태평양의 다른 군도들과 같이 두껍고 실리카가 풍부한 지각 부분과 합쳐질 수 있다(그림 10.10). 판의 움직임은 이런 지각의 조각들을 지구 표면에서 수평으로 운반하여, 결국 부가성장을 통해서 그들을 능동형 대륙주변부에 달라붙게 한다.

부가성장

맨틀물질로부터 분화된 지각물질이 판 운동 동안 수평이동을 하여 기존의 대륙덩어리에 합쳐지는 것을 **부가성장**(accretion)이라 한다.

부가성장의 지질학적 증거는 북아메리카와 같은 능동형 대륙주변부에서 찾아볼 수 있다. 북아메리카대륙 북서부의 태평양 연안(Pacific Northwest)과 알래스카에서, 지각은 이상한 조각들의 혼합체—호상열도, 해산(해저 사화산), 현무암질 해저대지의 잔존물, 오래된 산맥, 그리고 대륙지각의 다른 조각들—로 이루어져 있는데, 이들은 대륙이 지구표면을 가로지르며 이동할 때 대륙의 선단에 달라붙은 것들이다. 이런 조각들은 때때로 **부가암층지대**(accreted terrains)로 불린다. 지질학자들은 지리적 범위가 수십에서 수백 킬로미터에 달하고, 공통적인 특징과 뚜렷한 기원을 가지고 있으며, 보통 판 운동에 의해 아주 먼 곳에서 운반된, 커다란 지각덩어리를 정의하기 위해 이 용어를 쓴다.

부가암층지대의 지질학적 배열은 아주 복잡할 수 있다(그림

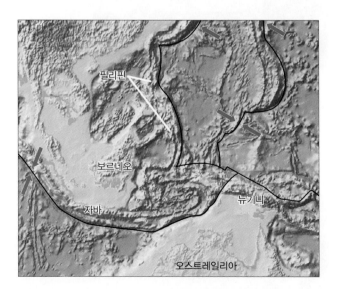

그림 10.10 남서 태평양에 있는 필리핀제도와 다른 섬들은 어떻게 호상열도가 해양–해양 수렴대에서 원시 대륙지각의 일부로 병합될 수 있는지를 보여준다.

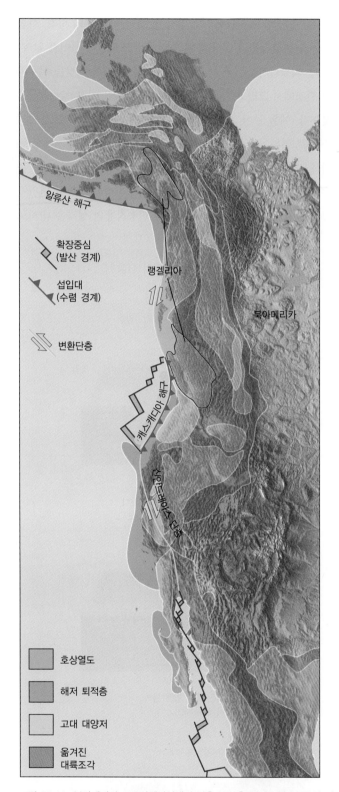

그림 10.11 북아메리카 코르디예라산맥의 많은 부분은 지난 2억 년 동안 지대의 부가에 의해 형성되었다. 예를 들어, 랭겔리아는 5,000km 떨어진 곳에서 현재 위치로 운반된 옛 현무암 해저대지이다. 다른 부가암층지대들은 호상열도, 고대 해저지각, 대륙조각 등으로 이루어져 있다.

[D. R. Hutchison, "Continental Margins," *Oceanus* 35 (Winter 1992–1993): 34–44; modified from work of D. G. Howell, G. W. Moore, and T. J. Wiley.]

10.11). 인접한 지각덩어리는 암석군, 습곡 및 단층의 성격, 화성활동과 변성작용의 역사 등에 있어서 두드러지게 차이가 날 수 있다. 지질학자들은 흔히 이 블록들이 주변 지역의 것들과는 다른 환경에서 그리고 다른 시기에 형성되었음을 지시하는 화석을 찾는다. 예를 들어, 심해성 화석을 가지는 오피올라이트(해저의 조각)로 이루어진 부가암층지대는 완전히 다른 시기의 천해성 화석을 가지는 호상열도의 잔해 및 대륙조각에 의해 둘러싸여 있을 수 있다. 부가암층지대 사이의 경계는 거의 항상 상당한 변위가 일어난 큰 단층이다. 그러나 이러한 단층작용의 성격은 대체로

구별해내기 힘들다. 제자리에 있지 않은 지각조각에 대해서는 외래암층지대(exotic terrains)라 부른다.

판구조론이 나타나기 전 외래암층지대는 지질학자들 사이에서 격심한 논란 대상이었는데, 어느 누구도 이것의 기원에 대해서 타당성 있는 설명을 제시할 수 없었다. 이제 부가암층지대에 대한 분석은 판구조론 연구에 있어서 특화된 분야이다. 북아메리카 코르디예라의 100개 이상의 지역(그림 10.11에 나타난 것보다 훨씬 많은)이 지난 2억 년 동안 부가된 외래암층지대로 확인되었다. 랭겔리아라고 부르는 그러한 지대 중 하나는 원래 커다란 현

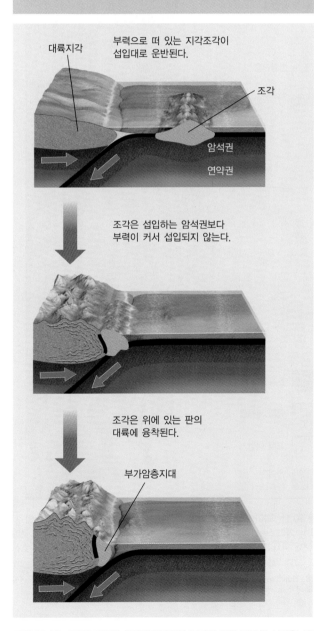

부력 있는 조각이 대륙에 부가되어 성장

부력으로 떠 있는 지각조각이 섭입대로 운반된다.

대륙지각

조각

암석권

연약권

조각은 섭입하는 암석권보다 부력이 커서 섭입되지 않는다.

조각은 위에 있는 판의 대륙에 융착된다.

부가암층지대

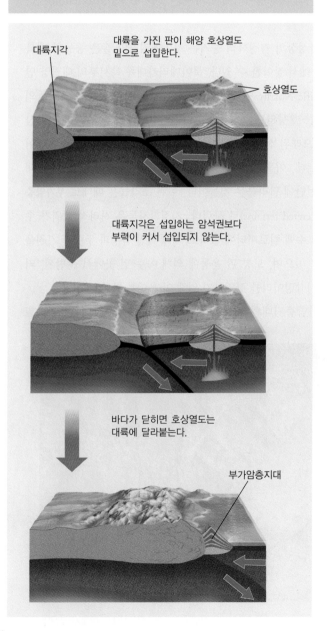

호상열도가 대륙에 부가하여 성장

대륙을 가진 판이 해양 호상열도 밑으로 섭입한다.

대륙지각

호상열도

대륙지각은 섭입하는 암석권보다 부력이 커서 섭입되지 않는다.

바다가 닫히면 호상열도는 대륙에 달라붙는다.

부가암층지대

그림 10.12 4가지 과정은 외래암층지대의 부가에 의한 대륙의 성장을 설명한다.

무암 해저대지(현무암질 용암의 대량분출로 두꺼워진 해양지각으로 이루어진 지역)로 형성되었지만, 이후 남반구로부터 알래스카와 서부 캐나다에 있는 현재의 위치까지 5,000km 이상 운반되었다. 광범위한 부가암층지대는 일본, 동남아시아, 중국, 시베리아 등에서도 발견되었다.

　오직 몇몇의 경우에만 우리는 이들 부가암층지대가 어디서 온 것인지 정확하게 알고 있다. 부가성장을 일으킬 수 있는 네 가지 특징적인 지구조 과정을 고려함으로써 그 외 조각들이 어떻게 합쳐지게 되었는지에 대해 해석할 수 있다(그림 10.12).

1. 너무 부력이 있어 섭입될 수 없는 지각의 조각은 섭입되고 있는 판으로부터 올라타고 있는 판 위의 대륙으로 운반되어 부착될 수 있다. 그러한 조각들은 대륙지각의 작은 조각들['미소대륙'(microcontinents)]이거나 해양지각의 두꺼워진 부분(커다란 해산, 현무암 해저대지)일 수도 있다.

2. 두꺼워진 호상열도의 지각이 대륙의 전진하는 가장자리와 충돌하여 부착되면, 호상열도를 대륙으로부터 분리시키는 바다는 닫힐 수 있다.

3. 변환단층을 따라서 서로 미끄러져 지나가는 두 판은 주향이

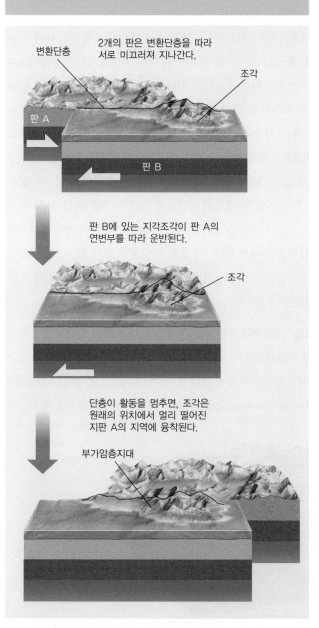

변환단층에 따라 부가되어 성장

2개의 판은 변환단층을 따라 서로 미끄러져 지나간다.

변환단층

조각

판 A

판 B

판 B에 있는 지각조각이 판 A의 연변부를 따라 운반된다.

조각

단층이 활동을 멈추면, 조각은 원래의 위치에서 멀리 떨어진 지판 A의 지역에 융착된다.

부가암층지대

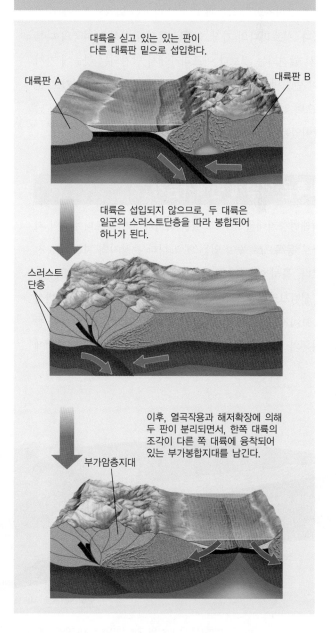

대륙충돌 및 열곡작용에 의한 부가성장

대륙을 싣고 있는 있는 판이 다른 대륙판 밑으로 섭입한다.

대륙판 A

대륙판 B

대륙은 섭입되지 않으므로, 두 대륙은 일군의 스러스트단층을 따라 봉합되어 하나가 된다.

스러스트 단층

이후, 열곡작용과 해저확장에 의해 두 판이 분리되면서, 한쪽 대륙의 조각이 다른 쪽 대륙에 융착되어 있는 부가봉합지대를 남긴다.

부가암층지대

동단층운동을 발생시켜 한 판에서 다른 판으로 지각 조각을 이동시킬 수 있다. 오늘날 태평양판에 붙어 있는 캘리포니아의 남서부는 산안드레아스 변환단층을 따라서 북아메리카판에 대하여 북서쪽으로 이동하고 있다. 비스듬하게 이동하는 사교섭입대(oblique subduction zones)에서 해구의 육지 쪽에 발달한 주향이동단층운동은 암층지대를 수백 킬로미터 운반할 수 있다.

4. 두 대륙이 충돌하여 하나로 봉합이 된 다음에 다른 위치에서 분리될 수 있다.

네 번째 작용은 북아메리카의 동쪽 수동형 대륙주변부에서 발견되는 일부 부가암층지대를 설명한다. 애팔래치아 습곡대는 옛 유럽 및 아프리카의 조각들과 더불어 다양한 외래암층지대를 가지고 있다. 플로리다의 가장 오래된 암석과 화석은 미국의 다른 부분에서 발견되는 것보다 아프리카에서 발견되는 것들에 가까워서, 이 반도의 대부분이 판게아가 조합될 때 북아메리카로 운반되었으며 약 2억 년 전 북아메리카와 아프리카가 분리될 때 남은 조각이었음을 지시한다.

■ 대륙은 어떻게 변해가는가?

많은 외래암층지대를 가지고 있는 북아메리카 코르디예라의 지질은 바로 동쪽으로 놓여 있는 옛 캐나다 순상지의 지질과는 전혀 다르다. 특히 이들 젊은 코르디예라 계의 부가암층지대는 순상지의 선캄브리아 지각을 특징짓는 높은 용융정도 혹은 고변성 작용을 보이지 않는다. 왜 그렇게 다른가? 그 답은 긴 역사를 통해서 대륙의 오래된 부분을 반복적으로 변화시킨 지구조 과정에 있다.

조산운동 : 판 충돌에 의한 변화

대륙지각은 **조산운동**(orogeny)에 의해 심하게 변한다. 조산운동은 산을 만드는 작용으로 습곡작용, 단층작용, 화성활동, 변성작용 등을 포함한다. 조산작용은 강괴의 가장자리를 반복적으로 변화시켜왔다. 대부분의 조산운동은 판 수렴의 결과이다. 하나 혹은 양쪽의 판이 해양암석권일 때 수렴은 보통 조산운동보다는 섭입으로 나타난다. 조산운동은 남아메리카에서 현재 진행되고 있는 안데스 조산운동에서처럼 대륙이 섭입되는 해양판 위로 강제로 올라탈 때 일어날 수 있다. 그러나 가장 심한 조산운동은 2개 이상의 대륙이 충돌할 때 일어난다. 제2장에서 본 것처럼 두 대륙판이 충돌할 때 판구조론의 기본 원리, 즉 판이 단단한 강성체라는 것은 수정되어야 한다.

대륙지각은 맨틀보다 훨씬 가볍기 때문에 충돌하는 대륙은 판과 함께 섭입되는 것을 거부한다. 대신에 대륙지각은 충돌대로부터 수백 킬로미터에 달하는 심한 습곡작용 및 단층작용으로 변형되고 깨진다(제7장 참조). 수렴에 의해 생기는 지각 스러스트단층작용은 지각의 윗부분을 수십 킬로미터의 두께를 가진 다수의 스러스트층으로 쌓을 수 있으며, 그 안에 포함된 암석을 변형 및 변성시킨다(그림 10.13). 대륙붕 퇴적물은 그것이 쌓인 기반암으로부터 분리될 수 있으며 내륙으로 밀려 올라갈 수 있다. 지각 전반에 걸친 수평압축은 그 두께를 두 배로 만들 수 있어 하부지각의 암석을 녹게 한다. 이 용융은 엄청난 양의 화강암질 마그마를 생산할 수 있으며, 이는 상승하여 상부지각에 광범위한 저반을 만든다.

알프스-히말라야 조산운동 현재 일어나고 있는 조산운동을 보기 위해 유럽에서부터 중동을 지나 아시아를 가로지르며 뻗어 있는 거대한 높은 산맥을 주목하자. 이는 전체적으로 **알프스-히말라야대**(Alpine-Himalayan belt)라고 일컬어진다(그림 10.14). 판게아의

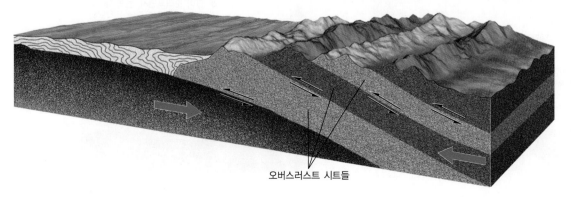

오버스러스트 시트들

그림 10.13 대륙이 충돌하면, 대륙지각은 판상의 오버스러스트 시트들로 깨어져 한 시트 위에 다른 시트들이 타고 올라와 중첩되면서 두꺼운 지층을 형성한다.

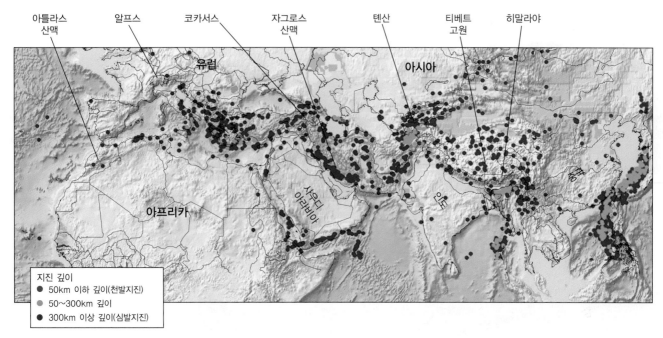

그림 10.14 알프스−히말라야 조산대는 아프리카판, 아라비아판 및 인도판이 유라시아판과 지금도 계속되는 충돌로 만들어진 일련의 높은 산맥들을 보여준다. 이 조산운동은 강력한 지진활동으로 나타난다.

분리는 아프리카, 아라비아, 인도를 북쪽으로 보내 그 암석권이 유라시아 밑으로 섭입함에 따라 테티스해를 닫히게 하였다(그림 2.16 참조). 이 예전의 곤드와나대륙의 조각들은 유라시아와 복잡한 순서로 충돌하였다. 백악기 동안에 유라시아의 서부에서 시작하고 제3기를 통해 동쪽으로 계속되었는데, 유럽 중앙부에서 알프스산맥을, 중동에서 코카서스 및 자그로스산맥을, 중앙아시아를 가로질러 히말라야 및 다른 산맥을 솟아오르게 했다.

세계에서 가장 높은 산맥인 히말라야산맥은 이 현대의 대륙−대륙 충돌의 가장 두드러진 결과이다(이 장의 끝에 있는 지질학 실습 참조). 약 5,000만 년 전 섭입하는 인도판 위에 타고 있던 인도 아대륙은 그 당시 유라시아판과 접하고 있었던 호상열도와 대륙화산대를 먼저 만났다(그림 10.15). 인도와 유라시아의 땅덩어리가 합쳐지면서 테티스해는 섭입작용에 의하여 사라졌다. 그 해양지각의 조각들은 수렴하는 대륙 사이의 봉합대를 따라 잡혔으며, 오늘날 히말라야를 티베트고원으로부터 분리시키는 인더스 및 창포강 계곡을 따라 산출하는 오피올라이트군으로서 나타난다. 충돌은 인도의 전진을 늦추었으나 인도판은 계속 북쪽으로 나아갔다. 여태까지 인도는 유라시아로 2,000km 이상 침투하여 신생대의 가장 크고 가장 격심한 조산운동을 일으켰다.

히말라야산맥은 인도의 오래된 북부의 오버스러스트 조각들이 하나 위에 다른 것이 쌓이는 식으로 형성되었다(그림 10.15 참조). 이 과정은 압축의 일부를 흡수한다. 수평압축은 또한 인도

의 북쪽 지각을 두껍게 하였는데, 현재 60~70km의 지각두께(대부분의 대륙지각 두께의 거의 두 배)를 가지고 해수면 위로 거의 5km 높이에 있는 거대한 티베트고원의 융기를 야기하였다. 아마도 인도가 유라시아 밑으로 침투한 것의 반은 이러한 압축지역으로 설명된다. 계속된 압축은 치약이 튜브에서 짜일 때처럼 인도가 움직이는 방향에서 벗어나 중국과 몽골을 동쪽으로 밀쳤다. 대부분의 이 측면 운동은 그림 10.16의 지도에 보이는 알틴타 단층(Altyn Tagh fault) 및 다른 주요 주향이동단층들을 따라 일어났다. 인도−유라시아 봉합대로부터 수천 킬로미터 뻗어 있는 아시아의 산맥, 고원, 단층, 큰 지진 등은 알프스−히말라야 조산운동의 결과이다. 이 조산운동은 인도가 아시아 밑으로 40~50mm/year의 속도로 들어가면서 계속되고 있다.

판게아 형성 동안의 고생대 조산운동 지질시대를 더 거슬러 올라가면, 우리는 보다 오래된 조산운동에 대한 풍부한 증거를 보게 된다. 예를 들어 우리가 언급했던 것처럼, 현재 미국 동부의 침식된 애팔래치아 습곡대에 노출된 고생대 변형작용은 적어도 세 번의 서로 다른 조산운동으로 만들어졌다는 것이다. 이 세 번의 조산운동은 고생대 말 가까이에 판게아 초대륙의 형성을 가져오게 한 판 수렴에 의해 야기되었다.

초대륙 로디니아는 원생누대 말경에 갈라지기 시작하여 여러 개의 고대륙을 낳았다(그림 2.16 참조). 하나는 큰 대륙인 곤

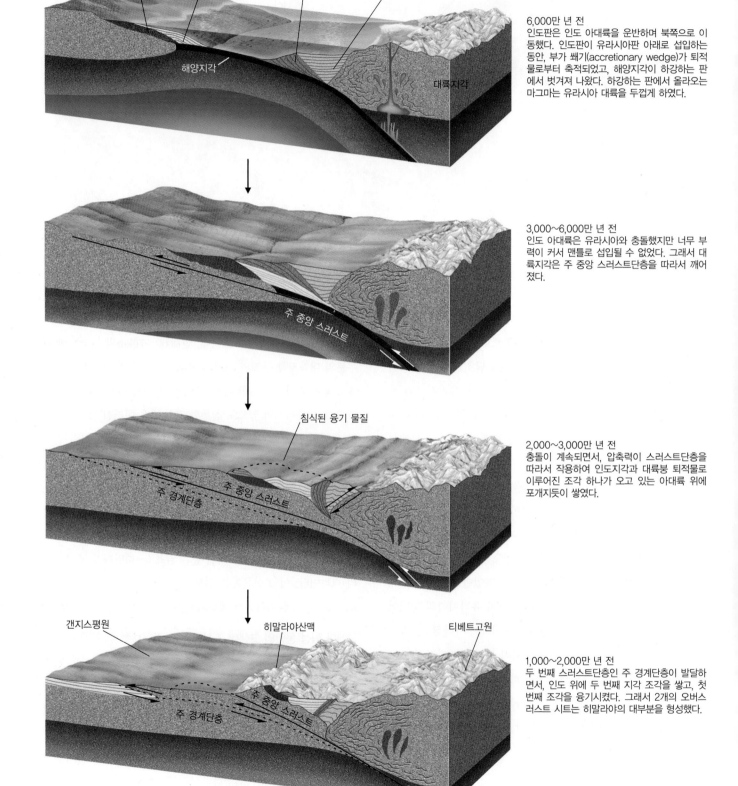

6,000만 년 전
인도판은 인도 아대륙을 운반하며 북쪽으로 이동했다. 인도판이 유라시아판 아래로 섭입하는 동안, 부가 쐐기(accretionary wedge)가 퇴적물로부터 축적되었고, 해양지각이 하강하는 판에서 벗겨져 나왔다. 하강하는 판에서 올라오는 마그마는 유라시아 대륙을 두껍게 하였다.

3,000~6,000만 년 전
인도 아대륙은 유라시아와 충돌했지만 너무 부력이 커서 맨틀로 섭입될 수 없었다. 그래서 대륙지각은 주 중앙 스러스트단층을 따라서 깨어졌다.

2,000~3,000만 년 전
충돌이 계속되면서, 압축력이 스러스트단층을 따라서 작용하여 인도지각과 대륙붕 퇴적물로 이루어진 조각 하나가 오고 있는 아대륙 위에 포개지듯이 쌓였다.

1,000~2,000만 년 전
두 번째 스러스트단층인 주 경계단층이 발달하면서, 인도 위에 두 번째 지각 조각을 쌓고, 첫 번째 조각을 융기시켰다. 그래서 2개의 오버스러스트 시트는 히말라야의 대부분을 형성했다.

그림 10.15 히말라야 조산운동을 일으킨 사건의 순서를 보여주는 단면도로서, 단순화되고 수직적으로 과장되어 있다.
[P. Molnar, "The Structure of Mountain Ranges," *Scientific American* (July 1986): 70.]

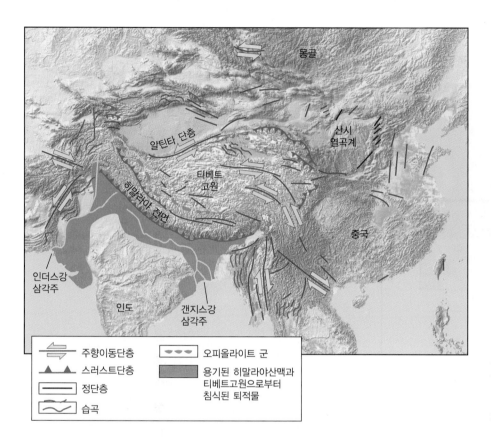

그림 10.16 인도와 유라시아 대륙 사이의 충돌은 대규모 단층과 융기를 포함하는 많은 장관을 이루는 지구조적 지형을 만들었다.

[P. Molnar and P. Tapponier, "The Collision Between India and Eurasia," *Scientific American* (April 1977): 30.]

드와나(Gondwana)이고, 다른 것은 북아메리카 강괴 및 그린란드를 포함하는 로렌시아(Laurentia)와 현재 발트해 주변 육지(스칸디나비아, 핀란드, 러시아의 유럽 부분)로 이루어진 발티카(Baltica)이다. 캄브리아기에 로렌시아는 현재의 방향으로부터 거의 90도 회전되어 있었으며 적도에 걸쳐 있었다. 그 남쪽 편(현재의 동쪽 편)은 수동형 대륙주변부였다. 그 바로 남쪽으로 고대서양(proto-Atlantic Ocean), 즉 이아페투스해(Iapetus Ocean; 그리스 신화에서 'Iapetus'는 '아틀란티스의 아버지'라는 뜻)가 있었는데, 이것은 멀리 떨어진 호상열도 밑으로 섭입하고 있었다. 발티카는 남동쪽으로 떨어져 있었고, 곤드와나는 남쪽으로 수천 킬로미터 떨어져 있었다. 그림 10.17은 3개의 대륙이 수렴하면서 일어난 사건들의 순서를 보여준다.

오르도비스기 중기에서 말기(4억 7,000만 년 전에서 4억 4,000만 년 전)에 이아페투스 암석권이 남쪽으로 섭입하면서 만든 호상열도가 로렌시아와 충돌하면서, 첫 번째 조산운동을 일으켰다─타코닉 조산운동(Taconic orogeny). (뉴욕시 북쪽 약 160km 정도 허드슨강 동쪽으로 뻗은 타코닉 스테이트 파크웨이를 차로 달리면 이 시기에 부가되고 변형된 암석들 일부를 볼 수 있다.) 데본기 초기(약 4억 년 전)에 발티카 및 이와 연결된 일련의 호상열도가 로렌시아와 충돌하기 시작하면서 두 번째 조산운동이 시작되

었다. 이 충돌로 그린란드의 남동부, 노르웨이의 북서부, 스코틀랜드가 변형되었는데, 유럽 지질학자들은 이를 가리켜 칼레도니아 조산운동(caledonian orogeny)이라 한다. 이 변형은 현재의 북아메리카로 계속되어 아카디아 조산운동(Acadian orogeny)을 일으켰다. 아카디아 조산운동으로 데본기 중기에서 말기(3억 8,000만 년 전에서 3억 6,000만 년 전)에 현재 캐나다 연해와 뉴잉글랜드 지역이 된 호상열도가 로렌시아에 덧붙었다.

판게아 통합의 대단원은 거대한 땅덩어리인 곤드와나가 로렌시아 및 발티카와 충돌한 것이다. 그때까지는 로렌시아와 발티카는 로러시아(Laurussia)로 불리는 하나의 대륙으로 합쳐져 있었다. 그 충돌은 약 3억 4,000만 년 전에 현재의 유럽 중앙부 지역에 바리스칸 조산운동(Variscan orogeny)을 일으키며 시작하여, 북아메리카 강괴의 주변부를 따라 애팔래치아 조산운동(Appalachian orogeny, 3억 2,000만 년 전에서 2억 7,000만 년 전)을 일으키면서 계속되었다. 대륙통합의 후기 단계에 곤드와나 지각이 로렌시아 위로 밀려 올라가면서, 블루리지 지구를 현재의 히말라야만큼 높은 산맥으로 융기시키고, 애팔래치아 습곡대에서 현재 볼 수 있는 많은 변형작용을 초래하였을 것이다. 또한 이때 시베리아와 다른 아시아지역들이 로러시아와 충돌하면서 우랄 조산운동(Ural orogeny)을 일으켰고, 이로 인해 로라시아(Laurasia) 대륙이 형성되

캄브리아기 중기(5억 1,000만 년 전)

초대륙 로디니아가 분열된 후, 로렌시아대륙은 적도에 걸쳐 있었다. 그 남쪽 가장자리는 수동형 대륙주변부였고, 남쪽으로는 이아페투스해와 접하고 있었다.

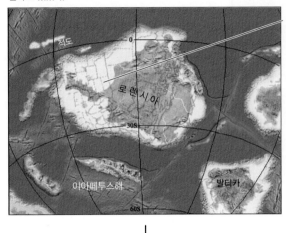

석탄기 초기(3억 4,000만 년 전)

곤드와나와 로러시아의 충돌은 현재의 중부 유럽지역에 바리스칸 조산운동을 일으키며 시작되었으며…

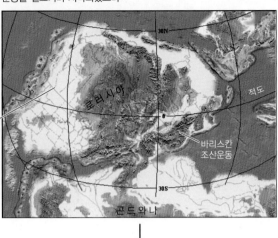

윤곽선은 지리적 참조를 위한 미국의 주 경계선을 나타낸다.

대륙붕과 침수된 대륙

오르도비스기 말기(4억 5,000만 년 전)

이아페투스 암석권의 남쪽으로 향한 섭입에 의해 만들어진 호상열도는 오르도비스 중기에서 말기에 로렌시아와 충돌하여, 타코닉 조산운동을 일으켰다.

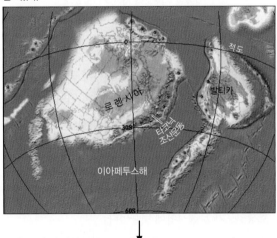

석탄기 후기(3억 년 전)

…또한 이 충돌은 북아메리카 강괴의 주변부를 따라 계속되어 애팔래치아 조산운동을 일으켰다. 동시에 시베리아는 우랄 조산운동을 일으키며 로러시아와 합쳐져서 로라시아를 만들었으며, 헤르시니아 조산운동은 유럽과 북부 아프리카를 가로질러 새로운 산맥을 만들었다.

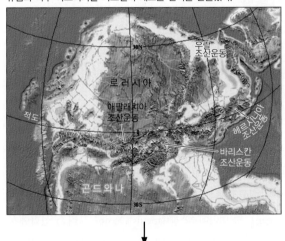

데본기 초기(4억 년 전)

로렌시아와 발티카의 충돌은 칼레도니아 조산운동을 일으켰으며, 이로 인해 로러시아가 만들어졌다. 이 수렴(충돌)은 남쪽으로 연장되어 아카디아 조산운동을 일으켰다.

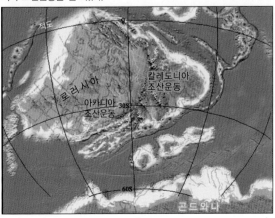

페름기 초기(2억 7,000만 년 전)

이런 대륙 수렴의 최종 산물은 초대륙 판게아였다.

그림 10.17 현재 북대서양 지역의 고지리 복원. 판게아의 통합을 가져온 연속적인 조산운동 사건들을 보여준다.

[Ronald C. Blakey, Northern Arizona University, Flagstaff.]

고 우랄산맥이 만들어졌다. 동시에 광범위한 변형으로 유럽과 아프리카 북부를 가로질러 새로운 산맥이 만들어졌다—헤르시니아 조산운동(Hercynian orogeny).

이러한 모든 대륙덩어리가 하나로 뭉치면서 지각의 구조가 상당히 바뀌었다. 강한 강괴는 거의 영향을 받지 않았으나, 그 사이에 낀 보다 젊은 부가암층지대는 고화되고, 두꺼워지고, 변성되었다. 이 새로운 지각의 아랫부분은 부분적으로 녹아 화강암질 마그마를 생성하였고, 마그마는 상승하여 상부지각에 저반을, 지표에는 화산을 만들었다. 융기된 산맥과 고원은 침식을 당하여, 과거에 수십 킬로미터 아래 깊은 곳에 있었던 고변성도의 변성암을 노출시켰으며, 두꺼운 퇴적층을 퇴적시켰다. 첫 번째 조산운동 후 쌓인 퇴적물은 나중의 조산운동 동안에 변형 및 변성작용을 받았다.

이전 조산운동들 지금까지 우리는 2개의 주요 조산운동을 살펴보았다—판게아의 형성과 관련된 고생대 조산운동과 신생대 알프스-히말라야 조산운동. 제2장에서는 원생누대 후기의 초대륙 로디니아(Rodinia)를 토의하였다. 이제는 주요 조산운동들이 보

다 이전의 초대륙 형성에 수반되었다는 것을 알아도 더 이상 놀랄 일이 아닐 것이다.

몇 가지 가장 좋은 증거들은 캐나다 순상지 동부 및 남부 주변부의 그렌빌 지구로 알려진 넓은 띠 모양의 지대로부터 나오는데, 이 지역은 약 11억~10억 년 전 원생누대 중기에 새로운 지각물질이 대륙에 첨가된 곳이다(그림 10.8b 참조). 지질학자들은 지금은 심하게 변성된 이런 암석들이 원래 로렌시아와 곤드와나의 서부가 충돌함으로써 부가되고 압축된 화산대와 호상열도 지대로 이루어져 있었다고 믿고 있다. 그들은 이 그렌빌 조산운동(Grenville orogeny) 동안에 일어난 것이 오늘날 히말라야 조산운동에서 일어나고 있는 것에 비유된다고 생각한다. 티베트와 같은 고원은 습곡 및 스러스트단층작용으로 압축된 지각의 두께 증가로 형성되었으며, 습곡과 단층운동은 상부지각을 변성시키고 하부 지각의 많은 부분을 부분적으로 용융시켰다. 조산운동이 멈추면 고원의 침식은 지각을 얇게 하고 높은 변성도의 결정질 암석을 노출시킨다. 지질학자들은 전 세계 대륙들에서 비슷한 시기의 조산대를 발견하였다. 비록 많은 상세한 부분이 확실하지는 않지

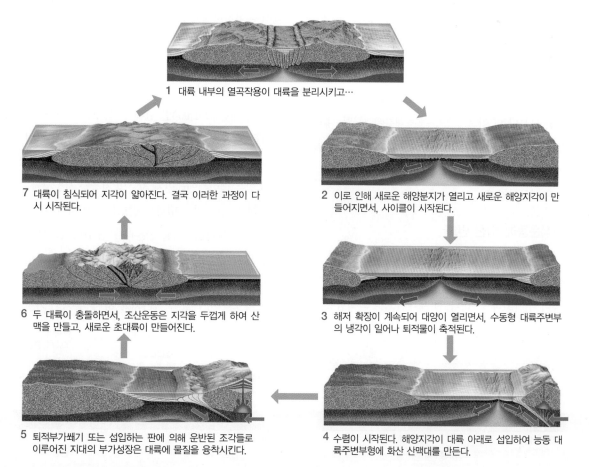

1 대륙 내부의 열곡작용이 대륙을 분리시키고…

7 대륙이 침식되어 지각이 얇아진다. 결국 이러한 과정이 다시 시작된다.

2 이로 인해 새로운 해양분지가 열리고 새로운 해양지각이 만들어지면서, 사이클이 시작된다.

6 두 대륙이 충돌하면서, 조산운동은 지각을 두껍게 하여 산맥을 만들고, 새로운 초대륙이 만들어진다.

3 해저 확장이 계속되어 대양이 열리면서, 수동형 대륙주변부의 냉각이 일어나 퇴적물이 축적된다.

5 퇴적부가쐐기 또는 섭입하는 판에 의해 운반된 조각들로 이루어진 지대의 부가성장은 대륙에 물질을 융착시킨다.

4 수렴이 시작된다. 해양지각이 대륙 아래로 섭입하여 능동 대륙주변부형에 화산 산맥대를 만든다.

그림 10.18 윌슨 사이클은 초대륙의 형성과 분리 및 해양분지의 열림과 닫힘을 일으키는 판구조과정으로 이루어져 있다.

만, 지질학자들은 이런 증거(고지자기 자료를 포함하는)로부터 13억 년 전과 9억 년 전 사이에 로디니아가 어떻게 형성되었는가에 대한 전반적인 그림을 재구성하였다.

윌슨 사이클

북아메리카 동부 역사를 간략히 보면, 많은 강괴의 가장자리들이 일반적인 판구조 사이클에서 다수의 사건을 경험했다는 것을 추론할 수 있다. 이 사이클은 네 단계로 이루어져 있다(그림 10.18).

1. 초대륙 분리 동안의 열곡작용
2. 해저 확장과 해양이 열리는 동안, 수동형 대륙주변부의 냉각 및 퇴적물 축적
3. 섭입 및 해양이 닫히는 동안, 능동형 대륙주변부의 화산활동과 지대의 부가성장
4. 다음번 초대륙을 형성하는 대륙-대륙 충돌 동안의 조산운동

이러한 이상적인 지질사건의 순서는 캐나다의 판구조론 선구자인 투조 윌슨(J. Tuzo Wilson)의 이름을 따서 **윌슨 사이클**(Wilson cycle)이라 불린다. 그는 대륙 진화에서 이 과정의 중요성을 처음으로 인식하였다.

지질자료들은 윌슨 사이클이 원생누대와 현생누대 동안에 작동하였음을 시사한다(그림 10.19). 지질학자들은 로디니아 이전에 적어도 두 번의 초대륙이 형성되었다고 추정한다. 그 하나는 19억 년 전에서 17억 년 전 사이에 컬럼비아(Columbia)로 불리는 초대륙이 있었고, 그보다 더 이전에 있었던 초대륙은 시생누대와 원생누대의 경계 부근인 27억에서 25억 년 전에 형성되었다. 윌슨 사이클이 시생누대에도 마찬가지로 작동했을까? 잠시 후 우리는 이 질문으로 되돌아간다.

조륙운동 : 수직운동에 의한 변화

우리는 여태까지 대륙진화에 대하여 부가성장과 조산운동을 강조하였는데, 이들은 수평적인 판 운동의 결과로 보통 습곡과 단층 형태의 변형이 수반된다. 그러나 전 세계적으로 퇴적암층은 대륙을 변하게 하는 또 다른 종류의 움직임을 기록한다. 즉 커다란 습곡작용이나 단층작용 없이 지각의 넓은 지역이 아래위로 서서히 움직이는 현상이다. 이런 수직운동은 **조륙운동**(epeirogeny)이라 불린다. 이 용어는 1890년 미국 지질학자 클래런스 더튼(Clarence Dutton)에 의해 만들어졌다(그리스어 *epeiros*는 '본토'를 뜻한다).

조륙운동에 의한 하강운동은 북아메리카의 안정된 내부 탁상지에서 발견되는 것과 같은 비교적 평평하게 놓인 퇴적층을 만든다. 상승운동은 침식을 일으켜 부정합과 같은 퇴적층 기록의 공백을 야기한다. 침식작용은 캐나다 순상지에서 발견되는 것과 같은 결정질 기반암을 노출시킨다.

지질학자들은 조륙운동의 몇 가지 메커니즘을 알게 되었다. 하나의 예는 **빙하 반동**(glacial rebound)이다(그림 10.20a, 또한 지구문제 14.1 참조). 큰 빙하가 형성되면 그 무게는 대륙지각을 누른다. 빙하가 녹으면 지각은 수만 년 동안 위쪽으로 반동하게 된다. 빙하 반동은 약 1만 7,000년 전에 끝난 가장 최근 빙하 작용 이후 핀란드와 스칸디나비아의 융기 및 북부 캐나다의 융기된 해변을 설명한다(그림 10.21). 비록 반동이 인간의 기준으로는 느려 보여도 지질학적으로 말하면 빠른 과정이다.

대륙암석권의 가열과 냉각은 긴 시간 규모에서 일어나는 중요한 조륙운동작용이다. 가열은 암석을 팽창시키고 그 밀도를 낮추어 대륙표면을 상승시킨다(그림 10.20b). 좋은 예는 콜로라도고원인데, 지난 약 1,000만 년 동안 약 2km가량 융기해왔다. 지질학자들은 이 가열이 활발한 맨틀의 상승작용으로 발생했다고 생각한다. 또한 이러한 맨틀의 상승작용은 고원의 서쪽 편과 남쪽 편에 있는 베이슨앤레인지 지구의 지각을 신장시키고 있다.

반대로, 암석권의 냉각은 밀도를 증가시켜 자체 무게로 가라앉게 하여 열침강분지를 만든다(그림 10.20c). 대륙내부에 있는 한때 뜨거웠던 지역의 냉각은 북아메리카 중앙부의 미시간분지 및 다른 깊은 분지를 설명할 수 있다(그림 10.3 참조). 새로운 해저 확장 사건이 대륙을 갈라지게 하면, 융기된 가장자리는 침식

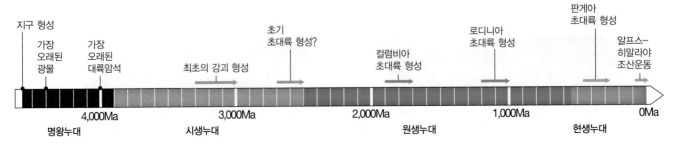

그림 10.19 대륙의 역사에서 일부 중요한 사건들을 보여주는 지질연대표. (Ma : 100만 년 전)

(a) 빙하 반동

빙하 얼음의 무게가 대륙암석권을 아래로
휘어지게 한다.

…얼음이 제거되면
반동한다.

대륙지각

대륙암석권

연약권

대륙빙하

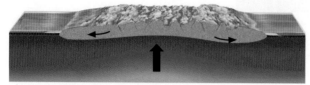

(b) 암석권의 가열

맨틀물질의 상승은 대륙암석권을 융기시키고 얇아지게 한다.

(c) 대륙 내부 암석권의 냉각

열침강분지

암석권이 식어 수축하면서, 침강하여 대륙 내부에 분지를 만든다.

(d) 대륙주변부에서 암석권의 냉각

대륙붕 퇴적물

해저 확장으로 대륙이 갈라지면, 대륙의 가장자리가 침강하여 두꺼운 퇴적물
을 축적시킨다.

(e) 심부 맨틀의 가열

슈퍼플룸

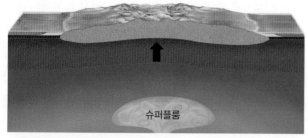

심부 맨틀에서 상승하는 슈퍼플룸은 암석권을 가열하고 대륙의 기저부를 융
기시켜, 넓은 지역의 지표를 위로 휘어지게 한다.

그림 10.20 지질학자들은 조륙운동의 다섯 가지 메커니즘을 확인하였다.

되고, 결국 식으면서 아래로 침강하여 퇴적물이 쌓이고 탄산염
대지가 축적되는 분지를 형성한다(그림 10.20d). 이 과정은 미국
동부해안을 따라 두꺼운 대륙붕을 형성하게 하였다.

재미있는 수수께끼는 남아프리카고원이다. 여기에서 강괴는
신생대 동안 해수면 위로 거의 2km 가까이 융기하였는데, 이는
대부분의 강괴 고도의 두 배 이상이다. 그러나 대륙의 이 부분에
있는 암석권은 비정상적으로 뜨거운 것 같지는 않다. 하나의 가
능한 설명은 남부 아프리카 강괴가 하부 맨틀의 뜨겁고 부력이
있는 지역(슈퍼플룸)에 의해 융기되었을지도 모른다는 것이다(제
14장 참조). 이 '슈퍼플룸'(superplume)이 암석권의 기저에서 지
표를 약 1km 가까이 상승시키기에 충분한 상승력을 가할 수 있
었다(그림 10.20e).

그러나 여기에서 제안된 어떠한 조륙운동 메커니즘도 대륙 강
괴의 주요 특징들인 융기된 대륙순상지와 침강한 탁상지의 존재
를 설명하지 못한다. 이들 지역은 너무 광대하고 너무 오랫동안
존속해왔기 때문에 우리가 지금까지 논의해 온 판구조과정으로
는 설명될 수 없다.

■ 강괴의 기원

모든 대륙강괴는 시생누대(39억에서 25억 년 전) 이래 안정된
(즉, 변형을 받지 않은) 오래된 암석권의 지역을 가지고 있다. 우리
가 본 것처럼 변형은 이런 안정된 땅덩어리 가장자리에서 일어났
으며 나중의 윌슨 사이클 동안 새로운 지각이 그 둘레에 부가되었
다. 하지만 이 강괴의 중앙부는 처음에 어떻게 만들어졌을까?

40억 년 전 지구는 보다 뜨거운 행성이었다. 그 이유는 지구
의 분화와 운석의 심한 폭격 시기 동안 방출된 에너지뿐만 아니
라, 그 당시 풍부했던 방사성 원소의 붕괴로 생성된 열 때문이었
다(제9장 참조). 보다 뜨거운 맨틀에 대한 증거는 시생누대 지각
에서만 발견되는 초고철질 화산암의 특이한 유형인 코마티아이트
(komatiite, 처음 발견된 아프리카 남동부에 있는 코마티강을 따
라 붙여진 이름)로부터 온다. 코마티아이트는 아주 높은 MgO 함
량(33%까지)을 보이며, 이들이 만들어지기 위해서는 현재 지구
상에서 발견되는 맨틀의 용융온도보다 훨씬 높은 용융온도가 필
요하다.

시생누대 동안 맨틀이 보다 뜨거웠다면 맨틀대류는 아주 활발
하였을 것이다. 판은 보다 작았으며 보다 빨리 움직였을 것이다.
화산활동은 광범위하게 일어났고 확장중심에서 형성된 지각은

그림 10.21 캐나다의 노스웨스트 준주에 있는 포인트 호수의 호반에서 나타나는 융기된 모래사장은 빙하의 무게가 제거된 후 발생한 지각의 융기운동에 대한 증거이다.

[*Natural Resouces Canada 2009*의 허가로 여기에 실림. Geological Survey of Canada 제공(photo 2001-208 by Lynda Dredge.]

아마도 두꺼웠을 것이다. 비록 암석권은 맨틀로 다시 되돌아갔을 것이지만, 어떤 지질학자들은 이 시기에 만들어진 판은 너무 얇고 가벼워 현대의 섭입대에서 해양판이 소모되는 것과 같은 방법으로는 섭입될 수 없었을 것이라고 믿고 있다.

우리는 실리카가 풍부한 대륙지각이 지구역사의 초기 단계에도 존재한 것을 알고 있다. 38억 년 된 층은 여러 대륙에서 발견되었다. 대부분은 보다 오래된 대륙지각으로부터 유래한 것이 분명한 변성암이다. 몇 곳에서 이 초기 지각의 작은 조각이 살아남았다. 캐나다 순상지 북서부에 있는 아카스타 편마암은 현재의 편마암과 매우 유사하나 40억 년의 나이를 가진 것으로 연대측정되었다(그림 10.22a). 지질학자들은 최근 북부 퀘벡에서 거의 43억 년 된 보다 오래된 암층을 발견하였다(그림 10.22b). 오스트레일리아에서 지르콘(zircon, 침식에도 살아남는 아주 단단한 광물) 입자들이 44억 년이나 오래된 것으로 측정되었다(제8장 참조).

시생누대의 초기에 맨틀로부터 분화된 대륙지각은 아주 유동적이었을 것이다. 이는 아마도 강한 지구조 운동에 의해 빠르게 밀쳐지고 찢어지는 작은 뗏목과도 같이 이루어졌을 것이다. 오늘날 금성에서 일어나는 것으로 보이는 조각구조과정(flake tectonic process)과 유사한 것일 것이다. 장기적인 안정성을 가진 첫 강괴는 약 33억~30억 년 전에 만들어지기 시작하였다. 북아메리카에서 가장 오래된 예는 캐나다 북서부의 중앙 슬레이브 지대(central Slave province)인데, 이곳은 아카스타 편마암이 발견된 곳이며 약 30억 년 전에 안정화되었다. 지질학자들은 이 안정화작용은 대륙지각뿐만 아니라 대륙암석권의 맨틀 부분에서의 화학적 변화도 포함한다는 것을 보여줄 수 있었다. 여기에 대해서는 곧 보게 될 것이다.

이런 시생누대 지각에 있는 암층들은 2개의 주요 그룹으로 나뉜다(그림 10.23).

1. **화강암-녹암 지대**(granite-greenstone terrains)는 녹암의 작은 덩어리를 둘러싸고 있는 거대한 화강암질 관입지역으로 그 위는 퇴적물로 덮여 있다. 녹암은 제6장에서 보았듯이 주로 고철질 성분을 가진 화산암으로부터 유래한 저도 변성암이다. 녹암의 기원에 대해서는 논란이 많으나 많은 지질학자들은 한때 호상열도 뒤의 작은 확장중심에서 형성된 해양지각의 조각으로 대륙에 부가되고 나중에 화강암 관입에 의해 잡아먹힌 것으로 생각하고 있다.

2. **고변성지대**(high-grade metamorphic terrains)는 주로 압축, 매몰, 화강암질 지각의 침식으로 유래한 고변성도의(백립암상) 변성암 지역이다. 이들 지역은 현대의 조산대의 깊이 침식된 부분과 유사하나 변형의 기하학적 면은 다르다. 현대의 조산

(a)

(b)

그림 10.22 새로 발견된 암석은 대륙지각이 명왕누대부터 지구표면에 있었음을 보여준다. (a) 슬레이브 강괴에 있는 아카스타 편마암은 40억 년 전으로 연대측정되었다. (b) 캐나다의 퀘벡주 북부에 있는 누부악잇턱(Nuvvuagittuq) 녹암대의 각섬석을 함유한 암석들은 연대측정 결과 42억 8,000만 년 전의 것으로 밝혀졌는데, 이들은 지금까지 발견된 암층 중 가장 오래되었다.

[(a) Sam Bowring의 배려, Massachusetts Institute of Technology, (b) Jonathan O'Neil.]

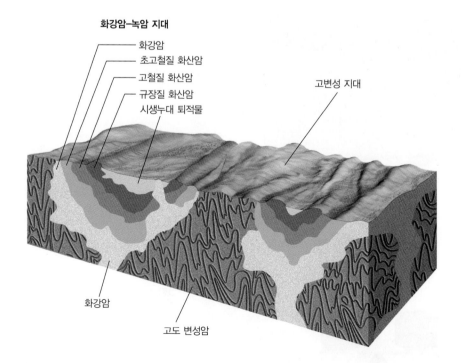

그림 10.23 두 가지 종류의 암층들이 대륙 강괴의 시생누대 지역에서 발견된다: 화강암–녹암 지대와 고변성 지대.

운동은 전형적으로 큰 강괴들이 만난 가장자리에 해당하는 선형의 산맥을 만든다. 시생누대에 변형된 지역은 보다 원형 혹은 S형이다. 이는 강괴가 훨씬 작았으며, 그 경계는 보다 곡선형이었다는 사실을 반영한다.

25억 년 전 시생누대 말기에 충분한 양의 대륙지각이 강괴로 안정화되어 마그마 첨가와 부가성장을 통하여 보다 큰 대륙의 형성을 가능하게 하였다. 판구조운동은 아마도 오늘날과 마찬가지로 작동했을 것이다. 우리가 주요 대륙-대륙 충돌과 초대륙의 형성에 대한 첫 증거를 보는 것도 바로 이 시기쯤이다. 지구역사상 이 시점부터 대륙의 진화는 판구조과정의 윌슨 사이클에 의해 지배되었다.

■ 대륙의 심부구조

이 장에서 우리는 대륙지각의 발달에 있어서 가장 중요한 과정을 조사하였다. 그러나 우리는 대륙의 움직임에 있어서 가장 기본적인 측면 하나를 설명하지 않았다. 즉 강괴의 장기 안정성이다. 강

괴가 어떻게 수십억 년 동안 판구조운동에 의해 두들겨 맞으면서도 살아남을 수 있었는가? 이 질문에 대한 답은 지각에 있지 않고 그 아래에 있는 암석권 맨틀에 있다.

강괴 용골

지진파를 이용하여 지구 내부를 '볼' 수 있게 되면서 지질학자들은 놀랄 만한 사실을 발견하였다. 즉, 대륙 강괴는 대륙이 이동할 때 강괴와 함께 이동하는 역학적으로 강한 두꺼운 맨틀물질 층 위에 놓여 있다는 사실이다. 이들 두꺼워진 암석권 부분들은 200km 이상의 깊이까지 연장되는데, 이는 가장 오래된 해양판 두께의 두 배 이상이다.

해양지각 아래(대륙의 가장 젊은 지역 밑과 마찬가지로) 100∼200km 깊이에서 맨틀암석은 뜨겁고 약하다. 이들은 비교적 쉽게 흐르는 연성 연약권의 일부인데, 이는 판이 지구표면을 가로질러 미끄러지게 한다. 강괴 아래의 암석권은 물속에 잠겨 있는 배의 선체처럼 이 지역의 깊이까지 연장되어 있다. 이런 맨틀구조를 그림 10.24에 보이는 것과 같이 **강괴 용골**(cratonic keels)이라 부른

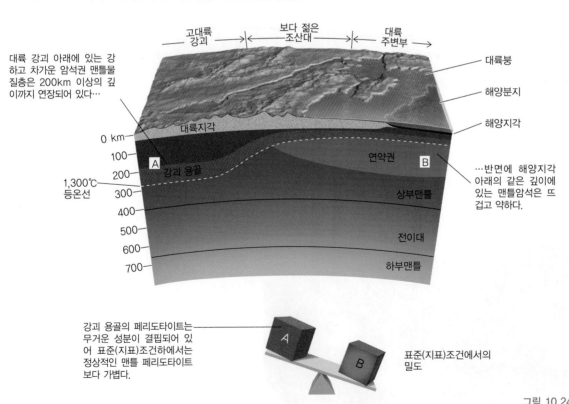

그림 10.24 강괴 용골의 화학성분은 온도효과를 상쇄시켜 주어 판구조 과정에 의한 분열에 대항하여 용골을 안정시켜 준다.

[T.H. Jordan, "The Deep Structure of Continents," *Scientific American* (January 1979); 92.]

다. 각 대륙에 있는 모든 강괴는 그런 용골을 가지고 있는 것처럼 보인다.

강괴 용골은 과학자들에게 여전히 풀지 못한 많은 수수께끼를 제공한다. 강괴 아래의 맨틀에서 나오는 열은 해양지각 아래의 맨틀에서 나오는 열보다 적다. 이것은 용골이 주변 연약권보다 수백 도 정도 차가운 것을 지시하고, 이는 강괴가 단단하다는 것을 암시한다. 그러나 강괴 아래의 맨틀 암석들이 그렇게 차갑다면, 해양암석권의 차갑고 무거운 판이 섭입대에서 가라앉는 것처럼 강괴는 왜 무게 때문에 맨틀로 가라앉지 않는 것인가?

용골의 성분

강괴 용골은 그 화학성분이 보통의 맨틀 페리도타이트와 같다면 분명히 가라앉을 것이다. 이 문제를 풀기 위해 지질학자들은 강괴 용골은 화학성분이 달라 밀도가 낮은 암석으로 구성되어 있다고 가정하였다(그림 10.24 참조). 그들의 낮은 밀도는 냉각으로 인한 밀도의 증가를 상쇄한다.

이 가설을 지지하는 강력한 증거는 킴벌라이트 파이프에서 발견되는 맨틀 시료들로부터 나왔다. 킴벌라이트 파이프는 제12장에서 볼 수 있듯이 다이아몬드를 생산하는 것과 같은 종류의 화산퇴적층이다. 킴벌라이트 파이프는 엄청난 깊이에서 폭발적으로 분출되어 형성된 화산의 침식된 암경(neck)에 해당하는 부분이다(그림 10.25). 다이아몬드를 가지고 있는 거의 모든 킴벌라이트는 시생누대 강괴 내에 위치하고 있다. 다이아몬드는 150km보다 얕은 깊이에서는 온도가 급격히 떨어지지 않으면 흑연으로 바뀔 것이다. 그러므로 이러한 파이프 내에서 다이아몬드가 존재한다는 것은 킴벌라이트 마그마가 150km보다 깊은 곳에서 온 것임을 나타내며, 또한 마그마가 아주 빠르게 암석권에 균열을 만들어 용골을 통과하면서 분출하였음을 나타낸다. 분출한 것을 나타낸다.

맹렬한 킴벌라이트의 분출 동안 일부 다이아몬드를 포함하는 강괴 용골의 조각들은 마그마에 뜯겨져 포획암이 되어 지표로 나온다. 대부분의 맨틀포획암은 보통 맨틀암보다 철(무거운 원소) 성분이 적고 석류석(무거운 광물)이 적은 페리도타이트인 것으로 밝혀졌다. 이런 암석은 부분용융에 의해서 연약권으로부터 현

그림 10.25 보츠와나에 있는 주아넹 다이아몬드 광산의 킴벌라이트 파이프 굴착. 다이아몬드는 침식된 고대 화산의 암경(neck)에 해당하는 구덩이의 중심에 있는 검은색 킴벌라이트 암석에서 발견된다. 주아넹에서 발견된 다이아몬드와 아프리카 대륙 용골의 기타 조각들은 150km 이상의 깊이에서 분출되었다. 이러한 조각들에 대한 분석자료는 〈그림 10.24〉에서 도시 설명한 화학적 안정화 가설을 지지한다. 주아넹은 세계에서 가장 풍부한 다이아몬드 광산이며, 2006년에 20억 달러 이상의 가치를 갖는 1,560만 캐럿(3,120kg)의 다이아몬드를 생산했다. 2010년에 시작한 대규모 확장으로 이 광산은 수명을 다할 때까지 약 150억 달러의 가치를 갖는 1억 캐럿의 다이아몬드를 생산할 것으로 예상된다.

[Peter Essick/Aurora Photos.]

무암질(혹은 코마티아이트질) 마그마가 추출되어 만들어질 수 있다. 바꿔 말하면, 강괴 아래의 맨틀 암석들은 지구 역사 초기의 어느 시기에 용융작용이 일어난 이후 남겨진 결핍된 잔류물이다. 이 결핍된 암석으로 만들어진 강괴 용골은 차가운 온도에도 불구하고 맨틀 위에 떠 있을 수 있는 것이다(그림 10.24 참조).

용골의 나이

킴벌라이트로부터 온 포획암과 그 안에 든 다이아몬드를 분석함으로써 강괴 용골이 그 위에 있는 시생누대 지각과 거의 같은 나이를 가지고 있다는 것을 알게 되었다. (여러분의 반지 혹은 목걸이에 있는 다이아몬드는 수십억 년 되었을 가능성이 크다!) 그러므로 현재 강괴 용골에 있는 암석은 지구역사상 아주 초기에 현무암질 마그마가 추출됨으로써 결핍된 것이며, 지각이 안정화될 때쯤 시생누대 지각 아래에 놓였을 것이다.

사실 용골 형성은 아마도 강괴의 지구조적 안정화에 기여하였

을 것이다. 차갑고 역학적으로 강한 용골의 존재는 왜 시생누대 강괴가 많은 대륙충돌 동안에도 살아남았는가를 설명할 수 있다. 즉 적어도 네 차례의 초대륙 형성사건 동안 큰 내부 변형 없이 살아남은 것을 설명할 수 있다.

이 과정의 많은 측면은 아직 이해되지 않고 있다. 어떻게 용골이 식게 되었는가? 〈그림 10.24〉에 보인 밀도 균형을 어떻게 얻게 되었는가? 강괴의 지역들은 왜 시생누대 시대의 두꺼운 용골을 갖게 되었는가? 일부 과학자들은 대륙이 판구조시스템을 구동시키는 맨틀대류에서 중요한 역할을 하고 있다고 생각하고 있지만, 용골이 맨틀대류에 어떻게 영향을 주는지에 대해서는 완전히 이해하지 못하고 있다. 실로 이 장에서 제시된 많은 아이디어들은 가설 단계이기에 대륙진화와 심부구조에 대하여 충분히 인정되는 이론으로 발전해야 할 것이다. 그런 이론을 위한 탐구는 지질연구의 중심 초점으로 남아 있다.

요약

북아메리카의 주된 지구조구는 어떤 것인가? 대륙의 가장 오래된 지각은 캐나다 순상지에 노출되어 있다. 캐나다 순상지의 남부는 내부 탁상지인데 이곳에는 선캄브리아 기반암이 고생대 퇴적암층으로 덮여 있다. 이들 지구조구의 가장자리 주변에는 길쭉한 산맥이 있다. 애팔래치아 습곡대는 대륙의 동쪽 주변부에서 남서–북동 방향으로 발달해 있다. 대서양 및 멕시코만의 해안평야와 대륙붕은 판게아의 분리 동안 열곡작용 후 침강한 수동형 대륙주변부의 일부이다. 북아메리카 코르디예라는 북아메리카의 서쪽 가장자리를 달리는 산이 많은 지역인데 여러 개의 뚜렷한 지구조구를 가지고 있다.

전 세계적으로 어떤 유형의 지구조구가 있는가? 북아메리카에서 보이는 지구조구 유형은 다른 대륙에서도 보인다. 대륙의 순상지와 탁상지는 대륙의 가장 오래되고 안정된 부분인 대륙강괴를 만든다. 이런 강괴 주변은 조산대인데, 그중 가장 젊은 것은 능동형 대륙주변부에서 볼 수 있으며, 여기서 지구조적 변형은 계속된다. 수동형 대륙주변부는 지각신장과 퇴적작용이 있는 지대이다.

대륙은 어떻게 자라는가? 두 가지 판구조과정인 마그마 첨가와 부가성장은 대륙에 지각을 더해준다. 부력이 크고 실리카가 풍부한 암석은 주로 섭입대에서 마그마 분화에 의해 만들어져 수직

운반에 의해 대륙지각에 더해진다. 부가성장은 수평적인 판 운동에 의해 기존의 지각물질이 기존의 대륙덩어리에 붙을 때 일어난다. 이는 네 가지 중 하나의 방법으로 일어난다—섭입하는 판으로부터 올라타고 있는 대륙판으로 가벼운 지각물질의 이동, 대륙과 호상열도를 분리시키는 바다의 닫힘, 주향이동단층작용에 의해 대륙주변부를 따라 측면으로 일어나는 지각의 이동, 또는 두 대륙이 충돌하여 봉합된 이후 열곡작용에 의한 통합된 대륙의 분리 등이다.

조산운동은 어떻게 대륙을 변화시키는가? 주로 판 수렴에 의해 생기는 수평 지구조 힘은 습곡과 단층작용으로 산맥을 만들 수 있다. 스러스트단층작용은 지각의 상층부를 쌓아서 수십 킬로미터 두께의 다수의 스러스트 시트로 만들어 높은 산을 밀어올린다. 압축은 대륙지각의 두께를 두 배로 만들 수 있으며 하부지각의 암석을 녹게 한다. 이 용융작용은 화강암질 마그마를 생성하고, 이 마그마는 위로 상승하여 상부지각에서 광범위한 저반을 만든다.

윌슨 사이클이란 무엇인가? 윌슨 사이클은 초대륙의 형성과 분리 그리고 해양분지의 열림과 닫힘 동안에 일어나는 일련의 지구조 사건이다. 이는 네 가지 주된 단계를 가진다—초대륙의 갈라짐 동안 일어나는 열곡작용, 해저 확장 및 해양의 생성 동안 수동

형 대륙주변부의 냉각과 퇴적물 축적, 섭입 및 해양폐쇄 동안 능동형 대륙주변부의 마그마 첨가와 부가성장, 대륙-대륙 충돌 동안 조산운동 등이다. 조산운동 후 침식이 따르는데 이는 지각을 얇게 한다.

조륙운동의 메커니즘은 무엇인가? 조륙운동은 습곡이나 단층운동 없이 넓은 지역의 지각이 상하로 움직이는 것이다. 상승 조륙운동은 빙하 반동, 위로 올라오는 맨틀물질에 의한 암석권의 가열, 깊은 맨틀의 슈퍼플룸에 의한 암석권 융기 등으로 일어날 수 있다. 이전에 가열된 암석권의 냉각은 대륙의 내부에 혹은 열곡작용으로 갈라진 두 대륙의 주변부에 하강 조륙운동을 일으킬 수 있다. 이런 움직임은 퇴적물로 채워지는 열침강분지를 만든다.

대륙강괴는 수십억 년의 판구조과정 동안 어떻게 살아남았는가? 시생누대에 만들어진 강괴의 가장 오래된 지역 아래에는 대륙이 이동하는 동안 대륙과 함께 움직이는 200km 이상의 두께를 가진 차고 강한 맨틀물질층이 놓여 있다. 이 강괴 용골은 아마도 부분용융에 따른 마그마 추출로 무거운 화학성분이 결핍되어 있는 맨틀 페리도타이트로 이루어져 있을 것이다. 이 과정이 용골의 밀도를 낮추고 판구조운동에 의한 파괴에 대항하여 강괴를 안정화시켰다.

주요 용어

강괴	부가성장	순상지	조산운동
강괴 용골	부가암층지대	윌슨 사이클	지구조구
능동형 대륙주변부	빙하 반동	조륙운동	지구조 시기
마그마 첨가	수동형 대륙주변부	조산대	회춘

지질학 실습

히말라야는 얼마나 빨리 솟아오르는가? 그리고 얼마나 빨리 침식되는가?

세계에서 가장 높고 가장 험한 산맥인 히말라야는 인도와 아시아의 충돌에 의해 야기된 스러스트단층으로 솟아오르고 있다(그림 10.15 참조). 얼마나 빨리 솟아오르는가? 그리고 얼마나 빨리 침식되고 있는가? 이런 질문에 대한 답은 정확한 지형도 작성에 달려 있다.

1800년 2월 6일 영국군 보병 제33연대의 윌리엄 램턴(William Lambton) 대령은 19세기의 가장 야심 찬 과학 프로젝트인 '인도의 대 삼각측정'을 시작하라는 명령을 받았다. 다음 수십 년에 걸쳐 램턴과 그 후계자 조지 에베레스트(George Everest)가 이끄는 겁 없는 영국 탐험가들은 인도 아대륙의 정글 속으로 큰 망원경과 무거운 탐사장비를 힘겹게 끌고 가서, 고지대에 설치된 측량 기준탑의 위치를 삼각측량하고, 이로부터 그로부터 지구의 크기와 모양을 정확하게 확립할 수 있었다. 그러던 중 1852년 측량사들은 지도에 '피크 15'로만 알려져 있는 모호한 히말라야 봉우리가 지구상에서 가장 높은 산임을 발견하였다. 그들은 바로 전 탐사대장을 기념해 이 산을 에베레스트산으로 명명하였다. 이 산의 공식적인 티베트 이름은 초모룽마인데 '우주의 어머니'란 의미이다.

램턴이 탐험을 시작한 지 거의 정확하게 200년 후인 2000년 2월 11일에 미국의 나사(NASA)는 '셔틀 레이더 지형 임무(SRTM)'라는 또 다른 위대한 탐사를 시작했다. 우주왕복선 인데버(Endeavour)호는 2개의 큰 레이더 안테나를 낮은 지구궤도로 가져갔다. 하나는 화물칸에, 다른 하나는 60m까지 뻗을 수 있는

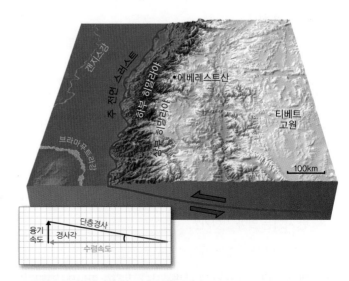

히말라야 단면도. 산맥을 융기시키는 스러스트단층의 대략적인 위치를 보여준다. 경사각은 약 10도이다.

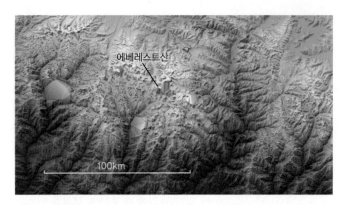

히말라야의 에베레스트산 지역에 대한 수치고도모델은 수평으로 90m 간격의 SRTM 위치로부터 만들어진 것이다.

[NASA images by Robert Simmon, based on SRTM data.]

마스트에 설치되었다. 한 쌍의 눈처럼 작동하는 이들 안테나는 우주왕복선 아래 지표면의 높이를 측정하고, 아주 촘촘한 지리점들의 격자 위에 표시하여, 그 지역에 대한 전례 없이 세밀한 삼차원 지도를 작성했다. 놀랍게도 SRTM(8,850m)에 의해 확인된 에베레스트산의 높이는 원래 1852년 측정치보다 단지 10m 높은 것으로 판명되었다.

대 삼각측정 탐사의 정확도는 인상적이었지만 자료수집 속도는 느렸다. 당시 영국은 70년에 걸쳐 인도 아대륙 전반에 걸쳐 2,700지점의 위치를 측정하였는데, 이는 평균 3개월에 약 1지점에 해당된다. 그에 비하여 SRTM은 1초에 약 3,000지점의 자료를 수집하였다. 11일 만에, SRTM은 지구 땅 표면의 80%에 해당하는 26억 지점에 대한 지도를 작성하였다. 이에는 탐사된 적이 없는 대륙의 많은 외진 지역이 포함되어 있다. 그리고 영국 탐사대와는 달리 우주왕복선 승무원들은 말라리아나 호랑이와 마주칠 필요가 없었다.

SRTM 위치 측정은 여기에 지형도로 보여주는 히말라야의 수치고모델(DEM)을 작성하는 데 이용되었다. 지구에서 가장 높은 봉우리들과 가장 깊은 협곡들을 포함하는 이 지도 위의 지형에 대한 분석 결과, 산맥의 평균 높이는 시간에 대해서 대략 일정하게 유지되고 있음을 나타낸다. 달리 말하면 히말라야가 융기하는 속도가 침식되는 속도와 거의 정확하게 일치한다는 것이다.

$$융기속도 = 침식속도$$

단면도에서 보는 것처럼 주 스러스트단층의 기하학적 구조는 다음을 의미한다.

$$스러스트단층 기울기 = 융기속도/수렴속도$$

GPS 자료를 이용하여 지질학자들은 히말라야를 가로지르는 수렴속도를 약 20mm/year로 측정하였다. 지진의 진원 위치로부터 우리는 주 스러스트단층이 산맥 아래로 약 10°의 각도를 가지고 기울어져 있음을 알고 있다. 이 단층의 기울기는 그 경사각의 탄젠트이다. 공학용 계산기를 이용하면 탄젠트(10°) = 0.18을 얻는다. 따라서 침식속도는

$$침식속도 = 스러스트단층 기울기 \times 수렴속도$$
$$= 0.18 \times 20mm/year$$
$$= 3.6mm/year$$

이 추정은 침식에 의해 지표로 나온 히말라야의 변성암의 압력-온도 경로로부터 얻은 3~4mm/year와 일치한다. 후자의 방법은 제6장에 기술되어 있다.

추가문제 : 인도판과 유라시아판 사이의 수렴속도가 약 54mm/year라고 할 때(그림 2.7 참조), 상대적인 판 운동의 어느 정도가 히말라야의 스러스트단층작용으로 소모되었는가? 유라시아의 변형에 의해 수용된 나머지 판 운동은 어느 정도인가?

연습문제

1. 샌프란시스코에서 워싱턴 D.C.까지 대략적인 지형 단면을 그리고, 주된 지구조구에 이름을 붙여라.

2. 왜 북아메리카 코르디예라산맥의 지형은 애팔래치아산맥의 지형보다 높은가? 애팔래치아산맥이 가장 높은 고도를 가졌던 시기는 얼마 전인가?

3. 여러분이 살고 있는 지역의 지구조구를 기술하라.

4. 대륙의 내부는 보통 그 주변부보다 젊은가 아니면 오래되었는가? 윌슨 사이클 개념을 이용하여 여러분의 답을 설명하라.

5. 〈그림 10.12〉에 대륙 부가성장에 대한 네 가지 기본과정이 기술되어 있다. 그들 중 2개를 북아메리카의 부가암층지대를 예로 제시하며 설명하라.

6. 두 대륙이 충돌하면, 지각의 두께는 35km에서 70km로 두꺼워지고 높은 고원이 만들어진다. 수억 년 후 이 고원은 해수면까지 침식된다. (1) 이 침식에 의해 어떤 종류의 암석이 지표에 노출될 수 있는가? (2) 침식이 일어난 후 지각두께를 추정하라. (3) 북아메리카에서 이러한 사건의 순서가 지표 지

질에 기록되어 있는 곳은 어디에 있는가?

7. 시생누대 말 이래 대륙이 초대륙으로 합쳐진 것은 몇 번 있었는가? 이 숫자를 이용하여 윌슨 사이클의 전형적인 지속시간과 판구조운동이 대륙을 얼마나 빨리 움직이는가를 추정하라.

8. 시생누대의 조산운동은 원생누대 및 현생누대의 조산운동과 어떻게 다른가? 어떤 요인들로 이 차이점을 설명할 수 있는가?

생각해볼 문제

1. 부가암층지대는 어떻게 인지할 수 있는가? 또한 그것이 멀리서 온 것인지, 혹은 가까이에서 온 것인지 어떻게 알 수 있는가?

2. 현재 조산운동이 일어나고 있는 지역을 어떻게 확인하는가? 그러한 지역의 예를 하나 들라.

3. 여러분은 조산운동이 일어나는 행성에서 사는 것이 좋은가, 아니면 일어나지 않는 행성에서 사는 것이 좋은가? 이유는 무엇인가?

4. 〈그림 10.8b〉는 중생대–신생대의 대륙지각이 다른 시대의 것보다 많음을 보여준다. 이 관찰은 대부분의 대륙지각은 지구역사의 초반부에 맨틀로부터 분화한 것이라는 가정에 모순되는가?

5. 왜 해양분지는 지구표면의 모든 물을 담는 데 거의 적당한 크기인가?

6. 만약 강괴 아래 차가운 용골이 갑자기 더워진다면 지표에는 어떤 일이 일어날 것인가? 이 효과는 콜로라도고원의 형성과 어떻게 관련되어 있는가?

매체지원

 10-1 애니메이션 : 북아메리카의 주요 지구조적 특징

 10-1 비디오 : 워새치 단층 – 로키산맥의 활성단층

미국 와이오밍주에 있는 엘로스톤국립공원의 그랜드 프리즈매틱 온천(Grand Prismatic Hot Spring). 눈에 띠는 색깔의 배열은 수온에 매우 민감한 여러 다른 미생물 군집들이 있음을 나타낸다. 온천의 중앙부(푸른색)에서 밖으로 흐르는 물은 식어가는데, 이로 인해 특정 미생물 군집이 새로운 더 낮은 온도에서 잘 자라는 다른 군집으로 바뀌어간다. 사진의 아래쪽에 보이는 판자 산책로는 관광객들이 온천의 깊숙한 곳까지 자세히 들여다볼 수 있게 해주며, 규모를 짐작하게 해준다.

[Luis Castañeda/age fotostock.]

지구생물학 : 지구와 상호작용하는 생명체

지질학(geology)은 태초 이후 지구시스템을 조절하는 물리·화학적 과정에 대해 연구하는 학문이다. 생물학은 생명체와 생물의 구조, 기능, 기원 및 진화에 대해 연구하는 학문이다. 지질학과 생물학이 별개의 학문처럼 보이지만, 생물과 그들을 둘러싸고 있는 물리적 환경은 수많은 방식으로 상호작용하고 있다. 우리는 생물학과 지질학이 밀접하게 관련되어 있음을 알고 있었지만, 두 분야가 어떻게 관련되어 있는지에 대해서는 최근까지도 정확하게 알지 못했다. 다행히도 지구과학과 생명과학, 두 분야의 기술적인 진보로 인해 전에는 우리의 사고 영역을 벗어난 어려운 질문들에 대해서도 이제는 우리 스스로 묻고 답할 수 있게 되었다. 지난 10년간 두 분야의 경계에서 연구해온 과학자들은 몇몇 중요한 지구생물학적 과정들이 어떻게 작용하는지에 대해 이해하기 시작했다.

우리는 생물들이 지구를 변화시킬 수 있음을 알고 있다. 예를 들면, 지구의 대기는 상당히 풍부한 산소를 포함하고 있다는 점에서 다른 행성들의 대기와는 뚜렷이 구별되는데, 지구대기의 산소는 수십억 년 전에 산소를 만들어내는 미생물들이 진화하면서 만들어진 것이다. 생물들은 역시 광물을 분해시키는 화학물질을 방출함으로써 암석의 풍화에도 일조(기여)하는데, 이러한 과정을 통해 생물들은 그들의 성장에 필요한 영양분을 얻는다. 마찬가지로 지질학적 과정들이 생명체를 변화시킬 수 있다. 그 일례로 6,500만 년 전에 지구를 강타한 소행성이 대량멸종 사건을 일으켜 지구상에서 공룡을 멸종시킨 것을 들 수 있다.

이 장에서 우리는 생명체와 지구의 물리적 환경 사이의 연관성에 대하여 탐구할 것이다. 먼저, 어떻게 생물권이 하나의 시스템으로서 작동하는지에 대해서 기술하고, 무엇이 지구에게 생명체를 부양할 능력을 부여했는지에 대하여 기술할 것이다. 다음으로, 지질학적 과정에서 미생물들의 놀랄 만한 역할에 대하여 탐구하고, 우리 지구를 변화시킨 주요 지구생물학적 사건들 중 일부에 대해 논의할 것이다. 마지막으로, 생명체를 유지하는 데 필요한 주요 요소들에 대하여 고찰하고, 우주생물학자들에 의해 제기된 "외계에 생명체가 있을까?"라는 불변의 질문에 대해 곰곰이 생각해볼 것이다.

■ 시스템으로서의 생물권

생명체는 지구상 어디에나 존재한다. **생물권**(biosphere)은 지구상의 모든 생물을 포함하는 우리 행성의 일부분이다. 생물권은 우리가 잘 알고 있는 동물과 식물은 물론 지구상의 가장 극심한 환경에서 살아가는 거의 눈에 보이지 않는 미생물까지 모두 포함한다. 이 생물들은 지구의 지표, 대기와 대양, 그리고 지각 속에 살면서 끊임없이 이 모든 환경들과 상호작용하고 있다. 생물권은 암석권, 수권, 그리고 대기권과 만나고(교차하고) 있다. 이 때문에 생물권은 기본적인 지질과정과 기후과정에 영향을 줄 수 있으며, 심할 경우 그것들을 제어할 수도 있다. **지구생물학**(geobiology)은 생물권과 지구의 물리적 환경 간의 이러한 상호작용에 대하여 연구하는 학문이다.

생물권은 그 주변 환경과 에너지 및 물질을 교환하는 상호작용하는 요소들로 이루어진 시스템이다. 생물권 안으로의 투입물은 에너지(보통 햇빛)와 물질(탄소, 영양분, 물 등)을 포함한다. 생물들은 이러한 투입물을 대사기능을 유지하고 성장하는 데 이용한다. 과정 중에, 생물들은 놀라울 정도로 다양한 산출물을 만들며, 그 산출물 중 어떤 것은 지질학적 과정에 중요한 영향을 미친다. 느슨한 퇴적물 입자들 내의 물로 채워진 공극과 같은 국지적인 규모에서 보면, 작은 집단의 생물들은 그들이 줄 수 있는 지

질학적 영향이 특정 퇴적환경에 국한되어 나타난다. 더 큰 규모에서 보면, 생물들의 활동은 대기 중의 기체 농도 또는 지각 내어떤 원소들의 순환에 영향을 줄 수 있다.

생태계

팀별 수업 과제를 생각해보자. 만약 한 팀의 각 구성원들이 제각기 특별한 기술을 가지고 있다면, 그 팀은 대체로 혼자 수행하는 개인의 능력을 초과하는 실력을 보일 수 있을 것이다. 생물 그룹들은 이와 유사한 방식으로 행동한다—개개의 생물들은 그들 자신뿐만 아니라 다른 생물들의 생존에 도움이 되는 역할을 한다. 인간 집단의 경우, 우리 인간은 의도적인 결정을 통해 이러한 협동작업을 수행한다. 특정 환경에서 함께 살아가는 생물들—군집(community)이라 부름—의 경우, 그것은 시행착오를 통해 일어나고 군집과 개체들 사이의 피드백(되먹임)이 수반되어야 한다. 이러한 피드백이 군집의 구조와 기능을 결정한다.

국지적이든 지역적이든 또는 전 지구적인 규모이든지 간에, 생물 군집들과 그들의 환경과의 상호작용은 **생태계**(ecosystems)라는 조직 단위로 정의된다. 생태계는 생물학적 요소와 물리적인 요소로 구성되어 있는데, 이들은 균형 잡히고 서로 밀접하게 연관된 방식으로 기능(작용)하고 있다. 생태계는 많은 다양한 규모로 나타난다(그림 11.1). 그들은 가장 큰 규모로는 산맥, 사막 또는

그림 11.1 생태계는 생물들과 그들 주위 환경들 간의 에너지와 물질의 흐름으로 특징지어진다. 이 예에서는 햇빛이 식물의 에너지원으로 사용되고, 식물은 물고기에게 먹히고, 물고기는 곰에게 잡아먹힌다. 식물, 물고기 그리고 곰은 결국 죽어서 미생물에 의해 분해된다. 이러한 방식으로 이 생물들을 구성하고 있는 물질들은 물리적 환경으로 되돌아가서 재사용된다.

대양과 같은 지질장벽에 의해 분리될 수도 있고, 또는 아주 더 작은 규모로는 하나의 온천 내에서 서로 다른 수온과 같은 장벽에 의해 분리될 수도 있다(본 장의 시작 페이지에 있는 사진 참조). 그러나 그들이 아무리 크든 작든 간에, 모든 생태계는 생물과 그들의 환경 사이에서 일어나는 에너지와 물질의 흐름 또는 유동(flux)에 의해 특징지어진다.

가령 전형적인 생태계가 강과 그 주변 환경을 포함하고 있다한다면, 거기에서 서로 다른 여러 그룹의 생물들은 각자 물속에서(어류), 퇴적물 속에서(벌레, 달팽이), 제방 위에서(풀, 나무, 사향쥐), 그리고 하늘에서(조류, 곤충) 사는 데 적응되어 있다. 어떤 의미에서, 강은 생태계에 물과 퇴적물 그리고 용존 무기영양소를 공급해줌으로써 생물들이 사는 곳을 제어하고 있다. 반대로 생물들은 강이 이동하는 방식에 영향을 준다. 예를 들면, 풀과 나무들은 홍수의 파괴적인 효과에 맞서 강독을 안정시킨다. 이러한 생물학적 조절작용과 지질학적 조절과정 사이의 균형은 생태계의 장기적인 안정성 유지에 큰 기여를 한다.

생태계는 새로운 생물 그룹의 유입과 같은 생물학적 변화에 민감하게 반응한다. 생태계에 심각한 불균형이 일어날 때, 반응은 흔히 극적으로 나타난다. 여러분의 정원에 심은 예쁜 식물과 같은 새로운 생물이 여러분의 이웃 환경에 유입되었을 경우, 그 결과를 상상해보라. 정말 너무나 많은 경우에서 보았듯이, 새로운 생물은 새로운 환경에서 기존의 서식생물들보다 더 잘 적응하여 급속히 번식하면서 기존 서식생물들을 몰아내는 침입자(invasive)가 된다(그림 11.2). 성공적인 침입자는 종종 물리적 환경은 비슷하지만 생물학적 경쟁이 더욱 치열했던 곳에서 온다. 그래서 침입자는 경쟁이 덜 치열한 새로운 서식지에서 영양분과 공간을 차지하기 위한 싸움에서 이길 확률이 크다. 만약 밀려나간 기존 생물들이 그들이 이전에 차지했던 모든 지역에서 침입자와의 경쟁에서 진다면 그들은 **멸종하게**(extinct) 될 것이다.

지구의 역사기록은 생태계 역시 지질학적 과정에 민감하게 반응한다는 것을 우리에게 보여준다. 운석충돌, 거대한 화산분출, 그리고 급속한 전 지구적인 온난화는 주요 생물 그룹의 멸종을 가져온 과정들 중 아주 적은 일부에 불과하다. 우리는 이 장의 후반부에서 그들의 영향 중 몇 가지를 탐구할 것이다.

투입물 : 생명체를 이루고 있는 물질

어떤 생태계의 생물들은 그들이 에너지원인 **음식물**(food)을 어떠한 방식으로 얻는지에 따라 생산자 또는 소비자로 세분될 수 있

(a)

(b)

(c)

그림 11.2 침입 생물들은 지역 생태계를 차지하면서 문제를 일으킨다. (a) 고속도로의 침식을 막기 위하여 북아메리카에 도입된 칡(kudzu)이 무성하게 자라 다른 식물들을 뒤덮고 있다. (b) 정원용 꽃으로 유럽에서 들여온 털부처손(purple loosestrife)이 북아메리카의 많은 습지에 침입했다. (c) 얼룩말 홍합(zebra mussels)이 공격적으로 집단 서식하며 기존 홍합들을 뒤덮고 있다. 2002년에 미국어류및야생생물보호국(U.S. Fish and Wildlife Service)은 전력공급회사들이 얼룩말 홍합에 막힌 입수관을 뚫기 위하여 500만 달러를 지출했다고 추산하고 있다.

[(a) Kerry Britton/Forest Service, USDA; (b) © RalphWilliam/Alamy; (c) U.S. Fish and Wildlife Service/Washington, DC, Library 제공.]

표 11.1 생산자와 소비자로서의 생물

유형	에너지 근원	탄소 근원	예
광합성독립영양생물	태양	이산화탄소	시아노박테리아(남세균)
광합성종속영양생물	태양	유기화합물	홍색세균
화학합성독립영양생물	화학물질	이산화탄소	수소세균, 황세균, 철세균
화학합성종속영양생물	화학물질	유기화합물	대부분의 세균(bacteria), 균류(fungi), 사람을 포함하는 동물

다(그림 11.3과 표 11.1). 생산자 또는 **독립영양생물**(autotrophs, 자가영양생물)은 자신의 음식물을 스스로 만들어내는 생물들이다. 그들은 에너지와 영양분의 원천이 되는 탄수화물과 같은 유기화합물을 스스로 만들어낸다. 소비자 또는 **종속영양생물**(heterotrophs, 타가영양생물)은 생산자들을 직접 또는 간접적으로 섭취함으로써 음식물을 얻는다.

흔히들 여러분이 먹은 음식이 바로 여러분이라고 말한다. 이 말은 인간뿐만 아니라 모든 생물에게도 해당된다. 우리의 음식은 모두 거의 같은 물질로 구성되어 있다—이들은 탄소, 수소, 산소, 질소, 인, 황으로 구성된 분자들이다. 그래서 독립영양생물이든 종속영양생물이든지 간에, 모든 생물은 아직도 똑같은 6개의 원소들을 먹이로 이용하고 있다. 다른 것은 섭취하는 음식물의 형태(즉, 분자 구조)이다. 인간과 같은 종속영양생물들이 빵을 먹을 때 우리는 탄소, 수소, 산소로 이루어진 큰 분자인 탄수화물(carbohydrates)을 먹고 있는 것이다. 가장 하찮은 미생물조차도 이산화탄소(CO_2) 또는 메탄(CH_4)과 같은 탄소를 함유한 분자들을 먹는다. 단지 차이점은 미생물의 먹이가 되는 것이 우리에게는 음식처럼 보이지 않는 점이다.

탄소 지구상 모든 생명체의 근본적인 구성요소는 탄소(carbon)이다. 우리 행성의 생명체가 사는 곳에는 어디에나 탄소가 존재해야만 한다. 만약 물이 제거된다면, 인간을 포함하는 모든 생물체의 조성에서 가장 많은 부분을 차지하는 것은 탄소이다. 만들 수 있는 화합물의 종류와 복잡성에서 탄소와 견줄 만한 화학원소는 없다. 탄소가 다양한 능력을 갖게 된 이유 중 하나는 스스로 혹은 다른 원소들과 4개의 공유결합을 형성할 수 있다는 점이며(그림 3.3 참조), 이러한 특성이 탄소가 매우 다양한 구조를 가질 수 있게 해준다. 탄소는 탄수화물과 단백질 같은 모든 유기분자들을 만드는 데 기본 틀로서의 역할을 한다. 그래서 탄소는 유전자로부터 신체구조에 이르기까지 그들 몸체를 이루는 모든 부분을 만드는 역할을 하기 때문에 생물들에게 매우 중요하다.

생물권은 지구시스템을 통해 탄소의 흐름을 광범위하게 조절한다. 해양생물들은 용존된 CO_2의 형태로 해수에 존재하는 탄소를 해수로부터 취하여 탄산염질 껍데기와 골격을 만든다. 생물들이 죽으면 그들의 골격은 해저에 가라앉아 밑바닥에 퇴적물로 쌓이는데, 이러한 효과적인 과정을 통해 탄소는 생물권에서 암석권으로 이동한다. 긴 지질시간이 흐르면 이들의 유기질 잔해(유해)는 석유, 천연가스 그리고 석탄층으로 변한다. 오늘날 우리가 이들 퇴적층을 채굴하여 연소시키면, 탄소는 CO_2 배기가스의 형태로 암석권에서 대기권으로 이동하게 된다.

영양소 영양소(nutrients)는 생물들이 살고 성장하는 데 필요한 화학원소 또는 화합물이다. 일반적인 식물 영양소로는 인, 질소 그리고 나트륨 원소가 있으며, 이들은 정원 비료에서 흔히 발견되는 원소들이다. 다른 생물들 또한 철과 칼슘을 필요로 한다. 어떤 생물들은 필요한 영양소를 스스로 만들어낼 수 있지만, 다른 생물들은 주변 환경에 있는 물질을 섭취하여 필요한 영양소를 얻어야 한다. 어떤 특화된 미생물들은 광물을 분해하여 영양소를 얻을 수 있다.

물 우리가 이미 알고 있듯이 생명체에게는 물(water, H_2O)이 꼭 필요하다. 우리 인간을 포함하는 지구상의 모든 생물은 주로 물로 이루어져 있는데, 대체로 50~95% 정도가 물이다. 인간은 먹지 않고도 몇 주를 살 수 있지만, 물 없으면 대부분이 며칠 내에 죽고 말 것이다. 대기 중에서 살아가는 미생물들도 먼지 입자 주위에 응결된 작은 물방울로부터 물을 얻어야 하며, 바이러스들도 숙주로부터 물을 얻어야 살 수 있다.

물은 생명체가 최초로 발생한 서식지이자 많은 생물들이 아직도 살아가는 곳이다. 물이 생물학적 활동을 위한 이상적인 매체가 된 것은 물의 화학적 특성과 온도의 변화에 반응하는 물의 성질 때문이다. 모든 생물의 세포는 주로 수용액으로 이루어져 있는데, 이 수용액은 생명체의 화학반응을 촉진시켜준다. 물은 지구가 온난한 기후를 유지하는 데 일조를 하였으며, 온난한 지구

기후는 적어도 35억 년 동안 생명체를 유지시켜왔다(제15장 참조). 물은 생명체에게 중요한 요소이므로 외계생명체 탐사는 물을 찾는 것에서부터 시작해야만 한다. 이 장의 말미에서 이 주제에 대하여 살펴보도록 할 것이다.

에너지 모든 생물은 생존하고 성장하기 위해 에너지(energy)를 필요로 한다. 단세포 조류와 같이 일부 가장 단순한 생물들은 햇빛으로부터 에너지를 얻는다. 다른 생물들은 주변 환경에 있는 화학물질을 분해하여 에너지를 얻는다. 종속영양생물들은 다른 생물들을 섭취함으로써 에너지를 얻는다. 에너지는 중요하다. 왜냐하면 이산화탄소 및 물과 같은 단순한 분자를 생명체에 필수적인 탄수화물 및 단백질 같은 더 큰 분자들로 전환시키는 데 에너지가 필요하기 때문이다.

과정과 산출물 : 어떻게 생물들이 살아가고 성장하는가?

대사 또는 **신진대사**(metabolism)는 생물들이 투입물을 산출물로 변환시키는 데 사용하는 모든 과정을 망라한다. 어떤 대사과정의 경우, 생물들은 CO_2, H_2O, CH_4 등과 같은 작은 분자들을 에너지를 사용하여 그들이 활동하고 성장하는 데 필요한 단백질, 탄수화물 등과 같은 커다란 분자들로 변환시킨다. 어떤 탄수화물— 예를 들면, 포도당이라고 부르는 설탕—은 생물들이 나중에 에너지원(즉, 음식물)으로 사용하기 위하여 저장된다. 생물들은 다른 대사작용을 통해 음식물을 분해하여 에너지를 방출시킨다.

특히 잘 알려진 대사과정 중의 하나가 **광합성**(photosynthesis) 작용이다(그림 11.3). 이 과정을 통해 식물, 조류(algae) 등과 같은 생물들은 햇빛에너지를 이용하여 물과 이산화탄소를 탄수화물

그림 11.3 광합성의 대사과정 동안에 생물들은 주변 환경의 이산화탄소와 물 그리고 햇빛에너지를 사용하여 포도당과 같은 탄수화물을 만든다.

표 11.2 광합성과 호흡의 비교

광합성	호흡
탄수화물의 형태로 에너지 저장	탄수화물에 있는 에너지를 방출
이산화탄소와 물을 사용	이산화탄소와 물을 방출
질량 증가	질량 감소
산소 생산	산소 소비

(포도당과 같은)과 산소로 변환시킨다(표 11.2). 이러한 반응은 다음과 같이 진행된다.

$$물 + 이산화탄소 + 햇빛 \rightarrow 포도당 + 산소$$
$$6H_2O + 6CO_2 + 에너지 \rightarrow C_6H_{12}O_6 + 6O_2$$

산소는 대기 중에 방출되고, 포도당은 나중에 생물이 사용할 에너지원으로 저장된다. **시아노박테리아**(cyanobacteria, 남세균)라고 하는 중요한 미생물들은 역시 광합성을 이용하여 탄수화물을 만드는데, 지구역사 초기에 이들이 아마 광합성 과정을 창안해냈던 것으로 추정된다.

또 다른 중요한 대사과정으로 **호흡**(respiration)작용이 있는데, 생물들은 포도당과 같은 탄수화물 내에 저장된 에너지를 호흡과정을 통해 방출한다(표 11.2). 모든 생물은 산소를 이용하여 탄수화물을 태워(또는 호흡하여) 에너지를 만들지만, 호흡하는 방식은 생물마다 다르다. 예를 들면, 인간을 비롯한 많은 생물들은 탄수화물을 대사시키기 위하여 대기 중의 산소기체(O_2)를 소모하고 부산물로서 이산화탄소와 물을 방출한다. 이러한 경우, 반응은 광합성과 반대가 된다.

$$포도당 + 산소 \rightarrow 물 + 이산화탄소 + 에너지$$
$$C_6H_{12}O_6 + 6O_2 \rightarrow 6H_2O + 6CO_2 + 에너지$$

그러나 산소가 없는 환경에서 살아가는 미생물 같은 다른 생물들은 더 어려운 작업을 수행한다. 이들은 물속에 용해된 황산염(SO_4^{-2})과 같은 함산소(산소를 포함하는) 화합물을 분해해야만 산소를 얻을 수 있다. 이러한 반응이 일어나는 동안 부산물로서 수소(H_2), 황화수소(H_2S), 메탄가스(CH_4)와 같은 기체들이 발생한다.

생물의 대사작용은 그들 주변 환경의 지질학적 요소에 영향을 미친다. 예를 들면, 광합성에 의해 방출된 산소는 휘석 및 각섬석과 같은 함철 규산염광물과 반응하여 적철석과 같은 함철산화광물을 만든다(제16장 참조). 생물들이 만들어낸 CO_2와 CH_4는 대기 중으로 빠져나가 지구온난화에 기여한다. 반대로 생물들이 이러한 기체들을 소모하면, 생물들은 지구한랭화에 기여하게 된다.

생물지구화학적 순환

살아가고 죽어가는 과정 중에 생물들은 그들의 주변 환경과 끊임없이 에너지와 물질을 교환한다. 이러한 교환은 개체 생물, 생태계, 지구생물권 등 다양한 규모에서 일어난다. 대사작용을 통한 CO_2 및 CH_4와 같은 기체들의 생산과 소비는 생물들이 어떻게 지구의 기후를 제어할 수 있는지에 대한 좋은 예이다. 이산화탄소와 메탄은 **온실기체**(greenhouse gases)이다. 즉 지구에서 방출한 열을 흡수하고 그 열을 대기 내에 잡아두는 기체이다. 생물들이 그들이 소비하는 것보다 더 많은 CO_2 및 CH_4를 생산하면 기후는 더워질 것이고, 그들이 생산하는 것보다 더 많은 CO_2 및 CH_4를 소비하면 기후는 추워질 것이다. 대기권 온실기체의 농도는 지구기후에 대한 조절자 역할만 하는 것이 아니라 생물권과도 직접적인 연관이 있는 중요한 사항이다. 이에 대해서는 제15장에서 배우게 될 것이다.

지구생물학자들은 생물지구화학적 순환에 대한 연구를 통해 생물권과 지구시스템의 다른 부분과의 교환에 대해 지속적으로 추적하고 있다. **생물지구화학적 순환**(biogeochemical cycle)은 어떤 화학원소 또는 화합물이 생태계의 생물학적('생물') 요소와 환경적('지구') 요소 사이를 이동하는 경로이다. 생물권은 호흡에 의한 대기 가스의 유입과 유출, 암석권과 수권으로부터 영양분의 유입, 그리고 생물의 죽음과 부패에 의한 영양분의 유출 등을 통하여 생물지구화학적 순환에 참여한다.

생태계는 매우 다양한 규모로 존재하기 때문에 생물지구화학적 순환 역시 그 규모가 다양하다. 예를 들면, 인(phosphorous)은 퇴적물의 작은 공극 내에서 물과 미생물 간에 서로 주고받으며 순환할 수 있고, 또는 산맥의 융기하는 암석과 해양분지의 가장자리를 따라 퇴적된 퇴적물 간에 서로 주고받으며 순환할 수도 있다(그림 11.4). 어떠한 경우에도 인을 함유하고 있는 생물이 죽으면 인은 재사용되기 전까지 임시 저장소에 축적된다. 퇴적물과 퇴적암은 이 원소의 중요한 저장소이다.

생물지구화학적 순환에 대한 지식은 이 장의 뒷부분에서 배우게 될 지구역사상 주요 지구생물학적 사건들과 관련된 메커니즘을 이해하는 데 중요하다. 이것은 역시 인간이 대기와 해양으로 방출한 원소와 화합물이 어떻게 생물권과 상호작용하는지를 이해하는 데 매우 중요하다. 이에 대해서는 제15장과 제23장에서 다루게 된다.

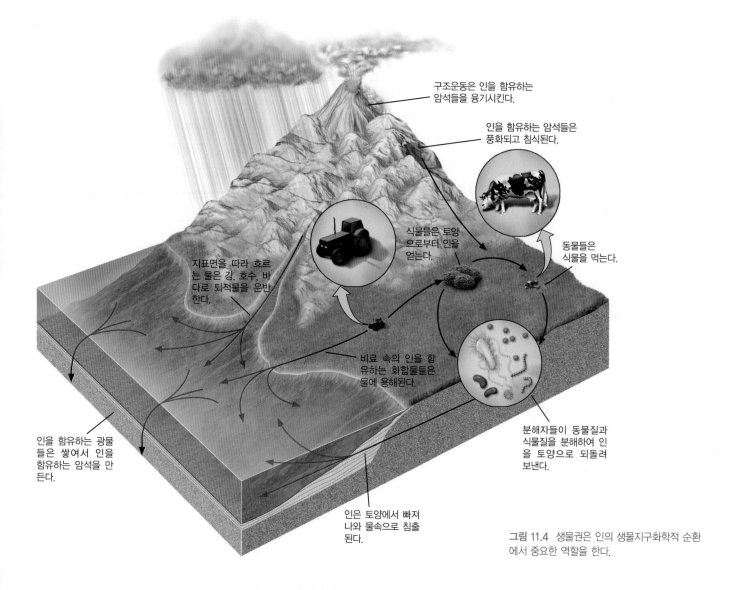

구조운동은 인을 함유하는 암석들을 융기시킨다.

인을 함유하는 암석들은 풍화되고 침식된다.

식물들은 토양 으로부터 인을 얻는다.

동물들은 식물을 먹는다.

지표면을 따라 흐르는 물은 강, 호수, 바다로 퇴적물을 운반한다.

비료 속의 인을 함유하는 화합물들은 물에 용해된다.

분해자들이 동물질과 식물질을 분해하여 인을 토양으로 되돌려 보낸다.

인을 함유하는 광물들은 쌓여서 인을 함유하는 암석을 만든다.

인은 토양에서 빠져나와 물속으로 침출된다.

그림 11.4　생물권은 인의 생물지구화학적 순환에서 중요한 역할을 한다.

■ 미생물 : 자연 속의 작은 화학자들

미생물(microorganisms, 또는 microbes)은 박테리아, 고세균류, 몇몇 균류와 조류, 그리고 대부분의 원생동물을 포함하는 단세포 생물들을 일컫는 용어로, 물이 있는 곳이면 항상 존재한다. 다른 생물들처럼 미생물은 살아가고 번식하기 위해서 물이 필요하다. 미생물들은 크기가 몇 마이크로미터(1micron = 10^{-6}m)에 불과할 정도로 아주 작으며, 지표 아래 5km에서 대기 중의 10km 상공 사이의 어디에서나 살아갈 수 있다. 미생물은 공기 중에서, 토양에서, 암석에서, 뿌리 안에서, 독성 폐기물 더미에서, 얼어붙은 눈밭에서, 온천을 포함한 모든 수생환경에서 살고 있다. 또한 미생물들은 영하 20℃ 이하의 차가운 곳에서 살 수 있을 뿐만 아니라 끓는 물(100℃)보다 더 높은 온도환경에서도 살아갈 수 있다.

사람들은 미생물 대사작용의 유용한 효과를 이용하여 수천 년 동안 빵, 포도주, 치즈 등을 만들어왔다. 오늘날에도 사람들은 미생물을 이용하여 항생제를 비롯한 여러 가치 있는 약들을 만들고 있다. 지구생물학자들은 생물지구화학적 순환에서 미생물의 역할을 이해하고, 더 복잡한 생물들이 출현하기 전인 생물권 초기의 진화를 이해하기 위하여 미생물에 대해 연구하고 있다.

미생물의 풍부함과 다양성

미생물은 개체 수로 보면 지구를 지배하고 있다. 토양, 퇴적물, 그리고 자연수에서 발견되는 미생물의 농도가 입방센티미터(cm³)당 1,000(10^3) 개체에서 10억(10^9) 개체에 달한다고 보고되었다. 우리가 땅 위를 걸을 때마다 수십억 마리의 미생물들을 밟고 있다는 것이다. 어떤 경우, 표면부가 **생물막**(biofilms)이라고 부르는 고농도의 미생물로 피복되어 있는데, 이 생물막에는 평방센티미터(cm²)당 1억 개체의 미생물을 포함하기도 한다.

더 중요한 점은 미생물들이 지구상에서 유전적으로 가장 다양한 생물 그룹이라는 사실이다. **유전자**(genes)는 모든 생물의 세포 내에 있는 커다란 분자들이며, 이 분자(유전자)들은 그 생물이 어떠한 형태를 갖게 될지, 어떻게 살아가고 번식할지, 그리고 다른 생물들과 어떻게 다른지를 결정하는 모든 정보를 부호화하여 갖고 있다. 유전자는 역시 한 세대에서 다음 세대로 전달되는 기본적인 유전 단위이다. 미생물의 유전적 다양성은 중요한 장점인데, 그 이유는 그들의 유전적 다양성이 바로 다른 생물들에게는 치명적인 환경에서도 그들이 서식하고, 적응하고, 번창할 수 있게 해주기 때문이다. 결과적으로 이러한 중요한 능력으로 인해 미생물들은 (극히) 넓은 범위의 지질환경에서 중요한 물질들을 재활용할 수 있게 되었다.

생물의 계통수 생물학자들은 생물들이 서로 얼마나 밀접한 관련이 있는지를 이해하기 위하여 살아 있는 생물 내에 포함되어 있는 유전 정보를 사용하는 방법을 알게 되었다. 이러한 지식은 선조와 후손들의 계층을 체계적으로 정리하여 생물의 계통수를 작성할 수 있게 해주었다(그림 11.5). 약 30년 전에 최초의 미생물 가계도를 만들면서 놀라운 사실을 알게 되었다. **모든 미생물**(all types of microorganisms)의 유전자를 비교했더니, 그들은 비슷한 크기(작은 크기)와 모양(막대와 타원 모양)을 갖고 있음에도 불구하고 서로 유전적으로 엄청난 차이를 보이고 있었다. 더구나 식물과 동물을 포함한 **모든 생물**(all types of organisms)의 유전자를

비교해본 결과, 미생물의 그룹 간의 차이가 인간을 포함하는 동물과 식물 간의 차이보다 훨씬 더 크다는 사실을 알게 되었다.

생물의 3개 역 〈그림 11.5〉에 도시된 생물의 계통수에서 뿌리는 **공통선조**(universal ancestor)라고 부른다. 이 공통선조는 주요한 후손 그룹인 3개의 역(域, domain)*을 진화발생시켰다—세균(Bacteria), 고세균(Archaea), 진핵생물(Eukaryota). 세균과 고세균이 가장 먼저 진화한 것 같다.** 그들의 모든 후손은 여전히 단세포 미생물로 남아 있다. 계통수에서 가장 젊은 가지라고 생각되는 진핵생물은 유전자를 갖고 있는 세포 핵을 포함하는 더 복잡한 세포 구조를 갖고 있다. 이러한 세포 구조는 진핵생물이 작은 단세포 생물에서—동물과 식물로 진화하는 데 필수 단계인—커다란 다세포 생물로 진화할 수 있게 해주었다.

오늘날 살고 있는 미생물들처럼 선캄브리아시대의 미생물들은 아주 작았다. 그래서 암석 속에 보존된 미생물 개체들의 흔적을 **미화석**(microfossils)이라고 부른다. 당연히 그러한 작은 형체를 찾는 것은 현생누대(현생은 '보이는 생물'을 의미) 동안 살았던 동물과 식물의 진화를 연구하는 지질학자들이 사용하는 껍데기(shells), 뼈, 그리고 나뭇가지와 같은 눈으로 보이는 화석들을 찾

---

* 역(domain)은 생물 분류계급의 최상위 계급으로 계(kingdom)보다 상위의 계급이다. ―역자 주

** 세균과 고세균은 원핵생물에 해당한다. ―역자 주

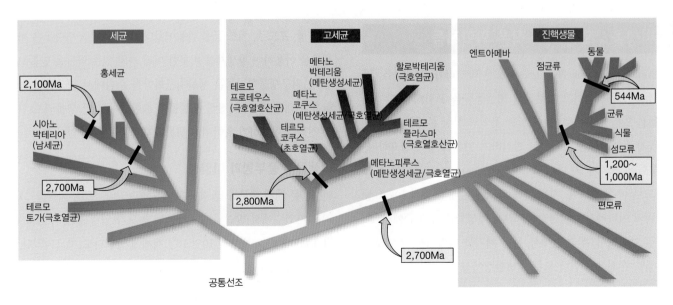

그림 11.5 생물 계통수는 모든 생물들이 서로 어떠한 유연관계에 있는지를 보여준다. 생물들은 크게 3개의 역으로 세분된다—세균, 고세균, 진핵생물. 이 역들은 모두 공통선조로부터 유래된 후손들이다. 3개의 역은 모두 미생물들이 압도적으로 우세하다. 동물들은 진핵생물 가지의 끝부분에서 나타나는 점에 주목하라. (Ma : 100만 년 전)

는 것보다 훨씬 더 어렵다.

지질학자들에게 생물의 계통수는 미생물들이 서로 어떠한 관련이 있고, 지구와 어떻게 상호작용하는지를 드러내 보여주는 지도이다. 할로박테리움(*Halobacterium*), 테르모코쿠스(*Thermococcus*), 메타노피루스(*Methanopyrus*) 등과 같은 미생물의 이름은 이 생물들이 극한의 환경, 즉 매우 염도가 높거나(halo, '암염/halite'), 뜨겁거나(thermo), 메탄의 함량이 높은(methano) 환경에서 살 수 있다는 것을 암시한다. 극한의 환경에서 사는 미생물은 거의 전부가 고세균과 세균이다.

극한미생물 : 극한에서 사는 미생물 극한미생물(extremophiles)은 다른 생물들이 살 수 없는 환경에서 사는 미생물들이다(표 11.3). 접미사 *phile*은 라틴어 *philus*에서 유래된 말로, '강한 친밀감 또는 선호도를 갖고 있음'을 뜻한다. 극한미생물은 기름과 유독성 쓰레기(폐기물)를 포함하는 모든 종류의 음식물에서 산다. 어떤 것들은 호흡을 위하여 산소가 아닌 질산, 황산, 철, 비소 또는 우라늄과 같은 물질을 사용한다.

호산성미생물(acidophiles)은 산성 환경에서 살아가는 미생물이다. 호산성미생물은 다른 생물들을 죽일 정도로 낮은 수준의 pH를 견딜 수 있다. 이 미생물들은 황화물을 먹으면서 산다! 그들은 세포 내에 축적된 산을 배출하는 방법을 개발하였기 때문에 그러한 산성 서식지에서도 생존할 수 있다. 그처럼 극히 높은 산성도를 갖는 서식지가 자연상태에서도 존재하는데(지구문제 11.1 참조), 흔히 광산과 관련이 있다.

호열성미생물(thermophiles)은 매우 뜨거운 환경에서 살며 성장하는 미생물이다. 그들이 성장하는 데 최적의 온도는 50℃에서 60℃ 사이이며, 120℃의 온도까지 견딜 수 있다. 그들은 온도가 20℃까지 떨어지면 성장하지 않는다. 호열성미생물은 온천과 중앙해령의 열수 분출공과 같은 지열이 방출되는 서식지에서 살

고 있으며, 퇴비 더미와 쓰레기 매립지와 같이 그들이 스스로 열을 발생시키는 환경에서도 산다. 그랜드프리즈매틱 온천(본 장의 첫 페이지에 있는 사진 참조)의 바닥을 뒤덮고 있는 미생물은 대부분 호열성미생물이다. 생물의 3개 역 중에서 인간을 포함하는 진핵생물은 대체로 고온에 가장 취약하다(한계 온도는 약 60℃). 세균은 좀더 잘 견디며(한계 온도는 약 90℃), 온도적응력이 가장 큰 고세균은 120℃에 가까운 온도까지 견딜 수 있다. 80℃ 이상의 온도를 이겨내고 살아갈 수 있는 미생물을 **초호열성미생물**(hyperthermophiles)이라 부른다.

호염성미생물(halophiles)은 염도가 높은 환경에서 살며 성장하는 미생물이다. 그들은 정상적인 해수 염도의 10배인 곳에서도 살 수 있다. 호염성미생물은 그레이트솔트호 및 사해(제19장 참조)와 같은 고염의 플라야호에서 살고 있으며, 소금을 생산하기 위해 상업적으로 해수를 증발시키는 샌프란시스코만의 남단에 있는 일부 바다 지역에서도 살고 있다(그림 11.6). 이 미생물들은 세포에 있는 여분의 염분을 세포 밖으로 배출하여 세포 내의 염분 농도를 조절할 수 있다.

혐기성미생물(anaerobes)은 산소가 전혀 없는 환경에서 사는 미생물이다. 대부분의 호수, 하천 그리고 해양의 바닥에서 퇴적물–물 경계면(sediment-water interface)의 수 밀리미터 또는 수 센티미터 아래에 있는 퇴적물의 공극수는 산소가 고갈되어 있다. 퇴적물–물 경계면에서 사는 미생물들이 호흡하면서 모든 산소를 소모해버려 그 아래의 퇴적물을 **혐기대**(anaerobic zone, 무산소대)로 만드는데, 거기에서는 혐기성미생물만 살 수 있다. 산소가 풍부한 상부 퇴적층은 **호기대**(aerobic zone, 유산소대)라고 한다. 호기대에서 사는 많은 미생물들은 혐기대에서는 살 수 없으며, 그 반대로 혐기대에서 사는 많은 미생물들은 호기대에서는 살 수 없다. 그림 11.7에서 볼 수 있듯이, 보통 두 대 사이의 경계는 매우

표 11.3 극한미생물의 특성			
유형	내성	환경	예
호염성미생물	고염도	플라야 호수 해양 증발암	그레이트솔트호(유타주)
호산성미생물	고산성	광산 배수 화산 부근의 물	리오틴토(스페인)
호열성미생물	고온	온천 중앙해령의 열수공	엘로스톤국립공원(미국)
혐기성미생물	무산소	젖은 퇴적물의 공극 지하수 미생물 매트 중앙해령의 열수공	케이프코드만 퇴적물

그림 11.6 ˙ 인간은 바다의 일부를 둑으로 막아 연못을 만들고, 거기에서 물을 증발시켜 식용 및 기타 용도로 쓰이는 암염을 침전시킨다. 이러한 고염도 환경에서 사는 호염성 박테리아들이 독특한 색소를 만들어내면서 연못은 핑크색으로 변한다.

[Yann Arthus-Bertrand/CORBIS.]

뚜렷하게 나타난다.

미생물-광물 상호작용

미생물은 광물의 침전, 광물의 용해 그리고 생물지구화학적 순환에 의해 지각을 통과하여 흐르는 원소들의 유동을 포함하는 많은 지질학적 과정에서 매우 중요한 역할을 한다. 이 장의 뒷부분에서 배우겠지만, 미생물은 더 크고 더 복잡한 생물들의 진화역사에서 중요한 역할을 하였다.

광물침전 미생물은 두 가지 별개의 방법으로 광물을 침전시킨다—미생물을 둘러싸고 있는 물의 조성에 영향을 주어 간접적

으로 침전시키는 방법과 그들의 대사작용으로 세포 내에서 직접 침전시키는 방법이다. 간접적인 침전은 과포화된 용액 속의 용존 광물들을 미생물 개체의 표면 위에 침전시킬 때 일어난다. 이것은 미생물의 표면이 용존된 광물을 형성하는 원소들을 결합시키는 장소를 갖고 있기 때문에 일어난다. 광물침전은 종종 미생물을 완전히 외피로 둘러싸이게 만들며, 이 외피는 묻혀서도 살아남아 보존된다. 온천에서 탄산염광물과 실리카(이산화규소, SiO_2)의 미생물 침전은 이러한 유형의 미생물 생광화작용(biomineralization)에 대한 좋은 예이다(그림 11.8a). 호열성미생물은 그들이 침전하는 것을 도와준 광상 퇴적물로 완전히 뒤덮이

그림 11.7 미생물들은 '미생물 매트'라 불리는 층상 퇴적물을 만들 수 있다. 태양에 노출되어 있는 매트의 최상부는 녹색으로 나타나는 광합성독립영양 미생물들을 포함하고 있다. 매트에서 더 아래로 내려가면 아직 호기대인 영역이 나타나는데, 여기에는 보라색을 띠는 비광합성독립영양생물들이 있다. 매트에서 더 깊이 내려가면 색깔이 회색으로 바뀌는데, 혐기대인 이곳에서는 종속영양생물들이 산다.

[John Grotzinger.]

11.1 지구와 화성에서 황산염광물들은 화학반응을 일으켜 산성수를 형성한다

경제적으로 중요한 많은 광상들은 고농도로 농집된 황화광물들과 관련이 있다. 물이 황화광물들과 접촉하면, 그들이 포함하고 있는 황화물은 산소와 반응하여 황산을 형성한다. 그래서 채광하는 동안과 그 이후에 빗물과 지하수가 이 광물들과 상호작용하여 산성도가 아주 높은 지표수와 지하수를 만들 수 있다. 불행하게도 이 산성수들은 대부분의 생물들에게 치명적이다. 그들이 전체 환경으로 퍼져나가면 광범위한 지역이 황폐화된다. 어떤 경우에는 살아남은 유일한 생물들이 호산성의 극한미생물뿐이다.

황화광물들이 고농도로 나타나는 지구상의 몇몇 장소에서는 산성수가 자연적으로 만들어진다. 이러한 곳들 중 하나가 스페인의 리오틴토이다. 여기에서 지질학자들은 자연적으로 나타나는 거의 4억 년 된 광상이 열수순환에 의해 광상을 관통하여 흐르는 지하수와 상호작용하는 시스템을 연구할 수 있게 되었다. 광물-용해 호산성미생물들의 도움으로 광상 내의 황철석(FeS_2)과 같은 황화광물들이 지하수에 있는 산소와 반응하여 황산, 황산이온(SO_4^{-2}) 그리고 철이온(Fe^{3+})을 만든다. 강물처럼 광상 밖으로 흘러나오는 따뜻한 유출수는 극히 높은 산성이다. 만약 그 물에서 수영한다면 여러분의 피부는 녹아버릴 것이다.

그 강물은 용존된 Fe^{3+} 이온 때문에 붉은색이다. Fe^{3+} 이온은 산소와 결합하여 적색 또는 갈색을 띠는 산화철광물인 침철석[goethite, FeO(OH)]과 적철석(hematite, Fe_2O_3)을 형성한다. 게다가 노란빛이 도는 갈색의 자로사이트(jarosite)와 같은 흔치 않은 황산철광물들이 리오틴토에서는 풍부하게 만들어진다. 지질학자들이 지구상에서 이 광물들을 만난다면, 그들은 그 광물을 침전시킨 물이 극히 높은 강산성이었다는 것을 안다.

지구상에서는 드문—환경을 훼손시키는—지질환경인 것이 과거 화성에서는 널리 퍼져 있었을지도 모른다. 제9장에서 보았듯이, 과거의 화성탐사는 자로사이트를 포함하는 리오틴토에서 발견되는 광물들과 비슷한 황산염광물들이 화성에 풍부하다는 것을 보여주었다. 이러한 특이한 광물들이 지구상에서 어떻게 형성되는지에 대하여 지질학자들이 이해하고 있으면 화성의 과거 환경에 대한 추

론이 가능해진다. 이러한 경우에 자로사이트의 존재는 과거 화성 물의 일부가 매우 산성이었음을 지시하는데, 이러한 강산성의 물은 화성의 지하수가 미량의 황화물을 갖는 현무암으로 이루어진 화성암들과 상호작용하였기 때문에 만들어진 것으로 보인다.

이 시나리오는 다른 행성들에서 생명체의 존재 가능성에 대한 우리의 사고방식에 영향을 준다. 지구상의 리오틴토와 같은 환경들은 미생물들이 강산성의 조건에 적응하는 법을 배웠다는 것을 보여준다. 그리고 그들은 화성의 고대 생명체에 대한 탐사에 동기를 부여하는 데 도움을 준다. 그러나 일부 과학자들은 생명체가 그러한 가혹한 환경에 적응하는 법을 배웠을지라도 그러한 환경에서 생명체가 기원할 수 없었을지도 모른다고 생각한다. 아무튼 다른 행성들에서 생명체를 찾는 탐사는 지구상의 암석, 광물, 그리고 극한 환경에 대한 우리들의 이해에 크게 좌우될 것이다.

미생물들이 스페인 리오틴토 지역의 산성수에서 살고 있다.
[Andrew H. Knoll 제공.]

게 된다.

또한 광물은 어떤 미생물의 대사활동에 의해 직접 침전된다. 일례로 함철광물과 황산염이 녹아 있는 물을 함유하는 혐기대의 퇴적물 내에서 미생물의 호흡작용은 황철석(pyrite, 그림 11.9)의 침전을 일으킬 수 있다. 이미 배웠듯이, 미생물을 포함하는 모든 생물은 호흡을 위해 산소가 필요하다. 그러나 혐기대에서는 O_2를 구할 수 없다. 어떤 미생물 분해자들은 다른 자원으로부터 산소를 얻는 방법을 진화시킴으로써 이러한 가혹하지만 아주 흔한 환경에 적응해왔다. 이 미생물들은 황산염(sulfate, SO_4)에 포함된 산소를 빼낼 수 있는데, 황산염은 대부분의 퇴적물 공극수에 풍부하게 존재한다. 그 과정 중에 그들은 황화수소(H_2S) 가스를 발생시킨다. 간조기에 사질 또는 이질 퇴적물을 파보면 썩은 달걀 냄새가 나는데 이것이 바로 황화수소 가스이다. 그 과정의 최종 단계에 황화수소는 철과 반응하고, 철은 수소를 치환하여 황철석

(FeS_2)을 만든다. 황철석은 셰일처럼 유기물을 포함하는 퇴적암에서 아주 풍부하게 나타난다. 직접적인 침전의 또 다른 예는 어떤 세균(박테리아)의 체내에 작은 자철석 입자들이 만들어지는 것인데(그림 11.8b), 세균들은 이 결정들로 지구자기장을 감지함으로써 길을 찾는 데 이용한다.

광물용해 황과 질소와 같은 미생물의 대사작용에 필요한 어떤 원소들은 자연수에서 용존된 상태로 쉽게 얻을 수 있지만, 철과 인과 같은 원소들은 미생물들이 적극적으로 움직여 광물로부터 얻어내야만 한다. 모든 미생물은 철이 필요하지만, 지표 부근의 물속은 대체로 너무 낮은 농도의 철을 포함하고 있다. 그래서 미생물들은 주변 광물들을 용해시킴으로써 철을 얻어야만 한다. 비슷한 방법으로 어떤 미생물들은 인회석(apatite, 인산칼슘)과 같은 광물을 용해시킴으로써 생물학적으로 중요한 분자들을

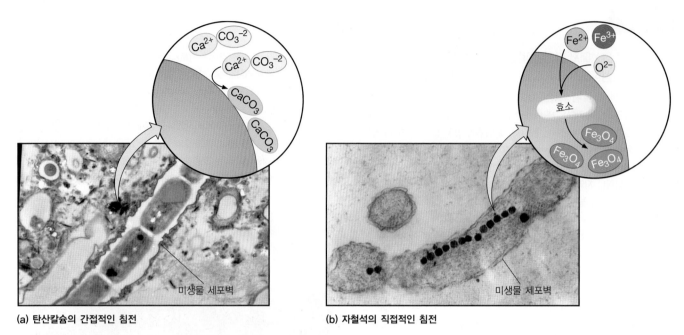

(a) 탄산칼슘의 간접적인 침전　　　　　**(b) 자철석의 직접적인 침전**

그림 11.8 미생물들은 직접 혹은 간접적으로 광물을 침전시킬 수 있다. (a) 박테리아의 표면에 침전된 탄산칼슘은 간접적인 침전의 한 예이다. (b) 어떤 박테리아는 세포 내에 자철석(magnetite, Fe_3O_4) 결정들을 생성시키는데 이것은 직접적인 침전의 한 예이다. 어떤 생물들은 이 결정들을 지구자기장을 감지하는 데 이용하여 길을 찾는다.

[(a) Grant Ferris, University of Toronto; (b) Richard B. Frankel, Ph.D., California Polytechnic State University.]

만드는 데 필요한 인을 얻는다. 어떤 독립영양생물은 햇빛이 아니라 광물이 용해될 때 생성된 화학물질에서 에너지를 얻는다. 이러한 생물들을 **화학합성독립영양생물**(chemoautotrophs)이라 한다(표 11.1 참조). 예를 들면, 망간(Mn^{2+}), 철(Fe^{2+}), 황(S), 암모늄(NH_4^+), 그리고 수소(H_2)는 그들이 광물에서 빠져나올 때 미생물에게 에너지를 제공한다.

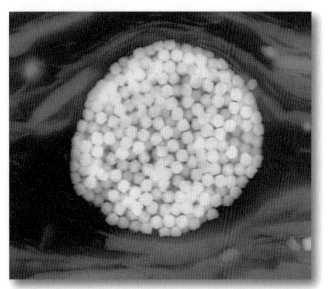

그림 11.9 황철석은 흔히 혐기성 퇴적물의 공극수에서 작은 소구체들을 만든다.

[Dr. Jüergen Schieber 제공.]

미생물들은 광물과 반응하여 광물의 표면에서 이온들을 분리시키는 유기분자들을 만들어 광물을 용해한다. 광물의 용해 속도는 보통 느리지만 양분을 포함하고 있는 광물들이 미생물 피막으로 피복되어 있는 곳에서는 빨라질 수 있다. 광물을 용해하는 호산성미생물은 광물용해로 산이 풍부해진 물속에서 산다.

미생물과 생물지구화학적 순환 미생물에 의한 황철석의 침전은 황(sulfur)의 전 지구적인 생물지구화학적 순환에 중요한 역할을 한다(그림 11.10). 이미 보았듯이 철과 황은 황철석으로 침전되며, 황철석은 퇴적물 내에 풍부하게 축적된다. 퇴적물층들이 퇴적되면, 황철석은 파묻혀 퇴적암 속에 밀봉 저장된다. 황철석은 암석이 조구조적 융기로 지표에 노출될 때까지 묻혀 있게 된다. 암석이 풍화될 때, 황철석에 있는 철과 황은 물속에서 이온으로 용해되거나 퇴적물 속에 축적되는 새로운 광물에 포함되어 다시 새로운 생물지구화학적 순환을 시작한다.

전 지구적인 규모에서, 미생물들은 여러 다른 생물지구화학적 순환에서 여러 가지 역할을 한다. 인산염광물의 미생물적 침전은 인이 퇴적물 속으로 흘러들어가는 데 기여한다. 이러한 침전은 제5장에서 보았듯이 남아메리카와 아프리카의 서부연안을 따라서 특히 활발하게 일어나는데, 이들 지역에서는 풍부한 인을 포함하는 심층수가 표층으로 상승하여 천해에서 사는 미생물들이

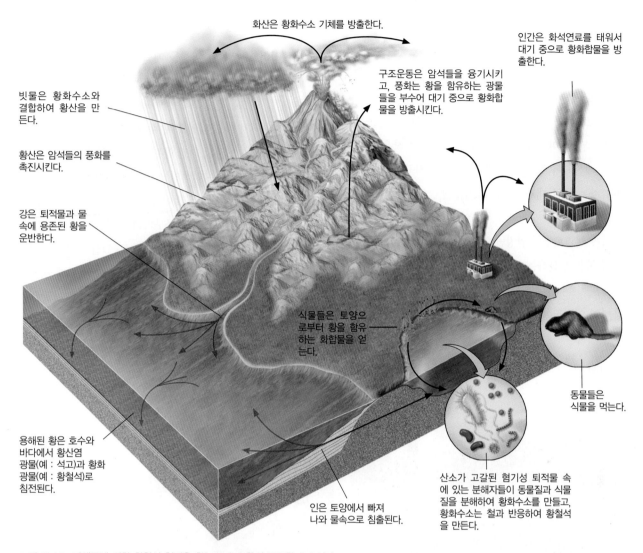

화산은 황화수소 기체를 방출한다.

인간은 화석연료를 태워서 대기 중으로 황화합물을 방출한다.

빗물은 황화수소와 결합하여 황산을 만든다.

구조운동은 암석들을 융기시키고, 풍화는 황을 함유하는 광물들을 부수어 대기 중으로 황화합물을 방출시킨다.

황산은 암석들의 풍화를 촉진시킨다.

강은 퇴적물과 물 속에 용존된 황을 운반한다.

식물들은 토양으로부터 황을 함유하는 화합물을 얻는다.

동물들은 식물을 먹는다.

용해된 황은 호수와 바다에서 황산염 광물(예 : 석고)과 황화 광물(예 : 황철석)로 침전된다.

산소가 고갈된 혐기성 퇴적물 속에 있는 분해자들이 동물질과 식물질을 분해하여 황화수소를 만들고, 황화수소는 철과 반응하여 황철석을 만든다.

인은 토양에서 빠져 나와 물속으로 침출된다.

그림 11.10 미생물에 의한 황철석 침전은 황(sulfur) 순환의 중요한 요소이다.

풍부한 인을 이용할 수 있게 되어 번성한다. 대륙암석의 화학적 풍화는 토양의 산성도를 높여 풍화율을 촉진시키는 미생물의 영향을 받는다. 그리고 마지막으로, 이미 제5장에서 보았듯이, 해양환경에서 탄산염광물의 침전은 미생물 과정에 의해 촉진된다. 이 마지막 예는 탄산염광물들이 대기 중 CO_2와 규산염광물이 풍화되는 동안 방출된 Ca^{2+}와 Mg^{2+}와 같은 양이온의 저장소 역할을 하기 때문에 특히 중요하다.

미생물 매트　미생물 매트(microbial mats)는 층상(층을 이루고 있는) 미생물 군집이다. 우리가 가장 보기 쉬운 미생물 매트는 태양에 노출된 것들이다(그림 11.7 참조). 그들은 흔히 간석지(갯벌), 염도가 높은 석호, 그리고 온천에서 나타난다. 최상부에서 우리는 보통 광합성을 위하여 햇빛의 에너지를 이용하는 산소-생성 시아노박테리아(남세균)의 층을 발견할 수 있다. 이 최상부층은

녹색인데, 시아노박테리아가 식물과 조류처럼 빛-흡수 색소를 포함하고 있기 때문이다. 이 층은 두께가 1mm 정도로 얇지만, 태양으로부터 에너지를 생산하는 데 있어 활엽수림과 초지만큼이나 효율적일 수 있다. 이 최상부 녹색층은 매트의 호기대를 나타낸다. 혐기대는 시아노박테리아층의 아래에서 나타나며, 보통 암회색을 띤다. 비록 매트의 이 혐기성 부분이 산소를 포함하고 있지는 않지만, 아직도 매우 활동적일 수 있다. 이 층에 있는 혐기성 종속영양생물들은 시아노박테리아가 생산한 유기물로부터 그들의 먹이를 얻는다. 이 장의 앞부분에서 기술했듯이, 그들의 호흡작용은 종종 황철석의 침전을 가져온다.

　미생물 매트는 지역적 또는 전 지구적인 규모로 일어나는 생물지구화학적 순환의 축소판 모델이다. 미생물 매트에 있는 광합성독립영양생물들은 햇빛의 에너지를 이용하여 대기 중의 CO_2

에 있는 탄소를 탄수화물과 같은 커다란 분자 속의 탄소로 변환시킨다. 광합성독립영양생물이 죽은 후, 종속영양생물은 죽은 독립영양생물의 몸체를 이루는 탄소를 에너지원으로 이용한다. 그 과정에서 종속영양생물은 이 탄소의 일부를 CO_2로 변환시키는데, 이 CO_2는 대기로 돌아가 다음 세대의 광합성독립영양생물들이 사용할 수 있게 된다. 미생물의 경우, 이 순환은 매우 작은 규모의 퇴적물층에 제한되어 있지만, 열대우림이—전 지구적인 규모로—광합성을 하는 동안 대기로부터 CO_2를 추출해내는 과정과 매우 유사하다. 실제로는 개개의 나무들이 일을 하고 있지만, 우리는 열대우림을 대기로부터 엄청난 양의 CO_2를 제거하고, 막대한 양의 탄수화물을 생산하는 거대한 광합성 기계라고 생각한다. 나무가 죽으면, 숲의 바닥에 있는 종속영양생물들은 나무의 유기물을 이용하여 에너지를 만들어낸다. 이러한 과정은 막대한

양의 탄소를 CO_2의 형태로 대기 중으로 돌려보낸다.

스트로마톨라이트　오늘날 미생물 매트는 식물과 동물이 그들의 성장을 방해할 수 없는 장소에서만 제한적으로 서식하고 있다. 그러나 미생물 매트는 식물과 동물이 출현하기 이전에는 광범한 지역에서 널리 퍼져 살고 있었으며, 수생환경에서 형성된 선캄브리아시대 퇴적암에 보존된 가장 흔한 특징 중의 하나이다. 독특한 얇은 층들을 갖고 있는 암석인 **스트로마톨라이트**(stromatolites)는 고대의 미생물 매트가 만든 것이라고 여겨진다. 스트로마톨라이트는 판상에서부터 복잡하게 나뭇가지 모양으로 갈라진 돔형 구조까지 다양한 형태를 보인다(그림 11.11). 그들은 지구상에서 가장 오래된 화석 중의 하나이며, 우리에게 먼 옛날 한때 미생물에 의해 지배됐던 세계에 대해 일별할 수 있는 기회를 제공해주고 있다.

(a) 현대의 스트로마톨라이트가 오스트레일리아 샤크만의 조간대에서 자란다.

(b) 북부 시베리아에서 고대 스트로마톨라이트(10억 년 이상의 연령)가 단면에서 세로 기둥을 이루고 있다.

(c) 현생 스트로마톨라이트의 단면은 고대 스트로마톨라이트에서 보이는 것과 유사한 층상 구조를 보여준다.

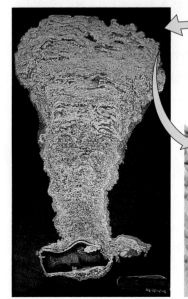

(d) 층상 구조는 현대와 고대 스트로마톨라이트가 어떻게 성장하는지를 보여준다.

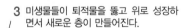

1 미생물들은 스트로마톨라이트의 표면에서 산다.

2 퇴적물이 미생물 위에 퇴적된다.

3 미생물들이 퇴적물을 뚫고 위로 성장하면서 새로운 층이 만들어진다.

그림 11.11　스트로마톨라이트는 미생물이 주위 환경과 상호작용한 결과로 만들어진 퇴적구조이다.
[John Grotzinger 이미지 제공.]

대부분의 스트로마톨라이트는 아마도 미생물 매트 위로 비처럼 떨어지는 퇴적물이 매트 표면에 사는 미생물에 붙잡히고 굳어져서 만들어졌던 것으로 보인다(그림 11.11d). 일단 퇴적물로 뒤덮이면 미생물들은 퇴적물의 입자들 사이를 뚫고 위로 자라 옆으로 퍼지면서 그 자리에 있는 입자들을 결속시킨다. 각각의 스트로마톨라이트층은 하나의 퇴적물층이 쌓인 후 그 층의 입자들이 잡히고 결속되어 만들어진 층이다. 오스트레일리아 서부의 샤크만과 같은 조간대 환경에서 현재 그러한 구조를 만들고 있는 미생물 군집들을 관찰할 수 있다(그림 11.11a).

그러나 다른 경우를 살펴보면, 스트로마톨라이트는 미생물에 의해 퇴적물이 잡히고 결속되어 만들어지기보다는 광물의 침전에 의해 만들어진다. 그러한 광물의 침전은 간접적으로 미생물에 의해 조절되거나, 단순히 물속에 광물질이 과포화되어 일어날 수 있다. 제5장에서 보았듯이 해양은 풍부한 칼슘과 탄산염을 포함하고 있으며, 이들은 서로 반응하여 방해석(calcite)과 아라고나이트(aragonite)와 같은 광물을 만든다. 이 광물들은 광물침전으로 형성된 스트로마톨라이트의 성장에 매우 중요하다.

스트로마톨라이트가 형성되는 데 미생물이 어떠한 역할을 했는지를 이해하는 것이 중요한데, 그 이유는 이들 층상의 돔형 구조가 초기 지구의 생물에 대한 증거로 이용되어왔기 때문이다. 그러나 만약 스트로마톨라이트가 미생물과 무관한 무기적인 광물침전에 의해 만들어질 수 있다면, 이들을 초기 생물의 증거로 이용하는 것은 의심을 받을 만하다. 미생물들이 광물 및 퇴적물과 상호작용하는 과정들 그리고 이러한 상호작용에 대한 화학적 및 조직(구조)적 증거들을 면밀히 연구해야, 우리는 초기 지구에서 스트로마톨라이트가 형성되는 데 미생물이 존재했어야 했는지를 결정할 수 있을 것이다.

■ 지구역사의 지구생물학적 사건들

지질연대표는 화석군집의 출현과 소멸에 근거하여 시간을 나눈다(제8장 참조). 이러한 생물학적 양상은 지구역사를 세분하는 데 편리한 척도를 제공해주지만, 거의 항상 전 지구적인 환경변화와 연관되어 있다. 지구는 지질연대표의 많은 주요 경계에서 당시 생명체의 서식환경에 극적인 변화를 가져온 사건들을 경험했다. 이러한 변화 중 어떤 것들은 생물 자신에 의해 일어났으며, 다른 것들은 지질학적 사건들에 의해, 그리고 또 다른 것들은 지구외부로부터의 힘에 의해 발생되었다.

우리는 이제 지구역사상 일어난 이러한 극적인 사건들 중 몇 가지, 즉 생물과 물리적 환경 사이의 관련성이 명확히 알려진 사건들에 대하여 공부할 것이다. 그림 11.12는 지구상에 살았던 아주 오래된 생물들과 이와 관련된 주요 사건들이 일어난 연대를 보여준다.

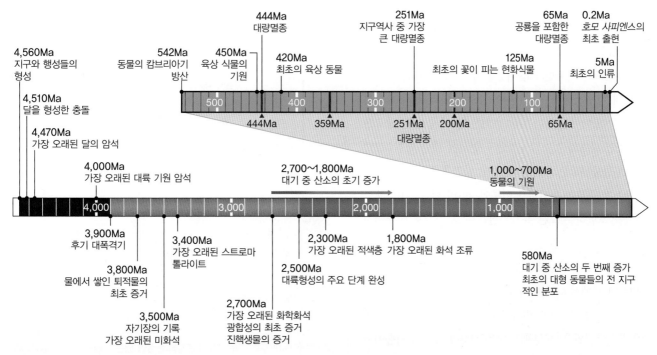

그림 11.12 지질연대표. 생물의 역사에서 주요한 사건들을 보여준다. (Ma : 100만 년 전)

생명체의 기원과 가장 오래된 화석

약 45억 년 전에 지구가 처음 만들어졌을 때, 지구에는 생명체가 없었으며, 또한 생명체가 살기도 어려운 환경이었다. 10억 년이 지난 뒤, 지구에서는 미생물들이 번성하고 있었다. 생명체는 어떻게 시작했나? 이 질문은 우주의 기원과 같은 커다란 수수께끼와 함께 과학계의 가장 큰 미스터리 중의 하나로 남아 있다.

'생명체는 어떻게 기원했는가'라는 질문은 '생명체는 왜 기원했는가'라는 질문과는 매우 다르다. 과학은 이러한 미스터리의 '어떻게'라는 부분을 이해하기 위한 접근법만을 제공해줄 뿐이다. 그 이유는 제1장에서 배웠듯이 과학은 관찰과 실험을 이용하여 검증 가능한 가설을 세우기 때문이다. 이러한 가설들은 생명체의 기원 및 진화와 관련된 일련의 단계들을 설명할 수 있으며, 화석기록 및 지질기록에서 증거를 찾아 검증될 수 있다. 그러나 관찰과 실험은 생명체는 왜 진화했는지에 대한 질문에 검증 가능한 접근법을 제공해주지는 않는다.

화석기록은 우리에게 단세포 미생물들이 최초의 생명체였으며, 그들이 지질기록상 젊은 시기에 발견되는 모든 다세포 생물들로 진화했다는 것을 말해준다. 화석기록은 역시 우리에게 생명 역사의 대부분이 미생물의 진화와 관련되어 있음을 보여준다. 우리는 35억 년 전의 암석에서 미화석을 발견할 수 있지만, 10억 년보다 젊은 시기의 암층에서만 다세포 생물이 확실한 화석을 찾을 수 있다. 그러므로 미생물들은 적어도 25억 년 동안 지구상에 사는 유일한 생물이었다.

진화론은 이 최초의 미생물들—그리고 그들 뒤를 이은 모든 생물들—이 공통선조로부터 진화했다고 예견한다(그림 11.5 참조). 이 공통선조는 어떠한 모습이었을까? 사실 우리는 모르지만, 대부분의 지구생물학자들은 공통선조는 여러 가지 중요한 특징을 가지고 있어야만 한다는 데 동의한다. 이 중 가장 중요한 것은 유전적인 정보일 것이다—성장과 번식에 대한 지침. 그렇지 않았다면 공통선조는 후손을 가질 수 없었을 것이다. 공통선조 역시 탄소가 풍부한 화합물로 이루어져야만 한다. 이미 보았듯이, 생물을 포함하는 모든 유기물질은 주로 탄소로 이루어져 있다.

공통선조는 어떻게 발생했는가? 이 질문에 답하기 위한 한 가지 접근법은 암석에서 그 실마리를 찾는 것일 것이다. 그러나 잘 보존된 화석들은 변성작용과 변형작용에 크게 영향을 받지 않은 퇴적암에서만 발견된다. 생명체가 처음 진화한 시기의 지층에서 발견되는 잘 보존된 퇴적암은 없다. 그래서 과학자들은 다른 접근 방법을 사용해야만 한다. 여기에서 실험 화학자들이 중요한 역할을 했다.

원생액 : 생명체의 기원에 대한 최초의 실험

생명체의 기원을 찾는 실험실 실험에서 과학자들은 생명체가 발생하기 전에 지구상에 존재했을 것으로 생각되는 환경조건을 재현하려고 시도해왔다. 1950년대 초에 시카고대학의 대학원생이었던 스탠리 밀러(Stanley Miller)는 초기 지구에서 생명체를 탄생시킨 화학반응을 탐구하기 위하여 고안된 최초의 실험을 수행했다. 그의 실험은 놀랄 만큼 간단했다(그림 11.13). 그는 플라스크의 바닥에 물로 된 '해양'을 만들고 수증기를 생성하기 위하여 가열했다. 해양으로부터 발산된 수증기는 다른 기체들과 혼합되어 지구의 초기 대기에서 가장 풍부하였을 것으로 생각되는 일부 화합물들을 포함하는 '대기'를 만들었다—메탄(CH_4), 암모니아(NH_3), 수소(H_2), 수증기. 오늘날 지구대기에서 중요한 기체인 산소는 그 당시에 아마 존재하지 않았을 것이다. 다음 단계에서 밀러는 이 대기를 전기 불꽃('번갯불')에 노출시켰고, 이 전기 불꽃은 기체들이 서로 반응하고 해양의 물과 반응하게 했다.

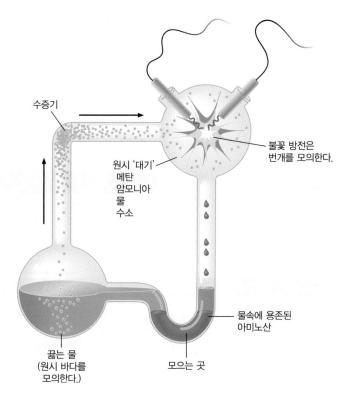

수증기

원시 '대기'
메탄
암모니아
물
수소

불꽃 방전은
번개를 모의한다.

물속에 용존된
아미노산

끓는 물
(원시 바다를
모의한다.)

모으는 곳

그림 11.13 스탠리 밀러는 생명체의 기원을 탐구하기 위하여 이처럼 단순한 실험설계를 사용했다. 이 실험장치에서 암모니아(NH_3), 수소(H_2), 물(H_2O) 그리고 메탄(CH_4)과 같은 작은 함탄소분자들은 살아 있는 생물의 핵심 구성요소인 아미노산으로 변환되었다.

실험결과는 인상적이었다. 실험으로부터 다른 함탄소화합물들과 함께 아미노산(amino acids)이라 부르는 화합물이 만들어졌다. 아미노산은 생명체에 필수적인 단백질 분자의 기본 구성요소이다. 밀러의 발견은 아미노산이 초기 지구에 풍부할 수 있었음을 보여주었기 때문에 많은 학자들을 흥분시켰다. 그것은 지구의 해양과 대기가 생명체를 기원시킨 일종의 아미노산 '원생액(prebiotic soup)'을 만들었다는 가설을 탄생시켰다. 다른 연구자들은 우리의 공통선조가 아미노산을 단백질로 만들 수 있게 하는 유전 물질을 갖고 있었음을 제시했다. 유전 물질은 공통선조가 스스로 영속하는 데 필요한 물질이다.

'원생액' 가설은 초기 행성 물질들이 아미노산을 포함하고 있을지도 모른다고 예견했다. 그러한 예견은 수년 후인 1969년에 오스트레일리아의 머치슨 근처에 운석 하나가 떨어지면서 입증되었다. 그 운석을 분석한 지질학자들은 머치슨 운석(Murchison meteorite)이 밀러가 실험실에서 만들어낸 아미노산 중 상당수(약 20여 종)를 포함하고 있다는 것을 발견했다. 사실 이 운석에서 발견되는 아미노산들의 상대량까지도 비슷했다.

이 모든 발견들이 주는 메시지는 동일하다—즉, 아미노산은 산소가 없는 행성에서 만들어질 수 있다. 그러나 반대의 경우도 사실이다—즉, 산소가 존재하는 곳에서는 아미노산이 만들어지지 않거나 아주 적은 양만 존재한다. 이것은 지구과학자들이 초기 지구는 산소가 없는 행성이었다고 생각한 여러 가지 이유 중의 하나이다.

가장 오래된 화석과 초기 생물

생명체가 기원한 과정이 무엇이든 가장 오래된 화석은 아마 35억 년 전에 기원했으리라 추정된다. 작은 원뿔처럼 생긴 스트로마톨라이트는 이 당시 생물에 대한 가장 좋은 증거 중 몇 가지를 제공한다(그림 11.14a). 스트로마톨라이트는 대륙강괴(cratons)에서 흔히 발견되며, 시생대 초기의 퇴적암에서도 발견되고 있다. 게다가 시생대 초기의 어떤 암석에서 발견된 탄소 동위원소의 비는 생물학적 과정을 통해서만 만들어질 수 있는 값을 보여준다(이 장의 끝에 있는 '지질학 실습' 참조). 생명체의 형태를 보존하고 있는 증거라고 생각되는 가장 오래된 화석은 처트 속에서 발견되는 아주 작은 실 모양의 물체인데, 이들은 현재의 미생물과 크기 및 모양이 비슷하다. 이들이 실제로 미화석인지에 대한 논란의 여지가 있지만, 이들은 오스트레일리아 서부에 있는 35억 년 전 지층에서 발견되었다. 젊은 시기의 더 잘 보존된 미화석들은 남아프리카의 32억 년 전 픽트리층(Fig Tree Formation)과 캐나다 남부의 21억 년 전 건플린트층(Gunflint Formation)에서 발견된다(그림 11.14b). 1954년에 발견된 건플린트 화석은 선캄브리아시대의 암석에서 발견된 최초의 화석이었다. 이후 이에 대한 연구가 급증하였으며 이러한 추세는 오늘날까지도 계속되고 있다. 지난 50년 동안 우리는 많은 새로운 지역에서 지구상의 생명체가 얼마나 오래되었고, 그것이 정상적인 지구환경에서 얼마나 잘 보존될 수 있는지를 보아왔다.

대부분의 지구생물학자들은 35억 년 전에 지구상에 생명체가 존재하였지만, 초기 생물들이 어떻게 활동하고 어떻게 에너지와

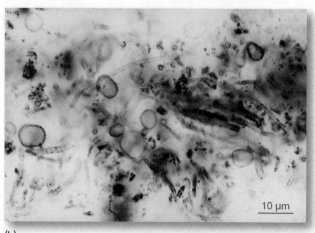

(a)   (b)

그림 11.14   (a) 서부 오스트레일리아의 와라우나층(Warrawoona formation)에 있는 시생대 초기(34억 년)의 스트로마톨라이트. 원뿔 형태들은 이 암석을 만든 미생물 매트가 햇빛 쪽으로 성장했다는 것을 암시한다. (b) 캐나다, 남부 온타리오주의 21억 년 된 건플린트층(Gunflint formation)에는 풍부한 미화석들이 보존되어 있다.

[H. J. Hofmann 제공.]

영양분을 얻었는지는 불확실하다는 데 동의한다. 일부 과학자들은 생물 계통수에서 가장 오래된 생물들은 주변 환경에 있는 화학물질로부터 직접 에너지를 얻는 화학합성독립영양생물이었다고 주장한다. 더구나 가장 오래된 화석들은 초호열성이었을지도 모른다. 이러한 가능성은 생명체가 햇빛을 에너지원으로 이용할 수는 없지만 화학물질이 풍부한 온천이나 중앙해령의 열수공과 같은 매우 뜨거운 물에서 기원했을 수 있음을 암시한다(그림 11.15).

화학화석과 진핵생물 미생물들이 우리에게 제공하는 정보가 매우 제한되어 있으므로 형태와 크기만으로 미생물의 기능을 추정한다는 것은 쉽지 않다. 추가적인 정보를 화학화석으로부터 얻을 수 있는데, **화학화석**(chemofossil)이란 고대의 미생물들이 살면서 만든 유기화합물들의 화학적 잔류물이다. 생물이 죽으면, 그 몸 속에 있는 유기화합물의 대부분은 보통 종속영양생물들에 의해 작은 분자들로 빠르게 분해된다. 그러나 이 분자들 중 일부는 매우 안정하여 재활용되지 않는다. 예를 들면 **콜레스탄**(cholestane)은 진핵생물들에 의해서만 만들어지는 놀랄 만큼 내구성 있는 물질이며, 잘 알려진 화합물인 콜레스테롤(cholesterol)과 매우 유사하다. 콜레스탄 화학화석은 서부 오스트레일리아의 27억 년 전 암석에서 발견되었다. 이 화학화석의 존재는 단세포 진핵미생물들이 그 당시에 출현했음을 알려준다. 화학화석은 결국 먼 훗날 동물을 포함하는 다세포 생물들로 진화한 진핵생물이다.

산소가 풍부한 지구대기의 기원

우리가 숨 쉬는 기체인 산소의 증가는 생명체와 환경과의 상호작용 역사에서 또 다른 중요한 이정표이다. 제9장에서 배웠듯이 지구의 초기 대기는 산소를 거의 포함하고 있지 않았다. 지금의 산소가 풍부한 대기는 초기 생물의 광합성 작용에 의해 만들어졌다. 놀랍게도 진핵생물들의 화학화석 증거를 보존하고 있는 오스트레일리아의 바로 그 암석은 시아노박테리아의 화학화석 증거도 보존하고 있다. 이러한 증거 때문에 지질학자들은 광합성 작용이 약 27억 년 전에 중요한 대사과정이 되었다고 믿고 있다. 그래서 한 생물 그룹(시아노박테리아)은 지구대기의 조성을 변화시켜 지구환경을 영원히 바꾸어놓은 반면에, 또 다른 생물 그룹(진핵생물)은 그 변화에 영향을 받아 새로운 방향으로 진화했다.

지구대기의 산소화는 아마 10억 년 이상의 시간 차이를 보이는 두 번의 주요 단계를 통해 일어났던 것 같다. 첫 번째 증가는 시아노박테리아의 진화로 시작했다. 그들이 만든 산소는 물속에 녹아 있던 철과 반응하여 자철석 및 적철석과 같은 철산화광물들과 처트 및 규산철과 같은 실리카(이산화규소, SiO_2)가 풍부한 광물들을 침전시켜 해저에 가라앉혔다. 이 광물들은 **호상철광층**(banded iron formations)이라는 얇게 호층을 이루는 퇴적층으로 축적되었다(그림 11.16a). 시아노박테리아가 진화하기 이전처럼 산소 농도가 낮으면, 철은 물에 녹는다. 그러나 산소 농도가 높으면, 철은 산소와 반응하여 물에 녹지 않는 불용성 화합물을 만든

그림 11.15 중앙해령의 열수공으로부터 방출되는 뜨거운 물(여기에서는 검은 연기 기둥으로 보인다)은 무기영양소(mineral nutrients)로 가득 차 있다. 화학합성독립영양 미생물들은 이 무기영양소로부터 그들의 에너지를 얻는다. 생명체는 이러한 환경에서 기원하였을 가능성이 있다.

[Dr. Ken MacDonald/SPL/Science Source.]

(a)

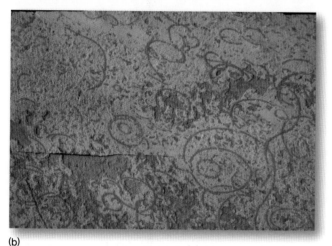

(b)

(c)

그림 11.16 특이한 퇴적암과 새로운 대형 진핵생물들은 27억 년 전에서 21억 년 전 사이에 대기 중의 산소 농도가 증가했음을 나타낸다. (a) 호상철광층. (b) 진핵조류 중 하나인 *그리파니아*(Grypania) 화석은 맨눈으로도 보인다. (c) 적색층은 철산화광물로 접합되어 있는 사암과 셰일로 구성되어 있다.

[(a) Francois Gohier/Science Source; (b) H. J. Hofmann 제공; (c) John Grotzinger.]

다. 그러므로 시아노박테리아에 의해 만들어진 산소는 즉시 철을 해수로부터 침전시켜 해저에 가라앉혔다. 이러한 과정은 용존 철의 대부분이 소진될 때까지 계속되었으며, 이후 해양과 대기에 산소가 축적되기 시작했다.

대기의 산소 농도는 약 24억 년 전에 축적되기 시작하여, 조류의 일종인 최초의 진핵생물 화석이 지구역사에 등장하였던 약 21억 년에서 18억 년 전 사이에 최초의 안정기(정체기)에 도달했다(그림 11.16b). 이들 커다란 크기의 생물들—이전의 어떠한 생물들보다 적어도 10배 이상 큰—은 산소 증가 때문이라고 생각된다. 이 시기는 **적색층**(red beds)이 처음으로 나타난 시기이다. 적색층은 붉은 색깔의 산화철 교결물질에 의해 굳어진 사암과 셰일로 이루어진 특이한 하천 퇴적물이다(그림 11.16c). 이들 퇴적층에서 철산화물의 존재는 그들을 침전시킬 정도로 충분한 양의 산소가 대기 중에 존재했음을 지시한다.

진핵조류(eukaryotic algae)가 출현한 후, 10억 년 이상 동안 별다른 변화가 일어나지 않았다. 그러고는 약 5억 8,000만 년 전에 대기의 산소 농도는 극적으로 증가하여 거의 현재의 수준에 도달했다. 이러한 두 번째 증가의 원인은 아직 알 수 없다. 다만 퇴적작용으로 유기탄소의 매몰이 증가된 것과 관련이 있으리라 추정하고 있다. 호상철광층을 만든 것과 비슷한 과정으로 산소는 보통 미생물의 도움으로 유기물과 쉽게 반응한다. 그래서 주변에 유기물이 존재하는 한 산소는 소모될 것이다. 그러나 유기물들이 퇴적물 속에 파묻혀 시스템에서 제거된다면, 유기물들은 대기 중의 산소와 반응할 수 없다. 그래서 대기 중의 산소 증가에 있어 두 번째 단계는 퇴적물 생산의 증가와 관련이 있을지도 모른다. 그러한 증가는 초대륙의 통합과 같은 전 지구적 조구조 사건들이 일어나는 동안 산맥이 형성되고 침식될 때 일어날 수 있었다. 어떤 경우이든 그 결과는 극적이었다. 최초의 대형 다세포 동물들이 갑자기 출현하였으며, 그 직후 모든 동물의 현대 그룹들이 진화했다. 그 놀랍도록 복잡하고 다양한 생물들이 등장하며 현생누대가 시작되었다.

■ 진화방산과 대량멸종

대부분의 경우, 현생누대 내의 대와 기의 경계는 특정 생물 그룹의 죽음 또는 멸종(extinction)으로, 그리고 뒤이어 나타난 새로운 생물 그룹의 증가 또는 방산(radiation)으로 설정된다. 생물 그룹

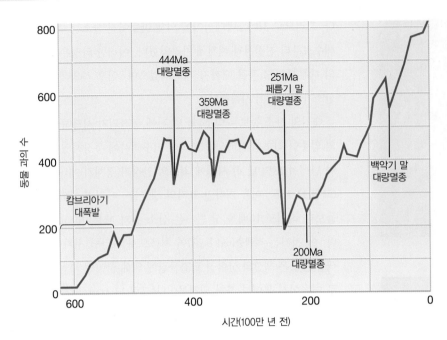

그림 11.17 동물 화석의 다양성은 대량멸종과 방산 모두를 드러내 보여준다. 이 그래프는 지난 6억 년 동안 화석기록에서 발견된 '껍데기(shelly)'가 있는 동물들의 과 (family)의 숫자를 보여준다—각 과는 많은 종들을 포함하고 있다. 캄브리아기 대폭발과 같은 방산 동안에는 새로운 과의 수가 증가한다. 백악기 말의 대량멸종처럼 대량멸종 동안에는 과의 수가 감소한다. (Ma : 100만 년 전)

들이 변화하는 환경조건에 더 이상 적응할 수 없을 때, 또는 더 성공적인 생물 그룹들과 경쟁할 수 없을 때 그들은 멸종된다. 많은 생물 그룹들이 동시에 멸종되는 시간 간격을 **대량멸종**(mass extinction)이라 부른다(그림 11.17, 제8장 참조). 몇몇의 경우에, 지질연대표의 경계들은 전 지구적인 규모의 환경적인 격변으로 구획된다. 대량멸종으로 아주 경쟁력 있고 확고하게 자리 잡은 생물 그룹들이 제거되었을 때, 이용 가능한 새로운 서식지가 펼쳐지면서 진화방산이 촉진된다.

생물의 진화방산 : 캄브리아기 생물 대폭발

생명체의 출현을 제외하면 지구역사상 가장 주목할 만한 지구생물학적 사건은 선캄브리아시대 말에 껍데기(shells)와 골격(skeletons)을 갖는 대형 동물들의 갑작스런 출현이었다(그림 11.18). 공통선조로부터 새로운 생물 유형들의 급속한 발달—생물학자들은 이를 **진화방산**(evolutionary radiation)이라 부름—은 그 최고점인 5억 4,200만 년 전을 지질연대표의 가장 중요한 경계인 현생누대의 시작으로 설정하는 데 사용될 정도로 화석기록에 엄청난 영향을 미쳤다. 이 경계는 역시 고생대와 캄브리아기의 시작과 일치한다(제8장과 그림 11.12 참조).

진화방산은 본래 빠른 시간 내에 이루어진다. 만약 그렇지 않았다면 지질기록에서 주목을 끌지 못했을 것이다. 그러나 거의 30억 년에 걸친 매우 느린 진화 이후, 캄브리아기 초기 동안에 동물의 방산은 너무 빨라서 종종 **캄브리아기 생물 대폭발**(Cambrian explosion) 또는 생물학의 빅뱅이라고 불린다. 대폭발 이후에 멸

종한 몇몇 동물 그룹들을 비롯한 오늘날 지구상에 존재하는 모든 주요 동물 그룹들은 1,000만 년 이내의 짧은 기간 동안에 출현했다. 동물 계통수(그림 11.19)의 모든 주요 분류군(phyla, 문)들은 캄브리아기 대폭발 동안에 기원했다. 그러나 이 동물의 계통수가 인상적인 것처럼 보이지만, 이것은 생물 계통수에 속한 하나의 짧은 가지에 불과하다(그림 11.5 참조).

지구생물학자들은 캄브리아기 대폭발에 대한 두 가지 주요한 의문점들을 제기했다. 첫째로, 무엇이 이 초기 동물들이 복잡한 몸체를 그토록 빨리 발달시켜 그렇게 다양해지도록 하였는가? 많은 세대에 걸친 생물의 계통적 변화를 **진화**(evolution)라고 부른다. 진화는 **자연선택**(natural selection)으로 움직인다. 자연선택은 생물 집단이 환경에 적응하는 과정을 말한다. 자연선택에 의한 **진화론**은 많은 세대에 걸쳐 가장 유리한 형질을 갖는 개체들이 가장 잘 살아남아 번식하여 그들의 유리한 형질을 후손에게 전달한다고 말한다. 만약 시간이 흐르면서 환경조건들이 변하면 유리한 형질들도 변한다. 이러한 과정은 결국 새로운 종의 출현을 가져올 수 있다.

캄브리아기 대폭발의 원인에 대한 한 가지 가설은 이 초기 동물들의 유전자들이 그들이 어떤 진화적 장벽을 넘을 수 있게 하는 방향으로 변했다는 것이다. 그 단계는 선캄브리아시대의 후기에 다세포성이 발달하면서 만들어졌으며(그림 11.20), 이는 새로운 진화 가능성을 열어주었다. 조상 동물들은 다양해지기 전에 어느 정도의 크기로 커졌을 것이다. 〈그림 11.20〉에 보이는 화석

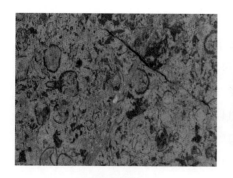

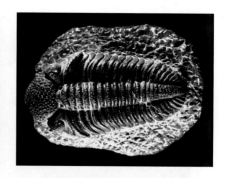

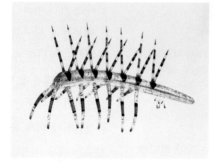

나마칼라투스   **할루키게니아**   **삼엽충**

그림 11.18 캄브리아기 대폭발을 기록하는 화석들. *나마칼라투스*(Namacalathus)(왼쪽)와 같은 선캄브리아시대의 생물들은 껍데기를 만드는 데 방해석을 사용한 최초의 생물들이었다. 이 생물들은 선캄브리아시대–캄브리아기 경계에서 멸종되었다. 그들의 멸종은 *할루키게니아*(Hallucigenia)(중앙)와 더 친숙한 삼엽충(오른쪽)을 포함하는 기이하면서도 새로운 생물 그룹들에게 길을 열어주었다. 두 생물들은 손톱과 유사한 유기물로 된 약한 껍데기로 이루어져 있다. 각각의 예에서 화석은 위에, 복원된 생물은 아래에 놓여 있다.

[왼쪽 위 : John Grotzinger; 왼쪽 아래 : W. A. Watters; 중앙 위 : Burgess Shale Hallucigenia 18–5 by Chip Clark, Smithsonian; 중앙 아래 : Chase Studio/Science Source; 오른쪽 위 : Musée cantonal de géologie, Lausanne 제공. Photo by Stéphane Ansermat; 오른쪽 아래 : Chase Studio/Science Source.]

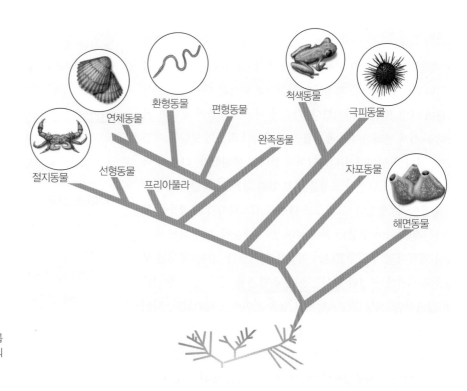

그림 11.19 오늘날 살고 있는 모든 주요 동물 그룹은 캄브리아기 대폭발로 알려진 캄브리아기 초기의 대규모 진화방산 동안에 기원했다.

50microns

그림 11.20 선캄브리아시대 최후기의 지층에서 산출된 화석화된 동물 배아. 이러한 화석들은 다세포 동물들이 캄브리아기 이전에 진화했음을 보여준다. 그리고 이들은 캄브리아기 대폭발 동안에 진화한 동물들의 조상이다.

[Shuhai Xiao 제공, Virginia Tech.]

동물 배아처럼 어떤 선캄브리아시대 동물들은 너무 작아 현미경으로만 볼 수 있다. 껍데기(shells)와 골격(skeletons)의 발달은 더 많은 다양화를 촉발하였을 것이다—일단 한 동물 그룹이 경질부를 발달시켰다면 다른 동물 그룹들도 그리했을 것이며, 그리하지 않았다면 그들은 경쟁을 통해 제거되었을 것이다.

캄브리아기 대폭발의 두 번째 수수께끼는 이 동물들이 왜 그때 분화되었느냐이다. 지구생물학자들은 150년 이상 동안 캄브리아기 대폭발의 시기가 왜 하필 그때였는지에 대해 어리둥절했다. 다윈의 시대로 되돌아가 보면, 캄브리아기 대폭발이 생명체 자체의 기원을 나타내는지 여부가 불분명했다. 그러나 지질기록에서 복잡하고 다양한 동물 화석들의 갑작스런 출현은 다윈의 자연선택론에 대한 도전을 야기했다. 다윈의 이론은 생물의 형태와 기능이 느리게 변화한다고 예견했으며, 따라서 최초의 동물들 이전에 덜 복잡한 생명체가 나타났어야 한다고 예견했다. 그래서 다윈의 이론은 더 단순한 조상을 갖고 있지 않은 이 복잡한 생물들을 수용할 수 없었다. 그러므로 다윈은 캄브리아기 화석들을 포함하는 암석들이 부정합 위에 놓여 있기 때문에, 예상되는 조상들이 기록에서 누락되었다는 가설을 제기했다. 그는 제시된 부정합의 시기에 형성된 암석들은 결국 발견될 것이고, 그 암석들은 '잃어버린' 조상들을 포함하고 있을 것이라고 예견했다. 다윈의 예측은 옳았던 것으로 판명되었지만, 동물들이 정말로 캄브리아기 대폭발 이전에 기원했음을 입증하는 (이 장의 앞부분에 기술된) 화석들을 지구생물학자들이 발견한 것은 불과 수십 년 전이다.

그러므로 캄브리아기 동물들이 조상을 갖고 있음이 명확해 보인다. 해저의 작은 모래알갱이 사이에 숨어 있는 물건을 찾는 것처럼 동물의 조상을 찾는 것이 쉽지는 않지만. 그러나 동위원소 연대측정법은 이 아주 작은 동물들과 그들의 캄브리아기 후손 사이의 연령 차가 1억 년 이하임을 보여준다. 현생 생물들의 유전자 연구에 근거한 다른 연대측정법은 동물의 기원이 캄브리아기 대폭발보다 수억 년 앞선다는 것을 제시한다. 그러나 이러한 추정치조차도 캄브리아기 대폭발이 일어나기 전에 흘러간 수십억 년과는 거의 비교가 되지 않는다.

대부분의 지구생물학자들은 일단 동물들이 진화하면 그들은 언제라도 방산할 수 있었다는 데 동의한다. 그러면 그들은 왜 다른 시기도 많은데 하필 5억 4,200만 년 전에 방산했는가? 아마 캄브리아기 대폭발은 선캄브리아시대 말 근처에 일어난 극적인 환경변화에 의해 유발되었던 것 같다. 인간이 보기에 그 당시의 지구는 매우 이상한 곳처럼 보였을 것이다—거대한 곤드와나대륙의 조각들이 합쳐지면서 긴 띠를 이루는 거대한 산맥들이 만들어지고 있었으며, 기후는 전 지구가 얼음으로 뒤덮인 매우 추운 시기들과 얼음이 없는 극히 따뜻한 시기들 사이를 번갈아 뒤집히면서 혼란한 상태였다(제21장 참조). 융기하는 산맥들이 침식되어 퇴적물들이 만들어지면서 해양과 대기의 산소 농도는 증가하고 있었다. 부패되면서 산소를 소모했을 유기물들을 퇴적물들이 지층 속에 파묻어버렸다. 이 마지막 변화가 가장 중요했을지도 모른다. 충분한 산소가 없으면, 동물들은 크게 자랄 수 없다.

캄브리아기 대폭발의 최종적인 원인이 무엇이든지 간에, 한 가지 사실은 명백하다—진화방산은 유전적 가능성이 환경적인 기회와 결합된 결과이다. 생물의 방산은 적당한 유전자를 갖고 있어서 일어난 것이 아니며, 적당한 환경에서 살아서 일어난 것도 아니다. 생물들은 두 가지 이점을 모두 가져야만 진화한다.

악마의 꼬리 : 공룡의 멸종

백악기-제3기의 경계와 중생대의 끝(약 6,500만 년 전, 그림 8.11과 8.15)을 표시하는 대량멸종은 지구역사상 가장 큰 사건 중의 하나를 나타낸다. 모든 지구생태계는 말살되었고, 지구상의 육상과 해양에서 서식하던 모든 종의 약 75%가 영원히 절멸되었다. 공룡은 백악기 말에 멸종된 여러 그룹 중의 하나일 뿐이지만, 그들은 확실히 가장 눈에 띄는 멸종 그룹이다. 암모나이트, 해양 파충류, 특정 종류의 조개, 그리고 많은 종류의 식물과 플랑크톤과 같은 다른 그룹들도 소멸되었다.

캄브리아기 대폭발과는 대조적으로, 거의 모든 과학자들은 백악기-제3기 대량멸종의 원인에 대해 일치된 견해를 가지고 있다. 우리는 이제 그 원인이 거대한 소행성의 충돌이었음을 거의 확신한다. 1980년에 지질학자들은 이탈리아의 백악기 말에 쌓인 퇴적층에서 이리듐(iridium)—외계물질을 대표하는 원소—을 포함하는 얇은 먼지층을 발견했다(그림 11.21).

이 외계의 먼지는 이후 전 세계 모든 대륙과 모든 대양의 많은 다른 지역에서도 발견되었는데, 언제나 정확하게 백악기-제3기의 경계에서 발견되었다. 지질학자들은 이처럼 많은 이리듐을 함유하는 먼지가 축적되려면 지구와 충돌하고, 폭발하여, 전 지구에 우주쇄설물을 퍼뜨릴 직경 약 10km의 소행성이 필요하다고 주장한다. 이 가설이 발표되면서 충돌 크레이터에 대한 수색이 본격적으로 시작되었다. 수색 작업은 두 가지 이유 때문에 어려워질 수밖에 없었다. 첫째로, 지구표면의 대부분은 해양으로 덮여 있어서 크레이터는 아마 틀림없이 물 밑에 있을 것이다. 둘째로, 크레이터는 6,500만 년의 연령을 갖고 있기 때문에 침식되었거나 퇴적물과 퇴적암으로 채워져 있을 것이다. 그러나 1990년대 초에 지질학자들은 멕시코의 유카탄반도에 있는 한 도시 부근에서 퇴적물 아래에 묻혀 있는 칙술루브라고 부르는 거대한 크레이터를 발견했는데, 그 크레이터는 직경이 200km이고 깊이가 1.5km였다.

주변 지역과 전 세계에서 수집한 증거뿐만 아니라 칙술루브에서 나온 지질학적 증거는 지질학자들이 거기에서 무슨 일이 일어났는지를 그릴 수 있게 해주었다. **칙술루브**(Chicxulub)라는 이름은 현지 마야 언어로 '악마의 꼬리(tail of the devil)'를 뜻하며, 충격의 직접적인 여파는 정말로 지옥과 같았을 것이다. 소행성은 수평에서 약 20°~30°의 각도로 남쪽에서 접근하면서 마하 40의 속도로 칙술루브를 강타했다. 그 폭발은 1980년 세인트헬렌스 화산폭발보다 600만 배나 컸을 것이다. 그것은 상상도 할 수 없는 격렬한 바람과 1km 높이의 쓰나미(2004년의 인도양 쓰나미보다 100배 높은 쓰나미)를 발생시켰을 것이다. 하늘은 대량의 먼지와 수증기로 검게 변했을 것이다. 폭발로 비산된 불타는 파편들이 다시 지구로 떨어지면서 전 지구에는 폭풍처럼 번지는 불길이 발생했을 것이다(그림 11.22).

충격 크레이터로부터 나온 물질들은 북아메리카대륙의 서부와 중부 쪽에 집중되어 있는 방사상의 살상 구역으로 퍼져나갔다. 그 당시 주변의 생물들 중, 살상 구역이 아닌 곳에 있던 생물들은 다음과 같은 사건들을 목격했을 것이다—소행성이 1만℃에 달하는 온도로 지구의 상부지각을 기화시키면서 칙술루브에 충돌할 때의 눈부신 섬광, 시속 4만km의 속도로 하늘을 가로질러 지나가 북아메리카대륙과 충돌하는 불타는 뜨거운 암석들의 포물선, 일부 대기를 수백 도로 가열시키면서 우주로 튀어올랐다가 다시 지구로 붕괴되는 암설과 기체 그리고 녹은 물질로 이루어진 기둥. 이후 수일 또는 수 주 동안 이 기둥 속의 세립질 물질들은 지구 전체 표면에 가라앉았을 것이다.

충격의 직접적인 영향은 많은 생물들에 치명적인 결과를 초래

그림 11.22　백악기–제3기의 경계에 발생한 소행성 충돌 후의 장면에 대한 상상도.
[Richard Bizley/Science Source.]

했을 것이다. 그러나 더 나쁜 것은 앞으로 다가올 몇 달 그리고 몇 년 동안의 여파였을 것이다. 과학자들은 이 여파가 실질적인 대량멸종을 가져왔다고 생각한다. 대기 중에 남아 있는 고농도의 잔해 가루들은 태양을 차단하여 광합성을 위한 햇빛을 크게 감소시켰을 것이다. 고체 잔해 입자들 이외에도 독성이 있는 황과 질소를 포함하는 기체들은 대기 중에 유입된 후, 수증기와 반응하여 유독성의 황산과 질산을 만들고 이것이 비가 되어 내렸을 것이다. 이 두 가지 효과 및 다른 효과들의 결합은 식물 및 다른 광합성을 하는 독립영양생물들에게 치명적이었을 것이고, 그래서 먹이 사슬의 기저인 이들에 의존하는 해양과 육상의 생태계 모두에게도 치명적이었을 것이다. 공룡을 포함하는 종속영양생물들은 그다음으로 영향을 받았을 것이다. 즉 그들의 먹이 근원이 되는 생물들이 죽어 사라지자 공룡들도 역시 죽었을 것이다. 생태계의 붕괴를 가져오는 그러한 일련의 연속적인 효과가 아마 대량멸종의 궁극적인 원인이었을 것이다.

지구온난화의 재앙 : 팔레오세–에오세 대량멸종

팔레오세–에오세 경계의 대량멸종(약 5,500만 년 전, 그림 8.11 참조)은 그러한 가장 큰 사건들 중의 하나는 아니다. 그러나 영장류를 포함하는 포유류들이 주요한 그룹으로 방산할 수 있는 길을 열어주었기 때문에 생물 진화에서 중요한 사건이었다. 공룡을 전멸시킨 대량멸종과 달리, 이 사건은 지구 밖으로부터의 외적 원인이 없었다. 대신에 급격한 지구온난화에 의해 발생되었다. 지구온난화—지금 인간에 의해 유발된 지구온난화—가 앞으로 수십 년 이내에 생태계를 위협할지도 모르기 때문에 지구과학자들은 이 당시에 무슨 일이 일어났는지에 대해 자세히 알고 싶어 한다(제23장에서 살펴볼 것이다).

우리는 지금 팔레오세 말의 지구온난화가 대양이 갑자기 엄청난 양의 메탄—강력한 온실기체—을 대기 중으로 내뿜었을 때 일어났다고 믿는다. 그로 인한 지구온난화는 대량멸종의 주요 원인이었다. 그러면 그 메탄은 모두 어디에서 나온 것일까? 이 수수께끼를 풀기 위하여 우리는 이 장에서 배운 미생물 대사작용, 생물지구화학적 순환, 그리고 생물권의 지구적인 거동을 포함하는 많은 과정들을 엮어 종합해야만 한다.

재앙의 씨앗을 심은 미생물　이야기는 제15장에서 더 자세하게 다룰 탄소의 생물지구화학적 순환으로 시작한다. 보통 탄소는 대양에서 사는 조류와 시아노박테리아를 포함하는 광합성독립영양생물들에 의해 대기로부터 제거된다. 이러한 해양생물들은 죽은 후, 해저로 천천히 가라앉아, 해저에 유기물 잔해를 축적시킨다. 이 탄소가 풍부한 잔해 중 일부는 퇴적물에 묻히지만, 일부는 종속영양미생물의 먹이로 소모된다. 기억을 떠올려 보면, 혐기성 환경에서 사는 일부 종속영양미생물들은 호흡의 부산물로 메탄을 생성한다. 이 혐기성미생물들에 의해 생성된 메탄은 해저퇴적물의 공극 내에 축적된다. 만약 해저가 현재 기후처럼 차갑다면(약 3℃), 메탄은 물과 결합하여 꽁꽁 얼어붙은 고체(메탄–얼음)

를 형성하고 퇴적물 속에 잔류한다. 석유와 천연가스를 찾는 지질학자들은 많은 대륙주변부를 따라 축적된 상부 1,500m의 퇴적물 내에서 풍부한 메탄-얼음을 갖는 층들을 발견했다. 그러나 만약 온도가 몇 도만 올라가도 메탄-얼음이 녹으면서 메탄이 빠르게 기체로 변한다.

대양의 메탄 거품　팔레오세 말에 심해의 평균온도는 6℃ 정도까지 상승했을 것이다. 일단 최초의 메탄-얼음이 녹아 기체로 변환되자, 기체들은 대양에서 부글부글 거품을 일으키며 대기로 유입되어 온실효과를 강화시켰다. 이 효과는 해저의 온도를 더욱더 상승시켜 용해속도를 가속시켰다. 이러한 양성 피드백은 결국 메탄의 갑작스런-격변적-방출을 가져왔으며, 이는 지구 평균온도를 극적으로 상승시켰다. 약 2조 톤 정도의 탄소가 1만 년 이내의 짧은 기간 동안에 메탄의 형태로 대기 중으로 방출되었을 것이다.

메탄은 쉽게 산소와 반응하여 이산화탄소를 만들기 때문에 메탄의 방출은 대양의 산소 농도를 급감시켰다. 산소 농도가 임계 수준 이하로 떨어졌을 때 해양생물들은 질식하여 죽었다. 산소 감소와 온도상승은 해저생태계에 치명적이었으며, 조개류와 같은 저서 생물들의 80%가 멸종되었다.

회복과 현대 포유류의 진화　격변이 있은 후, 지구가 그 이전의 상태로 되돌아가는 데 약 10만 년이 걸렸다. 이 시기 동안, 지구가 대기 중에 방출된 모든 잉여 탄소를 흡수할 수 있을 때까지는 기온이 대단히 높았다. 따뜻한 기온은 삼림들이 더 고위도로 빠르게 확장할 수 있게 했다. 미국 삼나무-미국 캘리포니아주의 거대한 세쿼이아와 유연관계를 갖는-는 북위 80°에서도 자랐으며, 열대우림은 미국 몬태나주와 다코타주에서도 널리퍼져 자라고 있었으며, 열대 야자나무가 영국의 런던 근처에서도 잘 자라고 있었다. 원시 포유류들은 그 당시의 높은 기온에 대처하도록 적응한 오늘날 현대 포유류의 조상으로 빠르게 진화했다. 포유류의 한 특별한 그룹인 **영장류**(primates)는 결국 인간을 탄생시켰다.

오늘날의 메탄 퇴적층 : 시한폭탄　팔레오세-에오세 때의 지구 온난화 재앙이 오늘날 되풀이되는 것을 우리가 볼 수 있을까? 캐나다 북부를 비롯한 여러 극지방의 얼어붙은 툰드라지역에는 약 5,000억t의 얼어붙은 메탄이 존재하며, 전 세계 심해퇴적층에는 훨씬 더 많은 메탄이 포함되어 있다. 메탄 퇴적층의 전 세계 매장량은 메탄으로 나타나는 10조t에서 20조t의 탄소에 해당하는 것으로 추정되는데, 이는 팔레오세-에오세 대량멸종을 일으킬 때

방출된 것보다 훨씬 더 많은 양이다. 인간 활동은 전례 없는 빠른 속도로 온실기체를 대기 중에 추가하고 있으며, 이로 인해 기후는 상당히 따뜻해지고 있다. 만약 이러한 추세가 계속되어 대양이 데워진다면, 메탄 퇴적층들이 녹을 가능성이 있다. 우리는 현명하므로 지질기록상의 교훈에 주의를 기울일 것이다.

최악의 대량멸종 : 추리소설　백악기-제3기 및 팔레오세-에오세 멸종은 생태계의 격변적 붕괴와 대량멸종을 가져온 지구환경의 극적인 변화에 대한 명백한 본보기들이다. 이 사건들은 컸지만, 가장 큰 사건은 아니었다. 고생대의 페름기 말에 기록된 대량멸종의 경우(그림 11.17), 지구상 모든 종의 95%가 멸종했다.

이 경우에, 소행성 충돌과 같은 어떤 간단한 현상으로 지구상의 거의 모든 종이 죽게 된 이유를 설명할 수 있을 것 같지는 않다. 당연하게도 어떤 한 가지 원인에 대한 명확한 증거가 없기 때문에 제1장에서 본 것처럼 많은 가설들이 제기되었다. 어떤 과학자들은 혜성 충돌이나 태양풍의 증가와 같은 지구외적 외계사건들을 들먹였다. 다른 과학자들은 화산활동의 증가, 해양에서 산소의 고갈, 또는 해양으로부터 갑작스런 이산화탄소 방출과 같은 지구 자체에서 발생한 사건들을 그 원인으로 주장한다. 팔레오세-에오세 멸종의 경우처럼, 해양으로부터 갑작스런 메탄의 방출도 역시 그 원인으로 제시되었다.

최근에 페름기 말의 대량멸종이 정확하게 2억 5,100만 년 전에 일어났다는 것이 알려졌다. 시베리아에서 막대한 범람현무암층이 쌓인 시대도 역시 2억 5,100만 년인 것은 아마 우연의 일치가 아닐 것이다. 제12장에서 살펴볼 **범람현무암**(flood basalts)은 비교적 짧은 시간 동안에 지표에 쏟아져나온 거대한 부피의 용암으로부터 형성된 분출 화성암이다. 시베리아에서 화산열극들이 약 300만km³의 현무암질 용암을 뿜어냈는데, 그 면적은 400만km²로 알래스카의 거의 두 배에 달하는 면적이다. 현무암에 대한 동위원소 연대측정은 그 모든 것이 100만 년 이내의 기간 동안에 형성되었음을 보여준다. 페름기 대량멸종이 다소 이러한 격변적인 분출과 관련이 있다는 결론을 피하기 어렵다. 이 격변적인 분출은 막대한 양의 이산화탄소(CO_2)와 이산화황(SO_2) 기체를 대기 중에 방출했을 것이다. 이산화탄소는 지구온난화에 기여하고, 이산화황은 산성비의 주요 근원이다. 둘 다 대기 중의 농도가 너무 높아진다면 생물에 해롭다.

이 가설들을 모두 검증하려면 더 많은 연구가 필요하다. 예를 들면, 인도의 데칸 현무암은 약 6,500만 년의 연령을 보이며, 그

들을 형성한 거대한 용암분출이 백악기-제3기 대량멸종을 증대시켰을 가능성이 있다. 그러나 동일한 거대한 분출이 지구역사상 다른 시대에도 있었지만, 이들은 치명적인 결과를 보이지 않았다.

페름기 대량멸종의 원인이 무엇이든지 간에 한 가지 점은 명백하다-백악기-제3기 및 팔레오세-에오세 대량멸종처럼, 근본적인 원인은 생태계의 붕괴였다. 붕괴가 어떻게 일어났는지는 정확히 알지 못하지만, 우리는 이러한 붕괴가 일어났다는 것을 알고 있다. 우리가 이 역사교훈으로부터 취해야 할 메시지는 역사는 스스로 반복될 수 있다는 것이다. 오늘날 인간이 만들고 있는 환경변화는 필연적으로 생태계에 영향을 줄 것이다-적어도 아직까지 우리는 어떻게 영향을 줄지에 대하여 정확히 알지 못하고 있다.

■ 우주생물학 : 외계생명체에 대한 탐사

맑은 밤하늘의 별을 바라보면, 우리가 우주의 유일한 생명체인가에 대해 궁금해하지 않을 수 없다. 이미 배웠듯이 우리 행성에서 사는 생명체의 활동은 독특한 생물지구화학적 흔적을 만들었다. 멀리 떨어진 또 다른 태양계에 속한 어떤 행성의 대기에 산소가 존재하는지를 알 수 있는 것처럼, 이 생명체의 흔적들 중 어떤 것은 멀리서도 찾아낼 수 있다. 다른 경우, 우리는 탐사장비를 탑재한 우주선을 착륙시켜 암석 속에 보존된 화학화석 또는 형태가 있는 화석을 찾을 수도 있을 것이다.

과거 수십 년 동안 **우주생물학자**(astrobiologists)들은 다른 세계의 생명체에 대한 증거를 찾기 위하여 체계적인 탐사활동을 수행해왔다. 아직 지구 밖에서는 아무런 생물도 발견되지 않았지만, 우리는 이러한 탐구를 지속하기 위하여 용기를 내야 한다. 번성에는 실패했을지라도 생명체는 어디선가 시작했을지도 모른다. 우리 태양계에서, 화성과 유로파(목성의 위성)는 여러 가지 중요한 점에서 지구와 비슷하기 때문에 기대를 불러일으키는 대상이다. 또한 다른 별들의 궤도를 공전하는 새로운 행성들의 발견은 이러한 연구를 다른 태양계로까지 확장할 수 있게 해주었다.

다른 세계의 생명체에 대한 탐사는 인내심을 갖고, 체계적이며 과학적인 접근 방법이 필요하다. 가장 널리 인정되는 접근 방법은 우리가 알고 있는 지구상의 생물들처럼 생명체는 물과 탄소를 함유하는 유기화합물에 기초를 두고 있음을 인식하는 것이었다. 그러므로 합리적인 계획은 생명체를 이루는 이들 두 주요 요소들에 대한 탐사로 시작했다. 탄소로 이루어진 화합물들은 우주에 흔하다-천문학자들은 성간(interstellar) 기체와 먼지 입자들부터 지구에 떨어진 운석에 이르기까지 우주 곳곳에서 이들에 대한 증거를 찾는다(그림 11.23). 그러므로 우주생물학자들은 액체 상태의 물을 찾는 데 집중해왔다. 제9장에서 기술했듯이 '화성탐사로버 임무'는 화성표면에서 물에 대한 증거를 찾도록 설계되었지만, '화성과학실험실 임무'는 서식가능한 환경을 찾도록 고안되었다. 만약 두 탐사로버인 스피릿과 오퍼튜니티가 화성에서 물에 대한 증거를 찾지 못했다면, 화성에서 생명체 또는 서식가능한 환경을 찾는 후속 계획들(예 : 화성과학실험실 임무)은 당연히 취소되었을지도 모른다.

물론 외계의 생명체를 찾는 데 '우리가 아는 생명체'에 근거한 이러한 접근 방법에는 약간의 위험 요소가 있다. 우리는 우리가 전혀 모르는 생명의 형태를 놓칠 수 있다. 어떤 사람은 생명체의 기초가 될 수 있는 다른 원소와 화합물들로 이루어진 온전한 생명체를 상상할지도 모른다. 그러나 일반적으로 이러한 대안이 되는 상상들은 주로 과학 소설가들에게 공상 소설의 소재를 제공해주고 있다. 적어도 당분간은 탄소와 물이 우주에 있는 모든 생명체의 필수 요소라고 여겨진다.

그림 11.23 1969년에 멕시코의 아옌데(Allende) 근처에 떨어진 아옌데 운석은 탄소 화합물로 가득 차 있다. 이러한 발견은 생명체의 두 가지 주요 구성요소 중의 하나인 탄소 화합물들이 우주 전체에 흔하다는 증거를 제공해준다.

[John Grotzinger/Ramón Rivera-Moret/Harvard Mineralogical Museum.]

별(항성)들 주위의 서식가능지대

크게 볼 때, 우리는 생명체가 별 주위의 궤도를 도는 행성들과 위성들의 표면에서만 살 수 있다고 생각한다(그림 11.24). 그 비결은 생명체가 기원할 수 있을 만큼 충분히 긴 시간 동안 물이 액체 상태로 안정되게 존재할 수 있는 행성들을 찾는 것이다. 지구에서 우리가 경험한 바에 따르면, 그러려면 수억 년이 걸릴 수 있다. 만약 행성의 표면이 별에 너무 가까이 있다면, 물은 끓어서 기체가 될 것이다. 그러한 상황은 금성에서 일어났다. 금성은 지구보다 태양에 30% 더 가까워 표면 온도가 475℃에 달한다. 만약 행성의 표면이 별로부터 너무 멀리 떨어져 있다면, 물은 얼어서 고체가 될 것이다. 그러한 상황은 오늘날의 화성에서 일어난 경우이다. 화성은 지구보다 태양으로부터 50% 더 멀리 떨어져 있고, 그 표면 온도는 −150℃ 이하로 떨어지기도 한다. 지구는 중간지대에 위치하고 있어, 물은 액체 상태에서 안정을 유지하고 있으며, 표면 온도는 생명체가 살기에 적당하다. 모든 별에는 별로부터의 거리로 표시되는 **서식가능지대**(habitable zone)가 있다. 별로부터의 거리는 물이 액체 상태로 안정을 유지하고 있는 거리를 말한다. 만약 어떤 행성이 서식가능지대 내에 존재한다면, 거기에서 생명체가 기원했을 가능성이 있다.

이산화탄소 및 메탄과 같은 온실기체는 서식가능지대를 결정하는 데 중요한 역할을 한다. 화성의 역사 초기에, 화성의 대기는 고농도의 온실기체를 가지고 있었을 것이다. 그래서 화성이 태양으로부터 지구보다 더 멀리 떨어져 있었을지라도, 화성은 현재의 지구처럼 온실효과로 인해 따뜻했을 것이다. 실제로 새로운 발견들은 액체 상태의 물이 과거에 화성의 표면에 존재했음을 암시하고 있다. 비록 그 액체 상태의 물이 얼마나 오랫동안 존속했는지는 알 수 없을지라도. 그래서 화성은 과거의 어느 때에 생명체가 서식가능한 행성이었을 가능성이 있다. 그러나 온실기체를 잃어버리자, 화성은 오늘날처럼 얼음 사막으로 변했다.

화성의 서식가능한 환경

사람들은 오랫동안 화성의 생명체에 대하여 궁금해했다. 화성은 지구와 가장 유사한 행성이므로, 우리 태양계에서 생명체가 살거나 살았을 가능성이 가장 높은 행성이다. 제9장에서 보았듯이, 화성탐사로버와 화성과학실험실은 과거의 어느 시기에 화성표면에 액체 상태의 물이 존재했었던 명백한 증거를 발견했다. 지표의 특징으로 연대를 추정하는 방법에 근거하여 지질학자들은 화성에서 30억 년 전에는 물이 액체 상태로 존재했다고 추정했다. 그때 물은 화성표면을 가로질러 깊은 협곡을 만들며 흐르다가, 암석과 광물을 용해시킨 다음, 물이 증발하는 여러 분지에서 광물을 침전하였다.

오늘날 화성에는 물이 얼음으로만 존재한다. 초기에 진화한 어떤 생명체들은 추운 현재의 기후를 피해 표면 아래 지하 깊숙

너무 가깝다 :
물이 끓는 점보다
높은 온도

서식가능지대

너무 멀다 :
물이 어는 점보다
낮은 온도

그림 11.24 별들은 그 주위에 서식가능지대를 갖고 있으며, 그 지대 내에서 공전하는 행성에는 생명체가 존재할 수 있다. 서식가능지대는 별로부터의 거리로 결정된다. 즉, 물이 끓는 지점(별에 너무 가까운 곳)과 물이 고체로 어는 지점(별에서 너무 먼 곳) 사이의 영역이 서식가능지대이다.

한 곳으로 내려가 피난처를 찾아야 했을 것이다. 표면에 남아 있던 어떤 생물들은 이제는 완전히 얼어버렸을 것이다. 그러나 지구처럼 화성의 내부는 방사성 붕괴로 따뜻하다. 그래서 화성의 표면 또는 표면 바로 아래에 있는 얼음은 지하로 어느 정도의 깊이까지 내려가면 반드시 액체 상태의 물로 존재할 것이다. 그러므로 생물들—아마 극한미생물들—은 화성의 표면 아래 수백 미터에서 수 킬로미터 사이에 놓여 있는 물기 있는 지대에서 살고 있을 가능성이 있다.

불행하게도 액체 상태인 물의 결여가 현대 또는 고대의 생명체가 화성에서 직면한 유일한 도전이 아니라는 점이다. 제9장에서 보았듯이, 화성탐사로버인 오퍼튜니티에 의해 발견된 퇴적암들은 자로사이트(철백반석)라 불리는 산성도가 높은 물로부터 침전한 특이한 황산철광물(iron sulfate mineral)로 가득 차 있다(그림 11.25). 지구상에서 자로사이트는 자연환경에서 관찰된 물 중 가장 산성도가 높은 물에서 축적된다.

그래서 화성의 생명체는 제한된 물뿐만 아니라 매우 산성도가 높은 물에도 대처해야 했던 것 같다. 고무적인 소식들은 지구의 극한미생물들이 그러한 환경에서 살 수 있다는 것이다(지구문제 11.1 참조). 그러나 더 중요한 의문은 생명체가 그러한 환경에서 기원할 수 있는지 여부이다. 생명체의 기원에 대한 실험들은 그러한 환경에서는 생명체가 발생하기 어렵다는 것을 암시한다. 밀러가 1950년대에 관찰한 단순한 반응들 중 일부는 산성도가 높은 대양에서는 가능하지 않을 것이다.

그러나 화성에 있는 환경들이 모두 다 산성도가 높은 것은 아닐지도 모른다. 화성탐사로버인 큐리오시티는 최근에 서식가능한 호수 환경을 발견했는데, 이는 30억 년 이전의 호수에서 화학적으로 중성에서 알칼리 사이 조건을 지시하는 암석들을 형성시킨 환경이다. 더구나 이 고대의 환경은 염도가 아주 높지도 않은데, 이는 다른 화성탐사로버인 오퍼튜니티에 의해 발견된 염도가 극히 높은—매우 산성도가 높은—환경과 강하게 대비된다. 큐리오

그림 11.25   최근에 화성에서 발견된 퇴적암들은 물에서 침전에 의해 형성된 다양한 황산염광물들을 포함하고 있다. 자로사이트의 존재는 그들을 침전시킨 물이 극히 강한 산성임을 보여준다. 극한미생물들은 이러한 조건에서 살 수 있지만, 그들이 그러한 산성의 물에서 기원할 수 있었는지는 아직 확실히 알 수 없다. 암석에 있는 구멍들은 그들의 조성을 분석하기 위하여 2004년에 화성탐사로버인 오퍼튜니티가 뚫은 것이다.
[NASA/JPL/Cornell.]

시티 임무의 탐사결과들은 우리에게 용기를 북돋아주고 있다. 왜냐하면 화성에는 생명체에 도전적인 환경뿐만 아니라 호의적인 환경도 있음을 암시하고 있기 때문이다. 오퍼튜니티, 스피릿, 피닉스, 큐리오시티가 찾아낸 놀랄 만한 발견들은 화성이 아마도 과거 어느 시기에 서식가능한 곳이었을 것이라는 사실을 확인해준다. 그러나 지속적인 탐사만이 생명체가 화성에서 기원한 적이 있는지 여부를 알려줄 것이다.

요약

지구생물학이란 무엇인가? 지구생물학은 생물들이 지구의 물리적 환경에 어떻게 영향을 주고, 어떻게 영향을 받는지에 대해 연구하는 학문이다.

생물권이란 무엇인가? 생물권은 지구상에 살고 있는 모든 생물을 포함하는 우리 지구의 일부이다. 생물권은 암석권, 수권, 대기권과 교차하기 때문에 기본적인 지질학적 과정들 및 기후적 과정들에 영향을 미치거나 심지어 제어할 수도 있다. 생물권은 그 주위 환경과 에너지 및 물질을 교환하는 상호작용하는 요소들로 이루어진 하나의 시스템이다. 생물들은 획득한 에너지와 물질을 이용하여 활동하고 성장한다. 그 과정에서 생물들은 산소 및 다른

퇴적광물들과 같은 산출물들을 만들어낸다.

생물들은 그들 주위의 물리적 환경과 어떻게 상호작용하는가?
생물들의 활동은 대기 중의 기체 농도와 지각 내의 원소 순환에
영향을 준다. 생물들은 광물의 분해를 돕는 화학물질들을 방출하
여 암석의 풍화에 기여하고, 퇴적환경에 광물들을 침전시키고,
또한 해양의 조성을 변화시킨다. 지구대기 중의 산소는 수십억
년 전에 진화한 광합성 미생물들의 대사작용의 결과이다. 비슷한
방식으로 물리적 환경은 생물들에게 영향을 미친다. 산맥, 사막,
대양과 같은 지질학적 장벽들은 생태계가 어떻게 나누어지는지
를 결정하는 데 도움을 준다. 어떤 지질학적 과정들은 생물들을
영원히 바꾸어놓는 대량멸종 사건들을 일으킬 수 있다.

대사란 무엇인가? 대사는 생물들이 투입물을 산출물로 바꾸는
과정이다. 광합성은 생물들이 햇빛에너지를 이용하여 물과 이산
화탄소를 탄수화물로 바꾸고, 부산물로 산소를 방출하는 대사과
정이다. 호흡은 생물들이 산소를 이용하여 탄수화물에 저장된 에
너지를 방출시키는 대사과정이다. 많은 생물들은 대기로부터 산
소를 취하고, 호흡의 부산물로 이산화탄소와 물을 방출한다. 산
소가 결여된 환경에서 사는 미생물들과 같은 어떤 생물들은 함산
소화합물을 분해하여 산소를 얻어야 하고, 호흡의 부산물로 수
소, 황화수소, 또는 메탄과 같은 물질들을 만들어낸다.

대사작용은 어떠한 방식으로 물리적 환경에 영향을 주는가? 생
물들이 산소를 만들면, 산소는 대기 중으로 발산되고, 대기 중에
서 산소는 다른 원소 및 화합물들과 반응할 수 있다. 생물들이 온
실기체인 이산화탄소나 메탄을 방출하면, 생물들은 지구온난화
에 기여한다. 반대로 생물들이 이 기체들을 소모하면, 생물들은
지구한랭화에 기여한다.

미생물들은 물리적 환경과 어떻게 교류(상호작용)하는가? 미생
물은 지구상에서 가장 풍부하고 가장 다양한 생물이다. 극한미생
물이라 불리는 어떤 미생물들은 극히 뜨거운 환경, 산성도가 높
은 환경, 염도가 높은 환경, 산소가 결여된 환경 또는 그 외의 생
물이 살기 어려운 환경에서도 살 수 있다. 미생물들은 풍화, 광물
침전, 광물용해, 그리고 대기로 기체 방출과 같은 많은 지질학적
과정들에 개입되어 있다. 이러한 방식으로 미생물들은 생물지구
화학적 순환으로 전 지구시스템에 걸쳐 일어나는 원소들의 끊임
없는 유동에 중요한 역할을 한다.

생명체는 어떻게 기원했는가? 여러 실험들은 메탄, 암모니아 그
리고 물과 같은 초기 지구에 풍부했을 것으로 생각되는 화합물들
이 결합하여 아미노산을 만들고, 아미노산이 결합하여 단백질과
유전 물질을 만들 수 있음을 보여준다. 아미노산을 비롯한 다른
함탄소화합물들을 풍부하게 포함하고 있는 운석들의 발견은 이
러한 결과들을 지지하고 있다. 지구상에서 가장 오래되었다고 추
정되는 화석들은 35억 년의 연령을 보이며, 그들의 형태와 크기
로 판단하면 미생물의 잔해인 것으로 보인다. 약 27억 년 전의 화
학화석은 그 당시에 광합성 박테리아와 진핵생물들이 둘 다 존재
했음을 암시한다. 호상철광층, 적색층, 그리고 진핵조류의 출현
은 약 21억 년 전쯤 대기 중의 산소가 처음으로 증가했음을 증명
한다. 더 극적인 두 번째 산소 증가는 선캄브리아시대 말에 일어
났고, 동물의 진화를 촉발했던 것으로 보인다.

방산과 멸종의 차이는 무엇인가? 생물 그룹들이 변화하는 환경
에 더 이상 적응할 수 없거나 더 성공적으로 적용한 그룹들과 경
쟁할 수 없을 때 그들은 멸종된다. 대량멸종에서는 많은 생물 그
룹들이 동시에 멸종된다. 진화방산은 공통선조로부터 새로운 생
물 유형들이 비교적 빠르게 진화하는 것을 말한다. 대량멸종으
로 아주 경쟁력 있는 기존의 생물 그룹들이 제거되었을 때, 살아
남은 생물 그룹들이 새로운 서식지를 이용할 수 있게 되면서 방
산이 촉진될 수 있다. 지구역사상 최대 규모의 동물 방산은 캄
브리아기 초에 일어났으며, 이때 오늘날 살고 있는 모든 동물문
(phyla)들이 진화했다. 현생누대 동안 여러 번의 대량멸종 사건들
이 일어났다. 대규모의 대량멸종이 백악기 말에 발생했는데, 이
때 소행성이 지구를 강타하면서 지구 전체 종의 75%가 말살되었
다. 메탄의 방출로 야기된 지구온난화는 팔레오세–에오세 경계
에 대량멸종을 일으켰다. 지구역사상 최대 규모의 대량멸종 사건
은 페름기 말에 일어났는데, 모든 종의 95%를 소멸시킨 이 멸종
사건의 원인은 아직 알려지지 않았다.

우리는 어떻게 외계의 생명체를 찾을 수 있는가? 외계생명체를
찾고 있는 우주생물학자들은 우리가 아는 지구상의 생명체들이
함탄소화합물과 액체 상태의 물을 기반으로 한다는 것을 알고 있
다. 탄소화합물이 우주에 흔하다는 증거가 많기 때문에, 우주생
물학자들은 액체 상태의 물이 현재 존재하는지 또는 과거에 존재
했는지를 나타내는 증거를 찾는다. 모든 별로부터 일정한 거리만
큼 떨어져 있는 곳에는 액체 상태의 물이 존재하는 서식가능지대

가 있다. 만약 어떤 행성이 서식가능지대 내에 있다면, 거기에서 생명체가 기원할 가능성이 있다. 화성은 그 표면에 액체 상태의 물이 있었으며, 그래서 과거의 어떤 시기에 생명체가 서식가능했을지도 모른다는 확실한 증거가 있다.

주요 용어

광합성	생물권	우주생물학자	진화방산
극한미생물	생물 대폭발	유전자	캄브리아기 생물 대폭발
대사/신진대사	생물지구화학적 순환	자연선택	호상철광층
독립영양생물	생태계	적색층	호흡
미생물	서식가능지대	종속영양생물	화학합성독립영양생물
미생물 매트	스트로마톨라이트	지구생물학	화학화석
미화석	시아노박테리아	진화	

지질학 실습

지구생물학자들은 어떻게 암석 속에서 초기 생명체의 증거를 찾는가?

지구생물학자들이 물을 수 있는 가장 중요한 질문은 아마도 생명체의 어떤 증거가 "암석 속에 보존되는가?"이다. 만약 동물 껍데기와 골격 화석이 암석 속에 보존되어 있다면, 이러한 질문에 대답하기 쉽다. 그러나 많은 경우에 퇴적물을 퇴적암으로 변화시키는 지질학적 과정들은 화석이 될 수 있는 물질들을 파괴한다. 더구나 대부분의 생물들은 화석화되기 쉬운 단단한 껍데기나 골격을 갖고 있지 않으므로, 우리는 그들이 화석이 되리라는 기대를 하지 않을 것이다. 초기 지구에서 단단한 껍데기와 골격을 갖는 동물들의 출현 이전에 대부분의 생물들은 미소한 크기를 갖고 있었다. 간단히 말해서, 화석이 보존되지 않은 상황에서 과거에 지구상에 생물이 존재했음을 어떻게 알아낼 수 있는가?

지구생물학자들이 종종 의존하는 한 가지 접근법은 과거 생물들의 화학적인 흔적을 이용하는 것이다. 탄소는 생물학적 과정들에 의해 농축되었을지도 모를 원소의 가장 확실한 사례를 제공한다. 그러나 모든 탄소 농축이 생물학적 기원인 것은 아니므로 추가적인 검증이 필요하다.

이러한 검증들 중의 하나는 존재하는 탄소가 독특한 동위원소(isotopic) 조성을 갖고 있는지를 요구한다. 동위원소는 중성자 수가 다른 동일한 원소의 원자들이라는 것은 이미 제3장에서 배웠다. 낮은 원자량을 갖는 많은 원소들은 둘 또는 그 이상의 안정(비방사성) 동위원소들을 갖고 있다. 탄소원자는 6개의 양자를 갖고 있지만, 6개, 7개, 또는 8개의 중성자를 가질 수 있어, 각각 12, 13, 또는 14의 원자 질량을 갖는 탄소 동위원소들이 존재한다. 탄소-12는 단연코 가장 흔한 동위원소이므로, 고대 암석 또는 현대 퇴적물에서 나온 탄소 시료들은 주로 탄소-12를 산출한다.

다행스럽게도 광합성과 같은 대사과정들은 탄소-12와 탄소-13을 다르게 사용한다. 탄소-12(흔히 ^{12}C로 표시함)와 탄소-13(^{13}C) 사이의 질량 차이는 그들이 생물들에 의해 흡수되는 데 있어 차이를 가져온다. 예를 들면, 광합성 생물들은 이산화탄소와 물을 사용하여 탄수화물을 만든다. 그들은 ^{13}C를 포함하는 이산화탄소 분자보다는 우선적으로 ^{12}C를 포함하는 이산화탄소 분자를 사용한다. 그 결과, 광합성 생물들은 이산화탄소를 가져온 환경에 비해 ^{12}C가 더 풍부해진다.

그러므로 우리는 퇴적암 내에 존재하는 ^{12}C와 ^{13}C의 양을 측정함으로써 탄소 동위원소를 고대 생명체를 탐지하는 도구로 사용한다. 만약 퇴적물이 ^{12}C(또는 어떤 특정 동위원소)가 풍부하게 포함된 유기물이 존재하는 환경하에서 형성되었다면, 이러한 풍부함은 퇴적물에 전해지고, 결국 암석에까지 전해진다. 그래서 수십억 년의 연령을 갖는 셰일은 그것의 탄소 동위원소 조성으로 기록된 생명체의 '흔적'을 보존할 수 있다.

우리는 먼저 암석 시료에 있는 ^{12}C와 ^{13}C의 양을 측정하고 그들 사이의 비($^{12}C/^{13}C$)를 계산한다. 그다음에 우리는 암석 시료의 $^{12}C/^{13}C$ 비를 표준(standard)의 $^{12}C/^{13}C$ 비와 비교한다. 표준은 $^{12}C/^{13}C$ 비가 정확히 알려져 있고 거의 변하지 않는 물질(흔히 방해석과 같은 순수한 물질)이다. 표준은 살아 있는 생물 및 다른 천연물질뿐만 아니라 다른 함탄소 암석과 퇴적물의 시료들과 반복해서 비교될 수 있다. 암석 시료들과 생물들 모두를 표준과 비교함으로써, 우리는 암석 시료들이 특정 생물학적 과정들과 관련이 있음을 보여주는 유사성을 찾을 수 있다.

다음의 표는 하나의 표준, 3개의 암석 시료, 2개의 천연물질(식물 재료와 메탄 가스)에 대한 $^{12}C/^{13}C$ 비를 보여준다.

표준	암석 A	암석 B	암석 C	식물 재료	메탄 가스
1,000	995	1,020	1,050	1,025	1,060

다음 등식*은 우리가 이들 자료를 비교할 수 있게 해준다.

$$R_{(시료)} = [\text{표준의 } ^{12}C/^{13}C] - [\text{시료의 } ^{12}C/^{13}C]$$

여기에서 R은 두 비율 사이의 차이값을 나타낸다.

대부분의 암석에서 R값은 0에 가까운 수치를 보이지만, 약간 양의 값 또는 음의 값을 가질 수 있다. 그에 반해서 만약 퇴적암(예 : 셰일) 속에 포함된 유기물의 형성에 광합성이 관련되어 있다면, 그 셰일 시료의 R값은 −20에 가까운 음의 값을 가질 수 있다. 메탄 가스를 소모하는 어떤 화학합성독립영양 미생물들은 극히 낮은 음의 R값(대략 −50 정도)을 갖는 탄산염암을 만든다.

위의 자료와 등식을 이용하여 우리의 시료들 중 어떤 것이 생물학적 과정들이 존재하는 조건에서 형성되었는지를 확인해보자. 암석 B부터 확인해보자.

$$R_{(암석 B)} = [\text{표준의 } ^{12}C/^{13}C] - [\text{암석 B의 } ^{12}C/^{13}C]$$
$$= 1,000 - 1,020$$
$$= -20$$

이 결과는 암석 B가 0과는 현저히 다른 R값을 갖고 있음을 보여주는데, 이는 암석이 형성될 때 고대의 생물학적 과정들이 작용하고 있었음을 암시한다. 우리는 식물 재료의 R값을 계산해봄으로써 −20의 값이 광합성에서 예견되는 R값에 매우 근접한 수

*이 등식은 보통 실제로 사용되는 것을 단순화한 것이다. 이 등식에서는 시료에 있는 동위원소들의 실제 양을 표준에 있는 동위원소들의 양에 대해 정규화하는 표준 '델타(delta, δ)' 기호를 생략했다.

식물은 광합성을 통해 아산화탄소를 흡수한다. 식물은 ^{13}C을 포함하는 CO_2 분자들보다 ^{12}C를 포함하는 CO_2 분자들을 더 쉽게 흡수하기 때문에 그들 주변 환경에 비해 ^{12}C가 풍부해진다.

치라는 것을 확인할 수 있다.

$$R_{(식물 재료)} = [\text{표준의 } ^{12}C/^{13}C] - [\text{식물 재료의 } ^{12}C/^{13}C]$$
$$= 1,000 - 1,025$$
$$= -25$$

식물 재료의 R값인 −25는 암석 B의 R값인 −20에 가깝다. 이는 고대의 광합성에 대한 우리의 가설을 뒷받침한다.

추가문제 : 암석 A와 C의 R값을 계산해보라. 생물학적 과정들에 의해 만들어진 독특한 흔적을 보여주지 않는 암석은 어떠한 암석인가? 우리의 시료들 중에 메탄-소비 미생물이 있을 때 만들어졌을지도 모르는 암석 시료가 있는가? 만약 있다면, 여러분은 이러한 결과를 어떻게 확인해볼 수 있는가?

연습문제

1. 생물권은 하나의 지구시스템으로 간주될 수 있는가? 그 시스템은 어떻게 설명될 것인가?

2. 독립영양생물은 종속영양생물과 어떻게 다른가?

3. 대사란 무엇인가?

4. 어떠한 환경에서 극한미생물을 찾을 수 있는가? 인간은 극단적인 조건에서 살 수 있는가?

5. 광합성과 호흡의 차이는 무엇인가?

6. 생명체는 물과 어떠한 관련이 있는지를 설명해보라. 만약 지

구상의 모든 물이 얼음으로 변한다면 무슨 일이 일어나겠는가?

7. 생물지구화학적 순환 도표를 그려보라. 투입물은 무엇이고, 산출물은 무엇인가? 순환을 일으키는 과정들에는 무엇이 있는가?

8. 탄소는 모든 생명체의 시작점으로 간주된다. 그 밖에 무엇이

중요한가?

9. 〈그림 11.12〉의 도표에서 지질연대표의 얼마나 많은 기의 경계들이 대량멸종으로 표시되어 있는가? 얼마나 많은 대의 경계들이 대량멸종으로 표시되어 있는가?

10. 별(항성) 주위의 서식가능지대를 조절하는 것은 무엇인가? 해왕성은 우리 태양계의 서식가능지대에 놓여 있는가?

생각해볼 문제

1. 탄소의 생물지구화학적 순환은 어떻게 지구기후에 영향을 주는가?

2. 진화방산 동안에 생물들은 빠르게 진화한다. 만약 진화방산이 부정합으로 나타나는 시간 간격 동안 일어났다면, 지질기록에는 어떠한 모습으로 나타나겠는가? 진화방산과 부정합

의 효과를 어떻게 구별하겠는가?

3. 탄소와 물은 우리가 아는 모든 생명체의 근간이다. 만약 규소로 만든 기린 한 마리가 화성탐사로버들 중 하나의 옆을 지나쳐 걸어갔다면 우리는 그 기린이 살아 있었음을 어떻게 알겠는가?

매체지원

 11-1 애니메이션 : 생태계

옐로스톤의 그랜드캐니언. 옐로스톤강은 밝은 색깔의 유문암질 용암을 지나며 흘러 250m 아래까지 깎아 내려갔다. 용암은 100만 년 미만 전에 거대한 화산분출에 의해 퇴적되었다. [Richard Nowitz/Photodisc/Getty Images]

화산

와이오밍의 북서쪽 끝은 간헐천, 온천, 증기 화도가 있는 지질학적 원더랜드이다. 이것은 모두 옐로 스톤국립공원의 야생지를 가로질러 뻗어 있는 아주 큰 활화산을 눈으로 볼 수 있는 증거이다. 이 화 산은 매일 와이오밍, 아이다호, 몬태나 등 인접한 세 주에서 소모되는 모든 전력보다 더 큰 에너지를 열 의 형태로 방출하고 있다. 이 에너지가 꾸준히 방출되는 것은 아니다. 에너지의 일부는 화산이 그 꼭대기 를 날려버리기 전까지 뜨거운 마그마 저장소에서 증강된다. 63만 년 전 옐로스톤 화산의 엄청난 분출은 1,000km³의 암석을 공중으로 던졌으며, 텍사스와 캘리포니아 같이 멀리 떨어진 지역까지도 화산재층으로 덮었다.

지질기록은 지난 200만 년 동안 미국 서부에 이 정도 혹은 그 이상의 화산폭발이 적어도 여섯 번은 일어 났음을 보여준다. 따라서 그런 분출이 또 있을 것이라고 어느 정도 확신할 수 있다. 우리는 화산폭발이 문 명에 어떤 영향을 줄 것인가를 상상할 수밖에 없다. 뜨거운 재는 100km 이상의 범위 내에 있는 생명을 없 앨 것이며, 덜 뜨거우나 숨 막히게 하는 재는 1,000km 이상 멀리 있는 지역까지 덮을 것이다. 성층권까지 높이 던져진 먼지는 수년 동안 해를 흐리게 하여 온도를 낮추고 북반구를 긴 화산겨울에 처하게 할 것이다.

화산이 주는 광물자원과 에너지뿐만 아니라 인간사회에 주는 재해는 우리가 화산을 공부해야 하는 충 분히 좋은 이유이다. 게다가 화산이 매력적인 것은 지구의 해양지각과 대륙지각을 만든 화성 및 판구조운 동 과정을 이해하는 데 필요한 지구의 심부를 볼 수 있게 해주는 창이기 때문이다.

이 장에서는 마그마가 어떻게 지각을 통해 올라오고, 지표에 용암으로 나타나며, 식어서 단단한 화산암 이 되는가를 알아볼 것이다. 우리는 판구조론과 맨틀대류가 어떻게 판 경계의 화산작용과 판 내부의 열점 화산작용을 설명할 수 있는가를 볼 것이다. 또한 화산이 지구계의 다른 성분, 특히 수권 및 기권 등과 어떻 게 상호작용하는가를 볼 것이다. 끝으로 화산의 파괴적인 힘과 인간사회에 제공하는 잠재적인 이익에 대 해 생각해볼 것이다.

■ 지구시스템으로서의 화산

화산과 화산암을 만드는 지질작용은 총체적으로 **화산작용**(volcanism)으로 알려져 있다. 제4장에서 화성암의 형성을 살필 때 화산작용을 잠깐 본 적이 있다. 그러나 여기서는 보다 자세히 살펴볼 것이다.

옛 철학자들은 화산과 그 녹은 암석의 무서운 분출에 경외심을 가졌다. 그들은 화산을 설명하려는 노력으로 지표의 아래쪽에 뜨겁고 지옥 같은 지하세계에 관한 신화를 지어내었다. 근본적으로 그들은 바르게 생각한 셈이다. 현대 연구자들 또한 지구의 내부 열에 대한 증거를 화산을 통해 본다. 인간이 뚫은 최대 깊이(약 10km)까지 암석의 온도변화는 지구가 과연 깊어짐에 따라 뜨거워진다는 것을 보여준다. 100km 이상 깊이에서의, 즉 연약권 내의 온도는 암석이 녹기 시작하기에 충분히 높은, 적어도 1,300℃에 달할 것이라는 걸 이제는 안다. 이 때문에 연약권을 마그마(magma)의 주된 근원으로 인식한다. 마그마란 암석이 녹은 액체로, 지표로 올라와서 분출하면 **용암**(lava)으로 불린다. 연약권 위에 올라타고 있는 고체 암석권의 일부가 녹아 마그마를 만들 수도 있다.

마그마는 액체이기 때문에 원래 암석보다 밀도가 낮다. 그러므로 마그마가 모이면 부력 때문에 암석권 속으로 상승하기 시작한다. 어떤 곳에서는 용융체가 암석권의 약한 곳에 균열을 만듦으로써 지표로 가는 길을 찾아갈 수 있다. 또 다른 곳에서는 상승하는 마그마가 위의 암석을 녹여 지표로 분출할 수도 있다. 대부분의 마그마는 깊은 곳에서 고화되나 일부는, 아마 단지 10~30%는, 결국 지표에 도달해 용암으로 분출된다. **화산**(volcano)이란 용암 및 다른 분출물질이 모여 생긴 언덕이나 산을 말한다.

종합하면, 용융에서 분출까지 사건의 전체 순서를 기술하는 데 필요한 암석, 마그마, 과정 등이 **화산 지구시스템**(volcanic geosystem)을 이룬다. 이런 형태의 지구시스템은 유입물질(연약권으로부터의 마그마)을 처리하고 최종 산물(용암)을 내부 배관계를 통해 지표로 보내는 화학공장으로 볼 수 있다.

그림 12.1은 마그마가 지표로 이동하는 배관 시스템을 보여주는 화산의 모식도이다. 부력으로 암석권을 통과하며 상승하는 마

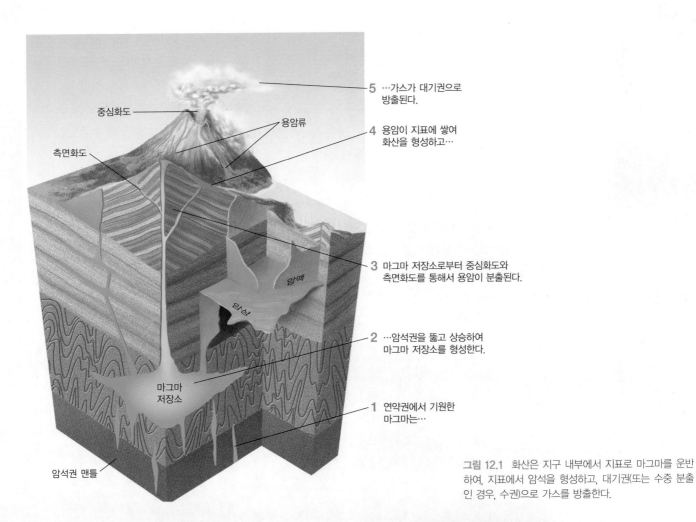

5 …가스가 대기권으로 방출된다.

4 용암이 지표에 쌓여 화산을 형성하고…

3 마그마 저장소로부터 중심화도와 측면화도를 통해서 용암이 분출된다.

2 …암석권을 뚫고 상승하여 마그마 저장소를 형성한다.

1 연약권에서 기원한 마그마는…

중심화도
용암류
측면화도
암맥
암상
마그마 저장소
암석권 맨틀

그림 12.1 화산은 지구 내부에서 지표로 마그마를 운반하여, 지표에서 암석을 형성하고, 대기권(또는 수중 분출인 경우, 수권)으로 가스를 방출한다.

그마는 보통 지각 내 얕은 깊이에 있는 마그마 저장소에 모인다. 이 마그마 저장소는 파이프와 같은 공급통로와 연결된 지표의 중심화도를 통해 주기적으로 **중심분출**(central eruption)을 반복하면서 지상에 마그마를 쏟아내어 비워지게 된다. 용암은 또한 수직균열(열극)을 통해 분출되거나 화산체 측면의 다른 화도를 통해 분출될 수 있다.

제4장에서 보았듯이 연약권은 처음에 아주 적은 양이 녹는다. 마그마는 암석권 내로 상승하면서 주변 암석을 녹이며 화학성분을 얻는다. 마그마는 운반 도중에 혹은 천부 마그마 저장소에서 결정이 가라앉으면서 특정 성분을 잃는다. 그리고 그 기체 성분은 지표로 분출되면서 공기 혹은 바다로 도망간다. 이런 변화를 계산함으로써 우리는 용암이 기원하는 상부맨틀의 화학성분과 물리상태에 대한 실마리를 얻을 수 있다. 우리는 또한 용암에 대한 동위원소 연대측정(제8장)으로 수백만 심지어는 수십억 년 전의 분출에 대해서도 알 수 있다.

■ 용암 및 다른 화산퇴적층

다른 유형의 용암은 서로 다른 지형을 남긴다. 그 차이는 용암의 화학성분, 기체 함량, 온도에 달려 있다. 예를 들어 실리카의 양이 많고 온도가 낮을수록 용암의 점성이 더 커지고 더 천천히 움직인다. 용암이 기체를 더 많이 함유하고 있을수록 분출은 보다 더 폭발적이기 쉽다.

용암의 유형

화산 지구시스템의 최종 산물인 분출된 용암은 보통 화성암의 주된 형태인 현무암, 안산암, 유문암 3개 중의 하나로 고화된다(제4장 참조).

현무암질 용암 현무암은 고철질(Mg, Fe, Ca이 많은) 성분의 분출 화성암이며 세 가지 화성암 유형 중 가장 낮은 실리카 함량을 가진다. 반려암은 이것의 관입암 형태이다. 맨틀용융의 산물인 현무암질 마그마는 마그마 중 가장 흔한 유형이다. 이들은 중앙해령을 따라서 그리고 판 내부의 열점에서 생성되며 대륙열곡 및 다른 확장대에서도 만들어진다. 현무암질 용암으로 주로 구성된 하와이의 화산섬은 열점 위에 놓여 있다.

현무암질 용암(basaltic lava)은 뜨겁고 유동적인 마그마가 화산의 배관 시스템을 채우고 넘칠 때 분출한다(그림 12.2). 현무암질 분출은 거의 폭발적이지 않다. 육지에서 현무암질 분출은 용암을 화산의 측면을 따라 보내 커다란 내를 이루며 흐르면서 진로에 있는 모든 것을 집어삼킨다(그림 12.3). 차가울 때 이들 용암은 검거나 암회색을 띠나, 높은 분출온도(1,000~1,200℃)에서는 붉거나 노란색으로 작열한다. 그 높은 온도와 낮은 실리카 함량 때문에 극히 유동적이어서 경사 아래로 빠르고 멀리 흐를 수 있다. 비록 시속 수 킬로미터의 속도가 주로 흔하지만, 시속 100km의 속

그림 12.2 하와이섬에 있는 순상화산인 킬라우에아의 중심화도 분출로 뜨겁고 빠르게 흐르는 현무암질 용암의 강이 만들어진다. [J. D. Griggs/USGS.]

그림 12.3 하와이의 칼라파나 지역에서 용암에 반쯤 파묻힌 학교 버스. 마을은 킬라우에아에서 흘러나온 현무암질 용암류에 파묻혔다.
[© Roger Ressmeyer/CORBIS.]

도로 흐르는 용암천이 관찰된 적도 있다. 1939년에 2명의 용감한 러시아 화산학자가 상대적으로 찬 고화된 용암의 뗏목 위에서 액체 현무암의 강을 따라 떠내려가면서 온도를 측정하고 기체 시료를 채취하였다. 그 뗏목의 표면 온도는 300℃였으며, 그 강의 온도는 870℃였다. 용암천이 그 근원지로부터 50km 이상 흐른 것이 관찰된 적이 있다.

현무암질 용암류는 어떻게 식느냐에 따라 다른 형태를 취한다. 땅에서는 파호이호이 혹은 아아 용암으로 굳는다(그림 12.4).

파호이호이(Pahoehoe, 하와이어로 '새끼 또는 밧줄 모양'이라는 뜻) 용암은 아주 유동적인 용암이 식으면서 시트처럼 퍼지며 얇은 유리질의 탄성적인 껍질이 표면에 굳을 때 만들어진다. 녹은 액체가 표면 아래에서 계속 흐르면 그 껍질은 끌리고 꼬아져 새끼줄과 닮은 꼬인 습곡을 만든다.

'아아(aa)'는 조심성 없는 사람이 축축하고 금방 판 흙처럼 보이는 용암 위를 맨발로 걷다가 소리 지를 때 내는 소리이다. 아아는 용암이 그 기체 성분을 잃음에 따라서 파호이호이보다 천천히 흐를 때 생성되며 두꺼운 껍질을 가지게 된다. 용암류가 계속 움직이면서 두꺼운 껍질은 거칠고 들쑥날쑥한 덩어리로 깨진다. 이 덩어리들은 각력의 경사가 심한 전면으로 쌓이면서 트랙터 자국처럼 전진한다. 아아는 정말 가로지르기 까다롭다. 좋은 신발도 그 위에서는 약 1주일쯤 버틸 수 있을 뿐이고, 그 위를 걷는 사람은 무릎과 팔꿈치에 상처가 날 것을 각오해야 한다.

언덕 아래로 흐르는 하나의 현무암류는 용암이 아직 유동적이

아아 용암

파호이호이 용암

~1m

그림 12.4 두 가지 형태의 현무암질 용암이 여기에서 보인다. 삐쭉삐쭉한 아아 용암류가 밧줄 모양의 파호이호이 용암류 위로 이동하고 있다. 하와이섬.
[© Corbis.]

고 뜨거운 근원지 근처에서는 흔히 파호이호이 양상을 띠나, 멀리 흐른 곳에서는 차가운 공기에 오랫동안 노출되어 용암류의 표면이 두꺼운 바깥층을 발달시킨 아아의 양상을 띤다.

물 아래에서 식은 현무암질 마그마는 베개 용암(pillow lavas)을

그림 12.5 대서양중앙해령에서 최근에 분출된 이 구상 베개 용암은 심해잠수정 앨빈(Alvin)호에서 촬영되었다.

[OAR/National Undersea Research Program/NOAA.]

(a)

(b)

(c)

만든다. 이는 약 1m 넓이의 타원체이며 베개 같은 현무암 덩어리가 쌓인 것이다(그림 12.5). 베개 용암은 메마른 대륙의 어떤 지역이 한때는 물속에 있었음을 말하는 중요한 지시자이다. 스쿠버다이빙을 하는 지질학자들은 하와이 앞바다의 해저에서 베개 용암이 만들어지는 것을 실제로 관찰하였다. 녹은 현무암질 용암의 혀가 차가운 바닷물을 만나면서 거칠고 플라스틱 같은 껍질을 발달시킨다. 껍질 내 용암이 보다 천천히 식기 때문에 베개의 내부는 결정질 조직이 발달되는 반면 빨리 식은 껍질은 결정이 없는 유리로 굳는다.

안산암질 용암 안산암은 중간 정도의 실리카 함량을 가진 분출화성암이며, 그 심성암 형태는 섬록암이다. 안산암질 마그마는 섭입대 위의 화산대에서 주로 생성된다. '안산암'이란 이름은 그 대표적인 예인 남아메리카의 안데스산맥으로부터 온 것이다.

　안산암질 용암(andesitic lavas)의 온도는 현무암질 용암의 온도보다 낮으며, 실리카 함량이 높아 보다 천천히 흐르며 끈적이는 덩어리로 뭉친다. 만약 이 끈적이는 덩어리가 화산의 목구멍을 막으면 그 아래에서 기체가 증가하여 결국 화산의 꼭대기를 날려버리게 된다. 1980년 세인트헬렌스산의 폭발적인 분출(그림 12.6)은 유명한 예이다.

그림 12.6 워싱턴주 남서쪽에 있는 안산암질 화산인 세인트헬렌스 화산의 1980년 5월 격변적인 분출 전, 분출 중, 그리고 분출 후의 모습. 약 1km³의 화산쇄설물을 분출했다. 맨 아래 사진에서 붕괴된 북쪽 사면을 볼 수 있다.

[분출 전 : U.S. Forest Service/USGS, 분출 중 : 미국지질조사소, 분출 후 : Lyn Topinka/USGS.]

그림 12.7 호상열도 화산의 증기분출이 대기 중으로 증기 기둥을 뿜어내고 있다. 통가의 통가 타푸섬에서 약 6마일 떨어진 이 화산은 이 지역의 36개 화산 중 하나이다.
[Dana Stephenson/Getty Images.]

역사상 가장 파괴적인 화산분출의 일부는 **증기**(phreatic) 폭발이다. 이는 뜨겁고 기체가 많은 마그마가 지하수나 해수를 만날 때 엄청난 양의 과열된 증기를 만들면서 일어난다(그림 12.7). 인도네시아의 안산암질 화산인 크라카타우섬은 1883년 증기 폭발로 파괴되었다. 이 전설적인 폭발은 수천 킬로미터 떨어진 곳에서도 들렸고 4만 명 이상을 죽인 쓰나미를 발생시켰다.

유문암질 용암 유문암은 실리카 함량이 68% 이상인 규장질 성분(Na과 K이 높은)의 분출 화성암이며, 그 심성암 형태는 화강암이다. 유문암은 밝은색이며, 간혹 예쁜 핑크빛을 보이기도 한다. 유문암질 마그마는 맨틀로부터의 열이 많은 양의 대륙지각을 녹인 지역에서 만들어진다. 오늘날 옐로스톤 화산은 거대한 양의 유문암질 마그마를 만들고 있는데, 이는 천부의 마그마 저장소에서 그 양이 증가되고 있다.

이것은 안산암보다 낮은 용융점을 가지며 단지 600~800℃의 온도에서 액체 상태이다. **유문암질 용암**(rhyolitic lava)은 다른 어떤 용암 유형보다 실리카가 풍부하기 때문에 가장 점성이 크다. 유문암류는 전형적으로 현무암류보다 열 배 이상 느리며 두껍고 빵빵한 층을 쌓는 경향이 있다(그림 12.8). 기체는 유문암질 용암

그림 12.8 오리건주의 뉴베리 칼데라에서 약 1,300년 전에 분출한 유문암 돔의 항공사진. 밝은 색깔의 유문암질 용암이 폴리나 피크와 나무를 배경으로 쉽게 눈에 띈다. 유문암 돔의 형태는 용암이 매우 점성이 높았음을 지시한다.
[William Scott/USGS.]

아래에서 쉽게 감히며, 옐로스톤과 같이 큰 유문암 화산은 모든 화산분출 중에서 가장 폭발적이다.

화산암의 조직

굳은 용암의 표면과 같은 화산암의 조직은 고화된 환경을 반영한다. 육안으로 볼 수 있는 결정을 가진 조립질 조직은 용암이 천천히 식으면서 만들어진다. 빨리 식는 용암은 세립질 조직을 가지는 경향이 있다. 실리카가 풍부하면서 빨리 식는 용암은 흑요석(obsidian), 즉 화산유리를 만들 수 있다.

화산암은 분출 동안 기체가 빠져나오면서 생기는 작은 기공을 흔히 가질 수 있다. 이미 본 바와 같이 용암은 일반적으로 병마개를 따지 않은 탄산음료처럼 기체를 가지고 있다. 마치 탄산음료의 뚜껑을 제거했을 때 그 압력이 감소하는 것과 같이 용암이 상승하면 용암의 압력이 감소한다. 압력이 낮아지면 탄산음료 내의 이산화탄소가 기포를 생성하듯이 용암으로부터 빠져나오는 수증기 및 다른 녹아 있는 기체는 기공(vesicle)이라는 기체 구멍을 만든다(그림 12.9). 부석(pumice)은 기공이 극히 많은 화산암이며 보통 유문암 성분이다. 어떤 부석은 빈 공간이 아주 많아 물 위에 뜰 정도로 가볍다.

화산쇄설층

마그마의 물과 기체는 거품 형성보다 더 극적인 효과를 낼 수 있다. 마그마가 분출하기 전에는 위에 있는 암석이 누르는 압력으로 이런 휘발성분이 도망치지 못하게 된다. 마그마가 지표 가까이 상승하게 되면 압력은 떨어지고 휘발성분은 폭발적인 힘으로 방출된다. 이 힘으로 용암 및 위에 있는 고화된 암석이 공중에서 다양한 크기, 모양, 조직으로 깨진다(그림 12.10). 이들 조각은

그림 12.9 다공질 현무암 시료.
[John Grotzinger.]

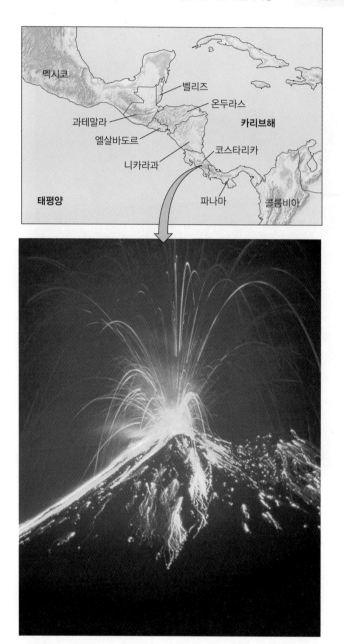

그림 12.10 코스타리카의 아레날 화산이 폭발적으로 분출하며 화산쇄설물들을 공중으로 날려보내고 있다.
[Gregory G. Dimijian/Science Source]

화산쇄설물(pyroclasts)로 알려져 있으며 그 크기에 따라 분류된다.

화산분출물 직경 2mm 이하의 가장 세립질의 조각들은 화산재(volcanic ash)로 불린다. 화산분출은 화산재를 대기의 높은 곳으로 뿌릴 수 있으며, 공중에 뜰 수 있을 정도로 작은 화산재는 아주 멀리 운반될 수 있다. 예를 들어 필리핀에서 피나투보산의 1991년 분출 후 2주 내에 그 화산먼지는 인공위성에 의해 지구 전체에서 탐지되었다.

날면서 식어 둥근 모양을 가진 용암덩어리로 분출된 조각 혹

그림 12.11 화산학자 카티아 크라프트(Katia Krafft)가 일본의 아사마 화산에서 분출된 화산탄을 조사하고 있다. 크라프트는 나중에 운젠 화산의 화산쇄설류에 의해 사망했다(그림 12.13 참조).
[Science Source.]

(a)

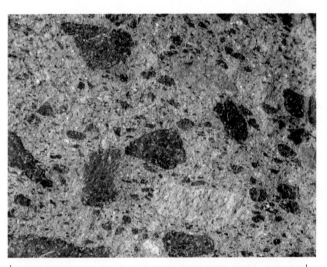

~0.3 m

(b)

그림 12.12 (a) 네바다주 북부의 그레이트베이슨에 있는 화산회류층에서 산출된 용결응회암. (b) 화산각력암.
[(a) John Grotzinger; (b) Fletcher & Baylis/Science Source.]

은 전에 굳은 화산암으로부터 뜯겨진 덩어리는 훨씬 클 수 있다. 이런 것들은 **화산탄**(volcanic bombs)이라 불린다(그림 12.11). 아주 맹렬한 분출에서는 집채 크기의 화산탄이 10km 이상 던져진 적도 있다.

화산쇄설물은 곧 지구로 떨어져 그 근원지 근처에 큰 퇴적층을 이룬다. 그것들이 식으면서 뜨겁고 끈적이는 조각들은 서로 용접된다(고화된다). 작은 조각으로 만들어진 암석은 **응회암**(tuff)으로 불리며 큰 조각으로 만들어진 암석은 **각력암**(breccia)이라 불린다(그림 12.12).

화산쇄설류 화산이 작열하는 구름으로 뜨거운 화산재와 가스를 분출하여 산사면을 따라 빠른 속도로 흘러내릴 때 나타나는 **화산쇄설류**(pyroclastic flow)는 그야말로 장관이지만 때로는 치명적이다. 고체 입자들은 뜨거운 가스에 의해 떠올라 화산쇄설류의 이동에 거의 마찰 저항을 일으키지 않는다.

1902년, 내부 온도 800℃를 가지는 화산쇄설류가 카리브해 마르티니크섬에 있는 플레 화산의 측면으로부터 폭발하였다. 질식시키는 뜨거운 가스와 작열하는 화산재의 사태는 시속 160km의 허리케인 속도로 경사를 타고 질주하였다. 1분 내에 거의 소리도 없이 지글거리는 가스, 재, 먼지 혼합체가 생피에르 마을을 덮었으며 2만 9,000명을 죽였다. 그 참사가 있기 바로 전날 발표된 랑드(Landes) 교수의 성명을 기억하는 것은 괴로운 일이다. 그는 "베수비오 화산이 나폴리 주민에게 위험이 되지 않는 것처럼 플레 화산은 생피에르 주민에게 위험을 주지 않는다."고 말했던 것이다. 랑드 교수는 다른 사람들과 함께 죽었다. 1991년 프랑스 화산학자 모리스 크라프트(Maurice Krafft)와 카티아 크라프트는 일본 운젠 화산의 화산쇄설류에 의해 죽었다(그림 12.13).

그림 12.13 1991년 6월에 화산쇄설류가 일본 운젠 화산의 산비탈 아래로 돌진해 내려오고 있다. 사진 전면에 보이는 소방수와 소방차가 그들을 향해 몰려오는 뜨거운 화산재 구름을 피해 달아나고 있다. 이 화산을 연구하던 3명의 과학자들이 이와 비슷한 화산쇄설류에 휩쓸려 사망했다.
[AP/Wide World Photos.]

■ 분출유형과 지형

물질을 분출하면서 형성되는 화산의 모양은 마그마의 성질에 따라 변한다. 특히 화학성분 및 가스 함량, 물질의 유형(용암 대 화산쇄설물), 그리고 용암이 분출하는 환경조건이(육지 혹은 바다 아래) 중요하다. 화산지형은 또한 마그마가 만들어지는 속도와

마그마를 지표로 올라오게 하는 배관 시스템에도 좌우된다(그림 12.14).

중심분출

중심분출은 용암 혹은 화산쇄설물이 **중심화도**(central vent)에서 분출되는 것을 말한다. 이 화도는 마그마 저장소로부터 상승하는 파이프 같은 공급 통로 위의 열린 곳이다. 물질은 이 통로를 따라 올라와 지표로 분출된다. 중심분출은 가장 흔한 화산지형인 콘 모양의 화산을 만든다.

순상화산 용암원추구(lava cone)는 중심화도로부터 나오는 연속적인 용암류에 의해 만들어진다. 용암이 현무암질이면 쉽게 흐르고 널리 퍼진다. 만약 용암류의 양이 많고 빈도가 잦으면 2km 이상의 높이와 수십 킬로미터의 원둘레를 가지는 넓은 방패 모양의 화산이 만들어진다. 경사는 비교적 완만하다. 하와이섬의 마우나로아는 **순상화산**(shield volcano)의 고전적인 예이다(그림 12.14a). 이것은 해수면 위로 단지 4km 솟아 있지만 실제로 세계에서 가장 높은 산이다. 해저에서부터 측정하면 마우나로아는 10km 솟아 있어 에베레스트산보다 높다! 이것은 약 100만 년에 걸쳐 두께가 약 수 미터인 용암류 수천 매가 쌓여 이러한 엄청난 크기로 자란 것이다. 하와이섬은 실제로 바다로부터 솟아오른 여러 개의 순상활화산으로 이루어져 있다.

화산돔 현무암질 용암과는 달리 안산암질 및 유문암질 용암은 점성이 매우 커 겨우 흐를 뿐이다. 이들은 때때로 둥글납작하고 급경사면을 가진 암석 덩어리인 **화산돔**(volcanic dome)을 만든다(그림 12.8 참조). 돔은 치약같이 측면으로 거의 퍼지지 않고 화도로부터 짜 나온 것처럼 보인다. 돔은 때때로 화도를 막아 그 아래에 가스를 잡아둔다(그림 12.14b). 압력이 증가하여 폭발하면 돔은 조각으로 날아간다.

분석구 화산의 화도가 화산쇄설물을 분출할 때 고체 조각은 모여서 **분석구**(cinder cones)를 만들 수 있다. 분석구의 옆모습은 암석 조각이 경사를 따라 내려가지 않고 안정된 최대각인 안식각(angle of repose)에 의해 결정된다. 정상 근처에 떨어진 큰 조각들은 고각의 안정된 경사면을 이룬다. 보다 작은 입자들은 화도에서 멀리까지 운반되어 분석구의 아래쪽에서 완만한 경사를 이룬다. 정상부에 중심화도를 가지고 위로 오목한 전형적인 화산구는 이와 같이 만들어진다(그림 12.14c).

성층화산 화산이 화산쇄설물과 용암을 분출할 때 교호하는

(a) 순상화산

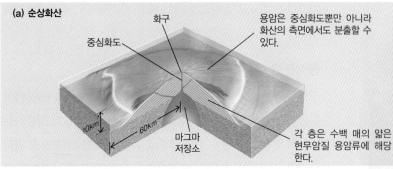

중심화도
화구
용암은 중심화도뿐만 아니라 화산의 측면에서도 분출할 수 있다.

10km
60km
마그마 저장소

각 층은 수백 매의 얇은 현무암질 용암류에 해당한다.

마우나로아 (하와이)

(b) 화산돔

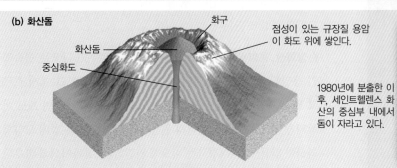

화산돔
중심화도
화구
점성이 있는 규장질 용암이 화도 위에 쌓인다.

1980년에 분출한 이후, 세인트헬렌스 화산의 중심부 내에서 돔이 자라고 있다.

세인트헬렌스산 (미국 워싱턴주)

(c) 분석구화산

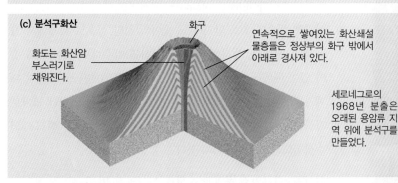

화도는 화산암 부스러기로 채워진다.
화구
연속적으로 쌓여있는 화산쇄설물층들은 정상부의 화구 밖에서 아래로 경사져 있다.

세로네그로의 1968년 분출은 오래된 용암류 지역 위에 분석구를 만들었다.

세로네그로 (니카라과)

(d) 성층화산

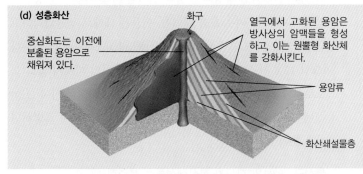

중심화도는 이전에 분출된 용암으로 채워져 있다.
화구
열극에서 고화된 용암은 방사상의 암맥들을 형성하고, 이는 원뿔형 화산체를 강화시킨다.
용암류
화산쇄설물층

후지산 (일본)

(e) 칼데라

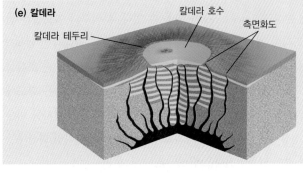

칼데라 테두리
칼데라 호수
측면화도
칼데라라는 격렬한 분출이 화산의 마그마 저장소를 비우면서 위에 있는 암석들을 지지할 수 없을 때 만들어진다. 화산의 정상부가 붕괴되면서 가파른 벽으로 둘러싸인 커다란 분지가 형성된다.

크레이터 호수 (미국 오리건주)

그림 12.14 화산의 분출유형과 지형은 주로 마그마의 성분에 의해 결정된다.
[(a) 미국지질조사소; (b) Lyn Topinka/USGS 캐스케이즈 화산관측소; (c) 스미소니언; (d) CORBIS; (e) Bates Littlehales/내셔널지오그래픽/Getty images.]

용암류와 화산쇄설물은 위로 오목한 복합화산, 즉 **성층화산**(stratovolcano)을 만든다(그림 12.14d). 중앙 공급 통로와 방사상의 암맥으로 고화된 용암은 콘 모양의 구조를 강화해준다. 성층화산은 섭입대 위에서 흔하다. 유명한 예는 일본의 후지 화산, 이탈리아의 베수비오 화산과 에트나 화산, 미국 워싱턴주의 레이니어 화산 등이다. 세인트헬렌스 화산은 거의 완전한 성층화산 모양을 가졌으나 1980년 분출 때 그 북쪽 사면이 파괴되었다(그림 12.6).

화구 대부분의 화산꼭대기에서 볼 수 있는 사발 모양의 구덩이인 **화구**(crater)는 중심화도를 둘러싸고 있다. 분출 동안 위로 솟구치는 용암은 화구 벽을 넘쳐흐른다. 분출이 그치면 화구에 남아 있는 용암은 때때로 화도로 가라앉고 고화되고, 화구는 나중에 되떨어진 조각으로 부분적으로 채워질 수 있다. 다음 분출이 일어나면 화구의 물질이 깨져 날아갈 수 있다. 화구의 벽은 가파르기 때문에 함몰되거나 시간이 지나면서 침식될 수 있다. 이와 같이 화구는 화도의 수 배 직경까지 자랄 수 있으며 수백 미터 깊이를 가질 수 있다. 예를 들어 시칠리의 에트나 화산의 화구는 현재 직경 300m이다.

칼데라 많은 양의 마그마가 큰 마그마 저장소로부터 분출할 때 그 저장소는 천장을 지탱할 수 없다. 그런 경우 위에 있는 화산구조는 격변적으로 붕괴할 수 있으며 큰 가파른 벽을 가진 분지 모양의 **칼데라**(caldera)로 함몰지를 남긴다(그림 12.14e). 이는 화구보다 훨씬 크다. 미국 오리건주의 크레이터 호수를 형성한 칼데라의 발달사가 그림 12.15에 나타나 있다. 칼데라는 그 크기가 직경 수 킬로미터에서 50km 이상의 것까지 인상적인 지형이다. 큰 칼데라를 가지는 화산은 그 크기와 큰 부피의 분출물 때문에 '초화산(supervolcano)'으로 불리기도 한다. 미국에서 가장 큰 활화산인 옐로스톤 초화산은 로드아일랜드보다 큰 면적의 칼데라를 가지고 있다.

수십만 년 후에 새로운 마그마가 붕괴된 마그마 저장소에 다시 들어가 압력을 증가시킬 수 있으며 칼데라 바닥을 위로 밀쳐 돔 모양을 이루어 **재활칼데라**(resurgent caldera)를 만들 수 있다. 분출, 붕괴, 재활의 사이클은 지질시대를 통해 반복해서 일어날 수 있다. 지난 200만 년 동안 옐로스톤 칼데라는 세 차례 격변적으로 분출하였으며, 각각의 경우 1980년 세인트헬렌스 화산분출

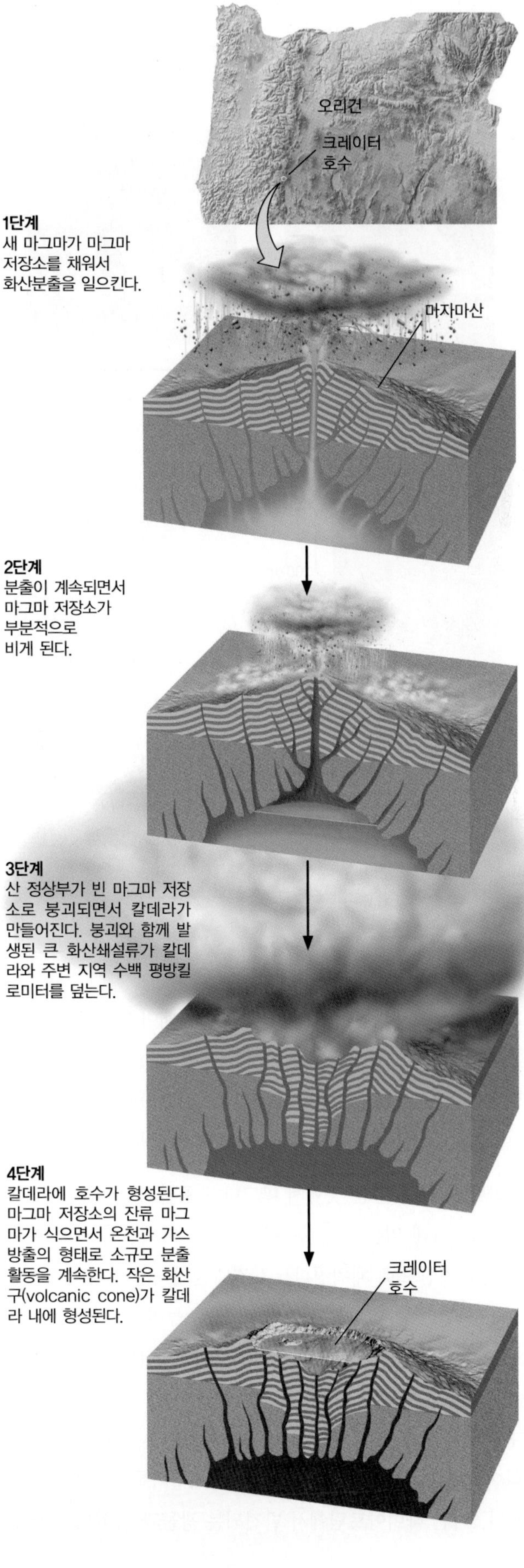

그림 12.15 크레이터 호수 칼데라의 형성 단계. 제3단계 붕괴는 약 7,700년 전에 일어났다.

오리건

크레이터 호수

1단계
새 마그마가 마그마 저장소를 채워서 화산분출을 일으킨다.

마자마산

2단계
분출이 계속되면서 마그마 저장소가 부분적으로 비게 된다.

3단계
산 정상부가 빈 마그마 저장소로 붕괴되면서 칼데라가 만들어진다. 붕괴와 함께 발생된 큰 화산쇄설류가 칼데라와 주변 지역 수백 평방킬로미터를 덮는다.

4단계
칼데라에 호수가 형성된다. 마그마 저장소의 잔류 마그마가 식으면서 온천과 가스 방출의 형태로 소규모 분출 활동을 계속한다. 작은 화산구(volcanic cone)가 칼데라 내에 형성된다.

크레이터 호수

(a)

1 맨틀심부로부터 가스로 가득 찬 마그마가 암석권에 균열을 만들면서 위로 뚫고 올라온다.

2 빠르게 상승하는 마그마는 초음속의 속도로 분출하면서 지각과 맨틀의 조각들을 뜯어 가지고 온다.

3 분출이 끝난 후, 공급통로는 굳은 마그마와 이들의 암석 조각들, 또는 각력암으로 이루어진 다이아트림을 형성한다.

4 화산구의 약한 퇴적물과 지각의 표면이 침식되어, 오늘날 우리가 보는 다이아트림의 중심부(속심)와 방사상 암맥들을 남겨 놓는다.

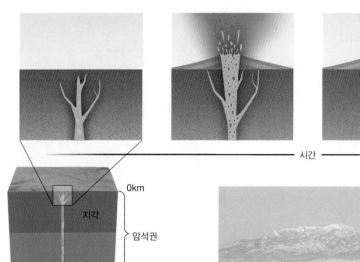

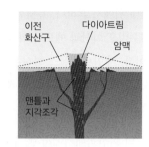

그림 12.16 (a) 다이아트림의 형성. (b) 쉽락은 뉴멕시코주의 평평하게 놓인 퇴적물 위로 515m 높이 솟아 있는 암체이다. 쉽락은 전에 그것을 둘러싸고 있던 약한 퇴적암들이 침식되어 노출된 다이아트림이다. 사진 전면에 보이는 수직 암맥은 중심화도로부터 방사상으로 뻗어 나온 6개 암맥 중의 하나이다.

[Airphoto-Jim Wark.]

(b)

때보다 수백 배 내지 수천 배의 물질을 뿜어내어 현재 미국 서부의 대부분 지역에 화산재를 퇴적시켰다. 또 다른 재활칼데라는 뉴멕시코주의 바에스 칼데라와 캘리포니아의 롱벨리 칼데라인데, 이들은 각각 약 120만 년 전과 76만 년 전에 분출하였다.

다이아트림 지구 깊은 곳에서 마그마가 폭발적으로 탈출할 때 화도와 그 아래 있는 공급 통로는 분출이 약해짐에 따라 때때로 화산각력암으로 채워진다. 그 결과물의 구조가 **다이아트림**(diatreme)이다. 뉴멕시코의 주변 평원 위 높이 솟아 있는 쉽락(shiprock)은 퇴적암의 침식으로 노출된 마그마 분출통로였던 다이아트림이다. 대륙횡단 비행기 여행자에게 쉽락은 붉은 사막에 거대한 검은 고층건물같이 보인다(**그림 12.16**).

다이아트림을 만든 분출 메커니즘은 지질기록으로부터 알게 되었다. 어떤 다이아트림에서 발견되는 광물과 암석의 종류는 100km 정도의 아주 깊은 곳, 즉 상부맨틀 내에서만 만들어질 수 있다. 가스로 충진된 마그마가 이 깊이로부터 암석권에 균열을 만들며 위로 밀쳐올라 대기 속으로 폭발하며, 가스와 지각 깊은 곳 및 맨틀에서 온 고체 조각을 때때로 초음속의 속도로 뱉어낸다. 이런 분출은 아마도 땅에 거꾸로 뒤집혀 암석과 가스를 대기로 뿜어내는 거대한 로켓의 배기처럼 보일 것이다.

아마 가장 이색적인 다이아트림은 남아프리카 킴벌리 다이아몬드 광산의 이름을 딴 **킴벌라이트 파이프**(kimberlite pipe)일 것이다. 킴벌라이트는 주로 감람석으로 이루어져 있는 초고철질암인 페리도타이트의 화산암 형태이다. 킴벌라이트 파이프 또한 다양한 맨틀조각을 가진다. 이 중에는 지표로 폭발하면서 마그마에 끌려들어간 다이아몬드도 있다(그림 10.25 참조). 탄소를 압축해서 다이아몬드 광물을 만드는 데 필요한 아주 높은 압력은

그림 12.17 1992년에 하와이의 킬라우에아 화산에서 발생한 열극분출이 '불의 커튼'을 만들고 있다.
[U.S. Geological Survey.]

150km 이상 깊이의 지구내부에서만 도달할 수 있다. 다이아몬드 및 다른 맨틀조각들을 자세히 연구함으로써 지질학자들은 마치 200km 이상을 뚫어본 것처럼 맨틀의 내부 구조를 재구성할 수 있다. 이런 연구들은 상부맨틀이 주로 페리도타이트로 이루어져 있다는 이론을 강력히 지지한다.

열극분출

가장 큰 화산분출은 중심화도가 아니라 지표의 크고 거의 수직인 틈으로부터 나온다. 이 틈은 때때로 수십 킬로미터 길이에 달한다(그림 12.17). 그런 **열극분출**(fissure eruption)은 새로운 해양지각이 생성되는 중앙해령을 따라 일어나는 화산활동의 주된 유형이다. 아이슬란드 해변에 있는 대서양중앙해령의 한 부분에서 중간 크기의 열극분출이 1783년에 일어났다(그림 12.18). 32km 길이의 열극이 열려 6개월 만에 약 12km³의 현무암을 뱉어내었다. 그 양은 엠파이어 스테이트 빌딩의 중간 높이까지 맨해튼을 채울 수

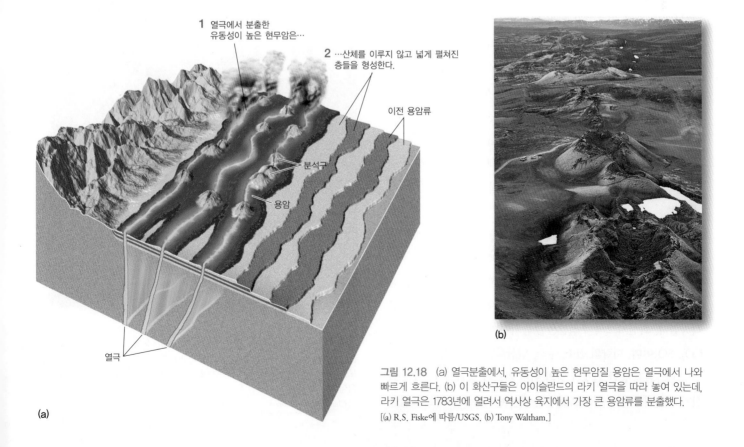

1 열극에서 분출한 유동성이 높은 현무암은…

2 …산체를 이루지 않고 넓게 펼쳐진 층들을 형성한다.

이전 용암류

분석구

용암

열극

(a)

(b)

그림 12.18 (a) 열극분출에서, 유동성이 높은 현무암질 용암은 열극에서 나와 빠르게 흐른다. (b) 이 화산구들은 아이슬란드의 라키 열극을 따라 놓여 있는데, 라키 열극은 1783년에 열려서 역사상 육지에서 가장 큰 용암류를 분출했다.
[(a) R.S. Fiske에 따름/USGS. (b) Tony Waltham.]

있는 정도의 것이다. 그 분출로 또한 100메가톤의 이산화황이 방출되어 아이슬란드가 1년 이상 유독한 푸른 안개로 덮였다. 이에 따른 농작의 실패로 섬 가축의 3/4과 인구의 1/5이 기아로 죽었다. 라키 분출로부터 나온 유황 에어로졸은 당시 우세한 바람을 타고 유럽으로 운반되었으며 이로 인해 여러 나라에 작물 피해와 호흡기 질환을 가져왔다.

범람현무암 대륙의 열극으로부터 분출하는 아주 유동성이 좋은 현무암질 용암은 평평한 지역에서 시트 모양으로 퍼질 수 있다. 연속적인 용암류는 흔히 쌓여 거대한 현무암질 대지를 이루는데 이를 **범람현무암**(flood basalts)이라 부른다. 이는 분출이 중심화도에 제한되어 만들어지는 순상화산과 대조적이다. 북아메리카에서 약 1,600만 년 전 거대한 범람현무암 분출로 컬럼비아고원이 형성되면서 워싱턴주, 오리건주, 아이다오스트레일리아에 있었던 16만km²의 지형이 묻혔다(그림 12.19). 각각의 용암류는 100m 이상의 두께를 가졌으며 어떤 것은 근원지에서 500km 이상 흐를 정도로 유동적이었다. 옛 표면을 덮은 용암 위에 새로운 하천 계곡과 더불어 전혀 새로운 지형이 생겨났다. 범람현무암으로 만들어진 대지는 모든 대륙 및 해저에서 발견된다.

화산회류층 대륙에서 화산쇄설물의 분출은 **화산회류층**(ash-flow deposits)이라 불리는 광대한 지역에 시트 모양으로 쌓인 단단한 화산응회암으로 이루어진 퇴적층을 형성시켰다. 옐로스톤국립공원에 있는 숲은 연속적으로 그러한 화산회류에 파묻혔다. 지구 상에서 가장 큰 화산쇄설층의 일부는 4,500만 년 전에서 3,000만 년 전 사이인 신생대 중기에 지금의 미국 서부 베이슨앤레인지 지구에 해당하는 곳에서 열극을 통하여 분출한 화산회류층이다. 분출된 화산쇄설물의 양은 놀랍게도 50만km³에 달했다. 이는 네바다주 전체를 약 2km 두께의 암석으로 채우기에 충분한 것이다. 인류는 아직 이처럼 엄청난 사건을 본 적이 없다.

■ 화산과 다른 지구시스템의 상호작용

화산은 고체 물질뿐만 아니라 기체도 생산하는 화학공장이다. 용감한 화산학자들은 분출 동안 화산가스를 채집하여 그 성분을 분석하였다. 화산가스의 주성분은 수증기이며(70~95%), 그다음은 CO_2, SO_2이며, 미량의 질소, 수소, 일산화탄소, 유황, 염소가 들어 있다. 분출 동안 엄청난 양의 이런 가스가 방출된다. 어떤 화산가스는 지구 깊은 곳으로부터 온 것이며 처음으로 지표로 방출

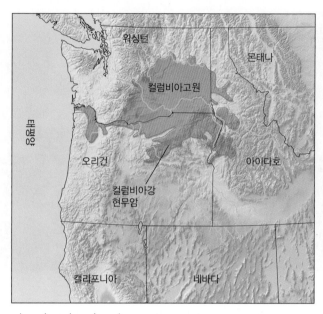

(a)

(b)

그림 12.19 (a) 컬럼비아고원은 워싱턴주, 오리건주 및 아이다호주에 걸쳐 있는 약 16만 km²의 지역을 차지하고 있다. (b) 범람현무암의 용암류가 연속적으로 쌓여 이 거대한 고원을 만들었는데, 여기에서는 팰루즈강이 고원을 깎으며 침식하고 있다.

[© Charles Bolin/Alamy.]

되는 것이다. 어떤 것은 재순환된 지하수 및 바닷물, 재순환된 대기 가스, 혹은 암석의 생성 시 갇혀 있던 가스일 수 있다.

이미 본 것처럼 지표에 방출된 화산가스는 다른 지구시스템에 많은 영향을 끼친다. 지구의 초기 역사 동안 화산가스의 방출로 해양과 대기가 만들어졌다고 생각되고 있다. 화산가스 방출은 오늘날 지구시스템의 이런 부분에 계속 영향을 끼치고 있다. 화산활동이 심한 기간은 반복적으로 지구의 기후에 영향을 끼쳤으며, 지질기록에 남아 있는 몇몇 대량멸종을 일으켰을지도 모른다.

화산작용과 수권

지구의 수권과 암석권 사이의 상호작용은 많은 화산 지구시스템에 있어서 중요하다. 용암 혹은 화산쇄설물이 흐름을 멈추더라도 화산활동은 쉬지 않는다. 주된 분출 후 수십 년 심지어 수백 년 동안 화산은 분기공(fumaroles)이라 불리는 작은 화도를 통해 증기 및 다른 가스를 방출한다(그림 12.20). 이런 방출물에는 여러 물질이 녹아 있는데 이들은 물이 증발하거나 식으면서 주변 표면에 침전하여 다양한 표면 침전물을 만든다. 어떤 침전물은 비싼 광물을 가질 수도 있다.

분기공은 **열수활동**(hydrothermal activity)이 지표에 표출된 것인데 이는 뜨거운 화산암과 마그마 내의 물의 순환을 의미한다. 묻혀 있는 마그마와(수십만 년 동안 뜨거운 상태로 유지되는) 접하는 순환하는 지하수는 데워져 온천 및 간헐천으로서 지표로 돌아온다. 간헐천(geyser)은 흔히 천둥 같은 소리와 함께 때때로 강하게 뿜어나오는 열수분수이다. 미국에서 가장 잘 알려진 간헐천은 옐로스톤국립공원에 있는 올드 페이스풀인데, 약 매 90분마다 분출하며 공중으로 60m 높이까지 뜨거운 물을 뿜어올리기도 한다(그림 12.21). 제17장에서 온천과 간헐천을 만드는 메커니즘에 대해서 보다 자세히 들여다볼 것이다.

열수활동은 많은 양의 물과 마그마가 접촉하는 중앙해령의 확장중심에서 특히 심하다. 인장력에 의해 생성된 열극은 바닷물이 새로 형성된 해양지각으로 들어갈 수 있게 해준다. 뜨거운 화산암과 보다 깊은 곳의 마그마로부터의 열은 활발한 대류를 일으키는데, 이는 차가운 바닷물을 지각으로 끌어들여 가열하고 뜨거워진 물을 열곡계곡 바닥의 화도를 통해 위의 바다로 방출한다(그림 12.22).

육지의 화산 지구시스템에서 온천과 간헐천이 흔히 나타나는 것을 고려하면, 깊은 물에 잠긴 확장중심에 만연하는 열수활동의 증거는 놀랄 만한 일이 아니다. 그럼에도 불구하고 대류의 강렬함과 그것에 의한 화학적 생물학적 결과를 발견하고 매우 놀랐다. 이 과정의 가장 두드러진 현상은 1977년 동태평양에서 발견되었다. 동태평양 해령의 산마루에서 열수공을 통해 350℃까지의 뜨겁고 광물질이 풍부한 물의 오름이 방출되는 것이 관찰되었다(그림

그림 12.21 옐로스톤국립공원에 있는 올드페이스풀 간헐천은 약 매 65분마다 규칙적으로 분출한다.
[Simon Fraser/SPL/Science Source.]

그림 12.20 인도네시아의 메라피 화산에 있는 유황 침전물로 뒤덮인 분기공.
[R. L. Christiansen/USGS.]

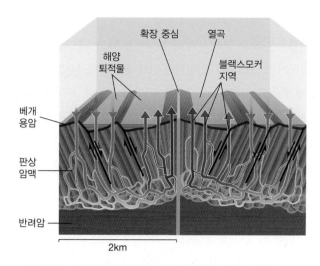

그림 12.22 확장중심 근처에서, 바닷물은 해양지각으로 침투해 들어가 순환하다가 마그마에 의해 가열된 다음 해양으로 다시 돌아오면서, 해저에 블랙스모커를 형성하고 광물을 침전시킨다.

11.15 참조). 유체의 속도는 아주 빠른 것으로 판명되었다. 해양지질학자들은 바닷물의 전체 부피가 지구의 균열과 화도를 통해 단지 1,000만 년 내에 순환되고 있는 것으로 추정하였다.

과학자들은 확장중심에서의 암석권과 수권의 상호작용은 바다의 지질학적, 화학적, 그리고 생물학적 측면에 다양한 방법으로 심한 영향을 끼친다는 것을 깨닫게 되었다.

■ 새로운 암석권이 생성되는 것은 지구내부로부터 나오는 에너지의 거의 60%에 해당된다. 순환하는 바닷물은 새로운 암석권을 아주 효과적으로 식혀 지구내부의 열을 밖으로 방출시키는 데 주된 역할을 한다.

■ 열수활동은 새로운 지각으로부터 금속 및 다른 원소들을 걸러내어 바다로 주입한다. 이 원소들은 세계의 모든 강에 의해서 바다로 들어가는 광물성분만큼 바다의 화학성분에 기여한다.

■ 금속이 풍부한 광물은 순환하는 바닷물로부터 침전되어 해양지각의 얕은 부분에 아연, 구리, 철 등의 광상을 형성한다. 이런 광상은 바닷물이 다공성의 화산암 내로 들어가 뜨거워지고 새로운 지각으로부터 이런 원소들을 걸러낼 때 만들어진다. 녹은 광물질이 풍부한 뜨거운 바닷물이 차가운 바다로 올라오고 다시 들어갈 때 광상을 형성하는 광물이 침전된다.

열수공(hydrothermal vents)의 에너지와 영양분은 괴상한 유기물의 비정상적인 군집에 먹이를 제공한다. 이들 생체는 햇빛이 아니라 지구내부로부터 오는 에너지를 이용한다(그림 11.15 참조). 화학독립영양의 초고온성 생물이 복잡한 생태계의 기저를 형성한다. 이 생물은 큰 조개와 수 미터 길이까지 자라는 서관충(tube worms)의 음식이 된다. 어떤 과학자들은 지구의 생명이 에너지 및 화학성분이 풍부한 열수공 환경에서 시작되었을 수도 있다고 추측하였다(제11장 참조).

화산활동과 대기

암석권에서의 화산활동은 대기의 성분과 성질을 바꿈으로써 날씨와 기후에 영향을 끼친다. 큰 분출은 지구 위 수십 킬로미터의 대기에 유황 가스를 주입할 수 있다(그림 12.23). 다양한 화학반응으로 이 가스는 수천만 톤의 황산을 가지는 에어로졸(세립의

그림 12.23 2011년 6월 13일에 칠레 중부의 코르돈카우에 화산에서 뿜어져 나오는 거대한 화산재 구름의 위성사진. 화산재 기둥이 눈 덮인 안데스산맥(사진의 왼쪽)에서부터 아르헨티나의 부에노스아이레스(사진의 중앙 우측)까지 800km에 걸쳐 뻗어 있다. 이 화산재 구름은 지구를 둘러싸며 이동하여, 오스트레일리아와 뉴질랜드의 공항을 폐쇄시켰다.
[NASA image courtesy Jeff Schmaltz, MODIS Rapid Response Team at NASA GSFC.]

공중을 떠다니는 안개)을 형성한다. 이 에어로졸은 지구표면에 도달하는 태양 복사를 충분히 차단하여 범지구온도를 1~2년 동안 낮출 수 있다. 20세기의 가장 폭발적인 분출의 하나인 피나투보 화산의 분출은 1992년에 적어도 0.5℃의 지구냉각을 가져왔다(피나투보로부터 방출된 염소 역시 대기 내 오존의 손실을 촉진시켰는데, 오존은 태양의 자외선 복사로부터 생물권을 보호해 주는 천연적인 방패막이다).

인도네시아 탐보라 화산의 1815년 분출 동안 대기로 날아간 조각들은 보다 큰 냉각을 가져왔다. 그다음 해 북반구는 아주 추운 여름을 겪었다. 버몬트의 한 일기작가에 의하면 "서리가 없는 달이 없었으며, 눈이 없는 달도 없었다." 온도의 하강 및 떨어진 화산재는 광범위한 작물 피해를 가져왔다. 9만 명이 넘는 사람이 그 '여름 없는 해'에 죽었다. 바이런 경은 이 일에 자극을 받아 우울한 시 〈어둠〉을 썼다.

나는 꿈을 꾸었다. 그러나 그것은 결코 꿈이 아니었다.

그 밝은 해는 꺼졌고, 별은 영원한 공간에서 어둠을 방황하였다.

빛도 없고, 길도 없고, 얼음처럼 찬 지구는

달이 없는 공기에서 어두워졌다 검어졌다 하였다.

아침은 오고 갔다. 그리고 왔으나, 낮을 데려오지 않았다.

사람들은 이런 그들의 황폐함이 두려워 정열을 잊었다.

모든 마음은 빛을 향한 이기적인 기도로 식어만 갔다.

— 바이런의 〈어둠〉

■ 화산활동의 범지구적 패턴

판구조론이 나타나기 전에 지질학자들은 태평양 가장자리를 따라 화산이 모여 있는 것을 알고 '불의 고리'라 이름 붙였다(그림 2.6 참조). 섭입대로 불의 고리를 설명한 것은 이 새 이론의 큰 성공 중의 하나이다. 여기서는 판구조론이 어떻게 화산활동의 범지구적 패턴에 있어서 모든 중요한 양상을 설명할 수 있는가를 볼 것이다(그림 12.24).

그림 12.25는 육지 혹은 바다표면 위에 나타나는 세계 활화산의 위치를 보여준다. 약 80%는 판이 수렴하는 경계에서 발견되고, 15%는 판이 갈라지는 곳에서, 나머지 몇 퍼센트는 판 내부에서 발견된다. 그러나 그림에서 보는 것보다 훨씬 많은 활화산이 있다. 지구표면으로 분출하는 용암의 대부분은 바다 밑 화도에서

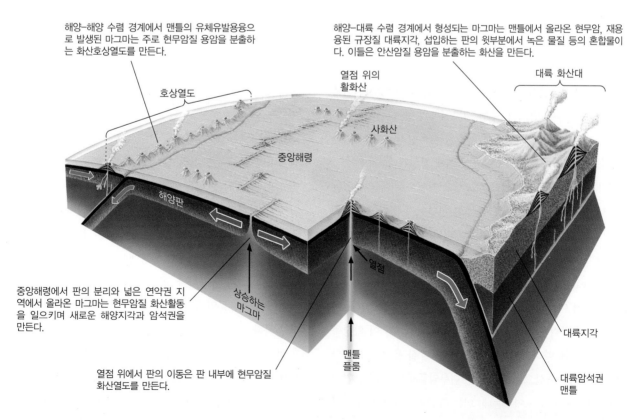

그림 12.24 판구조과정은 범지구적 화산활동의 양식을 설명한다.

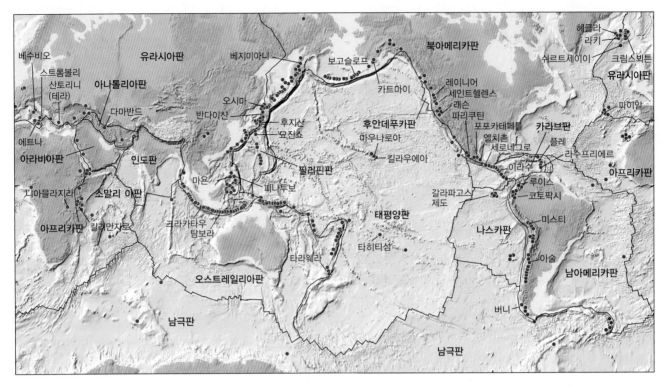

그림 12.25 육지 또는 해양표면 위에 화도를 가지고 있는 세계의 활화산들이 이 지도에 붉은 점으로 표시되어 있다. 검은 선은 판의 경계를 나타낸다. 해양표면 아래에 있는 중앙해령계의 수많은 화도들은 이 지도에 표시되지 않았다.

오는데, 중앙해령의 확장중심에 위치하고 있다.

확장중심의 화산활동

이미 본 것처럼, 엄청난 양의 현무암질 용암이 중앙해령의 범지구적 네트워크를 따라 연속적으로 분출하는데 이는 현재의 모든 해저를 만들기에 충분한 것이다. 이 지각공장은 수 킬로미터 폭의 열곡 아래에 놓여 있으며, 수천 킬로미터의 중앙해령을 따라 연장된다(그림 12.24). 제4장에서 기술된 것처럼 마그마와 화산암은 맨틀 페리도타이트의 감압용융에 의해 형성된다.

발산 경계는 변환단층에 의해 지그재그 패턴으로 어긋나 있는 중앙해령(mid-ocean ridge)의 조각들로 이루어져 있다(그림 2.7 참조). 해저에 대한 자세한 지질도는 해령의 조각들은 그들 자체가 꽤 복잡할 수 있음을 보여준다. 그들은 흔히 보다 짧고 평행한 확장중심(spreading center)들로 이루어져 있는데, 이 확장중심들은 수 킬로미터 어긋나 있으며 부분적으로 중첩될 수도 있다. 이들 확장중심의 각각은 확장축화산(axial volcano)인데, 이 확장축화산은 그 길이를 따라 다양한 속도로 현무암질 용암을 분출한다. 인근의 확장축화산으로부터 나온 현무암들과는 흔히 약간의 지화학적 성분 차이를 보여주는데, 이는 확장축화산들이 서로 다른 배관계를 가지고 있음을 나타낸다.

아이슬란드에서 중앙해령은 바다 위로 솟아 있으며, 대규모 현무암질 분출이 흔하다. 2010년에 아이슬란드 남부해안의 에이야프야틀라이외쿠틀(Eyjafjallajökull) 빙모(ice cap) 아래의 화산으로부터 나온 가장 최근의 대규모 분출은 아주 세립의 화산재를 엄청나게 뿜어내어 서부 유럽의 항공기 운항을 여러 주 동안 못하게 했다(지구문제 12.1 참조).

섭입대의 화산활동

섭입대의 가장 두드러진 양상 중의 하나는 올라타고 있는 판이 해양판이든 대륙판이든 관계없이 해양암석권인 가라앉는 판 위의 수렴 경계와 평행하게 놓이는 일련의 화산이다(그림 12.24 참조). 섭입대 화산들을 공급하는 마그마는 유체유발용융에 의해 생성되며(제4장 참조), 중앙해령에서 생성된 현무암질 마그마보다 성분 변화가 다양하다. 용암은 고철질에서 규장질이며, 즉 현무암질에서 유문암질인데 육지에서는 중성(안산암질)성분이 가장 흔하다.

위에 올라타는 판이 해양성인 곳에서는 섭입대 화산은 화산열도를 만드는데, 알래스카의 알류샨열도 및 서태평양의 마리아나열도 같은 것이다. 섭입이 대륙아래로 일어나는 곳에서는 화산과 화산암이 뭉쳐져 육지에 화산대를 이룬다. 나스카 해양판이 남아

지구문제

12.1 유럽을 덮은 화산재 구름

2010년 4월 14일 아이슬란드의 에이야프야틀라이외쿠틀 화산은 일련의 분출을 시작했는데 이는 6일 동안 유럽 서부 및 북부의 항공여행을 마비시켰다. (농담에 의하면 '에이야프야틀라이외쿠틀'은 아이슬란드어로 '아무도 발음 못하는 이름'이다. 실제 의미는 '섬–산록빙하'이다.) 이들 분출로 대부분 유럽의 큰 공항이 폐쇄되어 유럽을 오가는 많은 비행이 취소되었는데 이는 제2차 세계대전 이후 최고 수준의 항공 교통 마비를 가져왔다. 비행기가 차례대로 취소되면서 많은 사람들이 불편하게 수일을 꼼짝 못하게 되어 다른 교통 수단이나 수용시설을 찾을 수밖에 없었다. 그 분출 바로 다음 주에는 25만 명의 영국, 프랑스, 아일랜드 사람이 국외에서 발이 묶였으며, 유럽 경제에 약 20억 달러의 손실을 가져왔고, 항공 산업은 하루에 2억 5,000만 달러의 손실을 입은 것으로 추정되고 있다.

그 분출은 아주 이전에 예견되었다. 에이야프야틀라이외쿠틀 화산 내와 주변에서 지진활동이 2009년 후반에 시작되었으며, 2010년 3월 20일까지 지진의 강도와 빈도수가 증가하였는데 그날 소규모 분출이 일어났다. 두 번째 훨씬 큰 분출은 4월 14일에 일어났는데 2억 5,000만m³의 화산재를 뿜어내었다. 화산재 구름은 9,000m 높이까지 솟았으며, 오리건 세인트헬렌스의 1980년 분출만큼 크지는 않지만 제트기류에 들어가기에 충분히 높아 그 당시 아이슬란드 바로 위로 흘러갔다. 제트기류가 서쪽으로 흘러 화산재가 유럽으로 운반되었는데 대륙의 많은 부분 위로 퍼져나갔다.

대부분의 화산재는 뜨거운 마그마와 빙하 얼음 및 물의 상호작용으로 생성되어 2mm보다 작은 아주 세립질의 크기를 가진다. 이 크기의 재는 제트엔진에 끌려들어가면 제트의 고열(2,000℃까지)로 다시 녹아, 엔진 결함을 야기하는 끈적이는 용암을 만든다. 극단적인 경우에는 비행기는 말 그대로 미끄러지듯이 재

2010년 4월 16일에 찍은 이 사진에서, 아이슬란드 남부에 있는 에이야프야틀라이외쿠틀 화산이 해 질 녘에 대기 중으로 화산재를 내뿜고 있다.
[AP Photo/Brynjar Gauti.]

구름을 빠져나와야 엔진을 다시 시작할 수 있다.

에이야프야틀라이외쿠틀 분출은 단지 1개월만 지속되었다. 2010년 6월쯤에는 화산재가 거의 뿜어나오지 않았다. 그러나 아이슬란드에서 장래의 분출은 필연적이며, 유럽에 대한 그 농업적 및 환경적 영향은 잠재적으로 매우 심각하다. 현재 지질학자들은 근처의 카트라 화산을 주의 깊게 감시하고 있는데, 역사적으로 보아 이 화산의 분출은 종종 에이야프야틀라이외쿠틀 화산의 분출 이후에 뒤따라 일어났다.

메리카대륙판 밑으로 섭입하는 것을 나타내는 안데스산맥이 그 좋은 예이다.

일본 열도지역은 섭입대에서 수백만 년 동안 진화한 관입암과 분출암의 복합체에 관한 으뜸가는 예이다. 이 작은 나라의 곳곳에는 다양한 시기의 모든 종류의 분출 화성암이 있는데, 이는 고철질 및 중성 관입암, 변성 화산암, 화성암의 침식으로부터 유래한 퇴적암 등과 섞여 있다. 이런 다양한 암석의 침식은 많은 고전적인 혹은 현대적인 그림에서 표현되는 두드러진 풍경을 만드는 데 기여했다.

판 내부 화산활동 : 맨틀플룸 가설

감압용융은 확장중심에서의 화산활동을 설명하고 유체유발용융은 섭입대 위에서의 화산활동을 설명할 수 있다. 그러나 판구조론은 어떻게 판 내부 화산활동(intraplate volcanism), 즉 판 경계로부터 멀리 떨어진 곳의 화산을 설명하는가? 지질학자들은 그런 화산의 나이에서 단서를 찾았다.

열점과 맨틀플룸　하와이제도를 생각해보자. 이는 태평양판의 중앙을 가로질러 길게 뻗어 있다. 이 제도는 하와이섬의 활화산으로 시작하여 북서쪽으로 점차 오래되고, 비활동적이며, 침식되고, 바다 아래로 가라앉은 화산산맥으로 계속된다. 지진활동이 있는 중앙해령과는 대조적으로 하와이제도에는 활화산 주변을 제외하고는 빈번한 큰 지진이 발생하지 않는다. 이것은 본질적으로 지진이 없기 때문에 비지진 해령(aseismic ridge)이라 불린다. 점진적으로 오래되어가는 비지진 해령의 시작부에 있는 활화산은 태평양의 다른 지역 및 다른 큰 해양분지에서도 찾아볼 수 있다. 소시에테 군도의 남동부 끝에 있는 타히티의 활화산과 비지진 나스카 해령의 서쪽 끝에 있는 갈라파고스 군도가 그 예이다(그림 12.25 참조).

판 운동의 일반적인 패턴이 알려진 다음, 지질학자들은 이런 비지진 해령이 상대적으로 고정되어 있고 화산활동이 활발한 **열점**(hot spot)들 위로 판이 움직이면서 만드는 경로와 유사함을 보여줄 수 있었다. 이 열점들은 마치 지구맨틀에 닻을 내린 발염기와 같다고 할 수 있다(그림 12.26). 이런 증거를 근거로 그들은 열점이 **맨틀플룸**(mantle plumes)이라고 불리는 맨틀 내 깊은 곳으로부터(아마도 핵–맨틀 경계만큼 깊은) 좁은 실린더 모양으로 위쪽으로 상승하는 뜨거운 고체 물질에 의한 것이라는 가설을 세

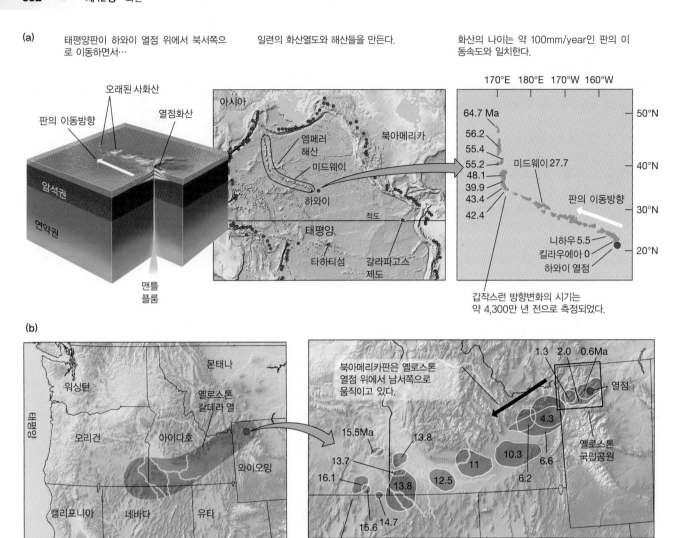

(a) 태평양판이 하와이 열점 위에서 북서쪽으로 이동하면서…　일련의 화산열도와 해산들을 만든다.　화산의 나이는 약 100mm/year인 판의 이동속도와 일치한다.

그림 12.26 열점 위에서 판의 이동은 점진적으로 오래된 화산들의 궤적을 남긴다. (a) 하와이열도와 그 북서 태평양 연장부(엠페러 해산)에 있는 화산들은 북서쪽 방향으로 가면서 점차 오래된 연령을 보여준다. (b) 점진적으로 오래된 연령을 보여주는 칼데라 열은 지난 1,600만 년 동안 북아메리카판이 대륙 열점 위에서 이동해 왔음을 나타낸다. (Ma : 100만 년 전)
[Wheeing Jesuit University/NASA Classroom of the Future.]

웠다. 이 가설에 따르면 맨틀플룸에서 위로 운반된 페리도타이트가 얕은 깊이에서 낮은 압력에 도달하면 녹기 시작하여 현무암질 마그마를 만든다. 마그마는 암석권을 뚫고 지표에 분출한다. 열점 위 판의 현재 위치는 활화산에 의해 표시되며, 판이 열점으로부터 멀어짐에 따라 비활동적이 된다. 판 운동은 이리하여 비활동적이고, 점진적으로 오래된 화산의 흔적을 남긴다. 〈그림 12.26a〉에서 보는 것처럼 하와이제도는 이 패턴에 잘 맞는다. 화산의 연대측정 자료는 하와이 열점 위로 태평양판이 움직인 속도가 연간 약 100mm임을 나타낸다.

대륙 내 판 내부 화산활동의 어떤 양상도 맨틀플룸 가설로 설명될 수 있다. 단지 63만 년 된 현대 옐로스톤 칼데라는 간헐천,

온천, 융기, 지진 등의 증거처럼 여전히 화산학적으로 활동적이다. 이것은 점진적으로 오래되고 지금은 비활동적인 일련의 칼데라들 중 가장 젊은 멤버이다. 이들은 옐로스톤 열점 위로 북아메리카판이 움직인 것을 나타낸다고 생각되고 있다(그림 12.26b). 가장 오래된 것은 오리건주의 화산지역인데, 약 1,600만 년 전에 분출하여 컬럼비아고원의 범람현무암의 일부를 만들었다. 북아메리카판은 옐로스톤 열점 위로 지난 1,600만 년 동안 연간 25mm의 속도로 남서방향으로 움직였다. 태평양판과 북아메리카판의 상대적인 운동을 설명하는 이 속도와 방향은 하와이제도로부터 유추되는 판의 운동과 일치한다.

열점궤적을 이용한 판 운동 측정 열점이 깊은 맨틀로부터 오는 플룸에 의해 닻을 내리고 있음을 가정하며, 지질학자들은 화산궤적의 지구 전체 분포를 이용하여 지구 전체의 판들이 깊은 맨틀에 대해서 상대적으로 어떻게 움직이는가를 계산할 수 있다. 그 결과는 때때로 '절대 판 운동'으로 불리며 판 사이의 상대적인 운동과는 구분된다. 열점궤적으로부터 구해진 절대 판 운동은 지질학자들이 판을 움직이는 힘을 이해하는 데 도움을 주었다. 태평양판, 나스카판, 코코스판, 인도판, 오스트레일리아판 등과 같이 그 경계의 많은 부분이 섭입되는 판은 열점에 대해서 빨리 움직이는 반면 유라시아판, 아프리카판 등과 같이 섭입하는 부분이 많이 없는 판은 천천히 움직인다. 이런 관찰은 밀도가 높고 가라앉은 판의 중력적인 인력이 판을 움직이는 중요한 힘이라는 가설을 지지한다(제2장 참조).

절대 판 운동을 재구성하기 위해 열점궤적을 사용하는 것은 최근 판 운동에 대해 잘 맞다. 그러나 오랜 기간에서 보면 많은 문제가 나타난다. 예를 들어 고정-열점가설에 따르면, 하와이 비지진 해령에 있는 4,300만 년의 연령을 보이는 예리한 굴곡[여기서부터 북쪽으로 향하는 황제 해산열(Emperor Seamount Chain)이 된다, 그림 12.26a 참조]은 태평양판 운동에 있어서 갑작스런 방향변화와 일치해야 한다. 그러나 자기등시선도(magnetic isochron maps)에서 어떠한 변화도 보이지 않아 일부 지질학자들은 고정-열점가설에 의문을 제기한다. 다른 지질학자들은 대류하는 맨틀에서 플룸은 꼭 상대적으로 고정되어 있을 필요는 없으며 변화하는 대류흐름에 의해 움직일 수 있음을 지적하였다.

대화성구 대륙 위 열극분출의 기원—컬럼비아고원 그리고 브라질-파라과이, 인도 및 시베리아의 보다 큰 현무암질 고원을 형성

한 열극분출과 같은—은 중요한 수수께끼이다. 지질기록은 수백만 입방킬로미터에 달하는 엄청난 양의 용암이 100만 년 정도의 짧은 기간에 방출될 수 있음을 보여준다.

범람현무암은 대륙에만 제한되지 않는다. 이것은 또한 뉴기니섬의 북쪽에 있는 온통자바 해저대지와 남인도양의 케르겔렌 해저대지의 주된 부분과 같은 거대한 해양대지도 만든다. 이들은 모두 지질학자들이 **대화성구**(large igneous provinces, LIP)라 부르는 예이다(**그림 12.27**). LIP는 큰 부피의 주로 고철질 분출암 및 관입암인데 그 기원은 정상적인 해저확장과는 다른 과정이다. LIP는 대륙의 범람현무암 및 관련된 관입암, 해양 현무암 대지, 그리고 열점에 의해 생성된 비지진 해령 등을 포함한다.

시베리아의 많은 부분을 현무암질 용암으로 덮었던 열극분출은 지구생물학자들에게는 특별한 관심거리이다. 왜냐하면 지질기록에서 가장 큰 대량멸종이 일어난 것과 같은 시기인 약 2억 5,100만 년 전 페름기 말에 일어났기 때문이다(제 11장 참조). 어떤 지질학자들은 그 분출이 아마도 대기를 화산가스로 오염시켜 큰 기후변화를 야기함으로써 대량멸종을 초래했을 것이라 생각한다. (이 장 끝의 '지질학 실습'을 보라.)

많은 지질학자들은 거의 모든 LIP가 맨틀플룸에 의한 열점에서 만들어졌을 것으로 믿는다. 그러나 현재 지구상에서 가장 활동적인 열점인 하와이에서 분출하는 용암의 양은 열극분출의 엄청난 분출량에 비하면 미미하다. 맨틀로부터 유래한 현무암질 마그마의 이 비정상적인 대량분출은 어떻게 설명될 수 있는가? 어떤 지질학자들은 새로운 플룸이 핵-맨틀 경계에서 상승할 때 만들어진다고 추정한다. 이 가설에 의하면 '플룸머리(plume head)'라는 뜨거운 물질의 거대하고 소용돌이치는 덩어리가 앞장서 올라간다. 이 플룸머리가 맨틀의 꼭대기에 도달하면 감압용융에 의

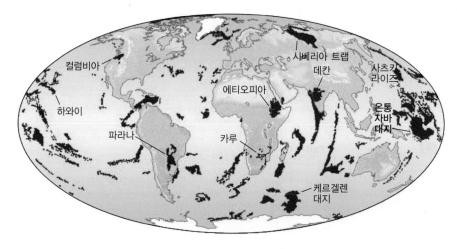

그림 12.27 대륙과 해양분지에 있는 대화성구의 세계 분포. 대화성구는 막대한 양의 현무암질 마그마가 대규모로 두껍게 쌓여 있는 지역을 말한다.
[M. Coffin and O. Eldholm, *Reviews of Geophys.* 32 (1994): 1–36, 그림 1을 따름.]

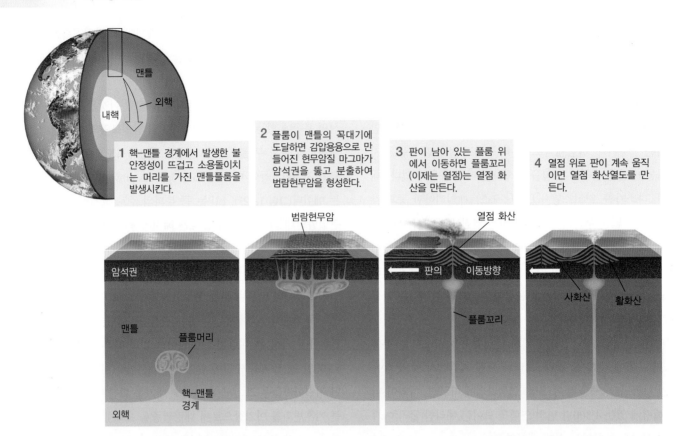

1 핵–맨틀 경계에서 발생한 불안정성이 뜨겁고 소용돌이치는 머리를 가진 맨틀플룸을 발생시킨다.

2 플룸이 맨틀의 꼭대기에 도달하면 감압용융으로 만들어진 현무암질 마그마가 암석권을 뚫고 분출하여 범람현무암을 형성한다.

3 판이 남아 있는 플룸 위에서 이동하면 플룸꼬리(이제는 열점)는 열점 화산을 만든다.

4 열점 위로 판이 계속 움직이면 열점 화산열도를 만든다.

그림 12.28 범람현무암 및 다른 대화성구의 형성에 대한 추상적인 모델. 핵–맨틀 경계로부터 뜨겁고 소용돌이치는 플룸머리를 가진 새로운 플룸이 올라온다. 플룸머리가 맨틀의 꼭대기에 도달하면 평평하게 펴지면서 거대한 양의 현무암질 마그마를 만들어내는데, 이 마그마가 분출하여 범람현무암을 형성한다.

해 엄청난 양의 마그마를 생성하여 대규모의 범람현무암을 분출하는 것이다(그림 12.28). 다른 사람들은 이 가설을 반박한다. 대륙의 범람현무암은 흔히 대륙판 내 원래 있었던 약대와 연관된 것처럼 보이는데, 이는 마그마가 상부맨틀에 국한된 대류작용에 의해 생성되는 것을 시사한다고 지적한다. LIP의 기원을 바로 밝히는 것은 최근 지질학적 연구의 가장 흥미로운 분야 중의 하나이다.

■ 화산활동과 인간의 삶

큰 화산분출은 지질학자의 학구적인 관심사 이상의 것이다. 6억 명 이상의 사람들이 분출에 영향을 받을 정도로 활화산과 가까이 살고 있다. 지질기록에서 관찰된 대규모 분출이 반복되면 문명 자체가 방해를 받거나 심지어 파괴될 수 있다. 우리는 그 위험을 줄이기 위해 화산재해를 이해해야 하는 것이다. 그러나 인간의 소비가 증가하는 세상에서 우리는 또한 광물자원, 비옥한 토양, 열에너지의 형태로 화산이 가져다주는 이익을 이해하고 감사할 필요가 있다.

화산재해

화산분출은 인간역사와 신화에 있어서 두드러진 위치를 차지한다. 잃어버린 제국 아틀란티스 신화의 근원은 에게해의 화산섬(산토리니로 알려지기도 한) 테라의 폭발이었을 것이다. 그 분출은 기원전 1623년으로 측정되었으며, 7km × 10km 직경의 칼데라를 형성하였고, 오늘날 500m 깊이까지의 초호 형태로 남아 있으며, 2개의 작은 활화산을 중심에 가지고 있다. 이 분출과 잇따른 쓰나미는 지중해 동부의 넓은 지역에 걸쳐 십수 개의 해안마을을 파괴시켰다. 어떤 과학자들은 미노아 문명의 수수께끼 같은 패망이 이 천재지변에 기인한다고 생각한다.

해수면 위로 솟아 있는 500~600개의 활화산(그림 12.25 참조) 중 적어도 1/6은 인간의 목숨을 앗아간 것으로 알려져 있다. 이 세기에 여태까지 단지 약 600명이 화산분출로 죽었는데 그중 반 이상은 인도네시아 메라피 화산의 2010년 분출에 의해서이다. 이런 운이 보다 장기적으로는 통하지 않음을 역사는 말한다. 지난 500년 동안 25만 명 이상이 화산분출로 죽었다(그림 12.29a). 화산은 여러 가지 방법으로 사람을 죽이고 재산에 피해를 가할 수 있는데, 그 일부가 〈그림 12.29b〉에 수록되어 있고 〈그림

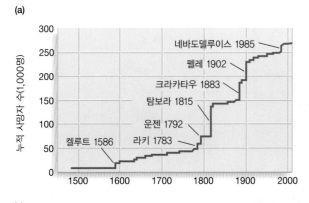

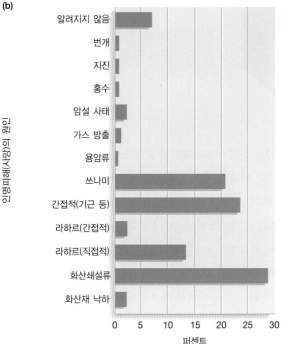

그림 12.29 (a) 서기 1500년 이후 화산분출에 의해 초래된 인명피해(사망자)의 누적 통계. 1만 명 이상의 희생자를 가져온 기록상 가장 중요한 7개의 화산분출들은 이름을 표시했다. 이들은 전체 사망자 수에서 3분의 2를 차지한다. (b) 서기 1500년 이후 화산에 의한 인명피해(사망)의 구체적 원인.
[T. Simkin, L. Siebert, and R. Blong, Science, 291 (2001): 255.]

12.30〉에 묘사되어 있다. 우리는 화산쇄설류와 쓰나미를 포함하는 이런 재해의 일부를 이미 언급한 바 있다. 화산재해의 몇 가지 추가적인 형태는 특히 관심을 끈다.

화산이류 화산분출에 의해 발생하는 가장 위험한 사건들 중 하나는 **화산이류**[또는 라하르(lahars)]라 불리는 물에 젖은 화산성 암설들의 격렬한 흐름이다. 이것은 다음과 같은 경우에 일어난다. 화산쇄설류가 강 혹은 눈 언덕을 만날 때, 화구 호수의 벽이 깨어져 갑자기 물을 방출할 때, 용암류가 빙하 얼음을 녹일 때, 혹은 많은 비로 새로운 화산재 퇴적층이 이류로 변할 때 등이다. 캘리포니아주 시에라네바다에서 화산조각의 광범위한 층은 8,000 km³의 화

산이류 기원 물질을 가지고 있는데, 이는 델라웨어주의 모든 지역에 퇴적층을 1km 이상의 두께로 덮기에 충분한 양이다. 화산이류는 거대한 암석 덩어리를 수십 킬로미터까지 운반하는 것으로 알려져 있다. 1985년 컬럼비아 지역 안데스산맥의 루이스 화산(Nevado del Ruiz)이 분출했을 때, 정상 부근의 빙하얼음이 녹으면서 야기된 화산이류는 경사를 따라 빠른 속도로 달려 50km 떨어진 아르메로 마을을 덮으면서 2만 5,000명 이상의 사람을 죽였다(그림 12.31). 만년설 빙모 아래의 화산지역에서 마그마가 거대한 양의 빙하 얼음을 녹일 때 발생하는 급격한 홍수는 흔한 위험 중의 하나이다. 이처럼 아주 유동화된 화산이류를 아이슬란드어로 유킬롭(jökulhlaup)이라고 부른다.

측면 붕괴 화산은 수천 매의 용암 혹은 화산재 혹은 둘 모두의 층으로 만들어지는데, 이는 안정된 구조를 짓는 최상의 방법은 아니다. 화산의 측면은 경사가 너무 급해 떨어져나갈 수 있다. 최근 화산학자들은 선사시대에 일어난 많은 격변적인 구조적 붕괴의 예를 발견하였는데, 화산의 큰 부분이 떨어져나가 거대한 파괴적인 산사태처럼 경사 아래로 미끄러진 것으로 아마도 지진에 의해서 일어난 것으로 생각된다. 전 세계적으로 그런 **측면 붕괴**(flank collapse)는 1세기에 약 네 번 정도의 비율로 일어난다. 세인트헬렌스 화산의 측면 붕괴는 1980년 분출 중 가장 파괴적인 부분이었다(그림 12.6 참조).

하와이 해저에 대한 조사로 하와이 해령의 수면 아래 측면에서 많은 산사태가 일어났음이 밝혀졌다. 이것이 일어날 때 그 큰 움직임은 큰 쓰나미를 일으켰을 것이다. 사실 산호를 가지는 해성 퇴적물이 하와이 한 섬의 해수면 위 약 300m에서 발견되었다. 이 퇴적물은 아마도 선사시대 측면 붕괴에 의해 생긴 거대한 쓰나미에 의해 퇴적되었을 것이다.

하와이섬에 있는 킬라우에아 화산의 남쪽 측면은 바다 쪽으로 100mm/year의 속도로 전진하고 있는데, 이는 지질학적으로 말하면 비교적 빠른 편이다. 그러나 이런 전진은 보다 걱정스럽다. 예를 들어 2000년 11월 8일 갑자기 수백 배 가속될 때이다. 운동 감지기 네트워크는 약 50mm/day의 속도로 불길하게 증가하는 것이 36시간 동안 지속된 것을 탐지하였으며, 그 후 정상적인 움직임이 재정립되었다. 그 후부터 유사한 갑작스런 증가는 그 정도가 다양하긴 하지만 2~3년에 한 번씩 관찰되었다. 언젠가 아마도 지금으로부터 수천 년 후, 그러나 아마도 그보다는 빨리 측면은 떨어져 바다로 미끄러질 것이다. 이 격변적인 사건은 쓰나

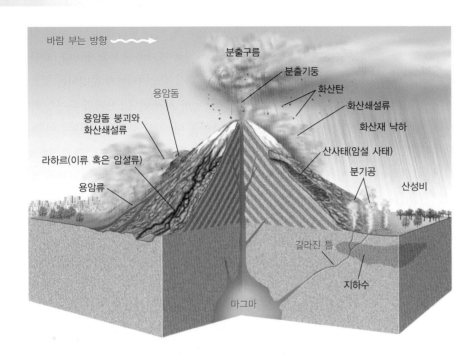

바람 부는 방향 →

분출구름

분출기둥

화산탄

용암돔

용암돔 붕괴와
화산쇄설류

라하르(이류 혹은 암설류)

용암류

화산쇄설류

화산재 낙하

산사태(암설 사태)

분기공

산성비

갈라진 틈

지하수

마그마

그림 12.30 사람을 죽이고 재산을 파괴할 수 있는
화산재해의 일부.
[B. Meyers et al./USGS.]

미를 일으킬 것이며 하와이, 캘리포니아, 다른 태평양 연안지역 등에 재앙적일 수 있다.

칼데라 붕괴 비록 흔하지는 않지만 큰 칼데라의 붕괴는 지구상 가장 파괴적인 자연현상 중 하나이다. 칼데라의 안정성을 감시하는 것은 넓은 지역의 파괴에 대한 장기적인 잠재성 때문에 매우 중요하다. 다행히 격변적인 붕괴는 역사기록 동안 북아메리카에서는 일어나지 않았다. 그러나 지질학자들은 옐로스톤 및 롱벨리 칼데라에서 발생하는 작은 지진과 그 아래에 있는 마그마 저장소 활동의 다른 징후가 증가하는 데 관심을 가지고 있다. 예를 들

어 지각 깊은 곳의 마그마로부터 토양으로 새어나오는 이산화탄소는 1992년 이래 롱벨리 칼데라의 경계에 있는 화산인 맘모스산 위의 나무를 죽이고 있다. 옐로스톤 칼데라 지역은 2004년 이래 최대 7cm/year의 속도로 솟아오르고 있으며 2008년 12월부터 2009년 1월까지 2주 동안 칼데라 중심 부근에 작은 지진이 1,000번 이상 발생하였다. 롱벨리 칼데라의 경우와 마찬가지로 이런 관찰은 지각의 중간 깊이에서 마그마가 주입된 것과 일치한다.

분출구름 그렇게 치명적이지는 않으나 비용이 많이 드는 재해는 비행기의 제트엔진을 손상시킬 수 있는 화산재 구름의 분출이다.

그림 12.31 오랫동안 휴화산이었던 네바도델루이스 화산이 1985년에 분출한 후, 콜롬비아의 아르메로는 라하르에 잠겼다.
[STF/ASP/Getty Images.]

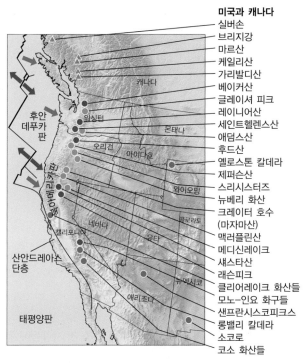

알래스카
- 리다우트 화산
- 스퍼산
- 랭겔산
- 에지컴브산
- 일리암나 화산
- 오거스틴 화산
- 카트마이 화산
- 알류샨 화산들

하와이
- 할레아칼라
- 후알랄라이
- 킬라우에아
- 마우나로아

미국과 캐나다
- 실버손
- 브리지강
- 마르산
- 케일리산
- 가리발디산
- 베이커산
- 글레이셔 피크
- 레이니어산
- 세인트헬렌스산
- 애덤스산
- 후드산
- 옐로스톤 칼데라
- 제퍼슨산
- 스리시스터즈
- 뉴베리 화산
- 크레이터 호수 (마자마산)
- 맥러플린산
- 메디신레이크
- 섀스타산
- 래슨피크
- 클리어레이크 화산들
- 모노-인요 화구들
- 샌프란시스코피크스
- 롱밸리 칼데라
- 소코로
- 코소 화산들

마지막 분출 이후 지나간 시간
- ● 1만 년 이상
- ● 1,000년 이상
- ● 0에서 300년
- ▲ 분류되지 않음

그림 12.32 미국과 캐나다에서 잠재적으로 위험한 화산들의 위치. 미국 내 화산들은 마지막 분출 이후 지나간 시간에 따라 색깔로 표시되어 있다—가장 최근에 분출한 것들이 가장 우려되는 것으로 생각되고 있다(이 분류는 연구가 진행됨에 따라 수정될 수 있으며, 캐나다 화산에 대한 것은 알려져 있지 않다). 캘리포니아 북부에서 브리티시컬럼비아까지 뻗어 있는 화산들이 북아메리카판과 후안데푸카판 사이의 수렴 경계와 밀접한 관련이 있음에 주목하라.
[R. A. Bailey, P. R. Beauchemin, F. P. Kapinos, D. W. Klick/USGS에 따름.]

60편 이상의 상업적인 비행기가 그런 구름으로 손상되었다. 한 보잉747은 일시적으로 4개의 엔진 모두가 꺼졌는데, 알래스카에 있는 분출하는 화산으로부터 나온 재가 엔진에 빨려들어가 이를 꺼지게 했기 때문이다. 다행히 조종사는 비상착륙을 할 수 있었다. 비행항로 근처에서 분출구름에 대한 경고는 이제 여러 나라에서 나오고 있다. 아이슬란드에서 2010년 4월과 5월에 있었던 에이야프야틀라이외쿠틀 분출은 북대서양 항공 교통을 마비시켜 상업 항공업에 수십억 달러 이상의 손실을 가져왔다(지구문제 12.1 참조).

화산재해 위험 줄이기

오늘날 전 세계적으로 약 100개의 고위험 화산이 있고 약 50개의 화산은 매년 분출한다. 화산분출은 막을 수 없으나 그 천재지변적 효과는 과학과 계몽적인 공공정책으로 현저하게 줄일 수 있다. 화산학은 우리가 세계의 위험한 화산을 식별하고 과거 분출로 쌓인 퇴적층으로부터 그 잠재적 재해를 규정지을 수 있을 정도로 발전해왔다. 미국과 캐나다에 있는 몇몇 잠재적으로 위험한 화산이 그림 12.32에 표시되어 있다. 그들의 위험성에 대한 평가

그림 12.33 워싱턴주의 타코마에서 바라본 레이니어산
[Patrick Lynch/Alamy.]

12.2 세인트헬렌스 화산 : 위험하나 예측 가능한 화산

태평양 북서부의 캐스케이드산맥에 있는 세인트헬렌스산은 미국에서 가장 활동적이고 폭발적인 화산이다(그림 12.6 참조). 이것은 4,500년 역사의 파괴적인 용암류, 뜨거운 화산쇄설류, 화산이류, 먼 곳까지의 화산재 강하 등을 기록하고 있다. 1980년 3월 20일을 시작으로 화산 아래에 일련의 소규모 내지 중규모의 지진이 123년간의 휴식 후 새로운 분출이 시작됨을 알렸기 때문에 미국지질조사소는 공식적인 재해 경보를 냈다. 일주일 후 꼭대기의 새로 열린 화구로부터 처음으로 화산재와 증기가 뿜어나왔다.

4월 내내 지진진동이 증가하여 마그마가 산꼭대기 밑으로 움직였다는 것을 지시하고 기기들은 북동쪽 측면의 불길한 부풀림 탐지하였다. 미국지질조사소는 보다 심각한 경보를 내렸고 사람들이 화산 근처에서 나오도록 명령을 내렸다. 5월 18일, 주 분출이 갑자기 시작되었다. 큰 지진이 산 북쪽의 붕괴를 유발한 것으로 보이는데 기록된 것 중 가장 큰 산사태를 초래했다. 암석 조각의 큰 사태가 산 아래로 떨어지면서 높은 압력의 가스와 증기가 엄청난 측면 폭발로 방출되었는데 이는 산의 북쪽 사면을 날려버렸다.

미국지질조사소 지질학자 David A. Johnston은 북쪽으로 8km 떨어진 관측점에서 화산을 모니터하고 있었다. 그가 마지막 남긴 메시지 "벤쿠버, 벤쿠버, 바로 이거야."가 전파를 타기 전에 그는 전진하는 폭발을 보았음에 틀림없다. 북쪽으로 향한 초가열된(500℃) 재, 가스, 증기의 덩어리는 터진 곳으로부터 태풍과 같은 힘으로 표효했는데, 화산으로부터 20km 바깥쪽으로 30km 폭에 해당되는 지역을 황폐화시켰다. 수직분출은 하늘로 25km의 화산재 플룸을 보냈는데 이는 상업제트여행기의 비행고도보다 두 배나 높은 것이다. 화산재 구름은 당시 불어온 바람을 따라 동쪽 및 북동쪽으로 흘러, 동쪽으로 250km까지 정오에 암흑을 가져왔고, 워싱턴주, 아이다오스트레일리아 북쪽, 몬태나주 서부의 대

부분에 10cm 두께의 재를 퇴적시켰다. 이 폭발 에너지는 약 2,500만의 TNT에 해당된다. 화산의 정상부는 파괴되었으며, 그 높이는 400m가량 줄었으며 그 북쪽 사면은 사라졌다. 사실상 이 산은 움푹 파졌다.

지진과 마그마 활동은 1980년 분출 이래 간헐적으로 계속되었다. 10년 이상 비교적 조용하게 지난 후 화산은 2004년 9월에 다시 깨어나 일련의 소규모 증기와 재를 분출하였는데 2005년에도 계속되었다. 중앙부 화산돔의 성장은(그림 12.14b 참조) 현재의 분출활동이 앞으로 좀더 계속될 수 있음을 시사한다.

는 토지 이용을 제한하는 지역규제법규에 대한 지침으로 사용될 수 있는데, 이는 재산 손실과 인명피해를 막을 수 있는 가장 효과적인 조치이다.

그런 연구는 레이니어 화산이 인구 밀집 도시인 시애틀과 타코마에 가까이 있기 때문에 아마도 미국에서 가장 큰 화산위험을 줄 수 있음을 지시한다(그림 12.33). 적어도 8만의 인구와 그들의 집들이 레이니어산의 화산이류 재해지대 내에 위치하고 있어 위험에 처해 있다. 하나의 화산분출은 수천 명의 목숨을 앗아갈 수 있으며 태평양 북서부 지역의 경제를 마비시킬 수 있다.

분출예측 화산분출은 예측될 수 있는가? 많은 경우에 그 답은 '예'이다. 감시 장치는 지진, 화산의 부풀림, 임박한 분출을 경고하는 가스 분출 등의 신호를 탐지할 수 있다. 관계 당국이 조직적으로 대비한 경우 위험에 처한 사람을 대피시킬 수 있다. 세인트

헬렌스 화산을 모니터한 과학자들은 1980년 분출 전 사람들에게 미리 경고할 수 있었다(지구문제 12.2 참조). 정부의 하부조직은 경고를 평가하고 대피명령을 강화할 수 있게 짜여 있었기 때문에 소수의 인명피해만 있었다.

또 다른 성공적인 경고는 1991년 6월 15일 필리핀 피나투보 화산의 격변적인 분출 며칠 전에 발령되었다. 25만 명이 대피하였고 그중에는 근처 미국 클라크 공군기지의 1만 6,000명 주민도 포함되었는데 그 기지는 분출로 크게 손상되어 이후 영구적으로 버려졌다. 앞에 있는 모든 것을 파괴하는 화산이류로부터 수만 명의 사람들이 구제되었다. 인명피해는 대피명령을 무시한 몇 명에게만 제한되었다. 1994년 파푸아뉴기니에 있는 라바울의 3만 명의 주민들은 마을 양쪽에 있는 두 화산이 터지기 수 시간 전에 육지와 바다로 성공적으로 대피하였는데, 그 분출은 마을의 거의

1980년 5월 18일, 세인트헬렌스 화산의 분출은 성층권으로 화산재 기둥을, 북쪽으로 사태와 폭발파를 보냈다.

(5월 17일 오후 3시) 분출 전날 세인트헬렌스산의 모습. 화산의 북쪽은 지난 2개월간 얕은 곳으로 관입한 마그마에 의해 바깥쪽으로 불거져 있다.
[Keith Ronnholm.]

(5월 18일 오전 8시 33분) 지진과 대규모 산사태가 화산의 뚜껑을 열어, 화산재 기둥과 강력한 측면 폭발파를 방출하였다.
[Keith Ronnholm.]

대부분을 파괴시키고 피해를 주었다. 많은 사람들이 생명을 구한 것은 대피훈련을 행한 정부와, 마그마가 지표로 움직이는 것을 나타내는 땅의 떨림을 지진계가 기록할 때 경고를 발한 지역 화산관측소의 과학자들 덕택이다.

분출의 조절　우리는 과연 실제로 화산분출을 조절하는 데까지 갈 수 있는가? 큰 화산은 우리의 조절 능력을 초라하게 할 정도의 규모로 에너지를 방출하기 때문에 그럴 것 같지는 않다. 그러나 특별한 상황과 작은 규모에서는 피해를 줄일 수 있다. 화산활동을 관리한 가장 성공적인 시도는 아마도 1973년 1월 아이슬란드의 헤이마에이(Heimaey)섬에서일 것이다. 전진하는 용암에 바닷물을 뿌림으로써 아이슬란드 사람들은 용암류를 식히고 그 속도를 늦추어 용암이 항구 입구를 막고 몇몇의 집이 부서지는 것을 피할 수 있었다. 그러나 가장 좋은 노력은 보다 훌륭한 경고

및 대피체계의 확립과 잠재적으로 위험한 지역의 정착을 보다 엄격하게 제한하는 것일 것이다.

화산으로부터의 천연자원

이 장에서 우리는 화산의 미적 측면과 그 파괴적 측면을 보았다. 그러나 화산은 인간의 삶의 질에 비록 대부분 간접적이기는 하나 여러 가지 방법으로 기여한다는 것을 잊지 말아야 할 것이다. 화산물질에서 유래한 흙은 그 광물의 영양분 때문에 아주 비옥하다. 또한 화산암, 가스, 증기 등은 중요한 산업물질과 화학물질의 근원인데, 이에는 부석, 붕산, 암모니아, 유황, 이산화탄소, 약간의 금속 등이 있다. 열수활동은 비교적 희귀한 원소—특히 금속—를 농집하고 있는 특별한 광물을 침전시켜 경제성이 큰 광상을 만든다. 중앙해령 속으로 순환하는 바닷물은 광상을 형성하고 바닷물의 화학균형을 유지하는 데 있어서 중요한 요인이다.

구글어스 과제

가장 장엄하면서도 위험한 화산 중의 일부는 섭입대 위의 호상열도와 화산대에 나타난다. 구글어스는 이들 화산의 크기와 모양을 관찰하기 좋은 도구이다. 우리는 이것을 이용하여 유명한 예 중 하나인 일본의 혼슈섬에 있는 후지산을 조사할 것이다.

위치 일본 후지산과 쿠릴열도의 사리체프 피크
목표 활동 성층화산의 크기와 형태를 관찰
참고 그림 12.14

일본 후지산의 구글어스 전망

Image © 2009 DigitalGlobe, Image © 2009 TerraMetrics, Image © 2009 Digital Earth Technology, Image © 2009 GeoEye

1. 구글어스 검색창에 'Mt. Fuji, Japan'을 입력하라. 여기에 도착하면 시야틀을 북쪽으로 기울여 수 킬로미터의 '내려다보는 높이'에서 산의 지형을 관찰하라. 커서를 이용하여 해수면에서 꼭대기까지의 높이를 측정하라. 아래 중 어느 것이 후지산의 전반적인 모양을 가장 잘 기술하는가?

   a. 지구표면에 있는 큰 선형의 열극

   b. 기복이 낮고 아주 넓은 순상화산

   c. 가파른 측면을 가진 낮은 분석구

지하증온율이 큰 어떤 지역에서는 지구내부의 열이 집의 난방과 전기 생산에 쓰일 수 있다. **지열에너지**(geothermal energy)는 물이 지하 수백 혹은 수천 미터 아래의 뜨거운 암석[열저장소(heat reservoir)]을 통과하며 가열되는 것에 달려 있다. 뜨거운 물 혹은 증기는 이 목적으로 뚫은 시추공을 통해 지표로 가져올 수 있다. 보통 물은 암석 내 갈라진 틈을 따라 내려 스며드는 자연의 지하수이다. 때때로 지표에서 펌프를 이용하여 인공적으로 주입되기도 한다.

d. 높고 가파른 측면을 가진 성층화산

2. 후지산과 그 주변 지역을 관찰한 것에 근거할 때 여러분이 화산을 바라보고 있음을 확신시켜주는 단 하나의 특징은 무엇인가?

   a. 산비탈에 존재하는 나무의 수와 눈의 양

   b. 산꼭대기에 있는 화구의 존재

   c. 산사면의 가파른 경사와 남쪽 사면의 큰 산사태

   d. 산이 일본 해안에 가까우나 중국으로부터 멀리 떨어져 있음

3. 후지산을 여러 각도에서 관찰한 특징을 고려할 때 위성사진이 찍힐 당시에 후지산의 화산활동 수준은 어떻게 분류될 수 있는가?

   a. 화산 주변의 침식된 경관지형의 모습은 사화산임을 지시한다. 눈의 존재는 이 결론을 더욱 지지한다.

   b. 급경사, 둥근 모양, 윤곽이 분명한 화구는 최근에 화산활동이 있었음을 지시한다. 그러나 화구 주변부의 많은 눈은 화산이 현재 분출하고 있지 않음을 시사한다.

   c. 급경사, 둥근 모양, 윤곽이 분명한 화구는 주 정상부의 설원 위에 있는 신선한 용암과 더불어 화산이 활동적이며 현재 분출하고 있음을 지시한다.

   d. 급경사, 윤곽이 분명한 화구는 활동한 적이 있는 화산임을 시사하나 신선한 용암의 부재와 눈의 존재는 사화산임을 지시한다.

4. 지구상에서 가장 큰 도시 중의 하나인 일본의 도쿄는 1,200만 이상의 인구를 가지고 있다. 후지산이 도쿄에 미치는 재해를 평가하기 위해, 탁월풍(우세한 바람)이 대규모 분출로부터 방출된 화산재 구름을 동쪽으로 불어 화산으로부터 100km 이상 떨어진 곳까지 1m에 달하는 화산재를 떨어뜨린다고 가정하라. 화산으로부터 도쿄 도심지까지의 거리와 방향을 계산하라. 아래 중 어느 것이 이 정보와 가장 잘 일치하는가?

   a. 후지산은 도쿄로부터 너무 떨어져 있어 심각한 재해를 주기 힘들다.

   b. 화산은 도쿄에 심각한 재해를 줄 수 있다. 왜냐하면 화산이 도시에 가깝고, 탁월풍이 분출구름을 도시 방향으로 불어 보낼 가능성이 크기 때문이다.

   c. 화산은 도쿄에 중간 정도의 재해를 준다. 가깝기는 하나 탁월풍이 분출구름을 도시와는 다른 방향으로 불려 보낼 가능성이 높다.

   d. 후지산은 사화산이고 분출하지 않을 것으로 기대되기 때문에 도쿄에는 재해가 없을 것이다.

선택 도전문제

5. '내려다보는 높이'를 3,000km로 높여 축소하라. 후지산의 동쪽으로 섭입대를 표시하는 심해저 해구를 찾아라. 섭입대를 따라 북동쪽으로 이동하면 러시아의 쿠릴열도에 있는 마투아(Matua)섬을 만나게 될 것이다. 이 섬에서 가장 두드러진 지형인 사리체프 피크(Sarychev Peak)는 쿠릴열도에서 가장 활동적인 화산 중의 하나이다. 이 화산의 높이를 측정하고, 그 특징을 관찰하라. 다음 중 어느 것이 여러분이 관찰한 것을 잘 기술하는가?

   a. 사리체프 피크는 호상열도 화산이다. 후지산보다 작지만 보다 활동적이다.

   b. 사리체프 피크는 대륙화산대에 위치하고 있다. 후지산보다 작으며 덜 활동적이다.

   c. 사리체프 피크는 중앙해령 화산이다. 후지산보다 크고 더 활동적이다.

   d. 사리체프 피크는 열점 순상화산이다. 후지산보다 작으나 현재 더 활동적이다.

여태까지 지열에너지의 가장 풍부한 근원은 80~180℃의 온도로 가열된 천연지하수이다. 이런 비교적 낮은 온도의 물은 거주, 상업, 산업공간을 덥히는 데 이용되고 있다. 파리 퇴적분지에 있는 열저장소로부터 끄집어낸 더운 지하수는 현재 약 2만 이상의 가구에 열을 공급한다. 아이슬란드의 수도 레이캬비크는 대서양 중앙해령 꼭대기에 있는데 거의 전적으로 지열에너지에 의해 가열된다.

온도가 180℃가 넘는 지열저장고는 전기를 발생시키는 데 유

용하다. 이는 최근 화산활동 지역에서 뜨겁고 건조한 암석, 천연 열수, 혹은 천연증기 등으로 주로 존재한다. 끓는 점 이상의 천연수와 천연증기는 매우 소중한 자원이다. 천연증기로 발전하는 세계 최대의 시설은 샌프란시스코 북쪽 120km에 위치한 '더 가이저스'이다. 이곳은 현재 600MW 이상의 전기를 생산하고 있다(그림 12.34). 약 70개의 지열 발전시설이 캘리포니아, 유타, 네바다, 하와이에서 작동하며 2,800MW의 에너지를 생산하는데 이는 약 100만 명에게 공급하기에 충분한 것이다.

그림 12.34 '더 가이저스'는 세계에서 가장 큰 천연증기 공습처 중의 하나이다. 지열에너지는 120km 남쪽의 샌프란시스코에 공급할 전기로 전환된다.
[© Charles E. Rotkin/Corbis.]

요약

화산퇴적물의 주된 유형은 어떤 것들이 있는가? 용암은 실리카와 다른 광물의 함량에 따라 현무암질(고철질), 안산암질(중성), 유문암질(규장질)로 분류된다. 현무암질 용암은 비교적 유동적이어서 자유롭게 흐른다. 안산암질 및 유문암질 용암은 보다 점성질이다. 용암은 화산쇄설물과는 다르다. 후자는 폭발적인 분출로 만들어지며 먼지 입자부터 집채 크기의 화산탄까지 다양한 크기를 가지고 있다.

화산지형은 어떻게 만들어지는가? 마그마의 화학성분과 가스 함량이 화산의 분출유형과 그 결과 지형의 모양에 중요한 요인이다. 순상화산은 중심화도로부터 현무암질 용암의 반복적인 분출로 성장한다. 안산암질 및 유문암질 용암은 폭발적으로 분출하는 경향이 크다. 분출된 화산쇄설물은 분석구로 쌓일 수 있다. 성층화산은 용암류와 화쇄퇴적물의 교호하는 층으로 이루어져 있다. 큰 마그마 저장소로부터 급속한 마그마 분출은 마그마 저장소 지붕의 붕괴에 이어 칼데라로 불리는 큰 표면 함몰대가 생기게 한다. 현무암질 용암은 중앙해령을 따라 그리고 대륙에서 열극으로부터 분출할 수 있다. 대륙에서는 지형 위로 시트 모양으로 흘러

범람현무암을 형성한다. 열극으로부터의 화쇄분출은 넓은 지역을 화산회류 퇴적물로 덮을 수 있다.

화산활동의 전 지구적 패턴은 판구조론과 어떻게 관련되어 있는가? 해양지각을 이루는 거대한 부피의 현무암질 마그마는 감압용융에 의해 생성되고 중앙해령의 확장중심에서 분출한다. 안산암질 용암은 해양-대륙 섭입대의 화산대에서 가장 흔한 유형이다. 유문암질 용암은 규장질 대륙지각의 용융에 의해 생성된다. 판 내부에서는 열점 위에 현무암질 화산활동이 일어나는데 이는 상승하는 뜨거운 맨틀물질의 플룸을 나타내는 것이다.

화산활동의 재해와 유익한 효과에는 어떤 것들이 있는가? 사람을 죽이고 재산을 축내는 화산재해에는 화산쇄설류, 쓰나미, 화산이류, 측면 붕괴, 칼데라 붕괴, 분출구름, 화산재 강하 등이 있다. 화산분출은 지난 500년 동안 약 25만 명을 죽였다. 긍정적인 측면으로는 화산물질은 비옥한 토양을 생산하고, 열수과정은 많은 경제적으로 소중한 광물광상을 만드는 데 중요하다. 열수활동 지역에서 추출된 지열은 일부 지역에서 유용한 에너지 자원이다.

주요 용어

각력암	순상화산	응회암	화산쇄설류
다이아트림	안산암질 용암	지열에너지	화산이류
대화성구	열극분출	칼데라	화산 지구시스템
맨틀플룸	열수활동	현무암질 용암	화산회류층
범람현무암	열점	화구	
성층화산	유문암질 용암	화산	

지질학 실습

시베리아 트랩은 명백한 증거인가?

페름기 말 대량멸종은 2억 5,100만 년 전으로 측정되었는데 이는 제8장에서 기술된 것처럼 고생대에서 중생대로 넘어가는 시기 즉 경계를 나타낸다. 현생누대에서 가장 큰 대륙 화산분출의 산물인 시베리아 범람현무암도 마찬가지로 2억 5,100만 년 전으로 측정되었다. 이것은 우연인가? 혹은 범람현무암의 분출이 페름기 말 대량멸종을 야기했는가?

시베리아 분출의 크기와 속도를 고려해보자. 시베리아 트랩이라 불리는 이 범람현무암의 지질도 작성으로 이들이 한때 시베리아 탁상지와 지괴의 많은 부분에 걸쳐 뻗쳐 있었음을 볼 수 있는데 이는 400만km^2을 초과하는 것이다. 비록 많은 부분이 침식되고 혹은 젊은 퇴적물 아래 묻혔으나 현무암의 전체 부피는 원래 200만km^3를 넘었음에 틀림없고 400만km^3였을 수도 있다. 동위원소 연대측정은 이들 현무암이 약 100만 년 동안에 걸쳐 분출되었음을 나타내는데, 평균 분출속도 2~4km^3/year을 의미한다.

이 분출속도가 실제 어느 정도 큰가를 알기 위해 빠르게 벌어지는 판 경계의 화산활동과 비교해볼 수 있다. 해양지각 전체를 만들기 위해서는 중앙해령을 따라 충분한 양의 현무암이 분출하여야 한다. 따라서 해저확장의 속도는 아래 식으로 주어진다.

생성속도 = 확장속도 × 지각두께 × 해령길이

우리가 오늘날 볼 수 있는 가장 빠른 확장속도는 적도 부근의 동태평양 해령을 따라서이다. 여기서는 태평양판이 나스카판과 평균 약 140mm/year 즉 1.4×10^{-4}km/year의 속도로 분리되고 있는데 평균 7km 두께의 현무암 지각을 만들고 있다. 태평양-나스카판 경계의 길이는 약 3,600km이므로 확장중심을 따른 생성속도는 다음과 같다.

1.4×10^{-4}km/year × 7km × 3,600km = 3.5km^3/year

이 계산으로부터 시베리아 현무암 분출속도는 현재 지구상 가장 큰 마그마 공장인 태평양-나스카 전체 판 경계의 그것과 맞먹는 것임을 알 수 있다!

태평양-나스카판 경계 위의 적도 바다를 항해하며 그 깊은 아래에 있는 마그마 활동을 전혀 모를 수 있다. 해저확장에 의해 생성되는 마그마의 대부분은 현무암 암맥과 해양지각의 괴상 반려암을 만든다(그림 4.15 참조). 해저로 분출하는 현무암은 바닷물에 의해 빨리 식어 베개 용암을 만들며, 방출된 가스는 바다에 녹아든다.

그러나 만약 2억 5,100만 년 전의 시베리아를 방문했다면 아마도 그렇게 편안하지는 않았을 것이다. 시베리아 현무암은 대륙지각의 열극을 통해서 육지표면으로 직접 분출하였을 것이고 이는 수백만 제곱킬로미터를 범람시켰을 것이다. 이 예외적으로 빠른 용암분출은 거대한 화쇄층을 낳았을 것인데 이는 컬럼비아고원의 것과 같은 전형적인 범람현무암 분출보다 훨씬 컸을 것이다. 또한 엄청난 양의 화산재와 이산화탄소, 메탄 가스가 포함된 가스를 대기에 방출했을 것이다. 그러한 분출은 지구기후를 변화시켜 페름기 말 대량멸종을 야기했을 것이다. 이 대량멸종은 당시 살던 종의 95%를 사라지게 했다(제11장 참조).

일부 지질학자들은 페름기 말 대량멸종이 아마도 지구표면에 플룸머리가 갑자기 도착함으로써 야기된 심한 시베리아 화산활동의 산물임을 수년간 주장해왔다(그림 12.28 참조). 다른 학자들은 운석충돌 혹은 바다로부터 급작스런 가스의 방출 등 대체 가설을 선호해왔다. 그러나 보다 진보된 최근의 동위원소 연대측정은 시베리아 화산활동이 페름기 말 대량멸종의 기간 동안 혹은 바로 직전에 일어난 것임을 보였다. 이 두 극단적인 사건이 아주 잘 일치한다는 발견은 훨씬 많은 지질학자들이 시베리아 트랩이

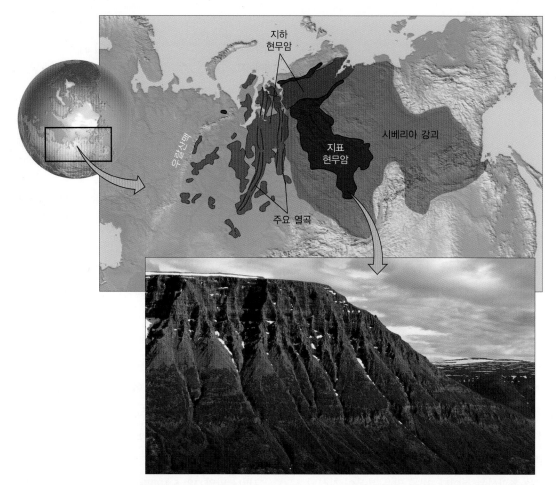

시베리아 트랩은 알래스카의 거의 2배 면적에 달하는 지역을 덮고 있는 범람현무암이다. 시베리아 강괴 위에 노출된 현무암은 두께가 6km 이상에 달하며, 2억 5,100만 년 전에 분출한 이후 심하게 침식되어왔다. 이 범람현무암의 방대한 지역이 시베리아 탁상지의 퇴적층 아래에 묻혀 있다.
[Sergey Anatolievich Pristyazhnyuk/12.3RF.com]

지구역사상 가장 큰 학살 사건 뒤의 명백한 증거임을 믿게 했다.

추가문제 : 하와이제도의 가장 동쪽 하와이섬은 약 10만km³ 부피의 암석으로 이루어져 있는데 지난 100만 년에 걸친 일련의 현무암 분출에 의해 형성되었다. 하와이 현무암의 생성속도를 계산하고 시베리아 트랩의 그것과 비교하라. 어떤 길이의 나스카−태평양판 경계가 하와이 열점에서의 생성속도와 동등하게 현무암을 생산하는가?

연습문제

1. 지구표면 전체로 볼 때 감압용융 혹은 유체유발용융 중 어느 것이 더 많은 화산암을 만드는가? 두 작용 중 어느 것이 보다 위험한 화산을 만드는가?

2. 마그마와 용암의 차이는 무엇인가? 마그마가 용암을 이루지 못하는 지질상황을 기술하라.

3. 화산암의 세 가지 주된 유형과 그 관입암 형태는 무엇인가? 킴벌라이트가 이들 세 가지 유형 중 하나인가?

4. 〈그림 12.10〉에 있는 아레날 화산의 화산유형은 무엇인가?

5. 대부분의 화산활동은 판 경계 근처에서 일어난다. 어떤 종류의 판 경계가 많은 양의 유문암질 용암을 만들 수 있는가?

6. 어떤 증거가 옐로스톤 칼데라가 맨틀열점에 의해 만들어졌다는 것을 시사하는가?

7. 과학자들은 어떻게 화산분출을 예측하는가?

생각해볼 문제

1. 이 장의 서두에 기술되어 있는 것과 같은 옐로스톤 유형의 칼데라 분출은 문명에 어떤 영향을 끼쳤겠는가?

2. 화산과 화산암을 연구함으로써 지질학자가 지구내부에 관해 배운 몇 가지 예를 들라.

3. 왜 성층화산의 분출은 일반적으로 순상화산의 분출보다 더 폭발적인가?

4. 지질조사 중 모래주머니가 쌓여 있는 평원과 닮은 화산층을 마주쳤다. 각각의 타원체 모양은 매끄러운 유리질 표면 조직을 가지고 있다. 이것은 어떤 용암유형인가? 또 이것은 그 역사에 관해서 어떤 지식을 주는가?

5. 왜 하와이제도의 북서쪽에 있는 화산들은 휴화산인 반면 남동쪽에 있는 것들은 보다 활동적인가?

6. 화산 지구시스템과 기후시스템의 상호작용은 어떻게 화산재해를 증가시키는가?

매체지원

 12-1 애니메이션 : 화산의 유형

 12-2 애니메이션 : 크레이터 호수의 진화

 12-3 애니메이션 : 쉽락의 형성

 12-4 애니메이션 : 화산활동과 판구조론

 12-1 비디오 : 북부 애리조나의 분석구 - 선셋 화구와 SP 화구

 12-2 비디오 : 크레이터 호수 - 캐스케이드산맥의 칼데라

 12-3 비디오 : 에트나산 - 유럽의 가장 활동적인 화산

 12-4 비디오 : 뉴질랜드의 화이트섬 - 열수 지형

 12-5 비디오 : 뉴질랜드의 화이트섬 - 태평양의 성층화산

 12-6 비디오 : 나폴리 메트로폴리스

 12-7 비디오 : 베수비오 화산과 서기 79년의 플리니식 분출

 12-8 비디오 : 에올리에제도

 12-9 비디오 : 하와이 - 열점과 화산들

 12-10 비디오 : 하와이 용암류

2011년 도호쿠 지진(동일본 대지진이라고도 부름)에 의하여 발생한 쓰나미가 파괴적인 해파로부터 미야코시를 보호하기 위하여 세운 방파제를 넘어서 몰려오고 있다.
[AP Photo/Mainichi Shimbun, Tomohiko Kano.]

지진의 위험과 피해

13

지진은 여러 자연재해들과 마찬가지로 우리의 생명과 재산에 많은 피해를 가져온다. 우리의 연약한 '구축환경(built environment)'—자연환경에 인위적인 조성을 가해 만들어낸 환경—은 필연적으로 지구의 활동적인 지각 위에 놓여 있기 때문에 지진과 지면붕괴, 산사태, 쓰나미와 같은 지진의 2차적인 현상에 극히 취약하다. 지난 세기에 일어난 일부 대규모 지진들은 자연의 파괴력을 통감케 하는 사례들이다.

1906년 4월의 화창한 아침에 북부 캘리포니아의 주민들은 산안드레아스 변환단층이 깨어지면서 발생한 굉음과 격렬한 흔들림에 놀라 잠에서 깨어났다. 이 지진은 그때까지 미국에서 발생한 지진 중 가장 파괴력이 큰 지진이었다. 이 지진으로 인하여 발생한 화재는 샌프란시스코시를 폐허로 만들었으며, 화재가 진압될 때까지 약 3,000명의 주민들이 목숨을 잃었다(그림 13.1).

그로부터 거의 100년 후인 2004년 12월 26일에 인도네시아의 수마트라섬 서쪽에서 매우 큰 규모의 단층(섭입대 메가스러스트단층)이 이동하여, 해저가 치켜 올라오면서 인도양을 쓸고 지나가는 대규모의 쓰나미를 발생시켰다. 이 거대한 해일로 태국에서부터 아프리카에 걸쳐 해안에 거주하는 22만 명 이상 주민들이 익사했다. 2011년 3월 11일에 일본 외해에서 또 다른 메가스러스트단층이 파열되면서, 이 장의 첫 페이지의 그림에서 보는 것과 같이 더 큰 규모의 쓰나미가 발생하여 거의 2만 명의 사람들이 물에 빠져 죽었다. 1906년부터 현재까지 지진으로 인하여 전 세계적으로 200만 명 이상이 목숨을 잃었다.

지진으로 인한 재앙을 막기 위하여, 과학자들은 지진이 언제 어디에서 발생하는지와 지진이 발생하였을 경우 무슨 일이 일어나는지에 대하여 오랫동안 연구해왔다. 그 결과, 지진활동을 판구조운동의 기본시

스템을 통하여 이해할 수 있게 되었다. 그러므로 지진으로 인한 위험을 줄이기 위해서는 지질학적으로 활동적인 지구에 대한 기본적인 이해가 필요하다.

　이 장에서는 지진이 발생하는 동안 무슨 일이 일어나고, 지구과학자들이 어떻게 지진이 발생한 장소를 찾아내고, 지진의 규모를 측정하고, 지진으로 인한 인명 및 재산피해를 줄이기 위하여 무엇을 하여야 하는지에 대하여 공부할 것이다. 우리는 아직 대규모 지진이 언제 발생하는지를 정확히 예측할 수는 없으나, 지진으로 인한 피해를 줄이는 대책은 마련할 수 있다. 지구과학자들은 지질학적 지식을 활용하여 대규모 지진이 발생할 수 있는 지역을 확인하고, 건물 · 댐 · 다리 등과 같은 구조물들이 지진에 견딜 수 있도록 공학기술자들과 공동으로 설계하고, 지진의 위험에 노출된 지역들이 지진에 대비하고 대응할 수 있도록 도움을 줄 수 있다.

■ 지진이란 무엇인가?

제7장에서 보았듯이 암석권으로 이루어진 판들이 이동을 하면, 이들 판의 경계에 거대한 힘이 작용한다. 이렇게 단단한 지각에 가해지는 힘은 응력, 변형, 강도의 개념으로 설명할 수 있다. 응력(stress)은 암석을 변형시키는 단위 면적당 가해진 힘이다. 변형(strain)은 응력에 대한 상대적인 변형량으로서, 찌그러짐의 비율로 나타낸다(예 : 암석의 길이가 1% 압축됨). 암석은 그들에 가해진 응력이 임계값을 넘어서는 순간 파쇄—응집력을 잃고 둘 이상으로 깨어짐—되는데, 이 값을 암석의 강도(strength)라 한다.

지진(earthquake)은 응력을 받고 있는 암석이 단층면을 따라 갑자기 파쇄(이동)될 때 발생한다. 대부분의 큰 지진들은 과거에 발생한 지진으로 인하여 이미 약해진 암석들로 이루어진 기존 단층면의 파열(이동)에 의하여 발생한다. 단층의 양쪽 측면에 있는 두 지괴가 갑자기 이동을 하면 지진파의 형태로 에너지가 방출되는데, 우리는 이를 땅의 흔들림으로 느낀다. 단층이 이동을 하면 응력이 감소되고, 응력이 암석의 강도 이하의 값으로 떨어진다. 지진이 발생한 이후에는 응력은 다시 증가하다가, 결국 또 다른 큰 지진을 발생시킨다. 이렇게 지진을 반복적으로 발생시키는 단층을 활성단층(active faults)이라고 부르며, 이들 활성단층은 판들의

그림 13.1 1906년 4월 18일에 샌프란시스코에서 지진이 발생하고 5주 후에, 조지 로렌스(George Lawrence)가 열기구를 타고 찍은 이 사진은 지진과 화재로 완전히 파괴된 도시의 모습을 보여준다. 노브힐(Nob Hill) 지역에서 도시 중심을 바라본 장면.
[Corbis.]

이동으로 인한 응력으로 변형이 심한 판의 경계부 지역에 주로 분포하고 있다.

탄성반발설

1906년에 샌프란시스코를 폐허 상태로 만든 산안드레아스 단층에서 발생한 지진은 그 당시까지 발생한 어떤 지진보다도 많은 연구가 수행되었다. 이 단층을 가로질러 지반의 변위량(이동량)을 조사하고 지진계 기록을 분석하여, 지질학자들은 단층의 파열이 금문교 바로 서쪽에서 시작하여 단층의 주향방향을 따라 남동쪽으로는 샌후안바티스타시까지, 그리고 북서쪽으로는 멘도치노 곶까지 약 400km 이상 전파되었음을 밝혔다(그림 13.2). 이 연구를 수행한 과학자 중의 한 사람인 존스홉킨스대학교의 지구물리학자인 Henry Fielding Reid 교수는 1910년에 지진이 지각의 활성단층에서 어떻게 발생하는지를 설명하기 위하여 **탄성반발설**(elastic rebound theory)을 제안하였다.

그림 13.3a와 같이 주향이동단층이 발달하고 있는 지역의 지표면 위에 페인트로 단층을 가로질러서 직선을 그렸다고 가정하자. 판의 움직임에 의하여 단층 양쪽의 두 지괴는 서로 반대방향으로 밀리고 있다. 그러나 두 지괴를 이루고 있는 암석의 무게로 인한 단층면의 마찰력 때문에 두 지괴는 움직이지 않는다. 마치 비상 브레이크를 채운 자동차가 밀어도 움직이지 않는 것처럼, 단층 양쪽의 두 지괴는 이동하지 않는다. 응력이 축적될 때 단층면을 따라 미끄러지는 대신에, 지괴들은 〈그림 13.3b〉에서 선이

휘어지는 것처럼 먼저 단층 근처에서 탄성학적으로 변형된다. 여기서 탄성학적(elastically)이란 말은, 만약 단층이 갑자기 이동을 한 후에는 지괴가 변형되지 않은 응력이 없는 상태로 돌아간다는 의미이다.

판의 이동으로 인하여 단층의 양쪽 지역이 서서히 반대방향으로 밀리면, 암석 내의 탄성변형—단층을 가로질러 그린 선이 휘어지는 양상—은 수십 년, 수백 년, 심지어는 수천 년에 걸쳐 지속된다(그림 13.3c). 어느 순간에, 탄성변형은 암석의 강도를 초과하게 된다. 그러면, 단층면을 따라 어디에선가, 마찰력에 의하여 움직이지 않고 있던 단층면이 더 이상 지탱하지 못하고 파열된다. 이때 지괴들은 한 지점에서 시작한 파열이 단층 전체로 빠르게 확산되면서 갑자기 미끄러진다.

〈그림 13.3d〉는 지진발생 후, 단층 양쪽의 두 지괴가 어떻게 원래의 변형되지 않은 상태로 되돌아오는가를 보여준다. 단층을 가로지르는 휘어진 조사용 선은 원래대로 똑바로 펴지며, 단층 양쪽의 두 지괴는 서로 어긋난다. (단층이 발생하기 직전에 설치한 울타리가 휘어져 있었던 것을 주목해서 보라.) 두 지괴의 어긋난 거리를 **단층이동거리**(fault slip)라 한다. 〈그림 13.3〉의 삽입된 사진에서 1906년에 발생한 지진의 단층이동거리가 약 4m 정도인 것을 알 수 있다. 단층의 한 지점에서 최대 이동속도는 약 1m/s 정도로, 전체 단층의 이동은 단지 수초 정도밖에 걸리지 않았다. 단층이 이동한 후에 두 지괴는 다시 고정되며, 단층 양쪽 지역의 지속적인 변형으로 인하여 응력이 축적되면 지진이 다시 발생하는 과정을 반복하게 될 것이다.

단층면 양쪽 지역이 서로 반대방향으로 힘을 받으면서 탄성변형에 의하여 서서히 축적되는 에너지는 마치 고무줄을 서서히 잡아당길 때 고무줄에 축적되는 탄성에너지와 비슷하다. 축적된 에너지가 단층이 이동할 때 순간적으로 방출되는 현상은 마치 늘어난 고무줄이 끊어지면서 원래 상태로 돌아오는 **반발현상**과 같다. 방출된 탄성에너지의 일부는 지진파의 형태로 전파되어 단층에서 멀리 떨어진 지역에 피해를 줄 수 있다.

탄성반발설에 의하면 단층지역에서는 탄성에너지가 주기적으로 저장되고 방출되는 현상이 반복되는데, 방출되는 시간 간격인 **재발주기**(recurrence interval)는 〈그림 13.3〉의 아래 패널에 설명된 것과 같이 비교적 일정하다. 재발주기의 계산은 단층이동거리를 단층의 평균 이동속도로 나누어 주면 된다. 예를 들면, 산안드레아스 단층의 평균 이동속도는 약 30mm/year로, 4m 정도의 단층이동거리를 갖는 지진의 재발주기는 약 130년이다.

그림 13.2 산안드레아스 단층이 1680년, 1857년, 1906년에 이동하여 지진을 일으킨 부분을 보여주는 캘리포니아 지도.

[Southern California Earthquake Center 제공.]

멘도시노 곶
1906 규모 7.8 지진
샌프란시스코
샌후안바티스타
서서히 이동하는 부분 (대규모 지진이 발생하지 않음)
로스앤젤레스
1857 규모 7.9 지진
1680 규모 7.7 지진
100mi

암석은 탄성변형을 하며, 지진발생 후에는 복원됨

A 우수향 주향이동단층이 마지막으로 이동한 다음, 몇 년 후에 단층을 가로질러 돌벽을 쌓음

B 그 후 150여 년간에 걸쳐 단층 양쪽구역의 상대적인 이동에 의하여, 지면과 돌벽이 서서히 휘어지면서 변형됨

C 단층이동이 일어나기 바로 직전에, 이미 변형된 지역에다 단층을 가로지르는 새로운 담장을 세움

D 단층이 이동하여 축적된 응력이 방출되면서, 탄성반발력에 의하여 단층 주변 암석이 원래 상태로 복원됨. 돌벽과 담장 모두 단층면을 따라 동일한 양만큼 어긋남

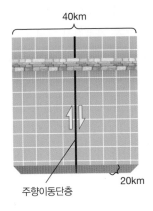
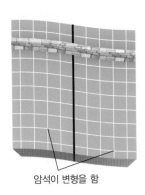
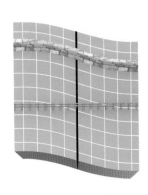
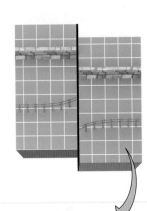

40km

주향이동단층

20km

암석이 변형을 함

응력은 암석의 강도를 초과할 때까지 축적됨

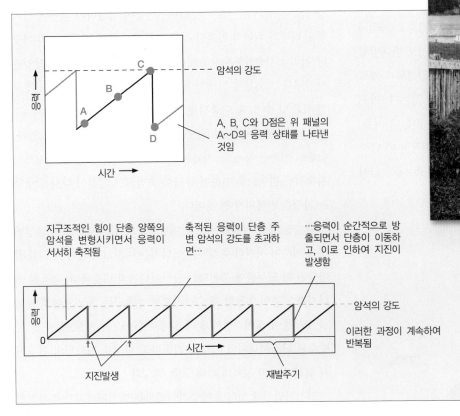

암석의 강도

A, B, C와 D점은 위 패널의 A~D의 응력 상태를 나타낸 것임

지구조적인 힘이 단층 양쪽의 암석을 변형시키면서 응력이 서서히 축적됨

축적된 응력이 단층 주변 암석의 강도를 초과하면…

…응력이 순간적으로 방출되면서 단층이 이동하고, 이로 인하여 지진이 발생함

암석의 강도

이러한 과정이 계속하여 반복됨

지진발생

재발주기

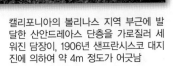

캘리포니아의 볼리나스 지역 부근에 발달한 산안드레아스 단층을 가로질러 세워진 담장이, 1906년 샌프란시스코 대지진에 의하여 약 4m 정도가 어긋남

그림 13.3 탄성반발설은 지진주기를 설명한다. 이 이론에 의하면, 암석에 작용하는 응력은 판의 이동으로 오랜 시간에 걸쳐 서서히 축적된다. 지진은 축적된 응력이 암석의 강도를 초과할 때 발생한다. 응력을 받고 있는 암석은 탄성학적으로 변형되다가, 지진이 발생하면 원래 상태로 되돌아간다. 그림 A~D는 아래 패널 속의 도표에 표시된 A~D 지점에서의 변형 모습을 보여준다.

[G. K. Gilbert/USGS.]

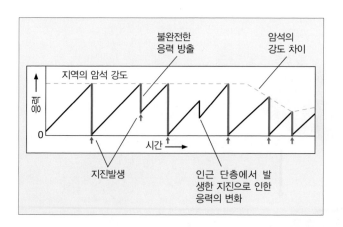

그림 13.4   지진주기에서의 불규칙성은 완전히 방출되지 않고 남아 있는 응력, 인근 단층들에서 발생한 지진들에 기인한 응력의 변화, 암석 강도의 지역적인 차이 등으로 일어날 수 있다.

그러나 산안드레아스 단층을 포함한 대부분의 활성단층들을 이 간단한 탄성반발설만으로 설명하기는 부족하다. 예를 들면, 마지막 지진발생 이후부터 축적된 모든 변형에너지가 다음번 지진발생 시 모두 방출되지 않을 수도 있으며, 단층에 저장된 응력이 주변의 다른 단층에서 발생한 지진에 의하여 변할 수 있다(그림 13.4). 장기적으로 단층 주변 암석의 강도도 변화할 수 있다. 이러한 불규칙성들이 지진예보를 어렵게 하는 요인 중에 하나이다.

지진발생 동안 단층파열

단층의 미끄러짐이 처음 시작된 지점을 지진의 **진원**(focus)이라 한다(그림 13.5). **진앙**(epicenter)은 진원 바로 위에 있는 지표면의 지점이다. 예를 들면, 뉴스에서는 "미국지질연구소의 발표에 의하면, 어제 저녁 캘리포니아에서 발생한 지진의 진앙은 로스앤젤레스 시청에서 동쪽으로 6km 떨어진 지점에 위치한다고 합니다. 진원의 깊이는 10km입니다."라고 보도한다.

대륙지각에서 발생하는 대부분의 지진은 진원의 깊이가 약 2~20km 정도이다. 대륙지각 하부의 20km보다 깊은 곳에서는 지진이 거의 발생하지 않는다. 그 이유는 지각심부의 높은 온도와 압력조건하에서 대륙지각은 취성물질보다는 부드러운 연성물질로 행동하기 때문이다(뜨거운 왁스는 힘이 가해지면 흐르지만, 차가운 왁스는 깨어지는 것과 같다, 제7장 참조). 그러나 차가운 해양암석판이 맨틀로 침강하는 섭입대에서는 지진이 거의 700km 깊이에서도 발생할 수 있다.

단층파열은 단층 전체에서 동시에 일어나지 않는다. 파열은 진원에서 처음으로 시작되어, 단층면을 따라 2~3km/s의 속도로

바깥쪽으로 전파된다(그림 13.5 참조). 응력이 단층면을 계속해서 파열시킬 정도로 충분히 크지 않은 곳(암석이 더 강한 곳)이나 파열이 더 이상 전달되지 않는 부드러운 연성물질을 만나는 곳에서 단층파열은 중단된다. 이 장의 뒷부분에서 살펴보겠지만, 지진의 규모는 총 단층파열 면적과 관련이 있다. 대부분의 지진은 크기가 작고, 파열 규모도 진원의 깊이보다 훨씬 작기 때문에, 지표면까지 파열이 일어나지 않는다.

그러나 대규모의 지진은 종종 지표면까지 파괴시킨다. 예를 들면, 1906년에 발생한 샌프란시스코 대지진에 의하여 산안드레아스 단층의 470km에 달하는 구역을 따라서 지표면에 평균 약 4m 정도의 변위(이동)가 발생했다(그림 13.3 사진 참조). 가장 큰 지진에 의해 만들어지는 단층파열은 1,000km 이상까지 연장될 수 있으며, 단층의 양쪽 지역은 수십 미터까지 이동될 수 있다. 일반적으로, 단층파열이 길면 길수록 단층이동거리도 커진다.

이미 살펴보았듯이, 지진이 발생할 당시에 일어난 지괴의 갑작스런 이동은 단층에 가하는 응력을 감소시키면서 저장된 탄성에너지의 대부분을 방출한다. 이 저장된 에너지의 대부분은 단층대에서 마찰열로 전환되거나 암석이 파괴되면서 소모되지만, 에너지의 일부는 파열점으로부터 사방으로 전달되는 지진파로 방출된다. 마치 고요한 연못에 돌을 던지면, 물결이 사방으로 퍼져 나가는 것처럼. 지진의 진원에서 최초의 지진파가 발생되지만, 단층의 미끄러지는 부분들에서 단층면의 파열이 중단될 때까지 계속해서 지진파가 발생된다. 대규모 지진의 경우, 단층면의 파열이 수십 초 동안 지속되면서 지진파를 발생시킨다. 이러한 지진파는 진앙에서 멀리 떨어져 있는 지역일지라도 단층파열면을 따라 놓여 있는 모든 지역을 파괴시킬 수 있다. 1906년에 샌프란시스코 지진이 발생했을 때, 샌프란시스코에서 멀리 떨어진 북쪽 지역의 산안드레아스 단층대 주변에 있는 도시들이 많은 피해를 입었다.

전진과 여진

거의 모든 대규모의 지진들은 소규모의 지진인 **여진**(aftershock)을 발생시킨다. 여진은 대규모의 주진(mainshock)이 일어난 다음에 차례차례로 발생하는 지진들을 말하며, 그들의 진원지는 주진의 파열면 내와 그 주변에 분포한다(그림 13.6). 여진은 지진발생 현상을 단순히 탄성반발설만으로 설명하지 못하는 지진의 복잡한 특성을 보여주는 전형적인 예다. 주진이 일어나는 동안 발생한 단층의 이동은 대부분의 단층파열면을 따라서는 응력을 감

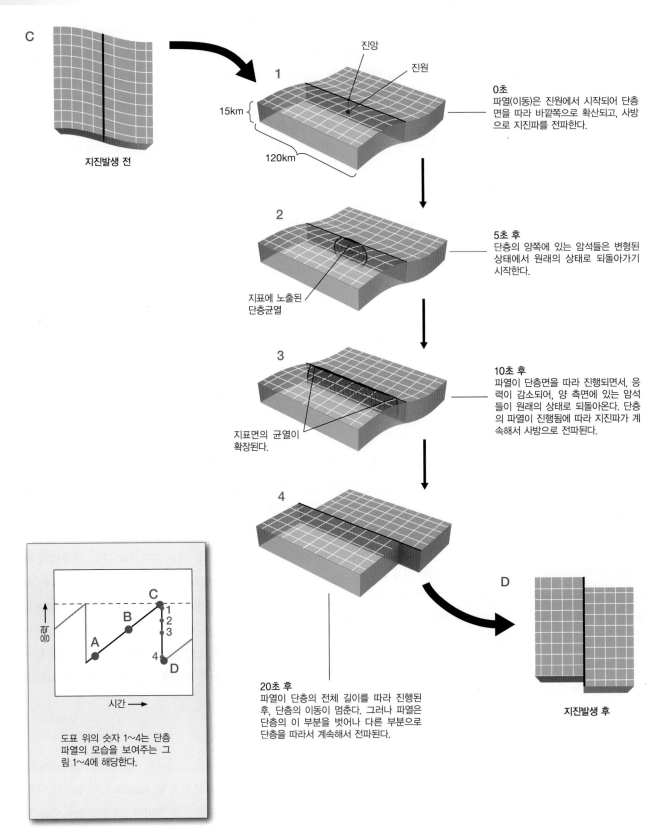

그림 13.5 지진이 발생하는 동안, 단층의 이동은 진원에서 시작되어, 단층면을 따라 확산된다. 그림 1~4는 도표에 숫자로 표시된 점들에 해당하는 단층파열을 그림으로 보여준다.

지진발생 직전

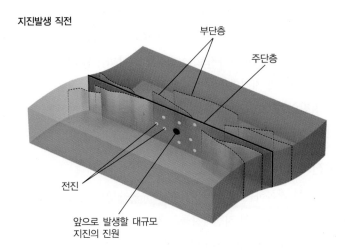

부단층

주단층

전진

앞으로 발생할 대규모
지진의 진원

지진발생 동안

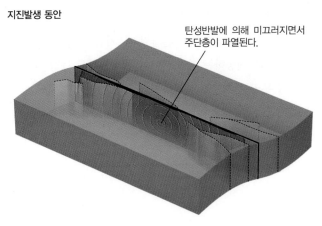

탄성반발에 의해 미끄러지면서
주단층이 파열된다.

지진발생 직후

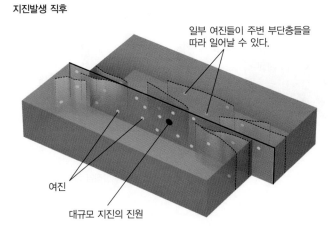

일부 여진들이 주변 부단층들을
따라 일어날 수 있다.

여진

대규모 지진의 진원

그림 13.6 여진은 큰 규모의 지진(주진)이 발생한 다음에 발생하는 더 작은 규모의 지진이다. 전진은 진원 근처에서 주진이 발생하기 직전에 일어난다.

소시켰지만, 이는 주변 지역들뿐만 아니라 미끄러지지 않은 일부 단층면들, 또는 미끄러짐이 불완전한 곳에서 응력을 증가시킬 수 있다. 이러한 곳에서 축적된 응력이 암석의 강도를 초과하면 여진이 발생한다.

여진의 발생 횟수와 크기는 주진의 규모에 따라 달라지며, 발

생 빈도는 주진이 발생한 후 시간이 지날수록 감소한다. 규모 5 지진의 경우 여진은 단지 몇 주 동안만 지속되지만, 규모 7 지진의 경우는 여진이 더 넓은 지역에 걸쳐 몇 년 동안 계속될 수 있다. 여진의 최대 크기는 주진의 규모보다 한 단계 작은 것이 일반적이다. 경험적으로 보았을 때, 규모 7의 지진은 최대로 규모 6 정도의 여진을 가져올 수 있다.

사람이 많이 사는 지역에서 대규모의 여진은 주진의 피해를 가중시켜 매우 위험할 수 있다. 2010년 9월 4일, 뉴질랜드에서 두 번째로 큰 도시인 크라이스트처치의 서쪽에서 규모 7.1인 지진이 발생하여 많은 피해를 주었으나, 단지 몇 사람만이 부상을 입었을 뿐 사망자는 1명도 없었다. 그러나 2011년 2월 22일에 크라이스트처치 시내 중심부 바로 아래에서 발생한 규모 6.3의 여진은 건물들을 붕괴시키고 185명의 인명피해를 가져왔다(그림 13.7). 이 여진으로 인한 경제적 피해는 약 150억 달러로 추산되며, 5개월 전에 발생한 주진의 피해보다 몇 배나 컸다. 또 다른 강한 여진들이 2011년 6월 13일과 12월에 발생하여, 수십 명이 부상을 당하고 40억 달러의 추가적인 손실을 입혔다. 그 후 몇 년간 많은 여진이 발생하였다.

전진(foreshock)은 주진이 발생하기 직전에 진원지 부근에서 일어나는 작은 규모의 지진을 말한다(그림 13.6 참조). 대규모의 지진들이 발생하기 전에 한두 번 이상의 전진이 발생하기 때문에, 지진학자들은 이 전진을 이용하여 주진이 발생할 시간과 장소를 예측하려고 노력하고 있다. 그러나 불행하게도 전진과 활성단층

그림 13.7 2011년 2월 11일에 뉴질랜드 크라이스트처치시에서 발생한 지진에 의하여 시내 중심에 있는 크라이스트처치 성당이 파괴된 모습. 이 지진은 2010년 9월 4일에 크라이스트처치시의 서쪽에서 발생한 규모는 더 크지만 더 적은 피해를 주었던 지진의 여진이었다.
[EPA/DAVID WETHEY/Landov.]

대 주변에서 불규칙적으로 빈번하게 일어나는 소규모의 지진들을 구분하기가 어렵기 때문에, 전진을 이용한 지진예측은 쉽지 않다. 2011년 3월 1일 일본 혼슈 지역에 대규모의 쓰나미를 발생시킨 규모 9의 도호쿠 지진(지구문제 13.1 참조) 때에는 주진이 일어나기 약 50시간 전에 규모 7.2의 전진이 발생하였다. 어떤 면에서 주진은 첫 번째 지진과 관련된 이례적으로 큰 '여진'이었다고 생각할 수도 있다. 그러나 전진으로 판단하였던 이 지진은 섭입대에서 발생한 규모 7.2의 일상적인 지진으로 판명되었다.

이 사례가 보여주듯이 전진, 주진, 여진은 일련의 연속적인 지진발생사건이 완전히 끝난 후에나 확실하게 분류할 수가 있지, 지진발생사건이 진행되는 중에는 주진—연속적인 지진발생사건 중 가장 큰 지진—이 아직 발생하지 않았는지 여부를 확신할 수 없다.

■ 지진은 어떻게 연구되는가?

여러 실험과학과 마찬가지로, 실험장비를 이용한 관측 자료와 야외조사 자료가 지진연구의 기본이 된다. 이러한 자료들을 이용하여 지진의 발생 위치, 크기, 발생 횟수를 결정하고, 지진을 일으킨 단층과의 관계를 연구한다.

지진계

지진파를 기록하는 장치인 **지진계**(seismograph)는 마치 천문학자들의 망원경과 같이 지진학자들의 필수적인 연구장비로, 우리가 직접 접근하지 못하는 지구내부 연구를 가능케 한다(그림 13.8). 이상적인 지진계는 지구에 부착되지 않은, 어떤 고정된 틀에 부착된 장치여야만 한다. 지면이 흔들릴 때, 지진계는 움직이지 않는 고정된 틀과 진동하는 지면 사이의 거리 변화를 측정한다. 그러나 아직 우리는 지구에 부착하지 않고 지진계를 설치하는 방법을 찾지 못했다—하지만 최근에 위성위치확인시스템(Global Positioning System, GPS)을 이용하여 이러한 한계를 극복하기 시

(a) 수직운동을 측정하는 지진계

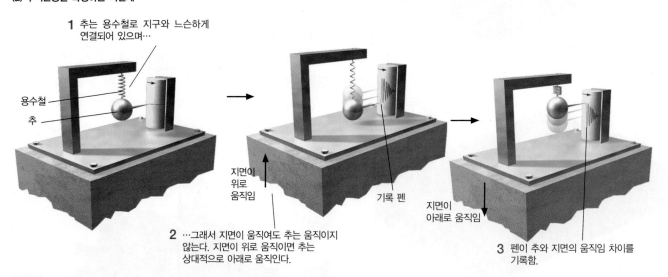

1 추는 용수철로 지구와 느슨하게 연결되어 있으며…

용수철
추

2 …그래서 지면이 움직여도 추는 움직이지 않는다. 지면이 위로 움직이면 추는 상대적으로 아래로 움직인다.

지면이 위로 움직임

기록 펜

지면이 아래로 움직임

3 펜이 추와 지면의 움직임 차이를 기록함.

(b) 수평운동을 측정하는 지진계

지면이 좌우로 움직임

추
경첩

그림 13.8 지진계는 기록 장치에 부착된 강철 공과 같은 무거운 추로 이루어져 있다. 추와 연결된 (a) 용수철이나 (b) 경첩의 완충작용으로 인하여, 추는 지면이 이동하여도 관성으로 인하여 움직이지 않는다.

지구문제

13.1 아네요시 마을의 표석

일본 혼슈 북동부에 위치한 도호쿠 지방의 아네요시라는 어촌에 있는 해안언덕에 연대를 알 수 없는 표석이 세워져 있는데, 이 표석에는 일본어로 "높은 곳에 거주하면 평화가 온다. 엄청난 쓰나미의 참사를 잊지 마라. 이 지점보다 아래에는 집을 짓고 거주하지 마라."라고 새겨져 있다. 현재 미야코시에 속해 있는 아네요시 마을은, 과거에는 대부분이 어부인 주민들이 그들의 어선이 정박한 부두와 가까운 바닷가에 살았었다. 그러나 1896년에 밀려온 쓰나미로 단지 4명의 주민만 목숨을 건졌으며, 1933년에 쓰나미가 몰려왔을 때는 단지 2명만 살아남았다. 이 표석은 이곳 주민들에게 고지대에 거주해야만 하는 경각심을 불러일으키고 있다.

태평양판과 일본을 움직이게 하는 일본 연안에 발달하고 있는 스러스트단층이 이동을 하기 시작한 2011년 3월 11일 오후 2시 46분에, 이 예언이 적중하였다. 아네요시에서 남동쪽으로 100km 떨어진 지역의 해저 30km 지점에 있는 작은 부분에서 단층의 이동이 시작되어, 마치 유리가 갈라지듯이 3km/s의 속도로 이동을 하였다. 몇 분 후에 이 이동이 멈추었을 때는 태평양판이 일본 아래로 단층면을 따라 40m 정도 침강하였으며, 이때 침강된 면적은 미국의 사우스캐롤라이나주의 면적과 맞먹는다. 이 대규모의 도호쿠 지진(동일본 대지진)은 규모가 9로, 지진파가 지구표면과 내부를 통과하면서 며칠 동안 지구가 마치 종과 같이 진동하게 만들었다.

태평양판 위에서 혼슈를 동쪽으로 융기시킨 스러스트단층운동은 순식간에 해저를 10m나 상승시키면서 수천억 톤의 바닷물을 이동시켜, 거대한 쓰나미가 단층에서부터 사방으로 밀려나게 하였다. 이 쓰나미는 속도는 비록 지진파보다는 느리지만, 일본 해안 쪽으로 밀려오면서 파도의 높이가 높아지기 시작했다. 이 파도가 해안의 항구에 도착하였을 때는 파도의 높이가 매우 높아져서 해안가 마을을 범람시키고, 배, 자동차, 건물 등을 모두 쓸어버렸다. 이 쓰나미는 일부 지역에서는 내륙 쪽으로 수 킬로미터까지 밀려들어갔다.

이 무시무시한 파괴현장을 헬리콥터와 일부 생존자들이 빌딩이나 고지대에서 비디오 촬영을 하였다. 이 쓰나미는 미야코시 중심부를 쓰나미로부터 보호하기 위하여 세운 방호벽을 넘어와서, 1,000척 중에 30척을 제외한 모든 어선을 파손하였으며 수백 명의 인명을 앗아갔다. 정확한 숫자는 모르지만, 도호쿠 해안가

에서 거의 2만 명이 목숨을 잃었을 것으로 추정하고 있다. 이때 파도의 최고 높이는 최근 일본 역사상 가장 높은 39m를 기록하였으며, 이는 아네요시 쓰나미 경고 표석보다 약간 낮은 높이이다. 이 당시, 표석 위에 거주하는 사람들은 모두 안전하였다.

아네요시에 있는 쓰나미 경고 표석.
[Ko Sasaki/The New York Times/Redux.]

작했다. 그래서 현재 우리는 절충된 방법을 사용하고 있다. 즉, 철 덩어리와 같이 무거운 추를 지면에 느슨하게 부착하여, 지면이 좌우 및 상하로 진동하여도 추는 거의 움직이지 않도록 설치하는 방법이다.

추의 움직임이 최소가 되도록 설치하는 방법 중의 하나는 추를 용수철에 매다는 것이다(그림 13.8a). 지진파에 의하여 지면이 상하로 움직이면, 신축성 있는 용수철에 매달린 추는 관성(정지한 물체는 정지해 있으려는 성질)에 의하여 움직이지 않고 고정되어 있기 때문에, 추와 지면은 서로 상대적으로 움직이게 된다. 이러한 방법으로, 지진파에 의해 발생한 수직방향의 움직임을 펜을 이용하여 종이 위에 기록할 수 있으며, 최근에 거의 대부분의

지진계가 그러하듯이 컴퓨터를 이용하여 디지털 방식으로도 기록할 수 있다. 이러한 기록을 **지진기록**(seismogram)이라고 한다.

경첩을 이용해서도 추를 흔들리지 않게 하는 효과를 낼 수 있다. 움직이는 문과 같이 경첩을 이용한 지진계는 지면의 수평이동을 기록한다(그림 13.8b).

일반적으로 지진관측소에는 세 가지 지면이동 요소를 측정하는 지진계들이 설치되어 있다—수직이동을 측정하는 수직진동기록계와 동서 및 남북 방향의 수평이동을 측정하는 수평진동기록계, 최신 지진계는 10억분의 1m 이하의 미세한 진동도 감지할 수 있는데, 이는 원자 규모의 작은 움직임도 측정할 수 있는 놀랄 만한 기술이다.

(a)

진원에서 발생한 지진파가 멀리 떨어진 곳에 위치한 지진계에 도착한다.

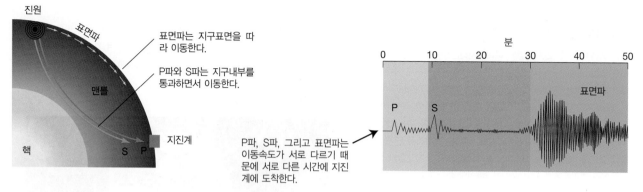

표면파는 지구표면을 따라 이동한다.

P파와 S파는 지구내부를 통과하면서 이동한다.

P파, S파, 그리고 표면파는 이동속도가 서로 다르기 때문에 서로 다른 시간에 지진계에 도착한다.

(b)

지진파는 파의 종류에 따라 서로 다른 형태로 지반을 변형시키며 전달된다.

P파의 운동

P파는 빠른 속도로 암석을 통과하는 압축파이다.

P파는 진행방향으로 매질을 밀고 당겨 압축과 팽창을 반복하면서 이동한다.

붉은 사각형은 암석 단면이 압축 또는 팽창된 모습을 보여준다.

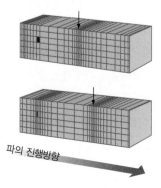

S파의 운동

S파의 이동속도는 P파의 이동속도의 약 1/2이다.

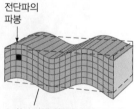

S파는 진행방향에 수직으로 매질을 밀면서 이동하는 전단파이다.

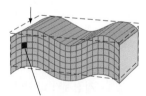

붉은 사각형은 S파가 진행할 때 암석의 단면이 정사각형에서 평행사변형으로 변형되는 모습을 보여준다.

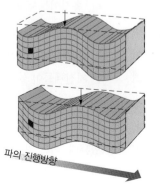

표면파의 운동

표면파는 지표면을 물결처럼 요동시키면서 이동한다. 두 종류의 표면파가 있다.

한 종류는 지표면을 타원형태로 움직이면서 이동하는데, 이 운동은 지표 아래로 심도가 깊어지면서 감소한다.

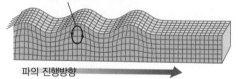

두 번째 종류는 지표면을 수직운동 없이 수평방향으로 진동시킨다.

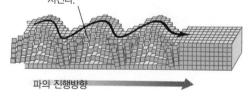

그림 13.9 (a) 세 종류의 지진파는 각각 다른 경로와 다른 속도로 이동을 하여 지진계에 기록된다. (b) 세 종류의 지진파는 각각 서로 다른 형태로 지면을 변형시키면서 이동한다. 붉은 사각형은 지진파가 암석을 통과하면서 암석의 단면을 찌그러뜨려 변형시키는 양상을 보여준다.

지진파

지진계는 거의 어느 곳이든 설치할 수 있으며, 설치 후 몇 시간 이내부터 지구상 어디에선가 지진에 의해 발생하여 전달되는 지진파를 기록할 것이다. 지진파는 진원에서 지구 전체로 전파되면서 이동하다가 지진계에 도착하는데, 도착하는 지진파는 세 가지 형태로 분류된다(그림 13.9a). 가장 먼저 지진계에 도착하는 파를 **P파**(primary wave, P wave)라 한다. 두 번째로 도착하는 파는 **S파**(secondary wave, S wave)라 한다. P파와 S파는 지구내부를 통과하면서 전파된다. 가장 늦게 도착하는 파는 **표면파**(surface wave)로, 지구표면을 따라 이동한다.

암석에서 P파는 공기에서의 음파와 유사하다. 두 파의 차이점은 전파 속도로, 지각을 구성하는 고체 상태의 암석을 통과하는 P파의 속도는 6km/s로, 공기를 통과하는 음파보다 약 20배나 빠른 속도로 이동한다. 음파와 마찬가지로 P파는 **압축파**(compressional wave)로, 통과하는 매질을 압축 및 팽창시키면서 고체, 액체, 기체 모두를 통과한다. P파는 밀고 당기는 파로도 생각할 수 있다. P파가 통과할 때, 매질을 구성하는 물질입자들을 이동하는 방향으로 밀고 당기면서 진행하기 때문이다.

S파의 속도는 고체 상태의 암석에서 P파 속도의 반을 약간 넘는 정도이다. S파는 이동하는 방향과 수직인 방향으로 매질을 움직이며 통과하기 때문에 **전단파**(shear wave)라고도 한다(그림 13.9 참조). 전단파는 액체나 기체를 통과하지 못한다.

P파와 S파는 단단한 물질일수록 속도가 빨라진다. 고체를 압축시키는 힘이 전단(shear)시키는 힘보다 크기 때문에, 고체에서는 P파가 S파보다 항상 빠르게 전파되어 지진계에 P파가 S파보다 먼저 기록된다. 기체나 액체는 전단에 대한 저항력이 없기 때문에 S파는 공기, 물, 액체 상태의 지구외핵을 통과하지 못한다.

표면파는 지구표면과 지구의 바깥층(지각)에서만 전파를 하며, 마치 바다에서 파도가 이동하는 것과 유사하다. 표면파의 속도는 S파보다 약간 느리다. 표면파의 한 유형은 지면을 상하로 요동치게 하며, 다른 유형은 지면을 수평으로 움직이게 한다(그림 13.9b 참조). 일반적으로, 진원의 깊이가 얕은 대규모의 지진에서 발생하는 표면파는 우리에게 많은 피해를 준다. 특히 지표에 연약한 퇴적물이 있는 퇴적분지에서는 표면파에 의한 지면요동의 진폭이 커져서 기반암이 분포하는 지역보다 더 많은 피해를 입는다.

우리는 오래전부터 지진파를 감지하고 지진파에 의한 피해를 입어왔으나, 19세기 말에 와서야 지진학자들이 지진파를 정확히 기록하는 지진계를 고안해낼 수 있었다. 지진파에 대한 연구는 지진 자체뿐만 아니라 지구내부에 관한 많은 정보를 제공해주며, 이에 대하여는 제14장에서 다시 공부할 것이다.

진원의 위치

진원의 위치를 결정하는 것은 마치 번개와 천둥소리의 시간 차이를 이용하여 번개가 발생한 위치를 찾아내는 것과 같다. 즉, 번개가 발생한 곳이 멀수록 천둥소리와의 시간 차이가 크다. 빛이 소리보다 빠르게 이동하기 때문에, 번개의 빛은 마치 지진파의 P파와 유사하고 천둥소리는 S파와 비슷하다고 할 수 있다.

P파와 S파가 도착하는 시간 차이는 진원으로부터 지진파가 이동하는 거리에 비례한다. 즉, 파들이 이동하는 거리가 길면 길수록, 두 파의 도착시간 차이가 길어진다. 지진학자들은 전 세계에 분포하는 민감한 지진계들이 설치된 지진관측소 네트워크의 자료들과, 위치를 알고 있는 지하핵실험장소나 진원으로부터 이동한 지진파의 도착시간을 정확히 측정해왔다. 그 결과, 지진학자들은 지진파가 특정 거리를 이동하는 데 걸리는 시간을 알 수 있는 지진파의 **주시곡선**(travel-time curves)을 작성할 수 있었다.

지진학자들은 새로운 지진의 진원 위치를 결정하기 위하여, 먼저 지진계의 기록으로부터 최초로 도착한 P파와 최초로 도착한 S파의 도착시간 차이를 읽는다. 다음에는 그림 13.10에서와 같이 주시곡선을 이용하여 지진계와 진원 사이의 거리를 결정한다. 만약 세 곳 이상의 관측소로부터 이와 같은 자료를 얻을 수 있다면, 진원의 위치를 결정할 수 있다(그림 13.10 참조). 또한 각 관측소에서 P파가 도착한 시간을 알 수 있기 때문에 지진이 **발생한 시각**도 결정할 수 있으며, 주시곡선으로부터 지진파가 관측소까지 이동한 거리도 알 수 있다. 오늘날에는 여러 지진관측소에서 측정된 자료들을 이용하여 컴퓨터가 자동적으로 진앙의 위치, 진원의 깊이, 지진발생 시각을 결정한다.

지진의 크기 측정

지진이 발생한 위치를 결정하는 것은 단지 지진을 이해하는 첫 단계에 불과하다. 지진의 크기 또는 **규모**(magnitudes)를 결정해야 한다. 여러 가지 조건들이 동일할 경우(예 : 진원과의 거리와 주변 지질 등) 지진의 규모는 지진파의 강도 및 지진의 파괴력을 결정하는 데 중요한 요소가 된다.

릭터 규모 1935년에 미국 캘리포니아의 지진학자인 찰스 릭터

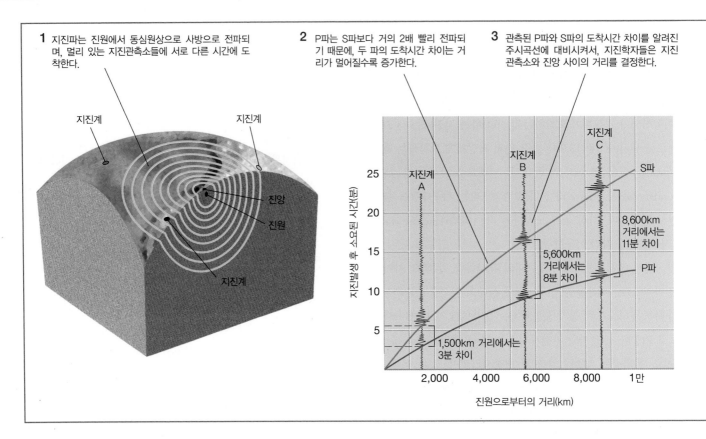

1 지진파는 진원에서 동심원상으로 사방으로 전파되며, 멀리 있는 지진관측소들에 서로 다른 시간에 도착한다.

2 P파는 S파보다 거의 2배 빨리 전파되기 때문에, 두 파의 도착시간 차이는 거리가 멀어질수록 증가한다.

3 관측된 P파와 S파의 도착시간 차이를 알려진 주시곡선에 대비시켜서, 지진학자들은 지진관측소와 진앙 사이의 거리를 결정한다.

지진계

지진계

지진계

진앙

진원

지진계

지진계 A

지진계 B

지진계 C

S파

8,600km 거리에서는 11분 차이

5,600km 거리에서는 8분 차이

P파

1,500km 거리에서는 3분 차이

지진발생 후 소요된 시간(분)

진원으로부터의 거리(km)

그림 13.10 세 곳 이상의 지진관측소 기록이 진앙의 위치를 결정하는 데 사용될 수 있다.

(Charles Richter)는 숫자를 이용하여 지진의 크기를 측정하는 비교적 간단한 방법을 개발하였으며, 오늘날 이를 **릭터 규모**(Richter magnitude)*라 한다(그림 13.11). 릭터는 젊었을 때 천문학을 공부하였으며, 천문학자들이 밝기에서 매우 큰 차이를 보이는 별들의 밝기를 로그 스케일을 이용하여 측정하는 것을 알게 되었다. 릭터는 이러한 개념을 지진에 적용하여, 진원으로부터 일정 거리에 위치한 표준 지진계에 기록된 가장 큰 지면의 움직임을 이용하여 로그 스케일로 지진의 크기를 측정하였으며, 이를 **규모등급**(magnitude scale)이라고 정의하였다.

지진계로부터 동일한 거리에서 발생한 두 지진의 지면운동이 최대 진폭에서 10배 차이가 난다면, 두 지진은 릭터 규모등급에서 규모 1의 차이를 보인다. 그러므로 규모 3인 지진의 지면운동은 규모 2인 지진의 것보다 10배 크다. 마찬가지로, 규모 6인 지진은 규모 4인 지진보다 100배 큰 지면운동을 발생시킨다. 지진파로 방출된 에너지는 지진규모가 증가함에 따라 더욱 크게 증가하는데, 규모 1이 증가할 때마다 방출된 에너지는 32배 증가한

다. 규모 7인 지진은 규모 5인 지진보다 32×32배 또는 약 1,000배 더 많은 에너지를 방출한다. 이 에너지 척도로 계산하면, 규모 9인 도호쿠 지진은 규모 5인 지진보다 100만 배 더 강력한 지진이었다. 지진파는 진원으로부터 멀어질수록 점차 약해지기 때문에, 어떠한 지진계에서건 그의 방법을 적용할 수 있도록 하기 위해서, 릭터는 지진계와 진원 사이의 거리에 대해 지면운동의 측정값을 보정할 방법을 찾아야 했다. 그는 서로 다른 지역에 있는 지진학자들이 지진계와 진원 사이의 거리에 관계없이 어떤 지진의 지진규모에 대해 거의 동일한 값을 찾아낼 수 있도록 간단한 표를 고안하였다(그림 13.11 참조). 그의 방법은 전 세계적으로 널리 사용되었다.

모멘트 규모 비록 '릭터 규모'가 많이 통용되고는 있으나, 현재 지진학자들은 지진을 발생시킨 단층의 물리적 특성과 더 직접적인 관련이 있는 지진크기 측정법을 선호한다. 지진의 지진 모멘트(seismic moment)는 단층의 면적과 단층의 평균 이동거리의 곱에 비례하는 숫자로 정의한다. 이에 상응하는 **모멘트 규모**(moment magnitude)는 단층이 발생한 면적이 열 배 증가할 때마다 모멘트 규모가 한 단위씩 증가한다(이 장의 마지막 부분에 있는 지질학

* 독일어 발음으로는 리히터로, 우리나라에서는 통상적으로 '리히터 규모'라고 부른다. – 역자 주

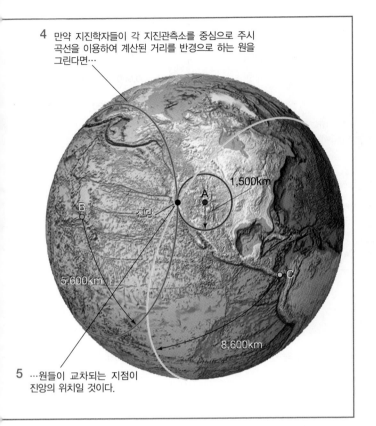

4 만약 지진학자들이 각 지진관측소를 중심으로 주시 곡선을 이용하여 계산된 거리를 반경으로 하는 원을 그린다면…

5 …원들이 교차되는 지점이 진앙의 위치일 것이다.

실습 참조).

비록 릭터의 방법과 모멘트 방법이 대략 동일한 숫자값을 보여주긴 하지만, 모멘트 규모가 지진계로부터 더 정확하게 측정

될 수 있으며, 가끔 야외에서 직접 단층을 측량하여 결정할 수도 있다.

지진규모와 발생 빈도 대규모의 지진들은 작은 규모의 지진에 비하여 발생 횟수가 적다. 이러한 사실은 단순히 지진의 발생 빈도와 지진규모 사이의 관계를 보면 알 수 있다(그림 13.12). 전 세계적으로 규모가 2.0 이상인 지진은 매년 약 100만 번 정도 발생한다. 지진규모가 1씩 증가할 때마다 발생 횟수는 1/10씩 감소한다. 그러므로 규모가 3 이상인 지진은 1년에 약 10만 번 정도, 규모가 5 이상인 지진은 약 1,000번 정도, 규모가 7 이상인 지진은 약 10번 정도씩 매년 발생한다.

이러한 통계자료에 근거하면, 평균적으로 규모가 8 이상인 지진은 매년 1번 정도, 규모 9 이상인 지진은 10년마다 1번 정도 발생해야 한다. 실제로 2011년에 일본(모멘트 규모 9.0), 2004년에 수마트라(모멘트 규모 9.2), 1964년에 알래스카(모멘트 규모 9.1), 1960년과 2010년에 칠레(각각 모멘트 규모 9.5와 8.8)의 외해에 있는 섭입대의 스러스트단층에서 발생한 지진들과 같은 매우 큰 규모의 지진들은 지난 수십 년간을 평균해보면 거의 유사한 횟수로 발생하고 있다. 그러나 가장 큰 섭입대 메가스러스트단층들도 규모 10 정도의 지진을 발생시키기엔 그 규모가 너무 작다. 그래서 지진학자들은 그처럼 극히 큰 규모의 지진은 이러한 규칙을 따르지 않는다고 믿고 있다. 즉, 규모 10의 지진은 100년에 한 번

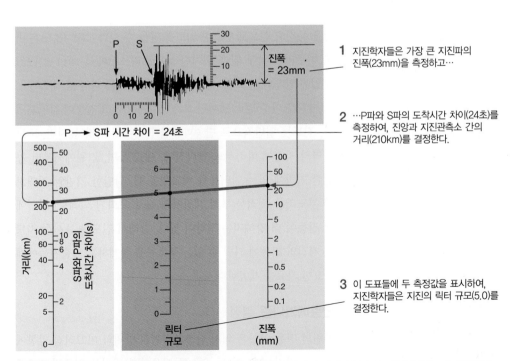

1 지진학자들은 가장 큰 지진파의 진폭(23mm)을 측정하고…

2 …P파와 S파의 도착시간 차이(24초)를 측정하여, 진앙과 지진관측소 간의 거리(210km)를 결정한다.

3 이 도표들에 두 측정값을 표시하여, 지진학자들은 지진의 릭터 규모(5.0)를 결정한다.

그림 13.11 지면운동의 최대 진폭을 P–S파의 도착시간 차이로 보정하여 지진의 릭터 규모를 결정하는 데 사용한다. [California Institute of Technology.]

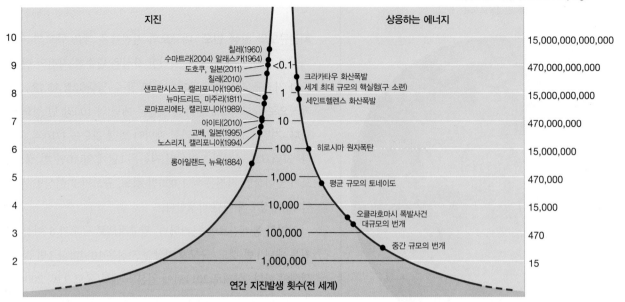

그림 13.12 모멘트 규모, 지진에 의하여 방출된 에너지, 그리고 전 세계적으로 매년 발생하는 지진횟수 간의 관계. 비교를 위하여 다양한 규모의 지진들과 기타 순간적인 에너지 방출원들의 예를 포함하였다.
[IRIS Consortium 발췌, http://www.iris.edu.]

이하의 빈도로 발생한다.

진동 강도 지진규모 그 자체는 지진의 위험을 말해주지 않는다. 왜냐하면 파괴를 일으키는 진동은 일반적으로 단층파열면으로부터 멀어질수록 약해지기 때문이다. 도시로부터 멀리 떨어진 지역에서 발생한 규모 8의 지진은 아무런 인명피해 또는 경제적인 손실을 가져오지 않지만, 도시 바로 아래에서 발생한 규모 6의 지진은 심각한 피해를 발생시킬 것이다. 2011년 2월 22일과 6월 13일에 발생한 크라이스트처치 지진의 예가 이러한 점을 잘 설명하고 있다(그림 13.7 참조).

릭터가 지진의 규모등급을 개발하기 전인 19세기 말에, 지진학자들과 지진공학자들은 지진에 의한 피해상황으로부터 직접 지진의 진동 세기를 측정하기 위하여 지진의 **진도계급**(intensity scale)을 개발하였다. **표 13.1**은 오늘날 널리 사용되는 진도계급 중 하나인 수정 메르칼리 진도계급(modified Mercalli intensity scale)을 보여준다. 이 진도계급은 1902년에 이탈리아 과학자인 주세페 메르칼리(Giuseppe Mercalli)가 제안하였고, 이후 그의 이름을 따서 이렇게 부른다. 이 진도계급은 특정 지역에서 발생한 진동의 세기를 I부터 XII까지의 로마자로 표기한다. 예를 들면, 겨우 몇 사람만 지진을 감지한 지역에는 진도 II를 부여하고, 대부분의 사람들이 지진을 감지한 지역에는 진도 V를 부여한다. 즉, 숫자

가 증가할수록 피해가 커짐을 지시한다. 가장 높은 계급인 XII에 첨부된 설명은 간결한 종말론적인 문장이다. "완전히 파괴됨. 눈에 보이는 모든 것이 찌그러짐. 물건들이 공중으로 날아감."

많은 장소에서 관찰과 지진을 경험한 많은 사람들과의 인터뷰, 그리고 역사기록을 통하여, 지진학자들은 진도가 동일한 지역을 등진도 선으로 연결한 지도를 만들 수 있다. 그림 13.13은 미국 미주리주 남부 끝에 위치한 뉴마드리드시에서 1811년 12월 16일에 발생한 규모 7.7의 지진에 대한 진도를 나타낸 지도이다. 이 지진은 아주 멀리 떨어진 보스턴시에서도 그 진동이 감지되었다. 진도는 일반적으로 단층파열면 근처에서 가장 높지만, 또한 지역의 지질에 따라서도 달라진다. 예를 들면, 진원에서부터 동일한 거리에 있는 지역들을 비교했을 때, 단단한 기반암 지역보다 부드러운 퇴적물(특히 해안가의 물로 포화된 퇴적물) 지역에서 진동이 더 강해지는 경향이 있다. 그래서 진도를 표시한 지도는 지진의 진동에 견딜 수 있는 구조물을 설계하는 기술자들에게 중요한 자료를 제공한다.

단층메커니즘 결정

지면의 진동 양상은 역시 단층파열면의 방위와 미끄러짐 방향에 따라 달라지는데, 이 두 요소를 이용하여 지진을 일으킨 **단층메**

표 13.1 수정 메르칼리 진도계급

진도계급	기재 사항
I	느끼지 못한다.
II	움직이지 않는 소수의 사람들만 느낀다. 매달린 물체가 흔들리기도 한다.
III	실내에서는 뚜렷이 느낀다. 많은 사람들이 진동을 지진으로 인식하지 못한다. 주차된 차들이 약간 흔들릴 수 있다.
IV	실내에서는 많은 사람들이 느끼나, 야외에서는 거의 느끼지 못한다. 접시, 창문, 문이 흔들린다. 주차된 차들이 많이 흔들린다.
V	대부분의 사람들이 느낀다. 많은 사람들이 잠에서 깬다. 일부 접시와 창문이 깨진다. 불안정한 물건들이 넘어진다.
VI	모든 사람들이 느낀다. 일부 무거운 가구들이 움직인다. 약간의 피해가 발생한다.
VII	튼튼한 건축물들이 약간에서 중간 정도의 피해를 입는다. 약한 건축물들은 상당한 피해를 입는다. 일부 굴뚝이 파손된다.
VIII	튼튼한 건축물들이 상당한 피해를 입는다. 약한 건축물들은 아주 큰 피해를 입는다. 굴뚝, 공장 굴뚝, 기둥, 기념탑, 담장 등이 무너진다.
IX	튼튼한 건축물들이 아주 큰 피해를 입고, 일부는 붕괴된다. 건물의 기초가 움직인다.
X	일부 튼튼한 목조건물들이 파괴된다. 대부분의 석조건물들과 철골구조 건축물들이 파괴된다. 철로가 휘어진다.
XI	남아 있는 석조건축물들이 거의 없다. 다리가 끊어진다. 철로가 크게 휘어진다.
XII	완전히 파괴된다. 눈에 보이는 모든 것이 찌그러짐. 물건들이 공중으로 날라간다.

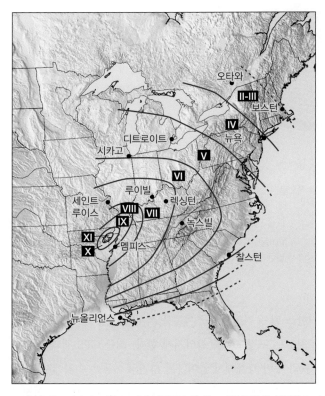

그림 13.13 미주리, 아칸소, 테네시주들이 만나는 지역 근처에 위치한 뉴마드리드시에서, 1811년 12월 16일에 발생한 규모 7.7의 지진에 대한 수정 메르칼리 진도의 측정치를 보여주는 지도. 진앙 부근의 지역들은 진도 IX 이상을 경험했으며, 진앙에서 200km 떨어진 지역에서는 진도 VI 정도를 보였다(표 13.1 참조).

[Carl W. Stover and Jerry L. Cossman, USGS Professional Paper 1527, 1993.]

커니즘(fault mechanism)을 결정한다. 단층메커니즘은 우리에게 단층파열면이 어떠한 단층—정단층(normal fault), 역단층(reverse fault), 혹은 주향이동단층(strike-slip fault)—위에 있는지를 알려준

다. 단층파열면이 주향이동단층 위에 있을 경우, 단층메커니즘은 우리에게 움직인 방향이 우수향(right-lateral)인지 혹은 좌수향(left-lateral)인지를 알려준다(이들 용어의 정의는 그림 7.8 참조). 그러면 우리는 이러한 자료를 이용하여 지역적인 조구조적 힘의 양상을 추론할 수 있다(그림 13.14).

단층면의 파열이 지표 부근에서 발생하면, 우리는 때때로 노출된 단층애(fault scarp)를 직접 관찰하여 단층메커니즘을 결정할 수 있다. 그러나 대부분의 단층파열면들은 지하 깊은 곳에 있어 지표를 절단하지 않는다. 그래서 우리는 지진기록(seismograms)을 통해 단층메커니즘을 추정해야 한다.

대규모 지진의 경우, 전 세계의 많은 지진계들이 진원 주위에 분포하고 있기 때문에, 진원의 깊이에 관계없이 단층메커니즘을 비교적 쉽게 결정할 수 있다. 진원으로부터 어떤 방향에서는, 지진계에 기록된 지면의 최초 움직임—P파—은 진원에서 밀어내는 방향(push away)이며, 이는 수직진동지진계에 상향운동으로 기록된다. 다른 방향에서는, 지면의 최초 움직임이 진원 쪽으로 끌어당기는 방향(pull toward)이며, 수직진동지진계에서 하향운동으로 기록된다. 주향이동단층의 경우, 가장 큰 밀어내는 방향은 단층면에서 45° 회전된 축 위에 놓여 있고, 가장 큰 끌어당기는 방향에 수직이다(그림 13.15). 그러므로 밀기와 당기기의 위치는 지진관측소들의 위치에 근거하여 네 구역으로 표시되고 나누어질 수 있다. 네 구역 사이의 두 경계면 중의 하나는 단층면의 방향일 것이고, 다른 경계면은 단층에 수직한 면일 것이다. 단층면에서의 이동방향은 역시 밀기와 당기기의 배열로부터 결정될 수 있다.

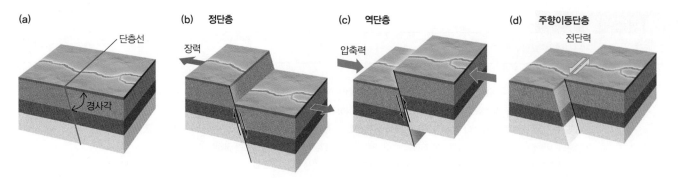

그림 13.14 지진을 발생시키는 세 종류의 단층메커니즘과 지진을 일으키는 응력들. (a) 단층이 일어나기 전 (b) 장력에 의한 정단층. (c) 압축력에 의한 역단층. (d) 전단력에 의한 주향이동단층(이 경우는 좌수향).

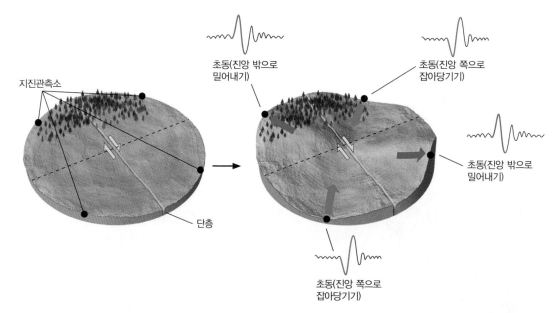

그림 13.15 단층파열로부터 출발하여 여러 지진관측소의 각 지진계에 최초로 도착하는 P파 운동은 단층의 방위와 단층이동방향을 결정하는 데 사용된다. 여기에서는 우수향 주향이동단층이 파열한 경우를 보여준다. 만약 이 단층에 수직인 면으로 좌수향 주향이동단층이 파열하였더라도 밀기와 당기기 구역들의 교호하는 양상은 같아진다는 점에 주목하라. 지진학자들은 보통 단층애에 대한 야외조사나 단층면을 따라서 발생하는 여진의 분포와 같은 추가적인 정보를 이용하여 두 경계면들 중의 하나를 단층면으로 결정할 수 있다.

이러한 방법으로 지진학자들은 직접적인 지표 증거가 없어도 지각에 작용하여 지진을 발생시킨 수평적인 힘이 장력인지, 압축력인지, 아니면 전단력인지를 추정할 수 있다.

GPS 측정과 '조용한' 지진

제2장에서 보았듯이, GPS 수신기는 암권판의 느린 움직임을 기록할 수 있다. GPS 장비는 지진을 발생시킨 단층의 갑작스러운 이동뿐만 아니라, 판의 이동으로 축적된 변형도 측정할 수 있다.

지진학자들은 GPS 관측을 통하여 활성단층을 따라 일어나는 여러 종류의 움직임을 연구한다. 캘리포니아 중부에 있는 산안드레아스 단층은 한 구역이 갑자기 파열(이동)되기보다는, 천천히 계속해서 움직이고 있다는 것은 오래전부터 알려져온 사실이다.

이러한 느린 움직임은 구조물들을 서서히 변형시키고, 단층선을 가로지르는 포장도로를 갈라지게 한다. 최근 GPS 결과에 의하면, 판의 수렴 경계에서 일어나는 지면의 이동은 수일에서 수 주 정도의 단기간에 일어나는 느린 이동이다. 이처럼 서서히 점진적으로 일어나는 운동들은 파괴적인 지진파를 발생시키지 않기 때문에, 이들을 **조용한 지진**(silent earthquakes)이라 부른다. 조용하게 움직임에도 불구하고, 이들은 암석 내에 저장된 많은 양의 변형에너지를 방출할 수 있다.

이러한 관찰은 지질학자들에게 많은 의문점들을 제기하였다—왜 어떤 지역에서는 단층이 갑작스럽게 이동을 하고, 다른 지역에서는 서서히 이동할까? 조용한 지진에 의한 변형에너지의 방출은 그 지역에서 파괴적인 지진을 더 적게 발생시키거나 또는 덜 파괴적이게 하는 데 기여할까? 조용한 지진을 이용하여 앞으로 일어날 가능성이 있는 파괴적인 지진을 예보할 수 있을까?

지진과 단층의 유형

지진학자들은 지구 곳곳에 설치된 많은 정밀한 지진계들에 기록된 자료를 이용하여 지진발생 장소, 지진규모 측정, 단층메커니즘 결정 등에 대한 연구를 수행하고 있다. 이러한 연구들은 판구조운동의 규모보다 훨씬 작은 규모의 지구조 운동에 대해서도 새로운 정보를 제공한다. 이 단원에서는 판구조운동의 관점에서 지진발생 양상에 대하여 알아보고, 대규모의 활성단층 연구가 어떻게 판의 경계와 판의 내부에서 발생하는 지진을 이해하는 데 도움이 되는지에 대하여 설명할 것이다.

큰 그림 : 지진과 판구조운동

그림 13.16의 **지진활동도**(seismicity map)는 1976년 이후 전 세계에서 발생한 지진들의 진앙을 표시한 것이다. 이 지도의 가장 뚜렷한 특징은 지진학자들이 수십 년 동안 알고 있었던 주요 판들의 경계와 일치하는 지진활동대이다. 이 활동대에서 발생하는 지진으로부터 관찰된 단층메커니즘(그림 13.17)은 제7장에서 기술한 여러 유형의 판 경계들을 따라 나타나는 단층활동의 유형들과 일치한다.

발산 경계 해양분지에 분포하는 좁은 천발지진대는 중앙해령의 산마루와 그들 사이의 어긋난 부분을 연결하는 변환단층의 분포대와 잘 일치한다. 해령의 산마루에서 발생한 지진의 P파 기록은 이곳의 지진은 정단층에 의해 발생되었음을 보여준다. 단층들의 주향은 중앙해령과 평행하며, 단층면은 해령 산마루에서 열곡 쪽으로 경사져 있다. 정단층이 나타난다는 것은 해저가 확장되는 동안 두 판들 사이에서 서로 밀어내는 장력이 작용한다는 것을 시사한다. 동아프리카 열곡대와 미국 서부의 베이슨앤레인지 지구(Basin and Range province)와 같이 대륙지각이 갈라지는 곳에서 발생하는 지진도 정단층의 메커니즘을 보인다.

변환단층 경계 지진은 중앙해령 마디들이 서로 어긋난 부분에 있는 변환단층 경계를 따라서 더 많이 발생한다. 이곳에서 발생하는 지진들은 판들이 서로 반대방향으로 미끄러져 지나가면서 발생한 수평 전단력에 의한 주향이동단층의 메커니즘을 보인다.

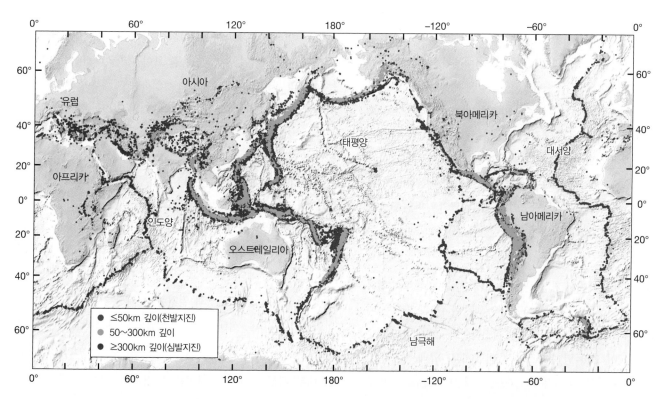

그림 13.16 1976년 1월부터 2013년 10월까지의 전 세계 지진활동도. 각 점은 규모 5 이상인 지진의 진앙을 나타낸다. 점의 색은 진원의 깊이를 나타낸다. 주요 판들 사이의 경계를 따라서 지진이 집중적으로 발생한다는 점에 주목하라.
[Global CMT catalog 자료에 기초; plot by M Boettcher.]

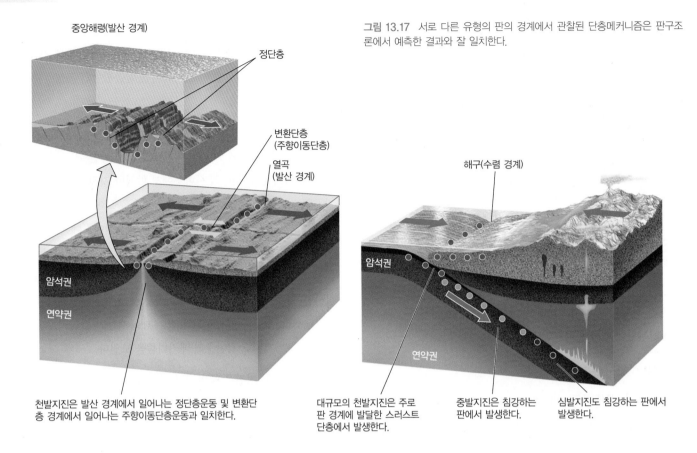

중앙해령(발산 경계)

정단층

변환단층
(주향이동단층)

열곡
(발산 경계)

해구(수렴 경계)

암석권

연약권

암석권

연약권

천발지진은 발산 경계에서 일어나는 정단층운동 및 변환단층 경계에서 일어나는 주향이동단층운동과 일치한다.

대규모의 천발지진은 주로 판 경계에 발달한 스러스트 단층에서 발생한다.

중발지진은 침강하는 판에서 발생한다.

심발지진도 침강하는 판에서 발생한다.

그림 13.17 서로 다른 유형의 판의 경계에서 관찰된 단층메커니즘은 판구조론에서 예측한 결과와 잘 일치한다.

더욱이 이들 변환단층을 따라서 발생하는 지진의 경우, 단층메커니즘이 보여주는 단층의 이동방향은 해령의 산마루가 오른쪽으로 움직인 곳에서는 좌수향이고, 해령의 산마루가 왼쪽으로 움직인 곳에서는 우수향이다. 이러한 이동방향은 해령의 산마루가 어긋날 때 만들어지는 통상적인 지괴의 이동방향과 반대방향을 보이지만, 해저확장에 의해 예견된 이동방향과는 일치한다. 1960년대 중반에 지진학자들은 이러한 변환단층의 특성을 해저확장에 대한 가설을 증명하는 데 이용하였다. 우수향 이동을 보이는 캘리포니아의 산안드레아스 단층이나 뉴질랜드의 알파인 단층과 같이 대륙지각에 발달하고 있는 변환단층의 움직임도 판의 이동방향과 일치한다.

수렴 경계 전 세계에서 가장 큰 규모의 지진들은 판들이 수렴하는 경계에서 발생한다. 지난 100년 동안 발생한 4개의 가장 큰 지진들도 모두 수렴 경계에서 발생한 지진들이다—2011년 도호쿠 지진(규모 9.0), 2004년 수마트라 지진, 1964년 알래스카 지진, 그리고 이들 중 규모가 가장 큰 1960년 칠레 서쪽 해구에서 발생한 지진. 칠레 지진이 일어나는 동안, 나스카판이 미국 애리조나 주의 면적보다 넓은 단층파열면을 따라 남아메리카판 아래로 평균 20m 정도 미끄러져 들어갔다! 이들 대지진의 단층메커니즘은 이들이 메가스러스트(megathrusts)를 따라 가해지는 수평방향의 압축력에 의하여 발생되었음을 보여주고 있다. 메가스러스트는 하나의 판이 다른 판 아래로 섭입하는 경계부에서 발달하는 거대한 스러스트단층이다. 이들 중 3개의 지진들은 해저지각을 이동시켜서 해안지역에 엄청난 피해를 가져온 쓰나미를 발생시켰다.

진원의 깊이가 가장 깊은 지진은 수렴 경계에서 발생한다. 지하 100km 이하에서 발생하는 대부분의 지진들은 섭입대에서 아래로 침강하는 판에서 발생한다. 이러한 심발지진들의 단층메커니즘은 다양한 방위(이동방향)를 보여주지만, 중력이 하강하는 판을 대류하는 맨틀 속으로 끌어당길 때, 하강하는 판 내에서 일어날 수 있는 변형의 양상과 일치한다. 가장 깊은 심발지진들은 남아메리카, 일본, 서태평양의 호상열도 아래의 판들과 같이 가장 오래된—그래서 가장 차가운—침강하는 판에서 발생한다.

판 내부 지진 대부분의 지진은 판 경계에서 발생하지만, 일부 지진은 판 내부에서도 발생한다. 이러한 판 내부 지진(intraplate earthquake)들의 진원은 상대적으로 얕은 곳에 위치하고, 주로 대류에서 발생한다. 미국 역사상 가장 유명한 지진들 중 일부는 이러한 판 내부 지진들이다—1811년~1812년에 미주리주의 뉴마드리드 부근에서 발생한 세 차례의 지진, 1886년에 사우스캐롤라이나주의 찰스턴에서 발생한 지진, 1755년에 매사추세츠주의 보스턴 근교의 케이프앤에서 발생한 지진 등. 많은 판 내부 지진들은 아주 오래전에 한때 판 경계의 일부였던 지역에 발달하였던 오래된 단층에서 발생한다. 이 단층들은 현재는 판의 경계부가 아니지만, 판 내부의 응력을 축적하여 방출하는 지각의 약선대로 남아 있다.

가장 치명적인 판 내부 지진 중 하나(규모 7.6)가 2001년에 인도 서부에 위치한 구자라트주의 부지 부근에서 발생했다. 이 지진으로 인하여 약 2만 명이 목숨을 잃은 것으로 추정된다. 부지 지진은 인도판과 유라시아판의 경계에서 남쪽으로 1,000km 떨어진 곳에 발달한 이제까지 알려지지 않은 스러스트단층에서 발생하였지만, 지진을 일으킨 단층파열의 원인이 되는 압축력은 두 판의 계속되는 충돌로 인하여 발생하였다. 판 내부 지진들은 지각을 움직이는 강한 힘이 현재의 판 경계에서 멀리 떨어진 지판의 내부에서도 단층작용을 일으킬 수 있다는 것을 보여준다.

광역 단층계

대부분의 주요 지진들의 단층메커니즘은 판구조론에서 예측되는 결과와 잘 일치하나, 판의 경계가 단순히 하나의 단층으로 이루어져 있는 경우는 드물다. 판의 경계에 대륙판이 있을 경우에는 특히 그러하다. 2개의 이동하는 판들 사이의 변형대는 상호작용하는 단층들의 망(네트워크)으로 이루어져 있으며, 이를 **단층계**(fault system)라 한다. 남부 캘리포니아에 발달한 단층계는 주요한 단층계의 한 예이다(그림 13.18).

이 단층계의 '주단층(master fault)'은 잘 알려진 산안드레아스 단층이다. 산안드레아스 단층은 멕시코 국경 근처의 솔턴호에서 시작하여 캘리포니아를 관통하며 북서쪽으로 연장되다가 캘리포니아의 북부에서 외해로 빠져나가는 우수향 주향이동단층이다(그림 7.7 참조). 산안드레아스 단층의 양쪽에는 수많은 부단층(subsidiary fault)들이 있으며, 이들은 대규모 지진을 발생시킨다. 실제로 과거 100년 동안 남부 캘리포니아에서 피해를 준 지진들의 대부분은 이들 부단층들에서 발생하였다.

산안드레아스 단층계는 왜 그렇게 복잡할까? 이에 대한 설명의 일부는 산안드레아스 단층 자체의 기하학적 형태와 관련이 있다. 이 단층의 구부러진 부분은 압축력을 발생시켜 로스앤젤레스

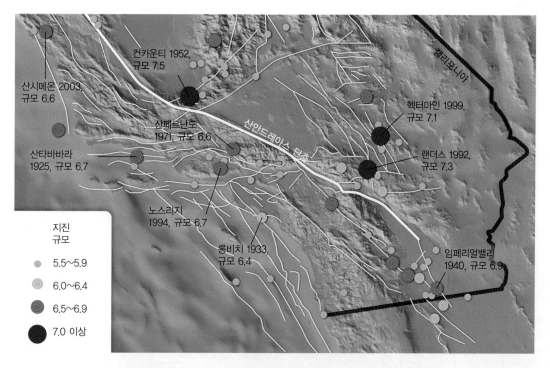

그림 13.18 남부 캘리포니아의 단층계 지도. 산안드레아스 단층(두꺼운 흰색 선)과 주변의 부단층(가는 흰색 선)들의 위치를 보여준다. 색이 칠해진 원들은 20세기에 발생한 규모 5.5 이상인 지진의 진앙을 표시한 것이다. 중요한 지진들의 이름, 발생연도, 규모를 표시하였다. [Southern California Earthquake Center 제공.]

북부지역에 스러스트단층운동을 일으킨다(그림 7.22 참조). 크게 휘어진 이 '빅벤드'(Big Bend, 대만곡부)에서 일어난 스러스트단층운동은 최근에 두 번의 치명적인 지진을 발생시켰다. 그중 하나는 1971년의 산페르난도 지진(규모 6.6; 65명 사망)이고, 다른 하나는 1994년의 노스리지 지진(규모 6.7; 58명 사망)이다(그림 13.18 참조). 과거 수백만 년 동안 이 스러스트단층운동은 산가브리엘산맥의 고도를 1,800m에서 3,000m로 상승시켰다.

또 다른 문제는 캘리포니아의 동쪽에 있는 베이슨앤레인지 지구에서 일어나는 판의 확장이다. 베이슨앤레인지 지구는 네바다주 전체와 유타주와 애리조나주의 상당 부분을 포함하는 광활한 지역이다(제7장 및 제10장 참조). 이 판의 확장으로 인한 변형이 일어나고 있는 넓은 지역은 시에라네바다산맥의 동쪽을 따라 모하비 사막을 가로질러 지나가는 일련의 단층들을 통해 산안드레아스 단층계와 연결되어 있다. 이 단층계의 단층들이 1872년의 오언스밸리 지진(규모 7.6)뿐만 아니라 1992년의 랜더스 지진(규모 7.3)과 1999년의 헥터마인(Hector Mine) 지진(규모 7.1)을 발생시켰다.

■ 지진의 위험과 피해

지난 10년 동안 전 세계에서 지진으로 인하여 매년 70만 명 이상이 목숨을 잃었으며, 막대한 경제적인 손실도 입었다. 미국의 경우는 비록 산안드레아스 단층대에서 두 번의 지진이 발생하였지만, 세계 다른 지역과 비교할 때 비교적 운이 좋았다고 할 수 있다. 두 번의 지진은 샌프란시스코에서 남쪽으로 약 80km 떨어진 곳에서 1989년에 발생한 로마프리에타 지진(규모 7.1)과 로스앤젤레스 지역에서 1994년에 발생한 노스리지 지진으로, 미국 역사상 가장 많은 피해를 가져왔다. 이 두 지진은 도시 부근에서 발생하였기 때문에, 로마프리에타 지진에 의한 피해는 100억 달러 이상이며, 노스리지 지진에 의한 피해는 400억 달러에 달하였다. 두 지진으로 인하여 각각 약 60명 정도가 목숨을 잃었으나, 이 지역의 건물들이 엄격한 내진설계 규정에 의하여 건축되지 않았더라면 훨씬 더 많은 인명피해를 가져왔을 것이다(그림 13.19).

대규모의 지진은 캘리포니아보다 일본에서 더 자주 발생한다. 일본은 약 2,000년 전부터 지진피해 기록이 있어서, 일본 사람들의 지진에 대한 인식은 매우 강하다. 이러한 이유로 일본은 세계의 어느 나라보다 지진에 대한 대비가 철저하다. 즉, 일반인을 상대로 한 지진교육, 건축물의 엄격한 내진설계 규정, 지진경보 시스템 등이 매우 잘되어 있다. 이러한 대비에도 불구하고, 1995년 1월 16일에 일어난 고베 지진(규모 6.9)으로 인하여 5,600명 이상이 목숨을 잃었다(그림 13.20). 많은 인명손실과 건물 붕괴(5만 채 이상의 건물이 붕괴됨)의 이유는 이 지역에 건축된 대부분의 건물들이 엄격한 내진설계 규정이 발효된 1980년 이전에 건축되었으며, 진원지가 고베시와 매우 가까운 곳에 위치하였기 때문이다. 2011년에 발생한 도호쿠 지진에 의한 쓰나미로 인하여 거의 2만 명이 목숨을 잃었다. 이 참사는 세계에서 가장 큰 규모의 원

그림 13.19 1994년 노스리지 지진에 의하여 로스앤젤레스의 노스리지 미도우 아파트가 붕괴되어 16명이 목숨을 잃었다. 희생자들은 대부분 1층에 살고 있었으며, 건물이 붕괴되면서 밑에 깔려 희생되었다. 만약 이 지역의 신축 건물들이 건축 시 내진설계 규정을 제대로 지키지 않았더라면 더 많은 건물들이 붕괴되었을 것이다.

[Nick Ut, Files/AP Photo.]

그림 13.20 1995년에 발생한 일본의 고베 지진으로 고가도로가 붕괴되었다.
[Tom Wagner/SABA/Corbis.]

자력발전소 중의 하나인 후쿠시마–다이이치 발전소의 원자로 노심 용융과 폭발사고로 인하여 일어났다(그림 13.30 참조). 아직도 경제적인 손실규모를 파악하고 있지만, 도호쿠 지진은 지금까지 알려진 피해만으로도 이미 인류역사상 가장 큰 경제적 손실을 준 자연재해가 되었다.

지진피해

지진으로 인하여 먼저 단층이동과 지면의 움직임이 발생하고, 이로 인하여 이차적으로 산사태, 해일, 건물의 붕괴와 화재발생과 같은 참사가 일어난다.

단층작용과 지면의 이동 지진에 의한 일차적인 위험(primary hazards)으로는 단층작용으로 인하여 지면이 갈라지거나 침강 또는 상승하고, 지진이 발생하는 동안 전파되는 지진파에 의하여 생기는 지면의 움직임 등으로 발생하는 피해가 있다. 지진파로 인해 건물이 흔들려서 붕괴되기도 한다. 대규모 지진이 발생한 진앙 부근에서는 지반가속도가 중력가속도와 비슷하거나 커서, 지

면 위에 놓여 있는 물건들이 실제로 공중으로 날아가기도 한다. 이런 지역에서는 대부분의 건물들이 붕괴되어 극심한 피해를 입는다.

건물이나 여러 기반시설물의 붕괴는 많은 인명피해 및 경제적 손실을 가져온다. 도시에서는 대부분의 피해가 건물의 붕괴와 이에 따른 낙하물에 의하여 발생한다. 이로 인하여 철골구조에 의한 보강이 없이, 벽돌과 석회반죽만으로 건축한 건물이 많은 개발도상국의 인구밀도가 높은 지역에서는 인명피해가 매우 클 수가 있다. 예를 들면, 2010년 1월 12일에 아이티의 수도인 포르토프랑스에서 발생한 규모 7의 지진으로 인하여 25만 채의 가옥과 3만 채의 빌딩이 파괴되었으며, 23만 명 이상이 목숨을 잃었다. 이는 역사상 다섯 번째로 큰 피해를 준 지진재해로 기록되었다 (그림 13.21). 건물이 지진파에 의한 흔들림에도 견딜 수 있도록 내진설계 기술을 향상시키면 이러한 비극을 막을 수 있다.

산사태와 여러 형태의 지면붕괴 단층작용과 지면의 움직임과 같은 지진의 일차적 현상은 수많은 이차적인 위험(secondary hazards)을 초래한다. 대규모의 토양이나 암석을 이동시키는 산사태와 기타 지면붕괴 현상은 이차적인 피해를 가져온다(제16장 참조). 지진파가 물로 포화된 토양층을 통과하면, 이 토양층은 액체와 같은 특성을 보이며 매우 불안정해진다. 그러면 지면이 건물, 다리 등과 같은 지면 위에 있는 모든 물체와 같이 이동을 한다. 1964년 알래스카의 앵커리지 부근에서 발생한 지진은 이러한 토양의 액상화(liquefaction)를 유발시켜서 턴어게인하이츠(Turnagain Heights) 지역의 주거지를 모두 파괴시켰다(그림 16.16 참조). 1989년 캘리포니아의 로마프리에타 지진으로 발생한 액상화에 의하여 샌프란시스코 부근의 니미츠 고속도로가 붕괴되었고, 1995년의 일본 고베 지진에 의한 액상화는 도시를 파괴시켰다. 2010년과 2011년에 뉴질랜드 크라이스트처치에서 일어난 지진의 경우도 액상화로 인하여 도시의 많은 집들과 상하수도 시스템이 파괴되었다.

어떤 경우에는 지면의 붕괴가 지면 자체의 움직임보다 더 많은 피해를 가져올 수 있다. 1970년 페루에서 발생한 지진은 산사태를 일으켜서 흘러나온 방대한 양(5,000만m^3 이상)의 암석과 눈이 융가이(Yungay)와 란라히르카(Ranrahirca) 지역의 산간 마을을 덮쳤다(그림 16.25 참조). 이 지진으로 인한 사망자 6만 6,000명 중에서 1만 8,000명이 이 산사태로 목숨을 잃었다.

쓰나미 해저에서 발생한 대규모의 지진은 거대한 파도를 일으켜

그림 13.21 2010년 1월 12일에 발생한 아이티 지진으로 수도인 포르토프랭스의 집들이 붕괴되었다.
[© Cameron Davidson/Corbis.]

서 **쓰나미**(tsunami)라 부르는 해일을 만든다. 쓰나미는 일본어로 항만파도라는 뜻이다. 섭입대에서 대규모의 스러스트단층의 움직임으로 발생하는 지진은 규모가 매우 커서, 막대한 피해를 가져오는 쓰나미를 만든다.

　대규모의 스러스트가 이동을 하면, 해구에 있는 해저가 10m 정도까지 육지 쪽으로 밀리면서, 막대한 양의 해수를 이동시킨다. 이렇게 생긴 파도는 최대 800km/hour(여객용 제트비행기의 속도와 비슷함)의 속도로 전파된다. 깊은 바다에서는 쓰나미를 감지하기 어려우나, 쓰나미가 수심이 얕은 해안가로 오면 파도의 속도가 느려지면서 파도의 높이가 수십 미터까지 커지면서 해변을 침수시킨다(그림 13.22). 이러한 파도는 지형의 경사에 따라 내륙 쪽으로 수백 미터, 심지어는 수 킬로미터까지 침투할 수 있다.

　대규모 스러스트에 의하여 일어나는 쓰나미는 매우 활동적인 섭입대로 둘러싸인 태평양에서 흔히 발생한다. 2011년 3월 11일에 촬영한 비디오 영상을 보면 일본 북동부의 해안을 파괴시킨 도호쿠 쓰나미의 파괴력을 실감할 수 있다. 해안도시인 미야코시

에서는 평균해수면보다 38m가 높은 파도가 몰려와서 거의 모든 것들이 파괴되었다(지구문제 13.1 참조). 항구도시인 센다이시 부근의 고도가 낮은 지대에는 쓰나미가 건물, 선박, 승용차, 트럭 등과 같은 잔해물과 같이 내륙으로 10km나 이동하였다(그림 13.23). 이 쓰나미는 태평양을 가로질러 1만 6,000km나 떨어져 있는 칠레 해안에 2m 이상 높이의 파도를 만들었다.

　일본과 태평양 주변 지역 국가들에는 쓰나미 경고 시스템이 작동되고 있다. 일본 부근에서 발생한 쓰나미가 일본 해안에 도착하는 시간이 매우 짧아서, 경고 후에 완전히 대피를 하기에는 어려울 수도 있다. 그럼에도 불구하고 경고 시스템으로 인하여 많은 인명을 구할 수 있다.

　2004년 9월 26일에 규모 9.2의 수마트라 지진으로 인하여 쓰나미가 발생하였을 때는 쓰나미 경고 시스템이 없어서 인도네시아, 태국, 스리랑카, 인도, 아프리카 동부지역의 저지대 해안이 침수되면서 많은 피해를 입었다(그림 13.24). 지진발생 후, 첫 번째 파도가 15분 만에 수마트라 해안에 도착했다. 이곳에 있던 사람들은 거의 모두 목숨을 잃었으며, 나중에 지질조사 결과에 의

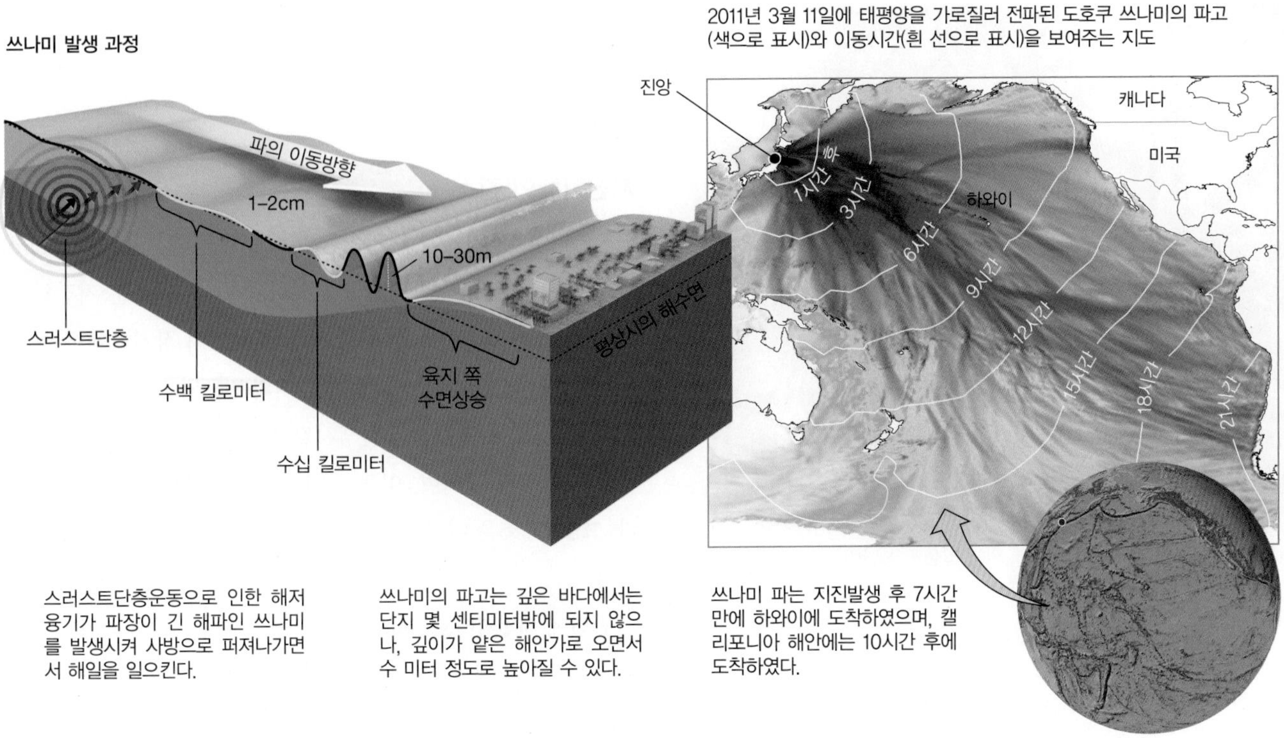
쓰나미 발생 과정
파의 이동방향
1-2cm
10-30m
스러스트단층
수백 킬로미터
육지 쪽
수면상승
평상시의 해수면
수십 킬로미터
스러스트단층운동으로 인한 해저 융기가 파장이 긴 해파인 쓰나미를 발생시켜 사방으로 퍼져나가면서 해일을 일으킨다.
쓰나미의 파고는 깊은 바다에서는 단지 몇 센티미터밖에 되지 않으나, 깊이가 얕은 해안가로 오면서 수 미터 정도로 높아질 수 있다.
2011년 3월 11일에 태평양을 가로질러 전파된 도호쿠 쓰나미의 파고
(색으로 표시)와 이동시간(흰 선으로 표시)을 보여주는 지도
진앙
캐나다
미국
하와이
1시간
3시간
6시간
9시간
12시간
15시간
18시간
21시간
쓰나미 파는 지진발생 후 7시간 만에 하와이에 도착하였으며, 캘리포니아 해안에는 10시간 후에 도착하였다.

그림 13.22 해저의 메가스러스트에서 발생한 지진은 해양을 가로질러 전파될 수 있는 쓰나미를 발생시킬 수 있다.
[Map by NOAA, Pacific Marine Environmental Laboratory.]

国内観測史上最大 M8.8
大津波警報 各地に被害
宮城 名取川付近
午後4時ごろ

그림 13.23 2011년 3월 11일에 도호쿠 지진(동일본 대지진)으로 발생한 쓰나미가 일본의 센다이 인근 농경지로 잔해물과 같이 밀려오는 장면을 헬리콥터에서 촬영한 비디오 영상.
[AP Photo/NHK TV.]

하면 최대 높이가 15m인 이곳 서쪽해안에 25~35m의 파도가 내륙 쪽으로 2km나 몰려와서 대부분의 건물들과 나무들을 파괴시키고 생명체의 목숨을 앗아갔다(**그림 13.25**). 이때 수마트라 해안에서 15만 명 이상의 사람들이 목숨을 잃은 것으로 추정되나, 많은 사람들이 바다로 휩쓸려갔기 때문에 정확한 인명피해는 알 수가 없다.

해저 사태나 해저 화산분출로 인한 해저의 교란도 쓰나미를 발생시킬 수 있다. 1883년에 인도네시아의 크라카타우 화산폭발은 높이 40m의 쓰나미를 발생시켜 인근 해안에 거주하던 3만 6,000명의 사람들을 익사시켰다.

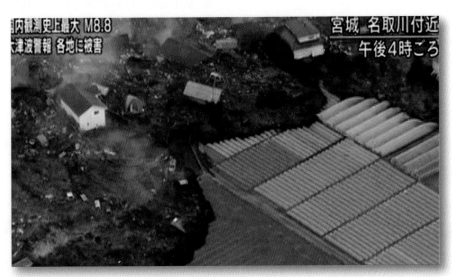

그림 13.24 2004년 수마트라 지진에 의해 발생한 쓰나미가 아무런 경고도 없이 태국의 푸켓 해변을 덮쳤다.
[David Rydevik 제공.]

화재 지진에 의한 이차적인 피해로 가스관의 파열이나 전신주가 쓰러져서 생기는 화재가 있다. 1906년 샌프란시스코 지진 때 발생한 화재를 진압하지 못한 것처럼, 지진으로 수도관이 파괴되어 화재 진압이 불가능해지기도 한다. 일본 최대 재난 중의 하나인

1923년 간토 지진(관동 대지진)의 경우 약 14만 명의 사망자 중 대부분이 동경과 요코하마시에서 지진으로 발생한 화재 때문에 숨졌다.

지진피해의 감소

지진이나 여러 자연재해로 인한 피해를 추정하려면 위험(hazard)과 피해(risk)의 차이를 확실하게 알아야 한다. 대부분 지진의 경우, **지진위험**(seismic hazard)은 특정 지역에서 장기간에 걸쳐 예상되는 지진에 의한 진동과 지면붕괴의 빈도와 크기를 나타낸 것이다. 지진위험은 지진을 발생시킬 가능성이 있는 활성단층과의 거리에 따라 달라지며, 이를 근거로 지진위험도를 작성할 수 있다. **그림 13.26**은 미국지질조사소에서 발행한 미국의 지진위험도이다.

반면에 **지진피해**(seismic risk)는 군 단위나 도(주) 단위와 같이 특정 단위지역에서 장기간에 걸쳐 지진에 의하여 예상되는 피해(damage) 정도를 나타낸 것으로, 일반적으로 예상되는 연평균 피해자 수나 피해액수(예 : 달러)로 나타낸다. 지진피해는 지진위험 정도뿐만 아니라, 지역에서 손해를 볼 수 있는 대상(인구밀도, 건물 등과 같은 여러 기반시설)과 시설물들이 얼마나 튼튼한가에

그림 13.25 수마트라 서부해안의 반다아체 부근에 있는 작은 곶은 이전에는 해수면까지 울창한 수목으로 덮여 있었지만, 2004년에 발생한 쓰나미로 15m 높이까지 깨끗이 벗겨져 있다.
[Jose Borrero 제공, University of Southern California Tsunami Research Group.]

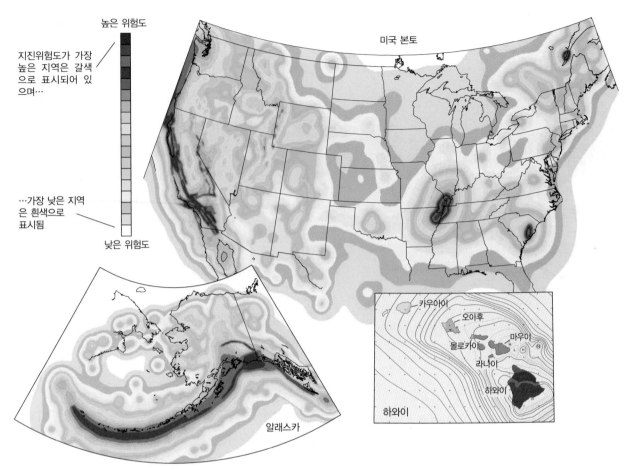

그림 13.26 미국의 지진위험도. 지진위험도가 가장 높은 지역들은 미국 서부해안과 알래스카의 판 경계 지역을 따라서, 그리고 하와이 빅아일랜드의 남쪽지역에 놓여 있다. 미국의 중부와 동부지역에서 가장 위험한 지역들은 미주리주의 뉴마드리드, 사우스캐롤라이나주의 찰스턴, 테네시주의 동부지역, 미국 북동부의 일부 지역 등이다.

[U.S. Geological Survey, http://geohazards.cr.usgs.gov/eq/.]

따라 달라진다. 지진피해를 계산하기 위해서는 수많은 지질학적 및 경제적 변수들을 고려해야 하기 때문에 지진피해 산정은 쉽지가 않다. 그림 13.27은 2001년에 미국의 연방비상관리청이 광범위한 연구를 수행하여 작성한 미국 최초의 지진피해도이다.

지진위험과 지진피해의 차이점은 두 지도를 비교하면 확실하게 알 수 있다. 예를 들면 알래스카와 캘리포니아의 지진위험 정도는 모두 높지만, 캘리포니아의 피해 가능성이 높기 때문에 더 큰 지진피해 수준을 보인다. 캘리포니아는 미국에서 가장 큰 지진피해 가능성이 있는 지역으로, 미국 전체 지진피해의 75%를 차지한다. 실제로 로스앤젤레스만 25%의 지진피해 수준을 보인다. 미국의 다른 지역도 물론 지진피해 가능성에 노출되어 있다. 캘리포니아 이외의 도시지역에 거주하는 4,600만 명의 사람들도 지진피해 가능성에 직면하고 있다. 힐로, 호놀룰루, 앵커리지, 시애틀, 타코마, 포틀랜드, 솔트레이크시티, 리노, 라스베이거스, 앨버커키, 찰스턴, 멤피스, 애틀랜타, 세인트루이스, 뉴욕, 보스

턴, 필라델피아가 그 예이다.

인간이 지진을 방지하거나 조절할 수 없기 때문에 지진의 위험에 대해서는 어떻게 할 방법이 없다. 그러나 우리가 지진의 위험을 잘 파악한다면 지진의 피해를 줄이기 위하여 많은 일들을 할 수 있다.

지진위험의 특성 먼저 "적을 알면 백전백승이다."라는 속담을 생각해보자. 우리는 활성단층에서 발생하는 지진의 횟수 및 크기에 대하여 완전히 알지 못한다. 예를 들면 캘리포니아 북부지역에서부터 오리건주와 워싱턴주를 거쳐 브리티시컬럼비아주까지 발달되어 있는 캐스캐디아 섭입대에서 발생하는 지진이, 2004년 인도양과 2011년 일본에서 발생한 규모와 유사한 대규모 쓰나미를 일으킬 수 있다는 사실을 인식한 것은 불과 수십 년밖에 되지 않았다. 역사에는 기록되어 있지 않았으나, 지진학자들이 이 지역에서 1700년에 규모 9.0의 지진이 발생했던 증거를 발견한 다음

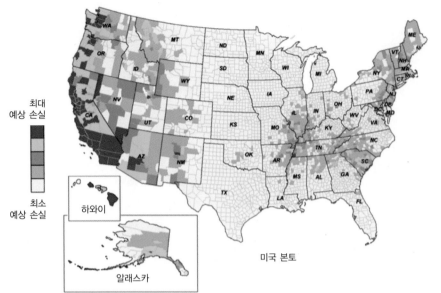

그림 13.27 미국의 지진피해도. 지도는 자치주(county) 기준으로 현재의 연간 지진피해 정도를 보여준다.

[Federal Emergency Management Agency, Report 366, Washington, D.C., 2001.]

최대 예상 손실

최소 예상 손실

하와이

알래스카

미국 본토

부터 이 지역에서 지진발생 위험 가능성이 확실해졌다. 이때 발생한 대규모 지진으로 인하여 캐스캐디아 해안의 지반이 함몰되었으며, 이로 인하여 해안가의 숲이 물에 잠겨서 대부분의 나무가 죽었던 흔적이 발견되었다. 이 지진에 의해 발생한 쓰나미는 태평양을 건너서 적어도 5m 높이의 쓰나미가 일본에 도착하였는데, 일본의 쓰나미 기록(1700년 1월 26일)으로 캐스캐디아 섭입대에서 발생한 지진의 정확한 날짜를 확인할 수 있었다. 이 지역에서는 후안데푸카판이 북아메리카판 아래로 약 40mm/year의 속도로 섭입하고 있다. 지진학자들 사이에서는 이곳에서 일어나는 판의 운동이 지진을 발생시킨다는 의견과 판의 움직임이 매우 천천히 지속적으로 일어나기 때문에 지진이 발생하지 않거나 조용한 지진이 발생한다는 의견이 있으나, 현재는 이 지역에서 규모 9 정도의 지진이 500~600년 간격으로 일어날 가능성이 높다는 것이 주 의견이다.

미국이나 일본과 같은 일부 지역의 지진위험성에 대해서는 잘 알려져 있으나, 대부분의 다른 지역에 대한 지진위험성은 아직 잘 모르고 있다. 1990년대에 UN은 국제자연재해저감 10년계획의 일환으로 전 세계에 대한 지진위험도 작성 프로그램을 후원하였다. 그 결과 그림 13.28에 보는 것과 같이 전 세계의 지진위험도가 최초로 작성되었다. 이 지도는 기본적으로 역사지진에 근거하여 작성되었기 때문에, 지진에 대한 역사적 기록이 적은 지역

에 대한 위험도는 실제보다 낮게 평가되었을 수도 있다. 그러므로, 전 세계적인 규모에 대한 지진위험을 규정하기 위해서는 앞으로 더 많은 연구가 필요하다.

토지이용 정책 지진의 위험이 많은 지역에서는 토지이용 정책을 잘 활용하면, 건물이나 여러 기반시설들이 입을 지진피해를 상당히 줄일 수 있다. 특히 이러한 정책은 단층이 존재하고 있어서 지진이 일어날 가능성이 높은 지역의 경우에는 그 효과가 매우 높다. 그림 13.29와 같이 이미 알려진 활성단층 지역에 주거지를 개발하여 건물을 세웠을 경우 지진이 발생하면 건물이 파괴될 가능성이 매우 크다. 1971년 미국 캘리포니아의 산페르난도 지진이 발생하였을 때, 로스앤젤레스의 인구밀도가 높은 지역 바로 아래에서 단층작용이 일어나서 건물 100채 정도가 붕괴되었다. 캘리포니아 주정부는 다음 해인 1972년에 활성단층 위에는 건물을 짓지 못하게 하는 법령을 발효하였다. 또한 이 법령에서는 단층 바로 위나 주변에 이미 건축된 집들에 대해서는 집주인과 부동산 업자가 구매자들에게 이러한 사실을 반드시 알리도록 하였다. 그러나 공공건물이나 공장의 경우, 이 법령에 의하여 제재를 받지 않는다는 점은 이 법령의 큰 문제점이다.

원자력 발전소와 여러 중요 산업시설물들은 지진이나 쓰나미의 위험으로부터 우선적으로 보호되어야 하지만, 일본의 경우 원자로를 냉각시킬 물의 필요성 등과 같은 여러 고려사항 때문에 장소 선정이 현명하지 못하였다. 즉, 일본 해안가에 설치된 두 곳의 원자력 발전소인 가시와자키-가리와 발전소는 2007년에, 후쿠시마-다이이치 발전소는 2011년에 지진에 의하여 심하게 파손되었다(그림 13.30). 지진으로부터 원자력 발전소의 안전에 대한 일반인들의 막대한 관심은, 일본 정부가 미래에 다가올 전력부족 사태에도 불구하고 여러 원자력 발전소들의 가동을 중단시키게 하였다.

지진공학 토지이용 정책이 지면의 함몰 및 토양액화현상과 같은 지역적인 위험으로부터 피해를 줄이는 데 도움을 줄 수는 있으나, 지진 진동이 광범위한 지역에 영향을 주는 곳에서는 그 효과가 덜하다. 지진 진동의 피해를 줄이는 가장 좋은 방법은 훌륭한 공학기술과 건축기술을 활용하는 것이다. 신축 건물의 설계와 건

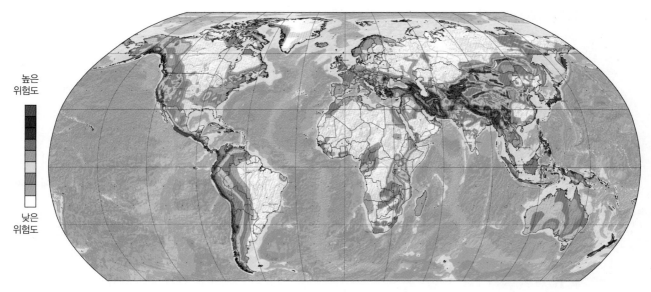

그림 13.28 전 세계의 지진위험도.
[K. M. Shedlock et al., *Seismological Research Letters* 71(2000): 679~686.]

높은
위험도

낮은
위험도

그림 13.29 캘리포니아주가 활성단층 지역에서 건축을 제한하는 법을 통과시키기 전에 샌프란시스코 반도 위의 산안드레아스 단층대 내에 건설된 주택지. 붉은 선은 대략적으로 추정되는 단층선을 나타내며, 1906년 지진이 발생했을 때 이 단층선을 따라 지면이 파열되며 약 2m 정도가 이동하였다.
[Michael Rymer.]

축에 관한 표준은 주정부와 지방정부에 의해 제정된 건축법규로 규제된다. **건축법규**(building code)는 그 지역에서 예상되는 지진의 최대 진동에 근거하여 건물(구조물)이 견딜 수 있는 힘을 구체적으로 명시한다. 지진이 발생한 후 기술자들은 피해를 입은 건물을 조사하여 다음 지진 때 피해를 줄일 수 있도록 건축법규의 개정을 권고한다.

미국의 건축법규는 지진발생 시 인명피해를 줄이는 데 대체로 성공을 거두었다. 예를 들면, 1981년부터 2012년까지 20년에 걸친 기간 동안, 미국 서부지역에서 11차례의 대지진이 발생하였음에도 불구하고 146명만이 목숨을 잃었지만, 세계적으로는 100만 명 이상의 사람들이 지진으로 목숨을 잃었다. 그럼에도 불구

하고, 지진피해를 줄이기 위해 할 수 있는 일은 아직 많다. 낡고 지진에 취약한 건축물에 대하여는 보강공사를 하고, 새로운 건축물에 특수한 건축자재와 선진공법—지진의 진동을 흡수하도록 건물 전체를 움직이는 지지대 위에 올려놓는 것과 같은 공법—을 적용하여 지진의 피해를 상당히 줄일 수 있다.

비상사태 대비 및 대응 공공기관들은 지진의 피해를 최소화하기 위하여 반드시 긴급보급품, 구조대, 대피절차, 화재 진압 등과 같은 계획을 미리 세워야 한다. 일반 개인들도 집에서 지진에 대한 대비를 철저히 해야 한다. 지구문제 13.2에는 지진으로부터 우리 자신과 우리의 가족을 보호하기 위하여 취할 수 있는 대비 및 대처 방법들이 몇 가지 단계로 요약되어 있다.

일단 지진이 일어나면, 여러 곳에 설치된 지진계로부터 지진발생 신호가 자동적으로 중앙통제소로 전달된다. 전달된 신호로 1분 이내에 중앙통제소의 컴퓨터에 의해 진원의 위치, 규모, 그리고 단층메커니즘이 결정된다. 만약 지진계에 매우 격렬한 진동을 정확히 기록할 수 있는 센서가 설치되어 있으면, 중앙통제소의 지진측정 시스템은 많은 피해를 줄 수 있는 지역에 실시간으로 지진상황을 통보할 수 있다. 이러한 실시간 정보는 정부가 비상구조대 및 구명장비를 신속히 동원하여 붕괴된 건물에 갇힌 사람들을 구조하고, 화재나 다른 이차적인 위험으로부터 가해질 더 많은 재산피해를 줄이는 데 많은 도움을 줄 것이다. 방송매체를 통한 지진의 규모와 피해지역에 대한 속보는 지진재해 동안의 혼란을 줄이고, 여진이 일어나는 동안 사람들의 두려움을 완화시킬

그림 13.30 2011년 3월 24일에 소형 무인 드론으로 촬영한 항공사진으로, 도호쿠 쓰나미(동일본 대지진)에 의해 심각한 손상을 입은 후 폭발로 훼손된 후쿠시마-다이이치 원자력 발전소의 원자로 격납건물을 보여준다.
[AP Photo/Air Photo Service.]

것이다.

지진 조기경보 시스템 앞에서 설명한 지진측정 시스템을 이용하면, 단층이 일어나는 초기에 발생하는 지진을 감지하여 앞으로 일어날 지면의 움직임 정도를 신속히 예측할 수 있다. 그러면 지진에 의한 심한 피해를 입기 전에 사람들에게 경고할 수 있을 것이다. 지진 조기경보 시스템은 진앙 근처 지면의 움직임을 감지하여, 지진파가 도착하는 것보다 먼저 예보를 할 수 있다. 가능한 예보시간은 진앙과의 거리에 따라 달라진다. 즉, 진앙에 가까운 곳에서는 조기경보가 불가능하며, 진앙에서 멀어질수록 지진이 도착하기 수 초에서 약 1분 정도 전에 지진을 예보할 수 있다.

지진 조기경보 시스템은 이미 일본, 루마니아, 대만, 터키, 미국 등 적어도 5개국 이상에 설치되어 있다. 이들 국가 중, 일본만 유일하게 공공경보가 가능한 전국적인 시스템이 설치되어 있다. 즉, 일본 전역에 설치된 거의 1,000개에 가까운 지진계를 이용하여 지진발생을 감지하고, 이를 인터넷, 인공위성, 휴대폰 등을 통하여 조기경보를 함은 물론, 철도운행을 중지시키고 많은 민감한 장비들을 안전모드로 변환시키는 자동 조절장치를 작동시킨다. 미국에서도 지진 조기경보 시스템이 캘리포니아와 워싱턴주에 설치 중에 있으나, 연방의회와 주의회에 의한 기금출연이 지연되어 미국 전역에 완전히 설치하지 못하고 있다.

쓰나미 경보 시스템 2004년 수마트라 지진과 2011년 도호쿠 지진(동일본 대지진)에 의하여 발생한 대규모 쓰나미는 앞의 쓰나미와 관련된 부분에 설명되어 있다. 지진파에 비해 쓰나미는 열 배 정도 느리게 이동하기 때문에, 심해저에서 대규모의 지진이 발생하면 진원으로부터 먼 거리에 있는 해안지역에 거주하는 사람들에게 다가올 재난에 대비할 수 있도록 몇 시간 정도의 비교적 충분한 시간 전에 경보를 할 수 있다. 하와이에 위치한 태평양 쓰나미 경보 센터는 도호쿠 지진발생 후, 하와이와 같은 섬들이나 미국 서부 연안지역에 거주하는 주민들에게 쓰나미 도착 전에 대피경고를 하였다(그림 13.22 참조). 그러나 불행히도 인도양에는 이러한 경보 시스템이 없었기 때문에, 2004년 발생한 쓰나미는 아무 경고 없이 해안지역을 덮쳐서 수만 명이 목숨을 잃었다.

활성단층이 가까운 곳에 발달하고 있는 연안지역은 쓰나미가 경보를 할 시간도 없이 매우 빨리 도착하기 때문에 매우 어려운 상황에 처하게 된다. 1998년 파푸아뉴기니에서 발생한 쓰나미에 의하여 진앙 근처의 해안마을에 거주하던 3,000명의 사람들이 목숨을 잃었다. 이러한 해안가에 위치한 마을의 경우 쓰나미의 침범을 막는 방벽을 건설하여 마을을 보호할 수도 있으나, 건설비용이 너무 비싸서 현재는 일본에서만 이용되고 있다(그림 13.31). 그러므로 해안가 지역에서 쓰나미로부터 대피하는 가장 좋은 방법은, 지진이 발생하면 가능한 빨리 해안가의 저지대에서 고지대로 피하는 것이다.

그림 13.31 쓰나미 방벽이 일본의 타로 마을을 보호하기 위하여 건설되었으나, 도호쿠 지진(동일본 대지진)으로 발생한 쓰나미에 의해 파괴되어 마을이 초토화되었다.
[Carlos Barria/Reuters/Landov.]

지구문제

13.2 지진에 대한 7단계 안전대책

지진발생 가능성이 높은 지역에 거주하는 사람은 항상 지진에 대비를 하고, 지진이 발생하였을 때 대처하는 방법을 알아야 한다. 다음은 남부 캘리포니아 지진센터에서 추천하는 지진에 대한 7단계 안전대책이다.

지진발생 전 :

1. **집 안의 위험한 요소를 파악하고, 정리할 것.** 건물이 내진설계가 잘되어 있다 할지라도, 낙하하는 물체로 인하여 대부분의 피해와 부상을 입음. 그러므로 집 안에 있는 무거운 물체나 값나가는 물건이 떨어져서 상처를 입거나 손해를 보지 않도록 안전하게 보관할 것.

2. **재난에 대비하는 비상계획을 세울 것.** 가족 구성원들과 함께 지진이 발생하기 전, 발생할 당시, 발생한 후에 무엇을 할 것인가에 대하여 계획을 세울 것. 비상계획에는 반드시 튼튼한 책상이나 탁자 아래와 같이 지진이 일어나는 동안 대피할 안전한 장소, 지진발생 후에 집 밖에서 만날 수 있는 안전한 장소, 서로 연락할 전화번호가 포함되어야 함. 연락 전화번호는 지진발생 지역의 전화 불통에 대비하여, 타 지역에 거주하는 사람의 전화번호도 포함되어야 함.

3. **비상구호물품을 준비할 것.** 필수적인 비상구호물품을 준비할 것. 비상구호물품에는 약품, 응급 처치 상자, 호루라기, 튼튼한 신발, 고열량 식품, 여분의 배터리를 포함한 전지, 개인위생 물품 등이 포함되어야 함. 집 안에는 소화기, 가스나 수도관을 잠글 수 있는 연장, 휴대용 라디오, 식수, 음식과 여분의 옷을 항상 비치해야 함.

4. **건물의 안전진단 및 수리.** 전문가에게 의뢰하여 건물에 대한 안전진단을 받고, 필요한 부분은 수리를 함. 흔히 나타나는 문제점으로는 부실한 기초, 약한 벽, 지지력이 없는 1층, 보강되지 않은 벽돌, 약한 파이프 등이 있음.

지진발생 당시 :

5. **아래층의 안전한 곳으로 피할 것.** 지진이나 큰 규모의 여진이 발생하는 동안에는 신속히 아래층으로 내려와서 튼튼한 책상이나 탁자 밑으로 대피하여 움직이지 않도록 다리와 같은 부분을 잡고, 지진이 멈출 때까지 기다릴 것. 건물의 외벽, 창가, 건축물의 장식물 아래와 같이 위험한 지역은 피할 것.

지진발생 후 :

6. **지진발생 후에는 응급치료가 필요한 부상자와 피해상황을 파악할 것.** 자신이 처한 상황을 먼저 파악할 것. 즉 안전한 장소로 이동하여 이미 수립된 비상계획을 생각할 것. 만약 자신이 좁은 공간에 갇혔을 경우에는 먼지가 입, 코, 눈으로 들어가지 않도록 막은 다음에 휴대전화나 호루라기를 이용하여 구조 요청을 하거나, 몇 분 간격으로 건물을 세 번씩 크게 두드려서 신호를 보낼 것(구조대가 두드리는 신호를 들을 것임). 부상자나 도움이 필요한 사람이 주변에 있는지 확인할 것. 화재, 가스 누출, 파손된 전기 시스템, 물이나 기타 액체의 유출 등을 확인할 것. 파손된 건물로부터 멀리 떨어져 있을 것.

7. **안전하다고 판단되면, 수립한 비상계획에 따라 행동할 것.** 라디오를 켜고 방송에서 지시하는 행동지침에 따라 움직일 것. 전화 상태를 확인하여 타 지역에 거주하는 친지에게 본인의 상황을 알린 다음, 비상시가 아니면 전화 사용을 자제할 것. 음식과 식수를 확인하고, 이웃의 상황을 파악할 것.

　자세한 자료는 Putting Down Roots in Earthquake Country, Southern California Earthquake Center를 참조할 것. 이 자료는 http://www.earthqualecountry.info/roots.index.php에 있음.

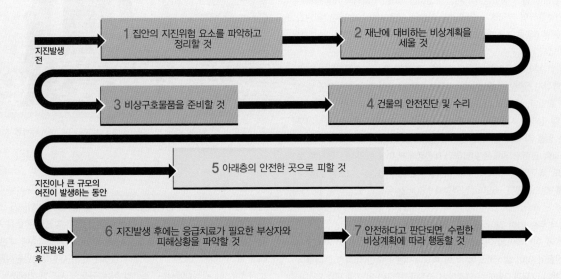

■ 지진예보는 가능한가?

만약 지진예보를 정확히 할 수 있다면 앞으로 발생할 지진에 대비하여, 사람들은 위험 지역에서 대피하고 여러 관점에서 다가올 재난을 피할 수 있을 것이다. 그러면 어떻게 지진예보를 할 수 있을까?

지진을 예보한다는 것은 지진발생 시간, 장소, 규모를 예측하는 것이다. 판구조운동이론과 주변 지역에 발달하고 있는 단층에 대한 자세한 지질조사를 통하여, 지진학자들은 장기적으로 어느 단층이 지진을 일으킬 가능성이 높은지를 예측할 수 있다. 그러나 특정 단층이 정확히 언제 이동을 하여 지진이 발생하는지에 대해 예측하는 것은 매우 어렵다.

장기 예보

지진학자들에게 특정 지역에서 다음번 대규모의 지진이 발생할 시간이 언제냐고 물으면, 대답은 "지난번에 대지진이 발생한 후에 시간이 오래 지났으면, 빠른 시간 내에 다음 지진이 발생할 확률이 높다."라고 할 것이다. 다음 지진을 발생시키는 단층을 이동시킬 정도의 변형에너지가 축적되는 데 걸리는 시간인 지진의 재발주기는 판의 상대적 이동속도와 과거에 발생한 지진으로부터 관측한 결과로 예측한 단층의 이동거리에 근거를 두어 계산할 수 있다. 또한 지진학자들은 과거에 단층이 이동한 흔적이 기록되어 있는 토양층을 찾아내어 이동시기를 추정함으로써, 과거 수천 년 동안 대규모 지진들이 발생하였던 시간 간격을 측정할 수 있다(그림 13.32).

상기한 두 방법들은 일반적으로 서로 비슷한 결과를 보여주

지구문제

13.3 이탈리아 과학자들이 2009년 라퀼라 지진발생 전에 발표한 지진위험에 대한 잘못된 예측에 대하여 과실치사로 유죄 판결을 받다

2009년 4월 6일에 발생한 규모 6.3의 지진은 이탈리아의 산악도시인 라퀼라 (L'Aquila)시를 폐허로 만들고, 309명의 사망자와 1,500명 이상의 부상자를 비롯하여 수만 명의 집을 앗아갔다. 이 재앙이 일어난 후에 이 지역의 지방검사는 이탈리아 시민보호국의 부국장과 이탈리아 최상위 자문기관인 대형재난위원회의 과학 자문위원 6명을 지진발생 전에 발표한 잘못된 예측에 대하여 과실치사 혐의로 기소하였다.

이는 과학자들 사이에 유명한 사건이 되었다. 이러한 기소는 과학자들이 임박한 지진을 예측하지 못해서 시민들에게 사전에 알리지 못한 것을 과학자들 탓으로 돌리는 것 같았다. 누구도 대규모 지진을 짧은 시간 내에 정확히 예측할 수 없다는 것은 잘 알려진 사실이다. 그럼에도 불구하고 왜 이탈리아 법원은 아무도 할 수 없는 일을 가지고 과학자들을 처벌하려고 하는가?

전 세계의 과학 관련 기관들은 이탈리아 대통령에게 이에 항의하는 편지를 보냈다. 그럼에도 불구하고, 1년간의 재판 끝에 이탈리아 법원은 기소된 7명 모두에게 유죄를 선고하였다—6년의 징역형과 1,000만 유로의 벌금형이 선고되었다.

라퀼라시에서 무슨 일이 일어났는가?

2009년 1월에 이탈리아의 이 지역에서는 지진활동이 증가했다. 이 지역에서 소규모의 지진들이 많이 발생했으며, 이에 학교에서는 신속한 대피령과 더불어 많은 대비를 했다. 2월과 3월에는 언론에서 국립물리연구소의 기술자로 일하는 조아키노 줄리아니(Gioacchino Giuliani)라는 라퀼라 시민이 주장한 일련의 지진예측을 발표하였다. 이 예측은 정부의 공식적인 발표가 아니었으며, 나중에 거짓 경보로 밝혀졌다. 그러나 당시에는 언론에 의하여 이 예측이 널리 발표되면서, 사람들이 공포에 떨며 집에서 피신했다.

이러한 혼란상태에 대응을 하여 정부기관에 속한 과학자들은 현재로서는 지

2009년 4월 6일 발생한 지진에 의하여 파괴된 라퀼라 시청의 잔해.
[© Alessandro Bianchi/Reuters/Corbis.]

진을 정확히 예보하는 방법은 없으며, 이 지역은 "이탈리아에서 소규모 지진이 흔히 발생하는 지역으로 상당히 큰 규모의 지진이 발생할 확률은 적다."라고 발표하였다. 그러나 이러한 정부 발표는 줄리아니의 지진예측에 대한 시민들의 우려를 불식시키지 못했다. 이에 대해 정부는 급히 대형재난위원회를 3월 31일에 소집했다. 이 위원회에서는 "일련의 작은 규모의 지진이 발생하는 현상이 대규모 지진이 발생할 전조현상이라는 어떤 이유도 없다."는 결론을 내렸다. "이탈리아에서 일련의 작은 규모의 지진이 발생한 후에는 절대 대규모의 지진이 발생하지 않는다."는 결론은 과학적으로는 타당하다. 그러나 대부분의 지진학자들이 받아들이고 있는 "일련의 작은 규모의 지진이 발생한 후에는 대규모 지진이 발생할 확률이 커진다."는 사실은 소홀히 취급되었다.

나, 계산한 재발주기의 오차가 많게는 100% 정도로 크게 나타난다. 예를 들면, 남부 캘리포니아에 발달하고 있는 산안드레아스 단층의 재발주기는 110년에서 180년 사이로 추정하였으나, 실제로 발생한 각각의 지진으로부터 관측된 간격은 이 추정값보다 짧거나 길 수가 있다. 실제로 이 산안드레아스 단층의 한 부분에서는 1857년에 대규모의 지진이 발생하였으나, 이 단층의 가장 남쪽 지역은 1680년에 대규모의 지진이 발생한 이후로 지진이 발생하지 않고 있다(그림 13.2). 그러므로 남부 캘리포니아에서는 지진이 언제라도 발생할 가능성이 있다. 즉, 당장 내일이나 또는 10년 후에 지진이 발생할 수도 있다.

지진발생의 재발주기는 수십 년에서 수백 년으로 예측되기 때문에, 이러한 방법을 이용한 지진예보를 장기 예보(long-term forecasting)라 하며, 대부분의 사람들이 원하는 지진발생 장소와 시간을 수일 또는 적어도 수 시간 전에 정확하게 예측하는 단기예보(short-term prediction)와는 차이가 있다.

단기 예보

지진발생을 성공적으로 예측한 단기 예보는 많지 않다. 1975년에 중국 동북부 지역에 있는 하이청시 부근에서, 지진이 일어나기 몇 시간 전에 지진발생을 성공적으로 예보하였다. 중국 지진학자들은 지진발생 전에 일어나는 증후들인 전조현상(precursor)을 이용하여 이 지진을 예보하였다. 즉, 초기 미동과 같은 전진의 발생과 대규모의 지진이 발생하기 수 시간 전에 일어나는 지면의 변형상태 등을 조사하였다. 거의 100만 명에 가까운 사람들이 정부의 통제에 따라, 지진발생 수 시간 전에 집과 직장에서 대피하였다. 이 지진에 의하여 수많은 건물이 붕괴되고 마을이 폐허로

위원회를 마친 후 기자회견에서 지진학자가 아닌 시민보호국의 부국장은 "과학자들의 의견에 의하면 작은 규모의 지진발생으로 인하여 에너지가 방출되기 때문에 지진위험이 감소되고 있다. 그러므로 크게 걱정스러운 상황은 아니다."라고 발표했다. 이는 과학적으로 적절하지 않은 발표였다. 작은 규모의 지진이 많이 발생하더라도, 작은 규모의 지진들이 대규모 지진을 발생시키는 광역적인 지체응력을 해소시킬 수는 없기 때문이다(이 장의 지질학 실습 참조).

4월에 들어서도 작은 규모의 지진들이 계속 발생하여 많은 학교들이 대피를 했다. 주진이 발생하기 몇 시간 전인 4월 5일 오후 11시 직전에는 3.9 규모의 지진이 발생했다. 네이처와의 인터뷰에서 빈첸초 비토리니(Vincenzo Vittorini)라는 시민은 그날 밤 집 밖으로 피신해야 하는지에 대해 부인과 겁에 질린 9살 딸과 논의한 것을 이야기했다. 이 지역에서는 지진이 발생하면 통상적으로 집 밖으로 대피했기 때문이다. 그는 당시에 "소규모의 지진은 대규모 지진의 발생 가능성을 감소시킨다."는 정부의 공식적인 발표를 상기하면서, 가족에게 아파트 내에 머무르라고 설득했다. 이 아파트 건물은 새벽 3시 32분에 발생한 주진에 의해 붕괴되었으며, 그의 부인과 딸, 그리고 5명이 사망했다. 당시 검사를 포함한 라퀼라시의 거의 모든 시민이 친척이나 친구를 잃었다. 검사는 비토리니와 같은 시민들의 비극적인 증언을 바탕으로, 대형재난위원회가 지진의 위험에 대한 특성, 원인, 향후 예측에 대해 불완전하고 부정확하며 오류가 있는 발표를 했다는 이유로 이들을 기소했다.

뒤늦게 깨달았지만, 이탈리아 과학자들은 단순히 "대규모 지진이 발생할 것인가?"라는 물음에 네/아니요로 답하는 질문의 함정에 빠지게 된 것이다. 세상에 어느 과학자가 지진발생 일주일 전에 대규모 지진이 발생할 가능성이 1% 이하일 거라는 것을 알 수 있을까? 작은 규모의 지진활동은 대규모 지진의 발생 가능성을 증가시킨다. 즉, 지진활동이 없을 때보다 작은 규모의 지진이 발생하는 동안에 대규모 지진이 발생할 가능성이 높다. 줄리아니의 예측과는 달리, 당국은 라퀼라 시민들에게 지진발생 가능성의 증가나 지진위험으로부터의 사전대비책을 알리지 않았다. 당국은 "대규모의 지진은 발생하지 않는다."라고 확고한 예측성 발표를 하여 시민들을 진정시키려고만 했다.

공인들을 기소함으로써 혼란한 상황에 처한 시민을 달래기 위한 정부의 처사에 과학자들은 누구도 이의를 제기하지 못했다. 피고인들이 지진위험도 증가에 대한 강조를 하지 못한 것에 대해서는 후회스러운 점이 있다. 그러나 대형재난위원회의 소극적인 대응과 이 위원회를 대표하는 과학자가 아닌 사람의 잘못된 발표를 과학자들이 저지른 범죄행위로 취급하는 것은 이해하기 어려운 점이 있다. 라퀼라시의 이 판결은 현재 항소 중에 있다. 우리는 단지 올바른 사법적 판단이 내려지기만을 희망하고 있다.

라퀼라시에 재난이 발생하고 수주 후에 이탈리아 정부는 지진예보 절차를 개선하기 위한 지침을 만들기 위해 전문가들로 구성된 국제적 위원회를 구성했으며, 이 책의 저자 중 한 사람인 토마스 조던(Thomas H. Jordan)이 이 위원회의 의장을 맡았다. 위원회의 보고서에는 "현재로서는 확률이 높은 지진예보는 불가능하다."는 사실을 재확인하고, "대규모 지진이 발생할 확률은 높지 않다."는 것과 같은 지진에 대한 단기예보를 대중에게 알리는 방법" 등이 수록되어 있다. 정부의 공식적인 발표는 "현재 무엇이 위험하고, 또 무엇이 위험하지 않은지"에 대해 대중에게 정확하게 알려서, 잘못된 예측이나 오보로 이어질 수 있는 정보의 공백을 채워주어야 한다. 경보 발표문은 반드시 이득과 손실에 대한 객관적인 분석에 근거를 두고 눈에는 보이지 않으나 대중들이 심리적인 준비와 회복이 가능하도록, 정부의 여러 부처가 여러 단계의 결정을 할 수 있게 표준화되어야 한다.

위원회는 이탈리아 정부가 어떤 시스템을 원하는지 알고 있으나, 세상에 지진예보를 보다 더 잘 할 수 있는 국가는 없다. 지진발생 가능성이 높은 지역들은 라퀼라시의 경우로부터 많은 것을 배울 수 있다. 그중 하나는 자연재해에 관한 객관적인 정보를 제공하는 과학자의 역할과 실패의 대가에 대한 대응조치를 사회적, 경제적, 정치적인 관점에 무게를 두는 행정가의 역할을 분리하는 것이 필요하다. 라퀼라시의 기소사건은 이러한 역할에 대한 오해에서 비롯된 것이다.

그림 13.32 지질학자 Gordon Seitz가 남부 캘리포니아에 있는 산안드레아스 단층계의 주단층 중의 하나인 샌하신토(San Jacinto) 단층을 가로질러 판 도랑에서 역사시대 이전의 지진에 의해 만들어진 암석과 토탄층을 조사하고 있다. 탄소-14 방법을 이용하여 토탄층의 연대를 측정하여, 지질학자들은 이 단층에서 발생한 대규모 지진들의 역사를 복원할 수 있다. 이러한 정보는 과학자들이 미래의 지진을 예보하는 데 도움을 준다.

[Tom Rockwell 제공, San Diego State University.]

변하였고 수백 명의 인명피해를 입었으나, 성공적인 예보로 인하여 더 많은 피해를 줄일 수 있었다. 그러나 다음 해에 중국의 당산시에서 발생한 지진은 전혀 예측을 하지 못하여, 24만 명 이상의 사람들이 목숨을 잃었다. 즉, 하이청 지진발생 전에 일어나는 전조현상들이 당산 지진의 경우에는 일어나지 않아서, 지진발생을 예측하지 못한 것이다.

지진예보를 위한 많은 방법들이 제안되었으나, 지진이 일어나기 적어도 몇 분에서부터 몇 주 전까지 예측할 수 있는 신뢰할 만한 방법은 아직까지는 없다. 지진에 대한 단기 예보가 전혀 불가능하다고 말할 수는 없으나, 지진학자들은 신뢰할 수 있는 단기 예보가 빠른 시일 내에 가능하다고는 생각하지 않는다.

우리는 시간에 따른 지진발생 확률의 변화에 대한 유용한 정보를 알고 있다. 즉, 지진은 시공간적으로 연쇄적으로 발생하는 경향이 있다. 예를 들면, 대규모 지진발생 후에는 여진이 발생한다. 또한 지진학자들은 지진활동이 증가하는 시기 동안에는 지진에 의한 피해가 증가할 확률이 높다는 것을 보여주었다. 그러나 지진활동이 많이 일어날 때에도 대규모의 지진을 정확히 예측하기는 어렵다. 지진이 발생하는 동안에는 일반 사람들은 위험 정도가 어떤지를 알기가 쉽지 않다. 예를 들면, 2009년 4월 6일에 이탈리아의 라퀼라에 지진이 발생하기 전에 잘못 전달된 단기 예보로 인하여, 과학자들이 이탈리아 정부에 의해서 과실치사로 형사소추 되었다(지구문제 13.3 참조). 연쇄적으로 발생하는 지진을 이용한 예보를 통하여 이탈리아에서는 지진의 위험 정도를 평가하고 있다. 현재 미국의 캘리포니아를 포함한 여러 곳에서 지진의 단기 예보 방법을 연구하고 있다.

중기 예보

지진을 발생시키는 광역적 단층시스템에 대한 연구를 통하여 장기 예보에 대한 불확실성을 감소시킬 수 있다. 여기서 중요하게 고려해야 할 사항은 탄성반발설이다. 〈그림 13.3〉에 있는 비교적 단순한 탄성반발설 이론은 어떻게 특정 단층에 축적된 변형에너지가 방출되어 주기적으로 단층운동을 일으키는지에 대하여 설명해준다. 그러나 캘리포니아 남부에 발달하고 있는 단층의 경우에는 여러 단층들이 분리되어 있지 않고 서로 복잡하게 연결되어 있다(그림 13.18 참조). 그러므로 한 단층이 이동을 하면, 이로 인하여 주변 지역의 응력에 변화가 생긴다(그림 13.4 참조). 서로 연결된 단층의 분포상황에 따라서, 지진을 일으킬 가능성이 있는 주변 단층에 작용하는 응력이 증가할 수도 있고 감소할 수도 있다. 즉, 단층시스템의 한 단층에서 지진이 발생하면, 이의 영향으로 다른 단층에서도 언제든지 지진이 발생할 수 있다.

만약 지구과학자들이 응력의 축적과 방출이 어떻게 작은 규모의 지진발생 횟수를 증가시키고 감소시키는지를 알 수만 있다면, 어느 정도의 오차는 있지만 짧게는 몇 달 또는 몇 년의 시간 간격을 두고 지진예보를 할 수 있을 것이다. 즉, 지진관측 네트워크에 기록된 작은 규모의 지진들은 광역적인 응력상태를 지시하는 척도가 될 수 있다. 그러면 언젠가는 "국가지진예보평가위원회는 내년에 산안드레아스 단층의 남쪽 지역에 규모 7 이상의 지진이 발생할 확률이 50%라고 보고하였습니다."라는 방송을 들을 날이 올 것이다.

그러나 **중기 예보**(medium-term forecasts)에 대한 몇 가지 어려운 점들이 있다. 어떻게 긴급하지도 않고 장기적이지도 않은 예보에 대하여 사회가 대응을 할 것인가? 몇 달에서 몇 년 정도의 시간적인 간격을 두고 지진이 발생할 확률이 있을 것이라는 중기 예보는 다소 막연한 감이 있기 때문에, 피해가 예상되는 지역의 사람들을 대피시키기에는 문제가 있다. 또한 잘못된 예보도 흔히 있을 수가 있다. 위험 예상 지역의 자산 피해와 투자감소에 대해서는 어떠한 방도를 취할 것인가? 이러한 점들은 정책 결정자들과 과학자들이 협동으로 생각해야 할 문제들이다.

요약

지진이란 무엇인가? 지진은 구조적인 힘에 의하여 응력이 축적된 암석이 단층면을 따라 갑작스러운 이동을 하면서 생기는 지면의 흔들림이다. 암석이 이동을 하면, 오랜 기간에 걸쳐 변형이 서서히 일어나면서 축적된 탄성에너지가 순간적으로 방출되며, 이 에너지의 일부는 지진파의 형태로 사방으로 전파된다. 진원은 단층이 최초로 이동하기 시작한 지점이며, 진앙은 진원 바로 위의 지표면과 만나는 지점이다. 대륙에서 발생하는 지진의 진원은 대부분이 지표 부근에 위치한다. 그러나 해구에서 발생하는 지진은 진원이 690km까지 깊게 위치한다.

세 종류의 지진파는 무엇인가? 지진계에 기록되는 지진파는 세 종류가 있다. 이들 중, 두 종류는 지구내부를 통과하면서 이동을 한다. 하나는 P파로 모든 상태의 매질을 통과하며, 속도가 가장 빠르다. 다른 하나는 S파로 단지 고체 상태의 매질만 통과하고, P파 속도의 1/2보다 약간 빠르다. P파는 압축파로, 매질을 압축과 팽창을 시키면서 통과한다. S파는 전단파로, 매질을 진행방향의 수직으로 이동시키면서 통과한다. 마지막으로, 지구표면과 지구의 제일 바깥 부분을 통과하는 표면파가 있다. 표면파의 속도는 S파보다 약간 느리다.

지진규모는 무엇이며, 어떻게 측정하는가? 지진규모는 지진의 크기를 측정한 것이다. 릭터 지진규모는 지진계에 기록된 지진파의 최대 진폭의 로그값에 비례한다. 오늘날의 지진학자들은 지진을 발생시킨 단층의 면적과 평균 이동거리와 같은 물리적 특성으로부터 측정한 모멘트 규모를 사용하는 것을 더 선호한다.

지진은 얼마나 자주 일어나는가? 매년 전 세계적으로 규모 2.0 이상인 지진이 약 100만 번 정도 발생한다. 지진발생 횟수는 규모가 1 증가할 때마다 열 배씩 감소한다. 그러므로 매년 규모 3 이상인 지진은 10만 번 정도 일어나고, 규모 5 이상인 지진은 1,000번 정도 발생하고, 규모 7 이상인 지진은 10번 정도 일어난다. 규모가 9.0에서 9.5 정도의 대규모 지진은 흔하지 않으며, 섭입대에 발달하고 있는 스러스트단층대에 국한되어 일어난다.

지진을 발생시키는 단층의 유형은 무엇에 의하여 결정되는가? 지진이 발생한 판 경계의 유형에 따라 지진의 단층메커니즘이 결정된다. 장력이 작용하는 발산 경계에서 정단층이 일어난다. 주향이동 유형의 단층은 전단력이 작용하는 변환단층 경계에 나타난다. 압축력이 작용하는 수렴 경계의 메가스러스트에서는 대규모의 지진이 발생한다. 일부 지진은 대륙내부와 같은 판의 내부에서도 발생한다.

지진의 위험은 무엇인가? 지진이 일어나는 동안 단층작용과 지면의 움직임으로 건물이나 기반시설이 붕괴된다. 또한 산사태나 화재와 같은 이차적인 피해가 발생하기도 한다. 해저에서 일어난 지진은 쓰나미를 발생시켜서 해안가 저지대에 많은 피해를 준다.

지진피해를 줄이기 위하여 무엇을 해야 하는가? 토지이용 규제법은 활성단층 부근에 새로운 건물을 세우는 것을 제한하고 있으며, 지진위험 지역에서는 건축법에 의하여 건물이나 기반시설이 그 지역에 예상되는 지진의 강도에 견딜 수 있도록 내진설계를 해야 한다. 현재 지진과 쓰나미의 빠른 예보를 위하여, 지진관측 네트워크 시스템이 개발되고 있는 중이다. 정부 당국은 미리 계획을 세워 대비책을 마련하고, 조기 경보 시스템을 구축해야 한다. 지진발생 가능 지역에 거주하는 사람들에게는 지진발생 시 대처할 방법과 행동에 대하여 사전에 알려주어야 한다.

지진예보가 가능할까? 현재 과학기술은 어떤 지역의 지진에 대한 위험 정도는 추정할 수 있으나, 대중들이 대피할 시간을 갖도록 몇 시간 내지는 몇 주 전에 발생할 지진을 정확히 예보하지는 못한다. 앞으로 이러한 예보를 할 수 있기 위하여는 광역 단층시스템에서 응력의 변화가 지진활동에 미치는 영향을 이해하여야 한다.

주요 용어

건축법규	여진	지진위험	탄성반발설
규모등급	재발주기	지진피해	표면파
단층메커니즘	전진	진도계급	P파
단층이동거리	지진	진앙	S파
쓰나미	지진계	진원	

지질학 실습

지진은 통제될 수 있는가?

규모 4인 지진은 큰 피해를 주지는 않으나, 규모 8인 지진은 아주 극심한 피해를 가져온다. 인간은 인위적으로 작은 지진을 일으켜 단층의 이동을 조절할 수 있을까?

유전과 천연가스전에서의 실험에 따르면, 깊은 시추공을 통해 단층대 속에 물이나 기타 액체를 주입하면 작은 규모의 지진들이 발생한다. 주입된 액체는 윤활유처럼 단층을 부드럽게 하여 미끄러지는 것을 억제하는 마찰력을 감소시킨다. 액체 주입 기술을 이용하여 단층에너지를 규모 4 이하로만 방출토록 할 수 있다면, 이러한 액체 주입 기술을 이용하여 지진의 규모를 조절할 수 있지 않을까?

이 방법의 실행 가능성은 같은 지역에서 규모 4의 지진들이 얼마나 많이 발생해야 규모 8의 지진이 한 번에 만드는 것과 동일한 단층이동을 만들 수 있느냐에 달려 있다. 많은 지진들에 대한 관찰을 통하여, 지진학자들은 지진의 횟수를 계산하는 데 지침이 될 수 있는 모멘트 규모에 대한 두 가지 간단한 규칙을 발견했다.

1. 면적에 관한 규칙(Area rule) : 단층활동의 면적은 모멘트 규모 1이 증가할 때마다 10배씩 증가한다. 그러므로 규모 8 지진의 단층파열 면적은 규모 4 지진의 면적보다 1만 배 넓다($10^{(8-4)}$ = 10^4이므로).

2. 이동거리에 관한 규칙(Slip rule) : 단층파열의 평균 이동거리는 모멘트 규모 2가 증가할 때마다 10배씩 증가한다. 그러므로

전형적인 단층파열 면적

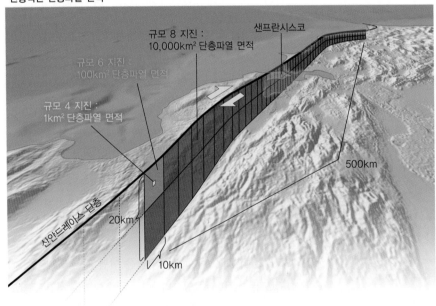

전형적인 단층파열의 이동거리

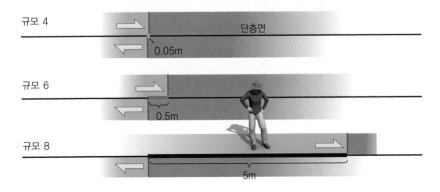

위 그림은 산안드레아스 단층파열의 면적이 지진의 규모가 커짐에 따라 얼마나 증가하는지를 보여주며, 아래 그림은 단층파열의 이동거리가 지진의 규모가 커짐에 따라 얼마나 증가하는지를 보여준다.

규모 8 지진의 단층파열 이동거리는 규모 4 지진의 이동거리보다 100배 길다($10^{(8-4)/2}=10^2$이므로).

일반적으로 규모 8 지진의 단층파열 면적은 약 1만km^2 정도이며, 평균 이동거리는 약 5m 정도다.

■ 면적에 관한 규칙은 규모 4 지진의 단층파열 면적은 규모 8 지진의 면적보다 1만 배 정도 적거나, 그 면적이 1km^2 정도임을 의미한다.

■ 이동거리에 관한 규칙은 규모 4 지진의 단층파열 이동거리는 규모 8 지진의 이동거리보다 100배 정도 짧거나, 그 이동거리가 0.05m(5cm) 정도임을 의미한다.

그러므로 한 번의 규모 8 지진에 상응하는 규모 4 지진의 수는 $10{,}000 \times 100 = 1{,}000{,}000$번이 된다.

이러한 계산은 대규모 지진의 이동거리에 비하여 소규모 지진들의 이동거리는 미미하다는 것을 보여주고 있다. 거의 100년마다 규모 8 정도의 지진이 발생하는 산안드레아스 단층과 같은 곳에서는 규모 4 지진을 매년 1만 번 정도씩 발생시켜야만 규모 8 지진에 해당하는 이동거리를 움직일 수 있다.

소규모 지진발생 횟수를 증가시키기 위하여 액체를 단층대 내에 주입하는 것은 적어도 두 가지 이유로 바람직하지 않다. 첫 번째는 엄청난 비용이 소요된다. 즉, 단층대를 따라 수천 곳에 시추를 하고 지진이 발생할 가능성이 있는 진원 깊이까지 물을 주입하는 데는 수십억 달러 이상의 비용이 소요될 것이다. 두 번째로는 이는 매우 위험한 작업이다. 액체의 주입에 의해 유발된 단층파열이 의도한 규모보다 훨씬 더 큰 지진을 일으킬 수가 있다. 즉, 지진을 조절하려는 노력이 오히려 큰 지진을 발생시켜 재앙을 부를 수 있다!

추가문제 : 몇 번의 규모 4 지진이 발생하여야 한 번의 규모 6 지진에 의한 이동거리를 움직일 수 있을까?

연습문제

1. 지진관측소에서 다음과 같은 S파와 P파의 도착시간 차이를 발표하였다. 댈러스, S-P = 3분, 로스앤젤레스, S-P = 2분, 샌프란시스코, S-P = 2분. 미국 지도와 〈그림 13.10〉의 주시곡선을 이용하여 진앙의 위치를 결정하라.

2. 지진의 크기를 측정하는 두 가지 등급에 대하여 설명하라. 어느 것이 지진을 발생시킨 단층의 크기를 측정하기에 적당한 등급인가? 어느 것이 특정 관측자가 경험한 지면의 움직임 정도를 측정하기에 적당한 등급인가?

3. 규모 7.5 지진에서 방출되는 에너지는 규모 6.5 지진에서 방출되는 에너지에 비하여 얼마나 큰가?

4. 남부 캘리포니아에서는 규모 5인 지진이 1년에 한 번 정도 발생한다. 이 지진은 규모 4와 2의 지진이 각각 1년에 몇 번 정도 일어나는 것에 해당하는가?

5. 세 유형의 판 경계에서 발생하는 지진의 단층메커니즘에 대하여 설명하라.

6. 판의 경계에서 멀리 떨어진 판 내부에서도 지진이 발생한다. 그 이유를 설명하라.

7. 나스카판과 남아메리카판의 경계에 있는 한 지점에서 측정한 판의 상대속도는 80mm/year이다. 1880년에 발생한 대규모 지진 때, 이 단층이 12m나 이동하였다. 이 지역에 대규모의 지진이 언제 다시 발생할 가능성이 있는가?

생각해볼 문제

1. 〈그림 13.16〉에 푸른색 점으로 표시된 천발지진이 발생하는 지역은 해양지역에 비하여 대륙지역에서 더 넓게 흩어져 있다. 그 이유를 설명하라(힌트 : 제7장 참조).

2. 왜 대륙의 암석권에서는 20km보다 깊은 곳에서는 지진이 자주 발생하지 않는가?

3. 왜 규모가 큰 지진은 섭입대에 발달한 메가스러스트에서 발생하고, 육지의 주향이동단층 지역에서는 발생하지 않는가?

4. 규모 10인 지진을 발생시킬 수 있는 단층의 규모는 얼마나 커야 하는가? 이러한 대규모의 지진이 섭입대에 발달하고 있는 메가스러스트에서 발생할 수 있다고 생각하는가?

5. 〈그림 13.3〉에서는 우수향 단층에 의하여 담장이 오른쪽으로 어긋나 있다. 〈그림 13.17〉에서도 중앙해령의 정상부가 오른쪽으로 어긋나 있다. 그러나 〈그림 13.17〉에 있는 변환단층은 좌수향 단층이다. 그 이유를 설명하라.

6. 활성단층 부근에 있는 땅의 소유자로서, 재산 피해를 감수하면서도 이 지역에 건물을 짓지 못하게 하는 법령 제정을 지지할 것인가?

7. 잘못된 지진예보, 대중의 혼란, 경기불황, 기타 지진예보의 부정적인 결과를 고려하였을 경우, 지진예보가 적절하다고 생각하는가?

매체지원

 13-1 애니메이션 : 지진과 판의 경계

 13-1 비디오 : 산안드레아스 단층

 13-2 애니메이션 : 쓰나미

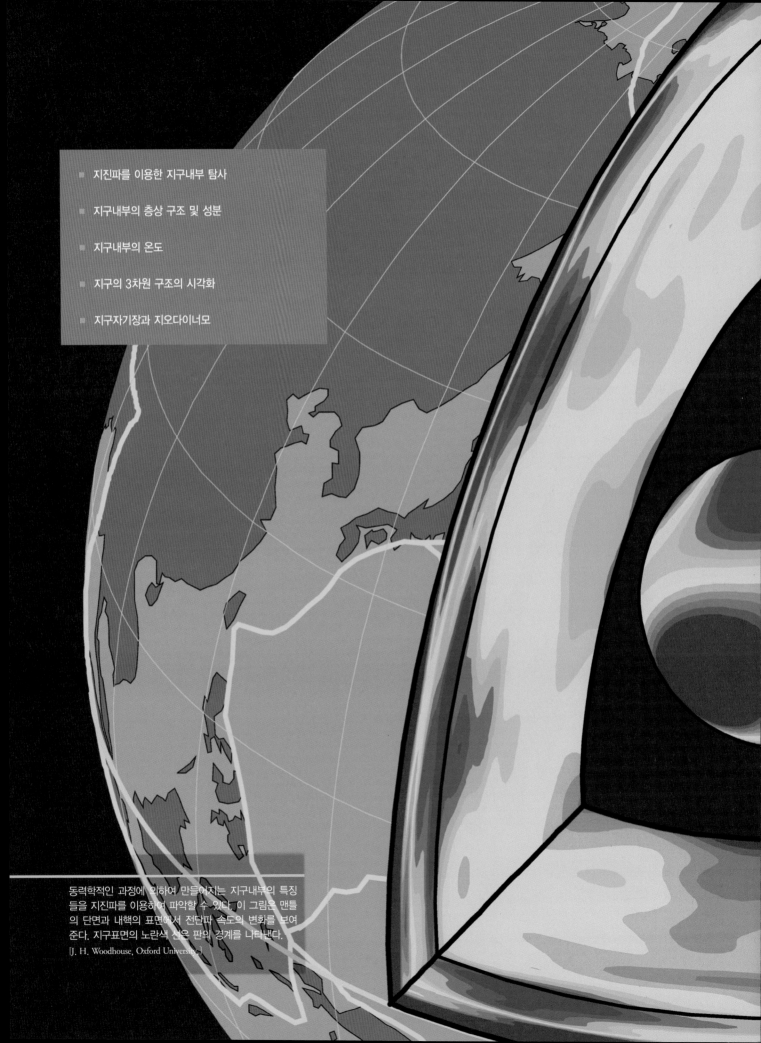

- 지진파를 이용한 지구내부 탐사

- 지구내부의 층상 구조 및 성분

- 지구내부의 온도

- 지구의 3차원 구조의 시각화

- 지구자기장과 지오다이너모

동력학적인 과정에 의하여 만들어지는 지구내부의 특징들을 지진파를 이용하여 파악할 수 있다. 이 그림은 맨틀의 단면과 내핵의 표면에서 전단파 속도의 변화를 보여준다. 지구표면의 노란색 선은 판의 경계를 나타낸다.

[J. H. Woodhouse, Oxford University.]

지구의 내부 탐사

인류는 금이나 여러 광물을 채취하기 위하여 최대 지하 4km까지 채굴을 하고, 석유를 찾기 위해서는 지하 10km까지 시추를 해왔다. 그러나 이러한 노력은 인간에게는 매우 도전적일지는 몰라도, 지구의 표면에 약간의 흠집을 내는 것에 불과하다. 지구내부는 압력과 온도가 매우 높아서 우리가 직접 관찰할 수 없다. 그럼에도 불구하고, 우리는 지구내부 구조 및 성분에 대하여 알고 있다.

지구내부에 대한 많은 정보는 지진파 연구를 통하여 알 수 있다. 제13장에는 지진에 의한 위험과 피해가 소개되었다. 지진파는 지구내부를 통과하면서 하부지각의 3차원적인 지질구조, 맨틀대류, 외핵 및 내핵 등과 같은 지구의 깊은 곳에 대한 정보를 제공해준다. 또한 화산에 의하여 지표면으로 분출된 지구내부 물질, 실험실에서 관찰한 지구를 구성하고 있는 물질의 고온고압하에서의 특성, 지구의 중력과 자기장으로부터 얻은 자료 등으로부터도 지구내부에 관한 정보를 알 수 있다.

이 장에서는 반경이 약 6,400km가 되는 지구내부에 대하여 알아볼 것이다. 지진파를 이용하여 어떻게 지각, 맨틀과 핵의 구조를 알아내었는지에 대하여 학습할 것이다. 또한 지구내부의 온도분포와 지구내부의 열엔진에 의하여 작동되는 2개의 거대한 지구시스템에 대해서도 공부할 것이다. 2개의 지구시스템 중 하나는 맨틀에서 일어나는 대류로부터 원동력을 얻는 판구조시스템이고, 다른 하나는 지구자기장을 만드는 외핵에 있는 지오다이너모다.

■ 지진파를 이용한 지구내부 탐사

빛, 음파, 지진파와 같이 서로 다른 형태의 파들도 공통점이 있다. 바로 파의 속도는 이동하는 매질의 특성에 따라 달라진다는 것이다. 빛은 진공에서 가장 **빠르게** 이동하며, 공기 중에서는 진공보다 느리게 이동하며, 물에서는 더욱더 느리게 이동한다. 반면에 음파는 공기 중에서보다는 물에서 더 **빠르게** 이동하며, 진공은 통과하지 못한다. 왜 그럴까?

음파는 통과하는 매질을 압축시키면서 이동을 한다. 그러므로, 공기나 물과 같이 압축시킬 매질이 없는 진공에서는 음파가 통과하지 못한다. 압축시키는 데 필요한 힘이 큰 매질일수록, 음파는 그 매질을 더욱더 빨리 통과한다. 공기 중에서의 음파 속도는 약 0.34km/s(약 760miles/hour)로, 이는 제트기 조종사의 용어로 마하 1에 해당한다. 물은 압축에 대한 저항이 공기보다 크기 때문에, 물에서의 음파 속도는 약 1.5km/s로 공기보다 **빠르다**. 고체 매질은 압축에 대한 저항이 물보다 훨씬 크기 때문에, 음파는 고체에서 아주 **빠른** 속도로 이동한다. 화강암의 경우, 음파의 이동속도는 약 6km/s(약 1만 3,500miles/hour)이다!

지진파의 종류

제13장에서 학습한 것과 같이, 지진에 의하여 전파되는 지진파 중에는 매질을 밀고 당기는 형태의 운동을 하며 이동하는 **압축파**(compressional waves, 음파와 유사함), 매질을 이동하는 방향에 수직인 좌우로 이동하여 형태를 변형시키며 전파하는 **전단파**(shear waves)가 있다(그림 13.10 참조). 고체는 압축시키는 것이 형태를 변형하는 것보다 더 어렵기 때문에, 압축파가 전단파보다 항상 **빠르게** 전파한다. 이에 대한 물리적인 원리는 이미 제13장에서 설명을 하였다. 압축파는 지진관측소에 항상 처음으로 도착을 하며(그러므로, 1차파 또는 P파라고도 함), 전단파는 두 번째로 도착을 한다(S파). 또한 기체나 액체는 전단에 대한 저항력이 없기 때문에, 전단파는 기체나 액체를 통과할 수 없다. 그러므로 전단파는 공기, 물, 그리고 액체 상태인 지구의 외핵을 통과하지 못한다.

지구물리학자들은 각 파의 이동거리를 이동시간으로 나누어 P파와 S파의 속도를 계산할 수 있다. 이들 파의 속도를 이용하여 각 파가 이동한 지점에 있는 물질의 특성을 유추할 수 있다.

파의 이동시간과 이동경로의 개념은 단순하게 생각될 수도 있으나, 여러 종류의 매질을 통과할 경우에는 단순하지가 않다. 파

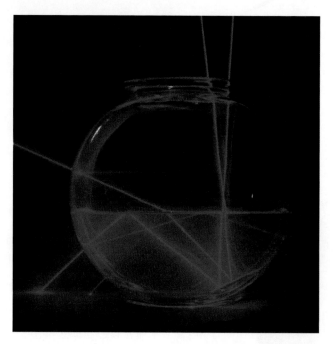

그림 14.1 이 실험에서 2개의 레이저 빔이 약간 다른 각도로 어항 속의 물로 들어간다. 2개의 레이저 빔은 어항 바닥에 있는 거울에서 반사된다. 하나의 레이저 빔은 물과 공기의 경계면에서 반사되어 어항을 통과하여 탁자 위에 밝은 점을 만든다. 다른 레이저 빔은 빛의 대부분이 물과 공기의 경계면을 통과할 때 굴절되지만, 빛의 일부는 반사가 되어 탁자 위에 작은 점을 만든다.
[Susan Schwartzenberg/The Exploratorium.]

가 서로 다른 매질의 경계를 만나면, 마치 빛이 유리창에서 일부는 반사를 하고 일부는 통과하는 것과 같이, 파의 일부는 **반사**(reflected)를 하고 나머지는 다른 매질로 통과한다. 파가 두 매질의 경계를 통과할 때는 **굴절**(refracted)되면서 통과하며, 속도도 변한다. 그림 14.1은 레이저가 공기에서 물로 이동하면서 굴절되는 경로를 보여주고 있는데, P파와 S파도 다른 매질을 통과할 때 레이저와 같이 굴절하면서 이동한다. 지진학자들은 지구내부에서 지진파가 이동하는 속도와 굴절 및 반사하는 형태를 연구함으로써 지각, 맨틀, 핵으로 구성된 지구내부의 구조를 정확히 알 수 있었다(그림 1.12 참조).

지구내부에서의 지진파 경로

만약 지구 전체가 표면에서 중심부까지 균질한 특성을 갖는 단일 물질로 구성되었다면, 마치 태양빛이 우주공간에서 직선으로 전파되는 것과 같이 P파와 S파는 진원으로부터 지구내부를 통과하여 멀리 떨어진 지진관측소까지 직선 경로로 이동할 것이다. 그러나 약 1세기 전부터 전 세계에 설치된 지진계에 기록된 자료의 연구를 통하여, 지진학자들은 **지진파 이동경로**(seismic ray paths)가 직선이 아니라 지구내부의 여러 층에서 굴절되고 반사됨을 발

견하였다.

지구내부에서 굴절하는 지진파 지진학자들은 파의 이동속도와 경로의 휘어지는 정도를 관찰하여, P파가 지표에서보다 지구내부에서 훨씬 더 빠른 속도로 이동하는 것을 알게 되었다. 지구내부에서는 높은 압력으로 인하여 암석이 매우 조밀한 결정구조를 갖기 때문에, 이러한 사실은 그리 놀라운 일이 아니다. 조밀한 구조를 이루고 있는 원자들은 압축력에 대하여 저항이 더 강하기 때문에, P파가 더욱더 빨리 이동한다.

그러나 지진학자들은 진원지로부터 매우 멀리 떨어진 지역에서 관측된 결과로부터 놀라운 사실을 발견하였다(그림 14.2). 즉, P파와 S파가 진원지로부터 전파하다가 약 1만 1,600km 떨어진 지점 이후부터는 갑자기 사라져버린다는 사실이다! 비행기 조종사나 배의 선장과 같이, 지진학자들도 지표면의 거리를 진원지를 0°로 시작하여, 지구 반대편의 지점을 180°로 하는 각거리로 측정하는 것을 좋아한다. 지표면에서 1°는 111km에 해당하므로, 〈그림 14.2〉에서 보는 것과 같이 1만 1,600km는 각거리 105°에 해당한다. 진원으로부터 각거리 105°보다 멀리 설치된 지진계에서는 105°보다 가까운 곳에 설치된 지진계에서 명확히 나타나는 P파와 S파가 기록되지 않았다. 그리고 진원지로부터 약 1만 5,800km(각거리 142°)보다 멀리 떨어진 곳에 설치된 지진계에서 다시 P파가 기록되지만, 예상했던 시간보다 아주 늦게 도착하였다. 그러나 이 지진계에서는 S파가 전혀 기록되지 않았다.

1906년 영국의 지진학자인 로버트 올드햄(Robert Oldham)은 이러한 관측결과를 이용하여, 지구내부에 액체 상태인 외핵이 존재한다는 최초의 증거를 제시하였다. 그는 외핵이 액체 상태이고 액체는 전단에 대한 저항력이 없기 때문에, 외핵을 S파가 통과하지 못한다고 하였다. 그러므로 S파가 핵과 맨틀의 경계에 도달하는 진원으로부터 105° 떨어진 지점 이후부터는 S파가 기록되지 못하는 **암영대**(shadow zone)가 존재한다(그림 14.2b 참조). P파의 이동은 더 복잡하다(그림 14.2a 참조). 105° 지점에서 P파도 핵과 맨틀의 경계에 도달한다. 이 경계에서 P파의 속도는 약 절반 정도로 감소한다. 그러므로 P파는 핵의 중심부인 아래쪽으로 굴절을 하여 이동경로가 길어지면서, 먼 거리에 설치된 지진계에 늦게 도달한다. 이러한 굴절효과로 인하여, 각거리 105°와 142° 사이에 P파가 도달하지 못하는 암영대가 생긴다.

지구내부의 경계에서 반사하는 지진파 지진학자들은 진원에서

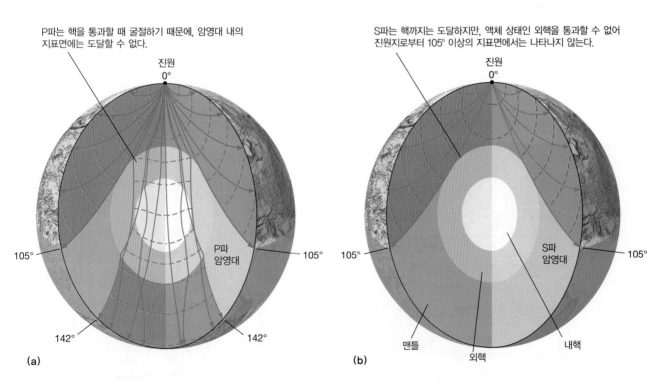

그림 14.2 지구의 핵에 의해서 P파와 S파의 암영대가 만들어진다. 진원으로부터 지구내부로 통과하는 지진파의 이동경로 중 P파는 청색 실선으로, S파는 녹색 실선으로 표시되어 있다. 점선은 2분 간격으로 표시한 지진파의 진행을 나타내고 있다. 거리는 진원에서의 각도로 측정하였다. (a) P파의 암영대는 105°에서 142° 사이에서 나타난다. (b) 더 넓은 S파의 암영대는 105°에서 180° 사이에서 나타난다.

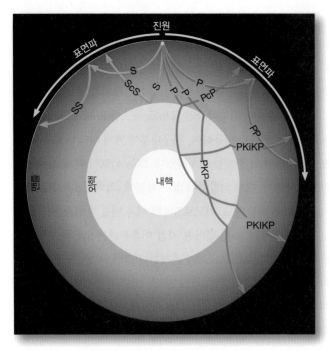

그림 14.3 지진학자들은 간단한 이름 표시 방법을 이용하여 지진파의 다양한 진행경로를 기술한다. PcP와 ScS는 각각 핵의 경계에서 반사된 압축파와 전단파이다. PP파와 SS파는 지구표면에서 지구내부로 반사된 파들이다. PKP파는 액체 상태인 외핵을 통과하고, PKIKP파는 고체 상태인 내핵을 통과하고, PKiKP파는 내핵의 경계에서 반사된 압축파이다. 표면파는 마치 연못의 물결처럼 지구표면을 따라 전파된다.

각거리가 105°보다 가까운 곳에 설치된 지진계의 지진파 기록에서, 핵과 맨틀의 경계에서 반사된 지진파를 관찰할 수 있었다. 그들은 외핵 상부에서 반사된 P파를 PcP파로, S파를 ScS파라고 이름을 붙였다[소문자 c는 핵(core)에서 반사되었다는 의미임]. 1914년 독일의 지진학자인 베노 구텐베르크(Beno Gutenberg)는

이 반사파의 이동시간을 이용하여, 약 2,890km 깊이에 있는 핵과 맨틀의 경계의 깊이를 계산하였다. 그림 14.3은 핵에서 반사된 파들의 이동경로를 보여준다.

〈그림 14.3〉은 지진계에서 일반적으로 잘 관측되는 다른 지진파의 이동경로와 명칭도 보여주고 있다. 예를 들면, 지표면에서 한 번 반사된 P파는 PP파로, S파는 SS파라고 이름을 붙인다. 그림 14.4는 이러한 지진파들의 이동경로와 진원으로부터 서로 다른 거리에 위치한 지진계에 기록된 지진파의 기록을 보여준다.

P파가 외핵을 통과할 경우에는 K라는 명칭을 붙인다(독일어의 핵에 해당하는 글자의 첫 글자에서 유래된 것임). 그러므로 PKP파는 P파가 지각과 맨틀을 거쳐 외핵을 통과한 후, 다시 맨틀과 지각을 거쳐 지표에 있는 지진계에 도달한 파를 의미하는 것이다. 1936년 덴마크의 지진학자인 잉게 레만(Inge Lehmann) (그림 14.5)은 내핵과 외핵의 경계에서 굴절된 P파를 관찰함으로써 내핵을 발견하였으며, 내핵과 외핵의 경계가 약 5,150km 깊이에 있음을 알았다. 내핵을 통과하는 굴절파에는 I라는 명칭을 붙여서, 이러한 지진파를 PKIKP파라 한다. 내핵과 외핵의 경계에서 반사된 파의 경우는 PKiKP파라 한다(굴절파와 구별하기 위하여 반사파의 경우는 소문자 i를 사용함).

지진파를 이용한 지표 부근의 지층 탐사

지진파는 지각의 얕은 부분 연구에도 이용된다. 탄성파 탐사(seismic profiling)라고 하는 이 방법은 우리 실생활에서 여러 가지로 응용된다. 육지에서 다이너마이트 폭발과 해양에서 압축공

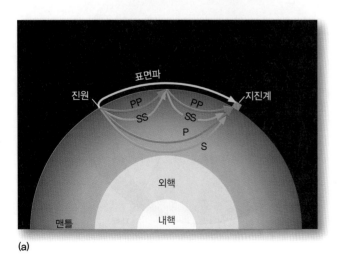

(a)

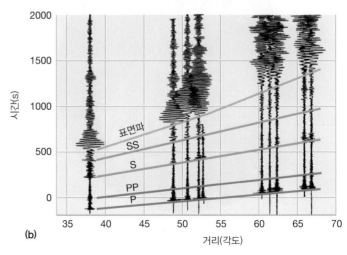

(b)

그림 14.4 (a) P파와 S파는 맨틀 속에서는 위로 향하는 방향으로 굴절되며, 지표면에서 반사되기도 한다. 지표면에서 한 번 반사된 지진파는 이중문자(PP 또는 SS)로 표시한다. (b) 미국 알래스카의 알류샨 열도에서 발생한 지진의 진원으로부터 서로 다른 거리에 위치한 지진관측소에서 기록된 지진기상. 색으로 표시된 선들은 P파, S파, 표면파와 지표에서 반사된 PP파 및 SS파의 도착시간을 표시한 것이다.

기 폭발과 같이 인공적으로 지진파를 발생시켜서, 지하의 지질구조에서 반사된 파를 이용하여 지각천부의 구조를 파악할 수 있다 (그림 14.6). 이러한 반사파를 이용한 방법은 지하에 묻힌 석유나 천연가스를 찾는 데 사용되는 가장 좋은 탐사방법이다. 이러한 탐사방법은 현재 수백억 달러에 달하는 거대한 산업시장으로 성장했다. 또한 탄성파 탐사방법은 지하수면의 깊이 파악, 빙하의 두께 파악 등과 같은 여러 분야에도 활용된다. 해양에서도 선박에서 인공적으로 P파를 발생시켜서 바다의 깊이, 해양퇴적물의 두께 파악 등에 이용한다.

■ 지구내부의 층상 구조 및 성분

전 세계에서 발생한 지진들로부터 전파된 P파와 S파의 이동시간 측정을 통하여, 지진학자들은 지진파가 지구표면에서 지구중심으로 갈수록 깊이에 따라 지진파의 속도가 어떻게 변화하는지에 대하여 연구를 하였다. 그림 14.7은 지구내부 구조에 대한 모델

그림 14.5 덴마크의 지진학자인 잉게 레만은 1936년에 지구의 내핵을 발견하였다.
[SPL/Science Source.]

(a)

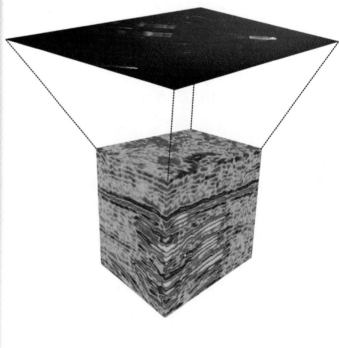

(b)

그림 14.6 (a) 웨스턴제코 주식회사의 물리탐사 선박인 제코 토파즈호가 수중음향탐지기를 견인하면서 3차원 탄성파 탐사를 수행하고 있다. 탐사선 후미에 보이는 거품들은 압축파를 발생시키는 압축공기의 폭발에 의한 것이다—물 밑에 있는 지층에서 반사된 파들을 탐사선이 밧줄로 끌고 있는 지진계가 기록을 하여 지하구조의 영상을 만들어낸다. (b) 탄성파 탐사를 통하여 획득한 지하구조의 3차원 영상. 색깔들은 해저에 있는 퇴적물의 층들을 나타내며, 이들 중 어떤 층들은 석유와 천연가스를 부존하고 있을 수 있다.
[(a) © John Lawrence Photography/Alamy; (b) BP.]

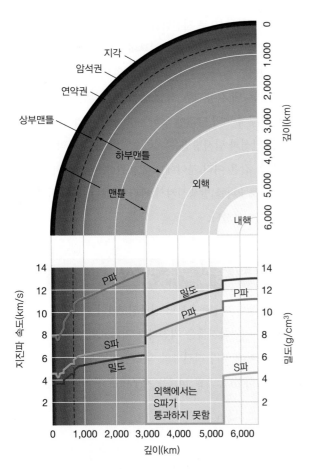

그림 14.7 지진파 연구를 통하여 알게 된 지구내부의 층상 구조. 아래 그림은 깊이에 따른 P파와 S파의 속도변화, 그리고 암석의 밀도변화를 보여준다. 위 그림은 지구내부의 층상 구조를 보여주는 단면도이며, 그 변화들이 주요 층들과 어떠한 관련이 있는지를 보여준다(그림 1.12 참조).

로, 이 그림을 통해 지각으로부터 내핵까지 지구내부 구조에 대하여 알아보자.

지각

지진학자들은 실험실에서 다양한 종류의 암석들에 통과하는 지진파 속도를 측정하여, 여러 암석들에 대한 지진파 속도분포 자료를 수집하였다. 예를 들면, 화성암에 대한 P파의 속도는 대략 다음과 같다.

■ 상부 대륙지각을 구성하고 있는 대표적인 암석인 규장질암(화강암) : 6km/s

■ 해양지각이나 하부지각을 구성하고 있는 대표적인 암석인 고철질암(반려암) : 7km/s

■ 상부맨틀을 구성하고 있는 대표적인 암석인 초고철질암(감람암) : 8km/s

이러한 속도의 변화는 암석의 화학성분이나 결정구조에 따라 변하는 밀도 및 압축이나 전단에 대한 암석의 저항력에 따라 P파의 속도가 달라지기 때문이다. 일반적으로, 암석의 밀도가 높을수록 P파의 속도가 증가한다—화강암, 반려암, 감람암의 평균밀도는 각각 2.6g/cm³, 2.9 g/cm³, 3.3g/cm³이다.

P파 속도의 측정을 통하여, 대륙지각의 상부는 대부분이 밀도가 낮은 화강암질의 암석으로 구성되어 있는 것을 알 수 있다. 또한 심해에는 화강암이 존재하지 않고, 해양지각은 퇴적물 하부에 현무암과 반려암으로 구성되어 있는 것을 알았다. 지각하부의 **모호로비치치 불연속면**(Mohorovičić discontinuity) 혹은 간단히 줄여서 **모호**(Moho)면에서는 P파의 속도가 8km/s로 급증한다(제1장 참조). 이러한 속도의 증가는 모호 불연속면 하부에 있는 맨틀의 암석이 주로 밀도가 높은 감람암으로 구성되어 있음을 지시한다.

지진파 자료에 의하면 지각의 두께는 해양지역에서 가장 얇고(약 7km), 안정되고 평탄한 대륙지역에서는 두꺼우며(약 33km), 조산작용이 일어나는 높은 산악지역에서 가장 두껍다(최대 약 70km). 이러한 대륙과 해저의 지각구조는 대륙과 해양 모두에서 암석권의 총무게는 동일하여 균형을 이루고 있다는 **지각평형설**(principle of isostasy)로 설명할 수 있다(이 장의 뒤에 나오는 지질학 실습 참조).

맨틀

모호면에서부터 깊이 410km까지 해당하는 **상부맨틀**(upper mantle)은 주로 감람석과 휘석으로 이루어지고 밀도가 높은 초고철질암인 감람암으로 구성되어 있다. 이 광물들은 지각을 구성하고 있는 대표적인 암석에 비하여 실리카 성분이 적고, 마그네슘과 철의 함량이 높다(제4장 참조). 맨틀의 구조 연구에는 S파의 속도를 통해 이루어져 왔다(그림 14.8). 주로 감람암으로 이루어진 상부맨틀은 온도와 압력이 증가함에 따라 여러 개의 층으로 나누어진다. 감람석과 휘석은 상부맨틀의 온도–압력조건에서는 부분적으로 용융되어 있다. 상부맨틀보다 더 깊은 깊이에서는 높은 압력으로 이들 광물의 원자들이 서로 밀착하여 매우 조밀한 결정구조를 이룬다.

모호면 바로 아래의 맨틀은 상대적으로 온도가 낮다. 지각과 같이, 이 부분은 판을 이루고 있는 단단한 층인 암석권의 일부이다(제1장 참조). 암석권의 평균두께는 약 100km이나, 지역에 따라 두께의 변화가 심하다. 예를 들면, 뜨거운 맨틀물질이 상승하여 새로운 암석권이 만들어지기 시작하는 곳인 중앙해령에서는 두께가 매우 얇으며, 연령이 오래되어 온도가 낮은 안정된 대륙

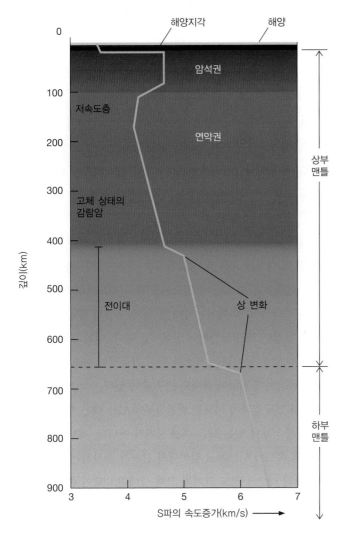

그림 14.8 오래된 해양암석권 아래에 있는 맨틀의 구조이며, 깊이 900km까지의 S파의 속도를 보여준다. S파의 속도변화는 강한 취성의 암석권, 약한 연성의 연약권, 그리고 전이대를 나타내며, 압력이 증가함에 따라 원자들은 더 밀도가 높고 조밀한 결정구조(상 변화)로 재배열된다.

의 순상지 지역에서는 두께가 200km 이상이 되기도 한다.

암석권의 하부에서는 S파의 속도가 갑자기 감소하여 **저속도층** (low-velocity zone)이 시작된다. 약 100km 정도의 깊이에서는 온도가 감람암의 용융점에 가까워져서, 구성하고 있는 광물의 일부가 용융된다. 비록 용융된 정도가 크지는 않지만(보통 1% 미만), 부분용융으로 인하여 암석의 강도가 낮아져서 이 부분을 통과하는 S파의 속도가 감소된다. 또한 이러한 부분용융은 암석이 비교적 쉽게 유동할 수 있게 하기 때문에, 지구과학자들이 연약권 상부의 저속도층을 인지할 수 있다. 그러므로 단단한 암석권으로 이루어진 판이 약하고 유동성이 있는 층인 연약권 위에서 이동을 할 수 있다. 이러한 개념은 대부분의 현무암질 마그마의 근원지가 연약권이라는 사실과 잘 일치한다(제4장과 제12장 참조).

해양지각 아래에서는 저속도층이 S파의 속도가 고체 상태의 감람암에서의 속도와 근접하게 증가하는 지점인 약 200~250km 깊이에서 끝난다. 대륙의 안정된 순상지 지역의 아래에서는 온도가 낮은 암석권으로 이루어진 맨틀이 깊은 곳까지 연장되어 있기 때문에 저속도층을 명확히 구분하기가 어렵다.

약 200km에서 400km 깊이까지는 S파의 속도가 지구내부로 갈수록 증가한다. 이 층 내에서도 압력이 증가하지만, 연약권 내의 대류효과로 인해 온도가 상부만큼 빨리 증가하지 않는다(이에 대해서는 다음 단원에서 설명이 나옴). 이러한 압력과 온도의 복합적인 효과로 인하여 하부로 갈수록 용융되는 양이 적어지며, 암석이 단단해진다. 그러므로 S파의 속도도 증가한다.

지표로부터 약 400km 깊이 이하에서는, S파의 속도가 20km 미만의 좁은 구간에서 약 10% 정도 증가한다. 이러한 S파 속도의 증가는 상부맨틀의 주 구성광물인 감람석이 높은 압력으로 인하여 밀도가 높아지고, 결정구조가 더욱더 압축되는 구조로 변화되는 **상 변화**(phase change)로 설명할 수 있다. 실험실에서 감람석에 높은 압력을 가하면, 깊이 410km 정도에 상응하는 압력과 온도에서 원자들이 밀착된 구조로 변한다. 이 상태에서 실험실에서 측정한 P파와 S파의 속도는 실제 깊이에서 관측된 속도와 일치한다.

410km 깊이 이하에서는 깊이에 따른 맨틀의 특성이 거의 변하지 않는다. 그러나 약 660km 깊이에서는 S파의 속도가 갑자기 증가하여, 감람석의 결정구조가 더욱더 밀착된 구조로 변하는 두 번째의 상 변화가 있음을 지시한다. 실험실에서 이 깊이의 압력-온도에 상응하는 조건에서 감람석의 상 변화가 있음이 증명되었다.

410km와 670km 깊이 사이에서 두 번의 상 변화가 일어나기 때문에 이 부분을 **전이대**(transition zone)라 부른다. 상 변화는 암석을 이루고 있는 광물의 결정구조의 변화이지, 화학성분의 변화는 아니다. 그러나 일부 학자들은 660km 깊이에서 지진파의 속도 증가가 부분적으로 화학성분의 변화 때문이라고도 생각하고 있다. 이러한 부분적 화학성분의 변화에 대한 주장은 판의 이동과 관련이 있는 맨틀대류는 이 깊이(660km) 상부에서 일어나며, 하부에서는 별개의 대류가 일어남을 의미한다. 즉, 이 주장은 맨틀에서의 대류가 2개의 층으로 구분되어 일어남을 지시하기 때문에, 판구조시스템을 이해하는 데 중요하다(그림 2.18b 참조). 최근의 맨틀구조에 대한 자세한 연구에 의하면, 이 맨틀부분에서의 화학성분의 변화는 거의 없는 것으로 나타났다.

깊이 660km 이하에서는 지진파의 속도가 점차적으로 증가하며, 핵과 맨틀의 경계까지 상 변화와 같은 특별한 변화를 보이지 않는다. 비교적 균질한 특성을 갖는 이 2,000km 이상의 두꺼운 부분을 **하부맨틀**(lower mantle)이라 한다. 이 하부맨틀은 대류를 하여 상부맨틀과 물질을 교환하며, 상부맨틀로 섭입된 해양판의 일부가 하부맨틀로 침강하기도 한다.

핵과 맨틀의 경계

약 2,890km 깊이에 위치하고 있는 **핵과 맨틀의 경계**(core-mantle boundary)에서는 지구내부에서 가장 큰 물질의 특성 변화가 관찰된다. 이 경계에서 반사되는 지진파로부터 지진학자들은 이 경계가 매우 뚜렷하다는 것을 알 수 있었다. 이 경계에서는 고체 상태의 규산염질 암석이 액체 상태의 철 혼합물로 변한다. 액체는 강성률이 0이기 때문에, S파의 속도가 7.5km/s로부터 0으로 바뀌고, P파의 속도는 13km/s 이상에서 약 8km/s로 감소한다. 그러나 밀도는 약 $4.5g/cm^3$로 증가한다(그림 14.7 참조). 이러한 밀도의 큰 증가로 인하여 핵과 맨틀의 경계부가 평탄한 상태를 이루며, 맨틀과 핵의 물질이 대규모로 혼합되지 못한다. 맨틀과 핵의 밀도 차이는 지구표면에서 대기와 암석권의 밀도 차이보다 크다.

핵과 맨틀의 경계에서는 여러 현상들이 활발하게 일어나고 있다. 핵에서 방출되는 열에 의하여 맨틀하부의 온도가 1,000℃까지 상승한다(그림 14.10 참조). 또한 맨틀하부 근처를 통과하는 지진파는 이례적으로 복잡한 경로를 보여, 이 부분에서 특이한 지질현상이 일어나고 있음을 지시한다. 핵과 맨틀의 경계 바로 위에 있는 얇은 층에서 지진파의 속도가 급격히 감소하며(10% 이상 감소), 이는 핵과 접촉하고 있는 맨틀부분이 부분적으로 용융되어 있음을 제시한다. 제12장에서 언급한 바와 같이 일부 지질학자들은 온도가 높은 이 부분이 맨틀플룸의 기원지로, 이곳으로부터 지표로 올라오는 플룸에 의하여 하와이나 옐로스톤과 같은 열점이 만들어진다고 생각한다.

맨틀의 최하부 경계층은 두께가 약 300km 정도로, 해양지각에서 밀도가 크고 철 함량이 높은 부분과 같은 암석권 물질이 침강하여 궁극적으로 이 층까지 내려와서 소멸된다. 이 부분에서는 지표에서 일어나는 판구조운동과 상하가 뒤바뀐 구조현상이 일어날 수 있다. 예를 들면, 무겁고 철 성분이 많은 물질이 모여 화학적으로 특이한 물질을 만들어서, 이 물질이 대류에 의하여 핵과 맨틀의 경계에서 위아래로 이동을 할 수 있다. 이 특이한 부분에서 일어나는 지질현상에 대하여는 아직 많은 연구가 필요하다.

핵

지구의 핵이 철과 니켈로 이루어졌다는 가설에 대한 증거는 매우 많다. 이들 금속은 우주에 풍부하게 존재하는 성분이다(제1장 참조). 더욱이, 이들은 밀도가 높아서 핵의 질량이 지구 전체 질량의 약 1/3을 차지하고, 핵이 중력분화작용으로 인하여 형성되었다는 이론과도 일치한다(제9장 참조). 이러한 가설은 19세기 말에 에밀 비헤르트(Emil Wiechert)가 처음으로 제시하였으며, 철과 니켈 성분으로 이루어진 핵을 가지고 있는 행성으로부터 떨어져나온 것으로 추정되는 철과 니켈로 구성된 운석이 발견됨으로써 지지를 받았다(그림 1.10 참조).

그 후 이 가설은 고온 및 고압실험을 통하여 약간 수정되었다. 순수한 철과 니켈의 합금의 밀도는 외핵의 밀도보다 약 10% 정도 높다. 그러므로 외핵에는 순수한 철과 니켈의 합금보다 밀도가 낮은 물질이 약간 포함되어 있어야만 한다. 핵에 포함될 수 있는 밀도가 낮은 물질로는 산소와 황이 가능성이 높으나, 정확한 성분을 파악하기 위하여 현재도 연구 중에 있다.

지진파 연구결과에 의하면 맨틀하부에 있는 핵은 액체 상태이나, 지구중심부에 있는 핵은 액체 상태가 아니다. 레만이 처음으로 P파의 속도가 5,150km 깊이에서 갑자기 증가하는 것을 관찰하여, 달의 약 2/3 정도 크기의 고체 상태인 내핵이 존재하는 것을 발견하였다. 지진학자들이 최근에 S파가 내핵을 통과하는 것을 관찰하여, 내핵이 고체라는 것을 증명하였다. 또한 일부 학자들은 계산을 통하여 내핵이 마치 '행성 내부에 또 다른 행성'이 있는 것과 유사하게, 내핵이 맨틀보다 빨리 회전하고 있다고 제시하였다.

지구의 중심은 대기압의 400만 배 이상의 압력이 작용하며, 온도도 매우 높다.

지구내부의 온도

지구내부에서 열이 발생하고 있다는 사실에 대한 증거는 많이 있다. 예를 들면 화산, 온천 그리고 광산이나 시추공의 높은 온도 등을 들 수 있다. 지구내부의 열로 인하여 판구조운동을 일으키는 맨틀대류가 일어나고, 지구자기장을 발생시키는 핵의 지오다이너모가 작동된다.

지구내부에서 발생하는 열의 기원은 여러 가지가 있다. 지구가 탄생할 당시에는 작은 행성들과의 충돌로 인하여 발생하는 운동에너지에 의하여 지구의 바깥부분이 데워지고, 핵의 분화작용에 의하여 발생하는 중력에너지에 의하여 지구내부의 온도가 올라갔다(제9장 참조). 그 후에는 방사능 물질의 붕괴로 인하여 지구내부에 열이 지속적으로 발생하고 있다.

지구는 탄생한 이후부터 서서히 식기 시작하여, 온도가 높은 내부로부터 온도가 낮은 지표면으로 열이 이동하는 상태인 오늘날에 이르렀다. 지구내부의 온도는 이러한 과정을 통한 열손실과 열발생이 균형을 이루고 있다.

지구내부의 열류량

지구는 크게 두 가지 방식에 의하여 열이 전달되어 냉각된다. 한 방식은 열이 서서히 전달되는 전도이고, 다른 방식은 열이 상대적으로 보다 더 빨리 전달되는 대류이다. 전도는 암석권에서 주로 열이 전달되는 방식인 반면에, 대류는 대부분의 지구내부에서 일어나는 중요한 열전달 방식이다.

암석권에서의 열전도 물질의 열에너지는 원자들의 진동에 의하여 발생한다. 온도가 높을수록 진동이 더 심해진다. 열의 **전도**(conduction)는 온도의 증가로 인하여 요동하는 원자와 분자들이 서로 부딪치면서 온도가 높은 부분에서 낮은 부분으로 운동에너지가 옮겨가는 과정에서 생기는 현상이다. 이러한 과정을 통하여 열은 온도가 높은 지역에서 낮은 지역으로 전도된다.

물질에 따라 열이 전도되는 정도는 다르다. 금속은 플라스틱보다 전도가 더 잘된다(프라이팬의 금속 손잡이가 플라스틱 손잡이보다 훨씬 더 빨리 뜨거워지는 것을 생각하라). 암석이나 토양은 열전도가 잘되지 않는 물질이기 때문에, 지하에 있는 파이프가 지상에 노출된 것보다 잘 얼지 않는다. 암석의 열전도성은 낮기 때문에 100m 두께 용암의 경우 1,000℃에서 상온으로 냉각되는 데 약 300년 정도 걸린다. 더욱이 냉각시간은 층 두께의 제곱에 비례하기 때문에, 용암층의 두께가 2배가 되면(200m) 냉각시간은 4배가 된다(약 1,200년).

열전도에 의하여 암석권이 냉각되는 과정은 오랜 시간에 걸쳐 천천히 일어난다. 마치 컵에 있는 뜨거운 왁스가 시간이 흐르면서 식으면 차갑고 굳은 겉표면이 두꺼워지듯이, 암석권이 냉각되면 암석권 표면 부분의 두께가 두꺼워진다. 왁스와 마찬가지로, 암석도 냉각되면서 수축되어 밀도가 높아진다. 그러므로 암석권의 평균밀도는 시간이 흐름에 따라 높아지며, 지각균형을 이루기 위하여 밀도가 높은 암석권은 아래로 침강한다. 그래서 최근에 만들어진 중앙해령의 암석권은 온도가 높고 두께가 얇기 때문에 고도가 높은 반면에, 심해저의 암석권은 오래되어 온도가 낮

고 두께가 두꺼워서 수심이 깊다.

이러한 점들을 고려하여 지질학자들은 해저지형의 특징을 설명해주는 간단하면서도 정확한 해저지형에 대한 이론을 세웠다. 이 이론은 바다의 깊이는 기본적으로 해저의 연령과 밀접한 관련이 있음을 지시한다. 이 이론에 의하면, 바다의 깊이는 해저연령의 제곱근에 비례한다. 즉, 4,000만 년 전에 형성된 해저는 1,000만 년 전에 형성된 해저보다 약 두 배 정도 더 침강한다(왜냐하면, $\sqrt{(40/10)} = \sqrt{4} = 2$이므로). 이 단순한 수학적인 관계는 그림 14.9에서 보는 것과 같이 중앙해령 부근의 해저지형과 아주 잘 일치한다.

암석권의 전도에 의한 냉각은 수동형 대륙주변부의 침강과 분지의 침강 등과 같은 여러 지질현상들을 설명할 수 있게 한다(제5장 참조). 또한 전도에 의한 냉각은 열류량이 중앙해령 근처에서는 높고, 암석권의 연령이 오래될수록 감소하는 이유를 설명해줄

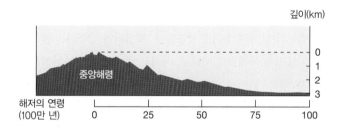

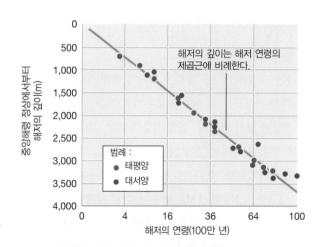

그림 14.9 대서양과 태평양에 있는 중앙해령의 지형. 중앙해령으로부터 멀어질수록 바다의 깊이가 암석권 연령의 제곱근에 비례하여 증가하는 것을 보여준다. 암석권이 전도에 의하여 냉각된다는 가정하에서 유도된 이론적 곡선은 해저의 확장속도가 대서양에 비하여 태평양이 훨씬 빠름에도 불구하고 두 해양에서의 자료와 잘 일치한다.

뿐만 아니라, 해양지역 암석권의 평균두께가 약 100km 정도가 되는 이유도 설명해준다. 이 이론의 확립은 판구조운동으로부터 유추된 중요한 결과 중의 하나이다.

그러나 전도에 의한 냉각으로 지구표면의 모든 열의 흐름을 설명할 수는 없다. 해양지질학자들은 1억 년보다 오래된 해저는 앞에서 설명한 이론에 의하여 계속해서 침강하여 깊이가 깊어지지 않는다는 사실을 발견하였다. 더욱이 전도에 의한 냉각만으로는 지구가 탄생한 이후부터 오늘까지의 지구의 냉각에 대해서는 설명이 불가능하다. 만약 45억 년 전에 만들어진 지구가 전도에 의해서만 냉각이 되었다면, 지구내부 500km보다 깊은 곳의 열은 지표로 거의 이동하지 못하였을 것이다. 지구가 탄생한 초창기에는 액체 상태인 맨틀의 온도가 현재보다 아주 더 높았을 것이다. 실제 지구내부의 열은 전도와 다른 형태의 열전달 방식인 대류에 의하여 전달되며, 대류는 전도에 비하여 지구내부의 열을 방출시키는 아주 효율적인 방식이다.

맨틀과 핵의 대류 액체나 기체가 가열되면 팽창하여 주변 물질보다 밀도가 낮아져서 위로 상승한다. 가열되어 상승하는 물질은 차가운 물질을 아래로 밀어내고, 아래로 내려온 물질은 가열되어 다시 상승하는 과정이 반복된다. 이러한 과정을 **대류**(convection)라 하며, 대류는 가열된 물질 자체가 이동하기 때문에 전도에 비하여 열을 전달하는 방식이 훨씬 더 효율적이다. 이 과정은 마치 주전자에서 물이 가열되는 과정과 동일하다(그림 1.16 참조). 액체는 전도에 의하여 열을 잘 전달하지 못하기 때문에, 만약 주전자의 물에서 대류가 일어나지 않는다면 주전자의 물을 끓이려면 아주 오랜 시간이 걸릴 것이다. 굴뚝으로 연기가 빠질 때나, 담배 연기가 상승할 때나, 더운 여름날 구름이 형성될 때도 대류에 의하여 열이 이동한다.

우리는 지진파 연구를 통하여 외핵이 액체 상태임을 알 수 있었다. 다른 자료들도 철 성분이 풍부한 외핵을 구성하고 있는 물질의 점성이 낮기 때문에, 쉽게 대류현상이 일어난다는 것을 지시하고 있다. 외핵에서 일어나는 대류현상으로 인하여 외핵 내에서 열이 효과적으로 전달되며, 이로 인하여 지구자기장이 만들어진다. 지구자기장에 대해서는 나중에 다시 설명할 것이다. 핵과 맨틀의 경계에서는 열이 맨틀로 이동한다.

고체 상태의 맨틀에서 대류가 일어나는 것은 놀라운 사실이지만, 암석권 하부의 맨틀은 마치 점성이 매우 높은 액체가 서서히 유동하는 것처럼, 오랜 기간에 걸쳐 연성변형을 한다는 것을 알

고 있다(지구문제 14.1 참조). 제1장과 제2장에서 설명한 것과 같이 해저확장이나 판구조운동은 고체 상태의 대류가 일어난다는 증거이다. 중앙해령 하부의 뜨거운 물질이 상승하여 새로운 암석권을 만들고, 새롭게 만들어진 암석권은 식으면서 옆으로 이동한다. 시간이 흐르면 오래된 암석권은 맨틀로 침강하고, 맨틀물질로 흡수된 후 다시 가열된다. 이러한 과정에서 지구내부의 열이 지구표면으로 전달된다.

지구내부의 온도

지구과학자들은 지구내부로 갈수록 온도가 얼마나 증가하는지를 나타내는 **지하증온율**(geothermal gradient, 지열구배)에 대하여 알고 싶어 한다. 온도와 압력조건에 의하여, 물질의 상태가 고체인지 아니면 액체인지, 유동에 대한 저항력을 나타내는 점성도가 얼마인지, 그리고 물질을 구성하고 있는 원자들이 결정 내에서 얼마나 밀착되어 있는지가 결정된다. 지구내부의 지하증온율을 나타낸 그래프를 **지열곡선**(geotherm)이라 한다. 그림 14.10은 지열곡선(노란색 선)과 맨틀과 핵을 이루고 있는 물질의 용융곡선(붉은색 선)을 비교한 것이다. 용융곡선은 깊이에 따라 증가하는 압력하에서 물질이 용융되기 시작하는 온도를 표시한 곡선이다.

지표에서 지구과학자들은 광산에서는 약 4km 정도, 시추공에서는 약 10km 정도의 깊이까지 온도를 직접 측정할 수 있다. 이러한 측정결과로부터, 대부분의 대륙지각에서는 지하증온율이 1km 깊이당 20~30℃인 것을 알 수 있었다. 지각의 하부에 대한 온도는 화산으로부터 분출된 용암이나 암석으로부터 추정할 수 있다. 연구결과에 의하면 암석권 하부의 온도는 약 1,300~1,400℃ 정도임을 지시한다. 〈그림 14.10〉에서 보는 것과 같이, 이 온도에서는 지열곡선이 맨틀을 구성하고 있는 암석의 용융점보다 높다. 지열곡선은 대부분의 해양지각 하부에서는 100km 깊이에서 용융곡선과 교차하고, 대부분의 대륙지각 하부에서는 이보다는 깊은 150~200km 깊이에서 교차한다. 이 깊이에서부터 지열곡선이 용융곡선 아래로 내려가는 깊이인 200~250km 사이에서는 맨틀을 구성하고 있는 물질이 부분적으로 용융되어 있다. 이러한 관측결과는 이 부분에 S파의 저속도층이 존재하고(그림 14.8 참조), 현무암질 마그마가 연약권의 상부에서 부분용융에 의하여 만들어진다는 사실과도 일치한다.

지표면 부근에서 지하증온율이 가파르게 증가하는 것은, 암석권에서 열이 전도에 의하여 이동하는 것을 지시한다. 암석권 하부에서는 온도가 급격히 증가하지 않는다. 만약에 암석권 하부에

지구문제

14.1 빙하 반동 : 지각평형에 대한 자연실험

물 위에 떠 있는 코르크를 손가락으로 누른 후 손을 떼면, 코르크는 거의 순간적으로 위로 올라온다. 코르크가 점성이 높은 꿀의 위에 놓여 있는 경우에는 꿀의 점성으로 인하여 천천히 위로 올라올 것이다. 만약 우리가 이와 비슷하게 실제 지표의 한 부분에서 지각에 힘을 가하여 누른 후, 힘을 제거하여 아래로 침강된 지각이 상승하는 과정을 관찰할 수만 있다면, 지각평형이 어떠한 과정으로 일어나는지에 대하여 많이 알 수 있을 것이다. 특히 맨틀의 점성이 지각의 융기와 침강하는 속도에 미치는 영향에 대하여 더 잘 이해할 수 있을 것이다.

자연에서 우리는 이러한 현상에 대하여 관찰을 할 수 있다. 2~3km 두께의 빙하 무게가 지각을 누르는 힘이다. 빙하기가 시작되면, 빙하는 단지 수천 년 내에 형성된다. 엄청난 빙하의 무게에 의하여 지각이 침강되고, 빙하의 무게를 맨틀의 부력이 지탱할 수 있을 때까지 빙하의 하부가 아래로 향하여 휘어질 것이다. 지질학 실습에 있는 내용과 빙하의 밀도(0.92g/cm³) 및 맨틀물질의 밀도(3.3g/cm³)를 이용하여 3km 두께의 빙하가 지각평형을 이루기 위하여 얼마나 침강해야 하는지를 계산해보자.

$$(0.92\text{g/cm}^3 \div 3.3\text{g/cm}^3) \times 3.0\text{km} = 0.84\text{km}$$

빙하기가 끝나면, 빙하는 빨리 녹는다. 그러면 지각에 가한 힘이 제거되어 침강한 지각이 다시 위로 상승하기 시작하고, 나중에는 원래의 위치로 돌아갈 것이다. 이 경우는 최대 빙하기 때보다 840m 상승할 것이다. 이러한 **빙하 반동**(glacial rebound)은 실제로 노르웨이, 스웨덴, 핀란드, 캐나다 등과 같은 과거에 빙하 지역이었던 곳에서 일어나고 있다. 이들 지역에서 가장 최근에 빙하가 녹은 시기는 약 1만 2,000년 전으로, 이때부터 육지가 상승하고 있다.

우리는 현재 해수면 위에 노출된 과거 해변의 형성시기를 측정함으로써, 지각의 상승속도를 알 수 있다. 〈그림 10.21〉은 빙하에 의하여 침강된 지각의 상승속도를 측정하여, 맨틀물질의 점성도를 추정한 북부 캐나다 지역에 있는 현재 지표에 노출된 과거 해변의 사진이다. 이 지역의 맨틀의 점성도는 매우 높게 측정되었다. 심지어는 지각이 재상승하는 동안에 대부분의 맨틀이 이동을 하는 비교적 약한 층인 연약권의 점성도도 맨틀의 온도조건에서의 실리카 유리의 점성도보다 10배 정도 높은 것으로 나타났다.

지각평형설은 빙하 반동을 설명해준다. 현재 해수면 위에 노출되어 있는 과거 해변에서 측정된 지각의 융기속도에 대한 연구를 통하여, 맨틀의 점성도와 지각이 융기할 때 맨틀이 이동하는 부분인 연약권의 점성도를 측정할 수 있다.

제1시기
빙하기가 시작되면, 대륙에 빙하가 형성되기 시작하여 수천 년 동안 계속하여 빙하의 두께가 두꺼워진다.

대륙지각
빙하
암석권
연약권

제2시기
빙하의 무게가 반대방향으로 작용하는 부력과 평형이 될 때까지 대륙지각이 아래로 휘어진다.

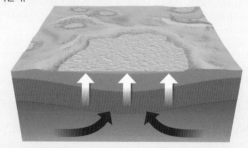

제3시기
빙하기가 끝나면 빙하가 빨리 녹으며, 침강된 지각이 상승하기 시작한다.

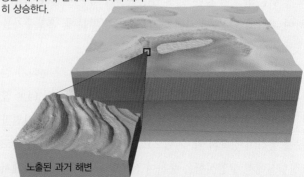

제4시기
빙하가 완전히 녹은 후에도 지각의 상승은 계속되어, 원래의 고도까지 서서히 상승한다.

노출된 과거 해변

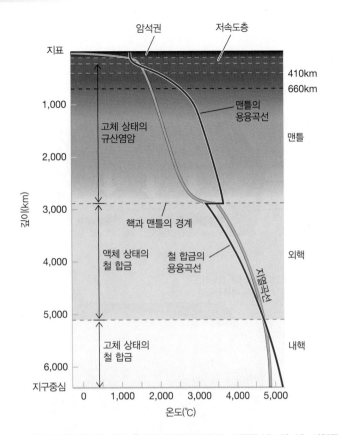

그림 14.10 깊이에 따른 온도의 증가를 보여주는 지열곡선(노란 선). 지열곡선은 상부맨틀에서 처음으로 용융곡선-감람암(peridotite)이 녹기 시작하는 온도(붉은 선)-위로 온도가 상승하여 부분용융된 저속도층을 형성한다. 지열곡선은 외핵에서 다시 상승하여, 철-니켈 합금이 외핵에서 액체 상태로 존재한다. 지열곡선은 맨틀의 대부분과 고체 상태인 내핵에서는 용융곡선 아래로 온도가 떨어진다.

서 온도가 급격히 증가한다면, 맨틀하부의 온도가 수만 도 정도로 매우 높아서 맨틀하부가 완전히 용융될 것이며, 이는 지진파 관측결과와 일치하지 않는다. 실제로는 암석권 하부에서는 깊이에 따른 온도의 증가율이 약 0.5℃/km로 낮아지며, 이 증가율은 대류하고 있는 맨틀의 지하증온율과 일치한다. 맨틀상부에 있는 온도가 낮은 물질이 깊은 곳에 있는 온도가 높은 물질과 대류에 의하여 혼합되면서 온도차이를 감소시키기 때문에, 온도증가율이 낮아진다.

깊이 410~660km 사이의 전이대에서는 물질의 상 변화가 일어나고 있으며, 지진파의 속도도 급격히 증가한다(그림 14.8 참조). 이러한 상 변화가 일어나는 깊이(그러므로 압력)는 지진파 연구를 통하여 정확히 알 수 있으므로, 상 변화가 일어나는 온도는 실험실에서 고압실험을 통하여 산출할 수 있다. 실험실에서 산출한 온도는 〈그림 14.10〉에 있는 지열곡선의 온도와 잘 일치

한다.

지구내부 아주 깊은 곳의 온도에 대한 자료는 그리 많지 않다. 대부분의 지구과학자들은 맨틀 전체에 대류가 일어나기 때문에 맨틀물질이 수직적으로 혼합되어 지하증온율이 낮다고 생각한다. 그러나 맨틀의 최하부에서는 핵과 맨틀의 경계로 인하여 물질의 수직적인 이동이 일어나지 않으므로, 온도가 보다 더 급격히 증가할 것으로 예상된다. 핵과 맨틀의 경계 부근에서는 물질이 마치 지각 부근에서와 같이 수직적인 이동보다는 수평적으로 이동할 것이다. 또한 이 경계에서는 열이 전도에 의하여 핵에서 맨틀로 전달된다. 그러므로 지하증온율이 암석권에서와 같이 높아져야만 한다.

지진학자들은 외핵이 액체 상태인 것을 밝혀냈으며, 이것은 외핵을 구성하고 있는 물질인 철 혼합물을 용융시킬 정도로 온도가 높다는 것을 의미한다. 실험결과에 의하면 외핵의 온도는 3,000℃ 이상이며, 이 온도는 대류모델로 예측한 맨틀하부의 높은 지하증온율과 일치한다. 한편, 내핵은 고체 상태이다. 주로 철과 니켈로 구성된 내핵은 외핵과 구성성분이 거의 동일하기 때문에, 내핵과 외핵의 경계는 지열곡선이 핵을 구성하고 있는 물질의 용융곡선과 교차되는 깊이와 일치할 것이다. 이 가설에 의하면 지구중심의 온도가 5,000℃보다 약간 낮음을 지시한다.

그러나 이러한 가설은 여러 관점에서 논쟁이 될 수 있다. 특히 지구심부의 지열곡선은 주요한 논쟁거리 중의 하나이다. 예를 들면, 일부 지구과학자들은 지구중심의 온도가 6,000~8,000℃까지 증가한다고 생각하고 있다. 이러한 논쟁을 해결하기 위해서는 앞으로 더 많은 실험과 보다 더 정확한 계산이 필요하다.

■ 지구의 3차원 구조 시각화

이제까지는 깊이에 따른 지구내부 물질의 특성 변화에 대하여 알아보았다. 이러한 1차원적인 고찰은 지구가 완전한 대칭적인 구라면 충분하지만, 실제 지구는 완전한 대칭적인 구가 아니다. 지표에서 관찰할 수 있듯이, 해양 및 대륙과 더불어 발산 경계의 중앙해령, 수렴 경계의 해구, 대륙과 대륙의 충돌로 융기된 산맥과 같은 기본적인 판구조운동과 관련된 지구의 구조는 수평적인 변화(lateral variations, 즉, 지리적인 차이)를 보여준다.

지각 하부에서는 대류로 인하여 맨틀 내의 온도가 변화한다. 침강하는 암석권으로 구성된 판과 같이 하강하는 대류는 상대적

으로 온도가 낮으며, 맨틀플룸과 같이 상승하는 대류는 상대적으로 온도가 높다. 컴퓨터모델에 의하면, 맨틀대류에 의한 온도의 수평적인 변화는 적어도 수백 도 정도가 된다. 실험실 연구결과에 의하면, 이러한 온도차이는 지진파의 속도를 장소에 따라 약간 변화시킨다. 예를 들면, 맨틀을 구성하고 있는 암석인 감람암은 온도가 100℃ 증가하면, S파의 속도가 1% 정도 감소한다(온도가 암석의 용융점에 가까울 경우에는 더 감소함). 맨틀이 대류를 할 경우, 지진파의 속도는 장소에 따라 수 퍼센트씩 변화할 것이다. 지진학자들은 지진파 단층촬영 기술을 이용하여, 이렇게 수평적으로 작은 변화를 보이는 지진파 속도에 대한 3차원적인 지도를 작성할 수 있었다.

지진파 단층촬영

지진파 단층촬영(seismic tomography)은 의학에서 인체 연구에 많이 이용되는 컴퓨터 단층촬영(computerized axial tomography, CAT)으로 불리는 방법에서 착안되었다. 컴퓨터 단층촬영 판독장치는 인체의 여러 방향에 투과된 X-선의 작은 차이를 이용하여, 인체 내부에 있는 장기의 3차원적인 구조를 알 수 있게 한다. 이와 유사하게, 지진으로부터 발생한 지진파는 여러 방향으로 지구내부를 통과하여 전 세계에 퍼져 있는 수천 개의 지진관측소에 기록되므로, 이들 지진파의 이동시간을 이용하여 지구내부의 3차원적인 구조를 알 수 있다. 지진파의 속도가 증가하는 곳은 상대적으로 온도가 낮고 밀도가 큰 암석으로 이루어져 있으며(예 : 침강하는 판), 반면에 지진파의 속도가 감소하는 곳은 상대적으로 온도가 높은 가벼운 물질로 이루어져 있다는(예 : 상승하는 대류플룸) 가설은 일반적으로 타당한 가설이며, 실험실 연구결과와도 잘 일치한다.

지진파 단층촬영 결과에 의하면 맨틀에서 대류가 일어나고 있음을 알 수 있다. 1990년대에, 하버드대학교의 연구자들은 맨틀의 단층촬영 모델을 제시하였다. **그림 14.11**에서 설명하고 있는 이 모델은 지구단면과 지각하부에서부터 핵과 맨틀의 경계까지 여러 깊이의 지도를 보여준다. 지표근처에서는 판의 구조를 명확히 볼 수 있다(그림 14.11b). 중앙해령을 따라 온도가 높은 맨틀물질이 상승하는 부분은 따뜻한 색으로, 오래된 해양분지와 대륙지괴의 하부에 있는 상대적으로 온도가 낮은 암석권이 있는 지역은 차가운 색으로 표시되어 있다.

깊은 곳에서는 이러한 특징들은 변화가 심해지고 지표의 구

조적인 특징들과 관련이 적게 나타나며, 이는 맨틀대류의 형태가 복잡함을 지시한다. 그러나 일부 두드러진 대규모의 특징을 볼 수가 있다. 예를 들면, 핵과 맨틀 경계 바로 위의 경우(그림 14.11e), 중앙 태평양 아래쪽에 상대적으로 낮은 S파의 속도를 지시하는 붉은 부분이 높은 S파의 속도를 보여주는 푸른 부분으로 둘러싸여 있다. 지진학자들은 높은 속도를 보여주는 부분을 온도가 낮은 해양암석판이 지난 1억 년 전부터 환태평양 화산대 아래로 침강된 부분이 남아 있는 흔적으로 생각하고 있다.

지진파 단층촬영에 의한 맨틀단면도(그림 14.11a)에서 과거에는 대규모의 판이었으나 현재는 대부분이 북아메리카판 하부로 침강된 패럴론판의 흔적을 확실하게 볼 수 있다(제10장 참조). 즉, 비스듬하게 침강하는 판(푸른색으로 표시됨)이 맨틀 전체에 침투하고 있음을 보여준다. 이러한 현상은 차가운 암석이 침강하고 있는 인도네시아 하부에서도 관찰된다. 또한 '대규모 플룸'으로 생각되는 상대적으로 온도가 높은 암석을 나타내는 노란색으로 표시된 커다란 물방울 형태가 핵과 맨틀의 경계에서 남아프리카 아래쪽으로 비스듬하게 상승하고 있는 현상을 볼 수 있다. 이렇게 상승하는 고온의 물질은 상부의 차가운 물질을 밀어 올려서 융기된 남아프리카의 고원을 형성하였다(그림 10.20e). 다른 고온이나 저온의 물방울 형태들은 암석권, 맨틀, 그리고 핵과 맨틀의 경계에서 물질이 혼합되고 있다는 증거를 제시한다.

지구중력장

온도의 변화는 지진파의 속도를 증가시키거나 감소시킬 뿐만 아니라, 맨틀물질의 밀도도 변화시킨다. 실험실의 연구결과에 의하면, 300℃ 정도의 온도가 상승하면 암석이 팽창하여 밀도가 약 1% 정도 감소한다. 이러한 밀도의 감소 효과는 크지 않을 것 같으나, 맨틀의 질량이 매우 크기 때문에(약 40억조 톤!) 밀도의 작은 감소도 질량 변화에 영향을 주어서 지구중력의 변화를 가져온다.

지구물리학자들은 지구의 형태와 지표에서 측정된 중력변화의 연구를 통하여, 지구의 질량 분포를 결정하였다. 이들은 또한, 지구궤도 인공위성을 이용하여 측정한 지구의 형태가 지진파 단층촬영으로 연구한 맨틀대류의 양상과 일치함을 밝혔다(지구문제 14.2 참조). 이러한 일치는 맨틀대류 시스템 모델을 보다 더 정확하게 확립할 수 있게 하였다.

(a) 단층촬영 단면

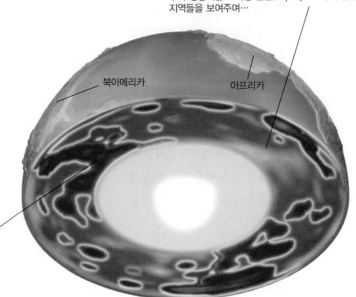

지구의 단층촬영 단면은 남아프리카의 하부에 있는 핵으로부터 상승하는 초대형 플룸(superplume)과 같은 뜨거운 지역들을 보여주며…

북아메리카

아프리카

…그리고 북아메리카판 아래로 침강한 패럴론판의 잔유물과 같은 더 차가운 지역들도 보여준다.

(b~e) 4개의 다른 깊이에서 세계지도

(b)

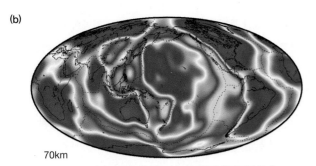

70km

지표 부근 : 연약권의 뜨거운 암석들이 중앙해령의 확장중심 아래에 놓여 있다.

(c)

200km

더 깊은 지역 : 안정된 대륙강괴(craton)들의 차가운 암석권과 대양분지 아래의 더 따뜻한 연약권을 볼 수 있다.

(d)

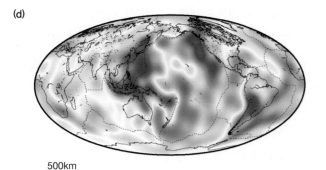

500km

맨틀 더 깊숙한 곳 : 특징들이 더 이상 대륙의 분포와 연관성을 보이지 않는다.

(e)

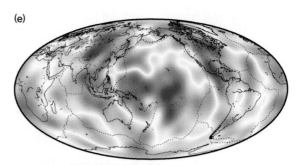

2,800km(핵과 맨틀의 경계 근처)

핵과 맨틀 경계 근처 : 태평양 주변의 더 차가운 지역들은 침강하는 암석권 판들의 '흔적'일지도 모른다.

그림 14.11 지진파 단층촬영으로 만든 맨틀의 3차원 모델. S파의 속도가 빠른 지역(푸른색과 자주색)은 더 차갑고 밀도가 높은 암석을 나타내며, S파의 속도가 느린 지역(붉은색과 노란색)은 더 뜨겁고 밀도가 낮은 암석을 지시한다. (a) 지구의 단면. (b~e) 4개의 다른 깊이에서 세계지도.

[S파 속도 : G. Ekström and A. Dziewonski, Harvard University; 단면 (a) M. Gurnis, *Scientific American* (March 2001): 40; 지도(b~e) L. Chen and T. Jordan, University of Southern California.]

지구문제

14.2 지오이드 : 지구의 형태

해수면은 중력이 큰 곳에서는 위로 올라와 있으며, 중력이 작은 곳에서는 아래쪽으로 내려가 있다. 해수면의 형태는 인공위성에 장착된 레이더 고도계를 이용하여 정확하게 측정할 수 있다. 해양학자들은 파도나 다른 요인에 의한 효과를 제거함으로써 해저에 분포하고 있는 단층이나 해저의 산과 같은 지질학적 특징들에 의하여 생기는 비교적 작은 규모의 중력변화를 측정할 수 있다(제20장 참조). 이러한 중력변화는 맨틀대류로 생기는 대규모의 특징들에 의해서도 일어날 수 있다.

해수면이 움직이지 않는다고 가정하였을 때의 해수면 형태를 지오이드(geoid)라 한다. 움직이지 않는 해수면은 중력이 해수면에 수직으로 작용한다는 점에서 완전히 평평하다고 할 수 있다. 만약 해수면이 평평하지 않으면, 평평해지도록 물이 아래쪽으로 이동할 것이다. 지오이드는 지표에서 특정 기준높이를 설정하여, 각 지점의 중력에 수직인 면을 연결하여 만들어지는 가상의 형태로 정의한다. 해수면이 지오이드의 형태와 매우 유사하므로, 기준높이를 해수면으로 설정하는 것이 일반적이다. 그러므로 우리가 해수면을 기준으로 산의 고도를 측정할 경우, 실제로는 측정지점의 지오이드를 기준으로 고도를 측정하는 것이다. 이러한 관점에서 지오이드는 지구의 형태를 나타낸다. 지구물리학자들은 지오이드의 형태를 이용하여 지표면의 특정 장소에서 중력의 크기와 방향을 계산하고, 지구내부 암석의 밀도 변화를 추정한다.

레이더 고도계를 이용하면 해양에서의 지오이드는 쉽게 측정할 수 있으나, 대륙에서는 간단하지가 않다. 지구 전체에 대한 지오이드는 지구궤도 인공위성을 이용하여 측정할 수 있다. 맨틀의 3차원적인 질량 변화로 인하여 지구방향으로 끌어당기는 작은 중력이 인공위성에 작용하여, 인공위성의 궤도를 약간 이동시킨다. 이러한 인공위성의 궤도 이동을 오랜 기간에 걸쳐 관측하여, 해양과 대륙의 2차원적인 지오이드를 측정할 수 있다.

아래의 그림 중 왼쪽 그림은 관측된 지오이드의 평균치를 표시한 것으로, 지오이드의 높고 낮은 변화는 지구의 대규모 중력변화를 나타낸다. 지구질량의 수평적인 변화가 없을 경우의 해수면과 비교할 때, 실제 지오이드의 높이는 낮게는 남극 해안의 한 지역에서와 같이 −110m에서부터, 높게는 서태평양에 위치하고 있는 뉴기니섬에서와 같이 100m 이상 변한다.

아래의 지오이드 그림과 〈그림 14.11d〉와 〈그림 14.11e〉를 비교해보면, 지오이드는 맨틀의 심부에서 나타나는 대규모 특징적인 현상들과 유사한 점을 보인다. 이러한 유사성은 암석 밀도와 S파 속도의 3차원적인 변화가 맨틀대류에 의한 온도차이와 관련이 있음을 제시하고 있다.

지구물리학자인 브래드 헤거(Brad Hager)와 마크 리차드(Mark Richards)는 1980년대 중반에 이 가설을 시험하여 확인하였다. 먼저, 지진파 단층촬영 방법에 의하여 획득한 지진파의 속도변화로부터 3차원적인 암석의 밀도 차이를 계산하였다. 다음 단계로, 맨틀에서 무거운 부분은 가라앉고 가벼운 부분은 상승한다는 가정하에 대류에 대한 컴퓨터모델을 만들었다. 마지막으로, 대류모델에 의한 지오이드의 형태가 어떤지를 계산하였다. 아래의 좌측 그림은 이러한 방법으로 계산한 지오이드로 우측의 관측된 지오이드와 잘 일치하며, 대규모의 특징들은 특히 더 잘 맞는다. 이러한 일치는 맨틀대류 시스템 내에서의 온도변화를 이용하여 지진파와 중력연구에서 나타나는 특징들을 설명할 수 있음을 지시한다.

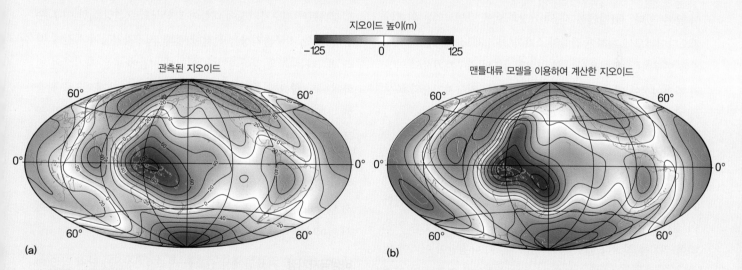

(a) 인공위성 관측으로부터 구한 평균 지오이드 지도 또는 지구의 형태를 나타낸 것이다. 미터 간격으로 표시된 등고선은 암석 밀도의 수평적인 변화가 없다고 가정한 이상적인 지구에 비하여, 실제 해수면이 얼마나 차이가 나는지를 보여준다. (b) 지진파 단층촬영으로부터 추정한 맨틀의 온도분포와 일치하는 맨틀대류모델로부터 계산된 지오이드 지도이다. 관측된 자료와 이론적인 자료가 일치하는 사실로부터 지구과학자들은 맨틀대류 시스템에 대하여 보다 더 잘 이해할 수 있게 되었다.

[(a) NASA; (b) model by B. Hager, Massachusetts Institute of Technology; maps by L. Chen and T. Jordan, University of Southern California.]

■ 지구자기장과 지오다이너모

맨틀과 같이 지구의 외핵에서도 대류에 의하여 대부분의 열이 전달된다. 그러나 지진파 단층촬영이나 지구중력 측정과 같이 맨틀 대류 연구에 이용한 방법으로는 핵에서 일어나는 대류에 대한 연구를 할 수 없다. 왜 그럴까?

문제는 외핵이 액체 상태라는 데 있다. 맨틀은 높은 점성을 가진 고체로 매우 느리게 이동한다. 그 결과 대류에 의하여 맨틀의 평균 지열곡선보다 높거나 낮은 지역들이 만들어진다. 〈그림 14.11〉에서 표시된 이러한 지역들은 지진파 속도가 동일 깊이의 평균값보다 높거나 낮은 지역이다. 반면에, 외핵은 점성이 매우 낮아서 물이나 액체 수은과 같이 쉽게 흐른다. 그러므로 대류에 의해서 생긴 작은 밀도의 차이는 액체 상태인 외핵 물질이 중력으로 인하여 빨리 이동하여 밀도 차이가 금방 없어진다. 그래서 몇 도 정도의 온도변화는 외핵에서 유지될 수가 없다. 그러므로 외핵에서 대류로 인하여 생긴 지진파 속도의 변화는 너무 작아서 지진파 단층촬영 방법으로는 알 수 없으며, 이로 인한 형태의 변화도 측정할 수 있을 만큼 크지 않다.

그러나 우리는 지구자기장 연구를 통하여 외핵의 대류에 대하여 알 수 있다. 제1장에서 지구자기장과 이를 발생시키는 외핵의 지오다이너모에 대하여 간략히 소개하였다. 제2장에서는 해저확장을 연구하는 데 이용되는 화산암에 기록된 지구자기장의 역전과 자기이상에 대하여 알아보았다. 여기서는 지구자기장의 특성과 지구자기장의 기원인 지오다이너모에 대하여 알아보자.

쌍극자기장

지구자기장을 측정하는 가장 기본적인 장비는 나침반으로, 나침반은 중국인에 의해 적어도 2,200년 이전에 발명되었다. 나침반이 발견된 후 수백 년 동안 탐험가나 항해사들은 나침반을 이용하여 위치를 찾거나 배로 항해하였으나, 이 나침반이 어떠한 원리로 작동하는지는 알지 못했다. 1600년에 와서 영국 여왕 엘리자베스 1세의 주치의인 윌리엄 길버트(William Gilbert)가 처음으로 나침반의 원리에 대하여 과학적으로 설명하였다. 그는 지구 전체가 하나의 커다란 자석이라고 생각하고, 이로부터 나오는 자기장에 의해 나침반의 자침이 북쪽을 가리키도록 배열된다고 하였다.

그 시대의 과학자들은 종이 위에 놓인 막대자석 주위에 철가루를 뿌려 이들이 배열하는 방향을 이용하여 자기장의 자력선을 관찰하였다. 길버트는 지구자기장의 자력선이 북자극에서는 아래쪽(지구중심방향)을 향하고 남자극에서는 위쪽(지구바깥방향)으로 향한다는 것을 설명하였으며, 이는 마치 지구중심에 지구 자전축과 약 11° 정도 기울어진 상태로 놓여 있는 거대한 막대자석이 만들어내는 자력선과 유사하다(그림 1.17 참조). 다시 말하면, 지구자기장의 자력선은 **쌍극자**(dipole)로부터 나온 자기장이다.

지구자기장의 복잡성

길버트는 당시의 해양국가에서 필수적인 나침반이 작동하는 원리에 대하여 설명은 하였으나, 그의 설명이 모두 옳은 것은 아니었다. 우리는 현재 지구자기장의 기원은 지구중심에 위치한 영구자석이 아니라(만약 영구자석이 지구중심에 있다 할지라도 핵의 높은 온도로 인하여 자성을 가질 수 없음), 외핵의 대류에 의하여 만들어지는 지오다이너모라는 것을 알고 있다. 지오다이너모는 액체 상태이며, 철 성분이 풍부하고, 전기 전도체인 외핵의 빠른 대류에 의하여 작동된다. 지오다이너모에 의해 만들어지는 지구자기장은 단순히 쌍극자로부터 나오는 자기장에 비하여 훨씬 더 복잡하며, 외핵의 유동으로 인하여 시간에 따라 지속적으로 변한다.

길버트가 지구자기장에 대하여 과학적으로 설명을 한 이후 수십 년 동안 지구자기장을 관찰한 결과, 지구자기장이 시간에 따라 변한다는 것을 알아내었다. 이러한 시간에 따른 자기장의 변화에 대한 중요한 증거는, 영국 해군에 의하여 체계적으로 관측한 나침반의 기록으로부터도 나왔다. 항해사들은 지리적인 북극(진북)과 지구자기장의 북극(자북)의 차이에 대하여 나침반을 보정해야만 하였으며, 이러한 보정을 통하여 자북이 1세기마다 5~10° 정도로 움직인다는 것을 알았다(그림 14.12). 물론, 그 당시 영국의 항해사들은 이러한 지구자기장의 변화가 지구내부에서 일어나는 대류 때문에 생긴다는 것은 알지 못했!

비쌍극자기장 지표면에서 관측한 지구자기장 중, 단지 약 90% 정도만이 〈그림 1.17〉에서 보는 것과 같이 비교적 단순한 쌍극자기장으로 설명할 수 있다. 나머지 10%는 비쌍극자기장(nondipole field)이라고 부르며, 아주 복잡한 특성을 가지고 있다. 비쌍극자기장은 쌍극자기장으로부터 계산한 자기장의 강도(그림 14.13a)와 관측된 지구자기장 강도(그림 14.13b)의 차이를 비교하면 알 수 있다. 만약 관측된 지구자기장을 컴퓨터모델을 이용하여 핵과 맨틀의 경계까지 연장시키면, 〈그림 14.13c〉의 지도에서 갈색과 보라색으로 표시된 울퉁불퉁한 지구자기장의 분포가 제시하듯

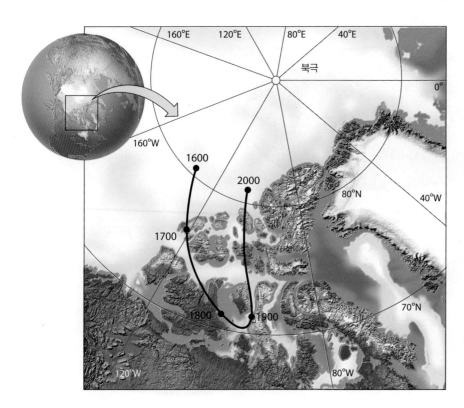

그림 14.12 1600년부터 지구자기장의 나침반 방위값과 기타 측정값을 이용하여 지도에 표시한 북 자극의 이동경로. 자극 위치의 변화는 액체 상태인 외핵의 대류에 의해 초래되었다.

이, 비쌍극자기장의 크기가 쌍극자기장의 크기에 비례하여 증가한다. 그러므로 전도성이 낮은 맨틀로 인하여 지구자기장의 복잡성이 감소되어, 지표에서 쌍극자기장이 실제보다 크게 나타나는 경향이 있다.

영년변화 과거 300년 동안의 지구자기장 기록을 보면(주로 영국의 해군에 의하여 기록됨), 쌍극자기장과 비쌍극자기장 모두 시간에 따라 변화를 하며 이러한 변화를 **영년변화**(secular variation)라 한다. 영년변화는 쌍극자기장보다 비쌍극자기장에서 더 빨리 일어난다. 영년변화는 핵과 맨틀 경계에서 현재 자기장(그림 14.13c)과 과거 수 세기 이전의 자기장을 비교해보면 아주 확실하게 나타난다(그림 14.13d, e). 자기장 강도는 수십 년 정도의 시간 단위로 변화하며, 이러한 사실은 지오다이너모 시스템 내에서 외핵의 유동이 초당 수 밀리미터 정도로 움직이고 있다는 것을 제시한다.

과학자들은 영년변화를 이용하여 외핵에서 일어나는 대류현상을 연구한다. 고성능 컴퓨터를 이용하면, 지오다이너모를 작동시키는 복잡한 외핵의 대류현상과 전자기적 상호작용에 대한 모의실험을 할 수 있다. 〈그림 14.14〉는 이러한 모의실험결과의 한 예를 보여준다. 핵으로부터 멀어지면 자기장의 자력선은 쌍극자기장의 자력선과 유사해지나, 핵과 맨틀의 경계로 가면 자력선이 복잡해진다. 핵 자체에서는 강한 대류운동으로 인하여 자력선이

서로 얽혀서 매우 복잡해진다.

지구자기장의 역전 컴퓨터 모의실험결과는 지오다이너모 시스템의 놀랄 만한 특성을 보여준다. 즉, 자발적인 지구자기장의 역전현상을 보여준다. 제2장에서 소개된 것과 같이 지구자기장은 불규칙한 시간 간격으로(수만 년에서부터 수백만 년의 시간 간격) 그 방향이 역전되며, 이것은 마치 〈그림 1.16〉에서 보여주는 막대자석이 180° 회전하여 북자극과 남자극이 바뀌는 것과 같다. 최근의 컴퓨터 모의실험에 의하면, 지오다이너모가 외부의 어떠한 영향 없이도 이러한 불규칙적인 역전현상이 일어날 수 있음을 보여주고 있다(그림 14.14). 다시 말하면, 지구자기장은 자체의 상호작용에 의하여 자발적으로 역전될 수가 있다.

이러한 특성은 지오다이너모와 발전소에서 사용되는 다이너모(발전기) 사이에는 근본적인 차이가 있음을 제시한다. 증기기관 다이너모는 특정한 일을 위하여 인간이 만들어낸 인공적인 장치이다. 이에 비하여, 지오다이너모는 외부 요인에 영향을 받지 않고, 내부의 상호작용에 의하여 **스스로 작동하는 자연적인 시스템**(self-organized natural system)이다. 판구조운동이나 기후와 같은 서로 다른 2개의 지구시스템 역시 스스로 작동하는 특성을 보여준다. 이러한 자연시스템이 어떻게 작용하는지에 대하여 이해하는 것이 지구과학 분야에서 해결해야 하는 중요한 문제들 중의 하나이다. 기후시스템에 대해서는 제15장에서 설명할 것이다.

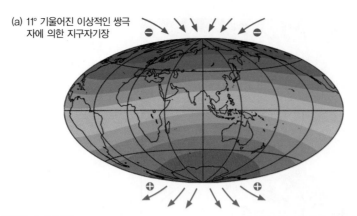

(a) 11° 기울어진 이상적인 쌍극자에 의한 지구자기장

(b) 2000년에 지표에서 관측한 지구자기장

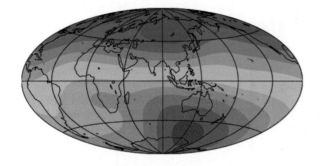

(c) 2000년의 측정 자료를 이용하여 추정한 핵과 맨틀 경계에서의 지구자기장

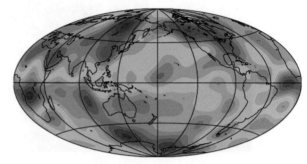

(d) 1900년의 측정 자료를 이용하여 추정한 핵과 맨틀 경계에서의 지구자기장

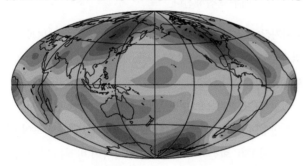

(e) 1800년의 측정 자료를 이용하여 추정한 핵과 맨틀 경계에서의 지구자기장

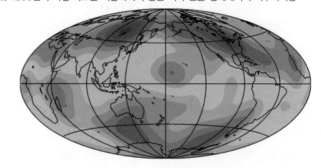

그림 14.13 시간에 따라 변화하는 지구자기장. 보라색은 지구중심 쪽으로 향하는 지구자기장의 강도를 나타내며, 갈색은 지구바깥 쪽으로 향하는 지구자기장의 강도를 나타냄. 지표에서의 지구자기장(b)은 단순한 쌍극자에 의한 자기장(a)에 비하여 훨씬 복잡하며, 핵과 맨틀의 경계에서 추정한 지구자기장(c)은 더욱더 복잡함. (c)에서부터 (e)까지 그림에서 보는 것과 같이, 액체 상태인 외핵의 대류에 의하여 비쌍극자기장도 시간에 따라 변함. [J. Bloxham, Harvard University.]

고지자기학

우리는 과거 지질시대의 지구자기장 기록 또는 **고지자기학**(paleomagnetism)이 지구의 역사를 이해하는 데 아주 중요한 정보를 제공해준다는 사실을 수차례 배웠다. 해양지각에서 측정한 자기이상은 해저확장에 대한 증거를 제시하였을 뿐만 아니라, 현재에도 판게아가 갈라진 2억 년 전부터 지금까지 판들의 이동경로를 추적하는 가장 좋은 자료를 제공하고 있다(제2장 참조). 오래된 대륙의 암석에 대한 고지자기 자료는 로디니아와 같은 아주 오래전에 있었던 거대한 초대륙의 존재를 증명하는 데 필수적이다(제10

장 참조).

과학자들은 지구자기장의 역사를 재구성하는 데도 고지자기 자료를 이용하고 있다. 현재까지 발견된 가장 오래전에 자화된 암석은 약 35억 년 전의 것으로, 이 암석으로부터 측정한 고지자기 자료는 그 당시의 지구자기장이 현재와 유사하다는 것을 제시하고 있다. 대부분의 오래된 암석들이 자화가 되어 있다는 것은, 제1장에서 설명한 45억 년의 지구역사 초창기에 분화작용으로 인하여 대류가 일어나는 액체 상태의 핵이 만들어졌다는 생각과 일치한다.

지구과학자들을 놀라운 결과에 도달하게 한, 암석이 자화되는

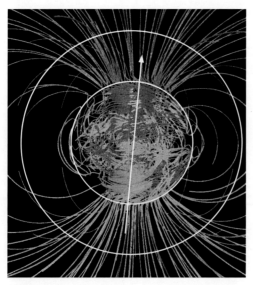

시간 1
역전이 되기 전인 정상상태에서 지구자기장의 자력선. 맨틀
에서의 자력선은 쌍극자에 의한 것과 유사함

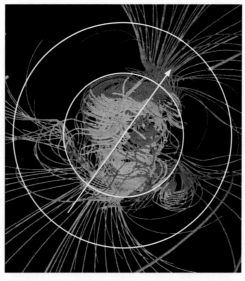

시간 2
역전의 시작. 외핵에서의 자력선이 복잡한 상태가 되고 지구
자기장의 쌍극자 성분의 강도가 감소하기 시작하면서, 지오
다이너모가 자발적으로 재편되기 시작함

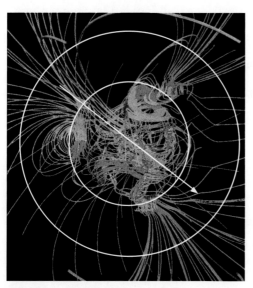

시간 3
역전현상이 지속적으로 지구자기장의 형태를 빠르게 변화시
키며, 쌍극자 성분의 강도가 계속하여 감소함

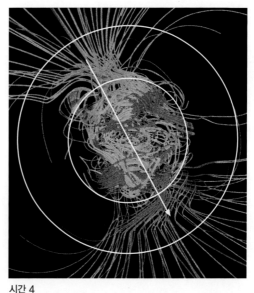

시간 4
역전현상이 거의 완료된 상태. 쌍극자 성분이 다시 커지고,
북자극이 남자극을 가리킴

그림 **14.14** 지오다이너모의 자발적인 변화에 의하여 지구자기장이 역전되는 현상을 보여주는 컴퓨터모델.
[G. Glatzmaier, University of California, Santa Cruz.]

과정에 대하여 조금 더 자세히 알아보자. 〈그림 2.12〉와 다음에
나오는 내용이 이 과정을 이해하는 데 도움이 될 것이다.

열잔류자화 1960년대 초에 오스프레일리아의 한 대학원생이, 원
주민들의 주거지에서 오래전에 음식을 익혀 먹던 화덕을 발견하
였다. 화덕의 암석은 자화가 되어 있었다. 이 대학원생은 불에 의

해 구워진 화덕의 암석 시료 여러 개의 방향을 측정한 후, 조심스
럽게 채취하였다. 채취한 암석의 자화방향을 측정한 결과, 측정
된 자화방향이 현재의 지구자기장 방향과 완전히 반대방향인 것
을 발견하였다. 그는 원주민들이 주거지에 거주하였던 약 3만 년
전에는 지구자기장의 방향이 현재와는 반대방향으로 역전되었다

3만 년 전   현재

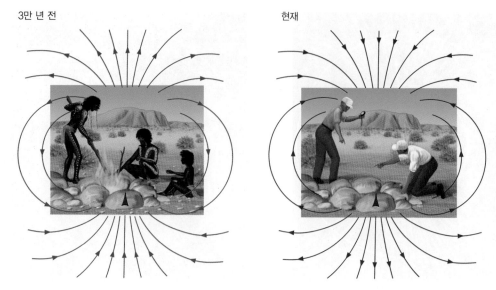

그림 14.15 원주민 주거지의 화덕에서 역자화를 기록하고 있는 암석의 발견으로, 3만 년 전의 지구자기장은 오늘날의 지구자기장 방향과 반대방향이었다는 것을 알게 됨. 과거 주거지의 암석은 마지막으로 화덕에서 불을 사용한 후 식으면서 그 당시의 지구자기장 방향으로 자화가 되어, 과거 지구자기장을 기록하고 있음.

고(즉, 나침반의 북쪽을 가리키는 자침이 남쪽을 가리킴) 제안을 하였으나, 지도교수는 이러한 사실을 믿지 않았다.

　자화된 물질을 고온으로 가열하면 자성을 잃는다. 자화될 수 있는 물질의 중요한 특성은 물질이 약 500℃ 이하로 냉각되면, 주위의 자기장 방향으로 자화가 된다는 점이다. 이러한 현상은 물질의 원자들이 고온에서 주변의 자기장 방향으로 배열되기 때문에 일어난다. 이 물질이 냉각되면, 이미 주변 자기장 방향으로 배열된 원자들이 고정되어서 일정한 방향으로 자화된다. 이러한 가열과 냉각 과정을 거쳐서 주변 자기장이 없어져도 자화가 오랫동안 암석에 기억되어 있기 때문에, 이렇게 획득한 자화를 **열잔류자화**(thermoremanent magnetization)라 한다. 그러므로 오스프레일리아 대학원생은 암석이 마지막으로 가열되었다가 냉각되었을 당시의 지구자기장 방향을 측정할 수 있었다(그림 14.15).

　제2장에서 설명한 용암과 새로 만들어진 해양지각도 열잔류자화 과정을 거쳐 자화가 되었다. 이러한 종류의 화성암에서 지구자기장의 역전에 대한 발견과 이에 대한 해석은 판구조운동의 이론을 확립하는 데 매우 중요한 역할을 하였다.

퇴적잔류자화　퇴적암의 경우, 열잔류자화와는 다른 종류의 잔류자화를 획득한다. 해양 기원의 퇴적암은 해저에 퇴적된 퇴적물 입자들이 고화되어서 만들어진다. 퇴적물 입자들 중에 포함된 자철석(Fe_3O_4)과 같은 자성광물 입자는 수중에서 가라앉으면서 지구자기장 방향으로 배열되어 퇴적된 후, 고화가 되면서 지구자기장 방향이 그대로 암석에 기록된다. 마치 나침반의 자침이

지구자기장 방향으로 배열되는 것과 같이, 퇴적암 내의 아주 작은 자성광물 입자들이 퇴적 당시의 지구자기장 방향과 평행하게 배열됨으로써 획득한 자화를 **퇴적잔류자화**(depositional remanent magnetization)라 한다(그림 14.16).

고지자기 층서　지구과학자들은 고지자기 자료와 방사능 동위원소 연대측정법을 활용하여, 과거 1억 7,000만 년 전까지의 지구자기장 역전기록을 알아내었다(그림 14.17). 이러한 자료는 새로운 지층의 연대측정에도 활용될 수 있다. 고지자기 층서는 지질

1 여러 퇴적물과 같이 운반된 자성광물 입자들은 수중에서 가라앉을 때, 지구자기장 방향으로 배열됨

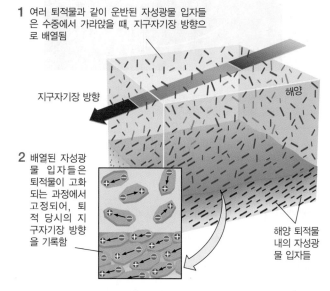

지구자기장 방향　　　해양

2 배열된 자성광물 입자들은 퇴적물이 고화되는 과정에서 고정되어, 퇴적 당시의 지구자기장 방향을 기록함

해양 퇴적물 내의 자성광물 입자들

그림 14.16 퇴적물은 퇴적되면서 퇴적 당시의 지구자기장 방향으로 자화가 됨.

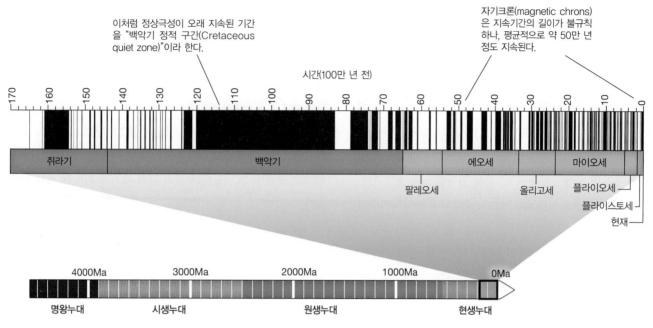

이처럼 정상극성이 오래 지속된 기간을 "백악기 정적 구간(Cretaceous quiet zone)"이라 한다.

자기크론(magnetic chrons)은 지속기간의 길이가 불규칙하나, 평균적으로 약 50만 년 정도 지속된다.

시간(100만 년 전)

170 160 150 140 130 120 110 100 90 80 70 60 50 40 30 20 10 0

쥐라기   백악기   에오세   마이오세

팔레오세   올리고세   플라이오세

플라이스토세

현재

4000Ma 3000Ma 2000Ma 1000Ma 0Ma

명왕누대   시생누대   원생누대   현생누대

그림 14.17 과거 1억 7,000만 년 전부터 현재까지의 고지자기연대표. 지구자기장의 정상크론(normal chrons, 검은색 띠)과 역전크론(reversed chrons, 흰색 띠)을 보여준다.

학자들뿐만 아니라, 고고학자들과 인류학자들에게도 매우 유용한 자료이다. 예를 들면, 육지의 퇴적층에 대한 고지자기 층서 자료는 인류 조상의 유물이 매장된 퇴적물의 연대측정에 유용하게 이용되고 있다.

제2장에서 보았듯이, 지구자기장이 '정상'(현재와 동일한 방향)이나 역전을 지속하고 있는 동안의 기간을 **자기크론**(magnetic chrons)이라 하며, 이 기간은 불규칙하나 평균적으로 약 50만 년 정도 지속을 한다. 각 자기크론 내에는 **아크론**(subchrons)이라고 부르는 일시적이며 지속된 기간이 짧은 역전기록이 있으며, 이 아크론은 수천 년에서 수십만 년 정도 지속된다. 앞에서 이야기한 오스프레일리아 원주민 주거지의 화덕에서 채취한 암석 시료에서 측정한 역전된 자화는 현재의 정상상태인 자기크론 내에 있는 역자화 아크론 중 하나에 해당된다.

지구자기장과 생물권

암석에 기록된 잔류자화 연구결과는 지오다이너모가 지구가 탄생한 초창기부터 작동되었음을 지시하고 있다. 그러므로 생명체도 지구자기장 영향하에서 진화되어왔음을 알게 되었다. 이러한 사실은 놀라운 결과를 가져왔다. 예를 들면 비둘기, 바다거북, 고래, 심지어는 박테리아 등과 같은 많은 생명체들에는 지구자기장을 이용하여 이동방향을 결정하는 감지기관이 발달하고 있다(그림 14.18). 이들의 기본적인 감지기관은 생명체 내에서 생물학적

으로 만들어져서, 지구자기장에 의하여 자화된 작은 자철석 광물 결정이다. 이 광물결정은 작은 나침반 역할을 하여, 생명체가 자기장 내에서 방향을 결정하도록 한다. 지구생물학자들은 일부 동물들이 체내에 있는 자철석 결정들의 배열 상태를 이용하여 지구자기장의 강도를 감지하고, 이를 이동경로에 대한 추가적인 정보로 활용한다는 사실을 발견하였다.

지구자기장은 단순히 생명체들이 대기에서 날거나 물속에서

그림 14.18 회귀성 비둘기 떼가 쿠바의 아바나(Havana)를 떠나서 240km를 비행한 후 비야클라라주(Villaclara province)에 있는 둥지에 내려앉을 준비를 하고 있다. 이 비둘기는 지구자기장을 이용하여 멀리 떨어진 그들의 집으로 돌아갈 길을 찾는다. 최근 연구결과에 의하면, 회귀성 비둘기들은 귓속과 부리에 있는 감각기관을 이용하여 자기장을 감지하는 것으로 알려졌다.

헤엄치는 데 방향을 인지하는 기준만 되는 것이 아니다. 지구자기장은 지구시스템의 한 요소로서, 지표면에 다양한 생명체가 존재하는 데 필수적이다. 비록 지오다이너모의 작동이 지구내부의 깊은 곳인 핵에서 일어나지만, 이에 의한 자기장은 지구의 먼 외부까지 영향을 미쳐서 태양풍으로부터 나오는 생명체에 해로운 방사선을 차단하는 역할을 한다(그림 1.18 참조). 만약 지구자기장이 없으면, 지구표면으로 직접 들어오는 고에너지의 대전체 입자들로 인하여 많은 생명체가 치명적으로 피해를 입을 것이다.

더욱이, 만약 지오다이너모의 작동이 중단되어 지구자기장이 없다면, 태양풍의 공격에 의하여 지구의 대기가 점차적으로 사라져서 지구환경이 악화될 것이다. 이러한 현상은 실제로 화성에서 발생하였다. 궤도 위성에서 측정한 화성의 오래된 지각에 대한 고지자기 연구결과에 의하면, 오래전에 화성내부에서도 지오다이너모가 작동하여 자기장이 있었다. 그러나 화성의 경우는 핵이 빨리 냉각되어 초기에 자기장을 만들었던 지오다이너모가 중단되었으며, 그 결과로 태양풍에 의하여 화성의 대기가 날려 가서 오늘날 우리가 관찰하는 것과 같이 대기가 희박한 상태가 되었다.

요약

지진파 연구는 지각과 맨틀의 층상 구조에 대하여 어떤 정보를 주는가? 암석 유형에 따른 지진파 속도자료는 지진파를 이용하여 지구내부의 성분 연구를 가능하게 하였다. 이러한 연구를 통하여 대륙지각은 주로 밀도가 낮은 화강암질 암석으로 구성되어 있으며, 깊은 해저는 현무암과 반려암으로 이루어져 있음을 밝혔다. 지각과 맨틀의 상부는 단단한 암석권을 이루고 있다. 암석권 하부에는 맨틀의 약하고 유연한 층인 연약권이 있어서, 암석권으로 이루어진 판이 연약권 위에서 이동을 한다. 연약권의 상부는 온도가 높아서 감람암이 부분적으로 용융되어 있으며, S파의 저속도층이 형성되어 있다. 약 200~250km 깊이부터는 S파의 속도가 하부로 가면서 점차적으로 증가한다. 410km와 660km 깊이에서는 맨틀을 구성하고 있는 광물들의 상 변화에 의하여 S파의 속도가 갑자기 증가한다. 660km 깊이 이하의 하부맨틀은 두께가 2,000km 정도로, 지진파의 속도가 하부로 가면서 점차적으로 증가한다.

지진파 연구는 핵의 층상 구조에 대하여 어떤 정보를 주는가? 핵과 맨틀의 경계에서 반사되는 지진파를 통하여, 2,890km 깊이에 뚜렷한 경계가 있음을 알 수 있다. S파는 핵과 맨틀의 경계 하부를 통과하지 못하기 때문에, 외핵이 액체 상태임을 지시한다. P파의 속도는 액체 상태의 외핵과 고체 상태인 내핵의 경계인 깊이 5,150km에서 급격히 증가한다. 여러 연구결과들에 의하면, 핵은 주로 철과 니켈, 그리고 소량의 산소와 황과 같은 가벼운 원소로 이루어져 있음을 알 수 있다.

지구내부로 갈수록 온도가 얼마나 증가하는가? 지구가 탄생할 당시에 발생하였던 열과 방사능 물질의 붕괴로 인한 열에 의하여 지구내부의 온도는 높다. 지구는 맨틀과 핵에서의 대류와 더불어 암석권에서의 전도에 의하여 열이 외부로 방출되면서, 지질시대에 걸쳐 냉각되어왔다. 지열곡선은 지구내부의 깊이에 따라 온도가 어떻게 증가하는지를 보여주는 곡선이다. 대부분의 대륙지각에서는 20~30℃/km 정도의 비율로 온도가 증가한다. 암석권 하부의 온도는 맨틀을 구성하고 있는 감람암을 용융시킬 정도로 높은 온도인 1,300~1,400℃ 정도가 된다. 액체 상태인 외핵은 온도가 아마도 3,000℃ 이상이 될 것이다. 지구중심에서의 온도는 약 5,000℃ 정도로 추정된다.

지진파 단층촬영을 통하여 맨틀의 구조에 대하여 무엇을 알 수 있는가? 지진학자들은 지진파 단층촬영을 통하여, 지구내부에 대한 3차원적 영상을 얻는다. 지진파의 속도가 증가하는 부분은 상대적으로 온도가 낮고 밀도가 높은 암석이 존재함을 지시하고, 반대로 지진파의 속도가 감소하는 부분은 상대적으로 온도가 높고 밀도가 낮은 암석이 있음을 지시한다. 지진파 단층촬영 결과는 중앙해령 하부에서 온도가 높은 맨틀물질이 상승하는 것부터, 온도가 낮은 암석권이 대륙지괴 하부의 깊은 곳으로 침강하고 있는 구조와 같은 판구조운동의 특성을 보여준다. 또한 하부맨틀로 침강하고 있는 암석권과 맨틀하부에서 상승하는 플룸과 같은 맨틀대류의 여러 가지 특징들도 보여준다.

지구중력은 지구내부에 대하여 어떠한 정보를 주는가? 지구의 중력변화와 지표면의 형태는 인공위성을 통해 측정할 수 있다. 이러한 변화는 일차적으로 맨틀대류로 인한 온도변화가 암석의 밀도에 영향을 주기 때문에 발생한 것이다(온도가 증가하면 암석의 밀도가 감소한다). 관측된 중력자료는 지진파 단층촬영으로부터 유추한 맨틀대류의 양상과 잘 일치한다.

지구자기장은 액체 상태인 외핵에 대하여 어떠한 정보를 주는가?
외핵의 대류운동은 전기 전도체인 철이 풍부한 액체를 유동시켜서, 지구자기장을 발생하는 지오다이너모를 만든다. 지오다이너모에 의하여 만들어진 지구자기장은 지표면에서 주로 쌍극자의 양상을 보여주나, 일부는 비쌍극자 성분도 포함되어 있다. 지구자기장 관찰결과에 의하면, 지구자기장의 강도는 과거 수백 년 동안 변해왔다. 이러한 사실은 지오다이너모를 작동시키는 액체

상태인 외핵이 대류하는 특성에 대한 자료를 제공해준다.

고지자기학은 무엇이며, 왜 중요한가? 지구물리학자들은 암석은 생성될 당시의 지구자기장 방향으로 자화되어 있음을 발견하였다. 이러한 잔류자화는 수백만 년 이상 암석에 보존될 수가 있다. 고지자기 층서는 지구자기장이 지질시대에 걸쳐 수차례 역전과 정상상태로 방향이 변화되었음을 지시하고 있다. 지구자기장의 역전시기에 대한 연구는 지층에 기록된 잔류자화 방향을 지층의 연대측정에 이용할 수 있게 하였다.

주요 용어

고지자기학	쌍극자	전단파	지진파 단층촬영
대류	암영대	전도	지진파 이동경로
모호로비치치 불연속면	압축파	전이대	퇴적잔류자화
상 변화	열잔류자화	지각평형설	하부맨틀
상부맨틀	저속도층	지열곡선	핵과 맨틀의 경계

지질학 실습

지각평형설 : 왜 해저는 깊고, 산맥은 높을까?

일반적으로 대륙에서는 지형의 고도가 해발 0~1km 범위의 분포를 보이나, 해양분지의 지형은 해수면 아래에서 4~5km 정도의 고도를 갖는다. 왜 이러한 차이가 날까? 해답은 대륙과 해양의 고도를 지각과 맨틀을 구성하고 있는 암석의 밀도와 연관시켜 설명하는 지각평형설에 있다. 이 매우 유용한 가설은 지표면의 지형변화에 대한 설명뿐만 아니라, 과학자들이 맨틀의 특성을 연구하기 위하여 오랜 시간에 걸친 지각의 고도변화를 연구하는 데도 이용되고 있다(지구문제 14.1 참조).

지각평형(isostasy는 그리스어의 '동등한'이란 의미임)은 "물 위에 떠 있는 물체의 무게는 이 물체에 의하여 밀려난 물의 무게와 동일하다."라는 아르키메데스의 원리에 근거를 두고 있다. (그리스의 철학자 아르키메데스는 2,200년 전에 목욕탕에서 이 원리를 발견했다. 그가 목욕탕에서 이 원리를 깨달은 순간, 옷을 챙겨 입는 것도 잊어버리고 "유레카, 알아냈다!"라고 외치면서 거리로 뛰어나간 유명한 일화가 있다. 과학의 큰 발견은 현대의 과학자들로부터 드물게 이러한 열광적인 반응을 유발시킨다.)

물에 떠 있는 나무조각을 생각해보자. 나무조각의 단위 면적에 대한 질량은 나무조각의 밀도와 두께를 곱하면 되며, 나무조각에 의하여 밀려난 물의 질량은 물의 밀도와 나무조각의 전체

두께에서 물 위에 남은 부분의 두께를 뺀 길이만큼의 물의 두께를 곱하면 된다. 아르키메데스의 원리에 의하면, 이들 둘의 질량은 반드시 동일하여야 한다.

$$나무의 밀도 \times 나무의 두께 =$$
$$물의 밀도 \times 물의 두께 =$$
$$물의 밀도 \times (나무의 두께 - 물 위에 남은 나무의 길이)$$

이 수식을 풀면 다음과 같다.

$$물 위에 남은 나무의 길이 = \left(1 - \frac{나무의 밀도}{물의 밀도}\right) \times 나무의 두께$$

위 수식에서 괄호 안에 있는 항은 '부력 인자'를 나타내는 항목으로, 나무조각이 수면 위로 얼마나 올라와 있는가를 말해준다. 어린 소나무와 같이 밀도가 물의 밀도의 반 정도 되는 가벼운 나무의 경우의 부력 인자는 다음과 같다.

$$\frac{1g/cm^3 - 0.5g/cm^3}{1g/cm^3} = 0.5$$

이 나무조각은 전체 부피의 반이 물 위로 올라와서 떠 있다. 그러나 오래된 오크나무와 같이 밀도가 $0.9g/cm^3$인 비교적 무거운

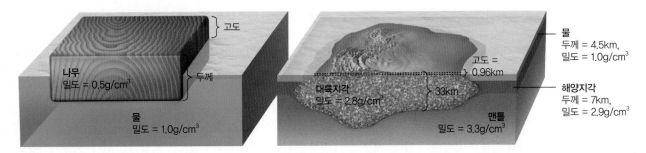

지각평형설로 물 위에 떠 있는 나무조각의 높이와 해수면 위의 대륙의 높이가 얼마나 되는지를 설명할 수 있다.

나무는 부력 인자가 단지 0.1로, 나무 두께의 1/10 정도만 물 위로 올라와서 떠 있을 것이다.

만약 대륙지각(밀도=2.8g/cm³)이 맨틀(3.3g/cm³)상부에 있을 경우, 앞의 공식에서 '나무'를 '대륙'으로, '물'을 '맨틀'로 바꾸면 대륙의 고도를 계산할 수 있다. 또한 맨틀 위에 있는 해양지각(2.9g/cm³)과 해수(1.0g/cm³)도 고려해야 한다. 대륙 주변의 해양분지는 해양지각과 해수로 채워져 있기 때문에, 대륙의 고도에서 맨틀 위에 있는 해양지각과 해수의 두께를 빼주어야 한다. 그러므로 대륙의 지각평형에 대한 공식은 세 항목으로 구성된다.

$$대륙의\ 고도 = \left(1 - \frac{대륙지각의\ 밀도}{맨틀의\ 밀도}\right) \times 대륙의\ 두께$$
$$- \left(1 - \frac{해양지각의\ 밀도}{맨틀의\ 밀도}\right) \times 해양지각의\ 두께$$
$$- \left(1 - \frac{해수의\ 밀도}{맨틀의\ 밀도}\right) \times 해수의\ 두께$$

대륙지각과 해양지각의 두께를 각각 33km와 7km라고 하고, 바다의 깊이를 4.5km라고 하면,

대륙의 고도
$$= (0.15 \times 33km) - (0.12 \times 7.0km) - (0.70 \times 4.5km)$$
$$= 0.96km(해수면\ 위)$$

이 결과는 지표면의 전반적인 지형분포와 잘 일치한다(그림 1.8 참조).

지각평형설에 의하면, 고도는 지각의 두께를 지시하는 지표가 되기 때문에, 고도가 낮은 지역의 지각은 얇은 반면에(평균밀도가 크고), 티베트고원(그림 10.16 참조)과 같이 고도가 높은 지역은 지각의 두께가 두껍다(평균밀도가 작다).

추가문제 : 티베트고원의 평균고도는 약 해발 5km이다. 지각평형 공식을 이용하여 이 지역 지각의 평균두께를 계산하여라. 지각의 평균밀도는 2.8g/cm³이다.

연습문제

1. 해양지각의 하부에서 P파의 평균속도는 약 7km/s이다. P파의 속도와 해양지각에 대한 여러 정보를 종합할 때, 해양지각의 하부를 구성하고 있는 주 암석은 무엇인가?

2. 연약권이 부분적으로 용융된 상태라는 증거는 무엇인가?

3. 지구의 외핵은 액체 상태이며, 주로 철과 니켈로 구성되어 있다는 증거는 무엇인가?

4. 핵까지의 깊이는 얼마이며, 어떻게 그 깊이를 알 수 있는가?

5. 전도와 대류의 차이점은 무엇인가? 맨틀에서 열을 전달하는 데 있어서 어느 과정이 더 효과적인가?

6. 대륙지괴 하부에 있는 모호면과 해양분지 하부에 있는 모호면 중, 어느 곳의 온도가 더 높은가?

7. 상승하고 하강하는 대류의 흐름과 같은 맨틀대류의 특징들이 어떻게 지진파 단층촬영 결과에 나타나는가?

8. 산과 맨틀 모두가 암석으로 구성되어 있음에도 불구하고, 어떻게 산이 맨틀 위에 떠 있을 수 있는가?

9. 어떻게 화성암이 생성될 당시의 지구자기장 방향으로 자화되는가? 퇴적암이 자화되는 과정은 화성암이 자화되는 과정과 어떠한 차이가 있는가?

10. 지구자기장은 외핵 내의 지오다이너모에 의해 만들어진다는 가설에 대한 증거는 무엇인가?

11. 지구자기장은 인간의 일생 동안 관측할 수 있을 정도로 변화하는가? 이러한 결과는 외핵에서 일어나는 액체의 움직임에 대하여 어떠한 정보를 주는가?

생각해볼 문제

1. 달에는 판구조운동이 일어나고 있다는 증거가 없을 뿐만 아니라, 수십억 년 동안 화산활동도 일어나지 않았다. 이러한 사실은 달의 내부 구조와 온도에 대하여 무엇을 의미하는가?

2. 지구자기장, 철 운석, 그리고 우주에 풍부한 철 성분은 지구의 핵이 주로 철로 구성되어 있으며 외핵이 액체 상태라는 생각을 어떻게 뒷받침하는가?

3. 지진파를 이용하여 어떻게 지각에 있는 마그마 저장소를 찾을 수 있는가?

4. "하강하는 판이 주변 물질과 동화되기 전까지 얼마나 깊이 침강하는가?"에 대한 해답을 지진파 단층촬영 방법을 이용하여 설명하라.

5. 맨틀 내에서 S파의 속도가 특히 낮은 부분은 어디인가?

매체지원

 14-1 애니메이션 : P+S파

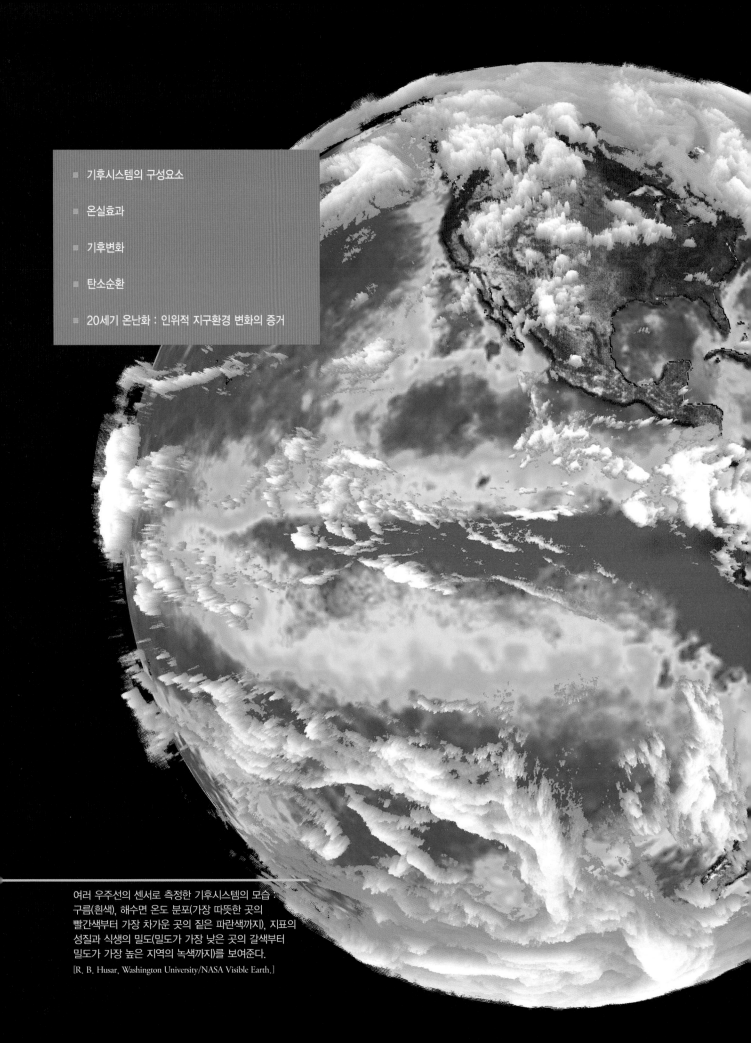

여러 우주선의 센서로 측정한 기후시스템의 모습 :
구름(흰색), 해수면 온도 분포(가장 따뜻한 곳의
빨간색부터 가장 차가운 곳의 짙은 파란색까지), 지표의
성질과 식생의 밀도(밀도가 가장 낮은 곳의 갈색부터
밀도가 가장 높은 지역의 녹색까지)를 보여준다.
[R. B. Husar, Washington University/NASA Visible Earth.]

기후시스템

15

앞의 몇 장에서 지구내부의 깊은 곳에서 판구조시스템과 지오다이너모를 움직이는 지구내부 열엔진을 고찰했다. 이 장에서는 지표에서 지구내부 에너지가 아닌 태양에너지에 의해 구동되는 전 지구적 지오시스템인 기후시스템에 대하여 알아본다.

지구과학의 어떤 측면도 기후시스템에 대한 연구보다 인류의 지속적 복지에 중요한 것은 없다. 지질시대 전반에 걸쳐 진화방산과 생물의 멸종은 기후변화와 밀접하게 연관되어 있다. 인류(호모 사피엔스)의 짧은 역사도 기후변화에 의하여 깊게 각인되어 있다. 농경 사회는 최후 빙하기의 혹독한 기후가 홀로세의 온화하고 안정된 기후로 급속하게 변한 약 1만 1,700년 전에 시작되었다. 오늘날 석유 연료 경제를 기반으로 한 인류의 문명은 지구온난화, 해수면 상승, 날씨 패턴의 불리한 변화 등 잠재적으로 심각한 결과를 초래할 수 있는 온실기체를 대기로 점점 더 많이 방출하고 있다. 기후시스템은 믿기 어려울 정도로 복잡하고 거대한 기계이며, 지금 우리는 이 기계의 조종석에 앉아 가속 페달을 최대로 밟고 있는 상태이다. 따라서 기후시스템이 어떻게 작동하는지 꼭 이해해야 한다.

이 장에서 기후시스템의 주요 구성요소와 이 구성요소가 어떻게 상호작용하여 오늘날 우리가 살고 있는 기후를 형성하는지를 살펴본다. 기후변화의 지질학적 기록을 조사하고 기후조절에 있어 탄소순환의 중요한 역할에 대해 논의할 것이다. 마지막으로, 최근 지구온난화의 증거와 인류활동으로 인한 대기 성분 변화와의 관계를 살펴본다.

기후시스템에 대한 이해는 풍화·침식·퇴적물의 운반, 판구조시스템과 기후시스템의 상호작용 등 뒷부분의 일곱 장에서 다루게 될 광범위한 지질학적 과정을 살펴볼 수 있도록 준비시킬 것이다. 또한 이 장의 자료는 이 책의 최종 주제인 인류사회가 필요로 하는 자원과 환경에 미치는 영향에 대한 지질학적 관점을 가지게 해줄 것이다.

431

■ 기후시스템의 구성요소

지구표면의 어느 지점이라도 태양으로부터 받은 에너지의 양은 일간, 연간, 그리고 지구가 태양계에서 이동하는 운동과 관련된 장기적 주기로 변화한다. **태양 강제력**(solar forcing)으로 알려진 태양에너지 유입의 주기적 변화는 지표환경의 변화를 일으켜서 낮에는 기온이 상승하고 밤에 하강하며, 또한 여름에 기온이 상승하고 겨울에는 하강한다. 기후는 지구표면 한 지점에서의 평균 조건과, 이러한 평균이 태양 강제력에 의한 주기적 변화를 나타낸다.

기후는 지표 근처의 대기 온도(**지표온도**, surface temperature)뿐만 아니라 지표습도, 운량, 강수량, 풍속, 그리고 기타 기상조건들의 일간 및 계절별 통계로 나타낸다. 표 15.1은 뉴욕시의 계절별 온도통계의 예로, 최고치와 최저치를 포함한 온도의 범위와 평균값을 보여준다. 이러한 일반적 날씨 통계 외에도 기후에 대한 완전한 과학적 기술에는 토양의 수분, 육상 하천의 흐름, 그리고 해양표면의 온도와 해류의 속도 등이 포함된다.

기후시스템(climate system)은 기후가 시공간적으로 어떻게 변화할지를 결정하는 지구시스템의 모든 구성요소와 이들의 상호작용을 포함한다(그림 15.1). 기후시스템의 주 구성요소는 대기권, 수권, 빙권, 암석권, 생물권이다. 각 구성요소는 물질과 에너지를 저장하고 운반하는 능력에 따라 기후시스템에서 각각 다른 역할을 한다.

대기권

지구의 대기는 기후시스템 중 가장 유동성이 있고 빠르게 변화하는 부분이다. 지구의 내부처럼 대기는 층으로 이루어져 있다(그림 15.2). 대기 질량의 3/4 정도는 지표에 가장 가까운 층인, 평균두께 11km의 **대류권**(troposphere)에 집중되어 있다. 대류권 위에는 약 50km 고도까지 뻗어 있는 건조한 층인 **성층권**(stratosphere)이 있다. 성층권 위의 외부 대기는 갑작스런 단절 없이 서서히 대기가 희박해지면서 우주공간으로 바뀐다.

대류권은 태양에 의한 지구표면의 불균질 가열로 인하여 활발하게 대류한다(대류권의 어원인 *tropos*는 그리스어로 '전환' 또는 '혼합'을 의미한다). 공기가 데워지면 팽창하여, 차가운 공기보다 밀도가 낮아져, 상승하려는 경향이 있으며, 반대로 차가운 공기는 가라앉는 경향이 있다. 이로 인한 대류권의 대류 패턴(제19장에서 더 자세히 살펴볼 것임)과 지구의 자전이 결합하여 여러 탁월풍대를 형성한다. 온대지방에서 일반적으로 탁월풍은 동쪽으로 불며, 이는 동쪽으로 운반되는 공기 덩어리가 약 한 달 만에 지구 주위를 한 바퀴 돌도록 한다(그렇기 때문에 폭풍이 미국대륙을 가로지르는 데 며칠 걸린다). 또한 나선형의 전 지구적 대기 순환은 따뜻한 적도 지역으로부터 차가운 극지방으로 열에너지를 이동시킨다.

대기는 주로 질소(건조 공기 부피 중 78%)와 산소(부피 중 21%)로 구성된 기체의 혼합물이다. 나머지 1%는 아르곤(0.93%), 이산화탄소(0.035%), 그리고 메탄과 오존 등이 포함된 기타 미량 기체(0.035%)로 이루어져 있다. 수증기는 주로 대류권에 분포하며 그 양은 다양하다(최대 3%, 일반적으로 약 1%). 수증기와 이산화탄소는 대기 중의 주요 온실기체다.

오존(O_3)은 주로 태양이 방출하는 자외선에 의하여 산소 분자가 이온화되어 형성되는 매우 반응성이 큰 온실기체다. 대기 하부에 오존은 미량만 존재하지만 지표온도 조절에 중요 역할을 할 수 있는 강력한 온실기체이다. 대부분의 오존은 성층권에 있으며, 고도 25~30km에서 농도가 가장 높다(그림 15.2 참조). 성층권의 오존층은 자외선을 막아주어 지표의 생물권을 자외선의 잠재적으로 해로운 영향으로부터 보호한다.

수권

수권(hydrosphere)은 바다, 호수, 하천과 지하수와 같이 지구표면과 지하에 있는 모든 액체 상태의 물을 포함한다. 이러한 액체 상

표 15.1 뉴욕시 센트럴파크의 계절(°F)

자료형태*	1월 1일	4월 1일	7월 1일	10월 1일
최고 기록	62	83	100	88
최고 평균	39	56	82	69
최저 평균	28	39	67	55
최저 기록	−4	12	52	36

* 평균온도는 1971~2000년의 30년 동안 각 날짜에 대한 평균, 기록 온도는 1869~2011년 동안의 기록.

그림 15.1 지구의 각 구성요소 간 복잡한 상호작용을 포함하는 기후시스템.

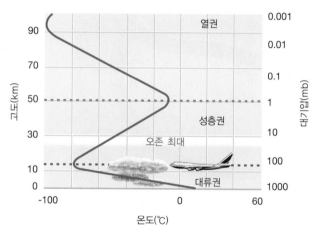

그림 15.2 대기의 고도에 따른 온도(파란색)의 수직변화(오른편 축은 고도에 대한 압력을 나타냄).

태 물의 거의 대부분은 해양에 있다(13억 5,000만km³). 호수, 하천, 지하수는 수권의 단지 1%를 구성한다(1,500만km³). 이렇게 수권 중 육상에 존재하는 적은 양의 물은 기후시스템에서 중요한 역할을 한다. 이는 육상에서 수분의 저장소이며, 강수 및 염분과 다른 광물들을 해양으로 운반하는 역할을 한다.

해양의 물은 대기 중의 공기보다 더 천천히 순환하지만, 물은 공기보다 훨씬 많은 열에너지를 저장할 수 있다. 따라서 해류는 열에너지를 매우 효과적으로 운반한다. 대양을 가로질러 부는 바람은 표층해류를 발생시키며, 이로 인하여 해양분지에 대규모 순환이 발생한다(그림 15.3a).

해양의 순환패턴은 수직적 대류와 수평적 움직임도 포함한다. 예로, 멕시코만류(Gulf Stream)는 카리브해와 멕시코만으로부터 서부 대서양 연안을 따라 북대서양과 유럽의 기후를 따뜻하게 하는 난류를 운반한다. 북대서양에서 해수가 식으면서 염도가 높아진다(고위도에서는 강으로부터 해양으로 유입되는 담수가 해면에서 증발하는 양보다 적기 때문이다). 차가운 물은 따뜻한 물보다 밀도가 높으며, 염수는 담수보다 밀도가 높다. 따라서 이러한 차갑고 염분이 높은 물은 침강하게 된다. 이렇게 전 지구적 **열염순환**(thermohaline circulation)—온도와 염도의 차이로 흐름이 형성되기 때문에 이렇게 부름—의 일부로 해저에서 남쪽으로 흐르는 한류가 형성된다. 전 지구적 규모에서 열염순환은 적도 지역에서 극지방으로 열을 이동시키는 거대한 컨베이어 벨트의 역할을 한다(그림 15.3b). 이 순환패턴의 변화는 지구기후에 큰 영향을 미칠 수 있다.

빙권

기후시스템의 얼음 구성요소를 **빙권**(cryosphere)이라 한다. 이는 주로 극지방의 빙모(ice caps)로 존재하는 3,300만km³의 얼음으로

(a)

난류

한류

(b)

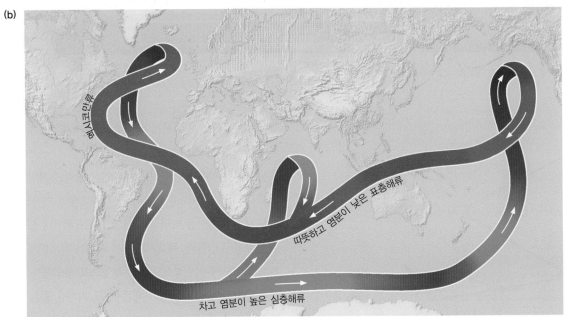

해수의 침강

따뜻하고 염분이 낮은 표층해류

차고 염분이 높은 심층해류

그림 15.3 해양의 두 가지 순환시스템. (a) 바람에 의해 생성되는 표층해류. (b) 적도지역에서 극지역으로 열을 운반하는 컨베이어벨트와 같은 역할을 하는 열염순환의 모식도.
[U.S. Naval Oceanographic Office.]

이루어져 있다. 오늘날 대륙빙하는 지표면의 약 10%를 덮고 있으며(1,500만 km²), 전 세계 담수의 약 75%를 저장하고 있다. 떠다니는 얼음에는 해빙(sea ice)과 얼은 호수나 강물이 포함된다. 기후시스템에서 빙권은 얼음이 상대적으로 유동적이지 않으며 입사하는 태양에너지를 거의 모두 반사하기 때문에 수권과 그 역할이 다르다.

빙권과 수권이 계절적으로 물을 주고받는 것은 기후시스템의 중요 과정이다. 겨울에 해빙은 북극해의 1,400만~1,600만km²

(그림 15.4)와 남극해의 1,700만~2,000만km²를 덮으며, 이는 여름에 약 1/3로 줄어든다. 육지의 약 1/3이 눈에 의해 덮이며, 이는 약 2%를 제외하고는 거의 모두 북반구에 위치한다. 수권 담수의 상당량은 눈이 녹아서 공급된다. 예로, 미국 시에라네바다와 로키산맥 연간 강수량의 60~70%는 눈으로 내리며, 나중에 봄 동안 눈이 녹아 하천으로 유출된다. 빙하주기 동안 훨씬 많은 양의 물이 빙권과 수권 사이에서 교환된다. 가장 최근 빙하기의 절정이었던 약 2만 년 전 해수면은 현재보다 약 130m 낮았으며, 빙권

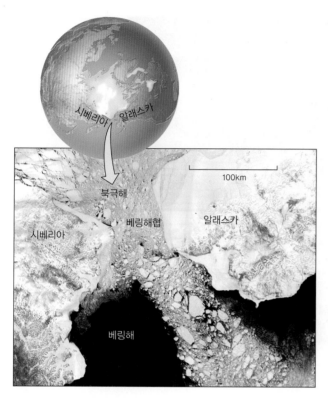

그림 15.4 해빙 부피의 계절적 변화. 이 위성사진은 2002년 5월 쪼개져 베링해로 흘러가는 북극해 해빙을 보여준다.
[NASA MODIS Satellite.]

의 부피는 지금보다 세 배나 컸다.

암석권

암석권 중 기후시스템에 가장 중요한 부분은 지구표면의 약 30%를 이루는 지표면이다. 지표면의 성분은 지표가 태양에너지를 흡수하거나 대기로 방출하는 데 영향을 미친다. 지표의 온도가 올라감에 따라 더 많은 열에너지가 대기로 방출되고, 지표에서 더 많은 양의 물이 증발하여 대기로 유입된다. 물의 증발에는 상당한 양의 에너지가 필요하기 때문에 이를 통하여 지표가 식게 된다. 결과적으로, 토양의 수분과 기타 증발률에 영향을 미치는 요인들—식생과 지하수의 흐름 등—은 대기의 온도를 조절하는 데 매우 중요하다.

지형은 대기순환에 미치는 영향을 통해 기후에 직접적인 효과를 준다. 산맥을 넘어가는 기단은 산맥의 바람이 불어오는 쪽에 비를 뿌리고 그 반대편으로 비그늘(rain shadow)을 형성한다(그림 17.3 참조). 지질학자들은 훨씬 더 긴 시간 동안 판구조 작용에 의하여 기후시스템이 변화한 다양한 예들을 기록해왔다. 판 이동의 직접적인 결과로 대륙은 전반적으로 비대칭이며, 이는 전 지구적 기후시스템의 각 반구별 비대칭 현상을 일으킨다. 해저 확

장으로 인한 해양저의 변화는 해수면의 변화를 일으키며, 대륙이 극지방으로 이동하면 대륙빙하가 성장하게 된다. 대륙의 이동은 해류의 흐름을 차단하거나 또는 해류가 흐를 수 있는 길을 열어주어 전 지구적 열의 전달을 막거나 촉진할 수 있다. 예로, 미래에 지각의 움직임에 의하여 바하마와 플로리다 사이에 멕시코만류가 흐르는 좁은 통로를 막는다면 서유럽의 평균기온은 급격하게 떨어질 수 있다.

암석권의 화산활동은 대기의 조성과 특성을 변화시킴으로써 기후에 영향을 미친다. 제12장에서 살펴본 바와 같이 대규모 화산 분출은 에어로졸을 성층권에 주입하여 태양복사를 차단하고 지구 전체 대기 온도를 일시적으로 낮출 수 있다. 1815년 4월 인도네시아 탐보라의 대규모 분화 후, 미국 동부의 뉴잉글랜드 지방은 1816년에 여름이 없었던 해를 맞이하여 광범위한 작물 피해가 초래되었다. 크라카타우(1883), 엘 치촌(1982), 피나투보(1991) 등 최근의 대규모 화산분출 후 약 14개월 동안 지표온도가 평균 0.3℃ 하락했으며, 기온은 약 4년 후에 정상으로 돌아왔다.

생물권

생물권(biosphere)은 지표의 위와 아래, 대기와 물에 서식하는 모든 생물을 포함한다. 생명체는 지구의 거의 모든 곳에서 발견되지만, 각 지역의 생체량은 그림 15.5의 식물과 조류 생체량 위성이미지에 보이듯 지역 기후조건에 따라 달라진다.

생명체에 포함되어 수송되는 총에너지는 전 지구적 규모에서는 상대적으로 작다. 입사되는 태양에너지의 0.1% 미만이 식물의 광합성에 사용되어 생물권으로 들어간다. 그러나 생물권은 제11장에서 설명된 신진대사 과정에 의해 기후시스템의 다른 구성요소와 강하게 결합되어 있다. 예로, 육상 식물은 광합성을 위해 태양복사를 흡수하며, 호흡 중에 열을 방출하고, 지하수를 흡수하여 수증기로 방출하기 때문에 대기의 기온과 습도에 영향을 줄 수 있다. 생명체는 또한 이산화탄소(CO_2)와 메탄(CH_4) 같은 온실기체를 흡수하거나 방출함으로써 대기의 조성을 조절한다. 광합성을 통해 식물과 조류는 대기에서 생물권으로 이산화탄소를 옮긴다. 이러한 이산화탄소의 탄소는 탄산칼슘 껍질로 침전되거나 해양 퇴적물에 유기물로 퇴적되어 생물권에서 암석권으로 이동한다. 따라서 생물권은 탄소순환의 중심적 역할을 한다.

인류도 생물권의 일부이지만 평범한 구성원이 아니다. 생물권에 대한 인류의 영향력은 급속도로 커지고 있으며, 인류가 환경 변화의 가장 활동적인 주체가 되었다. 인류의 사회는 다른 생

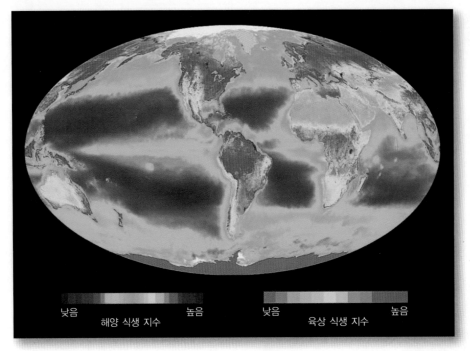

그림 15.5 NASA SeaWiFS 위성에 의해 관측된 해양과 육상 식물 개체의 전 지구적 분포.
[NASA/Goddard Space Flight Center.]

물종과는 근본적으로 다른 방식으로 행동한다. 예를 들어 기후변화를 과학적으로 연구하고 이에 따라 인류의 행동을 변화시킬 수 있다.

기후시스템의 인위적 변화 중 가장 큰 관심사는 최근의 대기중 온실기체 농도의 증가이다. 다음에서 지표온도를 조절하는 인자와 그 과정에서 온실기체의 역할을 살펴보자.

■ 온실효과

태양은 가시광선 영역으로 복사에너지의 약 절반을 방출하는 노란색 별이다. 나머지 절반은 가시광선보다 파장이 길고 에너지 강도가 낮은 적외선과, 가시광선보다 파장이 짧고 에너지 강도가 높은 자외선으로 나누어진다. 지구표면이 연간 받아들이는 평균 태양복사량은 평방미터당 340와트(watt)이다[340W/m²; 1watt = 1joule/초, 줄(joule)은 에너지 또는 열의 단위이다]. 이에 반해 맨틀대류에 의해 지구심부로부터 나오는 평균 열에너지는 0.06W/m²에 불과하다. 기후시스템을 움직이는 모든 에너지는 궁극적으로 태양에서 기인한다(그림 15.6).

우리는 일별, 계절별 주기를 통한 평균 지표온도가 일정하다는 것을 알고 있다. 그렇다면 지표는 정확하게 340W/m²의 에너지를 우주로 다시 방출해야 한다. 이보다 조금이라도 모자라면 지표의 온도는 올라갈 것이고, 반대로 더 많이 방출된다면 지표는 차가워질 것이다. 즉, 지구는 들어오는 복사에너지와 나가는 복사에너지 사이에 평형을 이루고 있는 **복사평형**(radiation balance)을 유지하고 있다. 이러한 복사평형은 어떻게 이루어지는 것일까?

온실기체가 없는 행성

지구가 달처럼 대기가 없이 오직 암석만 있다고 가정해보자. 표면에 떨어지는 햇빛 중 일부는 다시 우주공간으로 반사될 것이며 일부는 표면의 색깔에 따라 암석에 흡수될 것이다. 완벽하게 흰 행성은 입사하는 모든 태양에너지를 반사하는 반면, 완벽하게 검은 행성은 모두 흡수할 것이다. 표면에 의해 반사되는 태양에너지의 비율을 **알베도**(albedo, 반사율)라 한다(흰색을 의미하는 라틴어 *albus*에서 왔음). 보름달은 밝게 보이지만 달 표면의 암석은 주로 검은 현무암으로 알베도는 약 7%에 불과하다.

즉, 달은 진한 회색으로 거의 검은색에 가깝다. 흑체가 방출하는 에너지는 온도가 상승함에 따라 급격히 증가한다. 검은색의 차가운 철 막대는 열을 거의 방출하지 않는다. 만일 이 막대를 100℃로 가열하면 적외선 파장의 형태로 열을 내뿜을 것이다(증기 라디에이터처럼).

이 막대를 1,000℃로 가열하면 밝은 오렌지색이 되어 가시광

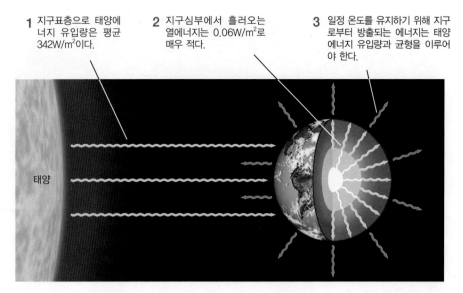

1 지구표층으로 태양에너지 유입량은 평균 342W/m²이다.

2 지구심부에서 흘러오는 열에너지는 0.06W/m²로 매우 적다.

3 일정 온도를 유지하기 위해 지구로부터 방출되는 에너지는 태양에너지 유입량과 균형을 이루어야 한다.

그림 15.6 지구에 유입되는 태양에너지는 우주로 방출되며 에너지 균형을 이룬다. 지구내부에서 공급되는 열에너지는 태양에너지에 비하면 무시할 만한 수준이다.

선 파장으로 열을 발산할 것이다(전기난로처럼). 태양에 노출된 흑체는 입사하는 태양에너지를 우주로 되돌려보내기에 적절한 온도에 이를 때까지 가열된다. 반사되는 에너지가 복사평형에서 제외되어야 하는 점을 제외하고는 동일한 원리가 달과 같은 '회색 물체'에도 적용된다. 또한 달과 지구같이 자전하는 물체의 경우 주야간 주기를 고려해야 한다. 달은 낮에 온도가 130℃까지 올라가고 밤에 영하 170℃까지 떨어진다. 쾌적한 환경은 못 된다!

지구는 달보다 훨씬 빠르게 자전하기 때문에(한 달에 한 번이 아니라 하루에 한 번) 이는 밤과 낮의 온도차를 줄인다. 지구의 알베도는 약 29%로 달보다 훨씬 높은데 이는 지구의 푸른 바다, 흰 구름, 그리고 극지방의 얼음이 달의 현무암보다 훨씬 반사를 잘 시키기 때문이다. 지구의 대기에 온실기체가 없는 경우, 흡수된 태양복사에너지와 균형을 유지하는 데 필요한 평균 표면온도는 지구상의 모든 물을 얼게 할 정도로 낮은 약 영하 19℃이다. 현재 지구의 평균 표면온도는 14℃로 쾌적하게 유지되는데, 이 33℃의 차이는 온실효과의 결과이다.

지구의 온실대기

수증기, 이산화탄소, 메탄, 오존과 같은 **온실기체**(greenhouse gases)는 태양으로부터 직접 유입되는 에너지와 지표에서 방출되는 에너지를 흡수하여 적외선 에너지의 형태로 사방으로 다시 복사한다. 이렇게 대기는 온실의 유리처럼 빛에너지는 통과시키지만 열은 대기에 가둔다. 열을 가두게 되면 대기 상층보다 지표의 온도를 증가시키는데 이는 **온실효과**(greenhouse effect)라 한다.

지구대기가 어떻게 복사에너지 출입의 균형을 맞추는지는 그림 15.7에 나와 있다. 유입되는 태양복사에너지 중 직접 반사되지 않는 부분은 대기와 지표에서 흡수된다. 복사균형을 이루기 위해 지구는 같은 양의 에너지를 적외선 파장의 형태로 우주공간으로 방출한다. 온실기체에 의해 갇힌 열 때문에, 지표로부터 운반되는 에너지의 양, 즉 지표복사 및 지표로부터 따뜻한 공기와 수분의 흐름에 의해 이동되는 에너지의 양은 지구가 태양복사로 직접 받는 에너지의 양보다 훨씬 크다. 이 과잉 에너지는 온실기체에 의해 적외선으로 되돌려받은 양과 정확히 일치한다. 이 '되돌림 복사'에 의해 지구의 표면은 대기에 온실기체가 없을 때보다 33℃ 더 따뜻하게 된다.

피드백을 통한 기후시스템의 균형유지

기후시스템은 〈그림 15.7〉의 복사균형을 실제로 어떻게 이룰 수 있을까? 왜 온실효과는 전반적으로 33℃의 온난화를 일으키며 이보다 온도를 더 높이거나 낮추지는 않을까? 기후시스템은 여러 구성요소의 상호작용에 의존하기 때문에 이러한 질문에 대한 대답은 간단하지 않다. 이러한 상호작용 중 가장 중요한 것으로 **피드백**(feedback, 되먹임)이 있다.

피드백에는 두 가지 기본유형이 있다. 한 구성요소의 변화가 다른 구성요소에서 야기되는 변화에 의해 커지는 **양성 피드백**(positive feedback)과, 한 구성요소의 변화가 다른 구성요소에서 야기되는 변화에 의해 감소되는 **음성 피드백**(negative feedback)이다. 양성 피드백은 시스템의 변화를 증폭시키는 반면, 음성 피드

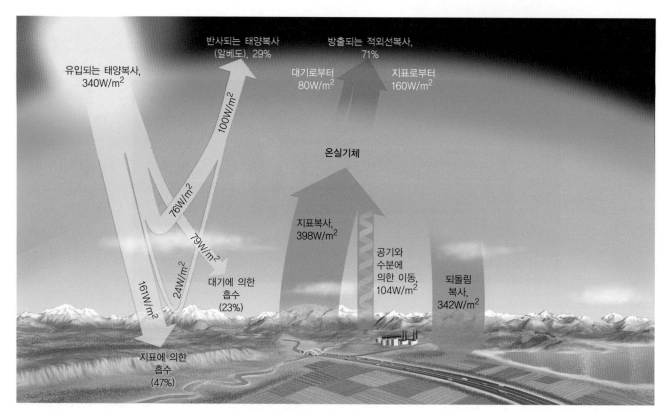

그림 15.7 지구는 복사평형을 유지하기 위해 평균 태양에서 유입되는 것만큼(340W/m²)의 에너지를 우주로 방출한다. 유입되는 에너지 중 100W/m²(29%)는 반사되고 161W/m²는 표층에서 흡수되며 79W/m²는 대기에서 흡수된다. 따뜻한 공기와 수분은 지구표층으로 유입되는 에너지보다 더 많은 에너지(502W/m²)를 지구표층에서 앗아간다. 온실기체는 대기 중에서 이 에너지(342W/m²)를 적외선으로 지구표층으로 되돌려보낸다.
[IPCC, *Climate Change 2013: The Physical Science Basis*.]

백은 시스템의 변화를 안정시키는 경향이 있다.

다음은 복사균형으로 이루어진 표층온도에 영향을 주는 기후시스템 내 피드백의 예들이다.

■ **수증기 피드백**(water vapor feedback). 온도가 상승하면 증발로 지표에서 대기로 이동하는 수증기의 양이 증가한다. 수증기는 온실기체로 증발의 증가는 온실효과를 강화하고 따라서 온도는 더욱 높아지는 양성 피드백이다.

■ **알베도 피드백**(albedo feedback). 온도상승은 빙권에서 얼음과 눈의 축적을 감소시켜 지구의 알베도를 감소시키고 표층에서 흡수되는 에너지를 증가시킨다. 이러한 온난화는 온도상승을 촉진하는 또 다른 양성 피드백이다.

■ **복사감쇠**(radioactive damping). 대기 온도가 상승하면 우주로 방출되는 적외선 에너지의 양이 증가하여 온도상승이 완화되는데, 이는 음성 피드백이다. 이러한 '복사감쇠'는 지구의 기후를 큰 변화로부터 안정시켜 바다가 얼거나 끓지 않도록 하여 수중 생물들에게 적절한 서식지가 유지되도록 한다.

■ **식물 성장 피드백**(plant growth feedback). 대기 중 CO_2의 증가

는 식생의 성장을 촉진한다. 성장하는 식물은 대기의 이산화탄소를 탄소가 풍부한 유기물로 변환하여 온실효과를 줄이는데, 이는 또 다른 음성 피드백이다.

피드백은 기후시스템 구성요소 간의 훨씬 복잡한 상호작용도 포함한다. 예를 들어 대기 중 수증기가 증가하면 더 많은 구름이 생성된다. 구름은 태양에너지를 반사하기 때문에 지구의 알베도가 증가하며, 이에 따라 대기 중 수증기와 온도 사이에 음성 피드백 관계가 성립된다. 반면, 구름은 적외선 복사를 효율적으로 흡수하므로 운량이 증가하면 온실효과가 강화되는 대기 중 수증기와 온도 사이의 양성 피드백이 성립된다. 구름에 의한 효과는 양성 또는 음성 중 어느 피드백을 생성할까?

과학자들은 이러한 질문에 대답하기가 놀랍게도 어렵다는 것을 알아냈다. 기후시스템의 구성요소들은 실험적으로 통제할 수 있는 수준을 훨씬 뛰어넘어 놀랍도록 복잡한 상호작용망으로 연결되어 있다. 결과적으로 한 유형의 피드백만을 다른 모든 유형들로부터 분리하여 자료를 수집하는 것은 불가능하다. 따라서 과학자들은 기후시스템의 내부 작동 원리를 이해하기 위해 컴퓨터

모델을 이용해야만 한다.

기후모델과 그 한계

일반적으로 **기후모델**(climate model)은 기후시스템의 하나 또는 그 이상의 거동을 재현할 수 있는 일종의 기후시스템 묘사이다. 일부 모델은 수증기와 구름 사이의 관계와 같은 국지적 또는 지역적 기후과정을 연구하기 위해 만들어졌지만, 가장 흥미로운 것은 기후가 과거에 어떻게 변화했는지 또는 미래에 어떻게 변할 것인지 예측하는 전 지구모델이다.

이러한 지구기후모델(global climate model)의 중심에는 물리학의 기본법칙을 기반으로 대기와 해양의 움직임을 계산하는 수식이 있다. 일반순환모델(general circulation model)은 작은 교란(대기의 폭풍, 바다의 소용돌이)부터 전 지구 순환패턴(대기의 대순환과 해양의 열염순환)에 이르기까지 태양에너지에 의해 구동되는 공기와 물의 흐름을 나타낸다. 과학자들은 수백만, 심지어 수십억 개의 3차원 지리적 격자에 기본적인 물리적 변수(온도, 압력, 밀도, 속도 등)를 나타낸다. 과학자들은 슈퍼컴퓨터를 사용하여 각 지점에서 이 변수들이 시간에 따라 어떻게 변하는지를 설명하는 수식을 풀어낸다(그림 15.8). 텔레비전에서 일기예보를 볼 때마다 우리는 이러한 계산의 결과를 보게 된다. 최근 대부분의 기상예보는 수천 개의 기상관측소에서 얻어진 현재의 기상요소를 일반순환모델에 입력하고 이를 계산하여 얻어진다. 따라서 기상

예측은 기후모델링에 사용되는 것과 동일한 컴퓨터 프로그램을 사용한다.

그러나 기후모델링은 일기예보보다 훨씬 어렵다. 오늘로부터 며칠 후의 날씨를 예측할 때, 과학자들은 대기 중 온실기체 농도의 변화나 해양의 순환과 같은 느린 과정을 무시할 수 있다. 반면에 기후예측은 모든 중요한 피드백을 포함하는 느린 과정들 뿐만 아니라 기단의 빠른 이동도 적절하게 모델링해야 한다. 더욱이 이러한 시뮬레이션은 수년 또는 수십 년 미래로 이어져 계산되어야 한다. 이러한 엄청난 계산에는 세계 최대의 슈퍼컴퓨터에서도 수 주일의 시간이 필요하다.

현재의 기후모델은 복잡하고 오류 발생 가능성이 있기 때문에, 그 예측 결과는 비판적인 시각으로 보아야 한다. 구름이 대기 온도에 미치는 영향과 같이 기후시스템이 어떻게 작동하는지에 대해 의문점이 여전히 많이 남아 있다. 기후모델의 예측은 인위적으로 유발된 기후변화의 결과를 이해하고 다루어야 하는 전문가와 정부 당국 사이에서 많은 논쟁의 주제가 되었다. 이러한 예측에 대해서는 제23장에서 더 자세히 살펴볼 것이다.

■ 기후변동성

지구의 기후는 지역에 따라 상당히 다르다—극지는 몹시 춥고 건조하며, 열대는 덥고 습하다. 또한 기후에 대한 유사한 변동성이 시간적 차이를 두고 발생할 수도 있다. 지질기록은 과거 여러 차례 온난한 시기와 빙하기와 교차했다는 점을 보여준다. 이러한 기후변동은 매우 불규칙적이어서 급격한 변화가 불과 몇십 년 안에 일어나거나 또는 몇백만 년 동안에 걸쳐 서서히 일어나기도 한다.

일부 기후변화는 태양 강제력과 대륙이동으로 인한 육지와 바다 분포의 변화와 같은 기후시스템 외부 요인에 기인할 수 있다. 다른 변화는 지구의 알베도를 증가시키는 대륙빙하의 성장과 같은 기후시스템 자체의 변화에 기인하기도 한다. 외부나 내부에 기인하는 두 유형의 변화는 모두 피드백에 의해 증폭되거나 감쇄될 수 있다. 이 부분에서는 지역 규모의 단기 변동부터 기후변동성의 몇 가지 유형과 그 원인을 살펴본다.

단기간의 지역적 변화

국지적 및 지역적 기후는 전 지구의 평균기후보다 훨씬 더 가변적이다. 넓은 지역을 평균하는 것은, 시간에 따라 평균하는 것과 같

그림 15.8 미래 기후변화 예측에 수치모델이 사용된다. 이러한 지구기후모델은 미국에너지부의 지원을 받아 개발되었고 대기권, 수권, 빙권, 육상 간 상호작용을 포함한다. 색은 표층해수면 온도를, 화살표는 바람속도를 나타낸다.

[Warren Washington and Gary Strand/National Center for Atmospheric Research.]

이 소규모 변동을 제거하는 경향이 있다. 몇 년에서 수십 년에 걸쳐서 뚜렷한 지역적 변화는 대기순환과 해양 및 지표의 상호작용으로 발생한다. 이러한 변화는 발생 시기와 크기는 매우 불규칙할 수 있으나, 일반적으로 뚜렷한 지리적 패턴으로 발생한다.

가장 잘 알려진 사례 중 하나는 매 3~7년마다 발생하며 1년 정도 지속되는 동태평양의 온난화이다. 페루의 어부들은 이런 사건을 **엘니뇨**(El Niño, 스페인어로 '남자아이')로 부르는데, 이는 성탄절 즈음에 남아메리카 연안의 표층에 온난화가 도달하기 때문이다. 엘니뇨 현상으로 영양염을 공급하는 냉수의 용승이 약화되면 어류의 개체수가 극적으로 감소하므로 어업에 의존하는 연안 주민들에게 재난이 될 수 있다.

과학자들은 엘니뇨와 라니냐(La Niña, '여자아이')로 알려진 반대의 냉각 현상이 대기와 열대 태평양 사이의 열교환으로 나타나는 자연적 변화의 일부임을 보여주었다. 이러한 변동은 엘니뇨-남방진동(El Niño-Southern Oscillation) 또는 **ENSO**로 알려져 있다(그림 15.9).

정상적으로는 대기압의 차이에 의해 만들어지는 우세한 표층 바람인 무역풍은 동쪽에서 서쪽으로 불며 따뜻한 열대 바닷물을 서쪽으로 밀어낸다. 이러한 물의 움직임으로 인해 페루 연안에서는 깊은 바다에서 차가운 물이 용승하게 된다. 무역풍이 간헐적으로 약해지거나 때로는 방향을 바꾸어 용승이 차단되면 열대 태평양 전역의 수온을 균일하게 만든다(엘니뇨 사례). 다른 시기에는 무역풍이 강화되어 동태평양과 서태평양의 온도 차가 더 커진다(라니냐 사례). 이러한 대기압의 반복적인 변화를 남방진동이라 한다.

동태평양의 어업을 방해하는 것 외에도 엘니뇨는 전 지구적으로 바람과 강우패턴의 변화를 초래한 것으로 여겨진다. 기록상 가장 강했던 1997~1998년의 엘니뇨는 오스트레일리아와 인도

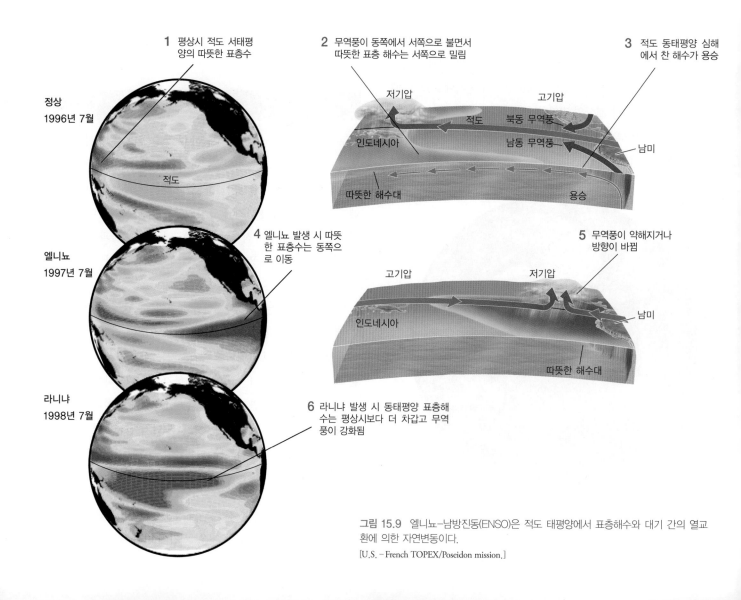

그림 15.9 엘니뇨-남방진동(ENSO)은 적도 태평양에서 표층해수와 대기 간의 열교환에 의한 자연변동이다.
[U.S. - French TOPEX/Poseidon mission.]

네시아의 가뭄, 페루, 에콰도르 및 케냐의 폭우와 홍수, 캘리포니아의 산사태와 홍수를 일으킨 폭풍 발생에 기여했다(그림 15.10). 작물의 괴사와 함께 여러 지역에서는 수산업이 크게 타격을 받았다. 전 지구적인 기후패턴과 생태계의 교란으로 2만 3,000명의 생명과 330억 달러의 피해가 발생한 것으로 추정된다.

기후과학자들은 다른 지역에서도 날씨와 기후변동의 유사한 패턴을 찾았다. 한 예로 유럽과 아시아 일부 지역의 기상조건에 영향을 끼치는 북대서양 폭풍의 움직임에 강하게 작용하는 아이슬란드와 아조레스 사이 대기압 균형의 매우 불규칙한 변동인 북대서양 진동(North Atlantic Oscillation)이다. 이러한 패턴에 대한 더 나은 이해는 장기 일기예보를 개선하고 인간이 유발한 기후변화의 지역적 영향에 대한 중요한 정보를 제공할 것으로 보인다.

장기간의 전 지구적 변화 : 플라이스토세 빙하기

지질기록에서 볼 수 있는 가장 극적인 기후변화는 180만 년 전에

그림 15.10 1997~1998년 캘리포니아 델마 지역에 태평양 해안선을 따라 지어진 집들을 때리는 엘니뇨에 의한 폭풍 파도.

[Reuters/Landov.]

시작된 플라이스토세의 빙하주기이다. **빙하주기**(glacial cycle)는 따뜻한 **간빙기**(interglacial period)에 시작하여 온도가 약 6℃에서 8℃까지 점진적으로 내려가 차가운 **빙하기**(glacial period 또는 ice age)에 이르게 된다. 기후가 냉각되면서 물은 수권에서 빙권으로 이동한다. 해빙의 양이 증가하고, 여름에 녹는 양보다 더 많은 눈이 겨울에 내려 극빙하의 양과 면적이 증가하며, 해수의 부피는 감소한다. 만년설이 저위도로 확장함에 따라, 더 많은 태양에너지가 우주로 반사되어 되돌아가고, 지구의 표면온도는 더욱 낮아지는 알베도 피드백이 일어난다. 해수면이 하강하여 대륙붕이었던 지역이 물 밖에 노출된다. **빙하절정기**(glacial maximum)에 대륙빙하는 광대한 면적의 육지를 2~3m 두께로 덮는다(그림 15.11). 빙하기는 급격한 온도상승으로 갑작스럽게 끝난다. 빙하가 녹고 해수면이 상승함에 따라 물은 빙권에서 수권으로 이동한다.

플라이스토세 빙하기의 출현시기 플라이스토세의 온도변화는 해양 퇴적물과 빙하의 얼음에 보존된 산소 동위원소를 측정하여 정확한 기록을 얻을 수 있다. 플라이스토세 해양 퇴적물에는 방해석($CaCO_3$) 껍질을 분비하는 작은 단세포 해양생물인 유공충의 화석이 많이 들어 있다. 이 껍질에 들어 있는 산소 동위원소 비율은 생물이 살았던 바닷물의 산소 동위원소 비율에 따라 좌우된다. 가볍고 더 풍부한 동위원소인 산소-16(^{16}O)을 함유한 물(H_2O)은 무거운 산소-18(^{18}O)을 함유한 물보다 더 쉽게 증발되는 경향이 있다. 그러므로 빙하기에는 ^{16}O을 포함하는 물이 바다 표면에서 증발하고 빙하의 얼음에 갇히고 ^{18}O이 바다에 더 많이 남아 결과적으로 해수의 $^{18}O/^{16}O$ 비율이 상승한다. 고기후학자들은 해양 퇴적층의 $^{18}O/^{16}O$ 비율을 이용하여 퇴적층이 형성될 당시 해수면 온도와 빙하의 부피를 추정한다. 그림 15.12는 지난 180만 년 동안 이러한 방법으로 추정한 전 지구적 기후변화를 보여준다.

빙하기 동안 해양의 $^{18}O/^{16}O$ 비율이 증가함에 따라, 성장하는 빙하를 형성하는 얼음층의 $^{18}O/^{16}O$ 비율은 감소한다.* 지난 50만 년 동안의 기후변화에 대한 가장 좋은 기록은 남극대륙 동쪽의 보스토크 기지에서 러시아 과학자에 의하여 그리고 그린란드 빙상에서 유럽과 미국 과학자들에 의해 채취된 빙하의 시추코어에

---

* 해양의 산소 동위원소 변화와는 반대로, 육상의 얼음코어에서 $^{18}O/^{16}O$의 비는 따뜻한 간빙기에는 증가하고, 차가운 빙하기에는 감소한다. 그 이유는 더 무거운 ^{18}O을 증발시키는 데 더 많은 에너지가 필요하므로 더 무거운 ^{18}O을 포함하는 물 분자는 ^{16}O을 포함하는 물 분자보다 더 높은 온도에서 증발하기 때문이다. - 역자 주

그림 15.11 2만 년 전 최근 빙하절정기에 대륙빙하가 북아메리카대륙 대부분을 덮었고 대륙붕은 해수면 하강으로 노출된다.
[Wm. Robert Johnston.]

서 나온 것이다(지구문제 15.1 참조). 빙하코어의 산소 동위원소 비율은 얼음이 형성된 시기의 대기온도를 추정하는 데 사용될 수 있다. 이산화탄소와 메탄의 농도를 포함한 대기의 성분은 얼음이 형성될 때 갇힌 작은 공기 기포에서 측정될 수 있다. 그림 15.13은 보스토크 빙하코어에서 측정된 이 세 가지 자료를 보여준다.

밀란코비치 주기 플라이스토세 해양 퇴적물 기록(그림 15.12 참조)의 주요 변화는 빙하코어 기록(그림 15.13 참조)의 빙하주기와 일치한다. 왜 기후가 이런 패턴으로 변동할까? 태양 강제력은 명

백한 가능성이 있다. 지구의 자전축이 기울어져 있으므로 겨울에는 특정 위도에 유입되는 햇빛의 양이 감소하여 추워진다. 빙하기를 훨씬 더 긴 시간 규모에 걸쳐 일어난 태양에너지 유입의 감소로 설명할 수 있을까?

이에 대한 대답은 '예'인 것 같다. 지구가 태양으로부터 받는 복사에너지 양에는 실제로 작은 주기적 변화가 있다. 이러한 변화는 태양 주위를 도는 지구운동의 주기적 변화를 나타내는 밀란코비치 주기(Milankovitch cycles)에 의해 일어난다. 밀란코비치 주

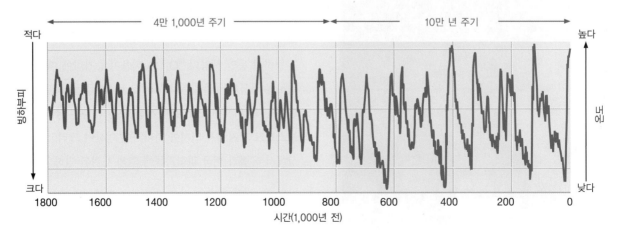

그림 15.12 해양 퇴적물의 산소 동위원소 분석으로 추론된 과거 180만 년 동안 기후변화. 파형의 마루는 간빙기(높은 온도, 적은 빙하부피, 높은 해수면), 골은 빙하기(낮은 온도, 큰 빙하부피, 낮은 해수면).
[L. E. Lisiecki and M. E. Raymo, *Paleoceanography* 20 (2005): 1003.]

지구문제

15.1 남극대륙과 그린란드 빙하코어 시추

얼어붙은 남극의 보스토크(Vostok) 기지에서 러시아와 프랑스 과학자들은 수십 년 동안 빙하에 숨어 있는 지구기후의 역사를 밝히기 위해 작업을 해왔다. 1970 년대와 1980년대에, 이들은 동부 남극 빙상에 2,000m 깊이의 시추공을 뚫어 정밀분석을 위한 빙하코어를 꺼냈다. 이 코어들은 매년 눈이 쌓여 생성된 얼음을 포함하고 있다. 나이테를 이용하여 나무의 나이를 밝히는 것과 같이, 이 얼음층을 위부터 아래까지 세심하게 세어 깊이에 따른 얼음의 연령을 유추할 수 있었다. 얼음 속의 산소 동위원소 비율과 얼음에 들어 있는 작은 기포의 성분도 측정하였다. 이 층서 기록으로부터, 지난 16만 년 동안의 상세한 빙하주기 기록이 만들어졌다.

1998년에 이르러 보스토크의 과학자들은 지난 4회의 빙하주기 동안 축적된 얼음을 3,600m 깊이까지 시추하여 기후기록을 40만 년 전까지로 연장하였다. 이 자료는 밀란코비치 주기에 따른 지구의 공전궤도 변화가 빙하기와 간빙기의 변화를 조절한다는 증거를 제공했으며, 지표온도가 대기의 온실기체 농도와 상관관계가 있음을 보여주었다(그림 15.12 참조). 보스토크의 결과는 남극과 그린란드 빙상의 여러 다른 곳에서 시추된 빙하코어의 연구결과에 의해 확인되었다.

이러한 성공은 쉽게 얻어진 것이 아니었다. 남극대륙 중앙 부근 해발 3,500m 지점에 위치하는 보스토크 기지는(그림 21.6에 위치가 표시되어 있음) 연구하기에는 무척 괴로운 곳이다. 연평균기온은 −55°C밖에 안 되며, 1983년에는 지표에서 가장 낮은 온도인 −89.2°C가 기록된 바 있다. 과학자들은 이러한 극한 조건을 견뎌야 할 뿐만 아니라, 얼음 코어를 시추하고, 실험실로 운반하고 저장하는 동안 녹거나 오염되지 않도록 조심해야 했다. 또한 이산화탄소가 얼음 속의 불순물과 반응하여 일어나는 잘못된 결과도 조심해야 했다. 빙하코어가 지구의 기후변화 역사를 이해하는 데 크게 기여한 것은 연구자들의 이러한 강인한 인내와 독창성에 기인한다.

러시아 과학자들이 보스토크 기지에서 조심스럽게 드릴에서 빙하코어를 빼내고 있다. 연변화를 보이며 형성된 얼음층을 빙하코어에서 볼 수 있다.
[Alexey Ekaikin/Reuters/Landov.]

기는 20세기 초에 이러한 변화를 처음으로 계산한 세르비아의 지구물리학자인 밀란코비치의 이름을 따서 지었다. 세 종류의 밀란코비치 주기가 지구기후변화와 상관관계가 있다(그림 15.14).

첫째, 태양 주위의 지구 공전궤도의 모양이 주기적으로 변하여 어떤 때는 더 원형에 가깝고 다른 때에는 조금 더 타원형이 된다. 지구 공전궤도의 찌그러진 정도는 이심률(eccentricity)로 알려져 있다. 거의 원형 궤도는 이심률이 작고, 타원 궤도는 이심률이 크다(그림 15.14a). 지표면의 평균 태양복사량은 이심률에 따라 약간 달라진다. 이심률 변화의 한 주기는 약 10만 년이다.

둘째, 지구 자전축의 각도 또는 기울기(tilt)가 주기적으로 변한다. 현재 이 각도는 23.5°이지만 약 4만 1,000년 주기로 21.5°에서 24.5° 사이를 오고 간다. 이 변화도 지구가 태양으로부터 받는 복사에너지 양을 약간 변화시킨다(그림 15.14b).

셋째, 지구 자전축은 팽이처럼 흔들거리는데, 약 2만 3,000년

주기의 세차운동(precession)이라 불리는 변화패턴을 만든다(그림 15.14c). 세차운동 역시 지구가 태양으로부터 받는 복사에너지 양에 변화를 주지만 이심률과 기울기의 변화보다는 그 양은 적다.

밀란코비치 주기와 빙하주기의 대비 〈그림 15.12〉의 기록에서 작은 오르내림을 많이 볼 수 있는데, 지난 50만 년 동안의 기록은 아래와 같은 톱니 형태의 주요 빙하주기를 보여준다.

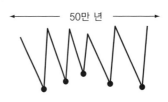

특히 얼음 부피가 크고 기온이 낮은 5회의 빙하절정기를 셀 수 있는데(위의 스케치에서 검은 점으로 표시), 빙하절정기 사이의 평균 시간 간격은 약 10만 년을 나타낸다. 10만 년 간격으로 나타

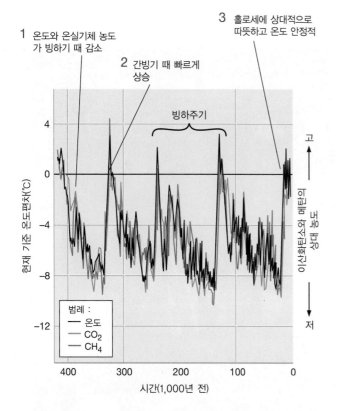

1 온도와 온실기체 농도가 빙하기 때 감소

2 간빙기 때 빠르게 상승

3 홀로세에 상대적으로 따뜻하고 온도 안정적

빙하주기

범례 :
— 온도
— CO₂
— CH₄

시간(1,000년 전)

그림 15.13 남극 동쪽 보스토크 기지 3,600m 깊이에서 채취된 빙하코어에서 얻은 세 가지 자료. 온도는 산소 동위원소 비에서 추정되었고 이산화탄소와 메탄은 얼음에 갇힌 기포에서 측정되었다.
[IPCC, *Climate Change 2001: The Scientific Basis.*]

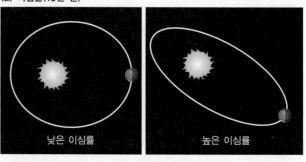

(a) 이심률(10만 년)

낮은 이심률   높은 이심률

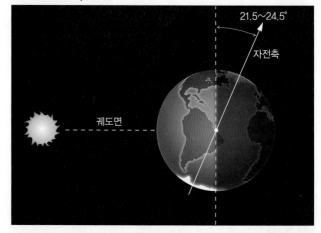

(b) 기울기(4만 1,000년)

21.5～24.5°

자전축

궤도면

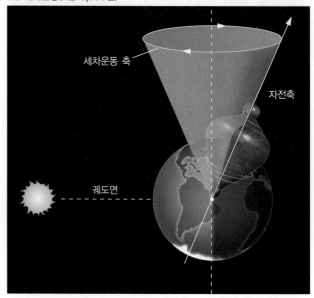

(c) 세차운동(2만 3,000년)

세차운동 축

자전축

궤도면

나는 최저 온도의 시기는 밀란코비치 주기에서 지구가 태양으로부터 다소 적은 에너지를 받았던 때인 궤도 이심률이 컸던 시기와 일치한다.

조금 더 과거로 돌아가 〈그림 15.12〉의 180만 년 전부터 130만 년 전 기록을 보자. 많은 작은 변동들이 있지만, 주요 최대치와 최저치는 다음 스케치와 같이 이후의 기록보다 더 자주 발생한다.

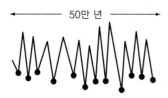

50만 년

이 기간 동안, 약 4만 1,000년(50만 년/12주기 = 4만 1,667년/주기)의 평균간격으로 12번의 빙하절정기가 있다. 이 짧은 간격은 4만 1,000년 주기의 지구 자전축 기울기 변화에 매우 가깝기

그림 15.14 세 가지의 밀란코비치 주기(과장되게 표현됨)는 지구로 유입되는 태양에너지 양에 영향을 미침. (a) 이심율은 지구 공전궤도가 원에서 찌그러진 정도 (b) 지구 자전축의 기울어진 정도 (c) 돌아가는 팽이의 축이 흔들리는 것과 같은 지구 자전축의 세차운동.

때문에 또 다른 밀란코비치 주기이다. 이심률 변화와 마찬가지로 자전축 기울기의 변화는 약 3°로 매우 작지만(그림 15.14b 참조) 이는 분명히 빙하기를 유발할 만큼 충분하다.

밀란코비치 주기에 의한 태양복사의 작은 변화만으로는 간빙기부터 빙하기까지의 지구표면온도의 큰 하락을 설명할 수 없다. 어떤 형태의 양성 피드백이 태양 강제력을 증폭시키기 위해 기후시스템 내에서 작동해야만 한다. 〈그림 15.13〉의 자료는 이 피드백에 온실기체가 관여함을 강하게 시사한다. 대기 중 이산화탄소와 메탄의 농도는 따뜻한 간빙기는 고농도로, 빙하기는 저농도로 빙하주기 동안의 온도변화를 정확하게 추적한다. 이 피드백이 어떻게 작동하는지는 아직 완전히 설명되지 않았지만, 온실효과가 장기적 기후변화에 중요함을 보여준다.

이러한 현상에 대한 다른 많은 측면은 아직 이해되지 않았다. 예를 들어, 〈그림 15.12〉에서 4만 1,000년 주기가 약 100만 년 전까지 지속됨을 볼 수 있다. 그 이후에는 최고치와 최저치가 더 가변적으로 변해 약 70만 년 전 이후부터 10만 년 주기로 변한다. 무엇이 이러한 전환을 일으켰을까? 기후과학자들은 여전히 머리를 긁적인다.

사실 우리는 플라이스토세 빙하기를 시작한 원인을 전혀 알지 못한다. 기후기록에 의하면 4만 1,000년 주기의 빙하기는 플라이스토세에 국한되지 않고 남극대륙이 얼음으로 뒤덮이기 시작한 때인 플라이오세(530만 년~180만 년 전)로 거슬러 올라간다. 이 빙하기 이전의 전 지구적 냉각은 마이오세(2,300만 년~530만 년 전)에 시작되었다. 그 이유는 아직 논쟁의 대상이 되고 있으나, 대부분의 지질학자들은 아마도 대륙이동과 관계가 있다고 믿고 있다. 한 가설에 의하면 인도대륙과 유라시아와의 충돌로 인한 히말라야 조산운동이 규산염 암석의 풍화를 증가시켰고, 풍화작용의 화학반응이 대기 중 이산화탄소의 양을 감소시켰을 것이라고 한다. 또 다른 가설은 남아메리카와 남극대륙 사이에 있는 드레이크 해협의 열림(2,500만 년에서 2,000만 년 전) 또는 북아메리카와 남아메리카 사이에 있는 파나마 지협의 닫힘(약 500만 년 전)과 관련된 해양순환의 변화를 기반으로 한다. 아마도 냉각은 이러한 사건들이 연합되어 나타난 결과일 수 있다.

장기간 전 지구적 변화 : 고생대와 원생대의 빙하기

플라이스토세 빙하기 이외에도 페름기-석탄기, 오르도비스기, 그리고 원생대에 적어도 두 번 이상의 대륙빙하에 대한 지질학적 증거와 기록이 있다. 대부분의 경우, 이러한 사건들은 기후시스템의 알베도 피드백 및 기타 피드백들과 결부된 판구조 과정으로 설명될 수 있다.

지구역사의 대부분 동안 극지방에 넓은 육지가 존재하지 않았으며, 빙산도 없었다. 해양순환은 적도에서 극지방으로 뻗어나가면서 열을 운반하고 대기가 지구표면에 균일하게 온도를 분배하도록 도왔다. 큰 육지가 이러한 효율적인 열수송을 방해하는 위치로 이동했을 때, 극과 적도 사이의 온도 차이가 증가했다. 극지방이 냉각되면서 빙모(ice caps)가 형성된다. 일부 지질학자들은 원생대 후기에 한때 지구가 얼음으로 완전히 덮여 있었으며, 화산에 의해 대기로 배출된 온실기체만이 지구를 다시 따뜻하게 할 수 있었다고 믿는다. 이러한 '눈덩이 지구 가설'은 제21장에서 자세히 다룰 것이다.

가장 최근 빙하주기 동안의 변화

빙하주기 내에서 온도는 시간에 따라 매끄럽게 변화하지 않는다(그림 15.13 참조). 짧은 기간의 기후변동들이 10만 년 빙하주기에 중첩되어 나타나는데, 그중 일부는 빙하기로부터 간빙기의 변화에 맞먹을 정도로 크다. 지질학자들은 대륙빙하와 곡빙하의 얼음코어, 호수 퇴적물, 심해퇴적물 등으로부터 수집된 정보를 종합하여 가장 최근의 빙하주기 동안에 일어난 단기간 기후변동의 역사를 10년 단위로-어떤 경우에는 연 단위로-복원하였다.

가장 최근 빙하기는 위스콘신 빙기(Wisconsin glaciation)로 알려져 있다. 기온은 약 12만 년 전부터 떨어지기 시작하여 약 2만 1,000~1만 8,000년 전 최저치에 도달했다(위스콘신 빙하절정기). 그 후 기온은 1만 1,700년 전 간빙기 수준으로 되돌아와 플라이스토세가 끝나는 동시에 홀로세가 시작되었다. 여기에 이 주목할 만한 연대기록의 몇 가지 기본특징을 요약하면 다음과 같다.

- 위스콘신 빙기 동안 지구의 기후는 매우 가변적이었으며, 더 긴(1만 년) 주기 내에서 더 짧은(1,000년) 주기의 온도진동이 발생했다. 가장 극단적인 변화는 지역 평균기온이 최대 15℃까지 오르내린 북대서양 지역에서 일어났다. 각 1만 년 주기는 점진적으로 차가워지는 1,000년 주기의 진동 후 급격한 온난화로 끝난다. 이러한 급격한 온난화로 인한 빙산과 담수의 대량배출은 해양의 열염순환을 변화시켰고 막대한 양의 빙하 퇴적물을 심해 퇴적물에 쏟아부었다.

- 위스콘신 빙기로부터 현재 간빙기인 홀로세(Holocene)로의 전환 또한 빠른 기후변동이 관여했다. 기후는 1만 4,500년 전 갑작스럽게 따뜻해졌다. 그 후 '영거 드라이아스'(Younger

Dryas)라는 빙하기 동안 다시 추워진 후, 1만 1,700년 전 거의 현재의 상태로 따뜻해졌다. 이 두 번의 온난화는 매우 빨라서 지구의 넓은 지역이 30~50년의 짧은 기간 동안 빙하기에서 간빙기 온도로의 변화를 거의 동시적으로 경험하였다. 분명히 전체 기후시스템은 인간의 생애보다 짧은 기간에 한 상태(빙하기의 한랭)에서 다른 상태(간빙기의 온난)로 바뀔 수 있다! 이러한 관찰은 인류에 의한 인위적인 변화가 점진적인 온난화가 아닌 새로운 (그리고 알려지지 않은) 기후상태로 급격한 변화를 유발할 수 있는 가능성을 제기한다.

■ 홀로세는 플라이스토세 이전의 간빙기와 비교했을 때 비정상적으로 길고 안정적이다. 기온은 지역적으로는 1,000년 정도의 기간 동안 약 5℃ 정도 변하였지만, 이 시기의 전 지구적 변화는 2℃ 범위로 훨씬 작다. 이러한 홀로세의 작은 온도 차가 위스콘신 빙기가 끝난 후 농업과 문명의 급속한 발흥에 유리했음은 의심에 여지가 없다.

일부 과학자들은 인류문명이 발달하지 않았다면 지구의 기후는 밀란코비치 주기로 인한 태양에너지 유입량의 감소와 대기 중 온실기체 농도의 감소에 의하여 또 다른 빙하기로 접어들었을 것이라 생각한다. 한 가설에 따르면, 문명의 확장은 최소한 8,000년 전부터 주로 삼림 벌채와 농업의 발전을 통해 상당량의 온실기체를 대기로 방출하기 시작하였으며, 따뜻한 간빙기가 자연한도를 초과하여 그 기간이 연장되었다고 한다.

그 이유가 무엇이든 간에, 빙하코어의 측정값은 플라이스토세가 끝난 후 산업혁명 시대가 시작되기 전까지 주요 온실기체의 대기 중 농도가 상대적으로 일정하게 유지되었음을 나타낸다. 예를 들어, 평균 CO_2 농도는 260~280ppm 사이에서 변했는데, 이는 전체 기간 동안 10% 이내로 변동한 것이다. 그러나 이러한 상황은 인류의 온실기체 배출이 급상승한 산업혁명의 시작과 함께 19세기 초반에 끝났다.

■ 탄소순환

지난 200년 동안 대기 중 이산화탄소 농도는 약 270ppm에서 400ppm 이상으로(2013년 중반에 도달) 거의 50% 증가했다. 지구의 대기는 최소한 지난 40만 년 동안 이 정도로 많은 이산화탄소를 함유하지 않았으며, 아마도 지난 2,000만 년 동안에도 그렇지 않았을 것이다. 현재 대기 중 이산화탄소 농도는 매년 0.5%의 증가율로 최근 지질학적 역사 가운데 어느 때보다 유례없이 빠르게 증가하고 있다.

그러나 상황은 더 악화될 수 있다. 2000~2009년 동안 인류의 활동은 매년 평균 8.9Gt의 탄소를 대기 중으로 배출했다(Gt, 기가톤은 10억t으로 10^{12}kg이며, 물 1km³ 부피의 질량이다. 배출량은 이산화탄소 중 탄소의 무게만을 계산한 것이다. 이 장의 끝 부분에 있는 연습문제 4번 참조). 화석연료 연소와 기타 산업활동으로 약 7.8Gt/year의 탄소가 배출되고, 산림 연소와 기타 토지이용의 변화로 1.1Gt/year의 탄소가 추가로 배출된다. 이 탄소가 모두 대기 중에 남는다면 대기 중 이산화탄소의 증가는 연간 1% 이상으로 관측된 속도의 두 배가 넘을 것이다. 그러나 자연과정에 의해 매년 4.9Gt의 탄소가 대기에서 제거된다. 이 탄소는 모두 어디로 갔을까?

지구시스템의 각 구성요소 간 탄소의 지속적인 이동과정인 **탄소순환**(carbon cycle)을 살펴봄으로써 이 질문에 대한 답을 찾을 수 있다. 제11장에서 생물지구화학적 순환, 즉 생물권을 포함하는 지구화학적 순환에 대해 살펴볼 때 탄소순환에 대해 다루었다. 전반적인 지구화학적 순환에 대해 먼저 살펴보자.

지구화학적 순환과 그 작동 원리

지구화학적 순환(Geochemical cycles)은 화학물질이 지구시스템의 한 구성요소에서 다른 구성요소로 유동하는 특성 또는 **유동량**(flux)이다. 지구화학적 순환에서 대기권, 수권, 빙권, 암석권, 생물권과 같은 지구시스템의 구성요소는 탄소와 다른 화학물질을 저장하는 **지구화학적 저장소**(geochemical reservoirs)로, 저장소 간 화학물질의 운반과정으로 연결된다. 다양한 저장소들에 저장되고 이동하는 화학물질의 양을 정량화함으로써 지구시스템이 어떻게 작동하는지에 대한 새로운 통찰력을 얻을 수 있다.

체류시간 저장소 내 화학물질의 양은 유입으로 늘어나고 유출로 줄어든다. 유입량이 유출량과 같으면 화학물질이 지속적으로 유입되거나 배출되더라도 저장소 내 화학물질의 양은 일정하게 유지된다. 평균적으로, 어떤 화학물질의 분자는 저장소에서 **체류시간**(residence time)이라는 일정 시간을 머무른다.

소방 기준에서 허용하는 수보다 더 많은 사람들이 들어가기를 원하는 어떤 붐비는 술집을 생각해보자. 방이 꽉 차거나 **수용능력**(capacity)에 도달한 후에는 경비원들이 손님들을 입구 쪽에서 막기 시작할 것이다. 가장 붐비는 시간에 사람들이 술집으로 들어가기 위해 기다리고 있을 때에는 그 술집은 수용능력에 맞게 채워졌거나 또는 **포화된**(saturated) 것이고, 떠나는 사람들이 들어오는 사람들과 정확하게 균형을 이룸으로써 정상 상태(steady state)에 이를 것이다. 비록 어떤 사람들은 일찍 와서 늦게까지 머무르고, 다른 사람들은 단지 잠시 머문 후 떠난다 해도, 술집의 수용 능력을 도착속도(유입량, inflow) 또는 떠남속도(유출량, outflow)로 나눔으로써 도착과 떠남 사이의 평균시간 길이—체류시간—를 계산할 수 있다. 만약에 술집의 수용 인원이 30명이고, 평균적으로 매 2분마다 새로운 사람 1명이 들어오면 체류시간은 60분이 된다.

유사하게, 어떤 화학물질의 해양 내 체류시간을 그 물질이 해양 내로 유입된 후 퇴적이나 어떤 다른 작용에 의해서 제거되기까지 경과된 평균시간으로 생각할 수 있다. 예를 들어, 바다에서의 나트륨의 체류시간은 약 4,800만 년으로 매우 길다. 이는 나트륨이 해수에는 잘 녹고(즉, 나트륨을 저장할 수 있는 저장고의 용량이 크기 때문) 강에는 비교적 적은 양의 나트륨이 포함되기 때문이다(저장소로의 유입량이 작음). 반대로, 철은 해수에서 용해도가 매우 낮고, 강을 통해 유입되는 양이 비교적 많기 때문에 단지 약 100년 정도만 해양에 머무른다.

대기 중 화학물질의 체류시간은 해양보다 더 작은데, 이는 대기가 해양보다 작은 저장소이고 대기로 들어오거나 나가는 유동

량이 더 클 수 있기 때문이다. 예로 이산화황의 체류시간은 몇 시간에서 몇 주이고, 대기의 약 21%를 차지하는 산소의 체류시간은 6,000년 정도이다. 대기 중 질소(대기의 약 78%)는 안정하여 체류시간이 거의 4억 년이다. 약 3억 년 전 후기 고생대에 대기로 유입된 질소 분자는 아마 아직도 대기에 머물고 있을 것이다!

화학반응 많은 경우, 다른 화학물질과의 반응은 저장소 내 화학물질의 체류시간을 결정한다. 예를 들어, 제5장에서 살펴본 바와 같이 칼슘 이온(Ca_2^+)은 탄산 이온(CO_3^{2-})과 반응하여 탄산염 퇴적물로 침전될 수 있는 탄산칼슘($CaCO_3$)을 형성하여 해수로부터 제거될 수 있다. 해수에 용해되어 남아 있는 칼슘의 양은 유용한 탄산 이온의 양에 달려 있으며, 탄산 이온은 해양으로 용해되는 이산화탄소(CO_2)의 양에 따라 달라진다. 이산화탄소가 물에 녹을 때, 대부분은 물과 반응하여 탄산(H_2CO_3)을 형성하며, 이는 수소(H^+)와 중탄산 이온(HCO_3^-)으로 분해될 수 있다. 그러면 수소 이온 중 일부는 탄산 이온(CO_3^{2-})과 반응하여 더 많은 중탄산 이온(HCO_3^-)을 형성한다(그림 15.15). 순수 효과는 해수의 산 함량을 증가시키고 탄산 이온의 농도를 감소시키는 것이다. 탄산염의 감소는 산호, 조개, 유공충 같은 해양생물이 탄산칼슘을 침

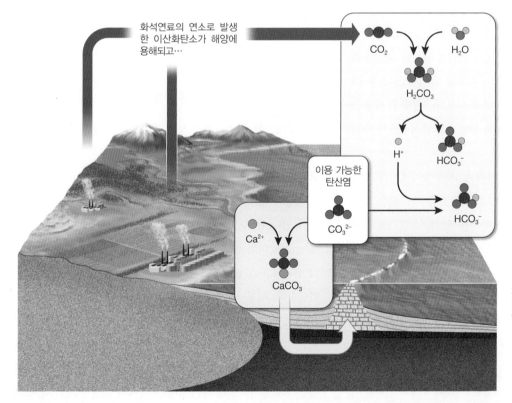

그림 15.15 대기 중에 있는 CO_2의 농도 증가는 해수에서 일련의 화학반응을 촉진시켜 해양산성화를 초래하고, 해양생물들이 탄산칼슘으로 껍질과 골격을 만드는 능력을 감소시킨다.

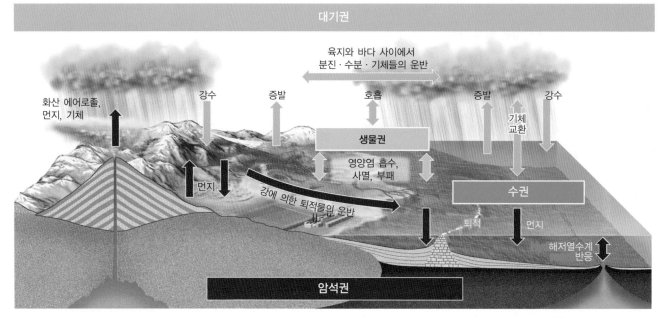

그림 15.16 여러 과정들의 결과로 기후시스템의 구성요소 간 화학물질의 유동이 발생한다.

전시켜 껍질과 뼈대를 만드는 능력에 영향을 준다. 이러한 **해양산성화**(ocean acidification)는 인위적인 전 지구적 변화 중에서 가장 위협적인 측면 중 하나이다.

경계면을 가로지르는 이동 저장소 간 유동은 화학물질들을 저장소 안으로 혹은 밖으로 수송하는 일련의 작용들에 의해 조절된다 (그림 15.16). 예를 들어, 화산은 기체, 에어로졸, 먼지를 암석권에서 대기권으로 운반한다. 바람은 암석권에서 먼지를 들어올려 대기로 날려보내고, 중력은 이를 다시 지표로 끌어내린다. 두 저장소 사이의 가장 큰 유동은 하천에서 용존되거나 부유된 광물들로부터 나오지만, 바람에 날린 먼지도 광물들을 암석권에서 수권으로 운반하는 중요한 메커니즘이다.

증발과 강수는 대기와 지표 및 바다의 표면 사이에서 엄청난 양의 물을 운반한다. 바다 표면에서, 기체 분자와 아주 작은 결정체 형태의 소금은 물속에 용해된 상태에서 빠져나와 대기로 들어간다. 이러한 유동은 강우를 통해 바다로 되돌아간 대기성분들의 용해와 바다 표면에서 직접적인 기체의 용해에 의해 균형을 이룬다.

퇴적작용은 주로 강물에 의한 화학물질의 유입을 상쇄시킴으로써 해양을 정상 상태로 유지시키는 가장 큰 유동이다. 해저 퇴적물은 묻히면서 해양지각의 일부가 된다. 이 퇴적물은 섭입을 통해 맨틀까지 이동되거나, 부가작용으로 대륙지각의 일부분이 될 때까지 그곳에 머무르게 된다. 장기간에 걸친 조구조적 융기

는 지각의 암석들을 풍화작용과 침식작용에 노출시켜 저장소 간 유동의 균형을 유지시킨다.

제11장에서 보았듯이, 각 생물체가 환경과 끊임없이 상호작용하기 때문에 생물권은 독특한 저장소이다. 생물권의 안과 밖으로의 가장 중요한 유동은 호흡, 암석권과 수권으로부터 영양소의 유입, 그리고 생물체의 죽음과 부패를 통한 영양분의 유출에 의한 대기권 기체들의 유입과 유출이다. 살아 있는 생물에 의해 대기권의 안과 밖으로 탄소를 끌어들이는 데 크게 의존하는 탄소순환은 명백히 생물지구화학적 순환이다.

예 : 칼슘순환 탄소순환을 보다 자세히 살펴보기 전에, 지구화학적 순환과 관련된 개념을 더 간단하게 보여주는 칼슘순환을 살펴보자(그림 15.17).

해양의 총 해수 질량 약 1.4×10^9Gt에는 약 56만Gt의 칼슘이 녹아 있다. 칼슘은 용해되거나 부유하는 많은 양의 칼슘을 운반하는 강에 의해 해양저장소로 꾸준히 유입된다. 칼슘은 탄산염 암석이나 석고, 칼슘이 풍부한 사장석 같은 다른 광물의 풍화로부터 기원한다. 이보다 훨씬 적은 양의 칼슘이 바람에 의한 먼지의 수송을 통해 바다로 유입된다. 만약 해양이 칼슘을 제거할 수 있는 방법 없이 지속적으로 받아들이기만 한다면, 해양은 빠르게 칼슘에 대해 과포화 상태가 될 것이다. 해양에서 칼슘의 양을 비교적 일정하게 유지하도록 하는 유동은 위에서 설명한 것과 같이 탄산칼슘의 퇴적작용이다. 더 적은 양의 칼슘은 증발암에서 석고로 침

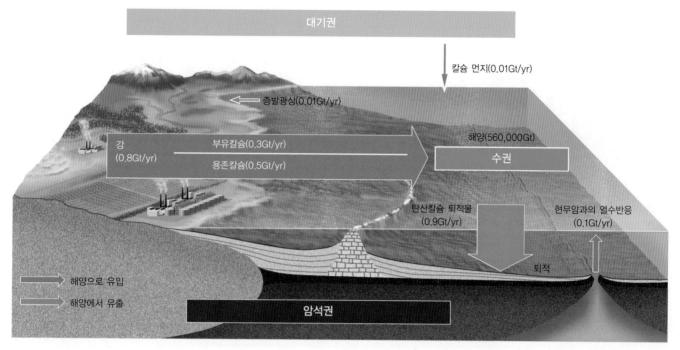

그림 15.17 해양의 안과 밖으로의 유동을 강조하는 칼슘순환. 유동량은 연간 기가톤(Gt; 10^{12}kg)으로 표시된다. 해양으로 들어오는 칼슘의 유입량은 대략 유출량과 균형을 이룬다.

전된다. 훨씬 더 긴 시간 규모에서, 칼슘이 풍부한 퇴적물은 융기 후 풍화되어, 이에 포함된 칼슘은 해양으로 되돌아간다.

해양이 보유할 수 있는 칼슘의 양은 칼슘의 유입과 유출보다 훨씬 크기 때문에 칼슘은 해양에서 매우 긴 체류시간을 갖는다. 연간 총유입량(0.9Gt/year)을 해양의 칼슘 수용능력(56만Gt)으로 나누면 약 60만 년의 체류시간을 얻을 수 있다.

탄소의 순환

탄소는 4대 주요 저장소인 대기, 해양생물을 포함하는 해양, 식물과 토양을 포함하는 지표면, 그리고 심부의 암석권 사이를 순환한다(그림 15.18). 몇 가지 기본 하위 순환의 측면에서 이러한 저장소 사이의 탄소 유동을 설명할 수 있다. 지구의 기후가 안정된 시기에는, 각 하위 순환의 유동은 일정한 것이 특성이다.

대기-해양 기체 교환 해양과 대기 사이의 경계면을 가로지르는 직접적인 CO_2 교환은 연평균 약 80Gt의 탄소 유동에 해당한다. 이 과정을 통한 유동량은 대기와 해수의 온도, 해수의 성분을 포함한 여러 요인에 따라 다르나, 특히 풍속에 민감한데 이는 표층 해수를 휘젓는 물보라를 일으킴으로써 CO_2와 기타 기체의 이동을 증가시키기 때문이다. 해수에 녹아 있는 이산화탄소는 해수에서 증발하여 대기로 방출되고, 대기 중 CO_2는 물보라나 비에 용해되거나 해수면을 통해 직접 바다로 유입된다.

대기-생물권 기체 교환 가장 큰 탄소 유동(연간 120Gt)이 일어나는 하위 순환은 광합성, 호흡, 분해에 의한 지구생물권과 대기권 사이의 CO_2 교환이다. 식물은 광합성 과정에서 이 전체 양의 CO_2를 흡수하고, 그중 약 절반을 호흡을 통해 대기로 다시 돌려보낸다. 나머지 절반은 잎, 나무, 뿌리 같은 식물 조직에 유기탄소로 저장된다. 동물들은 식물을 먹고, 미생물은 동식물을 분해한다. 두 과정 모두 식물 조직의 분해와 CO_2의 호흡을 초래한다. 이 과정에서 배출되는 총 식물 질량의 약 3배에 달하는 유기 탄소의 대부분은 토양에 저장된다. 상당량(약 4Gt/year)은 산불에 의한 직접적인 산화나 식생의 다른 연소를 통해 대기로 다시 유입된다.

식물 조직(0.4Gt/year)에 포함된 CO_2의 작은 일부는 지표수에 용해되어 강을 따라 바다로 이동되어, 바다에서 해양생물의 호흡을 통해 다시 대기로 방출되거나 결국 광합성을 통해 다시 식물로 흡수된다.

암석권-대기 기체 교환 탄산염암의 풍화는 암석권에서 연간 약 0.2Gt의 탄소를 제거하고 대기로부터 같은 양을 제거한다. 빗물에 용해된 CO_2는 탄산을 형성하고, 탄산은 암석 속에 있는 탄산염과 반응하여 탄산 이온과 중탄산 이온을 방출하고, 이 이온들은 강물에 의해 바다로 운반된다. 여기에서 껍질을 형성하는 해양생물은 탄산칼슘을 침전시키고 동일한 양의 탄소를 CO_2로 대기로 방출해 풍화작용과 반대되는 역할을 한다. 이 하위 순환은

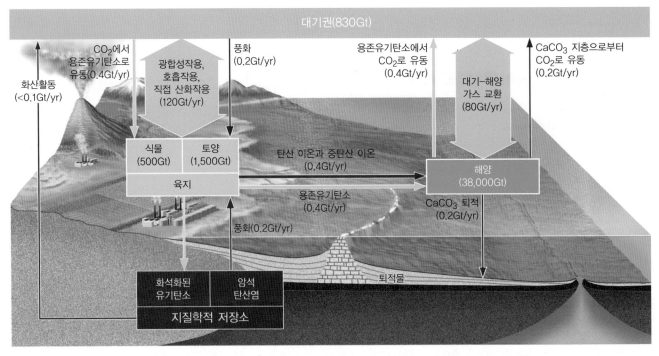

그림 15.18 탄소순환으로 대기와 다른 주요 저장소 사이 탄소 플럭스를 보여줌. 저장소의 탄소 양은 기가톤으로 플럭스는 Gt/yr.
[IPCC, *Climate Change 2001: The Scientific Basis*, updated according to IPCC, *Climate Change 2013: The Physical Science Basis*.]

탄소순환이 칼슘순환에 연결되는 한 방법을 보여준다.

또 다른 연결 고리는 대부분 상당량의 칼슘을 함유하는 규산염 암석의 풍화작용이다. 규산염 암석의 풍화로 칼슘 이온이 지표수에 노출되고 해양으로 흘러들어가 칼슘 이온이 탄산 이온과 결합하여 탄산칼슘을 형성하고, 따라서 대기로부터 CO_2를 제거하게 된다. 규산염 암석의 풍화로 인한 탄소의 순수 유동량은 상대적으로 작기 때문에(0.1Gt/year 미만), 소량의 CO_2를 대기로 방출하는 화산과 마찬가지로 단기 기후모델링에서는 일반적으로 무시된다. 그러나 장기적으로 규산염 암석의 풍화효과는 상당할 수 있다. 이는 탄산염 암석의 풍화와는 달리 대기에서 CO_2를 제거하여 반영구적으로 암석권에 저장하기 때문이다. 예를 들어, 약 4,000만 년 전에 시작된 히말라야와 티베트고원의 융기는 대기 중 CO_2의 농도를 감소시킬 정도로 풍화작용을 증가시켜 플라이스토세 빙하기로 이어지는 기후냉각에 기여했을 수도 있다(지구문제 22.1 참조).

인간의 탄소순환 간섭

이러한 배경을 가지고 인위적인 탄소 배출의 영향으로 돌아가자. 그림 15.19는 2000~2009년의 인류활동에 의해 대기에 더해진 탄소에 어떤 일이 일어났는지를 보여준다. 인류활동에 의해 대기로 추가된 총 8.9Gt/year 중 단지 45%(4.0Gt/year)만 대기 중에 CO_2로 남겨졌다. 나머지는 해양(2.3Gt/year)과 지표(2.6Gt/year)에 의해 거의 비슷한 양이 흡수되었다. 탄소순환을 통해 수권과 암석권은 증가하는 탄소 배출을 흡수하는 당연한 역할을 수행하고 있다.

이러한 해양흡수를 통하여 대기에서 탄소를 제거하는 것이 지구온난화의 속도를 낮추는 역할을 하지만 해양생물에 미치는 영향은 치명적일 수 있다. 인위적으로 배출된 탄소가 해양에 흡수되면 해수가 더욱 산성화되며, 이 해양산성화는 해수의 칼슘 용해도를 증가시켜 주요 해양생물이 탄산칼슘 껍질과 골격을 형성하는 것을 더욱 어렵게 만든다(그림 15.15 참조). 산호초는 이미 곤경에 빠져 있으며(그림 15.20), 현재의 경향이 계속된다면 해양산성화는 앞으로 수십 년 안에 불가사리나 연체동물과 같은 일반 해양생물의 개체 감소를 초래할 수 있다. 일부 생물학자들은 이러한 유형의 전 세계적인 변화가 이미 북아메리카 동부와 서부 해안에서 최근 보고된 불가사리의 대량전멸에 기여했다고 믿고 있다.

육상에서 어떤 일이 일어날지는 분명하지 않다. 실제로 육상 식물에 의해 대기로부터 흡수되고 있는 막대한 양의 이산화탄소에서 무슨 일이 일어나고 있는지는 진짜 수수께끼로 남아 있다(이 장 제일 마지막 부분의 지질학 실습 참조).

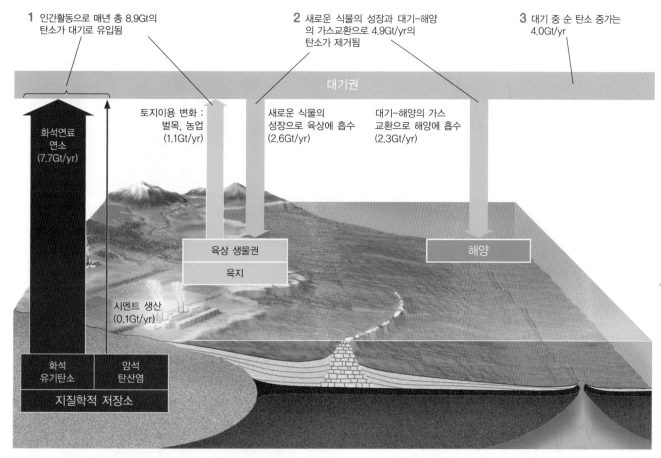

1 인간활동으로 매년 총 8.9Gt의 탄소가 대기로 유입됨

2 새로운 식물의 성장과 대기-해양 의 가스교환으로 4.9Gt/yr의 탄소가 제거됨

3 대기 중 순 탄소 증가는 4.0Gt/yr

대기권

화석연료 연소 (7.7Gt/yr)

토지이용 변화 : 벌목, 농업 (1.1Gt/yr)

새로운 식물의 성장으로 육상에 흡수 (2.6Gt/yr)

대기-해양의 가스 교환으로 해양에 흡수 (2.3Gt/yr)

육상 생물권

육지

해양

시멘트 생산 (0.1Gt/yr)

화석 유기탄소　암석 탄산염

지질학적 저장소

그림 15.19 인간활동에 의해 대기로 방출된 CO_2의 대부분은 해양에 의해 그리고 육상의 식물 성장에 의해 흡수된다. 나머지는 대기권에 남아 CO_2 농도를 증가시 킨다. 이 그림에서 보여주는 유동량(연간 기가톤으로 표시)은 2000~2009년까지의 10년 동안에 대한 것이다.

[IPCC, *Climate Change 2013: The Physical Science Basis*.]

그림 15.20 오스트레일리아 그레이트배리어리프(Great Barrier Reef)의 산 호초와 같이 탄산칼슘을 분비하여 골격과 껍질을 만드는 해양생물들은 해양산 성화의 위협을 받고 있다.

[© Charles Stirling (Diving)/Alamy.]

■ 20세기 온난화 : 인위적 전지구환경 변화의 증거

지구의 기후가 변화하고 있는지, 또는 그 변화가 우리 자신의 활 동 결과인지를 어떻게 알 수 있을까? 인류는 지구의 온도를 상당 시간 동안 추적해왔다. 기후측정을 위한 가장 기본적인 장치인 온도계는 17세기 초에 발명되었으며, 다니엘 파렌하이트(Daniel Fahrenheit)는 1724년에 최초의 화씨 온도 표준을 제안하였다. 1880년에 이르러서는 지구표면의 연평균온도를 정확하게 예측 하는 데 충분할 정도로 육상 기상관측소와 해상의 선박에서 전 세계 각지의 기온이 보고되었다.

연평균 표층온도는 해마다, 그리고 매 10년 사이에 크게 오 르내렸지만, 전반적인 추세는 상승했다(그림 15.21). 19세기 말 과 21세기 초 사이에 연평균 표면온도는 약 0.6℃ 상승했다(그림 15.20a). 이 증가를 **20세기 온난화**(twentieth-century warming)라 일컫는다.

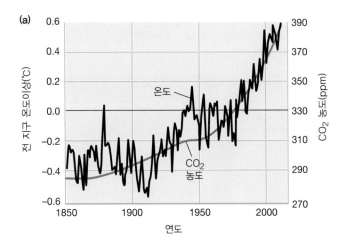

(a)

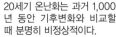

(b) 1000~2000

20세기 온난화는 과거 1,000
년 동안 기후변화와 비교할
때 분명히 비정상적이다.

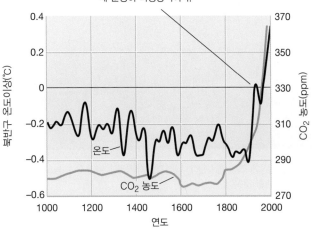

그림 15.21 연평균 표면온도이상(anomaly, 검정 선)과 대기 중 CO_2 농도(파란 선)의 비교는 근래의 온난화 경향이 대기 중 CO_2 농도와 잘 연관됨을 보여준다. (a) 전 지구 연평균 표면온도이상으로 1850~2010년 사이 온도계 측정과 CO_2 농도로부터 계산되었다. (b) 과거 1000년 동안 나무 나이테, 빙하코어, 다른 기후지시자와 대기 중 CO_2 농도로부터 추정된 북반구 연평균 표면온도이상. 두 도표에서 온도이상은 모두 1961~1990년 기간의 평균온도와 측정온도 사이의 차이이다.

[IPCC, *Climate Change 2001: The Scientific Basis*, and IPCC, *Climate Change 2013: The Physical Science Basis*.]

20세기 온난화는 전 지구적으로 일정하지 않았다. 그림 15.22
는 1951~1980년의 기준기간에 대한 온도차이에 따라 색으로 표
시한 1912년, 1962년 및 2012년의 연간 평균기온의 지리적 변
화를 보여준다. 전 세계적인 평균을 구한 결과, 1912년과 2012
년 사이의 차이는 20세기의 온난화와 일치하는 약 0.8℃이다(그
림 15.21과 비교하라). 그러나 일부 지역에서 그 차이는 더 크거
나 작다. 예를 들어 북극 지역에서는 기온상승이 평균보다 몇 배
더 높은 반면, 중부 태평양에서는 기온상승이 거의 없다. 일반적
으로 지표면이 해양보다 더 따뜻해졌다. 대부분의 온난화는 지난

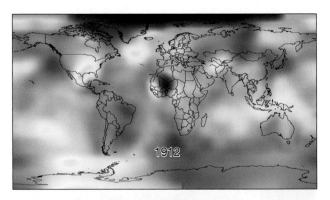

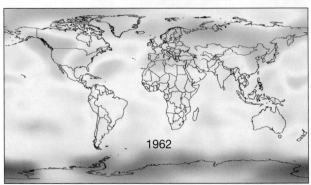

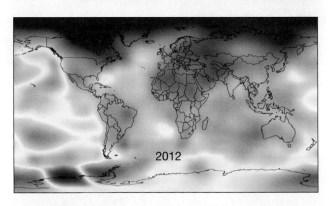

온도 차

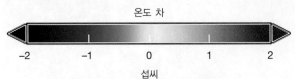

섭씨

그림 15.22 1951~1980년의 기준기간 동안 지역 평균을 기준으로 산출된 1912년 (위), 1962년(중간), 2012년(아래) 표면온도이상. 1912년과 2012년의 전 지구 평균 차이는 약 0.8℃로 20세기 온난화와 유사하다(그림 15.20 참조). 온난화가 북극지역에서는 평균보다 몇 배 더 큰 반면 중앙 태평양에서는 매우 작다.

[NASA's Goddard Space Flight Center Scientific Visualization Studio.]

50년 동안 발생했다. 북반구 대륙의 넓은 지역에서는 1962년과
2012년 사이 온도상승은 1℃를 초과했다.

대기 중 탄소의 동위원소 조성 변화가 화석연료의 탄소 동위
원소의 비율과 정확히 일치하기 때문에 인류의 활동이 대기 중
이산화탄소 농도를 증가시키는 원인이 된다는 것을 알 수 있다.

15.2 기후변화에 관한 정부 간 협의체(IPCC)

지구의 기후시스템은 믿을 수 없을 만큼 복잡하므로, 온실기체의 인위적 배출에 대한 반응을 예측하는 것은 쉽지 않다. 어느 누구도 수천 명의 과학자들이 전 세계적으로 수행하고 있는 막대한 양의 기후변화 연구를 다 따라잡을 수 없고, 전문가조차도 핵심 사항에 동의하지 않는다. 1988년에 유엔(UN)과 세계기상기구(WMO)는 정부 지도자들과 일반 대중에게 기후변화에 관한 최신의 과학적 지식과 기후변화의 잠재적 환경 및 사회-경제적 영향에 대한 명확한 과학적 견해를 제공하기 위해 기후변화에 관한 정부 간 협의체(IPCC)를 발족시켰다.

IPCC는 모든 유엔 회원과 WMO 회원에게 개방되어 있으며, 현재 195개국이 참여하고 있다. IPCC의 주요 결과로 1990년 이래 매 5년에서 6년마다 일련의 평가 보고서가 발표되었다. 전 세계 수천 명의 과학자들이 자발적으로 이 주요 보고서의 저자, 기여자 및 평가자로 IPCC의 활동에 기여했다. 연이어 발표된 보고서에는 기후가 과거에 어떻게 변했으며 미래에 어떻게 바뀔지에 대한 가장 명확한 과학적 요약이 정리되었다.

1990년에 발표된 IPCC *1차 평가 보고서*는 지구온난화를 감소시키고 기후변화의 결과를 다루는 주요 국제협약인 기후변화에 관한 유엔 기본협약(UNFCCC) 창설에 핵심적인 역할을 했다. 1995년의 IPCC *2차 평가 보고서*는 1997년 교토의정서 협상에서 중점적으로 다뤄진 자료를 제공했다. *3차 평가 보고서*는 2001년에, 2007년에는 *4차 보고서*가 발간되었다.

*5차 평가 보고서*는 3개의 분야별 보고서로 구성된다. *기후변화의 물리적 과학 기반*이라는 제목의 첫째 보고서는 2013년 9월에 초안 형태로 발표되었고 2,000쪽이 넘는다. 이 장과 이 책에서 설명한 기후변화에 관한 기본자료 대부분은 2013년 IPCC 평가 보고서에 따라 개정되었다. *기후변화 영향, 적응, 취약*

IPCC의 *5차 평가 보고서(AR5)*의 주 저자들의 회의가 대한민국 창원에서 2011년 6월에 개최되었다.
[Benjamin Kriemann/IPCC.]

*성 및 기후변화 완화*에 관한 보고서를 포함하는 *5차 평가*의 최종 버전은 2014년에 출판되었다.

2007년 노벨 평화상은 인위적 기후변화에 관한 더 많은 지식을 쌓고 보급하고 또 그러한 변화를 막기 위해 필요한 조치를 위한 기반을 마련한 노력이 인정되어 IPCC와 앨 고어(Al Gore)에게 공동으로 수여되었다.

그러나 20세기 온난화가 인위적인 CO_2 증가의 직접적인 결과—즉, 강화된 온실효과(enhanced greenhouse effect)의 결과—에 의한 것이지 자연적 기후변화와 관련된 다른 종류의 변화에 의한 것이 아니라고 어떻게 확신할 수 있을까?

지구의 기후가 어떻게 변해가고 있는지에 대한 질문에 답하기 위하여 유엔은 특별과학기구인 '기후변화에 관한 정부 간 협의체'(Intergovernmental Panel on Climate Change, IPCC)를 설립하여 기후와 기후변화에 대한 모든 연구를 검토하였다. IPCC는 지구의 기후가 과거에 어떻게 변화했는지 또 인위적 기후변화의 잠재적인 환경 및 사회경제적 영향을 포함하여 미래에 발생할 수 있는 변화에 대한 일치된 과학적 의견을 내야 할 책임을 지고 있다. 이 책에 실린 기후시스템에 관한 많은 정보는 IPCC 평가 보고서(Assessment Reports, 지구문제 15.2 참조)에서 수집되었다.

20세기 온난화는 홀로세로부터 추론된 온도변화의 범위 내에 있다. 사실 오늘날 세계 여러 지역의 평균기온보다 1만 년~8,000년 전이 아마도 더 높았을 것이다. 그러나 20세기의 기록은 지난 1,000년 동안 나타난 기후변화의 패턴이나 변화율과 비교할 때

분명히 이례적이다. 비록 19세기 이전에는 직접적 온도측정이 가능하지 않았지만, 빙하코어와 나무의 나이테와 같은 기후지표로부터 기후학자들은 그 기간 동안 북반구의 온도기록을 재구성할 수 있었다(그림 15.21b). 이 기록은 1,000년에서 1,900년 사이의 9세기 동안 약 0.2℃의 불규칙적이지만 꾸준한 전 지구적 냉각을 보여준다. 또한 이 기간 동안 세기당 평균 표면온도의 변동은 0.3℃ 이내였음을 보여준다.

많은 과학자들에게 더 설득력이 있는 주장은 관측된 온난화 패턴과 가장 좋은 기후모델에 의해 예측된 패턴 사이의 일치에서 비롯된다. 대기 중 온실기체 농도의 변화를 포함하는 모델은 20세기 온난화를 재현할 뿐만 아니라 대기의 지리적 및 고도에 따라 관찰된 온도변화 패턴—이것을 일부 과학자들은 강화된 온실효과의 '지문'(fingerprints)이라고 불렀다—을 재현한다. 예를 들면, 이 모델들은 강화된 온실 온난화가 일어나면 지표면의 야간 저온이 주간 고온보다 더 빠르게 증가하여 일교차를 감소시킨다고 예측한다. 지난 세기의 기후자료는 이 예측을 지지한다.

전 지구적 온난화의 또 다른 '지문'은 저위도의 산악 빙하에서

그림 15.23 티베트 다수오프(Dasuopu) 빙하의 5,300m 고도에 서 있는 빙하학자 로니 톰슨(Lonnie Thompson). 이 빙하의 시추는 20세기의 비정상적인 온난화에 대한 증거를 제공한다.
[Lonnie Thompson/Byrd Polar Research Center, Ohio State University.]

관찰된 변화이다. 지난 100년 동안 아프리카, 남아메리카, 티베트(그림 15.23)의 고도 5,000m 이상에서 발견된 빙하는 축소되고 있으며 이는 기후모델의 예측과 일치하는 결과이다.

이 장의 앞부분에서 강조했듯이 아직 잘 이해되지 못한 기후시스템의 측면은 기후모델의 예측에 상당한 오류를 유발할 수 있다. 그럼에도 불구하고, 관측된 경향성이 강화된 온실효과의 이론적인 물리 특성과 잘 일치하는 것은 우리 인류가 최근의 지구온난화에 책임이 있는 주체라는 가설을 강력하게 뒷받침한다. 제23장에서 지구온난화가 일으키는 사회적 문제들을 살펴볼 것이다.

요약

기후시스템은 무엇인가? 기후시스템은 지구시스템의 모든 구성요소와 그 구성요소 간의 모든 상호작용을 포함하며, 기후가 시공간적으로 어떻게 변화하는지를 결정한다. 기후시스템의 주요 구성요소는 대기권, 수권, 빙권, 암석권, 생물권이다. 각 구성요소는 기후시스템에서 질량과 에너지를 저장하고 운반하는 능력에 따른 역할을 수행한다.

온실효과란 무엇인가? 지구표면이 태양에 의해 데워지면 대기로 열을 방출한다. 이산화탄소와 다른 온실기체는 이 적외선의 일부를 흡수하여 이를 지구표면을 포함한 모든 방향으로 재복사한다. 이 복사에너지는 온실이 따뜻하게 유지되는 것과 유사하게 대기를 온실기체가 없을 때보다 더 따뜻한 온도로 유지되게 한다.

지구의 기후는 시간에 따라 어떻게 변했나? 기후의 자연적 변화는 넓은 시간과 공간의 범위에서 발생한다. 일부 변화는 태양 강제력과 대륙이동으로 인한 육지와 해양 분포의 변화와 같은 기후시스템 외부의 요인에 의해 발생한다. 또한 기후시스템 자체의 변동성에 기인하는 것도 있다. 단기적인 지역 기후변화로는 엘니뇨-남방진동이 있다. 장기적인 전 지구적 기후변화의 예는 플라이스토세 빙하주기가 있으며, 이 기간 동안 평균 표면온도는 최대 6~8℃ 정도 변화했다.

빙하기란 무엇이며, 그 원인은 무엇인가? 육지와 해양 퇴적물에 남겨진 빙하 퇴적물의 지질학적 연대에 대한 연구에 따르면 대륙의 빙상이 플라이오세와 플라이스토세에 여러 번 커졌다가 작아졌다. 각 빙하기에는 수권에서 빙권으로 막대한 양의 물이 이동하여 빙하가 확장되고 해수면이 낮아졌다. 이러한 빙하주기는 밀란코비치 주기에 의해 지표에 유입되는 태양복사에너지의 양을 변화시키는 태양계 내 지구운동의 작은 주기적인 변화 때문으로 설명되고 있다. 이러한 변화는 대기 중 온실기체의 농도와 관련된 양성 피드백에 의해 증폭되었다. 플라이스토세 빙하주기를 일으킨 전 지구적 냉각은 해양순환패턴을 변화시킨 대륙운동의 결과일 수 있다.

지구화학적 순환은 무엇인가? 지구화학적 순환은 지구시스템의 한 구성요소에서 다른 구성요소로의 화학물질의 유동이다. 대기권, 수권, 빙권, 암석권, 생물권은 지구화학적 저장소로 작용하며 이 저장소 내에서 화학물질을 운반하는 과정들로 연결된다. 저장소가 정상 상태에 있는 경우, 유입량이 유출량과 균형을 이루며, 화학물질의 체류시간은 저장소의 화학물질 총량을 유입량으로 나눈 값으로 계산할 수 있다.

탄소순환은 무엇인가? 탄소순환은 대기권, 암석권, 해양, 육상 생물권의 4대 주요 저장소 간 탄소의 유동이다. 이 저장소 사이의 주요 탄소 유동은 대기와 해양표층 간 기체 교환을 포함한다. 광합성, 호흡 및 직접 산화를 통한 생물권과 대기 간 이산화탄소의 이동, 표층수의 용존유기탄소의 해양으로의 운반, 탄산칼슘의 풍화 및 침전도 탄소순환의 일환이다.

인위적인 탄소 배출의 영향은 무엇인가? 인류의 탄소 배출은 대기의 이산화탄소 농도를 증가시킴으로써 온실효과를 증가시키고 있다. 이 이산화탄소 중 일부는 바다에 녹아 물과 결합하여 탄산을 형성한다. 그 결과 해양은 산성화되어 탄산 이온 농도가 감소되고 중탄산염 이온 농도가 증가해 해양 유기체의 탄산칼슘 껍질과 골격 형성을 어렵게 만든다.

20세기 온난화는 인류활동으로 인한 것인가? 20세기 동안 지구의 연평균 표면온도에서 관찰된 약 0.6℃의 증가는 대기 중 CO_2 및 기타 온실기체의 농도가 크게 증가한 것과 관련이 있다. 대기 중 탄소의 동위원소 비율 변화는 대부분이 화석연료 연소에 의해 생성된다는 것을 나타낸다. 대부분의 지구기후 전문가들은 20세기의 온난화가 인류에 의해 초래되었고 대기 중 온실기체의 농도가 계속 상승함에 따라 온난화가 21세기에도 계속될 것이라고 확신하고 있다.

주요 용어

간빙기	성층권	온실효과	태양 강제력
기후모델	알베도	음성 피드백	해양산성화
대류권	양성 피드백	지구화학적 순환	20세기 온난화
밀란코비치 주기	엘니뇨	지구화학적 저장소	ENSO
빙하기	열염순환	체류시간	
빙하주기/빙하사이클	온실기체	탄소순환	

지질학 실습

탄소 배출량과 탄소 누적량의 균형 : 누락된 흡수원(missing sink)의 사태

인간이 탄소순환을 어떻게 변화시키고 있는지에 대한 이해는 인위적인 전 지구 변화 문제를 해결하는 방법을 이해하는 열쇠가 되므로 오늘날 지구과학에서 가장 시급한 문제 중 하나이다. 〈그림 15.19〉에서 볼 수 있듯이, 2000~2009년에 인간이 배출한 8.9 Gt/year의 탄소 중 2.6Gt/year(거의 1/3)이 육지 표면에서 흡수되었다. 식물의 광합성과 호흡은 대기와 육지 표면의 CO_2 교환에서 가장 우세하기 때문에 육상식물에 의한 광합성 속도의 증가가 분명히 그 원인이 되어야 한다. 그러나 지구상의 어디에서 이런 일이 일어나고 있는가? 이 질문은 대답하기 너무 어려워 수년 동안 과학자들은 그것을 '누락된 흡수원'(missing sink) 문제라고 불렀다. 이 대답은 중요한 것으로 판명되었는데, 왜냐하면 국가들이 그들의 탄소 배출을 규제하는 데 동의하는 미래의 조약은 각 국가 내의 모든 탄소 배출원과 흡수원을 고려할 필요가 있기 때문이다.

첨부된 그림에서 볼 수 있듯이 인위적 탄소 배출 총량은 1980년대 평균 6.9Gt/year에서 1990년대 8.0Gt/year로 증가한 후 2000년대에는 8.9Gt/year로 증가했다. 이러한 대기로의 배출이 해양으로 흡수되는 속도 또한 증가하였으며, 그래서 해양에 흡수된 백분율(%)은 거의 일정하게 유지되었다. 그러나 대기 중에 축적되는 인위적 탄소 부분은 거의 안정적이지 못했다—사실상 이 비율은 실제로 1980년대와 1990년 사이에 3.4Gt/year에서 3.1Gt/year로 감소한 후 2000년대에는 4.0Gt/year로 급증했다.

대기 중 탄소 축적은 누락된 흡수원에 흡수된 탄소와 반대로 변한다. 총 탄소의 양은 변하지 않는다. 따라서 모든 지구화학적 저장소를 합산하면 축적된 탄소의 양은 그림에서 막대 차트로 보여주는 것처럼 배출량과 균형을 이루어야 한다. 이 균형은 누락된 흡수원에 흡수된 탄소의 양을 계산할 수 있게 한다.

누락된 흡수원 = 총 탄소 배출량 − 대기 축적량 − 해양 축적량

값은 그림에서 빨간색 막대로 표시되었다. 누락된 흡수원에 의한 탄소 흡수는 1980년대에 1.5Gt/year에서 1990년대에 2.7Gt/year로 80% 증가하였고, 2000년대에는 2.6Gt/year로 약간 감소했다.

누락된 탄소를 찾는 명백한 장소는 광합성으로 연간 CO_2 지구 흡수량의 약 절반을 차지하는 산림에 있다. 산림은 위치와 연평균기온에 따라 아한대(−5~5℃), 온대(5~20℃) 또는 열대(20~30℃)로 분류된다. 초기 모델은 온대림의 성장이 누락된 탄소의 대부분을 설명할 수 있다고 제안했다. 그러나 IPCC의 5차

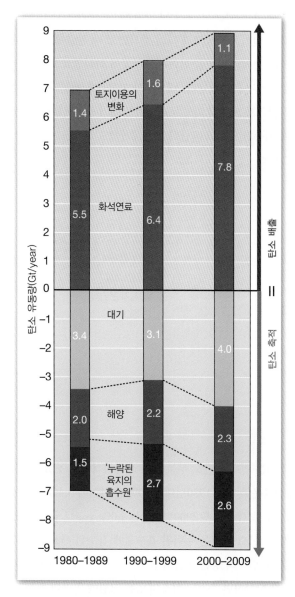

지난 30년간 전 세계 탄소 균형의 비교.
[IPCC, *Climate Change 2013: The Physical Science Basis*.]

평가 보고서에 나온 자료에 따르면 현재의 탄소 축적은 아한대지역에서는 거의 동일하며 열대지역에서는 실제로 더 크다.

누락된 흡수원	=	아한대 축적	+	온대림 성장	+	열대우림 성장
(2.6Gt/year)		(0.5Gt/year)		(0.8Gt/year)		(1.3Gt/year)

이 새로운 모델은 열대우림의 성장(1.3Gt/year)이 토지이용 변화(1.1Gt/year)로 인한 탄소 배출의 대부분을 차지하는 열대 삼림 벌채를 상쇄시키는 것 이상임을 제안한다.

비록 진전은 있었으나 탄소-균형 문제는 결코 해결되지 않았다. 측정의 어려움으로 인하여 탄소가 축적되는 곳에 대한 모든 추정치는 불확실성이 크다. 그래서 이 숫자를 정확하게 파악하기 위해서는 더 많은 연구가 필요하다. 그럼에도 불구하고 이러한 추정치는 탄소 흡수원으로서 산림의 중요성을 입증할 뿐만 아니라, 산림을 어떻게 관리해야 하는지에 대한 중요한 정책 문제를 제기한다. 예를 들어, 미국 및 브라질과 같은 국가들에게는 그들 나라의 숲에서 흡수된 탄소에 대해 얼마만큼의 '탄소 배출권'(carbon credit)을 부여해야 하는가? 이러한 이슈는 인위적인 전 지구적 변화를 다루기 위한 국제조약 협상에서 두드러지게 나타날 것이다.

추가문제 : 그림에 표시된 자료를 바탕으로 토지이용 변화로 배출된 탄소를 누락된 흡수원에 의하여 흡수된 탄소로 상쇄함으로써 육지 표면으로부터의 순수 탄소 유동을 계산하라. 그림에 표시된 지난 30년 동안 육지 표면으로부터 순수 탄소 유동은 양의 값(순 배출)인가 아니면 음의 값(순 흡수)인가? 이 순수 유동의 규모가 1980년대부터 2000년대까지 꾸준히 증가한 이유를 설명할 수 있는 요인들은 무엇인가?

연습문제

1. 온실기체란 무엇이며 지구의 기후에 어떤 영향을 미치는가?

2. 온실기체는 열에너지가 우주로 빠져나가는 것을 막는다고 주장하는 것이 왜 맞지 않는가?

3. 그림 15.18에 주어진 정보로부터, (a) 해양과 (b) 대기 중의 이산화탄소의 체류시간을 추정하라.

4. 2000년에서 2010년 사이에 화석연료 연소 및 기타 산업활동으로 인한 대기 중 탄소의 배출량은 평균 약 7.8Gt/year이었

고, 거의 모두 이산화탄소 형태로 배출되었다. 배출된 이산화탄소의 질량은 얼마인가?

5. 판구조운동으로 인한 기후변화의 세 가지 원인을 열거하라.

6. 기후변화에 있어서 대륙빙하의 역할은 무엇인가?

7. 빙하코어를 연구하여 빙하주기에 관한 어떠한 정보를 얻었는가?

생각해볼 문제

1. 기후시스템에서 양성 피드백과 음성 피드백에 대해 이 장에서 논의되지 않은 예를 들어보라.

2. 밀란코비치 주기는 플라이스토세 빙하주기 동안 지구기후의 온난화와 한랭화를 완전히 설명하는가?

3. 칼슘순환은 전 지구적인 화학적 풍화의 증가에 의해 어떻게 영향을 받는가?

4. 해수에 용해되어 있을 뿐만 아니라 해양 증발암(암염)과 점토광물에서 발견되는 원소 나트륨에 대한 지구화학적 순환의 간단한 모식도를 그려보라.

5. 생명체가 출현하였지만 아직 광합성이 진화하기 전인 초기 지구의 탄소 순환은 어떠했을까?

6. 인간의 활동으로 인해 대기 중으로 이산화탄소가 꾸준히 증가하여 향후 100년 내에 지구의 기후가 상당히 따뜻해지면 전 지구적 탄소순환이 어떻게 영향을 받을까?

7. 과학자들이 20세기 온난화의 대부분이 인류활동에 기인한 기후시스템의 변화 때문임을 논리적으로 확신하는 이유는 무엇인가?

매체지원

 15-1 애니메이션 : 기후시스템

 15-2 애니메이션 : 해류시스템

 15-3 애니메이션 : 탄소순환

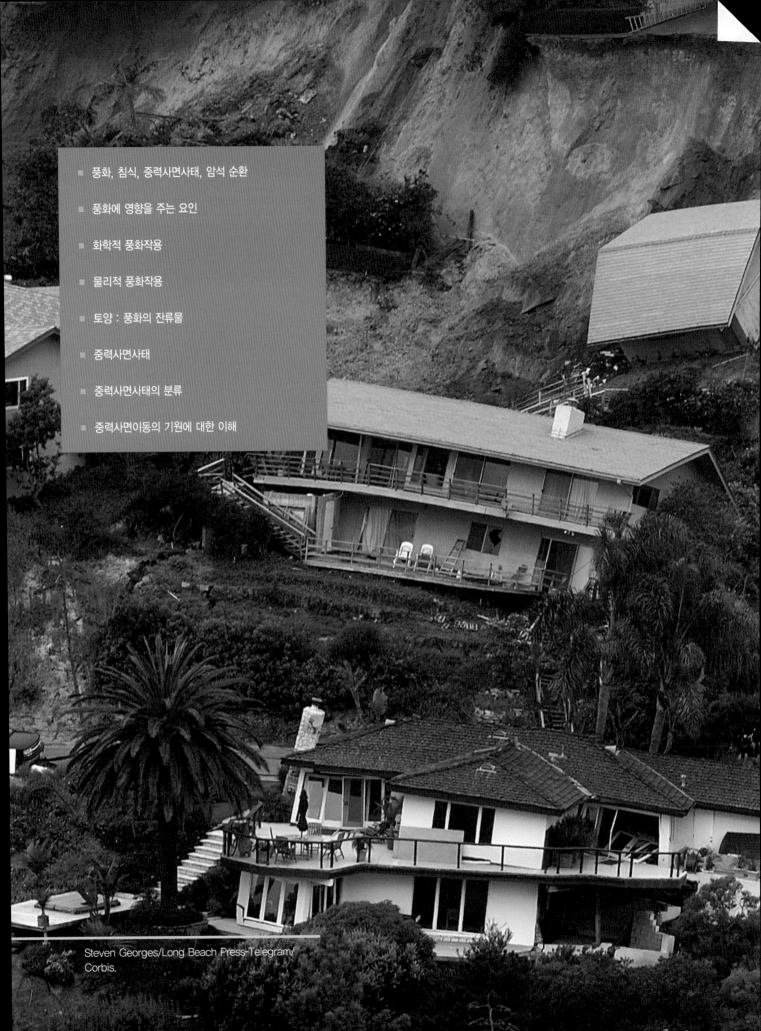

16

풍화, 침식, 중력사면사태 : 기후와 판구조시스템 간의 상호작용

매우 단단해 보이지만 모든 암석들은 물과 대기 중의 기체에 노출되면 오래된 자동차가 녹이 슬고 오래된 신문이 변색되듯이 결국 약해지고 부서진다. 그러나 자동차와 신문과는 달리, 암석은 분해되는 데 수천 년이 걸린다.

이 장에서는 암석을 부서뜨리고, 부서진 암석을 짧은 거리에 걸쳐 이동시키는 세 가지 지질학적 과정 (풍화, 침식, 중력사면사태)에 대해서 다룰 것이다. 이러한 세 가지 지질학적 과정은 기후와 판구조시스템 사이의 상호작용의 결과이다.

풍화는 판구조운동에 의해 융기된 산맥이 평평해지는 첫 번째 단계이다. 산맥이 융기되고 있을지라도 화학적 분해작용과 물리적 파쇄작용은 강우, 바람, 빙하, 눈과 결합하여 산맥을 삭박한다. 침식과 중력사면사태는 풍화된 토양과 암석을 느슨하게 하여 사면 아래쪽으로 또는 바람 부는 방향으로 이동시키는 과정이다. 침식(erosion)은 일반적으로 지각물질을 입자규모로 이동시키는 과정을 말한다. 중력사면사태(mass wasting)는 대량의 물질을 붕괴시켜 사면 아래로 이동시키는 과정을 말한다. 두 가지 과정은 모두 풍화된 물질을 근원지에서 다른 곳으로 이동시켜서, 변질되지 않은 신선한 암석 표면을 풍화작용에 노출시킨다.

■ 풍화, 침식, 중력사면사태, 암석 순환

제5장에서 본 것처럼 **풍화**(weathering)는 지구표면에서 암석이 파쇄되는 일반적인 과정이다. 풍화작용은 지구상의 모든 점토광물과 토양을 생성할 뿐만 아니라 하천에 의해 바다로 운반되는 용존물질들을 생성한다. **화학적 풍화작용**(chemical weathering)은 암석 내 광물들이 화학적으로 변질되거나 용해될 때 일어난다. **물리적 풍화작용**(physical weathering)은 단단한 암석이 기계적 작용에 의해 화학적 성분변화 없이 파쇄될 때 일어난다. 화학적 풍화작용과 물리적 풍화작용은 서로의 작용을 강화시킨다. 화학적 풍화작용은 암석을 약하게 만들어 물리적 풍화작용이 잘 일어나게 한다. 물리적 풍화작용에 의해 생성된 암편들이 작으면 작을수록 화학적 풍화작용을 받을 표면적이 더욱 커지게 된다.

풍화작용에 의해 암석이 입자들로 파쇄되면, 입자들은 제자리에 토양으로 축적되며, 또는 침식으로 제거되고 운반되어 다른 지역에 퇴적물로 퇴적된다. **침식**(erosion)은 풍화작용에 의해 생성된 입자들이 주로 물 또는 공기의 흐름에 의해 그들의 근원지로부터 제거되는 과정이다. 침식은 입자들을 산사면으로부터 하천 수로의 시작점으로 이동시킨다. **중력사면사태**(mass wasting)는 풍화되었거나 풍화되지 않은 물질들을 주로 중력의 작용으로 대량으로 한꺼번에 사면 아래로 이동시키는 모든 과정들을 포함한다. 중력사면사태의 산물들—풍화되지 않은 대량의 암석들뿐만 아니라 풍화된 입자들—은 하천 수로의 시작점으로 운반된다. 일단 이러한 물질들이 하천 수로에 도달하면, 하천과 강은 그들을 효율적으로 사면 아래 더 멀리로, 아마도 대륙을 지나 해양으로까지 운반할 수 있다. 퇴적물이 산악지역에 있는 그들의 근원지로부터 대양의 퇴적장소까지 운반되는 과정은 제18장에서 더 자세하게 설명할 것이다.

풍화작용은 암석 순환에 있어 중요한 작용 중 하나이다. 풍화는 지표면의 모양을 바꾸고, 암석을 변질시키고, 모든 종류의 암석을 퇴적물과 토양으로 변환시킨다. 이 장의 처음에서 화학적 풍화작용을 강조했는데, 이는 모든 풍화과정의 원동력이기 때문이다. 예를 들어, 다음에 언급할 물리적 풍화작용은 주로 광물의 화학적 분해에 달려 있다. 풍화작용의 종류에 대해 자세히 살펴보기 전에 풍화작용에 영향을 주는 요인들에 대해 알아보자.

■ 풍화에 영향을 주는 요인

모든 암석은 풍화되나 풍화의 양상과 속도는 암석의 종류에 따라 다르다. 암석의 풍화에 영향을 주는 네 가지 주요 요인은 모암의 성질, 기후, 토양의 존재 유무, 암석이 대기 중에 노출되는 시간이다. 이러한 네 가지 주요 요인이 표 16.1에 설명되어 있다.

모암의 성질

광물종류에 따라 풍화속도가 다르고 암석의 구조는 암석의 파쇄와 분열에 영향을 주기 때문에 모암의 광물조성과 결정구조는 풍화작용에 영향을 준다. 묘비의 비문은 암석이 다른 속도로 풍화되고 있음을 나타내는 좋은 증거이다. 최근에 묘비에 새겨진 비문의 글씨는 묘비 표면에 명확히 나타난다. 그러나 비누 표면의 상표가 몇 번의 세척 후에 사라지는 것처럼 석회암으로 만든 묘비 표면은 온화한 습윤기후에서 몇백 년 후에 무뎌지고 비문의 글자들은 용해되어 사라진다(그림 16.1). 반면에, 점판암 또는 화강암으로 된 묘비는 거의 변화가 없다. 석회암과 점판암의 이러한 풍화속도의 차이는 암석을 구성하는 조암광물이 다르기 때문

표 16.1 풍화속도를 조절하는 주요 요인들

		풍화율	
	느림 ────────────────────────────────→ 빠름		
모암의 특성			
물에서의 광물 용해도	낮다(예 : 석영)	중간(예 : 휘석, 장석)	높다(예 : 방해석)
암석 구조	괴상	약선대 존재	많은 균열과 얇은 층리
기후			
강우량	적다	중간	많다
기온	춥다	온난	덥다
토양과 초목의 유무			
토양층의 두께	없음—암석 노출	얇거나 적당함	두꺼움
유기물 함량	적다	중간	많다
노출 기간	짧다	중간	길다

그림 16.1 미국 매사추세츠주의 웰플릿에 있는 19세기 초의 묘비는 화학적 풍화작용의 결과를 보여준다. 석회암인 오른쪽의 묘비는 너무 풍화되어 비문을 읽을 수 없다. 점판암인 왼쪽의 묘비는 같은 조건에 놓여 있었지만 비문을 읽을 수 있다.
[Raymond Siever 제공.]

이다. 그러나 충분히 오랜 시간 후에는 저항성이 큰 암석도 결국 분해된다. 몇백 년 후에 화강암 묘비는 풍화될 것이고 묘비 표면과 글자들은 무뎌지고 흐릿해진다.

기후 : 강우와 온도

화학적 풍화작용과 기계적 풍화작용의 속도는 모암의 성질뿐만 아니라 강우의 양과 온도와 같은 기후조건의 영향을 받는다. 높은 온도와 많은 양의 강우는 화학적 풍화작용을 빠르게 한다. 춥고 건조한 기후는 화학적 풍화작용을 느리게 한다. 추운 기후에서는 물이 얼어 있을 때 광물을 용해시킬 수 없다. 건조기후에서는 물의 양이 적다.

반면에 화학적 풍화작용을 최소화하는 기후조건은 물리적 풍화작용을 증진시킬 수 있다. 예를 들어, 얼음은 암석의 균열을 확장시키고 암석을 파쇄시키는 쐐기 역할을 한다. 온대기후에서 온도변화에 따른 동결융해작용은 암석을 수축과 팽창시켜 암석을 파쇄시킨다.

토양의 존재 유무

토양은 그 자체도 풍화작용의 산물이지만 토양의 존재 유무는 다른 물질의 화학적·물리적 풍화작용에 영향을 준다. 토양의 생성은 양성 피드백 과정(positive feedback process)이다. 즉 토양의 생성은 더 많은 토양이 생성되도록 한다. 토양이 형성되기 시작하면 토양은 지질매개체로서 암석의 풍화작용을 촉진시킨다. 토양은 빗물을 저장하고 식물, 박테리아와 다른 유기체들의 서식지가 된다. 이러한 유기체의 신진대사는 수분과 함께 화학적 풍화작용을 촉진시키는 산성환경을 조성한다. 토양을 관통하는 식물 뿌리와 유기체는 암석에 균열이 생기는 것을 도움으로써 물리적 풍화작용을 촉진한다. 화학적 풍화작용과 물리적 풍화작용은 결과적으로 더 많은 토양을 생성한다.

노출 기간

오랫동안 풍화된 암석은 쉽게 화학적으로 변질과 용해되고 물리적으로 파쇄된다. 수천 년 이상 지표면에 노출된 암석은 신선하고 변질되지 않은 암석 주변에 수 밀리미터 또는 수 센티미터 두께의 풍화각(rind)이라 불리는 얇은 외부층을 갖는다. 건조기후지역에서 이러한 층들은 1,000년당 0.006mm의 속도로 느리게 성장한다.

지금까지 풍화속도를 조절하는 요인에 대해 살펴보았다. 이제 풍화의 두 가지 종류, 화학적 풍화작용과 물리적 풍화작용에 대해 자세히 살펴보겠다.

■ 화학적 풍화작용

화학적 풍화작용은 광물이 공기와 물과 반응할 때 발생한다. 이러한 화학적 반응에서 어떤 광물들은 용해된다. 다른 광물들은 물과 산소 및 이산화탄소와 같은 대기 중의 성분들과 결합하여 새로운 광물을 형성한다. 지각에서 가장 풍부한 광물인 장석의 화학적 풍화작용에 대해 알아보자.

물의 작용 : 장석과 다른 규산염광물

장석은 화학적 풍화작용에 의해 변질되어 점토광물을 형성하는 많은 규산염광물 중의 하나이다. 풍화작용 동안 장석의 반응은 두 가지 이유에서 풍화과정을 이해하는 데 도움을 준다.

1. 장석은 화성암, 퇴적암, 변성암의 중요한 구성광물이고, 지각에서 가장 풍부한 광물 중 하나이다.
2. 장석의 풍화작용을 일으키는 화학적 과정은 다른 종류의 광물에 대한 풍화도 발생시킨다.

장석은 여러 다른 광물들로 이루어진 화강암의 구성광물 중 하나이다. 화강암의 구성광물들은 분해되는 속도가 모두 다르다. 풍화되지 않은 신선한 화강암 시료는 석영, 장석 및 다른 결정들이 서로 강하게 결합되어 있기 때문에 딱딱하고 단단하다. 장석이 풍화를 받아 점토광물로 변질되면 결합력이 약해져 광물입자들은 분리된다(그림 16.2). 이러한 경우에 점토광물을 생성하는 화학적 풍화작용은 물리적 풍화작용을 촉진시킨다. 왜냐하면 이제 암석들은 입자 사이 경계에 있는 넓은 균열을 따라 쉽게 파쇄되기 때문이다.

장석의 풍화에 의해 생성된 흰색에서 크림색의 점토는 **고령토**(kaolinite)라 불리며, 카올린(kaolin)의 어원은 도자기의 원료인 이 흙이 처음 채굴된 중국 남서부인 장시성(江西省) 징더전(景德鎭) 부근의 한 언덕인 가오링(Gaoling, 高陵)에서 유래되었다. 18세기에 제조 기술이 유럽으로 전파되기 수 세기 전부터 중국의 장인들은 순수 고령토를 도기와 자기의 원료로 사용해왔다.

일부 사막이나 극지방같이 매우 건조한 기후지역에서만 장석은 풍화되지 않은 상태로 존재한다. 이것은 장석이 고령토가 되는 풍화작용에서 물이 매우 중요한 요소라는 것을 나타낸다. 고령토는 수화된 규산알루미늄이다. 고령토를 형성하는 반응에서 고체 장석은 가수분해(hydrolysis, 물과 관련된 분해반응)된다. 장석은 분해되어 여러 화학성분들을 잃지만, 고령토는 물을 얻는다.

유체와 반응하는 고체의 유일한 부분은 고체의 표면이다. 따라서 고체의 표면적을 증가시키면 반응속도가 빨라진다. 예를 들어, 커피 원두를 갈아 작은 입자들로 만들면 부피에 대한 표면적의 비는 증가한다. 커피 입자를 더 곱게 갈수록, 물과 더 빨리 반응하여 더 진한 커피가 추출된다. 마찬가지로, 광물과 암석의 조각들이 작으면 작을수록 그들의 표면적은 더 커진다. 그림 16.3처럼 부피에 대한 표면적의 비는 평균 입자크기가 감소할수록 크게 증가한다.

이산화탄소, 풍화, 기후시스템

물처럼 이산화탄소도 풍화의 화학적 반응에 관여한다. 따라서 대기 중 CO_2 농도 변화는 풍화속도에 영향을 준다(그림 16.4). 대기 중 CO_2 농도가 증가하면, 토양 내 CO_2의 농도가 증가하게 되고, 암석의 풍화속도가 가속된다. 제15장에서 언급했듯이, 온실가스인 대기 중 CO_2 증가는 지구온난화를 일으켜 풍화를 촉진시킨

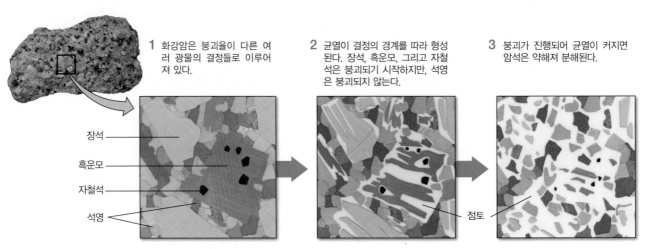

1 화강암은 붕괴율이 다른 여러 광물의 결정들로 이루어져 있다.

2 균열이 결정의 경계를 따라 형성된다. 장석, 흑운모, 그리고 자철석은 붕괴되기 시작하지만, 석영은 붕괴되지 않는다.

3 붕괴가 진행되어 균열이 커지면 암석은 약해져 분해된다.

장석

흑운모

자철석

석영

점토

그림 16.2 화강암의 분해 단계를 보여주는 현미경사진.
[John Grotzinger/Ramón Rivera-Moret/Harvard Mineralogical Museum.]

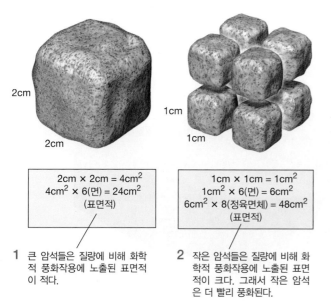

2cm

2cm

2cm

1cm

1cm

1cm

2cm × 2cm = 4cm²
4cm² × 6(면) = 24cm²
(표면적)

1cm × 1cm = 1cm²
1cm² × 6(면) = 6cm²
6cm² × 8(정육면체) = 48cm²
(표면적)

1 큰 암석들은 질량에 비해 화학적 풍화작용에 노출된 표면적이 적다.

2 작은 암석들은 질량에 비해 화학적 풍화작용에 노출된 표면적이 크다. 그래서 작은 암석은 더 빨리 풍화된다.

그림 16.3 암석 덩어리가 작은 조각으로 부서지면, 표면적이 증가해 화학적 풍화작용에 더 많이 노출된다.

다. 칼슘이 풍부한 암석의 풍화는 대기의 CO_2를 제거하여 전 지구의 기후를 냉각시킨다. 이러한 방식으로 화학적 풍화작용은 판구조시스템과 기후계를 연결시킨다. 풍화작용을 통해 점점 더 많은 CO_2가 소모되면 기후는 냉각되고, 풍화작용은 감소된다. 풍화작용이 감소되면 대기 중의 이산화탄소 농도는 다시 증가하고, 지구는 따뜻해진다. 이와 같이 순환은 계속된다.

풍화작용에서 이산화탄소의 역할 실험실에서 순수한 물과 장석의 반응은 적은 양의 장석이 완전히 풍화되는 데 수천 년이 걸릴 정도로 극히 느린 과정이다. 우리는 물에 강산(염산과 같은)을 넣어 풍화작용을 가속시킬 수 있다. 이럴 경우 장석은 수일 내에 분해될 것이다. 산(acid)은 용액에 수소 이온(H^+)을 방출하는 물질이다. 강산은 많은 양의 수소 이온을 생산하고, 약산은 적은 양의 수소 이온을 생산한다. 수소 이온의 다른 물질과의 강한 화학적 결합력 때문에 산은 뛰어난 용제 역할을 한다.

지표에서 가장 흔한 산—그리고 풍화속도를 증가시키는 데 가장 영향을 주는 산—은 탄산(H_2CO_3)이다. 이러한 약산은 대기 중의 이산화탄소(CO_2)가 빗물에 용해될 때 형성된다.

$$이산화탄소 + 물 → 탄산$$
$$CO_2 \quad\quad H_2O \quad\quad H_2CO_3$$

대기 중에 이산화탄소의 양이 적기 때문에 빗물에 녹아 있는 이산화탄소의 양은 적다. 지구대기를 구성하는 분자들 중 약 0.03%가 이산화탄소다. 그래서 빗물 속에 형성된 탄산의 양은 약

0.0006g/l 정도로 매우 적다.

인간활동이 대기 중의 이산화탄소 농도를 증가시키면서 빗물에 있는 탄산의 양이 약간 증가하고 있다. 산성비는 풍화작용을 촉진시킨다. 그러나 산성비 산도의 대부분은 이산화탄소로부터 오는 것이 아니라 물과 반응해 각각 강산인 황산과 질산을 형성시키는 이산화황과 질소 가스 때문이다. 이러한 산들은 탄산보다 더 심하게 풍화작용을 촉진시킨다. 화산과 해안습지는 이산화탄소, 황, 그리고 질소를 가스 형태로 대기 중에 방출하지만, 이러한 가스의 가장 큰 배출원은 산업 오염물질이다.

비록 산성비가 적은 양의 탄산을 포함하고 있지만, 그 정도 양은 오랫동안 다량의 암석을 용해시키기에 충분하다. 장석의 풍화작용에 대한 화학반응식은 다음과 같다.

$$장석 + 탄산 + 물 →$$
$$2KAlSi_3O_8 \quad 2H_2CO_3 \quad H_2O$$

$$용해된 \quad\quad 용해된 \quad\quad 용해된 \quad\quad 용해된$$
$$고령토 + 실리카 + 칼륨 이온 + 중탄산 이온$$
$$Al_2Si_2O_5(OH)_4 \quad 4SiO_2 \quad 2K^+ \quad 2HCO_3^-$$

이러한 단순한 풍화반응은 규산염광물에 대한 화학적 풍화작용의 세 가지 주요한 효과를 설명한다.

1. 화학적 풍화는 양이온과 실리카를 침출(leaches)시키거나 용해시킨다.

2. 화학적 풍화는 광물을 수화(hydrates)시키거나 광물에 물을 첨가한다.

3. 화학적 풍화는 용액을 더 약한 산성 용액으로 만든다.

특히 빗물 속의 탄산은 다음과 같은 방법으로 장석의 풍화작용을 촉진시킨다.

■ 빗물 속에 있는 소량의 탄산 분자가 이온화되어, 수소 이온(H^+)과 중탄산 이온(HCO_3^-)을 형성하고, 그래서 약산성의 빗물이 된다.

■ 약산성 물은 장석으로부터 칼륨 이온과 실리카를 용해시켜 고체 점토광물인 고령토 잔류물을 남긴다. 산성수의 수소 이온들은 장석의 산소 원자들과 결합하여 고령토의 구조 내에 물을 형성한다. 고령토는 토양의 일부가 되거나 용해된 실리카, 칼륨 이온, 그리고 중탄산 이온이 빗물과 강물에 의해 운반되어 빠져나갈 때 함께 빠져나가 결국 바다로 운반된다.

풍화작용에서 토양의 역할 산성수가 장석을 어떻게 풍화시키는

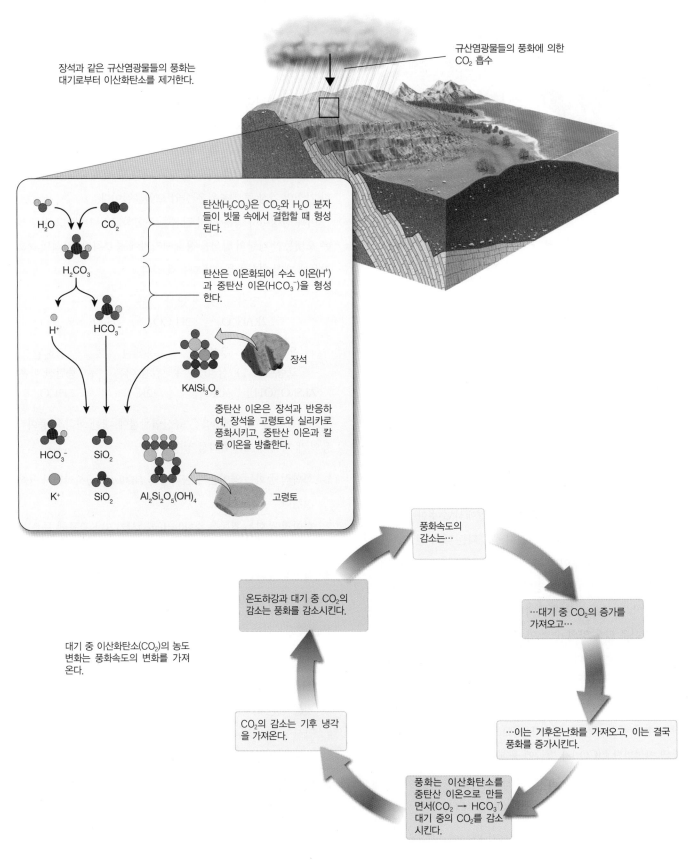

장석과 같은 규산염광물들의 풍화는 대기로부터 이산화탄소를 제거한다.

규산염광물들의 풍화에 의한 CO_2 흡수

탄산(H_2CO_3)은 CO_2와 H_2O 분자들이 빗물 속에서 결합할 때 형성된다.

탄산은 이온화되어 수소 이온(H^+)과 중탄산 이온(HCO_3^-)을 형성한다.

장석

$KAlSi_3O_8$

중탄산 이온은 장석과 반응하여, 장석을 고령토와 실리카로 풍화시키고, 중탄산 이온과 칼륨 이온을 방출한다.

HCO_3^- SiO_2

K^+ SiO_2 $Al_2Si_2O_5(OH)_4$ 고령토

대기 중 이산화탄소(CO_2)의 농도 변화는 풍화속도의 변화를 가져온다.

풍화속도의 감소는…

…대기 중 CO_2의 증가를 가져오고…

…이는 기후온난화를 가져오고, 이는 결국 풍화를 증가시킨다.

풍화는 이산화탄소를 중탄산 이온으로 만들면서($CO_2 \rightarrow HCO_3^-$) 대기 중의 CO_2를 감소시킨다.

CO_2의 감소는 기후 냉각을 가져온다.

온도하강과 대기 중 CO_2의 감소는 풍화를 감소시킨다.

그림 16.4 대기 중 이산화탄소 농도의 변화는 풍화에 영향을 주는 지구의 기온뿐만 아니라 풍화의 속도에도 변화를 가져온다. 이러한 방식으로 암석권과 기후시스템은 서로 연결되어 있다.

지에 대해 이해했으므로 노출된 암석 노두의 장석이 습한 토양에 묻혀 있는 장석보다 더 잘 보존되는 이유를 이해할 수 있다. 풍화작용의 화학반응은 풍화에 영향을 주는 요인들에 대한 독립적이면서도 연관된 두 가지 실마리를 제공한다—반응에 사용 가능한 물의 양과 산의 양. 노출된 장석은 빗물에 의해 젖어 있는 동안에만 풍화된다. 건조한 기간 동안 노출된 암석에 접촉하는 유일한 수분은 이슬이다. 그러나 습한 토양에 묻혀 있는 장석은 토양 입자 사이의 공극에 함유되어 있는 소량의 물과 끊임없이 접촉한다. 따라서 장석은 습윤한 토양 속에서는 끊임없이 풍화된다.

빗물보다 토양의 수분이 더 산성이다. 빗물은 본래 가지고 있는 탄산을 토양으로 이동시킨다. 물이 토양 속으로 침투해 들어가면서 물은 식물의 뿌리, 토양에 사는 많은 곤충 및 다른 동물들, 식물과 동물의 유해를 분해하는 박테리아 등에 의해 생성된 탄산 및 다른 종류의 산들을 추가로 얻는다. 최근에 일부 박테리아가 심지어 지하 수백 미터 깊이의 물에서도 유기산을 방출한다는 것이 밝혀졌다. 이러한 유기산은 지표면 아래의 암석 속에 있는 장석과 다른 광물들을 풍화시킨다. 토양 속에 있는 박테리아의 호흡작용은 토양의 이산화탄소 농도를 대기 중의 농도보다 약 100배 정도 증가시킬 수 있다.

암석은 온대와 한대기후에서보다 열대기후에서 더 빠르게 풍화된다. 그 이유는 주로 식물과 박테리아가 따뜻하고 습한 기후에서 더 빨리 자라면서 풍화를 촉진시키는 탄산과 다른 산들을 더 많이 만들어내기 때문이다. 게다가 풍화반응을 포함한 대부분의 화학반응은 온도가 상승함에 따라 증가한다.

산소의 역할 : 규산철광물에서 산화철광물로

철은 지각을 구성하는 8대 원소 중 하나이나, 순수한 철 원소로 이루어진 금속 철은 자연상태에서는 드물게 발견된다. 금속 철은 태양계의 다른 곳으로부터 지구로 떨어지는 어떤 종류의 운석에서만 나타난다. 철과 강철을 생산하는 데 사용되는 철광석은 대부분 풍화작용에 의해 형성된다. 이러한 광석들은 원래 휘석과 감람석 같은 철이 풍부한 규산염광물의 풍화에 의해 생성된 산화철광물들로 이루어져 있다. 규산염광물들의 용해에 의해 빠져나온 철은 대기권 및 수권의 산소와 결합하여 산화철광물을 형성한다.

광물에서 철은 세 가지 형태 중 하나로 존재할 수 있다—금속철, 제일철, 또는 제이철. 운석(그리고 제철소에서 제조된 물품)에서 발견되는 금속 철의 철 원자들은 전하를 띠고 있지 않다—그들은 다른 원소와 반응하여 전자를 얻지도 잃지도 않는다. 규

산염광물에서 발견되는 제일철(2가철, ferrous iron, Fe^{2+})에서는 철 원자들은 금속 철 형태에서 가지고 있던 전자 2개를 잃고 이온이 된다. 산화철광물에서 발견되는 제이철(3가철, ferric iron, Fe^{3+})에서는 철 원자들은 3개의 전자를 잃었다. 철이 잃은 전자들은 산화반응(oxidation)이라 부르는 과정을 통해 산소가 획득한다. 공기와 물속에 있는 산소 원자들은 제일철을 산화시켜 제이철을 형성한다. 그래서 지표면에서 형성된 모든 산화철광물들은 제이철이며, 그들 중 가장 풍부한 것이 **적철석**(hematite, Fe_2O_3)이다. 가수분해처럼 산화반응은 중요한 화학적 풍화반응 중 하나이다.

휘석 같은 철이 풍부한 규산염광물이 물과 접촉하면, 그것의 규산염 구조가 깨져져 실리카와 제일철을 물속으로 방출한다. 용액 속에서 제일철은 산화되어 제이철이 된다(그림 16.5). 제이철

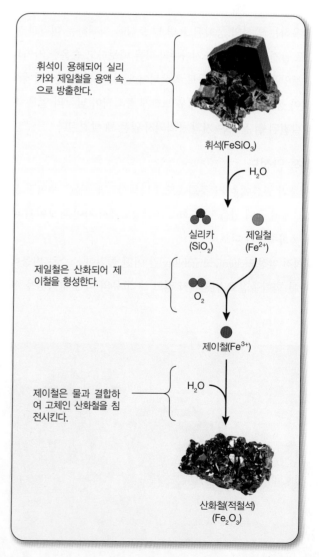

휘석이 용해되어 실리카와 제일철을 용액 속으로 방출한다.

휘석($FeSiO_3$)

H_2O

실리카 (SiO_2) 제일철 (Fe^{2+})

제일철은 산화되어 제이철을 형성한다.

O_2

제이철(Fe^{3+})

H_2O

제이철은 물과 결합하여 고체인 산화철을 침전시킨다.

산화철(적철석) (Fe_2O_3)

그림 16.5 휘석과 같이 철이 풍부한 규산염광물이 산소와 물이 있을 때 풍화되는 화학반응의 일반적 과정.

[John Grotzinger/Ramón Rivera-Moret/Harvard Mineralogical Museum.]

과 산소 간의 강한 화학적 결합으로 인해 대부분의 자연지표수에서 제이철은 불용성이다. 그러므로 제이철은 용액에서 고체인 산화제이철이 되어 침전한다. 우리가 잘 알고 있는 또 다른 형태의 산화제이철은 부식 철인 녹(rust)이다. 녹은 제철소에서 생산된 금속 철이 대기에 노출될 때 만들어진다.

우리는 이러한 전체 풍화반응을 다음과 같은 예로 보여줄 수 있다.

철이 많은 휘석 + 산소 → 적철석 + 용해된 실리카

$$4FeSiO_3 \qquad O_2 \qquad 2Fe_2O_3 \qquad 4SiO_2$$

비록 등식은 분명하게 물을 보여주지 않지만, 이 반응이 진행되려면 물이 필요하다.

널리 분포된 철을 포함하는 광물들이 풍화되면 산화철의 특징적인 색깔인 적색과 갈색을 띤다(그림 16.6). 산화철광물들은 철을 함유하는 암석의 풍화된 표면 및 토양을 착색하는 피막과 피각으로 발견된다. 미국 조지아주와 다른 따뜻하고 습윤한 지역의 적색 토양은 산화철광물들로 착색되어 있다. 반면에 극지역에서는 철이 풍부한 광물들은 매우 느리게 풍화되어 남극의 얼음 속에서 발견된 철 운석은 거의 풍화되지 않은 채 발견된다.

화학적 안정도

왜 광물의 종류에 따라 풍화속도가 다를까? 광물들은 주어진 온도조건에서 물이 있을 경우 화학적 안정도에서 차이를 보이기 때문에 풍화속도가 다르다.

화학적 안정도(chemical stability)란 어떤 물질이 스스로 반응하여 다른 화학물질로 변환되지 않고 그 고유의 화학적 특성을 유지하려는 경향에 대한 척도이다. 화학물질들은 특정 환경조건에 대해 안정하거나 불안정하다. 예를 들어, 장석은 지각의 심부조건(고온과 소량의 물)에서는 안정하나, 지표조건(저온과 풍부한 물)에서는 불안정하다. 어떤 광물의 두 가지 특성—용해도와 용해속도—은 그 광물의 화학적 안정도를 결정하는 데 도움을 준다.

용해도 광물의 용해도(solubility)는 용액이 포화되었을 때 물에 용해된 그 광물의 양으로 측정된다. 포화(saturation)는 물이 더 이상 용존물질을 수용할 수 없는 단계이다. 대부분의 풍화조건하에서 광물의 용해도가 높을수록 그 광물의 화학적 안정도는 더 낮아진다. 예를 들어, 암염을 함유하는 증발암들은 대부분의 풍화조건하에서 불안정하다. 그들의 용해도는 높으며(약 350g/l), 그래서 그들은 적은 양의 물이 존재할 때에도 토양으로부터 쉽게 용출된다. 반면에 석영은 대부분의 풍화조건하에서 안정하다. 석영의 물에 대한 용해도는 매우 작으며(약 0.008g/l), 그래서 석영은 토양으로부터 쉽게 용출되지 않는다.

용해속도 광물의 용해속도는 일정시간 동안 불포화용액에 용해되는 광물의 양으로 측정된다. 광물이 빨리 용해될수록 덜 안정하다. 장석은 석영보다 훨씬 빠른 속도로 용해되기 때문에 풍화조건하에서 장석은 석영보다 덜 안정하다.

조암광물의 상대적 안정도 다양한 광물들의 상대적인 화학적 안정도는 특정 지역의 풍화강도를 측정하는 데 사용될 수 있다. 열대우림지역에서는 가장 안정한 광물들만이 암석이나 토양에 잔류할 것이다. 그래서 우리는 그러한 환경에서는 풍화가 극심하다는 것을 알 수 있다. 풍화가 잘 일어나지 않는 북아프리카의 사막

그림 16.6 미국 애리조나주의 모뉴먼트밸리에 있는 암석들이 풍화되어 산화철의 색깔인 적색과 갈색을 띤다.

[© Charles & Josette Lenars/Corbis/Aurora Photos.]

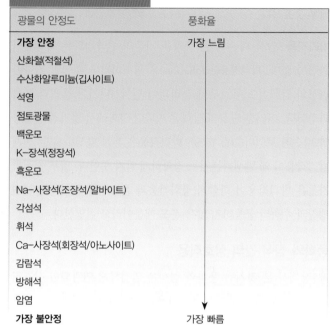

표 16.2 광물의 상대적 안정도	
광물의 안정도	풍화율
가장 안정	가장 느림
산화철(적철석)	
수산화알루미늄(깁사이트)	
석영	
점토광물	
백운모	
K-장석(정장석)	
흑운모	
Na-사장석(조장석/알바이트)	
각섬석	
휘석	
Ca-사장석(회장석/아노사이트)	
감람석	
방해석	
암염	
가장 불안정	가장 빠름

과 같은 건조지역에서는 설화석고(alabaster)로 만든 기념물들이 손상되지 않고 온전하게 남아 있으며, 많은 다른 불안정한 광물들도 마찬가지이다. 표 16.2는 흔히 발견되는 모든 조암광물들의 상대적 안정도를 나타낸다. 소금과 탄산염광물들은 가장 불안정하고, 산화철광물들은 가장 안정하다.

■ 물리적 풍화작용

지금까지 화학적 풍화작용에 대해 알아보았으니 이제 물리적 풍화작용에 대해 조사해보자. 물리적 풍화작용은 화학적 풍화작용이 잘 발생하지 않는 건조지역에서 가장 잘 관찰될 수 있다.

어떻게 암석이 부서지는가?

암석은 자연적인 연약대에 가해진 물리적인 힘이나 생물학적 및 화학적 활동 등을 포함하는 다양한 이유 때문에 부서질 수 있다.

연약대 암석들은 그들이 갈라지게 하는 자연적인 연약대를 가지고 있다. 사암, 셰일과 같은 퇴적암에서 이러한 연약대는 고화된 퇴적물의 연속적인 층을 구분하는 층리면이다. 점판암과 같은 엽리상 변성암들은 그들을 쉽게 분리할 수 있는 평행한 벽개면들을 형성한다. 화강암과 기타 엽리가 없는 암석들은 종종 **괴상**(massive) 암석이라고 부르는데, 괴상이란 암석이 원래부터 연약면을 갖고 있지 않을 경우 이렇게 부른다. 괴상 암석은 **절리**

(joints)라 불리는 1~수 미터 간격을 갖는 규칙적인 틈을 따라 갈라지는 경향이 있다(그림 16.7). 제7장에서 설명한 것처럼 절리및 덜 규칙적인 단열들은 암석이 지각 깊숙한 곳에 묻혀 있는 동안에 변형, 냉각 및 수축에 의해 형성된다. 융기와 침식으로 깊이묻혀 있는 암석은 언젠가는 지표면으로 상승한다. 지표로 올라와위에 놓여 있던 암석의 무게가 제거되면 단열은 약간 열린다. 일단 단열이 약간 열리면 화학적·물리적 풍화작용이 작용하여 단열의 폭이 넓어진다.

생물의 활동 생물의 활동은 화학적 풍화작용뿐만 아니라 물리적 풍화작용에도 영향을 끼친다. 박테리아와 조류는 암석의 균열 속으로 들어가서 미세 단열을 만든다. 이러한 생물들—암석의 균열속에 있는 생물들과 암석을 피복하고 있는 생물들—은 산을 생성하여 화학적 풍화작용을 촉진한다. 어떤 지역에서는 산을 생성하는 균류(곰팡이류)들이 토양 속에서 활발히 서식하며 화학적 풍화작용을 촉진한다. 나무뿌리는 암석의 균열을 넓히는 역할을 한다(그림 5.2 참조). 굴을 파거나 균열을 통해 이동하는 동물들도암석을 파쇄시킬 수 있다.

동결쐐기 암석의 균열을 넓히는 데 가장 효과적인 방법 중의 하나는 동결된 물의 팽창으로 발생하는 파쇄작용인 **동결쐐기**(frost wedging)이다. 물이 얼어서 부피가 팽창하면, 쐐기에 바깥쪽으로 가해지는 강한 외력이 작용하여 균열이 열리고 암석이 분열된다(그림 16.8). 이것은 부동액을 넣지 않은 자동차의 엔진이 얼어서 균열이 생기는 것과 같은 과정이다. 동결쐐기는 온대기후와 산악

그림 16.7 미국 캘리포니아주의 포인트로보스주립보호구역에 있는 암석에서 풍화에 의해 확대된 절리들이 두 방향으로 발달되어 있다.

그림 16.8 미국 캘리포니아주의 시에라산맥에서 물의 동결에 의해 깨진 화강암 덩어리.

[Susan Rayfield/Science Source.]

지역에서처럼 물이 일시적으로 결빙되었다 해동되는 지역에서 매우 중요하다.

박리작용 암석 파손의 한 유형은 기존의 연약대와는 직접적인 관련이 없다. **박리작용**(exfoliation)은 평평하거나 휘어진 커다란 판상의 암석이 노두로부터 분리되어 떨어져나가는 물리적 풍화과정이다. 이러한 판상의 암석은 커다란 양파에서 벗겨진 껍질층과 비슷해 보인다(그림 16.9). 박리작용은 흔히 발생하지만, 현재 박리작용이 왜 발생하는지는 정확하게 알지 못한다. 일부 지질학자들은 박리작용이 화학적 풍화작용과 온도변화에 의해 발생된 팽창과 수축의 균등하지 않은 분포 때문이라고 설명한다.

풍화와 침식 간의 상호작용

제5장에서 본 것처럼 풍화와 침식은 밀접하게 연관되어 상호작용하는 과정이다. 물리적 풍화작용과 침식작용은 바람, 물, 얼음이 작용하여 암석 입자들을 제거하고, 그들을 근원지로부터 다른 곳으로 이동시키는 과정으로 연결되어 있다. 물리적 풍화작용은 큰 암석 덩어리를 작은 암석 조각들로 부수어 더 쉽게 침식되고 운반되도록 한다.

사면의 경사도는 물리적 및 화학적 풍화작용 모두에 영향을 주며, 결국 침식작용에도 영향을 미친다. 풍화작용과 침식작용은 급경사 사면에서 더 심하게 일어나며, 이들의 작용에 의해 사면의 경사는 더 완만해진다. 빗물의 흐름이 주된 침식의 원인이지만 바람은 아주 미세한 입자들을 날려버릴 수 있으며, 빙하는 기반암으로부터 큰 암석 덩어리를 뜯어내어 운반할 수 있다.

온도가 대체로 낮고, 토양층이 얇거나 없으며, 식생이 거의 없

그림 16.9 미국 캘리포니아주의 요세미티국립공원에 있는 하프돔에서의 박리작용.

[Tony Waltham.]

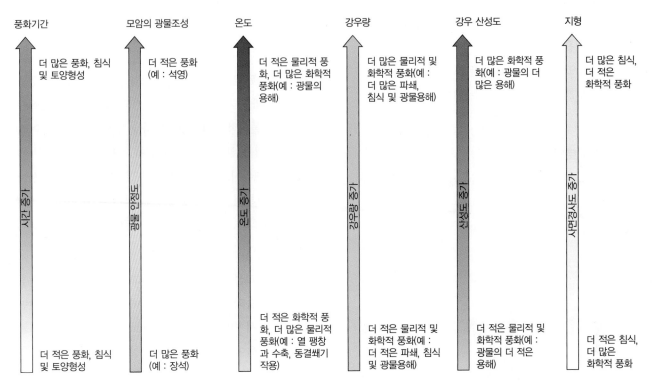

그림 16.10 풍화와 침식에 영향을 주는 요인들에 대한 요약.

는 고지대에서는 화학적 풍화작용의 속도가 느리다. 빙하가 암석을 뜯어내는 고지대와 빙하지역에서는 물리적 풍화작용이 크게 발생한다. 침식과정은 물리적 풍화작용에 의해 형성된 암석 파편의 크기와 밀접한 관련이 있다. 풍화된 물질은 침식되고 운반되면서, 그 크기와 모양이 더욱 변할 수 있으며, 그 성분 또한 화학적 풍화작용에 의해 변할 수 있다. 운반이 중지되면, 풍화작용에 의해 형성된 퇴적물의 퇴적이 시작된다.

　그림 16.10은 풍화작용과 침식작용에 영향을 주는 요인들을 요약한 도표이다.

■ 토양 : 풍화의 잔류물

침식이 심하지 않은 적당하고 완만한 경사지, 평원, 저지대에서는 느슨하고 불균질한 풍화물질의 층이 기반암을 덮고 있다. 이 층은 풍화되거나 풍화되지 않은 모암, 점토광물, 철 및 기타 금속 산화물, 기타 풍화산물의 입자들을 포함할 수 있다. 지질학자들은 처음에는 풍화작용 동안 암석의 파쇄에 의해 만들어져서, 새로운 물질을 얻고, 원래의 물질을 잃고, 물리적인 혼합과 화학적인 반응을 통해 변경된, 이러한 물질의 층들을 기술하기 위하여 **토양**(soil)이라는 용어를 사용한다. **부식토**(humus)라 불리는 유기

물질은 대부분의 토양에서 중요한 구성성분이다. 부식토는 토양에 사는 많은 생물들의 유해와 폐기물로 이루어져 있다. 낙엽은 숲의 토양에서 상당한 부분을 차지한다. 또한 대부분의 토양은 뿌리를 내린 식물들을 지지하고 부양할 능력을 가지고 있다. 그러나 모든 토양에서 생물이 살 수 있는 것은 아니다. 토양은 남극이나 화성과 같이 생물이 제한적으로 존재하거나 아마 전혀 존재하지 않는 곳에서도 나타난다.

　토양의 색깔은 다양하다. 철이 풍부한 토양은 밝은 적색과 갈색을, 유기물이 풍부한 토양은 흑색을 띤다. 토양의 조직 또한 다양하다. 자갈과 모래로 이루어진 토양도 있고, 모두 점토로만 이루어진 토양도 있다. 토양은 쉽게 침식된다. 그래서 토양은 매우 가파른 경사면 또는 토양을 제자리에 붙잡아주고 유기물질을 공급해주는 식물들이 성장할 수 없는 고지대나 추운 기후에서는 형성되지 않는다. 지질학자뿐만 아니라 토양학자, 농학자, 공학자는 토양의 성분과 기원, 농업과 건설에 대한 토양의 적합성, 과거 기후에 대한 지시자로서 토양의 가치 등을 연구한다.

　토양은 기후와 판구조시스템 사이의 접점에서 형성된다. 토양은 육지 위에서 사는 생물에게는 매우 중요하며, 인간사회에서 가장 중요한 천연자원 중 하나이다. 토양은 농업에 필요한 영양소의 주요 저장소이며, 재생 가능한 천연자원을 생산하는 생태계

이다. 토양은 물을 여과하고, 폐기물을 재생하며, 건물과 사회기반시설에 필요한 토대를 제공한다. 또한 토양은 이산화탄소를 저장도 하고 방출도 함으로써 지구의 기후를 조절하는 데 도움을 준다. 토양은 대기의 2배, 전 세계 식물의 3배에 달하는 탄소를 포함하고 있다.

지오시스템으로서 토양

앞에서 보았듯이 지구를 상호작용하는 여러 개의 지오시스템들로 바라보는 개념은 지질학적 과정을 이해하는 데 매우 중요하다. 지구시스템의 많은 다른 구성요소들처럼 토양은 투입물질, 과정, 그리고 산출물질을 갖고 있는 하나의 지오시스템으로 설명될 수 있다(그림 16.11).

투입물질 : 풍화된 암석, 생물, 먼지 토양은 풍화된 암석에 생물권의 유기물질과 대기 중의 먼지가 추가되어 발달한다. 앞에서 설명한 것처럼 물리적 풍화작용은 암석을 작은 조각들로 부수고, 화학적 풍화작용은 암석에 있는 광물(예 : 장석)을 다른 광물(예 : 점토광물)로 변환시킨다. 식물과 다른 생물들은 토양에서 서식하고, 죽으면 그들의 조직이 분해되어 부식토를 형성한다. 대기 또한 토양에 물질을 공급해주지만, 이 물질은 주로 무기질 먼지이다.

과정 : 변환과정과 전위과정 토양이 오래되고 성숙되면, 토양은 물질들이 첨가되거나 제거되면서 변환과정(transformations)을 겪게 된다. 예를 들어, 토양에 부식토를 첨가하면 식물 성장을 촉진시키는 영양분을 공급해주게 되어 더 많은 부식토가 만들어진다—토양시스템 내의 양성 피드백 과정. 많은 토양 변환과정들은 점토광물을 형성하는 장석과 다른 광물들의 화학적 풍화작용과 관련이 있다.

전위과정(translocation)은 발달 중인 토양 내 물질들의 수평 및 수직이동이다. 물은 전위과정의 중요한 매개체이며, 보통 용존 염분을 이동시킨다. 물은 비가 내린 후 토양 내로 침투해 내려가면서 일부 물질을 선택적으로 제거하는데, 이러한 과정을 침출(leaching)이라 부른다. 그러나 온도가 상승하고 증발이 지표면으로 더 많은 물을 끌어올리면 토양표면 아래에서도 물이 올라올 수 있다. 생물 역시 토양 속에 굴을 파면서 토양의 성분들을 이동시켜 전위과정에서 중요한 역할을 한다.

토양은 역동적이며, 기후변화, 생물과의 상호작용, 그리고 인간에 의한 변화에 반응한다. 다음의 다섯 가지 요인들은 토양의 형성과 발달에 중요하다.

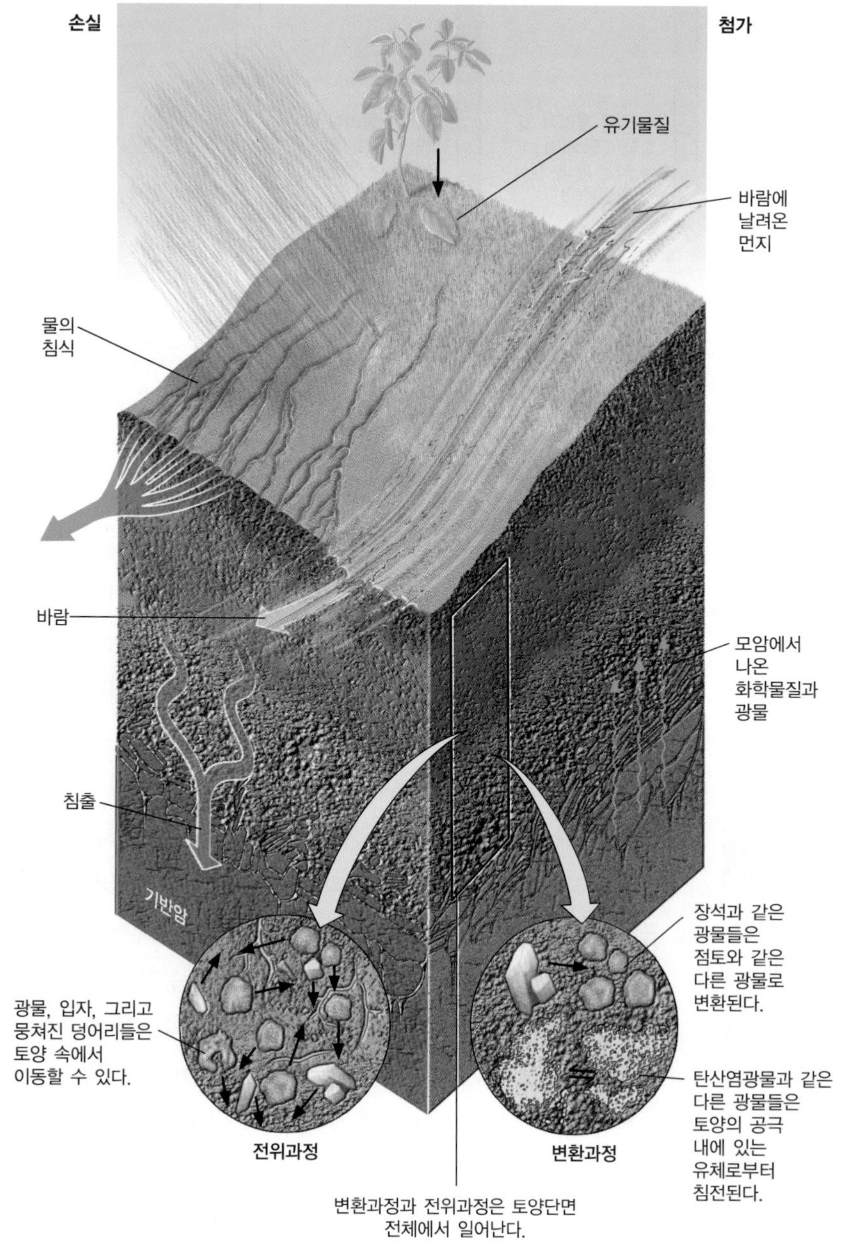

손실   첨가

유기물질

바람에 날려온 먼지

물의 침식

바람

침출

모암에서 나온 화학물질과 광물

기반암

광물, 입자, 그리고 뭉쳐진 덩어리들은 토양 속에서 이동할 수 있다.

장석과 같은 광물들은 점토와 같은 다른 광물로 변환된다.

탄산염광물과 같은 다른 광물들은 토양의 공극 내에 있는 유체로부터 침전된다.

전위과정   변환과정

변환과정과 전위과정은 토양단면 전체에서 일어난다.

그림 16.11 토양은 새로운 물질의 투입, 원래 물질의 손실, 그리고 물리적 혼합 및 화학반응을 통한 변경을 통해 발달되는 지오시스템이다. 토양변경 과정은 두 가지 기본유형으로 나눌 수 있다—전위과정(translocation)과 변환과정(transformation). 토양단면을 구성하는 뚜렷이 구별되는 토양층들을 이 그림에서 볼 수 있다.

1. **모재(모체 물질)** : 광물의 용해도, 입자의 크기, 그리고 절리 및 벽개 같은 기반암의 파쇄 양상

2. **기후** : 온도, 강우량, 그리고 그들의 계절적 변화 양상

3. **지형** : 사면의 경사도와 경사방향—태양 쪽을 향한 완만한 경사면이 토양발달에 좋다.

4. **생물** : 토양에 사는 생물의 다양성과 개체 수

5. **시간** : 토양이 형성되는 시간

산출물질 : 토양단면 대부분의 토양은 그들이 발달하면서 뚜렷이 구별되는 여러 층들을 형성된다. 토양의 조성과 모습을 **토양단면**(soil profile)이라 한다. 토양단면은 6개의 층(horizons)으로 이루어져 있다—일반적으로 지표면과 평행하고, 다양한 색깔과 조직으로 된 뚜렷이 구별되는 층들로서, 노출된 토양의 수직단면에서 볼 수 있다(그림 16.11).

토양의 가장 상부층을 O층(O-horizon)이라 하며, 일반적으로 얇으며, 나뭇잎들과 유기물 부스러기로 구성되어 있다. O층 아래를 A층(A-horizon)이라 하며, 1~2m 두께를 가지며 부식토를 가장 많이 포함하기 때문에 주로 검은색을 띤다. A층 아래를 E층(E-horizon)이라 하며, 주로 점토와 석영과 같은 불용성광물들로 구성되어 있는데, 그 이유는 물에 용해되는 광물들은 이 층으로부터 침출되어 빠져나갔기 때문이다. E층 아래는 B층(B-horizon)이 있으며, 유기물이 적다. 용해성 광물과 산화철광물들이 이 층에 집적된다. 기후는 B층에 집적되는 광물의 종류에 영향을 준다. 예를 들어, 건조기후에서 탄산염광물과 석고가 이 층에서 발견된다. B층 아래 C층(C-horizon)은 약간 변질된 기반암층으로서, 깨어지고 풍화되어 있으며, 화학적 풍화작용에 의해 형성된 점토와 혼합되어 있다. 가장 아래층인 R층(R-horizon)은 변질되지 않은 기반암이다.

위에 기술한 토양의 다섯 가지 발달 요인들은 상호작용하여 12가지 서로 다른 종류의 토양을 생성하였으며, 각각은 토양을 연구하는 학자들이 알아볼 수 있는 독특한 토양단면을 갖고 있다(표 16.3).

표 16.3 12개의 알려진 토양형

토양형	특이사항	가장 중요한 형성 인자[a]
알피졸(Alfisols)	점토가 집적된 차표층을 가지고 있으며, 심하게 침출되지 않은 습윤 및 아습윤 기후지역의 토양으로, 산림지역에서 흔히 나타남[차표층(subsurface horizon)은 표층 바로 밑에 있는 토층임. 일반적으로 B층의 위치에 있음]	기후, 생물
안디졸(Andisols)	화산재 내에서 형성되며, 유기물과 알루미늄이 풍부한 화합물을 포함하는 토양	모재
아리디졸(Aridisols)	건조기후에서 형성되며, 유기물의 함량이 낮고, 흔히 염이 집적된 차표층을 갖고 있는 토양	기후
엔티졸(Entisols)	모재가 최근에 형성되었거나 끊임없는 침식 때문에 차표층이 없는 토양, 범람원이나 산지 및 악지(심하게 침식되어 바위가 많은 지역)에서 흔함	시간, 지형
젤리졸(Gelisols)	토양단면 내에 영구동토(얼어붙은 토양)를 포함하고 있는 지역에서 형성된 약하게 풍화된 토양	기후
히스토졸(Histosols)	유기물이 매우 많은(>25%) 두꺼운 상부층과 비교적 적은 광물질을 포함하고 있는 토양	지형
인셉티졸(Inceptisols)	토양이 젊거나 기후가 빠른 풍화를 촉진시키지 못함으로써, 차표층의 발달이 미약하고, 심토에 점토 축적이 적거나 없는 토양[심토(subsoil)는 표토 밑에 위치하는 토양]	시간, 기후
몰리졸(Mollisols)	어둡고 유기물이 풍부한 A층을 가지고 있으며, 심하게 침출되지 않은 반건조와 아습윤 중위도 초원의 광질 토양[광질 토양(mineral soil)은 유기질 토양과 대비되는 토양으로 무기질 광물로 이루어진 토양]	기후, 생물
옥시졸(Oxisols)	차표층에 산화철과 산화알루미늄이 축적된 매우 오래되고 심하게 침출된 토양이며, 습윤한 열대환경에서 흔히 발견됨	기후, 시간
스포도졸(Spodosols)	산화알루미늄과 산화철이 집적된 잘 발달된 B층을 가지고 있는 춥고 습윤한 기후에서 형성된 토양으로, 사질 모재에서 자라는 소나무 식생 지역에서 형성됨	모재, 생물, 기후
얼티졸(Ultisols)	점토가 집적된 차표층을 가지고 있으며, 심하게 침출되어(옥시졸만큼 심하지 않은) 있는 토양으로, 습윤한 열대 및 아열대 환경에서 흔히 발견됨	기후, 시간, 생물
버티졸(Vertisols)	높은 점토 함량(>35%) 때문에 마르면(수축과 팽창) 깊고 넓은 균열이 발달하며, 심하게 침출되지 않은 토양	모재

[a] 다섯 가지 토양형성 인자들(기후, 생물, 모재, 지형, 시간)이 모두 결합하여 이러한 토양들을 형성하지만, 각 토양형에서 가장 중요한 인자들만 나열하였다.
[E. C. Brevik, *Journal of Geoscience Education* 50 (2002): 541.]

고토양 : 토양으로부터 고기후 연구

최근에 지질기록에 암석으로 보존된 고대 토양에 대한 관심이 증대되고 있다. 이러한 **고토양**(paleosols)은 고기후에 대한 지시자로서, 그리고 심지어 과거 대기 중 이산화탄소와 산소의 양에 대한 지시자로서 연구되고 있다. 예를 들어, 수십억 년 전의 고토양에 대한 광물학적 연구는 지구역사 초기에는 토양의 산화가 일어나지 않았으며, 따라서 그 당시에는 산소가 아직 지구대기의 주요 구성성분이 아니었다는 증거를 제공한다.

토양 형성은 경관지형의 진화에서 단지 하나의 단계에 불과하다. 풍화작용과 암석 파쇄작용은 지형을 불안정하게 만들고 중력사면사태를 발생시키면서 더 극적인 변화를 가져온다. 이러한 과정은 특히 구릉지역 및 산악지역에서 일어나는 일반적인 침식과정의 중요한 부분이다.

■ 중력사면사태

2005년 6월 1일 아침에 캘리포니아주의 라구나 해변에 사는 사람들이 아침에 일어나 아침 커피를 즐기는 중에 산허리가 붕괴되었다. 7채의 수백만 달러에 달하는 집들이 대량의 토양과 암석이 무너져 언덕 아래로 미끄러지면서 파괴되었다. 다른 12채의 집은 큰 피해를 입었으며, 수백 채 이상의 집들에 지질학자들이 주택의 지반을 조사하여 안전하니 돌아와도 좋다는 결정을 내릴 때까지 대피 조치가 내려졌다. 어떤 집들은 완전히 파괴되었으며, 다른 집들은 반파되었다. 아직도 어떤 집들은 커다란 흙덩이가 미끄러지면서 떨어져나가 형성된 커다란 절개지 위의 언덕 꼭대기에 돌출한 채 매달려 있었다(이 장의 시작부분 사진 참조).

이러한 중력사면사태 사건은 매우 큰 계절적 강우—남부 캘리포니아의 그 지역에서 역사상 두 번째로 큰 강우—에 의해 발생했다. 이 비는 토양과 기반암을 포화시켜 이미 불안정한 지질학적 환경에 재난을 일으키는 데 필요한 조건을 만들어주었다. 그해 초에 높은 강우는 여러 비슷한 사건들을 발생시켰으며, 그중 캘리포니아주의 라 콘치타에서 발생한 사건은 많은 집들을 매몰시켜 10명의 사망자를 발생시켰다(그림 16.12).

남부 캘리포니아에서 일어난 이러한 사건들은 중력에 의해 토양, 암석, 진흙 또는 다른 물질이 사면 아래로 이동하는 많은 종류의 운동 중 하나일 뿐이다. 이처럼 중력에 의해 사면 아래로 이동하는 모든 운동을 일괄하여 **중력사면이동**(mass movement)이라 부른다. 이러한 물질들은 본래 바람, 흐르는 물 또는 빙하와 같은

그림 16.12 미국 캘리포니아주의 라 콘치타(La Conchita)에서 대규모 진흙사태(mudslide)에 의해 파묻힌 집들.
[AP Photo/Kevork Djansezian.]

침식매개체의 활동에 의해 사면 아래로 이동되지 않는다. 대신 중력사면이동은 중력이 사면물질의 강도를 넘어설 때 발생한다. 그러면 물질들은 때로는 매우 느리게, 때로는 대규모의 갑작스런 이동을 일으키며 사면 아래로 이동한다. 중력사면이동은 거의 인지할 수 없을 만큼 작은 양의 토양을 완만한 언덕의 사면 아래로 이동시킬 수 있으며, 또는 가파른 산사면 아래의 계곡 바닥에 많은 양의 흙과 암석을 쏟아붓는 거대한 산사태를 일으킬 수도 있다.

매년 중력사면이동은 전 세계적으로 많은 인명 및 재산상의 피해를 준다. 예를 들어, 1998년 10월 말과 11월 초에 20세기의 가장 큰 허리케인 중 하나인 허리케인 미치(Mitch)에 의해 중앙 아메리카에 폭우가 내려, 지반이 포화되고, 큰 홍수와 산사태가 발생했다. 최소 9,000명 이상이 죽었고, 홍수와 사태가 비옥한 토지와 옥수수, 콩, 커피, 땅콩 등 농작물을 황폐화시키면서 수십

억 달러의 재산상 피해가 발생했다. 가장 피해가 큰 지역 중의 하나는 니카라과와 온두라스 국경지대 근처였으며, 여기에서는 여러 건의 산사태와 이류가 발생하여 1,500명 이상이 흙에 파묻혔다. 수십 개의 마을이 이류의 바다에 파묻혀 완전히 사라졌다. 카시타(Casita) 화산의 화구 벽이 무너져 7m 이상 높이의 이동하는 이류의 벽으로 묘사되는 일련의 산사태와 이류가 발생했다. 산사태의 직통로에 있는 사람들은 피할 수 없었고, 빠르게 움직이는 이류를 피하려다 많은 사람들이 산 채로 매장되었다.

중력사면이동은 너무 많은 파괴를 일으키기 때문에, 우리는 이를 예측하기를 원하고, 자연적인 과정에 대한 어리석은 간섭으로 이를 유발하지 않기를 원한다. 우리는 자연적으로 발생하는 대부분의 중력사면이동을 막을 수는 없지만 피해를 최소화하기 위하여 건설공사와 토지개발을 계획할 수 있다. 중력사면이동은 대량의 물질을 산사면에서 낙하시키거나 미끄러뜨리면서 산중턱에 상처를 만들어 경관지형을 변화시킨다. 이동하는 물질은 계곡의 바닥에 혀 또는 쐐기 모양으로 암설을 쌓으며 끝이 나는데, 때때로 계곡을 따라 흐르는 하천을 막아 댐을 만든다. 현장 또는 항공사진으로부터 발견할 수 있는 그런 상처와 암설 퇴적물은 과거 중력사면이동의 단서이다. 이러한 단서를 판독하여 지질학자들은 미래에 발생할 새로운 중력사면이동을 예측하고 미리 경고할 수 있다.

중력사면사태는 다음 세 가지 요소에 의해 영향을 받는다(표 16.4).

1. **사면물질의 성질** : 사면은 느슨하고 교결되지 않은 **미고결물질**(unconsolidated materials)로 이루어졌거나, 아니면 다져지거나 교결광물로 결합된 **고결물질**(consolidated materials)로 이루어져 있을 수 있다.

2. **물질의 수분 함량** : 이 요인은 물질이 얼마나 다공질이고, 얼마나 많은 비 또는 물에 노출되어 있었는지에 따라 달라진다.

3. **사면경사도** : 이 요인은 다양한 조건하에서 사면물질이 낙하할지, 미끄러질지, 또는 흐를지에 영향을 준다.

이러한 세 가지 요소는 모두 자연적으로 발생하지만, 사면경사도와 수분 함량은 건물과 고속도로 건설을 위한 땅파기와 같은 인간의 활동에 의해 가장 크게 영향을 받는다. 세 가지 요소는 모두 사면이동에 대한 저항력을 감소시킨다. 중력의 영향이 더 커지면, 사면물질은 떨어지거나, 미끄러지거나, 흐르기 시작한다.

사면물질

사면물질은 지역 지형의 물리적 특성에 크게 영향 받기 때문에 매우 다양하다. 따라서 엽리상 기반암으로 된 한쪽 사면에서는 광범위한 파쇄가 일어나기 쉽지만, 불과 수백 미터밖에 떨어지지 않은 다른 쪽 사면은 괴상의 화강암으로 이루어질 수 있다. 미고결물질로 이루어진 사면은 가장 불안정하다.

미고결 모래와 실트 느슨하고 건조한 모래와 실트의 성질은 사면경사도가 어떻게 중력사면사태에 영향을 미치는지를 설명해 준다. 어릴 적 모래놀이터에서 놀아본 우리들은 건조된 모래더미가 특유의 경사각을 갖고 있어 더 높이 쌓을 수 없다는 것을 잘 알고 있다. 모든 모래더미의 사면과 수평면 사이의 각도는 모래더미의 높이와 상관없이 모두 동일하다. 대부분의 모래와 실트에서 그 각도는 약 35°이다. 만약 모래더미의 아랫부분을 천천히 조

표 16.4 중력사면이동에 영향을 주는 요인들

사면물질의 상태	수분 함량	경사도	사면의 안정도
미고결됨			
느슨한 모래 또는 사질 실트	건조	안식각	높음
	젖음		중간
모래, 실트, 토양, 암석조각 등으로 된 미고결 혼합물	건조	중간	높음
	젖음		낮음
	건조	급함	높음
	젖음		낮음
고결됨			
절리가 있거나 변형된 암석	건조 또는 젖음	중간~급함	중간
괴상의 암석	건조 또는 젖음	중간	높음
	건조 또는 젖음	급함	중간

심스럽게 파내면 사면의 경사각을 일시적으로 조금 증가시킬 수 있다. 그러나 모래더미 근처에서 펄쩍 뛰어 진동을 일으키면 모래더미의 사면에서 모래가 흘러내려 원래의 경사각인 35°로 되돌아갈 것이다.

모래더미의 사면경사각이 바로 모래의 **안식각**(angle of repose)이다. 안식각은 느슨한 물질의 사면이 무너지지 않고 유지될 수 있는 최대각을 말한다. 안식각보다 가파른 사면은 불안정하여 안정된 안식각에 도달할 때까지 무너질 것이다. 모래나 실트 입자들은 입자들 사이의 마찰력이 그들을 움직이지 않도록 붙잡기 때문에 모래더미의 사면경사는 안식각과 같거나 더 작은 각도를

갖는다. 그러나 모래더미에 더 많은 입자들을 쌓아 사면의 경사가 급해지면, 미끄러짐을 방지하는 마찰력이 감소하여 모래더미는 갑자기 붕괴한다.

안식각은 많은 요인들에 의해 영향 받는데, 그중 하나는 입자의 크기와 형태이다(그림 16.13a). 더 크고 평평하고 모가 난 느슨한 물질들은 경사가 더 급한 사면에서도 안정하다. 또한 안식각은 입자들 사이의 수분 함량에 따라 달라진다. 젖은 모래의 안식각은 건조한 모래의 안식각보다 더 큰데, 그 이유는 입자들 사이에 있는 적은 양의 수분이 입자들을 결속시켜 움직임에 저항하도록 하기 때문이다. 이러한 결속하려는 경향의 원천은 표면

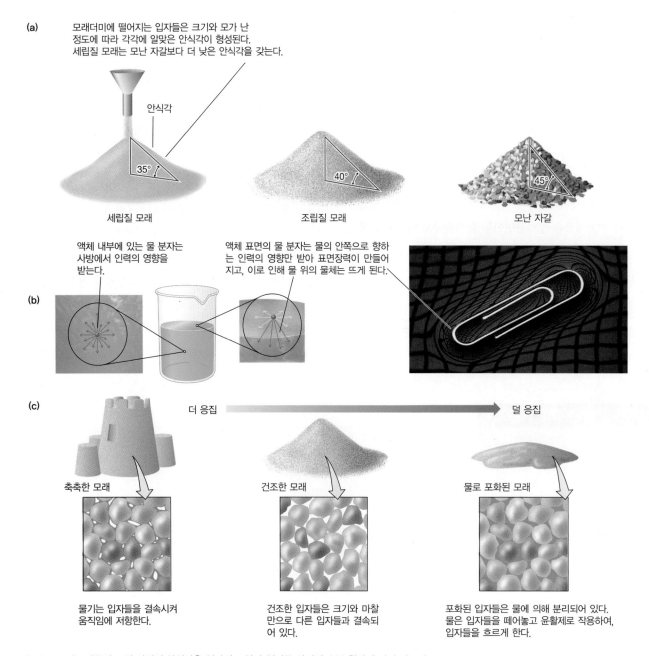

(a) 모래더미에 떨어지는 입자들은 크기와 모가 난 정도에 따라 각각에 알맞은 안식각이 형성된다. 세립질 모래는 모난 자갈보다 더 낮은 안식각을 갖는다.

안식각

35° 세립질 모래

40° 조립질 모래

45° 모난 자갈

(b) 액체 내부에 있는 물 분자는 사방에서 인력의 영향을 받는다.

액체 표면의 물 분자는 물의 안쪽으로 향하는 인력의 영향만 받아 표면장력이 만들어지고, 이로 인해 물 위의 물체는 뜨게 된다.

(c) 더 응집 ⟶ 덜 응집

축축한 모래

건조한 모래

물로 포화된 모래

물기는 입자들을 결속시켜 움직임에 저항한다.

건조한 입자들은 크기와 마찰만으로 다른 입자들과 결속되어 있다.

포화된 입자들은 물에 의해 분리되어 있다. 물은 입자들을 떼어놓고 윤활제로 작용하여, 입자들을 흐르게 한다.

그림 16.13 미고결물질로 된 사면의 안식각은 입자의 모양과 입자들 사이의 수분 함량에 따라 다르다.

에 있는 분자들 사이의 인력인 **표면장력**(surface tension)이다(그림 16.13b). 표면장력은 물방울을 구형으로 만들고, 면도날과 종이클립을 물에 뜨게 한다. 그러나 입자들 사이에 물이 너무 많으면 입자들은 분리되어 서로 자유롭게 움직이게 된다. 그래서 공극이 모두 물로 채워져 있는 포화된 모래는 유체와 같이 유동하여 평평한 팬케이크 모양으로 붕괴된다(그림 16.13c). 축축한 모래를 결속시키는 표면장력은 해변에서 모래성을 만드는 것을 가능하게 해주지만(그림 16.14), 조수가 밀려와 모래가 물로 포화되면 모래성은 붕괴된다. 규모는 훨씬 크지만 이와 유사하게, 산비탈의 산사태는 토양 내의 물 함유량에 의해 결정된다. 호우는 사면물질의 공극을 포화시켜 큰 산사태를 발생시킬 수 있다.

미고결 혼합물 미고결 모래, 실트, 점토, 토양, 암석 조각들[흔히 **암설**(debris)로 불림]의 혼합물로 이루어진 사면물질은 중간에서 급한 경사를 갖는 사면을 형성할 것이다(표 16.4 참조). 판상의 점토광물, 토양의 유기물 함량, 암석 조각들의 강도 등 이들 모두는 물질이 특정 사면각도를 갖게 하는 능력에 영향을 주는 중요

그림 16.14 모래성은 젖은 모래로 만들어져 있기 때문에 모양이 유지된다. 사면의 급경사는 입자 사이의 수분에 의한 표면장력에 의해 유지된다.
[Kelly Mooney Photography/Corbis.]

한 요인들이다.

고결물질 고결된 건조물질—암석, 다져지거나 교결된 퇴적물, 식물 뿌리로 결속된 식생이 있는 토양과 같은 물질—의 사면들은 미고결물질로 된 사면들보다 더 가파르고, 덜 고를 수 있다. 그들은 경사가 과하게 급해지거나 식생이 파괴될 때 불안정해질 수 있다. 밀도가 높은 점토와 같은 어떤 고결된 퇴적물의 입자들은 단단하게 다져진 입자들 사이에 작용하는 응집력에 의해 강하게 결합되어 있다. **응집력**(cohesion)은 밀착되어 있는 고체 물질의 입자들 사이에서 작용하는 인력이다. 응집력이 더 큰 물질일수록 이동에 대한 저항력이 더 크다.

수분 함량

고결된 물질에 대한 물의 영향은 미고결된 물질에 대한 물의 영향과 비슷하다. 고결된 물질의 중력사면이동은 보통 식생의 손실이나 가파른 사면과 같은 다른 요인들과 결합한 수분의 영향 때문이다. 지반이 물에 포화될 때, 고체 물질 내부의 연약한 면은 미끄러워지고, 입자 사이의 마찰력이 감소하게 되어, 입자들과 더 큰 입자덩어리들은 서로 더 쉽게 미끄러질 수 있다. 그래서 물질은 유체처럼 흐르기 시작한다. 이러한 과정을 **액상화현상**(liquefaction)이라 한다.

사면경사도

암반의 사면은 쉽게 풍화되는 셰일 및 화산재층과 같이 비교적 완만한 경사에서부터 괴상의 화강암으로 이루어진 수직절벽에 이르기까지 매우 다양하다. 암반 사면의 안정도는 암석의 풍화와 파쇄 정도에 의해 결정된다. 예를 들어, 셰일은 쉽게 풍화되어 작은 조각들로 파쇄됨으로써 기반암을 덮고 있는 느슨하고 각진 암석 조각들[종종 **각력**(rubble)으로 불림]로 된 얇은 층을 형성하는 경향이 있다(그림 16.15a). 그 결과로 안식각은 느슨한 조립질 모래의 안식각과 비슷하다. 풍화된 각력들은 서서히 안식각 이상으로 쌓여 불안정해지면서 결국 그 일부는 사면 아래로 미끄러지게 된다.

반대로 건조지역의 석회암과 딱딱하게 굳은 사암은 침식에 대한 저항력이 커서 커다란 암석 블록으로 깨어져, 위에는 기반암이 노출된 가파른 사면을, 아래는 깨어진 암석 조각들로 덮여 있는 완만한 사면[흔히 **애추**(talus)라 불림]을 만든다(그림 16.15b). 이 기반암 절벽들은 가끔 암석으로 덮여 있는 사면 아래로 떨어지거나 굴러내려가는 암석 덩어리들을 제외하고는 상당히 안정

(a)

(b)

그림 16.15 암석 사면의 안정성은 사면을 형성하는 암석의 풍화작용과 쪼개지는 양상에 의해 결정된다. (a) 이 작은 노두는 풍화되면서 각력(rubble)으로 알려진 깨어진 암석 덩어리들을 만들고 있다. (b) 애추는 커다란 암석 덩어리들이 낙하하거나 사면 아래로 구르면서 원추 모양의 돌더미를 형성하는 산사면 위에 축적된다. [(a) John Grotzinger; (b) Phil Stoffer/US Geological Survey.]

하다. 이처럼 단단한 석회암이나 사암이 약한 셰일과 교대로 나타나는 곳에서는 계단상의 사면을 이룬다(그림 8.12 참조). 셰일이 단단한 암석층 아래에서 미끄러져 내리면, 단단한 암석층은 아래가 패이면서 불안정해져 결국 큰 블록으로 떨어져나간다.

각각의 퇴적층의 경사도 역시 사면안정도에 영향을 준다. 중력사면이동은 표층 가까이에 있는 지층의 경사가 사면의 경사와 평행을 이룰 때 가장 잘 일어난다.

중력사면이동의 유발자

사면물질, 수분, 그리고 경사도의 적절한 조합으로 사면이 불안정해지면 중력사면이동은 피할 수 없다. 필요한 것은 촉발자이다. 라구나 해변에서처럼 사태는 종종 폭우에 의해 발생한다. 많은 중력사면이동은 지진과 같은 진동에 의해 발생된다. 다른 것들은 결국 갑작스런 사면붕괴를 가져오는 침식으로 인한 점진적인 사면경사의 증가에 의해 촉발된다.

만약 도시 계획자와 주택 구매자가 지질보고서에 주의를 기울이고 불안정한 지역에 집을 짓거나 사는 것을 피한다면, 지질보고서는 중력사면이동에 의한 인간의 피해를 최소화하는 데 도움을 줄 수 있다(지질학 실습 참조). 2005년에 남부 캘리포니아에서 발생한 중력사면이동은 2004~2005년 겨울 동안의 비정상적으로 높은 계절적 강우와 분명히 관련이 있었다. 그러나 이러한 강우는 엘리뇨와 관련이 있었으며(제15장 참조), 현재 지구과학자들은 엘리뇨가 정기적으로 반복되는 현상으로 알고 있다.

마찬가지로 1964년 3월 27일에 발생한 미국 알래스카 대지진의 피해는 대부분이 지진이 촉발한 산사태에 의해 일어났다. 암석, 토양, 눈의 중력사면이동은 앵커리지 거주지역에 대대적인 피해를 초래했으며, 호숫가와 해변을 따라 중대한 해저 산사태가 발생했다. 거대한 산사태가 해안가에 있는 30~35m 높이의 절벽 아래에 있는 평지를 따라 발생했다. 절벽은 점토층과 실트층이 교호되는 지층으로 이루어져 있었다. 지진이 일어나는 동안 지반이 너무 심하게 흔들려 점토층 내의 불안정하고 물에 포화된 모래층이 유동성 슬러리로 변환되었다. 거대한 점토와 실트 블록들이 절벽으로부터 떨어져나와 액상화된 퇴적물과 함께 평지를 따라 미끄러지면서 무질서한 블록들과 부서진 건물들이 뒤섞인 완전히 파괴된 지역을 남겼다(그림 16.16). 집과 도로는 미끄러짐에 휩쓸려 파괴되었다. 지진의 첫 번째 충격이 있은 지 약 2분 후에 시작된 이 과정은 전 과정이 완료되는 데 단지 5분밖에 걸리지 않았다. 한 지역에서는 3명이 사망했고 75채의 집들이 파괴되었다.

미국 캘리포니아와 알래스카에서 사면안정성에 대한 연구와 이들 지역에서의 반복적인 높은 강우량 또는 지진의 가능성에 대한 연구는 두 지역이 산사태 발생 가능성이 매우 높은 지역임을 보여준다. 지진이 발생하기 10년 이상 전에 발행된 지질학 보고서는 알래스카의 지진피해를 받은 그 지역에 대한 개발은 많은 위험성을 내포하고 있음을 경고하였으나 관광자원의 아름다움이 사람들의 판단을 흐리게 했다. 남부 캘리포니아도 마찬가지이다. 알래스카에서 사람들은 목숨으로 대가를 치렀다. 다행스럽게도

그림 16.16 (a) 1964년 지진에 의해 알래스카에서 발생한 산사태, (b) 알래스카 앵커리지 해안절벽의 지진발생 전과 후의 단면도.
[(a) NOAA/Tehrkot/Landov.]

라구나 해변에서의 피해는 단지 그들이 사는 집이었으나, 집의 평균가격이 100만 달러를 훨씬 초과하는 지역에서는 너무 큰 비용을 치렀다.

■ 중력사면이동의 분류

비록 대중매체는 종종 어느 중력사면이동이든 모두 '산사태'라고 부르지만, 많은 다양한 종류의 중력사면이동들이 있으며, 각각은 그 자체만의 고유한 특성을 가지고 있다. 이 책에서는 보통 중력사면이동을 일반 대중이 사용하는 의미로 부를 때에만 산사태(landslide)란 용어를 사용할 것이다.

지질학자들은 그림 16.17에 요약되어 있는 것처럼 세 가지 특징에 따라 중력사면이동을 분류한다.

1. 이동하는 물질의 성질(예 : 물질이 암석인지 아니면 미고결 퇴적물인지)
2. 이동의 속도(1년에 수 센티미터부터 시간당 수 킬로미터까지)
3. 이동의 성질[미끄러짐(물질이 하나의 개체로 이동)인지 아니면 흐름(물질이 유체처럼 이동)인지]

이동의 성질과 속도는 움직이는 물질의 물 또는 공기 함유량에 크게 영향 받는다.

어떤 이동은 미끄러짐과 흐름 사이의 중간적인 특성을 가진

다. 예를 들어, 어떤 물질 덩어리의 대부분은 미끄러지면서 움직이지만, 그 덩어리의 일부는 바닥을 따라 유체처럼 움직일 수도 있다. 만약 유체 이동이 주요 이동방식이라면, 이 이동은 흐름(flow)이라 부른다. 그러나 중력사면이동의 성질을 항상 정확하게 알아내기는 쉽지 않다―유일한 증거는 이동이 멈춘 후 퇴적된 암설일지도 모른다.

암석의 중력사면이동

암석의 이동에는 낙석, 암석 미끄러짐, 그리고 암석 사태가 있다. 이 이동은 작은 기반암 조각이나 큰 기반암 덩어리를 포함할 수도 있다. 낙석(rockfall)이 일어나는 동안, 새로 떨어져나온 개개의 암석 조각들은 절벽이나 가파른 산사면에서 갑자기 자유낙하하며 떨어진다(그림 16.18). 풍화작용이 절리를 따라 암반을 약화시키면, 아주 약한 압력―동결쐐기에 의해 가해지는 정도의 압력―만 가해도 낙석이 발생한다. 낙석의 속도는 모든 암석 이동 중 가장 빠르지만, 일반적으로 이동거리는 가장 짧아서 고작 수 미터에서 수백 미터에 불과하다. 낙석의 기원에 대한 증거는 명백하다. 가파른 기반암 절벽 아래에 쌓여 있는 애추(talus) 더미의 암석 덩어리들이 절벽 위 노두의 암석과 일치하기 때문이다. 애추는 오랜 시간에 걸쳐 절벽 아래를 따라 암석 사면을 형성하면서 천천히 쌓인다.

암석 미끄러짐(rockslide)에서 암석들은 자유롭게 낙하하지 않고

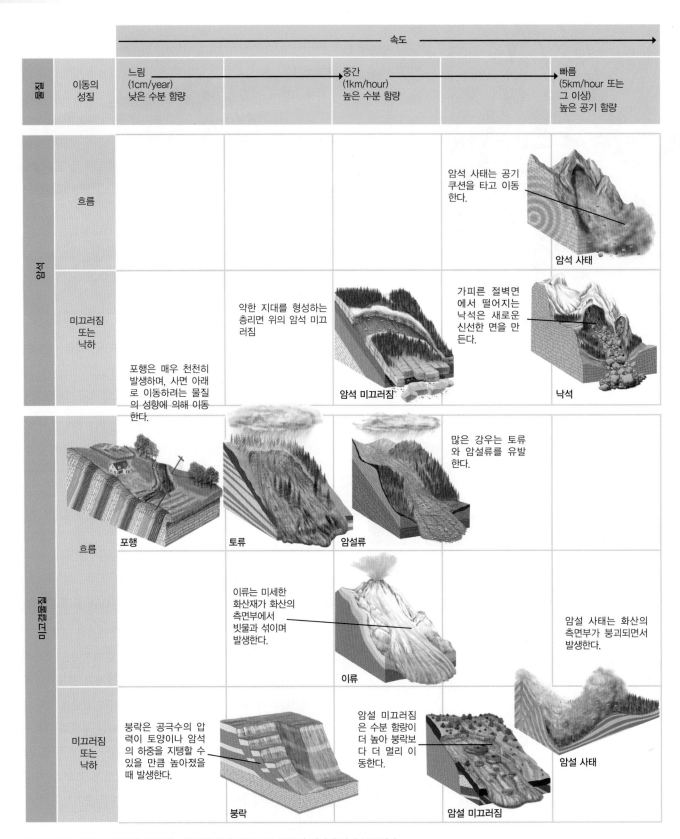

그림 16.17 중력사면이동은 이동하는 물질의 성질, 이동속도, 이동의 성질에 따라 분류된다.

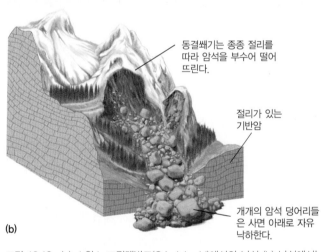

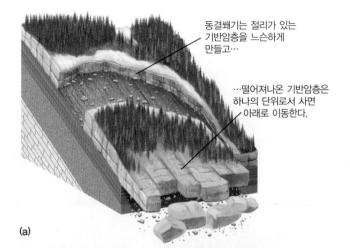

동결쐐기는 절리가 있는
기반암층을 느슨하게
만들고…

…떨어져나온 기반암층은
하나의 단위로서 사면
아래로 이동한다.

(a)

동결쐐기는 종종 절리를
따라 암석을 부수어 떨어
뜨린다.

절리가 있는
기반암

개개의 암석 덩어리들
은 사면 아래로 자유
낙하한다.

(b)

그림 16.18 (a) 스위스 그린델발트(Grindelwald)에서의 낙석 (b) 낙석에서는 개개의 암석 덩어리들이 절벽이나 가파른 산비탈에서 자유낙하하며 떨어진다.
[(a) Pascal Lauener/Reuters Schweiz/Landov.]

(b)

그림 16.19 (a) 암석 미끄러짐에서는 커다란 기반암 덩어리들이 하나의 개체를 이루며 사면 아래로 빠르게 미끄러지며 이동한다. (b) 스페인 북동부 지역에서의 암석 미끄러짐.
[Cabalar/EPA/Newscom.]

사면을 따라 아래로 미끄러져 내려온다. 비록 암석 미끄러짐은 이동속도가 빠르지만, 기반암의 덩어리들이 보통 아래로 경사진 층리면이나 절리면을 따라 하나의 개체로 미끄러지면서 이동하기 때문에 낙석보다는 느리다(그림 16.19).

암석 사태(rock avalanches)는 빠른 속도와 긴 이동거리 때문에 암석 미끄러짐과 구별된다(그림 16.20). 암석 사태는 떨어지거나 미끄러질 때 더 작은 조각들로 부서지는 커다란 암석질의 물질 덩어리로 이루어져 있다. 그래서 깨진 암석 조각들은 공기 쿠션을 타고 시간당 수십에서 수백 킬로미터의 속도로 사면 아래 더 멀리 흘러내려간다. 암석 사태는 전형적으로 지진에 의해 발생한다. 매우 큰 부피(50만m³ 이상)의 물질을 매우 빠른 속도로 수천 미터까지 이동시킬 수 있기 때문에 암석 사태는 가장 파괴적인 중력사면이동 중 하나이다.

대부분의 암석 중력사면이동은 높은 산악지역에서 발생한다—낮은 구릉지대에서는 드물다. 풍화작용이 단층과 절리, 약한 층리면, 또는 벽개면 같은 변형구조들에 의해 이미 파쇄되기 쉬운 상태가 된 암석들을 조각조각 부서뜨리는 곳에서는 큰 암석 덩어리들이 이동하는 경향이 있다. 많은 그러한 지역에서는 간혹

(a)

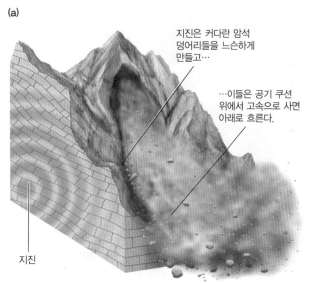

지진은 커다란 암석
덩어리들을 느슨하게
만들고…

…이들은 공기 쿠션
위에서 고속으로 사면
아래로 흐른다.

지진

(b)

그림 16.20 (a) 암석 사태에서는 커다란 덩어리를 이루는 파쇄된 암석 물질들이 빠른 속도로 사면 아래로 미끄러지기보다는 흘러서 내려간다. (b) 사진에 보이는 2개의 암석 사태는 알래스카의 데날리 단층을 따라 2002년 11월 3일에 발생한 지진에 의해 촉발되었다. 암석 사태는 산의 남쪽 사면을 따라 아래로 이동하여, 약 2.4km 폭의 블랙래피즈 빙하를 건너서, 반대편 경사면 위로 흘러 올라갔다.

[Photo by Dennis Trabant, USGS, mosaic by Rod March, USGS.]

발생하는 대규모 낙석과 암석 미끄러짐에 의해 대규모 애추 더미가 형성되고 있다.

미고결물질의 중력사면이동

미고결물질의 중력사면이동은 나무와 관목, 그리고 울타리에서부터 자동차와 주택에 이르기까지의 건축 자재뿐만 아니라 모래, 실트, 점토, 토양, 그리고 파쇄된 기반암으로 이루어진 다양한 혼합물들을 포함하고 있다. 대부분의 미고결물질의 중력사면이동은 대부분의 암석 이동보다 더 느리다. 그 이유는 대체로 이러한 물질들이 불안정해지는 사면의 경사각이 낮기 때문이다. 비록 어떤 미고결물질들은 일관성 있는 단위들로 이동하지만, 많은 미고결물질들은 매우 점성이 있는 유체처럼 흐른다(제4장에서 설명한 것과 같이 점성도는 유체의 흐름에 대한 저항력이다).

포행(creep)은 토양이나 암설의 서서히 일어나는 사면이동으로서, 미고결 중력사면이동 중 가장 느리다(그림 16.21). 포행의 이동속도는 연평균 약 1~10mm 정도이며, 토양의 종류, 기후, 사면의 경사도, 그리고 식생의 밀도에 영향을 받는다. 포행은 토양의 상부층이 하부층보다 더 빠르게 사면 아래로 이동하면서 토양에 매우 느린 변형을 일으키는 이동이다. 이러한 느린 이동은 나무, 전봇대, 그리고 담장을 사면 아래쪽으로 약간 기울어지게 하거나 이동시킨다. 사면 아래로 포행하는 토양의 큰 하중은 약한 옹벽을 무너뜨리고 건물의 벽과 기초에 균열을 만들 수 있다. 토

양의 깊은 층들이 영구히 얼어 있는 동토지대에서는 포행의 한 종류인 솔리플럭션(solifluction)이 발생한다. 솔리플럭션은 토양의 표면층에 있는 물이 번갈아 동결과 융해를 반복할 때 일어나는데, 이로 인해 부서진 암석과 암설을 포함하는 토양이 사면 아래로 서서히 흐르게 된다.

토류와 암설류는 강수가 투수성이 낮은 층 위에 놓여 있는 투수성 물질을 흠뻑 적셔 느슨하게 할 때 발생하는 유체 중력사면이동이다. 이들은 주로 이동물질이 물로 포화되어 있어 흐름에 대한 저항력이 작기 때문에, 보통 포행보다 빠르게 이동하며, 시간당 수 킬로미터 정도의 속도로 흐른다. 토류(earthflow)는 토양, 풍화된 셰일, 그리고 점토와 같은 비교적 세립질 물질로 이루어진 유체 중력사면이동이다(그림 16.22). 암설류(debris flow)는 암석 조각들이 이질의 기질(muddy matrix)과 뒤섞여 흐르는 유체 중력사면이동이다(그림 16.23). 암설류는 대부분이 모래보다 더 굵은 물질로 이루어져 있으며, 토류보다는 더 빨리 이동하는 경향이 있다. 위에서 기술한 캘리포니아주의 라구나 해변(Laguna Beach)에서 발생한 미끄러짐은 암설류로 분류되었다. 어떤 경우에 암설류는 시속 100km에 달하기도 한다.

이류(mudflow)는 약간의 암설을 포함하는 주로 모래보다 세립질인 물질로 구성되어 있으며, 많은 양의 물을 포함하고 있는 물질의 흐름이다(그림 16.24). 이류는 많은 물을 함유하고 있

(a)

건물 기초가 깨어지고 금이 간다.

나무가 휘어져 자란다.

도로 균열

기울어진 전봇대

(b)

1 암석층이 지표와 비스듬히 만난다.

2 암석이 풍화되면, 암석은 위에 놓인 토양 속에서 비탈 아래로 천천히 이동한다.

3 토양표면의 이동이 심부토양과 암석의 이동보다 더 빠르다.

4 그래서 포행은 물체의 지표에 있는 부분을 파묻혀 있는 부분보다 더 빨리 이동시켜 물체가 사면 아래로 기울어지게 한다.

그림 16.21 (a) 포행은 토양 또는 암설이 1년에 약 1mm 내지 10mm의 느린 속도로 언덕 아래로 이동하는 것이다. (b) 캘리포니아주의 마린 카운티에서 포행에 의해 어긋난 담장.
[Travis Amos.]

기 때문에 흐름에 대한 저항력이 작아 토류 또는 암설류보다 빠르게 이동하는 경향이 있다. 많은 이류들은 시속 수 킬로미터로 이동한다. 구릉지와 반건조지역에서 가장 흔하게 나타나는 이류는 세립질 물질이 물에 포화될 때 발생한다. 화산쇄설성 물질

(pyroclastic material)로 이루어진 라하르(lahars)라 불리는 이류는 용암흐름이 눈과 얼음을 녹일 때처럼 화산분출에 의해 촉발될 수 있다(제12장 참조). 비슷하게 이류는 사면에 있는 건조하고 균열이 많은 이토(mud) 위에 드물지만 오래 지속되는 비가 내릴 때

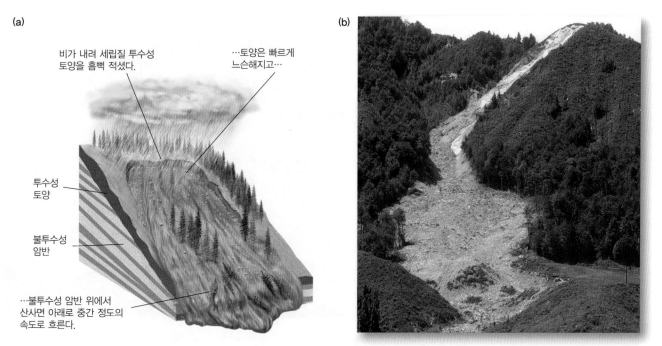

(a)

비가 내려 세립질 투수성 토양을 흠뻑 적셨다.

…토양은 빠르게 느슨해지고…

투수성 토양

불투수성 암반

…불투수성 암반 위에서 산사면 아래로 중간 정도의 속도로 흐른다.

(b)

그림 16.22 토류는 시간당 수 킬로미터의 속도로 이동할 수 있는 비교적 세립질 물질의 유체이동이다. (b) 뉴질랜드의 남섬에 있는 불러(Buller) 계곡에서의 토류.
[G. R. Roberts/Science Source.]

(a)

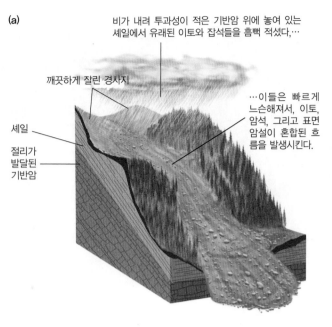

비가 내려 투과성이 적은 기반암 위에 놓여 있는
셰일에서 유래된 이토와 잡석들을 흠뻑 적셨다,…

깨끗하게 잘린 경사지

셰일

절리가
발달된
기반암

…이들은 빠르게
느슨해져서, 이토,
암석, 그리고 표면
암설이 혼합된 흐
름을 발생시킨다.

(b)

그림 16.23 (a) 암설류는 모래보다 조립인 물질을 포함하며, 시간당 수 킬로미터부터 수십 킬로미터의 속도로 이동한다. (b) 독일 오버바이에른(Upper Bavaria)에
서의 암설류.
[© Erin Paul Donovan/Alamy.]

시작될 수 있다. 비가 계속 내려 이토가 물을 흡수하면 이토의 물
리적 성질이 변한다—이토는 내부 마찰력이 감소하여, 이동에 대
한 저항력이 크게 감소하게 된다. 건조할 때 안정을 유지하던 사
면이 불안정해지면, 지진과 같은 교란은 물을 함유한 이토의 이
동을 유발한다. 이류는 산사면의 상류에서는 지류계곡들을 따라
아래로 흐르다가, 본류계곡 바닥에서 합류한다. 이류가 좁은 상

류계곡들로부터 더 넓은 하류계곡의 경사지와 평지로 빠져나오
는 곳에서 쫙 펴지면서 넓은 지역을 젖은 암설로 뒤덮을 수 있다.
이류는 큰 자갈, 나무, 그리고 심지어 집도 이동시킬 수 있다.

　암설 사태(debris avalanches, 그림 16.25)는 보통 습윤한 산악지
역에서 발생하는 토양과 암석의 빠른 이동이다. 이들의 빠른 속
도는 높은 물 함유량과 큰 경사도 때문에 생긴다. 물로 포화된 암

(a)

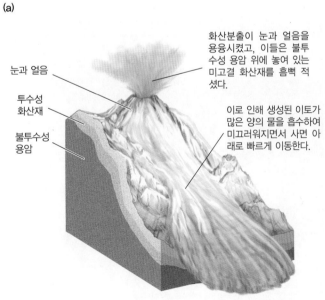

눈과 얼음

투수성
화산재

불투수성
용암

화산분출이 눈과 얼음을
용융시켰고, 이들은 불투
수성 용암 위에 놓여 있는
미고결 화산재를 흠뻑 적
셨다.

이로 인해 생성된 이토가
많은 양의 물을 흡수하여
미끄러워지면서 사면 아
래로 빠르게 이동한다.

(b)

그림 16.24 (a) 이류는 많은 양의 물을 포함하고 있기 때문에 토류나 암설류보다 더 빠르게 이동하는 경향이 있다. (b) 1989년 1월에 타지키스탄에서 발생한 지진
이 비로 약해진 사면 위에 15m 높이의 이류를 발생시켰다.
[Washington State DOT/Seattle Times/MCT/Newscom.]

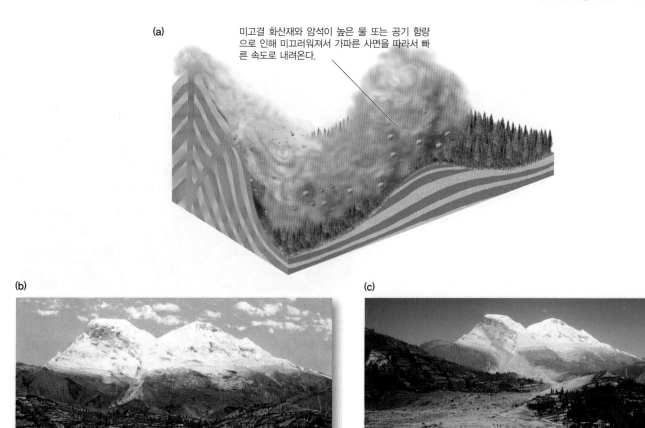

(a) 미고결 화산재와 암석이 높은 물 또는 공기 함량으로 인해 미끄러워져서 가파른 사면을 따라서 빠른 속도로 내려온다.

페루의 우아스카란산에서 지진에 의해 발생한 암설 사태가 매몰시키기 전의 융가이와 란라히르카 마을

암설 사태의 여파

그림 16.25 (a) 암설 사태는 높은 물 함량과 급경사 아래로 이동하는 특성 때문에 미고결물질의 흐름 중 가장 빠르다. (b, c) 1970년에 페루의 우아스카란산에서 지진에 의해 발생한 암설 사태는 융가이(Yungay)와 란라히르카(Ranrahirca) 마을을 매몰시켜 약 1만 8,000명을 사망시켰다. 암설 사태는 시속 280km의 속도로 약 17km를 이동했고, 약 5,000만m²의 물, 이토, 암석들을 포함하고 있었던 것으로 추정된다.
[Lloyd Cluff/Corbis.]

설은 시속 70km 정도로 이동할 수 있는데, 이는 중간 정도로 가파른 사면 아래로 흘러내려가는 물의 속도와 비슷하다. 암설 사태는 이동경로상에 있는 모든 물질들을 휩쓸고 내려간다.

1962년에 안데스산맥에서 가장 높은 산 중의 하나인 페루의 우아스카란산(Nevado de Huascarán)에서 발생한 암설 사태는 약 7분 동안 거의 15km를 이동하여, 8개의 마을을 집어삼켜 3,500명의 인명피해를 발생시켰다. 8년 후인 1970년 5월 31일에 지진으로 인해 같은 산의 정상부에 있는 대량의 빙하가 무너져 내렸다. 빙하가 깨지면서 고지대 사면의 암설류와 혼합되어 빙하-암설 사태가 발생했다. 사태는 사면 아래로 내려가면서 더 많은 암설을 추가하였고, 그 속도는 믿을 수 없을 정도로 빠른 시속

280km까지 증가하였다. 5,000만m³에 달하는 이질 암설이 굉음을 일으키며 계곡으로 흘러내려 1만 8,000명의 인명피해를 가져왔고 수십 개의 마을들을 쓸어버렸다(그림 16.25b). 1990년 5월 30일에 같은 활성 섭입대에 있는 북부 페루의 또 다른 산악지역에서 지진이 발생하여 또다시 이류와 암설 사태를 촉발시켰다. 20년 전에 발생한 재난을 추도하는 위령제 전날 다시 재난이 발생한 것이다. 융기와 화산활동이 사면을 불안정하게 만들고, 지진이 빈번하게 발생하는 수렴형 판 경계에 가까운 지역에서는 지진과 그에 따른 위험한 중력사면이동을 예측하는 방법을 배우는 것이 필요하다는 데 대해서는 의심의 여지가 있을 수 없다.

붕락(slump)은 미고결된 물질의 덩어리가 근원지에 자국을 남

(a)

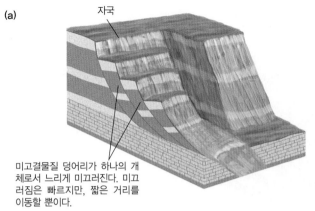

자국

미고결물질 덩어리가 하나의 개체로서 느리게 미끄러진다. 미끄러짐은 빠르지만, 짧은 거리를 이동할 뿐이다.

(b)

자국

그림 16.26 (a) 붕락은 하나의 개체로 이동하는 미고결물질이 느리게 미끄러지는 현상이다. (b) 북부 캘리포니아에서 발생한 토양의 붕락.

[Marli Bryant Miller.]

(a)

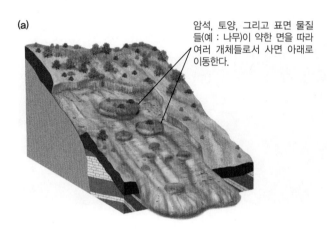

암석, 토양, 그리고 표면 물질들(예 : 나무)이 약한 면을 따라 여러 개체들로서 사면 아래로 이동한다.

(b)

그림 16.27 (a) 암설 미끄러짐은 하나 이상의 개체들로서 이동하며, 붕락보다는 더 빠른 속도로 이동한다. (b) 브리티시컬럼비아주에서 1965년에 발생한 호프 프린스턴 암설 미끄러짐.

[Joy Spurr/© Bruce Coleman/Photoshot.]

기며 하나의 개체로서 사면 아래로 느리게 미끄러지는 현상이다 (그림 16.26). 대부분의 지역에서 붕락은 숟가락처럼 오목한 면이 위로 향한 형태의 기저면을 따라 미끄러진다. 암설 미끄러짐 (debris slides)은 붕락보다 더 빠르게 이동한다(그림 16.27). 암설 미끄러짐에서, 암석 물질과 토양은 암설의 기저부 또는 내부에 있는 물을 함유한 점토층과 같은 연약면을 따라 주로 하나 이상의 개체 형태로 움직인다. 미끄러지는 동안, 암설의 일부는 혼돈 상태의 무질서한 흐름처럼 움직일 수 있다. 그러한 미끄러짐은 사면 아래로 빠르게 이동하면서 흐름이 우세해질 수 있으며, 물질의 대부분은 유체처럼 혼합된다.

■ 중력사면이동의 기원에 대한 이해

사면의 경사도, 사면물질의 성질 및 그들의 수분 함량이 어떻게 상호작용하여 중력사면이동을 일으키는지를 이해하기 위하여 지질학자들은 자연적으로 발생한 중력사면이동과 인간의 활동에 의해 유발된 중력사면이동을 모두 연구한다. 지질학자들은 목격자의 보고와 근원 물질 및 이동된 물질의 분포와 성질에 대한 지질학적 연구를 결합하여 최근의 중력사면운동에 대한 원인을 연구한다. 지질학자들은 아직 남아 있는 이동물질의 크기, 형태 및 성분에 대한 분석이 가능한 곳에서는 지질학적 증거만으로도 선사시대에 발생한 중력사면이동의 원인을 밝힐 수 있다.

중력사면이동의 자연적 원인

1925년 미국 와이오밍주 서부의 그로반트강 계곡에서의 산사태는 물, 사면물질의 성질, 사면경사도가 어떻게 상호작용하여 중력사면이동을 발생시켰는지를 잘 설명해준다(그림 16.28). 그해 봄, 녹은 눈과 폭우에 의해 하천의 물이 크게 불었고, 계곡의 토양이 포화되었다. 말을 타고 나온 한 목장주가 계곡 사면에서 사면물질들이 시속 약 80km의 속도로 쏟아져내려와 순식간에 목장 전체를 뒤덮는 광경을 지켜보았다.

그날 약 3,700만m³의 암석과 토양이 계곡의 한쪽 면에서 미끄러져 내려온 다음에, 계곡의 반대쪽 면으로 30m 이상 밀려 올라가다가, 계곡 바닥으로 다시 후퇴하였다. 암석 미끄러짐의 대부분은 사암, 셰일 및 토양의 덩어리들이 마구 뒤섞인 것이었지만, 토양과 소나무 숲으로 덮여 있던 계곡 측면의 커다란 한 부분은 하나의 개체로 미끄러져 내려왔다. 암석 미끄러짐은 강을 막아 댐을 만들었으며, 커다란 호수는 다음 2년 동안 점점 커졌다. 그 후 호수가 넘치면서 댐이 붕괴되었고, 순식간에 계곡 하류지역에 홍수가 발생했다.

그로반트 산사태의 원인은 전부 자연적인 것이었다. 사실 계곡의 층서와 구조는 필연적으로 미끄러짐을 일으킬 수밖에 없었다. 미끄러짐을 일으킨 계곡의 측면에는 투수성 있고 침식에 강

(a)

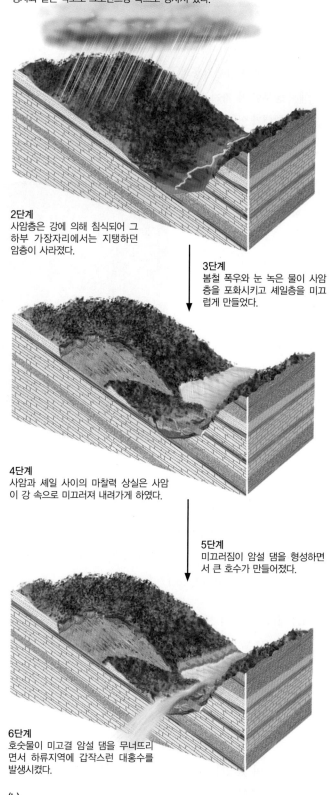

1단계
투수성 사암 아래에 놓여 있는 부드러운 불투수성 셰일층은 지표의 경사와 같은 각도로 그로반트강 쪽으로 경사져 있다.

2단계
사암층은 강에 의해 침식되어 그 하부 가장자리에서는 지탱하던 암층이 사라졌다.

3단계
봄철 폭우와 눈 녹은 물이 사암층을 포화시키고 셰일층을 미끄럽게 만들었다.

4단계
사암과 셰일 사이의 마찰력 상실은 사암이 강 속으로 미끄러져 내려가게 하였다.

5단계
미끄러짐이 암설 댐을 형성하면서 큰 호수가 만들어졌다.

6단계
호숫물이 미고결 암설 댐을 무너뜨리면서 하류지역에 갑작스런 대홍수를 발생시켰다.

(b)

그림 16.28 1925년의 그로반트 산사태. (a) 그로반트 산사태로 남겨진 흉터는 아직도 와이오밍주의 그랜드티턴국립공원에서 볼 수 있다. (b) 산사태 발생 과정.

[(a) Garry Hayes/Geotripper Images. (b) After W. C. Alden, "Landslide and Flood at Gros Ventre, Wyoming," *Transactions of the American Institute of Mining, Metallurgical, and Petroleum Engineers* (1928): 345–361.]

구글어스 과제

풍화, 침식 및 중력사면사태는 지구표면의 형태뿐만 아니라 하천과 지하수와 함께 바다와 호수로 흘러가는 퇴적물의 공급을 조절한다. 지형, 지표 풍화작용의 생성물, 그리고 중력사면이동의 특징들은 모두 구글어스를 사용하여 쉽게 관찰할 수 있다. 우리가 여기에서 공부할 세 가지 예는 이러한 과정과 생성물들을 보여준다. 애리조나주의 모뉴먼트밸리(Monument Valley)는 암석의 색깔과 지형의 형태가 어떻게 풍화와 관련될 수 있는지를 보여준다. 반면에 캘리포니아주의 라 콘치타(La Conchita)와 와이오밍주의 그로반트(Gros Ventre)에서는 중력사면이동의 결과를 볼 수 있다.

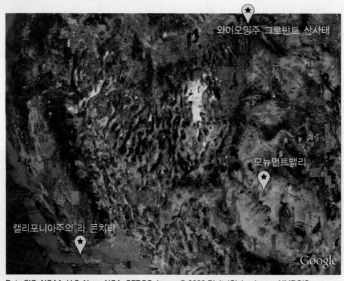

Data SIO, NOAA, U.S. Navy, NGA, GEBCO, Image © 2009 DigitalGlobe, Image NMRGIS, Image USDA Farm Service Agency

미국 남서부 지역과 연습문제에서 논의된 지역의 위치를 보여주는 구글어스 위성 이미지

위치 애리조나주의 모뉴먼트밸리, 캘리포니아주의 라 콘치타, 와이오밍주의 그로반트

목표 구글어스 이미지를 사용하여 지구표면의 풍화특징, 침식과정 및 중력사면사태 사건을 관측

참고 그림 16.6, 16.12, 16.17, 16.28

1. 애리조나주의 모뉴먼트밸리에 있는 36°56′45″ N, 110° 08′01″ W으로 이동하여 '내려다보는 높이(eye altitude)'를 15km로 확대하라. 여러분이 경관지형에서 보고 있는 퇴적한 사암층이 강 쪽으로 약 20° 경사를 이루며, 계곡벽의 사면과 평행하게 놓여 있었다. 사암층 아래에는 젖었을 때 미끄러지기 쉬운 부드럽고 불투수성인 셰일층이 놓여 있었다. 하천 수로가 계곡벽의 바닥에 있는 사암층의 대부분을 깎아버려 위에 있는 사암층이 거의 지지를 받지 못하는 상황에 놓이면서 미끄러짐이 발물의 색깔을 감안할 때, 다음 중 어느 것이 여기에서 일어나는 가장 우세한 풍화작용의 종류를 나타낸다고 생각하는가?

생기기에 가장 이상적인 조건이 만들어졌다. 셰일층과 사암층 사이의 층리면을 따라 작용하는 마찰력만이 사암층이 미끄러지는 것을 막고 있었다. 사암층의 지지 기반이 강에 의해 깎여나가는 것은 모래더미의 아랫부분에서 모래를 파내어 불안정하게 만드는 것과 같다. 두 경우 모두 경사를 가파르게 만든다. 폭우와 눈

a. 얼음에 의한 동결쐐기작용

b. 화강암의 박리작용

c. 철의 산화작용

d. 탄산칼슘의 용해작용

2. 모뉴먼트밸리에 있는 독특한 지질학적 특징들은 모두 평평한 상부 표면을 가지고 있는 것 같다. 평평한 표면의 발달은 층리면을 따라 풍화작용에 견디는 덮개 암석의 존재 때문일 수 있다. 이들 표면이 평평하다는 가설을 시험하기 위해 여러 지점에서의 고도를 측정하고, 측정한 고도의 범위가 평평한 표면과 일치하는지를 결정하라. 7km의 '내려다보는 높이'에서 36°58′00″ N, 110°06′50″ W에 있는 특징을 조사하면서 여러분의 연구를 시작하라. 여러분이 찾은 고도의 범위는 무엇인가?

a. 일관되게 약 2,000m인 좁은 범위의 고도

b. 500~4,000m에 걸친 넓은 범위의 고도

c. 500~1,500m에 걸친 중간 범위의 고도

d. 모든 표면이 해수면 아래에 있음

3. 34°21′53″ N, 19°26′43″ W로 이동하라. 2005년 라 콘치타에서 발생한 중력사면이동 사건의 여파를 보라. 이 중력사면이동은 과도한 강우에 의해 촉발되었다. 시야 틀을 북동쪽으로 기울이면서 이 지역을 조사하라. 여러분의 조사결과에 근거하여 표시되는 여러분이 여기에서 본 독특한 경관지형 특징을 가장 잘 묘사한 것은?

a. 이류

b. 암석 미끄러짐

c. 안정한 사면

d. 수직절벽

4. 라 콘치타 지역에서 떠나기 전에 측정도구를 사용하여 이동한 물질의 내리막 활강 길이를 구하라. 이제 동쪽에 있는 와이오밍주의 그로반트(83001)로 이동하라. '내려다보는 높이'를 7km로 확대하고, 시야틀을 남동쪽으로 돌려라. 여기에서 다른 지질학적 환경에 있는 중력사면이동의 또 다른 예를 발견할 것이다. 산사태를 찾아서 동일한 측정도구를 사용하여 이동한 물질의 내리막 활강 길이를 구하라. 다음 중 여러분의 측정치와 가장 일치하는 것은 어느 것인가?

a. 그로반트에서의 이동거리가 라 콘치타에서보다 2,200m 길다.

b. 그로반트에서의 이동거리가 라 콘치타에서보다 1,300m 길다.

c. 그로반트에서의 이동거리가 라 콘치타에서보다 1,200m 짧다.

d. 그로반트에서의 이동거리가 라 콘치타에서보다 700m 짧다.

선택 도전문제

5. 그로반트 산사태는 강 계곡에 인접한 로키산맥의 가파른 부분에서 발생했다. 강의 상류에 있는 호수를 주목하라. 호수는 어떻게 형성되었는가?

a. 인근 화산에서 분출한 용암이 강에 쏟아져 댐을 만들었다.

b. 산사태는 산맥의 모든 식물을 영구적으로 제거하여 토양발달을 막고 있다.

c. 산사태는 그 뒤의 함몰지에 물을 공급하는 샘을 노출시켰다.

d. 산사태가 산 아래로 이동하면서 강을 가로막아 댐을 만들었다.

녹은 물이 사암층과 그 아래에 놓인 셰일층의 표면을 포화시키면서, 셰일층의 맨 위에 있는 층리면을 따라 미끄러운 면을 만들었다. 무엇이 그로반트 산사태를 발생시켰는지는 아무도 모른다. 그러나 미끄러지는 덩어리의 기저에서의 전단응력이 어떤 시점에서 전단강도보다 커지면서 거의 모든 사암층은 물로 미끄러워진 셰일층의 표면을 따라 사면 아래로 미끄러졌다.

강에 댐이 만들어져 호수가 커지는 것은 중력사면이동의 흔한 결과물이다. 대부분의 산사태 물질들은 투수성이 좋고 약하기 때문에 호숫물이 만수위에 도달하여 넘칠 때 댐은 쉽게 무너진다. 그러면 호수는 격렬하게 급류를 방출하면서 갑자기 물을 비우게

그림 16.29 이탈리아 알프스에 있는 바이온트 댐의 저수지에서 발생한 중력사면이동의 비극적인 결과는 예측 및 예방 가능했어야 했다. 1960년에 발생한 작은 암석 미끄러짐은 저수지 위의 중력사면이동의 위험성에 대해 경고했다. 1963년 10월에 발생한 대규모 암설 미끄러짐으로 저수지의 물이 댐을 넘쳐흐르면서 하류지역에 홍수가 일어나 3,000명이 사망했다.

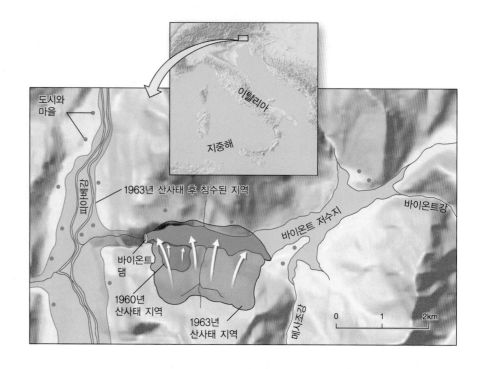

된다(그림 16.28 참조).

중력사면이동을 촉진 또는 발생시키는 인간의 활동

대부분의 중력사면사태는 자연적으로 발생하지만, 인간의 활동은 산사태를 발생시킬 수 있으며, 또는 취약한 지역에서 산사태 발생 가능성을 높인다. 사면을 깎아내어 가파르게 하거나 약하게 만드는 건설공사 및 굴착공사와 식생을 제거하는 개벌작업 같은 활동은 사태를 발생시킬 가능성을 증가시킬 수 있다. 취약한 지역의 배수시스템에 대한 신중한 공학적 설계는 물이 사면물질을 더 불안정하게 만드는 것을 방지한다. 그러나 어떤 지질학적 환경은 산사태에 아주 취약한데, 이러한 지역에서는 건설사업을 완전히 포기해야 한다.

그러한 장소 중 하나는 석회암과 셰일이 교호하는 가파른 벽으로 둘러싸인 이탈리아 알프스산맥의 계곡인 바이온트였다. 계곡에 그 당시에 세계에서 두 번째로 높은 콘크리트댐(265m)을 건설해 큰 저수지를 만들었다. 1963년 10월 9일 밤에 2억 4,000만m^3(길이 2km, 폭 1.6km, 두께 150m 이상)의 거대한 암설 미끄러짐이 저수지의 깊은 물로 쏟아져 들어왔다. 암설이 댐의 약

2km 상류까지의 저수지를 채우면서 막대한 양의 물이 댐 밖으로 넘쳐흘렀다. 격렬한 급류를 이루며 하류로 돌진하는 70m 높이의 홍수가 발생해 3,000명이 사망했다.

공학자들은 바이온트에서 나타난 세 가지 경고 신호를 무시했다(그림 16.29).

1. 저수지의 급경사 계곡벽을 이루고 있는 석회암과 셰일의 균열이 가고 변형된 층들의 연약함
2. 저수지 위의 계곡벽에 있는 과거 산사태가 남긴 자국
3. 산사태 발생 3년 전인 1960년에 발생한 작은 규모의 암석 미끄러짐으로 신호를 보낸 위험에 대한 사전경고

1963년의 산사태는 자연적인 것이라서 막을 수 없었지만, 그 피해는 훨씬 적을 수 있었다. 만약 저수지가 지질학적으로 안정한 곳에 위치해 있었다면, 물이 저수지 밖으로 넘칠 수 없어 재산과 인명피해를 크게 줄일 수 있었을 것이다. 우리는 대부분의 자연적인 중력사면이동을 막을 수는 없지만, 건설과 토지개발을 할 때 더욱 신중하게 계획을 수립한다면 그 피해를 최소화할 수 있다.

요약

풍화란 무엇이고, 어떻게 조절되는가? 암석은 지표에서 화학적 풍화작용—광물의 화학적 변질 또는 용해—과 물리적 풍화작용—역학적 과정에 의한 암석의 파쇄—에 의해 부서진다. 침식은 퇴적물의 원료 물질인 풍화생성물을 제거하고, 그들을 기원지로부터 다른 곳으로 멀리 옮긴다. 광물에 따라 풍화속도가 다르고 균열에 대한 민감도가 다르기 때문에 모암의 성질은 풍화에 영향을 준다. 기후는 풍화에 강한 영향을 미친다. 따뜻하고 심한 강우는 풍화속도를 가속시키고, 차갑고 건조한 기후는 풍화속도를 늦춘다. 토양의 존재는 수분과 유기체에 의해 분비된 산을 제공함으로써 풍화작용을 촉진시킨다. 암석은 오래 풍화될수록 더 완전하게 부서진다.

화학적 풍화과정이란 무엇인가? 가장 풍부한 규산염광물인 장석의 풍화는 대부분의 규산염광물을 풍화시키는 과정의 한 가지 예를 제공한다. 물이 존재할 경우, 장석은 가수분해되어 고령토를 형성한다. 물에 용해된 이산화탄소(CO_2)는 물과 반응하여 탄산(H_2CO_3)을 형성함으로써 화학적 풍화작용을 촉진한다. 약산성인 물은 칼륨 이온과 실리카를 용해시키고, 고령토를 잔류시킨다. 많은 규산염광물에서 제일철의 형태로 발견되는 철(Fe)은 산화작용에 의해 풍화되어 산화제이철을 형성한다. 이러한 과정들은 다양한 풍화조건에서 광물의 화학적 안정도에 따라 다양한 속도로 진행된다.

물리적 풍화과정이란 무엇인가? 물리적 풍화작용은 이미 존재하는 연약대 또는 괴상 암반의 절리와 균열대를 따라 암석을 작은 조각들로 파쇄하는 과정이다. 물리적 풍화작용은 균열을 확장시키는 동결쐐기, 동물과 나무뿌리에 의한 굴착과 터널링에 의해 촉진된다. 미생물은 물리적 및 화학적 풍화작용에 기여한다. 박리와 같은 쪼개짐의 양상은 아마도 화학적 풍화작용과 온도변화 사이의 상호작용에 기인한다.

토양발달에 중요한 요인들은 무엇인가? 토양은 암석 입자, 점토광물, 그리고 부식토를 포함하는 다른 풍화생성물의 혼합물이다. 토양은 새로운 물질의 첨가, 원래 물질의 손실, 그리고 물리적 혼합 및 화학적 반응을 통한 변경을 통해 발달한다. 토양발달에 영향을 주는 다섯 가지 주요 요인들은 모재(모체 물질), 기후, 지형, 생물, 그리고 시간이다.

중력사면이동이란 무엇이고, 이것은 어떤 종류의 물질을 이동시키는가? 중력사면이동은 중력작용에 의해 사면 아래로 대량의 물질들이 미끄러지거나, 흐르거나, 떨어지는 현상이다. 이러한 이동은 인지할 수 없을 정도로 아주 느리거나 달리는 사람을 추월할 정도로 매우 빠를 수 있다. 이동물질들은 암석과 다져지거나 교결된 퇴적물을 포함하는 고결된 물질 또는 미고결된 물질로 이루어져 있다. 암석의 중력사면이동에는 낙석, 암석 미끄러짐, 암석 사태가 있다. 미고결물질의 중력사면이동에는 포행, 붕락, 암설 미끄러짐, 암설 사태, 토류, 이류, 암설류가 있다.

중력사면이동을 발생시키는 요인들은 무엇이고, 그런 이동은 어떻게 유발되는가? 물질이 사면 아래로 이동하려는 경향과 가장 큰 관련이 있는 세 가지 요인들은 사면물질의 성질, 물질의 수분 함량 및 사면의 경사도이다. 미고결물질로 이루어진 사면은 안식각보다 경사가 더 급해질 때 불안정해진다. 안식각은 물질이 사면 아래로 무너지지 않고 유지되는 최대 사면경사각이다. 고결된 물질로 이루어진 사면도 역시 경사가 급해지거나 식생이 없으면 불안정해질 수 있다. 사면물질에 흡수된 물은 내부 마찰을 감소시키고 물질 내의 연약면을 미끄럽게 함으로써 사면을 불안정하게 만든다. 중력사면이동은 지진, 폭우 또는 침식에 의한 사면경사의 점진적인 증가에 의해 촉발될 수 있다.

주요 용어

고결물질	부식토	적철석	포행
고령토	붕락	중력사면사태	화학적 안정도
동결쐐기	안식각	중력사면이동	
미고결물질	애추	토양	
박리작용	액상화현상	토양단면	

지질학 실습

사면을 너무 불안정하게 만드는 것은 무엇인가?

완만한 경사를 갖는 언덕에서는 중력의 수직 성분이 커 암석과 토양이 단단히 제자리를 유지하려 하기 때문에 지반이 안정되어 있다.

중간 정도의 경사를 갖는 언덕에서는 언덕 경사지에 평행인 중력의 성분이 커지기 때문에 지반이 불안정해질 수 있다. 이것은 암석과 토양을 사면 아래로 밀어내려고 하여 붕괴가 일어날 수 있다.

가파른 경사를 갖는 언덕에서는 중력의 평행성분이 크게 증가하기 때문에 지반이 불안정해지고, 그래서 붕괴가 발생할 확률도 커진다.

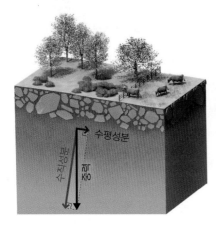
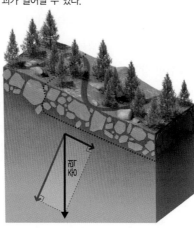
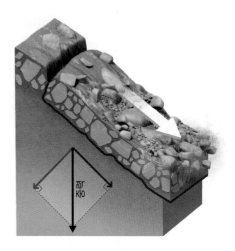

경사도가 각기 다른 사면에 있는 토양 또는 암석의 블록에 작용하는 힘

산사태로 인한 집과 다른 건물의 파괴를 어떻게 하면 피할 수 있을까? 산사태는 가파른 지형이 폭우 또는 지진과 같은 다른 핵심 요인들과 동시에 일어나는 지역에서 가장 발생할 가능성이 크다. 그런 지역에 집을 사거나 건축하는 것과 관련된 위험을 이해하는 것은 그 지형에 대한 평가와 중력사면사태가 일어날 가능성에 대한 평가로부터 시작된다. 지질학자들은 그러한 평가를 내리고 잠재적인 주택 소유자 및 지역 계획자에게 어떤 종류의 부동산이 다른 부동산보다 산사태가 발생할 가능성이 더 큰지에 대해 조언하는 중요한 역할을 한다.

우리는 너무 가파른 사면 위에 구조물을 짓게 되면 그 구조물은 사면 아래로 미끄러질 것이라는 것을 직감적으로 알고 있다. 본문에서 설명한 모래더미를 생각해보자. 모래더미가 더 가파르게 되면, 적은 양의 모래만이 제자리에 머무르고, 어떤 시점이 되면 모래더미에 아무리 많은 양의 모래를 부어도 모래는 계속 미끄러져 내릴 것이다. 똑같은 일이 토양과 암석에서도 일어난다. 사면이 너무 가파르면 토양과 암석도 역시 사면 아래로 미끄러질 것이다. 중요한 질문은 "어느 정도로 가파른 것이 너무 가파른 것인가?"이다. 우리는 중력사면이동과 관련된 세 가지 기본요인들을 이용하여 너무 가팔라서 건물을 지을 수 없는 사면이 어떠한 사면인지를 결정한다.

가장 중요한 요인은 사면의 경사도이다. 다른 조건이 같다면,

가파른 경사지 위의 구조물은 더 완만한 경사지 위에 있는 같은 크기의 구조물보다 더 빨리 미끄러질 것이다. 두 번째로 중요한 요인은 사면물질의 성질이다. 사면물질이 서로 더 잘 붙어 있을수록 사면은 더 안정할 것이다. 세 번째 요인은 사면물질에 존재하는 물이다. 호우가 내리는 동안, 토양과 암석이 물을 흡수하면 응집력이 감소하여 산사태가 발생할 수 있다. 2005년에 남부 캘리포니아의 주택 소유자들이 이러한 상황을 겪었다(이 장의 시작 페이지에 있는 사진과 그림 16.12 참조).

첨부된 그림은 토양이나 암석 덩어리—잠재적인 미끄러지는 덩어리—에 작용하는 힘을 보여준다. 중력사면이동에 영향을 주는 주된 힘은 중력이다. 중력은 지구표면 어디에서나 작용하여 모든 것을 지구중심으로 끌어당긴다. 물질이 수평면 위에 놓여 있으면, 중력은 물질에 하향력을 가하여, 물질은 제자리에 고정된다. 그러나 경사면에서는 중력의 힘은 사면물질의 바닥에 비스듬한 각도로 작용한다. 그 이유는 사면물질이 어디에 있든지 간에 중력은 물질을 지구중심으로 끌어당기기 때문이다. 이러한 경우에 중력의 힘은 두 가지 성분으로 나누어질 수 있다—사면물질 바닥에 수직인 힘과 사면의 바닥에 평행한 힘.

이러한 힘은 사태가 일어날 가능성에 대해 무엇을 알려주는가? 중력의 평행 성분은 사면물질의 바닥면에 평행한 전단응력(shear stress)을 생성하여 사면물질을 사면 아래쪽으로 끌어당겨

미끄러지게 한다. 전단강도(shear strength)로 알려진 중력의 수직 성분은 물질이 사면 아래로 미끄러지는 것에 대한 저항력이다. 사면물질의 바닥면에서의 마찰 및 사면물질의 입자들 간의 응집력이 전단강도로 작용한다.

미끄러짐은 전단응력이 증가하고 전단강도가 감소하는 가파른 경사면에서 발생하는 경향이 있다. 전단응력이 전단강도보다 커지면 물질은 사면 아래쪽으로 미끄러질 것이다. 따라서 산사태는 전단응력이 크고(가파른 경사면) 전단강도가 낮은(폭우로 포화된 사면) 곳에서 발생할 가능성이 가장 크다.

안전계수(safety factor), F_s로 알려진 간단한 식을 사용하여 중력사면이동이 언제 어디에서 발생할지를 예측할 수 있다.

$$\text{안전계수, } F_s = \frac{\text{전단강도}}{\text{전단응력}}$$

사면의 안전계수가 1보다 작으면 중력사면이동은 발생할 것으로 예상된다.

우리는 전단응력과 전단강도의 값을 알려주는 표 A와 B를 참조하여 어떠한 사면경사도와 사면물질의 조합이 안전한 건물 부지를 제공하게 될 것인지를 결정할 수 있다.

표 A

사면경사도	전단응력
5°	1
20°	5
30°	25

표 B

사면물질	전단응력
느슨한 토양	3
점판암	10
화강암	50

중간 정도인 20° 경사를 갖는 점판암 지역에 있는 건물 부지의 안전계수를 계산해보자.

$$F_s = \frac{\text{점판암의 전단강도}}{20° \text{경사에 대한 전단응력}} = 10/5 = 2$$

사면은 안정되어 있는 것으로 예상되지만, 아주 좋지는 않다. 많은 지방 자치 단체에서는 이 정도의 사면은 안정도가 너무 미미해서 매우 값비싼 공학적 보강을 하지 않는다면 건축허가를 내주지 않을 것이다.

추가문제: 사면경사도와 사면물질의 나머지 조합(예: 느슨한 토양 위에 있는 5° 경사지)에 대한 안전계수를 구하여 표 C의 빈칸을 채워라. 어떤 경사지가 건물을 짓기에 충분히 안정되어 있는가?

표 C

사면경사도	안전계수(F_s)		
	느슨한 토양	점판암	화강암
5°	_____	_____	_____
20°	_____	_____	_____
30°	_____	_____	_____

연습문제

1. 묘비에 사용되는 여러 종류의 암석들은 우리에게 풍화작용에 대하여 무엇을 말하여 주는가?

2. 화강암을 구성하는 조암광물 중 풍화작용에 의해 점토광물로 변하는 것은 무엇인가?

3. 풍부한 강우량은 어떻게 풍화작용에 영향을 주는가?

4. 화강암과 석회암 중 어느 것이 더 빨리 풍화되는가?

5. 물리적 풍화작용은 어떻게 화학적 풍화작용에 영향을 주는가?

6. 기후는 어떻게 화학적 풍화작용에 영향을 주는가?

7. 지진은 산사태 발생에 어떤 역할을 하는가?

8. 사람이 뛰는 속도보다 빠르게 이동하는 중력사면이동의 종류는 무엇인가?

9. 물의 흡수는 어떻게 미고결 사면물질을 약하게 만드는가?

10. 안식각은 무엇이고, 이는 수분 함량에 따라 어떻게 변하는가?

11. 사면경사도가 어떻게 중력사면사태에 영향을 주는가?

12. 이류는 무엇이고, 어떻게 발생하는가?

생각해볼 문제

1. 미국 북부 일리노이 지역에서 당신은 같은 종류의 기반암 위에 발달된 두 가지 토양을 발견할 수 있다―하나는 1만 년 된 토양이고, 다른 것은 4만 년 된 토양이다. 그들은 조성과 토양단면에서 어떠한 차이점이 있으리라 예상하는가?

2. 화강암과 현무암 중 어느 것이 더 빨리 풍화되리라 생각하는가? 어떠한 요인들이 여러분의 답에 영향을 주었는가?

3. 직경 약 4mm인 결정들로 이루어져 있으며, 약 0.5~1m 간격의 직사각형 절리계를 가지는 화강암이 지표에서 풍화되고 있다고 가정하자. 일반적으로 가장 큰 풍화입자는 얼마 정도의 크기이리라 예상하는가?

4. 춥고 습윤한 지역에서는 교통량이 많지 않을 때에도 인공 암석인 콘크리트로 만든 도로에 균열과 거칠고 울퉁불퉁한 표면이 만들어지는 이유는 무엇이라고 생각하는가?

5. 황철석은 제일철이 황화 이온과 결합된 광물이다. 어떤 주요한 화학적 작용이 황철석을 풍화시키는가?

6. 다음의 암석들을 따뜻하고 습윤한 지역에서 풍화가 잘 되는 순서대로 나열하라―순수한 석영으로 이루어진 사암, 순수한 방해석으로 이루어진 석회암, 화강암, 암염으로 된 증발퇴적물.

7. 지표에서 풍화작용이 없다면 지구표면은 어떻게 보일까?

8. 지속적 가뭄은 산사태가 발생할 가능성에 영향을 주는가? 영향을 준다면 어떻게 주는가?

9. 두꺼운 토양층으로 덮인 가파른 기반암 언덕 아래에 있는 집을 구입할 때 고려해야 하는 지질학적 조건은 무엇인가?

10. 어떤 산악지역에서 과거에 큰 산사태가 많이 있었다는 것을 알아내기 위하여 어떠한 증거를 찾아야 하는가?

11. 열대다우의 산악지역에서 중력사면이동이 발생할 가능성이 사막의 산악지역에서 중력사면이동이 발생할 가능성보다 더 커지게 하거나 작아지게 하는 요인들은 무엇인가?

12. 오랫동안 계속된 폭우 후 미고결 모래와 이토 위에 놓여 있는 두꺼운 토양층으로 된 급경사 언덕에서는 어떤 종류의 중력사면이동이 발생할 수 있는가?

13. 어떤 요인들이 암석을 약화시켜 중력사면이동이 발생하도록 하는가?

매체지원

 16-1 애니메이션 : 중력사면사태

 16-1 비디오 : 콜로라도 글렌우드 스프링스에서 발생한 도로를 가로지르는 낙석

 16-2 비디오 : 구상풍화(spheroidal weathering)

 16-3 비디오 : 중력사면이동 I

 16-4 비디오 : 중력사면이동 II

베네수엘라의 엔젤 폭포. 베네수엘라에서는 앙헬 폭포 (Salto Angel)로 알려진 이 폭포는 우뚝 솟은 사암 고원 인 아우얀 테푸이(Auyan Tepui, 원주민의 언어로 '악마 의 산'이라는 뜻)로부터 979m를 떨어져 내린다. 이 폭포 는 1930년대에 테푸이(tepui, 탁상고지)의 꼭대기에 불 시착한 조종사 지미 엔젤(Jimmy Angel)의 이름을 따서 명명되었다.

[Miquel Gonzalez/Iaif/Redux.]

수문순환과 지하수

17

우리들 대부분은 새뮤얼 테일러 콜리지(Samuel Taylor Coleridge)의 작품 '늙은 선원의 노래(Rime of the Ancient Mariner)'에서 "물은, 물은 어디든 있는데, 마실 물은 한 방울도 없구나."라는 구절을 들어보았다. 지구표면의 71%가 물로 덮여 있지만, 인간은 이 중 일부만을 사용할 수 있다. 인간은 물 없이 며칠 이상 살 수 없다. 그러나 현대사회는 생존에 필요한 양보다 훨씬 많은 양의 물을 소비한다. 우리는 산업, 농업 및 하수도 시스템과 같은 도시의 수요를 충족시키기 위해 엄청난 양의 물을 사용한다. 물의 공급이 제한되어 있음에도 불구하고 물에 대한 수요가 계속 증가하면서 물의 순환에 대한 연구가 점점 더 중요해지고 있다.

앞의 두 장에서 우리는 물이 다양한 지질학적 과정에 필수적이라는 것을 배웠다. 제15장에서 우리는 대양과 대기 사이에서 교환된 물이 지구의 기후시스템에 중요한 연결 고리를 형성한다는 것을 이해하였고, 기후과학자들도 이제는 물의 순환을 이해하는 것이 기후예측에서 가장 중요한 단계 중 하나임을 인식하고 있다. 제16장에서 우리는 암석과 토양에 포함된 광물의 용제로서 그리고 용해되고 풍화된 물질을 운반하는 운반매체로서 물이 풍화와 침식과정에서 중요한 역할을 한다는 것을 배웠다. 물의 순환은 이러한 모든 과정들을 연결하고 있다. 제18장과 제20장에서 우리는 지표유출에 의해 형성된 하천과 강 그리고 빙권의 빙하가 대륙 경관지형의 모습을 형성하는 데 어떤 역할을 하는지를 살펴볼 것이다. 본 장에서는 지구의 지각 내로 스며들어 커다란 지하수 저장소를 형성하는 물에 초점을 맞추었다.

본 장에서 우리는 지표, 대기 및 지하에 존재하는 물의 분포, 이동 및 특성을 공부할 것이다. 그런 다음에 우리는 물이 땅속으로 스며들어 지하 저장소를 통과해 흐르는 과정을 물의 경로를 따라가면서 더욱 상세하게 살펴볼 것이다. 이를 통해 우리는 왜 지하수가 한정된 자원이며, 지하수를 정성 들여 관리해야 하는지 이해하게 될 것이다.

■ 물의 지질학적 순환

지하 저장소로부터 어느 정도의 속도로 물을 양수하면 지하수가 고갈되지 않을까? 기후변화는 물의 공급에 어떤 영향을 줄까? 수자원의 보전과 관리에 관한 정보에 입각한 의사결정을 위해서는 지구의 물이 지표면, 지하 및 대기에서 어떻게 움직이며, 자연적 변화와 인간의 활동에 의해 물의 흐름이 어떻게 변화하는지에 대한 지식이 필요하다. 이러한 분야의 학문을 **수문학**(hydrology)이라 한다.

흐름과 저장소

우리는 지구의 호수, 해양, 극지방의 만년설에서 물을 볼 수 있으며, 강이나 빙하에서 지구표면 위를 이동하는 물을 볼 수 있다. 대기와 지하에 저장되어 있는 막대한 양의 물 또는 이러한 저장소로 흘러들어가고 나오는 물의 흐름을 보기는 더 어렵다. 물은 증발되면 수증기가 되어 대기 중으로 이동한다. 하늘로부터 비가 되어 내려와 지하로 스며들면 지표 아래를 흐르는 물, 즉 **지하수**(groundwater)가 된다. 생물체들이 물을 사용하기 때문에, 적은 양의 물은 생물권에도 저장된다.

물을 저장하는 각각의 장소를 **저장소**(reservoir)라고 한다. 지구에서 가장 큰 자연저장소는 규모순으로 해양, 빙하와 극지방 얼음, 지하수, 호수와 강물, 대기, 생물권이다. 그림 17.1은 이러한 저장소들 내에서의 물의 분포를 보여준다. 강과 호수에 저장된 물의 양은 해양과 지하수의 양에 비해 매우 적지만, 이들 저장소의 물은 소금이나 고농도의 다른 용존물질들을 함유하지 않기 때문에 인간에게 중요하다.

저수지는 강우나 흘러들어오는 하천과 같은 유입수를 통해 물을 얻고, 증발이나 흘러나가는 하천과 같은 유출수를 통해 물을 잃는다. 만약 유입량과 유출량이 같다면, 물이 계속적으로 들어오고 나간다 할지라도 저수지의 규모는 일정한 상태를 유지한다. 이러한 흐름은 일정량의 물이 저수지 내에서 일정한 평균시간 동안 머무른다는 것을 의미하며, 이 평균시간을 **체류시간**(Residence time)이라고 한다.

얼마나 많은 양의 물이 존재하는가?

지구가 보유하고 있는 물의 총량은 실로 어마어마하다—다양한 저장소에 흩어져 있는 물이 약 14억km³에 달한다. 만약 이 물이 미국 영토를 덮는다면 50개의 주가 약 145km 두께의 물 아래에 잠길 것이다. 비록 한 저장소에서 다른 저장소로의 흐름이 나날

이, 해마다, 100년마다 변화한다 해도 지구가 보유한 물의 총량은 일정하다. 이러한 지질학적으로 짧은 시간 간격 동안 지표 부근의 물은 지구내부로 물을 잃거나 내부로부터 물을 얻지도 않으며, 대기로부터 지구외부 공간으로 물을 크게 잃지도 않는다.

수문순환

지구상의 모든 물은 해양, 대기, 지표면 및 지하에 있는 다양한 저장소 사이에서 순환한다. 증발에 의해 해양에서 대기로, 강우에 의해 지표로, 지표유출과 지하유출에 의해 하천으로, 그리고 다시 해양으로 돌아오는 물의 순환운동을 **수문순환**(hydrologic cycle)이라 한다(그림 17.2).

지구표면의 온도범위에서 물은 물질의 세가지 상태—액체(물), 기체(수증기), 고체(얼음)—사이에서 변화한다. 이러한 변화는 한 저장소에서 다른 저장소로의 주요 흐름 중 일부에 동력을 제공한다. 태양에 의해 움직이는 지구의 외부 열엔진은 주로 해양에서 물을 증발시키고 대기 중에서 물을 수증기 상태로 운반함으로써 수문순환을 일으킨다.

적정한 온도와 습도 조건하에서 수증기는 작은 물방울로 응축되어 구름을 형성하고, 결국에는 비나 눈이 되어 내리게 되는데, 이를 **강수**(precipitation)라 한다. 땅에 떨어진 강수의 일부는 **침투**(infiltration)과정에 의하여 땅속으로 스며든다. 침투는 물이 균열이나 입자 사이의 작은 공극을 통하여 암석이나 토양 속으로 흘러들어가는 과정이다. 이러한 지하수의 일부는 토양표면에서 증발하여 수증기가 되어 대기로 돌아간다. 다른 일부의 지하수는 생물권을 통해 이동하는데, 즉 식물 뿌리에 흡수되고, 나뭇잎으로 운반된 후, **증산작용**(transpiration)이라고 부르는 과정에 의해 대기로 돌아간다. 그러나 대부분의 지하수는 지하에서 천천히 흐른다. 지하수는 지하 저장소 안에서 긴 시간 동안 체류하지만, 결국에는 샘을 통해 지표로 되돌아와 하천과 호수로 흘러들어간 다음에 바다로 돌아간다.

지하로 침투하지 않은 강수는 지표 위를 흘러 점차 하천에 모인다. 지표 위를 흐르는 모든 강수의 합을 **지표유출**(runoff)이라 한다. 여기에는 하천뿐만 아니라 일시적으로 지표 근처의 토양과 암석 속으로 침투했다가 다시 지표로 나와 흐르는 물도 포함된다. 지표유출의 일부는 나중에 지하로 스며들거나 강이나 호수로부터 증발되기도 하지만, 대부분은 결국 해양으로 흘러들어간다.

강설은 빙하에서 얼음으로 변하기도 한다. 빙하의 얼음은 녹은 후 지표유출되면 해양으로 돌아가고, 물이 고체(얼음)에서 바

염수 95.96%
해양과 바다
$(1.40 \times 10^9 km^3)$

담수 4.04%

빙하와 극빙 2.97%
$(4.34 \times 10^7 km^3)$

대기 0.001%
$(1.5 \times 10^4 km^3)$

호수와 강 0.009%
$(1.27 \times 10^5 km^3)$

지하수 1.05%
$(1.54 \times 10^7 km^3)$

생물권 0.0001%
$(2 \times 10^3 km^3)$

(a)

(b)

(c)

(d)

(e)

그림 17.1 지구상의 물의 분포.

[(b) John Grotzinger; (c) Ron Niebrugge/wildnatureimages; (d) Viktor Lyagushkin/National Geographic Creative; (e) Charlie Munsey/Corbis.]

로 기체(수증기)로 변하는 승화(sublimation)를 통해 대기로 되돌아가기도 한다.

해양으로부터 증발된 대부분의 물은 강우로서 다시 해양으로 되돌아온다. 나머지는 지상에 낙하한 후 증발하거나 지표유출을 통해 해양으로 되돌아온다. 〈그림 17.2〉는 저장소 사이의 총흐름의 양이 수문순환에서 서로 어떻게 균형을 이루는지를 보여준다. 예를 들어, 지표는 강우를 통해 물을 얻고 같은 양의 물을 증발과 지표유출로 잃는다. 해양은 지표유출과 강우로 물을 얻고, 같은 양의 물을 증발로 잃는다. 해양으로부터 증발되는 물의 양이 해

양 위에 강우로 내리는 양보다 더 많다. 이 손실량은 대륙에서 지표유출로 돌아오는 물에 의해 상쇄된다. 그래서 전 지구적 규모에서 각 저장소의 크기는 일정하게 유지된다. 그러나 기후변화는 증발, 강수, 지표유출 및 침투 사이의 균형에 지역적인 변화를 가져온다.

얼마나 많은 물을 사용할 수 있는가?

지구가 가지고 있는 엄청난 양의 물 중 매우 작은 일부만을 인간사회에서 이용할 수 있다. 전 지구적 수문순환이 궁극적으로는 우리가 사용할 물의 공급을 조절한다. 예를 들어, 해양에 있

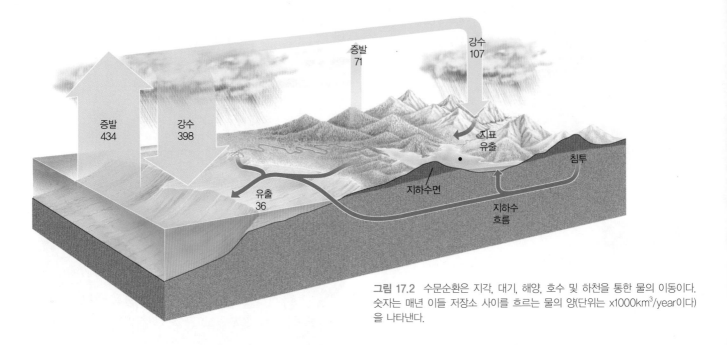

그림 17.2 수문순환은 지각, 대기, 해양, 호수 및 하천을 통한 물의 이동이다. 숫자는 매년 이들 저장소 사이를 흐르는 물의 양(단위는 x1000km³/year이다) 을 나타낸다.

는 지구 물의 96%는 본질적으로 우리에게는 허락되지 않는 물이다. 우리가 사용하는 거의 대부분의 물은 염분이 없는 **담수(fresh water)**이다. 건조한 중동과 같은 지역에서는 현재 인공적인 담수화(탈염, 염분의 제거)를 통해 해수로부터 적지만 꾸준히 증가하는 양의 담수를 생산하고 있다. 그러나 자연계에서 담수는 빗물, 강, 호수, 지하수, 육지의 눈이나 얼음이 녹은 물로만 공급된다. 이러한 모든 물은 궁극적으로 강수에 의해 공급된다. 따라서 우리가 상상할 수 있는 자연적인 담수량의 실질적인 한계는 강수를 통해 대륙에 꾸준히 공급되는 양이다.

■ 수문학과 기후

대부분의 실용적인 목적에서, 지질학자는 전 지구적 수문학보다는 지역 수문학─한 지역의 저장소에 있는 물의 양과 물이 한 저장소에서 다른 저장소로 흐르는 방법─에 중점을 두고 있다. 지역 수문학에 가장 큰 영향을 주는 것은 지역적 기후, 특히 온도와 강우량이다. 연중 내내 비가 자주 내리는 온난한 지역에서는 물의 공급─지표수와 지하수 모두─이 풍부하다. 온난건조 혹은 반건조지역에서는 비가 잘 오지 않고, 물이 귀하다. 차가운 기후에서 사는 사람들은 눈과 얼음이 녹은 물에 의존한다. 세계의 일부 지역에서는 **몬순(monsoons)**이라고 불리는 호우가 내리는 우기와 물의 공급이 줄어 땅이 메말라져 식생이 시드는 오랜 건조기가 번갈아 가며 나타난다.

습도, 강우 및 지형

많은 지리적인 기후변화는 공기의 평균온도 및 공기 중의 수증기의 양과 관련이 있으며, 이 두 가지는 강수량에 영향을 준다. **상대습도(relative humidity)**는 공기 중에 있는 수증기의 양을 말하며, 해당 온도에서 공기가 포화되었을 때 보유할 수 있는 물의 총량에 대한 퍼센트 비율로 표현된다. 예를 들어, 상대습도가 50%이고 온도가 15℃일 때, 공기 중에 있는 수분의 양은 15℃에서 공기가 보유할 수 있는 최대 수분량의 절반이다.

따뜻한 공기는 찬 공기보다 더 많은 수증기를 보유할 수 있다. 포화되지 않은 따뜻한 공기가 충분히 차가워지면, 그 공기는 과포화되고, 그래서 공기에 포함되어 있는 수증기의 일부가 응결되어 물방울이 된다. 응결된 물방울들은 구름을 형성한다. 우리가 구름을 볼 수 있는 이유는 구름이 보이지 않는 수증기가 아니라 보이는 물방울로 이루어져 있기 때문이다. 충분한 수분이 응결되고 기류에 의해 떠 있을 수 없을 정도로 물방울들이 커지면 구름은 비가 되어 지상으로 떨어진다.

전 세계 강우의 대부분은 대기와 해양표층수가 태양에 의해 가열되는 적도 부근의 따뜻하고 습윤한 지역에서 내린다. 이러한 조건에서는 많은 양의 해양수가 증발하여 상대습도가 높아진다. 공기가 가열되면, 팽창하며 밀도가 낮아져 상승하게 된다. 열대 해양 위의 습윤한 공기가 높은 고도로 상승한 후 주변 대륙 위로 이동하면, 공기는 다시 차가워지고, 응결되어, 과포화 상태가 된다. 그 결과 육지에 폭우가 내리고, 심지어 해안에서 멀리 떨어진 곳에서도 폭우가 내린다.

열대지역에 비를 내린 공기는 북위 30°와 남위 30° 부근에서 지표면으로 다시 내려오기 시작한다. 이처럼 차갑고 건조한 공기는 하강하면서 데워지고 수분을 흡수한다. 이로 인해 맑은 하늘과 건조한 기후가 나타나게 된다. 전 세계의 많은 사막들은 이 위도에 위치하고 있다.

극지방의 기후 역시 매우 건조한 경향이 있다. 극지방의 해양과 그 상부의 대기는 차갑다. 그래서 대기는 수분을 거의 머금을 수 없고, 해수의 증발도 미미하다. 열대기후와 극기후의 양극단 사이에 온대기후가 있으며, 여기에서는 강우량과 온도가 중간 정도이다.

지금까지 기술한 기후양상은 대기 중의 공기순환 패턴에 의해 발생된다. 이는 제19장에서 다시 설명할 것이다. 판구조과정 역시 기후과정에 영향을 준다. 예를 들어, 산맥의 융기는 바람이 불어가는 쪽 사면에 강수량이 적은 지역인 **비그늘**(rain shadow)을 형성한다. 습윤한 공기가 높은 산맥을 오르는 동안 냉각되어 바람이 불어오는 쪽 사면에 비를 뿌리고, 반대쪽 사면에 도달할 때가 되면 그들이 갖고 있던 수분의 대부분을 잃게 된다(그림 17.3). 이 공기는 산맥 반대편을 타고 낮은 고도로 하강하는 동안 다시 데워진다. 따뜻한 공기는 더 많은 수분을 함유할 수 있기 때문에 상대습도가 감소하여 강우 발생 확률은 더욱 낮아지게 된다. 태평양판이 북아메리카판 하부로 섭입하면서 융기한 오리건 지역의 캐스케이드산맥은 비그늘을 생성한다. 이 지역은 태평양으로부터 내륙으로 부는 바람이 우세하며, 이 바람이 산맥의 서쪽 사면에 폭우를 뿌림으로써 무성한 산림 생태계를 형성하고 있다. 이에 반해, 산맥의 반대쪽인 동쪽 사면은 건조하고 척박하다.

지형적 특성이 강수 패턴을 변화시키는 것처럼, 강수 패턴의 변화는 풍화 및 침식의 속도를 조절하여 지형을 변화시킨다. 제22장에서는 기후시스템과 판구조시스템이 어떻게 함께 작용하여 경관지형의 발달과 관련된 수문학적 패턴을 조절하는지에 대해 더욱 깊게 탐구할 것이다.

가뭄

가뭄(drought)은 강우량이 정상치보다 훨씬 낮은 월 혹은 연 단위의 기간을 의미한다. 가뭄은 모든 기후지역에서 발생될 수 있으나, 건조기후지역은 특히 가뭄의 영향에 취약하다. 강우를 통한 물 공급이 부족하기 때문에 하천은 줄어들어 말라버리고, 연못과 호수는 증발하고, 토양은 마르고 갈라져 식생은 고사하게 된다. 인구가 증가하면서 물 공급에 대한 수요는 더욱 증가하고 있다. 그래서 가뭄은 그렇지 않아도 부족한 물 공급을 완전히 고갈시킬 수 있다.

지난 수십 년 동안 가장 심각했던 가뭄은 사하라사막의 남쪽 경계선을 따라 분포하는 사헬(Sahel)이라 불리는 아프리카 지역에 영향을 주었다(그림 17.4). 이 긴 가뭄은 제19장에서 볼 수 있듯이 사막을 확대시켰으며, 농사와 목축을 사실상 파괴시켰다. 이 지역에서 수십 만 명의 사람들이 기근으로 목숨을 잃었다.

길었지만 덜 심했던 또 다른 가뭄이 1987년부터 1993년까지 캘리포니아의 대부분 지역에 영향을 주었으며, 1993년 2월에 폭우가 내리면서 가뭄이 물러갔다. 가뭄이 지속되는 동안 지하수와 지표의 저수지는 15년 만에 최저 수위로 떨어졌다. 물 사용 제한 규정이 제정되었으나, 방대한 관개용수를 줄이려는 시도는 농장

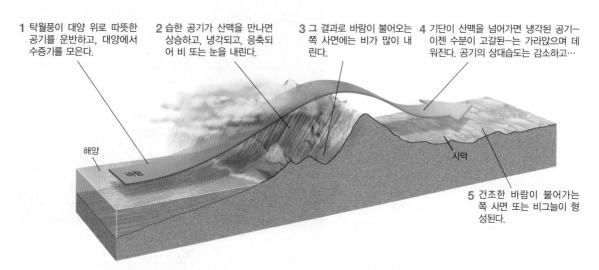

1 탁월풍이 대양 위로 따뜻한 공기를 운반하고, 대양에서 수증기를 모은다.

2 습한 공기가 산맥을 만나면 상승하고, 냉각되고, 응축되어 비 또는 눈을 내린다.

3 그 결과로 바람이 불어오는 쪽 사면에는 비가 많이 내린다.

4 기단이 산맥을 넘어가면 냉각된 공기─이젠 수분이 고갈된─는 가라앉으며 데워진다. 공기의 상대습도는 감소하고…

해양

바람

사막

5 건조한 바람이 불어가는 쪽 사면 또는 비그늘이 형성된다.

그림 17.3 비그늘은 산맥의 바람이 불어가는 쪽 사면에 나타나는 강우량이 낮은 지역이다.

그림 17.4 사하라사막의 가장자리에 있는 말리의 이 수수밭은 토양과 작물에 대한 오랜 가뭄의 영향을 보여준다. 이 사진은 1984~1985년에 촬영하였으며, 가뭄은 현재까지도 계속되고 있다.
[Tomas van Houtryve/VII Network/Corbis.]

17.1 물은 귀중한 자원이다. 누가 그것을 가지는가?

최근까지 대부분의 미국 사람들은 상수도 공급을 당연한 것으로 생각해왔다. 그러나 가까운 미래에 기후변화와 인구증가로 인해 미국의 많은 지역—특히 건조지역—에서 더욱 빈번하게 물 부족을 겪게 될 것이다. 이러한 물 부족은 사회의 여러 분야—거주, 산업, 농업, 여가활동 등—사이에서 누가 물을 공급받을 더 큰 권리를 가지고 있는가에 대한 갈등을 야기하게 될 것이다.

최근 몇 년 동안 미국 도처에서 가뭄이 발생하고 캘리포니아, 플로리다, 콜로라도 등 여러 지역에서 물 사용을 제한하기 시작하면서 시민들은 국가가 중대한 물 부족 문제에 직면했음을 알게 되었다. 그러나 가뭄과 풍부한 강우의 시기가 번갈아 오고, 정부도 한시가 급한 장기적인 해결책을 찾지 못함에 따라 국민들의 관심도 오락가락하고 있다. 심사숙고해야 할 몇 가지 사실이 있다.

■ 인간은 생존하기 위해서 하루에 약 2L의 물을 소비해야 한다. 미국에서 1인당 물 소비량은 하루에 250L이다. 만약 산업, 농업, 발전에 사용되는 물을 고려한다면 1인당 물 소비량은 하루에 약 6,000L까지 증가한다.

■ 미국의 저수지로부터 끌어온 물의 약 38%가 산업용으로, 43%가 농업용으로 사용된다.

■ 미국의 1인당 물 사용량은 서유럽보다 2~4배 정도 높다. 서유럽에서는 물 사용료로 350% 이상 더 많은 돈을 지불한다.

■ 비록 미국의 서부는 전국 강우량의 1/4을 받고 있지만, 서부 주들의 1인당 물 사용량(대부분이 관개용수)은 동부 주들보다 약 10배 높으며 가격도 훨씬 저렴하다. 예를 들면, 대부분의 물을 수입하는 캘리포니아주에서는 85%

자연사막인 캘리포니아 임페리얼계곡의 관개.
[David McNew/Getty Images.]

주와 농업계의 거센 정치적 저항에 직면하였다. 물 부족에 대한 위협이 닥칠 기미가 보임에 따라, 물의 사용은 공공정책 토론의 장에서 논의된다(지구정책 17.1 참조).

　짧은 기간이었지만 큰 충격을 준 사건의 예로는 뉴질랜드의 2013년 가뭄이 있다. 뉴질랜드는 2012년 말부터 2013년 4월까지 광범위한 지역에 걸쳐 심각한 가뭄을 겪었다. 이 가뭄의 범위는 이례적으로 넓었는데, 북섬 전체와 남섬 일부에 걸친 지역에서 동시에 발생되었다. 많은 목초지는 관개시설이 없어 강우에 의존하고 있다. 비가 내리지 않는 가뭄은 농업이 주요 산업인 나라에 흉작을 발생시키고 목초지에 영향을 주었다.

　우리의 기후역사는 우리가 가뭄의 심각성을 올바르게 인지할 수 있도록 도와준다. 예를 들어, 미국 남서부는 최근에 가뭄을 겪었다. 그러나 1500년부터 1900년 사이의 400년 동안 남서부는 평균적으로 지난 20세기보다 건조했다. 또한 지질학적인 기록은 현재의 가뭄보다 더 심하고 더 오래 지속된 가뭄들을 보여준다. 최근의 가뭄이 단기간의 기후변동일 뿐인가, 아니면 장기간의 건조기로 돌아가는 신호일까? 전 지구적 기후변화는 남서부에 어떤 영향을 미칠까? 과거를 탐사함으로써 지질학자와 기후과학자들은 그들이 미래를 예측하는 데 도움을 줄 정보를 찾을 수 있을 것이다.

지표유출의 수문학

지표에 떨어진 강수량 중 얼마나 많은 양이 결국 지표유출이 될까? 강수량이 어떤 지역의 하천과 강의 지표유출에 얼마나 영향을 주는지에 대한 극적인 예는 심한 폭우 후에 순식간에 홍수가 발생할 때 볼 수 있다. 넓은 지역(예 : 큰 강이 흘러가는 유역에 포함된 모든 주)에서 장기간(예 : 1년)에 걸쳐 강우량과 지표유출량을 측정했을 때, 이들 사이의 상관관계는 덜 직접적이긴 하지만 그럼에도 불구하고 밀접한 관련이 있다. 그림 17.5의 지도는 이러한 관계를 설명하고 있다. 우리가 이를 비교할 때, 강수량이 낮은 지역들—남부 캘리포니아주, 애리조나주, 뉴멕시코주와 같은—에서는 강수량 중 작은 부분만이 지표유출된다는 것을 본다. 이들 건조지역에서는 강수량의 많은 부분이 증발이나 침투에 의해서 지표를 떠난다. 미국 남동부와 같이 좀더 습윤한 지역에서는 강수량의 훨씬 더 많은 비율이 하천으로 유출된다. 대하천은 많은 양의 물을 강수량이 많은 지역에서 적은 지역으로 운반한

의 물이 관개용으로 쓰이고, 10%가 도시 및 개인생활용수로, 5%가 산업용으로 쓰인다. 관개용수를 15% 줄이면 도시와 산업에서 사용 가능한 물의 양이 거의 배로 늘어날 것이다.

■ 미국에서 사용된 담수는 궁극적으로 수문순환으로 되돌아가겠지만, 인간이 사용하기 적합한 곳에 놓여 있는 저장소로 돌아가지 않거나, 그 질이 저하될 수도 있다. 재활용된 관개용수는 자연담수보다 염도가 높으며 살충제로 오염되어 있다. 오염된 도시 폐수는 결국 해양으로 들어간다.

■ 댐과 인공저수지 건설, 우물 시추공 등과 같은 물 공급량을 증가시키기 위한 전통적인 방법은 적용 가능한 대부분의 지역에서 이미 사용되었기 때문에 이제는 엄청난 비용이 들어간다. 게다가 더 많은 저수지를 확보하기 위해 더 많은 댐을 건설하는 것은 환경비용을 초래하게 되는데, 여기에는 자연서식지의 침수, 댐의 상류와 하류에서 하천 흐름의 해로운 변화, 어류와 다른 야생동물의 서식지 교란 등이 포함된다. 이런 비용을 감안하면서 기존의 댐 건설 사업은 연기되고, 새로운 댐 건설에 대한 제안은 거부되었다.

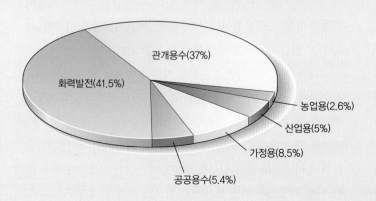

2005년도 미국의 분야별 물 사용.

[U.S. Geological Survey 자료, USGS Circular 1344.]

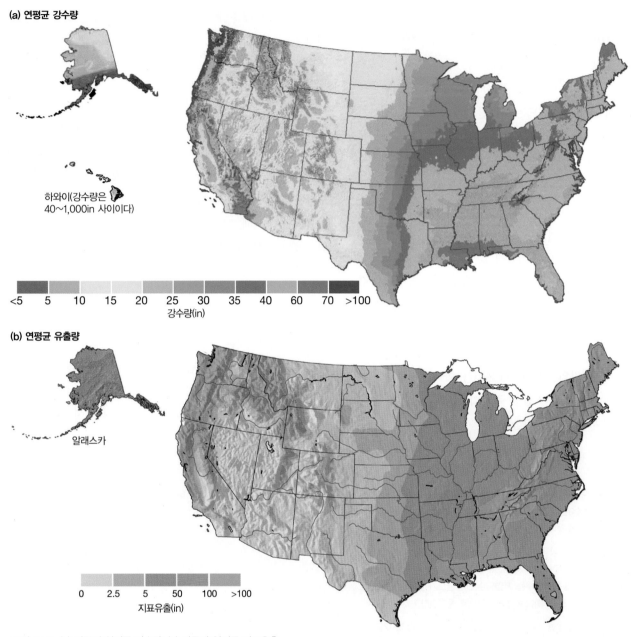

그림 17.5 (a) 미국의 연평균 강수량. (b) 미국의 연평균 지표유출.
[(a) U.S. Department of Commerce 자료, *Climatic Atlas of the United States*, 1968; (b) USGS Professional Paper 1240-A, 1979 자료.]

다. 예를 들면, 콜로라도강은 콜로라도주의 적당한 강우량 지역에서 발원하여 건조한 서부 애리조나주와 남부 캘리포니아주로 물을 운반한다.

강과 하천들이 전 세계 지표유출의 대부분을 운반한다. 수백만 개의 중소 하천이 전 세계 지표유출의 절반을 운반한다. 70여 개의 주요 하천이 나머지 절반을 운반하고, 이 중 거의 절반을 남아메리카의 아마존강이 운반한다. 아마존강은 북아메리카에서 가장 큰 강인 미시시피강보다 약 열 배 많은 물을 운반한다(표 17.1). 이들 주요 하천들은 매우 넓은 지역을 차지하는 소하천

과 강들로 이루어진 커다란 하계망으로부터 물을 모으기 때문에 엄청난 양의 물을 운반한다. 예를 들어, 미시시피강은 미국의 2/3를 덮고 있는 하계망을 통해 물을 모은다(그림 17.6).

지표유출은 자연적인 호수뿐만 아니라 하천을 막아 만든 인공 저수지에도 모여 저장된다. 늪과 같은 습지도 지표유출의 저장소 역할을 한다(그림 17.7). 이러한 저장소가 충분히 크다면, 큰 비가 내렸을 때 짧은 시간 동안 유입되는 물을 흡수하여, 하천 제방을 넘어 흘러넘쳤을 물의 일부를 담아둘 수 있다. 건조기나 가뭄 동안 이들 저장소는 하천 또는 인간이 사용하기 위해 만든 상수도

표 17.1 주요 강들의 유량

강	유량(m³/s)
아마존, 남아메리카	175,000
라플라타, 남아메리카	79,300
콩고, 아프리카	39,600
양쯔, 아시아	21,800
브라마푸트라, 아시아	19,800
갠지스, 아시아	18,700
미시시피, 북아메리카	17,500

로 물을 방류한다. 따라서 저장소들은 계절에 따라 혹은 해마다 변화하는 지표유출을 평탄하게 유지하고, 하류에 꾸준히 물을 방류함으로써 홍수를 조절하는 데 도움을 준다.

이러한 역할에 더하여, 습지는 엄청나게 많은 종류의 식물과 동물의 번식지이기 때문에 생물학적 다양성에도 중요하다. 이러한 이유 때문에, 많은 국가들은 부동산 개발을 위해 인공적으로 습지의 물을 배수하는 것을 규제하는 법을 갖고 있다. 그럼에도 불구하고, 토지개발이 계속되면서 습지가 빠르게 사라지고 있다. 미국에서는 유럽인이 정착하기 이전에 존재했던 습지의 절반 이상이 사라졌다. 캘리포니아주와 오하이오주에는 원래 있었던 습지의 10%만이 남아 있다.

■ 지하수의 수문학

지하수는 빗방울과 눈 녹은 물이 토양과 기타 미고결 지표물질로 침투하고, 기반암의 균열과 갈라진 틈 사이로 스며들어감으로써 생성된다. 최근에 대기의 강수로부터 생성된 지하수를 **천수**[meteoric water, '하늘의 현상'이라는 뜻의 그리스어 *meteoron*에서 유래했으며, 이는 기상학(meteorology)이라는 단어의 어원이기도 하다]라고 한다. 지표 아래에 저장된 엄청난 양의 지하수 저장소는 호수와 강, 빙하와 극지방의 얼음, 대기권에 저장된 모든 담수의 29%에 달한다. 수천 년 동안 우리 인간은 얕은 우물을 파서 양수하거나 천연샘에서 지표로 흘러나오는 물을 저장함으로써 지하수를 사용해왔다. 이러한 샘물은 지표 아래에 물이 흐르고 있다는 직접적인 증거가 된다(그림 17.8).

공극률과 투수율

물이 지하에서 흐를 때, 어디에서 얼마나 빨리 흐르는지를 결정하는 것은 무엇인가? 동굴을 제외하고는 지하에 물을 저장하거나 강처럼 흐르게 할 수 있는 커다란 공간은 없다. 물이 들어갈 수 있는 유일한 공간은 토양과 기반암 내에 있는 공극과 균열이다. 소수의 작은 공극들은 모든 종류의 암석과 토양에서도 찾을

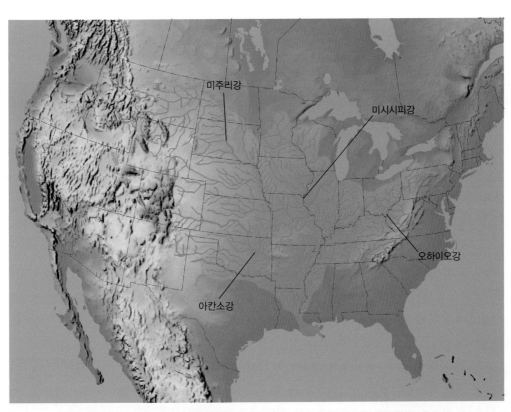

그림 17.6 미시시피강과 그 지류는 미국에서 가장 큰 하계망을 형성한다.

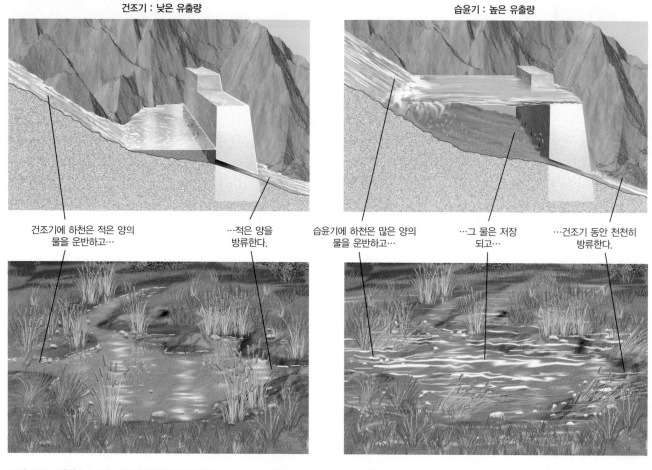

건조기 : 낮은 유출량

건조기에 하천은 적은 양의
물을 운반하고…

…적은 양을
방류한다.

습윤기 : 높은 유출량

습윤기에 하천은 많은 양의
물을 운반하고…

…그 물은 저장
되고…

…건조기 동안 천천히
방류한다.

그림 17.7 자연호수 또는 댐 뒤의 인공저수지처럼 습지는 지표유출이 많은 시기 동안에는 물을 저장하였다가 지표유출이 적은 기간 동안에는 물을 천천히 방류한다.

수 있으나, 큰 공극은 대부분 사암이나 석회암에서 발견된다.

제5장을 돌아보면, 암석, 토양 또는 퇴적물에 있는 공극의 양이 공극률을 결정한다. **공극률**(porosity)은 전체 부피에서 공극이 차지하는 백분율이다. 공극은 주로 입자 사이의 공간과 균열 내의 공간으로 이루어진다(그림 17.9). 암석이 화학적 풍화를 받아 용해된 곳에서 공극률은 물질 전체 부피의 수 퍼센트에서 50%까지 달라질 수 있다. 퇴적암은 일반적으로 5~15%의 공극률을 갖는다. 대부분의 변성암과 화성암은 균열이 발생된 곳을 제외하면 공극이 거의 없다.

공극의 종류에는 세 가지가 있다—입자 사이의 공간(**입자 간 공극률**, intergranular porosity), 균열 내의 공간(**균열 공극률**, fracture porosity), 용해에 의해서 형성된 공간(**공동 공극률**, vuggy porosity). 토양, 퇴적물 및 퇴적암에서 특징적으로 나타나는 입자 간 공극률은 물질을 구성하고 있는 입자의 크기와 형태 그리고 그들이 얼마나 다져져 있는지에 따라 달라진다. 입자가 느슨하게 채워질수록 입자들 사이의 공극은 커진다. 입자가 작을수록,

그리고 입자의 크기와 형태가 다양할수록 입자 사이의 틈새 없이 더욱 잘 들어맞는다. 입자를 고결시키는 광물질은 입자 간 공극률을 감소시킨다. 입자 간 공극률은 10~40%에 달한다.

대체로 자연적인 약선대에 있는 절리와 벽개를 포함하는 균열에 의해서 공극이 만들어지는 화성암이나 변성암에서는 공극률이 더 낮다. 어떤 균열된 암석들은 그들의 균열 속에 전체 부피의 10%에 달하는 공극을 포함하기도 하지만, 균열 공극률의 값은 보통 1~2% 정도로 낮다.

석회암과 용해도가 높은 암석(예 : 증발암) 내의 공극은 지하수가 암석과 반응해서 부분적으로 용해시켜, '공동(vug)'이라고 하는 불규칙한 공극을 남길 때 생성된다. 공동 공극률은 아주 클 수 있다(50% 이상)—동굴은 극단적으로 큰 공동의 예이다.

암석의 공극률은 공극에 물이 가득 찼을 때 암석에 담아둘 수 있는 물의 양을 알려줄 수 있으나, 공극을 통하여 얼마나 빨리 물이 흐를 수 있는지에 대한 정보는 주지 않는다. 물은 입자 사이와 틈을 통해 굽이치며 다공성 물질을 통해 이동한다. 공극이 작고

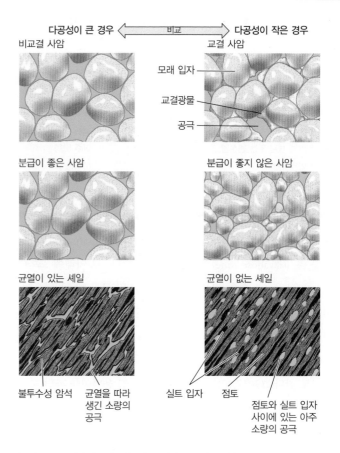

그림 17.8 애리조나주 그랜드캐니언국립공원의 마블캐니언에 있는 바시스 파라다이스의 절벽에서 지하수가 흘러나오고 있다. 이곳의 구릉 지형은 지하수가 자연샘에서 지표로 흘러나오게 한다.

[© Inge Johnsson/Alamy.]

그림 17.9 암석의 공극률은 여러 가지 요인에 영향을 받는다. 사암에서는 교결작용의 정도와 입자의 분급 정도가 모두 중요하다. 셰일에서는 공극률이 작은 입자 사이의 작은 공간 때문에 제한되어 있지만 파쇄작용에 의해 증가될 수 있다.

경로가 복잡할수록 물은 천천히 이동한다. 유체를 통과시키는 고체의 능력이 그 고체의 **투수율**(permeability)이다. 일반적으로 투수율은 공극률이 커지면 증가하지만, 그 외에도 공극의 크기, 공극의 연결 정도, 고체를 통과하는 유체의 이동경로가 얼마나 구불구불한지에도 영향을 받는다. 탄산염암의 공동 공극망은 극단

적으로 높은 투수율을 가질 수 있다. 동굴시스템은 투수율이 너무 커서 물뿐만 아니라 사람도 통과할 수 있다!

공극률과 투수율은 지질학자가 지하수 공급원을 찾을 때 고려해야 할 중요한 사항이다. 일반적으로 좋은 지하수 저장소는 높은 공극률(다량의 물을 함유할 수 있다)과 높은 투수율(물을 쉽게 뽑아낼 수 있다)을 모두 다 가진 암석, 퇴적물, 혹은 토양이다. 예를 들어, 온대지역의 우물 개발업자는 지표 아래의 깊지 않은 곳에 있는 다공성 모래 또는 사암층을 뚫으면 좋은 물 공급원을 찾을 확률이 가장 높다는 것을 알고 있다. 공극률은 높지만 투수율이 낮은 암석은 많은 양의 물을 담을 수 있지만 물이 천천히 흐르기 때문에 암석 밖으로 물을 빼내기가 어렵다. 표 17.2에 다양한 암석 종류들의 공극률과 투수율이 요약되어 있다.

지하수면

우물 개발업자가 토양이나 암석 내로 깊이 파내려갈수록, 지하에서 끌어올린 시료는 더욱 젖어 있다. 얕은 심도에서 물질은 포화

표 17.2 대수층의 암석과 퇴적물의 종류에 따른 공극률과 투수율

암석 또는 퇴적물의 종류	공극률	투수율
자갈	아주 높음	아주 높음
조립 및 중립 모래	높음	높음
세립 모래 및 실트	중간	중간~낮음
적당히 교결된 사암	중간~낮음	낮음
균열 있는 셰일 또는 변성암	낮음	아주 낮음
균열 없는 셰일	아주 낮음	아주 낮음

되어 있지 않다―공극은 약간의 공기를 내포하고 있으며 물로 완전히 채워져 있지 않다. 이러한 곳을 **불포화대**[unsaturated zone, 종종 **통기대**(vadose zone)라고도 함]라고 한다. 그 아래에 **포화대** [saturated zone, 종종 **침윤대**(phreatic zone)라고도 함]가 있으며, 이곳은 공극이 물로 완전히 채워져 있다. 불포화대와 포화대는 미고결물질이나 암반 내에 있을 수 있다. 이 두 지대의 경계면이 **지하수면**(groundwater table)이며, 보통 줄여서 **수면**(water table)이라고도 한다(그림 17.10). 지하수면 아래까지 웅덩이를 파면 물은 포화대로부터 흘러나와 지하수면의 높이까지 채워진다.

지하수는 중력에 의해서 움직이므로 불포화대에 있는 물의 일부는 지하수면을 향해 아래로 이동한다. 그러나 그 물 중 일부는 표면장력에 의해 작은 공극에 붙들린 상태로 불포화대에 남게 된다. 제16장에서 언급한 대로, 표면장력은 해변의 모래가 촉촉하게 유지될 수 있게 한다. 불포화대의 공극으로 물이 증발되는 속도는 표면장력의 영향과 거의 100%에 가까운 공극 내 공기의 상대습도에 의해 느려진다.

우리가 만약 여러 지점에 우물을 뚫고 우물 내 지하수위를 측정한다면, 우리는 지하수위지도를 작성할 수 있을 것이다. 지형의 단면은 **그림 17.11a**에 보이는 것과 비슷할 것이다. 지하수면은 지표지형의 일반적인 모양을 따르나, 그 경사도는 더 완만하다. 지하수면은 강과 호수의 바닥에 있는 육지표면과 샘에서 지표에 노출된다. 중력의 영향하에서 지하수는 지하수위가 높은 장소(예 : 언덕의 지하)에서 지하수위가 낮은 장소(예 : 지하수가 지표상으로 흘러나오는 샘)로 사면을 따라 아래로 움직인다.

물은 충류와 방류를 통해 포화대에 들어오고, 또 나간다(그림 17.11b). **충류**(recharge, 함양)는 어떤 지하 지층 속으로 물이 침투되는 과정이다. 비와 눈 녹은 물이 충류의 가장 일반적인 공급원이다. **방류**(discharge)는 지하수가 지표로 이동하는 과정으로써 충류와는 정반대이다. 지하수는 증발에 의해서, 샘을 통해, 그리고 인공우물에서 양수를 통해 방류된다.

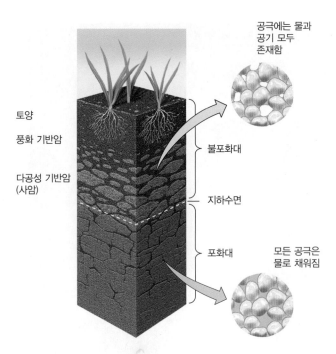

그림 17.10 지하수면은 불포화대와 포화대 사이의 경계면이다. 포화대와 불포화대는 미고결물질 또는 기반암 내에 있을 수 있다.

토양
풍화 기반암
다공성 기반암 (사암)

공극에는 물과 공기 모두 존재함

불포화대

지하수면

포화대

모든 공극은 물로 채워짐

물은 하천을 통해서도 포화대에 들어오고, 또 나갈 수 있다. 충류는 하천의 수로가 지하수면의 고도보다 높은 곳에 위치하고 있는 하천의 바닥면을 통해 발생할 수 있다. 이러한 방법으로 지하수를 충류하는 하천을 **감수천**(influent stream)이라 하며, 지하수면이 깊은 곳에 위치하는 건조지역에서 주로 나타난다. 반대로, 하천의 수로가 지하수면의 고도보다 낮은 곳에 위치하면, 물은 지하수에서 하천으로 방류된다. 이러한 **증수천**(effluent stream)은 습윤지역에서 전형적으로 나타난다. 증수천은 지하수로부터 물을 공급받기 때문에 지표유출이 멈춘 후에도 오랫동안 계속해서 흐른다. 따라서 지하수 저장소는 감수천에 의해 증가되기도 하고, 증수천에 의해 고갈되기도 한다.

대수층

우물에 공급하기에 충분한 양의 지하수가 흐르는 암석층을 **대수층**(aquifers)이라 한다. 지하수는 자유면 또는 피압대수층 내에서 흐른다. **자유면대수층**(unconfined aquifers)에서 물은 지표까지 연장된 다소 균일한 투수성을 갖는 지층을 통과해 이동한다. 자유면대수층에서 지하수 저장소의 수위는 지하수면의 높이와 동일하다(그림 17.11a에서처럼).

그러나 많은 투수성 지층들―대표적으로 사암―은 위와 아래가 셰일과 같이 투수성이 낮은 층과 접하고 있다. 이렇게 비교적

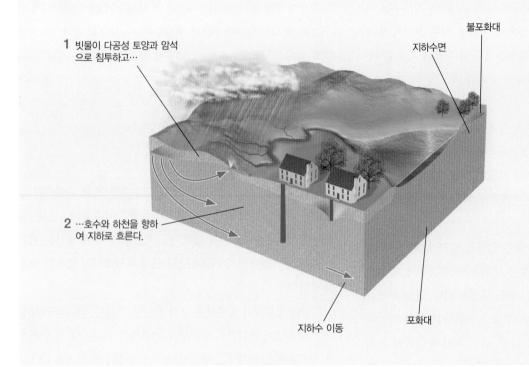

(a)

불포화대

지하수면

1 빗물이 다공성 토양과 암석
으로 침투하고…

2 …호수와 하천을 향하
여 지하로 흐른다.

지하수 이동

포화대

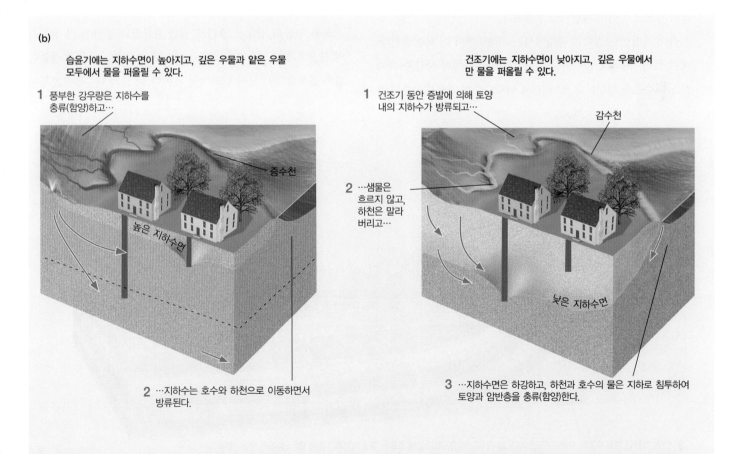

(b)

습윤기에는 지하수면이 높아지고, 깊은 우물과 얕은 우물
모두에서 물을 퍼올릴 수 있다.

1 풍부한 강우량은 지하수를
충류(함양)하고…

증수천

높은 지하수면

2 …지하수는 호수와 하천으로 이동하면서
방류된다.

건조기에는 지하수면이 낮아지고, 깊은 우물에서
만 물을 퍼올릴 수 있다.

1 건조기 동안 증발에 의해 토양
내의 지하수가 방류되고…

감수천

2 …샘물은
흐르지 않고,
하천은 말라
버리고…

낮은 지하수면

3 …지하수면은 하강하고, 하천과 호수의 물은 지하로 침투하여
토양과 암반층을 충류(함양)한다.

그림 17.11 온대기후의 투수성 천부 지층에서 지하수면의 동역학. (a) 지하수면은 지표 지형의 일반적인 형태를 따르지만 지하수면의 경사는 더 완만하다. (b) 지하
수면의 높이는 강수에 의해 추가된 물(충류)과 증발 및 샘, 하천, 우물로 손실된 물(방류) 사이의 균형에 따라 변동한다.

불투수성인 지층들을 **난대수층**(aquicludes)이라 한다. 지하수는 이러한 층을 통과하여 흐를 수가 없거나 아니면 아주 천천히 통과하며 흐르게 된다. 난대수층이 대수층의 위와 아래에 위치할 때, **피압대수층**(confined aquifer)을 형성하게 된다.

피압대수층 위의 난대수층은 빗물이 대수층 내로 직접 침투하는 것을 막는다. 대신에 피압대수층은 지형적으로 고지대에 위치한 투수성 암석 노두가 발달한 **충류지역**(recharge area, 함양지역)에 내리는 강우에 의해서 충류된다. 이곳에서는 침투를 방지하는 난대수층이 없기 때문에 강우는 아래로 스며들어가 지하의 대수층을 통해 이동된다.

피압대수층을 통과해 흐르는 물은 압력을 받고 있다—이를 **자분수류**(artesian flow)라 한다. 대수층 내의 어떤 지점에서, 압력은 그 지점 위에 있는 대수층의 모든 물의 무게와 같다. 만약 우리가 지면의 고도가 충류지역의 지하수면보다 낮은 지점에서 피압대수층 속으로 우물 시추공을 뚫는다면, 물은 자체의 압력에 의해 우물 밖으로 흘러나오게 될 것이다(그림 17.13). 이러한 우물을 **자분정**(artesian wells)이라 하며, 지하수를 끌어올리는 데 에너지가 들지 않으므로 아주 바람직한 우물이다.

좀더 복잡한 지질학적 환경에서는 지하수면이 더 복잡해진다. 예를 들어, 비교적 불투수성인 이암층이 투수성의 사암층 내에서 난대수층을 형성하고 있다면, 이 난대수층은 천부대수층의 지하수면 아래에 놓이고, 심부대수층의 지하수면 위에 위치하게 된다(그림 17.14). 천부대수층의 지하수면은 심부대수층의 주 지하수면 위에 '떠 있기'(perched) 때문에 부유지하수면(perched water table)이라 한다. 많은 부유지하수면은 고작 수 미터의 두께로 규모도 작고 영역도 제한되어 있지만, 어떤 부유지하수면은 수백 평방킬로미터에 걸쳐 확장되어 있기도 하다.

충류와 방류의 균형

충류와 방류 사이에 균형이 맞으면, 대수층을 통해 지하수가 끊임없이 흘러도 대수층의 지하수 저장소와 지하수면의 수위는 일정하게 유지된다. 충류가 방류와 균형을 이루기 위해서는 비가 자주 내려 하천에서의 지표유출과 샘과 우물에서의 방류를 보충해야 한다.

그러나 충류량과 방류량은 거의 일치할 수 없다. 왜냐하면 계절마다 강우량이 변하면서 충류량도 변화하기 때문이다. 일반적으로 지하수위는 건기에는 하강하고, 우기에 상승한다(그림 17.11b 참조). 장기간의 가뭄처럼 충류량이 낮은 기간이 길어지면 불균형 기간이 더욱 길어져서 지하수면의 하강도 더욱 커진다.

보통 우물의 양수량 증가로 인한 방류량의 증가 역시 장기간의 불균형과 지하수면의 하강을 초래할 수 있다. 얕은 우물들은 결국 불포화대가 되어 말라버릴 것이다. 우물의 대수층으로부터

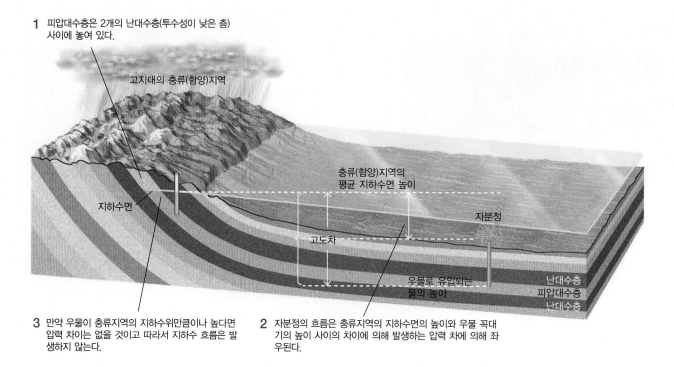

1 피압대수층은 2개의 난대수층(투수성이 낮은 층) 사이에 놓여 있다.

고지대의 충류(함양)지역

충류(함양)지역의 평균 지하수면 높이

지하수면

자분정

고도차

우물로 유입되는 물의 높이

난대수층
피압대수층
난대수층

3 만약 우물이 충류지역의 지하수위만큼이나 높다면 압력 차이는 없을 것이고 따라서 지하수 흐름은 발생하지 않는다.

2 자분정의 흐름은 충류지역의 지하수면의 높이와 우물 꼭대기의 높이 사이의 차이에 의해 발생하는 압력 차에 의해 좌우된다.

그림 17.12 2개의 난대수층 사이에 있는 투수성 지층은 피압대수층을 형성하며, 물은 압력하에서 대수층을 통과하며 흐른다.

그림 17.13 자분정에서 물이 자체의 압력으로 솟구쳐 나온다.
[John Dominis/Time Life Pictures/Getty Images.]

다시 채워지는 충류속도보다 더 빠른 속도로 물을 양수하면, 지하수면은 우물 주위에서 원추 모양으로 수위가 낮아진다. 이를 수위강하원추(cone of depression)라고 한다(그림 17.15). 우물 안의 수위는 지하수면이 하강된 수위까지 내려간다. 만약 수위강하원추가 우물 바닥 아래로 내려가면, 그 우물은 말라버린다. 만약 우물의 바닥이 대수층의 바닥보다 위에 있다면, 대수층 속으로 더 깊이 파서 연장한 우물은 높은 양수속도를 유지하면서도 더 많은 양의 물을 퍼올릴 수 있을 것이다. 그러나 만약 빠른 양수속도가 유지되고 대수층의 바닥에 닿을 정도로 우물이 깊어진다면, 수위강하원추가 대수층의 바닥에 도달하여 대수층을 고갈시킬 수 있다. 양수속도를 낮추어 충류할 시간을 충분히 준다면 대수층은 다시 회복될 것이다.

과도한 양수는 대수층을 고갈시킬 뿐만 아니라 또 다른 환경적으로 바람직하지 못한 결과를 초래한다. 공극 내의 수압이 감소함에 따라, 대수층 위의 지면이 침하되어 웅덩이와 같은 함몰지를 만들게 된다(그림 17.16). 어떤 종류의 퇴적물에서는 물이 제거되면 퇴적물은 압축되고, 감소된 부피만큼 지면이 낮아진다. 이러한 현상을 침하(subsidence)라고 한다. 과도한 양수에 의해 야기된 침하가 멕시코의 멕시코시티와 이탈리아의 베니스에서 일어났으며, 캘리포니아의 샌호아킨밸리와 같은 많은 양의 물을 양수한 다른 여러 지역에서도 발생했다. 이러한 지역에서 침하속도

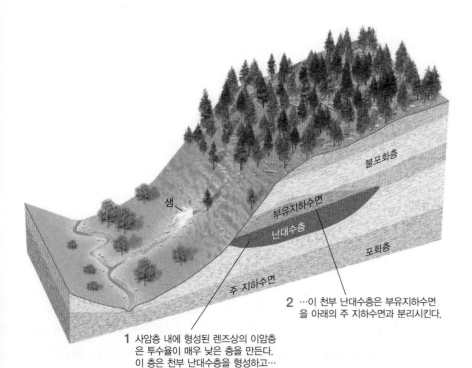

그림 17.14 부유지하수면은 어떤 지질학적으로 복잡한 상황에서 형성된다. 이 경우에는 이암 난대수층이 사암 대수층 내의 주 지하수면 위에 놓여 있다. 부유지하수면의 충류와 방류에 대한 동역학은 주 지하수면의 동역학과는 다를 수 있다.

불포화층

샘

부유지하수면

난대수층

포화층

주 지하수면

2 …이 천부 난대수층은 부유지하수면을 아래의 주 지하수면과 분리시킨다.

1 사암층 내에 형성된 렌즈상의 이암층은 투수율이 매우 낮은 층을 만든다. 이 층은 천부 난대수층을 형성하고…

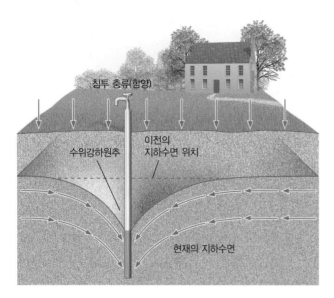

그림 17.15 우물에서의 방류량이 충류량을 초과할 때, 지하수면은 수위강하원추를 형성하며 낮아진다. 우물의 수위는 지하수면이 하강된 수위까지 낮아진다.

그림 17.16 캘리포니아주의 앤티로프 계곡에서 과도한 지하수 양수는 에드워드 공군기지에 있는 로저스 호수 바닥 위에 균열과 웅덩이 모양의 함몰지를 만들었다. 1991년 1월에 형성된 이 균열은 길이가 약 625m에 달한다. [James W. Borchers/USGS.]

는 거의 3년에 1m에 달했다. 물을 땅속으로 다시 주입함으로써 침하를 복원시키려는 몇몇의 시도가 있었지만, 아주 성공적이지는 못했다. 왜냐하면 대부분의 압축된 물질은 이전 상태로 다시 팽창하지 않기 때문이다. 침하가 더 이상 진행되지 않게 하는 최선의 방법은 양수를 제한하는 것이다.

해안가 인근에 사는 사람들은 방류속도가 충류에 비해 높을 때 또 다른 문제에 직면한다—대수층으로 염수의 침입. 바다 아래의 염수 지하수와 육지 아래의 담수 지하수를 갈라놓는 지하의 경계가 해안선 부근에 또는 약간 외해 쪽에 있다. 이 염수경계(saltwater margin)는 해안선으로부터 내륙 쪽 아래로 기울어져 있어서 염수가 대수층의 담수 아래에 놓여 있는 형상이다(그림 17.17a). 많은 대양의 섬들 지하에는 해수 위에 떠 있는 담수의 지하수 렌즈(이중볼록렌즈 모양)가 있다. 담수는 해수보다 밀도가 낮기($1.00g/cm^3$와 $1.02g/cm^3$, 작지만 의미 있는 차이) 때문에 해수 위에 떠 있게 된다. 일반적으로 담수가 누르는 압력으로 염수경계는 해안선에서 약간 외해 쪽으로 치우친 지점에 있다. 담수 대수층에서의 충류와 방류 사이의 균형이 이러한 담수−염수경계면을 유지시켜준다.

충류량이 최소한 방류량과 같아지기만 해도, 대수층은 담수를 제공할 것이다. 그러나 충류되는 속도보다 더 빠르게 우물물을 양수하면, 대수층의 꼭대기에 수위강하원추가 만들어지고, 아래의 염수경계로부터 대칭을 이루며 상승하는 뒤집힌 원추가 만들

어진다. 수위강하원추는 담수를 퍼올리는 것을 더욱 어렵게 만들고, 뒤집힌 원추는 우물 바닥에 염수를 유입시킨다(그림 17.17b). 해안 가까이에서 사는 사람들이 가장 먼저 영향을 받는다. 매사추세츠주의 케이프코드와 뉴욕주의 롱아일랜드를 포함하는 일부 해안지역의 도시들은 환경청의 권장수치보다 더 많은 염분이 마을의 음용수에 포함되어 있음을 공지해야만 했다. 이 문제에 대한 준비된 해결책은 없으며, 천천히 양수하는 것이 유일한 해결책이다. 어떤 지역에서는 지표유출수를 인위적으로 지하에 주입하여 대수층을 충류하는 방법을 사용하기도 한다.

지구온난화로 인해 발생될 것으로 예측되는 것 중 한 가지가 해수면 상승이다. 우리는 해수면이 상승하면 해안 대수층의 염수경계도 함께 상승하리라는 것을 알 수 있다. 그러면 바닷물이 해안 대수층에 침입하여 담수 지하수가 염수로 바뀌게 될 것이다.

지하수가 흐르는 속도

지하에서 물이 움직이는 속도는 방류와 충류 사이의 균형에 강한 영향을 미친다. 대부분의 지하수는 천천히 흐른다—우리들의 지

(a)

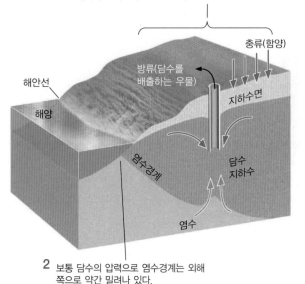

1 해안가에서 담수지하수와 염수지하수 사이의 경계는 담수대수층에서의 충류량과 방류량 사이의 균형에 의해 결정된다.

충류(함양)

방류(담수를
배출하는 우물)

해안선

해양

지하수면

염수경계

담수
지하수

염수

2 보통 담수의 압력으로 염수경계는 외해
쪽으로 약간 밀려나 있다.

(b)

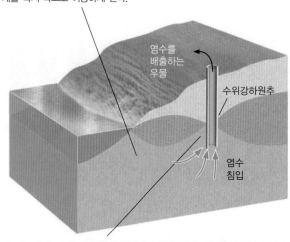

1 과도한 양수는 담수의 압력을 떨어뜨려서 염수경
계를 육지 쪽으로 이동하게 한다.

염수를
배출하는
우물

수위강하원추

염수
침입

2 이러한 이동은 수위강하원추와 역전된 수위강하원추 모두를 발생시켜 우물
안으로 염수를 유입시킨다. 이전에 담수를 퍼올리던 우물에서 이제는 염수가
배출된다.

그림 17.17　충류량와 방류량 사이의 균형에 의해 해안 대수층의 염수경계가 유지된다.

하수 공급을 관장하는 자연의 섭리. 만약 지하수가 하천처럼 빨리 흐른다면, 많은 작은 하천이 그러하듯이 비가 내리지 않는 기간 이후에는 대수층이 말라버릴 것이다. 그러나 과도한 양수로 지하수의 수위가 낮아졌을 때 지하수의 느린 흐름으로 인해 빠르게 충류할 수 없다.

비록 모든 지하수가 대수층을 천천히 통과하며 흐르지만, 어떤 것은 다른 것들보다 더 느리게 흐른다. 19세기 중엽에 앙리 다르시―프랑스 디옹 지방의 도시 공학자―는 이러한 유속 차이에 대한 설명을 제시하였다. 마을의 상수도를 연구하는 동안, 다르시는 여러 개의 우물에서 수위를 측정하였고, 그 지역의 지하수면에 대한 지도를 그렸다. 그는 우물에서 우물로 지하수가 이동하는 거리를 계산하였고, 대수층의 투수율을 측정하였다. 그가 발견한 사실은 다음과 같다.

■ 주어진 대수층과 주어진 이동거리에서, 한 지점에서 다른 지점으로 물이 흐르는 속도는 두 지점 간의 지하수면의 고도(수두)의 수직적인 차이(수두차)에 정비례한다―수두차가 증가할수록 유속이 증가한다.

■ 주어진 대수층과 주어진 수두차에서, 유속은 이동거리에 반비례한다―거리가 증가할수록 유속은 감소한다. 이동거리에 대한 수두차의 비를 **수리구배**(hydraulic gradient)라고 한다.

다르시는 유속과 수리구배 사이의 관계는 물이 분급이 좋은 자갈 대수층을 통과하건, 투수율이 낮은 실트질의 사암 대수층을 통과하건 모두 성립된다고 생각하였다. 짐작할 수 있듯이, 물은 세립질이며 투수율이 낮은 실트질 사암의 꼬불꼬불 구부러진 통로를 통해 흐를 때보다 분급이 좋은 자갈의 큰 공극을 통해 흐를 때 더욱 빠르게 이동할 수 있다. 다르시는 투수율의 중요성을 인지하고, 지하수가 흐르는 방법에 대한 그의 마지막 설명에 투수율 측정을 포함시켰다. 따라서 다른 것들이 모두 동일하다면, 투수성이 클수록 더 쉽게, 더 빨리 흐른다. 이러한 관찰로부터 다르시가 개발한 간단한 방정식―이제는 **다르시의 법칙**(Darcy's law)으로 알려짐―은 지하수의 거동 예측에 사용될 수 있으며, 그래서 지질학 실습에서 논의하였듯이 수자원 관리분야에서 중요하게 활용된다.

지하수 자원과 관리

북아메리카의 많은 지역은 모든 용수공급을 전적으로 지하수에 의존하고 있다. 지하수 자원에 대한 수요는 인구가 증가하고 관개용수 등으로 물의 이용이 확대되면서 증가해왔다(그림 17.18). 미국의 대평원(Great Plains)과 중서부의 여러 지역들은 사암층 위에 놓여 있고, 이 사암층의 대부분은 〈그림 17.12〉에서 본 것과 같은 기능을 하는 피압대수층이다. 이들 대수층은 미국 서부 하

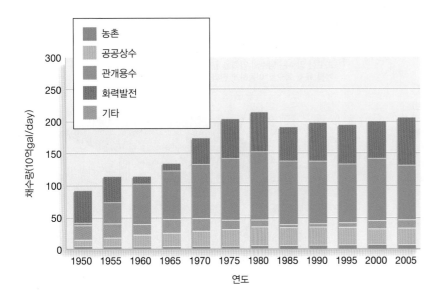

그림 17.18 미국의 지하수 채수량. 1950~2005년.
[U.S. Geological Survey.]

이평원(high plains)에 있는 노두에서 충류되며, 일부는 로키산맥 기슭의 구릉지대 가까이에서 충류된다. 물은 그곳에서부터 동쪽으로 흘러내려 수백 킬로미터를 이동한다. 이 대수층에 수천 개의 우물 시추공들을 뚫었으며, 이들이 주요 수자원이 되고 있다.

다르시의 법칙에 따르면, 물의 유속은 충류되는 지역과 우물 사이의 대수층 경사도에 비례한다. 대평원에서는 경사가 완만하다. 그래서 물은 천천히 대수층을 통과하며 흐르고, 대수층의 충류도 느린 속도로 진행된다. 처음에는 이 대수층에 뚫은 많은 시

17.2 오갈라라 대수층 : 위험에 처한 지하수 자원

100년이 넘는 시간 동안, 모래와 자갈로 된 지층인 오갈라라(Ogallala) 대수층에서 나온 지하수는 남부 대평원의 수많은 도시, 마을, 목장, 농장에 깨끗한 물을 공급해왔다. 이 지역의 인구는 19세기 말 수천 명에서 현재 거의 100만 명까지 증가하였다. 대수층에서 주로 관개용수로 뽑아쓰는 물의 양이 너무 엄청나서 ―17만 개의 우물에서 연간 60억t의 물―강우를 통한 충류로는 보충을 할 수가 없다. 우물의 수압은 꾸준히 낮아지고 있으며 지하수면은 30m 이상 낮아졌다.

남부 대평원(Great Plains)은 강우량이 적고, 증발률이 높으며, 충류지역이 좁기 때문에 오갈라라 대수층의 자연적인 충류는 매우 느리다. 현재 오갈라라 대수층에 있는 물은 1만 년 전인 대평원의 기후가 지금보다 습윤했던 위스콘신 빙하기 동안 공급된 것이다. 만약 모든 양수를 당장 중단하면, 현재의 충류속도로 본래의 지하수면을 회복하고 수압이 복원될 때까지는 수천 년이 걸릴 것이다. 몇몇 과학자들은 우기 동안 하이평원(high plains)에 형성되는 얕은 호수의 물을 이용하여 인공적으로 대수층에 물을 주입하여 대수층을 충류하려는 시도를 해왔다. 이러한 실험은 충류량을 증가시켜왔지만, 장기적인 관점에서 대수층은 여전히 위험에 처해 있다.

오갈라라 대수층에 남아 있는 지하수의 공급은 21세기 초까지만 지속될 것으로 추정된다. 이 대수층에서 공급하던 물을 대체하지 못하면, 텍사스주 서부와 뉴멕시코주 동부에 있는 510만ac에 달하는 관개농지는 말라버릴 것이며, 이에 따라 미국의 면화, 옥수수, 수수, 밀의 전체 공급량의 12%와 상당수의 가축사육장 역시 말라버리게 될 것이다.

북부 대평원과 북아메리카의 다른 지역에 있는 다른 대수층 역시 같은 상황에 놓여 있다. 미국의 세 주요지역―애리조나, 하이평원, 캘리포니아―에서 지하수원은 심각하게 고갈되어왔다.

남부 대평원의 많은 지역은 그 지하에 오갈라라 대수층이 놓여 있다. 푸른색 지역은 대수층을 나타낸다. 일반적인 충류지역은 대수층의 서쪽 가장자리를 따라 놓여 있다.

[U.S. Geological Survey.]

추공 우물들은 자연스레 물이 흘러나오는 자분정이었다. 하지만 더 많은 우물을 뚫으면서 수위가 낮아져서 펌프로 물을 지표로 끌어올려야만 쓸 수 있게 되었다. 현재는 멀리 떨어진 충류지역에서 이 대수층을 채우는 느린 충류속도보다 더 빠른 속도로 물을 퍼내어 쓰면서 지하수 저장소의 물이 고갈되어가고 있다(지구정책 17.2 참조).

지하수 자원의 지속 가능성을 높이고자 여러 가지 혁신적인 접근방법이 사용되고 있다. 어떤 지역에서 과도한 방류를 줄이기 위한 노력은 인공적으로 대수층의 충류량을 증대시키려는 시도로 보완되었다. 예를 들어, 롱아일랜드에서 수도관리국은 폐수를 처리한 물을 지하에 주입하기 위한 대규모 충류주입시추공 시스템을 구축하였다. 또한 수도관리국은 자연 충류지역 위에 대규모의 얕은 분지를 건설하여 빗물과 산업 폐수를 포함하는 지표유출수를 집수한 후 진로를 바꾸는 방법을 통해 지표수 침투를 증대시켰다. 이 프로그램을 담당한 공무원들은 도시 개발이 침투를 방해함으로써 지하수 충류를 감소시킬 수 있음을 알고 있었다.

도시화가 진행됨에 따라 도로, 보도, 주차장을 포함하는 넓은 지역을 포장하기 위하여 사용된 불투수성 물질은 지표유출수를 증가시키고 물이 땅속으로 침투되는 것을 방해한다. 이러한 자연적인 침투량의 감소는 대수층으로 충류되어야 할 물의 많은 부분을 빼앗아간다. 한 가지 해결방안은 롱아일랜드 수도관리국이 했던 것처럼 체계적인 인공충류 프로그램을 이용하여 빗물 지표유출수를 집수하여 이용하는 것이다. 수도관리국의 다각적인 노력은 롱아일랜드의 대수층을 재건하는 데—원래의 수위까지는 아니지만—도움이 되었다.

캘리포니아주 로스앤젤레스 부근의 오렌지카운티는 연간 강우량이 380mm밖에 되지 않으나, 이 물을 250만 명의 시민들에게 공급해야 한다. 카운티의 서부지역 지하에서 퍼올려진 지하수가 물 수요의 약 75%를 담당하고 있다. 그러나 지하수위는 점차 낮아지고 있어 공급량이 줄어들 위기에 처해 있다. 물 공급량을 보충하기 위해 오렌지카운티 상수도국은 23개의 시추공을 뚫어 카운티의 주 대수층 아래에 위치한 두 번째 대수층의 지하수와

케냐의 대수층

2012년 7월부터 2013년 7월까지 케냐의 잠재적 지하수 자원에 대한 한 연구가 수행되었다. 이 연구는 가뭄과 기근으로 고통 받는 지역에서 이용 가능한 지하수 자원을 평가하기 위하여 케냐 북서쪽에 위치한 투르카나(Turkana) 북부와 중부의 3만 6,000km² 이상의 지역을 조사했다. 이 조사에서는 해당지역의 정확한 지하수 지도를 만들기 위해 지리조사, 기후지도 및 탄성파반사 자료와 함께 위성 및 레이더 이미지를 사용했다. 건조한 투르카나 지역에서 5개의 대수층이 발견되었다—로티키피(Lotikipi) 분지 대수층(대략 로드아일랜드주 크기), 이보다는 작은 로드와(Lodwar) 분지 대수층, 그리고 시추작업으로 확인해야 하는 3개의 작은 대수층. 최소 저장량이 2,500억m³(약 66조gal)에 달할 것으로 추정된다. 케냐 북서부의 지질은 사암과 화산암이 혼합되어 있고, 다공질 암석은 지하수 저장에 이상적이다. 이러한 잠재적인 엄청난 지하수 공급량은 가뭄, 기근 및 빈곤이 만연한 케냐인들의 삶을 개선할 수 있다. 이 물은 음용수로 사용할 수 있을 뿐만 아니라, 농업용 관개용수 및 가축을 키우기 위한 물로도 사용할 수 있다. 수질이 음용수로 사용하기에 안전한지, 실제로 얼마나 많은 물이 있는지, 얼마나 쉽게 접근할 수 있는지, 양수에는 얼마나 많은 비용이 드는지 등을 평가하기 위하여 추가적인 연구가 필요하다. 대수층이 충류될 수 있는 것보다 빠르게 고갈되지 않도록 다시 채워지는 속도를 연구해야 한다.

고대의 물

최근에 지구의 가장 깊은 광산 중 하나에서 지질학자들은 15억 년 이상 된 암석 속에 갇혀 있는 고대의 물 주머니(저장공간)를 발견했다. 이 발견은 제논(xenon) 동위원소를 이용한 새로운 연대측정 기법에 기반을 두고 있었다. 제논과 다른 불활성 가스는 유체가 마지막으로 대기와 접촉했던 때를 정확하게 기록한다.

이보다 더 오래된 유일한 물은 30억 년 이상 된 암석에서 발견된 광물 내에 있는 미세한 핀 머리 크기의 유체포유물이다. 그러나 실제로 암석에서 흘러나온 이처럼 풍부한 물은 이전에는 전혀 알려진 바가 없었다. 이 물은 대륙형성과 관련된 조구조적 힘이 변성암 내에 광범위한 균열시스템을 만든 때인 수십억 년 전에 형성된 열린 균열 내에서 발견되었다. 이 균열들 중 어떤 것들은 경제적으로 가치가 있는 광물들로 채워졌지만, 다른 것들은 대기와 접촉한 적이 없는 물로 채워졌다.

이 발견은 지각의 심부환경에서 생물이 서식할 가능성이 있음을 암시한다. 물에는 극한환경에서 사는 데 적응한 미생물들이 사용할 수 있는 수소와 메탄이 들어 있다(제11장 '지구생물학' 참조). 만약 과학자들이 이러한 환경에서 미생물들이 살고 있음을 증명할 수 있다면, 이 미생물들은 어쩌면 수십억 년 동안 물과 함께 고립되어 진화해왔음을 보여줄지도 모른다. 그리고 화성의 잠재적 생물 서식가능성에 대한 궁금증으로 우리의 관심을 돌리면, 유사한 미생물이 행성시간표상에 존재하는 이와 유사한 지하 균열시스템을 서식지로 차지하고 있을 가능성도 있다.

처리된 폐수를 혼합하여 대수층에 주입하고 있다. 재활용된 물은 추가적인 처리를 통해 음용수 기준을 충족시키고 있다. 오염물질의 대부분은 대수층의 공극 네트워크를 통해 걸러져 제거된다.

■ 지하수에 의한 침식

매년 수천 명의 사람들이 다양한 목적으로 동굴을 방문한다. 켄터키주의 매머드동굴(Mammoth Cave) 같은 관광명소를 여행하기도 하고, 잘 알려지지 않은 동굴들을 탐험하면서 모험을 즐기기도 한다. 이러한 지하에 있는 빈 공간은 사실 석회암—또는 흔치 않게 증발암과 같은 가용성 암석—이 지하수에 용해되어 생긴 거대한 공동이다. 엄청난 양의 석회암이 용해되어 일부 동굴들이 만들어졌다. 예를 들어 매머드동굴은 크고 작은 공동들이 연결되어 만들어진 수십 킬로미터 길이의 동굴이다. 뉴멕시코주의 칼즈배드동굴(Carlsbad Caverns)에 있는 빅룸(Big Room)은 길이 1,200m 이상, 너비 200m, 높이 100m이다.

석회암층은 지구지각의 상부에 넓게 분포하고 있으나, 동굴은 석회암이 지표 및 지표 부근에 위치하는 곳과 많은 이산화탄소나 이산화황이 풍부한 물이 지하로 침투하여 이처럼 비교적 용해가 잘되는 암석으로 이루어진 넓은 지역을 용해시키는 곳에서만 발생된다. 제16장에서 보았듯이, 대기 중의 이산화탄소는 빗물에 용해되어 석회암의 용해를 촉진하는 탄산을 생성한다. 토양에 침투한 물은 식물 뿌리, 미생물 및 이산화탄소를 배출하는 다른 토양서식 생물들로부터 더 많은 이산화탄소를 얻게 된다. 이러한 이산화탄소가 풍부한 물이 불포화대를 거쳐 포화대로 이동하는 동안 탄산염광물이 용해되면서 틈이 만들어진다. 이러한 틈은 석회암이 절리와 균열을 따라 용해되면서 확대되고, 방과 통로가 연결된 네트워크를 형성하게 된다. 광범위한 동굴 네트워크가 포화대 내에 생성된다. 동굴들은 물로 채워져 있기 때문에 포화대에서의 용해는 바닥, 벽면, 천장을 포함하는 모든 표면에서 일어난다.

우리는 과거에는 지하수면 아래에 있었으나 지하수면이 하강하면서 불포화대에 노출된 동굴들을 탐사할 수 있다. 이제는 공기로 채워진 이러한 동굴들에서 탄산칼슘으로 포화된 물이 천장에서 스며 나오기도 한다. 물이 동굴 천장에서 한 방울씩 떨어지면 물속에 용존되어 있던 이산화탄소의 일부가 증발하여 동굴 내의 대기로 빠져나간다. 이산화탄소의 증발은 지하수 용액 내의 탄산칼슘 용해도를 낮추어서 각각의 물방울은 미량의 탄산

칼슘을 천장에 침전시킨다. 이 침전물은 축적되어 천장에 매달린 종유석(stalactite)이라 부르는 길고 가는 고드름처럼 생긴 탄산염의 물체를 형성한다. 물방울이 동굴 바닥으로 떨어지면 더 많은 이산화탄소가 기화되고, 또 다른 미량의 탄산칼슘이 종유석 바로 밑의 동굴 바닥에 침전된다. 이 침전물 역시 축적되어 석순(stalagmite)을 형성한다. 결국 종유석과 석순이 만나 함께 자라면 기둥을 만들기도 한다(그림 17.19).

동굴 안은 햇볕이 들지 않고 심한 산성환경이기 때문에 대부분의 생물들이 살기 어려운 환경조건임에도 불구하고 동굴 내에 서식하는 극한미생물들(제11장 참조)이 발견되고 있다. 일부 지질학자들은 이러한 미생물들이 석고($CaSO_4$) 증발암에서 용해된 황산염을 에너지원으로 사용하고 부산물로 황산을 배출하는 과정에서 칼즈배드동굴의 형성에 기여했을 것으로 생각하고 있다. 이렇게 생산된 황산은 석회암을 용해시켜 동굴을 형성하는 데 도움을 주었다.

어떤 지역에서는 용해작용이 석회동굴의 천장을 너무 얇게 만들어 갑자기 붕괴시킴으로써 싱크홀(sinkhole, 용식 함지)—동굴 위의 지표에 있는 작고 가파른 웅덩이—을 형성한다(그림 17.20). 싱크홀은 슬로베니아 북부의 지명을 따서 카르스트(karst)라고 부르는 독특한 지형의 특징이다. 카르스트 지형(karst topography)은 불규칙한 구릉지 형태의 지형으로서 싱크홀과 동굴이 발달하고 지표에 하천이 없는 게 특징이다(그림 17.21). 크고 작은 하천으로 이루어진 보통의 지표배수체계를 지하의 배수로들이 대체한다. 간혹 보이는 짧은 개천들은 종종 싱크홀에서 끝나고, 지하로 우회하여, 때로는 수 마일 밖에서 다시 나타나기도 한다.

그림 17.19 버지니아주의 루레이동굴. 천장의 종유석이 바닥의 석순과 합쳐져 기둥을 형성했다.
[© Ivan Vdovin/Alamy.]

그림 17.20 플로리다주의 윈터파크에서 얕은 지하동굴의 붕괴로 형성된 커다란 싱크홀. 갑작스런 붕괴로 달리던 차들이 파묻혔다.
[AP Photo.]

북아메리카와 중앙아메리카에서 카르스트 지형은 인디애나주, 켄터키주, 플로리다주의 석회암 지대와 멕시코의 유카탄반도에서 발견된다. 또한 신생대 후기의 열대 호상열도에서 형성된 융기된 산호 석회암 지대에서도 잘 발달되어 있다.

카르스트 지형은 종종 지하공간의 붕괴로 인한 격변적인 동굴 함몰 및 지표면 침하의 가능성을 포함하는 여러 환경문제들을 안고 있다. 중국 남동부에 있는 장엄한 탑카르스트(tower karst) 지역은 동굴 네트워크가 붕괴되어 싱크홀이 발생된 후, 싱크홀의 계속된 확장과 병합의 결과로 '탑'이 잔류하여 형성되었다(그림 17.22).

카르스트 지형은 다음의 세 가지 특징이 있는 지역에서 찾아볼 수 있다.

1. 풍부한 식생(이산화탄소가 풍부한 물을 공급함)이 있는 습윤한 기후
2. 광범위하게 절리구조가 발달한 석회암층
3. 뚜렷한 수리구배

■ 수질

세계의 많은 다른 지역의 사람들과 달리, 북아메리카 사람들은 거의 모든 공공 상수원이 미생물 오염이 없고, 대부분이 화학물질 오염도 없어 안전하게 마실 수 있다는 점에서 운이 좋다. 그러나 점점 더 많은 강들이 오염되고 더 많은 대수층들이 독성 폐기물로 오염되면서, 북아메리카 사람들은 수질의 변화를 인식하게 되었다. 대부분 미국인들은 그들에게 공급되는 신선하고 깨끗한 물을 제한된 자원으로 보기 시작하였다. 이제 많은 사람들은 여

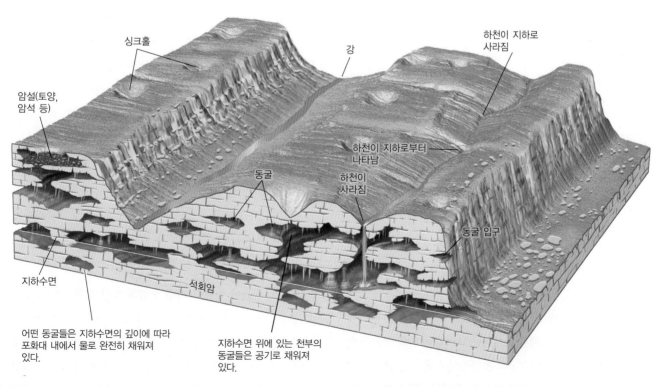

그림 17.21 카르스트 지형의 주요 특징들은 동굴, 싱크홀, 사라지는 하천들이다.

그림 17.22 중국 남동부의 탑카르스트는 거의 수직인 사면을 갖고 있는 수많은 독립된 봉우리들이 무리를 지어 솟아 있는 장관을 이루고 있는 지역이다. [Dennis Cox/Alamy.]

행할 때 자기가 마실 물을 집에서 정수하거나 생수를 사서 병으로 들고 다닌다.

상수원의 오염

지하수의 수질은 종종 다양한 종류의 오염물질에 의해 위협받는다. 물속의 미생물도 특정 조건에서는 인간의 건강에 악영향을 줄 수 있지만, 대부분의 오염물질은 화학물질이다.

납 오염 납은 산업 공정에서 생성되어 대기 중으로 배출되는 잘 알려진 오염물질이다. 대기 중의 수증기가 응결할 때, 납은 강수에 포함되어 지표로 운반된다. 납은 각 가정으로 공급되기 전에 통상적으로 공공 상수원에서 화학적 처리를 거쳐 제거된다. 그러나 납수도관이 설치된 오래된 집에서는 납이 물속으로 침출할 수 있다. 새로 지은 건물에서도 구리관 연결에 사용되는 납땜과 수도꼭지에 사용된 금속이 오염원이 된다. 오래된 납수도관을 내구

성이 좋은 플라스틱 관으로 교체하면 납에 의한 오염을 줄일 수 있다. 몇 분간 물을 흘려 수도관 안을 청소하는 것 역시 도움이 된다.

다른 화학 오염물질 수많은 인간의 활동이 지하수를 오염시키는 화학물질을 배출한다(그림 17.23). 수십 년 전 건강과 환경에 독성 폐기물이 미치는 영향에 대해 우리가 잘 알지 못하였을 때, 지금은 유해한 것으로 알려진 산업, 광산, 군사 폐기물들을 지표에 버리거나, 호수나 하천으로 방류하거나, 지하로 흘려보내기도 하였다. 비록 이러한 오염원들 중 많은 것들이 관리되고 있지만, 오염물질들은 지하수의 느린 흐름으로 인해 아직도 대수층을 통해 이동하고 있으며, 독성 화학물질들은 여전히 많은 다른 오염원으로부터 지하수로 유입되고 있다.

염소계 용제—산업 공정에서 세척제로 널리 사용되는 트리클로로에틸렌(TCE) 등—의 처분은 아주 어려운 문제를 일으킨다. 이 용제들을 오염된 물에서 제거하기가 어렵기 때문에 환경 내에 잔류하게 된다. 석탄의 연소와 도시 및 의료 폐기물의 소각은 대기 중으로 수은을 배출하여 상수원을 오염시킨다. 지하에 매설된 휘발유 저장탱크는 누출될 수 있고, 도로에 뿌린 소금은 필연적으로 토양 내로 들어가서 결국 대수층으로 유입된다. 비는 농업용 살충제, 제초제 및 비료를 씻어내어 토양으로 보내고, 이들은 아래로 침투하여 대수층으로 유입된다. 질산비료를 과도하게 사용하는 농업지역에서는 지하수가 고농도의 질산염을 포함하고 있다. 최근의 한 연구에 따르면, 얕은 우물에서 채집한 물의 21%가 미국 음용수 기준의 질산염 최대치(10ppm)를 웃도는 것으로 나타났다. 이러한 높은 질산염 농도는 생후 6개월 이하의 유아에게 '청색아' 증후군(선천성 심장병으로 건강한 산소 농도를 유지할 능력의 결핍)을 유발할 수 있는 위험성을 지니고 있다.

방사성 폐기물 방사성 폐기물에 의한 지하수 오염문제에는 쉬운 해결책이 없다. 방사성 폐기물은 지하에 매립되면 지하수에 의해 침출되어 대수층으로 유입될 수 있다. 테네시주의 오크리지와 워싱턴주의 핸포드에 있는 핵무기 공장의 저장탱크와 매립지에서는 이미 방사성 폐기물이 누출되어 천부 지하수로 흘러들어갔다.

미생물 미생물에 의한 지하수 오염의 가장 보편적인 원인은 누수되는 주거지 정화조와 오수구덩이이다. 하수도 시설이 완비되지 않은 지역에서 널리 사용되는 이러한 저장시설들은 땅속에 매립된 침전조로서, 그 안에서 미생물이 생활하수의 고형 오물을 분해한다. 식수의 오염을 방지하기 위해서 오수구덩이는 정화조

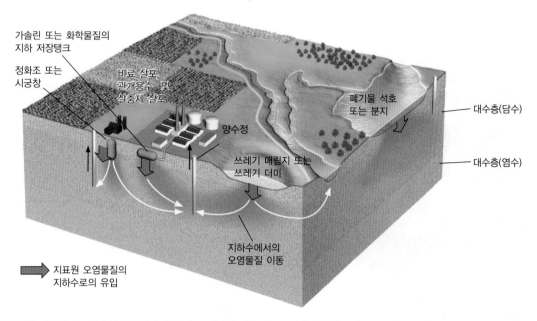

가솔린 또는 화학물질의
지하 저장탱크

정화조 또는
시궁창

비료 살포,
관개용수 및
살충제 살포

양수정

폐기물 석호
또는 분지

대수층(담수)

대수층(염수)

쓰레기 매립지 또는
쓰레기 더미

지하수에서의
오염물질 이동

지표원 오염물질의
지하수로의 유입

그림 17.23 인간의 많은 활동들이 지하수를 오염시킬 수 있다. 쓰레기장 같은 지표 오염원과 정화조 및 오수구덩이 같은 지하 오염원에서 나온 오염물질들은 지하수 흐름을 통해 대수층으로 들어간다. 오염물질들은 지하수를 퍼올리는 우물을 통해 상수원으로 유입될 수 있다.

[U.S. Environmental Protection Agency.]

로 교체해야 하며, 이 정화조는 천부 대수층의 우물에서 멀리 떨어진 곳에 설치되어야만 한다.

오염복원

우리가 지하수 상수원의 오염을 되돌릴 수 있을까? 그렇다. 하지만 그 과정에는 매우 많은 비용이 소모될 뿐만 아니라 진행 또한 매우 느리다. 대수층이 빠르게 충류될수록 정화하기가 쉽다. 만약 대수층의 충류속도가 빠르면, 우리가 오염원을 차단하자마자 깨끗한 물이 대수층으로 들어올 것이고, 비교적 단기간에 수질이 복원될 것이다. 하지만 아무리 빠른 복원이라 하더라도 수년이 걸릴 수 있다.

느리게 충류되는 대수층의 오염은 복원하기 더 어렵다. 지하수의 이동속도가 너무 느려서 멀리 떨어진 오염원에서 시작된 오염이 나타나는 데 오랜 시간이 걸린다. 오염이 나타나면 신속한 복원을 하기에는 너무 늦었다. 충류지역을 정화한 이후라도 충류지역으로부터 수백 킬로미터 뻗어 있는 일부 오염된 심부 대수층 내에는 오염물질이 수십 년 동안 남아 있을 수 있다.

공공 상수원이 오염되었을 때, 우리는 그 물을 양수한 후 화학적 처리를 거쳐 안전하게 만들 수 있으나, 이 절차에는 매우 많은 비용이 든다. 대안으로, 우리는 오염된 물이 지하에 있는 동안 처리를 시도해볼 수 있다. 어느 정도 성과를 보였던 한 실험에서는

철 충진제로 채운 벙커를 매설한 뒤 오염된 물을 모아서 벙커를 통과시켰다. 철 충진재는 오염물질과 반응하여 물의 독성을 제거하는 역할을 하였다. 그 반응에서 오염물질이 철 충진제에 흡착되어 무독성의 새로운 화합물이 생성되었다.

마실 수 있는 물인가?

지하수 저장소에 있는 많은 물은 인간활동으로 오염되어서가 아니라 자연적으로 많은 양의 용존물질을 포함하고 있기 때문에 사용할 수 없다. 맛이 좋고 인간의 건강에 위험하지 않은 물을 **음용가능한**(potable) 물, 즉 음용수라고 한다. 음용수에 용존되어 있는 물질의 양은 매우 작아서 보통 100만분의 1(ppm)의 무게로 측정한다. 가장 순수한 자연수라 하더라도 풍화작용에 의해서 발생하는 용존물질을 함유하기 때문에, 수질이 좋은 음용수는 보통 150ppm 정도의 용존물질을 함유하고 있다. 증류수만이 유일하게 1ppm 이하의 용존물질을 함유하고 있다.

하천과 대수층에 대한 지질학적 연구는 수자원의 양뿐만 아니라 질을 향상시킬 수 있게 해준다. 인간활동에 의해 유발된 수많은 지하수 오염사례들이 보고되면서 의학적인 연구에 근거한 수질기준을 확립하게 되었다. 이러한 연구는 자연적 또는 인위적인 오염물질을 다양한 양으로 포함하고 있는 물을 평균적인 양만큼 섭취할 때 생기는 영향에 초점이 맞추어져 있다. 예를 들어, 미국

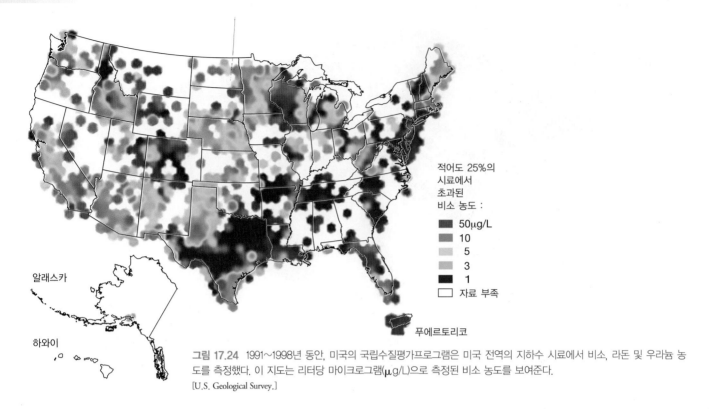

그림 17.24 1991∼1998년 동안, 미국의 국립수질평가프로그램은 미국 전역의 지하수 시료에서 비소, 라돈 및 우라늄 농도를 측정했다. 이 지도는 리터당 마이크로그램(μg/L)으로 측정된 비소 농도를 보여준다.
[U.S. Geological Survey.]

환경청은 잘 알려진 독성물질인 비소의 최대 허용치를 0.05ppm으로 설정하였다(그림 17.24). 비소에 의한 자연적인 지하수 오염은 음용 상수도의 97%를 지하수로 공급하는 방글라데시에서 특히 심각하다. 지질학자들은 적정 수준의 비소 농도를 가진 물을 양수할 수 있도록 새로운 우물의 위치를 선정하는 데 도움을 주고 있다.

지하수는 모래나 사암 대수층을 통과해 우물로 스며나올 때 고체 입자를 거의 포함하지 않는다. 암석이나 모래에 있는 공극 네트워크의 구불구불한 통로는 고운 필터 역할을 하여, 점토와 다른 미세 입자들을 제거해줄 뿐만 아니라 미생물과 일부 큰 바이러스들까지 걸러낸다. 석회암 대수층은 큰 공극을 가지고 있어서 물을 효과적으로 여과하지 못한다. 우물 바닥에서 발견되는 미생물에 의한 오염은 보통 부근의 지하 오수처리시설에서 유입되는데, 정화조가 누출되거나 너무 우물 가까이에 있을 경우 발생된다. 어떤 지하수는 마시기에는 완벽하게 안전하지만 맛이 나쁘다.

어떤 지하수는 불쾌한 '철분' 맛이 나거나 살짝 신맛이 나기도 한다. 석회암 지대를 통과하는 지하수는 탄산염광물을 용해시켜 칼슘, 마그네슘, 중탄산철을 용존함으로써 '경수'가 된다. 경수는 맛이 괜찮을 수 있으나 비누를 사용할 때 거품이 발생하지 않는다. 물에 잠긴 숲이나 늪지대의 토양을 지나온 물은 용존 유기화합물과 황화수소를 포함하고 있어 물에서 계란 썩는 듯한 불쾌한 냄새가 나기도 한다.

안전한 식수에서 이러한 맛과 수질의 차이는 어떻게 발생할까? 가장 수질이 좋고 맛이 좋은 공공 상수도의 일부는 호수와 인공저수지에서 공급되며, 그중 많은 것들은 단순히 빗물을 담아놓은 곳이다. 일부 지하수는 맛이 좋은데, 이들은 약간 풍화된 암반을 지나온 경우가 많다. 예를 들어, 대부분 석영으로 이루어진 사암에서는 용존물질이 거의 나오지 않아서, 이것을 통과한 물은 상쾌한 맛이 난다.

앞서 본 바와 같이, 비교적 얕은 대수층에 있는 지하수의 오염은 심각한 문제이고, 정화가 어렵다. 그렇다면 더 깊은 곳에는 우리가 쓸 수 있는 지하수가 있을까?

■ 지각심부의 물

지하수면 아래에 있는 대부분의 지각암석들은 물로 포화되어 있다. 심지어는 약 8∼9km에 달하는 가장 깊은 석유 시추공에서도 지질학자들은 투수성 지층에 있는 물을 발견한다. 이 정도의 깊이에서는 지하수가 너무 천천히─아마도 1년에 1cm 미만─움직이므로 지하수가 통과하는 암석으로부터 광물을 용해시키는 데 충분한 시간을 갖게 된다. 따라서 이러한 물에는 용존물질이 지

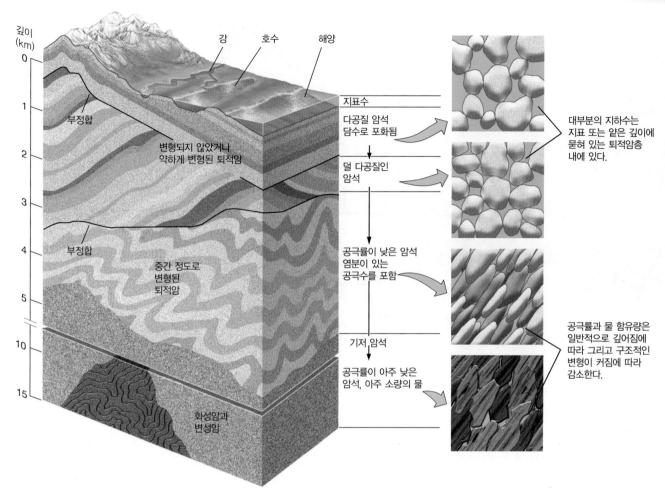

그림 17.25 공극률과 투수율, 그리고 물의 함유량은 일반적으로 지각에서 깊어짐에 따라 감소한다.

표부근의 물보다 더욱 짙게 농축되어 있어 마실 수 없는 물이 된다. 예를 들어, 빨리 용해되는 소금층을 지나는 심부 지하수는 고농도의 염화나트륨을 함유하는 경향이 있다.

12~15km 이상의 심부에 있으며 상부지각의 퇴적층 아래에 놓여 있는 화성암과 변성암으로 된 심부 기반암은 위에서 내리누르는 암석의 엄청난 무게 때문에 공극률과 투수율이 매우 낮다. 비록 이 암석들은 매우 적은 양의 물을 포함하고 있지만, 포화되어 있다(그림 17.25). 심지어 일부 맨틀 암석도 미량이나마 물을 포함하고 있을 것이라고 추정된다.

열수

섭입대와 같은 지각의 일부 지역에서 용존 이산화탄소를 포함하는 뜨거운 물은 변성작용의 화학반응에서 매우 중요한 역할을 한다(제6장 참조). 이러한 **열수**(hydrothermal water)는 어떤 광물들을 용해시키고 다른 광물들을 침전시킨다.

대륙에서 대부분의 열수는 천수(meteoric water)가 지각심부까지 침투하여 생성된다. 천수가 지각심부로 침투하는 속도는 매우 느리다. 따라서 그 물은 아마 매우 오래되었을 것이다. 아칸소주의 핫스프링스(Hot Springs)에 있는 물은 4,000년 전에 내린 비와 눈이 땅속으로 천천히 침투하여 만들어졌다. 마그마에서 빠져나온 물도 열수의 생성에 기여할 수 있다. 화성활동 지역에서는 침투된 천수가 뜨거운 암체를 만나면서 가열된다. 그다음에 뜨거워진 천수는 인근의 마그마로부터 나온 물과 섞인다.

열수는 고온에서 암석으로부터 용해된 화학물질을 포함하고 있다. 물이 뜨거운 상태를 유지하는 한 용존물질은 용액 속에 그대로 남아 있다. 그러나 열수가 급격히 냉각되는 지표면에 도달하면, 열수는 오팔(실리카의 일종) 및 방해석이나 아라고나이트(탄산칼슘의 종류들)와 같은 다양한 광물들을 침전시킨다. 일부 온천에서 생성된 탄산칼슘의 피각(껍질)들은 축적되어 암석 트래버틴(travertine)을 형성하는데, 트래버틴은 옐로스톤국립공원의 매머드 온천에서 볼 수 있는 것과 같은 인상적인 광상을 형성할 수 있다(그림 17.26). 놀랍게도 물의 끓는점 이상의 온도에서

그림 17.26 옐로스톤국립공원의 매머드온천에 있는 트래버틴 퇴적물은 아라고나이트와 방해석으로 이루어진 커다란 석회질 돌출물 덩어리이다.

[John Grotzinger.]

살아남을 수 있는 극한미생물이 이러한 환경에서 발견되었으며, 아마도 이 미생물들이 탄산칼슘 피각의 형성에 기여했을 것이다. 제3장에서 배웠듯이 지표 아래에서 천천히 냉각되는 열수는 세계에서 가장 풍부한 금속광상들을 퇴적시킨다.

온천(hot spring)과 간헐천(geyser)은 열수가 큰 열손실 없이 빠르게 위로 이동하여, 때때로 끓는 온도로 지표에 도달하는 곳에서 나타난다. 온천은 끊임없이 흐르지만, 간헐천은 뜨거운 물과 증기를 간헐적으로 분출한다(그림 12.21 참조).

간헐천의 간헐적인 분출을 설명하는 이론은 지질학적 추론의 일례이다. 지하 열수시스템의 원동력은 수백 미터 지하에 감추어져 있기 때문에 우리는 그 과정을 직접 관찰할 수 없다. 지질학자들은 온천이 규칙적이고 곧바른 직선 통로로 지표까지 연결된 반면에, 간헐천은 아마도 매우 불규칙하고 구불구불한 열극, 웅덩이 및 구멍으로 이루어진 시스템이 지표까지 연결되어 있는 것이라는 가설을 세웠다(그림 17.27). 이러한 불규칙한 열극은 물의 일부를 움푹 들어간 곳에 격리시켜서, 심부의 물이 천부의 물과 섞여 냉각되는 것을 막아준다. 심부의 물은 뜨거운 암석과 접촉하면서 가열된다. 물이 끓는점에 도달하면, 증기는 상승하기 시작하고 천부의 물을 가열하면서 압력을 상승시키고 분출을 촉발한다. 압력이 해소되고 난 후, 열극이 물로 천천히 채워지는 동안 간헐천은 조용해진다.

1997년에 지질학자들은 간헐천 연구에 사용된 새로운 기법의 결과를 보고하였다. 그들은 간헐천의 표면에서 약 7m 아래로 소형 비디오 카메라를 내려 보냈다. 그들은 그 지점에서 간헐천의 통로가 좁아진다는 것을 발견하였다. 더 아래로 내려가니 통로는 넓어져서 큰 공간이 되었고, 그 안에서 증기, 물 및 이산화탄소 거품으로 보이는 것이 한데 섞여서 거칠게 끓고 있었다. 이러한 직접 관찰은 간헐천의 작동원리에 관한 이전의 이론을 극적으로 입증하였다.

비록 열수가 지열발전과 금속광상의 원천으로서는 인류사회에 유용하다 할지라도, 이들은 너무 많은 용존물질을 함유하고 있기 때문에 지표 상수원으로 사용할 수 없다.

심부 대수층의 고미생물

최근에 지질학자들은 음용 지하수를 찾기 위해 수천 미터 지하 심부의 대수층을 탐사해왔다. 그들은 음용수를 찾는 데에는 실패하였으나, 대신 생물권과 암석권 사이의 놀랄 만한 상호작용을 밝혀냈다. 그들은 지하수 내에서 살고 있는 엄청난 수의 미생물을 찾았다. 이러한 화학합성독립영양 미생물은 햇빛이 닿지 않는 곳에서 암석 내의 광물을 용해시키고 대사하여 에너지를 얻는다. 이러한 대사반응은 미생물의 에너지원으로 제공되는 것 외에도 지하에서의 풍화과정을 지속시킨다. 이러한 반응에서 배출된 화학물질들로 인해 이 물은 음용수로 사용할 수 없다.

지구생물학자들은 이 미생물의 조상이 퇴적물의 공극 내에 갇힌 후 지하 심부로 매몰되어 지표와 격리되었다고 생각한다. 어떤 경우에 이러한 심부 대수층은 수억 년 동안 지구의 지표와 접

1 천수가 토양에 침투하여 투수성 암석을 지나 아래로 내려가면서 걸러진다.

3 온천은 가열된 지하수가 지표로 방출되는 곳에서 나타난다.

4 간헐천은 공극과 갈라진 틈으로 이루어진 불규칙한 네트워크가 물의 흐름을 늦추는 곳에서 나타난다. 증기와 끓는 물이 압력하에서 간헐적인 분출을 일으키며 지표로 방출된다.

하강하는 차가운 물

온천

간헐천

투수성 화산암

불투성 화산암

단층 지대

상승 열수

2 물이 마그마에 도달하면, 가열되고 밀도가 낮아져 지표로 되돌아가는 순환시스템이 작동한다.

마그마

그림 17.27 지각심부에 있는 마그마 또는 뜨거운 암석 위의 물의 순환.

촉하지 못했을 수도 있다. 그러나 미생물은 광물에서 용해되어 나온 화학물질만을 먹으면서 다른 생명체의 간섭을 받지 않고 새로운 후손세대로 진화해가며 존속해왔다. 이렇게 미생물만 존재하는 생태계는 아마도 지구에서 가장 오래된 고대의 생태계일 것이며, 생명체와 환경 사이에서 달성될 수 있는 놀라운 균형을 증명한다.

요약

물은 수문순환을 통해 어떻게 이동하는가? 수문순환을 통한 물의 이동은 지구의 주요 저장소 사이의 균형을 유지시켜준다. 해양에서의 증발, 대륙에서의 증발과 증산작용, 그리고 빙하에서의 승화는 물을 대기로 이동시킨다. 강수는 물을 대기로부터 해양과 육지로 돌려보낸다. 지표유출은 지표로 떨어진 강수량의 일부를 해양으로 돌려보낸다. 나머지는 땅에 침투되어 지하수를 형성한다. 기후의 차이는 증발, 강수, 지표유출 및 침투 사이의 균형에 지역적인 변화를 발생시킨다.

물은 지하에서 어떻게 이동하는가? 지하수는 빗물이 땅에 침투되어 다공질인 투수성 지층을 통해 이동하는 과정에서 형성된다. 지하수면은 불포화대와 포화대 사이의 경계면이다. 지하수는 중력의 영향하에서 사면 아래로 이동하여 결국 지하수면과 지표면이 교차하는 곳에 형성되는 샘을 통해 지표로 나온다. 지하수는 균일한 투수율을 가진 지층에서는 자유면대수층을 통해 흐르거나, 난대수층에 갇힌 피압대수층을 통해 흐른다. 피압대수층은 자분수류와 자연발생적으로 흘러나오는 자분정을 생성한다. 다르시의 법칙은 지하수의 유속을 수리구배 및 대수층의 투수율과 관련시켜 설명한다.

인류의 지하수 자원 이용을 제한하는 요인들은 무엇인가? 인구가 증가함에 따라 지하수에 대한 수요는 크게 증가하고 있다. 특히 관개가 널리 보급된 지역에서는 더욱 그렇다. 방류량이 충류량을 넘어서면서 북아프리카 대평원의 대수층과 같은 많은 대수층들은 고갈되어가고 있으며, 많은 해 동안 회복될 가망성을 보

이지 않는다. 인공충류는 일부 대수층을 회복시키는 데 도움이 될 수 있을 것이다. 산업 폐수, 방사성 폐기물 및 생활하수에 의한 지하수 오염은 마실 수 있는 지하수의 공급량을 더욱 감소시킨다.

어떤 지질학적 과정이 지하수에 의해 영향을 받는가? 석회암 지역에서 지하수에 의한 침식은 동굴, 싱크홀, 하천 소멸 등의 특징을 보이는 카르스트 지형이 형성된다. 지각의 심부에 있는 암석들은 공극률이 매우 낮아 극소량의 물만을 포함하고 있다. 이러한 물이 가열되면 열수가 형성되고, 이 열수는 간헐천이나 온천이 되어 지표로 돌아간다.

주요 용어

가뭄	불포화대(통기대)	싱크홀(용식함지)	천수
강수	비그늘	음용 가능한	충류(함양)
난대수층	상대습도	자분수류	침투
다르시의 법칙	수리구배	지표유출	카르스트 지형
대수층	수문순환	지하수	투수율
방류	수문학	지하수면	포화대(침윤대)

지질학 실습

우리의 우물은 얼마나 많은 양의 물을 생산할 수 있는가?

우물 파기를 고려하는 사람들이 묻는 가장 중요한 질문은 우물이 그들이 원하는 충분한 물을 생산할 수 있는지 여부이다. 어떤 종류의 지층에 시추한 우물은 풍부한 물을 생산하지만, 멀지 않은 곳에 있는 다른 종류의 지층에 시추한 우물은 충분한 물을 생산하지 못할 수도 있다. 특정 장소의 우물이 얼마나 많은 양의 물을 생산할지를 잘 알기 위해서 우리는 지하수 거동을 어떻게 예측할 수 있을까?

앙리 다르시는 지하수 흐름의 원리에 대한 그의 개념적 이해를 간단하고 매우 유용한 수학 방정식으로 바꿀 수 있었다. 이 방정식―다르시의 법칙―은 지질학적 요인들이 어떻게 대수층을 통과하는 물의 유속을 결정하는지를 보여준다.

$$Q = A\left[\frac{K(h_a - h_b)}{l}\right]$$

이 방정식이 말하는 것은 일정 시간 동안 흐르는 물의 양(Q)은 물이 흘러가는 대수층의 단면적(A), 대수층의 수리전도도(hydraulic conductivity, K)―대수층을 이루는 암석이나 토양의 투

수율값을 나타내는 투수계수를 말한다―및 수리구배에 비례한다는 것이다. 수리구배는 두 지점 a와 b에 시험정을 설치하고, 그들 사이의 지하수위 차이($h_a - h_b$)를 측정한 다음, 그 결과를 두 지점 간의 거리(l)로 나눔으로써 알아낼 수 있다. 대수층의 단면적이 증가하거나, 수리구배가 증가하거나, 수리전도도가 증가하면, 물의 흐름은 증가할 것이다.

미국의 농촌지역과 많은 교외지역에서는 가정의 용수 공급을 위해 우물을 파는 것이 아직도 흔한 일이다. 집을 지을 장소를 선택할 때, 가족은 그 장소의 지질과 충분한 물을 공급할 수 있는지 여부를 신중하게 고려해야 한다. 첨부된 그림에서 지점 B의 우물을 통과해 흐르는 물이 가족이 쓰기에 충분한 물을 공급할 수 있을까? 이것은 우물을 뚫은 지층의 종류를 포함하는 많은 요인들에 따라 달라진다. 우리는 다르시의 법칙을 사용하여 우물을 통과해 흐르는 물의 양에 대한 수리전도도의 영향을 평가할 수 있다.

그림에 제공된 측정값을 사용하여 우리는 다음 값들을 알아

냈다.

$$우물 파이프의 단면적 = A = 0.25\text{m}^2$$

$$수리구배 = \left[\frac{h_a - h_b}{l}\right]$$

$$= \left[\frac{440\text{m} - 415\text{m}}{1250\text{m}}\right]$$

$$= \left[\frac{25\text{m}}{1250\text{m}}\right]$$

다음으로 점토, 실트질 모래, 분급이 좋은 모래, 분급이 좋은 자갈 등 서로 다른 지구물질들이 나타내는 다양한 K값에 대한 Q의 값을 찾는다.

물질	수리전도도(K)
점토	0.001m/일
실트질 모래	0.3m/일
분급이 좋은 모래	40m/일
분급이 좋은 자갈	3750m/일

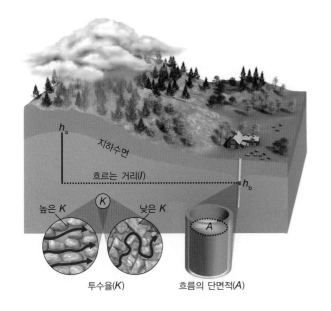

지하수면

흐르는 거리(l)

h_a

h_b

K

높은 K 낮은 K

A

투수율(K)   흐름의 단면적(A)

이제 우리는 다르시의 법칙을 사용하여 분급이 좋은 모래에 대한 Q를 결정할 수 있다.

$$Q = A\left[\frac{K(h_a - h_b)}{l}\right]$$

$$= 0.25\text{m}^2 \times 40\text{m/day} \times 0.02$$

$$= 0.2\text{m}^3/\text{day}\,(약\ 50\text{gallons/day})$$

그리고 점토의 경우는 다음과 같다.

$$Q = A\left[\frac{K(h_a - h_b)}{l}\right]$$

$$= 0.25\text{m}^2 \times 0.001\text{m/day} \times 0.02$$

$$= 0.000005\text{m}^3/\text{day}\,(약\ 1\ \text{teaspoon/day})$$

물을 마시고, 샤워하고, 화장실 사용하고, 요리하고, 청소하고, 정원 유지 관리하는 데 1인당 매일 10갤런의 물을 사용한다고 가정할 경우, 이 계산에 따르면 분급이 좋은 모래에 우물을 팠다면 우물은 4인 가족이 사용하기에 충분한 물을 제공할 수 있다. 반대로, 우물을 점토에 뚫었다면 엄청 실망하게 될 것이다.

추가문제 : 다르시의 법칙을 이용하여 실트질 모래 또는 분급이 좋은 자갈에 우물을 뚫었을 경우 하루 동안 우물을 통해 흐를 수 있는 물의 양을 구하라.

다르시의 법칙에 의해 계산된 유속은 한 우물에 주입한 무해한 염료가 다른 우물에 도달하는 데 걸리는 시간을 측정함으로써 실험적으로 입증되었다. 대부분의 대수층에서 지하수는 하루에 수 센티미터의 속도로 움직인다. 지표면 근처의 매우 투수성이 높은 자갈층에서 지하수는 15cm/day 정도 이동할 수 있다. (이 속도는 여전히 일반적인 강의 유속 20~50cm/s보다 훨씬 느리다.)

연습문제

1. 지표와 지표 부근에서 물의 주 저장소는 무엇인가?

2. 산맥은 어떻게 비그늘을 만드는가?

3. 대수층이란 무엇인가?

4. 대수층의 포화대와 불포화대 사이의 차이는 무엇인가?

5. 난대수층은 어떻게 피압대수층을 만드는가?

6. 자분정에서는 왜 양수 없이 물이 지표면으로 흘러나오는가?

7. 지하수면을 일정한 수위로 유지시키기 위해서 충류량과 방류량을 어떻게 맞추어야 하는가?

8. 다르시의 법칙에서 지하수의 이동과 투수율 사이의 관계는 무엇인가?

9. 지하수는 어떻게 카르스트 지형을 만드는가?

10. 온천에 있는 물의 공급원은 무엇인가?

11. 지하수에서 흔히 나타나는 오염물질은 무엇인가?

12. 미생물은 어떻게 지각심부에서 살아남았는가?

생각해볼 문제

1. 지구온난화에 의해 해양에서 증발이 크게 증가하면, 현재의 수문순환은 어떻게 변하는가?

2. 만약 여러분이 해안가에 사는데 우물물에서 약간 짠맛이 나는 것을 느꼈다면, 이러한 수질의 변화를 어떻게 설명할 것인가?

3. 여러분의 공동체에 물을 공급하는 대수층의 충류지역에 대한 광범위한 개발과 도시화를 반대하는 입장이라면, 왜 그러한가?

4. 핵처리 시설에서 방사성 폐기물이 누출되어 지하수로 스며들었다는 것이 발견되었다면, 시설로부터 10km 떨어진 우물에서 방사선이 발견될 때까지 걸리는 시간을 예측하기 위해 어떤 정보가 필요할까?

5. 많은 온천과 간헐천이 있는 옐로스톤국립공원의 땅 밑에서는 어떤 지질학적 과정이 진행되고 있는지 추측해보라.

6. 공동체가 정화탱크를 양호한 상태로 유지해야 하는 이유는 무엇인가?

7. 추운 기후지역의 점점 더 많은 공동체들이 고속도로 위의 눈과 얼음을 녹이는 데 소금의 사용을 금지하고 있는 이유는 무엇인가?

8. 여러분의 새집이 토양으로 덮인 화강암 기반암 위에 지어져 있다고 하자. 여러분은 성공적으로 우물을 뚫을 가능성이 낮다고 생각하지만, 이 지역에 대해 잘 아는 우물 건설업자는 이 화강암에서 좋은 우물을 많이 뚫어보았다고 말한다. 여러분 각자는 다른 사람들을 설득하기 위하여 어떤 주장을 펼쳐야 하는가?

9. 북아프리카, 유럽 및 아시아의 광대한 지역이 얼음으로 덮여 있었던 1만 8,000년 전의 위스콘신 빙하기 때에는 수문순환이 어떻게 달랐는가?

10. 여러분이 동굴을 탐사하면서 동굴 바닥 위를 흐르는 작은 하천을 보았다. 물은 어디에서 오는 것인가?

매체지원

 17-1 애니메이션 : 물 순환

곡류하고 있는 호주 애들레이드(Adelaide) 강을 공중에
서 찍은 사진. 저지대 환경에서 사행하는 하천의 전형적
인 모습이다.
[Peter Bowater/Science Source.]

하천 운반 : 산맥에서 해양까지　18

자동차와 항공기가 존재하기 이전, 사람들은 하천을 이용하여 이동하였다. 1803년에 미국은 프랑스로부터 루이지애나 영토를 사들였다. 이는 지금의 텍사스와 루이지애나의 일부를 포함하여 몬태나와 노스다코타까지 연장된 200만km²가 넘는 거대한 지역이었다. 1804년에 당시 미국 대통령이었던 토머스 제퍼슨은 메리웨더 루이스 대위와 윌리엄 클라크 중위에게 이 새로운 영토와 북미 서부지역을 탐사할 육군원정대를 지휘할 것을 지시했다. 이 탐험대의 가장 큰 목적 중 하나는 아직 공인되지 않은 국경을 확정하는 데 열쇠가 되는 서부지역의 하천 지도를 제작하는 것이었다. 루이스와 클라크는 미주리강과 그 상류를 따라 발원지까지 거슬러 올라가기로 결정하였다. 그들은 로키산맥을 넘어 컬럼비아강을 따라 서쪽으로 이동하여 태평양에 도달하였다. 총 여정은 6,000km로 모두 상류지역이었으며, 그중 미주리강 부분만 3,200km였다.

　루이스와 클라크가 제작한 글과 지도는 북미 내륙을 흐르는 거대한 강들 중 하나를 따라가 보아야만 얻을 수 있는 많은 지식을 제공해주었다. 다른 대륙과 국가에 있는 많은 큰 강들도 이와 유사한 탐험심을 불러일으킨다—남미의 아마존강, 아시아의 양쯔강과 인더스강, 아프리카의 전설적인 나일강. 그렇지만 하천과 강은 전설적인 탐험의 접근 경로일 뿐만 아니라, 사람들이 정착하고 가정을 이루는 장소이기도 하다. 물줄기는 전 세계 대부분 지역의 거의 모든 마을과 도시를 통과해 흐른다. 이러한 하천들은 바지선과 증기선을 위한 상업적 수로로서, 또한 주민들과 산업이 사용하는 수자원으로서 이용되어왔다. 홍수가 발생되는 동안 쌓인 퇴적물은 농경지를 비옥하게 만들었다. 그러나 강가에서 사는 삶은 위험도 수반한다. 강이 범람하면 때때로 엄청난 규모로 생명과 재산을 파괴한다.

　하천은 대륙의 생명줄이다. 하천의 형태는 기후와 판구조과정 사이의 상호작용에 대한 기록이다. 조구조 운동은 육지를 융기시켜 가파른 지형과 산악지역의 경사면을 만든다. 기후는 비와 눈이 내릴 곳을 결정한다. 빗물이 사면 아래로 흘러내려 하천으로 모아지는 동안 산맥의 암석과 토양을 침식시키고, 하도를 만들고, 계곡을 깎아낸다. 하천은 육지에 내린 많은 양의 강수와 지표면 침식에 의해 생성된 다량의 퇴적물을 바다로 돌려보낸다. 하천은 지구에서 기후와 물의 역할을 이해하는 데 중요하기 때문에 화성에서 하천의 발견은 화성에서 물—고대 화성의 다른 기후—의 증거를 찾기 위한 일련의 임무를 촉발시켰다.

이 장에서 우리는 하천이 어떻게 형성되고, 어떻게 지질학적 작업을 수행하는지에 초점을 맞춘다—큰 규모로 볼 때, 하천은 어떻게 계곡을 만들고, 어떻게 방대한 하계망을 발달시키는가, 그리고 작은 규모로 볼 때, 하천이 어떻게 단단한 암석을 부수고 침식시키는가. 우리는 물이 어떻게 수류를 이루며 흐르는지, 그리고 수류는 어떻게 퇴적물을 운반하는지에 대하여 살펴볼 것이다. 그런 다음 더 큰 규모로 돌아가서 판구조와 기후시스템 사이의 상호 작용에 의해 형성된 지오시스템으로서 하천을 살펴볼 것이다.

■ 하천의 형태

우리는 지표 위를 흐르는 물줄기를 지칭할 때 크건 작건 **하천** (stream)이라는 단어를 사용하고, 커다란 하천계의 주요 지류를 **강**(river)이라고 지칭한다. 대부분의 하천은 **하도**(channels)라 부르는 명확한 골을 통해 흐르며, 하도는 물을 멀리까지 흘려보낼 수 있다. 하천이 지구표면—어떤 곳에서는 기반암, 다른 곳에서는 미고결 퇴적물—위를 가로질러 이동하는 동안 하천은 이러한 물질들을 침식시켜 **계곡**(valley)을 형성한다.

하천 계곡의 조사와 지도 제작은 200년 전 루이스와 클라크의 임무 가운데 가장 중요한 일이었다. 상류로 이동하면서 강이 갈라지면, 그들은 두 지류 중 어떤 것이 더 큰지 선택해야 했다. 그들은 이러한 결정을 할 때, 두 가지 관찰사항—하천 계곡의 폭과 하도의 깊이—을 참고하였다. 배가 지나가기에 계곡의 폭은 충분히 넓고, 하도의 깊이는 충분히 깊은가? 좁은 계곡과 얕은 하도는 지류가 훨씬 더 짧아서 바람직하지 않은 경로로 이어질 것임을 의미하고, 반면에 넓은 계곡과 깊은 하도는 강의 본류를 따라 상류로 더 긴 여정을 약속하리라는 것을 의미했다.

하천 계곡

하천 **계곡**(stream valley)은 하천 양측 사면의 꼭대기와 꼭대기 사이의 전 지역을 포함한다. 많은 하천 계곡의 단면은 V자 형태이나, 다른 많은 하천 계곡은 그림 18.1에서 보는 것과 같이 넓고 낮은 형태의 단면을 갖는다. 계곡의 바닥에 물이 흐르는 골인 **하도** (channel)가 있다. 평상시인 비홍수기에는 모든 물이 하도를 통해 이동한다. 수위가 낮을 때, 하천은 하도 바닥을 따라서만 흐른다.

수위가 높을 때, 하천은 하도의 대부분을 차지하게 된다. 폭이 넓은 계곡에서, **범람원**(floodplain)—하도의 상단과 높이가 비슷한 평평한 지역—은 하도의 양쪽에 놓여 있다. 하천이 하도에서 실트와 모래를 가득 싣고 제방을 넘쳐흐를 때 물에 잠기는 계곡의 이 부분이 범람원이다.

높은 산맥에서, 하천 계곡은 좁으며, 가파른 벽을 가지고 있으며, 하도는 계곡 바닥의 거의 대부분을 차지하고 있다(그림 18.2). 작은 범람원은 수위가 낮은 시기에만 볼 수 있다. 이러한 계곡에서 하천은 기반암을 활발하게 깎아낸다. 이 과정은 조구조적으로 활동적인 지역에 있는 새로 융기한 고지대의 특징이다. 하천의 계곡 벽면 침식은 화학적인 풍화와 사태에 의해 촉진된다. 조구조적 융기가 멈춘 지 오래된 저지대에서 하천은 퇴적물 입자를 침식시키고, 이를 하류로 운반함으로써 계곡의 모습을 만든다. 이러한 과정들이 오래 지속되면 경사는 완만해지고, 범람원은 수 킬로미터의 폭으로 넓어지게 된다.

하도의 형태

하도는 계곡의 바닥을 따라 그 경로를 만들기 때문에 어떤 구간에서는 곧게 흐르고, 다른 구간에서는 불규칙한 경로를 따라 굽이치며 흐르기도 하고, 때로는 여러 개의 하도들로 갈라지기도 한다. 하도는 범람원의 가운데를 따라 흐르거나, 계곡의 한쪽 가장자리에 바짝 붙어 흐르기도 한다.

곡류하천 수많은 범람원 위에서 구불구불한 하도를 따라 흐르는 하천을 **곡류하천**(meanders, 사행하천)이라고 한다. 이 명칭은 구불구불한 경로로 인해 고대에 잘 알려진 터키의 마이안드로스강 [Maiandros, 지금의 멘데레스강(Menderes)]에서 기원하였다. 곡

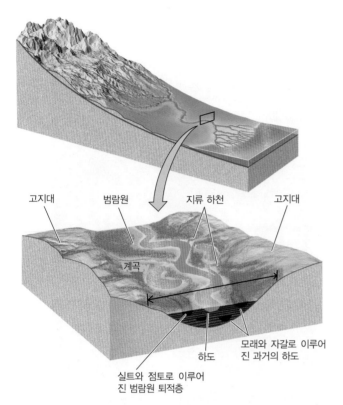

고지대　범람원　지류 하천　고지대

계곡

하도

실트와 점토로 이루어
진 범람원 퇴적층

모래와 자갈로 이루어
진 과거의 하도

그림 18.1 하천은 넓은 계곡에서는 넓고 평평한 범람원 위를 흐르는 하도 내에서 흐른다. 범람원은 가파른 벽으로 둘러싸인 계곡에서는 좁거나 없다.

그림 18.2 유타주에 있는 산후안강(San Juan River)의 이 부분은 범람원이 없는 깊게 침식된 곡류하는 V자형의 계곡인 감입곡류하천 지대의 좋은 예이다. [DEA/PUBBLIC AER FOTO/De Agostini/Getty Images.]

래, 실트 또는 이토—이나 쉽게 침식되는 기반암을 가로질러 흐른다. 곡류하천은 단단한 기반암 위의 조금 더 가파른 사면 아래로 흐르는 하천에서는 뚜렷하게 나타나지는 않지만 여전히 흔하다. 이러한 지형에서 사행구간은 비교적 곧고 길게 뻗은 구간과 교대로 나타난다.

하도의 만곡부를 깊게 침식한 하천은 감입곡류하천(incised meander)을 형성한다(그림 18.2 참조). 다른 하천들은 가파른 암석질의 계곡벽과 경계를 이루고 있는 더 넓은 범람원 위를 굽이쳐 흐른다. 우리는 이러한 두 가지의 서로 다른 유형이 왜 나타나는지 확실하게 알지 못한다. 우리는 곡류가 하천에서뿐만 아니라 많은 다른 종류의 흐름에서도 널리 나타난다는 것을 알고 있다. 예를 들어, 북대서양 서쪽의 강력한 해류인 멕시코만류(Gulf Stream)도 곡류한다. 지구표면의 용암류도 곡류하며, 행성지질학자들은 화성과 금성의 용암류에서뿐만 아니라 화성의 과거 하도(그림 9.20와 9.21 참조)에서도 곡류를 발견하였다.

범람원 위의 곡류하천은 흐름이 가장 강한 만곡부의 바깥쪽 둑을 침식하며 많은 해 동안 이동한다(그림 18.3a). 바깥쪽 둑이 침식되면서, 흐름이 약한 안쪽 둑을 따라 퇴적물이 퇴적되어 **포인트바**(point bar)라 불리는 만곡된 모래톱(사주)이 형성된다(그림 18.3b). 이러한 방법으로 곡류하천은 긴 밧줄을 순간적으로 흔들었을 때와 같이 구불구불한 움직임으로 하류 쪽으로뿐만 아니라 좌우로 천천히 이동한다. 이러한 이동은 꽤 빠르게 진행되기도 한다—미시시피강의 어떤 곡류하천은 1년에 20m 정도 이동한다. 곡류하천이 이동하면, 범람원을 가로질러 하도도 이동하고, 포인트바 역시 범람원 부분 위에 모래와 실트를 축적시키면서 이동한다.

곡류하천이 간혹 균등하지 않게 이동하면, 만곡부들은 서로 점점 더 가까워지다가, 마침내 흔히 큰 홍수가 발생하는 동안 하천은 가까워진 만곡부를 관통하여 흐르게 된다. 그러면 하천은 새로 생긴 더 짧은 경로로 흐르게 된다. 하천의 버려진 경로에는 초승달 모양의 물이 채워진 고리인 **우각호**(oxbow lake)가 만들어진다(그림 18.3c).

공학자들은 간혹 콘크리트 인공제방을 이용하여 직선 경로를 따라 수로를 건설하여 곡류하천을 인공적으로 직선화하여 가두기도 한다. 미국육군공병대는 1878년 이래로 미시시피강의 직선 수로화 작업을 수행해왔다. 그 결과 13년 동안 미시시피강 하류의 하도 길이는 243km 감소되었다. 1993년의 재앙적인 미시시피 홍수가 심각했던 것의 일부는 직선 수로화로 인한 것이었다. 직선 수로화를 하지 않는다면, 홍수는 보다 빈번하게 발생하겠지

류하천은 경사가 완만하거나 거의 평평한 평야 또는 저지대를 관통하며 흐르는 유속이 느린 하천의 일반적인 양식이다. 평야 또는 저지대에서 곡류하천의 하도는 보통 미고결 퇴적물—세립 모

(a)

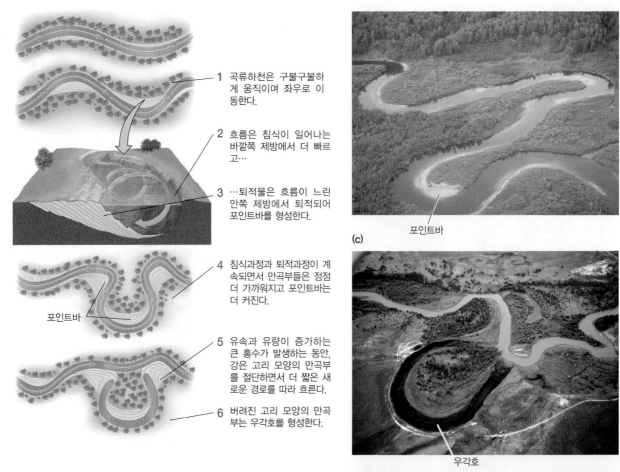

1 곡류하천은 구불구불하게 움직이며 좌우로 이동한다.

2 흐름은 침식이 일어나는 바깥쪽 제방에서 더 빠르고…

3 …퇴적물은 흐름이 느린 안쪽 제방에서 퇴적되어 포인트바를 형성한다.

4 침식과정과 퇴적과정이 계속되면서 만곡부들은 점점 더 가까워지고 포인트바는 더 커진다.

5 유속과 유량이 증가하는 큰 홍수가 발생하는 동안, 강은 고리 모양의 만곡부를 절단하면서 더 짧은 새로운 경로를 따라 흐른다.

6 버려진 고리 모양의 만곡부는 우각호를 형성한다.

포인트바

(b)

포인트바

(c)

우각호

그림 18.3 곡류하천은 여러 해에 걸쳐 이동한다. (a) 곡류하천이 이동하는 방법. (b) 알래스카강의 곡류하천. (c) 몬태나주의 블랙풋강(Blackfoot River)의 계곡에 있는 우각호.
[(b) Peter Kresan; (c) James Steinberg/Science Source.]

만 피해는 적을 것이다. 직선 수로화를 하면 1993년에 그랬듯이 홍수가 인공제방을 넘칠 때 재앙적 피해가 발생할 것이다. 또한 직선 수로화는 소규모의 빈번한 홍수를 통해 쌓이는 퇴적물의 공급을 차단함으로써 습지를 파괴하고 범람원의 자연생태를 파괴하기 때문에 비판받아왔다.

이러한 환경적 관심은 플로리다 중부의 직선 수로화되었던 키시미강을 원래의 곡류하던 경로로 복원하려는 작업에 활기를 불어넣었다. 오늘날 이 복원사업은 잘 진행되고 있다. 만약 자연적으로 진행되도록 내버려두었다면, 키시미강은 스스로 복원하는 데 수십 년 또는 수백 년이 걸릴지도 모른다.

망상하천 어떤 하천들은 하나가 아닌 많은 수의 하도를 가지고 있다. **망상하천**(braided stream)은 하도가 서로 얽혀 있는 하도망으로 나누어졌다가 많은 머리를 닮은 형태로 다시 합쳐지는 하천이다(그림 18.4). 망상하천은 폭이 넓은 저지대의 계곡에서부터 산맥에 인접한 퇴적물로 채워진 넓은 지구대에 이르기까지 다

그림 18.4 아이슬란드에 있는 요에쿨길크비슬강(Joekulgilkvisl River)의 이 부분은 망상하천이다.
[Dirk Bleyer/imagebrok/imagebroker.net/SuperStock.]

양한 환경에서 발견된다. 망상하천은 높은 퇴적물 부하량과 쉽게 침식되는 제방을 가지고 있는 유량의 변화 폭이 큰 하천에서 만들어지는 경향이 있다. 예를 들어, 망상하천은 녹아내리는 빙하

의 가장자리에서 만들어진 퇴적물로 가득 찬 하천에서 잘 발달한
다. 곡류하천의 수류와는 대조적으로, 망상하천의 수류는 보통
빠르게 흐른다.

하천 범람원

계곡의 바닥에서 이동하는 하도는 범람원을 만든다. 홍수로 불어
난 물에 의해 퇴적물이 퇴적되는 것처럼, 하천이 이동하는 과정
에서 형성된 포인트바는 범람원의 표면을 형성한다. 얇은 퇴적물
층으로 덮여 있는 침식 범람원은 하천이 이동하면서 기반암 또는
미고결 퇴적물을 침식할 때 형성될 수 있다.

홍수 시 하천의 물이 둑을 넘쳐 범람원으로 퍼져나가면, 물의
속도는 느려지고, 그 흐름은 퇴적물을 운반할 능력을 잃어버린
다. 범람한 물의 속도는 하도의 가장자리에서 급격히 감소한다.
그 결과, 흐름은 하도 가장자리의 좁고 긴 지역을 따라 모래 및
자갈과 같은 다량의 조립질 퇴적물들을 퇴적시킨다. 연이어 계
속되는 홍수들은 입자가 굵은 물질들로 이루어진 둑인 **자연제방**
(natural levees)을 형성한다. 자연제방은 홍수 사이의 비홍수기에
는 수위가 높은 때조차도 하천을 둑 안에 가두어둔다(그림 18.5).
자연제방의 높이가 수 미터에 이르고 하천수가 하도를 거의 채우
며 흐르는 곳에서는 범람원의 높이가 하천 수위보다 낮다. 여러
분이 미시시피주의 빅스버그와 같이 범람원 위에 건설된 오래된
하천 도시의 거리를 걸으며 자연제방을 올려다본다면, 여러분의
머리 위로 강물이 흐르고 있다는 것을 느낄 수 있을 것이다.

홍수가 일어나는 동안 실트 및 진흙과 같이 고운 퇴적물들은
하천의 제방을 넘어, 때로는 범람원 전체로 운반되고, 홍수로 불
어난 물이 점차 유속을 잃어가면서 범람원 위에 퇴적된다. 홍수
가 물러가고 나면 물이 고인 연못과 웅덩이가 남겨진다. 고였던
물이 증발과 침투에 의해 서서히 사라지면서 가장 세립인 점토가
이곳에 퇴적된다. 이러한 세립질 범람원 퇴적물은 무기질 및 유
기질 영양소들이 풍부하여 고대시대 이래로 농업을 위한 주요 자
원이 되어왔다. 예를 들어, 나일강과 중동지역에 있는 다른 강들
의 범람원은 비옥했기 때문에 수천 년 전에 그곳에서 문명이 번
성하며 발전할 수 있었다. 현재에도 인도 북부 갠지스강(Ganges)
의 넓은 범람원은 여전히 인도인의 삶과 농업에 중요한 역할을
하고 있다. 많은 고대 및 근대의 도시들은 범람원 위에 위치하고
있다(지구문제 18.1).

배수유역

두 하천 사이의 모든 솟아오른 지형은 그 높이가 수 미터이든 혹

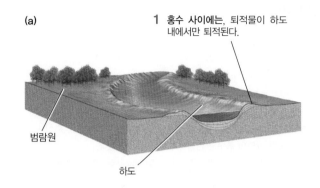

(a)

1 홍수 사이에는, 퇴적물이 하도 내에서만 퇴적된다.

범람원

하도

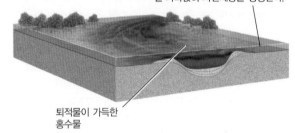

2 홍수 동안에는, 물이 범람원 위로 퍼져나가고, 유속이 급속히 감소하면서, 하도의 가장자리를 따라 퇴적물을 가라앉혀 자연제방을 형성한다.

퇴적물이 가득한 홍수물

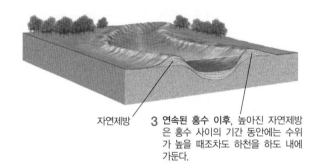

자연제방

3 연속된 홍수 이후, 높아진 자연제방은 홍수 사이의 기간 동안에는 수위가 높을 때조차도 하천을 하도 내에 가둔다.

(b)

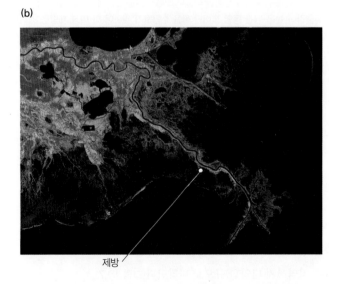

제방

그림 18.5 (a) 홍수는 하천의 둑을 따라 자연제방을 형성한다. (b) 이러한 자연제방들이 루이지애나주의 사우스패스 근처에 있는 미시시피강의 주 하도를 따라 놓여 있다.

[(b) U.S. Geological Survey National Wetlands Research Center.]

18.1 범람원 위의 도시개발

범람원은 문명이 시작된 이래 인류가 정착해온 곳이다. 범람원은 강을 따라 쉽게 이동하고 비옥한 농토에 접근도 용이하기 때문에 도시가 형성되기 위한 천연의 지역이다. 그러나 이러한 지역은 범람원을 만들었던 홍수에 계속 영향을 받는다. 작은 홍수는 빈번히 발생하여 보통은 작은 피해를 발생시키나, 수십 년마다 발생하는 더 큰 규모의 홍수는 엄청나게 파괴적일 수 있다.

약 4,000년 전, 이집트의 나일강을 따라, 고대 메소포타미아의 티그리스강과 유프라테스강을 따라, 그리고 아시아에서는 인도의 인더스강을 따라, 중국의 양쯔강과 황하강을 따라서 발달되어 있는 범람원에 도시들이 여기저기 산재되어 형성되기 시작하였다. 이후 유럽의 많은 수도들이 범람원 위에 세워졌다─티베르강의 로마, 템스강의 런던, 세느강의 파리. 북미의 범람원 도시로는 미시시피강의 세인트루이스, 오하이오강의 신시내티, 세인트로렌스강의 몬트리올이 포함된다. 홍수는 범람원의 저지대에 위치한 이러한 고대와 근대 도시들의 여러 구역들을 주기적으로 파괴하였지만, 매번 주민들은 도시를 재건했다.

오늘날 대부분의 대도시들은 자연제방을 튼튼하게 강화하고 높인 인공제방에 의해 보호받고 있다. 이와 더불어, 대규모 댐 시스템은 이들 도시에 영향을 주는 홍수를 조절하는 데 도움이 된다. 그러나 이러한 구조들이 위험을 완전히 제거해줄 수는 없다. 예를 들어, 1973년에 미시시피강은 미주리주의 세인트루이스에서 연속적으로 77일간 계속된 홍수를 일으키며 난동을 부렸다. 강은 홍수 수위 위로 4.03m에 달하는 수위를 기록하였다. 1993년에 미시시피강과 그 지류들은 다시 범람하여 이전 최악의 홍수 기록을 깨뜨렸으며, 공식적으로 미국 역사상 두 번째로 최악인 홍수(첫 번째는 2005년에 허리케인 카트리나의 폭풍해일에 의한 뉴올리언스의 홍수이다)로 기록되었다. 이 홍수는 487명의 사망자와 150억 달러의 재산 피해를 가져왔다. 세인트루이스에서는 미시시피강이 4월과 9월 사이의 183일 중 144일 동안 홍수 수위를 넘어선 채로 있었다. 예기치 못한 2차적인 영향으로는 홍수가 농경지로부터 농업용 화학물질을 침출시킨 후, 이들 물질을 범람한 지역에 침전시켜, 광범위한 오염을 발생시켰다.

홍수로부터 사회를 보호할 방법을 알아내다 보면 몇 가지 복잡하게 얽히고설킨 문제들이 나타난다. 일부 지질학자들은 미시시피강을 가둔 인공제방의 건설이 기록적인 홍수 발생에 영향을 미쳤다고 생각한다. 인공제방으로 둘러싸인 강은 유출량이 높은 기간 동안 불어난 물을 수용하기 위하여 더 이상 제방을 침식하여 하도를 넓힐 수 없다. 게다가 범람원은 더 이상 퇴적물을 공급받을 수도 없다. 뉴올리언스의 경우, 범람원은 미시시피강의 수위 아래로 가라앉아서, 장래에

범람원에 세워진 많은 도시들처럼, 중국의 류저우시는 홍수 피해를 겪는다. 1996년 7월에 발생한 이 홍수는 도시의 500년 역사상 가장 큰 홍수로 기록되었다.

[Xie Jiahua/China Features/Corbis Sygma.]

홍수가 발생할 가능성이 높다.

이러한 곳에 위치한 도시와 마을은 무엇을 해야 하는가? 일부에서는 범람원의 가장 낮은 부분에서 행해지는 모든 건설과 개발을 중지하도록 요구하였다. 또 일부에서는 그러한 지역에서 재건축을 위한 연방정부 보조 재난기금을 철회하도록 요청하기도 했다. 1972년에 홍수로 크게 피해를 입은 펜실베이니아주의 해리스버그는 도시의 황폐화된 강변지대의 일부를 공원으로 바꾸었다. 1993년의 미시시피강 홍수 후에 시행된 극적인 조치로 일리노이주의 발메이어의 시민들은 수 마일 떨어진 고지대로 도시 전체를 옮기기로 가결하였다. 새로운 장소는 일리노이 지질조사소의 지질학자들의 도움으로 선정되었다. 그러나 범람원 위에서의 삶이 주는 여러 가지 이득은 여전히 계속해서 이곳으로 사람들을 유인하고 있으며, 평생을 범람원 위에서 살아온 일부 사람들은 그곳에 머물러 살기를 원하며, 위험을 감수하며 살아갈 준비가 되어 있다. 일부 범람원을 보호하는 비용은 엄청나게 비싸며, 이러한 지역들은 계속해서 공공정책에 대한 문제를 야기할 것이다.

은 수천 미터이든 **분수령**(divide, 분수계)을 형성한다. 여기서 분수령이란 강우가 양쪽 사면으로 나뉘어 흘러내리는 고지대 산등성이다. **배수유역**(drainage basin)은 분수령에 의해 둘러싸인 지역으로, 그 지역에서 흘러나가는 모든 물을 하계망으로 한데 모으는 지역이다(그림 18.6). 배수유역은 작은 하천을 둘러싸고 있는 좁은 골짜기에서부터 큰 강과 그 지류를 통해 물이 빠져나가는 넓은 지역까지 다양한 규모로 나타난다(그림 18.7).

대륙은 큰 분수령들로 나누어진 여러 개의 큰 배수유역들을 가지고 있다. 북미에서 로키산맥에 의해 형성된 대륙분수령은 태평양으로 유입되는 모든 물과 대서양으로 유입되는 모든 물을 분

리한다. 루이스와 클라크는 미주리강의 상류로 거슬러 올라가서 몬태나주 서부의 대륙분수령에 있는 미주리강의 발원지에 도달했다. 그 분수령을 넘은 후에 그들은 태평양으로 흘러들어가는 컬럼비아강의 발원지를 발견했다.

하계망

배수유역 내에 있는 크고 작은 모든 하천들의 경로를 보여주는 지도는 **하계망**(drainage networks)이라 불리는 하천들의 연결 패턴을 보여준다. 만약 여러분이 하천을 따라 강어귀(강이 끝나는 곳)에서부터 상류의 발원지(강이 시작하는 곳)까지 따라간다면, 하

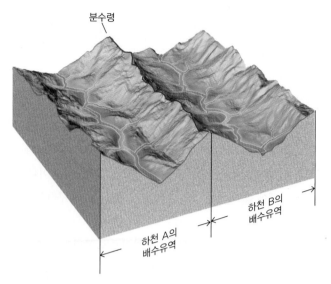

그림 18.6 배수유역은 분수령에 의해 구분된다.

그림 18.7 콜로라도강의 배수유역은 미국 남서부의 넓은 지역을 포함하는 63만km²를 차지하고 있다. 유역은 인접 배수유역과 구분해주는 분수령으로 둘러싸여 있다.

[U.S. Geological Survey.]

천이 특징적인 분기(나뉘어 갈라지는) 패턴을 보이는 하계망을 형성하면서 끊임없이 점점 더 작은 **지류**(tributary)들로 나누어지는 것을 볼 수 있을 것이다.

분기 패턴은 물질을 모으고 분배하는 많은 종류의 네트워크에서 일반적으로 나타나는 특성이다. 아마 가장 잘 알려진 분기 네트워크는 나무의 가지와 뿌리의 네트워크일 것이다. 대부분의 강들은 **수지상 하계망**(dendritic drainage, '나무'를 의미하는 그리스어 *dendron*에서 유래)이라 불리는 같은 종류의 불규칙적인 분기

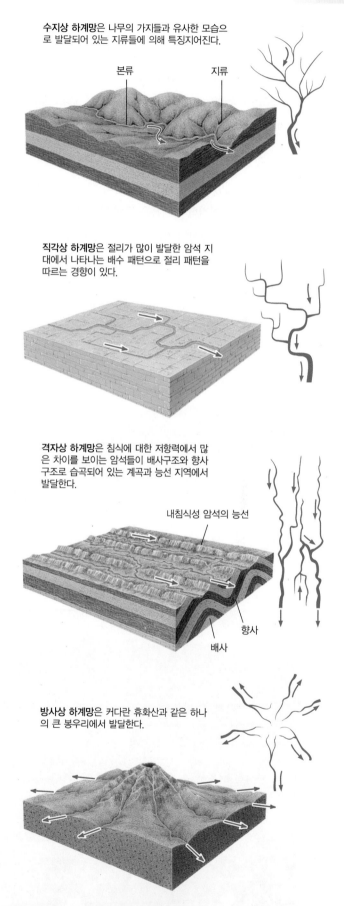

수지상 하계망은 나무의 가지들과 유사한 모습으로 발달되어 있는 지류들에 의해 특징지어진다.

직각상 하계망은 절리가 많이 발달한 암석 지대에서 나타나는 배수 패턴으로 절리 패턴을 따르는 경향이 있다.

격자상 하계망은 침식에 대한 저항력에서 많은 차이를 보이는 암석들이 배사구조와 향사구조로 습곡되어 있는 계곡과 능선 지역에서 발달한다.

내침식성 암석의 능선

향사

배사

방사상 하계망은 커다란 휴화산과 같은 하나의 큰 봉우리에서 발달한다.

그림 18.8 일부 대표적인 하계망 패턴.

패턴을 따른다. 이처럼 아주 무작위적인 하계망 패턴은 수평으로 쌓인 퇴적암층 또는 괴상의 화성암이나 변성암과 같이 균일한 종류의 기반암이 분포되어 있는 지형의 전형적 특징이다. 다른 하계망 패턴으로는 직각상(rectangular), 격자상(trellis), 그리고 방사상(radial) 하계망이 있다(그림 18.8).

하계망 패턴과 지질역사

우리는 대부분의 하계망 패턴이 어떻게 발달되었는지를 직접 관찰하거나 역사적 혹은 지질학적 기록을 통해 알아낼 수 있다. 예를 들어, 어떤 하천들은 침식에 강한 기반암 산등성이를 절개하여 가파른 절벽으로 이루어진 협곡을 만든다. 하천이 산등성이의 양 측면을 따라 우회하며 흐르는 것보다 산등성이를 가로질러 좁은 계곡을 절개하며 흐르게 하는 요인은 무엇일까? 그 해답은 그

지역의 지질학적 역사에서 찾을 수 있다.

그림 18.9에서 보는 바와 같이, 만약 기존의 하천이 흘러가는 지역에 구조적 변형에 의해 산등성이가 형성된다면, 하천은 융기하는 산등성이를 침식하여 가파른 골짜기를 형성할 것이다. 이런 하천을 **선행하천**(antecedent stream)이라 하는데 그 이유는 하천이 현재의 지형이 형성되기 이전부터 존재하고 있었기 때문이다. 이 하천은 아래에 놓여 있는 암석과 지형의 변화에도 불구하고 본래의 경로를 유지한다.

또 다른 지질학적 상황에서, 어떤 하천은 습곡되고 단층된 암석 위에 놓여 있는 수평 퇴적암층 위를 수지상 하계망 패턴으로 흐른다. 시간이 흘러 부드러운 퇴적암층이 침식되어 사라지고 나면, 하천은 아래에 놓여 있는 더 단단한 암층을 파고들면서 침식에 강한 암층을 침식하여 협곡을 만든다(그림 18.10). 이러한 하

(a) **1** 선행하천이 수평 퇴적층 위를 흘렀다.

2 느린 조구조 융기가 암석들을 배사구조로 습곡시켰다.

3 하천은 융기하는 배사습곡을 절개하면서 그 흐름의 경로를 유지했으며…

4 …하천은 그 자신이 만든 가파른 절벽으로 이루어진 협곡을 관통하며 흐른다.

(b)

그림 18.9 (a) 선행하천이 가파른 절벽으로 이루어진 협곡을 깎아내는 방법. (b) 펜실베이니아주와 뉴저지주 사이에 위치한 델라웨어 협곡(Delaware Water Gap). 이 지점에서 델라웨어강은 선행하천이다.

[(b) Michael P. Gadomski/Science Source.]

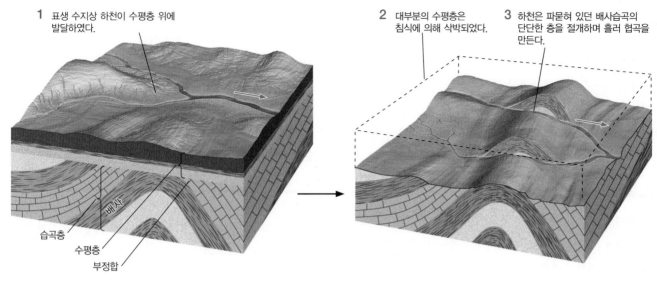

1 표생 수지상 하천이 수평층 위에 발달하였다.

2 대부분의 수평층은 침식에 의해 삭박되었다.

3 하천은 파묻혀 있던 배사습곡의 단단한 층을 절개하며 흘러 협곡을 만든다.

습곡층
수평층
부정합
배사

그림 18.10 표생하천이 그 경로를 유지하는 방법.

천을 **표생하천**(superposed stream)이라고 한다. 표생하천은 저항력이 강한 암층을 관통하며 흐르는데, 그 이유는 하방침식을 시작하기 전에 이미 표생하천은 그 위에 있었던 균질한 암석(수평 퇴적암층) 위에서 그 경로를 확립하며 선점하였기 때문이다. 표생하천은 새로운 조건에 적응하기보다는 초기에 만든 하계망 패턴(경로)을 유지하려는 경향이 있다.

■ 하도는 어디에서 시작되는가? 흐르는 물은 어떻게 토양과 암석을 침식시키는가?

하도는 지표면 위를 흐르는 빗물이 너무 빠르게 흘러서 토양과 기반암을 침식시켜 우곡(gully, 본질적으로는 작은 계곡)을 형성하는 곳에서 시작된다. 한번 우곡이 만들어지면, 더 많은 유출수를 포획하게 되어 하천의 하방침식이 커지는 경향이 있다. 우곡이 점차 깊어짐에 따라, 더 많은 유출수를 수용할 수 있어 하방침식의 속도가 증가한다(그림 18.11).

미고결 물질의 침식은 비교적 쉽게 관찰된다. 우리는 하천이 그 바닥으로부터 느슨한 모래를 집어올려 운반해가는 것을 쉽게 목격할 수 있다. 수위가 높을 때와 홍수기 동안, 우리는 하천이 제방을 침식하고 절개하여서 제방이 무너져내려 흐름에 휩쓸려가는 것도 볼 수 있다. 하천은 하도를 깎으며 계속해서 상류의 더 높은 곳으로 확장해간다. **두부침식**(headward erosion)이라 부르는 이러한 과정은 보통 계곡이 넓어지고 깊어지는 것을 동반한다. 이런 침식과정은 극히 빠를 수도 있다—쉽게 침식되는 토양에서

그림 18.11 하천은 지표를 흐르는 물의 작용이 침식을 일으킬 때 우곡을 만든다. 가장 작은 우곡들이 모여서 더 큰 개천의 하도를 형성하고, 사면 아래로 더 멀리 내려가면 이 개천의 하도들은 강의 하도가 된다. 사진에 보이는 이 우곡들은 기반암을 침식시키는 빠르게 흐르는 물로 지표면을 침수시키는 간헐적인 폭풍우에 의해 오만의 사막에서 형성되었다.

[Petroleum Development Oman 제공.]

는 수 년에 수 미터에 이를 정도로 매우 **빠른 두부침식**이 일어날 수도 있다. 하류지역의 침식은 훨씬 덜 흔한데, 지진이 자연적인 댐을 붕괴시켜 격렬한 침식을 일으키는 탁류를 하류로 흘려 보낼 때처럼 드문 격변적 사건에서 가장 잘 나타난다.

우리는 단단한 암석의 침식을 쉽게 볼 수 없다. 흐르는 물은 마식작용에 의해, 화학적 및 물리적 풍화작용에 의해, 수류의 하방 침식작용에 의해 단단한 암석을 침식한다.

마식작용

하천이 암석을 부수고 침식하는 주요 방법 중의 하나는 **마식작용**(abrasion)에 의한 침식이다. 하천이 운반하는 모래와 자갈들은 가장 단단한 암석도 마모시킬 수 있는 모래분사작용을 일으킨다. 어떤 하천 바닥의 경우, 빙빙 도는 회오리 내부에서 회전하는 자갈과 왕자갈은 기반암 내에 깊은 **구혈**(potholes)을 만든다(그림 18.12). 수위가 낮아지면, 노출된 구혈의 바닥에 가만히 놓여 있는 자갈과 모래를 볼 수 있다.

화학적 및 물리적 풍화작용

화학적 풍화작용은 지표에서 하는 것처럼 물속 하천 바닥에 있는

암석들을 분해한다. 하천에서의 물리적 풍화작용은 격렬할 수도 있는데, 바위 덩어리의 충돌이나 자갈과 모래의 끊임없는 작은 충격들은 자연적인 약선대를 따라 암석을 분열시킨다. 하도에서의 이러한 충돌은 완만한 경사의 사면에서 일어나는 느린 풍화작용보다 훨씬 더 빠르게 암석을 분쇄한다. 이러한 과정들이 커다란 기반암 덩어리들을 느슨하게 만들면, 강력한 상향 소용돌이가 그들을 잡아당기다가 갑작스럽고 격렬한 굴식작용으로 암석 덩어리들을 뜯어낸다.

물리적 풍화작용은 특히 급류와 폭포에서 강하게 발생된다. 급류(rapid)는 일반적으로 암석질 가장자리에서 하상의 경사가 갑자기 급해져 하천의 유속이 증가하는 곳에서 나타난다. 물의 빠른 유속과 난류는 암석을 더 작은 조각들로 빠르게 분쇄하여 그 강력한 수류로 운반해간다.

폭포의 하방침식작용

폭포(waterfall)는 단단한 암석이 침식에 저항하는 곳 또는 단층에 의해 하상이 어긋난 곳에서 발달한다. 거대한 부피의 물과 바위 덩어리들이 떨어질 때 발생하는 엄청난 충격은 폭포 아래의 하상

그림 18.12 남아프리카공화국의 블라이드리버캐니언자연보호구역(Blyde River Canyon Nature Reserve)에 있는 부크스럭 구혈(Bourke's Luck Potholes). 흐르는 물이 구혈 내에 있는 자갈들을 회전시켜 기반암에 깊은 구멍을 갈아서 깎아낸다.
[© Walter G. Allgöwer/Age Fotostock.]

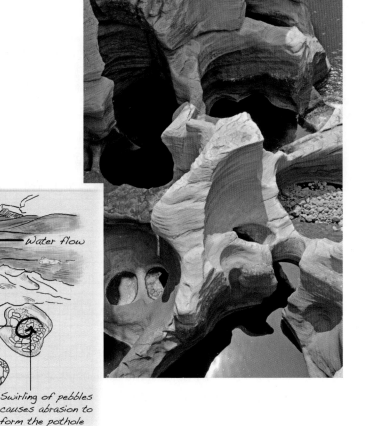

그림 18.13 브라질의 이과수강에 있는 이 폭포는 떨어지는 물과 퇴적물이 절벽의 맨 아랫부분을 세게 때려 하부를 침식시켜서 상류 쪽으로 후퇴하고 있다. 하류 쪽을 바라보면, 사진의 중앙에서 상부 좌측까지 연장된 가파른 벽을 볼 수 있는데, 이 벽은 폭포가 상류 쪽으로 후퇴하면서 남긴 잔유물이다.

[Donald Nausbaum/Getty Images, Inc.]

을 빠르게 침식한다. 폭포수는 폭포를 형성하는 절벽의 하부에 놓여 있는 암석도 침식한다. 침식작용이 이러한 절벽의 아랫부분을 침식하면서, 상부의 하상이 붕괴되어 폭포는 상류 쪽으로 후퇴한다(그림 18.13). 상부에는 침식에 강한 암석들, 하부에는 세일과 같이 부드러운 암석들로 이루어진 수평한 암층의 경우, 폭포에 의한 침식이 가장 빠르게 일어난다. 역사기록은 북미에서 가장 잘 알려진 폭포인 나이아가라 폭포가 이러한 방식으로 매년 1m씩 상류 쪽으로 이동하고 있음을 보여준다.

■ 수류는 어떻게 흐르며, 어떻게 퇴적물을 운반하는가?

물과 공기 중에 있는 모든 흐름은 유체 흐름의 기본적인 특성을 공통적으로 가지고 있다. 우리는 유선(streamlines)이라 불리는 운동선들을 이용하여 두 가지 종류의 유체 흐름을 설명할 수 있다(그림 18.14). 가장 간단한 종류의 유체 운동인 층류(laminar flow)에서는 직선 또는 완만하게 휘어진 유선들이 층들 사이의 혼합이나 교차 없이 서로 평행하게 흐른다. 팬케이크 위에 뿌려진 두꺼운 시럽과 녹아 흐르는 버터 줄기들의 느린 운동은 층류이다. 난류(turbulent flow)는 더 복잡한 운동 패턴을 가지며, 난류 안에서 유선은 혼합되고, 교차되고, 소용돌이를 형성한다. 빠르게 흐르는 하천은 전형적으로 이러한 종류의 움직임을 보인다. 난류의 강도—흐름 속에 불규칙성과 소용돌이가 있는 정도—는 낮거나 높을 수 있다.

유체의 흐름이 층류인지 난류인지는 다음의 세 가지 요소에 의해 결정된다.

1. 속도(이동속도)
2. 기하학적 조건(주로 깊이)
3. 점성(흐름에 대한 저항)

점성은 유체의 분자들 간의 인력에서 기인한다. 이 힘은 분자들이 서로 미끄러져 지나가는 것을 방해하는 경향이 있다. 인력이 커질수록 이웃하는 분자와의 혼합에 저항하는 힘이 더 커지게 되고, 점성은 높아진다. 예를 들어, 차가운 시럽이나 점성이 있는 요리용 기름을 부을 때의 흐름이 느린 층류이다. 물을 포함한 대부분 유체의 점성은 온도가 올라갈수록 감소한다. 충분한 열이 가해지면, 유체의 점성은 충분히 감소하여 층류는 난류로 바

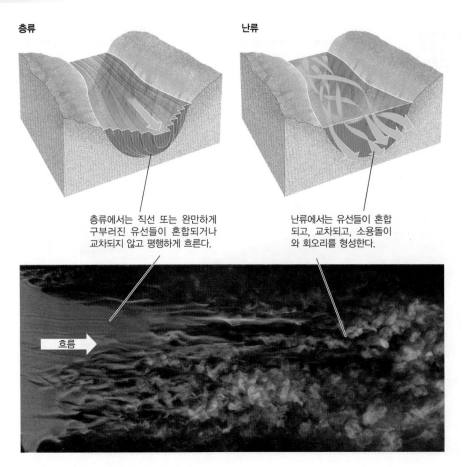

층류

난류

층류에서는 직선 또는 완만하게 구부러진 유선들이 혼합되거나 교차되지 않고 평행하게 흐른다.

난류에서는 유선들이 혼합되고, 교차되고, 소용돌이와 회오리를 형성한다.

흐름

그림 18.14 유체 흐름의 두 가지 기본양식―층류와 난류. 사진은 평평한 판을 따라 흐르는 물이 층류에서 난류로 변하는 것을 색소 주입을 통해 보여준다. 흐름은 왼쪽에서 오른쪽으로 흐른다.

[Henri Werlé, Onera The French Aerospace Lab.]

뀐다.

물은 지구표면의 온도범위에서 낮은 점성을 갖는다. 이 이유만으로도, 자연계에 있는 대부분의 하천은 난류로 흐르는 경향이 있다. 게다가 대부분 자연하천의 유속과 기하학적 조건도 하천의 흐름을 난류로 만든다. 자연에서 우리는 거의 평평한 사면 아래로 천천히 흐르는 얇은 빗물층에서만 층류를 볼 수 있다. 도시에서는 도로변의 도랑에서 작은 층류를 볼 수 있다.

대부분의 하천과 강은 넓고 깊으며 빠르게 흐르기 때문에, 그 흐름은 거의 항상 난류이다. 하천은 그 폭의 대부분에서 난류를 보이며, 얇고 느리게 흐르는 가장자리에서는 층류를 보인다. 일반적으로 유속은 하천의 중앙 부근에서 가장 높다―하천이 곡류하는 곳에서 유속은 만곡부의 바깥쪽에서 가장 높다. 우리는 보통 빠르게 흐르는 급류를 강한 흐름이라고 말한다.

침식과 퇴적물 운반

수류들은 모래 입자와 다른 퇴적물들을 침식하고 운반하는 능력에서 각기 다르다. 층류는 가장 작고 가벼운 점토 크기의 입자들만을 들어올려 운반할 수 있다. 난류는 유속에 따라 점토 크기에서부터 자갈(pebbles)과 왕자갈(cobbles) 크기의 입자까지 운반할

수 있다. 난류가 흐름 속으로 입자들을 들어올리면, 흐름은 그들을 하류로 운반한다. 또한 난류는 하도의 바닥을 따라 큰 입자들을 굴리고 미끄러지게 한다. 수류의 **뜬짐**(suspended load)은 흐름 내에 존재하는 일시적 또는 영구적으로 부유된 모든 물질을 포함한다. **밑짐**(bed load)은 수류가 미끄러짐과 굴림으로 하상을 따라 운반하는 물질을 말한다(그림 18.15). 여기서 **하상**(bed)은 수류와 상호작용하는 하도 내의 미고결 물질로 된 층이다.

수류의 속도가 빠를수록 뜬짐과 밑짐으로 수류가 운반할 수 있는 입자의 크기는 더 커진다. 특정한 크기의 물질을 운반할 수 있는 수류의 능력을 **운반능력**(competence)이라고 한다. 수류의 힘이 증가하여 더 굵은 입자들이 부유하게 되면, 뜬짐은 증가한다. 동시에 더 많은 하상 물질이 움직이게 되어 밑짐 역시 증가한다. 우리가 예상한 대로, 흐름의 부피가 커질수록 수류가 운반할 수 있는 퇴적물 부하량(뜬짐과 밑짐의 합)도 더 커진다. 흐름에 의해 운반되는 총 퇴적물 부하량을 **운반용량**(capacity)이라 한다.

흐름의 속도와 부피는 하천의 운반능력과 운반용량에 영향을 미친다. 예를 들어, 미시시피강은 대부분의 경로에서 중간 정도의 속도로 흐르기 때문에 세립질에서 중립질 입자들(점토에서 모

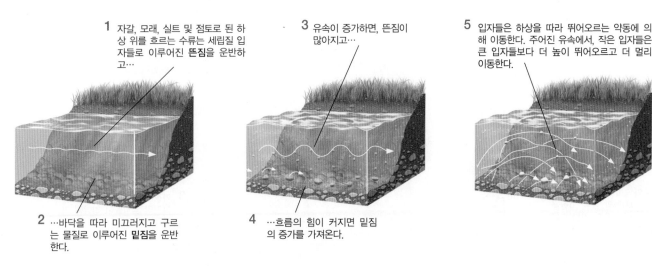

1 자갈, 모래, 실트 및 점토로 된 하상 위를 흐르는 수류는 세립질 입자들로 이루어진 **뜬짐**을 운반하고…

2 …바닥을 따라 미끄러지고 구르는 물질로 이루어진 **밑짐**을 운반한다.

3 유속이 증가하면, 뜬짐이 많아지고…

4 …흐름의 힘이 커지면 밑짐의 증가를 가져온다.

5 입자들은 하상을 따라 뛰어오르는 약동에 의해 이동한다. 주어진 유속에서, 작은 입자들은 큰 입자들보다 더 높이 뛰어오르고 더 멀리 이동한다.

그림 18.15 미고결 물질층 위를 흐르는 수류는 세 가지 방식으로 입자를 운반할 수 있다.

래까지)만을 운반하지만, 운반하는 입자들의 양은 엄청나게 많다. 그에 반해서, 작고 가파르고 빠르게 흐르는 산지의 하천은 거력을 이동시킬 수 있지만, 그 양은 매우 적다.

수류의 뜬짐은 입자를 들어올리는 난류와 입자들을 침전시키려는 중력의 끌어내는 힘 사이의 균형에 의해 결정된다. 다양한 무게를 가진 부유입자들이 하상에 가라앉는 속도를 **침전속도**(settling velocity)라고 한다. 실트와 점토 같은 작은 입자들은 하천의 흐름 속으로 쉽게 들어올려지고 천천히 가라앉기 때문에 부유상태를 유지하려는 경향이 있다. 중립에서 조립의 모래처럼 더 큰 입자들의 침전속도는 훨씬 더 빠르다. 그러므로 대부분의 큰 입자들은 침전되기 전까지 아주 짧은 시간 동안만 부유상태로 머물 수 있다.

유속이 증가하면, 밑짐에 있는 퇴적물 입자들은 **약동**(saltation)으로 알려진 세 번째 과정에 의해 움직이기 시작한다—약동은 하상을 따라 간헐적으로 뛰어오르는 움직임을 말한다. 모래 입자들은 약동으로 가장 잘 이동되는 것 같다. 그 이유는 모래 입자들은 가벼워 하상으로부터 들어올려질 수 있지만, 부유상태로 이동되기에는 너무 무겁기 때문이다. 입자들은 사나운 소용돌이에 의해 흐름 속으로 빨려들어가, 수류를 따라 짧은 거리를 이동한 후, 다시 하상에 내려앉는다(그림 18.15 참조). 만약 여러분이 빠르게 흐르는 모래 하천 속에 서 있다면, 발목 주위에서 약동하며 움직이는 모래 입자들의 구름을 볼 수 있을 것이다. 입자가 클수록, 들어올려지기 전에 하상에 더 오래 남아 있으려는 경향이 있다. 큰 입자가 흐름 속에 있다면 빠른 속도로 가라앉을 것이다. 입자가 작을수록, 더욱 빈번히 들어올려지고, 더 높이 뛰어오르고, 가

라앉는 데 더 많은 시간이 소요될 것이다.

전 세계에서 하천은 매년 약 250억t의 규질쇄설성 퇴적물과 여기에 더해 추가로 20억~40억t의 용존물질을 운반한다. 인류는 현재 퇴적물 부하량의 많은 부분에 책임이 있다. 어떤 추정치에 따르면, 인류출현 이전의 퇴적물 운반량은 연간 90억t으로, 현재의 반에도 미치지 못하는 양이었다. 어떤 지역에서 우리는 농업과 가속화된 침식으로 하천의 퇴적물 부하량을 증가시킨다. 다른 지역에서 우리는 퇴적물을 가두는 댐을 건설하여 퇴적물 부하량을 감소시킨다.

특정 하천이 퇴적물을 어떻게 운반하는지를 연구하기 위해서, 지질학자들과 수리 기술자들은 입자크기와 흐름이 부유 및 밑짐 상태로 있는 입자들에 미치는 힘 사이의 관계를 측정한다. 이러한 관계로부터 그들은 특정한 흐름이 퇴적물을 얼마나 많이, 얼마나 빠르게 움직일 수 있는지를 알게 되었다. 이 정보는 그들이 댐과 교량을 설계하거나 댐 뒤의 인공저수지가 얼마나 빨리 퇴적물로 채워지는지를 추산하는데 이용된다. 제5장에서 보았듯이, 지질학자들은 퇴적암의 입자크기로부터 고대 수류의 속도를 추론할 수 있다.

그림 18.16은 하상에 있는 퇴적물의 입자크기와 이들을 침식하는데 필요한 유속 사이의 관계를 보여주는 도표이다. 이 도표에서 우리는 운반용량에 대한 우리의 이전 논의와는 반대로 어떤 종류의 입자를 하상으로부터 침식시키는 데 필요한 유속이 실제로는 입자크기가 작을수록 커진다는 것을 알게 될 것이다. 이러한 관계는 수류가 응집력 있는 입자들(많은 점토광물들처럼 함께 뭉치는 입자들)보다는 응집력 없는 입자들(함께 뭉치지 않는 입

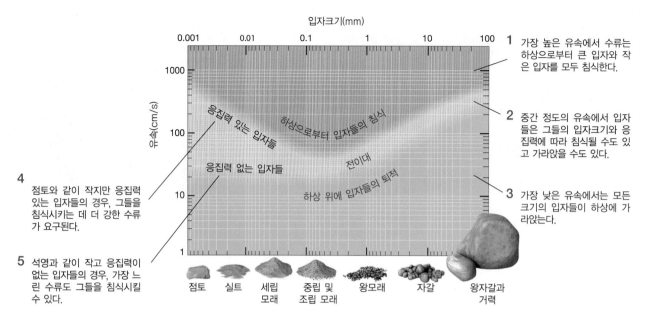

그림 18.16 다양한 크기의 입자들의 침식과 침전에 대한 유속과의 관계. 청색지역은 입자들이 하상에서 침식되는 속도를 나타낸다. 회색지역은 입자들이 침식되거나 가라앉는 속도를 나타낸다. 갈색지역은 입자들이 하상 위에 가라앉는 속도를 나타낸다.

[F. Hjulstrom, as modified by A. Sundborg, "The River Klarälven," *Geografisk Annaler* 1956.]

자들)을 들어올리는 것이 더 쉽기 때문에 나타난다. 응집력 있는 입자들의 크기가 작을수록, 그들을 침식시키는 데 필요한 유속은 더 커진다. 그러나 이러한 작은 입자들의 침전속도는 너무 느려서 초속 약 20cm 정도의 잔잔한 수류조차도 이들을 부유상태로 먼 거리까지 운반할 수 있다.

퇴적층의 형태 : 사구와 연흔

수류가 모래 입자들을 약동에 의해 운반할 때, 모래는 사구와 연흔을 형성하는 경향이 있다(제5장 참조). **사구**(dunes)는 모래층 위에 바람이나 물이 흐르면서 형성한 수 미터 높이의 기다란 모래언덕이다. **연흔**(ripples)은 그 형태의 긴 쪽이 흐름에 수직한 방향으로 형성되는 매우 작은 사구로서, 그 높이는 1cm 이하부터 수 센티미터까지이다. 비록 수면 아래에서 물의 흐름에 의해 생겨난 연흔과 사구는 공기의 흐름에 의해 육상에서 만들어진 것보다 관찰하기가 어렵지만, 그것들은 동일한 방법으로 형성되고, 둘 다 흔하게 나타난다.

수류가 약동에 의해 모래 입자들을 이동시키면, 모래 입자들은 연흔과 사구의 상류 쪽 사면에서 침식되어 하류 쪽 사면에 퇴적된다. 연흔과 사구의 긴 능선을 가로질러 하류로 입자들이 계속 운반되면 연흔과 사구의 몸체는 하류로 이동하게 된다. 이들의 이동속도는 개개 입자들의 움직임보다 많이 느리고, 수류보다는 아주 많이 느리다. (제19장에서 연흔과 사구의 이동에 대해 더

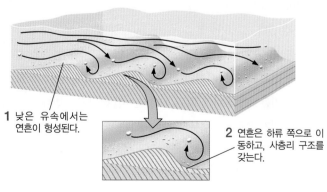

그림 18.17 퇴적층의 형태는 유속에 따라 변한다.

[D. A. Simmons and E. V. Richardson, "Forms of Bed Roughness in Alluvial Channels," *American Society of Civil Engineers Proceedings* 87 (1961): 87–105.]

자세히 알아볼 것이다.)

연흔과 사구의 형태와 그 이동속도는 유속이 증가함에 따라 변화한다. 가장 낮은 유속에서는 약동하는 입자들은 드물고, 퇴적층은 평평하다. 약간 높은 유속에서는 약동하는 입자들의 수가 증가한다. 연흔층이 형성되고, 연흔들은 하류 쪽으로 이동한다(그림 18.17). 유속이 더 증가하게 되면, 연흔은 더 커지고 더 빨리 이동하다가, 일정한 시점이 되면 연흔은 사구로 바뀐다. 연흔과 사구는 모두 사층리 구조를 가지고 있다(그림 5.11 참조). 수류가 사구와 연흔의 가장 높은 정상부를 넘어서 흘러가면, 수류는 사실상 역전되어 사구와 연흔의 하류 쪽 사면을 따라 거꾸로 흐른다. 사구가 더 크게 성장하면, 작은 연흔들이 그 위에 형성된다. 이러한 연흔들은 사구보다 빠르게 이동하기 때문에 사구의 등을 타고 넘어가는 경향이 있다. 매우 빠른 유속은 사구를 지워 없애버리고, 빠르게 약동하는 뿌연 모래 입자의 구름 아래에 놓인 평평한 층을 형성할 것이다. 이 입자들의 대부분은 바닥에 내려앉자마자 다시 들어올려진다. 일부는 계속 부유상태에 놓여 있다.

■ 삼각주 : 하구

머잖아 모든 강들은 호수나 대양으로 흘러들어가, 주변의 물들과 섞이고, 더 이상 사면 아래로 흘러갈 수 없게 되어 점차적으로 전진 능력을 잃게 되면서 끝을 맺는다. 아마존강과 미시시피강 같은 가장 큰 강들은 바다 밖으로 수 킬로미터까지도 어느 정도 흐름을 유지할 수 있다. 이보다 작은 강들은 사납게 파도치는 바다로 유입되는 곳에서 하구를 벗어나자마자 그 흐름을 잃어버린다.

삼각주 퇴적

강의 흐름이 서서히 소멸함에 따라 강은 점진적으로 퇴적물을 운반할 힘을 잃는다. 대부분의 강에서 모래와 같은 조립질 물질은 가장 먼저 하구 바로 앞에 가라앉는다. 그리고 고운 모래가 더 멀리 나아가 가라앉고, 다음으로 실트, 그다음으로 점토가 가장 멀리에 가라앉는다. 호수나 바다의 바닥이 해안에서 멀리 떨어진 깊은 물까지 경사져 있기 때문에, 퇴적된 물질들은 **삼각주**(delta)라 불리는 위가 평평한 대규모 퇴적층을 형성한다. [삼각주, 즉 델타(delta)라는 이름은 그리스 역사가인 헤로도토스에 의해 지어졌다. 그는 기원전 450년경에 이집트를 두루 여행하였으며, 나일강 어귀에 퇴적되어 있는 거의 삼각형 모양의 퇴적층을 보고 그리스 문자인 델타(Δ)를 떠올려 이렇게 이름 지었다.]

강이 삼각주에 가까워지면, 강의 경사가 해수면과 거의 같아지면서 상류 지역에서 분기되는 하계망 패턴과는 정반대의 양상이 나타난다. 지류들로부터 더 많은 물을 모으는 대신에, 강은 **분류**(distributary)로 물을 방류한다. 분류는 주 하도로부터 물과 퇴적물을 받은 다음, 하류(downstream)로 가지 치며 갈라져서, 많은 하도로 물과 퇴적물을 분배하는 더 작은 하천들이다. 삼각주의 맨 위에 퇴적된 물질들—일반적으로 모래—은 수평의 **정치층**(topset beds, 표면층)을 만든다. 하류 쪽인 삼각주의 바깥쪽 전면에는 세립질 모래와 실트가 퇴적되어 완만하게 경사진 **전치층**(foreset beds, 전면층)을 형성하는데, 이는 큰 규모의 사층리와 유사하다. 전치층의 바다 쪽 해저면 위에는 진흙으로 이루어진 얇고 수평인 **저치층**(bottomset beds, 기저층)이 펼쳐져 있는데, 이들은 삼각주가 성장을 계속함에 따라 결국 묻히게 된다. 그림 18.18

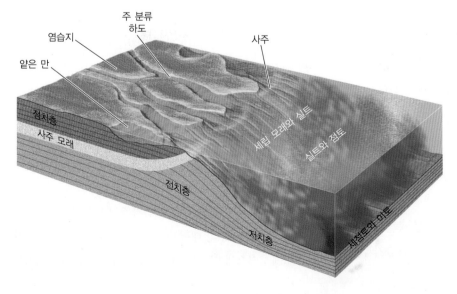

그림 18.18 전형적인 커다란 해양 삼각주. 크기는 수 킬로미터이다. 세립질 전치층은 일반적으로 4°~5° 또는 그 이하인 매우 낮은 각도로 퇴적된다. 사주들은 유속이 급격히 떨어지는 분류들의 어귀(하구)에서 형성된다. 삼각주는 이러한 사주들과 정치층, 전치층 및 저치층의 전진으로 인해 전방으로 성장한다. 분류 하도들 사이에 있는 얕은 만들은 세립질 퇴적물로 채워져 염습지가 된다. 이러한 일반적인 구조가 미시시피 삼각주에서 발견된다.

은 전형적인 대규모 바다 삼각주에서 이러한 구조들이 어떻게 형성되는지를 보여준다.

삼각주의 성장

삼각주가 바다 쪽으로 성장함에 따라 하구도 바다 쪽으로 전진하여 그 뒤에 새로운 땅을 남긴다. 이 땅의 대부분은 해수면 위로 불과 수 미터 높이에 지나지 않는 **삼각주 평야**(delta plain)이다. 삼각주 평야의 바다 쪽 가장자리에 있는 분류하도들 사이의 넓은 함몰지들은 해수면 아래에 놓여 있으며, 세립질 퇴적물로 채워진 얕은 만을 형성한다. 시간이 지나면서 이 함몰지들은 퇴적물로 더 채워져 결국 염습지(salt marsh)가 된다(그림 18.18).

삼각주가 성장함에 따라, 한 분류를 따라 흐르던 강의 흐름은 바다까지 더 짧은 경로를 가진 다른 분류가 있으면 그 쪽으로 흐름을 변경한다. 이런 변화의 결과로 삼각주는 수백에서 수천 년 동안 한 방향으로 성장하다가, 이후 주 하천이 새로운 분류로 흐르면서 다른 방향으로 바다에 퇴적물을 보낸다. 이러한 방법으로 주요 강은 수천 평방킬로미터의 면적을 가진 커다란 삼각주를 형성한다. 미시시피강의 삼각주는 수백만 년 동안 성장해왔다. 약 1억 5,000만 년 전에 미시시피 삼각주는 일리노이주의 남쪽 끝에 있는 현재의 오하이오강과 미시시피강의 합류점 근처에서 시작되었다. 그때 이후로 미시시피 삼각주는 약 1,600km를 전진하여 루이지애나주와 미시시피주의 거의 전부를 만들었을 뿐만 아니라 인접 주들의 주요 부분을 만들었다. 그림 18.19는 지난 6,000년 동안 일어난 미시시피 삼각주의 성장을 보여주며, 아울러 미래에 발생될 것으로 예상되는 삼각주의 성장 방향을 보여주고 있다.

삼각주는 퇴적물이 계속 추가되면 성장하고, 퇴적물이 다져지고 지각이 퇴적물의 무게에 의해 침하하면 가라앉는다. 북부 이탈리아에 있는 포강(Po River) 삼각주의 일부분 위에 건설된 베니스는 많은 해 동안 꾸준히 침강하고 있다. 지각의 침하와 함께 도시의 지하 대수층으로부터 지하수를 많이 퍼올린 탓에 나타난 지반 함몰이 베니스 침강의 원인이다.

삼각주에 대한 인간의 영향

삼각주 평야의 광대한 습지는 귀중한 자연자원이다. 그 이유는 모든 습지들처럼 삼각주의 습지들은 홍수 시 불어난 물을 저장하고, 제17장에서 언급했듯이 많은 다양한 식물과 동물 종들에게 서식지를 제공해주기 때문이다. 많은 다른 지역의 삼각주 습지들

처럼, 미시시피강 삼각주의 습지들은 두 가지 공격에 시달려왔다. 첫째로, 1930년대 이래 강 위에 건설된 대규모 홍수 조절용 댐들은 삼각주로 운반되는 퇴적물의 양을 감소시켰으며, 그것 때문에 습지로 공급되는 퇴적물의 양이 감소되었다. 둘째로, 거대한 인공제방들은 퇴적물 공급을 통해 삼각주 습지에 영양분을 공급하는 소규모로 빈번하게 발생하는 홍수들을 막아버렸다. 뉴올리언스에 있는 미시시피강의 범람원은 하천의 수위보다 낮게 가라앉아서, 장래에 재난적인 홍수가 발생할 가능성이 높다.

해류, 조수 및 판구조과정의 영향

강한 파도, 해류, 그리고 조수는 해양 삼각주의 성장과 형태에 영향을 미친다. 파도와 해류는 강물이 삼각주에 퇴적물을 떨어뜨리자마자 해안을 따라 퇴적물을 이동시킨다. 그러면 삼각주의 전면은 하구에서 바다 쪽으로 약간 부풀어오른 형태에 불과한 기다란 해빈이 된다. 조류가 드나드는 곳에서, 조류는 삼각주 퇴적물을 수류의 방향에 평행한 기다란 사주들로 재분배하며, 수류의 방향은 대부분의 지역에서 해안에 거의 직각이다(그림 18.19b 참조).

어떤 곳에서는 파도와 조수들이 강해서 삼각주가 형성되는 것을 막기도 한다. 그 대신 강이 바다로 운반한 퇴적물은 해안선을 따라 분산되어 해빈과 사주로 퇴적되거나 외해의 더 깊은 곳으로 운반된다. 이런 이유 때문에 북미의 동해안에는 삼각주가 없다. 멕시코만에서는 파도와 조수가 매우 강하지 않기 때문에 미시시피강은 삼각주를 만들 수 있었다.

판구조과정 역시 삼각주가 형성되는 장소에 일부 영향을 미치는데, 그 이유는 삼각주의 형성에 두 가지의 전제 조건이 필요하기 때문이다. 첫 번째 조건은 풍부한 퇴적물을 공급하는 배수유역의 융기이고, 두 번째 조건은 삼각주 퇴적물의 거대한 무게와 부피를 수용하기 위한 삼각주 지역의 지각 침강이다. 세계의 대규모 삼각주 중 2개—미시시피강과 론강(프랑스)의 삼각주—는 그들의 퇴적물을 주로 멀리 떨어진 산맥—미시시피강은 로키산맥, 그리고 론강은 알프스산맥—으로부터 얻는다. 두 지역은 모두 동일한 유형의 판구조 환경이다—본래 대륙의 열개작용에 의해 형성된 수동형 대륙주변부이다. 히말라야산맥을 상승시키는 능동형 대륙—대륙 수렴은 인더스강과 갠지스강의 거대한 삼각주들을 형성했다.

능동형 섭입대와 관련된 대규모 삼각주는 드물다. 그 이유는 큰 강(예 : 북미 북서부의 태평양 쪽에 있는 컬럼비아강)이 화산 산맥지대(예 : 캐스케이드산맥)를 지나 바다까지 풍부한 퇴적물

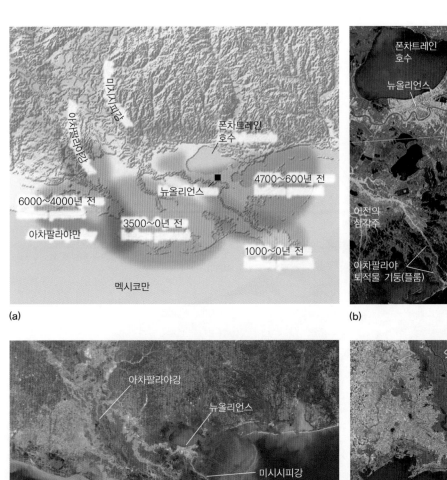

(a)

(b)

(c)

아차팔라야강의 방류에 의해 운반된 실트는…

(d)

…장래에 삼각주가 이곳으로 이동하면 증가할 것이다.

그림 18.19 지난 6,000년 동안 미시시피강은 처음에는 한쪽 방향으로 삼각주를 만들다가, 그 후에 물의 흐름이 한 분류에서 다른 분류로 이동하면서 다른 방향으로 삼각주를 만들었다. (a) 지금의 삼각주는 동쪽과 서쪽에 퇴적된 삼각주들보다 늦게 형성되었다. (b) 미시시피 삼각주를 보여주는 이 위성영상을 기록하는 데 사용된 적외선 감광 필름은 식물을 적색으로, 비교적 맑은 물은 진한 청색으로, 부유퇴적물이 있는 물은 연한 청색으로 보이게 한다. 좌측 상단에 뉴올리언스와 폰차트레인 호수(Lake Pontchartrain)가 있다. 중앙부에서는 자연제방과 포인트바를 뚜렷하게 볼 수 있다. 좌측 하단에 삼각주에서 나온 하천퇴적모래를 해파와 해류가 운반하여 만든 해빈과 섬들이 있다. (c) 미시시피 삼각주의 위성사진. (d) 이 영상은 미시시피강 삼각주와 아차팔라야강(Atchafalaya River)에서 멕시코만으로 퇴적물을 방출되는 것을 보여준다. 대규모 홍수는 미시시피강의 본류를 아차팔라야강으로 우회시켜 새로운 삼각주를 형성하게 할 수 있었다. 미국공병대에 의한 인공제방의 건설은 지금까지 이를 막아왔다.

[(b) G. T. Moore, "Mississippi River Delta from Landsat2," *Bulletin of the American Association of Petroleum Geologists*, 1979; (c) NASA; (d) U.S. Geological Survey National Wetlands Research Center.]

을 운반하는 것이 흔치 않은 일이기 때문일 것이다. 게다가 이처럼 빠르게 융기하는 지역은 너무 불안정하여 대규모 삼각지가 발달하기 어렵다. 해양의 호상열도는 육지의 면적이 너무 작아 하천에 많은 쇄설성 퇴적물을 공급할 수 없다.

■ 지오시스템으로서 하천

하천은 기후와 판구조 활동의 영향으로 끊임없이 변화하고, 이 변화가 결국 물과 퇴적물의 운반에 영향을 주는 역동적인 지오시스템이다. 다리 위에서 몇 분 동안 하천의 흐름을 지켜보거나

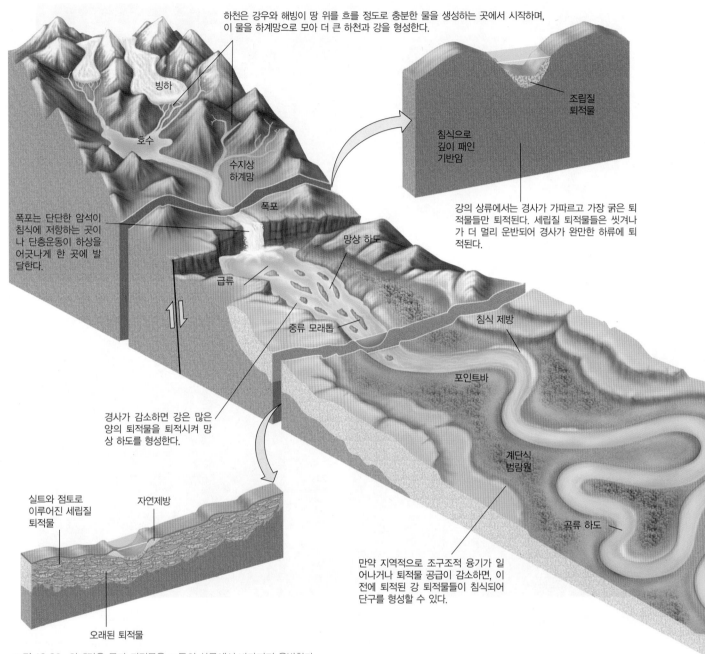

하천은 강우와 해빙이 땅 위를 흐를 정도로 충분한 물을 생성하는 곳에서 시작하며, 이 물을 하계망으로 모아 더 큰 하천과 강을 형성한다.

빙하

호수

수지상 하계망

폭포

폭포는 단단한 암석이 침식에 저항하는 곳이나 단층운동이 하상을 어긋나게 한 곳에 발달한다.

급류

망상 하도

중류 모래톱

경사가 감소하면 강은 많은 양의 퇴적물을 퇴적시켜 망상 하도를 형성한다.

조립질 퇴적물

침식으로 깊이 패인 기반암

강의 상류에서는 경사가 가파르고 가장 굵은 퇴적물들만 퇴적된다. 세립질 퇴적물들은 씻겨나가 더 멀리 운반되어 경사가 완만한 하류에 퇴적된다.

침식 제방

포인트바

계단식 범람원

곡류 하도

실트와 점토로 이루어진 세립질 퇴적물

자연제방

만약 지역적으로 조구조적 융기가 일어나거나 퇴적물 공급이 감소하면, 이전에 퇴적된 강 퇴적물들이 침식되어 단구를 형성할 수 있다.

오래된 퇴적물

그림 18.20 하계망은 물과 퇴적물을 그들의 상류에서 바다까지 운반한다.

몇 시간 동안 카누를 타보면 하천의 흐름이 변함없는 것처럼 보이나, 그 부피와 속도는 달마다, 계절마다 분명하게 변화한다. 어떤 한 지점에서도 하천은 계속 변화하여, 몇 시간 혹은 며칠 만에 저수위에서 홍수위로 변하고, 장기간에 걸쳐 계곡의 모습을 바꾸어버린다(그림 18.20). 하천의 흐름과 하도의 크기도 사면 아래로 내려가면서 변한다—즉, 고지대 상류에서는 좁은 계곡을 이루다가 중류와 하류로 내려가면서 넓은 범람원으로 바뀐다. 이러한 장기간에 걸친 변화의 대부분은 하도의 깊이와 폭뿐만 아니라 흐름의 평상시(비홍수기) 부피와 유속이 조정되어서 나타난 결과

이다.

상류 발원지에서 하구까지, 모든 하천은 기후변화(예 : 강우의 변화)와 판구조과정(예 : 지각의 융기와 침강)에 반응한다. 앞서 언급된 바와 같이, 하천들은 모여서 더 큰 하천이 되고, 미시시피 강의 경우에서처럼 결국 하나의 커다란 하천을 형성한다. 상류에 내린 강우는 멀리 떨어진 강 하류에 영향을 미쳐, 강의 유량이 하도의 용량을 초과하게 되면 둑을 넘어 범람하여 홍수가 발생할 수 있다. 이러한 방식으로 하천망의 한 부분에서 발생한 작용과 사건들은 그 시스템을 통해 전파되어 시스템의 다른 부분에 영향

을 준다.

비록 더 긴 시간 규모에 걸쳐 일어나긴 하지만, 퇴적물의 이동도 같은 방식으로 변화한다. 만약 상류에서의 강우가 장기간에 걸쳐 증가하거나─말하자면 비가 더 많이 내리는 기후로 변화하거나─혹은 구조적 융기속도가 증가하게 되면, 침식속도와 퇴적물의 생산량은 증가할 것이다. 하천망은 퇴적물의 '파도(급증)'를 전파시켜 결국 삼각주에 도달하게 할 것이며, 삼각주의 암석에는 예년과 달리 퇴적물의 축적이 높았던 기간으로 기록되어 보전될

것이다. 우리는 이러한 관계와 경관지형의 발달에 미치는 그들의 영향에 대해 제22장에서 더 살펴볼 것이다.

몇 가지 요인들은 물과 퇴적물이 하천 지오시스템을 통해 어떻게 이동하는지를 조절하는 데 중요하다. 이러한 요인들에는 하천의 유량, 하천의 종단면, 하천의 침식기준면의 변화가 포함된다.

유량

우리는 하천 흐름의 크기를 **유량**(discharge)으로 측정할 수 있다.

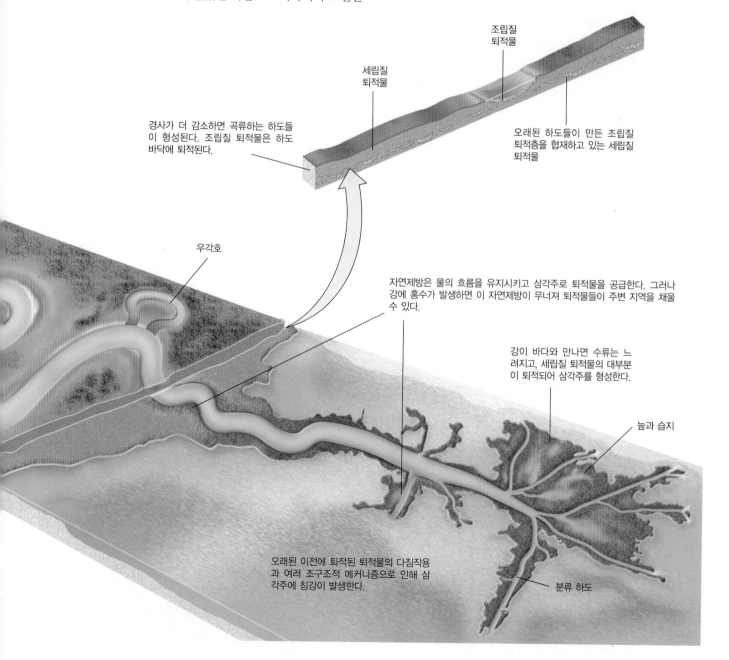

조립질 퇴적물

세립질 퇴적물

경사가 더 감소하면 곡류하는 하도들이 형성된다. 조립질 퇴적물은 하도 바닥에 퇴적된다.

오래된 하도들이 만든 조립질 퇴적층을 협재하고 있는 세립질 퇴적물

우각호

자연제방은 물의 흐름을 유지시키고 삼각주로 퇴적물을 공급한다. 그러나 강에 홍수가 발생하면 이 자연제방이 무너져 퇴적물들이 주변 지역을 채울 수 있다.

강이 바다와 만나면 수류는 느려지고, 세립질 퇴적물의 대부분이 퇴적되어 삼각주를 형성한다.

늪과 습지

오래된 이전에 퇴적된 퇴적물의 다짐작용과 여러 조구조적 메커니즘으로 인해 삼각주에 침강이 발생한다.

분류 하도

여기서 유량은 하천이 특정 폭과 깊이의 하도를 통해 흘러갈 때, 주어진 시간에 주어진 지점을 통과하는 물의 부피를 의미한다. [제17장에서 우리는 일정 시간 동안 대수층에서 흘러나가는 물의 부피를 **방류량**(discharge)으로 정의했다. 이 두 가지 정의는 모두 단위시간당 흐름의 부피를 말하기 때문에 같은 의미이다.] 하천의 유량은 보통 초당 입방미터(m^3/s)나 초당 입방피트로 측정된다. 작은 하천들의 유량은 약 $0.25 \sim 300 m^3/s$ 사이에서 변화한다. 스웨덴의 잘 연구된 중간 크기의 강인 클라렐벤강(Klarälven)의 유량은 저수위 시 $500 m^3/s$에서 고수위 시 $1,320 m^3/s$까지 변화한다. 미시시피강의 유량은 저수위 시 $1,400 m^3/s$에서부터 홍수기 동안 5만 $7,000 m^3/s$ 이상까지 변화할 수 있다.

강우 혹은 지하수 방류가 하천으로 들어가는 어떤 장소에서 유량은 충류량과 일치한다. 가뭄과 같이 충류량이 유량보다 적은 기간에는 하천수위가 크게 떨어질 수 있다. 충류량이 유량보다 클 때, 하천수위는 상승하고, 충류량과 유량 사이의 불균형이 너무 커지면 홍수가 발생될 것이다.

유량을 계산하기 위하여 우리는 단면적(물이 차지하는 하도 부분의 깊이 × 폭)에 유속(초당 이동한 거리)을 곱한다.

$$\frac{\text{유량}}{(\text{폭} \times \text{깊이})} = \frac{\text{단면적} \times \text{속도}}{(\text{초당 이동거리})}$$

그림 18.21은 이런 관계를 보여준다. 유량이 증가하려면, 속도와 단면적 중 하나 또는 둘 다 증가해야 한다. 정원의 호스에서 나오는 물의 양을 증가시키기 위해 수도 밸브를 좀더 열어서 호스의 끝에서 나오는 물의 속도를 증가시키는 것을 생각해보자.

호스의 단면적은 변할 수 없기 때문에, 속도가 증가하면 유량이 증가해야 한다. 하천에서는 특정 지점에서 유량이 증가하면, 유속과 단면적 모두가 증가하는 경향이 있다. [속도는 하도의 경사와 하천의 바닥 및 측면의 조도(거칠기)에도 영향을 받는다. 하지만 여기에서는 무시할 수 있다]. 단면적이 증가하는 이유는 흐름이 하도의 폭과 깊이를 더 많이 차지하기 때문이다.

대부분의 강에서 유량은 하류로 갈수록 증가하는데, 그 이유는 더욱더 많은 물이 지류로부터 본류로 흘러들어오기 때문이다. 유량이 증가한다는 것은 깊이, 폭 또는 속도가 증가해야 함을 의미한다. 그러나 유속은 하류에서 기대와는 달리 유량이 증가한 만큼 증가하지 않는데, 그 이유는 하류에서는 하천의 경사가 감소하고, 경사의 감소는 유속을 감소시키기 때문이다. 유량이 하류에서 크게 증가하지 않고 경사가 크게 감소하는 곳에서는 강물이 더욱 느리게 흐를 것이다.

홍수

홍수(flood)는 유입과 유출 사이의 단기간 불균형에 기인한 유량 증가의 극단적인 사례이다. 유량이 증가하면, 하도에서의 유속이 증가하고, 물은 서서히 하도를 채운다. 유량이 계속 증가하면, 하천은 **홍수위**(flood stage, 물이 처음으로 둑을 넘쳐흐르는 지점)에 도달한다.

어떤 강들은 눈이 녹거나 비가 오는 시기에 거의 매년 둑을 넘쳐 범람하고, 다른 강들은 불규칙적인 간격으로 범람한다. 어떤 홍수들은 수위가 매우 높아 범람원을 며칠 동안 침수시킨다. 다른 쪽 극단으로는 하도에서 넘치자마자 물러가는 작은 홍수들이

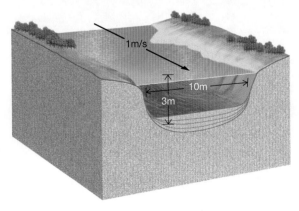

작은 단면적과 느린 유속을 갖는 하천은 적은 유량
($3m \times 10m = 30m^2 \times 1m/s = 30m^3/s$ 유량)을
갖는다.

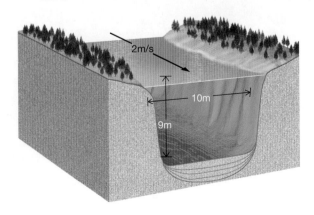

큰 단면적과 빠른 유속을 갖는 하천은 많은 유량
($9m \times 10m = 90m^2 \times 2m/s = 180m^3/s$ 유량)을
갖는다.

그림 18.21 하천의 유량은 그 흐름의 속도와 단면적에 의해 결정된다.
[T. Dunne and L. B. Leopold, *Water in Environmental Planning*. San Francisco: W. H. Freeman, 1978 자료.]

있다. 작은 홍수들은 더 빈번하게 발생하며, 평균적으로 2~3년마다 나타난다. 큰 홍수들은 일반적으로 덜 빈번하게 발생하며, 보통 10년, 20년 또는 30년마다 나타난다.

어떤 주어진 해에 홍수가 얼마나 심하게—수위에서 또는 유량에서—발생할지를 정확하게 알 수 있는 사람은 아무도 없다. 그래서 예측은 확실성(certainty)이 아니라 **확률**(probability)로 말한다. 어떤 특정 하천에 대해 우리는 주어진 유량—말하자면, 1,500m³/s—의 홍수가 어떤 해에 발생할 확률이 20%라 말할 수 있다. 이 확률은 1,500m³/s의 유량을 갖는 두 번의 홍수 사이로 예상하는 평균 재현기간(recurrence interval)—이 경우에는 5년(1/5 = 20%)—에 해당한다. 이와 같은 유량을 갖는 홍수를 5년 빈도 홍수라고 한다. 동일한 하천에서 더 큰 규모—말하자면, 2,600m³/s—의 홍수가 50년에 한 번씩만 발생할 가능성이 있으면, 이것을 50년 빈도 홍수라 한다. 지진과 마찬가지로, 더 큰 규모의 홍수는 더 긴 재현기간을 갖는다. 다양한 유량을 갖는 홍수의 연간 발생 확률과 재현기간의 그래프를 **홍수빈도곡선**(flood frequency curve)이라 한다.

특정 유량을 갖는 홍수의 재현기간은 세 가지 요인에 좌우된다.

1. 지역의 기후
2. 범람원의 폭
3. 하도의 크기

예를 들어, 건조기후에 있는 하천의 경우, 2,600m³/s 규모 홍수의 재현기간은 간헐적으로 비가 내리는 지역에 있는 비슷한 하천에서 2,600m³/s 규모 홍수의 재현기간보다 훨씬 더 길 것이다. 이러한 이유 때문에, 만약 강가에 있는 어떤 마을이 홍수에 대처할 준비를 하려 한다면, 그 강에 대한 홍수빈도곡선이 필요하다. 한 예로 워싱턴주의 스카이코미시강에 대한 홍수빈도곡선이 그림 18.22에 제시되어 있다.

강의 홍수와 그 수위에 대한 예측은 자동화된 우량계(rainfall gauge)와 하천수위계(streamgauge)를 새로운 컴퓨터모델과 결합하여 사용하면서 훨씬 더 신뢰할 수 있는 예측이 가능해졌다. 이제 지질학자들은 강의 수위 변화를 몇 달 전에 미리 예보할 수 있고, 신뢰할 만한 홍수 경보를 수일 전에 미리 발표할 수 있다. 이러한 정보는 역시 수자원 관리에서부터 강변 여가활동 계획에 이르기까지 많은 다른 목적에도 유용하게 활용될 수 있다(이 장의 끝에 있는 '지질학 실습' 참조).

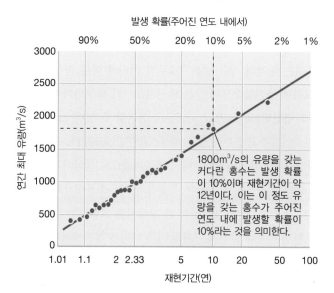

그림 18.22 워싱턴주의 골드바에 있는 스카이코미시강의 홍수빈도곡선. 이 곡선은 어떤 유량을 갖는 홍수가 주어진 연도 내에 발생할 확률을 예측한다.
[T. Dunne and L. B. Leopold, *Water in Environmental Planning*. San Francisco: W. H. Freeman, 1978.]

종단면

우리는 하천유출(streamflow)은 어떤 지역에서든 유입과 유출에서 균형을 유지하고 있지만 홍수기에 일시적으로 균형이 깨지는 것을 보았다. 상류 발원지에서부터 하구까지에 이르는 하천의 전 구간에서 수행된 유량, 유속, 하도의 형태, 지형 등의 변화에 대한 연구는 하천이 더 큰 규모로 더 긴 기간 동안 균형을 유지하고 있음을 보여준다. 전 구간에서 하상의 침식작용이 하도 및 범람원의 퇴적작용과 균형을 이루고 있을 때, 그 하천은 동적 평형 상태에 있다. 이러한 평형은 다음의 다섯 가지 요인들에 의해 조절된다.

1. 지형(특히 경사)
2. 기후
3. 하천유출(유량과 속도를 모두 포함)
4. 풍화와 침식에 대한 하상에 있는 암석의 저항력
5. 퇴적물 부하량

이러한 요인들의 특정한 조합—예를 들어, 급한 경사, 습한 기후, 높은 유량과 유속, 단단한 암석, 그리고 낮은 퇴적물 부하량—은 하천이 가파른 계곡을 기반암까지 침식시키고 있으며, 이로 인해 생성된 모든 퇴적물을 하류로 운반하고 있다는 것을 의미할 것이다. 경사가 더욱 완만하고, 하천이 쉽게 침식되는 퇴적물 위로 흐르는 곳인 하류에서, 하천은 모래톱(사주)과 범람원 퇴적물을 퇴적시켜, 퇴적작용에 의한 하상의 고도 상승을 가져올 것이다.

우리는 하천의 상류 발원지로부터 거리에 따른 하상의 고도를 도표에 표시함으로써 상류 발원지로부터 하구까지에 이르는 하천의 **종단면**(longitudinal profile)을 설명할 수 있다. 그림 18.23은 콜로라도주의 중부에 있는 사우스플랫강(South Platte)의 상류 발원지로부터 네브래스카주에서 미주리강으로 들어가는 플랫강(Platte)의 하구까지에 이르는 플랫강과 사우스플랫강의 경사를 나타내고 있다. 작은 개천에서 큰 강까지를 포함하는 모든 하천의 종단면은 상류 발원지 근처의 아주 가파른 경사에서부터 하구 근처의 거의 평평한 낮은 경사까지를 나타내는 유사한 매끄럽게 위로 오목한 곡선을 형성한다.

왜 모든 하천들은 이러한 단면을 따르는가? 답은 침식과 퇴적을 조절하는 요소들의 조합에 있다. 모든 하천은 상류 발원지로부터 하구까지 경사를 따라 사면 아래로 흐른다. 침식은 하천 경로에서 저지대보다는 고지대에서 더 크게 발생하는데, 이는 고지대에서는 경사가 더 가파르고 유속이 더 빠르기 때문이며, 또한 이 두 가지 요인들은 기반암의 침식에 중요한 영향을 미치기 때문이다(제22장 참조). 하천이 상류의 침식으로 생성된 퇴적물을 운반해온 곳인 하천의 하류에서는 침식은 감소하고 퇴적은 증가한다. 지형 및 앞서 언급한 다른 요소들의 차이로 인해 개개 하천

의 종단면은 더욱 가팔라지거나 더욱 완만해질 수 있으나, 일반적으로 위로 오목한 곡선의 형태를 유지한다.

침식기준면 하천의 종단면은 그 하부 끝에서 그 하천의 **침식기준면**(base level, 기준면)에 의해서 조절된다. 침식기준면은 하천이 호수나 바다와 같이 큰 물 또는 또 다른 큰 하천으로 들어가면서 끝나는 지점의 고도를 말한다. 하천은 그 하천의 침식기준면 아래로는 침식할 수 없다. 왜냐하면 침식기준면이 '언덕의 바닥'—종단면의 최저 한계선—이기 때문이다.

조구조 과정이 하천의 침식기준면을 바꾸면, 그 변화는 예측 가능한 방향으로 종단면에 영향을 미친다. 만약 지역적 기준면이 상승하면—아마도 단층으로 인해—하천이 새로 높아진 지역적 기준면의 높이에 도달할 때까지 하도 퇴적물과 범람원 퇴적물을 축적하기 때문에 종단면은 퇴적작용의 효과를 보여줄 것이다(그림 18.24).

인공적인 하천의 댐은 새로운 국지적 기준면을 형성할 수 있으며, 종단면에 비슷한 영향을 준다(그림 18.25). 댐 상류 쪽 하천의 경사는 감소하는데, 그 이유는 새로운 국지적 기준면이 댐의 배후에 형성된 저수지 위치에서 하천의 종단면을 인공적으로 평평하게 만들기 때문이다. 경사가 완만해지면 하천의 유속이 줄어들고, 퇴적물을 운반하는 하천의 능력도 감소한다. 하천은 하상에 퇴적물의 일부를 퇴적시키고, 이는 오목한 종단면을 댐 건설

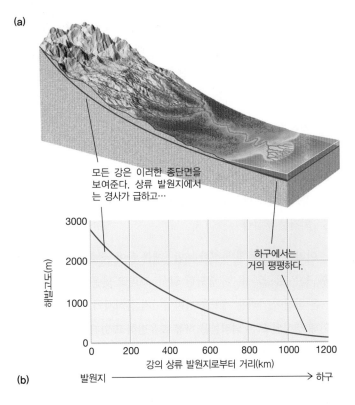

모든 강은 이러한 종단면을 보여준다. 상류 발원지에서는 경사가 급하고…

하구에서는 거의 평평하다.

(b)

발원지 ──────→ 하구

그림 18.23 (a) 전형적인 하천의 일반적인 종단면. (b) 콜로라도주의 중부에 있는 사우스플랫강의 상류 발원지로부터 네브래스카주에서 미주리강으로 들어가는 플랫강의 하구까지에 이르는 플랫강과 사우스플랫강의 종단면. [H. Gannett, in *Profiles of Rivers in the United States,* USGS Water Supply Paper 44, 1901 자료.]

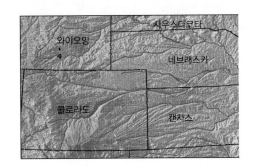

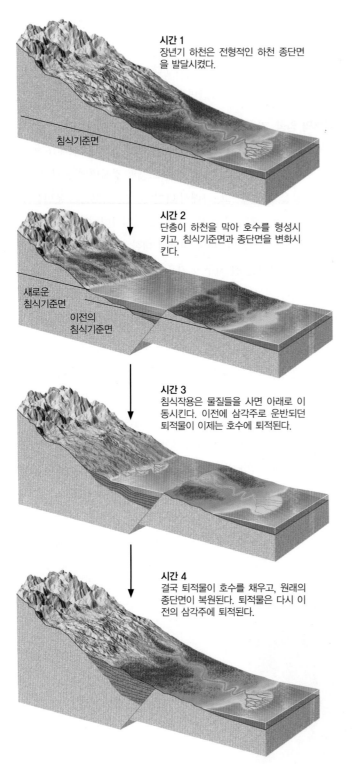

시간 1
장년기 하천은 전형적인 하천 종단면을 발달시켰다.

침식기준면

시간 2
단층이 하천을 막아 호수를 형성시키고, 침식기준면과 종단면을 변화시킨다.

새로운
침식기준면

이전의
침식기준면

시간 3
침식작용은 물질들을 사면 아래로 이동시킨다. 이전에 삼각주로 운반되던 퇴적물이 이제는 호수에 퇴적된다.

시간 4
결국 퇴적물이 호수를 채우고, 원래의 종단면이 복원된다. 퇴적물은 다시 이전의 삼각주에 퇴적된다.

그림 18.24 하천의 침식기준면은 하천 종단면의 하부 끝을 조절한다. 만약 하천의 침식기준면이 변하면, 종단면은 시간이 흐르면서 새로운 침식기준면에 맞추어 조정된다.

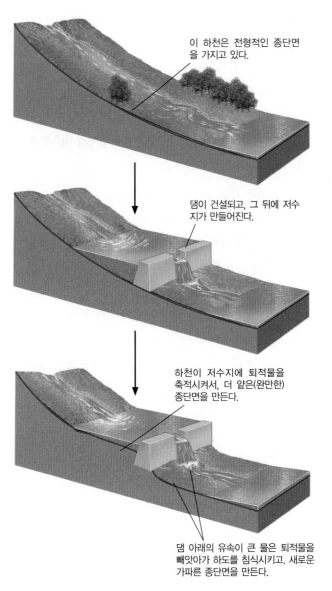

이 하천은 전형적인 종단면을 가지고 있다.

댐이 건설되고, 그 뒤에 저수지가 만들어진다.

하천이 저수지에 퇴적물을 축적시켜서, 더 얕은(완만한) 종단면을 만든다.

댐 아래의 유속이 큰 물은 퇴적물을 빼앗아가 하도를 침식시키고, 새로운 가파른 종단면을 만든다.

그림 18.25 댐 건설과 같은 인간활동에 의해 야기된 하천의 침식기준면의 변화는 하천의 종단면을 변화시킨다.

전보다 다소 더 얕아지게(완만하게) 만든다. 댐의 하류에서 하천은 예전보다 훨씬 적은 퇴적물을 운반하게 되어 그 종단면을 새로운 조건에 맞게 조정하면서, 댐 바로 아래쪽 구간의 하도를 침식시킨다.

이런 종류의 침식은 글랜캐니언댐(Glen Canyon Dam)의 하류에 있는 그랜드캐니언국립공원의 모래톱과 모래사장에 심각한 영향을 미쳤다. 그 침식은 동물의 서식지와 고고학적 유적지뿐만 아니라 여가활동을 위한 강변 모래사장까지 위협하고 있다. 강 전문가들은 만약 홍수 동안의 유량이 일정량 이상으로 증가된다면 충분한 모래가 퇴적되어 침식에 의한 모래 고갈을 방지할 것이라고 계산하였다. 이 계산은 1996년에 글랜캐니언댐에서 수행된 홍수통제실험에서 확증되었다. 댐의 수문이 열리자 약 380억 L의 물이 시카고의 100층짜리 윌리스 타워(예전 시어스 타워)를 17분 만에 채울 수 있는 속도로 계곡으로 흘러들어갔다. 이 실험은 침식된 지역이 홍수 동안 퇴적작용에 의해 다시 복원될 수 있음을 보여주었다.

해수면의 하강 역시 지역적 기준면과 종단면을 변화시킨다. 바다로 유입되는 모든 하천의 지역적 기준면은 낮아지고, 하천 계곡은 과거에 퇴적된 하천 퇴적물을 침식한다. 마지막 빙하기 동안처럼 해수면이 크게 낮아지면, 강은 연안평야와 대륙붕을 침식시켜 가파른 계곡을 형성한다.

평형하천 수년에 걸쳐 하천이 점차 낮은 곳을 채우고 높은 곳을 침식하면, 하천의 종단면은 안정해지고, 그렇게 함으로써 침식과 퇴적 사이의 균형을 나타내는 매끄럽고 위로 오목한 곡선을 만든다. 그러한 균형은 하천의 침식기준면에 의해서뿐만 아니라 상류 발원지의 고도 및 하천의 동적 평형을 조절하는 모든 다른 요인들에 의해서도 지배 받는다. 평형 상태에 있는 하천은 **평형하천**(graded stream)이다. 평형하천은 경사, 유속 및 유량이 결합하여 하천의 퇴적물 부하량을 운반하는 하천이며, 하천 또는 범람원 내에서 퇴적작용도 침식작용도 없는 하천이다. 만약 특정 평형하천을 만드는 조건들이 바뀌면, 그 하천의 종단면은 변하여 새로운 평형상태에 도달할 것이다. 그러한 변화는 퇴적양식과 침식양식의 변화와 하도 형태의 변화를 포함한다.

지역적 기준면이 지질학적 시간 동안 일정한 곳에서, 종단면은 한편으로는 조구조적 융기와 침식 사이의 균형을 나타내고, 다른 한편으로는 퇴적물의 운반과 퇴적 사이의 균형을 나타낸다—다시 말해서 하천은 평형을 이루고 있다. 일반적으로 하천의 상류에서, 만약 융기가 우세하면, 종단면은 가파른데, 이는 침식과 운반이 우세하다는 것을 나타낸다. 융기가 느려지고, 상류 발원지 지역이 침식되면, 종단면은 더 얕아진다.

기후의 영향 기후는 하천의 종단면에 영향을 미치는데, 주로 온도와 강수가 풍화작용과 침식작용에 영향을 미친다(제16장 참조). 따뜻한 온도와 많은 강우량은 토양과 경사면의 풍화작용과 침식작용을 촉진시키고, 그래서 하천에 의한 퇴적물의 운반을 증대시킨다. 많은 강우량 역시 유량을 증대시키며, 이는 하상의 더 많은 침식을 가져온다. 미국 전역에 대한 퇴적물 운반의 분석연구는 지난 50년간 전 지구적 기후변화가 전반적인 하천 유량의 증가의 원인이라는 증거를 제공한다. 단기간의 퇴적물 축적이나 침식은 기후변화—주로 온도변화—의 결과일지도 모른다.

충적선상지 판구조과정은 여러 가지 방법으로 하천 종단면을 변화시킨다. 하천이 갑자기 변화하는 조건에 적응해야 하는 장소가 산의 전면(mountain front)에 있으며, 여기서 산지는 갑자기 평탄한 평야를 만나게 된다. 여기에서 하천은 좁은 산의 계곡을 나와서 낮은 고도의 넓고 비교적 평평한 계곡으로 들어간다. 가파른 산의 전면—일반적으로 가파른 단층 절벽—을 따라서 하천은 **충적선상지**(alluvial fans)라고 불리는 원뿔이나 부채꼴 모양의 퇴적물을 대량으로 쌓아놓는다(그림 18.26). 이러한 퇴적은 하도가 갑자기 넓어지면서 유속이 급격히 감소된 결과로 인해 발생한

그림 18.26 캘리포니아주의 데스밸리에 있는 충적선상지. 충적선상지는 산의 전면에서처럼 하천의 유속이 느려질 때 퇴적된 커다란 원뿔 모양 또는 부채 모양의 퇴적물 더미이다.

[Martin Miller.]

충적선상지

플라야
호수

도로

다. 가파른 산의 전면 아래쪽에서 경사가 완만해지는 것도 어느 정도 하천의 유속을 감소시킨다. 충적선상지의 표면은 전형적으로 위로 오목한 형태를 보이면서 가파른 산의 단면과 완만한 계곡의 단면을 연결시킨다. 거력에서 모래에 이르는 굵은 물질들은 선상지의 가파른 상부 쪽 경사지에 주로 쌓인다. 아래쪽으로 내려갈수록 고운 모래, 실트 및 진흙이 쌓인다. 산의 가파른 전면을 따라서 인접한 많은 하천들이 만든 선상지들은 합쳐져서 긴 쐐기 모양의 퇴적층을 형성하기도 하는데, 이 퇴적층의 긴 쐐기꼴 모습은 그것을 구성하고 있는 각 선상지들의 부채꼴 윤곽을 감추어 버린다.

단구 구조적 융기는 하천 계곡에 평평한 계단상의 표면들을 만드는데, 이들은 범람원 위에 하천을 따라 길게 늘어서 있다. 이러한 **단구**(terraces)는 지역적으로 융기되기 전에는 더 높은 위치에 존재했던 이전의 범람원을 나타내거나, 또는 이전 범람원의 침식을 야기한 하천의 유량 증가를 나타낸다. 단구는 범람원 퇴적물로 이루어져 있으며, 종종 같은 높이에서 하천의 양쪽에 하나씩 짝을 이루며 나타난다(그림 18.27). 단구의 형성은 하천이 범람원을 만들 때 시작된다. 빠른 융기는 하천의 평형상태를 변화시켜서 하천이 범람원을 깎으며 하방침식을 하게 한다. 이윽고 하천은 낮은 고도에서 새로운 평형상태를 회복한다. 그러면 하천은 또 다른 범람원을 만들게 되고, 그 범람원은 역시 융기를 받고 깎여서 더 낮은 위치에 있는 한 쌍의 단구가 될 것이다.

호수

댐 뒤에 호수가 형성되어 있는 곳에서 쉽게 볼 수 있듯이, 호수는 하천 종단면의 중단이다(그림 18.25 참조). 호수는 하천의 흐름이 막힌 곳에서는 어디든지 형성된다. 호수의 크기는 지름 100m 정도의 연못에서부터 세계 최대이자 가장 깊은 호수인 남서 시베리아의 바이칼호까지 다양하다. 바이칼호는 전 세계의 호수와 강에 저장된 총 담수량의 약 20% 정도를 담고 있다. 바이칼호는 호수를 만드는 전형적인 판구조 환경인 대륙의 열곡대에 위치하고 있다. 열곡에서 댐이 만들어지는 것은 물의 정상적인 유출을 막는 단층운동 때문이다(그림 18.24 참조). 하천은 열곡 안으로 쉽게 흘러들어오지만, 물이 빠져나갈 수 있는 높이만큼 열곡을 채운 다음에야 밖으로 흘러나갈 수 있다. 이와 비슷하게, 빙하빙과 빙하 퇴적물이 하천의 물이 빠져나가는 것을 방해했을 때, 엄청나게 많은 호수들이 미국 북부와 캐나다에 생겨났다. 만약 판구조 운동과 기후가 안정을 유지한다면, 조만간 그런 호수들은 새로운 배출구가 만들어지면서 물이 다 빠져나갈 것이고, 하천의 종단면은 더 매끄러워질 것이다.

호수는 대양보다 훨씬 작기 때문에 바다보다 수질 오염에 영향을 받기가 쉽다. 화학공장과 다른 공장들이 바이칼호를 오염시켰다. 최근에 약간 개선되기는 했지만, 북미의 이리호(Lake Erie)는 수년 동안 오염된 상태이다.

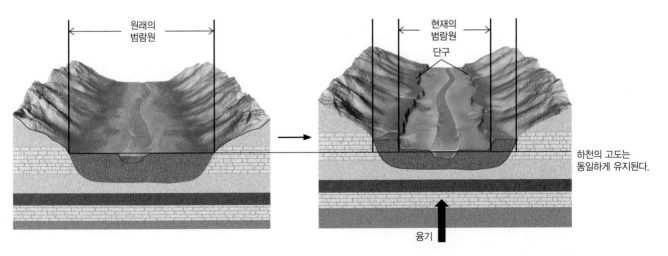

원래의 범람원

현재의 범람원

단구

하천의 고도는 동일하게 유지된다.

융기

그림 18.27 단구는 지표면이 상승하면서 하천이 기존의 범람원을 침식하고 더 낮은 높이에 새로운 범람원을 만들 때 형성된다. 단구는 이전 범람원의 잔존물이다.

구글어스 과제

지구상에서 가장 풍부한 풍화와 운반의 매체들 중 하나인 물은 한 곳에서 다른 곳으로 끊임없이 물질을 이동시키고 있다. 구글어스는 이처럼 독특한 지표작용을 해석하고 평가하는 데 이상적인 도구이다. 미시시피강과 같은 큰 강은 하천 시스템이 얼마나 효율적으로 대륙의 산악지대(근원지)에서 퇴적물을 모아서 삼각주가 형성되는 바다(퇴적지)까지 운반할 수 있는지를 보여준다. 미시시피강의 배수유역에서 여러분은 어떤 종류의 하계망 패턴(배수 패턴과 하도 패턴)을 찾는가? 강이 하류로 가면서 하도의 경사는 어떻게 변하는가? 우리는 구글어스를 통해 이러한 질문들과 많은 다른 질문들에 대해서 탐구할 수 있다.

Image © USDA Farm Service Agency Image © 2009 TerraMetrics Data SIO, NOAA, U.S. Navy, GEBCO

이 사진은 미시시피강의 발원지(포트벤턴)에서 뉴올리언스 근처의 멕시코만으로 들어가는 지점까지에 이르는 대륙 규모의 미시시피강을 보여준다.

위치 미국의 미주리–미시시피 배수유역

목표 하천 시스템에 의해 퇴적물의 근원지로부터 퇴적지까지의 운반과정을 이해하고, 포인트바, 침식된 바깥쪽 제방 및 우각호를 가지고 있는 곡류하천을 관찰하기

참고 그림 18.20

1. 구글어스 검색창에 'Ft. Benton, Montana, United States'를 입력하라. 그곳에 도착하면, '내려다보는 높이'를 35km로 축소하라. 미시시피강의 가장 긴 지류인 미주리강을 내려다 보게 될 것이다. 도시를 관통하며 남서에서 북서로 흐르는 강의 구간을 살펴보고, 여러분이 보고 있는 하도의 양식을 설명하라.

   a. 분류 하도
   b. 망상 하도
   c. 곡류 하도
   d. 인공적으로 직선화한 하도

2. 커서를 이용하여 몬태나주의 포트벤턴(Ft. Benton)과 노스 다코타주의 윌리스턴(Williston) 사이의 525km에 걸쳐 있는 미주리강 하도의 고도가 얼마나 변했는지 측정하라. 그런 다음 그 값을 미시시피강의 하도에서 같은 거리에 있는 테 네시주의 멤피스(Memphis)와 남쪽에 있는 루이지애나주의 배턴루지(Baton Rouge) 사이의 구간에서 측정된 고도차와 비교하라. 다음 중 어떤 관계가 가장 정확한가?

   a. 미주리강의 경사는 미시시피강의 경사보다 가파르다.
   b. 미시시피강의 경사는 미주리강의 경사보다 가파르다.
   c. 두 강의 경사는 거의 같다.
   d. 주어진 자료로는 두 강의 경사를 비교할 수 없다.

3. 약 500km의 '내려다보는 높이'에서 미시시피강의 발원지 인 미네소타주의 이타스카호(Lake Itasca)에서부터 강을 따라 남쪽으로 내려가자. 미시시피강은 위스콘신주, 아이오와 주, 일리노이주, 미주리주, 켄터키주, 아칸소주, 테네시주, 미시시피주 등 많은 주의 경계를 나타내는 데 사용되었다. 구글어스의 '단계별 항목'의 '국경 및 라벨' 레이어를 활성 화하면 주 경계선의 위치(초기에 조사된 하도의 위치로 결 정됨)를 현재 강의 위치와 비교할 수 있다. 시간이 흐르면서 강이 어떻게 변했는가? (힌트 : 〈그림 18.3〉을 참조하라. 또 한 구글어스의 '보기'−'과거 이미지' 기능으로 변화하는 하

도 패턴을 볼 수 있다.)

   a. 하도는 모든 지역에서 그 경로를 직선화했다.
   b. 강은 하도를 넓혀 경로를 단축했다.
   c. 하도는 전 구간에 걸쳐 더욱 구불구불해졌다.
   d. 강은 어떤 곳에서는 곡류를 잘라냈고, 다른 곳에서는 곡 류를 길게 늘렸다.

4. 아래의 각 지역에서 강의 특성에 대하여 조사한 결과를 바 탕으로, 다음 도시들 중 어느 도시가 미시시피강의 계절적 홍수에 가장 취약한 것으로 보이는가? (힌트 : 제방의 증거 와 하도가 각 도시에 인접한 정도를 찾는다.)

   a. 일리노이주의 카이로(Cairo)
   b. 미시시피주의 빌럭시(Biloxi)
   c. 미주리주의 세인트루이스(St. Louis)
   d. 테네시주의 멤피스(Memphis)

선택 도전문제

5. 구글어스 검색창을 사용하여 루이지애나주의 뉴올리언스 (New Orleans)로 이동하라. 도시와 미시시피 삼각주 사이의 밀접한 관계를 이해하기 위해 '내려다보는 높이'를 310km 로 축소하라. 이제 삼각주 자체를 확대하여 멕시코만에 있 는 미시시피강의 하도에서 퇴적물이 퇴적되는 것을 관찰하 라. 퇴적물은 왜 특히 이 위치에서 퇴적되고, 왜 그렇게 대 량으로 퇴적되는가?

   a. 멕시코만에서 발생한 허리케인이 플로리다에서 루이지 애나로 퇴적물을 몰고 온다.
   b. 미시시피강은 여기에서 바다와 만나고, 그래서 강물의 흐름이 느려지고, 이러한 유속의 감소로 인해 흐름 속에 있던 퇴적물이 떨어져 퇴적된다.
   c. 미국육군공병대는 미시시피강을 준설했을 때 모든 퇴적 물을 이곳에 버렸다.
   d. 백악기에 애팔래치아산맥이 융기되었을 때 그곳에서 퇴 적물이 흘러나왔다.

요약

하천 계곡, 하도 및 범람원은 어떻게 발달하는가? 하천이 흐르면, 하천은 계곡을 깎고 하도의 양쪽에 범람원을 만든다. 계곡은 가파르거나 완만하게 경사진 곡벽을 가질 수 있다. 하도는 직선으로, 곡류하며, 또는 망상으로 흐른다. 홍수가 일어나지 않는 정상시기 동안, 하천의 하도는 물과 퇴적물을 운반한다. 홍수시기 동안, 퇴적물을 잔뜩 실은 물은 하도의 제방을 넘쳐흘러 범람원을 침수시킨다. 홍수물의 속도는 범람원으로 퍼져나가면서 감소한다. 물은 퇴적물을 침전시켜 자연제방과 범람원 퇴적층을 형성한다.

하계망은 어떻게 물을 모으고, 삼각주는 어떻게 물과 퇴적물을 분배하는가? 하천과 그 지류들은 배수유역으로부터 물과 퇴적물을 모으는 상류의 분기형 하계망을 구성한다. 각 배수유역은 다른 배수유역들과 분수령으로 분리되어 있다. 하계망은 다양한 분기 패턴들, 즉 수지상, 직각상, 격자상, 방사상 패턴을 보여준다. 강은 호수나 바다로 들어가는 곳에 퇴적물을 떨구어 삼각주를 만든다. 삼각주에서 하천은 하류방향으로 나뉘어 갈라지면서 분류를 형성하는 경향이 있다. 분류는 하천 퇴적물을 삼각주의 정치층, 전치층, 저치층에 퇴적시킨다. 삼각주는 파도, 조수, 연안 해류가 강한 곳에서는 변형되거나, 형성되지 않는다. 판구조과정은 배수유역의 융기와 삼각주 지역의 침강을 일으켜 삼각주의 형성에 영향을 미친다.

하천에서 흐르는 물은 어떻게 단단한 바위를 침식시키고, 퇴적물을 운반하고 퇴적시키는가? 모든 유체는 유속, 점성 및 흐름의 기하학적 형태에 따라서 층류 또는 난류로 움직일 수 있다. 자연적인 하천의 흐름은 거의 항상 난류이다. 이러한 흐름은 퇴적물을 부유상태로, 하상을 따라 굴리거나 미끄러뜨리면서, 약동으로 운반한다. 침전속도는 부유된 입자들이 하상에 가라앉는 속도로 측정한다. 흐르는 물은 마식작용에 의해, 화학적 풍화작용에 의해, 모래·자갈·거력이 암석에 부딪히는 물리적 풍화작용에 의해, 그리고 수류의 굴식작용과 하방침식작용에 의해 단단한 암석을 침식시킨다. 수류가 약동에 의해 모래 입자를 운반할 때, 사층리로 이루어진 사구와 연흔이 하상에 발달한다.

하천의 종단면은 어떻게 침식작용과 퇴적작용 사이의 평형상태를 나타내는가? 하천의 전 구간에 걸쳐서 침식작용과 퇴적작용이 균형을 이루고 있을 때 하천은 동적 평형상태에 있다. 지형, 기후, 유량과 유속, 침식에 대한 저항성, 퇴적부하량은 이런 평형상태에 영향을 미친다. 하천의 종단면은 그 발원지에서부터 침식기준면까지의 하천 고도를 표시한 도표이다.

주요 용어

강	범람원	운반용량	침전속도
계곡	분류	유량	평형하천
곡류하천	분수령	자연제방	포인트바
구혈	사구	저치층(기저층)	표생하천
난류	삼각주	전치층(전면층)	하계망
단구	선행하천	정치층(표면층)	하도
뜬짐	수지상 하계망	종단면	하천
마식작용	약동	지류	홍수
망상하천	연흔	충적선상지	
밑짐	우각호	층류	
배수유역	운반능력	침식기준면	

지질학 실습

우리 오늘은 뱃놀이할 수 있을까? 하천수위계 자료를 이용하여 안전하고 즐거운 강 나들이 계획하기

지질학자들은 하천과 강에서의 물의 흐름을 어떻게 측정하고 기록하는가? 미국지질조사소(USGS)는 미국에서 100년 이상 동안 물의 흐름에 대한 정보를 추적해왔다. USGS는 하천수위계를 사용하여 일정 간격(시간별, 일별, 주별, 또는 그 이상)으로 반복하여 수면의 높이를 측정하고 기록한다. 2007년에는 미국 전역의 강과 하천에 설치된 7,400개 이상의 하천수위계를 운영 및 유지 관리했다. 미국의 지질학자들은 USGS의 하천수위계 자료를 이용하여 여러 가지 방법으로 미국의 수자원을 관리한다—즉, 홍수와 가뭄을 예측하는 데, 댐 및 인공저수지를 관리 및 운영하는 데, 수질을 보호하는 데, 그리고 기타 목적을 수행하는 데 이 자료를 사용한다.

USGS의 하천수위계 자료를 쉽게 사용할 수 있으면 낚시, 카약, 카누 및 래프팅을 즐기는 사람들이 더욱 안전하고 즐거운 야외활동을 할 수 있다. USGS가 관리하는 많은 하천수위계는 거의 실시간에 가까운 데이터를 위성 또는 전화 네트워크를 통해 웹 사이트로 직접 전송한다. 하천수위계 자료는 4시간 이하의 간격으로 갱신되며, 인터넷 주소 http://water.usgs.gov를 통해 일반에 서 공개된다.

강 나들이를 떠나기 전에 하천수위계 자료를 확인하면, 좋아하는 뱃놀이 지점까지 먼 거리를 운전하고 갔다가 배를 띄우기에는 수심이 너무 얕거나 물살이 너무 빠르다는 것을 알고는 실망하는 것과 같은 시간낭비를 방지할 수 있다. 반면에 카누 혹은 카약을 타고 노 젓기를 즐기는 사람들은 그들이 좋아하는 강의 흐름 조건이 최적이라는 것을 알게 되면 그 강에서 배를 타기 위해 먼 거리를 마다 않고 달려갈 것이다. USGS의 자료는 카누타기를 즐기는 사람들이 물의 상태와 자신의 능력을 비교해보고 올바른 판단을 할 수 있게 해준다.

하천수위계는 흔히 수위(stage)로 알려진 수면의 높이를 기록한다. 그러나 수위만을 사용할 경우 오해를 불러일으킬 수 있다. '수위'는 하천수위계 근처의 고정된 기준점에서 측정한 수면의 고도를 나타내며, 직접적으로 수심과는 일치하지 않을 수도 있다. 수위값을 수면과 하상 사이의 거리와 같은 값이라고 생각하지 마라. 유량은 하천 애호가들이 마주치게 될 환경조건에 대한 보다 신뢰할 수 있는 지표이다.

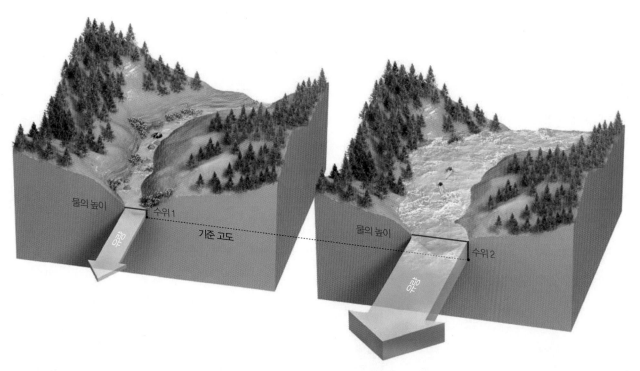

강의 유량은 일반적으로 유역 내에서 강우와 해빙이 증가할 때 증가한다. 사람들이 강의 유량을 계속 추적하는 방법은 수위를 측정하는 것이다. 수위는 임의의 기준점에 대한 하천의 높이이다. 수위와 유량이 증가하면 강은 갈수록 더 사나워지고 위험해질 가능성이 있다.

이 장의 본문에서 논의된 바와 같이, 하천의 유량은 단면적(폭 × 깊이)과 유속을 측정함으로써 결정된다. 고정된 기준점 아래의 하천의 깊이와 각 하천수위계에서의 하천의 폭은 이미 알려져 있으므로, 유속과 수위를 알면 유량을 추산할 수 있다. 각 측정 시의 유량값을 동시에 기록된 수위에 대해 도표에 표시하면, 각 하천수위계에 대한 수위–유량곡선(rating curve)을 작성할 수 있다. 카누타기를 즐기는 사람들은 자신이 좋아하는 강의 흐름에 대한 하천수위계 측정값을 찾은 다음, 수위–유량곡선을 읽으면 유량을 구할 수 있다.

여러분이 USGS의 웹사이트를 방문하여 카누를 타고 싶은 하천의 최신 하천수위계 측정값이 3ft인 것을 확인했다고 가정하자.

■ 다음 그래프의 수직축에서 3ft를 찾아 수위–유량곡선을 읽는다.

■ 그런 다음 3ft 수위에 해당하는 유량을 찾는다—초당 500ft^3(CFS).

특정 장소에서 유량이 증가할 경우, 강은 점점 더 도전의식을 북돋우게 되고, 결국 여가활동을 즐기는 사람들에게는 위험해질 것이다. 얼마나 높은 유량부터는 더욱 주의해야 하는지는 그 강의 구간에서 얻은 경험을 통해서만 알 수 있다. 카누를 타는 사람들은 강의 특정 구역에서 여러 유속에서 발생할 수 있는 상황에 대해 메모나 일지를 기록하여 강을 배우고 장래 여행 계획을 세우는 것을 고려해야 한다.

USGS의 웹사이트에서 얻을 수 있는 하천수위계 및 유량에 대한 자료를 활용하면, 강에서 여가활동을 하는 사람들은 앞으로 며칠 동안 예상되는 강의 조건을 추정할 수 있다. 예를 들어, 낚시꾼들은 폭풍이나 해빙 이후에 언제쯤이면 강물이 줄어들어 안전하게 강을 헤치며 걸어다닐 수 있게 될지를 알고 싶을 것이다. 현장에서의 실시간에 가까운 수문곡선(시간에 따른 유량곡선)을 주의 깊게 관찰함으로써, 강의 흐름에 관심이 있는 여가활동객들은 변화하는 조건들을 지켜보고 물의 조건이 자신의 운동능력 및 기술숙련도로 보아 최적인 때를 결정할 수 있다.

추가문제 : 수위–유량곡선을 스스로 읽어보라. 10ft의 수위에 해당하는 유량은 얼마인가? 25ft의 수위에 해당하는 유량은?

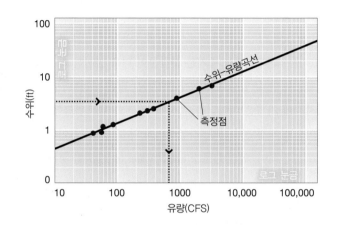

수위–유량곡선은 특정 하천수위계에서 수위와 유량 사이의 관계를 기록한다.

연습문제

1. 속도는 어떻게 주어진 흐름이 층류인지 난류인지를 결정하는가?

2. 퇴적물 입자의 크기는 침전속도에 어떻게 영향을 미치는가?

3. 어떤 종류의 층리가 연흔 또는 사구를 특징짓는가?

4. 망상하천의 하도와 곡류하천의 하도는 어떻게 다른가?

5. 범람원은 왜 그런 이름으로 불리는가?

6. 자연제방이란 무엇이며, 어떻게 형성되는가?

7. 하천의 유량은 무엇이고, 그것은 어떻게 속도에 따라 달라지는가?

8. 강의 종단면은 어떻게 정의되는가?

9. 수평으로 퇴적된 퇴적암 위에 발달하는 가장 일반적인 종류의 하계망은 무엇인가?

10. 분류 하도란 무엇인가?

생각해볼 문제

1. 아주 작고 얕은 하천의 흐름이 겨울에는 층류이고, 여름에는 난류인 이유는?

2. 〈그림 18.13〉에 보이는 폭포의 위쪽과 아래쪽에 있는 범람원과 계곡을 설명하고 비교하라.

3. 여러분은 큰 하천의 만곡부 위에 건설된 마을에 산다. 한 기술자가 여러분의 마을에 곡류하천이 잘려나가는 것을 막기 위하여 새로 높은 인공제방을 쌓는 데 투자할 것을 제안하였다. 이 투자에 대한 찬성과 반대의 입장을 논하라.

4. 어떤 곳에서는 기술자들이 인위적으로 곡류하천을 직선화하였다. 만일 그렇게 직선화된 하천이 자연적으로 그 진로를 조정하도록 내버려둔다면 어떤 변화가 있을 것으로 예상하는가?

5. 만일 지구온난화로 극지방의 만년설이 녹아서 해수면을 현저하게 상승시킨다면, 세계의 강들의 종단면은 어떤 영향을 받겠는가?

6. 하천에 댐이 세워진 직후 몇 해 안에 하천은 댐의 하류 쪽 하도를 심하게 침식시켰다. 이 침식은 예상할 수 있었던 것인가?

7. 범람원 위에 세워진 여러분의 고향이 지난해에 50년 빈도 홍수를 겪었다. 그 정도 규모의 또 다른 홍수가 내년에 발생될 확률은 얼마인가?

8. 여러분이 살고 있는 곳의 배수유역을 분수령과 하계망을 이용하여 정의하라.

9. 1980년의 격렬한 분출 이후 세인트헬렌스산에서는 어떤 종류의 하계망이 만들어지고 있다고 생각하는가?

10. 델라웨어 협곡(Delaware Water Gap)은 애팔래치아산맥에 있는 구조적으로 변형된 높은 산등성이를 절개하며 관통하는 좁고 가파른 계곡이다. 그것은 어떻게 형성되었겠는가?

11. 퇴적물을 많이 운반하는 한 커다란 하천이 바다로 유입되는 곳에 삼각주가 없다. 어떤 조건 때문에 삼각주가 형성되지 않았는가?

매체지원

 18-1 애니메이션 : 하도 패턴

 18-2 비디오 : 미시시피강의 대홍수

 18-2 애니메이션 : 배수유역

 18-3 비디오 : 미시시피강

 18-1 비디오 : 지질학과 전쟁-몬테카시노 전투

서남 아프리카의 나미브사막에 있는 세계에서 가장 높은
사구들.
[John Grotzinger.]

바람과 사막

19

우리는 단단한 것을 잡거나 바람이 부는 방향으로 몸을 기울이지 않으면 우리를 날려버릴 만큼 강한 바람을 누구나 한 번쯤 경험해본 적이 있을 것이다. 1990년 1월 25일에 강한 바람이 거의 없는 영국의 런던에서 강한 폭풍이 발생했다. 시속 175km 이상의 바람은 건물의 지붕을 뜯어내고, 트럭을 날려 버렸으며, 바람이 너무 강해 사람들은 제대로 걸을 수가 없었다. 사막에서는 강풍이 훨씬 더 흔하며, 종종 며칠 동안 분다. 먼지폭풍도 빈번하며, 많은 바람들은 모래알갱이들을 공중으로 날려보낼 정도로 강하여 모래폭풍을 일으킨다.

최근에 지구의 사막이 팽창하는 것에 대한 염려가 증가하고 있다. 예로, 스페인 남부는 너무 건조해져서 사람들은 사하라사막이 지중해를 뛰어넘어 남부 유럽으로 침범하는 것은 아닌지 걱정하고 있다. 사막이 아닌 곳이 사막으로 변하는 사막화(desertification) 과정은 지구의 기후시스템을 이해하기 위해 노력하는 과학자들의 주된 관심사가 되었다.

바람은 물과 같이 퇴적물을 침식, 운반, 퇴적시킬 수 있으며, 막대한 양의 모래와 먼지를 대륙과 바다의 넓은 지역으로 이동시킬 수 있다. 액체에 적용되는 일반유체운동의 법칙들이 기체에도 적용되기 때문에 놀랄 일이 아니다. 공기의 밀도가 물보다 훨씬 낮기 때문에 풍속이 유속보다 훨씬 커도 바람의 흐름은 물의 흐름보다는 덜 강력하다. 다른 차이점도 있다. 강수에 의해 유량이 증가하는 하천과는 달리, 바람은 비가 내리지 않을 때 퇴적물을 가장 효과적으로 운반한다.

이 장에서 우리는 바람에 의한 침식, 운반, 퇴적과정이 지표의 모습을 형성하는 데 어떠한 역할을 하는지에 대하여 살펴볼 것이다. 건조한 환경의 모습을 형성하는 데 수많은 지질학적 과정들이 바람의 작용과 관련되어 있기 때문에 사막에 특히 집중할 것이다. 또한 사막의 경관지형을 형성하는 요소들을 살펴보고, 그 사막의 경관지형들이 어떻게 전 세계로 퍼져나가고 있는지를 살펴볼 것이다.

■ 지구의 바람패턴

바람(wind)은 자전하는 지구의 표면에 평행하게 움직이는 자연적인 공기의 흐름이다. 고대 그리스인들은 바람의 신을 아이올로스(Aeolus)라 불렀으며, 오늘날 지질학자들은 바람에 의한 지질학적 과정에 **풍성**(eolian)이라는 용어를 사용한다. 바람은 하천의 물에 적용되는 유체흐름의 법칙을 따르지만(제18장 참조), 바람과 물의 흐름 사이에는 몇 가지 차이점이 있다. 하천의 수로 안에서 흐르는 물과 달리, 바람은 지면과 좁은 계곡의 벽을 제외하고는 일반적으로 공간적 제약을 받지 않는다. 공기의 흐름은 대기의 위쪽을 포함한 모든 방향으로 자유롭게 퍼져나갈 수 있다.

어떤 장소에서 바람은 날마다 속도와 방향이 바뀐다. 그러나 지구의 대기는 전 지구적으로 형성된 우세한 바람대(wind belts, 풍대) 내에서 흐르기 때문에 장기적으로 보면 바람은 주로 한 방향에서 불어오는 경향이 있다(그림 19.1). 북위 30°~60°와 남위 30°~60° 사이에 위치한 온대지방에서 탁월풍(prevailing wind, 우세한 바람)이 서쪽에서 불어오기 때문에 **편서풍**(westerlies)이라 한

다. 남위 30°에서 북위 30° 사이의 열대지방에서는 **무역풍**(trade winds)이 동쪽에서 불어온다(무역풍은 고대 용법으로 *trade*란 단어가 '길' 또는 '항로'를 뜻한 데서 유래하였다).

이러한 탁월풍대(prevailing wind belt)는 태양이 지표면에 거의 수직으로 내리쬐는 적도에서 지표면을 가장 강하게 가열하기 때문에 발생한다. 고위도와 극지방에서 태양은 지구를 약하게 가열시키는데, 이는 태양 광선이 지표면에 비스듬하게 내리쬐기 때문이다. 적도에서 뜨거운 공기는 차가운 공기보다 밀도가 낮기 때문에 상승하여 극지방을 향해 흐르다가 식으면서 점차 가라앉는다. 이러한 침강하는 공기는 남위 30°와 북위 30° 부근의 아열대에서 지표에 도달한 후, 적도를 향해 지표를 따라 흐르면서 무역풍을 형성한다. 이와 같은 공기의 움직임이 남극과 북극 사이에 전 지구적 대기순환패턴을 일으킨다.

이러한 단순한 공기흐름의 순환패턴은 지구의 자전에 의해 복잡해지는데, 지구의 자전은 공기와 물의 흐름을 북반구에서는 오른쪽으로, 남반구에서는 왼쪽으로 휘어지게 한다. 이 효과를 발

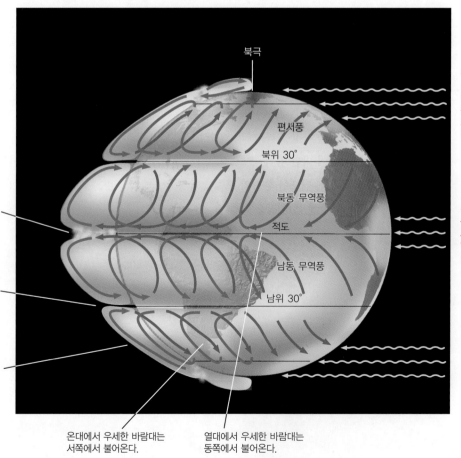

극지역에서 태양광선은 지표에 비스듬하게 입사하여 더 넓은 면적으로 퍼지므로 온도가 낮아 추워진다.

적도에서 태양광선은 지표에 거의 수직으로 입사하여 이 지역에서 열을 집중시킨다.

적도에서는 지상풍이 거의 없으며, 공기가 상승하면서 냉각되어 구름과 비를 형성한다.

북위 30°와 남위 30°에서 냉각된 공기는 가라앉으면서 데워지고 습기를 흡수하여 맑은 하늘을 만든다.

이 두 움직임은 적도와 북극 및 남극 사이의 수평순환을 형성한다.

북극

편서풍

북위 30°

북동 무역풍

적도

남동 무역풍

남위 30°

온대에서 우세한 바람대는 서쪽에서 불어온다.

열대에서 우세한 바람대는 동쪽에서 불어온다.

그림 19.1 지구의 대기는 태양의 차별적인 가열과 지구자전으로 생성된 탁월풍대에서 순환한다.

견자의 이름을 따서 **코리올리효과**(Coriolis effect)라 한다. 코리올리효과는 대기순환에 영향을 주어 북반구와 남반구에서 북쪽과 남쪽으로 움직이는 따뜻한 기류와 차가운 기류를 편향시킨다. 예를 들면, 북반구에서 지상풍이 적도지대를 향해 남쪽으로 불면, 바람은 오른쪽(서쪽)으로 편향되고, 이로 인해 바람은 북쪽이 아닌 북동쪽에서 불어오게 되는데, 이것이 북동 무역풍이다. 북반구의 편서풍은 처음에는 북쪽으로 흐르지만 오른쪽(동쪽)으로 편향되면서 결국 남서쪽에서 바람이 불어오게 된다. 적도 근처에서 공기는 주로 상승하므로 지표에서는 거의 바람이 없다.

뜨거운 공기가 적도에서 상승하면, 이 공기는 식으면서 수분을 배출하여 열대지방에 많은 구름과 풍부한 비를 내리게 한다. 이제는 차갑고 건조해진 이 공기는 북위 30°와 남위 30° 부근에서 하강하면서 데워져 습기를 흡수하게 된다. 사하라사막과 같이 세계의 거대한 사막들 상당수가 이 위도에 분포한다. 지구의 기후가 변하면서 이처럼 건조한 공기가 하강하는 벨트도 변하게 되는데, 어떤 지역에서는 그 범위가 확장되면서 경계부가 이동되기도 하고, 또 다른 곳에서는 그 범위가 수축되기도 한다. 이렇게 하여 사막과 인접한 지역—아마 강우의 부족으로 이미 고통 받고 있는 지역—은 끊임없이 사막과 같은 환경이 나타나기 시작할 것이며, 결국 이 지역은 사막의 일부분이 될 것이다.

■ 운반매체로서 바람

대부분의 북아메리카 사람들은 많은 강수량을 동반하는 강한 바람인 폭풍우나 눈보라에 익숙하다. 그러나 며칠 동안 강한 바람이 불며 막대한 양의 모래와 먼지를 이동시키는 건조한 폭풍은 겪어본 적이 별로 없을 것이다. 바람이 운반할 수 있는 물질의 양은 바람의 세기, 입자의 크기 및 바람이 부는 곳의 지표물질에 따라 달라진다.

바람의 세기

그림 19.2는 다양한 속도의 바람이 사구 표면 폭 1m의 장소로부터 얼마나 많은 양의 모래를 침식할 수 있는지 보여준다. 시속 48km의 강한 바람은 하루에 이 좁은 면적으로부터 약 0.5t(대략 큰 여행가방 2개에 해당하는 양)의 모래를 옮길 수 있다. 바람의 속도가 커질수록 이동될 수 있는 모래의 양은 급격하게 증가한다. 며칠 동안 지속된 모래폭풍으로 집들이 완전히 묻히는 것은 놀랄 만한 일이 아니다!

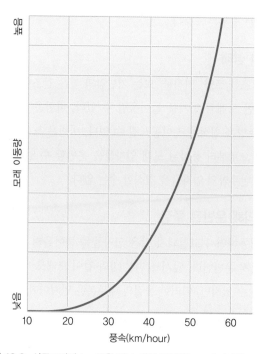

그림 19.2 사구표면의 1m 폭을 지나 매일 이동하는 모래의 양은 풍속에 따라 다르다. 며칠 동안 빠르게 부는 바람은 엄청난 양의 모래를 이동시킬 수 있다. [R. A. Bagnold, *The Physics of Blown Sand and Desert Dunes*, London: Methuen, 1941에서 수정함]

입자크기

바람은 하천이 하천 바닥의 입자에 작용하는 것과 같은 종류의 힘을 육지표면의 입자에 작용한다. 하천수의 흐름과 같이 공기의 흐름도 거의 항상 난류이다. 제18장에서 살펴본 바와 같이, 난류는 유체의 세 가지 특성에 따라 좌우된다—속도, 흐름의 깊이 및 점성도. 밀도와 점성도가 매우 낮은 공기는 약한 미풍의 속도에서도 난류가 된다. 따라서 난류와 전진운동이 합쳐져 입자를 바람 속으로 들어올리고, 이를 바람을 따라 일시적이나마 움직이게 한다.

가장 약한 미풍조차도 가장 세립질 물질인 먼지를 이동시킬 수 있다. **먼지**(dust)는 보통 지름 0.01mm보다 작은 입자들(실트와 점토를 포함)로 구성되어 있지만, 종종 더 큰 입자들도 포함한다. 중간 세기의 바람은 수 킬로미터의 고도까지 먼지를 이동시킬 수 있지만, 오직 강한 바람만이 모래와 같이 지름 0.06mm 이상의 입자들을 이동시킬 수 있다. 중간 정도의 바람은 이런 입자들을 모래 바닥을 따라 굴리고 미끄러뜨릴 수 있지만, 모래 입자를 공기의 흐름으로 들어올리기 위해서는 더 강한 바람이 필요하다. 그러나 공기의 점도와 밀도가 낮기 때문에 바람은 일반적으로 모래보다 큰 입자를 운반하지 못한다. 비록 바람이 매우 강하다 하더라도, 바람은 빠르게 흐르는 하천이 하는 것처럼 자갈을 이동시키는 경우는 드물다.

지표면의 상태

바람은 건조한 토양, 퇴적물, 또는 기반암과 같은 건조한 지표물질로부터만 모래와 먼지를 들어올릴 수 있다. 바람은 응집력이 큰 젖은 토양을 침식하고 이동시킬 수 없다. 바람은 느슨하게 교결된 사암으로부터 풍화된 모래 입자들을 운반할 수 있지만, 화강암이나 현무암의 입자들을 침식할 수는 없다.

바람에 의해 운반된 물질

공기는 이동하면서 고결되지 않은 입자들을 들어올려 놀랍도록 먼 거리까지 운반한다. 앞서 살펴본 바와 같이 모래도 바람에 의해 운반될 수 있지만, 이러한 물질의 대부분은 먼지이다.

바람에 날린 먼지 공기는 먼지를 부유상태로 유지시킬 수 있는 엄청난 능력을 가지고 있다. 먼지는 모든 종류의 암석과 광물의 미세한 조각들, 특히 조암광물로 풍부하게 나타나는 규산염광물의 조각들을 포함한다. 먼지 속에 있는 규산염광물의 가장 중요한 근원 중 두 가지는 건조한 평원의 토양에서 나온 점토와 화산폭발로 분출된 화산재이다. 꽃가루 및 박테리아와 같은 유기물도 먼지의 흔한 구성성분이다. 숯먼지는 산불이 났을 때 바람이 불어가는 방향으로 많이 날아간다—매몰된 퇴적물 속에서 숯먼지가 발견된다면 이는 과거 지질시대에 발생한 산불의 증거이다. 산업혁명이 시작된 이래 인류는 새로운 종류의 합성먼지를 대기로 방출해왔다—석탄이 타서 만들어진 석탄재로부터 제조공정, 폐기물 소각 및 자동차 배기가스에 의해 만들어진 많은 고체 화합물에 이르는 합성먼지.

커다란 먼지폭풍에서 $1km^3$의 공기는 작은 집의 부피와 맞먹는 약 1,000t의 먼지를 운반할 수 있다. 이러한 폭풍이 수백 평방킬로미터를 뒤덮을 때, 폭풍은 1억t 이상의 먼지를 운반하여 수 미터 두께의 먼지층을 퇴적한다. (화성에서 발생한 이와 유사한 먼지폭풍에 대한 논의는 지구문제 19.1을 참조하라.) 사하라사막에서 기원한 세립질 입자들은 멀리 떨어진 영국에서 발견되고 있으며, 대서양을 가로질러 플로리다에서도 찾을 수 있다. 바람은 매년 약 2억 6,000만t의 물질—대부분이 먼지—을 사하라에서 대서양으로 운반한다. 해양조사선의 과학자들은 먼바다의 대기 중 부유분진을 측정하였으며, 오늘날에는 이를 인공위성으로 직접 관찰할 수 있다(그림 19.3). 이 먼지의 성분을 같은 지역의 심해에서 채취한 퇴적물의 성분과 비교한 결과, 바람에 날린 먼지가 해양

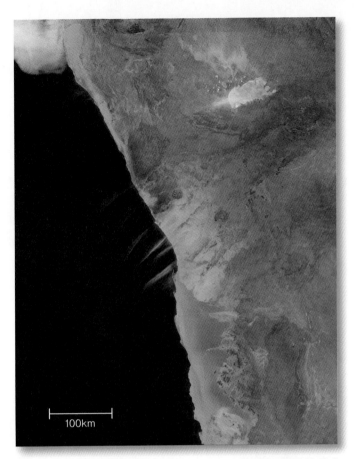

그림 19.3 2002년 9월에 나미브사막에서 발생한 먼지폭풍의 위성사진. 먼지와 모래는 바다로 불어가는 강풍에 의해 오른쪽(동쪽)에서 왼쪽(서쪽)으로 운반되고 있다. 이 퇴적물은 대양을 가로질러 수백~수천 킬로미터 멀리까지 운반될 수 있다. [NASA.]

퇴적물의 중요한 공급원이며 매년 최대 10억t의 물질을 공급한다는 것을 보여준다. 이 먼지의 많은 부분은 화산에서 나온 것이며, 대규모 화산분출을 나타내는 해저화산재층들도 있다.

화산재는 먼지의 풍부한 구성성분인데, 그 이유는 먼지의 대부분이 아주 세립질이고 대기권 높이 분출되어 지표 가까이에서 바람에 불린 비화산성 먼지보다 더 멀리 이동할 수 있기 때문이다. 화산폭발은 막대한 양의 먼지를 대기권으로 분출한다. 1991년에 필리핀의 피나투보 화산에서 분출한 화산재는 지구를 둘러쌌으며, 이 중 가장 세립질 입자들의 대부분은 1994년이나 1995년까지도 가라앉지 않았다.

대기권의 광물먼지는 농업, 삼림 벌채, 침식, 또는 토지이용의 변화가 토양을 교란할 때 증가한다. 오늘날 대기 중에 있는 광물먼지의 상당량은 사헬 지역에서 발생한 것으로 보인다. 사헬 지역은 사하라사막의 남쪽 경계에 있는 반건조지역으로서, 이곳의 가뭄과 과도한 가축방목이 막대한 먼지를 일으킨 원인이다.

바람에 날린 먼지는 전 지구의 기후에 복잡한 영향을 미친다. 대기 중에 있는 광물먼지는 태양으로부터 입사하는 가시광선을

지구문제

19.1 화성의 먼지폭풍과 회오리바람

태양계의 모든 행성 중 화성은 지구와 가장 비슷한 행성이다. 비록 화성은 더 희박한 대기를 가지고 있지만, 화성에는 계절마다 변하는 날씨가 있으며, 하루의 길이도 지구와 비슷한 24시간 37분이다. 화성은 또한 얼음, 토양, 퇴적물을 포함하는 복잡한 지표환경을 지니고 있다. 앞서 제9장에서 살펴본 바와 같이, 과거 한때에 화성표면에서 물이 흘렀던 것은 거의 확실하다.

오늘날 화성은 춥고 건조하며, 화성의 지표환경은 다양한 풍성과정에 의해 지배된다. 이 과정들은 다양한 풍식지형을 만들고 다양한 퇴적물을 퇴적시켰다. 퇴적물은 광범위한 먼지층으로부터 모래와 실트로 이루어진 국지적인 사구지대까지에 이른다. 현무암질 및 적철석 왕모래(granules)로 이루어진 조립질 퇴적물들은 화성탐사로버들에 의해 관찰되었다. 행성지질학자들은 이러한 풍성퇴적층을 만든 바람의 속도가 화성 전체를 덮은 엄청난 먼지폭풍(dust storms) 동안에는 초속 30m(시속 108km)에 달했을 것으로 추정한다(그림 9.19 참조). 비록 이러한 바람은 지구의 가장 강한 바람만큼 빠르지 않으며, 화성의 대기도 지구보다는 희박하지만, 그럼에도 불구하고 화성의 바람은 지구에서 관찰된 것들과 동일한 풍성퇴적 및 침식의 특징들을 형성할 수 있을 정도로 충분히 강하다. 화성의 대기가 분홍빛인 이유는 먼지폭풍 동안 대기 중으로 불려 올라간 엄청난 양의 먼지들 때문이다.

화성의 계절이 변하면서 날씨도 변한다. 화성탐사로버 스피릿호가 2004년 1월에 화성에 착륙하여 수개월 동안 탐사를 했으나 최근의 풍성활동에 대한 증거를 발견하지 못했다. 그러나 화성에 도착한 지 1년 이상이 지난 2005년 3월에 스피릿호의 카메라는 불고 있는 회오리바람을 관찰하기 시작했는데, 이는 계절이 바뀌고 있다는 신호였다. 바람과 먼지가 많은 계절 동안, 화성 전체에서 일어나는 먼지폭풍은 국지적으로 회오리바람(dust devils)을 동반하는데, 회오리바람은 태양이 화성의 지표를 가열시킬 때 발생한다. 데워진 토양과 암석은 지표에서 가장 가까운 대기층을 가열하고, 따뜻한 공기는 회전운동을 하면서 상승하여 작은 토네이도처럼 지표에 있는 먼지를 휘젓는다.

화성의 먼지폭풍과 회오리바람은 화성지표를 연구하는 과학자들의 연구활동에 직접적인 영향을 준다. 지구에서 화성으로 보낸 로버들은 태양에너지를 이용

한다. 궁극적으로 로버의 수명은 바람에 불린 먼지들이 태양 전지판에 쌓여 더 이상 발전을 할 수 없을 때까지이다. 화성 전체에서 일어나는 먼지폭풍은 태양 전지판 위에 먼지가 쌓이는 데 기여한다. 그러나 회오리바람은 로버 위를 지나면서 태양 전지판 위의 먼지를 닦아주어 로버의 수명을 연장하는 효과를 가져오리라 생각된다.

구세프 크레이터의 바닥에서 불고 있는 2개의 회오리바람. 이 사진은 2005년 8월 21일에 스피릿호가 허즈번드 언덕의 정상에서 찍었다. 이러한 회오리바람들은 시속 10~15km의 속도로 화성표면을 이동한다.
[NASA/JPL.]

산란시키고, 지표로부터 외계로 방출되는 적외선 복사에너지를 흡수한다. 따라서 광물먼지는 가시광선 영역에서는 온도를 낮추는 효과를, 적외선 영역에서는 온도를 높이는 효과를 가져온다.

바람에 날린 모래 바람에 운반된 모래는 풍화로 생성된 거의 모든 종류의 광물입자로 이루어져 있다. 석영 입자가 가장 흔한데, 이는 석영이 사암과 같은 많은 지표암석들의 풍부한 구성성분이기 때문이다. 바람에 날린 많은 석영 입자들은 서리유리(간유리)처럼 서리 낀 듯한 또는 무광의 (거칠고 흐린) 표면(그림 19.4)을 가지고 있다. 이러한 서리표면(frosting)의 일부는 바람에 날린 입자들의 충격에 의해 형성되었지만, 그 대부분은 이슬에 의해 느리게 용해되어 형성되었다. 건조한 기후에서 발견되는 아주 작은 양의 이슬도 모래 입자의 표면에 미세한 패인 자국을 식각하여 (부식시켜 깎아내어) 서리 낀 듯한 모습을 만들기에 충분하다. 서

그림 19.4 오만의 사막에서 채취된 서리 낀 듯한 표면과 둥글게 원마된 모래 입자들의 사진.
[John Grotzinger.]

리표면은 오직 풍성환경에서만 발견되기 때문에 이것은 모래 입자가 바람에 의해 운반되었다는 좋은 증거가 된다.

　대부분의 바람에 날린 모래는 지역적으로 기원하였다. 모래 입자들은 일반적으로 지표 근처에서 주로 도약운동으로 비교적 짧은 거리(대개 수백 킬로미터 이내)를 이동한 후 사구에 묻힌다. 사하라사막이나 사우디아라비아의 황무지와 같은 대규모 사막들의 광범위한 사구들은 예외이다. 이러한 거대한 모래 지역에서는 모래 입자는 1,000km 이상 이동하기도 한다.

　바람에 날린 탄산칼슘 입자들은 버뮤다제도나 태평양의 많은 산호섬들과 같이 조개나 산호조각이 풍부한 곳에 쌓인다. 미국 뉴멕시코주의 화이트샌즈국립천연기념물(White Sands National Monument)은 인근의 플라야호수(이 장의 뒷부분에서 이들의 형성에 대하여 다룰 것이다)에 형성된 증발암 퇴적층에서 침식된 석고 모래 입자들로 이루어진 사구의 대표적인 예이다.

■ 침식매체로서 바람

바람 자체로는 지표에 노출된 단단한 암석을 거의 침식시키지 못한다. 바람은 오직 암석이 화학적 및 물리적 풍화작용으로 잘게 부서질 때에만 그 조각들을 들어올릴 수 있다. 또한 입자들은 건조되어 있어야만 한다. 왜냐하면 젖은 토양과 축축한 암석 조각들은 응집력이 있어 뭉쳐 있기 때문이다. 따라서 바람이 강하고 건조하며 어떤 습기라도 빠르게 증발하는 건조한 기후에서 바람의 침식은 가장 효과적이다.

모래분사

바람에 날린 모래는 효율적인 **모래분사**(sandblasting)의 매체이다. 흔히 건물이나 기념물을 압축공기와 모래로 청소하는 방법은 정확하게 같은 원리이다—모래 입자들을 고속으로 충돌시켜 고체의 표면을 마모시킨다. 자연적인 모래분사는 대부분의 모래알갱이들이 움직이는 지표 가까이에서 주로 일어난다. 모래분사는 암석 노두, 큰 바위, 자갈들을 둥글게 만들며 침식하고, 가끔 발견되는 유리병의 표면을 서리유리(간유리)로 만든다.

　풍식력(ventifacts)은 바람에 의해 깎인 면이 있는 자갈로, 여러 개의 바람에 깎인 곡면 또는 평면들은 날카로운 능선을 이루면서 만난다(그림 19.5). 각각의 면은 자갈의 바람이 불어오는 쪽이 모래분사되어 만들어진다. 간헐적인 폭풍이 자갈을 굴리거나 회전시켜 모래분사를 받을 새로운 면을 노출시킨다. 대부분의 풍식력

그림 19.5　남극의 테일러계곡에서 발견된 풍식력은 혹한의 환경에서 바람에 날린 모래에 의해 만들어졌다.
[Ronald Sletten.]

은 자갈, 모래, 강한 바람이 함께 존재하는 사막과 빙력층에서 발견된다.

식반작용

점토, 실트, 모래 입자들이 느슨해지고 건조해지면, 불어오는 바람이 이들을 들어올려 운반하면서 지표를 서서히 침식시키는 **식반작용**(deflation)이 일어난다(그림 19.6). 얕은 와지(움푹 꺼진 땅)를 파낼 수 있는 식반작용은 건조한 평원과 사막, 그리고 일시적으로 건조된 범람원이나 호수 바닥에서 일어난다. 빽빽한 식생—심지어 건조 및 반건조지역의 드물게 자란 식생—은 식반작용을 지체시킨다. 식반작용은 식물이 있는 지역에서는 천천히 일어나는데, 이는 식물 뿌리가 토양을 묶어두고 식물의 줄기와 잎이 공기흐름을 방해하여 지표를 보호하기 때문이다. 식반작용은 자연적으로는 극심한 가뭄으로, 인공적으로는 농경, 건축, 자동차 통행으로 식생이 파괴된 곳에서 빨리 일어난다.

　식반작용이 자갈, 모래, 실트의 혼합물에서 세립질 입자를 제거하면, 너무 커서 바람이 이동시킬 수 없는 자갈들만 남아 있는 표층을 만든다. 수천 년에 걸쳐 식반작용이 세립질 입자를 제거하면, 자갈들은 **사막포도**(desert pavement)의 층을 이루며 축적된다. 사막포도는 아래에 놓인 토양이나 퇴적물이 더 이상 침식되지 않도록 보호하는 거친 자갈이 많은 지표면이다.

　사막포도의 형성에 관한 이러한 이론은 완전히 받아들여지는 것은 아니다. 왜냐하면 많은 사막포도들은 이러한 방식으로 형성된 것 같지 않기 때문이다. 새로운 가설에 의하면 일부 사막포도는 바람에 날린 먼지의 퇴적에 의하여 형성되었다고 한다. 굵은 자갈 포도는 지표에 남아 있는 반면에, 바람에 불린 먼지는 자갈 표면층 아래로 침투하여 토양형성과정에 의해 변질된 다음에 그곳에 축적된다(그림 19.7).

그림 19.6 콜로라도주의 샌루이스계곡에서 식반작용으로 형성된 얕게 꺼진 지역. 바람이 표층을 삭박하고 침식하여 고도가 조금 낮아졌다. 식반작용은 식생이 없거나 파괴된 건조지역에서 나타난다.
[Breck P. Kent.]

(a)

1 사막포도의 형성은 바람이 세립질 물질을 불균질한 토양이나 퇴적물로 불어 이동시키며 시작된다.

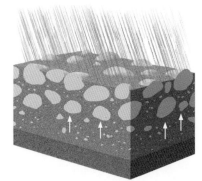

2 폭풍우 동안, 바람에 불린 세립질 퇴적물은 조립질 자갈층 밑으로 침투해 들어간다.

3 자갈 아래에서 서식하는 미생물들이 자갈을 들어올려 지표에 남아 있게 하는 데 도움을 주는 거품을 생성한다.

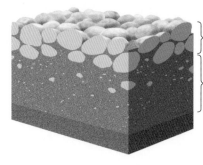

일정한 두께로 유지됨

수천 년 동안 바람에 불린 먼지가 더 많이 공급되면 더 두꺼워짐

4 시간이 지남에 따라 이 과정은 자갈층 아래에 먼지가 두껍게 쌓이게 한다.

5 바람에 날린 먼지가 지속적으로 공급되면서 퇴적층은 더욱 두꺼워진다.

(b)

그림 19.7 최근의 한 가설에 의하면, 사막포도는 기후 및 미생물이 바람에 날린 퇴적물 및 토양과 상호작용하여 형성된다.
[John Grotzinger.]

■ 퇴적매체로서 바람

바람이 잦아들면 바람은 더 이상 모래와 먼지를 이동시킬 수 없다. 조립질 퇴적물은 낮은 둔덕에서부터 높이 100m 이상의 거대한 언덕(이 장 시작부분 사진 참조)까지 다양한 크기를 갖는 다양한 형태의 사구에 퇴적된다. 세립질 먼지는 지면에 내려앉아 다소 균일한 두께의 실트와 점토로 지면을 피복한다. 오늘날 일어나는 이러한 퇴적작용을 관찰하여, 지질학자들은 퇴적작용을 사암과 먼지 퇴적층에서 관찰되는 층리, 조직 등의 특징과 연관시켜 과거의 기후와 바람패턴을 추정할 수 있었다.

사구는 어디에 형성되는가?

사구는 비교적 제한된 환경에서만 형성된다. 많은 북아메리카 사람들은 해빈 뒤편이나 큰 호수를 따라 형성된 사구를 보아왔다. 어떤 사구들은 건조 또는 반건조지역에 있는 큰 강의 사질 범람원에서 발견된다. 어떤 사막의 넓은 지역을 덮고 있는 사구지대는 아주 장관을 이루는 경관을 보여준다(그림 19.8). 이러한 사구들은 높이가 250m에 달하는 모래의 산을 이루기도 한다.

사구는 즉시 공급할 수 있는 모래가 풍부한 환경에서만 형성된다—해안선을 따라 발달한 모래해빈, 하천 계곡의 하천 모래톱이나 범람원 퇴적층, 사막의 사암 기반암층 등. 사구형성의 또 다른 요인은 바람의 힘이다. 바다와 호수에서 강한 바람은 물에서 육지 쪽으로 분다. 사막에서는 강하고 때로는 오랫동안 부는 바람이 흔하다.

앞에서 살펴본 바와 같이, 바람은 젖은 물질을 쉽게 들어올리지 못한다. 그래서 대부분의 사구는 건조기후에서 발견된다. 그러나 연안을 따라 발달한 해빈은 예외이다. 연안의 해빈에서는 모래가 풍부하고 바람에 의해 빨리 마르기 때문에 습윤한 기후에서도 사구가 형성될 수 있다. 습윤한 기후에서는 해빈에서 내륙으로 조금만 떨어져도 토양과 식생이 사구를 덮기 시작한다. 그래서 바람은 더 이상 그곳의 모래를 이동시킬 수 없게 된다.

사구는 기후가 더 습해지면 안정되어 식생으로 덮이고, 건조한 기후가 되면 다시 움직이기 시작한다. 2~3세기 전 및 그 이전의 가뭄이 발생했던 기간 동안 북아메리카 하이평원(high plains)의 서부지역에 있는 사구들이 재활성화되어 평원 위를 이동하였다는 지질학적 증거들이 있다.

사구는 어떻게 만들어지고 이동하는가?

바람은 모래를 지표면을 따라 움직이는 미끄러짐과 굴림운동으로, 그리고 물이나 공기의 흐름 속에 일시적으로 입자를 띄우는 도약(saltation)운동으로 이동시킨다. 도약은 하천과 공기에서 같은 방식으로 일어나지만(그림 18.15 참조), 공기흐름에서의 도약이 더 높이 더 멀리 이동한다. 공기흐름에서 부유된 모래 입자들은 모래층 표면 위로 50cm 높이까지, 자갈층 표면 위로 2m 높이

그림 19.8 중국 차이다무분지의 선상사구(종사구).
[David Rubin.]

까지 떠오르는데, 이는 물속에서 동일한 크기의 입자가 도약할 수 있는 것보다 훨씬 높은 것이다. 이러한 차이는 부분적으로 공기가 물보다 점도가 낮기 때문에 물과 달리 입자가 도약하는 것을 방해하지 않아서 발생한다. 게다가 공기 중에서 떨어지는 입자가 지표에 있는 다른 입자들과 충돌할 때 그 충격이 더 큰 도약을 일으킨다. 공기에 의해 거의 완충되지 않은 이러한 충돌은 지표의 입자들을 공기 중으로 격렬하게 차올린다. 도약한 입자들이 지표의 모래층을 때리면, 공기 중으로 튀어오르기에는 너무 큰 입자들을 앞으로 밀어내어 모래층이 바람의 방향으로 포행하게 한다. 빠른 속도로 지표를 때리는 모래 입자는 그 직경의 6배 정도 되는 다른 입자를 도약시킬 수 있다.

바람이 바닥을 따라 모래를 이동시킬 때, 바람은 물에 의해 형성되는 것과 흡사한 연흔과 사구를 만든다(그림 19.9). 물속의 연흔처럼 건조한 모래에서 형성된 연흔은 **횡방향**(transverse)으로, 즉 바람의 방향에 수직으로 놓인다. 바람의 속도가 낮으면 작은 연흔이 생긴다. 바람의 속도가 증가하면서 연흔은 점점 커진다. 연흔은 큰 사구 위에서 바람이 부는 방향으로 이동한다. 크든 작든 바람은 거의 항상 불기 때문에, 모래층에는 거의 항상 연흔이 발달한다.

그림 19.9 미국 뉴멕시코주의 화이트샌즈국립천연기념물에 있는 풍성연흔. 형태가 복잡해 보이지만, 이 연흔들은 항상 풍향에 횡(직각) 방향으로 만들어진다.

[John Grotzinger.]

모래와 바람이 충분하면, 어떤 장애물—큰 암석이나 식물 무리와 같은—은 사구를 만들기 시작할 수 있다. 물의 유선과 같이 바람의 유선은 장애물 주위에서는 갈라지고 바람이 부는 방향으로 가면서 다시 합쳐져서 장애물의 뒤편(하류)에 바람그늘(wind shadow)을 형성한다. 바람의 속도는 장애물 주위의 주요 공기흐름에서보다 바람그늘에서 훨씬 느리다. 실제로 바람그늘로 불려 들어간 모래 입자들이 그곳에 퇴적될 만큼 바람의 속도가 느리다. 이곳의 바람은 너무 느리기 때문에 모래 입자들을 다시 들어올릴 수 없다. 그래서 바람은 장애물의 하류방향에 모래더미인 **표사**(sand drift)를 쌓아 놓는다(그림 19.10). 이 과정이 계속되면 표사 자체가 장애물이 된다. 만약 모래가 충분하고 바람이 같은 방향에서 장시간 불어오면 표사는 사구로 성장한다. 또한 사구는 물속의 사구에서처럼 연흔이 확대되어서 성장할 수도 있다.

사구는 성장하면서 많은 개개 입자들의 연합된 움직임을 통해 바람이 불어가는 방향으로 이동하기 시작한다. 그림 19.11에서 보여주는 것과 같이, 모래 입자들은 낮은 각도를 이루는 바람이 불어오는 쪽 경사면의 꼭대기까지 끊임없이 도약하며 이동한 후, 바람이 불어가는 쪽 사면 위의 바람그늘로 떨어진다. 이 입자들은 점차 바람이 불어가는 쪽 사면의 상부에 가파르고 불안정한 모래 축적물을 쌓는다. 사면에 쌓인 모래 축적물은 주기적으로 무너져내려 자연스럽게 더 낮은 각도의 새로운 경사면인 **활주사면**(slip face) 아래로 미끄러지거나 쏟아져내린다. 만약 이러한 짧은 기간 동안 존속하는 불안정한 급사면을 고려하지 않는다면, 활주사면은 안정된 일정한 경사각—사면의 안식각—을 유지한다. 제16장에서 살펴본 바와 같이, 안식각은 입자의 크기와 모난 정도(angularity)에 따라 증가한다.

안식각을 이루며 연속적으로 쌓이는 활주사면 퇴적층은 풍성사구의 특징인 사층리를 형성한다(그림 5.11 참조). 사구가 쌓이면서 서로 간섭하다가 퇴적층 속에 파묻히면, 사구의 원래 모습은 없어져도 사층리는 보존된다. 여러 세트로 이루어진 수 미터 두께의 사암 사층리는 높은 풍성사구의 증거이다. 이러한 풍성사층리의 방향으로부터 지질학자들은 과거의 바람방향을 복원할 수 있다. 화성에 보존되어 있는 사층리(그림 9.28b 참조)는 과거에 화성에도 풍성사구가 있었다는 증거이다.

사구의 바람 불어오는 쪽 사면에 쌓이는 모래의 양이 활주사면으로 불려 나가는 양보다 더 많으면, 사구는 높이가 커진다. 대부분 사구는 높이가 수 미터에서 수십 미터 사이지만, 사우디아라비아의 거대한 사구들은 높이가 약 250m에 달하는데, 이것

(a)

초기 : 작은 표사가 바람그늘에 형성됨

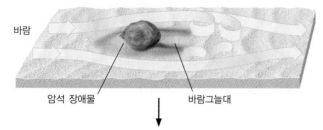

바람

암석 장애물   바람그늘대

중기 : 바람그늘 안에 크지만 분리되어 있는 표사 형성

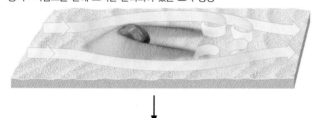

말기 : 표사가 합쳐져서 사구를 형성함

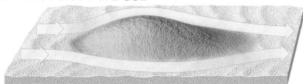

(b)

그림 19.10 사구는 암석이나 다른 장애물의 바람이 불어가는 쪽에 형성된다. (a) 장애물은 바람의 유선을 분리함으로써 주 흐름보다 약한 와류가 만들어지는 바람그늘을 만든다. 그래서 바람에 날린 모래 입자들은 바람그늘에 내려앉을 수 있게 되고, 바람그늘에서 모래가 쌓여 표사를 이루었다가 결국에는 사구로 합쳐진다. (b) 미국 캘리포니아주 오웬스호수의 표사.

[(a) R. A. Bagnold, *The Physics of Blown Sand and Desert Dunes*. London: Methuen, 1941 수정; (b) Marli Miller.]

1 연흔이나 사구는 개개의 모래 입자들이 이동함에 따라 전진한다. 전체 사구는 바람 불어오는 쪽 사면에서 침식된 모래가 바람 불어가는 쪽 사면에 퇴적되면서 천천히 앞으로 이동한다.

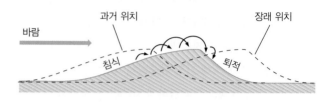

바람   과거 위치   장래 위치

침식   퇴적

2 사구의 바람 불어오는 쪽 사면에 도착한 모래 입자들은 도약하여 사구의 정상으로 이동한다…

3 …풍속이 감소하면 퇴적된 모래는 바람 불어가는 쪽 경사면을 미끄러져 내려간다.

활주사면

4 이 과정은 컨베이어벨트와 같이 작용해서 사구를 앞으로 이동시킨다.

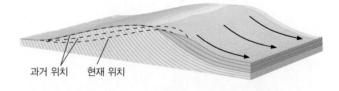

과거 위치   현재 위치

5 사구는 바람이 너무 강해서 모래 입자가 유입되자마자 사구로부터 불려 날아가는 높이가 되면 수직방향으로 성장하는 것을 멈춘다.

바람의 유선

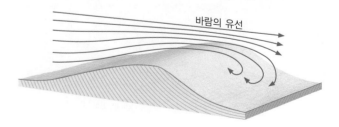

그림 19.11 바람이 모래 입자를 도약으로 이동시킴에 따라 사구가 성장하고 움직인다.

이 사구의 최대 한계높이인 것으로 보인다. 사구 높이의 한계는 바람유선의 움직임, 바람의 속도, 지형 사이의 관계에 기인한다. 사구의 등을 타고 전진하는 바람의 유선은 사구가 더 높이 커질수록 더 압축이 된다(그림 19.11 참조). 더 많은 공기가 더 작은 공간을 통과하면서 바람의 속도는 증가한다. 결국 사구의 정상에서는 바람의 속도가 너무 빨라서 모래 입자들이 바람이 불어오는 쪽 사면 위로 올라오자마자 바람에 불려 날린다. 이러한 균형이 이루어질 때 사구의 높이는 일정하게 유지된다.

사구의 종류

넓고 탁 트인 사구지역의 한가운데에 서 있는 사람은 외견상 굽이치는 경사면들의 무질서한 배열로 인해 혼란스러울 것이다. 사구의 우세한 패턴을 알아내기 위해서는 훈련된 눈이 필요하며, 심지어 항공관측이 필요할지도 모른다. 사구의 일반적인 형태와 배열은 이용 가능한 모래의 양과 바람의 방향, 지속시간 및 세기에 의해 결정된다. 지질학자들은 사구를 다음과 같이 네 가지 종류로 분류한다(그림 19.12)—바르한(barchans), U자형사구(blowout dunes), 횡사구(transverse dunes), 종사구(longitudinal dunes; linear dunes, 선상사구).

먼지의 퇴적과 뢰스

바람의 속도가 감소하면서 부유상태로 이동하던 먼지가 가라앉아 뢰스를 형성한다. **뢰스**(loess, 황토)는 세립질 입자들로 이루어진 먼지가 눈이 내리듯 내려앉아 지면을 두껍게 피복하며 쌓인 퇴적물을 말한다. 뢰스층은 내부에 층리가 없다. 1m 이상의 두께로 굳게 다져진 뢰스층은 수직균열을 형성하며 깎아지른 듯한 벽을 따라 갈라지며 떨어져나가는 경향이 있다(그림 19.13). 지질학자들은 식물 뿌리와 지하수의 침투가 결합되어 나타나는 작용에 의해 수직균열이 생긴다고 생각하지만 아직 정확한 메커니즘은 밝혀지지 않았다.

뢰스는 지구 육지표면의 약 10%를 덮고 있다. 가장 큰 뢰스층은 중국과 북아메리카에서 발견된다. 중국에는 100만km^2 이상의 뢰스층이 있다(그림 19.14). 가장 큰 뢰스층은 중국 북서부의 넓은 지역에 걸쳐 분포되어 있는데, 대부분의 지역에서 두께가 30~100m이지만 일부 지역에서는 300m를 넘기도 한다. 고비사막과 중앙아시아의 건조한 지역 위에서 부는 바람이 먼지를 공급했으며, 이 먼지는 아직도 동아시아와 중국 내륙으로 날아오고 있다. 중국의 뢰스층 중 어떤 것은 200만 년 이전에 퇴적된 것이다. 이들은 히말라야산맥과 이와 관련된 중국 서부의 산맥들이 융기하면서 대륙내부에 비그늘과 건조한 기후가 나타나기 시작한 이후에 형성되었다. 이러한 산맥의 융기는 아시아의 많은 지역에 차고 건조한 플라이스토세 기후를 가져온 원인이 되었다. 이러한 기후는 식생을 억제하고 토양을 메마르게 하여 광범위한

바르한(Barchan)은 초승달 모양의 사구로, 항상 그런 것은 아니지만 일반적으로 무리를 이루며 발견된다. 초승달 모양의 뿔은 바람 불어가는 쪽을 향한다. 바르한은 제한된 모래 공급과 한 방향으로 부는 바람의 산물이다.

바람

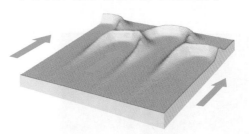

U자형사구(blowout dune)는 바르한과 거의 정반대이다. U자형사구의 활주사면은 바람 불어가는 쪽으로 볼록한 반면, 바르한의 활주사면은 바람 불어가는 쪽으로 오목하다.

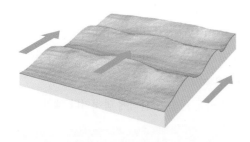

횡사구(traverse dune)는 풍향과 직각을 이루는 긴 능선이다. 이러한 사구는 모래가 풍부하고 식생이 없는 건조한 지역에 형성된다. 일반적으로 해빈 뒤편의 사구지대는 강한 해풍에 의해 형성된 횡사구들이다.

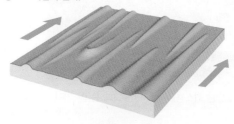

종사구(longitudinal dune)는 풍향에 평행하게 늘어선 긴 모래능선이다. 선상사구(linear dune)라고도 한다. 이러한 사구들은 높이가 100m에 달하기도 하고, 길이가 수 킬로미터까지 연장될 수 있다. 종사구로 덮여 있는 대부분의 지역들은 모래공급이 적당하고, 거친 포도가 있고, 항상 같은 방향으로 바람이 분다.

그림 19.12 사구의 일반적인 형태와 배열은 이용 가능한 모래의 양과 바람의 방향, 지속시간 및 속도에 따라 달라진다.

그림 19.13 미국 네브래스카주의 엘바에 있는 뢰스층.
[Daniel R. Muhs, U.S. Geological Survey.]

바람의 침식과 운반을 일으켰다.

북아메리카에서 가장 잘 알려진 뢰스층은 미시시피강 상류 계곡(upper Mississippi River valley)에 있다. 이는 플라이스토세에 빙하가 녹으면서 형성된 하천의 넓은 범람원에 실트와 점토가 퇴적되면서 시작되었다. 강한 바람은 한랭한 기후와 빠른 퇴적률로 인해 식생의 발달이 억제된 범람원을 건조시켰고, 범람원에서 막대한 양의 먼지를 불어 올린 다음 동쪽에 퇴적시켰다. 지질학자들은 이 뢰스층이 과거에 빙하로 덮였던 지역이나 그 근처의 언덕과 계곡 위에 거의 균일한 두께로 피복하듯이 퇴적되었음을 알아냈다. 뢰스의 두께가 지역적으로 차이를 보이는 것이 편서풍과 관련이 있다는 사실은 뢰스가 풍성 기원임을 확인해준다. 범람원

그림 19.14 중국 북부 산시성에 있는 뢰스층을 파서 만든 고대 동굴주거지.
[© Ashley Cooper/Age Fotostock.]

의 동쪽에 있는 뢰스층의 두께는 8~30m로 범람원의 서쪽보다 더 두껍지만, 바람이 불어가는 방향으로 가면서 급격히 감소하다가 범람원의 더 먼 동쪽에서는 1~2m로 줄어든다.

뢰스 위에 형성된 토양은 비옥하고 생산력이 높다. 그러나 이 토양에서의 경작은 환경적인 문제를 일으킨다. 이 토양들은 작은 하천에 의해 쉽게 침식되어 깊은 우곡을 만들고, 관리가 부족하면 바람에 의해 풍식될 수 있기 때문이다.

■ 사막환경

모든 지구환경 중에서 사막은 바람이 침식, 운반, 퇴적작용을 가장 잘할 수 있는 곳이다. 사막은 인간이 살기에 가장 어려운 환경 중의 하나이다. 그러나 우리들 중 많은 사람들은 이처럼 뜨겁고 건조하고 바위와 사구들로 가득 차 있어 생물이 없는 것처럼 보이는 사막에 매료된다. 사막의 건조한 기후는 가혹하지만 파괴되기 쉬운 환경조건을 만든다. 이들에 인간이 미친 영향은 수십 년 동안 지속된다.

건조지역의 총면적은 지구육지의 약 1/5에 해당하는 약 2,750만km²이다. 이에 더해서 반건조 평원지역도 전체 육지의 약 1/7에 달한다. 오늘날 전 세계에 넓은 사막지역이 존재하는 이유—지구의 풍계가 기후, 조산운동 및 대륙의 이동에 미치는 영향—를 고려해볼 때, 우리는 동일과정의 원리에 입각하여 광범위한 사막이 전 지질시대를 통해 존재해왔다고 확신할 수 있다. 반대로 오늘날의 사막은 아마도 과거에는 습윤한 지역이었지만 장기적인 기후변화에 의하여 건조한 지역으로 변한 곳일 수도 있다.

사막은 어디에서 발견되는가?

전 세계 대규모 사막들의 위치는 강우량에 의하여 결정되며, 강우량은 다시 몇 가지 요인들에 의하여 결정된다(그림 19.15). 아프리카의 사하라사막과 칼라하리사막, 그리고 오스트레일리아의 그레이트오스트레일리아사막은 극히 낮은 강우량을 보이는데, 일반적으로 연간 강우량이 25mm 미만이며, 일부 지역에서는 연간 5mm 이내의 비가 내린다. 이 아열대 사막들은 탁월풍계가 건조한 공기를 지표로 하강시키는 북위 30°와 남위 30° 근처에서 발견된다(그림 19.15). 이렇게 공기가 하강하는 지대에서는 상대습도가 극히 낮기 때문에, 구름은 거의 없으며 강수의 확률도 매우 낮다. 태양은 여러 주 동안 계속해서 내리쬔다.

사막은 습기를 머금은 바람이 산맥에 막히거나 해양으로부터

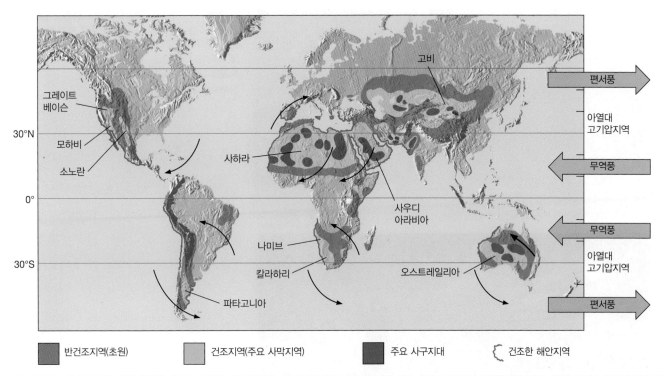

그림 19.15 세계의 주요 사막지역(극지방의 사막은 제외하였음). 사막의 위치가 탁월풍대 및 주요 산맥과 관련이 있음을 주목하라. 또한 사구가 전체 사막의 면적 중 적은 비율을 차지한다는 것도 주목하라.

[After K. W. Glennie, *Desert Sedimentary Environments*. New York: Elsevier, 1970.]

멀리 떨어져 강우량이 적은 온대지방─북위 30~50°와 남위 30~50°─에서도 나타난다. 예를 들면, 미국 서부의 그레이트베이슨(Great Basin)과 모하비사막은 서부 해안산맥이 만든 비그늘 내에 놓여 있다. 고비사막과 중앙아시아의 다른 사막들은 대륙내부 너무 깊숙한 곳에 자리하고 있어서 바람이 이곳에 도달하기 전에 그들이 머금었던 습기를 모두 강우로 잃어버린다.

또 다른 종류의 사막이 극지방에서 발견된다. 이 차갑고 메마른 지역에서는 강수가 거의 없는데, 이는 몹시 찬 공기가 습기를 거의 머금을 수 없기 때문이다. 남극 빅토리아랜드(Victoria Land)의 남부에 있는 건조한 계곡지역은 너무 건조하고 추워서 화성의 환경과 유사하다.

판구조의 역할 어떤 면에서 사막은 판구조과정의 결과물이다. 비그늘을 만드는 산맥은 판의 수렴 경계에서 조산운동으로 융기된다. 중앙아시아가 대양으로부터 멀리 떨어져 있는 것은 대륙이동으로 작은 판들이 모여서 만들어진 거대한 땅덩어리인 아시아대륙의 크기가 커졌기 때문이다. 대륙이동이 고위도의 대륙들을 저위도로 이동시켰기 때문에 대규모 사막들이 저위도에서 발견된다. 먼 훗날의 판구조 시나리오를 가정해보자. 만약 미래에 북아메리카대륙이 2,000km 정도 남쪽으로 이동한다면, 미국과 캐나다의 대평원 북부는 뜨겁고 건조한 사막이 될 것이다. 이와 비슷한 일이 오스트레일리아에서 일어났다. 약 2,000만 년 전 오스트레일리아는 현재보다 훨씬 남쪽에 있었으며, 그 내륙은 온난 다습한 기후의 영향하에 있었다. 그 이후 오스트레일리아는 북쪽으로 이동하여 건조한 아열대지역으로 들어갔으며, 그 내륙은 사막으로 변했다.

기후변화의 역할 한 지역의 기후변화는 반건조지역을 사막으로 바꿀 수 있는데, 이 과정을 **사막화**(desertification)라고 한다. 우리가 완전히 이해하지 못하는 기후변화는 수십 년 또는 심지어 수백 년 동안 강수량을 감소시킬 수 있다. 그러한 건조기가 지나간 이후 이 지역은 온난 다습한 기후로 돌아갈 수도 있다. 지난 1만 년 동안 사하라의 기후는 건조한 환경과 습윤한 환경 사이를 왔다 갔다 했다. 위성자료는 수천 년 전에 광범위한 하천 수로계가 사하라에 존재했었음을 보여준다(그림 19.16). 오늘날에는 말라버리고 최근의 모래 퇴적층에 덮여 있지만, 이러한 고대의 배수 시스템은 과거 습윤했던 기간 동안 북부 사하라를 거쳐 풍부하게 흐르는 물을 운반하였다.

사하라사막은 오늘날 북쪽으로 확장하고 있다(지질학 실습 참조). 유럽우주기구(European Space Agency)가 주도하는 사막관찰

(a)

(b)

그림 19.16 사하라사막의 기후는 오늘날과 같이 힝싱 건조한 것은 아니었다. (a) 지구표층만 보는 원격탐사기술은 사하라의 모래만 관측한다. (b) 그러나 지표 아래 몇 미터까지 관통하는 원격탐사기술은 모래에 묻혀 있는 복잡한 하천 수로망을 볼 수 있다.

[NASA/JPL Imaging Radar Team.]

프로젝트(Desert Watch project)는 유럽 지중해 연안의 30만km² 이상의 지역—1,600만 명이 사는 미국 뉴욕주의 크기와 맞먹는 지역—이 역사상 가장 긴 가뭄에 시달리고 있다고 보고한다. 2005 년과 2012년 동안 스페인 남부해안을 따라 화재가 급속히 번져 나갔으며, 기온은 몇 주 동안 계속해서 최고치를 경신하였다. 이 것이 단지 길고 더운 여름에 불과한 것인가, 아니면 인구폭발과 과도한 개발로 건조지역의 연약한 생태계가 악화되어 일어난 사 막화의 전조인가?

후자의 시나리오를 지지하는 증거들이 축적되고 있다. 토양은 오래 계속되는 가뭄으로 습기를 잃어 느슨해져서 바람에 의한 운 반과 풍식작용이 더 쉽게 일어난다. 지하수면은 기록적으로 낮아 졌다. 그리고 유럽이 점점 더워지고 있음은 거의 확실하다—지난 20세기 동안 유럽의 평균기온은 약 0.7℃ 상승했다. 1800년대 중 반에 기온측정이 시작된 이래, 1990년대는 가장 더웠던 10년이 었으며, 지금까지 기록된 가장 더웠던 해 5개 중 2개가 이 기간에 포함된다.

인간활동의 역할 기후변동은 사하라와 다른 사막에서 자연적으 로 발생하지만, 인간의 활동은 오늘날 일어나고 있는 일부 사막 화에 책임이 있다. 농경과 가축방목의 증가와 더불어 반건조지역

에서 인구증가는 사막의 팽창을 초래할 수 있다. 인구증가와 가 뭄 기간이 일치하면, 그 결과는 처참해질 수 있다. 스페인에서 도 시와 농경의 폭발적 증가가 지중해 연안—스페인에서 가장 건조 한 지역—에서 일어나고 있다. 예전의 농경지는 과도한 경작(일 년에 최대 사모작까지)으로 물이 고갈되고 토양이 유실되어 식생 을 잃어가고 있다. 관광산업의 호황과 이로 인한 개발은 말 그대 로 건조한 땅을 포장하듯이 뒤덮고 있으며 남아 있는 시골지역을 건조하게 만들고 있다. 2004년에 35만 채 이상의 새집이 지중해 연안에 지어졌는데, 많은 집들의 뒷마당에는 수영장이 있고 인근 에는 골프장이 있어 많은 물을 필요로 한다. 개별적으로는 이러 한 인간활동 중 어느 것도 부정적인 영향을 미치지 않을지도 모 른다. 그러나 이들이 모두 합쳐지면 사막화를 일으킨다.

사막화와 정반대인 "사막을 꽃피우게 하자"는 사막지역을 가 지고 있는 일부 국가들의 구호였다. 이 국가들은 반건조지역이 나 건조지역을 농경지로 바꾸기 위해 대규모로 관개를 하고 있 다. 북아메리카에서 많은 과일과 야채를 경작하는 캘리포니아주 의 센트럴밸리는 그러한 예 중 하나이다. 관개에 사용된 물이 용 존물질(거의 모든 자연적인 물은 용존물질을 포함하고 있다)을 포함하고 있다면, 시간이 지나면서 이 물이 증발하여 용존물질을

염(소금)으로 퇴적시킬 것이다. 따라서 아이러니하게도 건조기후 또는 아건조기후에서 농사를 위한 관개는 결국 염분을 천천히 축적시켜 사막화를 일으킬 수 있다.

사막의 풍화와 침식

사막이 독특하긴 하지만 다른 곳에서 작용하는 동일한 지질학적 과정들이 일어난다. 물리적 및 화학적 풍화작용이 다른 곳과 마찬가지로 사막에서도 일어나지만, 두 과정 사이의 균형은 다르다─사막에서는 물리적인 풍화작용이 화학적 풍화작용보다 훨씬 우세하다. 장석 및 다른 규산염광물들을 점토광물로 바꾸는 화학적 풍화작용은 매우 느리게 진행되는데, 이는 반응에 필요한 물이 거의 없기 때문이다. 형성된 소량의 점토는 보통 쌓이기 전에 강한 바람에 의해 날아가버린다. 느린 화학적 풍화작용과 빠른 바람의 운반작용이 힘을 합쳐 어느 정도 두께의 토양이 형성되는 것을 막는다. 드문드문 있는 식생이 풍화된 입자들의 일부를 붙잡아두고 있는 곳에서조차 그렇다. 따라서 사막의 토양은 얇고 불연속적이다. 모래, 자갈, 다양한 크기의 암석 조각, 노출된 기반암 등이 대부분의 사막지표에서 볼 수 있는 특징이다.

사막의 색 사막에 있는 많은 풍화된 표면의 주황색을 띠는 갈색으로 녹이 슨 듯한 색깔은 산화제2철광물인 적철석과 갈철석에 기인한다. 이 광물들은 휘석과 같은 철을 함유한 규산염광물들의 느린 화학적 풍화로 만들어진다. 산화철은 아주 적은 양만 존재하여도 모래, 자갈, 점토의 표면을 물들인다.

사막칠(desert varnish)은 사막의 많은 암석 표면에서 발견되는 독특한 짙은 갈색이며 때로는 반짝이는 칠 또는 피막(coating)이다. 이는 점토광물이 소량의 산화망간 및 산화철과 혼합된 것이다. 사막칠은 아마 이슬이 노출된 암석 표면 위의 주요 광물들을 화학적으로 풍화시켜 점토광물, 산화철 및 산화망간을 만드는 과정에서 형성되었을 것이다. 이에 더하여 바람에 날린 소량의 먼지가 암석 표면에 달라붙었을 것이다. 이 과정은 매우 느려서 수백 년 전 미국 원주민들이 사막칠에 새긴 문양들이 어두운 사막칠과 그 아래의 밝은 풍화되지 않은 암석 사이의 두드러진 대조로 인하여 아직도 선명하게 보인다(그림 19.17). 사막칠은 형성되는 데 수천 년이 걸리며, 북아메리카의 몇몇 특별한 고대 사막칠은 마이오세 시대의 것이다. 그러나 고대의 사암에서 이와 같은 사막칠을 인지하는 것은 쉽지 않다.

하천 : 침식의 주요한 매체 바람은 다른 어느 곳보다 사막에서 침식에 큰 역할을 하지만, 하천의 침식력과는 경쟁할 수 없다. 비록 비가 거의 안 내려서 대부분의 하천이 간헐적으로 흐른다 할지라도, 하천은 그들이 흐를 때 사막에서 이루어지는 침식의 대부분을 일으킨다.

가장 건조한 사막에도 때때로 비가 내린다. 사막의 모래와 자갈이 많은 지역에서는 강우는 토양과 투수성이 있는 기반암으로 침투하여 일시적으로 불포화대에 지하수를 보충한다. 불포화대에서 물의 일부는 입자 사이의 공극 속에서 매우 천천히 증발한다. 더 작은 양의 빗물이 결국 지표 아래 깊은 곳─어떤 지역에서는 지표 아래 수백 미터 깊이─에 있는 지하수면에 도달한다. 야자나무와 다른 식물들의 뿌리가 지하수면에 닿을 수 있을 정도로 지하수면이 거의 지표 가까이에 도달한 곳에 사막의 오아시스가 만들어진다.

폭우가 쏟아질 때, 짧은 시간 동안 너무 많은 양의 비가 내리면 침투가 보조를 맞출 수 없게 된다. 그러면 대부분의 물은 하천으로 유출된다. 식생에 의해 방해를 받지 않는 지표유출은 속도가 빨라 몇 년 동안 메말라 있던 계곡 바닥을 따라 돌발홍수를 일으키기도 한다. 그래서 사막에서 하천을 흐르는 물의 대부분은 홍수이다(그림 19.18a). 사막에서 홍수가 일어나면, 느슨한 퇴적물들을 붙잡아줄 식물이 거의 없기 때문에 홍수는 엄청난 침식력을 발휘한다. 하천은 퇴적물로 너무 가득 차서 빠르게 이동하는 이류처럼 보일 수 있다. 사막 하천들은 홍수의 속도로 이동하는 이

그림 19.17 미국 유타주의 캐니언랜즈에 있는 신문지암(Newspaper Rock)의 사막칠에 아메리카 원주민들이 새긴 암각화. 암각화를 새긴 자국은 수백 년 되었지만 수천 년 동안 쌓인 사막칠 위에서 아직도 생생하게 보인다.

[Peter Kresan.]

그림 19.18 사막에서 하천유출의 대부분은 홍수로 나타난다. (a) 미국 애리조나주의 사와로국립공원에서 여름철 뇌우 동안의 사막계곡. (b) 폭풍 다음 날의 같은 계곡. 갑작스러운 사막홍수에 의해 퇴적된 조립질 퇴적물이 계곡 바닥 전체를 덮고 있다.
[Peter Kresan.]

러한 퇴적물의 연마작용을 통해 기반암 계곡을 효과적으로 침식하게 된다.

사막퇴적물과 퇴적작용

사막은 다양한 종류의 퇴적환경으로 이루어져 있다. 비가 갑자기 내려 사납게 흐르는 강과 넓은 호수를 만들 때 이러한 환경들은 극적으로 변하기도 한다. 오랜 기간 동안 건조기가 지속되면, 그 동안 퇴적물들은 바람에 날려 사구를 형성한다.

충적퇴적물 퇴적물을 가득 실은 돌발홍수가 말라버리면, 홍수는 사막계곡의 바닥에 독특한 충적퇴적층을 남긴다. 많은 경우, 평탄하게 채워진 조립질 퇴적물이 계곡 바닥 전체를 덮으며, 일반 하천에서는 나타나는 수로, 자연제방, 범람원의 구분이 여기에서는 나타나지 않는다(그림 19.18b). 많은 다른 사막계곡의 퇴적물들은 하천에 의해 퇴적된 수로 및 범람원 퇴적물과 풍성퇴적물이 혼합되어 쌓여 있음을 분명히 보여준다. 과거에 일어났던 충적과정과 풍성과정의 이러한 조합은 광범위한 풍성 사암층이 수로퇴적층과 고대의 범람원 사암층에 의해 분리되어 있는 지층을 형성했다. 다시 말하면 바람에 의해 만들어진 풍성 사암층 사이에 물에 의해 만들어진 수로퇴적물과 범람원 사암층이 협재되어 있는 모습을 보인다.

큰 충적선상지들은 사막 하천들이 그들이 가지고 있던 퇴적물의 대부분을 선상지에 퇴적시키기 때문에 사막에 있는 산의 앞부분에서 눈에 잘 띄는 모습이다(그림 18.26 참조). 하천수가 선상지를 이루고 있는 투수성 퇴적물속으로 빠르게 침투하면서 퇴적물을 하류로 더 멀리 이동시키는 데 필요한 물이 고갈된다. 건조

한 산지에서 충적선상지의 많은 부분은 암설류와 이류로 이루어져 있다.

풍성퇴적물 사막에서 가장 인상적인 퇴적 집적물은 앞에서 살펴본 바와 같이 단연코 사구이다. 사구지대(dune field)는 수 평방킬로미터에서부터 아라비아반도에서 발견되는 '모래의 바다'에 이르기까지 그 크기가 다양하다(그림 19.8 참조). 이러한 모래바다 —또는 에르그(ergs)—는 미국 네바다주 면적의 두 배가 되는 50만 km²를 덮기도 한다.

비록 영화와 텔레비전에서 묘사된 것 때문에 사막은 대부분이 모래로 이루어졌다고 생각할지도 모르지만, 실제로는 전 세계 사막지역의 1/5만이 모래로 덮여 있다(그림 19.15 참조). 나머지 4/5는 바위로 되어 있거나 사막포도로 덮여 있다. 모래는 사하라 사막의 10% 정도를 덮으며, 미국 남서부의 사막에서 사구는 흔치 않다.

증발퇴적물 플라야호수(playa lake)는 폭풍우가 끝난 후 물이 모이는 건조한 산맥의 골짜기나 분지에 형성되는 영구적 또는 일시적인 호수이다(그림 19.19). 사막 하천은 많은 양의 용존광물을 운반하며, 이 광물들은 플라야호수에 쌓인다. 호수의 물이 증발하면서, 광물들은 농축되어 침전된다. 플라야호수는 탄산나트륨, 붕사(붕산나트륨) 및 다른 특이한 염(소금)들과 같은 증발광물의 원천이다. 만약 완전히 증발되면, 호수는 때때로 침전된 염(소금)들로 덮인 점토질의 평평한 바닥인 **플라야**(playa)가 된다.

사막 경관지형

사막 경관지형은 지구상의 가장 다양한 경관지형 중의 일부이다.

그림 19.19 미국 캘리포니아주의 데스밸리에 있는 사막 플라야호수.
[Robert Harding Picture Library/Superstock.]

넓은 낮고 평평한 지역은 플라야, 사막포도 및 사구지대로 덮여
있다. 고지대는 암석으로 이루어져 있으며, 많은 곳에서 가파른
하천 계곡과 협곡으로 절개되어 있다. 식물과 토양이 거의 없기
때문에 습윤한 기후의 지형보다 모든 것이 더 모나고 험하게 보
인다. 대부분의 습윤한 지역에서 발견되는 둥글고, 토양으로 덮
여 있으며, 식생이 있는 사면에 비하여, 사막의 풍화에 의해 만들
어진 다양한 크기의 조립질 조각들이 기저부에 각진 테일러스를
가진 가파른 절벽을 형성한다(그림 19.20).

그림 19.20 미국 애리조나주 코파국립야생보호구역의 코파뷰트(Kofa Butte)
에 있는 이 사막 경관지형은 사막 풍화작용에 의해 만들어진 가파른 절벽과
애추더미를 보여준다.
[Peter Kresan.]

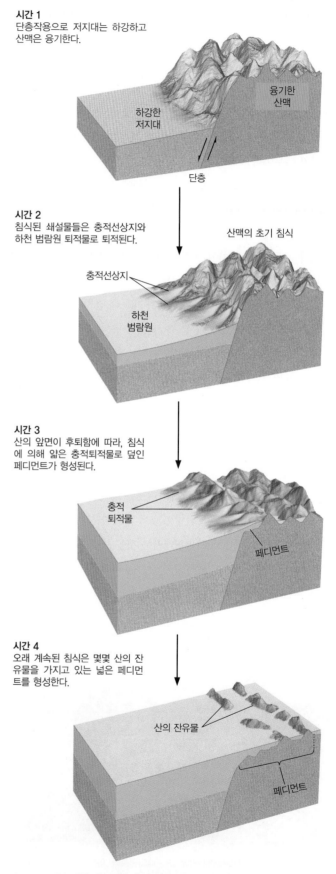

시간 1
단층작용으로 저지대는 하강하고
산맥은 융기한다.

융기한
산맥

하강한
저지대

단층

시간 2
침식된 쇄설물들은 충적선상지와
하천 범람원 퇴적물로 퇴적된다.

산맥의 초기 침식

충적선상지

하천
범람원

시간 3
산의 앞면이 후퇴함에 따라, 침식
에 의해 얇은 충적퇴적물로 덮인
페디먼트가 형성된다.

충적
퇴적물

페디먼트

시간 4
오래 계속된 침식은 몇몇 산의 잔
유물을 가지고 있는 넓은 페디먼
트를 형성한다.

산의 잔유물

페디먼트

그림 19.21 페디먼트는 산의 앞면이 침식되고 후퇴하여 형성된다.

사막 경관지형의 대부분은 하천에 의하여 형성되지만, 하천의 계곡—미국 서부에서는 **드라이 워시**(dry washes), 중동에서는 **와디**(wadis)라 부름—은 대부분의 시간 동안 말라 있다. 사막의 하천 계곡은 다른 곳의 하천 계곡과 동일한 범위의 단면을 갖는다. 그러나 많은 사막 하천들은 곡벽의 각도가 급한데, 이는 하천 홍수에 의한 빠른 침식과 드물게 내리는 비 때문에 골짜기의 벽이 약해지기 때문이다.

사막 하천들은 비교적 드문 강우 때문에 간격이 넓다. 사막에서의 배수패턴은 일반적으로 다른 지역의 배수패턴과 비슷하나, 한 가지 중요한 차이점이 있다—많은 사막 하천들은 바다로 흘러들어가는 큰 강과 합쳐지기 전에 사막을 지나면서 사라진다. 대부분은 선상지의 아랫부분에서 사라진다. 사막 하천이 사구에 의한 댐에 막히거나 출구가 없는 폐쇄된 계곡에 갇히는 경우, 플라야호수가 형성될 수 있다.

페디먼트(pediment, 암석상)라 부르는 특별한 유형의 침식된 기반암 표면은 사막의 특징적인 지형이다. 페디먼트는 산의 앞면이 침식되어 계곡에서 뒤로 후퇴함에 따라 뒤에 남겨진 완만하게 경사진 넓은 기반암의 탁상지이다(그림 19.21). 페디먼트는 산의 기저 주위에 펼쳐진 앞치마처럼 모래와 자갈로 된 얇은 충적퇴적물이 축적되면서 형성된다. 오래 계속된 침식은 결국 몇몇 잔류되어 남은 산의 아래에 넓은 페디먼트를 형성한다(그림 19.22). 전형적인 페디먼트와 산의 단면도는 아주 급한 산비탈이 갑자기 완만한 경사의 페디먼트로 평평해지는 것을 보여준다. 페디먼트의 하부 가장자리에 퇴적된 충적선상지는 페디먼트 아래의 골짜기를 채운 퇴적물과 합쳐진다.

페디먼트는 흐르는 물에 의해 형성된다는 많은 증거가 있다. 흐르는 물은 퇴적물은 운반하고 퇴적시켜 충적선상지를 만들 뿐만 아니라 페디먼트의 표면을 깎아낸다. 동시에 페디먼트의 맨 앞에 있는 산비탈은 후퇴하면서 그들의 가파른 경사를 유지한다. 반면에 습윤한 지역에서는 산비탈이 둥글게 더 완만해진다. 우리는 특정 암석 종류들과 침식과정들이 건조한 환경에서 어떻게 상호작용하여 페디먼트가 확장할 때 산비탈을 가파르게 유지하는지에 대해서는 알지 못한다.

구글어스 과제

바람은 사막의 경관지형을 만드는 중요한 매체이다. 바람은 해빈과 같은 경관지형의 한 지역에서 퇴적물을 제거하여 다른 지역으로 운반하고 거기에 쌓아 사구를 형성할 수 있다. 지구상에서 움직이는 대규모 사구를 볼 수 있는 가장 좋은 장소 중 하나는 아프리카 남서부에 있는 나미비아의 나미브사막이다.

Data SIO, NOAA, U.S. Navy, GEBCO © 2009 Cnes/Spot Image, © 2009 DigitalGlobe

나미브사막은 아프리카 남서부에 위치하고 있으며, 남북방향으로 정렬된 명확한 종사구를 포함하고 있다. 사막은 동쪽에서는 융기된 기반암과 서쪽에서는 대서양과 접하고 있다. 연습에서 논의된 장소의 위치를 주목해서 보라.

위치 남서 아프리카 나미비아
목표 모래바다와 바람에 의해 형성된 다양한 지형을 관찰하기
참고 이 장 서두의 사진, 그림 19.3과 그림 19.8

그림 19.22 시마돔은 모하비사막에 있는 페디먼트다. 돔의 표면은 얇은 충적퇴적물로 덮여 있다. 돔의 왼쪽과 오른쪽에 볼록 튀어나와 있는 2개의 돌출부는 이전에 존재하던 산의 마지막 잔류물로 여겨진다.

[Marli Miller.]

요약

탁월풍은 어떻게 형성되어 어디로 부는가? 지구는 탁월풍대에 둘러싸여 있다. 탁월풍은 태양이 적도에서 가장 강하게 가열하여 공기가 적도에서 상승하여 극 쪽으로 흐르기 때문에 발달한다. 공기는 극지방으로 움직이면서 점점 차가워져 가라앉기 시작한다. 그러면 이 차갑고 밀도가 큰 공기는 지표면을 따라 다시 적도 쪽으로 흐른다. 지구의 자전에 의해 발생한 코리올리효과는 탁월풍을 북반구에서는 오른쪽으로, 남반구에서는 왼쪽으로 휘어지게 한다.

바람은 어떻게 모래와 세립질 퇴적물들을 운반하고 침식시키는가? 바람은 흐르는 물과 비슷한 방식으로 건조한 입자들을 들어 올려 운반할 수 있다. 그러나 공기의 흐름은 이동시킬 수 있는 입자크기(모래보다 크지 않다)와 입자를 부유상태로 유지할 수 있

1. 구글어스 검색창에 'Namib Desert, Africa'를 입력하고, 거기에 도착하면 '내려다보는 높이'를 1,000km로 축소하라. 이 높이에서 나미브사막의 사구지대는 대서양을 따라 연한 갈색 점으로 표시된다. '도구'-'눈금자'-'경로'의 거리측정 도구를 사용하여 이 모래바다의 둘레를 측정하라. 측정한 결과는 무엇인가?
   a. 300km
   b. 600km
   c. 1000km
   d. 800km

2. 좌표 24°12′00″ S, 15°07′00″ E에서 '내려다보는 높이'를 55km로 확대하면, 어떠한 종류의 사구가 보이는가?
   a. U자형사구
   b. 종사구
   c. 횡사구
   d. 바르한

3. 이전 위치에서 정북으로 40km 이동하면, 모래바다가 쿠이제프강(Kuiseb River)에서 갑자기 끝나는 것을 볼 것이다. 강의 수로와 주변의 식생을 보기 위하여 강 위에서 확대하라. 이 강의 북쪽에는 사구가 없다. 그 이유는?
   a. 모래 입자들은 강의 남쪽에서만 만들어진다.
   b. 바람은 북쪽에서 남쪽으로 불어 퇴적물을 강에서 모래바다로 운반한다.
   c. 바람은 남쪽에서 북쪽으로 불어 퇴적물을 강으로 운반하고, 그다음에 강은 퇴적물을 대서양으로 운반한다.
   d. 북쪽으로 이동하는 모래는 강둑을 따라 자라는 식생에 의해 흩어져 사라진다.

4. '내려다보는 높이'를 다시 55km로 축소하고 좌표 24°44′00″ S, 15°20′10″ E로 이동하라. 소서스블레이(Sossusvlei)라 부르는 플라야호수의 위치를 표시하는 흰색 물질의 점을 주목하라. 이 플라야호수의 퇴적물은 어떻게 축적되었는가?
   a. 서쪽에서 동쪽으로 부는 바람은 소금을 대서양에서 소서스블레이로 운반했다.
   b. 동쪽의 산맥지역에서 발생한 돌발홍수가 용존물질을 소서스블레이로 운반했고, 소서스블레이에서 물이 사구 가까이에서 고였다가 증발했다.
   c. 염분이 있는 지하수가 대서양에서 소서스블레이로 이동했고, 소서스블레이에서 물이 스며나온 다음 증발하여 소금을 남겼다.
   d. 흰색 물질은 아프리카대륙 내부로부터 바람에 의해 운반된 먼지이다.

선택 도전문제

5. 이전 질문에 대한 여러분의 답변과 그 지역의 세부사항에 대한 여러분의 개인적인 조사를 고려해볼 때, 이 모래는 모두 어디에서 나온 것이라고 생각하는가?
   a. 나미비아와 남아프리카 사이의 국경 근처 지역에서 바람에 의해 북쪽으로 운반된 해빈모래
   b. 활발하게 분출하는 화산에서 흘러나온 내륙의 화산이류(라하르)에 의해 만들어진 홍수퇴적물
   c. 쓰나미에 의해 해변으로 밀려올라온 모래
   d. 강력한 지질이 유발한 지면운동으로 인근의 산맥에서 흔들려 떨어져나온 모래

는 능력이 제한적이다. 이러한 제한은 공기의 낮은 점도와 밀도에 기인한다. 바람으로 운반되는 물질에는 화산재, 석영 입자, 점토와 같은 다른 광물조각들, 그리고 꽃가루와 박테리아 같은 유기물이 포함된다. 바람은 막대한 양의 모래와 먼지를 이동시킬 수 있다. 바람은 모래 입자들은 주로 도약으로 이동시키고, 세립질 먼지 입자들은 부유시켜 운반한다. 모래분사와 식반작용은 바람이 지표를 침식시키는 주요 방법이다.

바람은 어떻게 사구와 먼지를 퇴적시키는가? 바람이 잦아들면 모래는 다양한 형태와 크기를 갖는 사구에 퇴적된다. 사구는 모래가 많은 사막지역, 해빈의 뒷부분, 사질 범람원에서 형성되며, 이 지역들은 모두 풍부한 모래가 있고 중간 또는 강한 바람이 부는 장소이다. 사구는 장애물의 바람 불어가는 쪽(하류)에 표사로 시작하여, 최대 250m 높이까지 성장할 수 있으나 대부분의 사구는 높이가 수십 미터이다. 사구는 모래 입자들이 바람 불어오는 쪽의 완만한 경사면을 도약하며 올라가서 바람 불어가는 쪽의 가파른 활주사면으로 무너져 내리면서 바람 불어가는 방향으로 이동한다. 사구의 형태와 배열은 바람의 방향, 지속기간 및 속도, 그리고 모래의 공급량에 의해 결정된다. 먼지를 운반하는 바람

의 속도가 줄어들면서 먼지는 가라앉아 세립질 입자들로 이루어진 두꺼운 피복층인 뢰스(황토)를 형성한다. 뢰스층은 과거 빙하로 덮였던 지역에서 빙하가 녹은 물로 형성된 하천의 범람원 위를 부는 바람에 의해 퇴적되었다. 뢰스는 먼지가 많은 사막지역의 바람 불어가는 쪽(하류)에 두껍게 퇴적될 수 있다.

바람과 물은 어떻게 협력하여 사막환경과 경관지형을 형성하는가? 사막은 건조한 공기가 하강하는 아열대지역, 산맥 뒤의 비그늘 및 일부 대륙의 내부에서 발달한다. 이 지역들 모두에서 공기는 건조하고 강우는 드물다. 사막에서는 물리적 풍화작용이 우세한 반면에, 화학적 풍화작용은 물이 거의 없기 때문에 매우 적다. 대부분 사막에서 토양은 얇고, 기반암이 흔히 노출되어 있다. 바람은 다른 환경에서보다 사막에서 지형 형성에 더 많은 기여를 하지만, 하천은 간헐적으로 흐를지라도 사막에서 일어나는 대부분의 침식을 담당한다. 플라야호수는 건조한 산맥의 계곡이나 분지에 형성되는데, 호수가 말라버리면 증발광물이 침전된다. 사막 경관지형의 두드러진 특징 중에는 페디먼트가 있다. 페디먼드는 산들이 그들의 가파른 사면을 유지하면서 후퇴할 때 기반암이 침식되어 형성된 넓고 완만하게 경사진 탁상지이다.

주요 용어

드라이 워시	사막칠	와디	플라야
뢰스	사막포도	페디먼트	플라야호수
먼지	사막화	풍성	활주사면
모래분사	식반작용	풍식력	

지질학 실습

사막화의 범위를 예측할 수 있을까?

건조기후와 반건조기후의 지역에서는 사막화작용에 의하여 경작지와 방목지가 놀라운 속도로 줄어들고 있다. 환경적으로 민감한 건조지역 토지의 추가적 질적 저하를 막고 싶어 하는 토지관리자들에게는 두 가지 질문이 중요하다. 첫째, 어떤 과정들이 질적 저하와 사막화를 초래하는가? 둘째, 이러한 사막화가 얼마나 넓은 지역까지 퍼질 것인가?

　사막화는 사막이 아니었던 지역이 사막의 특징을 나타내기 시작하면 발생한다. 이 용어는 당시 북부 아프리카에서 특히 두드러지게 나타나는 변화를 설명하기 위해 1977년 유엔에 의해 만들어졌다. 지난 50년 동안 사헬(Sahel)이라고 부르는 사하라 남쪽

가장자리에 있는 텍사스주 크기만 한 반건조지역이 사막으로 변하기 시작했다. 이제는 똑같은 운명이 아프리카 대륙의 1/3 이상을 위협하고 있다. 사막화는 아프리카 북부에서 가장 두드러지지만, 남극대륙을 제외한 모든 대륙에 영향을 미친다. 북아메리카 사람들도 미국 남서부의 사막 주변 지역이 적절하게 관리되지 않는다면 사막화의 위험에 놓일 수 있음을 인식해야 한다.

　사막화의 주원인은 가뭄 때문이 아니라 과도한 방목, 지나친 경작 및 연료용 나무와 덤불의 벌목을 포함한 토지의 잘못된 관리 때문이다. 사막화를 가져오는 과정에는 물과 바람에 의한 토양의 침식, 자연식생의 양과 다양성에서 장기간에 걸친 감소, 그

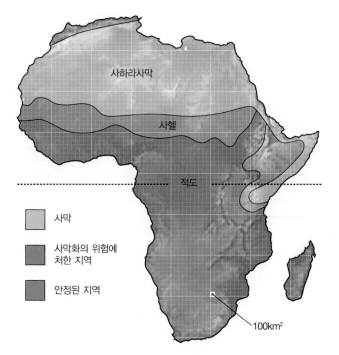

사막, 사막화의 위험이 있다고 여겨지는 지역, 그리고 환경적으로 안정되었다고 여겨지는 사막으로부터 멀리 떨어진 지역을 보여주는 북부 아프리카의 지도.

리고 관개농지의 경우 관개에 사용된 지하수의 증발에 의한 토양 내 염분의 축적이 포함된다.

첨부된 그림은 사하라사막의 현재 범위를 보여주는 북부 아프리카의 지도다. 이 지도는 또한 현재 경작되고는 있지만 사막에

인접하여 사막화에 매우 취약한 지역들도 보여준다. 지도 위에 겹쳐놓은 격자무늬는 각각 면적이 100km²인 사각형으로 나누어진다. 이 격자를 사용하여 사막화 가능성이 있는 최소 면적을 측정할 수 있다.

1. 사막화에 취약한 것으로 확인된 지역들을 지도에서 찾으라.

2. 이들 확인된 지역들에 해당하는 사각형 격자를 세어라. 사막화의 위험이 있는 지역만을 포함하는 사각형을 세어라—사막화의 위험이 있는 지역과 환경적으로 안정된 인접 지역 간의 경계선을 포함하는 사각형은 제외하라. 이렇게 하여 잠재적으로 증가할 사막지역의 최소 면적을 얻을 수 있다.

3. 사각형의 총수와 각 사각형의 면적값을 곱하여 그 지역의 면적을 구하라. 각 사각형의 면적은 100km²이다.

사막화 지역 =

(전체 사각형의 수) × 100km² (각 사각형의 면적)

이 결과는 사막화에 취약한 토지와 환경적으로 안정된 토지 사이의 경계선을 포함하는 사각형이 계산에 포함되지 않았기 때문에 사막화의 최소 면적이다.

추가문제 : 이번에는 경계선을 포함하는 사각형들을 포함해서 계산해보라. 계산 결과는 사막화의 **최대** 면적에 얼마 정도인지에 대한 느낌을 제공할 것이다.

연습문제

1. 바람은 어떤 종류의 물질들과 어느 정도 크기의 입자들을 움직일 수 있는가?

2. 바람이 먼지를 이동시키는 방법과 모래를 이동시키는 방법 사이의 차이점은 무엇인가?

3. 퇴적 입자를 운반하는 바람의 능력이 어떻게 기후와 연관되는가?

4. 바람의 침식에 의해 형성된 주요 특징으로는 무엇이 있는가?

5. 사구는 어디서 형성되는가?

6. 세 가지 종류의 사구 이름을 쓰고, 각 사구들이 바람의 방향과 어떠한 관계가 있는지를 설명하라.

7. 퇴적물로 구성되는 전형적인 사막의 지형은 무엇인가?

8. 플라야호수를 만드는 지질학적 과정은 무엇인가?

9. 사막화란 무엇인가?

10. 뢰스층은 어디에서 발견되는가?

생각해볼 문제

1. 방금 트럭을 몰고 모래폭풍을 지나왔는데, 트럭 하부는 페인트 칠이 벗겨졌지만 윗부분은 거의 긁히지 않았음을 발견했다. 페인트가 벗겨지는 현상은 어떠한 과정 때문에 발생했으며, 왜 트럭의 하부에만 국한되어 나타났는가?

2. 고대의 사암이 풍성 기원인 것을 어떠한 증거로 알 수 있을까?

3. 모래와 먼지가 공기 중으로 운반되는 높이를 비교하고, 그 차이점과 공통점을 설명하라.

4. 해안가의 고속도로를 덮는 모래는 계속 치워야 한다. 이 모래의 근원(출처)은 무엇이라고 생각하는가? 이 모래의 침입은 멈춰질 수 있을까?

5. 이 사막 경관지형이 주로 하천에 의하여 생성된 후 이차적으로 바람의 작용을 받았다고 믿게 해주는 특징들은 무엇인가?

6. 사층리와 지도에 표시된 사구형태의 방위 중 어느 것이 바르한을 형성한 바람의 방향에 대한 믿을 만한 지시자일 것 같은가? 그 이유는?

7. 하천 범람원 위에 사구가 형성될 것인지 여부를 결정하는 요인들은 무엇이 있는가?

8. 화성에는 넓은 사구지역들이 있다. 이러한 사실만으로 화성 표면의 환경조건에 대하여 어떠한 추론을 할 수 있는가?

9. 고대의 사암이 원래는 사막의 사구였음을 밝히기 위하여 고대 사암의 어떠한 측면을 조사할 것인가?

10. 바람의 작용으로 인해, 하천의 작용으로 인해, 또는 둘 다의 작용으로 인해 형성되었다고 볼 수 있는 경관지형 특징들로는 어떠한 종류가 있을까?

11. 사막에서의 풍화작용이 다습한 기후에서의 풍화작용과 다른 점과 비슷한 점은 무엇인가?

12. 빙하시대에는 먼지폭풍과 강한 바람이 더 흔했을 것이라고 추론하게 하는 증거로는 무엇이 있는가?

매체지원

 19-1 애니메이션 : 사막포도의 형성

19-1 비디오 : 사막 과정 I

 19-2 비디오 : 사막 과정 II

허리케인 샌디가 지나간 후, 뉴저지주의 시사이드하이츠
에 있는 놀이공원과 해변시설의 피해. 2012년 11월 18일.
[Marcus Yam/The New York Times/Redux.]

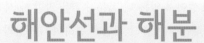

해안선과 해분

20

인류역사의 대부분 동안, 바다로 덮여 있는 지구표면의 71%는 미지의 세계였다. 바다 근처에 살았던 많은 사람들은 파도의 충격, 조석의 상승과 하강, 강력한 폭풍의 영향을 잘 알고 있었다. 하지만 그들은 이러한 과정들을 일으키는 힘에 대해서 단지 추측만 할 수 있었다. 오늘날 우리는 이러한 과정들이 기후시스템과 태양계 내의 상호작용에 기인한다는 것을 알고 있다. 조석은 지구와 태양과 달 사이의 중력 상호작용으로 만들어지고, 해안의 파도와 폭풍은 기권과 수권의 상호작용으로 발생한다.

그러면 원격 관측장비의 도움이 없으면 인간이 볼 수 없는 심해는 어떠한가? 가장 얕은 해안지역을 벗어난 먼바다 해저의 성질은 19세기 중반까지도 수수께끼로 남아 있었다. 1872년 해양과학연구를 위하여 개조된 영국의 작은 목조 군함인 챌린저호는 바다를 과학적으로 탐사한 최초의 연구선이었다. 챌린저호의 원정을 통하여 바닷속의 광활한 언덕과 평원, 엄청나게 깊은 해구, 해저화산들이 발견되었다.

오늘날 지구과학자들은 아직도 이러한 초기 발견들에 의해 처음으로 제기되었던 질문들에 대한 답을 찾고 있다. 어떠한 힘이 해저산맥들을 융기시키고, 해구를 가라앉게 하였는가? 왜 해저의 어떤 지역은 평평하고, 다른 지역은 구릉을 이루고 있는가? 해양학자들이 20세기 전반에 많은 중요한 발견들을 하였음에도 불구하고, 이러한 질문들의 대부분에 대한 해답은 1960년대 후반의 판구조론 혁명을 기다려야만 했다. 우리가 제2장에서 살펴본 것처럼, 대륙이 아닌 해저의 지질학적 관찰이 판구조론의 성립을 가져왔다.

이 장에서 우리는 해안선과 해안지역에 영향을 주는 과정들을 살펴보고, 파도와 조석 그리고 강력한 폭풍의 영향을 고찰할 것이다. 그런 다음에 우리는 먼바다로 나아가 대양분지와 접하고 있는 물에 잠긴 대륙주변부를 살펴보고, 깊은 해저에 대한 논의로 이 장을 마무리할 것이다.

■ 해분은 대륙과 어떻게 다른가?

판구조론은 우리에게 대륙의 지질과 해분(海盆, 대양분지 또는 해저분지라고도 함, ocean basin)의 지질 사이에는 근본적인 차이가 있다는 것을 이해할 수 있게 해주는 기본 틀을 제공해주었다. 대륙주변부에서 멀리 떨어져 있는 심해저는 대륙과는 달리 습곡과 단층으로 이루어진 산맥이 없다. 대신에 변형작용은 주로 중앙해령과 섭입대에서 발견되는 단층운동과 화산활동으로 국한되어 있다. 더구나 해양에서의 풍화작용과 침식작용은 육지에서보다 훨씬 덜 중요한데, 그 이유는 해양에는 동결과 융해 같은 효율적인 파쇄작용과 하천 및 빙하와 같은 중요한 침식매체가 없기 때문이다. 심해류는 퇴적물을 침식시키고 운반할 수는 있지만, 해양지각을 이루고 있는 현무암질 언덕과 평원을 효과적으로 침식할 수는 없다.

변형작용, 풍화작용, 침식작용이 대부분의 해저에서는 굉장히 미약하기 때문에, 화산활동과 퇴적작용이 해분의 지질을 지배하는 우세한 과정들이다. 화산활동은 중앙해령을 만들고, 대양의 가운데에 군도(하와이제도 같은)를 만들며, 심해의 해구 가까이에 호상열도를 만든다. 퇴적작용은 나머지 해저 대부분의 모습을 만든다. 탄산칼슘과 진흙으로 이루어진 부드러운 퇴적물은 대양저의 낮은 언덕과 평원을 두껍게 덮는다. 중앙해령에서는 해양지각이 형성되자마자 그 위에 퇴적물이 축적되기 시작한다. 해양지각이 중앙해령으로부터 더 멀리 이동할수록 그 위에 더욱더 많은 퇴적물들이 쌓인다. 심해에서의 퇴적작용은 대륙에서의 퇴적작용보다 더 연속적이므로 지질학적 사건들이 더 잘 보존되어 있다. 예를 들면, 이미 살펴보았듯이, 심해퇴적물은 지구의 기후변화에 대한 자세한 역사기록들을 잘 보존하고 있다.

그러나 해양퇴적물의 기록은 제한적이다. 왜냐하면 해양지각은 섭입과정에 의해 끊임없이 재순환되고 있으며, 그로 인한 변성작용과 용융작용으로 파괴되고 있기 때문이다. 평균적으로 중앙해령에서 생성된 지각이 해양을 가로질러 섭입대로 들어가기까지 수천만 년밖에 걸리지 않는다. 제2장에서 보았듯이, 오늘날 해양저의 가장 오래된 부분은 약 1억 8,000만 년 전인 쥐라기에 만들어진 것이다—그들은 현재 태평양판의 서쪽 끝 근처에서 발견된다(그림 2.15 참조). 앞으로 천만 년 이내에 이 지각 위에 놓여 있는 퇴적기록은 맨틀 속으로 사라질 것이다.

오대양(대서양, 태평양, 인도양, 북빙양, 남빙양)은 전 세계의 바다가 하나로 연결된 수역을 형성하는데, 때때로 세계양(world ocean)이라고 불린다. 바다 또는 해(sea)는 흔히 대양으로부터 다소 떨어져 있는 더 작은 수역을 말할 때 사용된다. 예를 들면, 지중해는 지브롤터 해협을 통하여 대서양과 좁게 연결되어 있고, 수에즈 운하를 통하여 인도양과 연결되어 있다. 다른 바다(해)들은 대서양과 연결된 북해처럼 대양과 더 넓게 연결되어 있다. 해수—해양과 바다의 염분이 있는 물—의 일반적인 화학성분은 시간과 장소에 관계없이 놀랍도록 일정하다. 해양에 의해 유지되는 화학적 평형은 바다로 들어가는 강물의 조성, 강물이 해양으로 운반하는 퇴적물의 성분, 해양 내에서 새로이 생성되는 퇴적물에 의해 결정된다.

■ 연안작용들

연안(coastlines)은 육지와 강이 바다를 만나는 넓은 지역이다. 연안침식 및 바다오염과 같은 환경문제들로 인해 연안지질학은 활발히 연구되는 분야가 되었다. 하나의 대륙 내에서조차 연안의 풍광은 놀라운 차이를 보여준다(그림 20.1). 미국 노스캐롤라이나 주의 해안에서는 해안평원을 따라 수 킬로미터씩 뻗어 있는 긴 모래해빈(beach)들이 발달한다(그림 20.1a). 이곳에서 조구조 활동은 제한적이며, 해안선의 형태를 만드는 것은 부서지는 파도에 의해 발생한 해류(currents)이다. 이와는 대조적으로 미국 오리건 주의 연안은 암석 절벽이 주를 이룬다. 파도의 영향도 있지만, 이러한 지형을 형성하는 것은 조구조적 융기이다. 열대지방 섬들의 바다 쪽 경계는 대부분이 생물학적 퇴적작용에 의해 만들어진 산호초로 이루어져 있다(그림 20.1d). 판구조과정들, 침식작용, 퇴적작용은 모두 함께 작용하여 이러한 다양한 해안선 형태들과 물질들을 만들어낸다.

해안선(shoreline)—해수면과 육지면이 만나는 선—에서 작용하는 주요 지질학적 힘은 파도(waves)와 조석(tides)에 의해 만들어진 해류이다. 이 해류들은 가장 단단한 바위 해안들도 침식시킨다. 그들은 침식에 의해 생성된 퇴적물들을 운반하고, 이 퇴적물들을 해안을 따라 발달한 해빈과 천해에 퇴적시킨다.

앞서 살펴본 바와 같이, 흐름(해류, 수류, 기류)은 지구표면에서 일어나는 지질학적 과정을 이해하는 열쇠이며, 연안작용들도 예외가 아니다. 해안선의 형태를 좌우하는 다양한 흐름에 대하여 알아보자.

그림 20.1 해안선은 다양한 지질지형들을 보여준다. (a) 미국 노스캐롤라이나주의 피섬에 있는 길고 직선인 모래해빈. (b) 미국 메인주의 마운트데저트섬의 암석해안선. 과거에 빙하에 덮여 있었던 이 해안선은 약 1만 1,000년 전에 마지막 빙하기가 끝난 이후 융기해왔다. (c) 오스트레일리아의 포트캠벨에 있는 12사도암. 이들은 퇴적암 절벽으로 된 해안선이 파도의 침식작용으로 후퇴하면서 뒤에 남겨진 한 무리의 연돌암(stack)들이다. (d) 미국 플로리다주의 해안선을 따라 발달한 산호초.

[(a) Bill Birkemeier 제공/U.S. Army Corps. of Engineers; (b) Neil Rabinowitz/Corbis; (c) Christopher Groenhout/Getty Images, Inc.; (d) Dr. Hays Cummins, Interdisciplinary Studies, Miami University.]

파도의 움직임 : 해안선 역학의 열쇠

우리는 수 세기 동안의 관찰을 통하여 파도가 변화무쌍하게 변한다는 것을 배워 알고 있다. 평온한 때에는 잔잔한 파도가 규칙적으로 해안선으로 밀려온다. 그러나 폭풍 때에는 강한 바람에 의하여 파도가 변화무쌍한 모양과 크기로 움직인다. 파도는 해안으로부터 먼 곳에서는 낮고 완만하지만, 육지로 다가올수록 점점 높아지고 급한 경사를 갖게 된다. 높은 파도는 해안에서 격렬하게 부서지며 콘크리트 방파제를 부수고, 해안을 따라 지어진 집들을 파괴할 수도 있다. 해안선의 역학을 이해하고, 해안지역 개발에 대한 현명한 결정을 내리기 위해서는, 파도가 어떻게 작용하는지를 이해해야 한다.

대양의 수면 위로 부는 바람은 공기의 운동에너지를 물로 전달하여 파도를 만든다. 시속 5~20km 정도의 약한 미풍이 잔잔한 해수면 위로 불기 시작하면, 높이 1cm 이하의 작은 파도인 잔물결이 생긴다. 풍속이 시속 30km 정도까지 커지면, 잔물결은 완전한 크기의 파도로 성장한다. 바람이 강할수록 더 큰 파도를 만들고, 파도의 꼭대기가 바람에 날리면서 흰 물결을 만든다. 파도의 높이는 세 가지 요인에 따라 좌우된다.

▪ 풍속
▪ 바람이 분 시간의 길이

■ 바람이 물 위를 이동한 거리

폭풍은 마치 연못에 던진 돌멩이가 바깥쪽으로 물결을 퍼뜨리는 것처럼, 크고 불규칙한 파도를 폭풍의 중심으로부터 사방으로 퍼뜨린다. 폭풍의 중심으로부터 점점 넓어지는 원의 밖으로 나갈수록 파도는 점점 규칙적이 되어 수백 킬로미터를 이동할 수 있는 너울(swell)이라 불리는 낮고, 넓고, 둥근 파도로 변한다. 해안으로부터 서로 다른 거리에 있는 여러 폭풍들은 각각 고유의 너울을 만든다. 우리는 종종 해안선을 향해 다가오는 파도 사이의 간격이 불규칙한 경우를 볼 수 있는데, 이는 폭풍들이 만든 여러 개의 너울들이 중첩되어 다가오기 때문이다.

만약 해양이나 넓은 호수에서 파도를 본 적이 있다면, 아마도 물에 떠 있는 나뭇조각이나 다른 가벼운 물질이 파도의 마루가 지나갈 때 약간 앞으로 움직이고, 파도의 골이 지나갈 때는 약간 뒤로 움직이는 것을 보았을 것이다. 이렇게 앞뒤로 움직이는 것처럼 보이지만 나뭇조각은 대략 같은 위치에 머물러 있고, 주변의 물도 같은 위치에 머무른다. 파도는 해안을 향해 이동하고 있을지라도, 물 분자들은 원을 그리며 움직인다.

우리는 파도의 형태를 다음 세 가지 특징으로 기술할 수 있다 (그림 20.2).

1. **파장**(wavelength) : 마루(wave crests, 파봉) 간의 거리
2. **파고**(wave height) : 마루(crest, 파봉)와 골(trough, 파곡) 간의 수직적 거리
3. **주기**(period) : 어느 지점에서 연속하는 두 파도의 한 마루(파봉)가 지난 후에 다음 마루가 지날 때까지의 시간

우리는 간단한 방정식을 사용하여 전진하는 파도의 속도를 측정할 수 있다.

$$V = \frac{L}{T}$$

여기서 V는 속도, L은 파장, T는 주기이다. 그래서 24m의 파장과 8초의 주기를 가진 전형적인 파도는 속도가 3m/s일 것이다. 파도의 주기는 몇 초에서 15~20초 정도의 범위에 있으며, 파장은 6m에서 크게는 600m까지 다양하다. 따라서 파도의 속도는 3m/s에서 30m/s까지 다양하다. 파도의 움직임은 파장의 절반 정도에 해당하는 깊이 아래에서는 매우 작아진다. 이는 깊은 물속의 잠수부와 잠수함이 수면에서 움직이는 파도의 영향을 받지 않는 이유이다.

기파대

너울은 해안으로 접근할수록 파고가 점점 높아진다. 해안에서 너울은 마루가 뾰족한 파도의 모양을 형성한다. 이러한 파도는 쇄파(breakers)라고 불리는데, 이는 파도가 해안에 가까워지면서 부서져 거품이 많은 기파(surf)를 형성하기 때문이다. 기파대(surf zone)는 파도가 해안으로 접근하면서 부서지는 지역이다.

너울이 쇄파로 변형되는 것은 수심이 너울 파장의 절반보다 얕아지는 곳에서 시작된다. 그 지점에서는 바다 밑바닥 바로 위에서의 파도의 움직임은 제한을 받아 물이 오직 수평적으로 앞뒤로만 움직일 수 있을 뿐이다. 그 윗부분에서 물은 수직적으로 아주 조금만 움직일 수 있다(그림 20.2 참조). 물 입자의 제한적인 움직임은 파도를 전체적으로 느려지게 한다. 파도가 느려짐에도

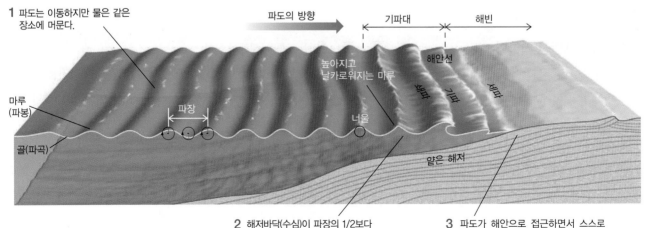

1 파도는 이동하지만 물은 같은 장소에 머문다.

파도의 방향

기파대　　　해빈

높아지고 날카로워지는 마루

마루 (파봉)

파장

너울

쇄파　기파　세파

골(파곡)

해안선

얕은 해저

2 해저바닥(수심)이 파장의 1/2보다 얕아지면, 파도는 느려진다.

3 파도가 해안으로 접근하면서 스스로를 지탱할 수 없을 정도로 너무 가파르게 높아지면, 파도는 기파대에서 부서지며 해빈으로 몰려와 세파가 되어 해빈 위로 밀고 올라간다.

그림 20.2 해안선에서 파도의 운동은 수심과 해저바닥의 형태에 의해 영향 받는다.

불구하고 파도의 주기는 변하지 않는데, 이는 먼 데 있는 깊은 바다로부터 같은 주기로 계속 너울이 만들어져 밀려오기 때문이다. 파도방정식으로부터, 우리는 만약 주기가 일정한데 파장이 감소된다면, 속도가 감소되어야 한다는 것을 알고 있다. 앞에서 예로 사용했던 전형적인 파도가 파장이 16m로 감소되었지만 8초의 주기를 유지하려 한다면, 이 경우 2m/s의 속도를 갖게 될 것이다. 즉 파도가 해안에 접근할수록 파도는 점점 더 간격이 좁아지고, 더 높아지며, 더 급한 경사를 갖게 되어 파도의 마루가 뾰족해진다.

파도가 해안을 향해 밀려오면서 경사가 너무 급해져서 더 이상 스스로를 지탱할 수 없게 되면, 파도는 기파대에서 부서지게 된다(그림 20.2 참조). 완만하게 경사진 곳에서는 해안으로부터 먼 곳에서 파도가 부서지게 되고, 급하게 경사진 곳에서는 해안 가까이에서 파도가 부서지게 된다. 깊은 물과 접하고 있는 암석 해안은 파도가 입방미터당 수 톤의 힘으로 암석 위에 부서지면서 물보라를 일으킨다. 해안을 따라 건물들을 보호하기 위하여 건설된 콘크리트 방파제가 빨리 부서져서 꾸준히 수리를 해야만 하는 것은 그리 놀라운 일이 아니다.

기파대에서 파도가 부서지고 난 후, 이제 높이가 낮아진 파도는 계속 이동하여 해안선에서 다시 부서진다. 파도는 세파(swash, 스워시)라 부르는 위로 쇄도하는 흐름을 형성하면서 해빈 앞쪽 경사면 위를 밀고 올라간다. 그러고 나서 물은 역세파(backwash, 백워시)로 다시 되돌아 흘러내려간다. 세파는 모래 입자들을 운반할 수 있으며, 파도가 충분히 세면 커다란 자갈과 왕자갈도 운반할 수 있다. 역세파는 입자들을 다시 바다 쪽으로 운반한다.

해안선 근처에서 물의 왕복운동은 모래 입자와 심지어 자갈을 운반하기에도 충분하다. 파도의 작용은 약 20m 정도의 수심에서도 세립질 모래를 움직일 수 있다. 격렬한 폭풍에 의해 만들어지는 큰 파도는 바다 밑바닥 약 50m 또는 그 이하까지도 침식할 수 있다. 더 얕은 수심에서 폭풍은 외해 방향으로 퇴적물을 운반시켜, 해변의 고운 모래를 고갈시킨다.

파도의 굴절

해안으로부터 멀리 떨어진 바다에서 파도의 마루(파봉)를 연결한 선들은 서로 평행하지만, 대개 해안선과는 어느 정도 각도를 가지고 있다. 파도가 점점 얕아지는 해저를 지나 해안에 접근하면서, 파도는 점차 해안에 더 평행한 방향으로 구부러진다(그림 20.3a). 이처럼 구부러지는 것을 **파도의 굴절**(wave refraction)이라 부른다. 이것은 물에 반쯤 잠긴 연필이 구부러져 보이게 하는 빛의 굴절과 비슷하다.

파도의 굴절은 해안에 가장 가까운 파도의 부분이 제일 먼저 얕은 바닥을 만나게 되면, 파도 전면의 속도가 느려지면서 시작된다. 그리고 나서 파도의 다음 부분이 바닥을 만나게 되고, 역시 속도가 느려진다. 그사이에 해안과 가장 가까운 부분은 보다 더 얕은 쪽으로 이동하게 되어 속도는 더 느려지게 된다. 그래서 파도의 마루를 따라 일어나는 지속적인 변화로 속도가 느려지면서 파도의 선은 해안을 향하여 구부러지게 된다(그림 20.3b).

파도의 굴절은 곶과 같은 해안돌출부에서는 더욱 강력한 파도활동을, 안쪽으로 들어간 만에서는 약한 파도활동을 초래한다(그림 20.3c). 돌출한 곳 주위에서 물은 그 양옆의 주변보다 더 빠르게 얕아지게 된다. 그래서 파도는 돌출한 곳 주위에서 굴절되어 양 측면에서 돌출부 쪽으로 휘어지게 된다. 파도가 곶 주위로 모여 집중하게 되면, 해안의 다른 장소보다 그곳에서 더 많은 에너지를 소비하게 된다. 파도에너지가 이처럼 곶에 집중하기 때문에, 돌출한 곳은 직선인 해안선보다 훨씬 더 빠르게 침식되는 경향이 있다.

만에서는 파도의 굴절과는 반대되는 일이 일어난다. 만 중앙부의 수심은 깊기 때문에 파도는 양옆의 얕은 물 쪽으로 굴절된다. 파도의 운동에너지가 만의 중앙부분에서는 분산되어 약해지기 때문에 만은 배들을 정박시키기 좋은 항구가 된다.

굴절이 파도를 해안과 더 평행하게 만드는데도 불구하고, 많은 파도들은 여전히 약간의 각도를 가진 채 사각으로 해안에 접근한다. 파도가 해안에서 부서질 때, 세파는 이 작은 각도에 직각으로 해빈의 경사면을 타고 올라간다. 역세파는 이와 비슷한 각도로 반대방향에서 해빈의 경사를 따라 다시 내려오게 된다. 이 두 운동의 조합으로 물은 해빈을 따라 아래쪽으로 짧게 이동한다(그림 20.3d). 세파와 역세파에 의해 운반된 모래 입자는 해빈을 따라 지그재그 모양으로 이동하는데, 이를 **연안표류**(longshore drift)라 부른다.

해안에 비스듬히 사각으로 접근하는 파도는 해안에 평행하게 흐르는 얕은 바닷물의 흐름인 **연안류**(longshore current)를 발생시킬 수 있다. 세파와 역세파에 의한 물의 이동은 물 분자의 지그재그 경로를 만들고, 결국 해안을 따라 연안표류의 형태로 퇴적물도 같은 방향으로 운반이 일어나게 된다. 많은 해안모래의 운반은 대부분 이런 종류의 흐름으로부터 온다. 연안류는 사주 및 다른 해안선 퇴적체의 모양과 크기를 결정하는 가장 중요한 요인이

(a)

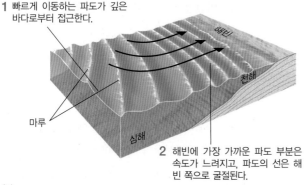

1 빠르게 이동하는 파도가 깊은 바다로부터 접근한다.

해빈

마루

심해

천해

2 해빈에 가장 가까운 파도 부분은 속도가 느려지고, 파도의 선은 해빈 쪽으로 굴절된다.

(b)

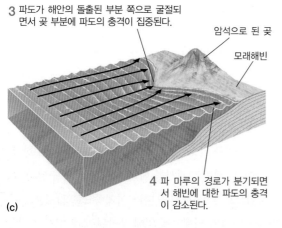

3 파도가 해안의 돌출된 부분 쪽으로 굴절되면서 곶 부분에 파도의 충격이 집중된다.

암석으로 된 곶

모래해빈

4 파 마루의 경로가 분기되면서 해빈에 대한 파도의 충격이 감소된다.

(c)

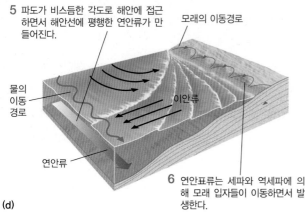

5 파도가 비스듬한 각도로 해안에 접근하면서 해안선에 평행한 연안류가 만들어진다.

모래의 이동경로

물의 이동경로

이안류

연안류

6 연안표류는 세파와 역세파에 의해 모래 입자들이 이동하면서 발생한다.

(d)

다. 또한 연안류는 모래를 침식시키는 능력 때문에 해빈으로부터 많은 모래를 제거할 수 있다. 함께 작용하는 연안표류와 연안류는 해빈과 매우 얕은 천해에서 많은 양의 모래를 운반하는 매우 중요한 매체이다. 조금 더 깊은 천해(수심 50m 이내)에서, 연안류—특히 심한 폭풍 동안 흐르는 연안류—는 바다 밑바닥에 강한 영향을 끼친다.

연안류와 관련된 어떤 종류의 흐름은 방심한 수영자들에게 큰 위협이 될 수 있다. 예를 들어, 이안류(rip current)는 해안에 수직인 방향으로, 즉 해안에서 외해로 움직이는 강한 물의 흐름이다(그림 20.3d 참조). 연안류가 해안을 따라 축적되어, 알아보지 못하는 사이에 임계점에 도달할 때까지 물이 쌓이면 이안류가 발생한다. 이때 물은 바다로 빠져나가면서, 다가오는 파도를 뚫고 빠른 속도로 흘러나간다. 수영하는 사람들이 이안류에 의해 먼바다로 쓸려나가는 것을 피하려면 해안에 평행하게 수영해야 한다.

조석

수천 년간 선원들과 해안가 거주자들은 하루에 두 번씩 바다가 상승, 하강하는 조석(tide)을 알고 있었다. 많은 관찰자들은 달의 위치와 위상, 조석의 높이, 물이 만조에 이르는 시간 사이에 관계가 있음을 알아챘다. 하지만 아이작 뉴턴이 만유인력의 법칙을 정립한 17세기에 이르러서야 비로소, 우리는 달과 태양의 중력이 해양의 물을 끌어당겨 조석이 생긴다는 것을 이해하기 시작했다.

어떤 두 물체 사이의 만유인력은 그들이 멀어질수록 감소한다. 그래서 이 인력의 강도는 지구표면에서 위치에 따라 달라진다. 달과 가장 가까운 지구 쪽에서, 대양의 물은 지구 전체에 작용하는 평균 인력보다 더 큰 인력을 받는다. 이러한 인력은 물이 부풀어오르는 조석팽창(tidal bulge)을 가져온다. 달에서 가장 먼 지구의 반대쪽에서는 물보다 달에 더 가까운 고체 지구가 물보다 달 쪽으로 더 많이 끌리고, 그래서 물은 지구로부터 반대방향으로 밀려나가면서 또 다른 조석팽창이 나타난다. 그래서 지구의 해양에 2개의 조석팽창이 만들어진다—하나는 달과 가장 가까운 쪽에, 다른 하나는 달에서 가장 먼 쪽에 있다(그림 20.4a). 지구가 회전할 때, 이러한 조석팽창은 대략 힘의 방향에 나란한 상태

그림 20.3 파도의 굴절. (a) 파도가 비스듬한 각도로 해안에 접근한다. (b) 파도가 해안에 더 가까이 접근하면 파 마루의 각도는 해안선에 더 평행하게 된다. (c) 파도의 굴절은 돌출한 곶 부분의 침식을 증가시킨다. (d) 파도의 굴절은 연안표류와 연안류를 발생시킨다.

[Carol Barrington-Destination Ph/Aurora Photos.]

(a)

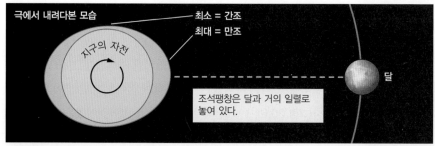

(b)

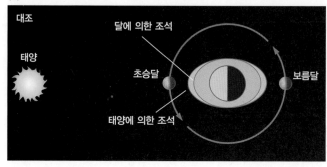

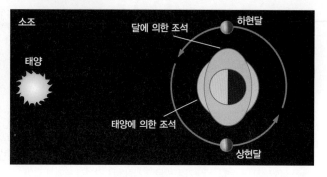

그림 20.4 조석은 지구, 달 및 태양의 중력인력에 의해 만들어진다. (a) 달의 중력 당김은 대양의 물에 2개의 조석팽창을 일으킨다. 하나는 지구의 달과 가장 가까운 쪽에, 다른 하나는 지구의 달에서 가장 먼 쪽에 나타난다. 지구는 자전하기 때문에, 이러한 조석팽창은 달과 동일 선상에 놓이도록 유지하면서 만조를 일으키며 지구표면 위를 이동한다. (b) 초승달과 보름달이 뜰 때에는 태양과 달의 조석은 서로를 강화하여 가장 높은 만조(대조)를 일으킨다. 상현달과 하현달이 뜰 때에는 태양과 달의 조석은 서로 상반되게 작용하여 가장 낮은 간조(소조)를 일으킨다.

를 유지한다. 한쪽은 항상 달과 마주 보고 있고, 다른 한쪽은 항상 그 반대편에 있다. 회전하는 지구 위를 지나가는 이러한 조석 팽창이 만조이다.

태양은 비록 아주 멀리 있다 하더라도 매우 큰 질량(그리고 그로 인한 너무 큰 중력)을 가지고 있기 때문에 역시 조석을 일으킨다. 태양에 의한 조석은 달에 의한 조석 높이의 절반보다 약간 작으며, 달의 조석과 동시에 일어나지 않는다. 태양 조석은 지구가 24시간(태양일 하루의 길이)마다 한 번씩 자전하는 동안 일어난다. 달에 대한 지구의 자전은 달이 지구 주위를 공전하기 때문에 조금 더 길다. 그 결과 태음일 하루의 길이는 24시간 50분이다. 태음일 하루 동안, 두 번의 만조(high tide, 고조)와 두 번의 간조(low tide, 저조)가 있다.

달, 지구, 태양이 한 줄로 늘어설 때 태양과 달의 중력은 서로를 증강시킨다. 이러한 선상정렬이 조차가 가장 큰 조석인 대조(spring tide, 사리)를 만든다—이 이름은 계절과는 무관하며, '뛰어오르다'라는 뜻의 독일어인 springen에서 따온 것이다. 대조는 2주마다 만월(망, 보름)과 신월(삭, 그믐)에 나타난다. 조차가 가장 작은 조석인 소조(neap tide, 조금)는 지구에 대하여 달과 태양이 서로 직각으로 위치해 있을 때인 상현과 하현에 나타난다(그림 20.4b).

조석이 모든 곳에서 규칙적으로 일어남에도 불구하고, 만조와 간조의 차이는 해양의 각 지역에서 다양하게 나타난다. 지구가 회전함에 따라 물의 조석팽창은 해양의 표면을 따라 이동하고, 대륙이나 섬과 같이 물의 흐름을 방해하는 장애물을 만난다. 태평양의 중앙에서는—예를 들면, 조수의 흐름이 거의 방해 받지 않는 하와이제도에서는—조석 간만의 차이가 0.5m밖에 되지 않는다. 퓨젓사운드를 따라 해안선의 형태가 매우 불규칙하고, 조류가 좁은 통로를 통과해야 하는 시애틀 부근의 해안에서는 조석 간만의 차이가 3m 정도 된다. 캐나다 동부의 펀디만처럼 일부 지역에서는 12m가 넘는 조석 간만의 차이를 보이기도 한다. 해안 지역에 사는 많은 주민들은 조석이 일어나는 시간을 알 필요가 있다. 그래서 정부는 예상되는 조석의 높이와 시간을 보여주는 조석표(tide tables)를 발간하고 있다. 이 표는 수류 패턴에 대한 지역적인 지식과 태양에 대한 달과 지구의 천문학적 운동에 대한 지식을 조합한 것이다.

해안선 가까이에서 흐르는 조수는 시속 수 킬로미터에 달하는 흐름을 발생시킬 수 있다. 조수가 상승하면 물은 밀물(flood tide)이 되어 해안 쪽으로 밀려들어오면서, 좁은 통로를 지나 만 및 얕

그림 20.5 프랑스의 몽생미셸에서처럼 간석지는 수 평방킬로미터에 달하는 광활한 지역이기도 하지만, 대부분의 간석지는 흔히 해빈의 바다 쪽에 있는 좁고 기다란 지역이다. 매우 높은 조수가 넓은 간석지로 밀려들어올 때, 그 전진 속도는 매우 빠르다. 어떤 지역에서는 사람이 달리는 속도보다 더 빨라 부주의한 사람들은 물에 빠지게 된다. 바닷가를 방문한 사람들은 간석지 위에서 돌아다니기 전에 그 지역의 조석을 잘 알아두는 것이 좋다.

[Thierry Prat/Corbis-Sygma.]

은 연안소택지로 흘러들어가고, 작은 개천까지 거슬러 올라간다. 조수가 만조를 지나 하강을 시작할 때, 물은 **썰물**(ebb tide)이 되어 빠져나가면서 저지대의 연안지역은 다시 노출되게 된다. 조류(tidal currents)는 진흙 또는 모래로 이루어진 **간석지**(tidal flat, 갯벌)—간조 때는 드러나고 만조 때는 잠기는 지역—를 가로지르며 사행한다(그림 20.5). 장애물이 조류의 흐름을 방해하고, 조석 간만의 차가 큰 곳에서는 조류의 속도가 매우 빨라진다. 수 미터 높이의 큰 모래톱인 **사퇴**(sand ridge)가 이러한 갯골(tidal channel, 조수 수로)에 형성되기도 한다.

허리케인과 연안 폭풍해일

허리케인(hurricanes)은 지구상에서 가장 큰 폭풍으로, 열대 바다의 따뜻한 해수로부터 에너지를 흡수한 직경 수백 킬로미터의 두꺼운 구름들이 소용돌이치는 덩어리이다. 허리케인이라는 용어는 중앙아메리카에 살던 마야인의 폭풍의 신인 '*Huracan*'이라는 이름에서 유래되었다. 서태평양과 중국해에서는 허리케인을 '거대한 바람'을 의미하는 광둥어 *tai-fung*에서 유래된 **태풍**(typhoon)이라 부르고 있다. 오스트레일리아, 방글라데시, 파키스탄, 인도에서는 **사이클론**(cyclone)으로 알려져 있고, 필리핀에서는 바기오(baguios)라 불린다.

뭐라고 부르든 간에, 이러한 강력한 열대성 폭풍은 심각한 피해를 초래할 수 있다. 예를 들면, 1970년에 격변적인 사이클론이 방글라데시의 연안저지대를 강타하여 약 50만 명이 익사하였는데, 이는 현대 역사상 가장 치명적인 재해였다. 1991년에 같은 지역에 또 다른 사이클론이 상륙하여 적어도 14만 명이 익사하였다(그림 20.6). 1991년의 폭풍이 더 강력한 것이었음에도 불구하고 전보다 더 잘 대비했기 때문에 사망자의 수는 크게 감소하였으며, 이 폭풍으로 약 200만 명이 대피하였다.

허리케인의 매우 강하면서도 지속적으로 부는 바람 그리고 폭우가 초래하는 피해는 직관적으로 쉽게 이해할 수 있다. 그러나 해안선의 대부분 지역을 침수시키는 폭풍해일(storm surge)이 허리케인의 가장 파괴적인 영향이 될 가능성이 있다. 2005년 8월 29일에 허리케인 카트리나(Katrina)가 미국 루이지애나주의 뉴올리언스를 강타했을 때, 허리케인 자체의 직접적인 충격보다는 폭풍해일에 의해서 재난이 발생했다. 폭풍해일은 뉴올리언스를 보호하던 인공제방 여러 곳을 붕괴시켰다(지구정책 20.1 참조). 이로 인한 홍수가 도시를 침수시켜 수백 명의 목숨을 앗아갔으며, 이후 약 한 달간 도시는 물에 잠긴 채 버려져 있었다. 허리케인 샌디(Sandy)는 미국 역사상 두 번째(첫 번째는 허리케인 카트리나)로 큰 피해를 준 허리케인이었는데, 2012년 10월 말에 미국의 동부해안을 강타했다. 허리케인 샌디는 미국 동부해안 전체에 걸쳐 해수면 상승을 유발하였지만 뉴저지, 뉴욕, 코네티컷주의 해안을 따라서는 재앙적인 대규모 폭풍해일을 발생시켰다.

허리케인의 형성 허리케인은 위도 8°와 20° 사이에 있는, 습도가 높고, 바람이 가볍게 불며, 표층해수의 온도가 따뜻한(일반적으로 26℃ 이상) 열대 해양에서 형성된다. 이러한 조건은 대개 열대 북대서양과 북태평양 지역에서 여름과 초가을에 형성된다. 이러한 이유로, 북반구에서 허리케인 '계절'은 6월에서 11월까지 계속된다(그림 20.7).

허리케인 발달의 첫 번째 징조는 무역풍이 수렴하는 지역의 열대 해양 위에 뇌우의 무리가 출현하는 것이다. 때때로 이 뇌우 무리들 중에서 하나가 이 수렴대에서 벗어나 보다 더 잘 조직화되면서 발달한다. 대서양과 멕시코만에 영향을 주는 대부분의 허리케인은 서아프리카 해안 근처 외해의 수렴대에서 발생하여, 열대 대서양을 가로질러 서쪽으로 이동하면서 점점 더 강해진다.

허리케인이 발달함에 따라 수증기는 응축되어 비를 형성하고, 이때 열에너지를 발산한다. 이러한 대기의 가열에 부응하여, 주

그림 20.6 1991년에 방글라데시의 치타공에서 사이클론에 의해 발생한 황폐화.
[Peter Charlesworth/LightRocket via Getty Images.]

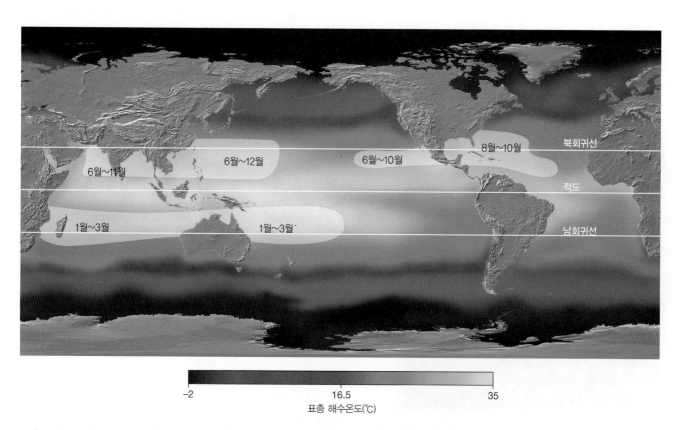

그림 20.7 허리케인은 대양의 온도가 가장 따뜻한 여름과 초가을에 발생한다. 밝은색의 지역들은 허리케인이 가장 많이 발생하는 지역을 나타낸다. 한 해 중, 허리케인이 가장 빈번하게 발생하는 시기도 보여준다.
[NASA/GSFC.]

변의 공기는 밀도가 낮아져 상승하기 시작하고, 가열이 일어나는 지역에서 해수면의 대기압은 떨어지게 된다. 따뜻한 공기가 상승함에 따라 더 많은 응축과 강우를 촉발하며, 이로 인해 더 많은 열이 발산된다. 이 시점에서 양성 피드백 과정이 작동하여, 폭풍의 중심부에서 온도가 상승하면 해수면의 압력은 점점 더 떨어지는 연쇄반응이 일어난다. 북반구에서는 코리올리 효과(제19장 참조) 때문에 몰려오는 바람은 폭풍의 가장 기압이 낮은 곳의 주위를 반시계 방향으로 돌기 시작한다. 가장 기압이 낮은 폭풍의 중심은 결국 허리케인의 '눈'이 된다(그림 20.8).

일단 바람의 속도가 시속 37km에 도달하게 되면, 폭풍은 열대저기압(tropical depression)으로 불리게 된다. 바람이 시속 63km까지 증가하면, 이를 열대폭풍(tropical storm)이라 부르며, 고유의 이름을 부여한다. 폭풍에 이름을 붙이는 전통은 앤드류, 보니, 찰리 등과 같은 제2차 세계대전의 암호명을 사용하면서 시작되었다. 마지막으로 바람의 속도가 시속 119km에 도달하면, 폭풍은 허리케인으로 분류된다. 허리케인이 되면, 폭풍은 사피어–심프슨 허리케인 강도등급(Saffir-Simpson Hurricane intensity scale)에 따라

그림 20.8 2005년 8월 28일 뉴올리언스시를 강타하기 몇 시간 전의 허리케인 카트리나. 북반구에서 바람은 기압이 가장 낮은 지점인 허리케인의 눈 주위를 반시계 방향으로 돈다.

[NASA/Jeff Schmaltz, MODIS Land Rapid Response Team.]

1~5단계로 등급이 매겨진다(표 20.1). 이러한 허리케인 강도등급은 허리케인이 해안에 상륙했을 때 예상되는 잠재적인 재산 피해 및 범람을 평가하는 데 사용된다. 이는 지진의 메르칼리 진도계급(Mercalli intensity scale)과 유사하다(표 13.1 참조).

폭풍해일 허리케인이 강해지면서 주변의 해수면보다 더 높게 상승되어 만들어진 해수의 돔을 **폭풍해일**(storm surge)이라고 한다. 폭풍해일의 높이는 허리케인의 눈의 대기압 및 이를 감싸고 도는 바람의 강도와 직접적인 관계가 있다. 큰 너울, 높은 쇄파, 그리고 바람에 의한 파도들이 폭풍해일의 위를 올라탄다. 허리케인이 육지에 접근하면서, 폭풍해일은 육지에 상륙하여 해안내륙지역을 침수시키고, 해안의 환경 및 시설에 막대한 피해를 준다(그림 20.9). 폭풍해일의 길목에 있는 육지들은 많은 요인들에 따라 크든 작든 어느 정도 영향을 받게 된다. 폭풍이 강할수록 그리고 외해의 수심이 얕을수록 폭풍해일은 더 높아진다. 폭풍해일이 만조의 시간과 겹칠 경우 연안지역에 심각한 범람을 일으키는데 이를 **폭풍조석**(storm tide)이라 한다(그림 20.10).

2005년의 허리케인 카트리나와 2012년의 허리케인 샌디에서 강조한 바와 같이, 폭풍해일은 허리케인과 관련된 위험 중 가장 치명적이다. 허리케인의 규모는 흔히 허리케인의 풍속으로 표시하지만(표 20.1 참조), 강한 바람보다는 연안의 범람이 더 많은 사망자를 발생시킨다. 정박지에서 떨어져나온 배들, 전신주들, 그리고 다른 파편들은 폭풍해일 위에 떠다니면서 아직 바람에 파괴되지 않은 건물들을 무너뜨린다. 떠다니는 파편들이 없어도, 폭풍해일은 해빈과 고속도로를 심각하게 침식시키고, 교량의 기초를 약화시킨다. 미국의 인구밀도가 높은 대서양과 멕시코만 연안의 해안지역은 대부분이 해발 3m 이내에 놓여 있기 때문에, 폭풍해일의 피해를 입을 가능성이 매우 높다.

2012년 10월 말에 미국 동부해안을 강타한 허리케인 샌디는 약 680억 달러 이상의 재산상 손실을 가져왔으며, 미국 역사상 두 번째(첫 번째는 허리케인 카트리나)로 큰 피해를 입힌 허리케인으로 기록되었다. 이 폭풍은 형성되면서 자메이카, 아이티, 도미니카 공화국, 쿠바, 푸에르토리코, 바하마를 포함한 카리브해 지역의 대부분에 영향을 미쳤으며, 이후 미국 동부해안을 따라 이동하면서 24개 주에 영향을 미쳤다. 폭풍은 뉴저지주의 브라이건타인 부근에 상륙했고, 샌디가 전체 동부해안에 걸쳐 해수면 상승을 일으키는 동안 뉴저지, 뉴욕, 코네티컷주의 해안선을 따라서는 엄청난 폭풍해일을 일으켰다. 해일은 도로, 터널, 지하철

표 20.1 사피어–심프슨 허리케인 강도등급

폭풍분류	설명
1등급	시속 119~153km의 풍속. 폭풍해일은 일반적으로 평소보다 1~1.5m 더 높다. 건축 구조물에 실제적인 피해는 없다. 이동식 주택, 관목, 나무가 피해를 입는다. 부실하게 만들어진 간판들에 약간의 피해가 있다. 또한 일부 해안도로가 잠기고 부두에 약간의 피해가 있다.
2등급	시속 154~177km의 풍속. 폭풍해일은 일반적으로 평소보다 2~2.5m 더 높게 나타난다. 건물의 일부 지붕, 문, 창문이 피해를 입는다. 관목과 나무에 상당한 피해가 있어 일부 나무는 쓰러진다. 이동식 주택과 부실하게 만들어진 간판 및 부두에 상당한 피해가 있다. 해안지역과 저지대의 탈출로는 허리케인의 중심부가 도착하기 2~4시간 전에 침수된다. 보호되지 않는 곳에 정박한 작은 배의 닻줄이 끊어진다. 2004년 허리케인 프랜시스가 2등급의 허리케인으로 플로리다주 허친슨섬 남단에 상륙하였다.
3등급	시속 178~209km의 풍속. 폭풍해일은 일반적으로 평소보다 2.5~3.5m 더 높다. 일부 작은 가정집과 다용도 건물에 구조적인 피해를 주며 드물게는 외벽이 무너지기도 한다. 관목과 나무는 잎이 모두 떨어지며 큰 나무는 넘어진다. 이동식 주택과 부실하게 만들어진 간판은 파괴된다. 저지대의 탈출로는 허리케인의 중심부가 도달하기 3~5시간 전에 상승하는 물에 의하여 차단된다. 해안 근처의 범람은 작은 건물을 파괴하고, 큰 건물들은 부유하는 잔해와 충돌하여 피해를 입는다. 해발 1.5m 이내의 지역에서는 3m 혹은 그 이상의 범람이 생긴다. 해안선으로부터 몇 블록 이내에 거주하는 저지대 주민들의 대피가 요구된다. 2004년의 허리케인 진과 이반은 3등급 허리케인으로 플로리다주와 앨라배마주에 각각 상륙하였다. 2005년의 허리케인 카트리나는 시속 204km로 루이지애나주의 부라스 트라이엄프 근처에 상륙했다. 카트리나는 1,000억 달러 이상의 손실을 발생시킨 역사상 가장 큰 경제적 손실을 가져온 허리케인이다.
4등급	시속 210~250km의 풍속. 폭풍해일은 평상시보다 3.5~5m 더 높다. 건물 외벽의 보다 광범위한 붕괴와 함께 작은 가정집의 지붕 구조가 완전히 파괴된다. 관목과 나무 그리고 모든 간판들이 쓰러진다. 이동식 주택은 완전히 파괴된다. 건물의 문과 창문에 광범위한 피해가 생긴다. 저지대의 탈출로는 허리케인의 중심부가 도달하기 3~5시간 전에 상승하는 물에 의해 차단된다. 해안 근처 구조물의 저층이 주된 피해를 입는다. 해발 3m보다 낮은 지역은 침수될 것이며, 내륙으로 15km까지 위치한 모든 주거지역의 대피가 요구된다.
5등급	풍속은 시속 250km 이상. 폭풍해일은 평균보다 5m 이상 높게 나타난다. 대부분의 주택과 공장 건물의 지붕이 파괴된다. 일부 건물들은 무너지며 다목적 건물들은 날아가버린다. 모든 관목, 나무, 간판이 쓰러진다. 이동식 주택은 완전히 파괴된다. 건물의 창문과 문이 심하게 손상된다. 저지대의 탈출로는 허리케인의 중심부가 도달하기 3~5시간 전에 상승하는 물에 의해 차단된다. 해발 4.5m 이내와 해안선으로부터 500m 이내에 위치한 구조물의 아래층은 심각한 피해를 입는다. 해안선으로부터 15~20km 이내의 저지대에 거주하는 모든 사람들의 대피가 요구된다. 역사적 기록이 시작된 이래로 미국에 오직 세 번의 5등급 허리케인이 상륙했다. 1992년 플로리다주의 마이애미–데이드 카운티 남부에 상륙한 허리케인 앤드류는 265억 달러의 경제적 손실을 끼쳐 역사상 두 번째로 경제손실이 큰 허리케인이다.

그림 20.9 허리케인 폭풍해일이 해안가의 주택들을 완전히 파괴시키고, 해안선의 내륙 쪽에 파괴된 건물의 잔해들을 띠를 이루며 쌓아 놓았다. 사진에서 보이는 피해는 2005년의 허리케인 카트리나에 의한 것이다.

[U.S. Navy/Getty Images.]

지구정책

20.1 뉴올리언스 대홍수

2005년 8월 25일에 허리케인 카트리나가 1등급의 폭풍이 되어 미국 플로리다주 남부를 강타하여 11명의 사망자가 발생했다. 3일 후에, 이 허리케인은 괴물급인 5등급의 폭풍으로 성장하여, 최대지속풍속이 시속 280km/h이고, 최대순간풍속이 시속 360km/h에 달하였다. 8월 28일에 미국립기상청은 멕시코만 연안에 '끔찍한' 피해가 예측된다는 속보를 발표하였고, 뉴올리언스시의 시장은 전례 없는 강제 대피를 명령하였다.

카트리나가 8월 29일에 뉴올리언스시 남부에 상륙했을 때는 최대풍속이 시속 204km/h에 이르는 거의 4등급의 폭풍으로 커져 있었다. 최저기압은 918mb였으며, 기록상 미국에 상륙한 허리케인 중 세 번째로 강력한 허리케인이었다. 100명이 넘는 사람들이 8월 29일 이른 아침에 몰려온 폭풍의 직접적인 영향으로 목숨을 잃었다.

5~9m에 이르는 폭풍해일은 루이지애나주, 미시시피주, 앨라배마주, 그리고 북서부 플로리다주의 해안에 상륙하였다. 미시시피주의 빌록시시에서 기록된 9m의 폭풍해일은 미국 역사상 가장 높은 폭풍해일로 기록되었다. 뉴올리언스시에 미친 폭풍해일의 영향은 전례 없는 엄청난 피해를 가져왔다. 해양조건에 쉽게 영향을 받는 연안의 만인 폰차트레인 호수는 폭풍해일로 범람했다. 8월 29일 정오경 폰차트레인 호수의 물이 뉴올리언스시로 유비되는 것을 막고 있던 제방의 여러 구역이 붕괴되었다. 이에 따른 홍수로 인하여 뉴올리언스시는 도시 전체의 80%가 약 7~8m 깊이의 물에 잠기게 되었다. 홍수의 영향으로 적어도 또 다른 300여 명이 사망하였고, 9월 21일까지 범람에 의한 간접적인 영양실조와 전염병으로 인하여 총 사망자가 1,500명이 넘었다.

허리케인 카트리나는 그때까지 미국 역사상 가장 큰 경제적 손실을 가져온 자연재해로 알려진 허리케인 앤드류를 능가하는 거의 2,000억 달러에 달하는 피해를 가져왔다. 또한 수백 명이 목숨을 잃었고, 15만 채 이상의 주택이 파괴되었으며, 100만 명이 넘는 사람들이 피난을 떠나서 대공황 이래 미국에서 일어난 최악의 위기였다.

물이 내항항행운하(IHNC)의 제방을 넘어 뉴올리언스 시내를 범람시키고 있다. [Vincent Laforet-Pool/Getty Images.]

무슨 일이 일어났고, 피해를 줄이기 위하여 무엇을 했어야 하는가? 대부분의 자연재해가 그러하듯이, 드물지만 강력한 지질학적 힘과 인간의 대비 결여가 결합되어 일어난 결과였다. 최악의 시나리오를 예상하고 준비한 사람은 아무도 없었다. 지구과학자들은 지난 수십 년간 언젠가는 4 또는 5등급의 허리케인이 뉴

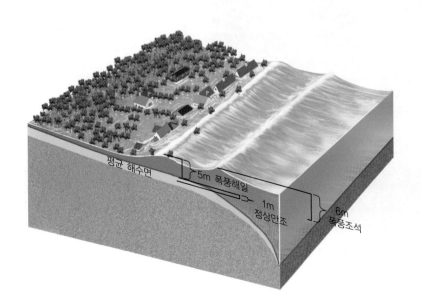

그림 20.10 폭풍조석은 폭풍해일과 정상적인 만조가 결합된 현상이다. 만약 어떤 폭풍해일이 만조와 같은 시간에 도착한다면, 해수면의 높이는 크게 증가할 것이다. 예를 들면 정상적인 만조의 수위가 1m이고, 폭풍해일이 5m이면, 폭풍조석의 수위는 6m가 될 것이다.

올리언스시를 강타할 것이라고 예측하였다. 허리케인의 역사적 기록은 그러한 사건의 발생이 거의 확실시된다는 것을 분명히 보여주었다. 〈그림 20.11〉에서 볼 수 있듯이, 뉴올리언스시는 미국에서 허리케인이 주로 상륙하는 지역의 한가운데에 위치해 있다. 그러나 이 도시는 오직 3등급 이하인 허리케인의 영향에 견딜 만큼만 준비되어 있었다. 연방정부의 예산삭감 때문에 폰차트레인 호수를 막고 있는 허리케인 제방 중 동쪽 제방을 유지하고 보강할 수 있는 시늉에 불과한 예산만 남아 있었다. 콘크리트 벽, 철제 수문, 거대한 흙 언덕으로 이루어진 복잡한 방어망은 완성되지 못하였고, 도시는 재해에 취약해진 채 방치되었다. 게다가 도로와 주택들이 해수면보다 평균 4m 낮은 상태에서 이 도시를 허리케인 폭풍해일로부터 보호한다는 것은 쉬운 일이 아니다. 또한 뉴올리언스시는 인공제방으로 막혀 있는 미시시피강의 매우 큰 홍수에도 마찬가지로 취약하다.

대규모의 격변적 사건들이 드물게 일어날 경우, 그들이 걱정할 만한 가치가 있는지를 묻는 것은 당연하며, 인간의 기억은 필요한 지침을 제공하지 못할 수도 있다. 단기적으로, 우리는 운이 좋아 이러한 위험을 모면할 수 있을지도 모른다. 하지만 장기적으로는, 기록된 역사와 지질학적 기록은, 우리가 충분히 준비되어 있지 않다면, 이러한 드물지만 파괴적인 힘이 결국 큰 피해를 입히고야 만다는 것을 보여준다.

허리케인 카트리나가 지나가고 난 후, 시민들이 침수된 뉴올리언스시 거리를 건너고 있다.

[James Nielsen/AFP/Getty Images.]

을 침수시켰고, 많은 지역에 정전을 유발했다. 허리케인이 동부 해안지역을 강타하기 8일 전에 그 경로는 정확히 예측되었고, 수일 동안 대비가 진행되었다. 뉴욕시의 지하철 입구와 송풍구에는 차단막이 설치되었지만, 그럼에도 불구하고 이후 침수가 발생했다. 소개명령이 내려지고, 휴교하고, 대중교통이 중단되고, 공항이 폐쇄되고, 버스와 철도의 운영이 중단되었다. 그러나 이러한 대비에도 불구하고, 도시는 침수되고, 주택들은 물에 휩쓸려가고, 뉴저지의 해변 길과 부두 잔교는 파괴되었으며, 자동차와 보트는 파도에 휩쓸렸다. 이 폭풍은 역시 뉴욕에 엄청난 화재를 발생시켰다. 나무들이 송전선 위로 넘어지고, 변압기가 폭발하고, 전선이 물속에 빠졌다. 이로 인해 위험한 화재가 발생하였지만 도시가 침수되어 불을 끄기 위해 다가갈 수 없었다.

허리케인의 상륙 허리케인은 열대 해양에서 형성되고 이동하기 때문에, 대부분의 허리케인은 저위도 지역에서 육지에 상륙한다. 대부분의 북대서양 허리케인들은 플로리다주와 멕시코만 북부에 상륙한다(그림 20.11). 그러나 바람은 북쪽으로 편향되는 경향(코리올리 효과)이 있기 때문에, 허리케인은 간혹 대서양 해안의 더 북쪽 지역에 상륙하기도 한다. 드물게 허리케인이 미국 동부의 뉴잉글랜드 지역에 도달하기도 하지만, 해수표면의 온도가 낮기 때문에 항상 그 강도는 약하다. 가장 강력한 4등급과 5등급의 허리케인은 저위도 지역에서만 나타난다.

허리케인으로 발전한 열대성 폭풍들은 인공위성으로 추적할 수 있으며, 폭풍 내부의 기상조건들은 항공기로 확인할 수 있다. 많은 종류의 자료들을 컴퓨터모델에 입력함으로써 기상학자들은 폭풍의 진로와 강도의 변화를 상륙하기 수일 전에 매우 정확하게

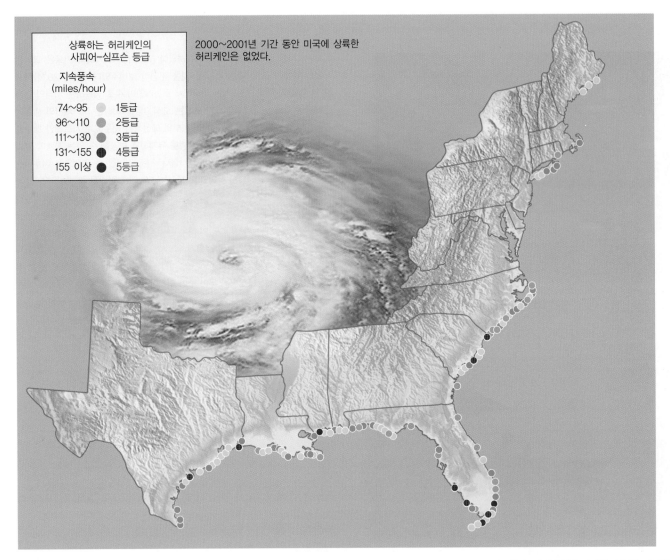

그림 20.11 북대서양에서 발생한 허리케인은 보통 멕시코만 연안의 주들을 포함하는 미국의 남동부 해안지역으로 상륙한다. 허리케인은 차가운 수역을 지나면 에너지를 잃기 때문에, 미국의 중부와 북동부 주들에 상륙하는 허리케인의 수는 급격하게 감소한다. [NOAA.]

예측할 수 있다. 미국의 국립허리케인센터는 상륙 3일 전에 카트리나가 강력한 허리케인으로 변하여 뉴올리언스를 강타할 것임을 정확하게 예측했다.

■ 해안선의 형성

앞서 설명한 연안작용들의 영향은 해안선에서 가장 잘 관찰된다. 파도, 연안류, 조류, 폭풍해일은 판구조과정들 및 연안의 지질구조들과 상호작용하여 다양한 형태의 해안선을 형성한다. 우리는 사람들이 가장 좋아하는 해안선 환경인 해빈에서 이러한 요인들이 어떻게 작용하는지를 관찰할 수 있다.

해빈

해빈(beach)은 모래와 자갈로 이루어진 해안선 환경이다. 해빈은 매일, 매주, 매 계절, 그리고 해마다 그 모습이 바뀐다. 파도와 조수는 때때로 모래를 퇴적시켜 해빈을 넓게 확장시키기도 하고 때로는 모래를 쓸고 나가 해빈을 좁게 만들기도 한다.

많은 해빈들은 1km에서 100km 사이의 길이에 걸쳐, 모래가 직선으로 길게 뻗어 있는 지역이다—그 외의 해빈들은 암석 돌출부인 곳들 사이에 있는 작은 초승달 모양의 모래지역이다. 많은 해빈들에서는 해빈의 육지 쪽 경계에 사구(dune) 지대가 발달되어 있다—다른 곳에서는 퇴적물이나 암석의 절벽이 그 경계가 되기도 한다. 해빈은 그 바다 쪽에 조석단구(tide terrace)—상부 해

그림 20.12 조석단구는 간조 때에는 노출된다. 바다 쪽의 길쭉하게 솟은 융기부(만조 시의 사주)와 육지 쪽의 상부 해빈 사이에 있는 낮은 함몰대에는 조류에 의해 만들어진 연흔들이 많이 발달해 있다.

빈과 바다 쪽 사주 사이의 평평하고 얕은 지역—를 발달시키기도 한다(그림 20.12).

해빈의 구조 그림 20.13은 해빈의 주요 부분들을 보여준다. 이 부분들은 어떤 특정 해빈에서 항상 나타나는 것은 아니다. 해안에서 가장 먼 곳인 외해(offshore)는 기파대와 경계를 이루며 접하고 있다. 기파대는 바닥의 수심이 파도가 부서질 만큼 충분히 얕아지기 시작하는 지대이다. 전빈(foreshore)은 기파대, 조석단구, 해안선에 수직인 세파대(swash zone)를 포함한다. 세파대는 파도의 세파와 역세파가 우세한 경사지이다. 후빈(backshore)은 세파대 바로 위부터 해빈의 가장 높은 곳까지 뻗어 있는 지역이다.

해빈의 모래수지 해빈은 부단한 움직임의 현장이다. 각각의 파도는 세파와 역세파를 형성하며 모래를 앞뒤로 움직인다. 연안표류와 연안류는 모두 모래를 해빈의 아래쪽으로 이동시킨다. 모래는 해빈의 끝부분에서 또는 어느 정도 해빈을 따라서 제거되어, 수심이 깊은 곳에 퇴적된다. 모래와 자갈은 후빈 및 해안절벽에서 침식작용으로 새로 생성되어 해빈에 공급된다. 해빈 위로 부는 바람은 모래를 때로는 외해의 물속으로, 때로는 육지로 운반한다.

이러한 모든 과정들이 모래의 첨가와 제거 사이의 균형을 유지시키고 있다. 그 결과 해빈은 안정되어 있는 것처럼 보이지만, 사실은 모든 면에서 환경과 물질을 교환하고 있다. 그림 20.14는 해빈의 모래수지(-收支, sand budget)를 설명하고 있다—모래수지는 침식작용, 퇴적작용, 운반작용에 의해 발생한 유입과 유출

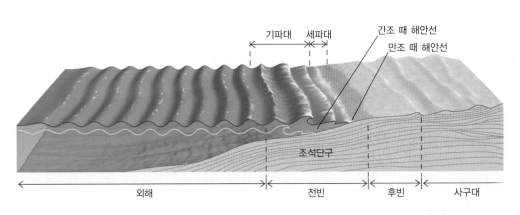

그림 20.13 해빈의 주요 부분을 보여주는 단면도.

모래수지	
유입	유출
파도에 의해 후빈 절벽에서 침식된 퇴적물	외해에서 부는 바람에 의해 후빈 사구로 운반된 퇴적물
연안표류와 연안류에 의해 해빈의 상류 쪽에서 침식된 퇴적물	연안표류와 연안류에 의해 해빈의 하류 쪽으로 운반된 퇴적물
강에 의해 운반된 퇴적물	조류와 파도에 의해 깊은 바다로 운반된 퇴적물

그림 20.14 해빈의 모래수지는 침식, 퇴적, 운반에 의한 모래의 유입과 유출 사이의 균형이다.

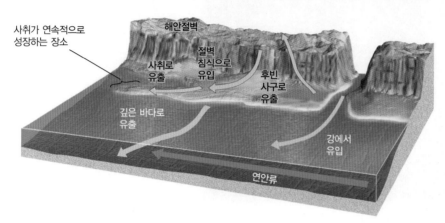

을 말한다. 해빈을 따라 어떤 지점에서, 해빈은 수많은 공급원으로부터 모래를 획득한다. 공급원으로는 후빈에서 침식된 물질, 연안표류와 연안류가 해빈으로 운반한 모래, 하천이 해안선으로 운반한 퇴적물 등이 있다. 해빈은 역시 많은 방법으로 모래를 잃는다. 즉, 후빈의 사구로 모래를 운반하는 바람, 하류로 모래를 운반하는 연안표류와 연안류, 폭풍이 부는 동안 모래를 운반하는 깊은 바다의 해류와 파도 등에 의해 모래를 잃는다.

만약 총 모래유입량이 총 모래유출량과 균형을 이룬다면, 해빈은 역학적으로 평형상태에 놓이게 되어 똑같은 모습을 유지하게 된다. 만약 유입과 유출이 균형을 이루지 못한다면 해빈은 성장하거나 축소하게 된다. 일시적 불균형은 수 주, 수개월, 또는 수년에 걸쳐 자연적으로 일어난다. 예를 들면, 연속적인 큰 폭풍이 많은 양의 모래를 해빈으로부터 깊은 먼바다로 이동시키면 해빈은 좁아지게 된다. 그 후 몇 주에 걸친 평온한 날씨와 낮은 파도는 모래를 해안 위로 운반시켜 넓은 해빈이 다시 만들어진다. 이러한 끊임없는 모래의 이동이 없다면 해빈은 쓰레기, 찌꺼기, 다른 오염물질들의 영향으로부터 회복될 수 없을 것이다. 유출된 원유까지도 1년 또는 2년 이내에 운반되거나 묻혀버려 눈에 보이지 않게 될 것이다. 비록 나중에 군데군데 타르 잔류물들이 노출될 수 있다 하더라도.

해빈의 일반적인 형태 길고 넓은 모래해빈은 모래의 공급이 풍부한 곳, 흔히 부드러운 퇴적물들이 해안을 형성하는 곳에서 성장한다. 후빈이 낮고 바람이 육지 쪽으로 부는 곳에서는 해빈과 인접하여 넓은 사구지대가 발달한다. 해안선이 조구조적으로 융기되고, 해안지역이 단단한 암석으로 이루어진 곳에서는 해안선을 따라 절벽이 발달하고, 절벽으로부터 침식된 물질들로 이루어진 작은 해빈이 생긴다. 해안지역이 낮고, 모래가 풍부하고, 조류가 강한 곳에서는 광활한 간석지가 형성되어 간조 때 노출된다.

해빈의 보존 해빈에 모래의 공급이 차단된다면 어떠한 일이 일어날까? 예를 들면, 침식을 방지하기 위하여 해빈을 따라 콘크리트 방파제를 건설하여 해빈에 공급되는 모래를 차단한다면 어떠한 일이 일어날까? 침식은 해빈에 모래를 공급해주기 때문에, 침식을 막으면 모래의 공급이 차단되어 해빈이 축소된다. 해빈을 살리기 위한 시도들이 해빈의 역학적 평형에 대한 이해가 없이 실행된다면, 의도와는 달리 실제로는 해빈을 파괴할 수도 있다.

인간은 해빈에 구조물을 설치하거나, 침식으로부터 보호하기 위한 구조물을 설치하는 등 점점 해빈의 평형상태를 바꾸고 있다. 우리는 해빈에 별장이나 호텔을 짓고, 해빈 주차장을 포장하고, 방조제(seawalls)를 세우고, 방사제(groins), 잔교(piers), 방파제(breakwaters)를 건설한다. 이러한 무분별한 개발의 결과로 한 지

그림 20.15 해빈침식을 조절하기 위해 방사제를 건설하면, 방사제 하류 쪽에서는 침식이 일어나 해빈이 손실되는 반면에 방사제의 반대편에서는 모래가 쌓인다.

[Airphoto—Jim Wark.]

역에서는 해빈이 줄어들고 다른 지역에서는 해빈이 확대되기도 한다. 토지 소유주와 개발업자들이 서로 그리고 주정부를 상대로 소송을 제기하면서, 소송 변호사들은 '모래권리'의 문제—자연적으로 퇴적되는 모래에 대한 해빈의 권리—를 법정으로 끌고 간다.

전형적인 사례를 이용하여, 좁은 방사제(groin)나 돌제(jetty)—해안에 수직으로 건설된 구조물—를 설치했을 때 어떤 일이 일어나는지 검토해보자. 여러 달과 여러 해가 지난 후 살펴보니, 방사제의 한쪽 편에 있는 해빈에서는 모래가 사라지고, 다른 쪽의 해빈에서는 모래가 크게 확대되었다(그림 20.15). 이러한 변화는 일반적인 해안변화과정의 예측할 수 있는 결과이다. 파도, 연안류, 연안표류는 (우세한 바람 방향인) 상류 방향에서 방사제 쪽으로 모래를 이동시킨다. 방사제에 막혀 멈추게 되면 거기에 모래를

퇴적시킨다. 방사제의 하류 쪽에서는 해류와 연안표류가 모래를 제거하여 해빈을 침식시킨다. 그러나 이쪽 편에서는 방사제가 모래의 유입을 막기 때문에 모래가 거의 보충되지 않는다. 결과적으로 모래수지의 평형이 깨지면서 해빈이 줄어든다. 만일 방사제가 제거되면 해빈은 이전 상태로 돌아간다.

해빈을 보존하는 유일한 방법은 있는 그대로 두는 것이다. 방사제와 방파제는 해빈침식 문제에 대한 일시적인 해결책일 뿐이며, 많은 돈을 들여 꾸준히 유지 보수한다 할지라도 해빈 자체는 고통을 받을 것이다. 외해로부터 많은 양의 모래를 퍼올리는 해빈복원사업은 일부 성공하기도 했지만(지질학 실습 참조), 이 방법은 엄청난 비용이 소요된다. 조만간 우리는 해빈을 자연상태로 남겨두는 것을 배워야만 한다.

해안선의 침식과 퇴적

해안선의 지형은 대륙내부를 형성시킨 힘과 동일한 힘의 산물이다. 즉, 지구의 지각을 융기 또는 침강시키는 판구조과정들, 지각을 닳아 없애는 침식과정, 저지대를 채우는 퇴적작용의 산물이다. 따라서 여러 가지 요인들이 직접적으로 작용하고 있다.

■ 침식해안지형을 야기하는 해안지역의 조구조적 융기
■ 퇴적해안지형을 가져오는 해안지역의 조구조적 침강
■ 해안선에 있는 암석 또는 퇴적물의 성격
■ 해안선의 침강 및 노출에 영향을 주는 해수면의 변화
■ 침식에 영향을 주는 평상시 파고와 폭풍 시 파고
■ 침식과 퇴적 모두에 영향을 주는 조수의 높이

침식해안지형 침식작용은 융기된 암석 해안을 따라서 나타나는 중요한 과정이다. 이러한 해안을 따라서는 돌출된 절벽과 곶들이 바다 쪽으로 튀어나와 있으며, 좁은 후미(inlet)들과 작은 해빈을 가진 불규칙한 만(bay)들이 번갈아 가며 나타난다. 파도는 암석 해안선에 부딪쳐 절벽의 아래쪽을 침식시켜 커다란 암석 덩어리들을 물속으로 붕락시키고, 그곳에서 그들을 서서히 침식시킨다. 해안절벽이 후퇴하면, **연돌암(stack)**이라 부르는 굴뚝 모양의 고립된 암체들이 해안으로부터 멀리 떨어진 바다에 남겨진다(그림 20.1c 참조). 파도에 의한 침식은 기파대 밑에 있는 암석의 표면을 평평하게 깎아서 간조 때 간혹 보이는 **파식단구(wave-cut terrace)**를 형성한다(그림 20.16). 오랜 기간에 걸친 파도의 침식은 돌출한 곶들을 움푹 들어간 곳과 만들보다 더 빠르게 침식시켜 해안선을 직선으로 만들 수 있다.

그림 20.16 캘리포니아의 해안에 발달한 여러 개의 파식단구. 각각의 단구는 서로 다른 해수면의 위치를 기록한다. 결과적으로 해수면은 빙하 얼음의 부피에 의해 조절된다(제15장 참조). 얼음의 부피가 안정된 때에는 해수면이 변동되지 않으면서 파도는 기반암을 침식한다.

[Photo by Dan Muhs/USGS, Muhs, Daniel R., Simmons, Kathleen, R., Kennedy, George L., and Rockwell, Thomas K. The last interglacial period on the Pacific Coast of North America: Timing and paleoclimate. Geological Society of America.]

비교적 부드러운 퇴적물과 퇴적암들이 해안지역을 이루고 있는 곳에서는 경사가 더 완만하고, 해안절벽의 높이도 더 낮다. 파도는 이러한 부드러운 물질들을 효과적으로 침식시킨다. 그리고 이러한 해안에서는 절벽의 침식도 매우 빠르게 일어난다. 예를 들면, 미국 매사추세츠주의 케이프코드 국립해안공원을 따라 발달하는 부드러운 빙하 퇴적물로 이루어진 높은 해안절벽은 해마다 약 1m씩 후퇴하고 있다. 19세기 중반에 헨리 데이비드 소로(Henry David Thoreau)가 이 절벽 아래의 해빈을 걷고 나서, 그의 책 케이프코드(Cape Cod)에 기행문을 쓴 이래, 해안지역에 있는 육지의 약 6km²가 조금씩 바다에 침식되어 사라졌으며, 해빈은 약 150m 정도 후퇴했다.

해빈에 대한 우리의 논의는 이러한 부드러운 퇴적물로 이루어진 환경들에서 침식과정의 중요성을 분명히 보여주고 있다. 최근 수십 년간, 전 세계 모래해빈의 총길이의 70% 이상이 적어도 1년에 10cm의 속도로 후퇴해왔고, 총길이의 20%는 1년에 1m 이상의 속도로 후퇴해왔다. 이러한 손실의 상당 부분은 하천에 건설된 댐들이 해안으로 공급되는 퇴적물의 양을 감소시켰기 때문이다.

퇴적해안지형 퇴적물들은 해안을 따라 구조적인 침강으로 지각이 가라앉은 곳에 쌓인다. 이런 해안지대는 넓고 낮은 퇴적암 해안평야와 길고 넓은 해빈으로 특징지어진다. 이러한 해안지대에 발달하는 해안선의 형태는 사주(sand bar), 낮은 모래섬, 그리고 광활한 간석지를 포함한다. 연안류가 해빈 끝의 모래를 하류 방향으로 운반함에 따라 긴 해빈은 더욱 길게 성장한다. 그곳에서 맨 먼저 물에 잠긴 사주가 만들어지고, 이 사주가 더 자라 해수면 위로 솟아오르면 **사취**(spit)라 부르는 좁은 해빈의 연장부가 만들어지고, 그러면 해빈은 더욱더 확장된다.

외해의 긴 사주들은 외양의 파도와 육지의 해안선 사이에 장벽을 이루는 **평행사도**(barrier island)를 만든다. 평행사도들은 쉽게 침식되고 운반되는 작은 퇴적물 입자들 또는 연안류가 강한 지역의 미고결 퇴적암들로 이루어진 낮은 해안을 따라서 특히 흔하게 나타난다. 파도치는 지역의 위로 모래가 쌓이면, 식생이 모래를 붙잡아주어 섬이 안정화된다. 그러면 폭풍 기간 동안 파도에 의한 침식을 막는 데 도움을 준다. 평행사도는 간석지 또는 얕은 석호에 의해 해안으로부터 분리되어 있다. 해안지역의 해빈처럼 평행사도는 그들을 형성하는 힘들과 동적 평형 상태를 이루고 있다. 이러한 평형은 인간의 활동뿐만 아니라 기후 또는 파도와 해류 패턴의 자연적 변화에 의해 영향을 받을 수 있다. 환경파괴 또는 식생제거는 침식을 증가시킬 수 있다. 그러면 평행사도는 해수면 아래로 사라질 수도 있다. 만약 퇴적작용이 증가한다면 평행사도는 더 크게 성장하여 더욱더 안정될 것이다.

수백 년에 걸쳐 해안선은 상당한 변화를 겪을지도 모른다. 허리케인과 강한 폭풍은 새로운 조류 통로(inlet)를 만들고, 사취를 길어지게 하고, 또는 기존의 사취와 평행사도에 틈을 만들기도 한다. 이러한 변화는 여러 시간 간격을 두고 찍은 항공사진들

(a) 채텀 등대 근처의 해빈

오른쪽 아래에 보이는 평행사도의 사취에 있는 1987년도의 틈(통로)은 이 사진을 찍기 전에 다시 닫혔다.

(b)

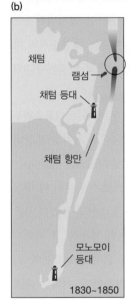

채텀
램섬
채텀 등대
채텀 항만
모노모이 등대
1830~1850

1870~1890

1910~1930

1950~1970

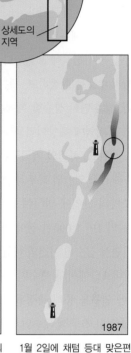

1987

원으로 표시된 부분은 평행사도에 있는 1846년도 틈(통로)의 대략적인 위치를 보여준다. 램섬은 나중에 사라졌다.

통로의 남쪽에 있는 해빈은 해체되어 본토와 모노모이섬 쪽인 남서쪽으로 이동했다.

남쪽 해빈은 사라졌고, 그것의 잔류물들은 곧 모노모이섬을 본토와 연결할 것이다.

북쪽의 해빈은 절벽 퇴적물의 유입으로 인해 지속적으로 성장한다. 모노모이섬은 본토로부터 떨어져나온다.

1월 2일에 채텀 등대 맞은편에 있는 평행사도의 사취가 끊어지면서(원으로 표시된 부분) 140년 주기가 다시 시작된다.

그림 20.17 미국 매사추세츠주의 케이프코드 남단에 있는 채텀 지역의 이동하는 평행사도들. (a) 모노모이 포인트의 항공사진. 이 사취는 북쪽(사진 뒤쪽)에 있는 케이프코드의 본체를 따라 발달한 평행사도로부터 남쪽(사진 앞쪽)에 있는 깊은 바다로 전진해왔다. (b) 지난 160년 동안 채텀 지역의 해안선 변화.
[(a) Steve Dunwell/The Image Bank/Getty Images, (b) after Cindy Daniels, *Boston Globe* (February 23, 1987).]

을 통해 입증되어왔다. 미국 매사추세츠주 케이프코드의 꺾어진 팔꿈치 부분에 있는 채텀 지역의 해안선은 과거 160년 동안 많이 변하여 등대를 다른 곳으로 옮겨야만 했다. 그림 20.17은 모노모이섬의 긴 사취와 북쪽에 있는 평행사도들의 모습이 크게 변하였음을 보여주며, 평행사도들에는 여러 개의 틈(수로)이 생긴 것도 보여준다. 채텀 지역의 많은 주택들이 현재 위험에 처해 있으나, 주민들과 주정부가 해안에서 일어나는 이러한 자연적인 과정들을 방지하기 위하여 할 수 있는 것이라고는 거의 없다.

해수면 변화의 영향

전 세계 해안선은 다양한 인간활동으로 야기된 곧 들이닥칠 변화에 대한 지표로서 역할을 한다. 도시 폐기물에서 나온 하수와 대양을 오가는 유조선에서 유출된 기름이 해변으로 밀려오는 것과 같이, 내륙 수로의 오염은 곧 해빈에 도착한다. 해안선을 따라 부동산 개발과 건설이 확대됨에 따라 우리는 가장 좋은 해빈들 중 일부가 지속적으로 축소되고, 심지어는 사라지는 것을 보게 될 것이다. 지구온난화와 빙하의 용융이 해수면 상승을 일으키면, 우리도 역시 우리의 해안에서 그러한 변화의 결과를 보게 될 것이다.

해안선은 특히 해수면 변화에 민감한데, 해수면 변화는 조석간만의 차를 바꾸고, 파도가 다가오는 양상을 변화시키고, 연안류의 경로에 영향을 줄 수 있다. 해안선에서 해수면의 상승과 하강은 지역적—조구조적 침강이나 융기의 결과—또는 전 세계적—빙하의 용해나 성장의 결과—으로 일어날 수 있다. 인간이 유발한 지구온난화에 대해 관심을 갖는 주요 이유 중의 하나는 지구온난화가 전 세계 해안도시들을 침수시키는 해수면 상승을 일으킬 가능성이 있기 때문이다.

전 세계적으로 해수면이 낮아져 있는 기간에는, 이전에 외해지역이었던 곳이 침식에 노출된다. 강은 이전에 바다에 잠겨 있던 지역까지 수로를 확장하고, 새롭게 노출된 해안평원에 골짜기를 만든다. 해수면이 상승할 때에는 후빈 지역이 침수되면서 전에 육지였던 지역에 해양퇴적물들이 퇴적되고, 침식작용은 퇴적작용으로 바뀌고, 하천의 계곡들은 바닷물에 잠긴다. 오늘날 북아메리카 대서양 연안의 북부와 중부 해안선은 많은 지역에서 긴 손가락 모양의 만입에 의하여 들쭉날쭉한 모습을 보인다. 이런 긴 만입은 약 1만 1,000년 전에 마지막 빙하기가 끝나고 해수면이 상승하면서 침수된 이전의 하천 계곡들이었다.

지질연대표상에서의 해수면 변동은 파식단구(그림 20.16 참조)에 대한 연구를 통해 측정될 수 있으나, 더 짧은 (인간의) 시간 규모에서 전 지구적 해수면 변화를 알아내는 것은 더 어렵다. 육상의 기준점에 대한 상대적인 해수면을 기록하는 검조기(tide gauge)를 이용하여 지역적인 해수면 변화를 측정할 수 있다. 이러한 방법의 중요한 문제점은 육지 자체도 변형작용, 퇴적작용, 그리고 다른 지질학적 과정들로 인해 수직적으로 움직이며, 또한 이러한 움직임이 검조기 관측에 포함되어 있다는 것이다. 해수면 변화를 측정하는 새로운 방법은 인공위성에 설치된 고도계를 사용하는 것이다. 인공위성의 고도계가 레이더 빔의 파동을 해수면에 쏘아 되돌아오는 것을 탐지하면, 해수면과 인공위성의 궤도 사이의 거리를 수 센티미터 범위의 정확도로 측정할 수 있다.

이러한 방법들을 활용하여 해양학자들은 지난 100년 동안 전세계 해수면이 약 17cm 상승하였으며, 현재에도 연간 약 3mm씩 상승하고 있다는 것을 알아냈다. 이와 같은 최근의 해수면 상승은 전 세계 평균기온상승과 상관관계가 있다. 현재 대부분의 과학자들은 인류가 발생시킨 온실기체의 방출이 적어도 일부라 할지라도 전 지구적 온도상승을 유발했다고 믿고 있다(제23장 참조). 이러한 상승의 일부는 단기간의 변동이 그 원인일 수 있지만, 상승의 크기는 온실효과를 고려한 기후모델들의 결과와 일치한다. 이 모델들은 온실가스의 배출을 줄이기 위하여 전 세계가 노력하지 않으면, 21세기 동안 해수면이 약 3,100cm 더 상승할 것이라고 예측하고 있다.

■ 대륙주변부

해안선을 벗어난 외해 지역에는 대륙붕(continental shelf)이 놓여 있다. 대륙붕의 끝에 대양의 깊은 쪽으로 다소 급하게 경사져 있는 대륙사면(continental slope)이 있다. 대륙사면의 맨 아랫부분에는 완만한 경사의 이질 및 모래질로 이루어진 해저퇴적지형인 대륙대(continental rise)가 있으며, 이 대륙대는 대양분지의 바닥을 이루는 평탄한 심해저평원(abyssal plain)으로 연결된다(그림 20.18).

대륙의 해안선, 대륙붕, 대륙사면을 모두 합하여 대륙주변부(continental margin)라 부른다. 대륙주변부는 두 가지 기본형태인 수동형과 능동형이 있다. 수동형 대륙주변부(passive margin)는 해저확장이 대륙을 판의 경계로부터 먼 곳으로 이동시킬 때 형성된다—북아메리카와 오스트레일리아의 동쪽 해안과 유럽의 서쪽 해안이 수동형 대륙주변부의 예이다. 이러한 명칭은 그 지역이 정지 또는 활동이 없음을 의미한다—화산은 존재하지 않으며, 지진은 거의 일어나지 않거나 매우 드물게 발생한다. 이와는 대조적으로 능동형 대륙주변부(active margin)는 남아메리카의 서해안 같이 섭입의 결과로 생겨난다. 때로 능동형 주변부는 변환단층과 연관되어 있다. 화산활동과 빈번한 지진이 이러한 대륙주변부에 이와 같은 이름을 붙여주었다. 섭입대에 있는 능동형 주변부는 외해의 해구와 활동적인 호상열도나 산맥지대를 포함한다.

수동형 대륙주변부의 대륙붕들은 본질적으로 평탄한 육성 및 탄산염 천해 퇴적물들로 이루어져 있으며, 퇴적물의 두께는 수 킬로미터에 달한다(그림 20.18a). 비록 같은 종류의 퇴적물들이 능동형 대륙주변부의 대륙붕에서도 발견되지만, 이들은 구조적으로 변형되어 있고, 심해퇴적물뿐만 아니라 화산재 및 다른 화산성 물질들을 포함하고 있을 가능성이 더 많다. 태평양의 동편에 있는 대부분의 능동형 대륙주변부(예 : 남아메리카 안데스의 서쪽)는 심해의 해구로 급하게 떨어지는 좁은 대륙붕을 보인다(그림 20.18c). 태평양의 서편에 있는 능동형 대륙주변부(예 : 마리아나제도 근처)들은 대륙과 섭입대 사이에 넓은 대륙붕을 갖고 있다. 해구는 퇴적물이 두껍게 쌓이는 상당한 크기의 전호분지

(a) 수동형 대륙주변부

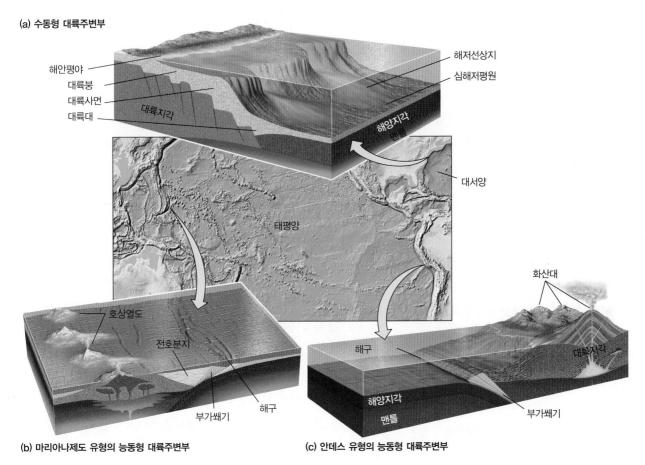

해안평야
대륙붕
대륙사면
대륙대
대륙지각
해저선상지
심해저평원
해양지각
맨틀
대서양
태평양

(b) 마리아나제도 유형의 능동형 대륙주변부

호상열도
전호분지
부가쐐기
해구

(c) 안데스 유형의 능동형 대륙주변부

화산대
해구
대륙지각
해양지각
맨틀
부가쐐기

그림 20.18 세 가지 유형의 도식화된 대륙주변부의 단면도. (a) 수동형 대륙주변부, (b) 마리아나제도 유형의 능동형 대륙주변부, (c) 안데스 유형의 능동형 대륙주변부.

(forearc basin)를 형성한다(그림 20.18b). 이러한 퇴적물의 대부분은 융기된 호상열도의 침식으로 생성되지만, 일부 퇴적물은 부가쐐기(accretionary wedge)를 형성하면서 섭입하는 해양지각에서 벗겨진 것들이다.

대륙붕

대륙붕은 해양에서 경제적으로 가장 중요한 부분 중 하나이다. 뉴잉글랜드 외해의 조지스뱅크(Georges Bank)와 뉴펀들랜드의 그랜드뱅크스(Grand Banks)는 세계에서 가장 비옥한 어장에 속한다. 최근에 석유시추 플랫폼들은 대륙붕, 특히 미국 루이지애나주와 텍사스주의 멕시코만 연안지역의 대륙붕 해저퇴적층으로부터 막대한 양의 원유와 가스를 뽑아내고 있다.

대륙붕은 수심이 얕기 때문에, 해수면의 변화에 의해서 노출되거나 물 밑에 잠길 수 있다. 플라이스토세 빙하기 동안, 현재 수심 100m 이내의 모든 대륙붕은 해수면 위에 노출되어 있었으며, 대륙붕의 많은 특징들은 그때 만들어졌다. 고위도 지역의 대륙붕들은 빙하의 침식을 받아 얕은 계곡, 분지, 산릉(ridge)으로

이루어진 불규칙한 지형을 형성하였다. 저위도의 대륙붕들은 보다 규칙적인 형태를 보이며, 간혹 하천 계곡에 의하여 잘리기도 한다.

대륙사면과 대륙대

대륙사면과 대륙대의 해저면은 너무 깊어서 파도와 조류의 영향을 받지 않는다. 그 결과 파도와 조류에 의해 얕은 대륙붕을 가로질러 운반된 퇴적물들은 대륙사면에 걸쳐 있듯이 놓여 있다. 지질학자들은 대륙사면 위에서 퇴적물 붕락(slumping)의 흔적들과 해저도랑과 해저협곡의 형태로 된 침식흔적들을 관찰하였다. 더구나 대륙사면과 대륙대 위에 있는 모래, 실트, 이토(mud)로 이루어진 퇴적물들은 심해 쪽으로 퇴적물을 활발하게 운반하는 작용이 있었음을 지시한다. 한동안 지질학자들은 어떠한 종류의 흐름이 그렇게 깊은 대륙사면과 대륙대 위에 침식작용과 퇴적작용을 일으켰는지 이해할 수 없었다.

그 해답은 바로 **저탁류**(turbidity current)라는 것이 밝혀졌다— 저탁류는 대륙사면 아래로 흐르는 진흙을 함유하는 격렬한 물

의 흐름이다(그림 20.19). 저탁류는 퇴적물을 침식시킬 수도 있고, 운반시킬 수도 있다. 그들은 대륙붕의 말단에 걸쳐 있는 퇴적물들이 대륙사면 위로 무너져내릴 때 시작된다. 이러한 갑작스런 해저사태는 진흙을 부유하게 하여 밀도가 높은 혼탁한 물의 층을 발생시킨다. 혼탁한 물은 부유 상태의 진흙을 다량 함유하고 있기 때문에 위에 있는 깨끗한 물보다 밀도가 높아 그 아래에서 흐르게 되고, 사면 아래로 내려가면서 속도가 증가한다. 저탁류는 대륙사면의 맨 아래 바닥에 도달하면 속도가 느려진다. 조립질 모래 퇴적물 중 일부는 가라앉기 시작하여 흔히 해저선상지(submarine fan)—육상의 충적선상지(alluvial fan)와 유사한 퇴적층—를 형성한다. 더 강한 저탁류들은 대륙대를 가로질러 계속 흐르면서 해저선상지 내의 수로들을 절단한다. 마침내 이 수류들은 심해저평원에 도달하면 그곳에서 넓게 퍼지면서, 저탁암(turbidite)이라 부르는 모래, 실트, 이토로 이루어진 점이층리(graded beds)를 형성하며 멈춘다.

최근의 연구에 의하면, 저탁류를 발생시키는 해저사태는 자주 발생한다. 해저사태 중 일부는 매우 거대한 규모로 일어난다. 어떤 해저사태는 한 번의 사태로 서부 지중해의 넓은 지역에 8~10m 두께의 저탁암층—500km³의 퇴적물로 이루어진 층—을 만들었다. 해저사태는 자연적으로 일어나기도 하고, 지진에 의해 발생하기도 한다. 해저사태는 메탄-얼음(methane-water ices)의 융해에 의해 발생할 수도 있다—메탄-얼음은 메탄과 물로 이루어진 결정질 고체이다. 메탄-얼음은 대양의 넓은 지역에서 나타나는 압력이 높고 온도가 낮은 환경하에서는 안정하다. 깊이 매몰된 퇴적물에서 메탄-얼음은 메탄 가스로 변한다(제11장 참조). 빙하기 동안처럼 해수면이 낮아지게 되면, 대양 바닥의 압력이 감소하면서, 메탄-얼음이 기화하여, 해저사태를 일으킬 수 있다. 이렇게 생성되는 가스의 양이 막대하므로, 지질학자들은 이러한 해저 메탄-얼음을 연료로 개발하는 것이 가능한지에 대하여 깊이 생각해왔다.

해저협곡

해저협곡(submarine canyon)은 대륙붕과 대륙사면에 침식된 깊은 계곡이다. 해저협곡은 20세기 초에 발견되었고 1937년에 처음으로 자세히 조사되었다. 초기에 일부 지질학자들은 해저협곡이 강에 의해서 만들어진 것 같다고 생각하였다. 일부 해저협곡의 얕은 부분이 해수면이 낮았던 기간 동안 강의 수로였다는 데에는 의문의 여지가 없다. 하지만 이 가설은 완전한 설명을 제공하지는 못하였다. 협곡의 바닥은 대부분이 수심 수천 미터 아래에 있다. 심지어 플라이스토세 빙하기 동안 해수면이 최저로 낮았던 기간에도 강은 오직 수심 100m 정도의 해저만을 침식시킬 수 있었을 것이다.

(b) 붕락

그림 20.19 저탁류는 대륙붕의 퇴적물을 심해로 운반한다. (a) 대륙사면에서의 붕락은 저탁류를 발생시킨다. 저탁류는 대륙사면과 대륙대를 지나 심해저평원까지 흘러내려간다. (b) 대륙붕 끝에 있는 해저협곡의 시작 지점에서 붕락되어 떨어지는 퇴적물.
[U.S. Navy.]

이 밖에 다른 종류의 흐름들이 제안되었지만, 저탁류는 현재 해저협곡의 깊은 부분의 성인에 대한 가장 많은 지지를 받고 있는 설명이다(그림 20.19 참조). 이러한 결론을 뒷받침하는 증거는 부분적으로는 현재의 해저협곡 내에 있는 퇴적물들을 과거 지층 내에 보존된 유사한 퇴적물들과 비교연구를 하면서 나왔다. 특히 해저선상지의 협곡과 수로에 퇴적된 저탁암들에 대한 비교연구는 많은 증거를 제공해주었다.

■ 심해저의 지형

지구의 해분지형도(그림 20.20)는 해양에서 물에 잠겨 있는 가장 중요한 지질학적 특징들, 즉 중앙해령, 열점에 의한 화산흔적, 심해해구, 호상열도, 그리고 대륙주변부를 보여준다.

심해저의 지도를 제작하는 것은 쉬운 일이 아니다. 태양빛은 대양 표면 아래 100m 정도만을 투과할 수 있기 때문에, 심해는 매우 어두운 곳이다. 가시광선을 이용하여 심해저의 지도를 제작하는 것은 불가능하다. 또한 구름으로 뒤덮인 금성 표면의 지도를 제작하는 데 사용된 우주선에서 레이더를 쏘아 지도를 작성하는 방법도 사용할 수 없다. 아이러니하게도 우주선 원격탐사는 현재 우리가 지구의 심해저지도를 제작할 수 있는 것보다 훨씬

더 높은 해상도로 우리의 이웃 행성들의 표면 지도를 제작할 수 있게 해주었다.

선박으로 해저탐사

과학자들은 심해잠수정으로 해저를 직접 관찰할 수 있다. 이 작은 잠수정들은 수심이 매우 깊은 해저를 관찰하고, 사진 촬영을 할 수 있다(그림 20.21). 그들은 부착된 기계 팔로 암석의 조각을 떼어낼 수 있고, 부드러운 퇴적물을 채취할 수 있으며, 특이한 심해동물 표본을 채집할 수도 있다. 신형 로봇잠수정들은 바다 위의 모선에 있는 과학자들에 의하여 조종될 수 있다. 하지만 이러한 잠수정들은 제작 및 운영에 비용이 많이 들어가고, 기껏해야 아주 좁은 지역만을 조사할 수 있다.

오늘날의 해양학자들은 대부분의 연구에서 배에 설치된 장비들을 이용하여 간접적으로 해저지형을 탐사한다. 20세기 초에 개발된 음향측심기[소나(sonar)로 알려짐]는 해저를 향해 음파 펄스를 발사하고, 이 펄스음이 해저에 반사되어 돌아올 때, 이를 물속의 민감한 마이크로 수신한다. 해양학자들은 음파가 배를 떠난 시간과 반사되어 되돌아온 시간 사이의 차이를 알아내어 수심을 측정한다. 그 결과, 자동적으로 해저의 윤곽(단면)을 그릴 수 있다. 또한 강력한 음향측심기는 해저 아래 퇴적층들의 층서를 탐

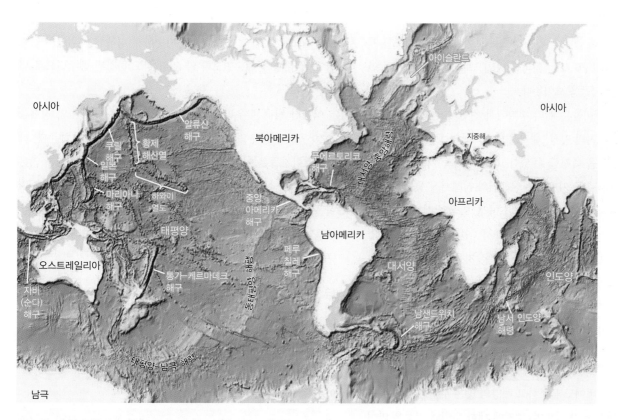

그림 20.20 심해저의 주요 특징들을 보여주는 지구 해양분지의 지형도.

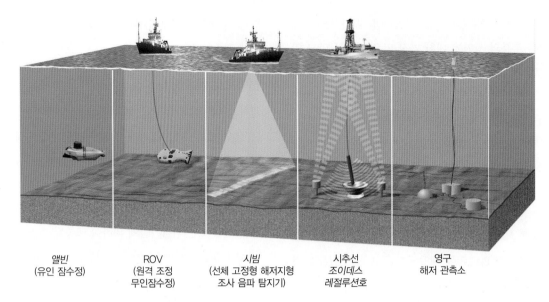

| 앨빈
(유인 잠수정) | ROV
(원격 조정
무인잠수정) | 시빔
(선체 고정형 해저지형
조사 음파 탐지기) | 시추선
조이데스
레절루션호 | 영구
해저 관측소 |

그림 20.21 심해저 탐사를 위한 첨단기술을 이용한 탐사방법. 유인 심해저 잠수정인 앨빈(Alvin)호와 원격조정 무인잠수정(ROV)은 물 위의 탐사선에서 조종된다. 선체 고정형 다중 빔 음향측심기인 *시빔*(SeaBeam)은 해양탐사선이 바다 위를 항해하는 동안 계속해서 넓은 관측폭으로 해저지형을 조사할 수 있다. 대양시추프로그램(Ocean Drilling Program)의 일환인 시추선 조이데스레절루션(JOIDES Resolution)호(그림 2.13 참조)는 시추파이프를 조종하여 해저 위의 재진입 구멍 속으로 집어넣기 위하여 해저의 전파발신기를 사용한다. 영구 무인 해저관측소들은 해저와 그 위의 수괴에서 일어나는 과정들을 장기간에 걸쳐 관측할 수 있다.

사하는 데에도 사용된다(그림 14.6 참조).

오늘날 많은 해양조사선들은 선체에 장착된 음향측심기들을 이용하여, 항해하면서 배의 양쪽으로 약 10km 폭의 해저지형에 대한 자세한 이미지를 재구성할 수 있다(그림 20.21 참조). 이런 시스템은 해저화산, 협곡, 그리고 단층과 같은 작은 규모의 지질학적 특징들을 전례 없이 높은 해상도로 보여주는 해저지도를 제작할 수 있다. 그림 20.22는 이러한 방법으로 제작된 몇 개의 인상적인 해저이미지들을 보여준다.

다른 종류의 장비들은 배의 후미에서 견인되거나, 해양 바닥으로 내려보내 해저의 자성, 해저절벽과 해산의 모습, 그리고 지각에서 나오는 열을 측정할 수 있다. 해양 바닥 근처에서 견인되는 썰매에 부착된 수중 카메라는 심해저와 심해서식 생물들의 상세한 모습을 촬영할 수 있다. 1968년 이래, 미국의 심해시추사업(Deep Sea Drilling Project) 및 그 후속사업인 국제해양시추사업(International Ocean Drilling Program)은 지금까지 해저면 아래 수백 미터의 깊이까지 수백 개의 시추공을 뚫었다. 이 시추공들로부터 얻은 시추심(core)들은 지질학자들에게 세밀한 물리적 및 화학적 연구를 위한 퇴적물과 암석을 제공하였다.

인공위성으로 해저지도 작성

이러한 놀라운 장비에도 불구하고 해양의 많은 부분은 여전히 조사되지 않은 채 남겨져 있으며, 해저에 대한 우리의 지식은 많이 부족하다. 하지만 최근 인공위성에 부착된 고도계가 간접적으로 전 지구적인 해저지형도를 만드는 데 사용되고 있다. 해수면의 고도는 파도와 해류뿐만 아니라 그 아래에 있는 해저의 지형과 조성에 의해 야기된 중력의 변화에 따라 달라진다. 예를 들면, 해산의 중력끌림은 그 위로 바닷물을 평균 해수면보다 약 2m만큼 부풀어오르게 할 수 있다. 이와 비슷하게 심해해구 위에서 감소된 중력은 평균 해수면보다 약 60m 정도 하강된 해수면으로 나타난다.

이러한 방법은 우리가 인공위성 자료를 통해 해저의 지형을 추정하고, 해수가 없는 상태의 해저지형을 볼 수 있게 해준다. 해양지질학자들은 이 기술을 사용하여 선박 탐사로 밝혀지지 않은 해저, 특히 남극해와 같이 많이 탐사되지 않은 해저의 새로운 지형을 조사해왔다. 제14장에서 기술하였듯이, 인공위성 자료는 맨틀대류와 관련된 중력이상을 비롯한 해양지각 아래의 더 깊은 구조들까지도 밝혀냈다.

두 대양의 단면도

대양 아래에 놓여 있는 지질학적 지형들을 이해하기 위해 지구의 주요 대양분지인 대서양과 태평양 두 곳을 가로질러 간단한 여행을 해 보자. 우리는 해저를 따라 심해잠수정을 운전하는 것처럼 이 대양분지들을 가로질러 여행할 것이다.

대서양 단면도 그림 20.23에 보이는 대서양의 단면도는 북아메

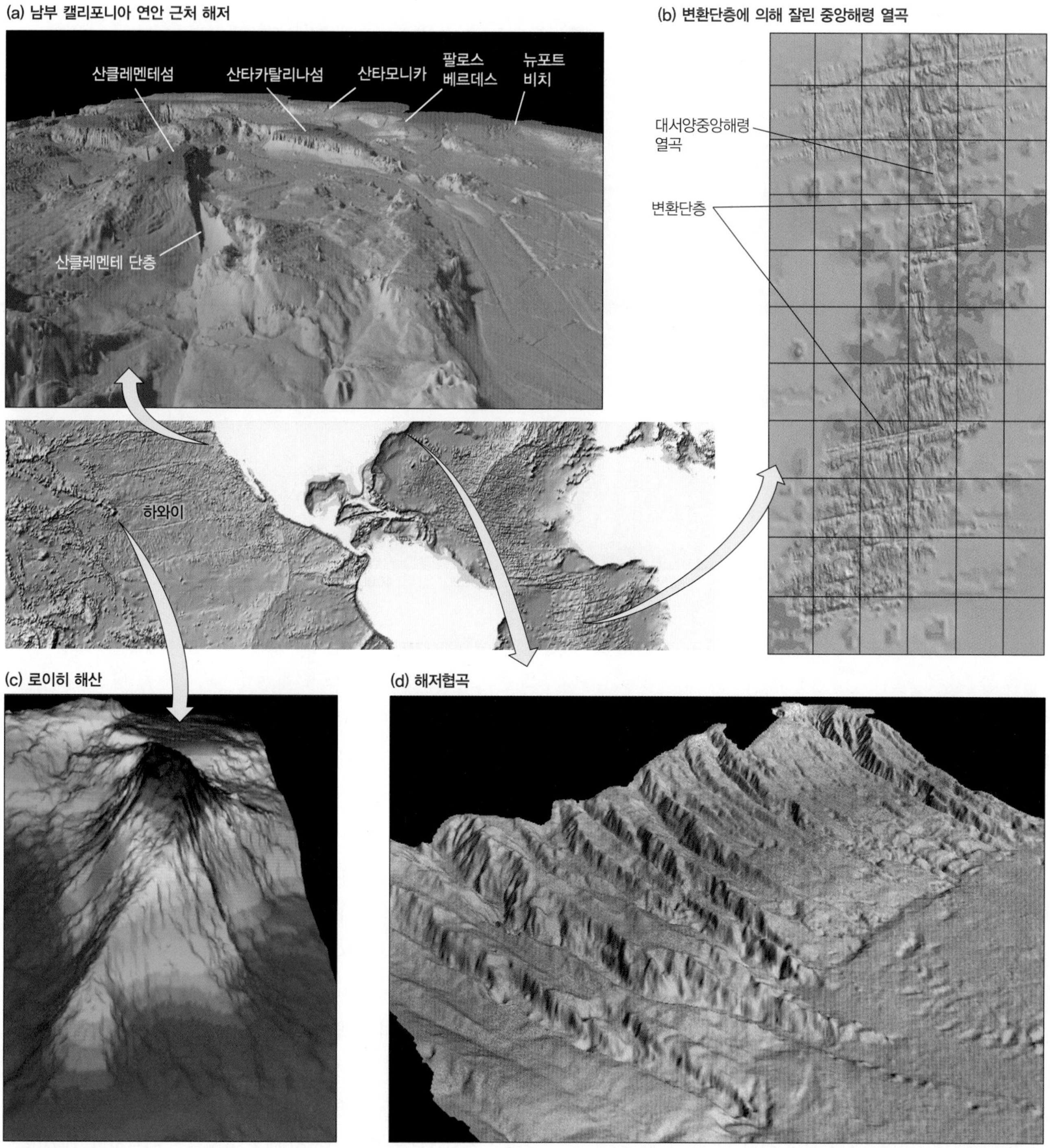

(a) 남부 캘리포니아 연안 근처 해저

산클레멘테섬
산타카탈리나섬
산타모니카
팔로스 베르데스
뉴포트 비치

산클레멘테 단층

하와이

(b) 변환단층에 의해 잘린 중앙해령 열곡

대서양중앙해령 열곡

변환단층

(c) 로이히 해산

(d) 해저협곡

그림 20.22 선박에서 고해상도 음향측심기로 탐사하여 얻은 자료를 컴퓨터로 처리하여 3차원 영상으로 만든 해저지형의 네 가지 예. (a) 남부 캘리포니아 연안 외해의 해저지형. 캘리포니아 연변지(California Borderland)로 알려진 지질구의 단층경계를 이루는 구조들을 보여준다. (b) 남위 25°에서 35° 사이에 있는 대서양중앙해령의 해저지형. 북동방향의 변환단층에 의해 잘린 남동방향의 열곡을 보여준다. (c) 하와이섬의 남동쪽에 있는 로이히(Loihi) 해산. 이 해산은 하와이제도를 형성하며 일렬로 늘어서 있는 열점 화산도 중 가장 최근에 만들어진 것이다. (d) 미국 뉴잉글랜드 연안의 외해에 있는 대륙붕(맨 윗부분), 대륙사면(중앙과 윗부분) 및 대륙대(아래 왼쪽부분). 이 대륙주변부를 절개하는 깊은 해저협곡에 주목하라.

[(a) Chris Goldfinger and Jason Chaytor, Oregon State University; (b) IEDA: Global Multi-Resolution Topography Synthesis; (c) Dr. Robert Tyce, University of Rhode Island; (d) Courtesy of Lincoln Pratson & William Haxby, Lamont Doherty Observatory of Columbia University, Palisades, NY, 10964. *Geology*, January 1996.]

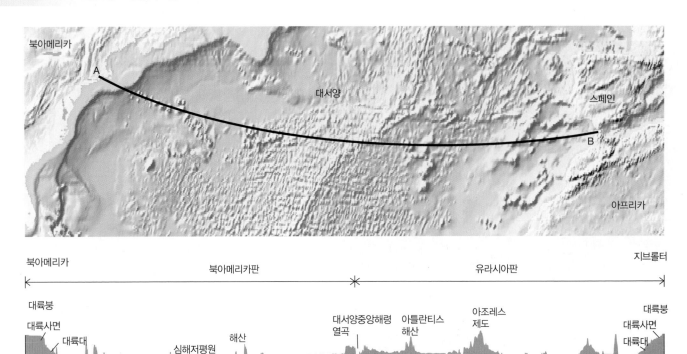

그림 20.23 미국 동해안 뉴잉글랜드 지방(왼쪽)에서 지브롤터 해협(오른쪽)까지의 대서양 분지의 해저지형 단면도.

리카에서 지브롤터 해협까지 뻗어 있다. 우리는 미국 뉴잉글랜드 지방의 해안선에서 출발하여 수심 50~200m까지 잠수하면서 대륙붕을 가로질러 동쪽으로 여행한다. 매우 완만한 경사를 갖는 대륙붕을 가로질러 약 50~100km 정도 여행한 후, 우리는 대륙붕의 끝에 도달한다. 그곳에서 우리는 더 급한 경사를 보이는 대륙사면을 따라 내려가기 시작한다. 진흙으로 덮인 대륙사면은 약 4°의 경사로 내려가는데, 이는 1km의 수평거리에 약 70m 정도 하강하는 것이다. 이 정도는 우리가 육지에서 승용차를 운전할 때 뚜렷이 느낄 수 있는 수준의 경사이다.

대륙사면은 고르지 못하고 들쭉날쭉한데, 대륙사면과 대륙붕을 침식시키는 작은 골짜기와 해저협곡들이 나타난다(그림 20.22d 참조). 대륙사면의 아랫부분인 수심 2,000~3,000m 부근에서 대륙대를 만나면 경사는 더 완만해진다.

대륙대는 폭이 수십에서 수백 킬로미터 정도이며, 수심 약 4,000~6,000m에서 알아차리지 못하는 사이에 넓고 평탄한 심해저평원으로 전이된다. 심해저평원 위에는 가끔 대부분이 사화산인 **해산**(seamount)이라 불리는 물에 잠긴 화산들이 돌출하여 있다. 심해저평원을 따라 여행하다 보면, 우리는 점차 세립질 퇴적물로 덮인 낮은 **심해저구릉**(abyssal hill) 지역으로 올라가게 된다. 구릉을 따라 계속 올라가면, 퇴적층은 점점 얇아지

고, 그 아래에 있는 현무암 노두가 드러난다. 이처럼 경사가 급하고 울퉁불퉁한 지형을 따라 수심 3,000m 정도까지 올라가면, 우리는 대서양중앙해령(Mid-Atlantic Ridge)의 산맥에 올라서게 된다.

그러다 갑자기 우리는 해령의 꼭대기에서 수 킬로미터 폭의 깊고 좁은 협곡을 만나게 된다(그림 20.24). 활발한 화산활동으로 특징지어지는 이 좁은 계곡은 두 판이 서로 분리되는 열곡(rift valley)이다. 협곡을 지나 동쪽 측면으로 올라가게 되면, 우리는 북아메리카판에서 유라시아판으로 이동하게 된다. 계속해서 동쪽으로 이동하면, 우리는 해령의 서쪽 부분에서 보았던 지형들과 유사한 지형들이 역순으로 놓여 있는 것을 볼 수 있는데, 이는 해령을 중심으로 해저의 양쪽이 대칭을 이루기 때문이다. 대서양중앙해령의 측면에 있는 거친 심해저구릉 지형을 넘어 계속 이동하면, 우리는 심해저평원으로 내려갔다가, 다시 대륙대 및 대륙사면을 지나 유럽 해안의 대륙붕에 도착하게 된다. 우리가 지나온 경로에서 이러한 해저의 대칭은 몇몇 큰 해산과 아조레스 화산제도에 의해 방해 받는다. 여기에서 아조레스 제도는 아마도 상승하는 맨틀플룸의 열에 의해 생성된 활동적인 열점을 나타낸다.

태평양 단면도 우리의 두 번째 가상 여행은 태평양을 서쪽으로

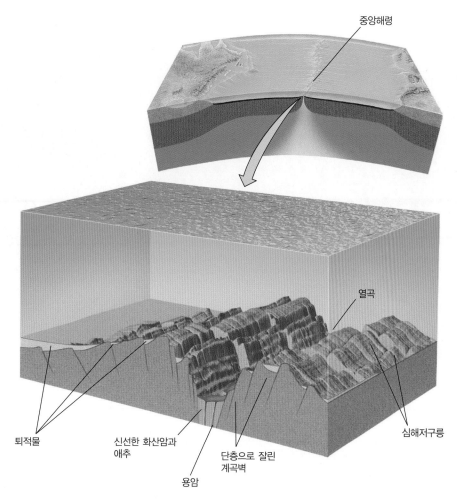

중앙해령

열곡

심해저구릉

퇴적물

신선한 화산암과 애추

단층으로 잘린 계곡벽

용암

그림 20.24 아조레스제도 남서부의 FAMOUS 계획(French-American Mid-Ocean Undersea Study, FAMOUS, 프랑스–미국 중앙해령 해양저 연구사업) 연구 지역에 있는 대서양중앙해령의 중앙 열곡에 대한 단면도. 이 깊은 계곡은 분지 내 새로운 해양지각의 대부분이 분출되는 곳이다.
[After ARCYANA, "Transform Fault and Rift Valley from Bathyscaph and Diving Saucer," *Science* 190 (1975): 108.]

가로질러 남아메리카에서 오스트레일리아로 가는 것이다(그림 20.25). 칠레의 서부해안에서 시작하여, 우리는 폭이 수십 킬로 미터 정도밖에 되지 않는 좁은 대륙붕을 지난다. 대륙붕의 가장 자리에서, 우리는 앞서 대서양에서 지나갔던 대륙사면보다 훨씬 더 경사가 급한 대륙사면 아래로 급격히 빠져들어가고, 페루–칠 레 해구(Peru-Chile Trench)로 접어들면서 수심 8,000m 깊이까지 내려간다. 이처럼 길고, 깊고, 좁은 해저 함몰지는 나스카판이 남 아메리카판 아래로 섭입하면서 형성된 지표 지형이다.

계속해서 해구를 지나 나스카판의 심해저구릉을 올라가다 보 면, 우리는 활동적인 중앙해령인 동태평양 해팽(East Pacific Rise) 을 만난다. 동태평양 해팽은 대서양중앙해령보다 높이가 낮으며, 해저확장 속도는 세계에서 가장 빠른 매년 약 150mm로 대서양 중앙해령의 확장속도보다 여섯 배 이상 더 빠르다. 그러나 동태 평양해팽은 특유의 중앙열곡과 신선한 현무암 노두를 가지고 있

다. 우리는 동태평양 해팽의 서편에 있는 태평양판으로 넘어와, 서쪽으로 여행하면서 해산과 화산섬들이 여기저기 분포하는 넓 은 태평양 중앙 지역을 지나게 된다.

마침내 우리는 또 다른 섭입대에 도달하는데, 이곳은 태평양 판이 오스트레일리아판 아래의 맨틀 속으로 침강하는 통가 해구 (Tonga Trench)이다. 이곳은 세계의 대양에서 가장 깊은 곳 중 하 나로서, 수심이 거의 1만 1,000m에 이른다. 해구의 서쪽 편에는, 해저에서 화산섬들이 솟아올라 형성된 통가제도(Tonga Islands) 와 피지제도(Fiji Islands)가 있다. 이 호상열도를 지나면, 우리는 다시 심해저평원으로 되돌아오게 되고, 이제는 오스트레일리아 판 위에 있게 된다. 그다음에 우리는 북아메리카 동부해안과 비 슷한 단면을 갖는 대륙대, 대륙사면, 그리고 오스트레일리아 동 부의 대륙붕을 차례로 만나게 된다.

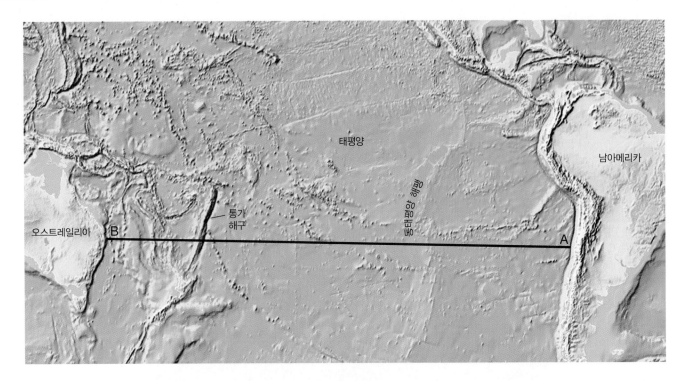

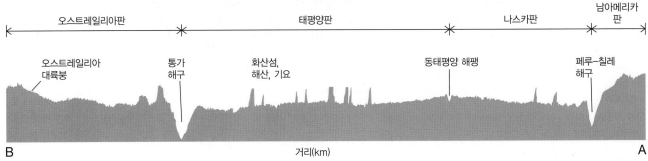

그림 20.25 남아메리카(오른쪽)에서 오스트레일리아(왼쪽)까지 태평양 분지의 해저지형 단면도.

심해저의 주요 지형들

대륙주변부와 섭입대에서 멀리 떨어져 있는 심해저는 일차적으로는 해저확장과 관련된 화산활동에 의하여, 그리고 이차적으로는 외양에서의 퇴적작용에 의하여 만들어진다.

중앙해령 중앙해령(mid-ocean ridge)은 심해저에서 가장 활발한 화산활동과 조구조 운동이 일어나는 곳이다. 열곡은 이러한 활동의 중심지이다. 열곡의 벽은 단층으로 절단되고, 현무암질 암상(sills)과 암맥(dikes)으로 관입되어 있으며(그림 20.24 참조), 열곡의 바닥은 현무암질 용암과 열곡의 벽에서 떨어진 애추(talus)로 덮여 있으며, 여기에 표층해수로부터 가라앉은 약간의 퇴적물들이 섞여 있다.

열수공(hydrothermal vent)들은 열곡의 바닥 위에 형성되는데, 이들은 해수가 해령의 측면부를 이루는 현무암의 균열 속으로 들

어가, 아래로 흐르면서 뜨거운 현무암을 만나 가열된 후, 최종적으로 열곡 바닥으로 나오면서 형성된다(그림 12.22 참조). 이곳에서 열수는 380℃ 정도의 고온으로 끓어오른다. 어떤 열수공들은 뜨거운 열수가 현무암에서 침출된 용존 황화수소와 금속으로 가득 찬 '블랙스모커(black smoker)'이다(그림 11.15 참조). 다른 열수공들은 바륨, 칼슘, 규소로 이루어진 여러 가지 화합물들을 방출하는 온도가 낮은 '화이트스모커(white smoker)'이다. 블랙스모커와 화이트스모커는 모두 철이 풍부한 점토광물, 철·망간산화물, 그리고 많은 양의 철-아연-동 황화물로 이루어진 작은 언덕을 형성한다.

중앙해령은 열곡을 측면으로 이동시키는 변환단층에 의해 많은 곳에서 잘려져 있다(그림 20.22b 참조). 한 판이 다른 판과 반대방향으로 미끄러져 지나갈 때 이 단층들에서 대규모 지진이 발

생한다. 변환단층의 벽면에서 채집한 암석들은 종종 맨틀을 대표하는 감람석이 풍부한 조성을 보인다. 이러한 관찰은 해양지각을 형성하는 화성과정들이 확장중심(spreading center)이 단층과 인접해 있는 곳에서는 덜 효율적으로 일어날 수 있음을 암시한다.

심해저구릉과 심해저평원　중앙해령에서 떨어져 있는 심해저는 구릉, 대지, 퇴적물로 덮인 분지, 해산으로 이루어져 있다. 심해저구릉은 중앙해령의 경사면 어디든 존재한다. 심해저구릉은 일반적으로 100m 정도의 높이를 가지며, 해령의 마루에 평행하게 줄지어 배열되어 있다(그림 20.24 참조). 심해저구릉은 주로 새롭게 형성된 해양지각이 열곡의 바깥쪽으로 이동하면서 발생하는 정단층운동에 의하여 만들어진다. 이러한 단층작용은 판이 형성된 후 초기 100만 년 동안 일어나며 그 후에 단층은 비활성으로 변한다.

새로운 해양지각은 확장중심에서 멀어짐에 따라, 점점 냉각되고, 수축된다. 그래서 해저는 낮아지게 된다. 해양지각의 구릉이 많은 침강하는 해저표면은 표층해수로부터 끊임없이 비처럼 떨어지는 퇴적물을 받아들여 서서히 심해진흙 및 다른 퇴적물로 덮이게 된다. 대륙주변부 근처에서 대륙사면 아래로 이동하는 육성퇴적물들이 이러한 심해퇴적물 덮개에 더해져서, 평평하고 광활한 심해저평원을 만든다. 이 평원들은 지구상에서 가장 평평한 고체 표면이다.

해산, 열점 열도, 해저대지　해저에는 수만 개의 화산들이 흩어져 있다. 대부분은 물에 잠긴 해산들이지만, 몇몇은 해수면 위로 솟아올라 있는 화산섬들이다. 해산과 화산섬들은 외떨어져 있거나, 무리 지어 또는 선상으로 나타난다. 전부는 아닐지라도, 대부분의 해산은 활동적인 확장중심 근처에서 분출에 의해서 생성되거나 또는 판이 맨틀의 열점 위로 지나갈 때 생성된다.

평정해산 또는 **기요**(guyot)라 불리는 큰 해산 중 일부는 평평한 꼭대기를 가지고 있는데, 이는 해산이 해수면 위로 솟은 화산섬이었을 때 침식된 결과이다. 이러한 섬들은 그들을 싣고 있는 판이 그들을 만든 확장중심이나 열점으로부터 멀어짐에 따라 냉각하고, 수축하고, 침강하면서 물속에 잠기게 되었다.

심해분지의 가장 놀라운 특징 중 하나는 넓은 현무암 해저대지(plateau)이다. 어떤 것들은 3개의 확장중심이 만나는 곳인 삼중합점(triple junction) 근처에 생성되는 것처럼 보인다. 다른 것들은 확장중심으로부터 멀리 떨어진 열점에서의 거대한 분출과

관련이 있다. 일부 과학자들은 대륙의 범람현무암(flood basalt)처럼 후자 유형의 심해의 현무암 해저대지는 맨틀플룸설(mantle plume hypothesis)로 설명될 수 있다고 생각한다(제12장 참조).

해양퇴적작용

해양학자들이 탐사한 거의 모든 해저에서 담요처럼 두껍게 내려앉은 퇴적물이 발견된다. 세계 해양에서 일어나는 끊임없는 퇴적작용은 판구조운동에 의하여 형성된 구조를 변화시켰으며, 빠른 속도로 퇴적이 일어나는 곳은 퇴적에 의한 독특한 해저지형을 형성한다. 해양퇴적물은 주로 두 가지 종류로 이루어졌다. 즉, 대륙의 침식으로 형성된 육상 기원의 진흙과 모래, 그리고 생화학적으로 침전된 해양생물들의 껍데기와 골격이다. 섭입대 근처의 해양지역에서는 화산재와 용암류로부터 기원한 퇴적물이 풍부하다. 증발작용이 강하게 일어나는 열대 바다의 만에서는 증발퇴적물이 퇴적된다.

대륙붕에서의 퇴적작용

대륙붕에서 육상 기원 퇴적물의 퇴적작용은 파도와 조석에 의해 이루어진다. 큰 폭풍에 의해 만들어진 파도는 대륙붕의 천해 및 중간 정도 수심으로 퇴적물을 운반하며, 조류는 대륙붕 위로 흐른다. 이러한 파도와 조류는 강에 의해 바다로 운반된 퇴적물과 해안에서 침식된 퇴적물들을 긴 띠 모양의 모래층과 실트 및 진흙층들로 나누어 분산시킨다. 저탁류는 이러한 퇴적물을 대륙붕의 끝에서 깊은 바다로 이동시킨다.

대륙붕에서 생화학적 퇴적작용은 천해에서 사는 생물들의 탄산칼슘 껍데기(shell)와 골격(skeleton)들이 쌓여진 결과이다. 이러한 생물들의 대부분은 진흙이 있는 해수에서는 살지 못하며, 육상 기원의 퇴적물들이 거의 없거나 존재하지 않는 미국 플로리다 주의 남부 끝 해안이나 멕시코 유카탄반도의 해안에서 떨어진 해역 같은 곳에서만 발견된다. 이러한 곳에서 산호초가 번성하고, 생물들이 두꺼운 탄산염 퇴적물을 축적한다(제5장 참조).

심해퇴적작용

대륙주변부로부터 멀리 떨어진 곳에서 물에 부유하는 세립질 육상 기원 퇴적물 및 생물학적으로 침전된 입자들은 천천히 해저로 가라앉는다. 이러한 외양퇴적물을 **원양퇴적물**(pelagic sediment)이라 하고, 대륙주변부로부터 멀리 떨어진 곳에서 퇴적되며, 미세

한 입자크기, 천천히 가라앉는 퇴적방식 등의 특징을 보인다. 육상 기원 물질들은 주로 점토이며, 아주 느린 속도−1,000년에 수 밀리미터의 침전속도−로 해저에 쌓인다. 그중 약 10% 정도는 바람에 날려 외양으로 운반된 것들이다.

생물학적으로 침전된 원양퇴적물 중 가장 풍부한 것은 유공충(foraminifera)의 껍데기(shell)들이다. 이 작은 단세포 동물들은 대양의 표층수에서 떠다니며 사는데, 죽은 후에 그들의 탄산칼슘 껍데기는 해저로 가라앉는다. 그들은 유공충 껍데기로 이루어진 사질 및 실트질 퇴적물인 **유공충 연니**(foraminiferal ooze)로 심해저에 쌓인다(그림 20.26). 다른 종류의 탄산염 연니(carbonate ooze)는 코콜리드(cocoliths)라 불리는 다른 종류의 탄산염 껍데기들로 이루어져 있다.

~1mm

그림 20.26 해양 연니의 전자 현미경 사진. 탄산염 및 실리카를 분비하는 미생물의 껍데기들을 보여주고 있다.

[Scripps Institution of Oceanography, University of California, San Diego.]

유공충 연니와 기타 탄산염 연니들은 수심 약 4km 이내에서는 풍부하지만, 그보다 더 깊은 심해저에서는 드물게 나타난다. 이처럼 깊은 심해저에서 희귀하게 나타나는 현상은 생물의 껍데기가 부족해서 그런 것이 아니다. 왜냐하면 표층수에는 어디에나 유공충이 풍부하며, 표층에서 사는 생물들은 깊은 심해저에서 일어나는 과정들에 영향을 받지 않기 때문이다. 깊은 심해저에서 탄산염 연니가 나타나지 않는 이유는 어떤 심도, 즉 **탄산염보상심도**(carbonate compensation depth, CCD) 아래에서는 탄산염 껍데기가 용해되기 때문이다(그림 20.27). 열염순환(thermohaline circulatiom) 때문에 심해수는 천해수와 다음 세 가지 점에서 다르다.

1. 심해수는 더 차갑다. 더 차갑고 밀도가 높은 극지방의 해수는 따뜻한 열대 해수 아래로 가라앉아서 대양의 바닥을 따라 적도 쪽으로 이동한다.

2. 심해수는 더 많은 이산화탄소를 포함하고 있다. 차가운 물은 따뜻한 물보다 더 많은 이산화탄소를 흡수할 수 있을 뿐만 아니라, 그들이 운반하는 어떤 유기물은 긴 순환 여정 동안 이산화탄소로 산화되는 경향이 있다.

3. 심해수는 위에 있는 물의 엄청난 무게 때문에 고압하에 있다.

이러한 세 가지 요인으로 인해 탄산칼슘은 천해수보다 심해수에서 더 잘 용해된다. 죽은 유공충의 껍데기들이 탄산염보상심도 아래로 가라앉으면, 그들은 탄산칼슘이 불포화되어 있는 환경으로 들어가게 되어 결국 용해된다.

다른 종류의 생물학적 침전퇴적물인 **규질 연니**(siliceous ooze)는 **규조류**(diatoms, 녹조류의 일종)와 **방산충**(radiolarians, 단세포 원생생물)의 실리카 껍데기들이 퇴적되어 생성된다. 두 종류의 부유성 생물들은 해양의 표층수에서 풍부하게 나타난다. 해저에 매몰된 후, 규질 연니는 규산질 암석인 **처트**(chert)로 고결된다.

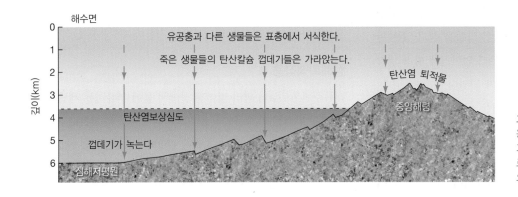

그림 20.27 탄산염보상심도는 탄산칼슘이 용해되기 시작하는 수심이다. 죽은 유공충과 다른 생물들의 탄산염 껍데기들은 심해로 가라앉으면서 탄산칼슘에 불포화된 환경으로 들어가게 되면 녹게 된다.

원양퇴적물의 일부 구성물질들은 해저에서 해수가 퇴적물과 화학반응을 일으켜 생성된다. 가장 대표적인 예는 망간단괴이다. 즉, 직경 수 밀리미터에서 수 센티미터 사이의 크기를 갖는 검고 우둘투둘한 집적물이다. 이러한 단괴들은 심해저의 넓은 지역─태평양 분지의 약 20~50%─을 덮고 있다. 니켈 및 다른 금속들이 풍부하기 때문에, 만약 심해저로부터 그들을 경제적으로 채굴할 수 있는 방법을 개발할 수 있다면 그리고 그들의 소유권과 관

련된 법적 문제를 해결할 수 있다면 망간단괴는 잠재적인 경제적 자원이 될 것이다. 1982년에 유엔은 세계의 해양에서 각국의 영토와 경제적 권리에 대한 내용을 담은 '해양법 협약'이라는 합의서를 채택했다. 이 글을 쓰고 있는 시점까지 미국은 이 협약에 서명하지 않았다.

요약

해분의 지질은 대륙의 지질과 어떻게 다른가? 해분의 주요 지질 과정은 화산활동과 퇴적작용이다. 변형작용, 풍화작용, 침식작용은 대륙에서보다 해분에서는 훨씬 덜 중요하다. 해양지각은 수천만 년에 걸쳐 판이 분리되는 중앙해령에서 형성되고, 퇴적물이 축적되고, 섭입에 의해 소멸된다. 그러나 심해퇴적물은 상대적으로 짧은 지질역사를 갖고 있지만 거의 연속적인 기록을 제공한다.

어떤 연안과정들이 해안선에서 작용하는가? 대양에서 부는 바람은 너울을 만든다. 이러한 파도들은 해안으로 접근하면서 기파대에서 쇄파로 바뀐다. 파도의 굴절은 해빈을 따라 모래를 이동시키는 연안표류와 연안류를 발생시킨다. 달과 태양의 중력에 의해 만들어진 조석도 퇴적물을 이동시키는 조류를 발생시킬 수 있다.

허리케인은 어떻게 연안지역에 영향을 주는가? 허리케인은 극히 강한 바람과 매우 낮은 저기압을 갖는 강력한 열대 폭풍이다. 저기압은 폭풍해일로 알려져 있는 해수의 돔을 형성한다. 허리케인이 육지에 상륙하면, 폭풍해일은 저지대를 침수시켜, 종종 폭풍의 강한 바람에 의한 피해보다 훨씬 광범위한 피해를 초래한다.

어떤 과정이 해안선의 모습을 만드는가? 파도와 조석은 판구조운동과 상호작용하여 해빈과 간석지로부터 융기된 암석 해안까지 다양한 해안선 지형을 형성한다.

대륙주변부의 주요 구성요소는 무엇인가? 대륙주변부는 얕은 대륙붕, 급한 경사로 내려가는 대륙사면, 대륙사면의 하부 끝에 퇴

적물이 넓게 퍼져서 쌓이며 완만한 경사를 이루는 대륙대로 이루어져 있다. 능동형 대륙주변부는 대륙 근처에서 판이 섭입되는 곳에서 만들어진다. 수동형 대륙주변부는 해저확장이 대륙을 판의 경계로부터 멀리 이동시킬 때 만들어진다. 파도와 조석은 대륙붕에 영향을 준다. 그러나 대륙사면은 주로 많은 양의 퇴적물을 사면 아래로 이동시키는 저탁류에 의하여 형성된다. 저탁류는 또한 해저선상지와 해저협곡을 형성한다.

심해저의 가장 중요한 특징들은 무엇인가? 심해저는 중앙해령을 따라 열곡대에서 현무암이 분출되어 만들어진다. 심해저구릉은 새로 형성된 해양지각이 열곡대로부터 멀어짐에 따라 정단층 운동에 의해 만들어진다. 새롭게 형성된 지각은 곧 표층수로부터 침전된 세립질 퇴적물로 덮이게 된다. 대륙주변부 근처에서 육성퇴적물이 이러한 심해퇴적물에 첨가되면서 평평한 심해저평원이 만들어진다. 화산섬, 침강한 해산과 기요(평정해산), 현무암 해저대지는 해저에서 화성활동에 의해 만들어진다.

해분와 그 주변에서는 어떤 종류의 퇴적작용이 일어나는가? 두 가지 중요한 해양퇴적물로는 육성퇴적물과 생물학적으로 침전된 퇴적물이 있다. 육성퇴적물은 주로 대륙의 침식에 의하여 만들어진 모래와 진흙이며, 대륙붕을 따라 파도와 조류에 의하여 퇴적된다. 대륙붕에서 생물학적 퇴적작용은 생물의 껍데기와 골격들에서 유래된 탄산칼슘이 축적된 결과이다. 원양퇴적물은 점토입자들과 해수 표층에서 사는 부유성 생물들이 생물학적으로 침전시킨 탄산칼슘 및 규질 껍데기들로 이루어진 유공충 및 규질 연니로 이루어져 있다.

구글어스 과제

지구표면을 덮고 있는 많은 양의 물은 태양계에서 지구를 독특한 행성으로 만든다. 지구의 거대한 해분들은 판구조과정으로 형성되었으며, 그들이 담고 있는 물은 전 세계 기후에 엄청난 영향을 미치는 엄청난 열저장소이다. 해양표면에서 발생한 파도, 폭풍, 그리고 조석의 에너지는 커다란 대륙의 연변부를 효율적으로 변화시키면서 소멸된다. 우리가 구글어스로 가장 많은 양의 지질학적 변화를 볼 수 있는 것은 육지와 해양 사이의 경계부에 있다. 가장 최신 버전의 구글어스에서 우리는 대부분의 해안선과 같은 해상도는 아닐지라도 해분 지형의 상당부분을 살펴볼 수 있다. 해안선과 해분의 독특한 특성을 알아보기 위하여 우리는 지구상에서 가장 두드러진 연안퇴적환경을 보여주는 북아메리카 동부해안으로 갈 것이다.

Data SIO, NOAA, U.S. Navy, NGA, GEBCO Image ©2009 TerraMetrics Image USDA Farm Service Agency

위치 노스캐롤라이나주의 케이프해터러스(Cape Hatteras), 대서양중앙해령

목표 수동형 대륙주변부를 따라 해안선, 대륙붕, 심해저평원 사이의 관계를 알아보기

참고 그림 20.17과 20.23

1. 구글어스의 탐색창에 'Cape Hatteras Light, North Carolina'를 입력하고, 그곳에 도착하면 '내려다보는 높이(eye altitude)'를 200km로 축소한다. 현재의 등대는 어떠한 종류의 지형 위에 건설되어 있는가?

a. 사취
b. 평행사도
c. 해안절벽
d. 파식단구

주요 용어

간석지	대륙대	수동형 대륙주변부	원양퇴적물
규질 연니	대륙사면	심해저구릉	유공충 연니
기요(평정해산)	대륙주변부	심해저평원	저탁류
능동형 대륙주변부	사취	연안류	조석

2. '내려다보는 높이'를 1km로 낮춰 확대하고, 현재 등대의 위치로부터 북동쪽으로 길게 연장된 초목이 제거된 넓은 길에 주목하라. 그 길은 단절되어 있으며, 등대는 1999년에서 2000년 사이에 내륙으로 870m 이전되었다. 이곳 해안선의 특성을 조사하고, 〈그림 20.17〉의 예를 고려해보라. 왜 등대가 이전되었다고 생각하는가?

a. 등대 아래의 모래가 침하하고 있었고, 그래서 등대는 위험에 빠진 배에 경고를 줄 수 있을 만큼 높은 위치에 서 있을 수 없었다.

b. 해안선이 끊임없이 침식되고 있어, 등대가 결국 침수되어 붕괴될 위험에 처해 있었다.

c. 등대는 밀려오는 쓰나미에 의해 무너질 위험에 처해 있었다.

d. 등대는 자동차들이 바다를 더 잘 볼 수 있도록 이전되었다.

3. 케이프해터러스 등대를 시작점으로 하여, '내려다보는 높이'를 2,500km로 높여 축소하고, 이곳 북아메리카 해안선을 주목해보라. 여기에서 작용하는 해류의 근원지를 생각해보고, 필요한 경우 〈그림 20.7〉과 〈그림 15.3a〉를 참고하라. 북아메리카 동부해안의 이 지역을 따라 흐르는 해수는 같은 위도의 북아메리카 서부해안에 있는 해수보다 더 따뜻해야 하는가 아니면 더 차가워야 하는가?

a. 북극 지방에서 순환하여 내려오는 해수로 인해 이 지역의 연안해수는 더 차가워야 한다.

b. 적도 지방에서 순환하여 올라오는 해수로 인해 이 지역의 연안해수는 더 따뜻해야 한다.

c. 북아메리카대륙 남부의 외해에서 따뜻한 공기가 유입되므로 이 지역의 연안해수는 더 따뜻해야 한다.

d. 그린란드 빙모의 외해에서 불어오는 찬 공기의 유입으로 이 지역의 연안해수는 더 차가워야 한다.

4. 케이프해터러스 근처의 북아메리카 연안으로부터 동쪽으로 나아가면, 당신은 외해로 약 45km의 거리까지 연장된 비교적 평탄한 표면, 즉 대륙붕을 볼 수 있을 것이다. 이 대륙붕의 최대 수심은 약 50m에 불과하며, 이후 대륙사면을 따라 급하게 깊어지다가 심해저평원으로 이어진다. 커서를 이용하여 대륙사면의 대략적인 높낮이 차이를 계산하라. 높낮이 차이는 얼마인가?

a. 3,000m   b. 250m

c. 7만 500m   d. 55m

선택 도전문제

5. 케이프해터러스 해안의 외해 지역에 있는 대륙사면에서 동쪽으로 계속 이동하면, 여러분은 심해저평원의 지형이 비교적 평탄하고 깊다는 것을 알게 될 것이다. 결국 여러분은 예상치도 못하게 대서양 분지의 중앙부에서 대양의 수심이 점차 감소하는 것을 접하게 될 것이다. 대양 수심의 감소와 지표면 기복의 증가는 대서양중앙해령과 관련이 있다(그림 20.23 참조). 북-남 방향의 중앙 열곡과 더불어, 열곡에 수직인 방향으로 동서 방향의 수많은 균열들이 관찰된다. 이 구조들은 무엇인가?

a. 이 구조들은 지역적인 섭입과 관련된 소규모 해구들이다.

b. 이 구조들은 열곡을 따라 측면 이동을 가능하도록 해주는 변환단층이다.

c. 이 구조들은 인공위성 이미지의 결함으로 실제로 존재하지 않는다.

d. 이 구조들은 대형 화물선들이 대서양을 건널 수 있게 해주는 준설된 선박항로이다.

탄산염보상심도	폭풍해일	해안선
파식단구	해빈	허리케인
평행사도	해산	

지질학 실습

해빈복원은 가능한가?

해빈침식은 해빈경관의 아름다움을 즐기고, 경제발전과 관광산업을 해빈에 의존해온 많은 도시들이 당면한 문제이다. 해빈의 침식은 흔히 자연적인 과정에 의해 발생한다. 그러나 어떤 경우에는 해빈침식을 방지하기 위한 공학적인 시도가 실패하면서 크게 가속화되었다. 최근에 과학자와 기술자들은 힘을 합쳐 해빈을 보호하는 데 큰 성공을 거둔 새로운 접근방법들을 개발했다.

미국 대서양 해안에 위치하고 있는 뉴저지주의 몬머스카운티(Monmouth County)의 해빈은 가장 집중적으로 연구된 곳 중의 하나이다. 이 해빈에 대한 인위적인 변경은 1870년에 뉴욕과 롱브랜치 철도(New York and Long Branch Railroad)가 건설되면서 시작되었다. 철도를 통한 접근이 가능해지면서 관광이 증가하였고, 결국 상시 거주하면서 뉴욕시로 통근할 수 있게 되었다. 이 상시 거주자들이 해안선을 변경하기 시작했다. 콘크리트 방파제(seawall)가 해빈과 사구를 대체하였고, 암석 돌제(jetty)들이 카운티의 12-mil 해안선을 따라 매 1/4mil마다 건설되었다. 이후 100년 동안 차츰차츰 몬머스카운티의 해빈은 좁아지기 시작했고, 수마일의 해안들은 아무런 모래도 남아 있지 않게 되었다. 해수욕을 즐길 수 있는 유일한 해빈들은 방파제와 돌제에 의해 만들어진 모서리 뒤로 움푹 들어가 있는 작은 호주머니 모양의 지역에서만 발견되었다. 1991년과 1992년의 겨울 폭풍은 몬머스카운티의 전체 해안에 큰 피해를 입혔고, 판자를 깔아 만든 해변 길은 조각난 파편들이 되어 도로 위로 쓸려왔다. 바다가 불충분한 방파제와 거의 남아 있지 않은 해빈을 쉽게 넘어오면서 주택에도 피해가 발생했다.

1994년에 이르면서 뉴저지 주정부는 해빈침식 문제의 해결책을 찾기 위해 심각하게 고민하기 시작했고 연방정부에 도움을 요청했다. 그 후 의회는 지금까지 시도되었던 것 중 가장 큰 해빈복원사업의 예산을 승인했다. 이 사업은 시브라이트(Sea Bright) 지역에서 매너스콴 조수통로(Manasquan Inlet)까지에 이르는 몬머스카운티의 약 20mil에 달하는 해안을 포함하는 사업이었다. 복원사업은 외해로부터 충분한 양의 모래를 퍼올려, 평균 저수위보다 10ft 높은 높이로 100ft 폭의 해빈을 복원하는 것이었다. 이 사업은 1994년에 해빈복원이 시작된 이후 50년 동안 6년마다 복원

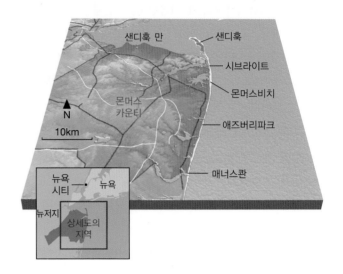

된 해빈에 주기적으로 모래를 보충하는 것을 포함하고 있다.

1994년에 시작되어 1997년에 끝날 때까지 5,700만m³의 모래가 1mil 떨어진 외해로부터 퍼올려졌으며, 2억 1,000만 달러의 비용이 소요되었다. 이러한 초기 충전량으로 총 12개의 해안 지자체 중 9개의 지자체에 엄청난 양의 새로운 모래를 공급하였다. 초기의 복원은 잘 진행되어 추가적인 모래공급이 필요 없었다.

처음에는 몬머스카운티 해빈복원사업의 성공을 확신하기 힘들었다. 일부 사람들은 1~2년 안에 모래가 완전히 소실될 것이라고 예측했다. 그럼에도 불구하고 사업은 모든 사람들이 기대했던 것보다 훨씬 더 잘 진행되었다. 13km 길이의 복원지역을 따라서 발생하는 모래 양의 변화를 모니터링하면서 그 결과를 추적해왔다. 첨부된 표는 자연적인 과정을 통한 침식과 퇴적으로 인해 해안을 따라 나타나는 모래 양의 계절적 변화를 정량적으로 보여주고 있다.

1998년부터 2004년 사이의 계절별 모래의 침식과 퇴적에 대한 모니터링은 각 계절에 단위 해안선 길이당 모래손실(또는 획득)의 양(m³/m)에 대한 평균값을 보여준다. 이 계절적인 값에 13km의 해안선 길이를 곱하면, 전체 해안선의 부피변화를 계산할 수 있다. 2002년 가을에 모래의 인공적인 추가 공급으로 해안선이 증가되었음에 주목하라. 이러한 재충전은 자연적인 과정에 의해 예상되는 모래손실을 보충하기 위하여 시행되었다.

1998년 가을~2004년 가을까지의 기간 동안 뉴저지주의 몬머스카운티에 있는 13km 길이의 해안선에서 모래 양의 변화.

해안선의 미터당 손실(−) 또는 증가(+)[m³/m]	해안선에서 모래의 총손실 또는 총증가[m³]	기간
+1.41	+18,330	가을 1998
+0.16	+2,080	봄 1999
−22.97	−298,610	가을 1999
−42.09	−547,170	봄 2000
−24.7	−321,100	가을 2000
−29.82	−387,660	봄 2001
−43.44	−564,720	가을 2001
−1.02	−13,260	봄 2002
+522.47	+6,792,110	가을 2002*
−101.64	−1,321,320	봄 2003
−77.00	−1,001,000	가을 2003
−38.84	−504,920	봄 2004
−79.53	−1,033,890	가을 2004

* 이 증가는 2002년 가을의 재충전을 나타낸다.

뉴저지주의 몬머스카운티에 있는 몬머스비치 자치구의 남부 끝에서 수행되는 모래충전. 미육군공병단에 의해 수행되는 이 침식방지사업은 50년 동안 매 6년마다 복원된 해빈에 주기적으로 모래를 보충하는 것을 포함한다.
[Army Corps of Engineers, New York District 제공.]

이러한 자료들로부터 우리는 다음과 같은 결과를 이끌어낼 수 있다.

1. 사업 초기부터 2002년 봄까지, 해안선은 계절당 평균적으로 초기 충전량의 20m³/m를 손실했다. (이는 2002년 가을의 재충전 전까지, 표의 첫 줄에 있는 숫자들의 평균이다.)

2. 2002년 가을의 재충전 이후, 해안선의 계절당 평균 손실률은 74m³/m로 증가했다. (이는 2002년 가을의 재충전 이후, 표의 첫 줄에 있는 숫자들의 평균이다.)

3. 사업 초기부터 2002년 여름까지, 해안선에서 손실한 모래의 총량은 162m³/m이다. (이는 2002년 가을의 재충전 전까지 표의 두 번째 줄에 있는 숫자들의 합을 해안선 총길이인 1만 3,000m로 나눈 값이다.)

4. 2002년 가을의 재충전 이후, 해안선에서 손실된 모래의 총량은 297m³/m이다. (이는 2002년 가을의 재충전 이후, 표의 두 번째 줄에 있는 숫자들의 합을 해안선 총길이인 1만 3,000m로 나눈 값이다.)

2002년 이후에 일어난 모래손실의 증가에 어떤 요인이 영향을 미쳤는지는 알려지지 않았으나, 과학자들은 그 기간 동안 폭풍의 강도 증가나 빈도 증가와 같은 과정들을 조사하고 싶었을 것이다.

2002년 가을의 재충전으로 공급된 모래 양은 1998년부터 2004년 사이에 손실된 양을 채웠는가? 우리는 표의 두 번째 줄에 있는 숫자를 더하여(5,973,240m³), 2002년 가을에 재충전된 모래의 양(6,792,110m³)과 비교해봄으로써 이 질문에 대한 답을 얻을 수 있다. 이 값들이 거의 근사치를 보이므로, 우리는 자연적인 손실이 인위적인 재충전으로 상쇄되었다고 결론지을 수 있다.

추가문제: 1994년에 시작된 초기 복원사업의 총비용과 그 당시에 해안선으로 퍼올려진 모래의 양을 고려하여, 모래의 m³당 평균가격을 계산하라. 그런 다음에 이 값을 이용하여 2002년 가을에 공급된 재충전에 들어간 비용을 추산하라. 여러분은 이처럼 6년마다 계속되는 비용이 그럴 가치가 있다고 생각하는가?

연습문제

1. 해양의 파도는 어떻게 형성되는가?

2. 파도의 굴절이 어떻게 해안의 돌출한 곳에 침식을 집중시키는가?

3. 폭풍해일은 무엇인가?

4. 인간의 개입은 일부 해빈에 어떤 영향을 주었는가?

5. 우리는 어떠한 종류의 대륙주변부에서 넓은 대륙붕을 발견하는가?

6. 심해저는 어디에서 그리고 어떻게 화산활동에 의해 만들어

지는가?

7. 어떠한 판구조과정이 심해의 해구를 만드는가?

8. 저탁류는 어디에서 형성되는가?

9. 원양퇴적물이란 무엇인가?

10. 달과 지구는 어떻게 상호작용하여 조류를 형성시키는가?

생각해볼 문제

1. 파식단구를 관찰하려 할 때 왜 만조 시간을 알아야 하는가?

2. 지난 100년 동안, 남북으로 뻗은 길고 좁은 해빈의 남쪽 끝은 자연적 과정에 의해 남쪽으로 약 200m 확장되었다. 해안선에서의 어떤 과정을 통하여 이러한 확장이 일어났을까?

3. 북아메리카의 멕시코만 연안을 따라 바람이 잔잔한 시기가 지난 후, 강풍을 동반한 강력한 폭풍이 해안을 지나, 미시시피 계곡까지 도달했다. 폭풍이 도달하기 전, 폭풍이 부는 동안, 그리고 폭풍이 지나간 후의 기파대의 상태를 기술하라. 내륙의 강에서는 무슨 일이 일어날까?

4. 지형, 판구조, 화산활동, 그리고 다른 해저과정에 있어서 대서양과 태평양의 주된 차이는 무엇인가?

5. 판구조론은 북아메리카 동부해안의 넓은 대륙붕과 서부해안의 좁은 대륙붕 사이의 차이를 어떻게 설명하는가?

6. 한 대기업이 뉴욕시의 음식물 쓰레기를 100km 이내의 외해에 해양 투기할 수 있는지를 평가하기 위하여 여러분을 고용하였다. 어떤 장소를 탐사해야 하며 어떤 점에 유의해야 하는가?

7. 대서양중앙해령에 있는 중앙부 열곡의 바닥에는 퇴적물이 거의 없다. 왜 그럴까?

8. 해수면으로부터 2,000m 이내에 있는 심해저로부터 솟아오른 고원은 유공충 연니로 덮여 있는 반면, 고원 아래 수심 약 5,000m의 심해저는 점토로 덮여 있다. 이런 차이를 여러분은 어떻게 설명할 수 있는가?

9. 여러분은 퇴적암의 층서를 연구하면서, 최하부 지층들이 천해성 사암과 이암인 것을 발견하였다. 이 지층들 위에 부정합이 있고, 부정합 위에는 육성 사암이 놓여 있다. 이 지층군 위에는 또 다른 부정합이 있으며, 그 부정합 위에는 최하부 지층들과 유사한 해성층들이 놓여 있다. 이러한 층서를 무엇으로 설명할 수 있는가?

캐나다 브리티시컬럼비아주의 태평양 연안을 따라 뻗어 있는 코스트산맥의 와딩턴산 인근에서 여러 개의 빙하들이 합류하며 흐르고 있다.
[Chris Harris/Getty Images, Inc.]

빙하 : 얼음의 작품

21

우주에서 지구를 보면, 지구는 다양한 물 색깔로 칠해져 있다—거대한 푸른 대양, 소용돌이치는 흰색 구름, 그리고 얼어붙은 흰색의 얼음과 눈. 지구시스템은 변화무쌍한 방식으로 온 지구표면에 있는 물을 끊임없이 이동시키고 있다. 주요 물 저장소 중, 기후순환 동안 눈에 띄게 증가하거나 감소하는 저장소는 얼음으로 이루어진 빙권(cryosphere)이다.

거대한 그린란드와 남극대륙의 빙상은 현재 지구표면의 1/10 정도만을 덮고 있다. 그러나 2만 년 전까지만 해도 대륙빙하는 오늘날보다 거의 세 배 더 넓은 육지지역을 덮고 있었으며, 캐나다를 지나 미국 중서부 지역까지 확장되어 있었다. 다음 세기 이내에 지구온난화는 기존 빙상의 많은 부분을 용해시켜 전 세계적으로 인류사회에 영향을 줄 수 있다. 해수면이 상승하여 저지대 도시들은 물에 잠기게 될 것이다. 기후대가 이동하여 습한 지역이 사막으로 변하고 그 반대로 사막이 습한 지역으로 변할 것이다. 이러한 위협을 감안할 때, 항상 흥미로운 과학적 주제인 지구의 빙권에 대한 이해가 매우 현실적인 목표가 되었다는 데에는 의심의 여지가 없다.

많은 대륙의 경관지형은 지금은 녹아 없어진 빙하에 의해 만들어졌다. 산악지역에서 빙하는 급경사의 곡벽을 갖는 계곡들을 침식시켰고, 기반암 표면을 긁어 매끄럽게 하였으며, 암석질 바닥에서 거대한 암석덩어리를 뜯어내었다. 플라이스토세의 빙하기 동안 빙하는 전 대륙을 가로지르며 밀려 내려와서 물과 바람보다도 더 복잡한 지형들을 깎아 만들었다. 빙하침식은 막대한 양의 암설을 생성시켰으며, 빙하는 엄청난 양의 퇴적물을 이동시켜 그들의 말단부에 퇴적시켰다. 빙하 말단부의 퇴적물들은 융빙수 하천에 의해 다시 운반되기도 한다. 빙하과정들은 하천 시스템의 유량과 퇴적물의 양, 해안지역의 침식과 퇴적, 그리고 바다로 운반된 퇴적물의 양에 영향을 준다.

이 장에서 우리는 지구의 빙하에 대해 자세히 살펴보면서, 그들이 어떻게 형성되어 시간에 따라 어떻게 변해왔는지, 그리고 그들이 전진하고 후퇴하며 물질을 침식시키고 퇴적시키면서 어떻게 지구표면에 그들의 흔적을 남겼는지에 대하여 알아볼 것이다. 우리는 빙하가 기후시스템에 작용한 역할을 조사하고, 빙하기의 지질학적 기록이 시간에 따른 기후변화에 관해 우리에게 무엇을 말해줄 수 있는지를 알아볼 것이다.

■ 암석으로서의 얼음

지질학자에게 얼음 덩어리는 얼음 광물의 결정질 입자들로 이루어진 덩어리인 암석이다. 화성암과 같이 얼음은 유체의 동결에 의해 형성된다. 퇴적암과 같이 지표에 층상으로 퇴적된 물질들로부터 형성되고, 두껍게 집적될 수 있다. 변성암과 같이 압력하에 놓이면 재결정작용에 의해 변형된다. 즉, 빙하얼음은 눈 '퇴적물'의 매몰과 변성작용에 의해 형성된다. 느슨하게 뭉쳐진 눈송이들—각각의 눈송이는 얼음 광물의 한 결정—은 시간이 흘러 숙성이 되면서 고체 암석인 얼음으로 재결정된다(그림 21.1).

얼음은 어떤 독특한 성질을 가지고 있다. 용융점이 매우 낮아서(0℃), 규산염 암석의 용융온도보다 수백 도 낮다. 대부분의 암석들은 그들의 용융체보다 밀도가 높으며, 이 때문에 마그마는 부력을 받아 암석권을 지나 위로 상승한다. 그러나 얼음은 그것의 용융체보다 밀도가 낮은데, 이는 빙산이 바다에 떠 있는 이유이다. 얼음은 단단해 보이지만 대부분의 암석들보다 훨씬 약하다.

얼음은 매우 약하기 때문에 점성 유체처럼 사면 아래로 쉽게 흐른다. **빙하**(glaciers)는 중력에 의해 과거에 이동했거나 현재 이동하고 있다는 증거를 보이는 육지 위의 거대한 얼음 덩어리이다. 빙하는 크기와 형태에 따라 두 가지 기본적인 유형으로 나누어진다—곡빙하와 대륙빙하.

곡빙하

많은 스키어들과 등산객들은 때때로 **산악빙하**(alpine glaciers)로 불리는 **곡빙하**(valley glaciers)에 대해 잘 알고 있다(그림 21.2). 이들 얼음의 강은 눈이 쌓이는 산맥의 추운 정상부에서 형성된다. 그 다음에 이들은 기존의 하곡을 따라 또는 새로운 계곡을 깎아 만들면서 사면 아래로 흘러내려온다. 곡빙하는 일반적으로 계곡의 폭 전체를 완전히 채우고 있으며, 빙하의 바닥이 수백 미터 두께의 얼음 아래에 파묻혀 있기도 한다. 따뜻한 저위도 기후지역에서 곡빙하는 가장 높은 산봉우리들의 정상 근처 계곡에서만 발견된다. 중앙아프리카 동부의 우간다와 자이르의 국경을 따

그림 21.1 빙하얼음 결정의 전형적인 모자이크. 작은 원형과 관형의 점들은 공기 기포들이다.
[Joan Fitzpatrick 제공.]

라 5,000m 이상의 높이로 솟아 있는 달의 산맥(Mountains of the Moon)을 덮고 있는 빙하가 그러한 예이다. 추운 고위도 기후지역에서 곡빙하는 수 킬로미터 계곡 아래까지 흘러내려온다. 넓은 얼음의 혓바닥이 산과 경계를 이루는 저지대로 흘러내려올 수도 있다. 고위도 지역에서 해안산맥 아래로 흘러내리는 곡빙하는 바다와 만나면서 끝이 나는데, 여기에서 얼음 덩어리들이 분리되어 빙산을 형성한다. 이처럼 빙산이 만들어지는 과정을 **빙산분리**(iceberg calving)라 부른다(그림 21.3).

대륙빙하

대륙빙하(continental glaciers)는 대륙의 많은 부분을 덮고 있는 매우 느리게 이동하는 두꺼운 얼음층이며, 때때로 빙상(ice sheet)이라고도 불린다(그림 21.4). 오늘날 세계 최대의 대륙빙하들이 그린란드와 남극대륙의 대부분을 덮고 있으며, 이는 지구의 육지표면의 약 10%를 차지하며, 세계 담수의 약 75%를 저장하고 있다.

그린란드에서 260만km^{3}의 얼음이 450만km^{2}인 섬 전체 면적

그림 21.4 남극의 센티널산맥. 이 산들은 남극대륙 빙하의 두꺼운 얼음을 뚫고 4,000m 이상 솟아 있다.
[© Google 2009 Data SIO, NOAA, U.S. Navy, NGA, GEBCO Image U.S. Geological Survey]

의 약 80%를 점유하고 있다(그림 21.5). 빙상의 상부표면은 아주 넓은 볼록렌즈와 매우 유사하다. 섬 중앙에 있는 가장 높은 지점에서 빙하의 두께는 3,200m 이상이다. 이 중앙지역으로부터 빙하 표면은 모든 방향에서 바다 쪽으로 경사져 있다. 산으로 둘러싸여 있는 해안지역에서 빙상은 곡빙하와 유사한 좁은 혓바닥 모양의 빙하들로 갈라진 후, 산맥을 굽이굽이 지나 바다에 도착하고, 여기에서 빙산분리가 일어나 빙산이 만들어진다.

〈그림 21.5〉의 아래쪽 단면도에서 분명히 나타나는 그린란드 빙상 아래 사발 모양의 기반암은 섬 중앙의 얼음 무게 때문에 야기되었다. 이러한 지각평형의 결과는 왜 산들이 그린란드 해안을 둘러싸고 있는지를 설명한다.

그린란드의 빙하는 매우 크지만 남극 빙상에 비하면 작아 보인다. 얼음은 남극대륙의 90% 이상을 덮고 있으며, 그 면적은 약 1,360만km²이고 두께는 4,000m에 달한다(그림 21.6). 남극대륙 얼음의 전체 부피─약 3,000만km³─는 빙권의 90% 이상을 차지한다. 그린란드에서처럼 얼음은 중앙에 돔을 형성하고 대륙주변으로 경사져 있다.

남극대륙의 일부는 바다 위에 떠 있으면서 육지의 주 빙하에 붙어 있는 판상의 얇은 얼음층인 **빙붕**(ice shelf)으로 둘러싸여 있다. 이들 중 가장 잘 알려져 있는 것은 로스 빙붕(Ross Ice Shelf)으로서, 이는 로스해(Ross Sea)에 떠 있는 미국 텍사스주 크기의 두꺼운 얼음층이다.

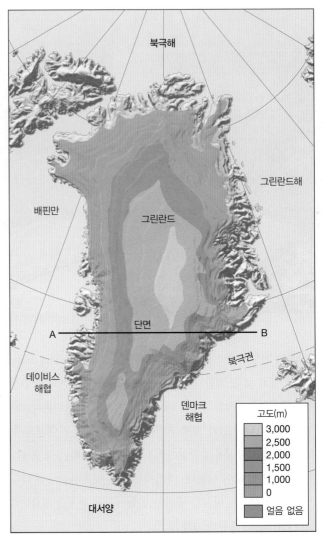

(a)

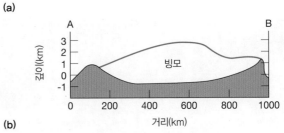

(b)

그림 21.5 그린란드 대륙빙하의 지형도와 단면도. (a) 그린란드 빙상의 넓이와 고도 (b) 남─중부 그린란드의 단순화된 단면도는 렌즈 모양의 빙하를 보여준다. 얼음은 가장 두꺼운 부분에서 아래로 그리고 바깥쪽으로 이동한다.
[R. F. Flint, *Glacial and Quaternary Geology.* New York: Wiley, 1971.]

빙모(iec cap)는 북극과 남극을 덮고 있는 얼음 덩어리이다. 북반구의 가장 높은 위도에 위치한 북극 빙모의 대부분은 물 위에 놓여 있으며 빙하가 아니다. 남극 빙모의 거의 전부는 남극대륙 위에 놓여 있으므로 대륙빙하이다.

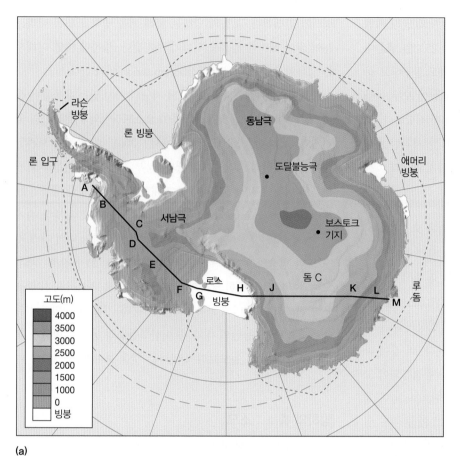

그림 21.6 남극대륙 빙하의 지형도와 단면도. (a) 남극 빙상의 넓이와 고도. 흰색 부분은 빙붕이다. (b) 빙상과 그 아래 있는 육지의 단순화된 단면도.
[U. Radok, "The Antarctic Ice," *Scientific American* (August 1985): 100; based on data from the International Antarctic Glaciological Project.]

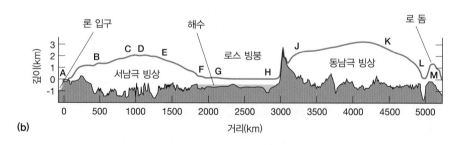

■ 빙하는 어떻게 형성되는가?

빙하는 겨울에 내린 많은 눈이 여름에 녹아 없어지지 않으면 형성되기 시작된다. 눈은 천천히 얼음으로 바뀌고, 얼음이 충분히 두꺼워지면 흐르기 시작한다.

기본요소 : 영하의 날씨와 많은 눈

빙하가 형성되기 위해서는 1년 내내 지표면에 눈이 존재할 정도로 온도가 낮아야 한다. 이러한 조건들은 태양 광선이 낮은 각으로 지구에 도달하는(그림 19.1 참조) 고위도 지역에서, 그리고 대기가 약 10km의 고도까지 점차 냉각되는(그림 15.2 참조) 고고도 지역에서 나타난다. 그러므로 설선(snow line)의 고도—여름에 눈이 완전히 녹지 않는 고도—는 일반적으로 극 쪽으로 갈수록 낮

아진다. 극지역에서는 눈과 얼음이 1년 내내 지면을 덮고 있으며 심지어 해수면도 눈에 덮여 있다. 적도 근처에서 빙하는 5,000m 이상의 높은 산에서만 형성된다.

강설과 빙하의 형성에는 추위뿐만 아니라 습기도 필요하다. 습윤한 바람은 높은 산맥의 바람이 불어오는 쪽 사면에 대부분의 눈을 뿌리는 경향이 있기 때문에 반대편인 바람이 불어가는 쪽 사면은 건조하고 빙하작용을 받지 않는 편이다. 예를 들어, 남아메리카의 높은 안데스산맥의 일부 지역은 편동풍대에 위치한다. 습윤한 동쪽 산사면에는 빙하가 형성되어 있으나, 건조한 서쪽 산사면에는 눈과 얼음이 거의 없다.

가장 추운 기후가 반드시 가장 많은 눈을 내리는 것은 아니다. 알래스카주의 놈(Nome) 지역은 연평균 최고 온도가 9℃인 한대

기후이지만 연간 강설량이 약 4.4cm에 불과하다. 이와 달리 메인주의 카리부(Caribou) 지역은 연평균 최고 온도가 25℃인 냉온대 기후이지만 연간 강설량이 310cm나 된다. 그럼에도 불구하고 눈이 거의 녹지 않는 놈 지역의 환경조건이 여름에 눈이 모두 녹아버리는 카리부 지역의 환경조건보다 빙하 형성에 더 적합하다. 건조기후지역에서는 기온이 1년 내내 너무 추워 남극에서처럼 눈이 매우 적게 녹는 환경이 아니라면 빙하는 잘 형성되지 않는다.

빙하의 성장 : 집적

새로 내린 강설은 느슨하게 다져진 솜털 모양의 눈송이 집합체이다. 이처럼 작고 연약한 얼음 결정들이 지상에서 시간이 지나 숙성되면, 얼음 결정들은 응축되어 입자들이 되고, 눈송이 덩어리들은 다져져서 밀도가 높은 입상의 눈 알갱이가 된다(그림 21.7). 새로운 눈이 내려 오래된 눈이 파묻히면, 오래된 입상의 눈은 더욱더 다져져서 아주 밀도가 높은 만년설(firn)이 된다. 더 깊이 파묻히고 시간이 경과하면 입자들이 재결정되고 함께 접합되어 고체의 빙하얼음이 만들어진다. 이러한 전체 과정이 10~20년 정도 걸리는 경우가 많지만, 불과 몇 년밖에 걸리지 않을 수도 있다. 얼음이 축적되어 중력에 움직일 정도로까지 충분히 커지면

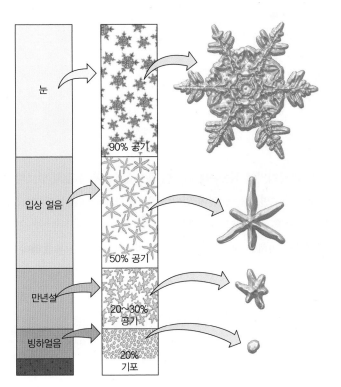

그림 21.7 눈 결정의 변환 단계. 처음에는 입상 얼음으로, 그다음에는 만년설로, 마지막으로 빙하로 변한다. 이러한 변환 과정 동안 결정으로부터 공기가 제거되어 밀도가 증가한다.

[H. Bader et al., "Der Schnee und seine Metamorphose," *Beiträge zur Geologie der Schweiz* (1939).]

빙하가 탄생한다. 보통의 빙하는 매해 겨울 빙하 표면에 내리는 눈이 쌓여 해마다 얼음층 하나가 추가된다. 빙하에 매년 더해지는 얼음의 총량을 빙하의 **집적**(accumulation)이라 한다.

빙설과 얼음이 집적될 때, 과거 지구의 가치 있는 유물들이 갇혀 보존된다. 1991년에 등산객들이 오스트리아와 이탈리아의 국경지대에 있는 알프스 고산빙하에서 5,000년 이상 동안 보존된 선사시대 사람의 시신을 발견했다. 북부 시베리아에서는 과거에 얼음에 뒤덮인 지역에서 살았던 거대한 코끼리 비슷한 생물인 털매머드(woolly mammoth) 같은 멸종된 동물들이 고대 빙하 속에서 언 채로 보존되어 발견되었다. 고대 먼지 입자와 대기 가스 기포 또한 빙하의 얼음 속에 보존되어 있다(그림 21.1 참조). 매우 오래되어 깊이 파묻힌 남극과 그린란드의 얼음 속에서 공기 방울을 발견하고 이에 대해 화학분석을 한 결과, 가장 최근 빙하기(위스콘신 빙하기) 동안의 대기 중 이산화탄소의 농도가 빙하가 후퇴한 이후 동안의 농도보다 낮았다는 것을 보여준다(그림 15.11 참조).

빙하의 축소 : 소모

빙하가 중력에 의해 사면 아래로 흐르면, 빙하는 기온이 더 따뜻한 낮은 고도 지역으로 흘러가서 얼음을 잃는다. 빙하가 매년 잃는 얼음의 총량을 **소모**(ablation)라 한다. 소모는 네 가지 메커니즘에 의해 일어난다.

1. **용융**(melting) : 얼음이 녹으면, 빙하의 얼음이 감소한다.
2. **빙산분리**(iceberg calving) : 빙하가 해안에 도달하면 얼음 조각들이 떨어져나와 빙산을 형성한다(그림 21.3 참조).
3. **승화**(sublimation) : 추운 기후에서는 물이 고체 상태(얼음)에서 기체 상태(수증기)로 직접 변환될 수 있다.
4. **풍식**(wind erosion) : 강한 바람은 주로 용융과 승화에 의해 빙하의 얼음을 침식할 수 있다.

대부분의 소모는 빙하의 말단부에서 일어난다. 그러므로 빙하가 그 중심으로부터 아래쪽 또는 바깥쪽으로 전진하고 있을 때라 하더라도, 빙하의 앞 가장자리인 빙하 말단부(ice front)는 후퇴하고 있을 수 있다. 빙하가 대부분의 얼음을 잃는 두 가지 메커니즘은 용융과 빙산분리다.

빙하수지 : 집적 빼기 소모

빙하의 집적과 소모 사이의 관계인 **빙하수지**(glacial budget)는 빙하의 성장과 축소를 결정한다(그림 21.8). 집적과 소모가 오랫동

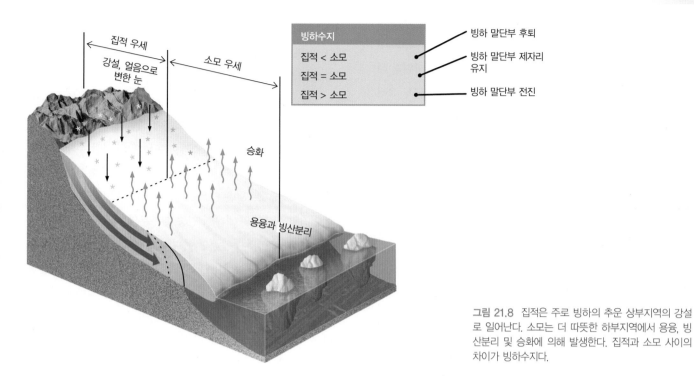

그림 21.8 집적은 주로 빙하의 추운 상부지역의 강설로 일어난다. 소모는 더 따뜻한 하부지역에서 용융, 빙산분리 및 승화에 의해 발생한다. 집적과 소모 사이의 차이가 빙하수지다.

안 같을 경우, 빙하가 형성되는 지역에서 계속 아래로 흘러내려 갈지라도 빙하는 일정한 크기를 유지한다. 그러한 빙하에서는 눈과 얼음이 상부에서 집적되는 만큼 하부에서 같은 양만큼 소모된다. 집적이 소모를 초과할 경우, 빙하는 성장한다ㅡ소모가 집적을 초과할 경우, 빙하는 축소된다.

빙하수지는 매년 변한다. 일부 빙하들이 단기간의 지역적인 기후변화로 인해 성장 또는 축소된 증거를 보여주긴 하지만, 과거 수천 년 동안 많은 빙하들은 일정한 평균크기를 유지해왔다. 그러나 지난 세기 동안 많은 저위도 지역의 빙하들이 지구온난화의 영향으로 축소되고 있다(그림 21.9). 빙하의 축소는 기후변화의 훌륭한 지시자이기 때문에 빙하수지는 현재 주의 깊게 관찰되고 있다.

(a)

(b)

그림 21.9 (a) 1978년 7월과 (b) 2004년 7월에 동일한 지점에서 찍은 페루의 코리 칼리스 빙하 사진. 1998년과 2001년 사이에 빙하 말단부는 평균 1년에 155m의 속도로 후퇴하였는데, 이는 1963년에서 1978년까지의 연평균 후퇴보다 32배 더 빠른 속도였다.

[Lonnie G. Thompson, Byrd Polar Research Center, the Ohio State University/courtesy NSIDC.]

■ 빙하는 어떻게 이동하는가?

중력이 얼음의 이동에 대한 저항력을 넘어설 정도로 두꺼워질 때 -일반적으로 적어도 수십 미터-얼음은 흐르기 시작하고, 그래서 빙하가 된다. 빙하의 얼음은 느리게 흐르는 하천의 물처럼 층류(laminar flow)를 이루며 사면 아래로 이동한다(그림 18.14 참조). 그러나 쉽게 관찰되는 하천의 흐름과는 달리, 빙하의 이동은 너무 느려서 '빙하의 속도로 움직임'이란 표현이 생길 정도로 빙하는 매일매일 거의 움직이지 않는 것처럼 보인다.

빙하흐름의 메커니즘

빙하의 흐름은 두 가지 방식으로 발생한다-소성흐름과 기저활주(그림 21.10). 소성흐름은 빙하 내에서의 변형에 의해 생긴다. 기저활주는 얼음 덩어리가 경사 아래로 미끄러져 내려가는 것처럼 빙하가 빙하 저면을 따라 하나의 개체로서 사면 아래로 미끄러지는 것이다.

소성흐름에 의한 이동 빙하에 가해지는 중력은 개별 얼음 결정들이 짧은 시간 동안 서로 매우 짧은 거리-천만 분의 1mm 정도-를 미끄러지게 한다(그림 21.10a). 빙하를 구성하는 수많은 얼음 결정들 간의 그러한 많은 움직임의 합에 의해 빙하가 변형되는데, 이를 **소성흐름**(plastic flow)이라 한다. 이러한 과정을 상상해보기 위해 임의의 카드더미를 생각해보자. 개별 카드 사이의 많은 면에서 작은 미끄러짐이 일어나면 전체 카드더미가 움직일 수 있다. 얼음 결정들이 압력을 받으며 빙하의 더 깊은 곳에서 성장할수록 그들의 미세한 미끄럼면은 더욱 평행해져서 소성흐름의 속도가 증가한다.

소성흐름은 빙하 저면을 포함한 빙하 전체의 얼음이 빙점 아래에 위치하여 기저의 얼음이 지면에 얼어붙어 있는 매우 추운 지역에서 매우 중요한 작용이다(그림 21.10b). 차갑고 건조한 빙하에서 이동의 대부분은 기저면 윗부분에서의 소성흐름에 의해 발생한다. 얼어붙은 기저면 근처에서의 이동은 기반암과 토양의 조각들을 떼어내어 운반시킨다. 이처럼 얼음과 암석 물질들이 혼합되어 있기 때문에 보통 위에 있는 얼음과 아래 있는 지반 사이의 경계가 뚜렷하지 않다. 지반이 퇴적물이나 부드러운 퇴적물로 이루어진 곳에서는 특히 그러하다. 대신 경계면은 암설이 포함된 얼음과 상당한 얼음을 포함한 지반 사이의 점이대가 된다.

기저활주에 의한 이동 빙하이동의 또 다른 메커니즘은 얼음과 지반 사이의 경계를 따라 빙하가 미끄러지는 **기저활주**(basal slip)

이다(그림 21.10c). 얼음의 용융점은 압력이 증가함에 따라 감소한다. 따라서 위에 놓인 얼음의 무게가 가장 크게 작용하는 빙하 바닥의 얼음은 빙하 내부의 얼음보다 낮은 온도에서 녹는다. 용융된 얼음은 빙하 바닥을 미끄럽게 하여 빙하가 사면 아래로 미끄러지게 한다. 이와 같은 효과 때문에 얼음에서 스케이트를 타는 것이 가능한 것이다. 얇은 스케이트 날 위의 사람 무게가 압력을 주면 스케이트 날 아래의 얼음이 조금 녹는데, 이것이 윤활작용을 하여 스케이트 날은 얼음 표면에서 잘 미끄러질 수 있다.

온대지역은 대기의 기온이 연중 대부분의 기간 동안 영상이기 때문에, 빙하의 바닥 부분뿐만 아니라 빙하의 내부에서도 얼음은 용융점에 놓여 있을 수 있다. 소성흐름은 소량의 내부 열을 발생시키는데, 이는 얼음 결정들의 미세한 미끄러짐에 의해 발생되는 마찰로부터 생성되는 열이다. 이러한 빙하에서는 물이 결정들 사이의 작은 물방울로서 얼음 내에서 나타난다. 얼음 속의 균열을 통해 스며나온 물은 얼음 내에 터널을 만들어 용융수의 연못 또는 하천을 형성한다. 빙하 전체에 들어 있는 물은 얼음층 사이의 내부 미끄러짐을 쉽게 한다.

곡빙하의 흐름

19세기 스위스 동물학자이자 지질학자인 루이 아가시(Louis Agassiz)는 처음으로 곡빙하가 어떻게 움직이는지를 자세하게 측정하였다. 1830년대에 젊은 교수였던 아가시는 스위스의 알프스에 있는 빙하에 많은 말뚝을 박아놓고 몇 년 동안 말뚝의 이동을 측정했다. 그는 빙하의 중심선을 따라 박아놓은 말뚝들이 1년에 약 75m의 속도로 가장 빠르게 이동한 반면에, 계곡벽 가까이에 설치한 말뚝들은 더 느리게 이동했다는 것을 관찰했다. 후에, 빙하 깊숙이 박아놓은 긴 수직 관들의 변형으로부터 빙하 바닥 부근의 얼음이 빙하 중심부에 있는 얼음보다 더 느리게 이동한다는 사실을 알아내었다.

빙하의 중심부가 측면이나 저면보다 더 빨리 이동하는 이러한 유형의 변형은 소성흐름의 특징이다(그림 21.10d). 다른 곡빙하에서는 전체가 보다 균일한 속도로 이동하는 것이 관찰되었는데, 이들은 지면 위의 미끄러운 용융수 수막층을 따라 기저활주를 하면서 전체가 완전히 하나의 개체로서 미끄러지고 있었다. 그러나 대부분의 곡빙하는 흔히 두 방법이 조합을 이루며 흐른다-부분적으로는 빙하 몸체 내부에서의 소성흐름으로 그리고 부분적으로는 바닥에서의 기저활주로 이동한다.

빙하서지(surge)라 불리는 곡빙하의 갑작스런 빠른 이동은 간혹

(a)

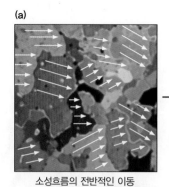
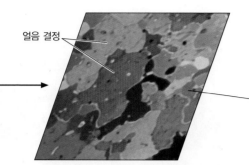

얼음 결정

개별 얼음 결정들은 늘어나고 회전하고, 성장하고 재결정화되고, 또는 서로 상대적으로 짧은 거리를 미끄러져 움직일 수 있다.

소성흐름의 전반적인 이동

(b) **소성흐름**

소성흐름은 빙하 바닥의 얼음이 기반암이나 토양에 얼어붙어 있는 추운 지역에서 우세하다.

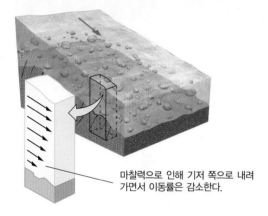

마찰력으로 인해 기저 쪽으로 내려가면서 이동률은 감소한다.

(c) **기저활주**

기저활주는 위에 놓인 얼음의 압력으로 빙하 바닥에서 얼음이 녹아 물이 되는 온난한 지역에서 우세하다.

액체 물

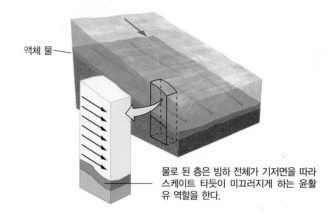

물로 된 층은 빙하 전체가 기저면을 따라 스케이트 타듯이 미끄러지게 하는 윤활유 역할을 한다.

(d) 추운 지역의 곡빙하는 대부분 소성흐름으로 움직인다. 빙하의 흐름 방향에 수직인 선을 따라 많은 말뚝들을 빙하 깊숙이 박아 놓았다면…

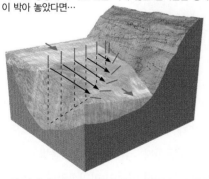

…몇 년 후에 가보면, 중앙에 있는 말뚝들은 산 아래쪽으로 더 멀리 이동하고 앞으로 기울어져 있을 것이다. 이는 빙하의 중앙부와 맨 위쪽에서 얼음이 더 빠르게 움직인다는 것을 나타낸다.

(e) 대륙빙하에서 얼음은 가장 두꺼운 부분에서 아래쪽으로 그리고 바깥쪽으로 화살표로 표시된 것처럼 이동한다. 마치 조리용 철판 위에 부은 팬케이크 반죽이 움직이는 것과 유사하다.

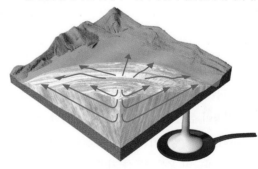

그림 21.10 빙하는 두 가지 기본 메커니즘으로 이동한다—소성흐름과 기저활주. (a) 소성흐름의 변형, (b) 소성흐름, (c) 기저활주, (d) 곡빙하의 흐름, (e) 대륙빙하의 흐름.

오랜 기간 동안 매우 느리게 이동한 후에 발생한다. 빙하서지는 몇 년 동안 지속될 수도 있으며, 그 시간 동안 빙하는 연간 6km 이상의 속도—정상적인 빙하속도의 1,000배—로 빠르게 이동할 수 있다. 많은 경우에 빙하서지는 빙하의 바닥 부분 또는 그 근처에서 용융된 물의 수압이 증가된 다음에 발생한다. 이러한 압력이 가해진 물은 기저활주를 크게 증가시킨다.

빙하 상부는 작은 압력을 받는다. 이러한 낮은 압력에서 빙하 표면(지표면에서 약 50m 이내 깊이)에 있는 얼음은 딱딱하고 부서지기 쉬운 고체처럼 작용하여 빙하 아래의 소성흐름에 의해 끌려갈 때 균열이 생긴다. **크레바스**(crevasses)라 부르는 이 균열들은

그림 21.11 (a) 크레바스가 워싱턴주 레이니어산의 북동쪽 측면에 있는 에몬스 빙하를 덮고 있다. (b) 곡빙하에서 크레바스는 얼음 변형이 심한 곳에서 가장 많이 나타난다.
[(a) © 2002 Walter Siegmund.]

크레바스는 빙하가 계단상의 기반암 지형 위를 이동하는 곳에서 형성된다.

크레바스는 빙하가 지형 주위를 돌아 구부러져 흐르는 곳에서 형성된다.

(a)

(b)

빙하 표면 근처의 얼음을 크고 작은 블록으로 쪼갠다(그림 21.11). 크레바스는 빙하의 변형이 심한 곳에서 가장 많이 나타난다—예를 들면, 계곡이 구부러지면서 빙하가 곡벽에 부딪혀 저항하면서 끌려가는 지역, 계곡의 바닥이 울퉁불퉁한 지역, 경사가 갑자기 급해지는 지역 등이다. 이러한 지역에서 깨지기 쉬운 표면 얼음들의 이동은 이러한 불규칙한 표면을 가로지르는 미끄럼 운동에 기인한 '흐름'이며, 어떤 점에서는 지각의 암석에서 일어나는 단층운동과 비슷하다.

남극대륙에서의 빙하운동

남극대륙은 시간이 정지한 땅인 것처럼 보이지만 분명히 정지해 있지 않다. 빙하는 대륙의 중심부에서 대양까지 아래로 이동하고, 빙산들은 깨어져 대양으로 밀려들어가고, 거대한 빙하의 강들이 빙상을 지나 굽이쳐 흐르고 있다. 이러한 모든 움직임들은 이처럼 멀리 떨어진 대륙과 지구 기후시스템 사이에 역동적인 관계가 있다는 증거를 제공한다. 극 기후대의 대륙빙하들은 대부분의 장소에서 기저활주에 의한 이동이 미미하거나 거의 없기 때문에 빙하의 이동속도는 중심부에서 가장 크다. 중심부에서는 압력이 높고, 이동을 지연시키는 주된 힘은 서로 다른 속도로 움직이는 얼음층 사이의 마찰력이다(그림 21.10e).

지질학자들은 인공위성과 비행기 레이더를 이용하여 빙하의 모양과 이동을 측정한다. 이러한 측정은 남극 빙하가 25~80km 사이의 폭과 300~500km 사이의 길이를 보이는 **빙류**(ice streams)에서는 빠르게 흐르고 있다는 것을 보여준다(그림 21.12). 이러한 빙류들은 하루에 0.3~2.3m 속도로 흐르지만, 주변 빙상은 하루에 0.02m의 속도로 흐른다. 빙하 시추공 자료에 따르면, 빙류의

(a)

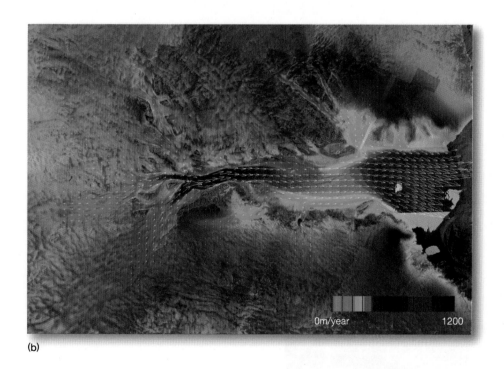

0m/year   1200

(b)

그림 21.12 (a) 얼음이 더 빨리 흐르는 전경 지역에서 선구조를 보여주는 남극대륙의 램버트 빙하. (b) 램버트 빙하와 그 주요 빙하 하천의 속도 지도. 화살표는 얼음이 흐르는 방향을 나타낸다. 이동이 없는 지역(노란색)은 노출된 육지이거나 움직이지 않는 빙하지역이다. 작은 지류빙하일수록 일반적으로 1년에 100m~300m(녹색)의 낮은 속도로 흐르는데, 그 속도는 지류빙하가 대륙의 경사진 표면 아래로 흐를 때 그리고 램버트 빙하의 상류와 만날 때 점차 증가한다. 램버트 빙하의 대부분은 1년에 400m~800m(푸른색)의 속도로 움직인다. 램버트 빙하가 에머리 빙붕으로 이어져 확장되고, 빙상이 퍼져나가 얇아지면, 속도는 1년에 1,000m~1,200m(분홍색/붉은색)로 증가한다. 이 사진의 면적은 가로 약 570km이고, 세로 약 380km이다.

기저부는 용융점에 도달해 있으며, 녹은 물은 부드러운 퇴적물과 혼합되어 있다는 것을 보여준다. 한 이론에 따르면, 빙류의 빠른 이동은 물에 포화된 기저 퇴적물의 변형과 관련 있다. 빙류들은 기후온난화 동안에 형성되어, 얼음의 붕괴와 빠른 해빙을 일으킬 수 있다. 현재와 같은 지구온난화 기간 동안 빙류는 빙하의 후퇴와 서남극 빙상의 불안정을 가져올 수도 있다.

지질학자들은 고해상도 레이더 위성을 이용하여 여러 개의 남극 빙하들이 불과 3년 만에 30km 이상 후퇴한 것을 관측했다. 과거 20년 이상 동안 수많은 얼음 조각들이 남극 빙하로부터 떨어져나왔다. 2000년 3월에 1만km²보다 약간 작은 면적의 빙산(미국 델라웨어주보다 큰 빙산)이 로스 빙붕(Ross Ice Shelf)으로부터 떨어져나왔다. 2002년 2월과 3월에는 로드아일랜드주(약 3,250km²)보다 큰 라슨 빙붕(Larsen Ice Shelf)의 일부가 남극반도의 북동쪽으로부터 파쇄되어 분리되었다(그림 21.13). 이 빙상의 조각은 부서져서 수천 개의 빙산을 형성하였다.

라슨 빙붕을 관찰하고 있던 지질학자들은 이러한 빙붕 붕괴 사건을 예측할 수 있었다. 현장 및 인공위성을 통한 관측은 빙붕과 연결된 빙류의 유속이 급격히 증가하는 것을 보여주었는데, 이는 불안정의 신호로 해석되었다. 빙붕의 붕괴 후, 빙류의 유속은 더 증가했다. 일반적으로 빙붕이 파괴되면 빙붕에 얼음을 공급하는 대륙빙하를 불안정하게 하는 경향이 있으며, 이로 인해 빙하는 대양으로 더 빨리 흐르게 된다.

빙붕의 불안정성은 놀라운 속도로 크기와 빈도가 증가하고 있다. 최근의 사례는 남극반도의 남서쪽에 있는 1만 4,000km²의 면적을 차지하는 윌킨스 빙붕이다. 윌킨스 빙붕은 2008년 초에 쪼개지기 시작했으며, 2013년 현재 더욱 붕괴되기 직전인 것으로 보인다. 이러한 붕괴는 지구온난화의 걱정스러운 징후이긴 하지만 이 자체만으로는 해수면 상승을 일으키지 않는다(지구문제 21.1 참조).

빙하지형

얼음이 만들어낸 엄청난 양의 지질학적 결과물은 빙하의 이동 때문에 이루어진 것이다—침식, 운반, 그리고 퇴적작용. 모래 위에 있는 여러분의 발자국을 여러분이 밟고 있는 동안에는 볼 수 없는 것처럼, 여러분은 활동적인 빙하가 빙하의 바닥과 측면에 미

그림 21.13 라슨 빙붕의 붕괴. 이 위성사진은 거대한 빙붕 조각이 육지에서 분리되어 수천 개의 빙산으로 쪼개지는 두 달 동안의 기간이 끝나갈 무렵인 2002년 3월 7일에 찍었다. 사진 오른편의 어두운 부분은 바다이다. 흰 부분은 빙산, 빙붕의 나머지 부분, 육지 위의 빙하들이다. 밝은 푸른색 부분은 해수와 크게 파쇄된 얼음이 혼합된 지역이다. 이 사진의 면적은 가로 약 150km이고, 세로 약 185km이다.

[NASA/GSFC/LaRC/JPL, MISR Team.]

지구문제

21.1 지각평형과 해수면 변화

남극대륙 주위의 빙붕이 계속 붕괴된다면 해수면이 상승할까? 지구의 모든 빙붕이 다음 몇 년 동안 깨져 바다로 들어간다 하더라도 해수면의 변화는 별로 없을 것이다. 그 이유는 제14장에서 언급한 지각평형의 원리와 관련이 있다. 빙산과 같이 빙붕은 바다 위에 떠 있다. 음료수에 있는 얼음이 녹아도 잔 속의 음료수 수위가 변하지 않는 것처럼 빙붕이 녹아도 해수면에는 변화가 없다.

빙산과 빙붕의 부력은 해수면 아래 얼음의 부피가 얼음이 밀어낸 물의 부피보다 가볍기 때문에 생긴다. 이러한 부력은 빙산을 아래로 가라앉게 하는 중력과 반대로 작용한다. 큰 빙산은 해수면 위로 높이 돌출해 있지만, 해수면 아래에 더 깊은 뿌리를 가지고 있어 더 큰 부력을 제공한다. 빙산이 녹으면 해수면의 변화

는 없다. 왜냐하면 빙산의 용융으로 생긴 물의 부피는 빙산이 밀어냈던 물의 부피와 정확히 같기 때문이다.

반대로 육지 위의 빙하가 녹으면 대부분의 물은 바다로 흘러들어가 바다의 부피를 증가시켜 해수면을 상승시킨다. 육지의 빙하가 바다로 흘러들어가면, 빙하가 떨어뜨린 빙산에 의해 바다의 물이 밀려나가면서 해수면도 상승한다.

그러므로 빙붕의 붕괴는 육지 위에 얹혀 있던 빙붕의 일부가 바다로 흘러들어갈 경우에만 해수면을 상승시킨다. 이러한 경우에 얼음의 무게는 더 이상 대륙에 의해 지탱되는 것이 아니라 얼음이 해수의 부력으로 지탱되고 있으며, 이는 해수면의 상승을 야기한다.

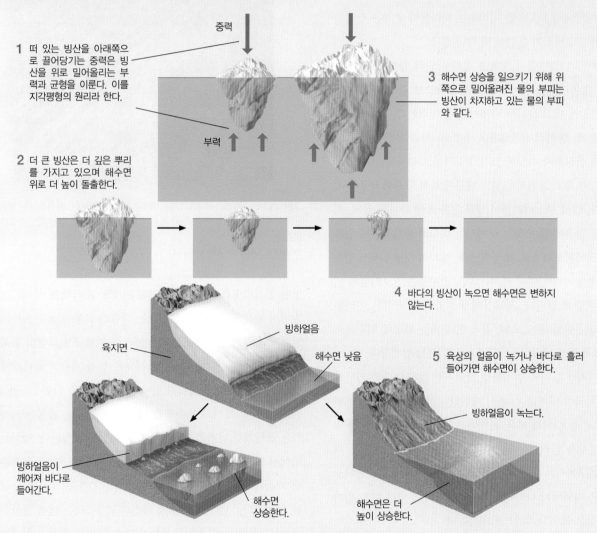

1 떠 있는 빙산을 아래쪽으로 끌어당기는 중력은 빙산을 위로 밀어올리는 부력과 균형을 이룬다. 이를 지각평형의 원리라 한다.

2 더 큰 빙산은 더 깊은 뿌리를 가지고 있으며 해수면 위로 더 높이 돌출한다.

3 해수면 상승을 일으키기 위해 위쪽으로 밀어올려진 물의 부피는 빙산이 차지하고 있는 물의 부피와 같다.

4 바다의 빙산이 녹으면 해수면은 변하지 않는다.

5 육상의 얼음이 녹거나 바다로 흘러들어가면 해수면이 상승한다.

육지면

빙하얼음

해수면 낮음

빙하얼음이 깨어져 바다로 들어간다.

해수면 상승한다.

빙하얼음이 녹는다.

해수면은 더 높이 상승한다.

지각평형의 원리에 따르면, 빙붕과 빙산은 물 위에 떠 있으므로 자신의 질량과 동일한 질량의 물을 밀어낸다. 그러므로 그들의 용융은 해수면을 변화시키지 않는다. 그러나 육지에 있는 빙상의 용융은 바다에 새로운 물을 공급해주므로 해수면을 상승시킨다.

치는 영향들을 볼 수 없다. 얼음의 지질학적 작용의 결과는 얼음이 녹을 때에만 비로소 드러난다. 우리는 이전에 빙하로 덮였던 지역의 지형과 뒤에 남겨진 독특한 빙하지형들로부터 빙하의 이동 때문에 발생한 물리적인 과정들을 유추할 수 있다.

빙하침식과 침식지형

얼음은 물이나 바람보다 훨씬 더 효율적인 침식의 매체이다. 폭이 수백 미터에 불과한 곡빙하가 단 1년 만에 수백만 톤의 기반암을 뜯어내고 파쇄할 수 있다. 얼음은 이처럼 많은 양의 퇴적물을 빙하의 전면부로 운반하고, 얼음이 녹으면 퇴적물을 퇴적시킨다. 전 세계의 해양에서 1년 동안 퇴적되는 퇴적물의 총량은 간빙기 동안보다 마지막 빙하기 동안이 몇 배나 컸다.

빙하의 바닥과 측면에서 빙하는 절리로 인해 틈이 생기고 금이 간 암석 덩어리들을 집어삼켜 여러 조각으로 분리시킨 다음, 그들을 기반암에 대고 갈아서 파쇄시킨다. 이러한 연마작용은 암석을 집채만 한 덩어리부터 **암분**(rock flour)이라 부르는 실트와 점토 크기의 물질까지 다양한 크기의 입자들로 부서뜨린다. 암분은 입자크기가 작고 표면적이 넓기 때문에 화학적 풍화작용의 속도가 빠르다. 암석 부스러기들이 아직 얼음 속에 파묻혀 있고, 지표가 두꺼운 얼음에 덮여 있는 곳에서는 화학적 풍화작용이 얼음이 없는 지역에서보다 느리게 일어난다. 빙하의 선단부에서 얼음이 녹아 암분들이 빙하에서 빠져나오면, 암분들은 건조되면서 먼지가 되어 바람에 날린다. 제19장에서 보았듯이, 바람은 이러한 먼지를 멀리 운반할 수 있으며, 결국 이 먼지는 지상에 퇴적되어 빙하지역에서 흔히 나타나는 **뢰스**(loess, 황토)를 형성한다.

빙하가 기저면을 따라 암석들을 끌고가면 빙하 아래의 기반암에는 긁힌 자국이 나거나 긴 홈이 패인다. 그런 긁힌 자국을 **빙하조선**(striation, 찰흔)이라 부른다. 빙하조선의 방향은 우리에게 빙하의 이동방향을 알려주는데, 이는 계곡을 따라 흐르지 않는 대륙빙하의 연구에서는 특히 중요한 요소이다. 이전에 대륙빙하로 덮였던 넓은 지역에서 나타나는 빙하조선을 연구하면 이전 빙하의 흐름 양상을 복원할 수 있다(그림 21.14).

전진하는 빙하는 기반암의 작은 언덕—양의 등을 닮아 **양배암**(roches moutonnées)으로 알려진—을 상류 쪽 면은 마모시켜 매끄럽게 하고, 하류 쪽 면은 기반암을 뜯어내어 거칠고 가파른 경사를 이루게 한다(그림 21.15). 이러한 대조적인 경사면은 빙하의 이동방향을 지시한다.

흐르는 곡빙하는 발원지에서 하류의 종착지까지 흐르면서 다

그림 21.14 캐나다 퀘벡에 있는 기반암 위의 빙하조선. 빙하조선은 얼음 이동방향에 대한 증거를 제공하고, 특히 대륙빙하의 이동을 복원하는 데 있어 중요한 단서가 된다.
[Michael P. Gadomski/Science Source.]

양한 침식지형을 만들어낸다(그림 21.16). 계곡의 맨 꼭대기 발원지에서 얼음의 뜯어내고 찢어내는 작용은 보통 뒤집힌 원추의 상반부처럼 생긴 **권곡**(cirque)이라 불리는 원형극장 모양의 움푹 꺼진 지형을 만든다. 계속되는 침식으로 인접 계곡의 꼭대기에 있는 권곡들이 점점 가까워져 만나면서 날카로운 산봉우리인 **첨봉**(horn, 호른), 그리고 분수령을 따라 **아레트**(arête, 즐형산릉)라 부르는 톱날처럼 날카롭고 들쑥날쑥한 능선을 형성한다. 빙하는 권곡에서 아래로 흘러내려가면서 새로운 계곡을 만들거나 기존 하천 계곡을 깊게 파면서 내려가 특징적인 **U자곡**(U-shaped valley)을 형성한다.* 많은 산악지역 하천의 V자곡과는 달리 빙하 계곡은 넓고 평평한 바닥과 급경사의 가파른 벽을 가지고 있다(제18장 참조).

빙하와 하천은 그들의 지류들이 합류하는 방식에서 차이를 보인다. 얼음 표면은 지류빙하가 본류빙하와 만나는 높이이지만, 본류계곡의 바닥은 지류계곡의 바닥보다 훨씬 더 깊이 파여 있을

---

* 아레트는 본래 물고기의 뼈를 의미하는 프랑스어다. – 역자 주

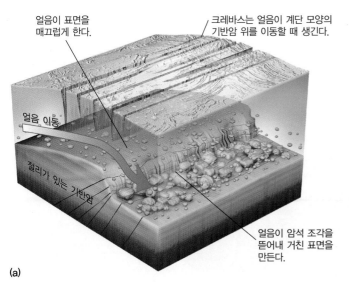

그림 21.15 (a) 양배암은 작은 기반암 언덕으로, 언덕의 상류 쪽 면은 빙하에 의해 매끈하게 다듬어져 있고, 하류 쪽 면은 이동하는 빙하가 절리와 균열로부터 암석 조각을 뜯어내 거칠고 경사가 급하다. (b) 올린 머리(Beehive)로 알려진 *양배암*이 메인주 아카디아국립공원의 모래해변 위로 돌출해 있다.

[Jerry and Marcy Monkman/Aurora Photos.]

지도 모른다. 얼음이 녹으면, 지류계곡은 **현곡**(hanging valley)—본류계곡의 바닥보다 높은 곳에 위치한 지류계곡—이 된다(그림 21.16 참조). 얼음이 녹아 빙하가 사라지고 계곡에 하천이 흐르게 되면, 합류점에 폭포가 나타난다. 현곡에서 흐르는 하천이 절벽 아래 본류계곡으로 폭포가 되어 떨어져내린다.

해안지역에서 곡빙하는 그들의 계곡 바닥을 해수면보다 훨씬 아래까지 침식시킬 수 있다. 빙하가 후퇴하면, 아직 U자형 윤곽을 유지하고 있는 이 가파른 벽으로 된 계곡은 해수로 채워진다(그림 21.16 참조). **피오르**(fjord)라 불리는 빙하에 깎여 만들어진 이러한 바다의 협만들은 알래스카, 브리티시컬럼비아, 노르웨이, 그리고 뉴질랜드의 해안을 유명하게 한 절경을 만든다.

빙하의 퇴적작용과 퇴적지형

빙하는 침식된 모든 종류와 크기의 암석 물질들을 하류로 운반하여, 결국 얼음이 녹는 곳에서 그들을 퇴적시킨다. 얼음은 아주 효율적인 운반매체이다. 왜냐하면 얼음이 집어올린 물질은 하천에 의해 운반되는 퇴적물처럼 가라앉지 않기 때문이다. 물과 바람처럼, 흐르는 얼음은 운송능력(일정 크기의 입자들을 운반하는 능력)과 수용능력(운반되는 퇴적물의 총량) 모두를 가지고 있다. 얼음은 극히 높은 운송능력을 갖는다—다른 운반매체로는 움직일 수 없는 직경이 수 미터인 거대한 덩어리들도 운반할 수 있다. 또한 얼음은 엄청난 수용능력을 갖고 있다. 어떤 빙하의 얼음들은 암석 물질로 가득 채워져 있어 검은색을 띠고 있으며, 마치 얼음

으로 굳힌 퇴적물처럼 보인다.

빙하의 얼음이 녹으면 바위, 자갈, 모래, 그리고 점토와 같은 분급이 불량한 이질적인 물질들이 퇴적된다. 넓은 범위의 입자크기는 빙하퇴적물을 하천이나 바람에 의해 퇴적된 분급이 양호한 퇴적물과 구별하는 특징이다. 이처럼 여러 다른 종류들로 이루어진 이질적인 퇴적물은 그것이 빙하 기원이라는 것을 몰랐던 초기 지질학자들을 어리둥절하게 했다. 그들은 빙하퇴적물이 어떤 방법으로든 다른 지역으로부터 표류해왔기 때문에 그것을 **표류퇴적물**(drift)이라고 불렀다. 표류퇴적물이라는 용어는 이제 육상과 대양저 어디에든 발견되는 모든 빙하 기원의 물질에 사용된다.

어떤 표류퇴적물은 얼음이 녹을 때 직접 퇴적된다. 이러한 층상 구조를 보이지 않는 분급이 불량한 퇴적물을 **빙력토**(till)라 한다. 빙력토는 점토에서 바위 덩어리까지 모든 크기의 암편들을 포함할 수 있다(그림 21.17). 흔히 빙력토에 포함된 커다란 바위 덩어리들은 성분이 제각각이고 발견되는 지역의 암석과도 아주 다르기 때문에 미아석(erratics, 표석)이라 불린다.

다른 표류퇴적물 지층들은 얼음이 녹아 물과 퇴적물을 방출할 때 퇴적된다. 빙하 내부와 밑바닥의 터널에서 흐르는 융빙수와 빙하 말단부의 하천에서 흐르는 융빙수는 표류퇴적물의 일부를 포획하여 운반하고 퇴적시킬 수 있다. 표류퇴적물 지층들은 융빙수의 일부를 가두어 웅덩이를 만들고 호수를 만들 수도 있다. 물에 의해 만들어진 어떤 다른 퇴적물처럼, 융빙수에 의해 운반된

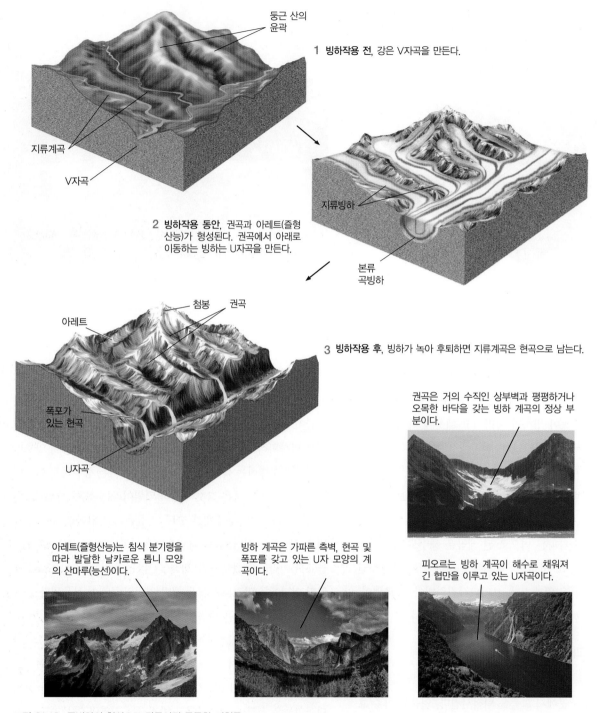

둥근 산의
윤곽

1 빙하작용 전, 강은 V자곡을 만든다.

지류계곡

V자곡

지류빙하

2 빙하작용 동안, 권곡과 아레트(즐형
산능)가 형성된다. 권곡에서 아래로
이동하는 빙하는 U자곡을 만든다.

본류
곡빙하

첨봉 권곡

아레트

3 빙하작용 후, 빙하가 녹아 후퇴하면 지류계곡은 현곡으로 남는다.

폭포가
있는 현곡

U자곡

권곡은 거의 수직인 상부벽과 평평하거나
오목한 바닥을 갖는 빙하 계곡의 정상 부
분이다.

아레트(즐형산능)는 침식 분기령을
따라 발달한 날카로운 톱니 모양
의 산마루(능선)이다.

빙하 계곡은 가파른 측벽, 현곡 및
폭포를 갖고 있는 U자 모양의 계
곡이다.

피오르는 빙하 계곡이 해수로 채워져
긴 협만을 이루고 있는 U자곡이다.

그림 21.16 곡빙하의 침식으로 만들어진 독특한 지형들.
[사진 (위, 오른쪽) Marli Miller; (아래, 왼쪽부터) © Stephen Matera/Alamy; © Radomir Rezny/Alamy; Philippe Body/Age Fotostock/Robert Harding Picture Library.]

표류퇴적물은 층상 구조를 보이고, 분급이 양호하며, 사층리를 가지기도 한다. 융빙수 하천에 의해 포획되고 운반되어 널리 분산된 표류퇴적물은 **빙수퇴적물**(outwash)이라 하며, 이는 흔히 용융되는 빙하의 하류지역에 **빙수퇴적평원**(outwash plains)으로 알려진 넓은 퇴적평원을 형성한다. 강한 바람은 빙수퇴적평원으로부터 미세입자들을 멀리 날려보낼 수 있고, 이들이 퇴적되어 뢰스(황토)를 형성한다.

빙하퇴적층은 보존된 빙하조선과 다른 침식형태들뿐만 아니라 지층 사이에 협재된 빙력토, 표류퇴적물, 그리고 뢰스의 독특한 조직에 의해 확인될 수 있다. 그러한 지층들에 대한 조사를 통해 지질학자들은 과거 지질시대의 많은 빙하작용들을 추론할 수 있다.

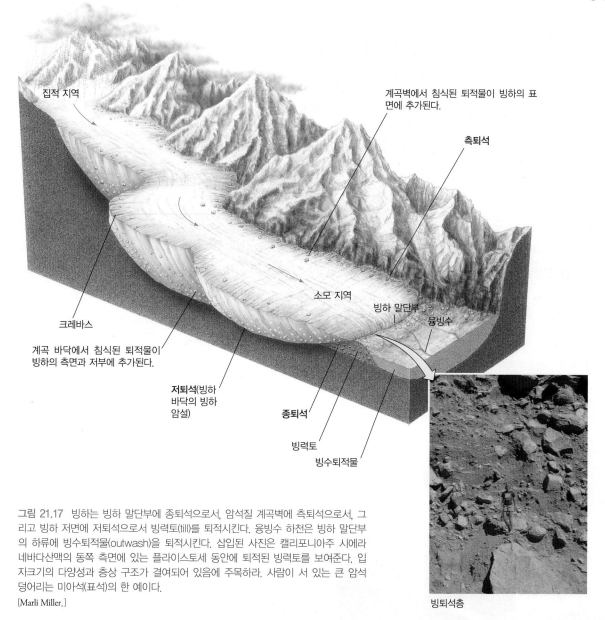

집적 지역

계곡벽에서 침식된 퇴적물이 빙하의 표면에 추가된다.

측퇴석

소모 지역

빙하 말단부

융빙수

크레바스

계곡 바닥에서 침식된 퇴적물이 빙하의 측면과 저부에 추가된다.

저퇴석(빙하 바닥의 빙하 암설)

종퇴석

빙력토

빙수퇴적물

빙퇴석층

그림 21.17 빙하는 빙하 말단부에 종퇴석으로서, 암석질 계곡벽에 측퇴석으로서, 그리고 빙하 저면에 저퇴석으로서 빙력토(till)를 퇴적시킨다. 융빙수 하천은 빙하 말단부의 하류에 빙수퇴적물(outwash)을 퇴적시킨다. 삽입된 사진은 캘리포니아주 시에라네바다산맥의 동쪽 측면에 있는 플라이스토세 동안에 퇴적된 빙력토를 보여준다. 입자크기의 다양성과 층상 구조가 결여되어 있음에 주목하라. 사람이 서 있는 큰 암석 덩어리는 미아석(표석)의 한 예이다.
[Marli Miller.]

얼음에 의해 형성된 퇴적물 빙퇴석(moraine)은 빙하에 의해 운반되거나 빙력토로 퇴적된 암석, 모래, 점토 물질이 쌓여 형성된다. 많은 종류의 빙퇴석이 있으며, 각각은 빙하의 어느 위치에서 형성되었느냐에 따라 이름을 붙인다(표 21.1). 크기와 모양에

서 가장 눈에 잘 띄는 것은 빙하의 말단부에 형성된 종퇴석(end moraine)이다. 얼음은 끊임없이 아래로 흐르면서 더욱더 많은 퇴적물을 용융되는 빙하의 말단부로 운반한다. 분급이 불량한 물질이 빙력토 언덕을 이루며 거기에 쌓인다. 모양과 위치에 관계없

표 21.1 빙퇴석의 종류		
빙퇴석의 종류	위치	설명
종퇴석	빙하 말단부에 형성	빙하가 녹은 후, 전에 있었던 빙하 말단부와 평행한 구릉으로 보임
말단퇴석	빙하가 최대로 전진했을 때의 빙하 말단부에 형성	종퇴석의 한 종류
측퇴석	계곡의 측면 벽을 깎아내는 빙하의 양측 가장자리를 따라 형성	곡벽으로부터 침식된 다량의 퇴적물, 얼음이 녹으면 곡벽에 평행한 능선으로 나타남
중앙퇴석	2개의 빙하가 합쳐질 때, 교차점 아래에서 그들의 측퇴석이 합쳐져서 형성	측퇴석 퇴적물을 물려받음, 곡벽에 평행한 능선을 형성
저퇴석	빙하 암설층으로 빙하의 바닥에 형성	얇으며 군데군데 나타나는 빙력토에서부터 두꺼운 빙력토층까지 다양

이 모든 종류의 빙퇴석은 빙력토로 이루어져 있다. 〈그림 21.17〉은 빙하가 계곡을 따라 내려오면서 여러 종류의 빙퇴석을 형성하는 과정을 보여준다.

어떤 대륙빙하지역에는 **빙퇴구**(drumlin)라 부르는 돌출된 지형이 나타난다. 즉, 빙퇴구는 빙하의 이동방향과 평행한 빙력토 및 기반암으로 이루어진 커다란 유선형의 언덕을 말한다(그림 21.18). 빙퇴구는 보통 무리를 지어 나타나는데, 하류 쪽으로 완만한 경사를 보이는 길다란 숟가락을 뒤집어놓은 듯한 모양이다. 빙퇴구는 25~50m의 높이와 1km의 길이를 가진다. 빙퇴구는 빙하 바닥의 퇴적물을 많이 함유한 층이 기반암의 돌출부나 기타 장애물을 만나 과도한 압력으로 쥐어짜 물이 빠져나가고 퇴적물만 내려앉으면서 형성된다.

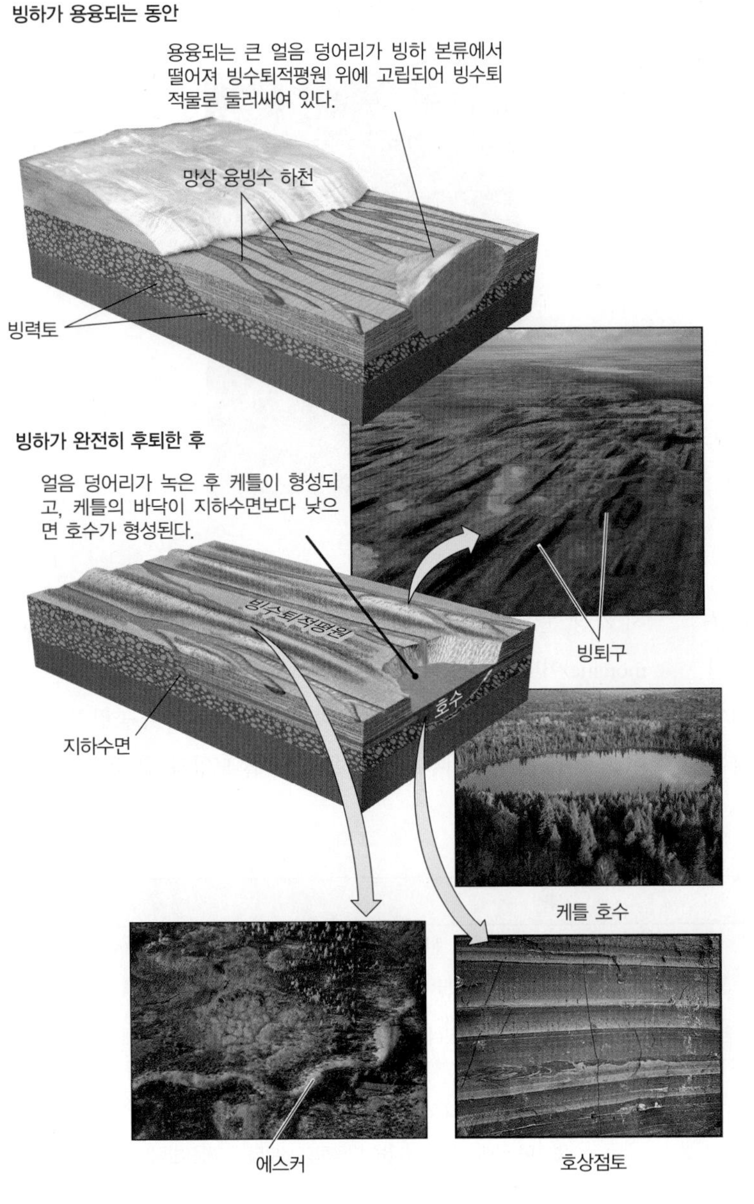

물에 의해 형성된 퇴적물 빙하 녹은 물에 의해 형성된 빙수퇴적물 지층들은 다양한 형태가 있다. 케임(kame)은 표류퇴적물이 빙하 내의 구덩이를 채운 다음 빙하가 후퇴할 때 뒤에 남겨지면서 형성된 모래와 자갈로 이루어진 작은 언덕이다. 어떤 케임은 빙하 말단부의 호수 안에 형성된 삼각주이다. 호수에서 물이 빠져나가면 삼각주는 정상부가 평평한 언덕의 형태로 보존된다. 케임은 종종 상업적인 목적을 위해 모래나 자갈 채취장으로 개발된다.

에스커(esker)는 저퇴석(ground moraines)의 중앙에서 발견되는 길고, 좁고, 구불구불한 모래와 자갈로 이루어진 능선이다(그림 21.18 참조). 에스커는 빙하이동방향과 대체로 평행한 방향으로 수 킬로미터까지 연장된다. 에스커의 기원은 물에 의해 형성된 분급이 양호한 퇴적물과 구불구불한 수로와 유사한 경로를 보이는 능선으로부터 추측할 수 있다. 즉, 에스커는 용융하는 빙하의 바닥을 따라 형성된 터널 속을 흐르는 융빙수 하천에 의해 퇴적되었다.

케틀(kettle)은 흔히 측면이 급경사를 이루는 움푹 꺼진 곳 또는 배수가 안 된 함몰지이며, 연못이나 호수로 나타나기도 한다. 빙하가 녹으면서 빙수퇴적평원에 거대한 얼음 덩어리를 홀로 남겨놓은 오늘날의 빙하는 케틀의 기원

빙하가 융용되는 동안

용융되는 큰 얼음 덩어리가 빙하 본류에서 떨어져 빙수퇴적평원 위에 고립되어 빙수퇴적물로 둘러싸여 있다.

망상 융빙수 하천

빙력토

빙하가 완전히 후퇴한 후

얼음 덩어리가 녹은 후 케틀이 형성되고, 케틀의 바닥이 지하수면보다 낮으면 호수가 형성된다.

빙수퇴적평원

지하수면

빙퇴구

호수

케틀 호수

에스커

호상점토

그림 21.18 빙하와 물에 의해 형성된 빙하퇴적물. 아르헨티나 파타고니아에서 발견된 빙퇴구. 미네소타 북부에 있는 케틀 호수. 스웨덴 스톡홀름에서 발굴된 플라이스토세의 호상점토. 밝은 층은 따뜻한 계절 동안 호수에 퇴적된 조립질 퇴적물이다. 어두운 층은 호수가 겨울에 얼었을 때 퇴적된 세립질 점토이다. 캐나다 북서부 지역의 화이트피시 호수 근처에 있는 에스커.

[빙퇴구-© Hauke Steinberg; 케틀 호수-Carlyn Iverson/Getty Images, Inc.; 호상점토-University of Washington Libraries, Special Collections, John Shelton Collection, KC4536; 에스커-Alamy.]

에 대한 실마리를 제공한다. 직경 1km의 얼음 덩어리는 녹는 데 30년 이상이 걸린다. 이 시간 동안, 용융되는 얼음 덩어리는 그 주위를 흐르는 융빙수 하천—보통 망상하천—이 운반하는 모래와 자갈로 이루어진 빙수퇴적물에 부분적으로 파묻힐 수도 있다. 얼음 덩어리가 완전히 녹을 때쯤이면 빙하의 말단부는 너무 멀리 후퇴하여 이제 그 지역에는 빙수퇴적물이 거의 도달되지 않는다. 이전에 얼음 덩어리를 둘러싸고 있던 모래와 자갈들은 이제는 함몰지를 둘러싸게 된다. 만약 케틀의 바닥이 지하수면 아래에 놓여 있다면 호수가 형성된다.

호상점토(varves)는 곡빙하가 호수의 바닥에 조립질층과 세립질층을 연이어 교대로 형성시키면서 실트와 점토를 퇴적시킬 때 형성된다(그림 21.18 참조). 하나의 호상점토는 호수 표면의 계절적인 결빙으로 인해 1년 동안 형성된 한 쌍의 층이다. 여름에 호수의 얼음이 사라지면, 빙하에서 호수로 흘러들어오는 풍부한 융빙수 하천으로 인해 조립질 실트가 퇴적된다. 겨울에 호수 표면이 얼면, 세립질 점토가 가라앉아 조립질 여름 층 위에 얇은 겨울층을 퇴적시킨다.

대륙빙하에 의해 형성된 어떤 호수는 면적이 수천 평방킬로미터가 될 정도로 거대하다. 이러한 거대한 호수를 만든 빙력토

댐이 때때로 틈이 생겨 나중에 무너지면, 호수의 물은 급격히 빠져나가 거대한 홍수를 발생시킨다. 동부 워싱턴주에 있는 채널드 스캐브랜드(Channeled Scablands, 수로가 있는 용암지대, 그림 21.19)라 불리는 지역은 폭이 넓은 말라버린 하천 수로들로 덮여 있는데, 이 하천 수로들은 과거에 거대한 빙하 호수였던—지금은 텅 비어 있는—미줄라 호수(Lake Missoula)에서 방출된 물에 의해 발생한 격렬한 홍수의 유물이다. 거기에서 발견된 거대한 연흔, 모래톱, 그리고 조립질 자갈들을 통해 지질학자들은 이 홍수가 초속 30m의 빠른 속도로 흐르면서 초당 2,100만m³의 물을 방출했다고 추정하였다. 비교하자면, 일반적인 강의 유속은 초속 수십 센티미터로 측정되며, 미시시피강의 최대 홍수 시 유량은 초당 5만m³ 이하이다.

영구동토

여름 온도가 얇은 표층 이상을 녹일 정도로 충분히 높지 않은 매우 추운 지역에서 땅은 항상 얼어 있다. 영속적으로 얼어 있는 토양 또는 **영구동토**(permafrost)는 오늘날 지구 전체 육지면적의 약 25%를 차지한다. 토양뿐 아니라 영구동토는 층상, 쐐기상, 불규칙한 덩어리상 얼음 결정들의 집합체들도 포함한다. 얼음과 토양

그림 21.19 동부 워싱턴주의 채널드 스캐브랜드는 거대한 빙하호인 미줄라 호수의 급격한 배수로 인해 발생한 대홍수로 형성된 독특한 침식지형들을 포함하고 있다. 이 항공 사진은 대홍수에 의해 만들어진 높이가 약 120m이고 폭이 약 5km인 드라이 폭포(Dry Falls)를 보여준다.
[Bruce Bjornstad.]

그림 21.20   영구동토의 해빙은 알래스카종단송유관과 같은 고위도 지역에 있는 구조물들을 불안정하게 할 수 있다. 프루도만에서부터 발데즈까지 1,300km를 연결한 알래스카종단송유관은 이 중 675km가 영구동토 위로 지나간다. 수송관이 영구동토를 지나는 곳에서 수송관은 특별하게 설계된 수직 지지대 위에 놓여 있다. 영구동토의 해빙은 지지대를 불안정하게 하기 때문에 지지대에는 지지대 주위의 땅을 동결된 상태로 유지시키기 위해 특별히 설계된 열 펌프가 설치되어 있다. 열 펌프에 담겨 있는 무수 암모니아는 지하에서 증발하고(열을 흡수하고) 상승하여 지상에서 응축되며(열을 방출하며), 효율적인 열 방출을 위해 각 수직 지지대 위에는 2개의 알루미늄 방열기가 설치되어 있다.

[George F. Herben/Getty Images, Inc.]

의 비율 그리고 영구동토의 두께는 지역마다 다르다. 영구동토는 토양의 수분 함량, 위에 덮여 있는 눈, 장소 등에 의해서 정의되는 것이 아니라, 오로지 온도에 의해서만 정의된다—2년 또는 그 이상 동안 0℃ 아래로 유지되는 어떠한 암석이나 토양을 영구동토라 한다.

알래스카와 북부 캐나다에서 영구동토는 약 300~500m 두께이다. 영구동토층 아래의 땅은 지표의 매섭게 추운 온도로부터 격리(절연)되어 있어 얼지 않은 상태를 유지한다. 지구내부의 열에 의해 아래로부터 따뜻해진다. 영구동토는 굴착하면 녹기 때문에 토목공사—도로, 건물기초, 그리고 송유관 같은 공사—에서 다루기 힘든 물질이다. 녹은 물은 굴착지 아래 얼어붙은 토양 속으로 침투할 수 없으므로 지표에 머무르면서 토양을 침수시키고, 이는 토양의 포행, 미끄러짐, 슬럼프를 발생시킨다. 송유관(pipeline)이 어떤 장소에서는 그 주위의 영구동토를 녹이고 토양 조건을 불안정하게 할 수 있다는 분석 결과가 나왔을 때, 공학자들은 알래스카종단송유관(Trans-Alaska pipeline)의 일부를 지상에 건설하기로 결정했다(그림 21.20).

영구동토는 시베리아의 많은 지역뿐 아니라 알래스카의 약 80%와 캐나다의 50%를 덮고 있다(그림 21.21). 극지역 밖에서는, 티베트고원과 같은 고산지역에도 존재한다. 영구동토는 남극해안의 천해지역에서 수백 미터 아래까지 확장되어 있으며, 외해 석유굴착업자들에게 어려운 공학적인 문제를 일으키고 있다.

■ 빙하순환과 기후변화

스위스 곡빙하의 이동속도를 처음으로 측정한 지질학자인 루이 아가시는 1837년에 알프스의 빙하가 지질학적으로 가까운 과거에는 지금보다 훨씬 더 크고 두꺼웠다고 처음으로 주장했다. 빙하시대 동안 스위스는 오늘날 그린란드와 같이 산의 높이만큼 두꺼운 대규모 대륙빙하에 덮여 있었다고 주장했다. 그가 제시한 증거 중에는 마터호른(Matterhorn)과 같은 높은 알프스 봉우리들은 분명히 빙하가 깎아놓은 흔적이라는 것이 있다(그림 21.22). 아가시의 가설은 논란의 여지가 있어 즉시 받아들여지지 않았다.

아가시는 1846년 미국으로 이민을 가서 하버드대학의 교수가 되었다. 하버드대학에서 그는 지질학과 다른 자연과학 연구를 계속했다. 그는 연구를 위해 스칸디나비아와 뉴잉글랜드의 산에서

그림 21.21 북반구 대륙에서 영구동토의 분포를 보여주는 북반구의 지도. 지도의 중심에 북극이 있다. 지도의 맨 위에 보이는 넓은 고산지대 영구동토 지역은 티베트고원이다.

[T. L. Pewe, Arizona State University 지도 제공.]

범례:
- 해저 및 연속 영구동토
- 불연속 영구동토
- 고산 영구동토

미국 중서부의 구릉지에 이르기까지 유럽과 북미의 북부지역에 있는 많은 지역을 조사하였다. 이러한 다양한 지역에서 아가시는 빙하침식과 퇴적의 증거를 보았다. 미국의 평평한 대평원 지역에서, 그는 스위스 곡빙하의 종퇴석을 떠올리게 하는 빙하 표류퇴적물을 발견했다(그림 21.23). 그가 빙하 기원이라고 확신한 미아석을 포함한 이질적인 빙하 표류퇴적물과 부드러우면서도 신선한 퇴적물은 그들이 가까운 과거에 퇴적되었다는 것을 지시했다.

이러한 빙하 표류퇴적물로 덮인 지역은 매우 방대해서 그 위에 퇴적된 빙하가 지금 그린란드와 남극대륙을 덮고 있는 것보다 훨씬 큰 대륙빙하였음이 틀림없었다. 아가시는 대규모 대륙빙하작용이 극빙모를 지금의 온난한 기후지역까지 확장시켰다고 주장하면서 그의 빙하기 가설을 더욱 확장시켰다. 처음으로 사람들은 빙하기에 대해 심각하게 이야기하기 시작했다.

위스콘신 빙하기

지질학자들은 빙하 표류퇴적물에 묻힌 통나무의 C-14을 이용한 동위원소 연대측정을 수행하여 아가시가 연구한 빙하퇴적물의 연대를 알아내었다. 가장 최근의 빙하 표류퇴적물은 플라이스토세(홍적세) 후기에 얼음에 의해 퇴적되었다. 미국 동부해안을 따라 이 빙하가 전진한 최남단 지역에는 엄청난 말단퇴석이 퇴적되어 있으며, 이 말단퇴석이 롱아일랜드와 케이프코드를 형성했다. 북미 지질학자들은 이 빙하작용을 위스콘신 빙하기라고 명명하였는데, 그 이유는 빙하작용의 영향이 위스콘신주의 빙하지형에서 특히 잘 나타나기 때문이다. 위스콘신 빙하기는 2만 1,000~1만 8,000년 전에 절정기에 도달했다. 그림 21.24는 이 빙하시대의 절정기가 거의 끝나갈 즈음의 빙하 분포를 나타낸다.

위스콘신 빙하기는 전 지구적인 사건이었지만, 세계 여러 지역에 있는 지질학자들이 이 빙하기에 그들 자신의 지방 이름을 부여해왔다[예 : 알프스산맥에서는 이 빙하기를 뷔름(Würm) 빙하기라고 부른다]. 북미, 유럽, 아시아의 북부지역에 2~3km 두께의 빙상이 만들어졌다. 남반부에서는 남극 빙상이 확장했고, 남미와 아프리카의 남쪽 끝이 얼음으로 덮여 있었다.

빙하작용과 해수면 변화

위스콘신 빙하기의 절정기에는 대륙의 면적이 지금보다 약간 더 컸다. 왜냐하면 대륙을 둘러싸고 있는 대륙붕들—일부 대륙붕들은 폭이 100km 이상이다—이 해수면이 약 130m 가까이 하강하

그림 21.22 여기에 보이는 유명한 마터호른과 같은 알프스산맥의 높은 산들은 거의 산 정상의 높이만큼 두꺼운 대륙빙하에 의해 깎여 만들어졌다. 분명히 깎여 만들어진 이 봉우리들은 지질학적으로 가까운 과거에 있었던 빙하기에 대한 설득력 있는 증거를 제공한다.
[Hubert Stadler/Corbis.]

그림 21.23 사우스다코타주의 빙적평야인 코토데프레리(Coteau des Prairies)의 빙력토 지역에서 들쭉날쭉한 언덕과 호수가 교대로 나타난다. 이러한 경관지형은 플라이스토세 빙하기의 대규모 대륙빙하작용에 대한 증거를 제공한다.
[University of Washington Libraries, Special Collections, John Shelton Collection, KC10367.]

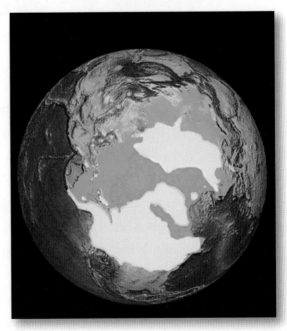

그림 21.24 위스콘신 빙하기의 절정기가 끝날 무렵인 약 1만 8,000년 전경에 북반구의 대륙빙하(흰색 지역)와 해빙(회색 지역)의 분포 범위.
[Mark McCaffrey, National Oceanic and Atmospheric Administration Paleoclimatology Program.]

면서 노출되었기 때문이다(그림 15.11 참조). 이러한 해수면 하강은 수권에서 빙권으로 이동한 엄청난 양의 물 때문이었다. 강은 새롭게 노출된 대륙붕을 가로질러 흐르면서 이전의 해저 바닥에 수로를 만들며 침식하기 시작했다. 선사시대의 이집트 문명과 같은 초기 문명은 빙상에서 멀리 떨어진 육지에서 발달하고 있었으며, 인간은 이처럼 낮은 해안 저지대의 평원에서 살았다.

해수면 변화와 빙하순환 사이의 관계는 기후시스템 내에서 수권과 빙권의 상호작용을 설명해준다(제15장 참조). 지구가 따뜻해지거나 추워지면, 빙권의 부피는 감소하거나 증가한다. 그러나 지각평형의 결과로 대륙에서의 얼음 부피 변화만이 해수면 변화에 직접적인 영향을 미친다(지구문제 21.1 참조). 대륙빙하가 성장하면, 해양의 부피가 감소하여, 해수면은 하강한다—대륙빙하가 녹으면, 대륙빙하의 부피가 감소하여, 해수면은 상승한다. 따라서 해수면 변화는 온도와 얼음의 부피 변화를 통해 간접적으로

기후변화와 관련이 있다. 지구온난화에 의해 그린란드와 남극대륙에 남아 있는 빙상의 일부가 녹는다면 해수면은 크게 상승하여 인류문명에 심각한 문제를 초래할 수 있다(이 장의 마지막 부분에 있는 지질학 실습 참조). 이러한 문제는 제23장에서 더 자세하게 논의할 것이다.

플라이스토세 빙하작용의 지질학적 기록

아가시의 빙하기 가설이 19세기 중반에 널리 받아들여지자마자, 지질학자들은 플라이스토세 동안 여러 번의 빙하기가 있었고, 빙하기 사이에는 간빙기가 있었다는 것을 발견했다. 빙하퇴적물을 더 자세히 조사하면서, 지질학자들은 여러 개의 뚜렷한 빙하 표류퇴적물층들이 있고, 아래층들은 더 오래된 빙하기에 해당한다는 것을 알게 되었다. 이 빙하퇴적물로 이루어진 오래된 층들 사이에는 따뜻한 기후에서 사는 식물의 화석들을 포함하는 잘 발달된 토양이 있었다. 이러한 화석은 기후가 따뜻해질 때 빙하가 후퇴하였다는 증거이다. 20세기 초까지도 과학자들은 플라이스토세 동안 북미와 유럽에 최소 네 번의 빙하작용이 있었다고 믿었다. 북미에서 이러한 빙하시대들은 빙하전진의 증거가 가장 잘 보존된 미국 주의 이름을 따서 가장 젊은 것에서 가장 오래된 것 순으로 위스콘신, 일리노이, 캔자스, 네브래스카 빙하기라 명명하였다.

20세기 후반에 지질학자들과 해양 탐험가들은 제15장에서 설명한 것처럼 과거 빙하의 증거를 찾기 위해 해양퇴적물을 조사했다. 교란되지 않은 대양분지에서 연속적으로 축적된 이러한 퇴적물들은 대륙의 빙하퇴적물보다 훨씬 더 완전한 플라이스토세의 지질기록을 포함하고 있었으며, 빙하의 전진과 후퇴에 대한 훨씬 더 복잡한 역사를 간직하고 있었다. 지질학자들은 전 세계 해양퇴적물의 산소동위원소 비율을 분석하여 과거 수백만 년의 기후역사를 복원하였다(그림 15.11 참조). 최근의 빙하코어에 대한 연구는 빙하순환에서 온실가스의 역할에 대한 정보뿐만 아니라 가장 최근 빙하기들 동안의 온도변화에 대한 보다 상세한 정보를 제공해주었다(그림 15.12 참조).

고대 빙하작용의 지질기록

플라이스토세의 빙하순환은 지구역사에서 유일한 것이 아니다. 20세기 초 이후, 우리는 빙하조선과 고대 빙력토가 암석화된 **빙력암**(tillites)으로부터 플라이스토세 이전의 먼 지질학적 과거에 대륙의 일부분이 여러 번 빙하에 덮여 있었다는 사실을 알게 되었다. 빙력암은 페름기-석탄기에 한 번, 오르도비스기에 한 번, 그리고 선캄브리아기에 최소한 두 번 등 여러 번의 주요 대륙빙하작용이 있었다는 것을 기록하고 있다(그림 21.25). 페름기-석탄기 빙하작용은 약 3억 년 전에 남부 곤드와나 지역의 대부분을 뒤덮었고, 남반구의 많은 지역에 빙력암으로 보존된 퇴적물을 남겼다(그림 21.25a, b 참조). 이 시기에 남극 근처에서 남반부의 대

륙들이 하나로 뭉쳐 곤드와나대륙을 형성하였는데, 이것이 이러한 빙하기를 가져온 냉각을 촉발했을지도 모른다. 오르도비스기의 빙하작용은 보다 제한된 분포를 보이며, 북부 아프리카에 가장 잘 보존되어 있다.

가장 오래된 것으로 확인된 빙하작용은 약 24억 년 전인 원생누대 동안 발생했다. 이 빙하작용의 퇴적물들은 와이오밍, 오대호의 캐나다 부분, 북부 유럽, 그리고 남아프리카에 보존되어 있다. 일부 지질학자들은 약 30억 년 전인 시생누대에 더 오래된 빙하작용이 있었다고 주장하지만, 아직 확실하지 않다.

7억 5,000만 년 전과 6억 년 전 사이의 기간에 걸쳐 있는 가장 젊은 원생대 빙하작용은 온난한 간빙기들로 구분된 여러 번의 빙하기들을 포함한다. 이 시대의 빙하퇴적물들은 모든 대륙에서 발견된다(그림 21.25c). 흥미롭게도 고대륙을 복원한 결과는 북반구의 빙상이 플라이스토세 빙하작용 동안보다 훨씬 더 남쪽으로 확장되었으며, 어쩌면 적도로까지 확장되었다는 것을 나타냈다! 이러한 증거는 일부 지질학자들이 지구가 극에서 극까지 완전히 얼음으로 덮여 있었을지도 모른다고 추측하도록 유도했다. 이 엉뚱한 가설을 눈덩이 지구(Snowball Earth) 가설이라 한다(그림 21.25d).

눈덩이 지구 가설에 의하면, 모든 곳이 얼어 있었고, 심지어 바다까지도 얼었다. 지구의 평균기온은 오늘날 남극과 비슷한 영하 40℃였을 것이다. 화산 근처의 몇몇 따뜻한 지역을 제외하고는 생물이 거의 생존할 수 없었다. 어떻게 그런 종말적인 사건이 일어났을까? 어떻게 그 사건이 끝나고 현재의 기후로 돌아왔을까? 그 답은 지구시스템 내에서 일어나는 피드백에 있을지도 모른다(제15장에서 기술함).

하나의 시나리오에 따르면, 지구가 처음 냉각되면, 극지역에 있는 빙상들이 밖으로 퍼져나가고, 그들의 하얀 표면이 지구로부터 점점 더 많은 햇빛을 반사한다. 지구의 알베도가 증가하면, 지구는 더 냉각되고, 빙상은 더 확장된다. 이러한 자체 강화작용은 빙상이 열대지역에 도달할 때까지 계속 진행되어 1km 두께의 얼음층이 지구를 뒤덮는다. 이러한 시나리오는 극단적인 알베도 피드백의 한 예이다.

지구는 수백만 년 동안 얼음 속에 파묻혀 있었지만, 소수의 화산들이 천천히 대기로 이산화탄소를 방출했다. 이산화탄소의 농도가 임계 수준에 도달했을 때, 온도가 상승하여 얼음이 녹으면서 지구는 다시 온난한 온실이 되었다.

눈덩이 지구 가설은 논쟁의 여지가 많으며, 많은 지질학자들

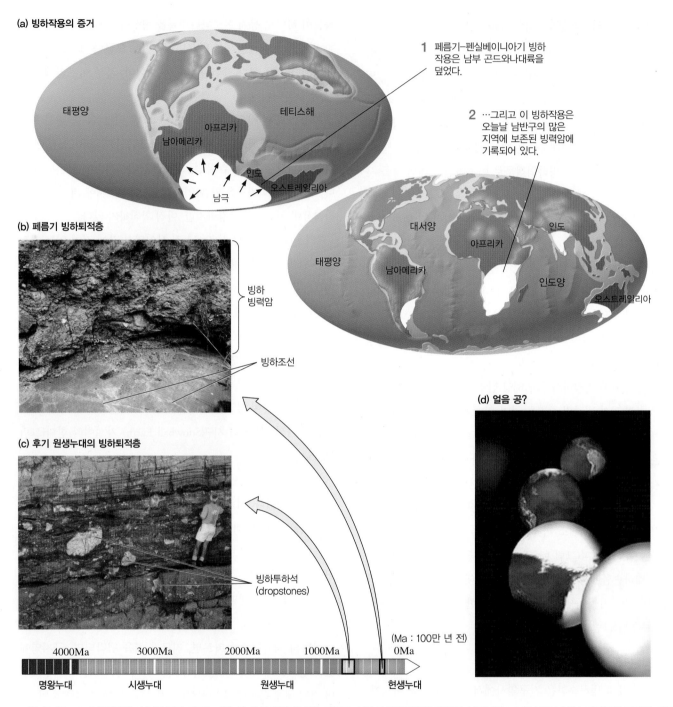

(a) 빙하작용의 증거

1 페름기-펜실베이니아기 빙하 작용은 남부 곤드와나대륙을 덮었다.

2 …그리고 이 빙하작용은 오늘날 남반구의 많은 지역에 보존된 빙력암에 기록되어 있다.

(b) 페름기 빙하퇴적층

빙하 빙력암

빙하조선

(c) 후기 원생누대의 빙하퇴적층

(d) 얼음 공?

빙하투하석 (dropstones)

(Ma : 100만 년 전)

4000Ma 3000Ma 2000Ma 1000Ma 0Ma

명왕누대 시생누대 원생누대 현생누대

그림 21.25 고대 빙하작용. (a) 첫 번째 지도는 3억 년 이상 전에 발생한 페름기-석탄기 빙하작용의 범위를 나타낸다. 그 당시에 남반부 대륙들은 거대한 대륙인 곤드와나대륙으로 합쳐져 있었고, 빙모는 오늘날 대륙빙하의 고향인 남극대륙을 중심으로 한 남반구에 위치하고 있었다. 두 번째 지도는 오늘날 페름기-석탄기 빙하퇴적물의 분포를 보여준다. (b) 남아프리카의 페름기 빙하퇴적물. (c) 후기 원생누대의 빙하퇴적물. (d) 후기 원생누대에 눈덩이 지구의 발달. 지구가 어느 정도까지 빙하로 덮여 있었는지에 대한 논란이 있지만, 일부 지질학자들은 바다까지도 동결되어 있었다고 생각한다. [John Grotzinger.]

은 바다가 완전히 얼었었다는 생각에 동의하지 않는다. 그럼에도 불구하고 저위도 지역에서 빙하작용에 대한 증거는 뚜렷하다. 그래서 눈덩이 지구 가설은 지구 기후시스템 내에서 피드백이 어떻게 극단적인 변화를 일으킬 수 있는지를 보여주는 좋은 예이다. 지질학자들은 지구 기후시스템의 극단적인 것들을 이해하려고 노력하고 있으며 이를 위해 해야 할 일이 많다.

요약

빙하의 기본유형은 무엇인가? 빙하는 두 가지 기본유형으로 나뉜다. 곡빙하는 산맥의 추운 정상에서 형성되어 계곡을 통해 아래쪽으로 이동하는 얼음 강이다. 대륙빙하는 두껍고 느리게 움직이는 판상의 얼음으로 대륙이나 다른 큰 육지의 많은 부분을 덮는다. 오늘날 대륙빙하는 그린란드와 남극대륙의 대부분을 덮고 있다.

빙하는 어떻게 형성되는가? 빙하는 눈이 여름에 녹지 않고 재결정작용에 의해 얼음으로 변형될 정도로 매우 추운 지역에서 형성된다. 곡빙하의 정상부 또는 대륙빙하의 볼록한 중심부에 눈이 쌓이면 얼음이 두꺼워진다. 얼음이 두꺼워져 아주 무거워지면 중력은 얼음을 비탈 아래로 끌어당기기 시작한다.

빙하가 어떻게 성장하고 축소되는가? 빙하는 용융, 승화, 빙산분리 및 바람에 의한 침식으로 얼음을 잃는다. 빙하수지는 소모(빙하가 매년 잃는 얼음의 양)와 집적 사이의 관계다. 빙하의 소모가 빙하의 상류 지역에서 일어나는 새로운 눈 및 얼음의 집적과 균형을 이룰 경우, 빙하의 크기는 일정하게 유지된다. 소모가 집적보다 클 경우, 빙하는 축소된다—반대로 집적이 소모를 초과하면 빙하는 성장한다.

빙하는 어떻게 움직이는가? 빙하는 소성흐름과 기저활주의 조합으로 움직인다. 소성흐름은 빙하의 바닥이 지면에 얼어붙어 있는 매우 추운 지역에서 우세하다. 기저활주는 빙하 바닥에 있는 녹은 물이 윤활제 역할을 하는 따뜻한 기후에서 더 우세하다.

빙하는 어떻게 다양한 모습의 경관지형을 형성시키는가? 빙하는 기반암을 긁고 부수고 연마하여 암석 덩어리에서 암분에 이르기까지 다양한 크기의 퇴적물을 생성하면서 침식한다. 곡빙하는 맨 윗부분의 발원지를 침식시켜 권곡/첨봉/인릉을 형성하고, U자곡과 현곡을 깎아내고, 해안에서 해수면 아래까지 계곡을 침식시켜 피오르를 형성한다. 빙하얼음은 모든 크기의 많은 퇴적물을 이동할 수 있을 정도로 큰 운송능력과 큰 수용능력을 가진다. 빙하는 빙하 말단부까지 막대한 양의 퇴적물을 운송하고, 얼음이 녹으면 말단부에 퇴적물이 퇴적된다. 퇴적물은 얼음이 녹으면서 직접 빙력토로 퇴적되거나, 얼음이 녹은 융빙수 하천에 포획되어 하류로 운반되어 빙수퇴적물로 퇴적될 수 있다. 빙퇴석과 빙퇴구는 얼음에 의해 퇴적된 특징적인 지형이다. 에스커와 케틀은 융빙수에 의해 형성된다. 영구동토는 여름의 기온이 절대로 토양의 얇은 표면층 이상을 녹일 정도로 높이 상승하지 않는 추운 지역에서 형성된다.

지질기록은 과거 빙하기에 대해 무엇을 알려주는가? 플라이스토세의 빙하 표류퇴적물은 현재 온대기후인 고위도 지역까지 광범위하게 분포되어 있다. 이러한 광범위한 빙하 표류퇴적물의 분포는 대륙빙하가 한때 극지역을 훨씬 넘어 멀리까지 확장했다는 증거이다. 육지와 해양퇴적물 내의 빙하퇴적물에 대한 지질시대 연구는 플라이스토세 동안 대륙빙상이 여러 번 전진과 후퇴를 반복했다는 것을 보여준다. 위스콘신 빙하기라고 알려진 가장 최근의 빙하전진은 북미, 유럽 및 아시아의 북부지역을 얼음으로 덮었으며, 넓은 대륙붕 지역을 노출시켰다. 간빙기 동안 해수면이 상승하면서 대륙붕은 물에 잠기게 되었다.

주요 용어

빙하는 지구빙권의 가장 눈에 띄는 특징이다. 빙하의 이동은 그 아래에 있는 암석을 침식하고 방대한 양의 퇴적물을 퇴적시킨다. 빙하는 가까운 지질학적 과거에 지표 위에 여러 장관을 이루는 지형들을 만들었으며, 우리는 그들을 구글어스를 사용하여 쉽게 볼 수 있다.

이 구글어스 프로젝트에서 여러분은 전 세계 많은 지역에 있는 빙하와 빙하 경관지형들을 탐험할 것이다. 이 프로젝트를 위해 여러분은 '단계별 항목(Layers)'의 '지형(Terrain)'을 켜고, '도구(Tools)'–'옵션(Options)'의 '3D 보기(3D View)' 창에서 '위도/경도 표시(Show Lat/Long)' 상자에 있는 '십진법으로 표시(Decimal degrees)'와 '측정 단위(Unit of Mesurement)' 상자에 있는 '미터, 킬로미터(Meters, Kilometers)'를 선택할 필요가 있다. 여러분은 '검색(Search)' 창에 제시된 좌표를 입력하고, '검색(Search)' 버튼을 클릭하여 각 연습의 초기 지리적 위치로 이동할 수 있다. 그런 다음 '확대/축소 슬라이더'를 사용하여 화면의 오른쪽 아래에 보이는 '내려다보는 높이(eye altitude)'를 확대 또는 축소하고, 화면 오른쪽 맨 위의 동그란 '보기 조이스틱(Look joystick)'을 사용하여 시야의 나침반 방위각을 회전하고, 또는 시야를 수평 쪽으로 기울일 수 있다. (이 연습을 위하여 '도구'–'옵션'의 '내비게이션(Navigation)' 창에서 "확대/축소하는 동안 자동으로 기울이기"를 해제하는 것이 좋다.) 화면 오른쪽 맨 위에서 두 번째에 있는 동그란 '이동 조이스틱(Move joystick)'을 사용하여 동일한 보기 각도를 유지하면서 위치를 이동시킬 수 있다.

위치 전 세계의 빙하와 빙하 경관지형
목표 빙하와 빙하지형의 종류를 식별하는 방법을 배우기
참고 그림 21.10, 21.11, 21.16, 표 21.1

1. 알래스카 남부 중앙에 있는 61.385° N, 148.500° W으로 이동하라. '내려다보는 높이'를 4.0km로 확대하고, 동쪽을 보도록 시야를 회전시키고, 얼음의 벌판을 볼 수 있도록 시야를 기울여라—크닉 빙하(Knik glacier). 커서를 사용하여 얼음 표면의 고도를 조사하고 경사면의 방향을 관측하라. 이 정보를 바탕으로 다음 중 빙하에 대한 가장 적합한 설명은 무엇인가?

   a. 빙하 중심 근처의 가장 높은 지점에서 바깥쪽으로 흐르는 대륙빙하
   b. 빙하의 동쪽에 있는 가장 높은 지점에서 서쪽으로 흐르는 대륙빙하
   c. 서쪽으로 흐르는 곡빙하
   d. 동쪽으로 흐르는 곡빙하

© 2009 Google Image © 2009 Digital Globe Image IBCAO Image © TerraMetrics

2. 아이슬란드 남쪽 가장자리에 있는 64.400° N, 16.800° W으로 이동하라. '내려다보는 높이'를 150km로 확대하고, 아이슬란드인이 바트나이오쿠를(Vatnajökull) 빙하라고 부르는 여러분 아래에 있는 얼음 덩어리를 조사하라. '도구'(Tools)의 '눈금자(Ruler)'를 사용하여 빙하의 크기를 측정하고, 커서를 사용하여 고도가 가장 높은 빙하지역을 찾아라. 흐름의 흔적을 찾아 빙하를 조사하라. 이 정보를 바탕으로 다음 중 빙하에 대한 가장 적합한 설명은 무엇인가?

   a. 빙하 중심 근처의 가장 높은 지점에서 바깥쪽으로 흐르

는 대륙빙하

b. 빙하의 동쪽 가장 높은 지점에서 서쪽으로 흐르는 대륙
   빙하

c. 서쪽으로 흐르는 곡빙하

d. 동쪽으로 흐르는 곡빙하

© 2009 Google Image IBCAO © 2009 Cnes/Spot Image

3. 캘리포니아주의 요세미티국립공원에 있는 37.730° N,
   119.580° W로 이동하라. '내려다보는 높이'를 3km로 확대
   하고, 북동쪽을 보도록 시야를 회전하고, 요세미티 계곡을
   볼 수 있도록 시야를 기울여라. 계곡의 축에 수직인 계곡의
   모양을 관찰하고, 커서를 사용하여 계곡 바닥의 고도를 조
   사하고 계곡의 경사방향을 관측하라. 다음 중 요세미티 계
   곡을 가장 잘 묘사한 것은 무엇인가?

   a. 남서쪽으로 흐르는 하천에 의해 깎여 만들어진 V자곡

   b. 남서쪽으로 흐르는 빙하에 의해 깎여 만들어진 U자곡

   c. 북동쪽으로 흐르는 하천에 의해 깎여 만들어진 V자곡

   d. 북동쪽으로 흐르는 빙하에 의해 깎여 만들어진 U자곡

© 2009 Google Image © Digital Globe Image USDA Farm Service Agency

4. 뉴질랜드 남섬(South Island)의 서해안에 있는 45.100° S,
   167.020° E로 이동하라. '내려다보는 높이'를 1km로 확대하
   고, 남동쪽을 보도록 시야를 회전하고, 산악지형의 물이 찬
   계곡을 볼 수 있도록 시야를 기울여라. 이러한 물이 찬 계곡
   의 크기를 조사하라. 다음 중 이 계곡을 가장 잘 설명하는
   용어는 무엇인가?

   a. 빙하 호수   b. 빙수퇴적물 호수

   c. 케틀 호수   d. 피오르

© 2009 Google Image © 2009 DigitalGlobe © 2009 Cnes/Spot Image
Data SIO, NOAA, U.S. Navy, NGA, GEBCO

5. 그랜드티턴국립공원(Grand Teton National Park)에 있는
   43.765° N, 110.730° W로 이동하여, '내려다보는 높이'를
   7km로 확대하고, 큰 계곡의 동쪽 입구에 있는 제니 호수
   (Jenny Lake)를 조사하라. 커서를 사용하여 고도를 분석하
   라. 여러분은 호수가 동쪽 가장자리에서 나무로 덮여 녹색
   으로 보이는 좁은 능선으로 둘러싸여 있는 것을 볼 것이다.
   이 능선은 호수 표면 위로 30m 정도 솟아 있다. '내려다보
   는 높이'를 3.5km로 확대하고, 시야를 서쪽을 보도록 회전
   하고, 시야를 기울여 계곡을 올려다보라. '이동 조이스틱'을
   사용하여 동쪽으로 이동하면 티턴산 정면을 기준으로 호수
   의 위치를 볼 수 있다. 다음 중 어느 것이 제니 호수를 둘러
   싸고 있는 능선을 가장 잘 묘사하는 용어인가?

   a. 에스커   b. 빙퇴구

   c. 말단퇴석   d. 중앙퇴석

선택 도전문제

6. 스위스 알프스산맥에 있는 46.014° N, 7.616° W로 이동하여, '내려다보는 높이'를 3.5km로 확대하고, 빙하얼음의 균열을 관찰하라. 커서를 사용하여 빙하 표면의 고도를 조사하여 경사가 어떻게 변하는지 관찰하라. 다음 중 균열에 대한 가장 좋은 설명은 무엇인가?

a. 주로 흐름 방향의 구부러짐에 의해 생성된 곡빙하의 측면을 따라 나타나는 크레바스

b. 주로 흐름의 방향으로 기울기가 증가하여 생성된 곡빙하를 가로지르는 크레바스

c. 주로 종퇴석에 의해 흐름이 막혀 생성된 곡빙하를 가로지르는 크레바스

d. 주로 계곡벽에 의해 흐름이 수축되어 생성된 곡빙하의 측면을 따라 나타나는 크레바스

지질학 실습

해수면이 왜 상승하는가?

20세기 동안 해수면은 약 200mm 상승했으며, 현재 1년에 약 3mm의 속도로 상승하고 있다. 해수면 상승은 삼각주, 환초 및 다른 해안 저지대를 침수시킬 수 있으며, 또한 해수욕장을 침식시키고, 연안 범람을 증가시키고, 하구와 대수층의 수질을 위협할 수 있기 때문에 인류사회에 심각한 위협이 된다. 왜 해수면이 상승하는가, 그리고 우리는 미래의 상승률을 예측할 수 있을까?

우리는 인류가 발생시킨 극지방의 온난화가 해빙의 양을 감소시키고 커다란 빙붕의 붕괴를 일으키고 있다는 것을 안다(그림 21.13 참조). 그러나 지각평형 때문에 이처럼 떠다니는 얼음의 부피 감소는 해수면 상승에 기여하지 못한다. 물 위에 떠다니는 얼음이 아니라 육지에 있는 얼음이 녹을 때만 해수면을 변화시킬 수 있다(지구문제 21.1 참조).

전 세계 얼음의 대부분은 남극대륙과 그린란드를 덮고 있는 거대한 대륙빙하에 갇혀 있다. 지구온난화는 이러한 빙상들을 새로운 강설로 재생될 수 있는 것보다 더 빨리 용해시킬 수 있을까? 과거에는 과학자들이 빙하수지를 계산해야 했기 때문에 이 질문에 답하기 어려웠다. 즉, 그들은 집적과 소모 사이의 차이를 알아내야 했고, 이들은 넓은 지역에 걸쳐 정확하게 산정하기 어려운 분량이다. 그러나 오늘날 지구궤도위성에 탑재된 레이더 장비는 한 지역의 얼음 부피 변화를 직접 측정할 수 있다. 그 결과는 놀라웠다.

첫째, IPCC의 최근 평가에 따르면 지구상에서 가장 큰 얼음 저장고인 동남극 빙상(그림 21.6 참조)은 1993~2010년 기간 동안 연간 약 21Gt의 얼음을 추가해왔다. 최근의 기후변화는 분명히 남극대륙의 강설량을 증가시켜왔으며, 이로 인해 축적이 소모를 초과하게 되었다. 이러한 순수 축적량은 어떤 해수면 상승 요인을 상쇄하기 때문에 희소식이다. 불행히도, 서남극 빙상은 훨씬 더 빠른 속도로 연간 약 118Gt의 얼음을 잃고 있으며, 더 작은 그린란드 빙상은 연간 약 121Gt의 얼음을 잃고 있다. 가장 놀라운 것은 대륙 곡빙하와 작은 빙상(예 : 아이슬란드의 빙상)의 얼

해수면 변화

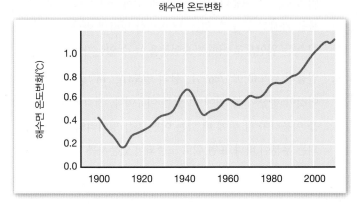

해수면 온도변화

20세기 동안 해수면은 약 200mm 상승했으며(위 도표), 전 세계 평균 해수면 온도는 약 1℃ 상승했다(아래 도표).

[해수면 변화 자료-B. C. Douglas; 해수면 온도변화 자료-British Meteorological Office.]

275Gt에 달한다. 본질적으로 이러한 얼음 모두는 바다로 들어간다. 1Gt의 물이 1km³(물의 밀도는 1g/cm³)를 차지함으로써 바다 부피의 증가 속도는 연간 약 275km³이다. 이러한 부피 변화는 다음 식을 사용하여 해수면 변화로 변환할 수 있다.

해수면 상승 = 바다의 부피 증가 ÷ 바다 면적

바다의 면적은 $3.6 \times 108km^2$(부록 2 참조) 이므로,

해수면 상승 =
$275km^3/year \div 3.6 \times 10^8km^2 =$
$7.6 \times 10^{-7}km/year$

또는 약 0.8mm/year이다.

이 수치는 현재 해수면 상승 속도의 일부에 불과하다. 나머지는 바다 자체의 온난화에서 비롯된다. 20세기에 해수면 온도는 1℃ 가까이 상승하였으며, 이로 인해 바다 상층부의 물은 0.01% 정도 조금 팽창되었다. 그러한 작은 부피 증가는 그 기간 동안 해수면이 200mm 상승한 것의 대부분을 설명할 수 있다.

우리는 대륙 얼음의 용융이 지금까지는 해수면 상승에 조금만 기여를 했다고 결론 내릴 수 있다. 그러나 빙하가 얇아지는 과정은 주로 빙하흐름의 가속에 의해 빠르게 증가하고 있다(그림 21.12 참조). 위성관측에 따르면 지난 10년간 흐름의 가속이 20~100% 증가했다. 과학자들에게 중요한 질문은 이러한 가속이 미래에도 증가할 것인지 여부이다.

추가문제 : 온도가 1℃ 상승할 때마다 해수가 0.01% 팽창한다면, 20세기의 해수면 상승 200mm를 설명하기 위해 1℃만큼 가열되어야 하는 바다 층의 깊이가 얼마나 될까?

음이 연간 57Gt씩 순수 손실이 발생한다는 사실인데, 이는 빙권 전체 얼음 부피의 1% 미만을 차지하는 양이다. 그 손실 속도는 온대 및 열대지방의 곡빙하에서 특히 빠르다. 그래서 이 지역의 빙하들은 매우 빠르게 사라지고 있다.

이러한 수치들을 합산하면 현재 대륙빙하의 손실 속도는 연간

연습문제

1. 곡빙하와 대륙빙하의 차이점은 무엇인가?

2. 눈은 어떻게 빙하얼음으로 바뀌는가?

3. 빙하의 성장과 축소가 어떻게 소모와 집적 사이의 균형에 의해 발생하는가?

4. 빙하흐름의 메커니즘은 무엇인가?

5. 빙하는 어떻게 기반암을 침식하는가?

6. 빙하조선은 과거 빙하작용에 대한 어떤 정보를 제공하는가?

7. 빙하퇴적물의 종류 세 가지를 기술하라.

8. 빙하에 의해 만들어지는 지형 세 가지를 기술하라.

9. 지구온난화로 인한 빙붕의 해빙은 해수면을 상승시키는가? 그 이유를 설명하라.

10. 빙하가 가장 멀리 전진했을 때를 나타내는 퇴적물의 유형은 무엇인가?

11. 케틀은 왜 얼음에 의해 쌓인 퇴적물보다는 물에 의해 쌓인 퇴적물로 분류될까?

12. 빙하기에 해수면이 하강하는 이유는 무엇인가?

생각해볼 문제

1. 빙하의 어떤 부분은 많은 퇴적물을 포함하고 있지만 다른 부분은 매우 적은 퇴적물을 포함하고 있다. 왜 이런 차이가 생기는가?

2. 다음 두 지역에서 발견되는 빙력토의 유형을 비교하라—한 지역은 화강암과 변성암 지역, 다른 지역은 연약한 셰일과 느슨하게 결합된 모래 지역.

3. 캐나다 순상지에서 과거 빙하이동의 방향을 알기 위해 찾아야 하는 지질학적 증거는 무엇인가?

4. 여러분은 빙하 표류퇴적물의 구불구불한 산등성이를 걷고 있다. 여러분이 에스커 위에 있는지 아니면 종퇴석 위에 있는지 알기 위해 찾아야 하는 증거는 무엇인가?

5. 빙하를 탐사하면서 겪게 되는 위험 중 하나는 크레바스에 빠질 가능성이다. 여러분이 빙하의 크레바스가 많은 부분 위에 있다는 것을 알아내기 위하여 곡빙하 또는 그 주위에 있는 어떠한 지형학적 특징들을 사용해야 하는가?

6. 여러분이 미시시피강의 입구에서 멀리 떨어져 있지 않은 뉴올리언스에서 산다고 가정하자. 지구가 새로운 빙하기로 접어들고 있다고 여러분이 느낀 최초의 징후는 무엇인가?

7. 일부 지질학자들은 계속된 지구온난화의 결과 중 하나가 서남극 빙상의 감소와 붕괴라고 생각한다. 이것이 북미와 유럽의 주민에게 어떠한 영향을 미칠까?

8. 빙하 시추공에서 나온 증거는 일부 빙하의 바닥에 액체의 물이 있음을 보여준다. 어떤 종류의 빙하들이 바닥에 액체의 물을 가지고 있을 수 있는가? 이러한 빙하의 바닥에서 얼음이 녹는 원인으로 어떠한 요인들을 들 수 있는가?

9. 얼음의 밀도(0.92g/cm³)는 물의 밀도(1g/cm³)보다 낮으며, 이것이 빙산이 물 위에 떠 있는 이유이다. 지각평형의 원리를 이용하여 물 위에 떠 있는 어떤 빙산 덩어리의 얼마 정도 되는 부분이 바다 표면 위로 노출되어 있는지를 계산하라.

매체지원

 21-1 애니메이션 : 빙하의 형성

 21-2 애니메이션 : 빙하기

 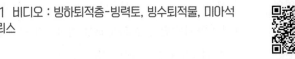 21-1 비디오 : 빙하퇴적층-빙력토, 빙수퇴적물, 미아석 및 뢰스

 21-2 비디오 : 빙하 호수와 습지

 21-3 비디오 : 대륙빙하작용에 의해 형성된 지형들

- 지형, 고도 및 기복

- 지형 : 침식과 퇴적에 의해 형성된 특징들

- 상호작용하는 지구시스템들은 어떻게 경관지형을
  조절하는가

- 경관지형 발달의 모델

빠르게 융기하는 산은 단단한 암반을 자르면서 강의 이
전 위치를 지시하는 단구를 형성한다. 가운데 전경에 있
는 단구는 히말라야의 중앙을 가로지르는 인더스강을 따
라 형성되었다.

[D. W. Burbank.]

경관지형의 발달

22

지평선을 바라보면서 왜 지구의 표면이 현재와 같은 형태가 되었고, 어떤 힘에 의해 이런 모양이 만들어졌는지 궁금해한 적이 있는가? 눈으로 덮인 높은 산 정상에서부터 넓은 평원에 이르기까지 지구의 경관지형은 다양한 지형들로 이루어져 있다—크고, 작은, 거칠고 부드러운 지형들. 이러한 경관지형들은 지구조적인 융기작용, 풍화작용, 침식작용, 운반작용, 퇴적작용 등 여러 과정들이 서로 복합적으로 작용하여 지표면의 모습을 만드는 느린 변화를 통해 만들어진다.

과거에는 경관지형의 변화를 인류의 시간 규모로는 감지할 수 없었지만, 오늘날 새로운 기술들은 이러한 변화과정의 속도를 직접 측정할 수 있게 해주었다. 이러한 기술들이 지형학(geomorphology)—경관지형과 그들의 발달과정을 연구하는 학문—으로 알려진 지구과학의 한 분과를 부활시켰다. 경관지형을 발달시키는 느린 과정에 대한 이해는 우리의 토지자원 관리뿐만 아니라 판구조운동과 기후계 사이의 연결고리를 이해하는 데 도움을 준다. 지형학은 지질학자들에게 위대한 도전이다. 왜냐하면 지형학은 많은 지구과학 분야들을 통합하는 데 지질학자들을 필요로 하기 때문이다.

가장 기본적인 의미에서, 경관지형은 지구표면을 높이는 과정과 낮추는 과정 사이의 경쟁의 결과로 볼 수 있다. 판구조운동에 의해 작동되는 여러 작용들은 지구의 지각을 상승시켜 산맥과 높은 고원을 형성한다. 융기된 암석들은 풍화작용과 침식작용—기후계에 의해 작동되는 과정들—에 노출된다. 따라서 경관지형은 이 두 지오시스템 간의 상호작용을 나타내는 것이다.

지구지각의 융기된 지역들은 좁거나 넓을 수 있으며, 융기속도는 빠르거나 느릴 수 있다. 마찬가지로, 풍화작용과 침식작용은 좁은 영역 또는 넓은 영역에서 작용할 수 있으며, 그들의 강도는 높을 수도 낮을 수도 있다. 따라서 경관지형 자체는 이러한 작용들 간의 균형에 따라 달라진다. 더욱이 판구조과정과 지표과정들은 서로 영향을 미친다. 예를 들어, 산맥의 융기는 지역적인(또는 심지어 전 세계적인) 기후변화를 일으켜서 풍화작용의 속도를 변화시킬 수 있으며, 이는 결국 산맥의 더 많은 융기에 영향을 미친다.

이 장에서 우리는 판구조운동과 기후계들—지구조적 융기, 풍화작용, 침식작용, 사태, 퇴적물의 운반작용과 퇴적작용을 포함하는 그들의 구성과정들—이 지구의 경관지형을 만드는 동적인 과정에서 어떻게 상호작용하는지 자세히 알아볼 것이다.

■ 지형, 고도, 기복

지형학(geomorphology)이라는 용어는 경관지형의 모습을 말하며, 또한 그 모습과 그것이 어떻게 발달해가는지를 연구하는 지구과학의 한 분야를 말한다. 여기에서 우리는 지표면에서 명확하게 나타나는 어떤 경관지형에 대해 기초적인 관찰을 하면서 지형학에 대하여 공부하고자 한다—산과 저지대의 높이와 요철 또는 조도(거칠기).

지형(학)(topography)은 지구표면에 형상을 부여하는 다양한 높이들의 일반적인 배열 형태를 의미한다(그림 1.8 참조). 우리는 경관지형 특징들의 높이를 해수면과 비교한다—전 세계 해양표면의 평균높이. 우리는 해수면 위 또는 아래의 수직거리를 고도(elevation)로 표현한다. 지형도(topographic map)는 한 지역의 고도 분포를 보여준다. 이러한 고도 분포는 같은 고도의 점들을 연결한 선인 등고선(contour)으로 표시된다(그림 22.1). 등고선의 간

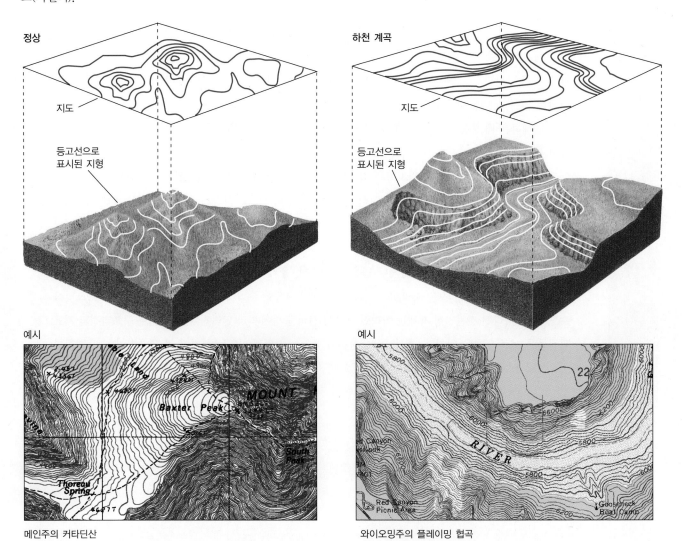

정상

지도

등고선으로 표시된 지형

예시

메인주의 커타딘산

하천 계곡

지도

등고선으로 표시된 지형

예시

와이오밍주의 플레이밍 협곡

그림 22.1 산의 정상(왼쪽)과 하천 계곡(오른쪽)의 지형은 동일한 고도를 보이는 지점을 연결한 선, 즉 등고선을 이용하여 지형도상에 정밀하게 표시할 수 있다. 등고선 간격이 좁을수록 지형의 경사는 급해진다.

[A. Maltman, *Geological Maps: An Introduction*. New York: Van Nostrand Reinhold, 1990, p. 17. Topographic maps from USGS/DRG.]

격이 가까울수록 지형의 경사는 가파르다.

수백 년 전에 지질학자들은 지형(학)을 연구하고 지도를 제작하는 방법을 터득하여 그 위에 지질정보를 표시하고 기록하였다. 비록 구식의 지형조사 방법이 아직도 일부 목적을 위하여 이용되고 있지만, 현대의 지도 제작자들은 고도를 비롯한 다른 지형적인 특성들을 포착할 수 있는 위성사진, 레이더 영상, 항공레이저 측량기, 그리고 그 밖의 다른 첨단 기기들을 이용한다(그림 22.2).

지형(학)의 특성 중 하나는 **기복**(relief)이다. 즉, 어떤 특정 지역의 최고 고도와 최저 고도 사이의 차이를 말한다(그림 22.3). 이 정의가 지시하는 바와 같이, 기복은 측정 대상 지역의 규모에 따라 변화한다. 지형학을 연구하는 데 기복의 세 가지 기본요소들을 정의하는 것은 유용하다—사면기복(hillslope relief, 산의 정상 또는 능선과 하도가 시작되는 지점 사이의 고도 감소), 지류기복(tributary relief, 지류하도가 시작되는 지점에서 본류와 만나는 지

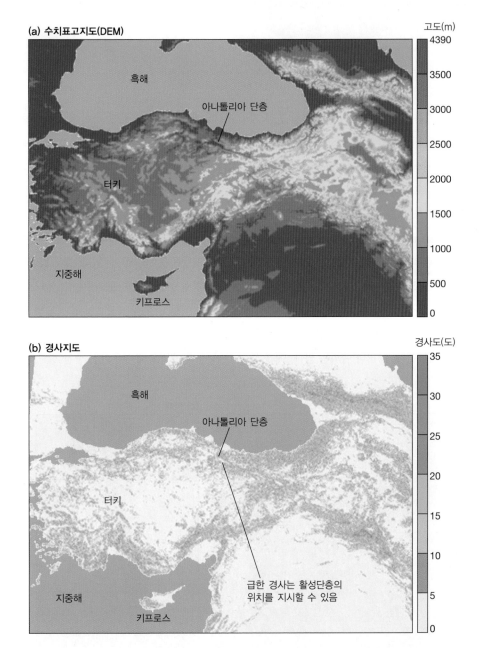

그림 22.2 터키와 그 주변 지역의 지형도. (a) 수치표고모형 또는 DEM. 고도값은 숫자로 표시되며, 각 픽셀은 1개의 고도값을 나타낸다. (b) 이 경사지도를 만들기 위하여 DEM에서 가져온 고도값은 인접 픽셀 사이의 경사를 계산하는 데 사용된다. 경사는 수평선과의 각도로 표시된다. 경사지도는 산맥의 전면 또는 활성 단층애와 같이 지형의 변화가 아주 급격한 지역을 확인하는 데 유용하다.

[Marin Clark.]

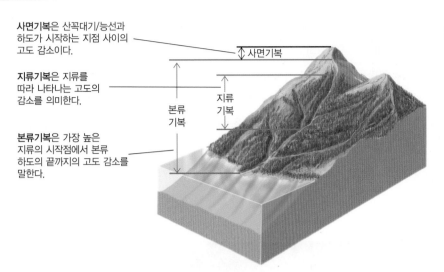

사면기복은 산꼭대기/능선과 하도가 시작하는 지점 사이의 고도 감소이다.

지류기복은 지류를 따라 나타나는 고도의 감소를 의미한다.

본류기복은 가장 높은 지류의 시작점에서 본류 하도의 끝까지의 고도 감소를 말한다.

그림 22.3 기복은 특정 지역에서 가장 높은 고도와 가장 낮은 고도 사이의 차이를 말한다.

점까지의 고도 감소), 본류기복(trunk channel relief, 가장 높은 지류의 시작점에서 본류하도의 끝까지의 고도 감소).

지형도에서 등고선으로 관심 있는 지역의 기복을 추정하기 위해서는, 가장 높은 등고선의 고도(가장 높은 언덕이나 산의 정상)에서 가장 낮은 등고선의 고도(보통 하천 계곡의 바닥)를 뺀다. 기복은 한 지역의 조도(roughness, 거칠기)를 나타내는 척도이다 —기복이 크면 클수록 지형은 더욱 울퉁불퉁해진다. 세계에서 가장 높은 산인 에베레스트산(고도 8,850m)은 기복이 매우 큰 지역에 위치한다(그림 22.4a). 일반적으로 대부분의 높은 고도 지역들은 높은 기복을 보이는 지역들이고, 대부분의 낮은 고도 지역들은 낮은 기복을 보이는 지역들이다. 그러나 예외는 있다. 예를 들

어 이스라엘과 요르단 사이에 있는 사해는 세계에서 가장 낮은 고도를 보이지만(해수면 아래 392m), 큰 산맥과 접하고 있어 이처럼 좁은 지역이 큰 기복을 보이고 있다(그림 22.4b). 또한 히말라야의 티베트고원과 같은 지역은 높은 고도에 위치하고 있지만 비교적 낮은 기복을 보인다.

만약 우리가 북아메리카대륙을 비행한다면, 우리는 많은 종류의 지형들을 관찰할 수 있다. 그림 22.5는 큰 규모와 작은 규모에서 지형들을 자세히 보여주는 컴퓨터로 제작된 수치기복도이다. 이 디지털 지도는 직경 2.5km 정도의 작은 지형들을 보여주면서도 대륙의 전체 모습을 보여준다. 애팔래치아산맥의 길게 신장된 능선과 계곡으로 이루어진 중간 정도의 고도와 기복은 중서부 평

(a) 티베트고원

(b) 사해

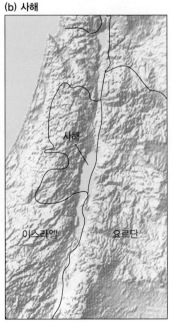

그림 22.4 높은 기복의 지역은 항상 그런 것은 아니지만 일반적으로 높은 고도의 지역이다. (a) 세계에서 가장 높은 산인 에베레스트산은 높은 기복을 보이는 지역에 위치하고 있다. 그러나 북쪽의 티베트고원은 고도는 높지만 비교적 낮은 기복을 보이는 지역이다. (b) 육지 중 세계에서 가장 낮은 고도를 보이는 사해는 비교적 높은 기복을 보이는 지역에 위치하고 있다.

[Marin Clark and Nathan Niemi.]

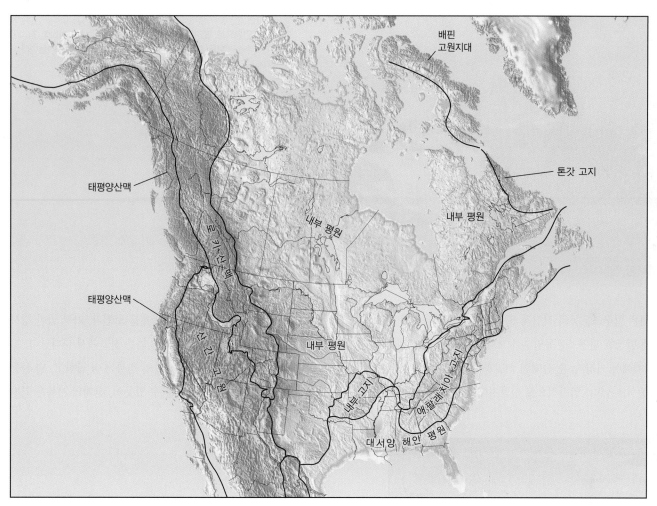

그림 22.5 미국 본토와 캐나다의 수치음영기복지형도.
[Gail P. Thelin and Richard J. Pike/USGS, 1991.]

원지역의 낮은 고도와 기복과 대조를 이룬다. 이 평원과 로키 산맥 사이의 차이는 더욱더 크다. 우리는 이처럼 서로 다른 유형의 지형(학)들을 보다 면밀히 관찰함으로써, 그들을 고도와 기복뿐만 아니라 지형(landform)—사면의 경사, 산 또는 언덕의 형태, 계곡의 유형—으로도 특징지을 수 있다.

▣ 지형 : 침식과 퇴적에 의해 형성된 특징들

강, 빙하, 그리고 바람은 지표상에 다양한 **지형**(landform)들의 모습으로 그들의 흔적을 남긴다—울퉁불퉁한 산의 경사, 넓은 계곡, 범람원, 사구 등. 지형의 규모는 광역적인 것에서부터 아주 지역적인 것까지 다양하다. 큰 규모에서(수만 킬로미터), 산맥은 암권판의 경계를 따라 지형적인 장벽을 형성한다. 작은 규모에서(미터 단위), 각 노두의 지형은 암석의 강도와 구성성분의 차이로 인한 차별풍화에 의해 형성될지도 모른다. 이 절에서는 주로 지표의 전체적인 지형을 나타내는 광역적인 규모의 지형특징들에 대해 알아보고자 한다.

산과 언덕

우리는 이 책에서 산(mountain)이라는 단어를 여러 번 사용하였다. 여기서 산은 주위보다 높이 돌출해 있는 커다란 암석 덩어리를 말한다. 대부분의 산들은 산맥에서 다른 산들과 함께 발견되며, 여기에서 다양한 높이를 갖는 봉우리들은 뚜렷이 격리된 산들보다 더 쉽게 구별된다(그림 22.6). 주위의 낮은 저지대 위에 하나의 봉우리로 솟아 있는 산들은 보통 고립된 화산이거나 과거의 산맥이 침식되고 남은 잔존체이다.

우리는 크기와 관습으로만 산과 언덕을 구분한다. 저지대에서 산이라고 불리는 지형이 고지대에서는 언덕이라고 불린다. 그러나 일반적으로 주변 지역보다 수백 미터 이상 높은 지형은 산이라 부른다.

그림 22.6 대부분의 산들은 독립된 봉우리가 아니라 산맥에서 연봉으로 발견된다. 이곳 남부 아르헨티나의 빙하에 침식된 지역에서 모든 봉우리들은 날카로운 아레트(즐형산릉)들이다. [© Renato Granieri/Alamy.]

산맥은 판구조운동의 직접적 또는 간접적인 결과물이다. 보다 최근에 발생한 판구조운동일수록 보다 높은 산맥을 형성하게 된다. 세계에서 가장 높은 산맥인 히말라야는 가장 최근에 형성된 산맥 중 하나이다. 일반적으로 산악지대와 구릉지대에서 사면의

경사도는 고도 및 기복과 밀접한 관계를 보인다. 가장 급한 경사는 보통 높은 기복을 보이는 지역의 높은 산들에서 나타난다. 고도와 기복이 낮은 지역에 있는 산들의 경사는 덜 급하고, 덜 울퉁불퉁하다. 이 장의 뒷부분에서 볼 수 있듯이, 산맥의 기복은 기반

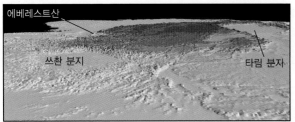

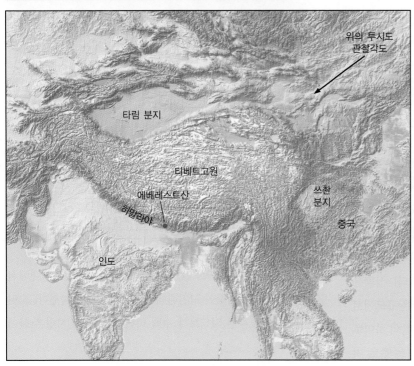

그림 22.7 지구에서 가장 높고 넓은 고원인 티베트고원의 지형을 바라본 두 가지 조망.

암이 지구조적인 융기의 양에 비례하여 빙하와 하천에 의해 얼마나 많이 침식되었는가에 따라 크게 달라진다.

고원

고원(plateau)은 주위 지대보다 높은 고도를 갖는 크고 넓고 편평한 지역을 말한다. 대부분의 고원은 3,000m 이하의 고도를 보이지만, 볼리비아의 알티플라노는 고도 3,600m에 위치하며, 1,000km×5,000km의 지역(미국의 절반 크기)을 차지하고 있는 엄청나게 높은 티베트고원은 평균고도가 거의 5,000m에 달한다(그림 22.7). 고원은 판구조운동이 광역적인 융기를 발생시키는 지역에서 형성된다.

보다 규모가 작은 고원과 유사한 지형을 **탁상고지**(tableland)라고 부르기도 한다. 미국 서부지역에서는 모든 측면이 급한 경사를 갖는 작고 평평한 융기된 지대를 **메사**(mesa, 스페인어로 '탁자'를 의미)라고 부른다(그림 22.8). 메사는 경도가 다른 기반암의 차별침식에 의한 결과이다.

하천 계곡

다양한 지역에서 하천 계곡에 대한 관찰은 지질학의 중요한 초기 이론 중의 하나를 가져왔다. 즉, 하천 계곡은 계곡 내에서 흐르는 강물의 침식작용으로 형성되었다는 생각이다. 지질학자들은 계곡의 한쪽 측면의 퇴적암층들이 반대편에서도 동일하게 나타난다는 것을 알았다. 그러한 관찰은 지질학자들이 다음과 같은 결

론에 도달하게 하였다. 즉, 지층들이 과거에는 연속적인 판상의 퇴적물층으로 퇴적되었지만, 하천이 암석을 부수고 운반함으로써 엄청난 양의 원래 지층들이 제거되었다.

하천이 암석과 토양을 얼마나 침식시키는가는 **하천의 힘**(stream power, 하천의 경사와 유량의 산물)이 하상의 침식저항력(하천 수로에 있는 퇴적물의 부피와 입자크기의 산물)과 얼마나 균형을 이루고 있느냐에 따라 좌우된다(그림 22.9). 만약 하천의 힘이 퇴적된 퇴적물들을 씻어가버릴 정도로 높다면, 침식에 대한 저항도는 대부분이 기반암의 강도에 따라 달라진다.

알려진 대로, 기반암의 침식률은 하천의 힘이 증가함에 따라 극적으로 증가한다. 1년 중 대부분의 기간 동안, 흐르는 하천은 거의 침식운동을 수반하지 않는다. 왜냐하면 하천의 유량(즉 하천의 힘)이 낮기 때문이다. 그러나 하천의 유량(하천의 힘)이 매우 높아진 며칠 동안, 침식률은 급격히 높아질 수 있다. 이런 관계는 지구의 많은 지오시스템에서 공통으로 나타나는 근본적인 특징이다—드물고 큰 사건들이 자주 일어나는 작은 사건들보다 큰 변화를 만들어낸다.

세 가지 주요 작용들이 산악지역의 기반암을 침식시킨다. 첫 번째는 하도의 바닥과 측면을 따라 뜬짐이나 도약으로 이동하는 퇴적물 입자들에 의한 기반암의 마식작용(abrasion)이다(제18장 참조). 두 번째는 수류 자체의 견인력(끄는 힘)이 하도로부터 암석 조각들을 뜯어내면서 기반암을 침식시킨다. 세 번째는 높은

그림 22.8 애리조나주의 모뉴먼트밸리에 있는 메사. 이처럼 정상부가 평평한 구조는 침식에 강한 수평한 암층이 침식에 약한 암층들을 덮고 있는 대지에 침식이 진행될 때 형성된다.

[Raymond Siever.]

(a) 퇴적물의 입자크기, 퇴적물의 부피 및 기반암의 경도가 증가하면 침식에 대한 저항력이 증가한다.

하천의 경사와 유량이 증가하면 하천의 힘이 증가하여 침식력도 커진다.

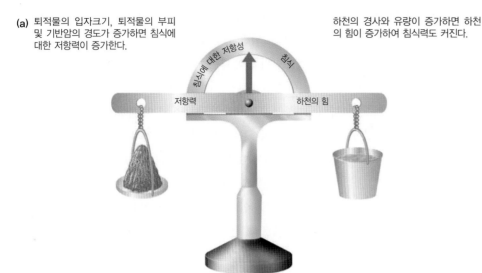

(b) 경사가 가파르고 습윤한 지역에서, 하천의 힘은 침식에 대한 저항력보다 더 커진다. 퇴적물 입자들은 멀리 운반되고, 기반암의 경도는 침식에 대한 저항력에서 주요 요인으로 작용한다.

(c) 경사가 완만하고, 하천의 유량이 적은 지역에서는 하천의 힘이 약해진다. 그래서 퇴적물이 퇴적되기 시작하면서, 하상이 보호되고 침식작용도 멈춘다. 이 시점에서 하천의 힘과 침식에 대한 저항력은 평형을 이룬다.

(d) 경사가 훨씬 평평한 곳에서는 하천의 힘이 너무 약해져서 많은 퇴적물이 퇴적되고, 하상도 두꺼워지고, 계곡은 퇴적물로 채워진다.

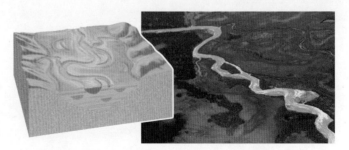

그림 22.9　(a) 침식작용은 하천의 힘과 침식에 대한 저항력 사이의 균형에 의해 조절된다. (b) 옐로스톤국립공원의 옐로스톤강. (c) 아이다호주의 수이사이드포인트에 있는 스네이크강. (d) 알래스카주의 데날리국립공원.

[(a) D. W. Burbank and R. S. Anderson, *Tectonic Geomorphology*. Oxford: Blackwell, 2001; (b) Karl Weatherly/Getty Images, Inc.; (c) Dave G. Houser/Corbis; (d) Dennis Macdonald/Getty Images, Inc.]

고도에서 빙하침식이 계곡을 형성시킨다. 이 계곡은 나중에 하천에 의해 점유될 수 있다. 산악지대에서 이 세 가지 작용의 상대적인 중요성에 대한 결정은 지질학자들이 경관지형의 발달에 대한 기후의 영향과 판구조과정의 영향 사이를 구분할 수 있는 유일한 방법이다(지질학 실습 참조).

하천 계곡은 많은 이름—협곡(canyons), 걸치(gulches), 아로요(arroyos), 우곡(gullies)—을 가지고 있지만, 이들은 모두 동일한 기하학적 구조를 가지고 있다. 범람원이 거의 없는 젊은 산의 하천 계곡의 수직단면은 단순한 'V'자형의 윤곽을 보인다(그림 22.9b). 넓은 범람원을 갖고 있는 넓고 낮은 하천 계곡은 보다 넓게 벌어져 있지만 빙하 계곡의 'U'자형의 윤곽과는 다른 단면을 가지고 있다. 다른 지형과 다른 종류의 기반암으로 이루어진 지역들은 다양한 모양과 폭을 갖는 하곡을 만든다(그림 22.9b~d). 계곡은 침식에 강한 산맥지대의 협곡(gorges)에서부터 쉽게 침식되는 평야지대의 넓고 낮은 계곡까지 다양하다. 이러한 극단들 사이에 있는 어떤 계곡의 폭은 일반적으로 그 지역의 침식상태와 일치한다. 침식작용에 의해 낮아지고 둥그스름해지기 시작하는 산악지대에서 계곡은 다소 더 넓어지고, 낮은 구릉성 지형에서는 훨씬 더 넓어진다.

악지(badland)는 쉽게 침식되는 셰일이나 점토로 이루어진 지층이 빠르게 침식되어 만들어진 깊게 파인 협곡 경관지형이다(그림 22.10). 사실상 전 지역이 우곡과 계곡으로 덮여 있어 계곡 사이에 평지가 거의 없다.

구조적으로 조절된 능선과 계곡

젊은 시기의 산맥지역에서 지구조적인 습곡운동과 융기운동의 초기 단계 동안에는, 배사습곡은 능선을 형성하고, 향사습곡은 계곡을 형성시킨다(그림 22.11). 풍화작용과 침식작용이 본격적

그림 22.10 사우스다코타주의 배드랜드에서 보이는 우곡의 침식작용. 수많은 우곡들이 쉽게 침식되는 퇴적암에 형성되어 있다.
[© Ilene MacDonald/Alamy.]

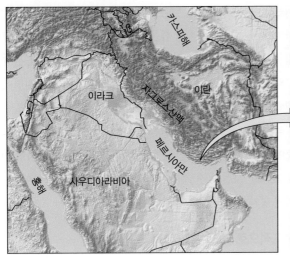

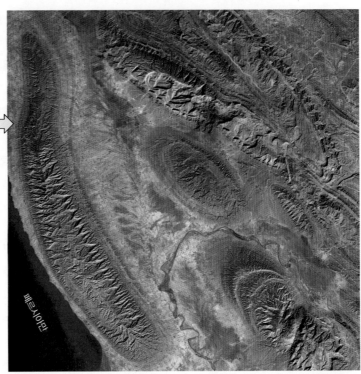

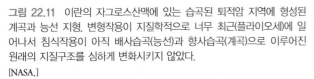

그림 22.11 이란의 자그로스산맥에 있는 습곡된 퇴적암 지역에 형성된 계곡과 능선 지형. 변형작용이 지질학적으로 너무 최근(플라이오세)에 일어나서 침식작용이 아직 배사습곡(능선)과 향사습곡(계곡)으로 이루어진 원래의 지질구조를 심하게 변화시키지 않았다.
[NASA.]

으로 시작되어 우곡과 계곡이 아래에 놓인 지질구조 속으로 점점 더 깊이 파고 내려가면, 지형이 역전되어 배사습곡은 계곡을 형성하고, 향사습곡은 능선을 형성하기도 한다. 이런 현상은 암석들—일반적으로 석회암, 사암, 셰일과 같은 퇴적암들—이 침식에 대한 다양한 저항도를 보임으로써 지형형성을 통제하는 지역에서 나타난다. 만약 배사습곡의 아래에 셰일과 같이 쉽게 침식되는 암석이 놓여 있다면, 배사습곡의 중심부는 침식되어 배사곡(anticlinal valley)을 만들지도 모른다(그림 22.12). 수백만 년 동안 침식된 어떤 지역에서, 선상으로 배열된 배사습곡과 향사습곡들은 애팔래치아산맥의 벨리앤리지 지역(Valley and Ridge province)에서처럼 일련의 능선과 계곡들을 형성한다(그림 22.13).

구조적으로 조절된 절벽

조산운동 동안 암석의 변형작용에 의해 형성된 습곡과 단층은 또한 다른 방식으로 지표에 그 흔적을 남긴다. **케스타**(cuestas)는 침식에 강한 암석과 약한 암석이 교호하면서 기울어져 있는 상태에서 침식에 의해 형성된 비대칭 능선이다. 케스타의 한쪽 면은 침식에 강한 지층의 경사로 결정되는 길고 완만한 경사면을 가지고 있다. 다른 쪽 면은 단단한 암석의 가장자리에 형성된 경사가 매우 급한 절벽으로 나타난다. 이 가장자리 부분에서 단단한

암석층은 하부에 있는 약한 암석층의 침식으로 아래가 파이면서 약해져 무너져내린다(그림 22.14). 훨씬 더 급하게 경사져 있거나 수직으로 서 있는 단단한 암층들은 더 느리게 침식되어 **호그백**(hogback, 돈배구)을 형성한다—호그백은 경사가 급하고, 폭이 좁으며, 다소 대칭인 능선이다(그림 22.15). 단층애(fault scarp)는 한쪽이 다른 쪽보다 더 높이 융기한 거의 수직인 단층에 의해 형성된 가파른 절벽이다(그림 7.9 참조).

■ 상호작용하는 지구시스템들은 어떻게 경관지형을 조절하는가?

대체로 지구의 내부와 외부 열엔진들 간의 상호작용은 경관지형의 발달을 조절한다. 지구의 내부 열엔진은 산맥을 융기시키고 화산을 발생시키는 판구조운동을 일으킨다. 태양은 기후계를 움직여 산맥을 침식시키고 분지를 퇴적물로 채우는 지표의 과정들을 조절한다. 태양 복사열은 다양한 온도와 강수 체제를 포함하는 지구의 기후를 만들어내는 대기 순환에 동력을 공급한다. 그래서 경관지형은 2개의 전 지구적인 지오시스템들에 의해 조절된다(그림 22.16).

시간 1
단단하고 침식에 강한 암석이 약하고 침식되기 쉬운 암층 위에 놓여 있다. 능선은 배사구조 위에 있고, 하천은 향사구조에 의해 형성된 계곡에서 흐른다. 배사구조의 경사면에 있는 지류하천들은 계곡의 본류하천들보다 더 많은 에너지를 가지고 더 빠르게 흐른다. 이 지류하천들은 본류하천들이 계곡을 침식시키는 것보다 더 빠르게 경사면을 침식시킨다.

시간 2
배사구조 위의 지류들은 침식에 강한 암층을 절개한 다음, 하부의 약한 암석을 빠르게 침식시켜 배사구조 위에 가파른 계곡을 형성하기 시작한다.

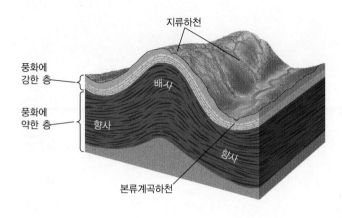

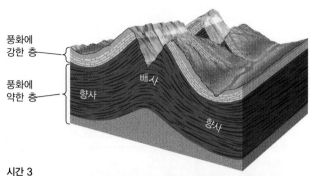

시간 3
이 과정이 계속 진행되면, 계곡은 배사구조 위에 형성되고, 단단한 암층으로 덮여 있는 능선들은 향사구조 위에 남겨진다.

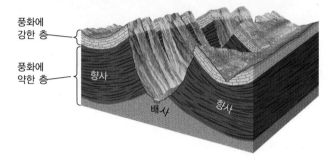

그림 22.12 습곡된 퇴적암에서 능선과 계곡의 발달 단계. 초기 단계(시간 1)에 능선은 배사구조에 의해 형성되고, 계곡은 향사구조에 의해 형성된다. 후기 단계(시간 2와 3)에 배사구조는 침식되어 틈이 생길 수 있다. 침식작용이 덜 단단한 암석 내에 계곡을 형성하는 동안 침식에 강한 암석으로 덮여 있는 능선들은 그대로 남아 있다.

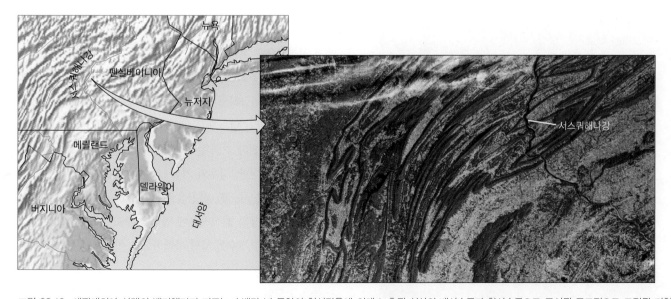

그림 22.13 애팔래치아 산맥의 밸리앤리지 지구는 수백만 년 동안의 침식작용에 의해 노출된 선상의 배사습곡과 향사습곡으로 구성된 구조적으로 조절된 지형을 가지고 있다. 붉은 오렌지색으로 보이는 돌출된 능선은 침식에 강한 퇴적암으로 이루어져 있다.

[MDA Information Systems LLC.]

(a)

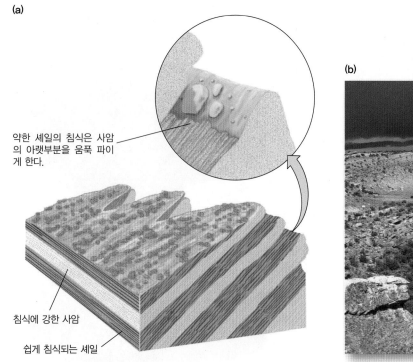

약한 셰일의 침식은 사암
의 아랫부분을 움푹 파이
게 한다.

침식에 강한 사암

쉽게 침식되는 셰일

(b)

그림 22.14 케스타는 완만한 경사를 가지는 침식에 강한 암층(예 : 사암)이 그 하부의 쉽게 침식되는 암석(예 : 셰일)의 침식에 의해 아래가 움푹 패어 있는 곳에서
형성된다. (b) 콜로라도주의 다이너소어국립기념공원에 있는 구조적으로 경사진 퇴적암에 형성된 케스타.
[Marli Miller.]

그림 22.15 콜로라도주의 록스보로 인근에 있는 로키산맥의 호그백 능선.
[Image © 2009 DigitalGlobe Image U.S. Geological Survey; Image USDA Farm Service
Agency.]

기후와 지형 사이의 피드백

풍화작용과 침식작용의 많은 힘들은 서로 다른 고도에서 서로 다
른 비율로 작용한다. 따라서 고도에 따라 변하는 기후는 풍화작
용과 침식작용을 조절하고, 따라서 산맥의 융기작용을 조절한다.

제16장에서 풍화작용, 침식작용, 산사태에 작용하는 기후의
여러 효과들을 언급하였다. 기후는 동결하고 해동하는 속도에 영
향을 주고, 가열과 냉각으로 인해 암석이 팽창하고 수축하는 속
도에 영향을 미친다. 기후는 또한 물이 광물들을 용해시키는 속
도에 영향을 미친다. 강우와 기온—기후의 주요 구성요소들—은
침투와 지표유출(runoff), 하천유출(streamflow), 그리고 빙하형성
을 통해 풍화작용과 침식작용에 영향을 주고, 이들은 모두 암석
과 광물입자들을 부수어 사면 아래쪽으로 이동시키는 데 도움을
준다.

높은 고도와 기복은 암석의 기계적인 파쇄작용을 증진시키고,
이 파쇄작용은 부분적으로 동결과 해동작용에 의해서 촉진된다.
기후가 추운 높은 고도에서, 산악빙하는 기반암을 깎아내어 깊
은 계곡을 형성시킨다. 강우는 산사면 위에 있는 암석을 미끄럽
게 하여 사태와 중력사면이동(mass movement)을 일으키며 빠르
게 사면 아래로 이동하게 하고, 이로 인해 노출된 신선한 암석은

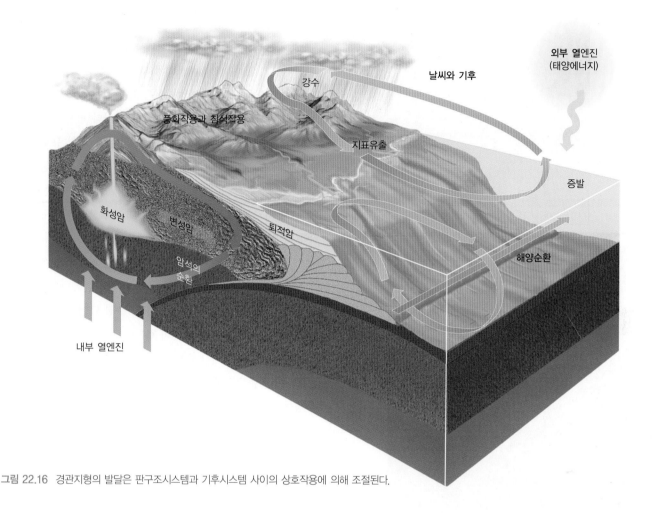

그림 22.16 경관지형의 발달은 판구조시스템과 기후시스템 사이의 상호작용에 의해 조절된다.

풍화작용을 겪게 된다. 하천은 저지대에서보다 산악지대에서 더 빠르게 흐르므로 퇴적물을 보다 빠르게 침식시키고 이동시킨다. 화학적 풍화작용은 산악지역의 침식작용에서 중요한 역할을 하지만, 암석의 기계적인 파괴작용이 너무 빨라서 대부분의 암설은 거의 풍화되어 있지 않다. 화학적 풍화작용의 산물인 용존물질과 점토광물들은 그들이 형성되자마자 경사가 급한 사면을 따라 아래로 운반된다. 높은 고도에서 일어나는 심한 침식작용은 가파른 경사면을 갖는 지형을 형성한다—깊고 좁은 하천 계곡과 좁은 범람원, 분수계(그림 22.9b 참조).

반대로 저지대에서 풍화작용과 침식작용은 느리고, 화학적 풍화작용의 산물인 점토광물들은 두꺼운 토양으로 축적된다. 기계적인 풍화작용이 일어나지만, 그것의 효과는 화학적 풍화작용에 비하면 미미하다. 대부분의 하천은 넓은 범람원 위를 흐르며, 기반암을 기계적으로 깎는 현상은 거의 일어나지 않는다. 빙하는 추운 극지방을 제외하면 나타나지 않는다. 저지대의 사막에서도 강한 바람은 암석 파편이나 노두를 부수기보다는 단지 마모시킬 뿐이다. 그래서 저지대는 둥근 사면, 구릉지, 평탄한 평원으로 이

루어진 완만한 지형을 갖는 경향이 있다(그림 22.9d 참조).

기후가 지형에 영향을 주는 것과 마찬가지로 지형은 기후에 영향을 미칠 수 있다. 예를 들면, 산맥의 바람이 불어가는 쪽의 산사면에 비그늘(rain shadows)이라 불리는 건조지역들이 형성될 수 있다(그림 17.3 참조). 비그늘은 산맥의 바람이 불어오는 쪽에서 차별적인 침식작용을 가져온다(그림 22.17). 지질학자들은 산맥의 바람이 불어오는 쪽과 불어가는 쪽의 강수량의 차이가 극심하게 나타나는 뉴기니와 같은 곳에서 지각의 깊은 곳에 매몰된 변성암의 발굴(exhumation) 속도는 지표의 강수 이력에 의해 영향을 받는다는 것을 믿고 있다.

융기와 침식 사이의 피드백

산맥과 지형을 형성하는 판구조과정들과 이들을 침식시키는 지표과정들 사이의 끊임없는 경쟁은 지형학자들의 주요 연구분야이다. 지구조적인 융기는 침식작용의 증가를 유발시킨다(그림 22.18a). 그래서 산맥이 높이 융기할수록, 침식작용은 산맥을 더 빠르게 깎아내린다. 그러나 조산운동이 계속되는 한, 산맥의 고

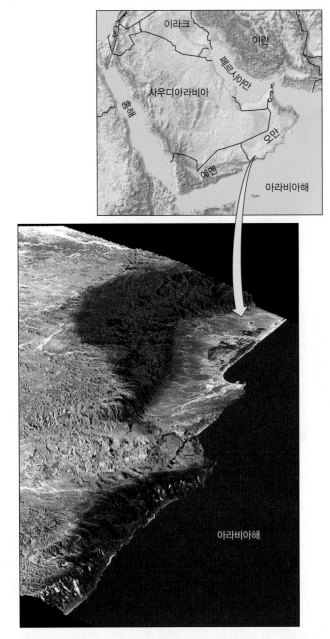

그림 22.17 예멘과 오만의 국경지대에서 아라비아해를 따라 나타나는 급경사지의 동쪽 전경. 이 3차원 위성사진은 지형이 어떻게 지역의 기후를 결정하여, 결국 침식작용과 경관지형의 발달을 조절하는지를 보여준다. 비록 아라비아반도는 건조하지만, 카라산맥의 가파른 급경사지는 계절적 강우로부터 습기를 얻는다. 이 습기는 자연식생을 자라게 하고(산맥의 앞부분을 따라 그리고 협곡에 있는 녹색 지역), 토양을 형성시킨다(진한 갈색 지역). 그에 반해서 밝은색 지역은 대부분이 건조한 사막지역이다. 이러한 기후는 산맥의 바다 쪽에 침식작용을 집중시킨다. 결국 이 강한 침식작용은 급경사지를 육지 쪽으로, 즉 오른쪽에서 왼쪽으로 후퇴시킨다.

[NASA.]

도는 높은 상태를 유지하거나 증가한다. 그러나 조산운동이 느려지면—아마도 판의 운동 속도 변화 때문에—산맥은 더 천천히 상승하거나 완전히 상승을 멈춘다. 산맥의 성장이 느려지거나 멈추게 되면, 침식작용이 우세해지기 시작하고, 산맥은 침식되어 고

도가 낮아진다. 이 과정은 애팔래치아산맥같이 오래된 산맥이 로키산맥과 같이 훨씬 젊은 산맥보다 낮은 고도를 보이는 이유를 설명해준다. 산맥이 계속해서 침식되면, 침식작용의 속도도 느려져서, 결국 모든 과정이 점점 줄어든다. 따라서 산의 고도는 지구조적 융기속도와 침식속도 사이의 균형을 나타낸다.

이상하게도, 수천 년에서 수백만 년의 짧은 시간 규모에 걸친 동안, 판구조운동과 기후시스템은 침식작용의 결과로 산맥이 더 높아지도록 상호작용을 할 수 있다(그림 22.18b, 지구문제 22.1 참조). 우리가 앞에서 살펴보았듯이, 대륙과 산맥은 지구의 맨틀 위에 떠 있는데, 그 이유는 그들이 맨틀물질보다 밀도가 낮기 때문이다. 지각이 가장 두꺼운 산맥 아래에서, 지각의 깊은 뿌리는 맨틀 속으로 돌출해 있으며, 이는 부력을 제공한다. 비록 지각 바로 아래의 맨틀은 단단한 암석이지만, 수천 년에서 수백만 년에 걸쳐 힘이 가해지면 매우 천천히 흐른다(지구문제 14.1 참조). 지각평형설은 이러한 시간 규모에서 맨틀은 강도가 약해서 대륙과 산맥의 무게를 지탱해야 할 때 점성이 있는 끈적끈적한 액체처럼 행동한다는 것을 암시한다. 또한 지각평형설은 산맥이 형성되면, 산맥은 중력의 힘에 의해 서서히 가라앉고, 대륙지각은 아래로 구부러진다는 것을 암시한다. 산맥의 뿌리 부분이 충분히 맨틀 속으로 불룩하게 돌출하여 부력을 제공할 때, 산맥은 떠오른다. 그러나 산맥에 있는 계곡들이 침식으로 깊어지면, 산맥의 질량이 감소하여, 부력에 더 작은 뿌리 부분이 필요해진다. 따라서 골짜기가 침식됨에 따라, 산맥은 위로 떠오르게 된다. **지각평형반동(isostatic rebound)**이라고 불리는 이 과정은 산의 정상들이 새로운 높이로 상승하는 결과를 초래한다(그림 22.18b 참조). 그러나 더 긴 시간 규모에서, 침식작용은 필연적으로 그 산의 정상들을 깎아내릴 것이다(그림 22.18a 참조).

■ 경관지형 발달의 모델

다양한 경관지형들이 서로 뚜렷하게 차이가 난다는 사실은 초기 지질학자들이 그것의 원인에 대해서 연구하게 만드는 자극제가 되었다. 이것을 연구한 3명의 저명한 지질학자들은 윌리엄 모리스 데이비스(William Morris Davis), 발터 펭크(Walther Penck), 그리고 존 해크(John Hack)이다. 데이비스는 지구조적 융기가 처음 발생한 이후에는 오랜 기간 동안 침식이 일어나며, 침식되는 동안 경관지형의 형태는 주로 지질연령에 따라 다르게 나타난다고 생각했다. 1900년대 초에 데이비스의 견해는 많은 사람들의 지

(a) 긴 시간 규모에서 보면, 고도는 융기와 침식 사이의 균형이다.

1 지구조운동은 산맥을 융기시킨다. 융기율이 침식률보다 크다.

2 융기속도가 느려지고, 침식은 융기와 평형을 이룬다. 고도는 높은 상태를 유지한다.

3 융기속도가 더 느려지고, 침식이 우세해지기 시작하고, 고도는 감소하기 시작한다.

4 융기는 거의 중지된다. 낮은 고도—낮은 언덕—는 풍화를 덜 일으키고, 침식속도가 느려진다.

5 융기는 정지되고, 침식 속도는 더욱더 느려진다. 경관지형이 저지대와 평원으로 바뀌면서 고도는 더욱더 낮아진다.

(b) 짧은 시간 규모에서 보면, 고도는 침식으로 인해 증가한다.

1 대륙들이 충돌하여, 높은 고원을 융기시킨다.

2 융기는 침식률을 증가시키는 기후 패턴을 형성한다.

3 지각은 지각평형에 의해 반동되고, 산의 정상부는 침식 이전의 고도보다 더 높이 융기된다.

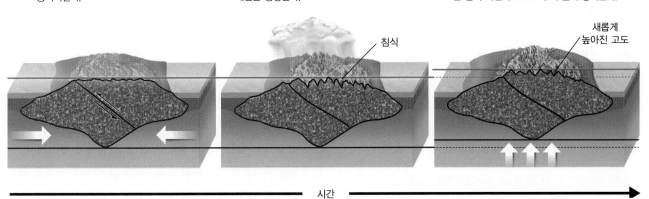

그림 22.18 고도는 지구조적 융기율과 침식률 사이의 균형을 반영한다.
[D. W. Burbank and R. S. Anderson, *Tectonic Geomorphology*. Oxford: Blackwell, 2001, p. 9.]

지를 받고 있었으므로 지구조적 융기작용이 침식작용과 경쟁하면서 경관지형을 조절한다고 주장한 동시대 학자인 펭크의 생각은 빛을 잃었다. 1960년대에 해크가 새로운 견해를 제기하면서 또 다른 획기적인 진전이 있었다. 해크는 융기작용이 오랜 기간 동안 유지된다고 하더라도, 융기작용은 어떤 임계 한도 이상으로 고도를 상승시킬 수 없다는 것을 알았다. 융기하는 산들은 침식

작용이 없다 하더라도 그들 자체의 무게로 인해 붕괴될 것이다.

경관지형의 발달에 대한 현대적인 관점은 이러한 초기 가설들 중 일부를 포함하고 있으며, 또한 경관지형이 자연적이고 시간 종속적인 진행을 한다는 것을 인정하고 있다. 오늘날의 지질학자들은 경관지형의 발달 경로는 지형변화를 일으키는 **시간 규모**(time scale, 기간)에 따라 크게 달라진다고 생각한다. 경관지형을

22.1 융기와 기후변화 : 닭과 달걀의 딜레마

어떻게 지구의 기후와 판구조시스템이 연결되어 있는가에 대한 가장 확실한 설명은 기후와 산맥지대의 고도 사이의 피드백에 의해 제공된다. 현재 이 피드백의 방향성에 대해서는 의견이 분분한 실정이다. 어떤 지질학자들은 산악지역의 지구조적 융기가 기후의 변화를 초래한다고 주장하고, 또 다른 학자들은 기후의 변화가 지구조적 융기를 일으킨다고 주장한다. 이런 형태의 논쟁은 '어떤 것이 먼저인가?'를 의미하는 '닭과 달걀의 딜레마'로 특징지어진다.

융기-기후에 대한 논쟁은 북반구 기후의 냉각과 히말라야산맥과 티베트고원의 융기가 동시에 발생했을지도 모른다는 과학적 관찰에 의해 더 가열되었다. 티베트고원은 지표상에서 가장 인상적인 지형학적 특징을 보인다(그림 22.7). 티베트고원은 매우 높고 넓은 지역을 차지하므로 북반구의 대기 순환에 영향을 미칠 수 있다. 만약 티베트고원이 존재하지 않았다면, 북반구의 기후는 지금과는 매우 달라졌을 것이다.

불행하게도, 북반구의 냉각 시기는 빙하퇴적물의 연대와 심해퇴적물의 온도 변화를 지시하는 동위원소 기록으로 잘 측정되었지만, 티베트고원의 융기시기는 잘 알려져 있지 않다. 이것이 바로 논쟁의 시작이다. 만약 티베트고원의 융기가 북반구 빙하시기의 도래보다 먼저 발생했다면, 지구조적 융기가 간접적으로 기후의 변화를 초래했다고 주장할 수도 있다. 반면에, 만약 티베트고원의 융기가 북반구의 빙하시기 이후에 일어났다면, 기후의 변화가 증가된 침식률에 대한 지각평형 반동으로 융기작용을 촉진했다고 주장할 수도 있다.

일반적인 견해 : 음성 피드백

산맥의 형성이 북반구의 냉각과 빙하작용을 촉진시킬 가능성은 100년 이상 전부터 알고 있었다. 현재 이러한 관점을 지지하는 지질학자들은 여러 중요한 과

정들이 음성 피드백 과정을 가져온 티베트고원의 융기로부터 발생했다고 믿고 있다. 이 시나리오에 따르면, 융기는 대기 순환의 변화를 가져왔고, 이 변화는 북반구의 냉각을 가져왔으며, 이러한 냉각은 히말라야산맥과 티베트고원에서 강수, 빙하작용, 하천 유량의 증가를 초래했다. 이러한 변화는 결국 풍화율의 증가를 초래하였으며, 이는 대기권으로부터 중요한 온실가스인 CO_2의 제거를 가져왔다. 대기권의 CO_2 농도 감소는 더 많은 냉각, 강수량의 증가, 풍화와 침식작용의 증가를 가져왔다. 시간이 지남에 따라 산맥은 침식되어 고도가 낮아질 것이다. 사실상 고도의 증가—이것은 기후를 조절한다—는 결국 고도의 감소—음성 피드백—를 가져온다.

반대 견해 : 양성 피드백

과거 10년 동안 지질학자들은 기후의 변화가 산악지역의 융기를 일으킬 수 있다는 것을 발견했다. 이러한 예상치 못한, 직관에 어긋나는 시나리오에 따르면, 초기의 냉각(기온하강)은 강수율의 증가를 촉진시키고, 이 강수율 증가는 빙하와 강물에 의해 침식작용을 활성화시킨다. 지각평형 반동이 일어나지 않는 경우, 침식작용의 증가는 산맥지역의 고도를 낮추는 음성 피드백으로 작용할 것이다. 그러나 지각평형의 영향을 받을 경우, 침식작용은 산맥 전체의 질량 감소를 초래하게 되고, 이로 인해 산들은 융기되고, 그들의 정상은 새로운 높은 위치로 상승하게 될 것이다(그림 22.18b 참조). 융기하는 산맥은 기후를 더욱 변화시키는 양성 피드백으로 작용할 것이고, 이로 인해 강수량과 침식률은 증가되고, 따라서 융기작용은 더 활발해질 것이다.

변화시키는 각각 다른 과정들의 중요성은 경관지형이 변화하는 것을 관찰한 기간(시간 간격)에 따라 달라진다. 예를 들면, 기후변화는 과거 10만 년에 걸친 경관지형의 발달에는 중요한 요인으로 작용하지만, 1억 년 동안의 긴 시간 규모(기간)에서는 단지 작은 하나의 요인일 뿐이다. 이처럼 긴 지질시간 간격 동안에는 지구조적 융기작용의 역사가 아마도 가장 중요한 요소일 것이다.

데이비스의 윤회 : 융기 이후에 침식이 일어난다

1900년대 초에 하버드의 지질학자인 윌리엄 모리스 데이비스는 세계의 산과 평원에 대해 연구하였다. 데이비스는 높고, 울퉁불퉁하고, 지구조적으로 융기된 산들로 이루어진 유·장년기 경관지형에서부터 둥글둥글한 언덕으로 이루어진 장년기와 침식되어 낮아진 평원으로 이루어진 지구적으로 안정된 노년기로 진행하는 침식윤회(cycle of erosion)를 제안하였다(그림 22.19a). 데이비스는 강하고 빠른 지구조적 융기운동과 함께 순환이 시작된다고 믿었다. 모든 지형은 이러한 처음 시작 단계 동안에 생성된다. 침식작용은 결국 경관지형을 비교적 평탄한 표면으로 침식시키고,

기반암에 있는 모든 구조와 기복들을 평평하게 만든다. 데이비스는 대규모 부정합에서 나타나는 평평한 면을 관찰하고, 이를 과거 지질시간 동안에 존재했던 그러한 평원의 증거로 보았다. 여기저기에 나타나는 고립된 언덕은 과거의 높은 산이 침식되지 않고 남은 잔존물이라고 생각하였다. 그 당시에 대부분의 지질학자들은 산들이 지질학적으로 짧은 시간 동안 갑자기 융기되고, 다음에 지구조적으로 안정되면서 침식작용이 서서히 산들을 침식시킨다는 데이비스의 가정을 받아들였다. 데이비스의 윤회는 지질학자들이 유년기, 장년기, 노년기 경관지형이라고 생각되는 많은 예들을 발견할 수 있었기 때문에 어느 정도 받아들여졌다.

펭크의 모델 : 침식은 융기와 경쟁한다

데이비스의 견해에 대해 그와 동시대의 학자인 발터 펭크가 이의를 제기했다. 그는 지구조적 변형작용과 융기작용의 크기는 절정에 이르기까지 서서히 증가하고, 그 뒤 천천히 약해진다고 주장했다(그림 22.19b). 데이비스는 학계에서의 높은 위상과 많은 논문 출판을 통해 자신의 생각을 효과적으로 전파시킬 수 있었지

(a) 데이비스의 이론

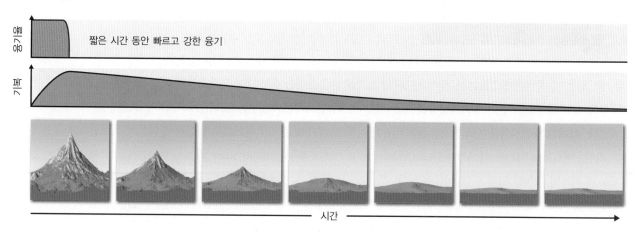

(b) 펭크의 이론

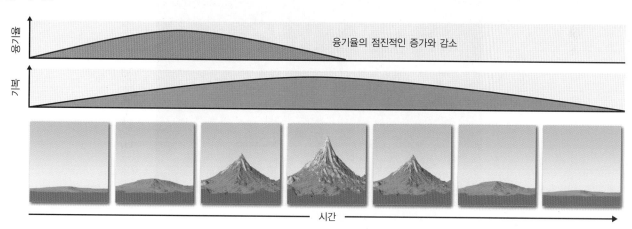

(c) 해크의 이론

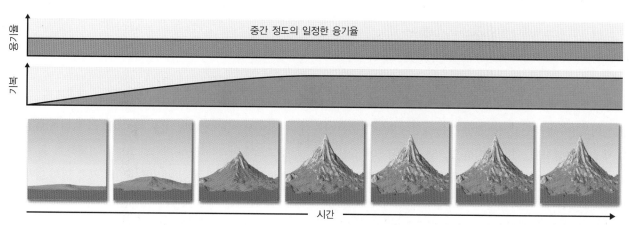

그림 22.19 지구조적 융기와 침식으로 인한 경관지형 발달의 전형적인 모델.
[D. W. Burbank and R. S. Anderson, *Tectonic Geomorphology*. Oxford: Blackwell, 2001, p. 5.]

만, 불행하게도 펭크의 가설은 데이비스가 죽은 지 20년 이상이 지난 1950년대에야 비로소 관심을 받기 시작했다.

펭크는 지형학적인 지표의 작용들은 융기가 일어나는 기간 내내 융기하는 산들을 공격한다고 주장하였다. 결국 변형작용의 속도가 감소하면서, 침식작용은 융기작용보다 더 우세해지고, 결국 기복과 고도가 모두 점차 감소하게 된다. 이 모델은 경관지형의 발달이 융기작용과 침식작용 간 경쟁의 결과라고 인식했기 때문에 개념적으로 획기적인 발전을 가져온 가설이었다. 반대로 데이

구글어스 과제

바람, 물, 얼음 및 중력은 물질을 침식시키고 지표면을 가로질러 물질을 운반하여 경관지형의 형성에 영향을 줄 수 있다. 미국 서부의 내륙에 있는 많은 지역은 지질역사상 최근에 이러한 과정들을 겪었으며, 이를 통해 독특하고 장엄한 경관지형에 명확한 흔적들을 남겼다. 이러한 경관지형은 지표면에서 두드러지게 눈에 보이기 때문에 구글어스를 사용하여 그들의 특정한 특징들을 알아볼 수 있다. 티턴산맥(Teton Range), 데스벨리(Death Valley), 동부 시에라네바다(eastern Sierra Nevada)로 여행함으로써, 우리는 경관지형에서 고도와 기복의 극적인 영향을 알아볼 수 있다. 콜로라도주의 거니슨강(Gunnison River)을 따라 이동하면서 우리는 기후변화, 지구조적 융기, 다양한 종류의 암석들 간의 독특한 상호작용의 결과로 나타날 수 있는 놀라운 경관지형을 볼 수 있다.

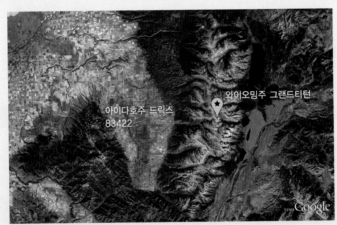

Image © 2009 DigitalGlobe Image USDA Farm Service Agency

위치 와이오밍주의 티턴산맥, 캘리포니아주의 데스밸리, 캘리포니아주의 동부 시에라네바다, 콜로라도주의 거니슨강, 펜실베이니아주의 서스쿼해나강(Susquehanna River)

목표 독특한 경관지형을 만드는 데 있어 융기와 침식 사이의 상호작용을 인식하기

참고 그림 22.3, 그림 22.8, 그림 22.13

1. 와이오밍주의 티턴산맥은 칼날 같은 능선이 있는 험준한 산맥으로 유명하다. 이러한 지형은 오랜 지질시대에 걸친 융기와 침식의 결과이다. 바로 서쪽에는 고도가 훨씬 낮은 스네이크강 평원(Snake River Plain)이 있으며, 이곳은 농사를 지을 수 있을 만큼 평평하다. 10km의 '내려다보는 높이'에서, 티턴산맥에서 가장 높은 봉우리인 그랜드티턴산(Grand Teton, 북위 43도 44분 28.5초, 서경 100도 48분 8.5초)을 찾아서 서쪽 평야에 있는 아이다호의 드릭스(Driggs)시의 고도와 비교하라. 두 지역의 고도를 기록하고, 둘 사이의 수평거리를 측정하라. 여기에서 산의 서쪽 면의 경사는 얼마인가?

   a. 1.025 b. 0.030

   c. 0.290 d. 0.095

2. 매년 7월에 배드워터 울트라 마라톤(Badwater Ultra Marathon)의 참가자들은 미국에서 가장 낮은 지점인 배드워터(Badwater)에서 (알래스카와 하와이를 제외한) 미국 본토 안에서 가장 높은 산인 휘트니산(Mount Whitney)의 기슭까지 달린다. 수백 명의 참가자가 경쟁하여, 우승자는 보통 135mil의 경주를 약 24시간 이내에 완주한다. 경주는 원래 산 정상까지 달리는 것으로 계획했었지만, 다행스럽게도 참가자들이 휘트니산의 꼭대기까지 달려야 하는 것은 아니다. 이 경기의 독특한 도전을 알아보기 위해 캘리포니아주의 휘트니산 정상을 찾아 최대 고도를 알아내라. 그리고 동쪽으로 이동하여 캘리포니아의 데스밸리에 있는 배드워터 분지 축의 고도와 비교해보라. 이 두 지점 사이의 고도 차이는 얼마인가?

   a. 4,500m   b. 4,000m

   c. 3,500m   d. 3,000m

3. 이제 로키산맥 남부에 있는 콜로라도주의 거니슨으로 가보자. 도시의 서쪽에는 모로우포인트 저수지(Morrow Point Reservoir)가 있다. 이 저수지의 바로 남쪽에서 해안선에 수직으로 돌출한 어떤 지형을 볼 수 있다. 이러한 지형은 다양한 암석 종류의 침식속도 차이에 의해 만들어졌다. 이 지형을 이루는 암석의 종류는 수평으로 교호되는 사암과 실트암이다. 여러분의 시야 틀을 기울이면 이러한 지형들의 고도 차이를 알아보는 데 도움이 될 것이다. 이 지역에 대한 조사를 토대로 이 경관지형의 특징을 어떻게 설명하겠는가?

   a. 고원   b. 메사

   c. 능선   d. 배사

4. 모로우포인트 저수지에서 서쪽으로 약 30km 이동하면 거니슨강의 블랙캐니언(Black Canyon)이 나타난다. 거니슨강은 콜로라도강의 지류이며, 이 강의 지질학적 역사는 콜로라도고원 전체의 지질학적 역사와 관련이 있다. 왜냐하면

강은 지구조적 융기작용에 반응하여 협곡을 절개하기 때문에, 지질학자들은 때때로 절개율을 융기율에 대한 근사치로 사용할 수 있다. 4km의 '내려다보는 높이'에서 북위 38도 32분 29초와 서경 107도 40분 00초의 위치로 이동하고, 그 위치의 고도를 측정하라. 이 같은 작은 하천의 하도들은 화산재와 뒤섞인 자갈들을 포함하고 있는 것으로 알려져 있다. 이 광물들에 대한 연대측정은 이 퇴적물들이 약 64만 년 전에 퇴적되었다는 것을 지시한다. 자갈과 화산재는 퇴적된 이후에 거니슨강에 의해 절개되어왔다. 이 화산재가 퇴적되었던 곳의 고도와 현재 하도의 고도 사이의 차이를 알아내면, 콜로라도고원의 이 부분에 대한 평균 융기율을 계산할 수 있다. 이 융기율은 얼마인가?

   a. 0.0625cm/year

   b. 155cm/year

   c. 0.00045cm/year

   d. 5cm/year

선택 도전문제

5. 이제 미국 동부 펜실베이니아주의 밀러스버그(Millersburg)로 이동하자. 110km의 '내려다보는 높이'에서 보았을 때, 앞뒤로 지그재그하며 전체 경관지형을 가로질러가는 능선의 독특한 궤적을 확인하라. 이러한 패턴은 지표면 안팎으로 기울어진 배사와 향사로 대표되는 습곡의 특징을 나타낸다. 서스퀘해나강의 경로를 자세히 살펴보라. 이 강의 경로가 습곡에 의해 만들어진 계곡 및 능선으로 이루어진 지형의 영향을 받았다는 것에 대해 어떻게 생각하는가?

   a. 강은 능선 주변을 따라 휘어지면서 흐른다.

   b. 강은 능선을 무시하고 그들을 통과하면서 자른다.

   c. 이 두 가지 작용 모두에 대한 증거가 있다.

   d. 각각의 능선은 너무 저항력이 강해 강의 경로를 따라 폭포를 형성한다.

비스의 모델은 융기작용과 침식작용 사이의 시간적 구분을 강조하였다. 그의 모델에서는, 모습을 결정하는 주요 요인은 경관지형의 연령이었다.

경관지형의 발달에 대한 대체 가능한 이론들 사이의 선택은 조산운동 지역에서 융기율과 침식률을 결정하는 데 필요하다. 위성위치확인시스템(GPS)과 궤도위성으로부터의 레이더 신호와 같은 기술은 지각의 변형률과 융기율을 보여주는 훌륭한 지도를 제작할 수 있게 해주었다. 많은 연대측정법들(표 22.1)은 100만 년 전의 하곡단구들(그림 18.27 참조)처럼 지형학적으로 유용한 지표면들의 연령을 측정하는 데 도움을 주었다.

새로운 유용한 연대측정법은 우주선(cosmic rays)이 지표에 노출된 암석이나 토양의 맨 윗부분을 투과하면 매우 소량의 어떤 방사성 동위원소들이 생성된다는 사실에 기초를 두고 있다. 이들 중 하나가 베릴륨-10(beryllium-10)이다. 암석과 토양이 더 오랫동안 노출될수록 더 많은 양의 베릴륨-10이 축적되고, 암석과 토양이 더 깊이 매몰될수록 더 적은 양의 베릴륨-10이 축적된다. 지질학자들은 히말라야산맥의 인더스강을 따라 나타나는 암석 단구의 연령을 비교하기 위해서 베릴륨-10을 사용하였다. 그들은 평균 침식률과 융기율을 알아보기 위해서 시간에 대한 고도의 변화를 측정하였다. 그 결과 히말라야산맥의 하천 침식률은

연간 2~12mm의 변화폭을 보임을 알았다(지질학 실습 참조). 다른 높은 산맥들에서, 지구조적 융기율은 거의 같은 범위인 연간 0.8~12mm로 측정되었다.

해크의 모델 : 침식과 융기는 평형을 이룬다

존 해크는 침식작용이 융기작용과 경쟁한다는 이론을 수정, 보완하였다. 그는 융기율과 침식률이 오랫동안 일정하게 유지될 때, 경관지형의 발달은 균형 또는 역학적인 평형을 이루게 될 것이라고 생각했다(그림 22.19c). 평형 기간 동안, 지형은 미세하게 변할 수 있지만, 전체 경관지형은 거의 똑같아 보일 것이다.

해크는 융기율이 극히 높다 할지라도 산들의 높이가 끝없이 높아질 수 없다는 것을 알았다. 암석은 충분히 큰 응력이 가해지면 부서진다. 그래서 만약 산들이 그들의 안식각(angle of repose)보다 경사가 더 급해지면, 그들은 자체 중량으로 붕괴될 것이다. 따라서 어떤 임계 한도를 벗어나 계속 융기작용이 일어난다면, 사면 붕괴와 산사태가 발생하여 산의 고도가 더 높아지는 것을 막아줄 것이다. 그 결과, 융기율과 침식률은 오랜 기간 동안 균형을 이루게 된다. 데이비스와 펭크의 모델과는 달리, 해크의 모델은 융기율이 감소할 필요가 없다.

해크 모델이 암시하는 매우 흥미로운 점은 융기율과 침식률이

표 22.1 지형의 절대연령 측정법

방법	유효범위(년 전)	필요 물질
방사성 동위원소		
탄소-14(carbon-14)	3만 5,000	나무, 조개껍데기
우라늄/토륨(uranium/thorium)	1만~35만	탄산염광물(산호)
열루미네선스(thermoluminescence, TL)	3만~30만	석영 실트
광여기루미네선스(optically stimulated luminenscence, OSL)	0~30만	석영 실트
우주기원		
현지 베릴륨-10, 알루미늄-26(in situ beryllium-1, aluminium-26)	3~400만	석영
헬륨(helium), 네온(neon)	무한대	감람석, 석영
염소-36(chlorine-36)	0~400만	석영
화학적		
테프라연대학(tephrochronology)	0~수백만	화산재
고지자기		
지자기역전의 확인(identification of reversals)	>70만	세립의 퇴적물, 화산 용암류
세차운동(secular variations)	0~70만	세립의 퇴적물
생물학적		
연륜연대학(dendrochronology, 나무 나이테)	1만	나무

[D. W. Burbank and R. S. Anderson, *Tectonic Geomorphology*. Oxford: Blackwell, 2001, p. 39.]

균형을 이루는 한 지형은 전혀 변하지 않는다는 것이다. 그럼에도 불구하고 지구의 역사는 우리에게 상승하는 모든 것들은 결국 하강한다는 것을 가르쳐준다. 매우 긴 시간 규모하에서는 데이비스와 펭크의 모델은 경관지형이 궁극적으로 어떻게 변화할 것인가에 대해 보다 정확한 설명을 제시한다. 침식작용이 융기작용보다 커지면, 사면의 경사는 낮아지고 더 둥글어진다(그림 22.18a

참조). 그러나 지구상에서 1억 년 동안 지구조적으로 조용한 지역은 매우 적기 때문에, 데이비스가 제시한 완벽하게 평탄한 침식평원은 지구역사에서 아주 드물게 형성되었을 것이다. 해크의 역학적 평형 모델은 아마도 일정한 융기율이 100만 년 이상 동안 유지될 수 있는 지구조적으로 활발한 지역의 경관지형에 가장 적합할 것이다.

요약

경관지형의 주요 구성요소들은 무엇인가? 경관지형은 지형(학)으로 설명되며, 지형(학)은 해수면을 기준으로 위와 아래의 수직거리인 고도와 어떤 지역에서 가장 높은 지점과 가장 낮은 지점의 고도 차이를 나타내는 기복을 포함한다. 경관지형은 하천, 빙하, 산사태, 바람에 의한 침식작용과 퇴적작용에 의해 형성된 다양한 지형들로 구성된다. 가장 흔한 지형은 산과 언덕, 고원, 그리고 구조적으로 조절된 절벽과 능선이고, 이들은 모두 지구조 활동에 의해 형성되고 침식작용에 의해 변화된다.

어떻게 기후와 판구조시스템이 경관지형을 조절하기 위해서 상호작용을 하는가? 경관지형은 판구조과정, 풍화작용, 침식작용, 그리고 침식에 대한 저항력에 의해 형성된다. 판구조과정은 산을 융기시키고, 암석을 지표에 노출시킨다. 침식은 암석을 깎아내어 계

곡과 경사면을 형성한다. 기후는 풍화율과 침식률에 영향을 미친다. 기후와 기반암 종류의 변화는 경관지형의 발달을 크게 변화시켜, 사막 경관지형과 빙하 경관지형을 매우 다르게 만든다.

어떻게 경관지형이 발달하는가? 경관지형의 발달은 융기하는 힘과 침식되는 힘 사이의 경쟁에 의해 달라진다. 경관지형의 발달은 침식작용을 활발하게 하는 지구조적 융기작용부터 시작한다. 지구조 융기율이 높아지면, 침식률 또한 증가하는 경향을 보이고, 산은 높아지고 가파른 경사면을 보인다. 융기율이 감소하면, 침식률은 계속 높은 상태를 유지한다—땅의 표면은 낮아지고 사면은 완만해진다. 융기가 끝나면, 침식작용이 우세해지면서 이전의 높은 산들은 완만한 언덕이나 넓은 평원으로 변한다.

주요 용어

고도	등고선	지형	케스타
고원	메사	지형(학)	하천의 힘
기복	악지	지형학	호그백

지질학 실습

하천은 기반암을 얼마나 빠르게 침식시키는가?

산악지역에서, 하천의 흐르는 물은 지구조 과정에 의해 융기된 기반암을 하방으로 침식시킨다. 암석처럼 단단한 것들이 흐르는 물에 의해 잘리는 것을 상상할 수 있는가! 이 실습의 목적은 놀라울 정도로 빠른 침식률을 측정하는 방법을 배우는 것이다.

침식률은 물이 얼마나 빨리 흐르는지 그리고 흐르는 물속에 얼마나 많은 퇴적물들이 부유하고 있는지에 따라 달라진다. 기반암으로 절개한 하도의 침식은 커다란 암석 조각들을 떼어내는 작용과 퇴적물 입자들에 의한 마모작용의 결과이다. 암석을 떼어

내는 작용은 기반암이 조밀한 균열들로 틈이 벌어져 있거나 층리면이 잘 발달된 퇴적암으로 이루어져 있을 때 가장 쉽게 발생한다. 이러한 암석 내에 발달한 약한 부분은 하천 바닥에서 암괴들이 부서져 떨어져나가게 하고 하류로 운반되게 한다. 일단 떨어져나오면, 이동하는 암괴들은 다른 돌출된 암석들을 때리고 깨트려 떨어져나오게 한다. 마모는 퇴적물 입자들이 기반암에 충격을 가해 기반암으로부터 매우 작은 입자크기의 조각들을 깨트려 떼어낼 때 발생한다. 개개의 입자에 의한 충격 효과는 매우 작지만,

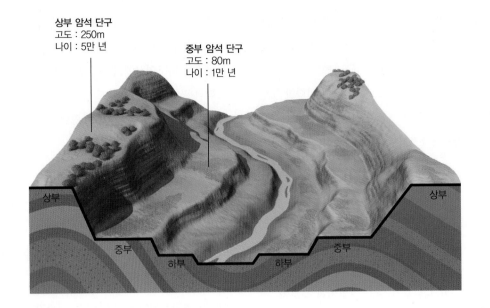

상부 암석 단구
고도 : 250m
나이 : 5만 년

중부 암석 단구
고도 : 80m
나이 : 1만 년

상부

중부

하부

하부

중부

상부

수백만 개의 입자들이 가한 충격을 합하면 그 효과는 매우 커진다. 이것은 기반암의 침식률이 시에라네바다산맥, 그랜드티턴산, 알프스, 히말라야와 같이 지구상에서 가장 환상적인 경관지형의 미적 아름다움을 조절하기 때문에 중요하다.

유속도 매우 중요하다. 야외와 실험실에서의 관찰에 따르면 침식률은 유속에 따라 달라지며, 유속의 5제곱(침식률~V⁵)까지 커진다. 이것은 유속의 작은 증가가 침식률의 극적인 증가를 초래한다는 것을 의미한다. 단순히 유속이 두 배가 되면 침식률은

중부 인더스 분지에 발달한 암석 단구.

[D. W. Burbank.]

초기보다 30배 증가할 수 있다—다시 두 배가 되면 침식률은 초기에 비해 1,000배 증가할 수 있다. 그러므로 수류가 기반암을 침식시킬 수 있는 때는 홍수처럼 드물지만 강력한 흐름이 발생하는 동안이다—그 외의 시간 동안에는 거의 침식이 일어나지 않는다.

기반암의 침식을 이해하기 위해, 지질학자들은 파키스탄 북부에 있는 인더스강과 같은 고산지대의 하천(highmountain streams)을 연구한다. 인더스강은 세계에서 가장 큰 강 중 하나이며, 지구상에서 가장 높은 산맥들인 히말라야, 카라코람(Karakoram), 힌두쿠시(Hindu Kush)의 심장부를 관통하고 있다. 인더스강의 유량은 6,600m³/s이다. 이는 보통의 2층 건물을 매초마다 여섯 번 채울 만큼의 유량이다! 인더스강이 낭가파르바트산(Nanga Parbat)을 매우 좁고 깊은 협곡을 형성하면서 관통하는 곳에서는 이처럼 극히 많은 유량으로 지구에서 가장 높은 침식률을 일으킨다. 그 지역에서 강은 좁고 경사가 가파르기 때문에 유속도 높아서 기반암 침식률도 높다.

지질학자들은 몇 가지 방법을 사용하여 기반암 침식률을 측정한다. 가장 쉬운 방법은 하도의 바닥에 시추공과 같은 표지물을 만든 다음, 시간 경과에 따른 표지물의 변화를 관찰하는 것이다. 뚫은 구멍의 깊이를 기록한 후, 특정 기간(예 : 1년 후)이 지난 다음에 구멍 깊이가 얼마나 감소했는지를 측정한다. 이러한 방법은 그해 동안의 평균 침식률을 보여주며, 이것은 침식률이 더 높거나 더 낮은, 더 짧은 기간들을 포함하고 있다.

침식률은 오랜 기간에 걸쳐 측정하기가 어렵다. 지질학자들은 종종 하도로 이어지는 경사면을 따라 보존된 암석 단구(strath terrace)를 찾는다. 암석 단구는 기반암이 깎여서 만들어진 지형적

인 벤치이며, 때로는 하도 바닥의 이전 위치를 지시하는 자갈 퇴적물로 덮여 있기도 하다. 이 단구는 하천 바닥의 고도가 계속되는 침식작용으로 낮아지면서 보존된다. 만약 암석 단구의 나이와 현재 하천 바닥으로부터의 높이를 측정할 수 있다면, 오랜 시간에 걸친 침식률을 계산할 수 있다. 암석 단구의 형성 시기는 보통 이 장의 후반부에서 언급한 베릴륨-10(beryllium-10) 방법을 사용하여 측정된다.

첨부된 그림에서 2개의 암석 단구에는 각각 나이와 해당 높이가 표시되어 있다. 하부 단구의 경우, 단구는 1만 년 전에 형성되었고, 현재 하천에서부터 80m 높은 곳에 위치하고 있다. 따라서 장기 침식률(long-term erosion rate)은 다음과 같이 주어진다.

$$침식률 = 단구의 고도/단구의 연령$$
$$= 80m/1만 년$$
$$= 0.008m/년 (8mm/년)$$

추가문제 : 상부 암석 단구가 나타내는 장기 침식률은 얼마인가?

연습문제

1. 지형의 세 가지 예를 들라.

2. 기복은 무엇이고, 그것은 고도와 어떻게 관련되어 있는가?

3. 기복은 측정하는 지역의 규모에 따라 변화하는데, 그 이유는 무엇인가?

4. 단층운동과 융기작용은 어떻게 지형을 조절하는가?

5. 지형학적으로 높은 지역과 낮은 지역에서 나타나는 침식과정을 비교설명하라.

6. 하천의 경사와 유량이 어떻게 하천의 힘에 영향을 주는가?

7. 기후는 지형에 어떻게 영향을 주고, 지형은 기후에 어떻게 영향을 주는가?

8. 지구조 융기작용과 침식작용 사이의 평형이 어떻게 산의 고도에 영향을 미치는가?

9. 현재 북아메리카의 어떤 지역에서 활발한 판구조운동이 경관지형에 영향을 주는가?

생각해볼 문제

1. 두 산맥의 정상은 다른 고도에 놓여 있다—산맥 A의 정상은 약 8km이고, 산맥 B는 약 2km이다. 이 산맥에 대한 어떠한 지식도 없는 상태에서, 두 산맥을 형성시킨 조산운동작용의 상대적인 연령에 대해 논리적으로 추측할 수 있는가?

2. 만약 지구조적으로 활동적인 지역과 비활동적인 지역에서 고도가 1km인 하천 계곡에서부터 고도가 2km인 산 정상부까지 등산을 한다면, 어떤 지역의 등산코스가 더 험준한가?

3. 동일한 연령, 암석 종류, 구조를 보이는 젊은 산맥이 북쪽의 한랭한 기후지역으로부터 온대성 기후를 지나 남쪽의 열대우림기후 지대까지 분포한다. 산맥의 지형은 이들 각각의 기후대에서 어떤 차이를 보이는가?

4. 기반암이 석회암인 저지대 습윤지역에서의 주요 지형을 설명하라.

5. 어떤 경관지형에서 호수를 발견할 수 있는가?

6. 앞으로 1,000만 년 후, 그리고 1억 년 후에 히말라야산맥과 티베트고원의 경관지형이 어떻게 변화할지 예측해보라.

7. 현재 약간 건조한 온대성 기후에서 강수량이 많은 보다 따뜻한 기후로의 변화는 콜로라도 로키산맥의 경관지형에 무슨 변화를 가져올 것인가?

8. 짧은 시간 단위(수천 년)에 걸쳐서 지각평형에 의한 융기는 일시적으로 산의 정상을 보다 높은 고도로 상승시킬 수 있다. 그러나 보다 긴 시간(수백만 년) 동안 계속된 침식작용은 그들의 정상을 점진적으로 보다 낮은 고도로 감소시킬 것이다. 이런 현상이 일어났을 때, 산맥 아래의 대륙암석권의 기저 깊이에 대해 지각평형설은 무엇을 예상할 수 있는가? 산맥이 침식되면 이 깊이는 증가해야 하는가 아니면 감소해야 하는가?

- 전 지구적 지오시스템으로서 문명

- 화석연료 자원

- 대체 에너지 자원

- 전 지구적 변화

- 지구시스템 공학 및 관리

북아메리카와 남아메리카의 야경은 세계화된 에너지 집약적인 문명의 불빛을 보여준다. [NOAA의 Earth Observation Group의 National Geophysical Data Center에 의한 이미지 및 데이터 처리 결과(http://www.ngdc.noaa.gov/dmsp)이며, 미국 공군기상청에서 수집한 DMSP 데이터]

지구환경과 인간의 영향

앞서 살펴본 장들에서, 우리는 지구시스템에 대한 더 나은 이해가 어떻게 천연자원을 찾는 데 도움을 주어 인간의 생활을 향상시키고, 자연환경을 유지하고, 자연재해의 위험을 줄일 수 있는지를 보았다. 하지만 인류문명의 발전을 당연한 것으로 여길 수는 없다. 인구는 폭발적으로 증가하고 있으며, 지구의 천연자원은 한정되어 있다. 아직도 세계의 일부 지역에서는 환경조건과 전반적인 삶의 질이 향상되지 않고 있으며, 전 지구적 환경은 악화될 가능성이 확실해 보인다. 천연자원을 사용하여 얻는 이익과 천연자원을 사용함으로써 지불해야 할 대가―우리를 살아가게 하는 지오시스템의 해로운 변화―사이의 균형을 맞추는 일은 이제 지구과학과 우리 사회가 해결해야 할 새로운 도전이 되었다.

이 마지막 장에서 우리는 경제의 원동력이 되는 에너지 자원에 대해 살펴보고, 이러한 자원의 사용이 환경에 어떠한 영향을 미치는지 알아본다. 우리는 현대문명의 가장 긴급한 두 가지 문제, 즉 경제발전을 위한 더 많은 에너지 자원의 필요성과 경제활동으로 유발되는 기후변화의 가능성에 초점을 맞출 것이다.

인류의 경제는 잠재적으로 위험한 온실기체(이산화탄소)를 배출하는 재생불가능한 에너지 자원(화석연료)의 연소에 의존하고 있다. 이 냉혹한 현실은 몇 가지 어려운 질문들을 제기한다―화석연료 자원은 얼마나 더 사용할 수 있을까? 화석연료의 연소로 배출된 대기 중 이산화탄소 농도의 증가는 전 지구의 기후에 어느 정도까지 악영향을 줄 것인가? 우리는 얼마나 빨리 화석연료를 대체 에너지원으로 바꾸어야 하는가? 이러한 질문들은 지구과학의 영역을 벗어난 정치적 및 경제적인 차원의 문제이므로, 여기에는 절대적으로 과학적인 답은 없다. 그럼에도 불구하고 하나의 과학자 집단으로서 우리가 내릴 결정을 지구시스템이 다음 수십 년과 수 세기 동안 어떻게 변할지에 대한 가장 현실적인 과학적 예견에 근거하여 우리가 내릴 결정을 알려야 한다. 합리적인 예견은 인류의 문명을 지구시스템의 한 부분으로 포함시킬 때만이 가능하다.

■ 전 지구적 지오시스템으로서 문명

인류의 거주지는 지구가 하늘과 만나는 얇은 접점이며, 거기에서 전 지구적 지오시스템—기후시스템, 판구조시스템 및 지오다이너모—은 상호작용하여 생명을 유지할 수 있는 환경을 제공해준다. 우리는 이러한 환경을 영리하게 이용하는 방법을 발견하여 식량을 재배하고, 광물을 채굴하고, 구조물을 세우고, 재료를 운반하고, 여러 가지 것들을 제조하며 우리의 삶의 수준을 향상시켰다. 그 결과로 인구는 폭증하였다.

약 1만 년 전인 홀로세 초기에 기후가 따뜻해지면서 경작이 본격적으로 시작될 당시에는 약 1억 명이 지구에 살고 있었다. 인구는 천천히 증가했다. 인구가 처음으로 두 배가 되어 2억 명이 된 시점은 약 5,000년 전 청동기 때이며, 이때 인류는 처음으로 구리나 주석 등의 광석을 채굴하고 제련하는 법을 배웠다(청동은 구리와 주석의 합금이다). 인구가 두 번째로 두 배가 되어 4억 명이 된 시점은 약 700년 전의 중세에 들어서야 가능했다. 그러나 19세기 초 산업화가 시작되면서 세계 인구는 폭발적으로 증가하기 시작하여 1,800년대에 10억 명, 1927년에 20억 명을, 1974에 40억 명을 돌파하였다. 20세기 중반부터 인류의 수가 두 배가 되는 기간은 인간수명의 절반인 겨우 47년밖에 걸리지 않았다. 세계의 인구는 2012년 초에 70억 명을 돌파하였으며, 앞으로 인구 성장률은 점차 감소할 것으로 예상됨에도 불구하고 2030년까지 전 세계 인구는 80억 명이 넘을 전망이다(그림 23.1).

인구가 폭증하면서 에너지나 천연자원에 대한 요구도 폭발적으로 증가하고 있다. 문명이 확장되고 전 세계 사람들이 삶의 질을 향상시키기 위해 노력하면서 천연자원에 대한 수요가 급증하고 있다. 예로, 에너지 사용량은 지난 70년 동안 1,000% 증가했으며, 현재 에너지 사용량의 증가율은 인구증가율의 2배로 증가하고 있다. 이번 장의 제일 앞부분에 나온 우주에서 바라보는 지구에 보이는 찬란한 빛의 격자는 도시화가 지구 전체에 빠르게 확산되었음을 보여준다.

문명이 시작된 이래, 인류문명은 산림벌채, 농업, 그 외 여러 토지이용 변경 등으로 환경을 변화시켜왔다. 그러나 이전 시대에는 인류의 영향이 대개 국지적 또는 지역적으로 제한되어 있었다. 아래의 몇 가지 놀랄 만한 사례에서 볼 수 있듯이, 오늘날 산업 규모에서의 에너지 생산으로 말미암아 인류의 영향은 지구표면의 환경을 변화시키는 데 있어 기후시스템이나 판구조시스템과 맞설 수 있는 수준에 이르렀다.

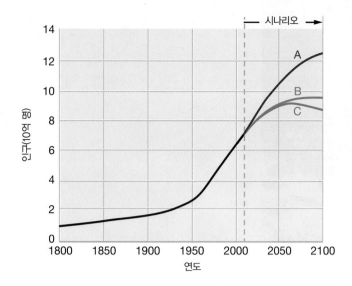

그림 23.1 검은색 선은 1800년 이후 전 세계 인구증가 추이를 나타낸다. 색이 있는 선들은 지구의 기후에 대한 인류의 영향을 추정하기 위하여 IPCC에 의해 사용된 3개 시나리오에서 향후 인구증가를 보여준다. 시나리오 A(적색선)는 세계의 인구는 22세기까지 계속 증가하는 경우이다. 시나리오 B(녹색선)는, 21세기 후반에 인구가 안정화되는 경우이며, 시나리오 C(청색선)는 2070년 이후에 인구가 감소하는 경우이다.

[IPCC, *Climate Change 2013: The Physical Science Basis.*]

■ 전 세계 강으로 운반되는 퇴적물의 약 30%가 인류가 축조한 댐과 저수지에 저장되어 있다.

■ 대부분의 산업화 국가에서는, 자연적인 침식으로 운반되는 양보다 많은 토양과 바위를 매년 건설 노동자들이 운반한다.

■ 냉매인 프레온이 발명된 이후 50년도 안 되어 지구의 보호막인 성층권의 오존층을 손상시키기에 충분한 양의 냉매가 냉장고와 에어컨에서 새어나와 대기 상층부로 날아갔다.

■ 인류는 최근 반세기 동안 전 세계 삼림의 약 1/3을 다른 용도, 주로 농업 경작 지역으로 변환시켜왔다.

■ 19세기 초 산업혁명이 시작된 이후, 산림파괴와 화석연료의 연소로 인해 대기 중 이산화탄소의 농도는 거의 50% 증가했다.

우리는 단지 지구시스템의 일부로서 존재하는 것이 아니라, 지구시스템이 작동하는 방식을 근본적으로 바꾸고 있다. 지질학적 관점에서 볼 때, 인류문명은 필요한 자격을 다 갖춘 전 지구적 지오시스템으로 발전하였다.

천연자원

천연자원(natural resources)이라는 용어는 인류문명에 의해 사용되는 자연환경에서 기인하는 에너지, 물, 원료 등을 의미한다. **재생가능한 자원**(renewable resources)은 환경에서 지속적으로 생산

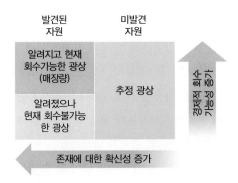

그림 23.2 부존자원에는 확장자원뿐만 아니라 발견되었지만 아직은 경제적으로 회수할 수 없는 광상, 그리고 아직 미발견 상태이지만 지질학자들이 언젠가는 발견할 것으로 예상되는 광상도 포함된다.

되는 천연자원을 말한다. 그 예로 숲의 나무를 수확해도 나무는 다시 자라서 또 수확할 수 있다. **재생불가능한 자원**(nonrenewable resources)은 지질학적 과정에 의해 생산되는 것보다 훨씬 빠르게 소모되는 천연자원을 말한다. 예로, 유기물의 경우 매몰된 후 수백만 년 동안 열을 받는 과정을 거쳐야만 석유를 생산할 수 있다.

지각으로부터 얻는 모든 물질은 한정적이다. 어떤 물질을 얻을 수 있는 가능성은 해당 광상의 분포가 쉽게 접근 가능한지와 그 물질을 지각으로부터 채취하는 데 들어가는 비용에 달려 있다. 지질학자들은 이러한 재생불가능한 자원의 공급을 설명하기 위하여 두 가지 척도를 사용한다. **확장자원**(reserves, 매장량)이란 이미 발견되어 현재 경제적 및 합법적으로 개발될 수 있는 특정한 물질의 광상이다. 반대로, **부존자원**(resources)은 미래에는 이용될 가능성이 있는 양을 포함한 그 물질의 전체 양을 포괄한다.

부존자원은 확장자원뿐만 아니라 발견은 되었으나 아직 채굴할 수 없는 부존량과 지질학자들이 결국 발견될 것으로 예상하고 있으나 아직 발견되지 않은 부존량도 포함된다(그림 23.2).

확장자원은 경제적, 기술적 조건이 일정하게 유지되는 한 공급가능한 양을 의미한다. 만약 조건이 변하면, 일부 부존자원은 확장자원이 되며, 그 반대가 될 수도 있다. 많은 경우, 품질이 나쁘거나 부존량이 적어 채굴할 가치가 없는 자원 또는 채굴이 힘든 부존자원들은 신기술이 개발되거나 가격이 오르면 확장자원이 된다.

지질학자들은 새로운 자원을 찾는 전문가이다. 그러나 자원의 평가는 매장량의 평가보다 훨씬 불확실하다는 점을 명심해야 한다. 따라서 특정 물질의 자원 부존량으로 인용되는 모든 수치는 미래에 얼마나 많은 양을 이용할 수 있는가에 대한 합리적인 추측일 뿐이다. 자원이 발견되는 지질학적 환경과 자원의 회수 및 사용과 관련된 문제점들을 고려함으로써, 우리의 천연자원을 관리하는 방법을 보다 잘 이해할 수 있다.

에너지 자원

일을 하기 위해 에너지가 필요하기 때문에, 에너지는 인류문명의 모든 측면에 있어 필수적이다. 에너지 공급의 위기는 현대사회를 마비시킬 수 있다. 연료 보급에 대한 접근을 둘러싸고 전쟁도 일어났으며, 경제 침체와 파국적인 통화 인플레이션이 석유와 다른 연료의 가격 등락으로 인해 일어났다.

우리의 에너지 사용은 지난 200년 동안 증가해왔지만, 우리의 에너지원도 산업혁명이 시작된 이후 계속 바뀌어왔다(그림 23.3). 150년 전 미국에서 사용된 에너지의 대부분은 나무의 연소로부터 왔다. 장작불은 화학적 관점에서 보면 **바이오매스**(biomass)—탄소와 수소 화합물로 이루어진 유기물—의 연소이다. 바이오매스는 광합성에 기초한 먹이사슬에 있는 식물과 동물에 의해 생산된다. 따라서 나무에 존재하는 에너지의 궁극적 원

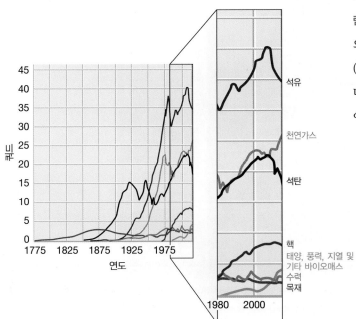

그림 23.3 1775~2011년 동안 미국의 에너지 소비. 주로 사용된 에너지는 목재, 석탄, 석유의 순서로 잇따라 바뀌었다. 최근 몇 년 동안(삽도에서 확대된 기간), 석유와 석탄 에너지의 사용은 감소하였고, 태양광과 풍력 같은 재생가능한 에너지원과 천연가스 에너지의 사용은 증가하였다. 이 그림과 이 장에서 사용되는 에너지 단위는 쿼드(1쿼드 = 10^{15} Btu)이다.
[미국 에너지관리청(EIA).]

천은 이산화탄소와 물을 탄수화물로 변환하는 햇빛이다. 나무나 기타 바이오매스의 연소로 열에너지가 생산되고 이산화탄소와 물은 주변 환경으로 다시 되돌아간다. 이러한 능력으로 인해 바이오매스는 태양에너지를 단기간 저장하는 장치의 역할을 한다. 또한 생물권에서는 새로운 바이오매스가 지속적으로 생산되기 때문에 바이오매스는 재생가능한 에너지 자원이다. 19세기 중엽 이전에는 목재 및 식물과 동물(예 : 고래기름, 말린 버팔로 분뇨)에서 기원한 바이오매스의 연소로 당시 필요한 연료를 모두 충족하였다. 오늘날에도 바이오매스로부터 얻은 에너지는 다른 모든 재생가능한 에너지 자원에서 얻는 양의 합계와 같다.

수백만 년 전의 퇴적암층(특히 석탄기 퇴적층)에 묻혀 있던 바이오매스의 일부는 석탄이라는 연소 가능한 암석으로 변화하였다. 석탄을 연소시키는 것은 광합성을 통해 고생대 태양광으로부터 축적된 에너지를 사용하는 것이다. 그러므로 이렇게 '화석화된' 에너지의 일차적 기원은 바로 기후시스템을 움직이는 태양에너지이다. 또 다른 주요 연료인 원유(석유)와 천연가스 역시 죽은 유기물의 속성작용과 변성작용으로 만들어졌다. 석탄, 석유, 천연가스를 통틀어 **화석연료**(fossil fuel)라 부른다. 현재와 같은 속도로 화석연료를 사용하는 경우, 이들 재생불가능한 에너지 자원은 지질학적 과정이 이들을 채워주기 훨씬 전에 고갈될 것이다.

탄소경제의 등장

인류는 수천 년 동안 방앗간과 그 밖의 기계에 동력을 공급하기 위하여 바람, 떨어지는 물, 동물(소, 말, 코끼리 등)의 힘 등의 재생가능한 에너지원을 사용해왔다. 그러나 18세기 후반에 이르러, 산업화 때문에 전통적 재생가능한 에너지가 공급할 수 있는 수준을 넘어서는 에너지 수요의 증가가 발생하였다. 이 기간에 제임스 와트(James Watt) 등은 수백 마리의 말이 할 수 있는 일과 맞먹는 석탄을 이용하는 증기기관을 개발하였다. 증기 기술은 에너지 가격을 급격히 낮추었는데, 이는 부분적으로 대규모 석탄 채광이 가능해졌기 때문이다. 저렴한 에너지의 이용은 산업혁명의 발단이 되었다. 19세기 말엽, 석탄은 미국 에너지 공급의 60% 이상을 차지하였다(그림 23.3 참조).

1859년에 첫 번째 유정이 에드윈 드레이크(Edwin L. Drake) 대령에 의해 미국 펜실베이니아에서 시추되었다. 석유 채굴이 석탄처럼 이익이 될 수 있다는 생각에 회의를 품은 이들은 이 프로젝트를 '드레이크의 어리석음'이라 불렀다(그림 23.4). 그들의 생각은 틀렸으며, 20세기 초에 석유와 천연가스는 석탄을 대체하기 시작하였다. 석유는 석탄처럼 재를 만들지 않고 깨끗하게 연소되었을 뿐만 아니라, 철도와 선박 외에 파이프라인으로도 운송될 수 있었다. 게다가 원유에서 정제되어 만든 휘발유와 경유는 새

그림 23.4 에드윈 드레이크(오른쪽)가 '석유시대'의 개막을 알린 유정 앞에 서 있다. 이 사진은 1866년에 펜실베이니아주의 타이터스빌에서 존 매더(John Mather)가 촬영하였다.
[Bettmann/CORBIS.]

롭게 발명된 내연기관에서의 연소에 적합하였다.

오늘날 문명이라는 엔진은 주로 화석연료에 의해 돌아가고 있다. 석유, 천연가스, 석탄은 전 세계에서 소비되는 에너지의 85%를 차지한다. 이러한 에너지 시스템에 의한 문명을 **탄소경제** (carbon economy)라 부른다.

전 세계 에너지 소비

에너지 사용량은 연료별로 적절한 단위로 측정되는데, 예를 들면 석유는 배럴, 가스는 입방피트, 석탄은 톤을 사용한다. 그러나 영국열량단위(Btu) 같은 표준 에너지 단위를 사용하면 비교가 용이해진다. 1Btu는 1파운드 물의 온도를 1°F만큼 올리는 데 필요한 에너지(1,054joules)이다. 한 국가의 연간 에너지 사용량 등 큰 양을 측정할 때에는 1,000조(10^{15})Btu인 쿼드(quads)를 사용한다.

2012년에 미국은 약 95쿼드의 에너지를 사용했으며(그림 23.5), 전 세계에서는 530쿼드의 에너지를 사용했다. 따라서 세

계 인구의 4.5%를 차지하는 미국이 지구 평균에 비해 1인당 4배 더 많은 에너지를 소비한 것이다. 소비한 전체 에너지의 82%는 화석연료가 공급했으며, 재생가능한 바이오매스는 4.5%를 차지했다. 〈그림 23.5〉에서 볼 수 있듯이 이 시스템을 통한 에너지의 흐름이 아주 비효율적임을 알 수 있을 것이다―에너지의 약 39%가 실제로 사용된 반면, 61%는 낭비되었다. 아울러 2012년에 약 1.4기가톤(Gt)의 탄소가 주로 CO_2로 대기 중에 방출되었다(1Gt = 10억t = 10^{12}kg).

새로운 에너지 고효율 기술과 함께 에너지 절약이 증가했다는 것은 미국의 에너지 수요가 줄어들기 시작했다는 좋은 신호이다. 실제로 미국의 전체 연간 에너지 소비량은 2007년부터 2012년까지 6% 감소했는데, 이는 최근 들어 처음으로 감소한 것이다. 그러나 전 세계적 규모로 본다면, 가장 인구가 많은 두 국가인 중국(매년 +8%)과 인도(매년 +7%)에서 증가한 에너지 소비량은 미국, 일본, 서유럽의 에너지 소비량 감소분을 상쇄하고도 남을 정도였다. 2007년에 처음으로 중국의 총 에너지 소비량이 미국의 에너지 소비량을 초과했다. 그럼에도 불구하고 중국의 인구

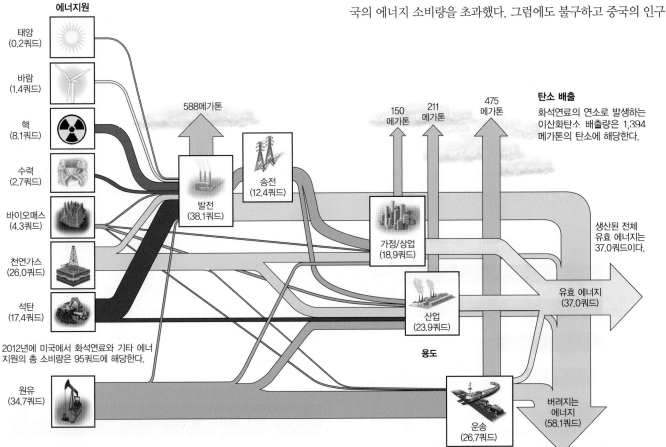

그림 23.5 2012년 미국의 에너지 소비량(쿼드). 주요 연료원(왼쪽의 상자들)에서 생산된 에너지는 주거, 상업, 산업, 수송 부문(가운데와 오른쪽의 상자들)으로 공급된다. 지열에너지를 이용한 전력생산 (0.2쿼드)은 기여도가 낮아 표시하지 않았다.

[로렌스리버모어국립연구소(Lawrence Livermore National Laboratory), 미국 에너지관리청(Energy Information Administration)의 자료에 기초.]

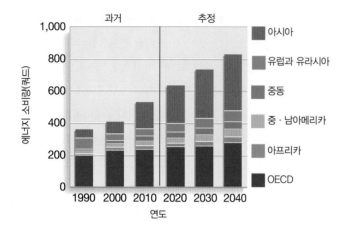

그림 23.6 1990~2040년 동안 세계의 지역별 과거 및 추정된 에너지 소비량(쿼드). 유럽경제협력기구(OECD)에는 서유럽, 북아메리카 및 오스트레일리아의 국가들이 포함된다.
[미국 에너지관리청(U.S. Energy Information Agency).]

가 훨씬 많기 때문에 1인당(per capita) 평균 에너지 사용량은 거의 8배나 적다. 중국과 다른 개발도상국들이 그들의 생활 수준을 향상시키기 위해 노력함에 따라, 1인당 세계 에너지 소비는 증가할 것이고, 전체 에너지 소비는 가속화될 것이다. 전 세계 연간 에너지 소비량은 2020년까지 600쿼드를 초과할 것으로 예상된다(그림 23.6).

미래의 에너지 자원

그림 23.7은 전 세계에 남아 있는 화석연료 매장량의 대략적인 추정치를 보여준다. 단순히 총 매장량(약 53,000쿼드)을 〈그림 23.6〉에 있는 현재 전 세계 연간 소비량 추정치(약 530쿼드)로 나누었을 경우, 에너지 고갈을 걱정하기 전에 아직 수십 년 동안 쓸

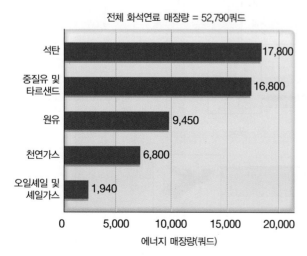

그림 23.7 남아 있는 화석연료 에너지 매장량의 추정치는 약 53,000쿼드에 달한다.
[세계에너지협의회(World Energy Council).]

자원이 남아 있다고 오해할 수 있다. 그러나 이 장의 뒷부분에서 살펴볼 수 있듯이, 이 문제의 경제학적 조건은 훨씬 더 복잡하다. 일부 에너지원은 다른 에너지원보다 먼저 고갈될 것이며, 여러 에너지원들은 쉽게 교체 사용할 수 없고, 그들의 일부를 유용한 에너지 형태로 변환하는 데 드는 환경비용도 너무 클 수가 있다.

물론 화석연료의 사용 효율을 높이고 원자력 및 재생가능한 에너지원과 같은 대안을 개발하여 사용함으로써 에너지 수요를 충족시킬 수 있다. 현재의 예측으로는 어떠한 기술적인 혁신이 있기 전에는 앞으로 수십 년 이내로 재생가능한 에너지원인 태양에너지, 풍력에너지, 수력에너지, 지열에너지, 바이오연료 등으로부터 인류가 필요한 만큼의 에너지를 얻을 수 없다고 한다. 그럼에도 불구하고, 대체 에너지원의 개발은 화석연료 자원의 부담을 감소시키고 화석연료 연소에 의한 부정적인 환경영향을 감소시킬 수 있다.

에너지 생산 과정에서 발생하는 탄소의 유입

화석연료 이용의 가장 심각한 환경적 대가는 전 지구적 탄소순환에 영향을 끼쳐 발생하는 기후변화일 것이다. 인류의 출현 이전에는 암석권과 다른 지구시스템 구성요소 간의 탄소교환은 지질학적 과정에 의해 아주 느린 속도로 유기물이 매몰되고 노출되면서 일어났다. 이러한 자연적 탄소순환은 암석권으로부터 막대한 양의 탄소를 기권으로 직접 배출하는 탄소경제의 등장으로 교란되었다. 제15장에서 살펴본 바와 같이 이산화탄소가 온실기체이기 때문에 기후시스템은 전 세계 탄소순환과 밀접하게 연관되어 있다. 이산화탄소의 농도는 산업화 이전의 270ppm에서 2013년에 400ppm까지 급속도로 증가했다. 화석연료의 사용량을 줄이지 않으면 대기 중 CO_2의 양은 금세기 중반에는 산업혁명 이전의 두 배가 될 것이다.

이산화탄소와 기타 온실기체의 인위적인 증가는 이미 온실효과와 지구온난화의 증대를 초래했다. 기후시스템과 생물권의 미래는 인류가 어떻게 에너지 자원을 관리하는가에 달려 있음은 분명하다. 이에 대해서 더 자세히 살펴보자.

■ 화석연료 자원

가장 중요한 에너지원인 화석연료가 경제적으로 가치 있는 광상으로 만들어지려면 특정 환경과 특정 지질학적 조건이 필요하다. 화석연료는 과거 생물들의 유기물 잔해로부터 생성된다—즉, 식

물, 조류, 박테리아, 기타 미생물 등과 같은 고대 생물들의 유해가 매몰되고 변형되어 퇴적물 내에 보존된 것이다.

석유와 천연가스는 어떻게 만들어지는가?

석유와 천연가스는 유기물의 생산량이 높고 퇴적물 속에 산소의 공급이 불충분해서 퇴적물 내의 유기물을 모두 분해하지 못하는 퇴적분지에서 형성되기 시작한다. 대륙주변부에 있는 많은 외해의 열침강분지들이 이 두 조건을 모두 만족시킨다. 이러한 환경과 다소 약하지만 일부 하천 삼각주와 내해에서는, 퇴적속도가 높기 때문에 유기물은 빨리 매몰되어 분해를 피할 수 있다.

수백만 년을 매몰되어 있는 동안, 퇴적층 깊은 곳의 증가된 온도와 압력에 의해 촉발된 화학반응은 이러한 근원암층(source beds) 내의 일부 유기물을 연소 가능한 탄화수소로 천천히 변형시킨다. 가장 단순한 탄화수소는 천연가스(natural gas)라 부르는 화합물인 메탄가스(CH_4)이다. 정제하지 않은 석유 또는 원유(crude oil)는 보다 복잡한 탄화수소로 이루어진 다양한 종류의 액체들을 포함한다.

원유는 **원유생성구간**(oil window)이라는 제한된 범위의 압력과 온도에서 형성되며, 이러한 조건은 보통 약 2~5km의 심도에서 발견된다(제5장의 지질학 실습 참조). 원유생성구간보다 얕은 천부에서는, 온도가 너무 낮아서(일반적으로 50℃ 이하) 유기물이 탄화수소로 변할 수 없는 반면에, 이보다 깊은 심부에서는 온도가 너무 높아(150℃ 이상) 이미 생성된 탄화수소가 메탄으로 분해되어 천연가스만 생성된다.

매몰작용이 진행됨에 따라 근원암층의 다짐작용에 의하여 석유와 천연가스는 **탄화수소 저류암**(hydrocarbon reservoirs)의 역할을 하는 주변의 투수성이 있는 암석(예 : 사암 또는 다공성 석회암)으로 빠져나간다. 석유와 가스는 비교적 낮은 밀도로 인하여 계속 위쪽으로 이동하여, 투수성 지층의 공극 대부분을 점유하는 물 위에 떠 있게 된다.

어디에서 석유와 천연가스를 발견하는가?

석유와 천연가스의 대규모 축적을 용이하게 하는 지질조건은 바로 지질구조와 암석 유형이 연합하여 탄화수소의 상향 이동을 막는 불투수성 장벽인 **집유장**(oil trap)을 형성하는 것이다(그림 23.8). 일부 집유장은 구조적 변형에 의해 만들어지므로 이를 구

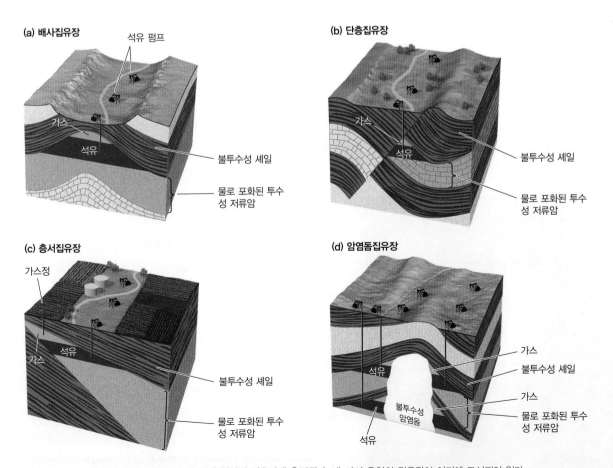

(a) 배사집유장
석유 펌프
가스
석유
불투수성 셰일
물로 포화된 투수성 저류암

(b) 단층집유장
가스
석유
불투수성 셰일
물로 포화된 투수성 저류암

(c) 층서집유장
가스정
석유
가스
불투수성 셰일
물로 포화된 투수성 저류암

(d) 암염돔집유장
가스
석유
불투수성 암염돔
석유
가스
불투수성 셰일
물로 포화된 투수성 저류암

그림 23.8 석유와 천연가스는 지질구조에 의해 형성된 집유장에 축적된다. 네 가지 유형의 집유장이 여기에 도시되어 있다.

조집유장(structural traps)이라 한다. 구조집유장의 한 유형은 투수성 사암층 위에 불투수성 셰일이 놓여 있는 배사구조에 의해 형성된다(그림 23.8a). 석유와 천연가스는 배사구조의 정상부—가스는 맨 위에, 기름은 그 아래—에 축적되며, 이들은 모두 사암을 포화시키고 있는 지하수 위에 떠 있다(제7장 지질학 실습 참조). 이와 유사하게, 경사부정합이나 단층에 의한 변위로 말미암아 불투수성 셰일의 반대편에 경사진 투수성의 석회암층이 위치하면 또 다른 유형의 구조집유장이 형성된다(그림 23.8b). 그 밖의 집유장은 경사진 투수성 사암층이 점차 얇아지면서 불투수성 셰일층을 만나는 경우처럼 퇴적작용에 의해 만들어지기도 한다(그림 23.8c). 이러한 구조를 **층서집유장**(stratigraphic traps)이라 한다. 또한 석유는 불투수성인 암염체와 연관되어 **암염돔집유장**(salt dome trap)을 만들기도 한다(그림 23.8d).

석유와 천연가스를 포함하고 있는 탄화수소 저류암은 복잡한 지질시스템이다. 지질학자들은 탄성파 탐사(그림 14.6 참조)와 같은 다양한 기법으로 저류암의 3차원 지도를 만들 수 있다. 이러한 3차원 모델은 대부분의 석유와 가스가 주로 어디에 위치하는지를 보여주며, 또한 저류암에 뚫은 시추공에서 어떻게 흘러나올지를 예측할 수 있도록 한다.

석유 탐사를 하면서 지질학자들은 전 세계에 있는 수천 개의 집유장을 탄성파 탐사로 조사했다. 그중 일부만이 경제적으로 가치 있는 양의 석유나 천연가스를 포함하고 있는데, 이는 집유장만으로는 탄화수소 저류암을 만들 수 없기 때문이다. 근원암이 존재하고, 필요한 화학반응이 일어나고, 또한 석유가 집유장으로 이동한 후 가열 또는 변형에 의해 흩어지지 않고 그대로 머물러 있을 경우에만 집유장은 석유를 포함하고 있을 것이다. 석유와 천연가스가 드물게 나타나는 것은 아니지만, 찾기 쉬운 대규모 유전들은 이미 대부분 발견되었다. 따라서 새로운 유전의 발견은 점점 더 어려워지고 있다.

현재 심부의 암층으로부터 석유와 천연가스를 더 효율적으로 뽑아내는 방법을 찾기 위하여 노력 중이다. 지각심부로 시추하는 작업은 매우 정교하고 비용이 많이 들어가는 사업이 되었다(그림 23.9). 석유기술자들은 3차원 모델을 사용하여 저류층의 원유가 가장 풍부한 곳으로 드릴비트(천공 날)가 길을 찾아가도록 조정한다. 그들은 석유를 뽑아내기 위하여 다루기 힘든 지층 속으로 물을 주입하는데, 이러한 과정을 수압파쇄법이라 한다. 또한 그들은 전략적으로 위치를 선정한 주입공 속으로 이산화탄소를 집어넣어 이산화탄소가 석유를 다른 곳으로 밀어내게 한 후, 그곳의 다른 시추공을 통해 더 효율적으로 석유를 뽑아내기도 한다. 이러한 방법은 뽑아올릴 수 있는 석유와 천연가스의 양을 증가시키고, 역시 매장량도 증가시킨다.

석유 매장량의 분포

2002~2012년에 걸친 10년 동안, 전 세계는 약 0.3조 배럴(1배럴 = 42갤런)의 석유를 소비했다—그럼에도 불구하고 전 세계 석유 매장량은 감소하지 않았고, 사실상 매장량은 약 1.3조 배럴에서 1.7조 배럴로 증가했다. 석유 탐사는 대단히 성공적인 지질학적 활동 영역이다!

석유 매장량과 10년간의 매장량 변화가 그림 23.10에 지역별로 표시되어 있다. 이란, 쿠웨이트, 사우디아라비아, 이라크, 아제르바이잔의 바쿠지역 등을 포함하는 중동의 유전들은 전 세계 총 원유 매장량의 약 48%를 차지하고 있다. 이곳에서 유기물이 풍부한 퇴적물들이 고대 테티스해가 닫히면서 습곡과 단층작용을 받아 석유가 축적되는 데 매우 이상적인 환경이 형성되었다. 이 거대한 수렴대에서 발견된 대규모 저류층들 중에는 세계 최대의 유전인 사우디아라비아 가와르(Ghawar) 유전이 포함된다. 1948년에 생산을 시작한 가와르 유전은 지금까지 700억 배럴 이상의 석유를 생산했으며, 앞으로 약 700억 배럴을 더 생산할 것으로 보인다.

서반구에서 석유 매장량의 대부분은 루이지애나-텍사스 지역,

그림 23.9 멕시코만의 해상 플랫폼에 탑재한 신기술들을 이용하여 심해저 지하의 저류층으로부터 석유와 천연가스를 생산할 수 있다. 이러한 플랫폼을 이용한 시추에는 1억 달러 이상의 비용이 소요될 수 있다.

[Larry Lee Photography/ Corbis.]

확정 매장량
(10억 배럴)

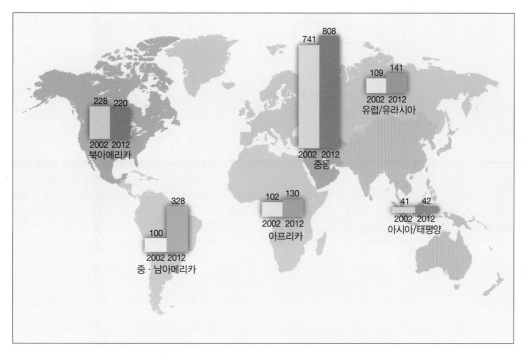

그림 23.10 2002년(왼쪽 막대)과 2012년(오른쪽 막대)에 10억 배럴(bbl) 단위로 추산된 세계 지역별 석유 매장량.
[2013년 6월, *British Petroleum Statistical Review of World Energy 2013*.]

멕시코, 콜롬비아, 베네수엘라를 포함하는 생산성이 매우 높은 걸프만-카리브해 지역에 위치해 있다. 2002년에서 2012년 사이에 남아메리카의 석유 매장량이 세 배로 증가한 것(그림 23.10 참조)은 브라질 근해의 대서양에서 새로운 거대 유전들이 발견된 영향도 크지만, 주로 석유회수기술의 발전에서 비롯되었는데, 이는 베네수엘라 오리노코 분지의 중질유를 경제적으로 개발할 수 있게 해주었다.

미국의 석유 매장량도 역시 2002년의 310억 배럴에서 2012년의 350억 배럴로 증가하여 전 세계 10위를 차지하였다. 미국의 31개 주는 상업적으로 생산 가능한 석유 매장량을 가지고 있으며, 나머지 주들의 대부분도 작아서 상업적으로는 생산이 어려운 석유 자원들을 보유하고 있다.

석유의 생산과 소비

2012년 한 해 동안 전 세계적으로 생산된 석유의 양은 약 310억 배럴이었다. 미국은 사우디아라비아와 러시아를 제외한 다른 어느 나라보다 많은 32억 배럴을 생산했으나, 약 68억 배럴을 소비했다. 이러한 약 35억 배럴에 달하는 미국의 생산과 소비의 격차는 석유 수입으로 충당된다. 2011년에 3,270억 달러에 달하는 이

불균형은 다른 어떠한 요인보다 미국의 엄청난 무역 적자에 크게 기여를 해왔다.

미국은 국내에 매장된 석유의 대부분이 이미 개발되었다는 점에서 '성숙한' 산유국이다. 생산량은 1970년에 최대치를 기록한 후 종 모양의 곡선을 따라 감소했다(그림 23.11). 이 커브의 정점을 석유지질학자 킹 허버트(M. King Hubbert)의 이름을 따 허버트 정점(Hubbert's peak)이라 한다. 1956년에 허버트는 생산속도와 새로운 매장량 발견속도 사이의 단순한 수학적 관계를 사용하여, 당시 급속도로 성장하던 미국의 석유 생산량이 1970년대 초반에 실제로 감소하기 시작할 것이라고 예측했다. 당시 그의 주장은 지나치게 비관적인 것으로 여겨졌지만, 실제로 1970년에 생산이 정점에 이른 후 20세기 후반 들어서 허버트가 예측한 대로 계속 하락하여 결국 역사는 그의 주장이 옳았다는 것을 증명하였다.

그러나 2009년에 미국의 석유 생산량이 다시 증가하기 시작했으며, 2012년에는 2008년 생산량보다 30%나 더 증가했다. 이러한 증가는 미국의 새로운 석유 붐을 의미하는데, 이는 해저 유전의 급속한 개발과 함께 논란의 여지가 있는 기술인 수압파쇄법과 같은 석유회수기술의 향상으로 인한 것이다.

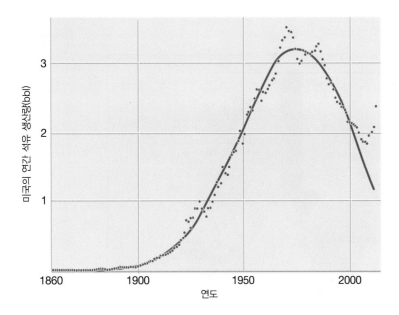

그림 23.11 10억 배럴(bbl) 단위로 나타낸 1860년에서 2012년까지 미국의 연간 석유 생산량. 각 점들은 각 연도의 생산량을 나타낸다. 실선은 미국의 석유 생산량이 1970년대에 정점을 찍은 후 하락할 것이라고 예측한 허버트의 1959년 예측 곡선과 유사하다. 그러나 석유 생산량은 2008년에 최저를 기록한 후 증가하고 있다.

[출처 : K. Deffeyes, *Hubbert's Peak*, Princeton, NJ: Princeton University Press, 2001; 미국 에너지관리청의 데이터를 이용하여 수정.]

석유는 언제 고갈될까?

현재의 생산속도라면, 지금까지 알려진 석유 매장량은 약 55년 안에 모두 소비될 것이다. 그렇다면 금세기가 끝나기 전에 석유가 고갈된다는 말인가? 그렇지는 않다. 석유 자원은 확정 매장량보다 훨씬 크기 때문이다.

실제로, 석유는 절대로 '고갈'되지 않을 것이다. 자원이 줄어듦에 따라, 결국에는 가격이 매우 높아져 연료로 석유를 태워 낭비할 만한 여유가 없게 될 것이다. 석유의 주 용도는 플라스틱, 비료 및 기타 **석유화학** 제품 생산을 위한 원료가 될 것이다. 석유화학산업은 이미 전 세계 석유 생산량의 7%를 소비하고 있다. 석유지질학자 Ken Deffeyes가 지적했듯이, 아마도 미래 세대는 석유시대를 돌이켜보면서 믿기 어렵다고 말할지 모른다—"예전에는 석유를 연료로 사용했다고? 이 아름다운 유기분자들을 단지 태워버렸다고?"

핵심적인 문제는 석유가 고갈될 때가 아니라, 석유 생산량의 증가가 멈추고 감소하기 시작하는 때이다. 이 이정표—전 세계 석유 생산의 허버트 정점—가 진정한 전환점이다. 일단 이 정점에 도달하면, 공급과 수요의 격차가 급속히 커지면서 유가는 하늘 높이 치솟을 것이다.

그렇다면 우리는 허버트 정점에 얼마나 근접했을까? 이 질문에 대한 대답은 상당한 논란의 대상이다. 일부 석유 비관론자들은 우리가 허버트 정점에 빠르게 도달하고 있다고 주장해왔다. 반면에 석유 낙관론자들은 새로운 석유의 발견과 수압파쇄법 및 심해시추기술과 같은 석유회수기술의 향상으로 인해 앞으로 수십 년간 세계의 석유 수요를 충족시키기에 충분한 석유가 공급될 것이라고 믿는다. 〈그림 23.10〉에서 볼 수 있는 최근 석유 매장량의 증가는 이러한 견해를 뒷받침한다.

석유와 환경

화석연료의 생산은 환경에 많은 악영향을 미칠 수 있다. 2010년 4월 20일에 시추 플랫폼 딥워터 호라이즌(Deepwater Horizon)호에서 폭발사고가 일어나 11명이 사망하고 17명이 부상하였다. 이 사고로 역사상 최대의 해양기름유출 사고가 발생하여 3개월 동안 500만 배럴의 원유가 멕시코만에 유출되었다(그림 23.12). 기름 유출은 멕시코만 연안 생태계에 심각한 환경피해를 초래했다(그림 23.13).

1979년에 유카탄 해안과 1969년에 산타바바라의 외해에서 발생한 이전의 유출사고와 더불어, 이 사고는 알래스카 북부 해안 평야에 있는 북극국립야생동물보호구역(Arctic National Wildlife Refuge, ANWR)과 같이 환경변화에 취약한 서식지에서 석유와 천연가스 개발을 위한 시추작업을 허용할 것인지에 대한 오래된 논쟁을 재개하는 계기가 되었다(그림 23.14). 아직 ANWR의 전체 석유 자원 부존량의 평가는 완료되지 않았으나, 최대 400억 배럴 정도로 예상된다. 미국 지질조사소는 유가가 충분히 높을 경우 현재의 기술로 60억 배럴에서 160억 배럴의 석유를 경제적으로 생산할 수 있다고 추정하고 있다. 이러한 자원이 미국 경제에 기여할 것이라는 데는 의심의 여지가 없다. 그러나 석유와 가스 생산을 위해서는 순록, 사향소, 눈거위 및 기타 야생동물들의 중요한 번식지에 도로, 송유관, 주택 등을 건설해야 한다. 개발

그림 23.12 *딥워터 호라이즌호의 폭발 후 34일째인 2010 년 5월 24일에 미항공우주국(NASA)의 테라(Terra) 인공위 성이 촬영한 멕시코만의 유막.*

[NASA/Goddard/MODIS 신속대응 팀.]

결정을 내릴 때, 정책 입안자는 시추로 얻을 수 있는 단기간의 경제적 이익과 향후 발생할 수 있는 장기간의 환경손실을 잘 따져봐야 한다.

천연가스

세계의 천연가스 매장량은 원유 매장량과 비슷하며(그림 23.7 참조), 앞으로 수십 년 내에 원유 매장량을 능가할 것으로 예상된다. 최근에 천연가스 자원의 부존량 추정치가 증가해왔는데, 그 이유는 천연가스에 대한 탐사가 증가하였고, 아주 깊은 심부 암층, 충상단층 구조, 석탄층, 치밀한(투수성이 낮은) 사암, 셰일 등과 같은 새로운 지질환경에서 가스 저류층들이 발견되었기 때문이다.

석유와 마찬가지로, 새로운 기술로 인해 가스 생산의 효율성이 높아졌으며 가스를 추출할 수 있는 암층의 종류가 다양해졌다. **수압파쇄법**[hydraulic fracturing 또는 '프래킹(fracking)']은 다량의 물을 시추공을 통해 셰일과 같은 단단한 암층 속으로 주입하여 암층 내에 작은 균열들을 만듦으로써 가스가 추출 파이프 속으로 더 쉽게 흘러 들어오도록 한다(그림 23.15). 이 기술은 미국 동부 애팔래치아산맥 북부와 앨러게니고원의 지하에 분포하는 마르첼로 셰일(Marcellus shale)과 같은 셰일층으로부터 천연가스를 추출하는 붐을 일으켰다(제5장 참조). '셰일가스(shale gas)' 생산량은 지난 10년간 10배 증가했으며, 현재 미국 천연가스 생산량의 거의 3분의 1을 차지하고 있다(그림 23.16).

그림 23.13 *딥워터 호라이즌호의 폭발로 유출된 기름이 멕시코만 연안의 야생동물에게 해를 끼쳤다.*

[AP Photo/Bill Haber.]

그림 23.14 북극국립야생동물보호구역(ANWR)의 순록
떼. 이 원시지역에서 석유와 천연가스를 생산하기 위한
시추 제안서는 격렬한 논쟁에 휩싸여 있다.
[Prisma Bildagentur/Alamy.]

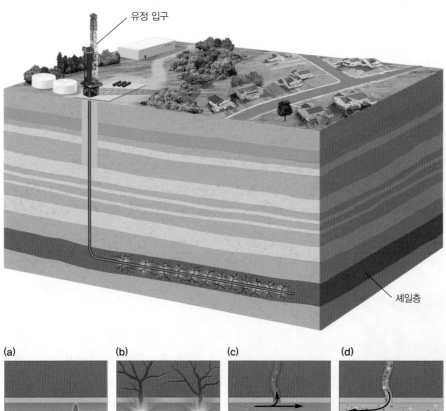

유정 입구

셰일층

(a)

시추공에 케이싱*을 하고
시멘트로 둘러싸 고정한다.

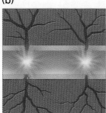

(b)

케이싱과 시멘트에 폭발
을 일으켜 작은 구멍을
뚫는다.

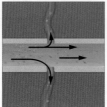

(c)

시추공을 통해 고압으로
물과 모래를 주입하여 시
추공 주변의 암석을 수압
으로 파쇄한다.

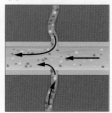

(d)

수압파쇄는 작은 균열들
을 만들고, 이 균열들은
모래로 채워져 계속 열려
있게 되어 석유와 천연가
스를 유정의 입구까지 흘
러나오게 한다.

그림 23.15 수압파쇄법(프레킹)은 셰일 및 기타
조밀한 지층에서 석유와 가스를 생산하는 기술이
다. 먼저 시추공 속에 고압으로 물과 모래를 주입
하여 암층 내에 균열을 만든 후, 균열을 통해 석
유와 천연가스가 더 쉽게 흘러나오게 하여 지상으
로 뽑아낸다. 시추공은 흔히 수평으로 놓여 있는
셰일층을 관통하기 위하여 수평방향으로 뚫는다.

* 케이싱은 시추공의 시추한 부분에 집어넣고 시멘트로 고정시킨 철제파이프로서, 시추공의 벽이 무너
지는 것과 고밀도 이수에 의해 지층이 손상 또는 오염되는 것을 방지한다. – 역자 주

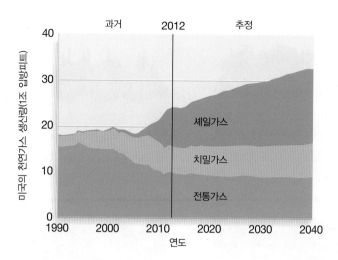

그림 23.16 셰일가스는 현재 미국 천연가스 생산량의 거의 1/3을 차지하며, 2040년에는 거의 절반을 차지할 것으로 예상된다.

그러나 수압파쇄법은 막대한 양의 물을 사용하고 생산과정에서 발생한 폐기물이 지역 상수원을 오염시킬 수 있기 때문에, 관련된 환경비용이 매우 클 수 있다. 또한 파쇄에 사용된 폐수와 화학물질을 심부 주입정을 통해 지중 처리하는 과정에서 지각 내 오래된 단층의 윤활제가 되어 지진을 일으킬 수 있다(제13장 지질학 실습 참조). 셰일가스 개발은 오클라호마, 텍사스 및 오하이오와 같이 역사적으로 지진발생 빈도가 낮았던 미국 내 여러 지역에서 지진활동을 증가시켰다.

여러 가지 이유로 인해 천연가스는 프리미엄 연료다. 메탄은 연소할 때 대기 중의 산소와 결합하여 열의 형태로 에너지를 방출하고 부산물로 이산화탄소와 물만 형성한다. 따라서 천연가스는 산성비의 주요 원인이 되는 이산화황을 배출하는 석유나 석탄에 비해 훨씬 깨끗하게 연소된다. 또한 천연가스는 에너지 단위당 CO_2 배출량이 석유보다 30%, 석탄보다 40% 이상 적다. 따라서 발전소의 연료로 석탄 대신 천연가스를 사용하면 에너지 생산의 **탄소집약도**(carbon intensity)—즉, 전기의 쿼드당 탄소 배출량—를 낮추어준다. 천연가스는 송유관을 통해 대륙을 가로질러 쉽게 운송된다. 그러나 원산지에서 대양을 건너 소비자에게 운반하는 것은 아직 어려운 편이다. 비록 잠재적인 위험(예 : 대규모 폭발) 때문에 LNG 설비가 건설될 지역에서 논란을 일으키고 있지만, 액화천연가스(LNG)를 처리할 수 있는 유조선과 항구의 건설로 이 문제를 해결하려 하고 있다.

천연가스는 매년 미국 화석연료 소비의 약 33%를 차지한다(그림 23.5 참조). 미국 주택의 절반 이상과 많은 상업 및 산업용 건물들의 대부분은 미국, 캐나다, 멕시코의 가스전들과 지하 송유관 네트워크로 연결되어 있다. 천연가스 자원이 부각됨에 따라 일부 관측통들은 '석유 경제'에서 '메탄 경제'로 전환하고 있다고 생각한다.

석탄

석탄층에서 발견되는 풍부한 식물 화석은, 석탄이 습지에서 식물의 대규모 축적으로 형성된 생물학적 퇴적물임을 보여준다. 울창한 습지의 식물이 죽으면 잎과 나뭇가지들은 물에 잠긴 토양으로 떨어진다. 식물질이 급속히 묻히며 물에 잠기면, 유기물을 분해하는 박테리아가 필요로 하는 산소를 공급받지 못하기 때문에 완전하게 부패하지 못한다. 식물질은 축적되어 점차 유기물질의 다공성 갈색 덩어리로서 나뭇가지, 뿌리 및 다른 식물 부분들을 여전히 알아볼 수 있는 **토탄**(peat)으로 변한다(그림 23.17). 산소가 부족한 환경에서 토탄이 축적되는 것은 오늘날의 늪지와 토탄 습지에서 찾아볼 수 있다. 토탄은 50%가 탄소로 이루어졌기 때문에 건조되면 쉽게 타는 성질을 지니고 있다.

시간이 지나면서 매몰이 계속되면, 토탄은 압축되고 가열된다. 화학적 변화는 이미 높은 탄소 함량을 더욱 증가시켜 약 70%의 탄소를 함유하는 매우 부드럽고, 갈색에서 흑색 빛깔의 석탄과 유사한 물질인 **갈탄**(lignite)이 된다. 매몰 깊이가 더 깊어지면서 나타나는 높은 온도와 변형은 갈탄을 **아역청탄**(subbituminous coal)과 **역청탄**(bituminous coal), 또는 **연탄**(soft coal)으로 변형시키고, 궁극적으로 **무연탄**(anthracite) 또는 단단한 **경탄**(hard coal)이 된다. 변성도가 높을수록, 석탄은 더 단단해지고 더 반짝이며, 탄소 함량이 더 높아지고, 그래서 에너지 함량도 높아진다. 무연탄은 탄소 함량이 90% 이상이다.

석탄 자원 퇴적암 내에는 막대한 양의 석탄 자원이 들어 있다. 석탄은 19세기 말 이래 주요 에너지원이었지만, 세계 석탄 매장량의 단 몇 퍼센트만이 소비되었다. 최신 추정치에 따르면, 석탄 매장량은 8,600억t에 달하여, 이는 다른 어떤 화석연료보다도 많은 1만 7,800쿼드의 에너지를 생산할 수 있다(그림 23.7 참조). 세계 석탄 자원의 약 85%는 구소련, 중국, 미국에 집중되어 있다—이 나라들은 세계 최대의 석탄 생산국들이다. 미국은 많은 주에 광대한 석탄 퇴적층을 갖고 있다(그림 23.18)—이는 미국의 현재 사용률(연간 약 10억t) 기준으로 향후 수백 년 동안 사용할 수 있는 양이다. 석유 가격이 급등하기 시작한 1975년부터 2005년까지 석탄은 미국의 에너지 수요에서 차지하는 비율이 증가해 왔는데, 이는 주로 전력생산용 연료로 공급되었다. 그러나 천연가

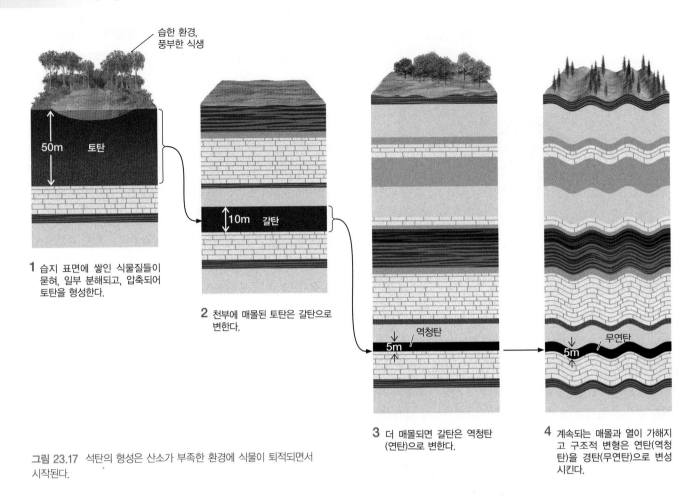

50m 토탄

10m 갈탄

역청탄
5m

무연탄
5m

1 습지 표면에 쌓인 식물질들이 묻혀, 일부 분해되고, 압축되어 토탄을 형성한다.

2 천부에 매몰된 토탄은 갈탄으로 변한다.

3 더 매몰되면 갈탄은 역청탄 (연탄)으로 변한다.

4 계속되는 매몰과 열이 가해지고 구조적 변형은 연탄(역청탄)을 경탄(무연탄)으로 변성시킨다.

습한 환경, 풍부한 식생

그림 23.17 석탄의 형성은 산소가 부족한 환경에 식물이 퇴적되면서 시작된다.

스 생산량이 증가하면서 석탄 사용량은 이후 감소하고 있다(그림 23.3 참조). 현재 석탄은 미국 에너지 소비의 약 18%를 차지한다.

석탄 사용의 대가 석탄의 생산과 연소는 심각한 문제를 일으키기 때문에 석유나 천연가스에 비해 선호도가 떨어지는 연료가 되었다. 탄광에서 광부로 일하는 것은 위험한 직업으로, 중국에서

알래스카

범례
- 갈탄
- 아역청탄
- 역청탄
- 무연탄

그림 23.18 미국의 석탄 자원.
[미국 광산국.]

만 매년 2,000명이 넘는 광부가 사망한다. 더 많은 광부들이 석탄 입자의 흡입으로 폐에 염증이 일어나는 진폐증(흑폐증)으로 고통받고 있다. 노천채굴(surface or strip mining)—석탄층을 노출시키기 위해 토양과 지표 퇴적물을 제거하여 채굴하는 방법—은 광부에게는 안전하지만, 석탄 채광 후 복원되지 않으면 그 지역을 황폐화시킬 수 있다. 특히 파괴적인 노천채굴 방식은 현재 미국 동부 애팔래치아산맥에서 흔하게 이루어지고 있는 '산정 제거(mountaintop removal)' 방법인데, 이는 산 정상부의 최대 약 300m 정도를 폭파시켜 하부의 석탄층을 노출시키는 채굴 방법이다(그림 23.19). 이 과정에서 발생하는 암석과 토양은 주변 계곡으로 버려진다.

석탄은 지저분한 연료로 악명이 높다. 석탄은 연소 시 석유보다 단위 에너지당 평균 25% 이상, 천연가스보다는 70% 이상의 CO_2를 방출하여 탄소 농도가 높다. 대부분의 석탄은 상당량의 황철석을 함유하고 있으며, 이는 석탄이 탈 때 유독성의 황 함유 가스로 대기 중에 방출된다. 이 가스가 빗물과 결합할 때 만들어지는 산성비는 캐나다, 스칸디나비아, 미국 북동부, 동유럽에서 심각한 문제로 대두되어왔다.

석탄이 연소되면 석탄회(재)라는 무기 잔류물질이 남는다. 석탄회에는 석탄에 함유된 모든 금속이 포함되어 있는데, 그중 일부—예 : 수은—는 유독하다. 석탄 100t을 태울 때마다 수 톤에 달하는 석탄회가 만들어지므로 심각한 폐기물 처리 문제를 일으킨다. 또한 재는 굴뚝으로 방출되어 바람이 불어가는 방향에 있는

사람들에게 건강상 위험을 초래할 수 있다.

미국 정부의 법규는 석탄을 사용하는 산업체들이 유황과 유독성 화학물질의 배출을 줄인 '청정' 석탄연소기술을 채택하도록 요구하고 있다. 또한 미국 연방법은 노천채굴로 파괴된 토지의 복구와 광부들의 위험요소 감축을 의무화하고 있다. 이러한 조치로 비용이 많이 들어 석탄값이 올라가지만, 아직 석유와 비교할 때 석탄은 상대적으로 저렴한 연료이다.

비전통 탄화수소 자원

대규모 탄화수소 퇴적층은 두 가지 다른 형태로 나타난다—이 두 가지는 유기물이 풍부하지만 원유생성구간에 도달하지 못한 근원암층과 한때 석유를 함유하고 있었지만 많은 휘발성분이 '빠져나가면서' 만들어진 중질유(heavy oil) 또는 천연역청(natural bitumen; 역청탄과 혼동하지 말 것)이라 부르는 타르 같은 물질을 함유한 지층이다.

첫 번째 유형의 탄화수소 자원은 유기물을 다량 함유하고 세립질 점토로 이루어진 퇴적암인 오일셰일(oil shale)이다. 1970년대에 석유 생산회사들은 콜로라도주의 서부와 유타주의 동부에 넓게 분포하는 오일셰일의 상업화를 시도하였으나, 유가가 떨어지고, 환경피해에 대한 우려가 높아지고, 기술적 난관을 극복하지 못하면서 1980년대에 이르러 그들의 노력은 대부분 포기되었다. 수압파쇄법과 같은 새로운 회수기술은 오일셰일의 에너지 생산효율을 증가시켰지만, 에너지 단위당 환경비용은 여전히 높다.

그림 23.19 웨스트버지니아주의 애팔래치아산맥에서 진행 중인 산정 제거 채굴.
[Rob Perks, NRDC.]

앞에서 언급했듯이, 수압파쇄법으로 셰일에 균열을 만들어 석유와 가스를 추출하는 공정은 미국 서부에서 귀한 자원인 막대한 양의 물을 필요로 하며, 지각 속으로 폐수를 재주입하는 작업은 지진 비활성 지역에서도 지진을 유발할 수 있다.

두 번째 유형의 탄화수소 퇴적층 중 하나인 캐나다 앨버타주의 타르샌드(tar sands)는 약 1,700억 배럴의 석유에 해당하는 탄화수소 매장량을 포함하고 있으며, 아마도 총 부존 자원량은 매장량의 10배에 해당할 것으로 추정된다. 매년 6억 배럴 이상의 석유가 앨버타 타르샌드에서 추출되고 있으며, 캐나다의 생산량은 2030년까지 5배로 증가하여, 전 세계 화석연료 수요의 5%를 공급할 것으로 예상된다. 그러나 오일셰일처럼 타르샌드의 개발도 중요한 환경문제를 일으킨다. 1배럴의 석유를 생산하기 위해서 2t의 채굴된 모래가 필요하기 때문에 환경오염 물질인 많은 양의 모래 폐기물이 남는다. 게다가 타르샌드로부터 석유를 생산하는 공정에서 사용되는 에너지가 최종 생산된 에너지의 약 2/3에 달할 정도로 비효율적인 과정이기 때문에 전통적인 석유 생산보다 훨씬 많은 CO_2를 배출한다.

■ 대체 에너지 자원

화석연료 자원이 계속 고갈되면, 대체 에너지원이 점점 더 많아지는 수요를 감당해야만 할 것이다. 석유 이후 경제로의 전환이 얼마나 빨리 일어날 것인가? 어떤 대체 에너지원이 화석연료를 대체할 가장 큰 잠재력을 가지고 있을까?

원자력 에너지

방사성 동위원소인 우라늄-235를 이용하여 최초로 대규모 에너지를 생산한 것은 바로 1944년의 원자폭탄이었으나, 원자의 핵이 자발적으로 분열[핵분열(fission)이라고 부르는 현상]하면서 방출하는 거대한 에너지를 처음으로 목격한 핵물리학자들은 이 새로운 에너지원을 평화적으로 이용할 가능성이 있으리라 생각했다. 2차 세계대전 이후, 전 세계 국가들은 **원자력에너지**(nuclear energy)를 생산하기 위해 원자로를 건설했다. 이러한 원자로에서 우라늄-235의 분열로 방출되는 열은 증기를 만드는 데 사용되며, 증기는 터빈을 구동하여 전기를 생성한다. 일반적인 상용 원자로 1기는 약 1000메가와트의 전기를 생산한다(1메가와트 = 100만 와트). 대형 원자력 단지에는 여러 대의 원자로가 있다(그림 23.20).

원자력은 프랑스(2012년에 75%), 슬로바키아(54%), 스웨덴(38%) 같은 일부 국가들이 사용하는 전기에너지의 상당 부분을 공급하지만, 이 비율이 미국(19%)에서는 훨씬 적다. 미국의 110개 원자로는 전체 미국 에너지 수요의 약 8.5%를 공급한다(그림 23.14 참조). 핵 연료가 저비용으로 환경적으로 안전한 에너지를 풍부하게 제공할 것이라는 초기의 기대는 원자로의 안전성, 방사성 폐기물의 처분 및 핵 안보와 관련된 문제들로 인해 실현되지 않았다.

우라늄 매장량 우라늄은 일부 화강암에 있는 미량원소로서, 평균 농도는 0.00016%에 불과하다. 게다가 우라늄-235는 우라늄 중에서도 적은 비율을 차지하고 있다—훨씬 더 풍부한 동위원소

그림 23.20 일본의 카시와자키-카리와 원자력 발전단지는 7기의 원자로가 가동 중인 세계 최대의 원자력발전소이며, 총 발전 용량이 8,200메가와트를 넘는다. 2007년 7월 16일에 이 지역을 엄습한 강력한 지진(규모 6.8)에 의해 피해를 입었다.
[STR/AFP/Getty Images.]

인 우라늄–238은 연료로 사용할 수 있을 정도로 충분한 방사능이 없다. 그럼에도 불구하고 우라늄은 단연코 세계에서 가장 큰 채굴 가능한 에너지 자원으로서, 어떤 화석연료보다도 훨씬 큰 적어도 24만 쿼드의 잠재적 에너지 생산 용량을 가지고 있다. 채굴 가능한 농도의 우라늄은 일반적으로 화강암과 다른 규장질 화성암 내에 있는 암맥에서 산화우라늄광물인 소량의 우라니나이트[uraninite, 피치블렌드(pitchblende)라고도 함]로 발견된다. 지하수가 존재하는 곳에서 지표 근처의 화성암에 들어 있는 우라늄은 산화되고 용해되어, 지하수에 의해 이동한 후, 퇴적암 속에 우라니나이트로 재침전된다.

원자력의 위험 원자력에너지의 가장 큰 단점은 원자로의 안전성, 방사성 물질로 인한 환경오염의 위험성 및 핵무기 제조에 방사성 원료를 이용할 가능성에 대한 우려이다.

미국에서 1979년에 펜실베이니아주의 스리마일섬에 있는 원자로의 손상으로 방사성 잔해들이 유출되는 사건이 발생했다. 비록 아주 미량의 방사성 연료가 격납건물 밖으로 누출되었고, 아무도 피해를 입지는 않았지만 위기일발의 상황이었다. 1986년에 우크라이나의 체르노빌에 있는 원자로가 파괴된 사건은 훨씬 더 심각했다. 이 원자로는 설계상 약점과 운영자의 실수로 통제 불능 상태가 되었다. 방사성 잔해의 구름기둥은 바람을 타고 스칸디나비아와 서유럽으로 퍼졌다. 건물과 토양의 오염으로 체르노빌 주위의 수백 평방 마일의 지역이 거주가 불가능하게 되었다. 방사성 낙진으로 여러 나라의 농산물이 오염되어 폐기처리되었다. 방사성 낙진에 노출되어 발병한 암으로 수천 명의 사람들이 사망했다.

가장 심각한 재앙은 2011년 3월 11일에 동일본 대지진에 의해 발생한 쓰나미가 일본 혼슈 북동부의 해안에 있는 후쿠시마 다이이치 원자력 발전소를 덮쳤을 때 일어났다(그림 13.31 참조). 원자로는 설계된 대로 자동정지 되었으나, 쓰나미가 예비 디젤 발전기를 파괴하여 아직 고온인 원자로를 냉각시키는 냉각 펌프의 전력이 차단되었다. 총 6기의 원자로 중 3기에서 완전 또는 부분적으로 노심용융(meltdown)이 일어났으며, 이 와중에 생성된 수소가스의 폭발로 원자로 격납건물이 파괴되어 방사성 잔해들이 대기로 방출되었다. 손상된 원자로를 식히기 위해 뿌린 물은 방사성 물질을 바다로 운반했다. 이 파괴된 원자로에서 나온 방사성 물질들은 아직도 주변 환경으로 누출되고 있다.

원자로에서 사용된 우라늄은 위험한 방사성 폐기물을 남긴다.

장기적으로 안전한 폐기물 처리 체계는 아직 정립되지 않았으며, 방사성 폐기물은 원자력 발전소의 임시저장시설에 보관되고 있다. (후쿠시마 발전소에 저장되어 있던 사용후 핵연료봉도 방사성 물질의 유출에 일조하였다.) 많은 과학자들은 지질학적 봉쇄—지하 심부의 안정된 불투수성 암층에 핵폐기물의 매립—는 방사성 폐기물이 완전히 붕괴되는 데 소요되는 수십만 년 동안 이 가장 위험한 폐기물들을 안전하게 저장할 공간을 제공해줄 것이라고 믿고 있다. 프랑스와 스웨덴은 지하 방사성 폐기물 저장소를 건설했다. 미국에서는 네바다주에 유카산 방사성 폐기물 저장소(Yucca Mountain Nuclear Waste Repository, 그림 23.21)를 건설하고 있었지만, 지역 사회의 반대로 인해 2010년 연방정부는 이 사업의 예산 지원을 중단하였다. 현재 미국은 방사성 폐기물 처분을 위한 장기적인 계획이 없는 상태이다.

바이오연료

19세기 중반의 석탄을 연소로 사용한 산업혁명 이전에는, 식물과 동물에서 나온 목재와 기타 바이오매스(biomass)의 연소가 당시 사회가 필요로 하는 에너지 수요의 대부분을 충족했다. 오늘날에도 바이오매스에서 나온 에너지가 모든 다른 재생가능한 자원에서 나오는 총 에너지량을 초과하고 있다.

바이오매스는 화석연료를 대체할 매력적인 대안인데, 그 이유는 적어도 원론적으로는 바이오매스는 탄소–중립적(carbon-neutral)이기 때문이다—즉, 바이오매스의 연소에 의해 생성된 CO_2는 결국 식물 광합성에 의해 대기로부터 제거되고, 새로운

그림 23.21 라스베이거스 북쪽의 네바다 핵실험장(Nevada Test Site)에 건설 중이던 유카산 방사성 폐기물 저장소의 북쪽 입구. 입구 오른쪽에 보이는 높은 봉우리가 유카산이다. 이 사업에 대한 미국 연방정부의 지원이 2010년에 종료되었다.
[미국 에너지부.]

그림 23.22 북아메리카의 대평원에 자생하는 다년생 식물인 스위치그라스는 가장 각광받는 바이오연료인 에탄올의 효율적 공급원이다. 유전학자인 Michael Casler가 에탄올 생산량 증대를 위한 교배 프로그램의 일환으로 스위치 그라스 씨앗을 수확하고 있다.
[Wolfgang Hoffmann/USDA.]

바이오매스를 생산하는 데 사용된다. 특히 바이오매스에서 추출한 에탄올(ethanol, 에틸알코올, C_2H_6O) 같은 액체 **바이오연료**(biofuels)는 자동차 연료인 휘발유를 대체할 수 있다.

운송에 바이오연료를 사용하는 것은 전혀 새로운 것이 아니다. 1876년에 니콜라우스 오토(Nikolaus Otto)가 발명한 최초의 4행정 내연기관은 에탄올을 사용했으며, 1898년에 루돌프 디젤(Rudolf Diesel)이 특허권을 얻은 최초의 디젤 엔진은 식물성 기름을 사용했다. 1903년에 최초로 생산된 헨리 포드(Henry Ford)의 모델 T 자동차는 에탄올을 사용하도록 설계되었다. 그러나 얼마 지나지 않아 펜실베이니아와 텍사스에서 발견된 신규 매장량에서 생산된 석유가 널리 보급되면서, 자동차와 트럭의 연료는 거의 전적으로 석유를 정제한 휘발유와 디젤 연료로 전환되었다.

에탄올은 가솔린과 섞어서 오늘날 생산된 대부분의 자동차 엔진을 움직이는 데 사용할 수 있다. 에탄올은 주로 미국에서는 옥수수로부터, 그리고 브라질에서는 사탕수수로부터 생산된다. 지난 35년간, 브라질 정부는 수입산 석유를 국내산 에탄올로 대체하기 위해 노력해왔다. 2012년에 브라질 자동차 연료 중 약 35%가 사탕수수로부터 생산되어 약 500억 달러의 석유 수입을 절감하였다. 2012년에 브라질과 미국은 전 세계 바이오연료의 68%를 생산하였다.

유망한 바이오매스 작물로는 북아메리카의 대평원(Great Plains)에 서식하는 다년생 식물인 스위치그라스(switchgrass)가 있다(그림 23.22). 사탕수수와 옥수수가 각각 연간 에이커(acre)당 665갤런과 400갤런의 에탄올을 생산할 수 있는 반면, 스위치그라스는 연간 에이커당 1,000갤런의 에탄올을 생산할 수 있는 잠재력을 가지고 있으며, 다른 종류의 농업으로는 한계효용에 도달한 초원에서도 재배가 가능하다. 그럼에도 불구하고, 바이오연료 생산은 식량 생산과 경쟁할 수밖에 없는데, 바이오연료 생산의 증가는 식량의 가격을 상승시키고, 이는 바이오연료의 경제적 이익을 감소시킨다.

바이오연료의 환경적 이익은 무엇인가? 진정 탄소–중립적인가? 식물에 비료를 주고, 식물을 바이오연료로 변형시키고, 바이오연료를 시장으로 운반하는 데 사용되는 에너지가 주로 화석연료에서 나온다면, 그 대답은 '아니요'이다. 바이오연료를 운송에 널리 사용하는 것은 암석권에서 대기권으로 탄소가 이동하는 것을 감소시킬 수 있다는 데는 의심의 여지가 없으나, 전문가들은 여전히 그러한 탄소 저감의 규모에 관해서 논쟁 중이다.

태양에너지

태양에너지 지지자들은 "매 시간 지구는 인류문명이 1년 동안 사용하는 것보다 더 많은 에너지를 태양으로부터 받는다."라 말한다. **태양에너지**(solar energy)는 사용해서 고갈될 수 없는 자원의 대표적인 예이다—태양은 최소한 앞으로 수십억 년 동안 계속하여 빛날 것이다. 태양에너지를 사용하여 주택, 산업 및 농업용 온수를 공급하는 것은 현재의 기술로도 경제적이지만, 대규모로 태양에너지를 전기로 변환하는 것은 여전히 비효율적이며 비용이 많이 든다. 그럼에도 불구하고, 유권자들의 명령과 정부 보조금에 의하여 대형 발전소가 건설되면서 태양광 발전은 급속히 증가하고 있다. 2013년에 완공된 캘리포니아주 모하비 사막의 이반파 태양광 발전시스템(Ivanpah solar electric generating system)은 최대 392메가와트의 전기를 생산할 수 있는 세계 최대 규모이다

그림 23.23 캘리포니아의 모하비 사막에 있는 이반파 태양광 발전시스템은 2013년에 완공된 세계 최대 규모의 태양광 발전소이다. 17만 개 이상의 거울이 물로 채워진 3개의 탑에 햇빛을 집중시켜서 증기를 만들어내고, 이 증기로 터빈을 돌려 최대 392메가와트의 전기를 생산한다.

[Gilles Mingasson/Getty Images for Bechtel.]

(그림 23.23).

미국의 태양에너지 변환은 2004년에 0.065쿼드에서 2012년에 0.20쿼드로 불과 8년 만에 세 배로 증가했다. 그러나 아직 이는 미국 에너지 소비량의 0.2%에 불과하다. 낙관적 예측에 따르면, 전 세계적으로 태양광 발전은 10년 내에 총 에너지 생산의 약 2%에 해당하는 연간 12쿼드까지 증가할 수 있을 것으로 전망된다.

수력발전에너지

수력발전에너지(hydroelectric energy)는 중력에 의해 움직이는 물이 발전 터빈을 구동하여 만들어진다. 발전을 위한 물은 댐의 인공저수지에서 공급된다. 수력발전에너지는 기후시스템을 움직이고 강우를 생성하는 태양에 의존한다—그래서 태양에너지처럼 재생가능한 에너지이다. 또한 상대적으로 깨끗하고, 위험성이 없으며, 생산 비용이 저렴하다.

중국 양쯔강의 삼협(싼샤)댐(**그림 23.24**)은 세계에서 가장 큰 수력발전소이다. 이 댐은 중국 총 전기 수요의 5%에 달하는 2만 2,500메가와트의 전기를 생산할 수 있다. 그러나 이 사업은 댐 건설로 100만 명 이상의 사람들이 수몰로 인하여 삶의 터전을 잃게 되어 논란이 되어왔다.

미국에서 수력발전 댐들은 매년 약 2.7쿼드를 공급하는데, 이는 미국의 연간 에너지 소비량의 3% 미만에 해당한다. 미국 에너지부는 새로 수력발전 댐을 건설하여 경제적으로 운영할 수 있는 5,000곳 이상의 부지를 확인했다. 그러나 이러한 확장은 농경지와 자연환경 보전지역이 댐 아래로 수몰되는 반면에, 추가로 소량의 에너지만을 공급할 것이기 때문에 많은 저항에 직면할 것이다. 이러한 이유로 대부분의 에너지 전문가들은 미국에서 수력발전으로 생산된 에너지의 비율이 미래에는 실질적으로 감소할 것으로 예상한다.

풍력에너지

풍력(wind power)은 풍차로 발전기를 구동하여 생산된다(**그림 23.25**). 오늘날 고효율 풍력터빈으로 발전하는 것은 재생가능한 에너지가 급성장하는 원천이 되고 있다. 수백 개의 터빈이 설치된 풍력발전단지는 중형 원자력발전소만큼의 전력을 생산할 수

그림 23.24 중국의 양쯔강에 있는 삼협(싼샤)댐은 길이가 2,335m이고 높이가 185m이다. 이 댐의 32개의 발전기는 2만 2,500메가와트의 전기를 생산할 수 있다.

[AP photo/Xinhua Photo, Xia Lin.]

그림 23.25 열을 지어 서 있는 풍차들은 캘리포니아 컨카운티의 테하차피 고개에 위치한 세계 최대의 풍력발전소 단지인 알타 풍력에너지센터(Alta Wind Energy Center)의 일부이다. 여기에서는 최대 1,320메가와트의 전기를 생산할 수 있다.
[Lowell Georgia/Science Source.]

있다. 전 세계적으로 풍력발전으로 생산된 전력량은 2000년에서 2010년 사이에 10배로 증가했다. 현재 덴마크는 풍력으로 전체 발전량의 21%를 생산하고 있으며, 포르투갈은 18%를 생산하고 있다. 미국의 경우, 풍력발전량은 2005년에서 2010년 사이에 3배로 증가했으며, 풍력은 현재 미국 전체 에너지 생산량의 약 1.4%를 차지하고 있다(그림 23.5 참조).

미국 에너지부는 미국 대륙 면적의 6%에 달하는 지역에 발전에 충분한 바람이 불고 있으며, 이 바람이 미국의 현재 전력 수요량의 1.5배 이상을 공급할 잠재력이 있다고 추정한다. 그러나 이러한 에너지를 얻으려면 수십만 평방킬로미터에 이르는 지역에 높이가 100m나 되는 풍차를 수백만 개나 설치해야 한다. 산업용 풍력발전에 따르는 경관지형의 변화와 터빈에서 발생하는 저주파 소음으로 인해, 일부 지역에서는 새로운 부지 선정에 있어 환경적 문제에 대한 논란이 있다.

지열에너지

제12장에서 살펴보았듯이, 지구내부의 열은 지열에너지(geothermal energy)의 원천으로 활용될 수 있다. 아이슬란드의 한 연구에 의하면, 접근 가능한 지열에너지원으로부터 연간 최대 40쿼드의 전기가 생산될 수 있으나, 실제로는 연간 약 0.3쿼드만이 생산되고 있다. 추가로 0.3쿼드의 지열에너지가 난방을 위해 사용되

고 있다. 오늘날 적어도 46개 국가에서 지열에너지를 사용하고 있다.

지열에너지가 주요 에너지원으로서 석유를 대체할 가능성은 낮지만, 미래 에너지 수요를 충족시키는 데 도움이 될 것이다. 지금까지 살펴본 다른 에너지원과 같이 지열에너지도 환경문제를 일으킨다. 땅속의 뜨거운 지하수를 생산하면서 다시 물을 주입하지 않으면 지역적 지반침하가 발생할 수 있다. 또한 열수는 뜨거운 암석에서 용해된 염과 독성 물질을 포함할 수 있다. 수압파쇄법을 시행할 때처럼, 이러한 폐수를 지각으로 다시 주입하면 지진이 유발될 수 있다.

■ 전 지구적 변화

화석연료의 연소와 기타 인류의 활동에 의한 배출이 대기의 화학성분을 변화시키기 시작했음이 명백해지면서 **전 지구적 변화**(global change)라는 표현이 세계인의 용어에 등장하였다. 기후시스템의 모든 구성요소에서 관찰된 인위적(anthropogenic) 변화에 대한 우려가 점점 더 커지고 있다. 이 절에서는 가장 심각한 세 종류의 인위적인 전 지구적 변화에 대해 기술한다.

■ 대기 중 이산화탄소와 기타 온실기체의 농도 증가로 인한 지구온난화

■ 수권에 용해된 이산화탄소의 증가로 인한 해양 산성화

■ 생물권의 변화로 인한 종 다양성의 손실

인간활동에 의한 전 지구적 변화의 결과는 과도한 개발로 인류가 공동 소유한 환경자원을 망쳐버리는 '공유지의 비극(tragedy of the commons)'을 피하기 위하여 우리 모두가 노력하면서 전례 없는 방식으로 정치인들이 협력하도록 동기를 부여하고 있다. 인접국들은 지역 환경문제를 다루기 위해 상호 이익이 되는 규정을 제정하고 있으며, 지구환경에 대한 인위적 영향을 관리하기 위하여 새로운 다국적 조약이 추진되고 있다. 지구과학은 지구환경 관리를 위한 합리적 선택을 하는 데 필요한 지식을 제공한다.

온실기체와 지구온난화

산업시대가 시작된 이래 화석연료의 연소, 삼림 벌채, 토지이용의 변화 및 기타 인류의 활동으로 인해 대기의 온실기체 농도가 크게 증가했다. 그림 23.26은 과거 1만 년 동안 세 가지 온실기체—이산화탄소, 메탄 및 아산화질소—의 대기 중 농도를 보여준다. 세 기체의 농도는 모두 홀로세 동안 비교적 일정하게 유지되다가, 산업혁명 이후에 급상승했다.

대기 중 메탄의 농도는 산업화 이전보다 150% 증가했으며, 이산화탄소는 48% 증가했다. 두 경우에서, 관측된 증가는 인간의 활동, 즉 농업과 화석연료의 사용으로 설명될 수 있다. 그러나 메탄의 온실효과는 이산화탄소보다 약하다. 그래서 비록 메탄의 상대적인 농도가 더 많이 증가했지만, 온난화에 대한 기여는 단지 약 30% 정도이다. 주로 농업에서 배출되는 아산화질소는 산업화 이후 약 20% 증가하였으며, 온난화에는 오직 적은 일부만 기여했다.

온실기체 농도의 증가는 지표의 평균기온 상승을 수반했다(그림 15.21 참조). 유엔은 온난화 추세가 초래할 잠재적 문제를 인식하고, 인위적 기후변화의 가능성, 잠재적 영향 및 가능한 해결책을 평가하기 위하여 1988년에 '기후변화에 관한 정부 간 협의체(IPCC)'를 설립하였다(지구문제 15.2 참조). IPCC는 수백 명의 과학자, 경제학자 및 정책 전문가들이 이러한 문제를 이해하기 위하여 함께 협력하는 지속적인 포럼(토론의 장)을 제공한다.

2013년에 발표된 주요 평가 보고서에서 IPCC는 다음과 같은 결론을 이끌어냈다.

■ 20세기 초부터 2012년까지 지표의 평균온도는 평균 약 0.9℃ 상승했다.

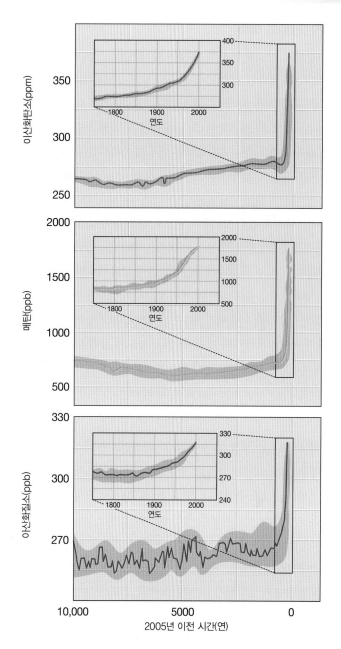

그림 23.26 지난 1만 년 동안(큰 도표)과 1750~2000년 동안(삽입된 도표) 변화한 이산화탄소, 메탄 및 아산화질소의 대기 중 농도. 기후변화에 관한 정부 간 협의체(IPCC)가 집계한 이 측정값은 빙하코어와 대기 시료들로부터 얻었다. 음영으로 표시된 띠 부분은 측정의 불확실성을 나타낸다.

[IPCC, *Climate Change 2007: The Physical Science Basis*. Figure SPM.1, Cambridge University Press.]

■ 이러한 온난화의 대부분은 대기 중 온실기체 농도의 인위적 증가에 기인한다.

■ 대기 중 온실기체의 농도는 21세기에도 주로 인류의 활동 때문에 계속 증가할 것이다.

■ 대기 중 온실기체 농도의 증가는 21세기 동안 상당한 지구온난화를 일으킬 것이다.

지구온난화의 예측

제15장에서 기술한 온난화 추세는 21세기에도 지속되고 있다. 정교한 온도계측이 1880년에 시작된 이래, 2001~2010년의 10년간은 가장 더운 시기로 기록되었다. 기록상 가장 더웠던 해는 2010년이었으며, 2005년이 그 뒤를 이었다. 가장 더웠던 해들의 순위에서 10위까지는 모두 1997년 이후에 기록되었다.

지구가 앞으로 얼마나 더 뜨거워질 것이며, 지구온난화가 지역 기후에 어떤 영향을 미칠 것인가? 이러한 질문에 답하기 위해서는 지구시스템의 복잡한 모델을 기반으로 한 예측이 필요하다. 이러한 예측은 불확실한데, 그 이유는 예측은 에너지 공급이 어떻게 이루어질 것인지, 온실기체 배출을 제한하기 위해 어떠한 정치적 결정이 내려질지 등을 포함하는 전 세계 인구와 경제가 어떻게 진화할 것인지에 크게 의존하기 때문이다. IPCC는 가능성을 달리한 일련의 시나리오하에서 대기 중 CO_2 농도의 증가를 예측했다. 각 시나리오는 2100년까지 대기의 온실기체 농도에 해당하는 **대표농도경로**(representative concentration pathway, RCP)로 특징지어진다. 세 가지 시나리오가 **그림 23.27**에 도시되어 있다.

■ 시나리오 A는 주요 에너지원으로 화석연료에 계속 의존하는 경우를 가정한다. 따라서 그림 23.27의 적색선과 같이 온실기체의 농도가 증가한다. IPCC가 'RCP8.5'라 명명한 시나리오 A에서는, 이산화탄소 농도가 2100년에는 산업혁명 이전의 수준보다 3배 이상인 900ppm이 넘을 것으로 전망된다.

■ 시나리오 B(녹색선, 'RCP6')는 이산화탄소의 농도가 21세기 후반에는 안정화되기 시작할 것이고, 2100년에는 산업혁명 이전의 2배인 600ppm에 이를 것으로 추정한다. 이 시나리오를 만족하기 위해서는 천연가스와 같이 탄소집약도가 낮은 화석연료로 크게 대체해야 하고, 원자력 및 신재생에너지의 확대 사용이 필요하다.

■ 시나리오 C(청색선, 'RCP2.6')는 2050년경 이산화탄소 농도가 정점을 찍은 다음, 21세기 말까지 현재 수준(400ppm)으로 완만하게 감소한다. 이 시나리오가 달성되기 위해서는 화석연료를 청정 대체 에너지원으로 훨씬 더 빠르게 전환해야 한다.

〈그림 23.1〉에 제시된 세계 인구증가에 대한 시나리오는 위에 열거한 3개의 RCP와 일치하도록 IPCC에 의해 개발되었음을 첨언한다. 예를 들어, 시나리오 C는 2100년에 세계 인구가 감소하는 경우에 해당한다.

IPCC는 이 시나리오들을 이용하여 지표의 평균기온을 예측했

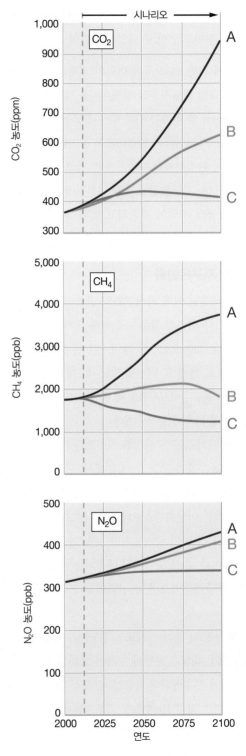

그림 23.27 21세기 동안 이산화탄소, 메탄 및 아산화질소의 대기 중 농도에 대해 IPCC가 예측한 세 가지 시나리오 또는 '대표농도경로(RCPs)'. 시나리오 A(적색선)는 현재처럼 높은 화석연료 사용률을 지속하는 경우(RCP8.5)를, 시나리오 B(녹색선)는 21세기 후반에 배출이 안정화되는 경우(RCP6)를, 시나리오 C(청색선)는 에너지원을 비화석연료로 신속하게 대체한 경우(RCP2.6)를 의미한다.

[IPCC, *Climate Change 2013: The Physical Science Basis*.]

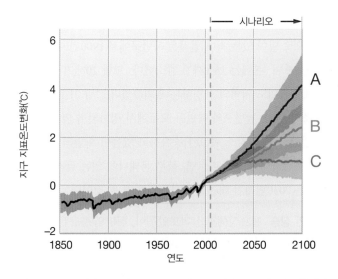

그림 23.28 시나리오 A(적색선, RCP8.5), B(녹색선, RCP6) 및 C(청색선, RPC2.6)로부터 구한 21세기 동안 지표 평균기온에 대한 IPCC의 예측. 회색 음영 띠는 과거 측정치의 불확실성을 나타내며, 색깔 음영 띠는 기후시스템에 대한 불완전한 지식으로 인한 예측의 불확실성을 보여준다.
[IPCC, *Climate Change 2013: The Physical Science Basis*.]

표 23.1	기후변화가 생태계와 자원에 미치는 잠재적 영향
시스템	잠재적 영향
숲과 기타 생태계	식생의 이동, 생태계 범위의 감소, 생태계 조성의 변화
종 다양성	종 다양성의 감소, 종의 이동, 새로운 종의 침입
해안습지	습지 침수, 습지 식생의 이동
수중 생태계	서식지 감소, 새로운 서식지로의 이동, 새로운 종의 침입
연안자원	해안 구조물의 침수, 침수 위험도 증가
수자원	물 공급의 변화, 가뭄과 홍수패턴의 변화, 수질 변화
농업	작물 수확량의 변화, 지역 간 상대적 생산성의 변화
인류의 건강	전염병을 일으키는 생물의 영역 이동, 열 스트레스와 추운 기후로 인한 고통의 패턴 변화
에너지	냉방 수요 증가, 난방 수요 감소, 수력에너지 자원의 변화

[미국 의회 기술평가청.]

다(그림 23.28). 지구시스템 모델의 불확실성을 감안하더라도, 21세기 동안 지구기온이 약 0.5℃에서 5.5℃까지 상승할 수 있음을 알아냈다. 온도상승을 억제하기 위해서는 화석연료 사용의 급격한 감소와 더불어 깨끗하고 자원 효율적인 에너지 기술로의 전환이 이루어져야만 한다. 덜 급진적인 (그러나 여전히 낙관적인) 시나리오 B에서, 2100년까지 기온상승은 20세기의 2배가 넘는 2℃를 초과할 가능성이 높다. 가장 비관적인 시나리오 A는 지표의 평균기온 상승이 아마도 4℃를 초과할 것으로 예측한다.

기후변화의 결과

인류가 배출하는 온실기체가 추가 온난화를 일으키고 기후시스템에 큰 변화를 초래할 수 있다는 것이 확실해 보인다. 이러한 변화는 문명에 긍정적인 영향뿐만 아니라 부정적인 영향을 끼칠 수 있다. 일부 지역의 기후는 현재보다 개선될 것이나, 다른 지역은 악화될 수 있다. 예로, 로스앤젤레스는 더 뜨겁고 건조해질 수 있다. 기후변화의 잠재적 효과를 표 23.1에 제시하였다.

광역적 기후패턴의 변화 강화된 온실효과가 어떻게 삼림 벌채와 같은 다른 요인들과 함께 전 지구지표의 기온을 바꿀 수 있을까? 그림 23.29는 세 가지 IPCC 시나리오에 의해 예측된 지역별 온도증가를 나타낸다. 예측된 온도변화의 지리적 패턴은 〈그림 15.21〉에 나타낸 20세기 후반 온난화의 관측 패턴과 약간의 유사성을 보인다. 특히 온난화는 해양보다 육지에서 더 크며, 북반구

의 온대지방과 극지방에서 가장 심한 온난화를 보여준다. 따라서 21세기 기후변화의 지리적 패턴은 지난 수십 년 동안 관찰된 양상과 유사할 것으로 보인다.

IPCC는 앞으로 지속될 가능성이 있는 광역적 기후패턴의 경향을 다음과 같이 정리하였다.

- 기온증가가 관측된 많은 육지지역에서 상대 습도 및 호우 빈도가 증가하였다. 북아메리카와 남아메리카의 동부, 북유럽, 북부 및 중앙아시아에서 강수량 증가가 관찰되었다.

- 사헬지역, 지중해, 남부 아프리카, 남부 아시아의 일부 지역 등에서 건조화가 관측되었다. 1970년대 이후 더 강하고 긴 가뭄이 넓은 지역, 특히 열대와 아열대지역에서 관찰되었다.

- 지난 50년 동안 온도최대치(temperature extremes)의 광범위한 변화가 관측되었다. 추운 날, 추운 밤, 서리의 발생이 감소하는 반면, 더운 날, 열대야 및 폭염은 더 자주 발생하였다.

- 열대 해수면의 온도가 증가함에 따라 북대서양에서 강력한 허리케인의 활동이 증가하였다. 연간 허리케인 발생 횟수에서는 뚜렷한 추세를 보이지 않지만, 4~5등급에 해당하는 강력한 허리케인이 발생한 횟수는 지난 30년간 거의 두 배로 증가하였다.

빙권의 변화 지구온난화의 영향은 극지방에서 가장 분명하다. 북극해에서 해빙의 양은 감소하고 있으며, 그 하락세는 가속화되는 것 같다. 2012년 9월에 해빙덮개의 면적은 1978년에 위성관

시나리오 A

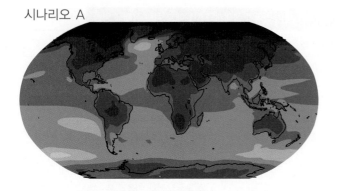

시나리오 B

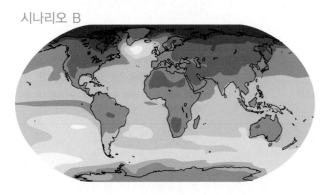

시나리오 C

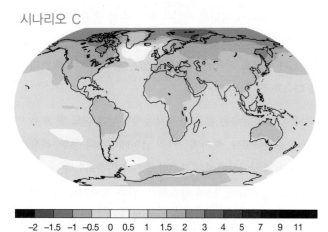

-2 -1.5 -1 -0.5 0 0.5 1 1.5 2 3 4 5 7 9 11
온도변화(℃)

그림 23.29 〈그림 23.28〉의 세 가지 IPCC 시나리오에 따라 2080~2100년 동안에 대해 예측된 평균 지표온도. 기준 기간인 1986~2005년 동안 동일한 위치에서 측정된 평균 지표기온과의 차이로 표현하였다.
[IPCC, *Climate Change 2013: The Physical Science Basis*.]

측이 시작된 이래 가장 작으며, 1979년의 최저치인 720만km² 에서 2012년의 360만km²로 2배나 감소하였다(그림 23.30). 기후모델에 따르면, 북극해의 대부분은 수십 년 이내에 얼음이 없는 바다로 변할 것이다. 해빙의 축소로 인해 이미 북극 생태계는 심각하게 교란되었다(그림 23.31).

북극 영구동토층의 최상부 온도는 1980년대 이후 3℃ 상승했으며, 영구동토의 용융은 알래스카 종단 송유관과 같은 구조물을

불안정하게 하고 있다(그림 21.20 참조). 계절적으로 얼어붙은 지면으로 덮여 있는 최대 면적은 북반구에서 1900년 이후 약 7% 감소했으며, 봄에는 15%까지 감소했다. 또한 20세기 온난화 과정에서 저위도 지역의 곡빙하는 후퇴하였다(그림 21.9 참조). 현장 조사 결과, 남반구와 북반구 모두에서 빙하의 후퇴 속도와 눈에 덮인 지역의 감소 속도가 증가하고 있음이 확인되었다. 미국 지질조사소의 연구에 따르면, 북부 몬태나에 있는 글레이셔국립공원은 2030년까지 대규모 빙하들을 잃게 될 것이다.

해수면 상승 제21장에서 살펴보았듯이, 해빙의 용융은 해수면에 영향을 미치지 않으나 대륙빙하가 녹으면 해수면 상승을 유발한다. 또한 해수의 온도가 올라감에 따라 바닷물의 부피가 매우 조금 증가하여 해수면이 상승하기도 한다(제21장 지질학 실습 참조). 해수면은 산업혁명 이후 2m 이상 상승했으며, 현재 연간 약 3mm씩 상승하고 있다. IPCC 시나리오를 기반으로 한 기후모델은 21세기 동안 해수면이 최대 1m까지 상승할 수 있음을 보여주며(그림 23.32), 이는 방글라데시와 같이 저지대에 위치한 국가들에 심각한 문제를 일으킬 것이다(그림 23.33). 미국의 동부해안과 멕시코만 연안에서도 허리케인 '카트리나'나 '샌디'(제20장 참조)의 경우와 같은 폭풍해일에 의한 해안 침수가 더 심하게 일어날 수 있다.

종과 생태계의 이동 지역적 및 광역적 기후변화에 따라 생태계도 변화할 것이다. 많은 식물과 동물 종들이 빠른 기후변화에 적응하거나 더 적합한 기후로 이주하는 데 어려움을 겪을 것이다. 급속한 온난화에 대처할 수 없는 종은 멸종에 이를 수 있다. 해빙과 동토가 녹음으로 인한 북극 생태계의 교란, 열대기후대의 확장에 따른 말라리아 같은 열대 질병의 확산 등 온난화는 이미 심각한 생태적 악영향을 미치고 있다.

기후시스템의 격변적 변화 가능성 현재 대기 중 이산화탄소와 메탄의 농도는 지난 65만 년 동안 중 가장 높은 농도이다. 따라서 현재의 기후시스템은 지금까지 알려지지 않은 새로운 영역으로 들어서고 있다. 일부 관측자들은 기후변화 예측의 신뢰성이 '치킨 리틀 문제'로 고통받고 있다고 있다고 생각한다―너무 많은 사람들이 "하늘이 무너지고 있어!"라고 외치면서 뛰어다니고 있다.*

---

* 〈치킨 리틀〉은 디즈니가 제작한 3D 장편 애니메이션으로, 하늘에서 떨어진 조각 때문에 하늘이 무너진다고 호들갑을 떨며 마을의 골칫거리가 되었던 치킨 리틀이 마을을 구하는 진정한 영웅이 되기까지의 이야기를 다루고 있다(출처 : 세계 애니메이션 백과). ― 역자 주

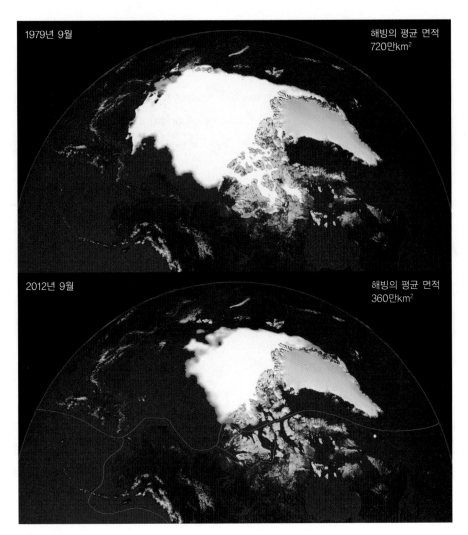

1979년 9월

해빙의 평균 면적
720만km²

2012년 9월

해빙의 평균 면적
360만km²

그림 23.30 지구온난화가 북극의 빙모(ice cap)를 녹이고 있다. NASA 인공위성 자료에서 얻은 이들 북극 사진으로 1979년 9월에 극빙모의 최소 범위(위 사진)를 2012년의 최소 범위(아래 사진)와 비교할 수 있다. 이로 인해 가까운 장래에 인류사회에 단기적인 혜택이 될 북서항로(Northweat Passage)와 대서양과 태평양 사이의 다른 더 짧은 해상로(아래 사진에 빨간 선으로 표시)가 새롭게 개통될 것으로 기대된다.
[NASA/Space Flight Center Scientific Visualization Studio.]

그림 23.31 기후변화는 이미 북극 생태계를 교란하고 있으며, 북극곰과 같은 북극 동물들의 서식지에 악영향을 미치고 있다.

[Thomas & Pat Leeson/Science Source.]

그런데도 대부분의 과학자들은 이러한 예측이 전 지구적 변화를 크게 증대시킬 수 있는 일부 양성 기후피드백을 적절히 고려하지 않았기에 보수적인(적게 잡은) 예측이라고 보고 있다. 이 장의 앞부분에서 언급한 해양 산성화는 그 좋은 예라 할 수 있다. 여기에 몇 가지 더 많은 예들이 있다.

■ **대륙빙하의 불안정화.** 그린란드 빙하의 표면 용융이 2012년에 가장 광범위하게 일어났으며, 빙상 내 빙하의 흐름이 예상보다 훨씬 빠르게 가속되고 있다는 징후가 보고된 바 있다. 그린란드와 남극 빙하의 해빙이 강설이 쌓여 새로운 빙하를 만드는 것보다 빨라지기 시작하면, 해수면은 현재 IPCC가 예측하는 것보다 훨씬 빠르게 상승하게 될 것이다.

■ **열염순환의 차단.** 강수와 증발 패턴의 변화는 중위도와 고위도

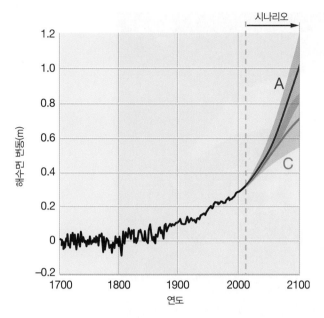

그림 23.32 1700년~2100년의 해수면 상승 추세. 검은 선은 2010년까지 관측된 값을 보여준다. 빨간 선은 시나리오 A에 따라 21세기의 남은 기간 동안 일어날 해수면 상승에 대한 IPCC의 예측이며, 파란 선은 시나리오 C에 따른 예측이다.

지방에 있는 해수의 염도를 감소시키고 있다. 일부 과학자들은 이 변화가 온도와 염도의 차이로 움직이는 전 지구 열염순환을 상당히 감소시킬 수 있다고 추측해왔다(그림 15.3b 참조). 멕시코만류나 기후시스템의 다른 측면들에서 큰 변화를 가져올 수 있다.

■ 해저 퇴적물과 영구동토층에서 메탄 방출. 약 5,500만 년 전에 얕은 바다의 해저 퇴적물로부터 대량방출된 메탄이 갑작스런 지구온난화를 일으켜 팔레오세–에오세의 경계에서 생물의 대량멸종을 초래했다는 제11장의 내용을 상기해보자. 오늘날 천해저 퇴적층과 영구동토층에는 팔레오세 말기에 방출된 메탄보다 훨씬 많은 양이 매장되어 있다. 지구온난화로 이 메탄 퇴적층이 녹기 시작하면, 걷잡을 수 없는 또 다른 극심한 온난화의 순환이 시작될 수 있다.

해양 산성화

제15장에서 살펴보았듯이, 화석연료의 연소로 대기에 방출된 이산화탄소의 약 30%가 해양으로 흡수되고 있다(그림 15.19 참조). 과학자들은 이 결과로 증가하는 해수의 산성도(그림 15.15 참조)가 패류의 성장과 산호의 단단한 외부 골격 형성의 근원인 석회화 과정을 둔화시킬 수 있다고 우려하고 있다.

2009년 1월 UN의 후원하에 소집된 26개국 155명의 해양과학자들은 모나코 선언에서 "최근의 급속한 해양 화학성분의 변화가 수십 년 이내에 해양생물에 심각한 영향을 미칠 것을 우려한다. (중략) 심각한 피해가 임박했다."고 발표했다. 이들은 특히 산성화와 관련된 패류의 무게 감소와 산호초의 성장률 감소를 지적했다.

해양 산성화는 탄산염 껍질과 골격을 갖는 생물뿐만 아니라

그림 23.33 2009년 5월에 폭풍 해일로 침수된 방글라데시 연안지역의 항공사진. 지구온난화로 해수면이 상승하면 이러한 저지대 국가는 처참한 홍수에 직면할 것이다.

[James P. Blair/National Geographic.]

많은 종류의 해양생물들에도 영향을 줄 것으로 보인다. 예를 들어 아네모네와 해파리는 해수 산성도의 작은 변화에도 몹시 민감하여, 개체수가 폭증하면 해수의 화학적 성질을 바꾸어 성게와 오징어의 생태에 악영향을 미칠 수 있다. 또한 해양 표층수의 산성도 증가는 여러 생물들의 성장에 필수 영양소인 철과 같은 미량 금속의 농도에도 영향을 미칠 수 있다.

인류의 활동으로 지속적으로 더 많은 CO_2가 대기로 배출되면서, 해양은 지속적으로 산성화될 것이다. 해양생물들이 닥쳐올 환경변화에 적응할 수 있을지는 지켜봐야 하겠지만, 인류사회에 미치는 영향은 상당할 것이다. 단기적으로 산호초 생태계와 이에 의존하는 수산업과 레크리에이션 산업의 피해는 연간 수십억 달러에 달하는 경제적 손실을 초래할 수 있다. 장기적으로는 연안 산호초의 안정성을 떨어뜨려 산호초에 의한 해안선의 보호 기능이 약화되고, 수산업에 중요한 어패류 종에 직·간접적인 영향을 줄 수 있다.

해양 산성화는 우리가 살아 있는 동안에는 근본적으로 되돌릴 수 없다. 설령 기적적으로 대기 중 CO_2 농도를 200년 전 수준으로 줄일 수 있다 하더라도, 해양의 화학성분이 이전의 상태로 돌아가기 위해서는 다시 수만 년이 소요될 것이다.

생물다양성의 감소

2003년에 대기화학자이자 노벨상 수상자인 폴 크루첸(Paul Crutzen)은 제임스 와트의 증기기관이 산업혁명을 일으킨 1780년을 기점으로 하는 새로운 지질시대, 즉 **인류세**(Anthropocene) 또는 인류시대(Age of Man)를 인정할 것을 제안하였다. 홀로세와 인류세 사이의 경계가 될 전 지구적 변화는 현재 진행 중이며, 따라서 앞으로 수천 년 후에 오늘날의 기록을 모아 검토할 미래의 과학자는 그 경계를 이보다 조금 더 늦은 연도에 놓을지도 모른다. 그러나 크루첸의 요점은 전 지구적 변화가 너무 급속도로 진행되고 있어 이러한 논의는 사소한 것 같다는 점이다. 많은 이전의 지질학적 경계와 마찬가지로 이 경계의 주요 표시물(증거)은 대량멸종일 것이다.

1850년에서 1880년 사이에 육지의 15%에 달하는 산림이 벌채되었으며, 이후로 벌채율은 계속 증가하고 있다. UN에 의하면 전체 자원의 약 1%에 해당하는 15만km²의 열대우림이 해마다 벌채되어 다른 용도로, 주로 농업 용도로 전환되고 있다. 카리브해에 위치한 메릴랜드주 크기의 도서국인 아이티의 경우, 1950년에는 밀림이 전체 면적의 약 25%를 차지했으나 현재는 2% 미만으로 감소하였다(그림 23.34). 다른 개발도상국들도 비슷한 문제에 직면해 있다.

그림 23.34 카리브해의 섬나라인 아이티에서는 현재 삼림의 98%가 파괴되었다.
[Daniel Morel/AP World Wide.]

이러한 서식지 손실률을 감안하면, 생물다양성(biodiversity)의 가장 중요한 척도인 '현존하는 종(extant species)'의 수가 감소하고 있다는 사실은 그렇게 놀랄 일은 아니다. 비록 공식적으로는 약 150만 종밖에 분류되지 않았지만, 생물학자들은 현재 지구에 1,000만 종 이상의 생물 종이 있다고 추산한다. 생물의 멸종률은 수량화하기 어렵지만, 대부분의 저명한 과학자들은 전체 종의 약 1/5이 향후 30년 이내에 사라질 것이며 21세기 동안 전체 종의 약 1/2이 멸종할 것이라고 생각한다. 존경받는 생물학자인 피터 레이븐(Peter Raven)은 이 문제를 다음과 같이 직설적으로 표현하였다.

> "우리는 지난 6,500만 년 동안 지구가 경험했던 어떠한 것보다도 더 심각한 종의 멸종 사건에 직면해 있습니다. 우리가 직면한 모든 지구의 문제들 중, 이것은 가장 빠르게 진행하면서 가장 심각한 결과를 초래할 문제입니다. 또한 다른 전 지구적 생태 문제와는 달리, 완전히 이전 상태로 되돌릴 수 없는 불가역적인 문제입니다."

사회생물학자인 윌슨(E. O. Wilson)과 같은 일부 학자들은 현재와 같은 전 세계적인 생물다양성의 급속한 감소를 현생누대에 있었던 다섯 번의 대량멸종 사건인 '5대 멸종('Big Five' mass extinctions)'과 동일한 등급으로 취급하여 '여섯 번째 멸종(Sixth Extinction)'이라고 부르기까지 했다(그림 11.17 참조). 그러나 다른 학자들은 이러한 추론이 시기상조라고 생각하는데, 그 이유는 오늘날 일어나고 있는 생물다양성의 급격한 감소가 백악기 말의 대량멸종이나 팔레오세–에오세의 경계에서 일어난 온난화와 관련된 대량멸종만큼 심각하게 화석기록에 영향을 주지는 않을 것이기 때문이다.

■ 지구시스템 공학 및 관리

아무리 생각해보아도, 현재 닥쳐오고 있는 전 지구적 변화에서 인류가 직면한 문제는 심각한 상황이다. 인구와 1인당 에너지 사용량이 현재의 속도로 계속 증가한다면, 우리의 계속되는 화석연료에 대한 의존도는 탄소 배출률을 50년 내에 거의 두 배로 증가시킬 것이다—2010년에 연간 8Gt에서 2060년에 약 15Gt으로 증가할 것이다. IPCC의 극단적인 시나리오 A에 따르면, 대기 중 CO_2의 농도는 600ppm을 초과한 후 계속 증가하여, 결국 비참한 결과를 초래할 것이다. 아마도 인류문명의 가장 중요한 과제인 탄소 배출을 통제하려면 지구과학자, 정책 입안자 및 대중의 남

다른 협력이 필요할 것이다.

에너지 정책

현재 인류가 사용하는 에너지원과 그 사용법을 바꿔야 한다는 것에 대한 이견은 거의 없다. 정책 입안자들이 해결해야 하는 일련의 질문은 인위적 탄소 배출을 억제하기 위해 지출해야 하는 비용과, 그로부터 얻는 이익이 과연 비용을 정당화할 수 있는가이다. 지나친 지출은 경제를 침체시키고 실업을 유발할 수 있으나, 기후변화가 초래할 위협을 예방하는 것은 위기 발생 후의 대처에 비해 비용이 적게 들 수도 있다.

이 문제에 대한 부분적인 해결책은 에너지 효율을 높이고 낭비를 줄이는 것이다. 현실적으로 에너지를 효율적으로 사용하는 것은 새로운 연료 자원을 발견하는 것과 같다. 일부 전문가들은 미국이 건물의 단열을 강화하고, 백열전구를 형광등으로 교체하며, 자동차의 연비를 높이고, 천연가스를 더 많이 사용하는 것과 같은 비교적 적은 비용이 드는 에너지 효율 조치를 시행함으로써 온실기체 배출량을 현재 수준보다 50% 정도 감축할 수 있다고 믿는다. 에너지 비용의 절감은 연간 수천억 달러에 달할 수 있다. 이러한 평범한 조치를 통해 제조원가 절감과 대기질 개선을 포함하는 추가적 혜택도 얻을 수 있다.

많은 관찰자들은 화석연료가 미국에서 지나치게 저렴하다고 언급하고 있다. 미국에서는 다른 선진국에서처럼 탄소 배출에 대한 국가 차원의 과세가 없으며, 따라서 에너지 절약이나 새로운 에너지원으로의 변화에 대한 우대 조치가 거의 없다. 화석연료의 전체 경제적 비용에는 대기 오염, 기름 유출 및 기타 환경 피해를 정화하는 비용, 무역 적자의 보전 비용, 석유 공급원 보호를 위한 군사비, 그리고 지구온난화 비용도 포함된다. 만약 이 비용들이 에너지 가격 책정에 포함된다면, 대체 에너지원이 화석연료에 대하여 훨씬 경쟁력이 있을 수 있다. 그러나 이러한 전부원가계산방법(full-cost accounting)은 미국에서는 정치적으로 인기가 없어 지지를 받지 못하고 있다.

국제 정치에서의 공정성 또한 극복해야 할 문제이다. 세계 인구의 1/4도 안 되는 미국, 캐나다, 유럽연합 및 일본은 대기 중 온실기체 농도 증가의 약 3/4을 차지하고 있다. 이러한 부유한 국가들은 개발도상국보다 온실기체 배출량을 줄이는 데 소요되는 비용을 더 잘 지불할 수 있다. 예를 들어, 중국의 빠른 경제 성장은 대량의 석탄 매장량을 기반으로 이루어진 것으로 2007년에 중국은 온실기체 배출량에서 세계 1위 국가가 되었다(그림 23.35). 개

그림 23.35 중국 북부에 있는 오르도스시 인근의 대형 석탄 화력발전소. 2007년에 중국은 미국을 제치고 온실기체 배출량이 가장 많은 나라가 되었다. 중국, 인도 및 기타 개발도상국들의 탄소경제는 미래의 기후에 막대한 영향을 미칠 것이다.
[ZumaWire/Newscom.]

발도상국은 탄소 배출 감축을 위해 선진국의 재정지원과 기술지원이 필요하다고 주장하고 있다. 정책 입안자들은 전 지구적 기후변화 문제가 한 국가 차원에서는 해결될 수 없으며 국제협력을 통해 해결되어야 한다는 점에 동의하게 되었다.

대체 에너지 자원의 사용

지금까지 살펴보았듯이, 아직 화석연료를 빠르게 대체할 수 있는 에너지원은 없다. 그러나 태양에너지, 풍력에너지, 바이오연료 등과 같은 재생가능한 에너지 자원이 전체 에너지 시스템에 기여하는 비중은 꾸준히 높아지고 있다. 만일 이러한 기술들이 향후 50년 동안 적극적으로 도입된다면, 연간 수 기가톤의 탄소 배출량을 줄일 수 있을 것이다.

취할 수 있는 또 다른 조치는 원자력 에너지 사용을 늘리는 것이다. 현재 원자력 발전소로부터 생산 가능한 에너지 용량은 약 350GW이며, 향후 50년 내에 지금의 3배까지 늘릴 수 있으나, 이러한 선택은 앞서 논의된 이유 때문에 많은 사람들의 관심을 끌지 못한다. 소형의 제어된 열핵(thermonuclear) 폭발을 사용하여 에너지를 생성하는 **핵융합에너지**(fusion power)와 같은 청정한 핵기술은 잠재력이 있으나, 이를 구현하기 위한 과학적 진전이 매우 느리기 때문에 개념상의 혁신이 필요한 상황이다.

탄소순환의 공학적 관리

대기 중 온실기체의 축적을 줄이기 위해 탄소순환을 공학적으로 관리하는 것은 어떨까? 몇몇 유망 기술들은 화석연료 사용으로 생성된 CO_2를 대기 이외의 다른 저장소에 보관하는 **탄소격리**(carbon sequestration) 기법을 통해 온실기체 방출량을 줄이는 것을 목표로 하고 있다.

탄소를 저장할 수 있는 가장 확실한 저장소 중 하나가 생물권이다. 제15장에서 숲이 놀랍게도 많은 양의 이산화탄소를 대기로부터 흡수하는 것을 살펴본 바 있다. 따라서 현재 일어나고 있는 산림 벌채의 속도를 늦추고, 나아가 삼림 복구(재식림) 및 기타 바이오매스의 생산을 장려하는 토지이용 정책은 인류에 의한 기후변화를 완화시키는 데 도움을 줄 것이다.

생명공학기술은 대기로부터 탄소를 격리시키는 생물권의 용량을 증대시키는 몇 가지 방법을 제공해준다. 한 가지 가능성 있는 방법으로는 유전자 조작으로 메탄을 물질대사에 사용할 수 있는 박테리아를 만들어내어 메탄의 탄소는 미생물에 저장하고 수소는 배출하게 하는 유전공학 기술이 있다. 이 대사 결과로 얻은 수소는 청정 연료로서, 연소 시 물만을 만들어낸다.

　다소 논란의 여지가 있는 또 다른 생물학적 탄소격리법은 해양생물권의 비옥화(fertilization, 거름주기)이다. 식물성플랑크톤(phytoplankton)은 광합성을 통해 대기 중의 CO_2를 흡수한다. 해양의 대부분 지역에서 식물성플랑크톤의 생산성은 철과 같은 영양분의 부족으로 제한되어 있다. 1990년대에 실시된 예비 실험은 적정량의 철을 바다에 투입하면 식물성플랑크톤의 생장이 활발해질 수 있음을 제시하였다. 불행하게도 이러한 방법으로 해양을 비옥화하는 것은 식물성플랑크톤을 먹이로 삼는 동물들의 생장도 촉진시키기 때문에 CO_2는 대기 중으로 빠르게 되돌려보내는 것으로 보인다.

　CO_2를 지하에 저장하는 탄소격리기술은 가능성이 커서 상당히 고무적이다. 이미 석유와 가스를 생산하는 시추공에서는 포집된 이산화탄소를 다시 지하로 주입하여 시추공 쪽으로 기름을 밀어내는 용도로 사용하고 있다. 만일 석탄 화력발전소에서 발생되는 CO_2를 포집하여 지하에 저장하는 기술이 경제적으로 실현 가능해지면, 전 세계에 풍부하게 부존하는 석탄 자원은 석유를 대체하는 유망한 에너지원으로 부상할 수 있을 것이다.

탄소 배출의 안정화

방금 논의한 전략과 기술들이 탄소 문제를 해결하는 데 도움이 되겠지만, 이것으로만 충분할까? IPCC가 제시한 시나리오 A에서는, 향후 50년 동안 연간 최소 7Gt의 탄소 배출이 증대될 것으로 예상하고 있다. 어떻게 이러한 증가를 멈출 수 있을까? 즉, 어떻게 하면 탄소 배출량을 현재의 수준에서 안정시킬 수 있을까?

　프린스턴대학의 Stephen Pacala와 Robert Socolow는 이 문제에 대해 간결하고 정량적인 해결책을 제시한다. 이들은 이 문제가 한 방법만으로는 해결될 수 없다고 인정하는 것으로 시작한다. 대신에 그들은 이 문제를 **안정화 쐐기**(stabilization wedges)라고 부르는 여러 개의 쐐기로 나누고, 각 쐐기는 향후 50년 동안 탄소 배출량 성장 추계치에서 연간 1Gt씩 상쇄할 것을 제안하였다(그림 23.36). 따라서 안정화 쐐기 하나가 해결책의 1/7을 담당하게

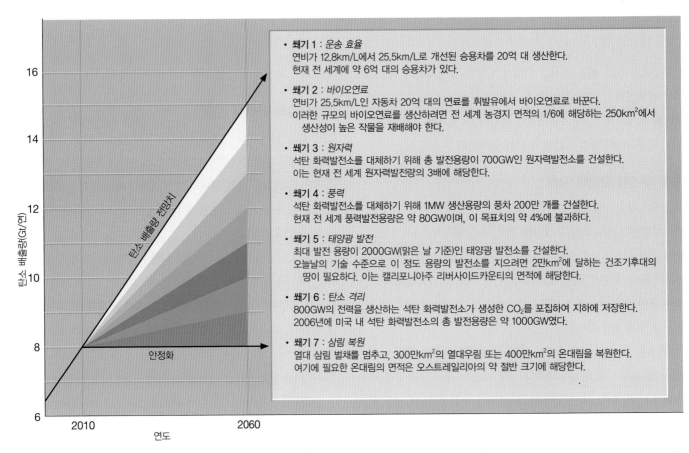

- **쐐기 1 : 운송 효율**
  연비가 12.8km/L에서 25.5km/L로 개선된 승용차를 20억 대 생산한다.
  현재 전 세계에 약 6억 대의 승용차가 있다.

- **쐐기 2 : 바이오연료**
  연비가 25.5km/L인 자동차 20억 대의 연료를 휘발유에서 바이오연료로 바꾼다.
  이러한 규모의 바이오연료를 생산하려면 전 세계 농경지 면적의 1/6에 해당하는 $250km^2$에서 생산성이 높은 작물을 재배해야 한다.

- **쐐기 3 : 원자력**
  석탄 화력발전소를 대체하기 위해 총 발전용량이 700GW인 원자력발전소를 건설한다.
  이는 현재 전 세계 원자력발전량의 3배에 해당한다.

- **쐐기 4 : 풍력**
  석탄 화력발전소를 대체하기 위해 1MW 생산용량의 풍차 200만 개를 건설한다.
  현재 전 세계 풍력발전용량은 약 80GW이며, 이 목표치의 약 4%에 불과하다.

- **쐐기 5 : 태양광 발전**
  최대 발전 용량이 2000GW(맑은 날 기준)인 태양광 발전소를 건설한다.
  오늘날의 기술 수준으로 이 정도 용량의 발전소를 지으려면 $2만km^2$에 달하는 건조기후대의 땅이 필요하다. 이는 캘리포니아주 리버사이드카운티의 면적에 해당한다.

- **쐐기 6 : 탄소 격리**
  800GW의 전력을 생산하는 석탄 화력발전소가 생성한 CO_2를 포집하여 지하에 저장한다.
  2006년에 미국 내 석탄 화력발전소의 총 발전용량은 약 1000GW였다.

- **쐐기 7 : 삼림 복원**
  열대 삼림 벌채를 멈추고, $300만km^2$의 열대우림 또는 $400만km^2$의 온대림을 복원한다.
  여기에 필요한 온대림의 면적은 오스트레일리아의 약 절반 크기에 해당한다.

세로축: 탄소 배출량(Gt/연) — 6, 8, 10, 12, 14, 16
가로축: 연도 — 2010, 2060
탄소 배출량 전망치 / 안정화

그림 23.36 IPCC의 시나리오 A에 따르면, 탄소 배출량은 향후 50년 동안 최소한 연간 7Gt 이상씩 증가할 것으로 예상된다. 연간 8Gt인 2010년 수준으로 탄소 배출을 안정화시키는 문제는 7개의 안정화 쐐기들로 나누어 생각해볼 수 있으며, 각각의 쐐기는 2060년까지 연간 1Gt의 탄소 배출 감소를 나타낸다. 탄소 배출 저감을 달성하기 위해 현존 기술들을 이용하여 수행 가능한 작업들은 각 쐐기 옆에 나열되어 있다.

[S. Pacala, R. Socolow. "Stabilization Wedges: Solving the Climate Problem for the Next 50 Years with Current Technologies." Science, 305: 968–972 (2004).]

된다.

각 안정화 쐐기를 실행하는 것은 매우 힘든 일일 것이다. 예를 들어, 쐐기 1을 달성하려면 21세기 중반까지 20억대로 증가하리라 추산되는 전 세계 모든 자동차의 연비를 휘발유 리터당 12.8km에서 25.5km까지 꾸준히 올려야 한다. 이 계산은 한 대의 자동차가 연평균 16,000km를 주행한다고 가정하였다. 그림에는 나타나지 않았지만, 한 가지 대안으로 현재 자동차 평균연비인 휘발유 리터당 12.8km를 유지하는 대신, 모든 자동차의 연평균 주행거리를 8,000km로 줄이는 방법도 있다. 또 다른 대안(쐐기 2)은 모든 자동차 연료를 바이오연료로 바꾸는 것이다. 그러나 이를 달성하려면 전 세계 농경지 면적의 1/6을 사용해야 하므로, 이 전략은 농업 생산성과 식량 공급에 부정적인 영향을 줄 수 있다.

안정화 쐐기 중 일부는 원자력 발전을 3배 확대하는 방법(쐐기 3), 대형 풍차를 수백만 대로 늘리는 방법(쐐기 4), 넓은 사막지역을 태양 전지판으로 덮는 방법(쐐기 5) 등과 같이 논란의 여지가 있거나 비용이 많이 들어가는 기술들을 포함한다. 제안된 쐐기 중 적어도 하나, 즉 석탄 화력발전소에서 배출된 탄소의 포집 및 저장 방법(쐐기 6)은 현재의 기술 수준으로도 실행 가능하다. 마지막 쐐기인 열대우림의 벌목 중단과 광대한 지역의 밀림 복원(쐐기 7)은 많은 사람들이 원칙적으로는 선호하지만, 브라질과 같은 개발도상국에 엄격한 제한을 강요하지 않고는 성취하기 어려울 것이다.

탄소 배출을 현재의 배출률 수준에서 안정화(유지)하는 것은 기후변화의 위협을 완화시킬 수는 있지만 제거하지는 못한다. 50년 안정화 시나리오(그림 23.36의 시나리오 B와 C의 중간)에 의하면 대기 중 CO_2 농도는 여전히 산업혁명 이전의 거의 두 배에 해당하는 500ppm까지 상승한다. 대기 중 이산화탄소 농도를 500ppm 이하로 유지하려면 21세기 후반에 탄소 배출량을 더욱 줄여야 한다. 기후모델링 결과는 이 시나리오대로 되더라도 지구 평균기온이 현재보다 약 2℃ 증가할 것으로 추산되며, 이는 20세기 전체 온난화의 3배 이상이다.

그럼에도 불구하고 대기 중 CO_2 농도의 지속적인 상승이 불가피한 것만은 아니다. 안정화 쐐기의 이용 가능한 목록들은 정부들에 의한 일치된 행동을 위한 기술적인 뼈대를 구성한다. 안정화 문제를 다루는 것은 광범위한 사회적 여론을 수렴하고 국제적인 합의를 이끌어내는 것과 같은 다른 어려움들을 포함한다. 그러나 Pacala와 Socolow의 분석이 보여주듯이, 인류에 의한 전 지구적 변화를 크게 완화시키기 위하여 행동할 수 있는 시간은 여전히 남아 있다. 우리가 이 기회를 선뜻 붙잡을 수 있을지 여부는 문제의 심각성, 문제의 가능한 해결책, 그리고 대책을 강구하지 않을 경우에 어떠한 결과가 나타나는지에 대해 우리가 얼마나 잘 이해하고 있는지에 달려 있다.

지속가능한 발전

신문, 공개 토론, 교실 토론 및 학술지에서 **지속가능한 개발**(sustainable development)이라는 용어의 사용 빈도가 증가하고 있다. 이 개념은 유엔 총회에서 설립한 세계환경개발위원회[World Commission on Environment and Development, 일명 브룬트란트 위원회(Brundtland Commission)]가 1987년에 발간한 보고서인 **인류 공통의 미래**(Our Common Future)에서 처음 제시되어 대중화되었는데, 여기에서 지속가능한 개발은 "미래 세대가 그들의 필요를 충족시킬 능력에 손상을 주지 않으면서 현 세대의 필요를 충족시키는 개발"로 정의되었다. 지속가능한 개발은 더 정확하게 정의하기는 어렵지만, 다소 이상적이긴 하더라도 매력적인 비전을 제시한다—미래 세대에게 쾌적한 환경을 보장해주기 위해 문명과 지구시스템과의 상호작용을 주도면밀하게 관리하는 문명이다.

지속가능성에는 많은 나라들이 동의하지 않는 많은 경제적 및 정치적 문제가 포함되어 있으므로, 이 목표를 향해 문명을 움직이게 하는 글로벌 전략을 수립하는 것은 쉽지 않을 것이다. 전제조건으로 지구과학은 지오시스템들이 어떻게 작동하며, 어떻게 상호작용하고, 그리고 인류활동에 의해 어떻게 영향을 받는지에 대하여 보다 나은 지식을 제공해야 한다.

프랑스 소설가인 마르셀 프루스트(Marcel Proust)는 "발견을 위한 진정한 여정은 새로운 땅을 찾는 것이 아니라, 새로운 시각으로 보는 것"이라고 하였다. 이 교과서가 독자들에게 우리 세대가 직면한 전 지구적 변화를 포함하는 지구과학의 여러 중요한 문제를 바라보는 새로운 시각을 주었기를 희망한다.

요약

인류문명은 어떠한 의미에서 지구시스템인가? 인류는 전 지구적 규모로 에너지 생산수단을 이용해왔으며, 오늘날 지표환경을 변화시키는 데 있어 판구조운동 및 기후시스템과 경쟁하고 있다. 오늘날 인류문명에 의해 사용된 에너지의 대부분은 탄소 연료로부터 나온다. 이러한 탄소경제의 등장으로 암석권에서 대기권으로 거대한 규모의 새로운 탄소 흐름이 만들어져 자연적인 탄소순환을 변화시켰다. 만약 이러한 흐름이 조금도 누그러지지 않고 계속된다면 21세기 중반쯤에는 대기 중 CO_2의 농도가 현재의 두 배에 이르게 될 것이다.

천연자원은 어떻게 분류되는가? 천연자원은 지질학적 과정에 의해 인류가 소비하는 속도와 비슷한 속도로 보충되는지 또는 그렇지 않은지에 따라 재생가능한 자원 또는 재생불가능한 자원으로 분류될 수 있다. 확장자원(매장량)은 현재의 상황에서 경제적으로 개발할 수 있는 이미 알려진 천연자원의 부존량이다.

석유와 천연가스의 기원은 무엇인가? 석유와 천연가스는 주로 대륙주변부에 있는 산소가 부족한 퇴적분지에 쌓인 유기물질로부터 생성된다. 이 유기물질들은 퇴적층이 점점 두껍게 쌓이면서 매몰된다. 온도와 압력이 상승된 상태에서 매몰된 유기물질은 액체 및 기체 탄화수소로 바뀐다. 석유와 천연가스는 상부로 이동하다가 불투수성 장벽을 형성하는 집유장이라 부르는 지질구조에 축적된다.

왜 전 세계 석유 공급에 대해 우려하고 있는가? 석유는 재생불가능한 자원이다—현재와 같은 속도로 소모하면, 석유는 지질학적 과정으로 석유가 새로 만들어지는 속도보다 훨씬 빠르게 소모될 것이다. 따라서 전 세계의 지하 저류암으로부터 석유를 뽑아올려 소모하면, 향후 생산 가능한 석유의 양은 감소할 것이며, 가격은 상승할 것이다. 가장 중요한 문제는 언제 석유가 고갈될 것인가에 있는 것이 아니라, 언제 전 세계 석유 생산량의 상승세가 멈추고 하락이 시작되는 허버트 정점에 도달할 것인가에 있다. 현재의 자료들은 석유 자원이 향후 수십 년간 인류의 수요를 충족시킬 수 있다는 낙관적인 시각을 지지하고 있다.

석탄의 기원은 무엇이며, 석탄을 연소하면 어떠한 결과가 나타나는가? 석탄은 습지 식물이 매몰되어, 압축되고, 속성작용을 받아 형성된다. 퇴적암에는 막대한 양의 석탄 자원이 들어 있다. 석탄 연소는 대기 중 CO_2와 산성비에 기여하는 황 함유 가스의 주요 근원이다. 또한 석탄 채굴과 석탄 연소로 생성되는 유독 물질은 인류의 생명과 환경에 위험요소가 된다. 그러나 풍부한 매장량과 저렴한 비용 때문에 석탄 사용은 전 세계적으로 증가할 것 같다.

대체 에너지원의 전망은 어떠한가? 대체 에너지원에는 핵에너지, 바이오연료, 태양에너지, 수력발전, 풍력, 지열에너지가 포함된다. 현재 이들 에너지원은 모두 합하여도 전 세계 에너지 수요의 매우 적은 양만을 공급하고 있다. 세계에서 가장 풍부한 채굴 가능 에너지 자원인 우라늄의 핵분열로 생성되는 핵에너지가 향후 주요 에너지원이 될 수 있지만, 이는 대중이 그 안정성에 대해 확신할 수 있을 때만 가능하다. 기술 발전과 비용 저감이 수반되면 태양에너지, 풍력에너지, 바이오매스와 같은 재생가능한 에너지는 21세기의 주요 에너지원으로 사용될 수 있을 것이다.

21세기에 지구온난화는 얼마나 진행될 것이며 그 결과는 무엇일까? 대기 중 온실기체의 농도는 주로 화석연료의 연소와 기타 인류활동에 의해 21세기 내내 지속적으로 증가할 것이다. 증가의 크기는 인류사회가 온실기체 배출을 규제하는 데 얼마나 많은 노력을 기울이느냐에 따라 달라질 것이다. 21세기 동안 지구온난화가 어떻게 진행될지는 매우 불투명하지만, 온도증가의 범위는 약 0.5℃에서 5.5℃ 사이일 것으로 예상된다. 이러한 온난화는 생태계를 교란시키고 종의 멸종률을 증가시킬 것이다. 해양은 더워지고 팽창해서, 1m 정도의 해수면 상승을 가져올 것이다. 북극의 빙모는 급속한 속도로 계속 줄어들어, 북극해의 대부분에서 얼음이 사라질 것으로 추정된다.

그 외 어떤 종류의 인위적인 전 지구적 변화가 우리 환경의 질을 떨어뜨리고 있는가? 해양 산성화는 패류와 산호가 석회화 과정으로 껍질과 골격을 생성하는 능력을 감소시키고, 다른 해양생물들에게도 악영향을 미쳐 해양생태계를 교란한다. 육상생태계의 다양성은 지구온난화의 영향뿐만 아니라 서식지의 파괴를 통해 감소하고 있다. 현재와 같은 급속한 종의 멸종 속도는 결국 과거의 주요 대량멸종과 같은 수준으로 생물다양성의 감소를 가져올 수 있다.

탄소 배출을 어떻게 현재 수준에서 안정화시킬 수 있는가? 만약 인류가 계속 화석연료에 의존한다면, 인위적인 탄소 배출량은 향후 50년간 최소한 연간 7Gt씩 증가할 것이다. 이 문제는 7개의 안정화 쐐기를 실시하고, 각각의 쐐기가 매년 1Gt씩의 탄소 배출량을 감소시키고자 하는 전략을 수행함으로써 대처가 가능할 수도 있다.

주요 용어

바이오연료	원자력에너지	집유장	태양에너지
부존자원	인류세	천연자원	화석연료
수력발전에너지	재생가능한 자원	쿼드	확장자원(매장량)
수압파쇄법	재생불가능한 자원	탄소격리	
안정화 쐐기	전 지구적 변화	탄소경제	
원유생성구간	지속가능한 개발	탄소집약도	

연습문제

1. 인류문명이 우리가 이 교과서에서 공부한 자연적인 지오시스템들과 근본적으로 다른 몇 가지 이유를 설명하라.

2. 석유, 천연가스 또는 석탄 중 어떤 화석연료가 단위 에너지당 가장 적은 양의 CO_2를 배출하는가? 또한 어느 것이 가장 많은 양을 배출하는가?

3. 집유장이 석유를 포함하기 위하여 필요한 전제 조건들에는 무엇이 있는가?

4. 다음 요인들 중 어느 것이 석유와 천연가스의 미래 공급량을 예측하는 데 있어 중요한지 설명하라. (a) 석유와 천연가스의 집적 속도, (b) 이미 알려진 매장량의 고갈 속도, (c) 새로운 매장량의 발견 속도, (d) 현재 지구에 존재하는 석유와 천연가스의 총량.

5. 알래스카의 북극국립야생동물보호구역에서 적극적인 시추 프로그램을 통해 최대 160억 배럴의 원유를 생산할 수 있다. 현재의 소비 속도로 볼 때, 이 석유 자원은 미국의 석유 수요를 몇 년 동안 충족할 수 있을 것인가?

6. 석탄의 매장량이 가장 큰 세 나라는?

7. 만약 인류가 CO_2를 대기로 계속 배출하여 향후 100년 내에 지구의 기후가 매우 더워진다면, 전 지구 탄소순환에 어떤 영향을 미칠까?

8. 어느 경제학자가 다음과 같이 기술한 바 있다. "인류의 활동으로 인한 예측된 지구기온의 변화가 겨울철 뉴욕과 플로리다의 온도차이보다 작은데, 왜 그렇게 걱정하는가?" 그가 걱정해야 할까? 걱정해야 하는 이유는? 아니면 걱정할 필요 없는 이유는?

생각해볼 문제

1. 지구내부의 열엔진은 화석연료 자원의 형성에 어떠한 방식으로 기여하는가?

2. 여러분은 석유 낙관론자인가, 아니면 석유 비관론자인가? 그 이유를 설명하라.

3. 원자력의 사용과 관련된 문제들 중 지질학자들이 해결할 수 있는 문제들로는 어떠한 것들이 있는가?

4. 에너지원으로서 핵분열과 석탄 연소의 위험과 혜택을 대비하여 설명하라.

5. 여러분은 2030년에 세계의 주요 에너지원은 무엇이 될 것이라고 생각하는가? 2100년의 주요 에너지원은 무엇이 될까?

6. 여러분은 우리가 탄소 배출량 감축을 위해 지금 당장 행동해야 한다고 생각하는가? 아니면 기후시스템의 작동 원리에 대해 보다 잘 이해할 때까지 이를 미뤄야 한다고 생각하는가?

7. 현재 선진국보다 훨씬 적은 화석연료를 사용하는 개발도상국들도 그들의 미래 탄소 배출량을 제한하는 데 동의해야 한다는 미국의 주장은 정당하다고 생각하는가?

8. 여러분은 미래의 과학자들과 기술자들이 기후시스템의 치명적인 변화를 막기 위하여 자연적인 탄소순환을 변경할 수 있을 것이라고 생각하는가?

9. 여러분은 수천 년 후의 한 미래 지질학자가 산업혁명을 새로운 지질시대인 세(epoch)의 시작으로 간주할 것이라 생각하는가?

매체지원

 23-1 애니메이션 : 유전의 형성

부록 1 변환 계수

길이

1센티미터	0.3937인치
1인치	2.5400센티미터
1미터	3.2808피트, 1.0936야드
1피트	0.3048미터
1야드	0.9144미터
1킬로미터	0.6214마일(규칙), 3281피트

길이

1마일 (규칙)	1.6093킬로미터
1마일 (항해)	1.8531킬로미터
1패덤	6피트, 1.8288미터
1옹스트롬	10^{-8}센티미터
1마이크로미터	0.0001센티미터

속도

1킬로미터/시	27.78센티미터/초
1마일/시	17.60인치/초

넓이

1제곱센티미터	0.1550제곱인치
1제곱인치	6.452제곱센티미터
1제곱미터	10.764제곱피트, 1.1960제곱야드
1제곱피트	0.0929제곱미터
1제곱킬로미터	0.3861제곱마일
1제곱마일	2.590제곱킬로미터
1에이커(U.S.)	4840제곱야드

부피

1세제곱센티미터	0.0610세제곱인치
1세제곱인치	16.3872세제곱센티미터
1세제곱미터	35.314세제곱피트
1세제곱피트	0.02832세제곱미터
1세제곱미터	1.3079세제곱야드
1세제곱야드	0.7646세제곱야드
1리터	1000세제곱센티미터, 1.0567쿼츠(U.S. liquid)
1갤런(U.S. liquid)	3.7853리터

질량

1그램	0.03527온스
1온스	28.3495그램
1킬로그램	2.20462파운드
1파운드	0.45359킬로그램

압력

1킬로그램/제곱센티미터	0.96784대기압, 0.98067바, 14.2233파운드/제곱인치
1바	0.98692대기압, 10^5파스칼

에너지

1줄	0.239칼로리, $9.479*10-4$Btu(영국열량단위)
1쿼드	1015Btu

전력

1와트	0.001341마력(U.S.), 3.413Btu/hour

부록 2 지구와 관련된 수치 데이터

적도 반지름	6378킬로미터
극 반지름	6357킬로미터
지구 부피의 구의 반지름	6371킬로미터
부피	1.083×10^{27}세제곱센티미터
지표면적	5.1×10^{18}제곱센티미터
지표면적에 대한 해양의 비율	71
지표면적에 대한 육지의 비율	29
육지의 평균 고도	623미터
해양의 평균 수심	3.8킬로미터
질량	5.976×10^{27}그램
밀도	5.517그램/세제곱센티미터
적도에서의 중력	978.032센티미터/세크제곱
대기의 질량	5.1×10^{21}그램
빙하의 질량	$25-30 \times 10^{21}$그램
해양의 질량	1.4×10^{24}그램
지각의 질량	2.5×10^{25}그램
맨틀의 질량	4.05×10^{27}그램
핵의 질량	1.90×10^{27}그램
태양까지의 평균거리	1.496×10^{8}킬로미터
달까지의 평균거리	3.844×10^{5}킬로미터
비율: 태양의 질량/지구의 질량	3.329×10^{5}
비율: 지구의 질량/달의 질량	81.303
매년 지표에 도달하는 열에너지	10^{21}줄, 2.39×10^{20}칼로리, 949쿼드
지구에서 매일 받아들이는 태양에너지	14,137쿼드, 1.49×10^{22}줄
미국의 에너지 소비량, 2004년	95쿼드

전자껍질과 이온 안정성

원자의 핵을 둘러싸고 있는 전자의 하나의 유일한 동심구 집합을 전자껍질이라 부른다. 각각의 껍질은 특정한 최대 개수의 전자를 붙잡을 수 있다. 대부분 원소의 화학적 상호작용에서 최외각 껍질의 전자만이 상호작용을 한다. 염화나트륨을 형성하는 나트륨과 염소 간의 반응에서 나트륨 원자는 하나의 전자를 그것의 최외각 껍질로부터 잃고, 염소원자는 최외각 껍질로 그 전자를 받아들인다(제3장의 그림 3.4를 보라).

염소 원자와 반응하기 이전에 나트륨 원자는 최외각 껍질에 1개의 전자를 갖는다. 그것이 전자를 잃어버릴 때, 나트륨의 최외각 껍질은 파괴되고 안쪽의 다음 껍질은 8개의 전자를 갖는데(이 껍질이 가질 수 있는 최대 개수), 이 껍질이 최외각 껍질이 된

다. 본래의 염소 원자는 총 8개의 전자를 위한 방을 가지고 있지만, 최외각 껍질에 7개의 전자만이 존재한다. 1개의 전자를 얻음으로써, 그것의 최외각 껍질은 채워진다. 많은 원소들이 화학적 상호작용을 통하여 일부는 전자를 얻고, 일부는 잃는 방식으로 최외각 껍질을 채우려는 강한 경향성을 보인다. 최외각 껍질이 완전하게 채워진 이온의 안정성은 핵 주변의 다양한 오비탈의 전자 상호작용과 관계가 있다.

많은 화학반응들은 2개 혹은 그 이상의 원소들이 결합함으로써 몇 개의 전자를 얻거나 잃게 된다. 예를 들어, 칼슘(Ca) 원소는 2가 양이온 Ca^{2+}이 되는데, 염화칼슘을 형성하면서 2개의 염소 원자와 반응하기 때문이다(염화칼슘의 화학식에서, $CaCl_2$, 2개의 염소 이온의 존재가 아래첨자 2로 나타낸다). 즉 화학식은 화

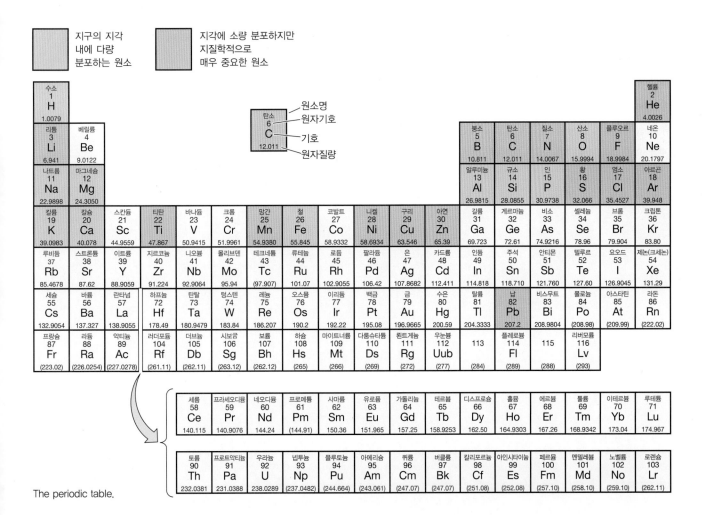

The periodic table.

합물의 이온 또는 원자의 상대적인 비율을 보여 준다. 일반적인 방식은 화학식에서 단일 이온 옆의 아래첨자 1은 생략한다.

주기율표는 원소를(주기를 따라 좌측에서 우측으로) 원자번호 순으로(양성자의 개수) 배열하는데, 이것은 또한 최외곽 껍질 내의 전자 개수가 증가하는 것을 의미한다. 예를 들어, 맨 위로부터 세 번째 열은 좌측의 최외곽 전자를 1개 가진 나트륨(원자번호 11)으로 시작한다. 다음은 최외곽 전자를 2개 가진 마그네슘(원자번호 12)이고, 3개의 전자를 갖는 알루미늄(원자번호 13), 4개의 전자를 갖는 규소(원자번호 14)로 이어진다. 그리고 전자를 5개 갖는 인(원자번호 15), 6개 갖는 황(원자번호 16), 7개 갖는 염소(원자번호 17)로 이어진다. 이 열의 마지막 원소는 최외곽 껍질에 가능한 한 최대의 전자 개수인 8개를 갖는 아르곤(원자번호 18)이다. 표의 각각의 족은 비슷한 전자 껍질 패턴을 갖는 원소들의 수직적인 집합을 형성한다.

전자를 잃으려는 경향의 원소들

표에서 가장 좌측의 족에 있는 원소들은 그들의 최외곽 껍질에 오직 하나의 전자를 가지며, 화학반응에서 전자를 잃으려는 강한 경향성을 갖는다. 수소(H), 나트륨(Na), 그리고 칼륨(K)의 이 집합은 지구 표면과 지각에서 풍부한 양이 발견된다.

좌측에서 두 번째 족은 주요 풍부함의 둘 이상을 포함하는데, 마그네슘(Mg) 그리고 칼슘(Ca)이 있다. 이 족의 원소들은 그들의 최외곽 껍질에 2개의 전자를 가지고 있고 화학반응에서 2개의 전자를 모두 잃으려는 강한 경향성을 보인다.

전자를 얻으려는 경향의 원소들

표의 우측으로 가 보면, 지구상에서 가장 풍부한 원소인 산소와 반응성이 매우 높은 유독 가스인 플루오르(F)로 시작되는 2개의 족이 있는데, 이들은 그들의 최외곽 껍질에서 전자를 얻으려는 경향이 있다. 산소로 시작되는 족에 속한 원소들은 8개의 전자를 가질 수 있는 최외곽 껍질에 6개의 전자만을 가지고 있어서 2개의 전자를 얻으려는 경향을 보인다. 플루오르로 시작되는 족에 속한 원소들은 최외곽 껍질에 7개의 전자를 가지며 한 개의 전자를 얻으려는 경향이 있다.

그 밖의 원소들

가장 왼쪽과 가장 오른쪽의 족들 사이의 족은 전자를 얻고, 잃고, 또는 공유하려는 다양한 경향을 보인다. 표의 우측으로 탄소(C)로 시작되는 족은 규소를 포함하는데, 지구에서 주요하게 풍부한 원소이다. 규소와 탄소 모두 전자를 공유하려는 경향이 있다.

헬륨(He)으로 시작하는 가장 우측의 족에 속한 원소들은 최외곽 껍질에 8개의 전자를 모두 가지고 있기 때문에 전자를 잃거나 얻으려는 경향을 보이지 않는다. 그 결과, 다른 족의 원소들과는 대조적으로 아주 특별한 상태 아래에서를 제외하고는 다른 원소들과 반응하지 않는다.

부록 4 지각을 이루는 가장 흔한 광물들의 특성

	광물 혹은 그룹명	구조 또는 조성	종류와 화학조성	형태, 진단적인 특징	쪽개짐, 파쇄	색	경도
지각 내 모든 주요 암석 내 매우 풍부하게 존재하는 밝은색 광물	장석(feldspar)	망상 규산염	K-장석 $KAlSi_3O_8$ 파리장석(sanidine) 정장석(orthoclase) 미사장석(microcline)	쪼개질 수 있는 조립질의 결정질 또는 미세한 입상의 덩어리, 고립된 결정 또는 입상내 입자, 가장 흔하게 결정면을 보이지 않음	두 개가 직각. 하나는 좋음. 완벽한 면에서 진주 광택 같은 광택을 냄	흰색에서 회색, 빈번하게 분홍 또는 노랑색 계통. 일부는 녹색	6
			사장석(plagioclase feldspar) $NaAlSi_3O_8$ 조장석(albite) $CaAl_2Si_2O_8$ 회장석(anorthite)		직각에 가까운 두 개의 각을 가짐. 하나는 완벽하고 하나는 좋음. 완벽한 벽개의 미세한 평행의 줄무늬를 가짐	흰색에서 회색, 흔하지 않게 녹색 또는 노란색 계통이 있음	
	석영(quartz)	중상 규산염	SiO_2	단일 결정 또는 6면을 가진 사방정체의 결정 덩어리. 무정형의 결정과 입자 또는 미세한 입상 또는 덩어리	매우 안 좋거나 인지하기 힘듦. 패각상의 파쇄	무색, 대개 투명함. 또한 약한 계 검회색, 분홍, 노랑색을 띠기도 함	7
화성암과 변성암 내에 풍부하게 존재하는 어두운색 광물	운모(mica)	중상 규산염	백운모(muscovite) $KAl_3Si_3O_{10}(OH)_2$	얇고 디스크 모양의 결정, 일부는 육각의 외형을 가짐. 분산되거나 밀집되어 있음	하나는 완벽. 매우 얇게 조각 낼 수 있음. 잘 휘어지며 투명한 중상을 가짐	무색. 엷은 회색이거나 두꺼운 조각에서 녹색에서 갈색까지 가짐	2~2½
			흑운모(biotite) $K(Mg, Fe)_3AlSi_3O_{10}(OH)_2$	불규칙한 엽상의 물질. 비늘모양으로 밀집됨	하나는 완벽. 얇게 조개질 수 있으며 유연한 중상을 가짐	검정에서 어두운 갈색. 반투명하거나 불투명함	2½~3
			녹니석(chlorite) $(Mg, Fe)_5(Al, Fe)Si_3O_{10}(OH)_8$	엽상의 물질 또는 작은 비늘 모양으로 밀집	하나는 완벽. 얇고 유연한 중상을 가지지만 비탄성	녹색계열의 다양한 색조를 띰	2~2½
	각섬석(amphibole)	복쇄상	투각섬석-양기석(tremolite-actinolite) $Ca_2(Mg, Fe)_5Si_8O_{22}(OH)_2$	검주된 사방체의 결정. 대개 6면을 가짐. 대개 섬유질이거나 무정형의 입자를 가짐	56°와 124° 두 방향의 완벽한 벽개를 가짐	엷은 녹색에서 짙은 녹색까지. 순수한 투각섬석 흰색	5~6
			보통각섬석(hornblende) 복함 Ca, Na, Mg, Fe, Al 규산염			녹색에서 갈색에 짙은 녹색까지	
	휘석(pyroxene)	단쇄상	완화휘석-자소휘석(enstatite-hypersthene) $(Mg, Fe)_2Si_2O_6$	사방체의 결정. 4개 또는 8개의 면을 가짐. 입상의 물질과 흩어진 입자	90° 방향의 두 개의 좋은 벽개를 틀림	녹색과 갈색에서 회색까지 또는 녹색을 띠는 흰색	5~6

광물 또는 그룹명	구조 또는 조성	종류와 화학조성	형태, 진단적인 특징	쪼개짐, 깨짐	색	경도
		투휘석(diopside) (Ca, Mg)₂Si₂O₆			밝은 녹색에서 어두운 녹색까지	5~6
		보통 휘석(augite) 복합 Ca, Na, Mg, Fe, Al 규산염			매우 어두운 녹색에서 검은색까지	
감람석 (olivine)	독립 사면체	(Mg, Fe)₂SiO₄	입상의 물질과 흩뿌려진 작은 입자	패각상의 파쇄	올리브색에서 녹황색과 갈색까지	6½~7
석류석 (garnet)		Ca, Na, Mg, Fe, Al 규산염	등축정계 결정, 형태가 잘 발달되거나 둥근 형태. 높은 비중 3.5~4.3	패각상과 부정형 파쇄	붉은 색과 갈색, 흔하지 않게 엷은 색	6½~7
방해석 (calcite)	탄산염	CaCO₃	층리, 암맥, 그리고 다른 곳에서 조립질과 세립질의 결정을 가짐. 조개진 면은 조립질의 덩어리에서는 보임.	3개의 완벽한 비스듬한 각도. 능면체의 조각으로 쪼개짐	무색, 투명하거나 반투명. 불순물에 의하여 다양한 색깔을 띰	3
백운석 (dolomite)		CaMg(CO₃)₂	산성 내에서 방해석 거품보다 빠르게 발생하지만 백운석이 가루로 부서져야만 느리게 기포가 발생함			3½~4
점토광물 (clay minerals)	수화 알루미노 규산염	카올리나이트(kaolinite, 고령석) Al₂Si₂O₅(OH)₄ 일라이트(illite) 백운모와 유사함 +Mg, Fe 스멕타이트(smectite) 복합 Ca, Na, Mg, Fe, Al 규산염 +H₂O	토양 내 토질, 다른 점토, 산화철 또는 탄산암과 함께 중상으로 이름. 물에 젖게 되면 소상을 이룸. 모모릴로나이트는 젖게 되면 부풀어 오름	토질, 부정형	흰색에서 밝은 회색과 담황색까지. 또한 붉은순물과 결합한 광물에 따라 회색에서 어두운 회색, 녹회색과 갈색 계통을 띠기도 함	1½~2½
석고 (gypsum)	황산염	CaSO₄ · 2H₂O	입상, 토질, 또는 미세한 결정질. 판상의 결정	하나는 얇은 판이나 완벽하게 벽개. 다른 두 개는 좋은 벽개를 보임	무색에서 흰색까지. 투명하거나 반투명	2
경석고 (anhydrite)		CaSO₄	층리와 암맥에서 괴상 또는 결정질 괴체. 정립 결정	하나는 완벽하고 다른 하나는 거의 완벽하며 직각으로 벽개	무색, 일부는 엷은 푸른색을 띠기도 함	3~3½

퇴적물과 퇴적암의 전형적인 구성요소인 광물의 밝은 색 또는 밝은색

분류	광물명	화학조성	산출상태	쪼개짐	색	굳기
많은 암석에서 혼하게 존재하는 이 두은색 광물	암염(halite)	NaCl	층리에서 입상의 물질, 일부는 정육면체 결정. 짠맛	3개의 완벽한 직각 벽개를 보는 정육면체 결정임	무색, 투명하거나 반투명	2½
	단백석-옥수(opal-chalcedony)	SiO_2 [단백석은 비결정 종류이며, 옥수는 무정형의 미세결정질 석영이다.]	규산 퇴적물과 각암 내에서 층을 이룸. 암맥 또는 화성정질 석재 내에서	패각상의 파괴	무색이거나 순수할 때는 흰색, 하지만 불순물이나 마노내의 불순물에 의하여 다양한 열을 내을 수도 함	5~6½
	자철석(magnetite)	Fe_3O_4	자성. 흩뿌려진 입자, 입상의 물질. 때때로 8면체의 등축 결정. 높은 비중 5.2	패각상 또는 부정형 파괴	검은색, 금속 광택	6
	적철석(hematite)	Fe_2O_3	토질에서 밀도가 있는 덩어리까지, 일부는 둥근 형태, 일부는 엽상 또는 엽상. 높은 비중 4.9~5.3	없음. 균일하지 않게 패개로 파괴가 생김	적갈색에서 검은색까지	5~6
	갈철석('limonite')	침철석(goethite) [필드용어 '갈철석'이라 불리는 혼합물의 주요 광물]	토질 덩어리, 괴상이거나 퇴적, 부정형 중. 높은 비중 3.3~4.3	흔하지 않은 결정에서 훌륭한 하나. 대게 조기 파괴	황갈색에서 어두운 갈색 그리고 검은색까지	5~5½
화성암과 변성암에 소량 구성성분으로서의 밝은색 광물들	남정석(kyanite)	Al_2SiO_5	길고, 날이 있거나 판상의 결정 또는 괴체	하나는 완벽하고 하나는 매우 안 좋음, 결정의 길이에 평행	흰색에서 밝은 계은 색 또는 엷은 파란색	5 결정 세로에 평행 7 결정의 가로
	규선석(sillimanite)	Al_2SiO_5	길고, 가느다란 결정 또는 섬유상의 물질	하나는 완벽하게 길이에 평행 하지만 대게 보이지 않음	무색, 회색에서 회백색까지	6~7
	홍주석(andalusite)	Al_2SiO_5	조립질, 거의 정사각형의 사방정계 결정, 일부는 방사적으로 정렬된 덩어리	식별할 수 있는 하나. 부정형 파괴	붉은색, 적갈색, 올리브녹색	7½
	준장석류(feldspathoids) 하석(nepheline) (Na, K)AlSiO4		밀접히 뭉친 물질 또는 까어진 입자 모서, 거의 존재하지 않은 작은 사방정계 결정	식별할 수 있는 하나. 부정형 파괴	무색, 흰색, 밝은 회색, 덩어리에서 녹회색을 띠며 기름기 있는 광택을 가짐	5½~5
	백류석(leucite) KAlSi2O6		화산암에 존재하는 편방체 결정	매우 완벽하지 않은 하나	흰색에서 회백까지	5½~6

광물 혹은 그룹명	구조 또는 조성	종류와 화학조성	형태, 진단적인 특징	벽개, 파쇄	색	경도
사문석 (serpentine)		$Mg_3Si_4O_{10}(OH)_8$	섬유질(석면) 또는 판상의 물질	조개껍질 쉬운 파쇄	녹색. 일부 녹색 계열 또는 갈색계열의 회색. 과상의 기질에서 납빛 또는 기름기 있는 광택. 섬유질. 섬유결에서 부드러운 광택	4~6
활석 (talc)		$Mg_3Si_4O_{10}(OH)_2$	엽상 또는 밀집한 물질 또는 괴체	완벽하 하나, 얇은 파편 또는 비늘 모양을 만듦. 비누 느낌	흰색에서 엷은 녹색. 진줏빛 또는 기름기 있는 광택	1
강옥 (corundum)		Al_2O_3	일부는 둥글고 통모양의 결정. 흠뿌려진 입자 또는 입상의 물질(금강사)로서 종종 존재한다.	부정형 파쇄	일반적으로 갈색, 분홍색 또는 푸른색. 금강사 검은색 보석 종류. 루비, 사파이어	9
녹렴석 (epidote)	규산염	$Ca_2(Al, Fe)Al_2Si_3O_{12}(OH)$	긴 사방정형 결정의 군체, 엽상 또는 밀집한 덩어리, embedded 입자자	각보다 더 큰 각으로 하나는 좋고 하나는 나쁨, 패각상과 부정형 파쇄	녹색, 황녹색, 회색, 일부 다양한 암갈색에서 검은색까지	6~7
십자석 (staurolite)		$Fe_2Al_9Si_4O_{22}(O, OH)_2$	짧은 사방정형 결정, 일부 십자 형태, 대개 암석의 맥석보다 더 굵음	좋지 않은 하나	갈색, 적갈색 또는 암갈색에서 검은색까지	7~7½
황철석 (pyrite)	황화물	FeS_2	입상의 물질 또는 암맥과 중리 내에서 잘 발달된 정육면체 결정 또는 흩뿌려진 형태. 높은 비중	균일하지 않은 파쇄	엷은 놋쇠	6~6½
방연석 (galena)		PbS	암맥 내에서 입상 물질과 흩뿌려진 형태. 일부 정육면체 결정. 매우 높은 비중 7.3~7.6	정육면체 벽개 파편을 만드는 공통의 직각에서 3개의 완벽한 벽개	은회색	2½
섬아연석 (sphalerite)		ZnS	입상 물질 또는 밀집한 결정 형 괴체. 높은 비중 3.9~4.1	서로 60도를 이루는 6개의 완벽한 벽개	흰색에서 녹색, 갈색 그리고 검은색까지. 수지에서 이금속 광택까지	3½~4
황동석 (chalcopyrite)		$CuFeS_2$	입상 또는 밀집한 물질. 흩뿌려진 점적. 높은 비중 4.1~4.3	균일하지 않은 파쇄	놋색에서 황금색까지	3½~4

변성암에서 일반적으로 존재하는 어두운색 광물

암맥에 풍부하며 많은 암석에서 일반 반석으로 존재하는 금속광택을 보이는 광물

분류	광물		조성	산출 및 물리적 성질	파쇄	색 / 광택	경도
암맥 또는 광상에서 소량으로 존재하는 광물들	휘동석 (chalcocite)		Cu₂S	미세 입자로 이루어진 물질. 높은 비중 5.5~5.8	패각상 파쇄	납회색에서 검은색까지. 흐린 녹색 또는 파란색	2½~3
	금홍석 (rutile)	산화티탄	TiO₂	가느다란 모양에서 사방정형 결정까지. 입상 물질. 높은 비중 4.25	식별할 수 있는 하나와 잘 식별되지 않는 하나. 패각상 파쇄	적갈색, 일부는 녹갈색, 자주색 또는 검은색	6~6½
	티탄철석 (ilmenite)		FeTiO₃	밀집한 물질, embedded 입자, 모래 내에서 쎄암질 물질. 높은 비중 4.79	패각상 파쇄	철-검은색. 금속 또는 아금속 광택	5~6
	제올라이트 (zeolite)	규산염	복합 수화 규산염. 애널심, 내 트롤라이트, 필립사이트, 휼랜다이트와 제바자이트를 포함한 광물들의 다양한 종류	화산암, 암맥과 온천 내의 공동에서 잘 발달된 방사성 결정. 또한 세립질 입자와 도료로 충을 이루는 퇴적물질로서도 존재	대부분 완벽한 하나	무색, 흰색, 일부는 분홍계열	4~5

영문-국문 용어대조표

A

ablation 소모
abrasion 마식작용
absolute age 절대연대
abyssal hill 심해저구릉
abyssal plain 심해저평원
accreted terrain 부가암층지대
accretion 부가성장
accumulation 집적
active margin 능동형 대륙주변부
aftershock 여진
albedo 알베도(반사율)
alluvial fan 충적선상지
amphibolite 각섬암
andesite 안산암
andesitic lava 안산암질 용암
angle of repose 안식각
anion 음이온
antecedent stream 선행하천
Anthropocene 인류세
anticline 배사
aquiclude 난대수층
aquifer 대수층
arete 아레트(즐형산릉)
arkose 장석질 사암
artesian flow 자분수류
artesian well 자분정
ash-flow deposit 화산회류층
asteroid 소행성
asthenosphere 연약권
astrobiologist 우주생물학자
atomic mass 원자질량
atomic number 원자번호
autotroph 독립영양생물

B

badland 악지
banded ion formation 호상철광층
barrier island 평행사도
basal slip 기저활주
basalt 현무암
basaltic lava 현무암질 용암

base level 침식기준면
basin 분지
batholith 저반
beach 해빈
bed load 밑짐
bedding 층리
bedding sequence 지층 배열 순서
bioclastic sediment 생쇄설성 퇴적물
biofuel 바이오연료
biogeochemical cycle 생물지구화학적 순환
biological sediment 생물학적 퇴적물
biosphere 생물권
bioturbation 생물교란작용
blueschist 청색편암
bomb 화산탄
bottomset bed 저치층(기저층)
braided stream 망상하천
breccia 각력암
brittle 취성
building code 건축법규
burial metamorphism 매몰변성작용
caldera 칼데라

C

Cambrian explosion 캄브리아기 생물 대폭발
capacity 운반용량
carbon cycle 탄소순환
carbon economy 탄소경제
carbon intensity 탄소집약도
carbon sequestration 탄소격리
carbonate 탄산염/탄산염광물
carbonate compensation depth 탄산염보상
심도
carbonate rock 탄산염암
carbonate sediment 탄산염 퇴적물
cation 양이온
cementation 교결작용
channel 하도
chemical sediment 화학적 퇴적물
chemical stability 화학적 안정도
chemical weathering 화학적 풍화
chemoautotroph 화학합성독립영양생물

chemofossil 화학화석
chert 쳐트
cirque 권곡
clay 점토
claystone 점토암
cleavage 벽개(쪼개짐)
climate 기후
climate model 기후모델
climate system 기후시스템
coal 석탄
color 색
compaction 다짐작용
competence 운반능력
compressional wave 압축파
compressive force 압축력
concordant intrusion 조화 관입
conduction 전도
conglomerate 역암
consolidated material 고결 물질
contact metamorphism 접촉변성작용
continental drift 대륙이동
continental glacier 대륙빙하
continental margin 대륙주변부
continental rise 대륙대
continental shelf 대륙붕
continental slope 대륙사면
contour 등고선
convection 대류
convection 대류
convergent boundary 수렴형 경계
core 핵
core-mantle boundary 핵과 맨틀의 경계
country rock 모암
covalent bond 공유결합
crater 화구
craton 강괴
cratonic keel 강괴 용골
creep 포행
crevasse 크레바스
cross-bedding 사층리
crude oil 원유

crust 지각

crystal 결정

crystal habit 정벽

crystallization 결정화작용

cuesta 케스타

cyanobacteria 시아노박테리아(남세균)

dacite 석영안산암

D

Darcy's law 다르시의 법칙

debris avalanche 암설사태

debris flow 암설류

debris slide 암설미끄러짐

decompression melting 감압용융

deflation 식반작용

deformation 변형작용

delta 삼각주

dendritic drainage 수지상 하계망

density 밀도

depositional remanent magnetization 퇴적잔 류자화

desert pavement 사막포도

desert varnish 사막칠

desertification 사막화

diagenesis 속성 작용

diatreme 다이아트림

dike 암맥

diorite 섬록암

dip 경사

dip-slip fault 경사이동단층

dipole 쌍극자

discharge 방류

discharge 유량

discordant intrusion 비조화 관입

disseminated deposit 광염상 광상

distributary 분류

divergent boundary 발산형 경계

divide 분수령

dolostone 백운암

dome 돔

drainage basin 배수유역

drainage network 하계망

drift 표류퇴적물

drought 가뭄

drumlin 빙퇴구

dry wash 드라이 워시

ductile 연성

dune 사구

dust 먼지

dwarf planet 왜소행성

E

Earth system 지구시스템

earthflow 토류

earthquake 지진

eclogite 에클로자이트

ecosystem 생태계

effluent stream 증수천

El Niño 엘니뇨

elastic rebound theory 탄성반발설

electron sharing 전자공유

electron transfer 전자이동

elevation 고도

end moraine 종퇴석

ENSO ENSO(엘니뇨–남방진동)

eolian 풍성

eon 누대

epeirogeny 조륙운동

epicenter 진앙

epoch 세

era 대

erosion 침식작용

esker 에스커

evaporite rock 증발암

evaporite sediment 증발 퇴적물

evolution 진화

evolutionary radiation 진화방산

exfoliation 박리작용

exhumation 발굴작용

exoplanet 외계행성

exotic terrain 외래암층지대

extremophile 극한미생물

extrusive igneous rock 분출화성암

F

fault 단층

fault mechanism 단층메커니즘

fault slip 단층이동거리

felsic rock 규장질암

fissure eruption 열극분출

fjord 피오르

flake tectonics 조각구조론

flexural basin 요곡분지

flood 홍수

flood basalt 범람현무암

floodplain 범람원

fluid-induced melting 유체유발용융

focus 진원

fold 습곡

foliated rock 엽리상 암석

foliation 엽리

foot wall 하반

foraminifera 유공충

foraminiferal ooze 유공충 연니

foreset bed 전치층(전면층)

foreshock 전진

formation 층

fossil 화석

fossil fuel 화석연료

fractional crystallization 분별결정작용

fracture 깨짐(단구)

frost wedging 동결쐐기

G

gabbro 반려암

gene 유전자

geobiology 지구생물학

geochemical cycle 지구화학적 순환

geochemical reservoir 지구화학적 저장소

geodesy 측지학

geodynamo 지오다이너모

geologic cross section 지질단면도

geologic map 지질도

geologic record 지질기록

geologic time scale 지질연대표

geology 지질학

geomorphology 지형학

geosystem 지오시스템

geotherm 지열곡선

geothermal energy 지열에너지

glacial cycle 빙하주기

glacial rebound 빙하반동

glacier 빙하

global change 전 지구적 변화

gneiss 편마암

graded bedding 점이층리

graded stream 평형하천
grain 입자
granite 화강암
granoblastic rock 입상변정질 암석
granodiorite 화강섬록암
granulite 백립암
gravel 자갈
gravitational differentiation 중력분화
graywacke 잡사암
greenhouse effect 온실효과
greenhouse gas 온실기체
greenschist 녹색편암
greenstone 녹색암
ground moraine 저퇴석
groundwater 지하수
groundwater table 지하수면
guyot 평정해산/기요

H

habitable zone 서식가능지대
half-life 반감기
hanging valley 현곡
hanging wall 상반
hardness 경도
Heavy Bombardment 대폭격기
hematite 적철석
heterotroph 종속영양생물(타가영양생물)
high-pressure metamorphism 고압변성작용
hogback 호그백(돈배구)
hornfels 혼펠스
hot spot 열점
humus 부식토
hurricane 허리케인
hydraulic fracturing (fracking) 수압파쇄법
hydraulic gradient 수리구배
hydroelectric energy 수력발전에너지
hydrologic cycle 수문순환
hydrology 수문학
hydrothermal activity 열수활동
hydrothermal solution 열수용액

I

ice age 빙하기
ice shelf 빙붕
ice stream 빙류
iceberg calving 빙산분리

igneous rock 화성암
infiltration 침투
influent stream 감수천
inner core 내핵
intensity scale 진도계급
interglacial period 간빙기
intermediate igneous rock 중성화성암
intrusive igneous rock 관입화성암
ion 이온
ionic bond 이온결합
iron formation 철광층
island arc 호상열도
isochron 등시선
isostasy 지각평형
isotope 동위원소
isotopic dating 동위원소 연대측정법

J

joint 절리

K

kaolinite 고령토
karst topography 카르스트 지형
kettle 케틀

L

lahar 화산이류(라하르)
laminar flow 층류
landform 지형
large igneous province 대화성구
lateral moraine 측퇴석
lava 용암
limestone 석회암
liquefaction 액상화현상
lithic sandstone 암편질 사암
lithification 암석화작용
lithification 암석화작용
lithosphere 암석권
loess 뢰스(황토)
longitudinal profile 종단면
longshore current 연안류
low-velocity zone 저속도층
lower mantle 하부맨틀
luster 광택

M

mafic rock 고철질암(염기성암)

magma 마그마
magma chamber 마그마 저장소
magmatic addition 마그마 첨가
magmatic differentiation 마그마 분화작용
magnetic anomaly 자기이상
magnetic field 자기장
magnetic time scale 자기연대표
magnitude scale 규모등급
mantle 맨틀
mantle plume 맨틀플룸
marble 대리암
mass extinction 대량멸종
mass movement 중력사면이동
mass wasting 중력사면사태
meander 곡류하천
medial moraine 중앙퇴석
melange 멜란지
mesa 메사
metabolism 신진대사
metallic bond 금속결합
metamorphic facies 변성상
metamorphic rock 변성암
metasomatism 변성교대작용
meteoric water 천수
meteorite 운석
microbial mat 미생물 매트
microfossil 미화석
microorganism 미생물
mid-ocean ridge 중앙해령
migmatite 혼성암
Milankovitch cycle 밀란코비치 주기
mineral 광물
mineralogy 광물학
Mohorovičić discontinuity 모호로비치치 불연속면
Mohs scale of hardness 모스경도계
moraine 빙퇴석
mud 이토
mudflow 이류
mudstone 이암
natural gas 천연가스
natural levee 자연제방
natural resource 천연자원
natural selection 자연선택

N

nebular hypothesis 성운설
negative feedback 음성 피드백
nonrenewable resource 재생불가능한 자원
normal fault 정단층
nuclear energy 원자력에너지

O

oblique slip fault 사교이동단층
obsidian 흑요석
ocean acidification 해양 산성화
oil trap 집유장
oil window 원유생성구간
ophiolite suite 오피올라이트 암석군
ore 광석
organic sedimentary rock 유기적 퇴적암
orogen 조산대
orogeny 조산운동
outer core 외핵
outwash 빙수퇴적물
outwash plain 빙수퇴적평원
oxbow lake 우각호
oxides 산화물/산화광물

P

P wave P파
P-T path P-T 경로(온도-압력 경로)
paleomagnetism 고지자기학
Pangaea 판게아
partial melting 부분용융
passive margin 수동형 대륙주변부
passive margin 수동형 대륙주변부
peat 토탄
pediment 페디먼트(암석상)
pegmatite 페그마타이트
pelagic sediment 원양퇴적물
peridotite 감람암
period 기
permafrost 영구동토
permeability 투수율
phase change 상 변화
phosphorite 인회토
photosynthesis 광합성
phyllite 천매암
physical weathering 물리적 풍화
planetesimal 미행성체

plastic flow 소성흐름
plate tectonic system 판구조 시스템
plate tectonics 판구조론
plateau 고원
platform 탁상지
playa 플라야
playa lake 플라야호수
pluton 심성암체
point bar 포인트바
polymorph 동질이상
porosity 공극률
porphyroblast 반상변정
porphyry 반암
positive feedback 양성 피드백
potable 음용 가능한
pothole 구혈
precipitate 침전
precipitation 강수
principle of faunal succession 동물군 천이의 원리
principle of original horizontality 퇴적면 수평성의 원리
principle of superposition 지층 누중의 원리
principle of uniformitarianism 동일과정의 원리
pumice 부석
pyroclast 화산쇄설물
pyroclastic flow 화산쇄설류

Q

quad 쿼드
quartz arenite 석영 사암
quartzite 규암

R

rain shadow 비그늘
recharge 충류(함양)
recurrence interval 재발주기
red bed 적색층
reef 암초
regional metamorphism 광역변성작용
rejuvenation 회춘
relative age 상대 연대
relative humidity 상대습도
relative plate velocity 판의 상대속도
relief 기복

renewable resource 재생가능한 자원
reserve 매장량
residence time 체류시간
resource 자원
respiration 호흡
rhyolite 유문암
rhyolitic lava 유문암질 용암
rift basin 열개분지
rift valley 열곡/ 지구대
ripple 연흔
ripple 연흔
river 강
Roches moutonnees 양배암
rock 암석
rock avalanche 암석 사태
rock cycle 암석 순환
rockfall 낙석
rockslide 암석미끄러짐
Rodinia 로디니아
runoff 지표유출

S

S wave S파
salinity 염도
saltation 약동
sand 모래
sandblasting 모래분사
sandstone 사암
saturated zone 포화대(침윤대)
schist 편암
scientific method 과학적 방법
seafloor metamorphism 해저변성작용
seafloor spreading 해양저 확장
seamount 해산
sediment 퇴적물
sedimentary basin 퇴적 분지
sedimentary environment 퇴적 환경
sedimentary rock 퇴적암
sedimentary structure 퇴적 구조
seismic hazard 지진위험
seismic ray path 지진파 이동경로
seismic risk 지진피해
seismic tomography 지진파 단층촬영
seismic wave 지진파
seismograph 지진계

settling velocity 침전속도
shadow zone 암영대
shale 셰일
shear wave 전단파
shearing force 전단력
shield 순상지
shield volcano 순상화산
shock metamorphism 충격변성작용
shoreline 해안선
silicate 규산염/규산염광물
siliceous ooze 규질 연니
siliciclastic sediment 규질쇄설성 퇴적물
sill 암상
silt 실트
siltstone 실트암
sinkhole 싱크홀(용식함지)
slate 점판암
slip face 활주사면
slolifluction 솔리플럭션
slump 붕락
soil 토양
soil profile 토양단면
solar energy 태양에너지
solar forcing 태양 강제력
solar nebula 태양 성운
sorting 분급
specific gravity 비중
spit 사취
spreading center 확장중심
stabilization wedge 안정화 쐐기
stock 암주
storm surge 폭풍해일
stratigraphic succession 층서연속층
stratigraphy 층서학
stratosphere 성층권
stratovolcano 성층화산
streak 조흔색
stream 하천
stream power 하천의 힘

stress 응력
striation 빙하조선
strike 주향
strike-slip fault 주향이동단층
stromatolite 스트로마톨라이트
subduction 섭입
subsidence 침강
sulfate 황산염/황산염광물
sulfide 황화물/황화광물
superposed stream 표생하천
surface wave 표면파
surge 빙하서지
suspended load 뜬짐
sustainable development 지속가능한 개발
suture 봉합대
syncline 향사

T

talus 애추
tectonic age 지구조 시기
tectonic province 지구조구
tensional force 인장력
terminal moraine 말단퇴석
terrace 단구
terrestrial planet 지구형 행성
terrigenous sediment 육성 퇴적물
texture 조직
thermal subsidence basin 열침강분지
thermohaline circulation 열염순환
thermoremanent magnetization 열잔류자화
thrust fault 스러스트 단층
tidal flat 간석지
tide 조석
till 빙력토
tillite 빙력암
topography 지형
topography 지형(학)
topset bed 정치층(표면층)
trace element 미량원소

transform fault 변환단층
transition zone 전이대
tributary 지류
troposphere 대류권
tsunami 쓰나미
tuff 응회암
turbidity current 저탁류
turbulent flow 난류
twentieth century warming 20세기 온난화

U

U-shaped valley U자곡
ultra-high-pressure metamorphism 초고압변성작용
ultramafic rock 초고철질암(초염기성암)
unconformity 부정합
unconsolidated material 미고결 물질
unsaturated zone 불포화대(통기대)
upper mantle 상부맨틀

V

valley 계곡
valley glacier 곡빙하
varve 호상점토
vein 맥
vein 맥상 광상
ventifact 풍식력
viscosity 점성도
volcanic ash 화산재
volcanic geosystem 화산 지오시스템
volcano 화산

W

wadi 와디
wave-cut terrace 파식단구
weathering 풍화작용
wilson cycle 윌슨 사이클

Z

zeolite 제올라이트

찾아보기

이의형(대표 역자)

고려대학교 지질학과 학사
고려대학교 지질학과 석사
고려대학교 지질학과 박사
전 서대문자연사박물관 관장
현재 고려대학교 기초과학연구원 연구교수

권성택

서울대학교 지질학과 학사
서울대학교 지질학과 석사
미국 UC 산타바바라대학교 지질과학과 박사
현재 연세대학교 지구시스템과학과 교수

김형수

강원대학교 지질학과 학사
강원대학교 지질학과 석사
호주 제임스쿡대학교 지질학과 박사
현재 고려대학교 지구환경과학과 교수

도성재

고려대학교 지질학과 학사
미국 동워싱턴주립대학교 석사
미국 로드아일랜드대학교 박사
현재 고려대학교 지구환경과학과 교수

박혁진

연세대학교 지질학과 학사
연세대학교 지질학과 석사
미국 퍼듀대학교 박사
현재 세종대학교 공간정보공학과 교수

윤성택

고려대학교 지질학과 학사
고려대학교 지질학과 석사
고려대학교 지질학과 박사
현재 고려대학교 지구환경과학과 교수

이기현

연세대학교 지질학과 학사
연세대학교 지질학과 석사
미국 오하이오 주립대학교 지질과학과 박사
현재 연세대학교 지구시스템과학과 교수

이미혜

서울대학교 해양학과 학사
서울대학교 해양학과 석사
미국 로드아일랜드대학교 박사
현재 고려대학교 지구환경과학과 교수

이순재

고려대학교 지구환경과학과 학사
고려대학교 지구환경과학과 석사
고려대학교 지구환경과학과 박사
현재 고려대학교 지구환경과학과 교수

이영재

연세대학교 지질학과 학사
연세대학교 지질학과 석사
미국 켄트주립대학교 지질학과 석사
미국 뉴욕주립대학교(스토니브룩) 지구과학과 박사
현재 고려대학교 지구환경과학과 교수

이진한

고려대학교 지질학과 학사
고려대학교 지질학과 석사
미국 뉴욕주립대학교 지질학과 박사
현재 고려대학교 지구환경과학과 교수

조석주

고려대학교 지질학과 학사
미국 루이지애나대학교(라피엣) 지질학과 석사
미국 텍사스대학교(오스틴) 지질과학과 박사(퇴적암석학)
현재 고려대학교 지구환경과학과 교수

조호영

고려대학교 지질학과 학사
고려대학교 지질학과 석사
미국 위스콘신주립대학교 지질공학과 석사
미국 위스콘신주립대학교 지질공학과 박사
현재 고려대학교 지구환경과학과 교수

최선규

고려대학교 지질학과 학사
고려대학교 지질학과 석사
일본 와세다대학교 자원공학과 박사
현재 고려대학교 지구환경과학과 교수

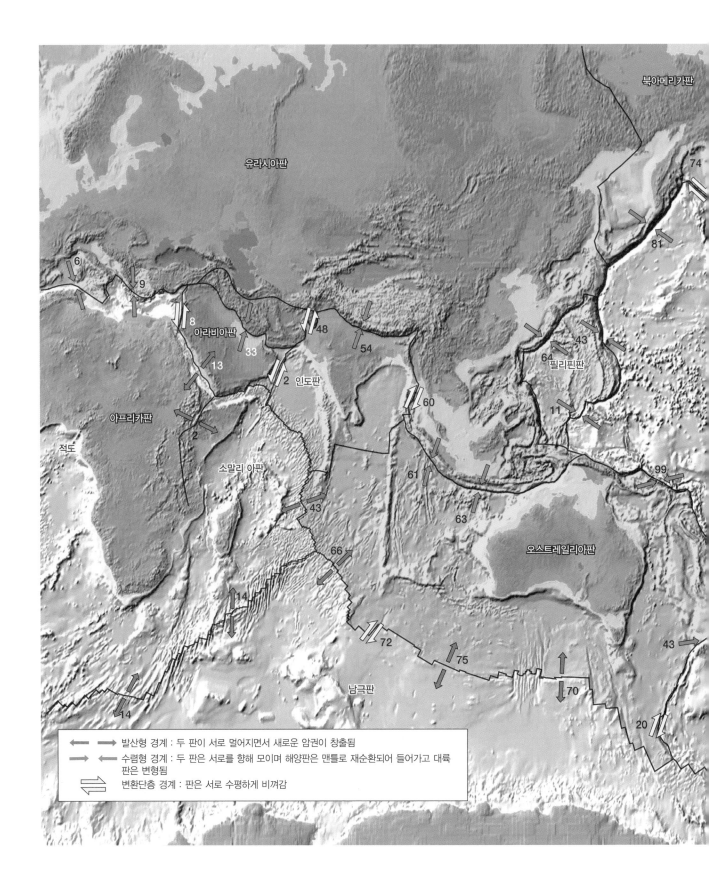

북아메리카판

유라시아판

74

6

9

8

아라비아판

48

54

43

81

33

13

필리핀판

64

2

인도판

2

11

아프리카판

적도

60

소말리 아판

99

43

61

오스트레일리아판

63

66

14

72

75

70

남극판

43

14

20

발산형 경계 : 두 판이 서로 멀어지면서 새로운 암권이 창출됨

수렴형 경계 : 두 판은 서로를 향해 모이며 해양판은 맨틀로 재순환되어 들어가고 대륙
판은 변형됨

변환단층 경계 : 판은 서로 수평하게 비껴감

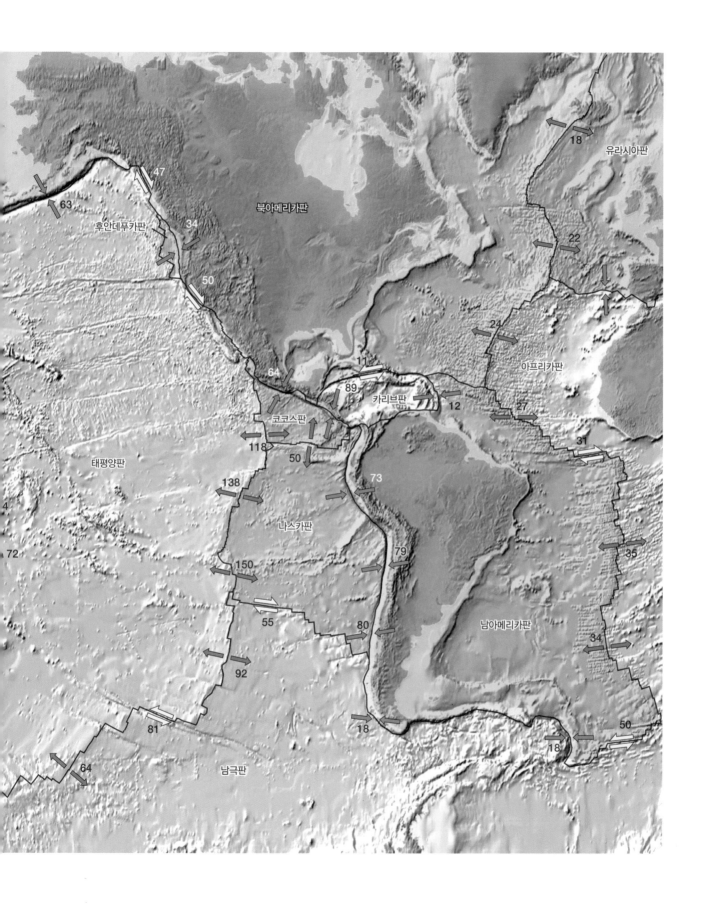

유라시아판

북아메리카판

후안데푸카판

태평양판

코코스판

카리브판

아프리카판

나스카판

남아메리카판

남극판